中国土木建筑百科辞典

水利工程

中国建筑工业出版社

图书在版编目(CIP)数据

中国土木建筑百科辞典.水利工程/李国豪等著.—北京：中国建筑工业出版社,2001
 ISBN 978 - 7 - 112 - 02524 - 4

Ⅰ.中… Ⅱ.李… Ⅲ.①建筑工程－词典 ②水利工程－词典 Ⅳ.TU-61

中国版本图书馆 CIP 数据核字(2000)第 80214 号

中国土木建筑百科辞典
水 利 工 程

*

中国建筑工业出版社出版、发行（北京西郊百万庄）
各地新华书店、建筑书店经销
北京市景煌照排中心照排
北京中科印刷有限公司印刷

*

开本：787×1092 毫米 1/16 印张：32½ 字数：1168 千字
2008 年 11 月第一版 2008 年 11 月第一次印刷
定价：**98.00** 元
ISBN 978 - 7 - 112 - 02524 - 4
(17204)

版权所有 翻印必究
如有印装质量问题，可寄本社退换
（邮政编码100037）

《中国土木建筑百科辞典》总编委会名单

主　　　任：李国豪
常务副主任：许溶烈
副　主　任：(以姓氏笔画为序)
　　左东启　卢忠政　成文山　刘鹤年　齐　康　江景波　吴良镛　沈大元
　　陈雨波　周　谊　赵鸿佐　袁润章　徐正忠　徐培福　程庆国
编　　　委：(以姓氏笔画为序)

王世泽	王　弗	王宝贞(常务)	王铁梦	尹培桐
邓学钧	邓恩诚	左东启	石来德	龙驭球(常务)
卢忠政	卢肇钧	白明华	成文山	朱自煊(常务)
朱伯龙(常务)	朱启东	朱象清	刘光栋	刘先觉
刘柏贤	刘茂榆	刘宝仲	刘鹤年	齐　康
江景波	安　昆	祁国颐	许溶烈	孙　钧
李利庆	李国豪	李荣先	李富文(常务)	李德华(常务)
吴元炜	吴仁培(常务)	吴良镛	吴健生	何万钟
何广乾	何秀杰(常务)	何钟怡(常务)	沈大元	沈祖炎(常务)
沈蒲生	张九师	张世煌	张梦麟	张维岳
张　琰	张新国	陈雨波	范文田(常务)	林文虎(常务)
林荫广	林醒山	罗小未	周宏业	周　谊
庞大中	赵鸿佐	郝　瀛(常务)	胡鹤均(常务)	侯学渊(常务)
姚玲森(常务)	袁润章	贾　岗	夏行时	夏靖华
顾发祥	顾迪民(常务)	顾夏声(常务)	徐正忠	徐家保
徐培福	凌崇光	高学善	高渠清	唐岱新
唐锦春(常务)	梅占馨	曹善华(常务)	龚崇准	彭一刚(常务)
蒋国澄	程庆国	谢行皓	魏秉华	

《中国土木建筑百科辞曲》编辑部名单

主　　　任：张新国
副　主　任：刘茂榆
编 辑 人 员：(以姓氏笔画为序)
　　刘茂榆　杨　军　张梦麟　张　琰　张新国　庞大中　郦锁林　顾发祥
　　董苏华　曾　得　魏秉华

水利工程卷编委会名单

主编单位：河海大学
主　　编：左东启
副 主 编：王世泽
编　　委：(以姓氏笔画为序)

王世夏	刘新仁	陈国祥	林益才
房宽厚	胡明龙	胡方荣	查一民
蒋国澄	董廷松		

撰 稿 人：(以姓氏笔画为序)

王世泽	王世夏	王兴泽	王鸿兴
朱元甡	刘才良	刘圭念	刘启钊
刘新仁	许大明	许静仪	李寿声
李耀中	束一鸣	沈长松	张敬楼
陈宁珍	陈国祥	陈　菁	林传真
林益才	周恩济	周耀庭	房宽厚
胡方荣	胡明龙	胡维松	胡肇枢
查一民	咸　锟	施国庆	谈为雄
赖伟标	戴树声		

序 言

　　经过土木建筑界一千多位专家、教授、学者十个春秋的不懈努力,《中国土木建筑百科辞典》十五个分卷终于陆续问世了,这是迄今为止中国土木建筑行业规模最大的专科辞典。

　　土木建筑是一个历史悠久的行业。由于自然条件、社会条件和科学技术条件的不同,这个行业的发展带有浓重的区域性特色。这就导致了用于传授知识和交流信息的词语亦有颇多差异,一词多义、一义多词、中外并存、南北杂陈的现象因袭流传,亟待厘定。现代科学技术的发展,促使土木建筑行业各个领域发生深刻的变化。随着学科之间相互渗透、相互影响日益加强,新兴学科和边缘学科相继形成,以及日趋活跃的国际交流和合作,使这个行业的科学技术术语迅速地丰富和充实起来,新名词、新术语大量涌现;旧名词、旧术语或赋予新的概念或逐渐消失,人们急切地需要熟悉和了解新旧术语的含义,希望对国外出现的一些新事物、新概念、新知识有个科学的阐释。此外,人们还要查阅古今中外的著名人物,著名建筑物、构筑物和工程项目,重要学术团体、机构和高等学府,以及重要法律法规、典籍、著作和报刊等简介。因此,编撰一部以纠讹正名,解惑释疑,系统汇集浓缩知识信息的专科辞书,不仅是读者的期望,也是这个行业科学技术发展的需要。

　　《中国土木建筑百科辞典》共收词约6万条,包括规划、建筑、结构、力学、材料、施工、交通、水利、隧道、桥梁、机械、设备、设施、管理,以及人物、建筑物、构筑物和工程项目等土木建筑行业的主要内容。收词力求系统、全面,尽可能反映本行业的知识体系,有一定的深度和广度;构词力求标准、严谨,符合现行国家标准规定,尽可能达到辞书科学性、知识性和稳定性的要求。正在发展而尚未定论或有可能变动的词目,暂未予收入;而历史上曾经出现,虽已被淘汰的词目,则根据可能参阅古旧图书的需要而酌情收入。各级词目之间尽可能使其纵横有序,层属清晰。释义力求准确精练,有理有据,绝大多数词目的首句释义均为能反映事物本质特征的定义。对待学术问题,按定论阐述;尚无定论或有争议者,则作宏观介绍,或并行反映现有的各家学说、观点。

　　中国从《尔雅》开始,就有编撰辞书的传统。自东汉许慎《说文解字》刊行以来,迄今各类辞书数以万计,可是土木建筑行业的辞书依然屈指可数,大型辞书则属空白。因此,承上启下,继往开来,编撰这部大型辞书,不惟当务之急,亦是本书总编委会和各个分卷编委会全体同仁对本行业应有之奉献。在编撰过程中,建设部科学技术委员会从各方面为我们创造了有利条件。各省、自治区、直辖市建设部门给予热情帮助。同济大学、清华大学、西南交通大学、哈尔滨建筑大学、重庆建筑大学、湖南大学、东南大学、武汉工业大学、河海大学、浙江大学、天津大学、西安建筑科技大学等高等学府承担了各个分卷的主要撰稿、审稿任务,从人力、财力、精神和物质上给予全力支持。遍及全国的撰稿、审稿人员同心同德,精益求精,切磋琢磨,数易其稿。中国建筑工业出版社的编辑人员也付出了大量心血。当把《中国土木建筑百科辞典》各个分卷呈送到读者面前时,我们谨向这些单位和个人表示崇高的敬意和深切的谢忱。

在全书编撰、审查过程中,始终强调"质量第一",精心编写,反复推敲。但《中国土木建筑百科辞典》收词广泛,知识信息丰富,其内容除与前述各专业有关外,许多词目释义还涉及社会、环境、美学、宗教、习俗,乃至考古、校雠等;商榷定义,考订源流,难度之大,问题之多,为始料所不及。加之客观形势发展迅速,定稿、付印皆有计划,广大读者亦要求早日出版,时限已定,难有再行斟酌之余地。我们殷切地期待着读者将发现的问题和错误,一一函告《中国土木建筑百科辞典》编辑部(北京西郊百万庄中国建筑工业出版社,邮编100037),以便全书合卷时订正、补充。

《中国土木建筑百科辞典》总编委会

前 言

水利是对自然界的水和水资源进行控制调节、开发利用和管理保护,以除害兴利、保证和提高人类生活和生产水平的事业。近年来,水利在国民经济中的地位又被明确为基础产业和基础设施。

土木工程是建造各类工程设施的科学技术的总称。就工程建筑方面而言,水利工程是土木工程的一个重要组成部分、一个分支学科。长期以来水利科学技术又具有自己独特的内容,形成了自身独立的体系。

因此,作为中国土木建筑行业的大型辞书,阐释土木建筑行业各学科、各专业词语的正确含义及基本内容的工具书,《中国土木建筑百科辞典》列"水利工程"为其中一卷。水利工程卷既单独成卷,而又将有关力学、材料、机械、设备、交通、施工等方面的基本内容按全书总体框架设计要求由其他相应的各卷分工专门编撰。这样,既保持了全书合理谨严的系统性,避免了重复,也兼顾了水利工程的具体特点。

水利工程卷分为 10 部分:1、水利总论,2、中国水利史,3、水文和水资源,4、防洪工程,5、水工建筑物,6、农田水利,7、水力发电,8、治河工程,9、水利经济,10、水利工程实例。共收词 3800 余条,约 100 万字。

可能有部分读者因本卷未能包括水力学和航运两部分而感到不便。但《中国土木建筑百科辞典》毕竟是以整套全书呈献给读者的,查阅有关分册也能充分满足读者的要求。

本卷的编撰工作在全书总编委会的领导下由本卷编委会遵循总编委对全书所制定的编辑方针、原则和体例具体组织进行。

本书编纂过程中受到各方面的关心和支持,谨致衷心感谢。限于编撰者的水平,错误在所难免,希望广大读者批评指正。

水利工程卷编辑委员会

凡 例

组 卷

一、本辞典共分建筑、规划与园林、工程力学、建筑结构、工程施工、工程机械、工程材料、建筑设备工程、基础设施与环境保护、交通运输工程、桥梁工程、地下工程、水利工程、经济与管理、建筑人文十五卷。

二、各卷内容自成体系；各卷间存有少量交叉。建筑卷、建筑结构卷、工程施工卷等，内容侧重于一般房屋建筑工程方面，其他土木工程方面的名词、术语则由有关各卷收入。

词 条

三、词条由词目、释义组成。词目为土木建筑工程知识的标引名词、术语或词组。大多数词目附有对照的英文，有两种以上英译者，用","分开。

四、词目以中国科学院和有关学科部门审定的名词术语为正名，未经审定的，以习用的为正名。同一事物有学名、常用名、俗名和旧名者，一般采用学名、常用名为正名，将俗名、旧名采用"俗称"、"旧称"表达。个别多年形成习惯的专业用语难以统一者，予以保留并存，或以"又称"表达。凡外来的名词、术语，除以人名命名的单位、定律外，原则上意译，不音译。

五、释义包括定义、词源、沿革和必要的知识阐述，其深度和广度适合中专以上土木建筑行业人员和其他读者的需要。

六、一词多义的词目，用①、②、③分项释义。

七、释义中名词术语用楷体排版的，表示本卷收有专条，可供参考。

插 图

八、本辞典在某些词条的释义中配有必要的插图。插图一般位于该词条的释义中，不列图名，但对于不能置于释义中或图跨越数条词条而不能确定对应关系者，则在图下列有该词条的词目名。

排 列

九、每卷均由序言、本卷序、凡例、词目分类目录、正文、检字索引和附录组成。

十、全书正文按词目汉语拼音序次排列；第一字同音时，按阴平、阳平、上声、去声的声调顺序排列；同音同调时，按笔画的多少和起笔笔形横、竖、撇、点、折的序次排列；首字相同者，按次字排列，次字相同者按第三字排列，余类推。外文字母、数字起头的词目按英文、俄文、希腊文、阿拉伯数字、罗马数字的序次列于正文后部。

检　索

十一、本辞典除按词目汉语拼音序次直接从正文检索外，还可采用笔画、分类目录和英文三种检索方法，并附有汉语拼音索引表。

十二、汉字笔画索引按词目首字笔画数序次排列；笔画数相同者按起笔笔形横、竖、撇、点、折的序次排列，首字相同者按次字排列，次字相同者按第三字排列，余类推。

十三、分类目录按学科、专业的领属、层次关系编制，以便读者了解本学科的全貌。同一词目在必要时可同时列在两个以上的专业目录中，遇有又称、旧称、俗称、简称词目，列在原有词目之下，页码用圆括号括起。为了完整地表示词目的领属关系，分类目录中列出了一些没有释义的领属关系词或标题，该词用［　］括起。

十四、英文索引按英文首词字母序次排列，首字相同者，按次词排列，余类推。

目 录

序言	7
前言	9
凡例	11
词目分类目录	1—45
辞典正文	1—348
词目汉语拼音索引	349—385
词目汉字笔画索引	386—418
词目英文索引	419—457

词目分类目录

说 明

一、本目录按学科、专业的领属、层次关系编制,供分类检索条目之用。
二、有的词条有多种属性,可能在几个分支学科和分类中出现。
三、词目的又称、旧称、俗称、简称等,列在原有词目之下,页码用圆括号括起,如(1)、(9)。
四、凡加有[ ]的词为没有释义的领属关系词或标题。

[水利总论]		中国水法	333
水	227	水利法规	242
淡水	41	防洪法	66
河水	106,(227)	水污染防治法	256
江水	129,(227)	水利规划	243
淮水	116	流域规划	160
湖水	112	跨流域规划	147
水域	256	防洪规划	66
雪水	303	水利工程规划	242
冰川融水	16	地区水利规划	47
水利	242	水利开发	243
水利事业	243	多目标开发	59
水利资源	245	单级开发	40
灾害	322	流域开发	160
水灾	256	水利工程	242
渍	342	农田水利工程	183
暗涝	(342)	水力发电工程	241
涝灾	151	治河工程	332
洪灾	111	海岸工程	96
溃坝	149	海港工程	96
旱灾	99	给水排水工程	125
水政	257	[水利工程分类]	
水权	251	大型水利工程	39
用水权	315	中型水利工程	334
取水权	203	小型水利工程	296
领海	158	引水工程	312
领水	158	调水工程	51
水法	235	引滦工程	312

中国南水北调工程	333	渝水	(126)
美国加州引水工程	170	乌江	287
中央河谷工程	334	黔江	(287)
卡拉库姆调水工程	141	湘江	294
额尔齐斯调水工程	61	汉江	99
水库	239	汉水	(99)
库容	147	赣江	77
总库容	343	黄河	117,(106)
库区	147	渭河	285
施工导流	221	泾河	135
分期导流	70	洛河	165
明渠导流	172	汾河	70
隧洞导流	262	淮河	116
底孔导流	46	淠河	190
全段围堰法	203	史河	223
截流	132	沂河	309
龙口	162	沭河	225
堵口	57	海河	96
围堰	284	沽水	(96)
上游围堰	215	永定河	314
下游围堰	292	潮白河	25
横向围堰	109	大清河	38
纵向围堰	344	上西河	(38)
土石围堰	280	子牙河	341
草土围堰	21	南运河	175
混凝土围堰	121	滦河	164
钢板桩围堰	78	黑龙江	107
笼网围堰	163	松花江	261
水系	256,(106)	乌苏里江	288
河流	104	辽河	156
[中国河流]		鸭绿江	305
长江	23,(129)	图们江	275
扬子江	(23)	豆满江	(275)
雅砻江	305	珠江	338
若水	(305)	粤江	(338)
小金沙江	(305)	西江	290
鸦砻江	(305)	红水河	109
金沙江	133	北江	10
绳水	(133)	东江	53
泸水	(133)	钱塘江	197
岷江	171	浙江	(197)
沱江	281	新安江	299
外江	(281)	富春江	75
嘉陵江	126	瓯江	184
阆水	(126)	闽江	171

大甲溪	38	札赉诺尔	(111)
[西南诸河]		太湖	264
雅鲁藏布江	305	震泽	328,(140),(264)
怒江	183	具区	140,(264)
潞江	(183)	笠泽	154,(140),(264),(328)
澜沧江	150	巢湖	25
元江	320	焦湖	(25)
塔里木河	263	高邮湖	81
额尔齐斯河	61	樊良湖	(81)
[国际河流]		新开湖	(81)
印度河	313	滇池	50
恒河	108	昆明湖	(50)
圣河	(108)	昆明池	149,(50)
底格里斯河	46	日月潭	207
幼发拉底河	316	龙湖	(207)
湄公河	169	[国外湖泊]	
叶尼塞河	308	咸海	292
伏尔加河	73	贝加尔湖	10
第聂伯河	49	北海	(10)
莱茵河	150	日内瓦湖	206
多瑙河	59	莱蒙湖	(206)
泰晤士河	264	维多利亚湖	284
太晤士河	(264)	坦噶尼喀湖	265
尼罗河	175	马拉维湖	166
刚果河	77	尼亚萨湖	(166)
扎伊尔河	(77)	尼加拉瓜湖	175
尼日尔河	175	马拉开波湖	166
亚马逊河	305	大湖区	37
密西西比河	170	**流域**	160
巴拉那河	3	[中国部分]	
湖泊	112	长江流域	24
[中国湖泊]		长江三角洲	24
青海湖	199	长江中下游平原	24
库库诺尔	(199)	长江三峡	24
西海	(199)	四川盆地	260
鄱阳湖	193	黄河流域	117
彭蠡泽	(193)	三门峡	211
彭泽	(193)	渭河平原	285
彭湖	(193)	关中平原	(285)
洞庭湖	56	关中盆地	(285)
洪泽湖	111	华北大平原	114
破釜塘	(111)	黄淮海平原	117
洪泽浦	(111)	淮河流域	116
呼伦湖	111	海河流域	96
呼伦池	(111)	辽河流域	157

松花江流域	261	大野泽	39,(140)
珠江流域	338	大陆泽	38
珠江三角洲	338	巨鹿泽	140,(38)
[国外部分]		广阿泽	(38)
恒河三角洲	108	荥泽	314
恒河-布拉马普特拉河三角洲	(108)	九河	139
美索不达米亚平原	170	九江	139
两河流域	(170)	四渎	260
西西伯利亚平原	290	三江	210
东欧平原	54	五湖	289
俄罗斯平原	(54)	钱江大潮	196
尼罗河三角洲	175	钱塘潮	196
亚马逊平原	305	海宁潮	97,(196)
[中国水利史]		[水势]	
[总论]		信水	300
泽	322	客水	144
薮	261	水汛	256
浸	134	溜	161
潦	157	淦	77
池	29	分溜	70
塘	265	夺溜	60
渎	57	掣溜	(60)
渠	201	夺流	(60)
渠水	202	顶冲	53
渊水	319	上提	215
川水	33	下坐	292
经水	136	下挫	(292)
枝水	331	里卧	153
谷水	88	内注	(153)
[古代水系]		外移	282
江水	129	掏底	266
河水	106	搜根溜	(266)
淮水	116	侧注	21
济水	124	扫湾	212
漯水	165	倒灌	43
漯川	165	倒漾水	(43)
震泽	328,(140),(264)	打阵	36
笠泽	154,(140),(264),(328)	晾脊	156
具区	140,(264)	晾底	156
蠡湖	153,(140),(328)	迎溜	313
彭蠡	189	迎面	(313)
云梦	321	兜湾	56
圃田泽	194	入袖	208
甫田	74,(194)	上展	215
巨野泽	140	下展	292

刳岸	323	漕河	20
刳岸水	(323)	漕渠	(20)
抹岸	173	盘坝	187
抹岸水	(173)	盘驳	(187)
塌岸	263	盘剥	(187)
塌岸水	(263)	水平	249
瀹卷	321	辨土脉	15
瀹卷水	(321)	试锥	224
径窊	139	锥探	(224)
拽白	339	川字河	33
明滩	(339)	鸡爪河	(33)
荐浪水	128	放淤	67
笃浪水	(128)	隄	45
漫滩水	168	防	65
漫水	(168)	陂	10
串沟水	34	潴[豬,瀦]	339
窜沟水	(34)	堰[隁]	307
陡涨	56	竭	61
陡长	(56)	埭	40
消落	296	埝	181
治河工程	332	激	124
河工	102	激堤	(124)
河防	102	矶头	122
疏	224	矶	(122)
导	42	塀	6
湮	305	石砝	222
障	325	水淡	(222)
决[決]	140	水砝	(222)
决口	141	天平	267
改道	76	虚堤	301
分流	70	石船堤	221
合流	100	玲珑坝	158
分水之制	70	挑水坝	272
分水河	70	挑坝	(272)
引河	312	顺水坝	259,(122)
挑流	271	迎水坝	313,(259)
挑水	(271)	鸡嘴坝	122,(259)
挑溜	(271)	马头顺坝	(259)
一石水六斗泥	309	鱼鳞坝	317
筑垣居水	339	扇面坝	214
束水攻沙	225	领水坝	158
不与水争地	19	束水坝	225
水狠	252	对口坝	58
漕	20	对坝	(58)
漕运	20	减水坝	127

滚水石坝	95,(127)	茨防	(212)
车船坝	27	枲	(212)
鱼鳞石塘	317	梢料	215
条块石塘	269	卷埽法	140
抢险石塘	198,(269)	厢埽法	294
丁由石塘	52	捆厢法	149,(294)
竹笼石塘	339	软厢	209
竹络石塘	(339)	搂厢	(209)
柴塘	22	顺厢	259
盘头	187	丁厢	52
鱼嘴	318	木龙	173
铧嘴	115	浚川耙	141
水门	248,(235)	浚川杷	(141)
陡门	56	糯米石灰浆	184
斗门	56	**农田水利**	182
牐	324	围田	284
碑	196	基围	123
复闸	75	堤围	(123)
套闸	266	沟	86
水柜	237	沟洫	86
水澳	227	沟浍	86
澳	(227)	沟渎	86
澳闸	2	洫	301
水窦	235	甽	328
水门	(235)	畎	204
泾函	135	遂	261
飞槽	68	浍	148
飞渠	(68)	列	157
架槽	(68)	井田	137
渴乌	144	斥卤	29
竹笼	339	舄卤	(29)
竹落	(339)	潟卤	(29)
竹络	339	泽卤	(29)
石囤	221	填淤	269
木柜	173	填阏	(269)
坦水	265	**[水政机构]**	
排桩	186	司空	260
马牙桩	166,(186)	水工	236
梅花桩	169	水令	245
骑马桩	195	水部	230
枵槎	167	都水监	57
闭水三脚	(167)	河堤谒者	102
木马	(167)	渠堰使	203
籧篨	203	总理河道	344
埽工	212	总河	(344)

河道总督	101	阳渠	307
水则	256	汴渠	14
水志	(256)	汳水	(15)
撩浅军	157	汴水	(15)
[水力机械]		汴河	(15)
翻车	63	白沟	6
龙骨水车	162,(63)	平虏渠	192
水转筒车	257	泉州渠	204
高架筒车	80	利漕渠	153
高转筒车	(80)	破岗渎	194
水磨	248	上容渎	215
水碾	(248)	练湖	155
水砣	252,(248)	练塘	(155)
水转连磨	257	浙东运河	327
水碓	235	西兴运河	(327)
水排	249	丰兖渠	71
水转纺车	257	广通渠	94
恒升	108	富民渠	(94)
[古代治水工程]		山阳渎	214
大禹治水	39	通济渠	273
禹河故道	318	永济渠	315
金堤	133	江南运河	129
瓠子堵口	114	江南河	(129)
九穴十三口	139	升原渠	220
浮山堰	74	胶莱运河	131
淮堰	(74)	御河	319
高家堰	80,(111)	埕城坝	80
清口	200	济州河	125
泗口	(200)	会通河	118
铜瓦厢改道	274	闸河	323
花园口决口	114	牐河	(323)
花园口堵口	114	通惠河	272
胥溪	301	大通河	(272)
邗沟	98	戴村坝	40
鸿沟	111	南旺分水	175
济淄运河	125	南阳新河	175
灵渠	157	泇河	126
陡河	(157)	泇运河	(126)
兴安运河	(157)	中运河	335
关中漕渠	89	中河	(335)
昆明池	149,(50)	扬州五塘	307
狼汤渠	150	里运河	153
蒗荡渠	(150)	京杭运河	135
莨荡渠	(150)	京杭大运河	(135)
浚仪渠	304	大运河	(135)

引漳十二渠	313	潕水	70
西门豹渠	(313)	天平渠	267
芍陂	216	万金渠	(267)
安丰塘	(216)	六门堰	161
智伯渠	333	鼓堆泉水	88
塘浦围田	265	通济堰	273
督亢陂	57	东钱湖	54
白起渠	7	西湖	(54)
郑国渠	330	万金湖	(54)
都江堰	56	长渠	24
枋口堰	65	百里长渠	(24)
枋堰	(65)	广德湖	94
龙首渠	162	钱塘湖	196
坎儿井	142	绛州渠	130
坎井	(142)	李渠	152
卡井	(142)	孟渎	170
湔江堰	127	孟河	(170)
成国渠	29	右史堰	316
灵轵渠	158	它山堰	263
河西古渠	107	广济渠	94
六辅渠	161	汉渠	99
白渠	7	三白渠	209
白公渠	(7)	木兰陂	173
钳卢陂	197	三利溪	210
六门陂	161	永丰圩	315
六门碣	(161)	桑园围	212
六门堰	161	秦渠	199
鸿隙陂	111	秦家渠	(199)
山河堰	213	松花坝	260
唐徕渠	265	芙蓉圩	73
唐来渠	(265)	三江闸	210
唐渠	(265)	应宿闸	(210)
汉延渠	99	八堡圳	3
太白渠	263	浊水圳	(3)
鉴湖	128	施厝圳	(3)
长湖	(128)	惠农渠	118
镜湖	(128)	察布查尔渠	22
天井堰	267	通惠渠	272
赤山塘	30	曹公圳	20
赤山湖	(30)	后套八大渠	111
绛岩湖	(30)	莲柄港	155
戾陵堰	154	嘉南大圳	126
车厢渠	27	泾惠渠	135
龟塘	95	民生渠	171
艾山渠	1	洛惠渠	165

渭惠渠	285	《通惠河志》	272
陕西八惠	214	《北河纪》	10
海塘	97,(100)	《南河志》	174
防海塘	65	《居济一得》	140
防海大塘	(65)	《山东全河备考》	213
捍海塘	100	《山东运河备览》	213
捍海堰	100	《畿辅安澜志》	123
钱塘江海塘	197	《永定河志》	315
浙西海塘	327	《畿辅水利四案》	124
浙东海塘	327	《畿辅河道水利丛书》	123
江南海塘	129	《四明它山水利备览》	260
范公堤	65	《长安志图·泾渠图说》	23
[典籍]		《浙西水利书》	327
《史记·河渠书》	223	《三吴水利录》	211
《汉书·沟洫志》	99	《吴中水利全书》	289
《宋史·河渠志》	261	《灌江备考》	92
《金史·河渠志》	133	《两浙海塘通志》	156
《元史·河渠志》	320	《泾渠志》	136
《明史·河渠志》	172	《西域水道记》	290
《清史稿·河渠志》	200	《江南水利全书》	129
《山海经》	213	《荆州万城堤志》	136
《尚书·禹贡》	215	《水部式》	230
《水经》	238	《农田水利约束》	183
《水经注》	238	《农田利害条约》	(183)
《行水金鉴》	300	《河防令》	102
《水道提纲》	231	《农政全书》	183
《河防通议》	102	[水文和水资源]	
《治河图略》	332	陆地水文学	163
《至正河防记》	332	[总论]	
《问水集》	287	水文循环	255
《治水筌蹄》	332	水分循环	(255)
《河防一览》	102	外循环	282
《河防述言》	102	大循环	(282)
《治河方略》	332	内循环	174
《治河书》	(332)	小循环	(174)
《张公奏议》	325	水体更新速度	251
《河防志》	102	水文要素	255
《回澜纪要》	118	水量平衡	245
《安澜纪要》	1	水文情势	254
《河干问答》	102	水文混合	253
《南河成案》	174	干旱区	76
《河工器具图说》	102	湿润区	221
《黄运河口古今图说》	117	干旱指数	76
《豫河志》	319	外流区	281
《漕河图志》	20	内流区	174

无流区	289		台风雨	263
热量平衡	205		地形雨	49
太阳辐射	264		梅雨	169
太阳常数	264		霉雨	(169)
日照	207		雷雨	151
反射率	64		暴雨	9
[流域和水系]			霪雨	312
河流	104		阵雨	328
河流分级	104		雪	303
分水线	70		霰	293
分水岭	(70)		雪丸	(293)
河流分汊比	104		软雹	(293)
河流面积定律	105		雹	8
河长定律	100		冰雹	(8)
河流数定律	105		雹块	(8)
流域	160		露	163
流域面积	160		霜	227
集水面积	(160)		蒸发	328
流域面积增长图	160		水面蒸发	248
流域面积高程曲线	160		土壤蒸发	279
流域延长系数	160		植物散发	331
河源	107		植物蒸腾	(331)
上游	215		潜水蒸发	197
中游	335		流域总蒸发	161
下游	292		流域蒸散发	(161)
河口	103		蒸发能力	329
河床	101		实际蒸散发	222
落差	165,(251)		蒸发潜热	329,(231)
比降	13		汽化潜热	(329)
急滩	124		水汽压	250
瀑布	194		饱和水汽压差	8
河网	106		相对湿度	293
水系	256,(106)		波温比	17
河网密度	106		下渗	291
干流	77		入渗	(291)
支流	331		渗润	219
岔流	22		渗漏	219
分流	70		渗透	219
降水	130		下渗锋面	291
雨	318		下渗曲线	291
对流雨	59		下渗理论	291
气旋雨	196		河流水情	105
冷锋雨	152		河流水文情势	(105)
暖锋雨	183		汛期	303
静止锋雨	139		春汛	35

桃汛	266	波速	17
伏汛	73	汇流历时	118
秋汛	200	滞时	333
凌汛	158	产流历时	23
洪水	110	产流量	23
暴雨洪水	9	净雨	(23)
融雪洪水	208	径流成因公式	137
枯水	147	流量	158
河流水量补给	105	径流总量	139
河流水源	(105)	径流深度	138
流量过程线	158	径流系数	138
流量过程线分割	159	径流模数	138
直接径流	331	模比系数	172
地面径流	(331)	径流变率	(172)
基流	123	[土壤水和地下水]	
退水曲线	281	饱和含水量	8
水力联系	242	墒情	214
常流水	25	孔隙度	146
间歇性河流	128	孔隙率	(146)
季节河	(128)	给水度	125
径流形成过程	138	基膜势	123
径流	137	水力传导度	241
暴雨径流	9	渗透系数	220,(241)
降雨损失	130	扩散度	149
植物截留	331	扩散系数	(149)
填洼	269	扩散率	(149)
茎流	135	滞后现象	333
坡地漫流	193	毛管现象	169
超渗坡面流	25	毛管上升带	168
饱和坡面流	8	地下水	48
回流	118	潜水	197
壤中流	205	承压水	29
表层流	16,(205)	岩溶水	306
地下径流	48	喀斯特水	(306)
产流面积	23	孔隙水	146
产流方式	23	裂隙水	157
超渗产流	25	地下水位	49
蓄满产流	302	地下水补给	48
饱和产流	8	栖息地下水	195
流域汇流	160	上层滞水	(195)
洪水波	110	包气带	8
运动波	322	非饱和带	(8)
扩散波	149	含水层	98
惯性波	90	泉	204
动力波	54	**河流冰情**	104

水内冰	249	贫营养湖	191
深冰	(249)	富营养湖	75
封河期	72	淡水湖	41
岸冰	2	咸水湖	292
冰凇	(2)	盐湖	306
封冻	72	外流湖	281
淌凌	265	内陆湖	174
流冰	(265)	湖水水色	112
清沟	200	湖水透明度	113
冰塞	17	湖泊逆温层	112
冰盖	17	温跃层	285
开河期	142	温斜层	(285)
冰坝	16	湖水混合	112
解冻	133	湖流	112
开河	142,(133)	重力流	337
[融雪径流和冰川]		吞吐流	(337)
积雪	123	定振波	53
雪被	(123)	波漾	(53)
雪盖	(123)	湖泊环流	112
融雪	208	增减水	323
融解热	207	湖泊沉积	112
融雪出水量	208	沼泽	325
融雪径流	208	沼泽化	326
雪线	303	高位沼泽	81
冰川	16	贫营养沼泽	(81)
大陆冰盖型冰川	38	中位沼泽	334
大陆冰盖	(38)	中营养沼泽	(334)
大陆冰川	(38)	低位沼泽	44
山岳型冰川	214	富营养沼泽	(44)
山岳冰川	(214)	泥炭层水	178
冰斗冰川	17	沼泽资源	326
悬冰川	302	湖泊资源	112
山谷冰川	213	河口	103
冰川积累	16	河口区	103
冰川消融	17	三角洲	210
冰川运动	17	冲积平原	30
冰川径流	16	潮水河	26
[湖泊和沼泽]		平均潮位	192
湖泊	112	半潮位	7
构造湖	87	高潮位	80
火山湖	122	低潮位	44
堰塞湖	307	潮差	26
侵蚀湖	199	河口潮流	103
冰川湖	16	感潮河段	77
沉积湖	27	咸淡水混合	292

咸水楔	292	赤道潜流	30
河口泥沙	103	克伦威尔海流	(30)
泥沙	176	暖流	183
河流泥沙	105	寒流	99
流域产沙	160	湾流	282
流域侵蚀	160	黑潮	107
片状侵蚀	190	亲潮	199
沟状侵蚀	87	暖水环流	184
陷穴	293	冷水环流	152
滑坡	115	厄尔尼诺现象	61
崩塌	10	流玫瑰图	159
雨滴冲刷作用	318	海浪	97
径流冲刷	138	短波	58
泥沙颗粒级配	176	长波	23
水力粗度	241	风浪	71
推移质	280	涌浪	315
底沙	(281)	破浪	194
跃移质	321	拍岸浪	184
悬移质	302	海况	96
悬沙	(302)	波浪流	17
含沙量	98	内波	174
输沙量	225	死水	260
泥石流	178	海啸	98
黏性泥石流	180	津波	(98)
流状泥石流	161	风暴潮	71
海洋水文学	98	风暴增水	(71)
海水	97	气象海啸	(71)
海水水色	97	海洋潮汐	98
海水透明度	97	引潮力	312
海水盐度	97	潮流	26
海水温度	97	潮波	25
海水密度	97	半日潮	8
海冰	96	全日潮	204
海流	97	混合潮	119
梯度流	266	大潮	37
地转流	(266)	小潮	296
倾斜流	200	天文潮	267
密度流	170,(310)	气象潮	195
漂流	190	涌潮	315
吹流	(190)	潮汐调和分析	27
上升流	215	潮汐谐波分析	(27)
下降流	291	潮汐表	26
大洋环流	39	潮汐预报	27
赤道流	29	海水混合	97
赤道逆流	29	跃层	321

密度跃层	170
涡动混合	287
对流混合	59
水团	252
水层	230
水区	250
海平面	97,(192)
平均海平面	192
珠江零点	338
吴淞零点	289
废黄河零点	68
大沽零点	37
黄海零点	117
坎门零点	142
应用水文学	314
降雨径流关系	130
泰森多边形	264
区域平均降水量	201
净雨	(23)
平均损失率	192
初损	33
前期影响雨量	196
前期降雨指数	(196)
等流时线	44
时间面积图	222
单位过程线	40
单位线	(40)
瞬时单位线	259
时段单位线	222
S曲线	347
调蓄改正	270
洪流演算	109
马斯京根法	166
特征河长	266
槽蓄曲线	20
示储流量	223
河槽调蓄作用	100
相应水位	294
水文模型	253
确定性水文模型	204
水文概念模型	253
黑箱模型	108
集总参数模型	124
分布参数模型	69
连续模型	155
离散模型	152
新安江流域水文模型	299
斯坦福流域水文模型	260
水箱模型	256
串联水库模型	34
水文统计	254
概率	76
频率	191,(152)
大数定律	38
中心极限定理	334
概率分布	76
正态分布	330
高斯分布	(330)
水文频率曲线	253
皮尔逊Ⅲ型分布	190
极值分布	124
参数估计	20
适线法	224
极大似然法	124
矩法	140
总体	344
样本	307
均值	141
众数	335
中位数	334
均方差	141
抽样误差	32
不偏估计	18
置信区间	333
期望值	195
标准差	15
离差系数	152
偏态系数	190
水文过程	253
水文随机过程	254
时间序列	222
时间序列分析	222
平稳随机过程	192
各态历经过程	82
水文随机模型	254
马尔柯夫模型	165
自回归模型	341
滑动平均模型	115
自回归滑动平均模型	341
自回归滑动平均求和模型	341

统计试验方法	274		泥沙颗粒分析	176
水文测验	252		泥沙测验	176
水文测站	252		水文遥感技术	255
测站	(252)		水文调查	252
水文站网	255		洪水调查	110
站网规划	325		枯水调查	147
水情测报站网	250		**水文实验**	254
水文资料	255		代表流域	39
水文数据	(255)		实验流域	223
水文年度	253		**水文预报**	255
水文年鉴	253		水文情报	254
水文资料整编	256		水文预报方案	255
水位流量关系	252		预见期	318
雨量器	318		实时校正	222
自记雨量计	342		洪水警报	110
测雨雷达	21		实时联机水文预报	222
天气雷达	(21)		水库水文预报	240
蒸发器	329		施工预报	221
蒸渗仪	329		水文自动测报系统	256
入渗仪	208		**水文计算**	253
下渗仪	(208)		水文统计特征值	254
渗透仪	(208)		水文手册	254
人工降雨器	205		水文计算规范	253
中子仪	335		设计洪水计算规范	217
中子测水仪	335		水文图集	254
中子土壤湿度计	(335)		资料系列代表性	341
负压计	75,(325)		资料系列一致性	341
强力计	(75)		资料系列可靠性	341
张力计	325		水文统计特征值等值线图	254
水尺	231		水文比拟法	252
自记水位计	342		暴雨径流查算图表	9
回声测深仪	118		水文极值	253
超声波测深仪	(118)		几率格纸	124
流速仪	159		累积频率	152
水文缆道	253		设计频率	218
测流堰	21		设计洪水	217
量水堰	156,(21)		校核洪水	131
泥沙采样器	176		洪水频率分析	110
建筑物测流	128		洪水设计标准	110
流速仪测流	159		重现期	31
浮标测流	73		洪水统计特征	110
溶液法测流	207		年最大值法	179
稀释法	(207)		超定量法	25
水质监测	257		年超大值法	178
冰情观测	17		设计洪水过程线	217

同倍比放大	273	消落深度	296
同频率放大	273	兴利库容	300
峰量同频率放大	(273)	有效库容	316,(300)
峰量关系	72	工作库容	(300)
洪水地区组成	110	设计洪水位	217
分期设计洪水	70	防洪限制水位	67
历史洪水	153	校核洪水位	131
洪水痕迹	110	防洪库容	66
古洪水	87	水库水量损失	240
设计暴雨	216	淹没损失	305
暴雨点面关系	9	水库淤积	241
暴雨强度公式	9	水库寿命	240
暴雨时面深关系	9	水库使用年限	(240)
暴雨强度历时频率关系	9	异重流	310
暴雨统计特征	10	水库调度图	239
设计雨型	218	水库洪水调节	239
设计暴雨地区分布	217	防破坏线	67
站年法	325	保证供水线	(67)
推理公式	280	防洪调度线	66
综合单位线	343	防弃水线	67
概化过程线	76	加大供水线	(67)
可能最大暴雨	144	限制出力线	293
水文气象法	253	安全超高	1
可降水量	143	径流调节	138
暴雨组合	10	径流调节时历法	138
暴雨移置	10	长系列操作法	(138)
可能最大洪水	144	径流调节典型年法	138
设计年径流	218	日调节水库	207
年径流	179	年调节水库	179
设计径流年内分配	217	多年调节水库	60
枯季径流	147	补偿调节	18
低水	(147)	反调节	64
径流还原计算	138	调节流量	270
水利计算	243	有效库容	316,(300)
综合需水图	343	常累积曲线	25
流量历时曲线	159	累积曲线	(25)
水库防洪标准	239	差累积曲线	22
水库特性资料	240	差积曲线	(22)
库容曲线	147	年调节库容	179
泄流曲线	299	年库容	(179)
水库特征水位	240	多年调节库容	60
死水位	260	多年库容	(60)
正常蓄水位	330	调洪演算	269
正常高水位	(330)	动库容调洪演算	54
设计蓄水位	(330)	下游防洪标准	292

地区防洪标准	（292）		警戒水位	137
大坝防洪标准	36		防洪保证水位	65
入库洪水	208		分洪水位	69
库群调节	147		堤防设计水位	45
水库群	240		防凌措施	67
水利系统	244		破冰	194
优化调度	315		破冰船	194
约束条件	321		**防洪工程**	66
目标函数	173		分洪工程	69
线性规则	293		蓄洪工程	301
整数规划	329		滞洪区	333
混合整数规划	120		分洪区	69
非线性规划	68		荆江分洪区	136
动态规划	55		黄河东平湖分洪区	117
随机动态规划	261		减河	127
兴利调度	300		分洪道	（127）
防洪调度	66		独流减河	57
防洪兴利联合调度图	67		行洪区	300
蓄清排浑	302		洪泛区	109
引洪淤灌	312		城市防洪工程	29
水库滋育化	241		排洪渠	185
水资源	258,（245）		谷坊	87
总水资源	344		闸山沟	（87）
水资源系统	259		沙土坝	（87）
水资源系统分析	259		垒坝阶	（87）
水资源评价	258		堤	45
水资源规划	258		遥堤	308
水资源管理	258		缕堤	164
水资源保护	258		格堤	81
水资源分区	258		隔堤	（81）
水图	251		月堤	321
地表水资源	46		越堤	（321）
地下水资源	49		子堤	341
冰川水资源	16		子埝	（341）
三水转化	211		戗堤	198
世界水资源	223		刺水堤	35
中国水资源	333		丁坝	52,（35）
防洪工程	66		截流堤	132
洪水	110		民埝	171
山洪	213		生产埝	（171）
溃坝洪水	149		行洪埝	（171）
防洪措施	66		套堤	（171）
防洪标准	66		圩垸	283,（171）
安全泄量	1		官堤	89
设防水位	216		马头	166,（259）

17

锯牙	140	河川水利枢纽	101
黄河大堤	117	防洪枢纽	66
荆江大堤	136	水力发电枢纽	242
黄广大堤	117	航运枢纽	100
同马大堤	273	取水枢纽	203
无为大堤	289	引水枢纽	313,(203)
福隆堤	74	取水首部	203
水矶堤	238	水利枢纽分等	244
洪泽湖大堤	111	水利枢纽布置	244
高家堰	80,(111)	综合利用水利枢纽	343
归江十坝	95	挡水建筑物	41
归海五坝	95	泄水建筑物	299
运河东堤	322	取水建筑物	203
运河西堤	322	引水建筑物	313
永定河大堤	314	输水建筑物	225
防汛	67	专门水工建筑物	339
汛	303	整治建筑物	329
洪水调度	110	水工建筑物分级	236
防守与抢险	67	**[水工建筑物安全系数]**	
渗水抢险	219	安全超高	1
管涌抢险	89	抗滑稳定安全系数	143
漏洞抢险	163	抗倾稳定安全系数	143
跌窝抢险	52	纵向弯曲稳定安全系数	344
坍塌抢险	264	强度安全系数	198
脱坡抢险	281	抗拉安全系数	143
漫溢抢险	168	抗压安全系数	143
断裂抢险	58	**水工建筑物荷载**	236
滑动抢险	115	水工建筑物自重	237
倾倒抢险	200	静水压力	139
风浪抢险	71	动水压力	55
堤防堵口	45	扬压力	307
裹头	95	冰压力	17
立堵	153	浪压力	151
平堵	191	淤沙压力	317
混合堵	119	脉动压力	167
合龙	100	地震作用	49
闭气	13	温度作用	285
防洪非工程措施	66	滑坡涌浪	115
防汛组织	67	涌波	(115)
防洪法规	66	荷载组合	107
美国防洪法	169	**设计阶段**	217
日本防洪法	206	可行性研究报告	144
水工建筑物	236	初步设计	33
[总论]		技术设计	125
水利枢纽	243	施工图设计	221

坝	3	水坠坝	258
拦河坝	150,(3)	自流式冲填坝	(258)
挡水坝	41,(3)	水中倒土坝	257
大坝	36	土中灌水坝	280
小坝	296	尾矿坝	284
高坝	80	溢流土坝	311
中坝	333	过水土坝	96,(311)
低坝	44	坝顶	3
溢流坝	310	防浪墙	67
滚水坝	95,(310)	心墙	299
非溢流坝	68	黏土心墙	180
闸坝	323	沥青混凝土心墙	154
活动坝	121	钢筋混凝土心墙	79
当地材料坝	41	黏土截水墙垫座	179
土石坝	280	斜墙	298
砌石坝	196	黏土斜墙	180
混凝土坝	120	沥青混凝土斜墙	154
钢筋混凝土坝	78	钢筋混凝土斜墙	79
碾压混凝土坝	181	沥青混凝土面板	153,(154)
预应力混凝土坝	319	钢筋混凝土面板	79
装配式坝	340	黏土铺盖	180
木坝	173	黏土截水槽	179
橡胶坝	294	混凝土防渗墙	120
尼龙坝	175	土坝排水	276
主坝	339	表面式排水	16
副坝	75	贴坡排水	272,(16)
自溃坝	342	堆石棱体排水	58
土坝	275	褥垫式排水	208
均质土坝	141	水平排水	250,(208)
单种土质坝	41,(141)	管式排水	89
多种土质坝	60	上昂式排水	214
心墙坝	299	组合式排水	345
黏土心墙坝	180	反滤层	64
沥青混凝土心墙坝	154	反滤料	64
钢筋混凝土心墙坝	79	减压井	127
斜墙坝	298	排渗沟	185
黏土斜墙坝	180	坝趾压重	6
沥青混凝土斜墙坝	154	天然铺盖	267
钢筋混凝土斜墙坝	79	土坝护坡	276
面板坝	171	土坝草皮护坡	275
钢筋混凝土面板坝	79	土坝堆石护坡	275
钢筋混凝土斜墙坝	79	土坝砌石护坡	276
沥青混凝土面板坝	153,(154)	混凝土预制板护坡	121
碾压式土石坝	181	戗台	198
水力冲填坝	241	马道	165,(198)

土坝渗流分析	276	拱形重力坝	85
浸润线	134	预应力重力坝	319
渗流出逸坡降	219	溢流重力坝	311
渗透力	220	非溢流重力坝	68
孔隙水压力	146	坝内廊道	4
渗透变形	219	灌浆廊道	92
管涌	89	排水廊道	186
流土	159	检查廊道	127
接触流土	131	观测廊道	89
接触冲刷	131	交通廊道	130
接触管涌	131	导墙	42
土坝坝坡稳定分析	275	水工建筑物分缝	236
圆弧滑动分析法	320	横缝	108
瑞典法	209	纵缝	344
瑞典条分法	(209)	斜缝	297
毕肖普法	13	沉陷缝	28
折线滑动分析法	327	温度缝	285
复式滑动面分析法	75	伸缩缝	(285)
改良圆弧法	76,(75)	永久缝	315
土工织物	276	施工缝	221
土工膜	276	止水	332
土料设计	277	坝身排水管	5
设计干堆积密度	217	坝基排水孔	4
最优含水量	345	通气孔	273
土石混合坝	280	平压管	193
照谷社型坝	326	坝顶溢流	3
蓑衣坝	262	表孔	16
硬壳坝	314	坝身泄水孔	5
框格填碴坝	148	有压泄水孔	316
堆石坝	58	无压泄水孔	289
抛填堆石坝	188	中孔	334
碾压堆石坝	181	深孔	219
定向爆破堆石坝	53	底孔	46
心墙堆石坝	299	冲刷坑	30
斜墙堆石坝	298	消能防冲设施	296
面板堆石坝	171	消能方式	296
过水堆石坝	96	底流消能	46
干砌石坝	77	水跃消能	256,(46)
浆砌石坝	129	挑流消能	271
浆砌石重力坝	130	面流消能	171
浆砌石拱坝	130	戽流消能	113
重力坝	335	窄缝式消能	325
实体重力坝	223	消能工	296
空腹重力坝	145	消力池	295
宽缝重力坝	148	消能塘	296,(295)

静水池	139,(295)	水平拱法	(35)
趾墩	332	拱梁分载法	85
尾槛	284	拱坝试荷载法	84
挑流鼻坎	271	拱冠梁法	85
消力戽	295	拱坝三维有限元法	83
戽式消力池	113	拱坝坝肩稳定分析	83
宽尾墩	148	拱坝泄水孔	84
收缩式消能工	224	滑雪道式溢洪道	115
窄缝挑坎	325	对冲消能	58
重力坝基本剖面	336	二道坝	61
重力坝实用剖面	336	支墩坝	331
克-奥剖面	144	平板坝	191
WES剖面	347	溢流平板坝	311
重力坝抗滑稳定分析	336	连拱坝	154
重力坝应力分析	336	大头坝	39
温度应力	285	大体积支墩坝	39
热应力	(285)	单支墩大头坝	41
温度控制	285	双支墩大头坝	227
入仓温度	208	溢流大头坝	310
拱坝	83	梯形坝	266
薄拱坝	8	反向坝	64
重力拱坝	336	多跨球形坝	59
单拱坝	40	拱筒	85
双曲拱坝	226	加劲梁	126
穹形拱坝	(226)	**坝型选择**	6
等半径拱坝	44	**岩基处理**	305
等中心角拱坝	44	岩基开挖	306
三心拱坝	211	固结灌浆	88
边铰拱坝	14	帷幕灌浆	284
溢流拱坝	311	接触灌浆	131
空腹拱坝	145	预应力锚索	319
贴角拱坝	272	锚筋桩	169
拱坝垫座	83	抗滑混凝土洞塞	143
鞍座	(83)	断层破碎带处理	58
拱坝周界缝	84	岩溶处理	306
拱坝重力墩	84	岩基排水	306
封拱灌浆	72	**水闸**	257
止浆片	332	分洪闸	69
拱坝布置	83	挡潮闸	41
拱坝最优中心角	84	进水闸	134
拱坝经济中心角	(84)	取水闸	(134)
拱坝厚高比	83	引水闸	(134)
拱坝应力分析	84	渠首闸	(134)
圆筒法	320	退水闸	281
纯拱法	35	泄水闸	299

排水闸	186	侧向绕流	(2)
拦河闸	150	边墩绕流	(2)
节制闸	132	折冲水流	326
分水闸	70	波状水跃	18
冲沙闸	30	水闸边荷载	257
排沙闸	(30)	倒置梁法	43
浮体闸	74	基床系数法	123
装配式水闸	340	垫层系数法	(123)
浮运式水闸	74	沉陷系数法	(123)
套闸	266	弹性地基梁法	264
船闸	33	地基容许承载力	47
闸室	324	塑性开展区	261
闸底板	323	临塑荷载	157
平底板	191	**软基处理**	208
反拱底板	64	换土垫层法	116
闸墩	323	预压法	318
边墩	14	预压加固法	(318)
岸墙	2	砂井预压法	213
翼墙	311	强夯法	198
刺墙	35	桩基础	340
胸墙	301	**挡土墙**	41
齿墙	29	重力式挡土墙	337
排水孔	186	悬臂式挡土墙	302
工作桥	82	扶壁式挡土墙	73
辅助消能工	74	空箱式挡土墙	146
护坦	113	连拱式挡土墙	154
消力墩	295	**溢洪道**	310
消力槛	295	河床溢洪道	101
海漫	97	河岸溢洪道	100
防冲槽	65	开敞式河岸溢洪道	142
消能裙板	296	陡槽溢洪道	(142)
防冲板	(296)	正槽溢洪道	330
防淘墙	67	侧槽溢洪道	21
防冲墙	(67)	井式溢洪道	137
铺盖	194	墨西哥型溢洪道	173
阻滑板	344	虹吸式溢洪道	109
板桩	7	非常溢洪道	68
地下轮廓线	48	应急溢洪道	314,(68)
直线比例法	331	控制堰	146
直线法	(331)	驼峰堰	281
勃莱法	18	机翼形堰	122
莱因法	150	环形堰	116
流网法	159	泄槽	298
阻力系数法	344	陡槽	56,(298)
岸边绕渗	2	收缩段	224

扩散段	149	消能水箱	296,(295)
异形鼻坎	310	压力消能工	304
掺气抗蚀设施	23	平台扩散消力塘	192
掺气坎	22	多级孔板消能工	59
掺气槽	22	中间闸室	334
水工隧洞	237	山岩压力	214
无压隧洞	289	弹性抗力	264
明流隧洞	172,(289)	隧洞内水压力	262
有压隧洞	316	隧洞外水压力	262
泄水隧洞	299	灌浆压力	92
引水隧洞	313	洞顶压力余幅	56
输水隧洞	225	洞顶净空余幅	55
泄洪隧洞	299	明满流过渡	172
排沙隧洞	185	**涵洞**	99
泄洪排沙隧洞	298	有压式涵洞	316
龙抬头泄洪排沙隧洞	162	无压式涵洞	289
尾水隧洞	284	管形涵洞	89
导流隧洞	42	箱形涵洞	294
排漂隧洞	185	盖板式涵洞	76
竖井式进水口	225	拱形涵洞	85
塔式进水口	263	角墙式进口	131
岸塔式进水口	2	反翼墙走廊式进口	(131)
斜坡式进水口	298	八字形斜降墙式进口	3
拦污栅	150	**坝下埋管**	6
清污机	200	上埋式涵管	215
拦鱼网	150	沟埋式涵管	86
圆形隧洞	320	涵管垫座	99
直墙拱顶隧洞	331	截流环	133
城门洞形隧洞	29,(331)	斜拉式进水口	298
马蹄形隧洞	166	斜插闸门式进水口	(298)
高壁拱形隧洞	80	卧管式进水口	287
升顶式卵形隧洞	220,(80)	分层式进水口	69
卵形隧洞	164	**取水首部**	203
渐变段	128	无坝取水	288
隧洞衬砌	262	引渠式取水	312
抹面衬砌	173	有坝取水	316
平整衬砌	193,(173)	沉沙槽式取水	28
混凝土衬砌	120	人工弯道式取水	205
钢筋混凝土衬砌	79	分层式取水	69
预应力衬砌	319	底栏栅式取水	46
装配式衬砌	340	虹吸式取水	109
钢板衬砌	78	**沉沙池**	28
喷锚支护	189	定期冲洗式沉沙池	53
回填灌浆	118	间断冲洗式沉沙池	(53)
消力井	295	连续冲洗式沉沙池	154

沉沙条渠	28
人工环流	205
导流屏	42
导流盾	(42)
导砂坎	43
导砂槽	42
截沙槽	(43)
过坝建筑物	95
过木建筑物	96
筏道	63
过木机	96
漂木道	190
过木索道	96
过鱼建筑物	96
鱼道	317
池式鱼道	29
斜槽式鱼道	297
隔板式鱼道	81
加糙槽式鱼道	125
竖缝式鱼道	225
旦尼尔式鱼道	41,(125)
淹没孔口式鱼道	305
堰式鱼道	307
鱼梯	317
鱼闸	318
竖井式鱼闸	226
斜井式鱼闸	297
水力升鱼机	242,(318)
升鱼机	220
诱鱼设备	317
闸门	323
工作闸门	82
主闸门	(82)
检修闸门	127
叠梁闸门	52
事故闸门	223
快速闸门	148
定轮闸门	53
滑动闸门	115
平面闸门	192
弧形闸门	112
扇形闸门	214
双曲扁壳闸门	226
舌瓣闸门	216
拱形闸门	85

人字闸门	206
横拉闸门	108
圆辊闸门	320
圆筒闸门	320
环形闸门	116
浮箱闸门	74
屋顶闸门	288
翻板闸门	63
双扉闸门	226
升卧闸门	220
钢闸门	80
木闸门	173
钢丝网水泥闸门	79
水力自动闸门	242
浮体闸门	74
表孔闸门	16
深孔闸门	219
阀门	63
锥形阀	340
针形阀	327
空注阀	146
球形阀	200
蝴蝶阀	113
闸门止水	324
水封	(324)
闸门埋设件	324
胶合层压木滑道	131
闸门挂钩梁	324
闸门充水阀	324
平压阀	(324)
闸门锁定器	324
闸门启闭机	324
闸门启闭力	324
卷扬式启闭机	140
螺杆式启闭机	164
液压式启闭机	309
移动式启闭机	309
渠道	201
干渠	77
支渠	331
配水渠道	(331)
斗渠	56
农渠	181
毛渠	169
渠系建筑物	202

配水建筑物	188	欧拉数	184
交叉建筑物	130	拉格朗日数	150
渡槽	57	马赫数	166
梁式渡槽	155	斯特鲁哈数	260
拱式渡槽	85	柯西数	143
桁架拱渡槽	108	卡门数	142
U形薄壳渡槽	347	空化数	145
斜拉式渡槽	297	初生空化数	33
倒虹吸管	43	空蚀数	145
斜管式倒虹吸管	297	相似指标	293
竖井式倒虹吸管	225	正态相似	330,(124)
桥式倒虹吸管	198	变态相似	15
落差建筑物	165	比拟相似	13
跌水	52	方程分析法	65
陡坡	56	因次分析法	311
水工模型试验	237	量纲分析法	155
模型相似理论	172	傅里叶规则	75
几何相似	124	瑞利法	209
正态相似	330,(124)	π定理	347
运动相似	322	布金汉π定理	(347)
动力相似	55	**[水工水力学模型试验]**	
相似常数	293	正态模型试验	330
相似比尺	293	变态模型试验	15
相似定数	293	定床模型试验	53
相似准则	294	动床模型试验	54
谐时准则	298	常压模型试验	25
斯特鲁哈准则	260,(298)	减压模型试验	127
阻力相似准则	345	自动模型区	341
重力相似准则	337	糙率控制	20
弗劳德准则	73,(337)	糙率校正	20
黏滞力相似准则	180	减压箱	128
雷诺准则	151,(180)	循环水洞	303
流体压力相似准则	159	水洞	(303)
欧拉准则	184,(159)	气流模型试验	195
表面张力相似准则	16	风洞	71
韦伯准则	283,(16)	电模拟	51
弹性力相似准则	265	系列模型试验	291
柯西准则	143,(265)	比尺效应	13
相似律	293	缩尺影响	(13)
相似准数	294	模型验证试验	172
相似判据	293,(294)	**水工结构模型试验**	237
牛顿数	181	结构静力模型试验	132
弗劳德数	73	结构动力模型试验	132
雷诺数	151	整体结构模型试验	329
韦伯数	283	断面结构模型试验	58

地质力学模型试验	49
脆性材料结构模型试验	35
偏光弹性模型试验	190
软胶模型试验	209
水工建筑物原型观测	237
变形观测	15
水平位移观测	250
视准线法	224
正垂线法	330
倒垂线法	43
引张线法	313
铅直位移观测	196
竖向位移观测	(196)
沉陷观测	28
土坝固结观测	275
混凝土伸缩缝观测	121
裂缝观测	157
渗透观测	220
土工建筑物渗透观测	276
浸润线观测	134
渗流量观测	219
绕渗观测	205
坝基渗压观测	4
渗水透明度观测	219
混凝土建筑物渗透观测	121
坝基扬压力观测	4
混凝土建筑物内部渗压观测	121
外水压力观测	282
混凝土坝应力观测	120
混凝土坝温度观测	120
土压力观测	280
土坝应力观测	276
混凝土建筑物接触土压力观测	121
土坝孔隙水压力观测	276
水流观测	245
水流形态观测	246
高速水流观测	80
大坝安全监控	36
大坝原型观测数据处理	37
大坝安全监控统计模型	36
大坝安全监控确定性模型	36
大坝安全监控混合模型	36
农田水利	182
[农田水利总论]	
水利	242
农田水利	182
水利土壤改良	244
农田基本建设	182
旱涝保收农田	99
旱涝碱综合治理	99
牧区水利	173
农业水利区划	183
国际灌溉排水委员会	95
土壤-植物-大气系统	279
土壤水	278
吸湿水	290
薄膜水	8
毛管水	169
重力水	337
土壤含水量	277
土壤水分常数	278
吸湿系数	291
最大吸湿量	(291)
凋萎系数	51
凋萎湿度	(51)
凋萎点	(51)
最大分子持水量	345
田间持水量	268
毛管断裂含水量	168
饱和含水量	8
全蓄水量	(8)
土壤水分特征曲线	278
持水曲线	(278)
土水势	280
土壤水吸力	279
PF值	347
张力计	325
负压计	(325)
中子测水仪	335
γ射线测水仪	347
电阻块水分计	51
压力薄膜仪	304
土壤水分运动基本方程	278
土壤水力传导度	279
土壤导水率	(279)
土壤水扩散度	279
土壤比水容量	277
土壤比水容度	(277)
土壤水的有效性	278
植物水分生理	332

作物需水特性		346
作物生理需水		346
作物生态需水		346
作物水分亏缺		346
作物需水临界期		346
作物耐旱能力		345
作物灌水生理指标		345
作物耐涝能力		346
干旱		76
土壤干旱		277
大气干旱		38
生理干旱		220
农田小气候		183
太阳辐射		264
日射		(264)
地面辐射		47
地表辐射		(47)
大气辐射		38
净辐射		139
吸收辐射		291
反射辐射		64
透射辐射		275
大气逆辐射		38
地面有效辐射		47
农田辐射平衡		182
农田辐射差额		(182)
农田净辐射		(182)
农田热量平衡		182
空气湿度		145
大气湿度		(145)
湿度		(145)
相对湿度		293
绝对湿度		141
露点温度		163
露点		(163)
水汽压		250
饱和水汽压		8
实际水汽压		222
水汽压力差		250
饱和差		(250)
水的汽化潜热		231
蒸发潜热		(231)
田间耗水量		268
作物需水量		346
叶面蒸腾		308
棵间蒸发		143
参照需水量		20
参考需水量		(20)
参考作物需水量		(20)
潜在需水量		197,(20)
作物系数		346
作物需水系数		347
作物需水量模比系数		346
稻田渗漏量		43
深层渗漏量		219
灌溉		90
灌溉制度		92
灌水定额		93
灌溉定额		90
综合灌溉定额		343
综合灌水定额		343
泡田		188
晒田		213
烤田		(213)
搁田		(213)
稻田适宜水层深度		43
稻田水量平衡		43
作物根系吸水层		345
土壤计划湿润层		277
土壤适宜含水量		278
地下水利用量		49
有效降雨量		316
旱田水量平衡		99
播前灌溉		18
储水灌溉		33
差缺灌溉		22
控制灌溉		146
灌水方法		94
地面灌溉		47
沟灌		86
畦灌		195
格田淹灌		81
浅水勤灌		198
湿润灌溉		221
间歇灌溉		128
连续灌溉		155
活水灌溉		(155)
漫灌		168
波涌灌溉		17
索式灌溉		262

喷灌		188	引水灌溉		312
	喷灌系统	189	提水灌溉		266
	固定式喷灌系统	88	蓄引提结合灌溉		302
	半固定式喷灌系统	7	地下水灌溉		48
	移动式喷灌系统	309	井灌		136
	自压喷灌系统	342	筒井		274
	加压喷灌系统	126	管井		89
	喷灌机组	189	机井		(89)
	滚移式喷灌机组	95	筒管井		274
	侧滚轮式喷灌机组	(95)	辐射井		74
	轮载横管式喷灌机组	(95)	插管井		22
	绞盘式喷灌机组	131	真空井		328
	双悬臂式喷灌机组	227	井泵对口抽		(328)
	中心支轴式喷灌机组	334	虹吸井		109
	时针式喷灌机组	(334)	大骨料井		37
	圆形喷灌机组	(334)	打井机具		36
	平移式喷灌机组	193	成井工艺		29
	直线连续自走式喷灌机组	(193)	洗井		291
	喷头	189	井的影响半径		136
	旋转式喷头	303	地下水下降漏斗		49
	摇臂式喷头	308	群井汇流		204
	叶轮式喷头	308	地下水回灌		48
	垂直摇臂式喷头	35	地下水人工补给		(48)
	全射流喷头	204	截潜流工程		133
	固定式喷头	88	地下水库		48
	折射式喷头	326	坎儿井		142
	缝隙式喷头	72	井渠结合灌溉		137
	漫射式喷头	168	污水灌溉		288
	喷灌强度	189	咸水灌溉		292
	喷灌均匀度	189	浑水灌溉		119
	雾化指标	290	肥水灌溉		68
	脉冲喷灌	167	引洪灌溉		312
微灌		283	淤灌		317
	微喷灌	283	灌溉回归水		90
	滴灌	45	灌溉水质		91
	滴灌系统	45	磁化水灌溉		35
	滴头	45	灌区		92
	土壤湿润比	278	灌溉设计标准		91
	多孔系数	59	灌溉保证率		90
地下灌溉		47	抗旱天数		142
	暗管灌溉	2	灌水率		94
	地下水浸润灌溉	48	灌水模数		(94)
灌溉水源		91	宝鸡峡引渭灌区		8
	地表水灌溉	46	泾惠渠灌区		135
	蓄水灌溉	302	洛惠渠灌区		165

淠史杭灌区	190	田间灌水工具	268
河套灌区	106	田间输水软管	268
玛纳斯河灌区	166	灌溉试验	91
人民胜利渠灌区	206	坑测法	144
韶山灌区	216	筒测法	274
都江堰灌区	57	田测法	267
苏北灌溉总渠	261	蒸渗仪	329
嘉南灌区	127	灌区管理	93
灌溉系统	91	灌区组织管理	93
灌溉渠道系统	91	灌区工程管理	93
灌溉渠道设计流量	90	渠道管理	202
灌溉渠道设计水位	90	渠系建筑物管理	203
灌溉渠道输水损失	91	灌区用水管理	93
渠道水利用系数	202	灌溉计划用水	90
渠系水利用系数	203	灌区用水计划	93
田间水利用系数	268	灌溉用水计划	(93)
灌溉水利用系数	91	灌水周期	94
渠道边坡系数	201	轮期	(94)
渠道比降	201	灌区量水	93
渠道流速	202	渠系测水	(93)
允许不冲流速	321	量水堰	156,(21)
允许不淤流速	322	量水槽	156
渠道设计流速	202	量水管嘴	156
渠道加大流量	202	灌区经营管理	93
渠道最小流量	202	灌溉水费	91
渠堤超高	202	灌溉效益	92
渠道冲淤平衡	201	**农田排水**	182
渠道工作制度	202	除涝	33
轮灌	164	涝	151
续灌	301	作物耐淹能力	346
渠道防渗	201	除涝设计标准	33
渠道防洪	201	排涝模数	185
渠道防塌	201	排水率	(185)
渠道防冻	201	治渍	333
渠道清淤	202	渍害	342
渠道除草	201	冷浸田	152
地下输水灌溉管道	48	沼泽化	326
低压灌溉管道	44	沼泽地	326
长藤结瓜式灌溉系统	24	沼泽地排水	326
田间工程	268	作物耐渍深度	346
田间渠系	268	设计排渍深度	218
临时渠道	157	排渍模数	186
条田	269	地下排水模数	(186)
格田	81	防治土壤盐碱化	67
土地平整	276	土壤盐碱化	279

土壤盐渍化	(279)	设计日常水位	(218)
盐碱地	306	围垦	284
灌区次生盐碱化	92	蓄洪垦殖	301
地下水矿化度	49	海涂	98
土壤水盐运动	279	海涂围垦	98
地下水临界深度	49	围海造田	283
盐碱地改良	307	圩区治理	283
排水改良盐碱地	185	圩区	283
冲洗改良盐碱地	30	圩垸地区	(283)
冲洗定额	30	圩垸	283,(171)
冲洗脱盐标准	31	联圩并圩	155
冲洗效率	31	四分开两控制	260
种稻洗盐	335	圩区治理措施	(260)
土壤脱盐	279	圩区水面率	283
土壤返盐	277	农田排水试验	182
压盐	304	农田排水系统管理	182
土壤脱盐率	279	农田排水效益	182
排水方式	185	**机电排灌**	122
水平排水	250	提水机具	266
明沟排水	172	斗式水车	56
暗管排水	2	八卦水车	(56)
鼠道排水	225	管链水车	89
垂直排水	35	皮钱水车	(89)
竖井排水	(35)	解放式水车	(89)
生物排水	220	风力水车	71
自流排水	342	龙骨水车	162,(63)
提水排水	267	翻车	(162)
抽水排水	(267)	筒车	274
农田排水系统	182	天车	(274)
田间调节网	268	桔槔	132
排水沟道系统	186	辘轳	163
排水容泄区	186	橰铲	(163)
沟洫	86	水泵	227
河网化	106	离心泵	152
撇洪沟	191	自吸离心泵	342
截洪沟	(191)	轴流泵	337
截流沟	132	旋桨泵	(337)
截渗沟	133	混流泵	120
排水工程规划	186	斜流泵	(120)
排水工程设计标准	186	圩工泵	288
排涝设计流量	185	无管泵	(288)
设计排渍流量	218	贯流泵	90
设计排涝水位	218	圆筒泵	(90)
设计最高水位	(218)	灯泡泵	(90)
设计排渍水位	218	螺旋泵	164

螺旋扬水机	(164)	盘根箱	(269)
阿基米德螺旋泵	(164)	机械密封	122
射流泵	218	端面密封	(122)
水轮泵	246	橡胶密封	295
水锤泵	231	底阀	46
冲击式扬水机	(231)	止回阀	332
水击扬水机	(231)	逆止阀	(332)
真空泵	328	单向阀	(332)
轴伸泵	338	断流装置	58
轴伸式轴流泵	(338)	拍门	184
井泵	136	快速闸门	148
潜水电泵	197	真空破坏阀	328
潜水泵	(197)	水泵管路特性曲线	229
水泵型号	230	需要扬程曲线	(229)
水泵性能参数	230	水泵工作点	228
水泵基本参数	(230)	水泵工况点	(228)
水泵流量	229	水泵串联	228
水泵出水量	(229)	水泵并联	228
水泵扬程	230	水泵工况调节	228
水泵功率	229	抽水机	31
水泵效率	229	水泵机组	(31)
水泵转速	230	抽水枢纽	31
允许吸上真空高度	322	抽水站	32,(11)
气蚀余量	195	提水站	(32)
水泵性能曲线	230	扬水站	(32)
水泵特性曲线	(230)	翻水站	(32)
水泵比转速	228	机电排灌站	(32)
比转数	(228)	泵站	11,(32)
比速	(228)	抽水站	(11)
水泵安装高程	228	灌溉泵站	90
水泵相似律	229	排水泵站	185
水泵气穴	229	排灌结合泵站	185
水泵空化	(229)	排灌两用泵站	(185)
水泵气蚀	229	多功能泵站	59
空蚀	(229)	潮汐泵站	26
水泵落井安装	229	水锤泵站	231
叶轮	308	井泵站	136
转轮	(308)	水轮泵站	246
工作轮	(308)	抽水蓄能泵站	31
泵壳	11	抽水蓄能电站	(31)
水泵轮毂	229	风力泵站	71
密封装置	170	太阳能泵站	264
水泵轴封装置	(170)	恒压泵站	108
填料函	269	泵船	11
填料室	(269)	泵船	(11)

浮船	(11)	新川河口排水泵站	300
泵车	11	三乡排水站	211
缆车	(11)	饭泉调水泵站	65
泵房	11	**水土保持**	251
机房	(11)	水土流失	252
分基型泵房	70	土壤侵蚀	277
干室型泵房	77	水蚀	251
湿室型泵房	221	风蚀	72
块基型泵房	147	重力侵蚀	337
前池	196,(304)	面蚀	171
进水池	134	沟蚀	86
集水池	(134)	冻融侵蚀	55
出水池	32	淋溶侵蚀	157
进水流道	134	山洪侵蚀	213
肘形进水流道	338	泥石流侵蚀	178
肘形弯管	(338)	土壤流失强度	277
钟形进水流道	335	土壤侵蚀程度	277
钟形进水室	(335)	土壤侵蚀量	278
双向进水流道	227	土壤流失量	277
压力水箱	304	土壤养分流失	279
出水流道	32	土壤侵蚀模数	278
进出水管道	133	泥石流	178
泵站机电设备	12	水土保持措施	251
泵站电气设备	11	水土保持农业措施	252
泵站辅助设备	12	等高耕作	44
泵站传动装置	11	带状耕作	39
泵站机组安装	12	沟垄耕作	86
泵站运行管理	13	抗旱保墒耕作	142
泵站效率	13	水土保持林业措施	251
泵站装置效率	(13)	水土保持牧业措施	252
泵站技术经济指标	12	水土保持工程措施	251
泵站测流	11	山坡防护工程	213
泵站自动化	13	梯田	266
泵站节能	12	水平埝地	250
泵站水锤	12	山坡截流沟	213
泵站水击	(12)	坡面蓄水工程	193
泵站水力(液体)过渡过程	(12)	水窖	238
泵站泥沙	12	旱井	(238)
泵站管理	12	涝池	151
江都排灌站	128	鱼鳞坑	317
景泰川电力提灌工程	137	水平沟埂	250
青山水轮泵站	199	沟道治理工程	86
樊口泵站	64	沟头防护工程	86
淮安抽水站	115	谷坊	87
埃德蒙斯顿泵站	1	闸山沟	324,(87)

沙土坝	(87)	
垒坝阶	(87)	
淤地坝	317	
拦沙坝	150	
沟道护岸工程	86	
河滩造田	106	
水簸箕	230	
水力发电	241	
水能资源	249	
河川水能资源	101	
潮汐水能资源	27	
水能资源理论蕴藏量	249	
可开发水能资源蕴藏量	144	
水电站开发顺序	233	
抬水式开发	263	
引水式开发	313	
混合式开发	119	
梯级开发	266	
跨流域开发	147	
水电站	231	
坝式水电站	5	
引水式水电站	313	
混合式水电站	119	
梯级水电站	266	
集水网道式水电站	124	
高水头水电站	80	
中水头水电站	334	
低水头水电站	44	
抽水蓄能电站	31	
纯抽水蓄能电站	35	
混合式抽水蓄能电站	119	
日抽水蓄能电站	206	
周抽水蓄能电站	337	
季抽水蓄能电站	125	
潮汐电站	26	
单库潮汐电站	40	
双库潮汐电站	226	
潮差	26	
潮幅	(26)	
多年调节水电站	60	
年调节水电站	179	
季调节水电站	125	
周调节水电站	337	
日调节水电站	207	
径流式水电站	138	
调峰水电站	269	
调相水电站	270	
调频水电站	270	
大型水电站	39	
中型水电站	334	
小型水电站	296	
小小型水电站	296	
微型水电站	283	
农村水电站	181	
灌溉渠道跌水式水电站	90	
水能规划	249	
水能计算	249	
设计保证率	216	
年设计保证率	179	
历时保证率	153	
水电站设计保证率	233	
设计代表年	217	
设计枯水年	218	
设计平水年	218	
设计丰水年	217	
设计枯水段	217	
设计枯水日	218	
破坏年	194	
设计平水段	218	
水体势能	251	
水体动能	251	
周波	337	
水头	251	
落差	165,(251)	
净水头	139	
水头损失	251	
最大水头	345	
最小水头	345	
平均水头	192	
设计水头	218	
加权平均水头	126	
水电站主要参数	235	
水电站技术经济指标	233	
动能指标	55	
水库淹没损失	240	
水库浸没损失	239	
经济利用小时数	136	
装机利用小时数	340	
效益指标	297	
动能经济计算	55	

技术经济比较	125		电当量法	50
水电站投资	234		水库群最优蓄放水次序	240
水电站回收投资	233		串联水库最优蓄放水次序	34
水电站造价	234		并联水库最优蓄放水次序	17
发电站年费用	63		常规设计方法	25
固定年费用	88		优化设计方法	315
间接费用	(88),(128)		[容量、出力和发电量]	
折旧费	326		装机容量	340
大修费	39		工作容量	82
年运行费	179		最大工作容量	345
直接费用	(179),(331)		备用容量	10
电站单位经济指标	51		负荷备用容量	74
单位千瓦投资	41		事故备用容量	223
单位发电量投资	40		事故备用库容	223
单位电能投资	(40)		检修备用容量	127
单位千瓦年费用	41		必需容量	13
单位电能成本	40		空闲容量	146
单位千瓦迁移人口	41		受阻容量	224
单位库容迁移人口	40		水头受阻	251
单位千瓦淹没耕地	41		预想出力	318
单位库容淹没耕地	41		可用容量	144
水电站增加千瓦投资	234		额定容量	61
水电站增加千瓦运行费	234		额定出力	(61)
[水量调节]			重复容量	31
调节年度	270		季节性容量	125,(31)
调节周期	270		水电站单机容量	232
发电流量	63		火电站最小技术出力	121
最大过水能力	345		最小运行出力	(121)
水电站群	233		出力	32
串联水库群	34		水流出力	245
梯级水库	(34)		保证出力	9
并联水库群	17		平均出力	192
混联水库群	120		保证电能	9
复杂水库群	(120)		发电量	63
补偿	18		梯级发电量	266
径流补偿	137		多年平均年发电量	60
库容补偿	147		季节性电能	125
电力补偿	50		效率	296
补偿水库	18		出力系数	32
被补偿水库	10		弃水	196
不蓄出力	19		弃水出力	196
不蓄电能	19		电力平衡	50
水库电能	239		容量平衡	(50)
电库容	50		电能平衡	51
不足电库容	19		电量平衡	(51)

[水电站建筑物]

水电站输水建筑物	233
水电站进水口	233
水电站进水建筑物	(233)
水电站有压进水口	234
水电站深式进水口	(234)
水电站无压进水口	234
水电站开敞式进水口	(234)
水电站河岸式进水口	232
坝身进水口	5
水电站引水建筑物	234
水电站引水渠道	234
水电站自动调节渠道	235
水电站非自动调节渠道	232
水电站尾水渠道	234
动力渠道	54
动力渠道设计流量	55
动力渠道极限过水能力	54
动力渠道的经济断面	54
平压建筑物	193
压力前池	304
压力池	(304)
前池	(304)
日调节池	207
冲沙底孔	30
冲沙廊道	30
通气孔	273
旁通管	187
水电站充水阀	232
水电站进水口淹没深度	233
进水口淹没度	134
动力隧洞	55
动力隧洞经济断面	55
动力隧洞临界流速	55
压力水管	304
压力钢管	304
压力木管	304
钢筋混凝土压力管	79
预应力钢筋混凝土压力管	319
钢丝网水泥压力管	79
水电站明钢管	233
无缝压力钢管	289
焊接压力钢管	100
光面压力钢管	94
加劲压力钢管	126
加箍压力钢管	126
箍管	(126)
地下埋管	48
坝内埋管	4
坝上游面管	5
坝下游面管	6
坝后背管	(6)
钢管镇墩	78
锚墩	(78)
钢管支墩	78
水电站分岔管	232
贴边岔管	272
三梁岔管	211
月牙肋岔管	321
球形岔管	200
无梁岔管	289
钢管加劲环	78
钢管刚性环	78
钢管支承环	78
钢管椭圆度	78
钢管不圆度	78
钢管进人孔	78
钢管伸缩节	78
钢管渐变段	78
钢管临界外压	78
水击	238
水锤	231,(238)
弹性水击理论	265
刚性水击理论	78
正水击	330
负水击	75
反水击	64
水击波	238
水击升压波	238
水击降压波	238
水击正向波	238
水击反向波	238
水击顺流波	238
水击逆流波	238
水击相长	238
水击周期	238
水击入射波	238
水击反射波	238
水击透射波	238
水击反射系数	238

水击透射系数	238	水电站厂房	231
直接水击	331	水电站主厂房	235
间接水击	128	水电站副厂房	232
第一相水击	50	水电站厂房枢纽	232
极限水击	124	坝后式厂房	4
阀门开度	63	坝内式厂房	4
阀门相对开度	(63)	河床式厂房	101
调节保证计算	269	泄水式厂房	299
机组转速相对变化	122	溢流式厂房	311
增加负荷	323	射流增差式厂房	218
增荷	(323)	贯流式机组厂房	90
甩负荷	226	墩内式厂房	59
[调压室]		潮汐电站厂房	26
水电站调压塔	234	露天式厂房	163
水电站调压井	233	抽水蓄能电站厂房	32
水电站减压阀	233	二机式厂房	61
水电站调压室	233	三机式厂房	210
简单调压室	128	水电站地下厂房	232
阻抗调压室	344	地下厂房交通洞	47
阻力孔调压室	(344)	地下厂房出线洞	47
差动调压室	21	地下厂房通风洞	47
双室调压室	226	地下厂房变压器洞	47
溢流调压室	311	地下厂房尾水洞	47
空气制动调压室	145	发电机层	62
气压调压室	196	出线层	33
气垫调压室	195	水轮机层	246
空气阻抗调压室	145	阀门廊道	63
单向调压室	41	水电站装配场	235
调压室工作稳定性	270	水电站发电机支座	232
调压室小波动稳定	271	圆筒式支座	320
调压室大波动稳定	270	立柱式支座	153
调压室稳定断面	271	框架式支座	149
调压室临界断面	(271)	块体式支座	148
调压室托马断面	271	水电站中央控制室	234
上下游双调压室	215	水电站厂房蓄电池室	232
上游双调压室	215	水电站厂房集缆室	231
尾水调压室	284	水电站厂房集水井	231
下游调压室	(284)	水电站厂房机组段	231
调压室涌波	271	厂用变压器室	25
调压室涌浪	(271)	水电站尾水平台	234
调压室最高涌波水位	271	母线道	173
调压室最低涌波水位	271	厂房构架	25
理想型差动调压室	153	水电站厂房沉陷缝	231
理想型双室调压室	153	水电站厂房温度缝	232
调压室波动周期	270	排冰道	185

[发电机组]

水轮机		246
冲击式水轮机		30
水斗式水轮机		235
皮尔顿水轮机	190,(235)	
斜击式水轮机		297
双击式水轮机		226
班基水轮机	7,(226)	
反击式水轮机		64
轴流式水轮机		338
定桨式水轮机		53
转桨式水轮机		339
卡普兰式水轮机	142,(340)	
贯流式水轮机		90
全贯流式水轮机		203
半贯流式水轮机		8
灯泡式水轮机		44
轴伸式水轮机		338
竖井式水轮机		226
混流式水轮机		120
辐轴流式水轮机	74,(120)	
弗朗西斯式水轮机	73,(120)	
斜流式水轮机		298
德瑞阿兹水轮机	44,(298)	
水轮发电机组		246
水轮机安装高程		246
水轮机吸出高度		247
水轮机空蚀		247
汽蚀		(247)
水轮机汽蚀		247
空化系数		145
汽蚀系数	196,(145)	
水轮机转轮		248
水轮机转轮标称直径		248
水轮机额定功率		247
水轮机轴功率		248
水轮机额定转速		247
水轮机比转速		246
水轮机飞逸转速		247
水轮机单位转速		246
水轮机单位流量		246
水轮机工作水头		247
水轮机效率		247
水轮机效率修正		247
水轮机工作特性曲线		247
水轮机综合特性曲线		248
水轮机运转特性曲线		247
水轮机导水机构		247
活动导叶		121
水轮机蜗壳		247
水轮机座环		248
接力器		132
伺服马达	260,(132)	
作用筒	347,(132)	
水斗		235
喷嘴		189
喷管	188,(189)	
折向器		327
偏流器	190,(327)	
水轮机尾水管		247
弯曲形尾水管		282
进口锥管		134
肘管		338
出口扩散段		32
机坑		122

[发电机]

水力发电机	241
立式水轮发电机组	153
伞式水轮发电机	211
悬式水轮发电机	302
卧式水轮发电机组	287
发电机额定电压	62
发电机功率因数	62
发电机有功功率	63
发电机额定转速	62
发电机额定效率	62
发电机飞轮力矩	62
发电机额定容量	62
发电机视在容量	62
可逆式水轮发电机组	144
发电机推力轴承	62
止推轴承	(62)
发电机导轴承	62
径向轴承	(62)
发电机定子	62
发电机转子	63
发电机机械时间常数	62
发电机惯性时间常数	62
发电机调相容量	62
发电机冷却	62

风冷式发电机	71
水内冷式发电机	249
半水内冷式发电机	8
双水内冷式发电机	226
全水内冷式发电机	204
电力系统	50
电力系统负荷	50
工业用电	82
农业用电	183
市政用电	223
交通运输用电	130
电力系统负荷图	50
日负荷图	206
日负荷特性	206
日负荷峰谷差	206
日最小负荷	207
日最大负荷	207
日平均负荷	206
峰荷	72
腰荷	308
基荷	123
基荷指数	123
日最小负荷率	207
日平均负荷率	206
月负荷率	321
季负荷率	125
年负荷率	179
年最大负荷图	179
年平均负荷图	179
动态年负荷图	55
静态年负荷图	139
设计负荷水平	217
设计负荷水平年	217
远景负荷	320
远景规划	320
用户同时率	315
线路损耗	293
能源消费弹性系数	175
[电气设备]	
电力系统稳定性	50
调频	270
调相	270
调峰	269
高压断路器	81
隔离开关	81
熔断器	207
互感器	113
绝缘子	141
母线	173
避雷针	14
避雷线	14
架空地线	(14)
避雷器	14
电气主接线图	51
单元接线	41
扩大单元接线	149
桥形接线	199
环形接线	116
多角形接线	(116)
变压器	15
主变压器	339
厂用变压器	25
配电装置	188
调速器	270
机械液压式调速器	122
电气液压式调速器	51
调速器配压阀	270
油压装置	315
桥式起重机	199
桥吊	198,(199)
天车	(199),(274)
门式起重机	170
门吊	170
龙门起重机	(170)
水电站运行方式	**234**
无调节水电站运行方式	289
日调节水电站运行方式	207
年调节水电站运行方式	179
多年调节水电站运行方式	60
保证出力图	9
抽水蓄能电站运行方式	32
抽水蓄能电站综合效率	32
潮汐电站运行方式	26
冷备用	152
热备用	205
旋转备用	(205)
计划检修	125
水量利用系数	245
电能成本	51
单位电能耗水率	40

厂用电率	25	涡流	(118)
厂用电	25	滚流	95
装机容量平均年利用小时数	340	旋滚	(95)
[电站比较]		[泥沙特性]	
火电站	121	泥沙粒径	177
凝汽式火电站	181	泥沙颗粒形状系数	177
凝汽式汽轮机	181	泥沙粒配曲线	177
供热式火电站	82	泥沙特征粒径	177
背压式汽轮机	10	泥沙拣选系数	176
抽气式汽轮机	31	非均匀系数	(176)
标准煤	15	泥沙颗粒表观密度	176
汽轮机初参数	196	泥沙颗粒容重	176
低温低压火电站	44	泥沙淤积物干表观密度	178
中温中压火电站	334	泥沙淤积物干容重	178
高温高压火电站	81	泥沙休止角	178
燃气轮机火电站	204	泥沙絮凝	178
燃气轮机	205	泥沙沉速	176
火电站运行方式	121	泥沙起动	177
煤耗	169	泥沙起动拖曳力	177
峰荷煤耗	72	泥沙起动流速	177
基荷煤耗	123	泥沙止动	178
标准煤耗率	16	沙波	212
标准煤耗	(16)	床面形态判别准则	34
原子能发电	320	沙波尺度	212
核电站	107	沙波速度	212
原子能电站	(107)	冲积河流阻力	30
反应堆	64	摩阻作用可加性原理	172
堆芯	58	沙粒阻力	212
活性区	(58)	沙波阻力	212
[治河工程]		推移质	280
河流动力学	104	推移质输沙率	281
紊流	286	接触质	131
脉动强度	167	跃移质	321
紊动涡体	286	层移质	21
紊流猝发	286	悬移质	302
紊动应力	286	悬移质扩散理论	302
混合长度理论	119	悬移质重力理论	303
紊流流速分布	286	悬移质输沙率	303
紊流阻力	286	床沙质	34
紊动能	286	床沙质函数	34
紊动扩散	286	冲泻质	31
副流	75	泥沙扩散方程	177
环流	116	含沙量沿水深分布	98
螺旋流	165	泥沙悬浮指标	178
回流	118	含沙量沿程变化	98

水流挟沙能力	245	河弯曲率半径	106
高含沙水流	80	河弯跨度	106
非牛顿流体	68	弯矩	(106)
宾汉流体	16	河弯幅度	106
异重流	310	摆幅	(106)
密度流	170,(310)	游荡型河道	315
分层流	(310)	悬河	302
河渠异重流	105	地上河	(302)
水库异重流	241	串沟	34
河床演变	101	涟子水	155
[河床形态]		淦	77
河谷	103	浆河现象	129
河床	101	揭河底现象	132
河漫滩	105	分汊型河道	69
洪水河床	105	分流区	70
河流纵剖面	105	汇流区	118
河流横断面	104	汊道分流比	22
水流动力轴线	245	汊道分沙比	22
主流线	(245)	**河流自动调整**	105
深泓线	219	河相关系	107
沙洲	213	河床稳定性指标	101
边滩	14	造床流量	322
心滩	299	**潮汐河口**	27
潜洲	(299)	潮区界	26
江心洲	129	潮流界	26
深槽	219	河口进潮量	103
浅滩	198	河口涌潮	103
河流节点	104	河口盐水楔	103
河势	105	河口浮泥	103
河型	107	河口拦门沙	103
山区河流	214	河口沙坝	103
平原河流	193	三角港河口	210
顺直型河道	259	三角洲河口	210
弯曲型河道	282	**水库淤积**	241
河流弯曲系数	105	水库三角洲	240
弯曲率	(105)	水库回水变动区	239
水面横比降	248	水库拦沙效率	239
横向水位超高	109	水库排沙	240
弯道环流	282	水库下游沿程冲刷	240
横向输沙	109	床沙粗化	34
河流崩岸	104	河型转化	107
河弯蠕动	106	坝下游局部冲刷	6
裁弯取直	19	闸下淤积	324
牛轭湖	181	**河道整治规划**	101
撇弯切滩	191	[河道整治原则]	

防洪河道整治	66	上挑丁坝	215
通航河道整治	272	下挑丁坝	291
航道整治	(272)	勾头丁坝	86
引水河道整治	312	对口丁坝	58
桥渡河道整治	198	错口丁坝	36
坝区河道整治	4	丁坝回流区	52
水库回水变动区河道整治	239	丁坝副流区	(52)
弯曲型河道整治	282	丁坝间距	52
游荡型河道整治	316	丁坝群	52
分汊型河道整治	69	顺坝	259
浅滩河段整治	198	锁坝	262
潮汐河口整治	27	格坝	81
山区河流整治	214	潜坝	197
[河道整治设计]		鱼嘴	318
河道整治设计水位	101	导流系统	42
河道整治设计流量	101	导堤	42
设计河槽断面	217	坝头	5
整治线	329	坝身	5
整治线宽度	329	坝根	3
整治线曲率半径	329	坝轴线	6
模范河段	172	坝田	5
[河道整治工程]		坝头冲刷坑	6
堤防工程	45	土心坝	280
护岸工程	113	抛石坝	187
裁弯工程	19	沉排坝	27
堵汊工程	57	柳石坝垛	161
挑流工程	271	抛泥坝	187
导流工程	42	板桩坝	7
疏浚工程	225	沉箱坝	28
[河道整治建筑物]		编篱建筑物	14
重型整治建筑物	337	屏式建筑物	193
轻型整治建筑物	199	排桩建筑物	186
淹没整治建筑物	305	沉树	28
不淹没整治建筑物	19	挂柳	88
透水建筑物	275	卧式沉树	(88)
不透水建筑物	18	网坝	283
丁坝	52,(35)	人工海草	205
长丁坝	23	[护岸工程]	113
短丁坝	58	平顺护岸	192
矶头	122	垂直护岸	35
矶	(122)	抛石护岸	187
淹没丁坝	305	抛石厚度	187
不淹没丁坝	19	抛石直径	188
正交丁坝	330	沉枕护岸	28
阶梯式丁坝	131	石笼护岸	222

沉排护岸	27	基准点	123
护脚	113	时间因素系数	222
崩窝	10	折现系数	(222)
抛石护坡	188	水利投资总效益系数	244
浆砌块石护坡	129	绝对投资效益系数	(244)
干砌块石护坡	77	投资收益率	(244)
埽工护坡	212	水利投资经济效益比较系数	244
铺砌草皮护坡	194	**水利项目经济评价**	244

[河流模型]

河流数学模型	105	综合评价	343
河流比尺模型	104	效益费用分析	297
模型变率	172	边际分析法	14
模型沙	172	概率分析	76
光电测沙仪	94	敏感性分析	172
光电颗分仪	94	盈亏平衡分析	313
水下地形仪	256	不确定性分析	18

[水利经济]

		设备更新经济分析	216
		现值法	292
水利经济学	243	年值法	179
水资源技术经济学	258	净效益	139
水利工程经济学	242,(258)	净效益法	139
流域经济学	160	效益费用比	297
有形效益	316	益本比	310,(297)
无形效益	289	效益费用比法	297
综合效益	343	益本比法	(297)
生态效益	220	内部收益率	174
负效益	75	内部回收率	(174)
水利经济效益	243	内部回收率法	174
土地增值效益	276	总费用法	343
水利项目边际效益	244	年费用法	178
边际效益递减律	14	年计算支出法	179
边际收益递减律	(14)	年计算费用法	(179)
水库经济	239	增量分析法	323
综合利用水利工程	343	增量内部收益率	323
多目的水利工程	(343)	增量效益费用比	323
共用工程	86	投资回收期	275
专用工程	339	还本年限	116,(275)
水利工程建设期	242	投资回收年限	274,(275)
水利项目生产期	245	投资回收年限法	274
经济使用年限	(245)	还本年限法	(274)
经济寿命期	(245)	投资回收期法	(274)
水利项目计算期	244	投资偿还年限法	(274)
计算年限	(244)	抵偿年限	45
经济计算期	(244)	抵偿年限法	45
分析期	(244)	财务效益费用比	19
基准年	123	财务净现值	19

贷款偿还年限	39	间接费用	(88),(128)
借款偿还期	(39)	水力发电成本	241
还贷年限	(39)	售电成本	224
水利项目效益	245	供水成本	82
多年平均洪灾损失	60	水费	236
频率法	191	农业水费	183
实际年系列法	222	水资源费	258
保险费法	9	电价	50
一次洪灾损失	309	两部电价	156
洪灾损失率	111	基本电价	123
洪灾损失增长率	111	固定电价	(123)
防汛抢险费	67	需用电价	(123)
涝渍灾害	151	电度电价	50
涝灾损失率	151	流动电价	(50)
涝灾减产率	151	峰谷电价	72
多年平均涝灾损失	60	分时电价	(72)
灌溉增产量	92	季节性电价	125
灌溉效益分摊系数法	92	**水利生产管理**	243
扣除农业成本法	146	**水利财务管理**	242
供水工程经济效益	82	**水利资金筹措**	245
供水效益分摊系数法	82	拨改贷	17
万元产值用水量	283	利改税	153
供水重复利用率	82	转移支付	340
水利项目费用	244	综合利率	343
水利工程投资	243	借款期限	133
水利工程年运行费	242	还款期限	116
年运行支出	(243)	宽限期	148
燃料动力费	204	硬贷款	314
维修费	284	软贷款	208
管理费	89	混合贷款	119
补救赔偿费	18	水费收取率	236
费用分摊	68	折旧提取率	326
可分费用	143	大修理费提取率	39
可分费用剩余效益法	143	以电养电	309
不可分费用	18	容量价值	207
剩余费用	220,(18)	电量价值	51
剩余效益	220	有效电量	316
边际费用	14	有效电力	316
产品成本	23	最优等效替代工程费用	345
固定成本	88	替代火电容量费用	267
变动成本	15	替代火电煤耗费	267
可变成本	(15)	**[水利工程实例]**	
直接成本	331	**[水利枢纽]**	
直接费用	(179),(331)	三门峡水利枢纽	211
间接成本	128	丹江口水利枢纽	40

潘家口水利枢纽	186	龙溪河梯级水电站	162
青铜峡水利枢纽	199	永定河梯级水电站	314
江都水利枢纽	129	大甲溪梯级水电站	38

[大型水库]　　　　　　　　　　　　[典型水坝实例]

新丰江水库	300	德基双曲拱坝	43
密云水库	170	隔河岩重力拱坝	81
西洱河一级水库	290	曾文堆石坝	322
响洪甸水库	294	故县宽缝重力坝	88
陈村水库	29	凤滩空腹重力拱坝	72
花凉亭水库	114	新丰江大头坝	300
梅山水库	169	石头河土石坝	222
官厅水库	89		

[国外水利工程实例]

大伙房水库	37		
湖南镇水库	112		

[大型水库]

[大型水电站]

天生桥水电站	267	欧文瀑布水库	184
龙羊峡水电站	163	卡里巴水库	142
刘家峡水电站	158	布拉茨克水库	19
岩滩水电站	306	纳赛尔水库	174
白山水电站	7	丹尼尔约翰逊水库	40
安康水电站	1	古里水库	87
龚嘴水电站	82	克拉斯诺亚尔斯克水库	144
新安江水电站	300	贝奈特水库	10
乌江渡水电站	287	结雅水库	132
水丰水电站	236	卡布拉巴萨水库	141
铜街子水电站	273	拉格兰德2级水库	149
鲁布革水电站	163	拉格兰德3级水库	149
丰满水电站	71	乌斯季-伊利姆水库	287
东江水电站	53	古比雪夫水库	87
柘溪水电站	327	布赫塔尔玛水库	19
万安水电站	282	阿塔图尔克水库	1
云峰水电站	321	伊尔库次克水库	309

[大型水电站]

凤滩水电站	72	伊泰普水电站	309
大化水电站	37	大古利水电站	37
盐锅峡水电站	306	图库鲁伊水电站	275
碧口水电站	13	萨彦-舒申斯克水电站	209
紧水滩水电站	133	丘吉尔瀑布水电站	200
江度潮汐电站	129	泡卢-阿丰苏水电站	188
白沙口潮汐电站	7	伊拉索尔台拉水电站	309

[梯级水电站]

		约翰日水电站	321
浑江梯级水电站	119	亚西雷塔水电站	305
以礼河梯级水电站	309	圣西摩水电站	220
古田溪梯级水电站	87	伏尔加格勒水电站	73
西洱河梯级水电站	290	朗斯潮汐电站	150
猫跳河梯级水电站	168	大迈松抽水蓄能电站	38
		迪诺威克抽水蓄能电站	45

巴斯康蒂抽水蓄能电站	3	巴克拉重力坝	3
拉丁顿抽水蓄能电站	149	胡佛重力坝	112
[典型大坝实例]		德沃夏克重力坝	44
罗贡土坝	164	塔贝拉土石坝	263
努列克土坝	183	佩克堡土坝	188
大狄克逊重力坝	37	下乌苏玛土坝	292
印古尔拱坝	313	奥海土坝	2
瓦依昂拱坝	281	曼格拉土坝	168
特里土石坝	266	加丁尼尔土坝	125
奇科森土石坝	195	圣路易斯土坝	220
瓜维欧土石坝	88	加里森土坝	126
麦卡土石坝	167	辛克鲁德尾矿坝	299
奇沃堆石坝	195	[综合治理工程]	
埃尔卡洪拱坝	1	利根川河口闸工程	153
契尔克拱坝	196	田纳西流域综合工程	268
奥罗维尔土坝	2	须德海造陆工程	301

A

a

阿福斯卢伊迪克土坝 Afsluitdijk Earthfill Dam

世界最长土坝。位于荷兰弗里斯兰省哈尔林根须德海。1932年建成。高19m,顶长32 000m,工程量6 343万 m³。库容60亿 m³。

（胡明龙）

阿塔图尔克水库 Ataturk Reservoir

土耳其最大水库。在幼发拉底河上,位于乌尔法省。总库容487亿 m³,有效库容121亿 m³。大坝为土坝和堆石坝,高184m,顶长1 820m。设计装机容量240万 kW。

（胡明龙）

ai

埃德蒙斯顿泵站 Edmonston Pumping Plant

美国加利福尼亚北水南调工程的最大泵站。位于美国加州贝克斯菲尔德以南47km处,该泵站从加州大渡槽取水,翻越提哈查比山,送水至洛杉矶。泵站设计流量为125m³/s,净扬程为587m,设计总装机容量为84万 kW,计划安装14台功率为58 840 kW的四级立式离心泵,呈门字形布置。现已安装11台,实际流量为98m³/s,总功率为65万 kW。有两条出水管路,每条长2 560m,前后两段管径各为3 860mm和4 280mm。于1971年10月投入运行,它与22座坝,6座发电站,23座泵站和11.26万 km的输水系统组成了美国最大的北水南调工程。该工程主要为城市供水服务,但也兼顾防洪、灌溉、水力发电及旅游等。

（咸　锟）

埃尔卡洪拱坝 El Cajon Arch Dam

洪都拉斯最高拱坝。在乌姆亚(Humuya)河上,于约罗省和科尔特斯省交界处圣佩德罗－苏拉城附近。1985年建成。高234m,顶长382m,工程量160万 m³。总库容65亿 m³。装机容量60万 kW。

（胡明龙）

艾山渠

南北朝时宁夏引黄灌溉工程。建于太平真君五年(444年),刁雍主持。当时富平县(约在今吴忠县)西南有艾山,黄河穿山而过。旧有渠道因河床下降,渠底高出河面不能进水。刁雍利用河中沙洲分河成两支的有利形势,建拦河坝截断西支河水,壅高水位,逼水入新渠。坝长约452m,宽约17m,高约5.6m。新渠计划灌田4万余顷。因坝基为沙土,而且似无溢洪设施,故工程寿命不长。

（陈　菁）

an

安康水电站 Ankang Hydroelectric Station

汉江上游一座大型水电站。在陕西省安康县境内,1987年发电。装机容量80万 kW,年发电量28.6亿 kW·h。总库容25.85亿 m³,有效库容16.7亿 m³,为不完全年调节水库。主要建筑物有重力坝、坝后式厂房及升船机等,坝高128m。以发电为主,兼有航运、防洪、灌溉等效益。水利电力部西北勘测设计院设计,第三工程局施工。

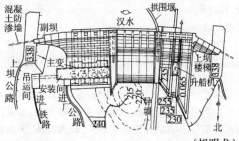

（胡明龙）

《安澜纪要》

清代河工技术专著。徐端撰,乾隆年间成书。包世臣称其为王全一所著,为徐所得。书2卷,上卷分签提、水沟浪窝、堵漫滩决口、岁修宜早、提漏子捕獾鼠、埽工石工诸目;下卷为河工律例成案图。是研究清代河工技术的重要资料。

（陈　菁）

安全超高 safety freeboard, free board

坝顶或河、渠堤挡水建筑物顶部超出设计洪水位或校核洪水位加波浪壅高以上所预留的高度。其作用是防止波浪壅高时不发生坝、堤漫水的危险。超高数值视工程重要性、堤坝结构形式和运用情况等有关,可按《水利水电枢纽等级划分及设计标准》(SDJ—12—78)的规定选取。（许静仪　林益才）

安全泄量 safety discharge

为确保河道两岸不致泛滥成灾,洪水期河道安全通过的最大宣泄流量。河道两岸未修堤防时,表示天然河道的最大宣泄能力;河道两岸修筑堤防后,表示在保证水位时的相应流量,亦代表现有堤防的防洪能力。　　　　　　　　　　　(胡方荣)

岸边绕渗　seepage around abutment

又称侧向绕流、边墩绕流。从挡水建筑物上游通过两侧绕过连接建筑物向下游流动的渗流现象。侧向绕流对两侧连接建筑物,如翼墙、岸墙或边墩等将产生渗透压力;对墙后填土以及下游岸坡渗流逸出处土壤产生有害的渗流变形;加大连接建筑物底板的扬压力;引起渗漏损失。须在连接建筑物背面及底部两个方向设置防渗、排水及反滤设施,以降低墙后水位、底板扬压力及防止土壤渗流变形。在下游河岸渗流逸出处亦应设反滤层。按防渗要求,连接建筑物侧向要有足够渗径长度,采用反翼墙和墙后垂直方向设置刺墙,防渗效果显著。
　　　　　　　　　　　　　　(王鸿兴)

岸冰　shore ice

又称冰凇。在河流冻结过程中出现在岸边的薄冰。河岸因岩土失热较快,岸边河水流速较低,冰晶生成较早。初生岸冰呈薄而透明的冰层,固定在岸边;如河水冷却较快,厚度和宽度迅速增长。河中冰花因水流和风的作用,在岸边聚集,冻结成沿岸冰带,称冲积岸冰。　　　　　　　　(胡方荣)

岸墙　abutment, bank wall

土基上水闸或溢流坝边孔两端与河岸相连接的挡土墩墙。有两种结构布置形式,一是边墩与岸墙结合,另一是边墩与岸墙分开。当闸室高度较低,地基承载力较大时,多采用闸室边墩与岸墙结合的布置形式,较为经济,多为混凝土或浆砌块石重力式挡土墙;也有轻型钢筋混凝土结构,以适应闸室较高的情况。当闸室高度较大及软土地基时,为防止边墩与底板之间受力不好而使底板过厚以及两者不均匀沉陷较大而招致底板有断裂的危险时,多采用闸室边墩与岸墙分开的布置形式,并多为轻型钢筋混凝土挡土墙结构。
　　　　　　　　　　　　　　(王鸿兴)

岸塔式进水口　sloping-tower intake

闸门在倚靠于岩坡上的进水塔内启闭运行的一种水工隧洞进口建筑物。兼有塔式进水口和斜坡式进水口的优点,塔身直立或倾斜,与岩坡相互支撑,稳定性好,施工、安装方便,无须接岸桥梁;后者因闸门斜放,闸门面积及启门力增大,且不易靠自重下降。适用于岩坡较陡、岩石较坚固稳定的情况。　　　　　　　　　　　　(张敬楼)

暗管灌溉　subsoil irrigation with pipe

在作物根系主要吸水层下面埋设透水管道,向田间输水,并自下而上湿润土壤的地下灌溉。是地下灌溉的主要方式。为便于管中水流向土壤孔隙扩散,管道或具有多孔的管壁,或在管节之间留有缝隙。为防止管壁周围土壤遭受冲刷,在管道外面用滤水材料包裹。如果土壤透水性很强,还要在管道下面铺垫不透水材料,以减少深层渗漏损失。管道由末级灌溉渠道或配水管道供水,管中水流可以是有压的或无压的,但以低压供水居多。在黏土或黏壤土地区,也可利用排水鼠洞供水灌溉。
　　　　　　　　　　　　　　(房宽厚)

暗管排水　pipe drainage

利用埋设在农田田面以下一定深度内的各类管道进行田间排水的排水方式。用于排除作物根系层内过多的土壤水分并降低地下水位。暗管埋深要满足作物的防渍或防盐要求,其值是影响排水效果和经济效益的主要因素。与土质条件、作物种类以及暗管间距等因素有关。一般埋深多在 $1.2 \sim 1.5$ m、间距在 $10 \sim 20$ m 之间。具有不占耕地,不妨碍机耕和田间交通,排除地下水效果好,养护负担较轻等优点;但管道易被泥沙淤积或植物根系侵入所堵塞,维修较困难,修建费用较高。
　　　　　　　　　　　　　　(赖伟标)

ao

奥海土坝　Oahe Earthfill Dam

美国密苏里河上的大型土坝。位于南达科他州皮尔城附近。1958 年建成。高 75m,顶长 2 835m,工程量 6 651.7 万 m³。库容 287.76 亿 m³。
　　　　　　　　　　　　　　(胡明龙)

奥罗维尔土坝　Oroville Earthfill Dam

美国最高土坝。在费瑟河上。位于加利福尼亚州奥罗维尔城附近。1968 年建成。高 230m,顶长 2 109m,工程量 6 116.4 万 m³。库容 43.64 亿 m³。
　　　　　　　　　　　　　　(胡明龙)

澳闸

古代在闸旁建有蓄水池(称"澳")以调节水量的船闸。《宋史·河渠志六》绍圣二年(1095 年)闰九月:"润州京口、常州奔牛澳牐毕工。"
　　　　　　　　　　　　　　(查一民)

B

ba

八堡圳
又称浊水圳、施厝圳。位于今台湾省彰化县南的著名灌溉工程。干渠长约33km,截水堰用藤木扎成石笼垒筑而成。引浊水溪灌溉东螺东堡、武东堡等八堡农田,故名。始建于康熙四十八年(1709年),由施世榜捐资白银五十万两修建,10年后建成,由施氏子孙世袭为圳主管理。两年后又扩建一条十五庄圳,干渠长约29km。光绪二十四年(1897年)圳被洪水冲坏,经地方政府修复,收归公有。清末(1904年)灌田10万亩,至1984年已发展到33万多亩。

(陈 菁)

八字形斜降墙式进口 slope wingwall intake
两侧墙平面上呈向上游扩张的八字形,高度随土坡逐渐降低的涵洞进口。作用是连接洞身和填方土坡,保证水流平顺和防止水流对洞口的冲刷。为保证进口水流不封住洞顶,有时将进口洞身适当加高。因其构造简单,水流条件好,较常采用。

(张敬楼)

巴克拉重力坝 Bhakra Gravity Dam
印度最高重力坝。在萨特雷季河上,位于嘉马偕尔邦南加尔附近。1963年建成。高226m,顶长518m,工程量413万m³。总库容96.21亿m³。装机容量105万kW。

(胡明龙)

巴拉那河 Parana River(Rio Parana)
发源于巴西东部高原的格兰德河和帕拉奈巴河,流经巴西、巴拉圭、阿根廷三国,支流有巴拉圭河,注入拉普拉塔河的南美第二大河。长3942km,流域面积297万km²,河口年平均流量1.74万m³/s,平均年径流量7250亿m³。上游落差大、多急流、瀑布,有著名的伊瓜苏、瓜伊拉等瀑布,水力资源丰富;中游宽深;下游沼泽广布。通航里程2700km。建有伊泰普水电站,设计装机容量1260万kW。

(胡明龙)

巴斯康蒂抽水蓄能电站 Bath County Pumped Storage Plant
美国装机容量最大的抽水蓄能电站。1984年建成。在弗吉尼亚州(Virginia)沃姆斯普林斯城(Warm Springs)附近北克河(Back Creek)上。共装有6台可逆式水轮发电机组,最大总功率210万kW,最大流量720m³/s,最大水头330m。

(胡明龙)

坝 dam
又称拦河坝、挡水坝。拦截河流或沟谷的挡水建筑物。用以调蓄径流,抬高水位,形成水库,为防洪、发电、灌溉、给水、航运等各项水利事业服务。按筑坝材料分有土坝、堆石坝、砌石坝、混凝土坝、钢筋混凝土坝等;按结构特点分有重力坝、拱坝、支墩坝等;按坝顶可否过水分有溢流坝、非溢流坝等;按坝高及规模分有高坝、中坝、低坝以及大坝、小坝等。

自河岸以适当方向及长度伸向河流,但不截断河流的整治建筑物。用以调整河势、流态,保护河岸、河床,如丁坝、顺坝等。

(王世夏)

坝顶 dam crest
坝体的最高部分。非溢流坝的坝顶常作为两岸的通道,顶面宽度由交通要求决定,为便于施工,不得小于2m。结构形式和材料取决于坝型,顶面按交通要求铺成各种路面。溢流坝坝顶要过水,其上常建桥梁以满足交通要求,桥墩与闸墩相结合。

(束一鸣)

坝顶溢流 crest overflow
水流越过溢流坝坝顶的泄水方式。其泄流能力一般与坝顶以上水头的3/2次方成正比,超泄能力大,拦河坝为混凝土坝、浆砌石坝时常以此作为水利枢纽的主要泄洪方式。坝顶常设闸门控制启闭,闭门时水库蓄水位可至门顶高程;启门时坝顶、闸门及相应闸墩之间形成的过水闸孔亦称表孔,但实际上仍常为堰流状态;仅当闸门局部开启或闸门以上尚设胸墙时才可能成为孔流状态。中小型工程也可不设闸门,水库最高蓄水位平溢流坝坝顶,库水位超过坝顶即自动泄水。参见溢流坝(310页)。

(王世夏)

坝根 root of dike
坝体与河岸相连接的部分。它是坝体的薄弱部分之一。由于坝根损坏而导致全坝落水失事是一种常见的严重事故。为了保护坝体的安全,必须把坝根建筑得牢固。加固方法有:把坝根嵌入河岸3~4m;把坝根的宽度局部放宽,或做成喇叭形的;把坝

坝后式厂房 powerhouse at toe of dam

布置在拦河坝下游坝踵的水电站厂房。如为混凝土坝，则水电站进水口设于上游坝面，压力管道通过坝体进入厂房。如为土石坝，则压力管道由坝基或坝肩的地基中通过进入厂房。 （王世泽）

坝基排水孔 foundation drainage

为降低坝底面的扬压力而在防渗帷幕下游侧设置的排水孔幕。若基岩裂隙发育，可在基岩表面设排水廊道、排水孔或排水沟组成基础排水系统。排水幕应在帷幕灌浆完成后钻孔，以免被浆液堵塞。主排水孔孔距为 $2\sim3m$，孔径约为 $150\sim200mm$，孔深一般为帷幕深的 $40\%\sim60\%$，且不宜小于 $10m$（中、高坝），应根据工程地质和水文地质条件确定。高坝还可增设辅助排水孔 $2\sim3$ 排，中坝可设 $1\sim2$ 排，布置在坝基面纵向排水廊道内，孔距约 $3\sim5m$，孔深 $6\sim12m$。 （林益才）

坝基渗压观测 observation of seepage pressure on dam foundation

观测和分析渗透水流在坝基内各点产生的渗透压力。观测设备一般采用测压管和渗压计，测点布置与埋设深度视坝型边界条件、地质情况、防渗设施的结构形态、排水设备形式以及可能发生渗透变形的部位而定。根据渗压大小，结合水文地质条件可以分析坝基的渗透稳定性，确定各层基土的允许水力坡降和出逸坡降。参见坝基扬压力观测和浸润线观测(134 页)。 （沈长松）

坝基扬压力观测 observation of uplift pressure on dam foundation

观测和分析水压作用下坝基面上产生的扬压力大小。观测设备有测压管、差动电阻式或贴片式渗压计等。测压管由反滤层、进水短管、导管及管口组成，导管有金属和塑料两种，有压时用压力表或压力传感器观测，无压时用电测水位计或测深钟观测；差动电阻式渗压计进水口透水石，外部包裹反滤层，水流由进水口进入压力室推动感应板受压，使钢丝变形导致电阻值变化，利用电阻比电桥或其他检测仪器量测钢丝的电阻比值，求得渗透压力大小，在观测站集中遥测甚为方便。根据观测成果可检查帷幕灌浆和排水的实际效应。 （沈长松）

坝内廊道 galleries in dam

为满足施工和运用要求在坝体内设置的通道。按用途可分为灌浆、排水、观测、检查、交通等各种廊道。在实际工程中廊道常兼作多种用途。对于混凝土坝，根据需要可沿纵向、横向及竖向进行布置、并

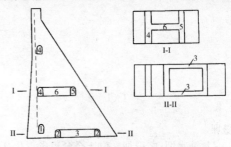

1—基础灌浆排水廊道；2—基础纵向排水廊道；3—基础横向排水廊道；4—纵向排水廊道；5—纵向检查廊道；6—横向检查廊道

相互连通，构成廊道系统。廊道一般采用拱顶直墙（城门洞形）断面，跨横缝的横向廊道也可采用三角形顶直墙断面。近年来国外有许多廊道采用矩形断面。廊道的断面尺寸应按运用要求而定，除基础灌浆排水廊道由于机具操作需要较大的尺寸外，其余廊道最小宽度为 $1.2m$，最小高度为 $2.2m$。廊道内必须有良好的排水条件，以及适宜的通风和足够的照明设备，通向坝外的廊道进出口应设门，寒冷地区应注意保暖防寒。 （林益才）

坝内埋管 embeded(buried) steel pipe in concrete dam

埋设在坝体混凝土中的钢管。适用于坝后式水电站。钢管在坝内以倾斜布置居多，距坝下游面的埋置深度一般不小于一倍管径；也有少数布置成接近水平或垂直者。其平面位置宜通过坝段中央，直径不宜超过坝段宽度的 $1/3$。钢管在坝内有两种布置方式。一种是钢管与坝体混凝土间设弹性垫层，使钢管承受全部内水压力，优点是受力条件明确，坝身孔口应力较小，但钢管按明管设计，需要较多钢材。另一种是钢管与坝体混凝土结为整体，二者共同承担内水压力，可减小管壁厚度，但坝身孔口周围需配置较多钢筋。 （刘启钊）

坝内式厂房 powerhouse within dam

布置在混凝土坝腹内的水电站厂房。当河床狭窄不宜于布置坝后式厂房时，可将主厂房布置在坝体应力较低的腹部，如中国的上犹江水电站。 （王世泽）

坝区河道整治 river regulation near the dam

为确保枢纽建筑物功效和上下游河道河床稳定，对建筑物附近的局部河段所做的整治工程。枢纽上游段的整治工程主要是导引来流方向使枢纽建筑物各部分功能发挥得最好。例如，使通航建筑物上下游口门区水流平顺；使较清水流趋向电站引水口，而带沙较多的水流趋向于冲沙闸(孔)。如原河道过

于宽浅,则应将坝区段河道适当束窄,以适应枢纽建筑物的综合性要求。枢纽下游的整治主要是防止水流对河岸的强烈冲刷,保护堤防安全和航道稳定。

(周耀庭)

坝上游面管 penstock located at upstream face of dam

布置在坝上游表面外的钢管。多用于拱坝。钢管接近垂直布置在坝的上游面之外,并以 90°转弯穿过坝的下部与位于坝后的水轮机相接。管身大部分位于水库中,在正常运行时内外水压力基本平衡。管身外包钢筋混凝土并固接在坝面上,以防放空检修时受外水压失稳和抵抗地震、风浪等荷载。

(刘启钊)

坝身 body of dike

丁坝、顺坝或锁坝的主体部分。起到导引、控制和部分阻塞河道水流的作用。其断面尺寸由采用的各种材料而不同。例如,抛泥坝的坝身尺寸比抛石坝的大,前者的顶宽为 3～5m,后者的仅为 1～2m,这是为了保持坝身稳定的要求决定的。然而,做好坝身的护坡和护脚,防止水流冲刷和波浪打击遭致损毁则是相同的。当整治工程的新岸线形成以后,丁坝、顺坝的坝身就成为新河岸线的一部分。

(李耀中)

坝身进水口 dam intake of water power station

坝内压力钢管或坝后背管的进口。水电站有压进水口的一种。进水口的布置应与混凝土坝体相协调,使之既能满足发电取水和水头损失不大的要求,又能满足坝体应力的需要。为了不过分削弱坝身,拦污栅一般布置在坝上游面的悬臂上,呈平面形或多边形。闸门槽设在坝的上游面或坝体中。

(刘启钊)

坝身排水管 drainage conduit in dam

为排除坝体内部渗水所设置的竖向管道。其作用是降低坝体浸润线位置,减小渗透压力。排水管位于坝体上游侧防渗混凝土层之后,距上游坝面一般应不小于坝前水深的 $\frac{1}{10} \sim \frac{1}{12}$。间距为 2～3m,

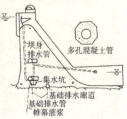

管径为 15～25cm。排水管应与纵向排水检查廊道或基础排水廊道相通,以便通过廊道排水沟或集水井将渗水排向下游。常用预制多孔混凝土管,在浇筑混凝土时埋入坝内,有时也用立模法或拔管法在坝内做成排水管。

(林益才)

坝身泄水孔 outlet

进口常淹没于水库水面以下的穿过拦河坝的泄水建筑物。适应不同条件和要求,可有各种功用,如协助溢洪道泄洪,预泄库水,增大水库调洪能力;放空水库以便工程检修;借泄水以排沙,减少水库淤积;随时放水满足下游航运或灌溉要求;施工期导流等。但因常以孔流方式过水,泄流能力一般与水头的平方根成正比,超泄能力较小,不宜独力承担主要泄洪任务。按其进口高程在坝高范围内的相对位置,通常分别称为中孔、深孔、底孔等;按进口段下游洞身内为有压或无压流态,则又分为有压泄水孔或无压泄水孔两类。高坝泄水孔的闸门要承受很大的水压力,其值与水头及挡水面积成正比,因而泄水孔断面尺寸常受高压闸门及相应启闭设备制造能力限制而不能太大。通过泄水孔的高速水流还可能带来负压、空蚀及闸门振动等问题,设计中应注意体型的试验研究与优选,尽量使水流平顺。泄水孔常设于混凝土坝身,既可位于非溢流坝段,也可位于溢流坝段;出口设消能工,消能防冲设施应考虑其与相邻泄水建筑物的联合运行。

(王世夏)

坝式水电站 valley-dam water power station

见抬水式开发(263 页)。

坝田 area between dikes

丁坝群的两坝之间和顺坝与河岸间的区域。当水位低水流未漫过坝顶时,坝田内会形成竖轴回流;若水流漫过坝顶以后,坝田的前端会产生横轴旋涡。坝或坝群的布置,坝顶高度和泥沙的性质,对坝田内泥沙淤积的位置和速度有重要影响。顺坝的坝田淤积较慢,为了防止坝田受水流的冲刷,沿顺坝纵长做几座格坝与河岸相连接,能加速坝田内泥沙的淤积。

(李耀中)

坝头 head of dike

丁坝和顺坝前端临河部分的坝体。由于水流条件不同,丁坝与顺坝的坝头有很大的差别。丁坝的坝头不仅受到水流的直接冲击,而且受到附近的旋涡水流的淘刷,往往附近发生较大的冲刷坑。为了保护坝头,防止底脚块石走失,需要采取加保护措施。不同材料和形式的丁坝、坝头加固的方法是不同的。例如,1.抛石丁坝的坝头,除把边坡系数加大到 3～5 外,还把外形做成平滑的盘头形状;2.土心丁坝的坝头,用石料抛筑成大的块石棱体,或用沉枕加固。根据黄河下游的河工经验,洪水期当坝头块石棱体下蛰时补充抛石加固,施工方便。3.编篱丁坝的坝头,可加大尺寸,或做成圆形和多角形,填充块石,或采用沉排护底等。顺坝坝头附近的水流较平顺,附近的局部冲刷较轻微,故坝头不需局部放

大,边坡也不需放缓,只把沿坝轴线方向迎流坡面的边坡系数加大到3~5即可。　　　　　（李耀中）

坝头冲刷坑　local scour nearby dike head

坝头附近河床的局部冲刷坑。由于坝头受到水流的直接冲击,坝头下游往往还形成复杂的旋涡水流,使附近的河床遭受冲刷,因而形成局部冲刷坑。顺坝坝头冲刷坑较小,一般不会有较大的影响;丁坝坝头冲刷坑较大,是治河工程水动力学研究对象之一。影响冲刷坑深度的因素有:坝长、坝头边坡、来流的流速、方向和河床的泥沙组成等,坝头冲刷坑过大,不仅增加维修的抛石数量,甚至影响丁坝的安全,故应采取预防措施。例如,把坝头做成圆弧形,放大坝头的边坡系数,或加大坝头的护底沉排等。
　　　　　　　　　　　　　　　（李耀中）

坝下埋管　conduit under dam

埋设在土石坝坝体廊道下的输、泄水管道。由进口、管身和出口三部分组成。按埋置方式分为上埋式涵管和沟埋式涵管

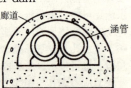

两种。按管身内的水流是否满管可分为有压和无压两类,前者多采用预制或现浇的钢筋混凝土圆管,后者多采用钢筋混凝土矩形或圆形断面,一般不宜采用浆砌石。管身应敷设在岩基或均匀坚实的土基上,不宜从填土中穿过。管身断裂或接缝处理不好会漏水、管身与填土接合不紧密会产生集中渗流,将危及坝身安全,必须高度重视。一般土基上的管道下需设垫座,沿管长每隔一定距离设置截流环,接头应严密止水。最好将管道设计成无压形式,有压管道宜置于廊道中。　　　　　　　　（张敬楼）

坝下游局部冲刷　downstream local scour of the dam

由拦蓄水的闸坝泄放具有较大能量的水流在建筑物附近所造成的冲刷。水流被拦蓄壅高,泄向下游时有大量位能转化为动能,虽经设计者采取各种消能措施,水流仍具有比一般水流大得多的动能,将严重冲刷天然河床,造成程度不同的冲刷坑,即使对岩石河床也不例外,冲坑过深将危及枢纽建筑物或堤岸的稳定。因此,坝下局部冲刷是水利工作者研究的重大课题之一。　　　　　　　　　（周耀庭）

坝下游面管　penstock located at downstream face of dam

又称坝后背管。布置在坝下游坡上的钢管。用于拱坝和混凝土重力坝。管道从上部穿过坝体,然后沿坝下游面布置。管身可用钢筋混凝土包裹固定在坝面上也可用明管支承在坝面上。20世纪60年代首先用于前苏联的克拉斯诺雅尔斯克（красноярская）水电站并得到推广。与坝内埋管相比,其优点是不削弱坝体,避免钢管安装与坝体混凝土浇筑的干扰,但管道较长,需要的钢材要多些。
　　　　　　　　　　　　　　　（刘启钊）

坝型选择　selection of dam type

在水利工程设计中,选择最有利的坝轴线、大坝形式和相应水利枢纽布置方案的设计工作。坝型选择与枢纽布置密切相关,不同坝轴线适于选用不同的枢纽布置和坝型。如河谷狭窄,地质条件良好,适宜修建拱坝;河谷宽阔,地质条件较好,可以选用重力坝或支墩坝;河谷宽阔,地质条件较差或河床覆盖层较厚且土石料储量丰富,适于修建土石坝;对同一条坝轴线,还可以考虑几种不同坝型和枢纽布置方案,经技术经济比较选择最优方案。比较方案时,不仅要研究坝址的地形地质条件,而且还需考虑枢纽的施工条件、运行条件、综合效益、投资指标以及远景规划等。
　　　　　　　　　　　　　　　（林益才）

坝趾压重　toe weight

设在土坝下游坝趾附近以防止坝基渗透破坏、提高软基抗滑稳定性的砂石堆体。适用于坝基表面弱透水层较薄、坝趾处的剩余水头不大,但可能产生渗透破坏的情况。压重的设置范围与厚度应根据保护层和剩余水头的情况计算决定,压重与被保护土之间需设置反滤层。　　　　　　　　（束一鸣）

坝轴线　dike axis

从坝根至坝头的中心线。其布置就是确定坝身的方向,对于水流、河床演变、坝头和坝田的冲淤都有重要影响。丁坝通常依据其坝轴线与水流方向的夹角大小,可分为上挑、下挑和正交等几种,顺坝的坝轴线应与设计整治线重合,故顺坝建成以后能立即起到调整水流的作用。在河流整治工程中,坝轴线的布置,大多数是根据以往的经验确定的,存在着一定的局限性,因此,在重要河段内,坝或坝群的坝轴线布置,必须通过河流动床模型试验研究来确定。
　　　　　　　　　　　　　　　（李耀中）

埧

即"坝"。宁夏引黄灌区称坝为埧,亦有称堤为埧者。灌区从黄河引水,渠首采用无坝取水方式,用分劈河面约四分之一的垒石长埧(即导流坝,或称引水坝)导引河水入渠。引水渠正闸以下,两岸所筑长堤也称"埧",有石埧、草石埧、草埧和草土石埧等。
　　　　　　　　　　　　　　　（查一民）

bai

白沟

曹魏时沟通黄河与海河流域的运河。曹操于建安九年(公元204年)北征袁尚时为运粮而开。在淇

水入黄河处(淇口,在今淇县东)筑枋口堰,逼淇北流,经清水(今卫河,在淇口与淇水会合)故道,东北行二三十里后,利用黄河宿胥渎旧道加以修治,北通潯沱水。成为魏晋时代黄、海间重要运道。隋大业四年(公元608年)改建白沟为永济渠。

（陈　菁）

白起渠

古代陂渠串联(今称长藤结瓜)式灌溉工程。秦昭襄王三十八年(公元前269年),秦大将白起攻楚鄢郢(在今湖北省宜城南7.5km),在汉水支流夷水(古又称鄢水)上筑拦河坝,开渠引水灌城,并积成熨斗陂、臭池等陂塘。后人利用其渠首及陂塘灌溉,并在城西开新陂及土门陂;城东臭池以下开朱湖陂,下入木里沟。《水经注》记载可溉田3 700顷。白起渠后来演变为长渠,渠首为蛮河上的武安堰(今湖北省南漳县武安镇西谢家台附近)。木里沟后演变为木渠,渠首为潼口河上游的灵溪堰(石河与铺河汇合处庐家畈附近),渠道串联两岸49陂,可溉田6 000顷。长渠和木渠与陂塘联成塘网络,对湖北襄(阳)宜(城)平原的灌溉发挥了重要作用,使该区成为粮仓。

（陈　菁）

白渠

又称白公渠。西汉引泾灌溉工程。太始二年(公元前95年)赵中大夫白公建议于郑国渠之南另开新渠,引泾水,首起谷口(今陕西省泾阳县西北),尾入栎阳(今陕西省临潼县北),南注入渭水,长200里(约83.2km,秦1里=0.416km),溉田4 500余顷(约合今31万亩,秦1亩≈今0.688亩)。该渠与郑国渠一样具有灌溉、肥田和改良盐碱地的三重功效,后并称为郑白渠。

（陈　菁）

白沙口潮汐电站 Baishakou Tidal Power Station

在山东省乳山县白沙口的潮汐发电站。1978年发电。海湾面积3.2km^2,采用单库单向落潮发电,6台机组总装机960kW,年发电量191.4万kW·h。

（胡明龙）

白山水电站 Baishan Hydroelectric Station

第二松花江梯级开发最上一级水电站。在吉林省桦甸县与靖宇县交界处,1984年建成。总库容62.2亿m^3,有效库容35.4亿m^3；一期装机容量90万kW,年发电量15亿kW·h；二期扩建60万kW,总共装机容量150万kW。以发电为主,兼有防洪等效益。由重力拱坝、泄水建筑物、右岸地下厂房和左岸地面厂房等组成。坝高149.5m,顶弧长676.5m,为等厚三心圆拱,中部小半径320m,两端大半径770m,顶宽9m,宽高比0.425。一期建地下厂房,二期建地面厂房。水利电力部东北勘测设计院设计,第一工程局施工。

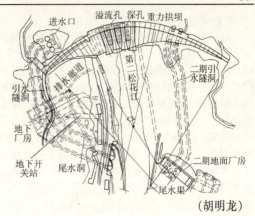

（胡明龙）

ban

班基水轮机 Banki turbine

见双击式水轮机(226页)。

板桩 sheet pile

为防渗、挡土或直接挡水而全部或部分打入土中的连续成排的板式桩。在水工建筑物中主要用作垂直防渗设施。根据所用材料,有两边设锁口的槽形钢板桩、有凸凹槽榫的钢筋混凝土板桩及木板桩等。为防止地基渗流作用或截断透水层,在水闸或土基上溢流坝以及其他水工建筑物的基底或铺盖上游端设置,用以延长垂直渗径,减小闸坝基底的渗透压力、渗透坡降或流速以及渗流量。一般只用于砂土地基,在极少数情况下,如粉砂地基,在闸基四周用板桩包围、加固、防止液化现象。板桩顶部嵌入闸坝基底填有沥青的孔洞,保证紧密连接,适应闸坝的沉陷。钢筋混凝土板桩也可作为挡土结构。在深基坑施工中,也可作为临时的挡水、挡土、防渗的围墙及围堰。

（王鸿兴）

板桩坝 sheet-pile dike

用打入河床的排桩或板桩建成的坝。材料有：木桩、钢筋混凝土桩、钢管桩或钢板桩。板桩有单排的或双排的。在治河工程中一般用单排的板桩,其背水一侧用沙石或壤土做坝体,坝面和坝头用抛石保护。板桩之间的接缝要小,还要采用堵缝隙的工艺措施。如果缝隙的漏水严重,会发生淘刷坝体的危害。这种坝的造价高,施工技术复杂,仅在少数重要的河段或港口用它做护岸工程。

（李耀中）

半潮位 half-tide level

高潮与低潮潮位的平均值。通常平均半潮位与平均海平面相差不大。但在涨、落历时或相邻高(低)潮位不等显著的地方,差值可能很大。

（胡方荣）

半固定式喷灌系统 semi-fixed sprinkler irrigatin system

动力机、水泵及输水干管固定不动,支管和喷头可移动的喷灌系统。这种形式提高了设备利用率,减少了管材用量,降低了工程投资,在世界各地得到广泛应用。支管的移动方式有:①人工移管:支管采用薄壁铝管、薄壁钢管或轻质塑料管,用人力按轮灌顺序移动。在喷湿的土地上操作,劳动强度较大;②机械移管:应用较多的有滚移式喷灌机组、绞盘式喷灌机组等;③大型自走式喷灌机:应用较多的有双悬臂式喷灌机组、中心支轴式喷灌机组和平移式喷灌机组等。 （房宽厚）

半贯流式水轮机 semi-tubular turbine

发电机与水轮机分开设置以轴相连的贯流式水轮机。按照发电机的布置方式可分为灯泡式水轮机、轴伸式水轮机及竖井式水轮机三种。 （王世泽）

半日潮 semi-diurnal tide

海水在一个太阳日中有两次波动的现象。分为正规半日潮和不正规半日潮两种,前者指一个地点在 24 时 50 分内,相当于天文学上一个太阳(月亮)日内发生两次高潮和两次低潮,两次高低潮的潮高近似相等,涨落潮时也很接近。如杭州湾墩浦和巴拿马等。不正规半日潮参见混合潮(119 页)。
（胡方荣）

半水内冷式发电机 generator with semi-internat water cooling system

见水内冷式发电机(249 页)。

bao

包气带 zone of aeration

又称非饱和带。地面以下潜水面以上的地带。是大气水、地表水和地下水进行水分交换的地带,具有吸收水分、保持水分和传递水分的能力。
（胡方荣）

雹 hail

又称冰雹、雹块。从对流云中产生的球状、锥状、椭球状或形状不规则的坚硬固态降水。通常为白色、乳白色和无色透明固体,表面呈光滑、粗糙和带疖瘤等形态,直径一般大于 5mm。多数雹块最大尺度小于 3cm,个别大于 10cm。异常巨大的雹块非常少见。一般出现在对流活动频繁的夏秋季节,常常砸坏大片农作物,损坏房屋,威胁人畜安全,是一种严重的自然灾害,很多国家已进行人工防雹试验。
（胡方荣）

薄拱坝 thin arch dam

坝体最大厚度与坝高之比小于 0.2 的拱坝。常布置成双曲率的形式。特点是所受的水平荷载几乎全部借拱的作用传给河谷两岸,依靠拱座岩体的反力作用来维持坝体稳定。多修建在狭窄的河谷中。中国目前最高的薄拱坝是台湾省德基双曲拱坝,坝高 180m;最薄的砌石拱坝是湖南省里沙溪拱坝,坝高 50m,厚高比 0.06。 （林益才）

薄膜水 film water

又称松束缚水。土壤水达最大吸湿量后,土颗粒的剩余分子引力吸附液态水而在吸湿水层外围形成的薄层水膜。它与土粒结合强度较吸湿水小,仍不能在重力作用下流动,但可在分子引力作用下,从水膜厚处向水膜薄处移动。移动速度极慢,约 0.2~0.4mm/h。其密度约为 $1.25g/cm^3$、冰点低、黏滞性高、溶解力极弱。 （刘圭念）

饱和产流 saturation runoff production

当地表土壤完全饱和土壤空隙已充满水分时,即使雨强不超过表土的下渗能力也可形成的坡面流。一般很难在全流域面积上产生,但易在坡脚或土层较薄的地方形成。 （胡方荣）

饱和含水量 saturated water content, saturation capacity

又称全蓄水量。土壤中大小孔隙全部为水充满时的土壤含水量。田间土壤在经过一次充分灌水或一次历时长、强度大的降雨后,水分入渗到土壤中,表层土壤可出现完全饱和状态,此时测得的含水量即饱和含水量。约相当于 0.001 个大气压。从田间持水量到饱和含水量之间的水量,是受重力作用运动的自由重力水。它可反映土壤的最大容水能力,对产流有重要的意义。 （刘圭念 胡方荣）

饱和坡面流 saturation overland flow

土壤已饱和而沿坡面流动的地面径流。是直接径流的主要组成部分,洪峰的主要水源。
（胡方荣）

饱和水汽压 saturation vapor pressure

空气中水汽含量达到饱和程度时的水汽压。在一定温度下,大气中所含水汽有一个极限,达到这一极限时,水汽不能再增加,否则超限的水汽将凝结释出。它与气温呈指数正比关系。 （周恩济）

饱和水汽压差 saturation vapor deficit

空气在某温度下的饱和水汽压与当时实际水汽压的差值。单位为毫巴(mb)或帕(Pa)。饱和水汽压差愈大,空气愈干燥,蒸发量也愈大。
（胡方荣）

宝鸡峡引渭灌区 Baojixia Irrigation District

位于陕西省关中西部,从渭河左岸引水,灌溉宝鸡、咸阳、西安三个市的 20 万 ha 农田。其中自流灌溉面积为 13.8 万 ha,提水灌溉面积为 6.2 万 ha。灌区年平均降雨量为 566mm,年平均蒸发量为

1 110mm,土壤肥沃,主要种植小麦、玉米、棉花、油菜等。灌区分塬上、塬下两大部分。塬下部分由原渭惠渠灌区扩建而成,渠首在眉县魏家堡,设计引水流量为45m³/s,于1935年开工,1937年建成通水,后几经扩建,灌区面积达到7.2万ha。塬上灌区始建于1958年,建成于1971年,从宝鸡市林家村引水,设计引水流量为50m³/s,灌溉面积12.8万ha。灌区内建有抽水站21座,装机容量为30 179kW,提水灌溉高地或将水库蓄水抽入渠道。有中型水库4座,总库容为2.29亿m³,小型陂塘461座,可蓄水0.18亿m³,机井11 349眼。这些工程构成一个以引渭河水为主、引蓄提相结合、地面水和地下水并用的多水源灌溉系统。
(房宽厚)

保险费法 method of insurance expenses
计算多年平均洪灾损失即多年平均防洪效益的一种方法。以修建防洪工程后,每年所减少的保险费,作为防洪工程的多年平均效益。为补偿洪灾损失,在每年的国家预算中应提取一定数额的洪水保险费,以保险基金形式,作为补偿洪水损失的预备费。此法理论论证不够充分,在国外未见正式使用,目前尚不宜使用。
(戴树声)

保证出力 firm output, firm capacity
水电站在长期运行中,按设计保证率能保证发出的功率。是水电站重要动能指标之一。等于符合设计保证率的供水期平均出力。是确定水电站装机容量的基本依据。
(陈宁珍)

保证出力图 firm output diagram
在系统电能平衡图上绘出的,为保证电力系统正常运行而要求水电站每月发的平均出力。
(陈宁珍)

保证电能 firm energy
水电站在供水期按设计保证率能保证发出的电能。单位为kW·h或度。是水电站动能指标之一,等于保证出力乘以供水期的历时。
(陈宁珍)

暴雨 storm
势急量大的降雨。主要由对流形成,低气压发展、长时间锋面活动、强烈雷雨和台风影响都会促其形成。其特点是历时短,强度大,雨面较小。日降雨量超过50mm或1h超过16mm者称暴雨;日超过100mm者称大暴雨,超过200mm者为特大暴雨。是一种灾害性天气。
(胡方荣)

暴雨点面关系 relationship between point and area rainfall
暴雨的点雨量与面雨量关系。当设计流域内雨量资料系列太短时,不能直接计算设计面雨量。通常先求出流域中心处指定频率的设计点雨量,再通过暴雨点面关系,将设计点雨量转换成所要求的设计面雨量。暴雨点面关系形式有,暴雨中心点面关系(动点动面关系)和定点定面雨量关系。
(许大明)

暴雨洪水 storm flood
暴雨形成的洪水。热带及温带地区河流的洪水主要由暴雨形成。小河流域面积和河网调蓄能力都小,因此一次暴雨即形成一次洪峰,并且暴涨暴落。大河的流域面积大,不同场次的暴雨在不同支流形成的多次洪峰先后汇集到大河时,各支流的洪水过程往往相互叠加,容易造成干流的险情。由于河网、湖泊和水库的调蓄,洪峰的次数减少,使洪水历时加长,涨落速度比较平缓。中国主要为暴雨洪水。
(胡方荣)

暴雨径流 storm runoff
由暴雨形成的径流。参见暴雨洪水。
(胡方荣)

暴雨径流查算图表 computation charts for storm runoff
由水利部编制出版的暴雨径流计算所需方法、公式、基本参数等值线图和表。供各省、区进行水文计算查用。
(许静仪)

暴雨强度公式 storm intensity formula
暴雨量与历时之间的经验公式。是暴雨量-频率-暴雨历时三者关系曲线的数学表达式。可以有多种形式。水利部门采用公式

$$a_{t,p} = \frac{S_p}{t^n} \quad \text{或} \quad x_{t,p} = S_p t^{1-n}$$

$a_{t,p}$为历时为t,频率为P的暴雨平均强度 mm/h;$x_{t,p}$为历时为t,频率为P的暴雨量 mm;S_p为习惯上称频率为P的"雨力",当$t=1$h时,$a_{t,p}=S_p$,数值上等于年最大1小时平均雨强;n为暴雨衰减指数,$n=0.50\sim0.70$。
(许大明)

暴雨强度历时频率关系 rainfall intensity-duration-frequency relations
说明暴雨三个主要特征暴雨强度、暴雨历时及频率三者间关系。为适应各流域不同的成峰暴雨历时,求得相应设计流域成峰暴雨历时的设计点雨量用。分析确定当地雨量—频率—历时关系,由年最大24h设计点雨量作历时转换。分析雨量—频率—历时关系时,先对长系列雨量站作分析,得到各单站的关系,再作地区综合,分区确定其关系。此关系有两种表达方式,即曲线图形和经验公式(暴雨强度公式)。
(许大明)

暴雨时面深关系 depth-area-duration(DAD) relations
暴雨历时为t、笼罩面积F、面平均雨深x三者关系曲线。是暴雨空间分布特征的描述方式。对同

一次暴雨过程,选取不同的统计时段,绘制若干幅雨量等值线图,再绘制成时面深综合曲线。欧美国家以历时、面积、雨深三字的英文字首为代表 D、A、D 曲线,中国简称为暴雨时面深曲线。　　（许大明）

暴雨统计特征　storm statistical characteristics

各种时段暴雨量的统计参数(均值 $\bar{x}$,变差系数 C_v)的总称。各站同时段的暴雨量的统计参数等值线图,在地理上呈现出一定的变化趋势。这种变化可从气候和地形等方面解释,参数的分布规律可作地理插值用。　　（许大明）

暴雨移置　storm transposition

将气候一致区内发生的大暴雨移置到设计流域的方法。当设计流域缺少时空分布较严重的大暴雨资料时,则可将邻近流域的特大暴雨搬移过来,加以必要的改正,作为典型暴雨,然后适当放大以求得可能最大暴雨。设计步骤为选定移置暴雨;移置可能性分析;雨图安置;移置改正。　　（许大明）

暴雨组合　storm composition

将天气一致区形成大暴雨的天气系统在时间和空间上进行合理的组合,推求可能最大暴雨。任何一次特大暴雨洪水,都是由几次暴雨天气过程连续出现,或者某一系统停滞少动,或者几种不同尺度的天气系统在时间和空间上叠加所造成的。按天气气候学原理,合理组合可构成一场新暴雨,作为典型暴雨,再进行放大以推求可能最大暴雨。
　　（许大明）

bei

陂

障水之堤岸。《诗·陈风·泽陂》:"彼泽之陂,有蒲与荷。"《国语·越语下》:"滨于东海之陂。"

池塘;湖泊;水库。如:陂塘;芍陂;鸿隙陂。《淮南子·说林》:"十顷之陂,可以灌四十顷。"

壅塞。《国语·吴语》:"乃筑台于章华之上,阙为石郭,陂汉,以象帝舜。"韦昭注:"陂,壅也。"

倾斜。　　（查一民）

《北河纪》

明代记载山东至天津段京杭运河的专著。谢肇淛撰。万历四十二年(1614 年)成书,共 8 卷,另附《纪余》4 卷。记载运河水源、工程、河政及历代治河利病,是了解明代运河的重要著作。清顺治九年(1652 年),阎廷谟仿其体例编成《北河续纪》8 卷。
　　（陈　菁）

北江　Beijiang River, Northern River

西源武水出湖南省临武县境西九嶷山,东源浈水出江西省信丰县大石山,在广东省韶关市与武水汇合后的珠江北的支流。至三水县与西江相通,主流由洪奇沥入海,长 582km,流域面积 4.78 万 km²。有连江、滨江、瀹江、绥江等支流纳入。曲江以下可通航。　　（胡明龙）

贝加尔湖　Baikal Lake(байкал)

古称北海。位于东西伯利亚南部,地处北纬 51°32′～56°06′,东经 103°59′～109°57′,世界最深的湖泊。曾是中国北方部族的主要活动地区。由地层断裂陷落而成。面积 3.15 万 km²,最大深度 1 620m,蓄水量 23 万亿 m³,约占地球表面淡水总量的 1/5。有 336 条大小河流注入,汇流面积 55.7 万 km²,经安加拉河、叶尼塞河流入北冰洋,水力资源极其丰富,建有布拉茨克、乌斯季-伊利姆、伊尔库茨克等水电站。湖内有岛屿 27 个,环湖群山森林茂密,风景优美,湖水纯净,是疗养和旅游胜地。自然资源丰富,有 1 200 多种动物和 600 多种植物,其中 3/4 为该湖所特有,有海洋动物北冰洋海豹和凹目白鲑等常来栖息繁衍。　　（胡明龙）

贝奈特水库　Bennett, W. A. C.

加拿大第二大水库。在皮斯河上,位于不列颠哥伦比亚省赫德森-霍普附近。1967 年建成。总库容 703 亿 m³,有效库容 370 亿 m³。大坝为土坝,高 183m,顶长 2 042m。以发电为主,装机容量 273 万 kW。　　（胡明龙）

备用容量　spare capacity

为确保电力系统安全、可靠供电而设置作为备用的装机容量。按其用途可分为负荷备用容量、事故备用容量和检修备用容量。　　（陈宁珍）

背压式汽轮机　counteracting steam turbine

将未经冷凝的高于一个大气压的出口蒸汽直接向用户供热的汽轮机。是汽轮机的一种。适用于供热式火电站。　　（刘启钊）

被补偿水库　passive compensation reservoirs

见补偿水库(18 页)。

beng

崩塌　collapse

陡坡上大块岩土体在重力作用下突然崩落的现象。地面坡度大于 35°的陡坡和 50°～70°的陡岸,土层崩落散堆于坡脚。河床中的水流冲刷岸壁,也会造成河岸崩塌。　　（胡方荣）

崩窝　local bank scour

局部河岸大规模地突然坍塌下陷的局部冲刷坑。在不规则的河岸或突出的垂直护岸建筑物附近,水流发生分离而形成湍急的竖轴回流,将具有二元沉积结构的河岸的坡脚淘空,于是上层土体失去支持而突然坍塌，又称坐崩。虽然崩前会出现种种预兆，但崩塌一旦发生，几十米甚至更长的一段河岸突然坍塌下陷，形成 20～30m 深的崩窝。由于坐崩的速度快，规模大，是一种非常严重的险情，必须经常巡回检查和采取预防措施。　　　　（李耀中）

泵车　pumping car

又称缆车。水泵机组安装在由岸上牵引设备系吊在缆车上的泵站。由泵房、轨道、绞车房、牵引设备、固定输水管及出水池等组成。它不受河道水流的冲击和风浪波动的影响，稳定性能较泵船好；但出水量小。其他优缺点和适用范围与泵船相同。
　　　　　　　　　　　　　　　　（咸　锟）

泵船　pumping ship

又称趸船、浮船。水泵、动力机及其他设备均安放在船上的流动泵站。适用于水源水位变幅较大、建立固定泵站较困难或不经济的水库或河流上，具有较大的灵活性和适应性，随水位的涨落而升降，或视排、灌需要而迁移，无水工建筑物，因而投资少，见效快；但运行管理较固定泵站复杂。按水泵机组安装的位置不同分为上承式与下承式两种。前者将水泵机组安装于甲板上；后者则将水泵机组安装在船舱底。联络管分柔性和刚性两种。前者采用橡胶软管，两端为法兰盘。后者为一刚性短管，短管两端各用一个球形万向接头，分别与泵船及岸上的出水管或渠道相接。　　　　　　　　　　　　（咸　锟）

泵房　pump house

又称机房。安装水泵、动力机、进水管道、出水管道、电气设备和辅助设备的房屋。是泵站枢纽工程的主体。合理地选择和确定它的形式及其各部分的尺寸，能够节省工程投资，延长设备使用年限，有利安全运行，并为管理人员提供良好的工作条件。它可分为固定式和移动式泵房两大类。前者的基础与地基相连，又可分为分基型泵房、干室型泵房、湿室型泵房及块基型泵房四种；后者又可分为泵船和泵车两种。　　　　　　　　　　　　　　（咸　锟）

泵壳　pump shell, pump housing, pump casing

水泵的外壳。离心泵、混流泵的泵壳一般形似蜗壳。由泵盖、壳体和出水接管三部分组成。轴流泵、导叶式混流泵和贯流泵的泵壳结构简单，呈圆筒形，由进水流道、转轮室、导叶体和出水流道组成。泵壳的作用是：把水流平顺地引向叶轮，并把叶轮流出的水流汇集起来，导向出水口；减慢从叶轮流出的水流速度，把高速水流的大部分动能变成压能；把水泵的各个部件组成一个整体，便于安装。农用泵壳一般用铸铁制成，要求表面光滑，严禁有砂眼、气孔及裂缝等，以防止漏水漏气。
　　　　　　　　　　　　　　　　（咸　锟）

泵站　pump station

又称抽水站。用于提高水位或增加水压的水泵、动力机、进出水管道、电气设备、辅助设备、前池、进水池、出水池、机房等的综合体。根据它的使用目的、动力类型、取水水源及能否移动等特点又可分为灌溉泵站、排水泵站、排灌结合泵站、多功能泵站、潮汐泵站、水锤泵站、井泵站、水轮泵站、抽水蓄能泵站、风力泵站、太阳能泵站、恒压泵站、泵车和泵船等。　　　　　　　　　　　　　　　（咸　锟）

泵站测流　flow measurement in pumping station

测定泵站中水泵在单位时间内的出水量。为鉴定水泵性能和监视、调节、控制水泵运行工况提供准确的依据，配合其他有关参数的测量，为泵站节能、经济运行和技术改造提供科学的依据。泵站测流的方法有：差压测流法、均速管测流法、超声波流量计法、食盐浓度法、流速仪测流法和堰槽测流法等。
　　　　　　　　　　　　　　　　（咸　锟）

泵站传动装置　transmission device of pumping station

将动力机的能量传递给水泵，使其正常运行的设备。传动的类型有皮带传动、齿轮传动、液压传动、电磁传动。皮带传动是由皮带轮与张紧在轮上的环形皮带组成。靠皮带和皮带轮摩擦运动传递动力。皮带传动结构简单、传动平稳、安全，安装使用和维护简便，应用范围较广；但是轮廓尺寸大，寿命短，传动比不准确等。联轴器传动是将水泵轴与电机轴直接连接起来的传动方式，分为刚性和弹性两种。除具有皮带传动的优点外，传动效率高（接近100％）是其突出的优点；缺点是不利于综合利用、不能调速运行。齿轮传动靠两个齿轮的相互啮合运动来传递动力。泵站常用的齿轮传动有圆柱齿轮和圆锥齿轮两种，具有结构紧凑、可靠耐用、效率较高、传动功率大等优点；但齿轮制造的工艺要求高，价格较贵。液压传动是通过液压联轴器内液体容积和压力的变化带动水泵旋转，其工作平稳、可靠、自给润滑、能使动力机无负荷起动，效率较高；但需要增加其他设备和造价昂贵。电磁传动是将主、从动轴上的电磁圆盘相对放置，当电流通过主盘时，产生吸引力，吸住从盘同转，其构造简单、启动迅速、便于自动控制；但造价昂贵。　　　　　　　（咸　锟）

泵站电气设备　electrical equipments of pumping station

安装于泵站中的变电、配电及用电设备的总称。包括电动机、配电设备、自动化装置、电网和变电所等。通常将从电网中接受、输送和分配电能的设备称为一次设备，如变压器、主电动机、断路器、隔离开关、母线和电力电缆等。对一次设备的工作进行控制、保护、监测和测量的设备称为二次设备，如测量仪表、控制信号及器具、继电保护装置和自动装置等。前者按一定顺序相互连接构成的电路称为一次回路或主结线，是泵站与变电所电气部分的主体。二次设备相互连接的低压电路称为二次回路或二次结线，包括交流电流回路、电压回路、主机组、主变压器控制、保护、信号及自动装置回路等。泵站内的电气设备均为主电动机服务，必须安全、可靠。

（咸 锟）

泵站辅助设备 auxiliary facilities of pumping station

为泵站主机组服务的设备。大型泵站的辅助设备有油、气、水系统中的各种设备，通风、起重、运输、量测、闸门和拦污、清污、水锤防护等设备。中、小型泵站的辅助设备相应地要简单些。这些设备对水泵的安全运行有着重要的作用，对它们的选型、设计、制造、安装以及维修养护应予以足够的重视。

（咸 锟）

泵站管理 management of pumping station

泵站及其排灌工程的运行、维修养护、技术改造、综合经营等工作的总称。泵站建成后，由专门的管理机构进行工程验收，并根据工程规划目标、水文气象条件、生产要求等，运用技术、经济和行政管理的综合手段，实现预期的工程效益，并大力培养与提高管理人员，对泵站工程及其灌排工程进行技术改造，推广节水节能技术挖掘工程潜力，对外开展技术服务，不断提高泵站的经济效益与社会效益。

（咸 锟）

泵站机电设备 mechanical and electrical equipment of pumping station

安装在泵站内的各种机械和电气设备的总称。主要包括水泵、动力设备、传动设备、辅助设备和电气设备等。前两者又称主机组，为泵站的核心，它对泵站的工程投资、安全运行和技术经济指标等起决定性的作用。其他设备是为主机组配套运行服务的设备，均称辅助设备。在设计时，应合理选择主机组和配套附属设备，以求最大的经济效益；在运行管理中，应经常维护与保养，使其长期处于良好的工作状态。

（咸 锟）

泵站机组安装 assembly of pumping unit

泵站内的水泵、动力机的零部件按相应技术要求组装、连接、固定的工艺过程。泵站机组安装由前期准备（包括设备到货验收、检查维护、贮存保管、安装场地布置、基础处理、技术力量配备和进度计划编制等）、组合装配、吊装就位、找正调整和连接紧固几个环节组成。安装时，要求基础牢固、机组水平（卧式泵）或垂直（立式泵），油、气、水管路通畅，油质、油量符合要求，密封效果好、机泵转向正确、机泵运行时不振动、噪音低、进出水管路不漏气，保证机组长期高效运行。

（咸 锟）

泵站技术经济指标 technical economic index of pump station

衡量泵站经营管理水平与工程效益的指标。1980年，中国水利部制定的机电排灌站《八项技术经济指标》的内容有：设备完好率、能源单耗、用水定额、灌排成本、单位功率效益、渠系水利用率、自给率、产量。实践证明，泵站按《八项技术经济指标》进行考核，有效地促进了泵站节能、节水，推动了泵站的技术改造，提高了泵站工程的经济效益。后来，中国水利电力部于1987年11月1日颁布了《泵站技术规范》，对原来的《八项技术经济指标》进行了补充和修改，除对设备完好率作了规定外，还增加了工程完好率和安全运行率、单位面积排水量、单位功率排水效益和提排率等项指标。

（咸 锟）

泵站节能 energy saving in pumping station

减少泵站耗能的技术措施及其效果的总称。在满足灌溉与排水要求的前提下，最大限度地减少泵站不必要的能量损耗，以提高泵站效率和经济效益。泵站节能的途径有提高机、泵传动设备的效率，加强水泵的维修管理，减少管路进、出水池的水头损失，控制水源含沙量等。

（咸 锟）

泵站泥沙 sediment in pumping station

通过泵站的水流所含的悬移质泥沙。水流中的悬移质泥沙使水的容重增加，扬程增高，流量减少、功率增大、效率降低。并对泵过流部件产生磨蚀等危害。常采用的防沙措施是在取水口建沉沙池沉沙，以减少泥沙进入泵中。

（咸 锟）

泵站水锤 water hammer in pumping station

又称泵站水击、泵站水力（液体）过渡过程。泵站抽水时，压力管道中水流速度的急剧改变所产生的冲量。冲量值的大小与单位时间内动量的变化成正比。该力作用于管道或水泵部件上（如锤击）称为水锤（或水击）。水锤有起动、关阀、事故停泵水锤三种。一般只要按正常程序起动和关闭闸阀，前两种水锤就会得到抑制，不会危及泵站安全。而后者数值往往较大，会引起机组部件损坏、水管开裂甚至爆破等事故。水锤持续时间虽然短暂，但产生的冲击力（升压降压）却为管道和镇墩设计的重要依据。因而研究水锤产生的机理、计算方法和防护措施对提高抽水系统的设计质量、降低工程投资、保证安全运行等都有十分重要的意义。常用水锤防护措施有减速法、泄流法和缓冲法。这些措施用于防护升压和降压。水锤计算方法有阿列维(Allievi)的联琐方程计算法与图解法两种。　　　　　　　(咸 锟)

泵站效率　efficiency of pumping station

又称泵站装置效率。泵站实际输出功率占输入功率的百分数。以 η_s 表示。泵站运行时,动力机经传动装置带动水泵运转,通过进水管路将水从进水池吸入水泵后,再压入出水池。这个过程的各个环节都有能量损耗,分别用 $\eta_m、\eta_t、\eta_p、\eta_e、\eta_r$ 表示能量传递的有效程度。泵站的能量利用程度为上述各值之积：

$$\eta_s = \eta_m \eta_t \eta_p \eta_e \eta_r$$

η_m 为动力机效率;η_t 为传动效率;η_p 为水泵效率;η_e 为管路效率;η_r 为进出水池效率。η_s 是评定泵站的工程设计、机泵选型配套、管理水平等的综合性技术经济指标。也是进行泵站技术改造的基本依据。
　　　　　　　(咸 锟)

泵站运行管理　operation and management of pumping station

编制泵站经济运行方案、监测机泵运行工况、进行机泵维护与检修、测算泵站技术经济指标等项工作的总称。泵站运行管理得愈好,泵站的泵效和经济效益就愈高;反之则低。中国目前机电排灌站的装置效率最高可达70%以上,但大部分泵站装置效率较低。为提高装置效率,降低能源消耗,应大力开展泵站技术改造的科学研究工作,健全管理规章制度,提高管理人员素质,运用系统工程理论研究泵站工程、机电设备、灌排要求等方面的最优配合。
　　　　　　　(咸 锟)

泵站自动化　automation of pumping station

利用一系列自动化元件、自动装置或计算机进行信息处理和控制泵站运行的措施。即用上述设备对水泵主机组及辅助设备的启动、停机、工况调节与转换、检测和对运行过程中可能发生的各种事故实现自动保护等。旨在提高设备工作的可靠性,延长设备使用寿命,提高泵站装置效率,节约能源,减轻运行人员的劳动强度,降低运行费用,提高生产率,以获得最大的经济效益。　　　　　(咸 锟)

bi

比尺效应　scale effect

又称缩尺影响。通过几何相似模型研究同一原型问题时由于比尺大小不同而导致的成果差异。因为任何模型都是原型一定程度的缩小或简化,很难严格相似;特别是影响因素众多的复杂物理现象无法按所有相似准则要求模拟;还有些物理现象其变化规律直接与绝对几何尺寸有关,无特定的无量纲相似准数制约;这些都会导致比尺效应。检验比尺效应的主要手段是进行系列模型试验,通过观测、比较,找出其规律和大小。　　　(王世夏)

比降　gradient, slope

单位河长的落差。当河段纵断面近于直线时,按下式计算

$$i = \frac{h_n - h_0}{l}$$

i 为河段的纵比降;$h_n、h_0$ 分别为河段上、下游两端的高程(m);l 为河段长(m)。
　　　　　　　(胡方荣)

比拟相似　analogy

两体系物理属性不同,但为同一数学方程描述,且物理量也可对应模拟换算的关系。例如,用电场模拟渗流场就是基于共同遵循拉普拉斯方程的比拟相似。参见电模拟(51页)。　　(王世夏)

必需容量　indispensable capacity

保证电力系统正常供电所必需装置的容量。为最大工作容量与备用容量之和。　　　(陈宁珍)

毕肖普法　Bishop method

土坡稳定分析考虑土条间相互作用力的圆弧滑动分析法。1955年由学者毕肖普(Bishop, A. W.)提出,故名。此法仍然是基于极限平衡原理,把滑裂土体当作刚体绕圆心旋转,并分条计算其滑动力与抗滑力,最后求出稳定安全系数,计算时考虑了土条之间的相互作用力,是一种改进的圆弧滑动法。
　　　　　　　(束一鸣)

闭气　water tight

在堵口工程合龙后,采取阻水断流措施,阻止缝隙漏水。用立堵法合龙,当合龙埽尚未蛰实,坝身仍然漏水;用平堵法堵口,因抛石渗漏严重。故需采取关门埽或加后戗等办法阻止缝隙漏水。
　　　　　　　(胡方荣)

碧口水电站　Bikou Hydroelectric Station

开发长江水系白龙江以发电为主的综合水电工程。在甘肃省文县境内。1977年竣工。装机容量30万kW,年发电量14.63亿kW·h。建筑物有土石坝、地面厂房、左右岸泄洪洞、溢洪道、排沙洞、过木道。坝型为壤土心墙土石混合坝,采用薄层振动碾压,高101.8m,有1.3m及0.8m宽防渗墙两道,各深为41m及68.5m。过木道在右岸,年过木量50万m³。水利电力部西北勘测设计院设计,第五工程局施工。

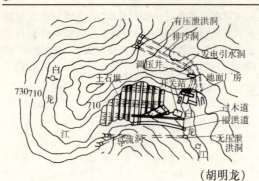
(胡明龙)

避雷器 lightning conductor
防止电气设备或线路在过电压情况下被损坏的主要保护装置。过电压可由雷击引起,也可能由于操作不当或故障引起。它设有一个由空气作为绝缘介质的间隙,出现过电压时间隙绝缘首先被击穿放电,从而保护电气设备。按结构形式,可分为管形和阀形两大类。 (王世泽)

避雷线 lightning wire
俗称架空地线。保护架空输电线及主变压器高压引出线不受直接雷击的线形防雷装置。常以镀锌钢绞线悬挂在被保护物的上方,并可靠接地。
(王世泽)

避雷针 lightning rod
防止被保护范围内的建筑物及设备不受直接雷击的针形结构。顶端由钢棒制成,并由圆钢、扁钢或镀锌钢绞线引至可靠的接地装置。出现雷云时,雷电荷通过避雷针导入地中,从而防止雷击。
(王世泽)

bian

边墩 side pier, abutment pier
水闸或溢流坝的闸室边孔两端与河岸或土坝、土堤直接相连的闸墩。既是闸墩又是连接建筑物。与河岸相连的,又称岸墙。除闸墩功用外,还可挡住两侧填土,保护河岸、土坝或土堤的稳定以及免受泄流时的冲刷;阻止闸室侧向渗透绕流及防止土壤渗透变形;并使水流平顺过闸。边墩的形式较多,常用的有重力式、悬臂式、扶臂式、空箱式、连拱式等。后4种为轻型结构,适用于墙体较高或地基较差的条件。 (王鸿兴)

边际费用 marginal cost
在一定产出水平时,变化一个单位产出相应总费用变动的数值。例如,供水工程在某一供水总量水平上,再增加单位供水量所需增加的费用。它是随供水总量水平而变动。建立起边际费用与产出水平的关系,得到边际费用曲线,一般呈U形,即开始时下降,到一定阶段后转而上升。 (谈为雄)

边际分析法 marginal analysis technique
寻求相应边际效益曲线和边际费用曲线的交点以确定最优工程规模或最优系统产出水平的一种经济分析方法。经济学中这两种曲线相交点被称之为达到均衡状态,此时边际效益与边际费用相等。如果再扩大工程规模或提高系统产出水平,就将引起边际费用高于边际效益。在均衡点,能获得总的净效益最大,有时也称之达到最优状态。
(谈为雄)

边际效益递减律 the law of diminishing marginal benefits
又称边际收益递减律。数量经济学中的一个重要规律。是指在其他条件不变时,连续地把某一生产要素的投入量增加到一定数量之后,再增加单位投入所得到的产量的增量是递减的。例如,对某灌区增加供水,将使农业总产量提高,但供水量增加到一定程度后再增加每单位水量所引起的农业产量的增加额可能是递减的。 (谈为雄)

边铰拱坝 side hinged arch dam
在拱座处设置铰缝的拱坝。其作用是削弱梁的刚度,调整拱梁的荷载分配,使拱承担更多的水平荷载,以便改善坝体和坝基的应力状态。适用于宽高比较大的河谷。 (林益才)

边滩 point bar, altenative bar
河床中依附于岸边、中水位时被淹没但枯水位时出露的泥沙堆积体。可以是孤立的,但更多的是成群分布,在河流转弯段的凸岸常形成固定边滩,在顺直河段边滩常为犬牙交错状分布。它的组成物质多为床沙质,冲淤变化迅速,对于河道水流和河床演变有重要影响。 (陈国祥)

编篱建筑物 fascine fence
在成排的木桩上用树枝、竹片或苇把编成的透水建筑物。木桩直径0.1~0.2m,桩距0.5~1.0m,编篱有单排的或双排的,双排的编篱相距1.5~2.0m。在中小河流上编篱可用来修筑丁坝、顺坝或锁坝等。为了加强编篱的结构有各种措施:单排编篱用纵梁将排桩连成整体,并在背水面用支撑加固;双排编篱可用铅丝将前后桩拉紧,两用间支撑加固,还可每隔3~5m加内桩,编扎直角或锐角相交的篱。在流速较大处,用沉排护底。坝根常用新伐的柳树桩,让其成活长大。坝头作成圆形的或多角形的编篱,其中填块石或土袋。用编篱做的枯水或中水整治建筑物,施工简单,造价低廉,但抗冲强度较低,多用于临时性的整治工程中。
(李耀中)

汴渠

又称汳水、汴水、汴河。古代沟通黄淮的著名运河。汴水《汉书·地理志》作卞水,指今河南荥阳县西南索河。《后汉书》始作汴渠,移指流经荥阳一带的狼汤渠,即汉以前的鸿沟,王景、王吴治河时曾加整修。魏晋之际,自荥阳汴渠东循狼汤渠至今开封,自开封东循汳水、获水至徐州入泗的水道,逐渐取代了古代自狼汤渠南下入颍入涡的水道,成为从黄河流域通向江淮的水运干道,遂统称为汴水、汴河或汴渠。隋开通济渠,自今荥阳至开封一段利用了原来的汴渠,开封以下即与汴河分离,转向东南凿渠经今杞县北、商丘南至安徽宿县、灵璧、泗县至江苏盱眙县北入淮。唐宋时人将通济渠自河至淮全流统称汴渠;而原来开封以东的汴渠遂称为古汴河,已不作运道。金元后黄河南流夺淮,即由古汴河入泗,由泗入淮,全流均被黄河所夺。北宋亡后,汴渠(通济渠)已不作为运道,不久即湮废。　　　　　(陈　菁)

变动成本　variable costs

又称可变成本。总额随着业务量的变化而成正比例变化的成本。与直接材料费用、直接人工费用以及制造费用中变动部分(如工具消耗费用)等有关。与业务量联系密切。单位产品变动成本固定不变,是一等量,与固定成本相反。　(施国庆)

变态模型试验　distorted model test

在与原型不保持完全几何相似的缩尺模型上研究原型问题的物理模型试验方法。原型三个方向尺度与模型对应尺度之比的相似常数不是同一值,即有多于一个的几何相似比尺。例如,水平向长、宽度用一个比尺,铅直向高(深)度用另一比尺;又如铅直面宽、高度用一个比尺,而水平长度用另一比尺,均属变态模型。严谨而言,变态模型上的物理现象不可能与原型完全相似。但有些水工问题如长河段河流泥沙问题,长距离输水、泄水建筑物水流问题等,有时限于场地、量测等条件限制,不得不采用变态模型试验,并能获得解决工程问题的某些有用成果。比如模型与原型流速分布可能不相似,但断面平均流速仍保持一定比例。　　　　　(王世夏)

变态相似　distorted similarity

两空间体系之间的不完全几何相似关系。一般指两体系存在三向对应尺度,但相似比尺并非完全同一值。例如 $\alpha_x = \alpha_y \neq \alpha_z$ 或 $\alpha_x \neq \alpha_y = \alpha_z$ 即为常见的变态相似的几何比尺情况。这里 $\alpha_x, \alpha_y, \alpha_z$ 分别为两体系 x、y、z 向对应尺度之比。几何变态相似的两体系不可能完全相似的物理现象。但对某些原型工程问题,由于其三向尺度差异悬殊,如用完全几何相似模型进行研究,或场地需要太大,或观测发生困难,有时不得不采用变态相似的模型进行试验,仍能得到一些有用成果。参见变态模型试验。

(王世夏)

变形观测　deformation observation

对建筑物在荷载和外界因素作用下产生的变形进行观测和分析。观测内容有水平位移、铅直位移、固结等。水工建筑物因受自重、水压力、泥沙压力、扬压力、冰压力、地震作用,温度变化以及地基变形等因素的影响而产生变形,对其进行观测和分析,可了解其变化规律和发展过程,判断建筑物的工作性态,确保工程安全,发挥工程效益。　(沈长松)

变压器　transformer

利用电磁感应作用,将一种或几种电压的交流电改变成频率相同而电压不同的交流电的电器设备。是水电站和电力系统主要设备之一。按相数可分为单相及三相。按结构可分为芯式及壳式。按绕组可分为单绕组(自耦)、双绕组、多绕组。按绝缘介质可分为干式及油浸式。按冷却方式可分为自然风冷、油浸自冷、油浸风冷、强迫油循环自冷(或风冷、水冷)。水电站上常用的有主变压器、厂用变压器、特种变压器。互感器也是一种特种变压器。

(王世泽)

辨土脉

古代治水者对土壤和泥沙的辨别与分类。《尚书·禹贡》、《管子·地员》、《管子·度地》、《汉书·沟洫志》、《宋史·河渠志》等对各地土壤均有分类记载。《河防通议》卷上有"辨土脉"一节,将宋元时代黄河流域的土壤按其性质分为胶土、花淤、牛头、沫淤、捏塑胶、碱土等七种,并指出若先见杂草荣茂,多生芦荻,其下必有胶土。又将泥沙分为沙土、活沙、流沙、走沙、黄沙、死沙、细沙(一名腻沙)等七种,并指出活沙、流沙、走沙三种沙活动走流,难以施工。又将土按颜色分为带沙青、带沙紫、带沙黄、带沙白和带沙黑等五种。明代徐光启论水利,引各家之说,认为江南有三种土不宜筑堤岸,即坚硬肥沃的乌山土,灰色不成团的灰萝土,有直裂纹容易冒水的竖门土。这三种土都需用白土筑基础及心墙。又论掘井及泉,赤埴土性黏,水味不好;散沙土水味稍淡;稍黏的黑坟土水味好,沙中带细石子的水最好。又论灰沙所用的沙,海沙最好,地沙次之,湖沙又次之;赤沙最好,黑沙次之,白沙又次之。　　　(查一民)

biao

标准差　standard error, standard deviation

见均方差(141页)。

标准煤　standard coal

以每千克发热量为 2.93 万 kJ 标准的煤。是动能经济计算中为统一标准采用的当量煤。煤的发热量随煤质而异。质量好的烟煤和无烟煤的发热量

1.67~2.51万 kJ/kg。劣质烟煤的发热量 1.04~1.67万 kJ/kg。褐煤的发热量 0.84~1.04 万 kJ/kg。质量特别好的煤发热量可达 2.93 万 kJ/kg。
(刘启钊)

标准煤耗率 standard coal consumption
又称标准煤耗。将各种不同发热量的煤折算成发热量为 29288kJ/t 的"标准煤"而算出的煤耗率。便于相互比较。
(陈宁珍)

表层流 subsurface flow
见壤中流(205页)。

表孔 overflow span
溢洪道的堰流表层泄水孔。参见溢流坝(310页)、坝顶溢流(3页)。
(王世夏)

表孔闸门 surface-outlet gate
门叶顶缘出露于上游挡水面用以封闭溢流孔口的闸门。门高应根据设计水位至门槛的水深而定,尚需考虑风浪壅高增加适当的安全超高。按结构形式分,有弧形闸门、拱形闸门、平面闸门、人字闸门、叠梁闸门、屋顶闸门、舌瓣闸门、扇形闸门等。常用于开敞式水闸、溢流坝和溢洪道等水工建筑物上。
(林益才)

表面式排水 surface drainage
又称贴坡排水。设在土坝表面浸润线逸出处附近的排水体。由沿坝坡铺设一层或两层堆石或砌石和反滤层构成。其顶部应高出浸润线逸出点 1m 以上,还应高出下游最高水位 1.5~2.0m,对于黏性土坝坡,厚度应大于当地的冰冻厚度。优点是结构简单,用料较省,施工方便,易于检修。但不能降低浸润线位置,易因冰冻而失效。多用于中小型下游无水的均质坝及中等高度的心墙和斜墙坝。
(束一鸣)

表面张力相似准则 similitude criterion of surface tension
又称韦伯准则。以韦伯数保持同量表示的表面张力作用下液体运动相似准则。一般形式为
$$We = v^2 l/\sigma/\rho = idem$$
v 为流速,l 为几何特征长度,σ 为表征液体表面张力的毛细管常数,ρ 为液体密度,We 为韦伯数。用模型研究液体与其他介质在分界面附近的力学现象时,模型与原型 We 同量是相似的必要条件。We 表征惯性力与表现张力之比,We 足够大时表面张力影响可忽略不计,此准则也就无须提出。
(王世夏)

bin

宾汉流体 Bingham fluid
流变学中表达剪切力与切变速率之间关系的数学方程符合宾汉表达式的流体。非牛顿流体的一种,其流变方程为
$$\tau = \tau_B + \eta \frac{du}{dy}$$
τ 为剪切力;$\frac{du}{dy}$ 为切变速率;τ_B 为宾汉极限剪力;η 为刚度系数。一般认为高含沙水流可用宾汉体来描述。
(陈国祥)

bing

冰坝 ice dam, ice jam
流冰在河段堆积阻塞形成的障碍物。多发生在自南向北的河段上,如黄河山东、内蒙古河段,松花江依兰河段等。往往在初冬或春季流冰阶段形成,堵塞水流,使上游泛滥成灾;冰坝溃决时,对下游沿河水工建筑物威胁甚大。
(胡方荣)

冰川 glacier
分布在两极或高山地区,能自行运动,长期存在的天然冰体。是陆地表面重要水体之一。分大陆冰盖型冰川、山岳型冰川、冰斗冰川及悬冰川等。由大气固态降水积累演变而成。两极和两极至赤道带的高山均有分布,总面积达 1 662.75 万 km^2,占世界陆地面积的 11%。储水量估算为 2 406.4 万 km^3,占世界淡水总量的 68.7%。如果全球冰川都融化,海平面将升高 70m 左右。
(胡方荣)

冰川湖 glacial lake
由冰川运动的刨蚀和冰蚀作用形成的湖泊。特点是多分布在古代冰川区,成群出现,形状各异。如芬兰、瑞典和北美的许多湖泊以及中国西藏的一些湖泊。
(胡方荣)

冰川积累 glacier accumulation
向冰川提供物质的过程。主要方式是降雪、吹雪和雪崩,其次是少量的霜、雾凇、雹的生成和液态降水再冻结。
(胡方荣)

冰川径流 glacier runoff
冰川冰融水汇入冰川末端河道形成的水流。其径流量的变化过程与气温的变化过程密切相关。
(胡方荣)

冰川融水 glacial meltwater
冰川消融以后所形成的水。在高山或两极地带,积雪变成冰块,因重力作用沿斜坡移动形成冰川,随气温升高融化成水,补给河川径流,是淡水资源和水文循环的水源之一。
(胡明龙)

冰川水资源 water resources of glacier
分布在地球两极或高山地区能自行运动、长期存在的天然水体。是陆地表面水体重要的组成部

分。两极和两极至赤道带的高山均有冰川分布，总面积达0.166亿km^2，占世界陆地面积的11%。储水量估算为0.24亿km^3，占世界淡水总量的68.7%。高山冰雪融水可用作灌溉水源，蓄积冰川融水可用作发电、供水源及旅游资源等。　　　（许静仪）

冰川消融　glacier ablation

冰川上物质损耗的过程。在温带冰川，冰川物质支出以冰面融化为主，而在极地冰盖及冰川和少数温带山地大冰川末端则以崩落、蒸发等为主。此外，还有一些温带冰川存在冰下和冰内融化。
（胡方荣）

冰川运动　glacial movement

冰川冰在重力作用下自源头向末端的移动。包括塑性变形和底部滑动。运动是冰川区别于河冰、湖冰、海冰和地下冰最主要的特点。常态冰川运动速度缓慢，不同冰川的冰面运动速度变化很大，多年平均流速由几米到100多米。　　　（胡方荣）

冰斗冰川　cirque glacier

在山地雪线以上发育在围椅状粒雪盆中的冰体。无明显的积累区和消融区，没有或仅有很短的冰舌。
（胡方荣）

冰盖　ice cover

河段内的水流表面所覆盖的冰层。在封冻过程中，冰块互相连成一体，冻结成盖，将河面封住。
（胡方荣）

冰情观测　ice-condition observation

为掌握河流结冰情况，了解冰凌变化规律，对冰情要素进行定期或不定期测定的全部作业过程。冰情观测项目主要有冰厚，包括冰花、冰块厚度；冰花密度；疏密度及冰流量测验。　　（林传真）

冰塞　ice jam

当封冻冰层下有足够数量的冰花时，河道被冰花和细碎冰阻塞的现象。通常发生在封冻初期，使水流阻断，上游水位迅速抬高，造成河水泛滥。
（胡方荣）

冰压力　ice pressure

静冰或动冰对建筑物表面的作用力。冬季库面冻结成冰盖，当气温增高时，冰层膨胀对坝面产生的挤压力称为静冰压力；当冰盖破碎发生流冰时，撞击建筑物而产生的压力称为动冰压力。其计算目前都有经验公式和经验参数可以应用。一般认为冰压力对中等高度以上的坝并不重要，特别当水库水位变动频繁或冬季水位长期较低时，常可忽略不计。但对于低坝、闸墩、胸墙和进水塔等结构可能成为比较重要的荷载，例如中国20世纪30年代在黑龙江省建成一座7m高的混凝土坝，就曾被1m厚的冰层推断。对冰压力的作用，设计人员应根据具体情况决定，对于不宜承受冰压力的部位，如闸门、进水口等处，常需采取防冻、破冰等措施。　　　（林益才）

并联水库群　reservoirs in parallel

见水电站群(233页)。

并联水库最优蓄放水次序　optimal storage and drawoff discharge sequence of parallel reservoirs

见水库群最优蓄放水次序(240页)。

bo

拨改贷　transforming financial allocation into loan

将基本建设投资由无偿使用改为有偿使用，改财政拨款为建设银行贷款的财政措施。目的在于从根本上打破建设资金使用上的"大锅饭"，把投资使用经济上的责、权、利结合起来，促使建设单位树立起时间观念和价值观念，花钱要算账，要计算成本、效益和投资回收期。资金来源分别按照隶属关系和计划安排权限，由中央财政预算和地方财政预算拨给。收回的贷款也按原来源渠道上交财政部门。
（施国庆）

波浪流　wave current

波浪传入近岸时，因受地形影响而产生的水流。当波浪从深海向近岸传播时，在临界水深处产生破浪，破碎后的击岸浪继续前进，由于水深不断变浅，使波浪多次破碎，直至离水边线不远的地方，波浪最后完全破碎。波浪破碎后，水体运动已不服从波浪运动的规律，而是整体的平移运动，既有在惯性力作用下涌向岸滩的击岸水流，又有在重力作用下沿坡向下退回的水流，引起水体质量输送向岸流及其导致近岸水位升高而使海水向海洋的回流。　（胡方荣）

波速　wave celerity, wave velocity

波体上某一位相点沿水平方向运动的速度。波体轮廓线上的每一点都占有一定的相对位置，各有一定的位相。例如，波峰占有轮廓线上最高一点，因此波峰就是一个位相。通常可定义为波峰沿水平方向运动的速度，即波浪传播的速度，等于波长与周期的比值。　　　　（胡方荣）

波温比　Bowen ratio

传导感热损失(H)与蒸发耗热量(H_e)之比(β)。在应用热量平衡法计算蒸发量的公式中，由于H不易观测或推算，为消除此项，1926年，美国的波温，I.S.(Bowen Ira Sprague 1898~1973)用一比值建立两者之间的关系，即$H=\beta H_e$，或$H+H_e=(1+\beta)H_e$。　　　　　　（胡方荣）

波涌灌溉　surge flow irrigation

间断供水、分段湿润农田的地面灌溉方法。首创于美国。实质上是间歇供水的沟灌或畦灌,一次灌水需经历几个放水过程和停水过程,每一次供水都为下一次供水创造了新的流动和入渗条件:地面土块潮湿崩解、表土层密实、土壤含水量增加、渗吸速度减小、田面糙率减小等。这些变化使后一次供水的水流速度加快。此法可使田块上下游入渗水量相近,提高灌水质量,减少田间水量浪费,具有省水、节能和增产的效果。 （房宽厚）

波状水跃 undulatory jump

低水头底流消能设施可能发生的跃后水流波动前进的水力现象。由于入流弗劳德数小,水跃消能效果甚微,水流冲刷力较强,使河床及两岸冲刷严重。一般发生在共轭水深比值 $h_2/h_1 \leqslant 2$（h_1、h_2 分别为跃前、跃后水深）的情况下。设计消能设施时应采取措施予以防止。 （王鸿兴）

播前灌溉 irrigation before sowing

在作物播种之前向农田灌水。目的在于为播种、出苗和幼苗发育创造良好的土壤水分状况,一般在播种前 5～7d 灌水,使表层 0.3～0.4m 深的土层达到田间持水量,灌水定额视土壤持水能力和灌水前的土壤含水量而定。 （房宽厚）

勃莱法 Bligh's method

由勃莱建议拟定闸、坝土基地下轮廓线防渗长度及计算闸、坝基下渗透压力及渗流坡降的方法。认为闸基渗流沿防渗长度 L 是成直线比例消减渗流水头 H,为防止渗流破坏,拟定的防渗长度与水头之比应不小于某一数值 C,即 $L/H \geqslant C$ 或 $L \geqslant CH$,C 为勃莱法渗流系数,与地基土质及渗流出口处排水条件有关,但未考虑水平渗径与铅直渗径防渗效果的差异。计算基底渗透压力时,按已知水头 H 及渗径长度 L 求渗径上各点渗流压强 $h_x = Jx$（x 为任一点距渗流出口端点距离）以及总渗透压力,其中各点渗流坡降 J 为相同的已知常数,即 $J = H/L$。渗流压力对闸坝的抗滑稳定不利;渗流坡降是影响地基土壤产生渗流变形的重要因素,该值越大,越易产生渗流破坏作用。通常均采取防渗、导渗及反滤措施以降低渗压及渗流坡降的作用。 （王鸿兴）

bu

补偿 compensation

利用条件的差异,相互补充以提高整体效益的措施。水利上一般有:①利用水文情况的不同步性,相互补充水量,以提高用水或用电的保证流量称径流补偿。②利用水库库容的差异所进行的径流补偿称库容补偿。③对于没有直接径流联系的水电站群通过电力系统的联系利用水库调节性能的差异进行补偿,提高出力称电力补偿。 （陈宁珍）

补偿水库 compensating reservoir

对其他水库的径流、出力起补偿作用的水库。通常该类水库容积较大,调节性能较好,水头亦较高,综合利用限制相对较小。反之则为被补偿水库。 （陈宁珍）

补偿调节 compensative regulation

利用多个水库间来水、用水情况和调节能力差异而进行相互水量或电力补偿的调节。水库与下游用水部门的取水口间,有区间入流时,因区间来水不能控制,水库调节要视区间来水多少,进行补偿放水为兴利补偿调节。水库坝址距下游防护区较远,区间洪水较大时,为使下游防护控制点泄量不超过允许的安全泄量,水库必须在区间洪水通过防洪区的一段时间内减少泄量,为防洪补偿调节。其他还有灌溉、给水水库间的径流补偿调节、水电站水库间的电力补偿调节等。 （许静仪）

补救赔偿费 compensation cost

水利工程建成后为补救它所带来不良影响所需支付的费用。不良影响包括引起水库周围、渠道两侧地下水位上升导致土壤盐碱化、沼泽化,修建涵闸影响鱼类的回游等。为扶持移民的生产、生活,每年也需支付一定的补助费用以及遇到超过移民、征地标准的水情时应支付的救灾或赔偿费用。 （戴树声）

不可分费用 non-separated cost

又称剩余费用。总费用扣除各水利目标的可分费用后的余额。由于规模经济效果以及共用工程可同时为各水利部门服务,综合利用水利工程各水利目标的可分费用之和一般小于总费用。它们的差额即剩余费用应按一定准则和方法在各水利目标间进行分摊。 （谈为雄）

不偏估计 unbiassed estimate

样本估计总体参数所用估计量时为不偏估计量时的估计。根据样本估计总体参数的方法有矩法、极大似然法和图解适线法。对于同一参数,用不同方法来估计可能得到不同的估计量。估计量是随机变量,不同样本现实有它不同的估计值。若估计量的数学期望等于未知参数的真值,则称该估计量为不偏估计量。 （许大明）

不确定性分析 uncertainty analysis

建设项目经济评价中分析不确定性因素对经济评价指标影响的方法。包括盈亏平衡分析、敏感性分析和概率分析。目的在于预测项目的风险,分析项目财务上和经济上的可靠性。 （施国庆）

不透水建筑物 solid regulating structures

不允许水流自由穿过坝体的整治建筑物。凡用土、石、混凝土或钢板等筑成的实体建筑物，用来调整河流的边界和束窄河宽等，对水流具有挑流、导流或堵塞等较大的干扰作用。在建筑物附近常伴随发生局部冲刷，应采取措施防护。在河流整治工程中，多用作永久性的整治建筑物。 （李耀中）

不蓄出力 runoff output of reservoir

水库既不蓄水也不放水，只利用天然来水流量发电所发的出力。它乘以计算时段称为不蓄电能。多用于水库群电力补偿中。 （陈宁珍）

不蓄电能 runoff electric energy of reservoir

见不蓄出力。

不淹没丁坝 unsubmerged spur dike

坝高与大堤齐平，大洪水不淹没的丁坝。保护重要堤岸的护岸短丁坝，常建筑不淹没的坝（垛）。例如，黄河下游保护临河大堤的险工，是非常坚固的抛石丁坝，它们是经过几十年甚至更长时间不断维修建成的。 （李耀中）

不淹没整治建筑物 unsubmerged regulating structures

洪水位不淹没的整治建筑物。在大、中河流上临河堤防的护岸工程，包括平顺护岸和垂直护岸等，为了防御洪水和风浪的冲击，其顶高做到与堤顶齐平。如护岸坝垛、矶头群或平行护岸等，都是不淹没整治建筑物。 （李耀中）

不与水争地

古代反对筑堤防河者的一种观点。认为河流应有其自然的流动和集聚场所，大河两旁不应修筑堤防，才能使小的支流得以汇入大河；沿河低洼地带应留为停滞洪水的湖泽，使伏秋洪水得有所停蓄，左右游波，宽缓不迫，才不致有水灾。如果不断缩窄堤距，侵占行洪河滩，围垦滞洪蓄拱湖泽，即为与水争地，必然会引起决溢泛滥的灾害。最早提出这一观点的是西汉末待诏贾让，详见《汉书·沟洫志》贾让治河策。 （查一民）

不足电库容 inadeguate electric reservoir volume

见电库容（50页）。

布赫塔尔玛水库 Bukhtarma Reservoir (Бухтарма Водохранилище)

前苏联哈萨克加盟共和国一座大型水库。在额尔齐斯河上，位于乌斯季卡缅诺哥尔斯克市附近。1960年建成。总库容498亿 m³，有效库容310亿 m³。大坝为重力坝，高90m，顶长380m。 （胡明龙）

布拉茨克水库 Bratsk Reservoir (Братское Водохранилнще)

前苏联最大水库。在叶尼塞河支流安加拉河上游。1964年建成。大坝建在布拉茨克附近，平均水深31m，面积5 470km²，总库容1 693亿 m³，有效库容482亿 m³。水电站装机容量450万 kW。主坝为重力坝，高125m，长924m，副坝为土坝，长4 216m。兼有调节水量、发电和航运等综合利用功能。 （胡明龙）

C

cai

财务净现值 financial net present value

经济分析期内各年发生的财务现金流入及财务现金流出的现值总和。如工程方案的现金流入大于现金流出，则投资能获得正值差额的现值收益，说明该工程从财务上看是可行方案。如果现金流出大于现金流入，该工程方案在财务方面不可取。 （戴树声）

财务效益费用比 financial benefit-cost ratio

工程分析期内所获得的财务效益与所支付的财务费用之比。用相应的财务效益和费用指标进行计算，具体计算和分析方法与效益费用比相同。计算时采用现行价格并剔除转移支付，即转移至本工程以外的资金。 （戴树声）

裁弯工程 cut-off work

对过分弯曲的河段采取的裁弯取直工程措施。对严重妨碍洪水宣泄和通航的弯曲河段，在其两端开辟新线，废弃老的弯曲段，大大缩短水流和船舶的行程。裁弯工程将破坏河流的原有平衡状态，对上下游河段的水位和河床演变有很大影响，要经过很长一段时间才能趋于新的平衡。因此，在实施前应仔细计算分析，对工程的影响做出预报。 （周耀庭）

裁弯取直 neck cutoff of river bend

水流冲开弯道间的狭颈逐渐发展成新河的现

象。弯曲型河道演变到一定阶段时,同一侧的两个河弯之间的距离越来越短,从而形成很大的河环,在洪水期,有可能在狭颈处冲开,并逐渐发展成为新河,称为自然裁弯取直。裁弯发生后,新河将发生强烈地冲刷,河床断面迅速扩大,而老河则相应淤积,在老河完全断流以后,新河就成为通过全河流量的单一河道,而老河则常形成牛轭湖。如不采取人工措施新河又将逐渐弯曲,进入下一个弯曲发展周期。有时为了防洪和航运等工程需要,也常采取人工裁弯取直的措施。 　　　　　　　　　　　　(陈国祥)

can

参数估计　parameter estimation

根据随机变量的样本值估计总体分布函数的参数。设总体 X 的分布函数形式已知,但其一个或多个参数为未知。如果得到 X 的一组样本观测值 x_1、x_2、…、x_n,只要求根据这个样本来估计未知参数,这就是参数估计问题。 　　　　　　　(许大明)

参照需水量　reference evapotranspiration

又称参考需水量、参考作物需水量、潜在需水量等。参考作物在供水充足条件下的作物需水量。常以 ET_r 表示。作物需水量受作物品种、土壤性质和含水情况、气象条件等多种因素的影响,变化十分复杂。为了研究它的基本规律,寻找一种普遍适用的计算方法,就选择一种作物(多选牧草)作为参照作物,研究它的需水量和气象因素之间的关系,建立经验公式或半经验公式。由于这种公式只和气象因素有关,所以可以用于不同地区,具有普遍意义。根据气象资料和作物系数 K_c 值,就可以计算任何水文年份的作物需水量 ET 值。　　　　　　(房宽厚)

cao

糙率控制　roughness control

又称糙率校正。水工模型试验中检验、调整模型边壁粗糙度以保证水流阻力相似的技术措施。对沿程阻力为主的河渠水流模型,这种措施很重要。一般先据原型某一流量下水力坡降已知数据 I_p,在模型上施放相应流量并实测水力坡降 I_m,从而得到原型与模型水力坡降之比 $\alpha_I = I_p/I_m$,对于正态模型试验应有 $\alpha_I = 1$;对于水深比尺 α_h 不等于水平距离比尺 α_l 的变态模型试验应有 $\alpha_I = \alpha_h/\alpha_l$。如实有 α_I 偏小,则模型坡降偏陡,应减糙使其更光滑些;如 α_I 偏大,则模型坡降偏缓,应加糙使其更粗糙些,直至满意为止。 　　　　　　　　　　(王世夏)

糙率校正　correction for roughness

见糙率控制。

曹公圳

台湾省凤山县(今高雄县)引淡水溪的灌溉工程。始建于清嘉庆十七年(1812年),次年完工。由知县曹谨主持修筑。灌凤山县南部田3.5万亩。第二年大旱,渠水不足,又开一圳,称为新圳。1919年因圳常被洪水冲毁,设抽水机多台。1948年总灌溉面积约为15.6万亩。 　　　　　　(陈　菁)

漕

水道运输。又专指水道运官粮。《史记·平准书》:"漕转山东粟,以给中都官。"

水流推动物体运动。《说文》:"漕,水转毂也。一曰:人之所乘及船也。" 　　　　　　　　(查一民)

漕河

又称漕渠。供漕运之水道的通称。汉、唐时主要指西起长安东至黄河的人工运河(即关中漕渠)。北宋称汴、黄、惠民、广济为"漕运四河"。元、明、清时主要指京杭大运河及其各段。《明史·河渠志三·运河上》:"漕河之别,曰白漕、卫漕、闸漕、河漕、湖漕、江漕、浙漕。因地为号,流俗所称名也。"白漕指白河,自通州而南至直沽,会卫河入海。卫漕指卫河。闸漕指会通河,又称闸河。河漕即黄河。湖漕指清口以南至扬州的淮扬运河(即古邗沟)。江漕指长江。浙漕指江南运河。 　　　　　(查一民)

《漕河图志》

现存最早的京杭运河志。明王琼编撰,成书于弘治九年(1496年)。共8卷近20万字。作者根据总理河道侍郎王恕所编《漕河通志》14卷(今佚)资料,详细记载京杭运河全图、历代漕运兴衰、工程技术、管理制度和漕政管理等历史史实,并保存明洪武至弘治120多年间大量原始史料,是中国漕运史重要文献。 　　　　　　　　　　　　(陈　菁)

漕运

水道运输,尤指运粮。后专指中国历代朝廷将从各地所征粮食解送至京师或指定的官仓的运输(包括部分陆运)。秦始皇将山东粮食运往北河(今内蒙古乌加河一带)作军粮。从汉至唐,都将东南粮食经黄河、渭水及漕渠运往京师所在的关中或洛阳。北宋将东南及西北粮食分由汴、黄、惠民、广济四河(合称漕运四河)运往首都汴京(开封)。元、明、清三代建都北京,东南漕粮大都经京杭大运河运往通州、北京,间或用海运。漕运粮食每年均达数百万石,规模巨大,并有专设机构和官吏督责。辛亥革命后漕粮全部改征现银,漕运废除。 　　　　　(查一民)

槽蓄曲线　storage curve

河段蓄水量与流量的关系曲线。是明渠非恒定流动力方程的一种经验表达方式,河道洪流演算的基础。河段槽蓄量可用河道地形测量资料直接求得,也可用上下断面流量资料,通过水量平衡计算求得。槽蓄量 W 和相应的下断面流量 O 之间的关系一般是非单一的。可采用同时的上断面流量 I 作为参数,建立三变数相关图:
$$W = f(I, O)$$
也可假定三变数之间为如下形式的线性关系:
$$W = K[XI + (1-X)O]$$
即马斯京根法的槽蓄方程。　　　(刘新仁)

草土围堰　straw-earth cofferdam

以麦秸、稻草、芦柴、柳枝等和土料为主一层草一层土填筑的围堰。是中国传统围堰形式,广泛用于黄河河堤堵口和一些灌溉工程。可就地取材,成本低廉,便于建造和拆除,又能在水中施工。但柴草等易腐烂,仅适用于短期围堰工程。　　　(胡肇枢)

ce

侧槽溢洪道　side channel spillway

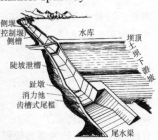

控制堰轴线大致顺河岸等高线布置,水流过堰后流向急转下泄的溢洪道。一般布置方式是水流自水库溢过侧堰(控制堰),进入与堰轴线几乎平行的侧槽内,流向平面上急转约 90°,再经紧接侧槽的陡坡泄槽以及消力池等消能工流入尾水渠,与下游河道衔接。另一布置方式是侧槽以下接山岩中开挖、衬砌成的无压泄洪隧洞。当水库两岸地形陡峻,布置正槽溢洪道工程量过大时常采用这种溢洪道。侧堰顶上可设闸门控制水流,中小型工程也可不设。侧槽内自上游端至下游端为流量逐渐加大的沿程变量流,加之入槽水流流向急变,故呈复杂的螺旋流流态。为适应水流特点和节省工程量,侧槽常取变底宽、变深度的深窄梯形断面,用混凝土衬砌,具体尺寸应据泄流量要求,进行水工模型试验和计算决定。
　　　(王世夏)

侧注

大溜斜趋者。为溜势名称。《河工名谓》:"大溜斜趋之点,是谓侧注。"　　　(查一民)

测流堰　gauging weir

又称量水堰。测定河渠流量的溢流建筑物。其结构由溢流堰板、堰前引水渠和护底等组成。利用测得水头或水深,通过水力学公式推算流量。常用的量水堰如薄壁堰,测流范围一般在 $0.0001\sim1.0\text{m}^3/\text{s}$。按出口形状不同分为三角形、矩形、梯形和抛物线形等。对较大流量,可用宽顶堰、三角形剖面堰及平坦 V 形堰。其中,三角形剖面堰及平坦 V 形堰是近期发展起来的测流堰,测流范围较大。

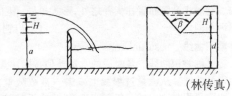

(林传真)

测雨雷达　weather radar

又称天气雷达。探测降水空间分布、铅直结构及警戒、跟踪风暴的雷达。用人工方法以一定的重复频率发射出持续时间很短($0.25\sim4\mu\text{s}$)的脉冲波,再接收被降水粒子散射回来的回波脉冲。降水对发射波的散射和吸收同雨强、降水粒子与冰晶粒子形状等特性有关,分析和判定降水回波可以确定降水的各种宏观特性和微物理特性。在降水回波功率和降水强度之间建立各种理论和经验关系式,据以测定雷达探测范围内的降水强度分布和总降水量。雷达定量测量降水资料同气象卫星探测资料及常规气象观测资料相结合,可进行暴雨监视、短时间降水预报,又兼作洪水预报。先进的天气雷达由电子计算机控制并处理降水量等资料。　　(林传真)

ceng

层移质　multilayer load

床面附近成层移动或滚动的泥沙颗粒。通常也归属于推移质范畴。河床由松散粒状材料组成,水流拖曳力可传递到床面以下数层泥沙,不仅可使表层泥沙运动,下层泥沙也能投入运动。随着水流的加强,运动逐渐向深层发展,使河床表面以下一定范围内的泥沙颗粒成层地移动或滚动,运动速度由表层向下递减。　　　(陈国祥)

cha

差动调压室　differential surge tank

由两个相互联系直径不同的圆筒组成的调压室。小圆筒称升管,大圆筒称大井。升管顶部有溢流堰,底部有阻力孔与大井相通。当水电站丢弃负荷时,进入升管的流量使升管水位迅速上升溢流,大井水位则因升管的溢流量和通过阻力孔口进入的水量而缓慢上升,最后与升管水位齐平达到最高涌波水位;当水电站增加负荷时,升管水位先迅速下降,随之大井通过阻力孔向升管补水使其水位下降减缓,最后与升管水位齐平而达到最低涌波水位。在水位变化过程中升管水位和大井水位经常处于差动状态。这种升管和大井的最高和最低涌波水位都相

差累积曲线 residual mass curve

又称差积曲线。各时段的水量差值按时序累加而得的曲线。从流量过程线上减去一常数流量值,一般取累积时段内的多年平均流量,或接近的整数,累积差额水量变化,其纵坐标为差累积水量,单位为(m^3/s)月或$10^4 m^3$,横坐标为相应月份。可避免常累积曲线图幅过大缺陷,为兴利调节时历图解法所常用。 （许静仪）

差缺灌溉 deficient irrigation

又称不充分灌溉。部分满足作物需水要求的灌溉方法。在生产水平较低的条件下,作物产量随着灌水量的增加而明显增加。当达到一定的产量水平后,再继续增加灌水量,对作物产量增长的影响越来越小。因此,在水资源不足的地区,在非作物需水临界期和不明显影响作物产量的前提下,适当减少灌溉水量,可扩大灌溉面积,提高单位水量的增产效益,获得最大的灌溉效益。 （房宽厚）

插管井 tube-awl well

用插管锥凿后安装井管或直接用插管锥插入含水层而成的井型。适用于地下水埋深浅（<15m）,含水层为粉细砂或中粗砂,含水层上部有1m以上的黏性土顶板的地区。因井周围不设滤层,提水时泥沙可能被抽出井外,要预防坍塌。井管和手压压水机直接连接,可满足生活用水要求;井管和水泵的吸水管口连接,则形成真空井,用于农田灌溉。 （刘才良）

察布查尔渠

位于今伊宁市南察布查尔锡伯自治县的清代新疆引伊犁河水的灌溉工程。锡伯语称粮仓为"察布查尔"。动工于嘉庆七年（1802年）,六年后完成。干渠自伊犁河南岸引水,长100里,宽15尺（清1营造尺≈32cm）,灌溉农田6万多亩。道光年间又在旧渠之南新开一条大渠,渠长100里,宽10尺,引伊犁河水溉田4万多亩。此两渠至今仍在发挥效益,灌溉该县农田约10万亩。 （陈 菁）

汊道分流比 water discharge ratio at bifurcation

分汊河道中通过某汊道的流量与河流总流量的比值。是决定汊道兴衰的重要因素之一。影响汊道分流比的因素有比降、过水断面面积、糙率、分流角及分流口门河床形态等,其中比降是主要因素。调整汊道分流比是治理分汊河道的一种措施。
 （陈国祥）

汊道分沙比 sediment discharge ratio at bifurcation

分汊河道中通过某汊道的沙量与河流总输沙量的比值。是决定汊道兴衰的重要因素之一。影响汊道分沙比的因素有比降、过水断面面积、糙率、分流角及分流口门河床形态等,对于主、支汊明显的河道,大部分推移质和较多的悬移质进入支汊。两汊分沙比与分流比不相适应,分流比较小而分沙比较大的汊道将逐渐淤积。 （陈国祥）

岔流 branching channel

河流下游因比降小歧分入海的汊道。多见于三角洲平原。如中国的珠江三角洲和美国的密西西比河三角洲,河流分成许多汊道入海。 （胡方荣）

chai

柴塘

柴草与土夯筑的海塘。古代海塘的一种结构形式,类似于古代黄河的埽工。塘身用一层土、一层柴草相间夯筑而成,并分次打桩加固,增加稳定性。柴塘可就地取材,省工省料,简单易行;抗冲能力较强,且塘身自重小,特别适宜于地基软弱、承载力低、而潮流强劲、冲刷力大的地段。但柴塘费柴草多,易腐朽,需年年维修,故近代已逐步淘汰。

（查一民）

chan

掺气槽 aeration groove

为实现掺气抗蚀而设置在泄水建筑物急流底部边壁的凹槽。凹槽上、下游边沿处于同一纵坡面内的简单形式实用很少,一般上、下游槽边之间仍有适当的突跌,或上游边沿与一小挑坎的坎顶相一致,前者称跌槽式,后者称坎槽联合式。其工作原理及适用场合与掺气坎无异,但有凹槽情况下越槽水流形成脱离和低压腔更有保证,为便于布置足够尺寸的通气孔有效供气,故近年来坎槽联合式实用尤多。
 （王世夏）

掺气坎 aeration wedge deflector

为实现掺气抗蚀而设置在泄水建筑物急流底部边壁的坎状局部结构。有挑坎、跌坎、挑跌坎等型式。适用于明流泄水建筑物的高流速、易空蚀部位,如溢流坝坝面、坝身无压泄水孔底部。河岸溢洪道陡槽槽底、无压泄水隧洞底部等。其尺寸取决于水流条件，一般说来，坎上流速愈高，挟气能力愈强，坎下要有较大的通气孔供气，故坎高也应增高些。但坎高过大水面波动也要加大，对封闭式泄水孔洞尤为不利。常见坎高一般在0.5m上下。采用挑坎时斜面反坡采用1:5～1:15。

（王世夏）

掺气抗蚀设施 aerators

使高速水流在其边界附近掺气以防止泄水建筑物边壁材料空蚀破坏的工程设施的统称。一般是在易发生空蚀的过水边壁设置局部挑起、突跌、突扩等体型构造物，使急流通过时产生脱离和低压腔，此低压腔部位有与大气连通的通气孔，于是水流乃能不断挟卷和掺入空气。按体型分，实用设施有挑坎式、跌坎式、跌槽式、挑跌坎式、坎槽联合式以及平面突扩式；除最后一种主要用于高压闸门后水流侧壁掺气外，其余五种都用于水流底部掺气，其中有坎的常合称为掺气坎，有槽的又合称为掺气槽。掺气能改变水流与边壁间的压力状态，使空泡溃灭时作用于边壁的冲击力大为减弱，从而起防蚀作用。但从掺气设施处掺入的空气仍会沿程逐渐逸出，故当高速水流流程很长时，要有多道设施。目前经验表明，一道掺气设施的保护长度可达50～60m。经验还表明，以气体积与水体积之比表示的掺气量达5%时足可使一般混凝土壁有效抗蚀。水流表面自掺气显然可扩展至全过水断面的部位可不必用上述设施。

（王世夏）

产流方式 runoff-producing mode

产生径流的类型。降雨降落地面后，因地面上土壤、植被、地质、地形等条件的不同形成的不同方式。通常可概括为超渗产流和蓄满产流两种。

（胡方荣）

产流历时 duration of runoff-producing

由降雨到产生径流所经历的时间。降雨到达地面后，经受截留、下渗、填洼等损失后，方能产流，所经历的时间，因降雨及下垫面的特性不同而异。

（胡方荣）

产流量 runoff yield

又称净雨。降水扣除各项损失后的水量。是径流形成过程中的一个主要环节。 （胡方荣）

产流面积 runoff-producing area

流域上降雨满足蓄渗后产生径流的部分面积。当雨强超过下渗强度或渗入土壤中的水分超过田间持水量时，部分面积先出现产流，持续降雨，产流面积逐渐扩大，直至全流域产流。但对较大流域，则一般不会全流域产流，但随雨强、雨量变化。

（胡方荣）

产品成本 product cost

企业生产和销售产品过程中的资金耗费。是生产产品过程中支出的物质消耗、劳动报酬、一般管理费用和销售费用的总和。可列入成本的具体内容由国家统一规定，一般包括原材料、燃料和动力、生产工人工资、提取的职工福利基金、车间经费、企业管理费、销售费用等项目。其种类很多，按与产品关系划分，有直接成本和间接成本；按与产品产量关系划分，有固定成本和可变成本；按成本范围划分，有工厂成本、车间成本、完全成本；按产品数量划分，有总成本和单位成本等。它是产品价值的重要组成部分，是制定价格的主要依据，也是企业生产经营管理工作的综合指标并反映企业经营管理水平。

（施国庆）

chang

《长安志图·泾渠图说》

现存的第一部引泾灌溉专志。元李好文（约1290～1360年）著。记载了引泾灌区历代创建和维修情况；元代引泾灌区的渠系布置；干渠上的主要工程设施及其维修所需人工物料，灌区的灌溉管理制度；元代泾渠屯田组织形式的演变以及维护管理泾渠的一些重要建议等。

（陈 菁）

长波 long wave

水深相对波长很小的波动。这种波浪不易察觉，需要用仪器观测，如潮波等，其波长有的可达数千米，但波高相对于波长极其微小。在实用上，以水深(h)与波长(λ)之比，即 $h/\lambda \leq \frac{1}{10}$ 或 $\frac{1}{20}$，作为浅水波的界限。

（胡方荣）

长丁坝 long spur dike

坝身较长的丁坝。这里所谓"长"是相对而言的，尚无统一的准则。一种观点认为会改变河流的水流动力轴线或主流流向的为长丁坝，只能挑引急流离开堤岸的为短丁坝。另一观点认为坝长超过河宽(1/3～1/4)的为长丁坝，否则为短丁坝，这对中、小河流可能是合适的。一般长丁坝使用较少，当规划布置长丁坝时，需全面地研究论证。例如，黄河下游的护岸丁坝坝长超过60m的就叫长丁坝。而护岸的坝垛则多数是短丁坝，在平面上这些短丁坝有不同的形状，如人字形、月牙形或雁翅形等。

（李耀中）

长江 Yangtze River, Changjiang River

又称扬子江。发源于青海省唐古拉山主峰各拉丹冬雪山的中国第一大河。全长6 300km。也是亚洲第一长河，世界第三长河，仅次于尼罗河和亚马逊河。正源为沱沱河，东流至青海玉树县称通天河，南流到玉树巴塘河口以下至四川宜宾称金沙江,宜宾以下始称长江。流经青海、西藏、云南、四川、重庆、湖北、湖南、江西、安徽、江苏、上海等11省、市、自治区。有雅砻江、岷江、沱江、嘉陵江、乌江、湘江、汉江、赣江、青弋江、黄浦江等18条支流和千溪百川汇入,最后流入东海。流域面积180余万 km², 约占中国面积1/5。河口年平均流量32 400m³/s。宜昌以上为上游,长4 529km, 水流湍急, 有著名三峡。宜昌至湖口为中游,长927km, 多曲流湖泊, 有鄱阳、洞庭两大湖。湖口以下为下游,长844km, 江阔水深,多洲岛。中下游为冲积平原和三角洲。流域平均年降水量1 000mm以上,年径流总量达1万亿 m³。干流水量稳定,年径流量变化小。总落差5 400m, 水能资源理论蕴藏量2.68亿 kW, 占全国40%,居世界第三位,80%在上游;干支流上已建成葛洲坝、丹江口、龚嘴、柘溪等一批水利枢纽,装机容量超过1 000万 kW。耕地占全国1/4,生产40%以上粮食和30%以上棉花。特产扬子鳄、白鳍豚、中华鲟、鲥鱼等,水产品占全国2/3以上。干支流通航7万km, 海轮可直驶南京。重要城市有重庆、武汉、南京、上海等。 (胡明龙)

长江流域 Yangtze Basin

长江水系干支流汇水面积及所流经的区域。包括青海、西藏、四川、重庆、云南、湖南、湖北、江西、安徽、江苏、上海等省、市、自治区及陕西、甘肃、贵州、广西、河南等省、自治区部分地区。总面积180.9万 km², 跨北纬25°～34°和东经90°～122°广大区域。地处温带,受季风控制,气候温和,雨量充沛,平均年降水量1 100mm, 集中于4～10月, 常降暴雨, 多雨区在江西东北部和四川峨眉山区, 中心平均年降水量在2 000mm以上。汛期为6～10月, 其中以7、8月干流水最大。降水量分布呈东南向西北递减,一般年份,上、中、下游两季错开, 但遇大气环流异常年, 多发生大面积集中暴雨, 常造成水灾。以大通测站为代表, 多年平均流量为2.95 m³/s, 多年平均年径流量9 317亿 m³, 其中汛期占70%～80%。洪水分为全江性和集中性两类,前者由淫雨型暴雨形成,常见上游洪水与中下游高水位相遇, 形成全江性洪水, 洪量大, 持续长; 后者由干流某河段或若干支流遇特大暴雨形成, 洪峰流量特别高, 两者对中下游地区往往造成严重灾害。流域内四川盆地和中、下游平原是产粮区, 工业亦非常发达, 上海是重要工业基地。 (胡明龙)

长江三角洲 Yangtze Delta

位于中国长江下游入海河口的地区。东达长江口,南抵浙江省杭州湾,西起江苏省镇江市,北至通扬运河,地跨苏、沪、浙三省市,面积约5万 km²。属亚热带湿润气候,年平均气温15～18℃,一月0℃以上,七月28℃左右,无霜期240～280天。年平均降水量1 000～1 500mm, 常受台风侵袭。海拔多在10m以下,由长江和钱塘江冲积而成,间有低丘散布,有"水乡泽国"之称,著名的江南运河贯穿其间。人口稠密,经济文化发达,水陆交通便利,是人文荟萃之地,全国重要工业区之一,乡镇企业发展迅速。沿江南通、张家港、镇江等港口已对外轮开放。重要城市有上海、杭州、常州、无锡、苏州等。

(胡明龙)

长江三峡 Three Gorges in Yangtze River

中国水系长江流经瞿塘峡、巫峡和西陵峡的合称。位于长江上游,西口是重庆市奉节县白帝城附近的夔门, 东口是湖北省宜昌市南津关, 全长204km。峡谷段长90km, 滩峡相间, 由地盘上升、河流深切而成。两岸高峰壁立, 江流急湍, 水力资源极为丰富。是世界最大峡谷之一。巫山十二峰挺拔青翠, 风景秀丽, 是三峡胜景。江中险滩相接, 障碍航行,夔门上游滟滪堆和南津关附近的崆岭峡暗礁,经航道整治,已被清除。在建的三峡水电站可将电力运输华东地区, 万吨轮亦可溯航重庆。

(胡明龙)

长江中下游平原 Middle and lower Reaches Plain of Yangtze River

横贯中国中部和东部由长江及其支流冲积而成的大平原。位于长江三峡以东, 淮阳山地和黄淮平原以南, 江南丘陵及浙闽丘陵以北。地势平缓, 多在海拔50m左右, 面积20余万 km²。河道蛇曲, 湖泊众多, 港汊交织, 河网纵横。其中的古云梦泽和洞庭湖周围地区, 为著名的水乡泽国。是重要产棉区和产粮区。沿江重要城市有宜昌、武汉、九江、南京、上海等。

(胡明龙)

长渠

又称百里长渠。古代引蛮河水的著名灌溉工程。位于今湖北宜城、南漳二县交界处。前身为白起渠。渠首在今南漳县东南武安镇西谢家台附近,建于蛮河上的壅水堰名武安堰, 相传为唐大历四年(769年)梁崇义建。两宋维修较勤, 并制定维修及用水管理办法, 灌田数千顷, 使襄宜平原成为沃野。元代曾维修, 明、清日渐湮废。1949年后增修坝、闸, 蓄水堰塘增至2 100多座, 最大引水量达34.5m³/s, 可灌田33万亩。 (陈 菁)

长藤结瓜式灌溉系统 Irrigation system consisting of canals attached with pools and reservoir

以小型工程为基础, 大中型工程为骨干, 库塘相连, 引蓄提相结合的灌溉系统。由于渠首似根, 渠道似藤, 库塘似结在藤上的瓜, 就形象地称为长藤结瓜式灌溉系统。现代长藤结瓜系统是20世纪50年代后期, 在原有小型塘堰工程的基础上发展起来的,一般适用于丘陵山区。包括三个部分：渠首引水或蓄水工程；输水、配水渠道系统；灌区内部的中小型水库及塘堰。有些情况下还包括提水工程。其特点是：①可发挥库、渠、塘联合运用作用，充分利用水资源。②由于系统内许多小水库、塘堰对非灌溉季节渠道引水量的调蓄，提高了塘堰及小水库的复蓄次数，从而提高了渠道单位引水流量的灌溉能力和灌区抗旱能力。③有些长藤结瓜式灌溉系统中的骨干渠道常年输水，流量比较均匀，有利于发展水电和航运等，提高了水资源的综合利用效益。

（李寿声）

常规设计方法 conventional design method
水利工程设计过程中习惯上普遍采用的方法。例如，列表法、图解法、方案技术经济比较法等。

（陈宁珍）

常累积曲线 flow mass curve
又称累积曲线。从某一时刻起到各时刻的累积水量变化曲线。是流量过程线的积分曲线。常累积曲线的每一纵坐标表示从计算开始时刻到某所给时刻这一段时间内流经所研究断面的水量之和。纵坐标为累积水量，单位常用(m^3/s)或$10^4 m^3$表示，横坐标为相应月份。因常累积曲线方向总是向上，当绘制较长时期的累积曲线时，绘出的图幅很大，不便使用。

（许静仪）

常流水 permanent flow
常年不断的水流。大河或河槽下切较深的河流，地下水补给持续不断，常年不会枯竭。

（胡方荣）

常压模型试验 model test under normal air pressure
在通常大气压条件下用几何相似模型研究水流运动问题的试验方法。减压模型试验的对称。一般研究河渠和水工建筑物水流问题多采用这种模型试验方法，模型应满足重力相似准则和阻力相似准则。

（王世夏）

厂房构架 powerhouse superstructure bent
发电站主厂房上部结构的承重支架。横向为一系列"Π"形构架，纵向则以连系梁、吊车梁等将相应横向构架加以连接，形成固定在主厂房下部块体结构上的空间骨架。上部支承房顶，中间支承吊车梁和连系梁，四周围以墙和门窗，还可能支承楼板。一般常采用钢筋混凝土构架，在大型厂房中也可采用钢桁架及钢吊车梁。

（王世泽）

厂用变压器 auxiliary transformer
向发电站供应本站自用动力及照明用电的变压器。厂用电源必须十分可靠，故一般至少有两台厂用变压器分别接独立的电源，一台工作一台备用，或两台同时工作互为备用。其高压侧通常为发电机电压，低压侧电压则根据需要而定。

（王世泽）

厂用变压器室 auxiliary transformer room
发电站厂房中安装供应本站自用交流电的厂用变压器的房间。厂用变压器有油浸式及干式两种。设置油浸式变压器的房间要符合防火保安的要求。近年来推广使用干式变压器，以减小发生火灾的可能，并简化室内布置。

（王世泽）

厂用电 station-service
见厂用电率。

厂用电率 rate of plant-use electric energy
同一期间（1日、1月或1年）内厂用电量与总发电量之比。发电厂中各种辅助设备、照明、控制及保护装置等所耗用的电能称厂用电。水电站的厂用电率一般均较火电站为低。

（陈宁珍）

chao

超定量法 nonannual exceedance value method
凡每年中超过某一门槛值的数值均选入的方法。此法选入的样本，独立性较差。

（许大明）

超渗产流 rainfall excess runoff production
降雨强度超过下渗强度的地面径流。在干旱或半干旱地区，是主要的产流方式。

（胡方荣）

超渗坡面流 rainfall excess overland flow
降雨强度或融雪强度超过土壤下渗强度的地面径流。是直接径流的主要组成部分，可成为洪峰的主要水源。

（胡方荣）

巢湖 Chaohu Lake
又称焦湖。位于中国安徽省，有柘皋、南肥、丰乐、杭埠等河来汇，南有兆河与白湖相通的淡水湖。呈鸟巢状，故名。地处北纬31°25′～31°42′，东经117°18′～117°50′。由构造陷落而成。面积820km²，最深5m。湖水经运漕河泄入长江，汛期江水可倒灌入湖。有蓄水、灌溉、航运之利，以产银鱼闻名。湖心有姥山，景色秀丽，气候宜人，为游览胜地。

（胡明龙）

潮白河 Chaobaihe River
由源出河北省北部大马群山的潮河和白河于密云县汇合而成的河。海河水系五大河之一。经天津市入海河，长458km。通县至天津段为北运河，长186km。部分河水自顺义县夺箭杆河入蓟运河，下游河槽容量小，河堤失修，水灾不断。1949年后，干支流建有密云、怀柔等水库，辟潮白新河，并引水经黄庄洼、七里海入蓟运河，至北塘入渤海，使水害得以控制。

（胡明龙）

潮波 tidal wave

海洋潮汐以波的形式向四周传播现象。它是一种长波,有前进潮波和驻立潮波两种,前者发生高潮的时刻沿程推迟,最大流速发生在高潮位和低潮位的时刻,中潮位流速为零,流速和潮位相位一致;后者高潮和低潮时刻的流速为零,流速和潮位有 $\pi/2$ 的相位差。河口潮波既非单独前进波,也非单纯驻波,兼有两者特征,但多数的河口以前进波为主。

(胡方荣)

潮差 tidal amplitude, tidal range

又称潮幅。一个周期内相邻的高潮位和低潮位间的水位差。月球和太阳引力使海洋水面发生周期性涨落,每太阴日(24小时50分)两次。水面涨至最高位时称高潮或满潮;水面降至最低位时称低潮或干潮。大小潮因时因地而异。朔望(农历初一、十五)之日出现大潮;上下弦(农历初八、二十三)出现小潮。亦随一年四季而异。沿海地形对潮差有很大影响。世界上的最大潮差,出现在加拿大的芬地湾,达18.0m。中国最大潮差出现在杭州湾的澉浦,达8.9m。

(刘启钊 胡方荣)

潮流 tidal current

潮波内水体的水平流动。通常潮位上升过程中发生的海水水平流动叫涨潮流,潮位下降过程中发生的水平流动叫落潮流。分为旋转潮流与往复潮流两种。因潮波每一分潮的水质点轨迹都为椭圆,故广阔海区潮流,既有流速变化,也有沿一定方向不断旋转运动,称旋转潮流,是潮流的普遍形式。但在海峡、水道和狭窄港湾,因地形限制,椭圆变得很窄,潮波在一个水平方向往复运动,称往复流。对往复流,当涨潮流和落潮流交替时,海水在短时间内几乎停止流动,称为憩流。潮流变化周期与潮汐相同,也分半日型、混合型和全日型三种。潮流和潮汐(狭义的)是同时出现的,凡有潮汐的海区,必然有相应的潮流。

(胡方荣)

潮流界 tidal current limit

河流受海洋潮流影响的上界。即潮流影响所及的最远点(或涨潮流流速为零的地方)。是潮汐河口区河流河口段的起点,潮流界不是固定不变的,它随外海潮差和内陆径流量大小而变动,只能定出个大致的位置或范围。

(陈国祥)

潮区界 tide limit

河流受海洋潮汐影响的上界。即潮水位影响所及的最远点(或潮差等于零的地方),是潮汐河口的起点。由于河川径流有洪枯季节变化,海洋潮汐有大中小潮周期,因此潮区界实际上是一个变动的区域。

(陈国祥)

潮水河 tidal river

泛指有潮汐的河流。但通常限于水量及其运动主要靠潮汐来维持的河流,如江苏灌河,当地人称"潮河"。水情受潮汐影响,水文现象比较复杂。

(胡方荣)

潮汐泵站 tidal pumping station

以潮汐为动力带动水轮泵抽水的泵站。主要用于农田灌溉,也可为给水、三角水养殖、抽水蓄能服务。按对潮汐能的利用程度可分为三种形式:只是利用退潮时的水能驱动水轮泵运行的称为单程潮汐泵站;不论涨潮或退潮,水轮泵都能间歇运行的称为双程潮汐泵站;在整个涨、退潮过程中,水轮泵能连续运行的称为连程潮汐泵站。中国第一座这种泵站是1956年在福建省福州市城门公社建成的浚边潮汐泵站,安装一台60-25型水轮泵,灌溉农田800亩,至今仍正常运行,以后在闽江下游增建了30多处这种泵站。

(咸 锟)

潮汐表 tide tables

潮汐预报表的简称。预报沿海某些地点在未来一定时期内每天潮汐变化情况的资料。包括主港逐日表,通常有高潮和低潮时间和潮高,有的港还有每小时潮高;附港差比数;潮信和任意时刻潮高计算等内容。差比数包括潮时差、潮差和潮高比。潮信是港口的潮汐信息。掌握潮汐变化规律,为航运、军事及生产等服务。

(胡方荣)

潮汐电站 tidal power station

在一个潮汐涨落周期内利用外海和内库的水位差发电的电站。是水电站的一种。水库建于港湾或河口,由筑坝形成。利用潮汐涨落和控制水库闸门启闭时间,在水库内外形成水位差以驱动水轮发电机组。只有一个水库的单库潮汐电站一日之内只能间断发电;具有两个水库的双库潮汐电站可连续发电。装有常规机组的只能单向发电,装有可逆机组的可双向发电。

(刘启钊)

潮汐电站厂房 tidal powerhouse

利用潮汐能量发电的水电站厂房。可分为单向与双向发电两种。前者与普通河床式厂房相似。后者常设置贯流式机组,可具有双向发电、双向抽水、双向泄水等六种功能。较小型的双向发电厂房中,也可安装常规轴流式水轮机,利用较复杂的进出水建筑物来达到双向发电的目的。

(王世泽)

潮汐电站运行方式 operation mode of tidal power station

潮汐电站在电力系统中的工作状态。较通用的单水库双向发电,即水库向外海放水及外海向水库放水时均发电。还可以利用可逆式机组的抽水能力来增加发电水头。正在规划中的还有潮汐电站与本站专设抽水蓄能电站配合,专门担任系统尖峰负荷的运行方式。

(陈宁珍)

潮汐河口　tidal estuary

河流注入海洋,上起潮区界,下至滨海浅滩外缘或大陆坡起点的区域。根据动力特征可分为三段:①河流近口段——潮区界与潮流界之间的河段,水流方向始终指向下游,基本上属河流性质,潮流作用不显著。②河流河口段——潮流界与河流口门之间的河段,河流口门位置可取河口区平均水位纵剖面线与外海平均海平面的交汇点,径流与潮流共同作用,相互混合,愈向下游潮流作用愈显著。③口外海滨——河流口门至滨海浅滩外缘的区域,在大陆架较窄地区,其下界直接与大陆坡相连。潮流起主要作用。
　　　　　　　　　　　　　　　　　　(陈国祥)

潮汐河口整治　regulation of estuary

开发河流入海口门区域的综合性治理措施。河口地貌是径流与潮流共同作用下形成的,这两种动力因素又随季节有不同的变化规律,加上盐淡水掺混和泥沙的冲淤,使得河口段河道演变极为复杂。在上游来水、潮流进退及底部盐水异重流和风浪作用下的泥沙迁移,表现为河口沙滩消长和海岸线的进退。为了发展河口区通航、围垦及防洪、防暴潮等需要,常以海圹堤防保护城镇和滩地,以疏浚或整治建筑物维护航道的要求水深。
　　　　　　　　　　　　　　　　　　(周耀庭)

潮汐水能资源　tidal power resources

沿海潮汐蕴藏的天然水能源。海水受月球和太阳引力影响,每日两次涨落,形成潮差。如在海湾或河口筑坝形成水库,则可利用水位涨落和水库蓄放形成库内外水位差发电。根据中国沿海各省1981年统计,可建装机容量500kW以上水电站的港湾156个、河口33个,开发潮汐资源的装机容量共约2 100万 kW,年发电量580亿 kW·h。由于利用该资源投资大、施工难,目前未大量开发。　(刘启钊)

潮汐调和分析　harmonic analysis of tides

又称潮汐谐波分析。潮汐分析和预报的经典方法。将任意地点的潮位变化按展开的谐波项分解为许多分潮,并根据潮位观测数据计算各分潮的振幅和相位。按照数学原理,一个周期性函数,可以用许多简谐函数之和叠加得到。由此可将复杂的潮汐现象看成一个周期性函数,然后用几个、几十个甚至一百多个不同周期和位相的简单潮汐现象叠加算出结果。月球、太阳在地球赤道南北各种周期运动,可以是许多假想天体在地球赤道上空做简单圆周运动之和。每个假想天体引潮力可视为整个引潮力一个分力,各分力引起的潮汐称"分潮",这就可把复杂的潮汐现象当成是许多假想天体引起的简单周期现象分潮之和。　　　　　　　　　　　　　(胡方荣)

潮汐预报　tide prediction

根据观测资料和天文年历,推算各地主要港口每天高、低潮出现的时间和高度。潮汐现象虽然复杂,但周期性很明显,只要了解月球、太阳运动各种基本规律,以及对各地引起潮汐的基本情况,就可以预报各地的潮汐。预报方法有调和分析(参见潮汐调和分析)、准调和分析和感应法等。
　　　　　　　　　　　　　　　　　　(胡方荣)

che

车船坝

设在河渠或运河中,既能壅高水位,又能过船的堰埭。《河防一览》卷四:"建车船坝,先筑基坚实,埋大木于下,以草土覆之,时灌水其上,令软滑不伤船。坝东西用将军柱各四,柱上横施天盘木各二,下施石窝各二;中置转轴木各二根,每根为窍二,贯以绞关木。系篾缆于船,缚于轴,执绞关木环轴而推之"。即可将过往船只牵引过坝。　　　(查一民)

车厢渠

庚陵堰灌溉渠道的首段。据今人考证,渠道可能是石渠,岩石坚硬,断面凿成矩形,故名。
　　　　　　　　　　　　　　　　　　(陈　菁)

chen

沉积湖　sedimentary lake

由河流或浅海沉积作用形成的湖泊。如因河流改道,裁弯取直,淤积等使原河道变成湖盆的牛轭湖;浅海、海湾及河口三角洲区因沿岸海流的沉积作用,使砂嘴、砂洲不断伸展,最后封闭海湾而成泻湖。中国的太湖和西湖皆属此类湖泊。　(胡方荣)

沉排坝　mattress dike

由沉排叠置堆筑的坝。一般用两层或多层沉排重叠做成坝身,每层沉排厚约1.0m,下层沉排的尺寸大于上层的尺寸。因柴排的耐朽性较差,故沉排的坝身高度不宜超过枯水位。当把沉排按预定位置沉放到位以后,可抛石保护坝顶、边坡和坝头等部分。沉排坝的断面尺寸:顶宽一般为2.0~2.5m,边坡系数为1.0~1.5,坝头部分的边坡系数加大到3.0~5.0。这种坝的整体性和柔韧性好,但造价较高,且材料奇缺,已很少采用。　　(李耀中)

沉排护岸　bank protection with fascine mattress

用沉排保护岸坡的水下部分的护坡工程。把柴排或塑料排,浮运到要保护的河岸定位后,抛石加载沉放,使紧密覆盖于河岸的坡脚和水下边坡上。沉排的抗朽性较弱,只宜做下层岸坡的护脚工程,中、上层护岸仍采用抛石,砌石或植树等工程措施。护岸柴排的尺寸较大,例如长江南京河段用的柴排为

60m×90m×0.75m,重量约为600t。下沉到河床上的排体互相搭接1.0~2.0m,压排的抛石数量为300~450kg/m²,沿整个排体外缘的抛石数量应增加,并抛成棱体,使排体与外缘岸坡能紧密衔接。沉排的整体性和柔韧性都较好,可抵抗4m/s以上的流速,又能适应河床的变形,使用年限可达到30年以上,但造价高,材料用量多,故使用受到限制。塑料沉排是一种新型的护岸建筑物,其各项性能比柴排好,制作也比较方便,很有发展前途,但其老化问题尚待改进。 (李耀中)

沉沙槽式取水 intaking with silting groove

在有坝取水中,为防止泥沙入渠采用沉沙槽式防沙设施的取水方式。用于多泥沙河道正面排沙、侧面引水的取水枢纽布置中。沉沙槽布置在进水闸前沿,沉积推移质泥沙,以免进入渠道。沉沙槽的形式及取水枢纽建筑物的总体布置与提高引水防沙效果有很大关系。槽末端出口与冲沙闸相接,槽内沉沙由开启冲沙闸冲洗并泄至河道下游。结构简单、经济,适用于稳定性河道,采用较广。
(王鸿兴)

沉沙池 silting basin

为防止泥沙淤积渠道或磨损水力机械而修建的

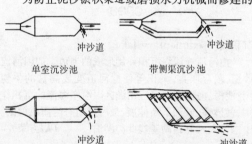

单室沉沙池　　带侧渠沉沙池

双室沉沙池　　多室沉沙池

沉淀泥沙的静水设施。其组成部分有进出口段、沉淀池、冲沙及防污物设备等。水流进入后,流速变缓,水流中泥沙逐渐沉淀。沉淀的泥沙,可开启冲沙设备的闸门进行冲洗或用人工、机械清淤。按结构类型及冲洗方式分单室、双室、多室、定期冲洗及连续冲洗等形式。当引水流量较大,多采用双室或多室;当含沙量较大,粒径较粗,又不允许停止供水时可采用连续式。 (王鸿兴)

沉沙条渠 silting strip channels

利用天然洼地作成若干条渠形的沉沙池。在中国黄河下游引黄灌溉的渠首中广泛采用。可与放淤改土、淤灌种稻或放淤固堤等相结合,进行水沙综合利用。在洼地沉沙区,用围堤和格堤修成若干中间宽两头窄的梭形条渠,轮流使用,一条淤满即成耕地,一举两得。为延长沉沙区使用寿命,出口应设节制闸,以调整水位,控制肥田细粒泥沙不致全部沉淀。 (王鸿兴)

沉树 anchored trees

由成排的大树沉入河流中的透水建筑物,用重物(如块石或混凝土块)系于树根,将大树沉入河底,让树梢直立水中。沉树排列成行,有单排的或多排的,单排的株距1.0~1.5m,多排的前后排相距3~5m,且沉树交错排列。多用于构成顺坝,也可用于构成丁坝。它能够增加河槽糙度、保护河岸、缓流促淤和用来堵塞支汊和串沟等。 (李耀中)

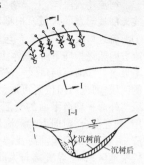

沉陷缝 settlement joint

为防止建筑物因地基不均匀沉陷而产生裂缝,设置在建筑物各区段从基础到顶部分隔开的永久性铅直缝。常与伸缩缝结合,一缝两用。缝的间距取决于建筑物类型、地基条件和荷载分布情况。如软基上水闸的缝距一般为20~30m。整体式闸底板的沉陷缝可设在闸墩中间,构成一孔、两孔或三孔的独立闸段。凡相邻结构荷重相差悬殊的部位,如铺盖、消力池与闸底板,以及与翼墙等连接处都要分别设缝。对具有挡水和防渗要求的沉陷缝,在缝中应设置止水系统。 (林益才)

沉陷观测 settlement observation

测量建筑物及其地基在自重或外界荷载作用下因固结和压缩变形引起的位移铅直分量。沉陷是土工建筑物及其软基上的建筑物的重要观测项目,过大的沉陷会引起建筑物高度不足,不均匀沉陷会引起坝体开裂或接缝拉开,影响建筑物的正常使用。观测分析沉陷资料,掌握其变化规律,为了解工程的运行状态提供依据。参见铅直位移观测(196页)。
(沈长松)

沉箱坝 box caisson dike

用沉箱砌筑的坝。沉箱有矩形和圆形两种。矩形沉箱制作比较简单,但受力情况不如圆形好,钢筋的耗用量也较多。预制沉箱按需要的大小一次浇制,一般为3.0~9.0m或更大,也可以分块做成构件,再在现场拼接完成。沉箱是由箱体本身及其中填充材料(如沙土或块石等)的重量维持稳定的,故应尽量使填料密实。沉箱坝的造价高,只在河口、海港的重要工程中采用。 (李耀中)

沉枕护岸 bank protection with fascine roll

用沉枕保护坡脚的工程。由梢束或散料包裹块石扎制的枕,直径0.6~1.0m,长5.0~10.0m,沉放到较陡的岸坡下或发生崩岸的地方做护脚工程。

因施工简便采用较多,当把它从坡面上推下水后,会自动滚到坡脚处,找到稳定的位置,如再在其上抛块石就更为坚固,沉枕的整体性和柔韧性都较好,当浸没在水下时使用期可达20~30a,但因耐朽性较差,很少用于中、上层的护坡,故常与抛石或砌石护坡结合使用。

(李耀中)

陈村水库 Chencun Reservoir

皖南青弋江上一座大型水利工程。在安徽省泾县境内,1977年建成。总库容24.74亿 m^3,调节库容15.91亿 m^3;电站装机容量15万 kW,年发电量3.16亿 kW·h。枢纽有拱形重力坝、溢洪道、坝后式厂房等;坝高76.3m。有发电、防洪、灌溉等效益。安徽省水电设计院设计,第十四工程局施工。

(胡明龙)

cheng

成国渠

西汉关中地区引渭灌溉工程。约建于汉武帝时期(公元前140~前87年)。干渠从郿县(今陕西省眉县东,渭水北)引渭水东北流,经武功,至槐里县(今陕西省兴平县)入蒙茏渠(汉皇室上林苑的供水渠道)。渠道大致在现在的渭惠渠之北,并与之平行。后汉时湮塞。曹魏青龙元年(233年)卫臻重修,干渠上游向西延伸至陈仓(今宝鸡市东),并引汧水(今千水)作水源;下游向东延伸至今咸阳市东回注渭水,溉田2 000余顷。西魏大统十三年(547年)曾整修并建六门堰蓄水,使渠堰相连;至唐代俗称渭白渠,溉田达两万余顷(唐1亩≈今0.81亩)。下历宋元,至明渐废。

(查一民)

成井工艺 technique of well construction

井孔钻成后完成机井建造的其他施工程序和技术措施。包括电测井、破壁、疏孔、安装井管、围填滤料、封闭隔离、洗井和抽水试验等。是建造和保证机井质量的必要环节。

(刘才良)

承压水 confined groundwater

在两个隔水层间,具有压力,当钻孔穿透上部隔水层时,水会喷出地面为自流水的有压地下水。不直接从大气降水或地面水获得补给,其分布区和补给区不一致。埋藏较深,水质大多良好,水量稳定,是重要的供水水源。

(胡方荣)

城门洞形隧洞

见直墙拱顶隧洞(331页)。

城市防洪工程 urban flood defence

对城镇或厂区采取的防洪工程措施。分以蓄为主和以排为主两种。前者分有水土保持,修建谷坊、塘、垱等工程以拦蓄水沙;水库蓄洪、滞洪。后者分有筑堤防洪,提高河道安全泄洪量;整治河道,增加排洪能力;利用湖泊、山塘、洼地修建分洪、导洪工程或蓄洪垦殖区;挖排洪沟,渠引水入邻近荒地、洼地或下游水体,以减轻对城镇或厂区的压力。

(胡方荣)

chi

池

① 池塘。《孟子·梁惠王上》:"数罟不入洿池。"
② 护城河。《左传》僖四年:"楚国方城以为城,汉水以为池。"《汉书·蒯通传》:"皆为金城汤池,不可攻也。"颜师古注:"金以喻坚,汤喻沸热不可近。"

(查一民)

池式鱼道 fish basin ladder

将一系列水池用短渠连接而成的一种鱼道。短渠有鱼逆溯能力所及的落差,池可供鱼休息。一般利用天然地形绕岸修建。

(张敬楼)

齿墙 cut-off wall

水工建筑物基底与地基连接的混凝土齿状结构。有浅齿及深齿两种。用以提高建筑物的抗滑稳定性;增加基底渗径,提高防渗能力,或防止水流对地基的淘刷作用等。其功能因要求而异。如重力坝基底上游端部、水闸底板首末两端部所设的抗滑、防渗齿墙;土石坝黏土斜墙、心墙底部加强心墙、斜墙与岩基连接的防渗齿墙;防洪水闸、溢洪道下游护坦或挑水坎末端下深地基的防淘(冲)墙等。土石坝黏土心墙、斜墙伸入地基中的齿槽部分亦有被称为黏土防渗齿墙。在水工中应用甚广。

(王鸿兴)

斥卤

又称"舄卤"、"潟卤"、"泽卤"。盐碱地。《史记·夏本纪》:"海岱维青州,……海滨广潟,厥田斥卤。"司马贞索隐引《说文》:"卤,咸地。东方谓之斥,西方谓之卤。"《吕氏春秋·乐成》:"决障水,灌邺旁,终古斥卤,生之稻粱。"《史记·河渠书》:"(郑国)渠就,用注填阏之水,溉泽卤之地四万余顷,收皆亩一钟。"司马贞索隐:"泽一作'舄',音昔,又并音尺。本或作'斥',则如字读之。"

(查一民)

赤道流 equatorial current

赤道海区东西方向流动的海流统称。在赤道南、北回归线间,由于东南信风和东北信风在大气低层吹过,形成自东向西相互交错的南赤道流和北赤道流。

(胡方荣)

赤道逆流 equatorial counter-current

与赤道流方向相反的海流。在南北赤道流之间

(赤道无风带区)有一狭窄海流带,其流动方向由西向东,和周围海水运动方向相反。根据观测资料发现,赤道逆流位置是变化的,也并不正在赤道无风带内,可以在赤道北面(5°~10°N)和南面(8°S)出现,称北赤道逆流和南赤道逆流。 （胡方荣）

赤道潜流 equatorial under-current

又称克伦威尔海流。出现在赤道附近海域次表层中的海流。处在赤道流之下、中层水上部,与表层南北赤道流的流向相反,自西向东流动,流速比表层者大,所分布的海域几乎对称于赤道,所在的次表层是一个温跃层。1952年,T.克伦威尔(T.Cromwell)首次在太平洋发现。 （胡方荣）

赤山塘

又称赤山湖、绛岩湖。古代江南重要蓄水灌溉工程。在今江苏省句容县西南15km,下通秦淮河。相传为孙吴赤乌时(约245年左右)筑堤围洼地而成。南齐明帝时(494~498年)沈禹曾修筑,唐麟德时(664~665年)杨延嘉修复,大历十二年(777年)王昕又修复,建二斗门调节蓄泄,塘周120里(唐1里=0.54km),灌田号称万顷(唐1亩≈今0.81亩)。南唐及宋元屡次修筑,湖心立石柱水则。元以后水面逐渐缩小,现已全垦为田。 （陈 菁）

chong

冲击式水轮机 impulse turbine

将水流的动能转化为旋转机械能的水轮机。压力较高的水流自喷嘴喷出后在大气中形成高速射流冲击转轮叶片,推动转轮旋转。按构造及射流方向,可分为水斗式水轮机、双击式水轮机、斜击式水轮机三种。 （王世泽）

冲积河流阻力 flow resistance of fluvial rivers

水流在冲积河流中流动时受到的阻力或能量损失。它与定床明渠水流阻力不同,是由多种阻力单元构成的,包括床面阻力(沙粒阻力)、形状阻力(沙波阻力)、河岸及滩面阻力、河槽形态阻力及人工建筑物的附加阻力等,其中一些阻力单元随水流条件的改变而变化,特别是床面沙波的发展和消长对冲积河流阻力影响很大。水流阻力决定了河流的泄流能力,同时也反映了水流对泥沙的作用力,有很重要的意义。为确定冲积河流阻力有一些理论和经验方法。 （陈国祥）

冲积平原 alluvial plain

河流旁边冲积成平坦的地段。洪泛平原、三角洲或冲积扇都可能有这种平原。如长江中下游平原。 （胡方荣）

冲沙底孔 flush bottom outlet

位于挡水、泄水或进水建筑物底部用以排除淤沙的底孔。水流进入水库、压力前池、沉沙池后,流速降低,泥沙下沉;无压进水口前常设拦沙坎以防底沙进入。这些沉积和堆积的泥沙常需经冲沙底孔用高速水流排除。其洞身部分称冲沙廊道。 （刘启钊）

冲沙廊道 flush gallery

见冲沙底孔。

冲沙闸 flashing sluice

又称排沙闸。冲洗沉积的泥沙,防止其随水流入渠的水闸。常建在渠首工程中,冲洗进水闸前淤沙,并兼有泄洪的功用。建在

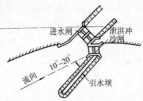

渠道上沉沙池末端,用以冲洗沉淀在沉沙池中的泥沙。渠道上的泄水闸也可有冲沙闸的功用。开启冲沙闸门,使沉积的泥沙借水流的冲刷作用经闸孔下泄至下游河道或低洼地区。建在渠首工程中的,常与进水闸相邻,在有坝取水枢纽中又紧连拦河坝(或壅水坝)一端,并常与进水闸正交或斜交布置。 （王鸿兴）

冲刷坑 scour hole

由泄水建筑物下泄水流剩余机械动能导致的河床局部冲刷变形。随消能防冲设施的不同,冲刷坑深浅各异,甚至不发生。高水头泄水建筑物采用挑流消能方式时,河床虽为岩基,一般仍产生显著冲刷坑。坑的规模随冲刷历时而发展;但随着坑深加大,坑内消能水体积加大,往往可达到一个相对平衡状态而稳定;稳定冲坑所需最大水深与泄水单宽流量、落差及河床抗冲能力有关,单宽流量、落差愈大及河床地质条件愈差者坑深愈大。设计泄水建筑物时,应通过计算、试验、工程类比等方法对冲刷坑的发展与稳定作出预估,以不影响附近水工建筑物安全运行为满意。 （王世夏）

冲洗定额 leaching requirement

单位面积计划冲洗深度内的土壤含盐量,经冲洗降低到作物生长允许的含盐限度所需的水量。以m^3/亩或mm计。它是影响冲洗效果和费用的重要指标。其数值与土壤含盐量、盐分性质及盐分在土壤剖面中的垂直分布、土质及土壤层次的分布、水文地质条件、冲洗水的水质、冲洗季节、排水条件以及冲洗技术等诸多因素有关。 （赖伟标）

冲洗改良盐碱地 leaching improvement of saline-alkali land

利用淡水溶解土壤中可溶性盐类,使之渗入深层或通过排水沟排出冲洗区外的土壤改良方法。采

用此法时，应视冲洗区的具体条件，拟定冲洗脱盐标准和冲洗制度，选用适当的冲洗技术和适宜的冲洗季节，以取得良好的冲洗脱盐效果。一般应有完善的排水设施，冲洗后要注意培肥地力，加强耕作管理，稳定冲洗脱盐效果，防止土壤返盐。

(赖伟标)

冲洗脱盐标准 standards for leaching desalting

盐碱地冲洗后要求土壤含盐量降低到符合作物正常生长要求的程度。包括土层的脱盐深度和允许含盐数量两方面的指标，是冲洗改良盐碱地措施中确定冲洗定额的主要依据。脱盐土层深度应根据作物根系分布情况而定，一般为 0.8~1.0m；冲洗后的土层允许含盐量，则应按盐分种类，要求降低到作物耐盐限度以下。

(赖伟标)

冲洗效率 leaching efficiency

冲洗改良盐碱地时计划冲洗层内土壤盐分减少的程度。常用单位冲洗水量冲走盐分的数量表示。它随冲洗次数的增加而减小，还与每次冲洗的水量和时间间隔以及土质条件、盐分组成和垂直分布、土壤含盐量大小、水文地质条件、冲洗水质、冲洗季节、排水条件等因素有关。

(赖伟标)

冲泻质 wash load

运动泥沙中粒径较细，且在床沙中数量很少或基本不存在的部分。多来自上游流域的冲刷。由于这部分泥沙颗粒在床沙中很少，在输移过程中不能与床沙进行充分交换，当含沙量小于水流挟沙能力时不能从床沙中得到补充，常处于不饱和状态。因此它们在水流中的含量不仅取决于水流条件，还与河段上游流域的供沙条件有关，在估算时必须根据野外的实测资料。通常将粒径小于 0.06mm 或在床沙级配曲线中 10% 较之为小的粒径的泥沙颗粒作为冲泻质。由于这部分泥沙在床沙中几乎没有，因此，它一般不参与造床作用，只是一泻而过，但它对于水库淤积有重要意义。

(陈国祥)

重复容量 repeated capacity

又称季节性容量。电力系统中非承担负荷必需，而为多发电能所装置的容量。水电站可在洪水期多发季节性电能，用其替代其他电厂应提供的部分电能，如果替代的是火电，则可以减少相应的燃料消耗。该容量多装在调节性能较差的水电站上以利用部分弃水发电，在一定的设计负荷水平、供电范围和设计保证率条件下，通过动能经济计算选定，当上述条件改变时，有可能转化为必需容量。

(陈宁珍)

重现期 recurrence interval

某一水文变量取值 $(x \geqslant x_m)$ 在很长时期内平均出现一次的年数。重现期和频率的关系对下列两种情况有不同的表示方法：①当采用设计频率 $P < 50\%$ 时，则 $T = \dfrac{1}{P}$（年）；②当采用设计频率 $P > 50\%$ 时，则 $T = 1/(1-P)$（年）。暴雨洪水等水文现象并无固定的周期，所谓百年一遇，是指大于或等于这样的洪水在很长时期内平均每百年出现一次。

(许大明)

chou

抽汽式汽轮机 pickup steam turbine

中间有1~2级可供抽汽的凝汽式汽轮机。汽轮机的一种。适用于供热式火电站。抽汽量可根据用热户的需要任意调整。与一般凝汽式汽轮机相同，其出口蒸汽用冷凝器降温降压成冷凝水以提高汽轮机出力。

(刘启钊)

抽水机 pump

又称水泵机组。水泵及其配套动力的总称。

(咸 锟)

抽水枢纽 junction station of pumping

抽水泵站有关附属建筑物组成的水工建筑物群。包括取水、引水和进、出水建筑物、泵房等，有时还设有通航、过鱼等建筑物。各组成部分相互配合，为泵站的正常运行创造良好的条件，并使工程综合利用，最大限度地发挥抽水排灌的效益。

(咸 锟)

抽水蓄能泵站 pump storage station

又称抽水蓄能电站。将水抽至高处存蓄，需要时再放出利用的泵站。即利用电力系统夜间或周末的多余电能，通过泵站的水泵机组将水上提至高处水库存蓄，待白天供电不足时，将蓄水放下，通过水电站的水轮发电机组发电承担峰荷。以解决电能的供需矛盾，提高电力系统的经济效益；或在丰水季节将河水提升至高处水库或水塔中，待枯水期或用水高峰时放水灌溉农田或满足供水要求，并结合发电。由泵站、电站、压力管道、上、下水库等建筑物组成。1882 年在瑞士的苏黎世安装了世界上第一台抽水蓄能发电机组，功率为 511kW，扬程 153m。20 世纪中期以来，一些发达国家，广泛利用抽水蓄能方式调节电力负荷，兴建了一批扬程高、容量大、遥控操作的抽水蓄能电站，获得了较高的经济效益。20 世纪 60 年代，中国开始兴建抽水蓄能电站，起步较晚而发展较快。一批大中型抽水蓄能电站正在建设中。

(咸 锟)

抽水蓄能电站 pumped storage power plant

以水体为载能介质进行水能和电能往复转换的电站。是水电站的一种。功用是提高电力系统的经济效益和供电质量。工作包括抽水蓄能和放水发电两个过程。建筑物包括高程不同的上下两个水库、有压引水建筑物和厂房。在电力系统负荷的低谷期利用火电和核电的富余电能把下水库的水抽至上水库,将电能转化为水的势能储存;在负荷的高峰期再从上水库放水至下水库发电以补充系统出力的不足。除担负峰荷外还可用于系统调频和调相以提高系统的供电质量。其主要设备有水泵、水轮机和发电电动机(三机式)或可逆的水泵水轮机和发电电动机(二机式)。水头在 600m 以下的电站多用后者。按机组分,有纯抽水蓄能电站和混合式抽水蓄能电站。按运行周期,可分为:日抽水蓄能电站、周抽水蓄能电站和季抽水蓄能电站三种。至 1990 年底全世界已建成的抽水蓄能电站,其总装机达 10 304 万kW。中国(含台湾省)已建和在建大型抽水蓄能电站 5 座。 （刘启钊）

抽水蓄能电站厂房 pumped-storage power-house

安装抽水蓄能机组的水电站厂房。按机组的特征可分为二机式厂房及三机式厂房。由于抽水机的安装高程常远低于下游水位,故常布置在地下。 （王世泽）

抽水蓄能电站运行方式 operational mode of pumped-storage station

抽水蓄能电站在电力系统中的工作状态。通常利用系统负荷低落时(午夜后,节假日等)的多余电能,从电站下水库抽水到上水库蓄能,待到系统高峰负荷时,担负系统峰荷工作。此外还可担任事故备用以代替火电站的旋转备用,也可担任调频及调相。 （陈宁珍）

抽水蓄能电站综合效率 total officiency of pumped-storage station

抽水蓄能电站按水泵工况运行时的综合效率与按水轮机工况运行的综合效率的乘积。其值一般为 0.70～0.75。 （陈宁珍）

抽水站 pumping station

又称提水站、扬水站、翻水站、泵站、机电排灌站。由水泵、动力机、管道、电气设备、辅助设备及一系列水工建筑物(如涵闸、引水渠道、前池、进水池或进水流道、泵房、出水池或压力水箱、出水流道)等组成的综合体。其作用是将低处水抽送至高处,用以灌溉农田或排涝,或用于工矿企业及城镇给水、排水等。大型抽水站还可进行流域或地区间的调水工作。 （咸 锟）

抽样误差 sampling error

用样本特征估计总体特征所存在的误差。若 $x_1, x_2, \cdots, x_n$ 是从总体中抽出的样本经验分布 $F_n(x)$ 与总体分布 $F(x)$ 不完全一致。样本参数对于总体参数而言总是有一定误差。抽样误差是针对某项统计参数(均值 $\bar{x}$,变差系数 C_v 等)估计值与真值之间的离差,该离差是随机变量,用抽样分布函数[如 $F(\bar{x})$、$F(C_v)$]描述大量样本中出现不同程度的离差可能性。 （许大明）

chu

出口扩散段 outlet flare

见弯曲形尾水管(282 页)。

出力 output

发电机组在单位时间内所做的功。单位为 kW,1kW≈102kg·m/s。(过去曾用过马力,1 公制马力＝0.736kW,1 英制马力＝0.746kW)。 （陈宁珍）

出力系数 coefficient of output

反映水轮发电机组整体效率的一个综合效益系数。等于水轮机效率、发电机效率、传递效率与常数 9.81 的乘积。其值视水电站规模而定,对大型水电站常取 8.5;对中型水电站常取 8～8.5;对小型水电站常取 6.0～8.0。该系数与水头及流量的乘积即为机组的出力。 （陈宁珍）

出水池 outlet sump

泵站出水管道与灌溉干渠或排水容泄区衔接的水池。是削减出流的剩余能量,使水平顺地流入渠道或泄区。平面布置形式分为正向出水、侧向出水和多向出水等,以正向出水的水流条件最好;按出水管口是否淹没于水下,可分为自由出流与淹没出流两种。前者浪费扬程与功率;后者出流较好,为常用的形式。它的各部分尺寸,主要视消除余能的要求而定;并应建在挖方基础上,采用浆砌块石或钢筋混凝土修筑。 （咸 锟）

出水流道 outlet passage

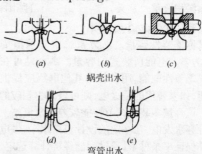

蜗壳出水

弯管出水

水泵导叶体出口至出水管进口(或至出水池,包括出水管在内)之间的流道。其结构型式对水泵装置效率影响较大,对泵轴长度、泵房高度均有影响,因而对工程投资也有较大影响。大型立式泵导叶体后的出流部分多为弯管和蜗壳形式(如图)。弯管分等截面圆形管和变截面管(由圆形变为矩形)两种。为减少水泵轴长,弯管的仰角一般不大于30°,平面扩散角也不能太大,以防水流脱壁。扩散角视管内流速决定。蜗形管在平面上有全蜗形、偏蜗形、半蜗形。断面形状有圆形、梯形等型式。蜗形管为圆形断面的多为金属制作、梯形断面的多用钢筋混凝土制作。在弯管与蜗形管后续接部分为直管或虹吸式出水管。灌排两用泵站还有双向出水流道这一型式。

(咸 锟)

出线层 bus-bar and cable floor

水电站主厂房中敷设发电机引出线的楼层。常布置在发电机层与水轮机层之间,还可用以布置励磁等各种设备及控制电缆。当发电机层与水轮机层之间的垂直距离不够大时,可不设出线层,而将引出线悬挂在发电机层楼板之下。 (王世泽)

初步设计 preliminary design

在工程项目决策后的具体实施方案的设计工作。对水利水电工程,其主要设计任务是:选定合理的坝址、坝轴线和坝型;通过方案比较,选择最优的枢纽布置;选择水库的各种特征水位;选择电站的装机容量、电气主接线方案及主要机电设备;选择施工导流方案,进行施工组织设计;提出工程总概算,阐明工程效益等,并提出设计报告书。为论证选择方案的经济合理性和安全可靠性,对大型工程可在初步设计阶段辅以一定的科学试验研究工作,提出相应的专题研究报告。

(林益才)

初生空化数 incipient cavitation number

见空化数(145页)。

初损 initial abstraction, initial losses

降雨产流前的损失。降雨初期由于植物截留、下渗、填洼等作用,几乎全部降雨被拦截于流域内各蓄水场所,不能形成径流,成为损失。其量决定于雨前流域湿润程度,久旱后的降雨,初损很大,可达40~50mm,雨季降雨,则较小,为5~10mm左右,甚至可忽略不计。 (刘新仁)

除涝 drainage of surface water-logging

为使作物减免涝灾损失而采取的措施。修建排水系统,排除地面多余积水,是消除涝灾的根本措施。一般有自流排水、抽水排水、滞蓄涝水和拦截区外来水等,应按涝区的具体条件和成涝原因,因地制宜地采用。在除涝排水中,为使工程投资少,效益高,应根据作物耐淹能力和经济条件,选定适宜的除涝设计标准。 (赖伟标)

除涝设计标准 design criterion for surface drainage

要求工程达到的抗御涝灾的能力。常用某一设计频率(或重现期)的定时段暴雨所产生的地面径流,在某一允许时间内排出排水区来表示。如十年一遇三日暴雨三天排出。也有用历史上形成涝灾较重的某年实际发生的暴雨作为设计暴雨的。一般根据灌排设计规范和排水区的具体情况确定。

(赖伟标)

储水灌溉 storage irrigation

以储存水量为目的的农田灌水。地区水资源在时间上的分配过程往往和作物的需水过程不相一致,平原地区或高原地区又缺少兴建蓄水工程的条件,在这些地区可利用土壤持蓄水量的能力,调节水资源的分配过程,缓和水资源的供求矛盾,提高灌溉工程的经济效益。储水灌溉的时间主要根据缓解水量供求矛盾的需要而定。为了多蓄水量,储水灌溉的计划湿润层,一般采用作物生长期计划湿润层的最大值。

(房宽厚)

chuan

川水 rivers

河流。《管子·度地》:"水之出于他水,沟流于大水及海者,命曰川水。" (查一民)

川字河

宋代称"鸡爪河"。疏通江河入海口段的一种疏浚施工方法。在汛期来到之前,先在河道中泓两侧,各挑挖两道或数道引河,所挖引河之土用来加高堤防。因形如"川"字,故称川字河。当洪水到来时,川字河可加速行洪;而当水归正河时,河水由上而下及左右夹攻,可使三条河道中间的沙堆顺流刷去,使三河合而为一,河道迅速展宽冲深,入海流路畅通。清康熙时靳辅、陈潢疏浚黄河淮阴至海口段河道时曾采用此法。靳辅《治河方略·经理河工第一疏》:在堵口之前,先于"河身两旁近水之处,离水三丈,下锹掘土,各挑引水河一道,面阔八丈,底阔二丈,深一丈二尺,以待黄、淮之下注。" (查一民)

船闸 navigation lock

修建在河道或渠道的水位落差处,利用输水设施控制水位升降以浮运船舶越过落差的通航建筑物。由闸室、上下游闸首、上下游引航道等部分及其相应的设备组成。当船舶上行时,先使闸室泄水,当水位与下游水位齐平时,打开下闸首闸门,船舶驶进闸室;关闭下闸首闸门及输水阀门,打开上游输水阀门向闸室灌水,待闸室水位与上游水位齐平后,开启上闸首闸门,船舶即驶出闸室而进入上游引航道,完成了一次船舶从下游到上游的过闸程序。当船舶下行时,其过闸程序与此相反。船闸种类很多,按照纵向相邻闸室的数目,可分为单级船闸和多级船闸;按横向并列闸室数目,又可分为单线船闸,双线船闸和多线船闸。中国1981年建成的葛洲坝水利枢纽中的船闸即为有两条航线的三线船闸。

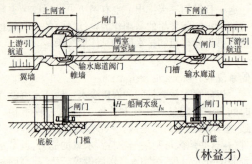

(林益才)

串沟 erosion ditches

滩地上因水流冲刷作用形成的沟槽。其成因或由于洪、中、枯水位时水流动力轴线的摆动切割滩地，或因滩地存在横比降引起漫滩水流冲刷滩地。串沟比降较大时可能发生夺流使主流改道，也可能引起顶冲大堤造成险情，在治河工程中常采用工程措施给予堵塞。 (陈国祥)

串沟水

又称窜沟水。河道中泓流入滩地或堤根小沟之水。为水势名称。 (查一民)

串联水库模型 cascade model

用串联的线性水库模拟流域汇流的一种概念模型。线性水库泛指蓄量 W 和泄量 Q 成正比关系的蓄水体，即

$$W = kQ$$

由 n 个线性水库串联的系统，对瞬时脉冲的响应函数 $u(t)$ 为二参数迦玛函数，即

$$u(t) = \frac{1}{k[\Gamma(n)]}\left(\frac{t}{k}\right)^{n-1}e^{-\frac{t}{k}}$$

n 为串联水库的个数，k 为水库调节系数，e 为自然对数底，Γ 为迦玛函数。通过率定参数 k、n，可以模拟流域降雨径流过程。 (刘新仁)

串联水库群 serially linked reservoirs, cascade reservoirs, step reservoirs

又称梯级水库。见水电站群(233页)。

串联水库最优蓄放水次序 optimal storage and drawoff discharge sequence of serially linked reservoirs

见水库群最优蓄放水次序(240页)。

chuang

床面形态判别准则 criteria for bed forms

判定在一定水流泥沙条件下河床表面将出现何种沙波形态的指标。沙纹的出现主要取决于沙粒雷诺数 $Re_* = \frac{u_* d}{\nu}$。其中 u_* 为摩阻流速，$u_* = \sqrt{ghJ}$；d 为床沙粒径；ν 为水黏滞性系数。沙浪形成与佛汝德数有关，$Fr = \frac{u}{\sqrt{gh}}$。其中 h 为水深；u 为流速。对于沙垄形成涉及参数较多，有 $\frac{u_* d}{\nu}$，$\frac{h}{d}$，Fr，$\frac{u_*}{\omega}$，$\frac{u}{u_*}$，其中 ω 为泥沙沉速。利用这些无量纲组合参数，根据实验室或野外观测资料点给出多种经验关系，可以确定区别各种沙波形态的水沙条件。 (陈国祥)

床沙粗化 growing coarser process of bed material

河床泥沙被冲刷时，细颗粒先被带走，床面泥沙粒径不断变粗的过程。当水流挟沙力大于实际含沙量时，将从床面不断摄取泥沙向下游输移。经水流对床面泥沙由细到粗的拣选，使床面泥沙的特征粒径逐渐变大。即使在本河段冲淤基本平衡的状态下，也因河流下游的比降略小于上游，上游河段带来的悬沙中偏粗的泥沙会容易沉落在本河段床面，再就地拣取较细颗粒挟向下游，这一过程也使本河段床面组成物出现粗化。河床粗化可阻止河床被冲刷深切和河流水位下降。但另一方面又可能引起水流侧向侵蚀，使岸滩崩塌，河槽变得宽浅和主河槽迁徙不定。 (周耀庭)

床沙质 bed material load

运动泥沙中粒径较粗、并在床沙中大量存在的部分。多由上游河段冲刷而来。由于这部分泥沙颗粒在床沙中大量存在，在输移过程中有机会与床沙进行充分交换，因此在经过一定距离后其含量必然达到饱和，即等于水流挟沙能力，可通过根据力学关系建立起来的水流挟沙能力公式进行估算。同时由于这部分泥沙是组成床沙的主体，因此它与河床的冲淤变化密切相关。 (陈国祥)

床沙质函数 bed load function

由爱因斯坦建立的将床沙、推移质及悬移质结合在一起考虑所给出的床沙质输沙率(水流挟沙能力)的计算关系式。推移质在床面层中以滑动、滚动及跳跃形式运动，并不断和床沙进行交换。悬移质在主流区内与水流同一速度前进，并与床面层内的推移质不断交换，早在20世纪40年代，爱因斯坦(H.A.Einstein)就根据近代流体力学的知识建立了推移质运动理论，20世纪50年代初又引入或然率概念导出了函数的数学表达式，并扩充到非均匀沙，最后又将推移质理论与悬移质扩散理论联系起来，建立了一个床质挟沙能力的计算方法，这个方法是现阶段考虑较全面、处理较完整的方法。

(陈国祥)

chui

垂直护岸 perpendicular revetment
与河岸相垂直或斜交的护岸建筑物。与平顺护岸不同，它沿河岸布置时，略向河岸以外突出，坝轴线方向与岸线垂直或斜交，能够抵抗湍急水流的冲刷和波浪的打击，是一种广泛采用的护岸工程。与平顺护岸相比，可以节省工程量。例如，黄河下游的坝垛护滩工程，和长江下游的矶头护岸工程等。（李耀中）

垂直排水 vertical drainage
又称竖井排水。打井抽取地下水的排水方式。常在农业生产中用来防治土壤盐渍化。特点是能大幅度地迅速降低地下水位，若水质良好，还可用地下水灌溉农田，做到以灌代排，排灌结合，提高经济效益；但排水效能受排水区水文地质及补给条件限制，提水需用动力，投资及管理运行费用较大。多用于地势低平，地下水出流条件差的地区。
（赖伟标）

垂直摇臂式喷头 vertical impact-drive sprinkler
利用喷射水流冲击垂直摇臂的导流器，产生反作用力，获得驱动力矩的旋转式喷头。由流道、旋转密封机构、驱动机构、换向机构和限速机构等组成。工作压力较大(300～600kPa)，射程较远(30～50m)，常用法兰和供水管连接。
（房宽厚）

chun

春汛 spring flood
又称桃汛。春季发生的洪水。由于春季气候转暖，流域上的季节性积雪融化、河冰解冻或春雨引起河水上涨。因正值桃花盛开时节，故称"桃汛(桃花汛)"。 （胡方荣）

纯抽水蓄能电站 pure pumped storage power plant
全部机组为抽水蓄能机组的电站。参见抽水蓄能电站(31页)。 （刘启钊）

纯拱法 independent arch method
又称水平拱法。一种仅考虑拱作用的拱坝应力计算方法。假定拱坝是由许多独立的、互不影响的、两端嵌固于基岩中的水平拱圈组成。每层拱圈可作为弹性固端拱计算。可考虑各高程全部水平荷载、温度变化、地基变形等因素的影响。已有一套现成的公式和图表可以利用，但此法不能反映各层拱圈之间的相互作用，没有考虑坝体内垂直悬臂梁的结构作用，计算成果与拱坝的实际工作情况不完全相符，一般仅适用于狭窄河谷中的薄拱坝。

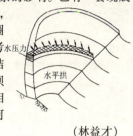

（林益才）

ci

磁化水灌溉 magnetized water irrigation
引用经磁场处理过的水灌溉农田。灌溉水经磁化后，其密度、黏度、表面张力、电导率和溶解氧增加，对农作物生长有利，有显著的增产作用。磁化水的性质，与水通过的磁场强度和切割磁力线的速度等因素有关。
（刘才良）

刺墙 spur wall in abutment
水闸边墩或混凝土坝与土工建筑物或河岸相互连接的防渗结构。附设在两端边墩垂直方向上，插入河岸、土坝或其他土工建筑物之中，以增加连接处的渗径，防止渗流对土壤的破坏作用。少数特殊情况下，也有直接用刺墙挡水，主要起防止侧向绕流的渗透作用，此时不再是附属的而是主要的连接建筑物。一般多用混凝土结构。
（王鸿兴）

刺水堤 spur dikes
又称丁坝。用以挑水、逼流，保护堤岸等的堤。
（胡方荣）

cui

脆性材料结构模型试验 brittle material model test of structures
用脆性材料按相似条件制作研究水工结构问题的结构模型试验。分线弹性应力模型试验和破坏试验，前者研究结构物在正常工作状态下的线弹性应力和变形状态；后者则通过超载加荷直至破坏研究结构物及其地基的极限承载能力、破坏机理和超载安全度。试验观测一般采用电测法。因石膏、硅藻土、轻石浆等脆性材料的弹塑性能、泊桑比与原型混凝土接近，且质地均匀、表面光滑。便于贴电阻应变片，能较全面地反映原型的真实情况。是一种被广泛应用的实验力学方法。参见结构静力模型试验(132页)。
（沈长松）

cuo

错口丁坝 zigzag dikes　两岸丁坝的坝轴线在河流轴线上不交于同一点的丁坝。与对口丁坝相比，因丁坝的坝轴线彼此交错，在中、枯水期对水流的干扰较大，必要时应采取补助措施，例如在坝头处增设短顺坝，以改善航行条件。　　　　　　　　　　　　　　（李耀中）

D

da

打井机具 well-rig　钻凿井孔的专用器械。井孔施工时，用来破碎岩石，并把岩屑携出孔外，连续钻进成孔。常用的钻机分冲击式和回转式两种。还有一些简单易行的人力或半机械化的钻井工具，如大锅锥、小锅锥、水冲锥和冲抓锥等。可根据水文地质条件、井的深度和经济水平等加以选择。　　　　　　　（刘才良）

打阵　间隔一段时间出现一次的不连续的溜势。为溜势名称。《河工名谓》："溜之间时而至者，曰打阵。"　　　　　　　　　　　　　　　　　　（查一民）

大坝 large dam　工程规模较大的拦河坝。按国际大坝委员会规定，作为大坝登记的拦河坝，其坝高一般在 15m 以上。　　　　　　　　　　　　　　　　（王世夏）

大坝安全监控 monitoring of dam safety　对大坝在外荷载作用下结构运行状态安全性的监测和控制。根据预先埋没在坝体内的仪器通过自动采集或人工量测以及观察的现象综合应用坝工、力学、数学等理论进行确定性分析和统计分析，建立监控预测方程，对大坝的安全状态做出综合评判和决策，对异常观象采取及时有效的措施，确保大坝的安全运行和充分发挥效益。　　　　　（沈长松）

大坝安全监控混合模型 mixed models of dam safety monitoring　为了大坝安全监控、综合应用结构分析的有限元法和统计学方法研究大坝观测效应量与荷载、时间等环境量之间关系的一种数学模型。以大坝位移为例，按其成因可分解为水压分量 δ_H、温度分量 δ_T 和时效分量 δ_θ，δ_H 用有限元法计算值，δ_T 和 δ_θ 通过确定性函数或物理推断法确定或 δ_H、δ_T 用有限元法计算值，δ_θ 通过确定性函数或物理推断法确定。经多元或逐步回归分析得到观测效应量的数学模型，由此对大坝进行安全监控和预报。
　　　　　　　　　　　　　　　　（沈长松）

大坝安全监控确定性模型 deterministic models of safety monitoring of dam　以计算力学为主，结合应用统计学方法研究大坝观测效应量与荷载、时间等环境量之间关系并用于大坝安全监控的一种数学模型。以位移为例，大坝任一点的位移 δ 按其成因可分为水压力分量 δ_H、温度分量 δ_T 和时效分量 δ_θ，即
$$\delta = \delta_H + \delta_T + \delta_\theta$$
δ_H、δ_T、δ_θ 均用有限元法确定。将实测值与计算值进行拟合，得到观测效应量的数学模型，由此可预测该效应量的变化、反演坝体结构特性和有关的物理力学参数。该模型于 1977 年由意大利首先提出，中国于 1985 年成功地应用于佛子岭连拱坝的结构性态分析。　　　　　　　　　　　　　　　　（沈长松）

大坝安全监控统计模型 statistical models of dam safety monitoring　应用统计学方法研究大坝观测效应量与荷载、时间等环境量之间关系并用于大坝安全监控的一种数学模型。最早（1956 年）从事这项研究工作的是意大利的托尼尼(Tonini)，他首次将影响大坝观测效应量的环境量因子分为水压、温度和时效三部分。建立统计模型的关键是因子选择和各因子的数学表达形式推求，通常根据专业知识用确定性函数法、物理推断法及统计相关法确定。利用观测资料建立统计模型并进行分析，可解释大坝以往的运行状况，预测未来的工作性态，从而达到大坝安全监控。　　　　　　　　　　　　　　　　（沈长松）

大坝防洪标准 flood protection standard of dam　保证大坝等水工建筑物安全而拟定的标准。一般以某种频率的洪水（设计洪水）表示，对永久性建筑物，按规范规定，主要有两种标准：一是正常运用标准，称为设计标准，不超过这种标准的洪水（设计洪水）来临时，水库枢纽一切工作维持正常状态。二

是非常运用标准,称为校核标准,这种标准的洪水(校核洪水)来临时,水库枢纽的某些正常工作和次要建筑物允许暂时遭受破坏,但主要建筑物,如大坝、溢洪道等,必须确保安全。防洪设计和复核时,可根据工程类别、重要性等,按我国水利电力部1978年颁发的《水利水电枢纽工程等级划分及设计标准》选定水工建筑物的洪水标准。 （许静仪）

大坝原型观测数据处理 data processing of dam prototype observation

应用数学、力学、水工等理论对大坝原型观测数据的处理和分析。包括原型观测数据正分析、反演分析和反馈分析。正分析应用统计学方法建立观测效应量的统计模型,应用模糊数学、灰色系统理论建立预测模型,应用有限元和统计学法综合建立确定性模型和混合模型,它们都可用于建筑物工作性态的监测和预报;反演分析是借助大量的原型观测数据,以正分析成果为依据,反求建筑物的某些结构特征和材料的物理力学参数,验证原结构形式及参数选用的合理性;反馈分析则是综合应用正分析和反演分析的成果,通过归纳、分析和总结,寻求其规律性并及时反馈到设计、施工和运行管理中去,达到优化设计、科学施工和安全运行。 （沈长松）

大潮 spring tide

潮差极大时的潮汐。农历每月的朔(初一)和望(十五或十六),月球、太阳和地球的位置大致处于一条直线上,这时月球和太阳引潮力的方向相同,潮汐相互增强,使潮差出现极大值。每半个朔望月(14.7653天)出现一次,相应的潮汐称大潮或朔望潮。 （胡方荣）

大狄克逊重力坝 Grand Dixence Gravity Dam

瑞士最高重力坝。在狄克逊河上,位于瓦莱士州赫勒门斯附近。1962年建成。高285m,顶长695m,工程量600万m³。库容4亿m³。电站装机容量170万kW。 （胡明龙）

大沽零点 Dagu Zero Datum

位于天津市塘沽,以最低潮位为零起算。旧高程基点之一。将此系统化成黄海零点系统应加入的改正数为-1.296m。 （胡方荣）

大古利水电站 Grand Coulee Hydro Plant

美国最大水电站。在哥伦比亚河上,位于华盛顿州大古利城附近。工程分二期进行,第一期于1933年动工,1942年运行,装机容量396万kW,1951年完工。第二期1967年动工,1990年完工。总设计装机容量1 083万kW,现有装机容量978万kW。大坝为重力坝,高168m,顶长1 272m。库容118亿m³。 （胡明龙）

大骨料井 coarse aggregate well

井管中的滤水管和井管周围采用粒径较大的砂卵石料作滤料的井型。井孔凿成后,安装用水泥胶结、粒径为5~20mm的砂卵石滤水管。洗井时用大水泵强烈地自上而下抽水,抽出井周围含水层中可能移动的泥沙,随后填入粒径为5~30mm的砂卵石作滤料,边抽边填,直至稳定。适宜于建在沙土含水层和黏土隔水层相间分布,含水层厚度小于10m,含水层以上有坚实的黏性土顶板的地区。 （刘才良）

大湖区 Great Lake

北美五大湖组成的世界最大淡水湖群。有北美地中海之称。由苏必利尔湖、休伦湖、密执安湖、伊利湖与安大略湖连成。总面积24.5万km²,其中以苏必利尔湖最大,为世界第一大淡水湖。介于加拿大与美国之间,是世界上最大的由冰川作用形成的淡水湖群。在纽约州和伊利诺州分别有运河与哈得孙河和密西西比河相通,各湖之间有联络水道连通,湖水经圣劳伦斯河注入大西洋。水力资源丰富,湖区内建有勒丁顿等水电站。 （胡明龙）

大化水电站 Dahua Hydroelectric Station

广西壮族自治区都安和马山县交界处的红水河

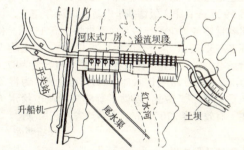

梯级开发水电站。1985年建成。以发电为主,兼有航运等效益。先期装机容量40万kW,年发电量20.6亿kW·h,水量利用系数0.65。远期在天生桥、龙滩、岩滩等水电站建成后,联合运行,水库经调节,装机容量可增至60万kW,年发电量达32.6亿kW·h,并使上游87km河段渠化,航运得以改善。枢纽由大坝、厂房和升船机组成。坝型为重力坝和空腹重力坝,高78.5m,左岸为土坝。电站厂房为中国挡水最高的河床式厂房。右岸设有衡重式升船机,全长1 180.6m,可通过250t级船只。广西壮族自治区水电设计院设计,大化水电工程指挥部施工。 （胡明龙）

大伙房水库 Dahuofang Reservoir

东北浑河上一座大型水利工程。在辽宁省抚顺市,1958年建成。总库容21.81亿m³,调节库容10.36亿m³;电站装机容量3.2万kW,年发电量0.7亿kW·h。建筑物有黏土心墙坝、溢洪道、泄洪洞、地面厂房等;坝高52.3m。有防洪、灌溉、供水、

发电等效益。水利电力部北京勘测设计院设计,大伙房水库工程局施工。　　　　　　（胡明龙）

大甲溪　Dajiaxi River

在中国台湾本岛西部,源出南湖大山,西南流至台中县东势后入平原区,复西行经台中县流入台湾海峡的台湾省一条水力资源最丰富的河流。长124km。大部流经高峻山区,水流湍急,水力资源丰富。建有大甲溪流域梯级水电站5座,总装机容量102万kW。　　　　　　　　　（胡明龙）

大甲溪梯级水电站　Dajiaxi Cascade Hydroelectric Station

中国台湾省中西部河流大甲溪上梯级开发的水电站。全部工程1977年建成。共分5级电站和水库,依建设次序分别为第4级天轮水电站,1952年建成,装机容量10万kW,为混凝土重力坝,高59m,总库容82.4万m^3,有效库容75.4万m^3;第3级谷关水电站,1961年建成,装机容量18万kW,为圆筒形混凝土拱坝,高85.1m,总库容1 710万m^3,有效库容903万m^3;第2级青山水电站,1970年建成,装机容量36万kW,为混凝土重力坝,高45m,总库容72.5万m^3,有效库容59万m^3;第1级德基水电站,1974年建成,装机容量23.4万kW,为双曲薄拱坝,高181m,总库容2.32亿m^3,有效库容1.75亿m^3。以上均由台湾电力公司承建。梯级各电站总装机容量为87.4万kW。第5级石岗水库,1977年建成,为混凝土重力坝,高27m,以供下游灌溉和城市给水为主,有效库容270万m^3。由台湾省水利局承建。
　　　　　　　　　　　　　　（胡明龙）

大陆冰盖型冰川　continental glacier, ice sheet

又称大陆冰盖、大陆冰川。自边缘向中心隆起的盾形冰体。其特点是面积大、冰层厚。如南极冰盖总面积为1 398万km^2,占全球冰川总面积的86%,总储水量为2 160万km^3,占全球冰川总储水量的90%。南极冰盖平均厚度为2 000~2 500m,最大厚度为4 267m。若南极冰盖全部融化,将使世界海平面上升约61m。　　　　（胡方荣）

大陆泽

又称巨鹿泽、广阿泽,俗称张家泊,亦称南泊。故址在今河北省隆尧、巨鹿、任县三县之间的古湖泊名。是太行山区径流汇注之处,原范围甚广,现已淤为平地。《尚书·禹贡》:冀州"恒卫既从,大陆既作";又:导河"北过降水,至于大陆",即此。　　　　　　　　（查一民）

大迈松抽水蓄能电站　Grand Maison Pumped Storage Plant

又称大屋抽水蓄能电站。法国装机容量最大的抽水蓄能电站。1987年建成。在伊泽尔省（Isère）多勒河（Eau d'Olle）上多伊苏斯镇（Bourg d'Oisaus）附近。水轮机最大总功率180万kW,最大总流量380m^3/s,最大水头905m。抽汲最大总功率185万kW,最大总流量204m^3/s,最大水头955m。为季调节水库,安装12台可逆式水轮发电机组。　　　　　　　　　（胡明龙）

大气辐射　atmospheric radiation

大气吸收太阳辐射和地面辐射以后所放出的长波辐射。它的方向是上下左右多方向的,而且是多层次的。低层大气依靠其中的大量水汽和二氧化碳对地面长波辐射的强烈吸收作用而得到热量以后,又会以辐射的方式传给较高的气层。
　　　　　　　　　　　　　　（周恩济）

大气干旱　atmospheric drought

大气湿度低、温度高并伴有一定风力的综合气象条件。致使作物蒸腾加剧,甚至气孔失去控制力而不正常地持续张开,导致短期内大量失水。根系吸水不能补偿蒸腾失水,引起作物体内水分亏缺,萎蔫变黄,甚至枯死。　　　　　　（刘圭念）

大气逆辐射　reverse radiation of atmosphere

大气辐射中射向地面的部分。它的存在,使地面实际损失的热量比它以长波辐射放出的热量少。大气的这种作用称为大气的保温效应或温室效应。它的强度主要与大气中的水汽含量、二氧化碳之类所谓"温室气体"的浓度以及大气温度成正比关系。　　　　　　　　　　　　（周恩济）

大清河　Daqinghe River

又称上西河。源出恒山和五台山,贯流河北省中部的河。海河水系五大河之一。分南北两水系,北支以拒马河为主,南支由唐河、潴龙河等汇流而成,东经白洋淀,至北口始称,与子牙河汇合入海河,长448km。上游多支流,水流湍急,汛期下游河道宣泄不畅,水灾频仍。1949年后,上游修王快、西大洋等水库拦洪蓄水,中游整修河堤,下游辟独流减河,排洪入海,以减水患。
　　　　　　　　　　　　　　（胡明龙）

大数定律　law of large numbers

随机现象的基本规律之一。设m是n次独立试验中随机事件A发生的次数,p是事件A的概率,对于任意正数ε有
$$\lim_{n\to\infty}P\left\{\left|\frac{m}{n}-p\right|<\varepsilon\right\}=1$$
该定律说明随机事件发生的频率$\frac{m}{n}$依概率收敛于该事件的概率p。表达频率的稳定性,即当n很大时,随机事件发生的频率与概率p有较大偏差的可能性（频率P）很小。　　　　（许大明）

大体积支墩坝 massive buttress dam

见大头坝。

大头坝 massive-head (buttress) dam

又称大体积支墩坝。由支墩的上游部分扩大形成挡水盖面的支墩坝。结构特性介于宽缝重力坝与轻型支墩坝之间。按构造可分为单支墩大头坝和双支墩大头坝。用混凝土或浆砌石建造。各支墩头部之间用温度沉陷缝分开，缝中设有止水设备。支墩形式有单支墩和双支墩两种，其头部又有平面形、多边形和圆弧形三种。平面形施工简便，但应力情况稍差；圆弧形内部应力情况较好，挡水面不易出现拉应力，但施工复杂；多边形兼有两者的优点，常被采用。一般修建在岩基上，也可做成溢流坝。中国自1958年建成磨子潭双支墩大头坝以来，又先后修建拓溪、新丰江、桓仁、双牌等大头坝。目前世界上最高大头坝为巴西-巴拉圭的伊泰普（Itaipu）坝，最大坝高196m。　　（林益才）

大型水电站 large hydroelectric (water) power station

按中国的划分标准，装机容量大于75万kW者为大（1）型，小于75万kW并大于25万kW者为大（2）型。　　（刘启钊）

大型水利工程 large hydraulic projects

规模巨大和重要性特殊的水利工程。一般又分巨型和大型两种。按中国现行分等指标，前者指水库总库容超过10亿 m^3；水电站装机容量超过75万kW；灌溉面积大于10万ha；被保护农田面积大于33万ha；特别重要城市、铁路线和工矿区的工程。后者指总库容 $1\sim10$ 亿 m^3；电站装机容量 $25\sim75$ 万kW；灌溉面积 $1\sim10$ 万ha；被保护农田面积 $6.6\sim33$ 万ha和重要城市、铁路线和工矿区的工程。　　（胡明龙）

大修费 overhaul cost

见固定年费用（88页）。

大修理费提取率 rate of major repair

实际提取的大修理费占计算应提的大修理费的比例。大修理是每隔若干年进行一次的比较彻底的修理，往往费用需要较大，将此费用分摊到两次大修之间的各年，按年提存备用。年大修理费等于固定资产原值乘年大修理费率。年大修理费率可按规范选用。　　（胡维松）

大洋环流 ocean circulation

在海面风力和热、盐等作用下，海水从某海域流向另一海域形成首尾相接的独立环流系统或流旋。有表面环流和深层环流两种。大洋表面环流与风力分布有密切关系。除水平环流外，还有铅直环流，即升降流。　　（胡方荣）

大野泽

见巨野泽（140页）。

大禹治水

先秦文献记载的中国古代由夏后氏部落领袖禹（约公元前21世纪）所领导的大规模治水业绩。史称尧时洪水滔天，尧命共工氏治水不成，又命夏后氏部落首领鲧领导治水，鲧用壅塞之法治水九年未成功。舜摄政后，又命鲧之子禹领导治水。禹吸取鲧的失败教训，采用疏导洪水入海的方法，经过13年的艰苦努力，平治了黄河流域的大洪水，民得安居。舜死后，禹被推举为部落联盟的领袖，都安邑（今山西境内），后东巡至会稽而死。史载大禹除了平治洪水外，还曾疏导黄河中下游河道，使之沿太行山东麓北流，于天津附近注入渤海，使黄水不致到处泛滥；又曾创设沟洫灌溉系统，用于农田灌溉等，其治绩遍于九州，成为华夏民族祖先治水的象征。　　（查一民）

dai

代表流域 representative basin

为观测研究水文分区的一般水文过程而设置的，对某种自然地理条件下水文特征有良好代表性的流域。通过少量代表流域内天然条件下水文情势的详细观测研究，揭示其所在水文相似区天然条件下的水文特征。主要研究天然条件下，即不受或少受人类活动影响的水文循环或任何特定的水文现象的物理过程；为水资源评价、水文计算、水文预报做出基本的地区分析。必须进行长期的水文、气象、土壤、植被和水文地质的综合观测。流域大小视天然条件和研究目标而定，一般不超过 $1000km^2$。　　（林传真）

带状耕作 strip intercropping

把坡耕地沿等高线分带，按不同农作物和牧草相间播种。在 $10°\sim20°$ 的坡耕地上，把高秆作物和矮秆作物间种，稀生作物和密播作物间作，粮草间作等。以减缓地面径流速度，减轻地表冲刷，增加水分入渗，达到保持水土和蓄水抗旱的目的。

（刘才良）

贷款偿还年限 loans amortization period

又称借款偿还期、还贷年限。从借款之日起到还清贷款之日为止的期限。在国家财政规定及项目具体财务条件下，项目投产后以可用作还款的利润，折旧及其他收益额偿还固定资产投资借款本金和利息所需要的时间。可由财务平衡表直接推算，以年表示。　　（施国庆）

埭

用土堵水之堤坝。即土坝或土堤。尤指筑于水道上用以壅高水位便利航运的土堰。《晋书·谢玄传》："玄患水道险涩,粮运艰难,用督护闻人奭谋,堰吕梁水,树栅,立七埭为派,拥二岸之流,以利运漕。"
（查一民）

戴村坝

京杭运河山东段主要水源工程。位于东平城东30km,明永乐九年（1411年）工部尚书宋礼采纳白英建议而修筑。该坝拦截汶水（大汶河）,使汶水经南旺引水渠（又称小汶河）流至南旺湖（京杭运河山东段制高点）南北分流济运。宋礼所筑戴村坝形制作用与埝城坝同。后经自然演变又经万恭、潘季驯等整整改进。坝由河床段溢流坝（壅水、溢流用）、窦公堤（导流兼挡水堤防）及非常溢洪道三部分组成,全长1599.5m。现存戴村坝为1959年按古代遗留下的原状修复,仍可拦沙缓洪,为大清河（汶河戴村坝下河段）防洪的建筑物。
（陈　菁）

dan

丹江口水利枢纽　Danjiangkou Hydro-junction

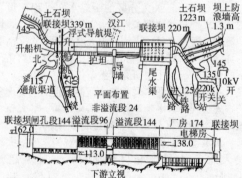

中国湖北省汉江干流上的一座大型水利工程。1974年建成。包括混凝土重力坝、土石坝、水电站厂房、升船机等建筑物。总库容208.9亿 m^3,电站装机容量90万kW,年发电量38.8亿kW·h,灌溉24万ha。重力坝高97m,长1141m;土石坝高56m,长1353m。泄洪建筑物有深孔泄洪闸和坝顶溢洪道,泄洪能力分别为9 200m^3/s和28 200m^3/s。年过坝运输量83万t。具有防洪、发电、灌溉、航运、养殖等综合效益。由长江流域规划办公室设计,水电部第十二工程局施工。（胡明龙）

丹尼尔约翰逊水库　Daniel Johnson (Manicouagen 5) Reservoir

加拿大最大水库。在曼尼夸根河上,位于魁北克省科米奥湾附近。1968年建成。总库容1 418亿m^3,有效库容360亿m^3。大坝为连拱坝,高214m,是世界最高的连拱坝,顶长1 314m,工程量225.5万m^3。以发电为主,装机容量129.2万kW。
（胡明龙）

单拱坝　single curvature arch dam

水平断面呈拱形,铅直断面不弯曲的拱坝。若在整个高度内,坝的外半径不变,上游面形成铅直的圆筒形,称圆筒拱坝。适用于河谷上下宽度相差不大的断面形态。
（林益才）

单级开发　single-stage development

在坡降陡、河道短的中小河流上,由于受到自然条件的限制,只能修建一处拦河水利枢纽的水利资源开发。
（胡明龙）

单库潮汐电站　one reservoir tidal power station

见潮汐电站（26页）。

单位电能成本　unit production cost of electric energy

见发电站年费用（63页）。

单位电能耗水率　rate of water consumption for unit electric energy output

水电站发1kW·h电量所消耗的水量。以m^3/(kW·h)表示。该指标可以说明水电站机组的运行效率。当电站工作机组台数和其间负荷分配合理时,则单位电能耗水率就小,否则就大。
（陈宁珍）

单位发电量投资　investment per kilowatt-hour

又称单位电能投资。见电站单位经济指标（51页）。
（陈宁珍）

单位过程线　unit hydrograph

简称单位线。流域上均匀分布的单位深度、单位历时净雨在出口断面形成的直接径流流量过程线。谢尔曼（Sherman）于1932年提出。单位净雨常为10mm,单位历时常为1h,3h,6h等,视流域大小而定。不同历时的单位线形状不同。历时为有限时段称时段单位线,历时无限小称瞬时单位线。利用单位线计算流域汇流的方法称单位线法,该法有两项基本假定:一是单位历时内非一单位净雨深形成的流量过程线,等于单位线乘以净雨深单位数;另一是多时段净雨形成的流量过程线,等于各时段净雨形成的流量过程线按时间先后错开叠加。根据这两条假定,当已知流域单位线时,可推求任意净雨过程形成的流量过程;反之,也可由已知净雨过程和流量过程分析得流域的单位线。
（刘新仁）

单位库容迁移人口　relocated habitations per unit volume of reservoir

见单位千瓦迁移人口。

单位库容淹没耕地 inundated area per unit volume of reservoir

见单位千瓦淹没耕地。

单位千瓦年费用 operation cost per kilowatt

见发电站年费用（63页）。

单位千瓦迁移人口 relocated habitations per kilowatt

水库淹没需迁移的总人口数被总装机容量除所得的商（人/kW）。若被总库容除所得的商称单位库容迁移人口（人/万 m^3）。 （陈宁珍）

单位千瓦投资 investment per kilowatt

见电站单位经济指标（51页）。

单位千瓦淹没耕地 inundated area per kilowatt

水库淹没耕地总数被装机容量除所得的商。淹没耕地总数被总库容除所得的商称单位库容淹没耕地。 （陈宁珍）

单向调压室 one-way surge tank

底部设有逆止阀的调压室。当管道中的水压降到调压室水位以下时，逆止阀开启，调压室向管道补水，以防止管道中的压力进一步降低。当管道中的水压超过调压室水位时，逆止阀关闭，管道中的水流不能进入调压室。调压室只有单向作用。多用于小型水泵站和小型抽水蓄能电站。 （刘启钊）

单元接线 single unit electrical diagram

将一台发电机与一台变压器直接连成一个单元的接线方式。适用于将发电机发出的电能全部以升高电压（35kV以上）输入电网的水电站上。 （王世泽）

单支墩大头坝 single buttress massive-head dam

每个坝段由一个支墩组成的大头坝。优点是结构简单，施工方便，便于观察检修等；但侧向刚度较双支墩大头坝差，头部易产生竖向的劈头裂缝，难于布置施工导流底孔。在高坝中，可在支墩的下游面向两侧扩大，形成溢流面，对非溢流坝，也可加强支墩的侧向稳定。

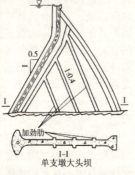

单支墩大头坝

（林益才）

单种土质坝 homogeneous earth dam

见均质土坝（141页）。

旦尼尔式鱼道 Dannier fishway

见加糙槽式鱼道（125页）。

淡水 fresh water

含盐分极少的水。矿化度低于1g/L。占地球上水总储量的2.5%，大部分由雨、雪形成。积存于两极冰盖、高山冰川、永久冻土层和深层地下含水层之中。地表淡水及浅层地下水参与全球水文循环，每年更新量不到全球总储量0.5%，在较长时间内可保持动态平衡。全球分布很不均匀，一般低纬度区和沿海水量丰沛，高纬度区和内陆水量偏少。是重要自然资源。 （胡明龙）

淡水湖 fresh-water lake

水中含盐度极低的湖泊。一般含盐在0.1%以下。因有泄水道与河流相通，没有咸味，有调节河水的作用，又称吞吐湖。如鄱阳湖、太湖等。 （胡方荣）

dang

当地材料坝 local material dam

以坝址附近材料为主建成的拦河坝。常见的是以当地黏性土、非黏性土以及石料为主筑的土石坝，如土坝、堆石坝、土石混合坝、干砌石坝等，一般都是非溢流坝。小型工程偶也采用溢流土石坝，如过水土坝、过水堆石坝、照谷社型坝、蓑衣坝、硬壳坝等，其共同点是过水坝面及坝脚都要进行防冲保护。森林地区建造的不高的木坝亦可称为当地材料坝，并常建成溢流式，前苏联有较多经验，中国则少见。 （王世夏）

挡潮闸 tide sluice

在入海河道的感潮河段上用以挡潮、排水，也可抬高内河水位的水闸。在涨潮时关闸挡潮，以防止海水倒灌，免致土地盐碱化；低潮期需要时可开闸排水，以防内涝。此外，还可拦蓄内河淡水，以利灌溉及改善通航条件。具有双向挡水、单向过水的多功能作用。由于潮汐及内河水位多变，控制条件复杂，操作频繁，且闸下容易发生冲淤，需采取必要的措施加以防止。 （王鸿兴）

挡水坝 water retaining dam

见坝（3页）。

挡水建筑物 water retaining structures

拦阻水流并能承受一定水头的水压力作用的水工建筑物。常见的有拦截河流、抬高水位以形成水库的拦河坝、节制闸，水利工程施工中建造的围堰等；沿河流两岸设置以防御洪水泛滥的堤防，沿海岸设置以阻挡潮水入侵的海塘。 （王世夏）

挡土墙 retaining wall

支撑土坡或填土的建筑物。用以承受墙后土压力，防止土坡或填土的坍滑。墙体靠自重及墙背上土重以及墙基上的摩阻力抵抗墙后土压力以维持稳定。土木工程中如土坡、路堤、路堑旁的挡土墙、房屋地下室以及地下结构的外墙等。水工建筑物中的挡土墙还须承受水压力及渗流水压力，如闸坝、桥涵的边墩、岸墙、翼墙、泄水建筑物的边墙等。形式主要有重力式、悬臂式、扶壁式、空箱式及连拱式等，前者为重型结构，后四者为轻型结构。应根据地基条件、高度、运用、施工及经济等要求合理地选择。

（王鸿兴）

dao

导

疏通，通达。《书·禹贡》："岷山导江"。《汉书·沟洫志》："善为川者，决之使道；善为民者，宣之使言。"颜师古注："道读曰导。导，通引也。"引导，传导。　　　　　　　　　（查一民）

导堤 guiding jetty

调整水流的流向或流量分配的整治建筑物。它主要布置在河流上一些特定的位置，如水流分散，两股水流互相干扰，有横向水流或有回流发生的地方，除有与顺坝相类似的作用以外，特别地有引导水流和改变水流方向的作用，因此在航道整治工程中有重要的意义。依据对水流的作用不同，分为弯道末端导堤、汊道分汊点和汇合点分水堤、堵塞汊口斜堤和河口束水导堤等。依据堤顶高度的不同分为高水的、中水的、低水的和潜导堤等。平原河流的导堤一般高于洪水位，用以调整洪水的流向；山区河流的导堤较低，用以截断横向水流以改善通航条件。河口在建造高水导堤以后，还做低水导堤延伸到海滨深水线，用来冲刷河口的拦门沙，维持河口的深水航道。　　　　　　（李耀中）

导流工程 flow-guide engineering

引导水流调整走向而修建的工程措施。为建造拦河枢纽而另辟明渠或隧洞过流是施工导流工程的重要方式之一。裁弯工程中开挖的新河槽也是一种导流工程。治河工程中的导流一般使用顺坝引导水流走向规划的航槽、码头或引水口的前缘。在引水口门区，为防止底沙进入而修建的底部导沙坝（墙、屏）和调整表层水流流向口门，促使底部水流趋向原河道的浮式导流屏也属此类。

（周耀庭）

导流屏 flow-guiding device

又称导流盾。一种造成人工环流的导流装置。属导流建筑物的一种。常排成一列布置于灌溉进水口前方，有一定吃水深度，与水流方向在平面上成一倾斜角度，使水流受阻，改变流向，造成人工环流，将表层水流导向进水口，将挟带泥沙的底层水流导致进水口的相反方向，防止进入渠道。亦可用于河道整治，控制河道局部冲刷或淤积，可保护河岸及改善航道等。

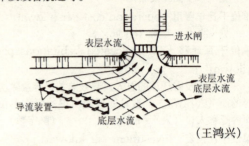

（王鸿兴）

导流隧洞 diversion tunnel

为河川水利枢纽的施工导流而兴建的泄水隧洞。为河床中枢纽建筑物施工提供必要条件，通过隧洞导引原河水流绕过上、下游围堰保护下的施工现场，泄往下游。施工期的导流隧洞属于临时性建筑物，设计标准相对较低，其断面尺寸据施工期设计洪水过程，结合围堰挡水高程，进行调洪演算和方案比较，以隧洞加围堰总造价最小为经济优选原则确定。不少情况下，导流隧洞可和枢纽中永久性水工隧洞结合或部分结合，例如与龙抬头式泄洪隧洞结合，这时断面尺寸、衬砌结构设计要兼计两种工况，使其既能在施工期导流，又能在导流结束后改建为永久性建筑物。　　　　　　（王世夏）

导流系统 flow guide system

能激起人工环流，改变部分水流方向的建筑物。用各种屏、板、篱或底槛等安放在河床中的预定位置，其方向与水流的方向斜交。形式有表层的、底层的及综合的多种形式；表层的有漂浮式、固定式或底部留空的编篱；底层的单层沉枕、底部板坝、或综合式的"T"形编篱等。它们的作用都是在部分河床内激起人工环流，改变底部水流的方向，来控制底沙的运动路线，或控制部分河床的冲淤动态。导流系统用于灌溉引水口工程中，可显著减少泥沙进入取水口，也可以用于临时性护岸、冲刷航槽或淤塞支汊等整治工程。（李耀中）

导墙 guide wall

用来分隔坝的溢流段与挡水段的导水墙。一般用混凝土或钢筋混凝土建造。其作用是引导水流平顺地通过泄水建筑物流向下游，避免和其他水流相互干扰，保护岸坡及其相邻建筑物不受冲刷。高度应根据过水深度、水流掺气和波动影响确定。

（林益才）

导沙槽 sand guiding groove

又称截沙槽。为减少泥沙进入渠道所设置的拦截底沙并自行导入排沙道的槽。多建在山溪多泥沙河道上的取水枢纽中。可设置在底栏栅式坝进水前沿，槽身与坝平行，预先拦截底沙并通过槽身横向排沙管排至河道下游，减少入栅泥沙。也可布置在进水口内引水渠中，截取入渠底沙，利用槽内产生的螺旋流经排沙道将泥沙排至河道下游。当要求水质较高，需要设置多道防沙设施时采用。

（王鸿兴）

导沙坎 sand-guiding sill
　　改变底流方向并将底沙导离取水口或导向冲沙设备的底坎。设置在取水口上游河底或进水闸前底部，平面上成斜向或弯向原河道或冲沙闸，有利于加强人工环流，将表层水导入取水口或进水闸而将挟带泥沙的底流导离取水口或导向冲沙闸；在垂直断面上还可成"Γ"形，以利于底沙冲走，防止流向进水闸或取水口而进入渠道。坎在平面上斜向或弯向布置的角度与进水闸及冲沙闸的相互布置相关。

（王鸿兴）

倒垂线法 inverse plummet method
　　利用浮子形成倒垂线测量建筑物在外界荷载作用下水平位移的方法。该法利用液箱中液体对浮子的浮力，将锚固在基岩深处的不锈钢丝拉紧，使之成为铅垂线，以此垂线测定建筑物的水平位移。该法测读、计算简便，精度较高，可作为引张线的基准点。当正、倒垂线配合观测时，可分解基岩和建筑物的变形。

（沈长松）

倒灌
　　又称倒漾水。主流之水进入支流并向上游逆行。为溜势名称。《治河方略》卷九："南北漕水皆入于河，间有河水暴涨，反入于漕之时，谓之倒灌。"《河上语》："支河水小，溜入逆行，谓之倒漾水。"

（查一民）

倒虹吸管 inverted siphon
　　为输送渠道水流穿过河流、溪谷、洼地、道路或另一渠道而设置于地面或地下的压力管道式交叉建筑物。适用于交叉高差不大，做渡槽有碍洪水宣泄和车辆、船只通行，或高差虽然较大但采用渡槽不经济合理的场合。一般由进口、管身、出口三部分组成，进口包括进水口、闸门、启闭台、拦污栅、渐变段等；管身一般沿地面布置以减少开挖工程量，变坡时设镇墩；管身断面一般采用圆形，也可做成矩形或城门洞形，用钢筋混凝土或预应力钢筋混凝土制成，水头较小时也可采用砖石、素混凝土建造；出口除在渐变段底部设消力池外其余布置与进口基本相同。根据地形、交叉高差及承压水头大小，可采用斜管式倒虹吸管、竖井式倒虹吸管以及桥式倒虹吸管、爬地式倒虹吸管等型式，视具体条件选用。

（沈长松）

倒置梁法 inverted beam method
　　应用结构力学连续梁的理论，视地基反力为分布荷载，近似计算水闸或船闸闸室底板内力的一种方法。在横向(垂直水流方向)将底板分为若干单位宽度的板条，视为支承在闸墩上倒置的连续梁(如为单孔闸，即单梁)，作用在梁上的荷载有底板自重、水重、地基中的扬压力及地基反力，按梁的理论计算底板的内力，相应配置钢筋(水闸底板纵向刚度较大，远比横向弯曲变形为小，一般不必进行力学计算)。该计算方法简便，但未考虑底板与地基间变形协调条件、地基反力假定为均匀分布，这些简化与实际情况出入较大，计算结果粗略，误差往往较大，只在设计小型水闸中采用。

（王鸿兴）

稻田渗漏量 seepage of paddy field
　　在淹灌条件下稻田的渗漏水量。是制订水稻灌溉制度的重要依据之一。它主要受田面水层深度、土壤质地和地下水出流条件的影响。

（房宽厚）

稻田适宜水层深度 proper water depth in paddy
　　水稻正常生长需要的淹灌水层深度。世界各地多采用淹灌方法栽培水稻，水层深度对水稻的生长发育影响很大。适宜水层深度受水稻品种、生育阶段、土壤性质、气候条件、水源状况、栽培技术等因素影响，各国采用数值很不一致。中国多采用浅水勤灌的灌水方式，适宜水层深度大致是：插秧时，小于10mm，返青期20～30mm，分蘖期15～30mm，孕穗到开花期20～40mm，乳熟到黄熟期10～30mm。为了节省灌溉水量，一些科研单位开展了湿润灌溉的试验研究，在孕穗期以前仍采用浅水勤灌的用水方式，在抽穗期以后采用"干干湿湿"、保持土壤湿润的栽培方式，减少了田间耗水量，提高了水量利用率，改善了土壤通气状况，有明显的省水增产效果。

（房宽厚）

稻田水量平衡 water balance in paddy field
　　在满足水稻生长需水的条件下使补充的水量和消耗的水量保持平衡的计算工作。是制订水稻灌溉制度的基本原理。水量平衡计算分时段进行，来水量有时段初田间储存的水量、时段内的降雨量和灌水量；消耗水量有水稻叶面蒸腾、棵间蒸发、田间渗漏、田面泄水和时段末田间剩余水量。由于稻田水层变幅较小、耗水速率快，通常逐日计算。

（房宽厚）

de

德基双曲拱坝 Deji Double Curved Arch Dam

台湾省台中县大甲溪上的双曲拱坝。1974 年建成。坝高 181m,混凝土总量 43 万 m^3。供防洪、发电之用。　　　　　　　　　　　(胡明龙)

德瑞阿兹水轮机　Deriaz turbine
　　见斜流式水轮机(298 页)。

德沃夏克重力坝　Dworshak Gravity Dam
　　美国清水河(Clear Water)的一座高重力坝。位于爱达荷州奥罗菲诺城附近。1973 年建成。高 219m,顶长 1 002m,工程量 493.1 万 m^3。总库容 42.59 亿 m^3。设计装机容量 106 万 kW,现有装机容量 80 万 kW。　　　　　　(胡明龙)

deng

灯泡式水轮机　bulb-type turbine

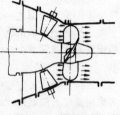

发电机布置在水轮机转轮上游侧机壳内的半贯流式水轮机。因机壳形状似灯泡,故名。常制造成可逆式机组用于潮汐电站上。目前最大的此式水轮机安装在美国石岛水电站,出力 5.13 万 kW,水头 12.1m,转轮直径 7.4m。
　　　　　　　　　　　　　　　(王世泽)

等半径拱坝　constant radius arch dam

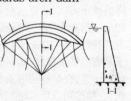

上游面为垂直圆柱面的拱坝。平面上各高程拱圈的圆心在同一铅直线上,从顶到底外半径相等,内半径则按厚度需要变化。构造简单,施工方便,适宜修建在宽度沿高度变化不大的 U 形河谷中,可使各层拱圈都保持较大的中心角。但若河谷形状接近梯形,为加大坝体下部拱圈中心角,可在此基础上略加修改,即保持外半径,改变内半径及拱内缘的圆心,各高程拱圈自拱冠向拱端逐渐加厚,成为变厚拱。
　　　　　　　　　　　　　　　(林益才)

等高耕作　contour tillage
　　沿地形等高线用犁开沟播种。犁沟可滞蓄坡面径流,增加入渗量,减低地面径流的侵蚀作用。规划治理中常把坡面按一定距离(如 20m 左右)分成若干坡段,每年翻地时有计划地沿等高线向下方翻土,以使地面坡度逐年变缓,最终把坡地变成水平梯田。
　　　　　　　　　　　　　　　(刘才良)

等流时线　isochrone
　　流域中汇流时间相同点的连线。根据各点流速到出口断面的距离在流域地图上绘制。如果流域各点流速相等,则等流时线即等距离线。由于流速随处随时变化,因此严格等流时线难以画出,实际采用的是根据平均流速绘制的。

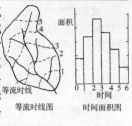

等流时线图　　时间面积图

　　　　　　　　　　　　　　　(刘新仁)

等中心角拱坝　constant central angle arch dam

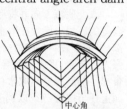

各高程拱圈中心角保持相等,而外半径从顶到底逐渐变化的拱坝。一般布置方式有:岸坡部分下游坝面维持直立而河床坝体向下游倒悬;河床部分下游坝面直立而岸坡部分向上游倒悬;河床部分坝体稍向下游倒悬而岸边坝体稍向上游倒悬。三种方式倒悬程度大小和位置不同,对施工都有不同程度的影响,应根据施工条件和应力情况选择。在 V 形河谷中使用,既能充分发挥拱的作用,又较经济。实际工程中,自上而下维持等中心角很难实现,如广东省泉水薄拱坝各层拱圈中心角大致在 80°~100°左右,坝高 80m,坝体最大厚度为 9m。

　　　　　　　　　　　　　　　(林益才)

di

低坝　low dam
　　按中国标准,高度 30m 以下的拦河坝。
　　　　　　　　　　　　　　　(王世夏)

低潮位　low-tide level
　　在潮汐涨落过程中,海水面下降到最低位置时的水位。　　　　　　　　　　　(胡方荣)

低水头水电站　low head plant
　　水头在 25m 以下的水电站。　　(刘启钊)

低位沼泽　low moor
　　又称富营养沼泽。沼泽发育的初期阶段。地表水和地下水补给丰富,泥炭灰分含量一般达 18%,植物所需养分较多,莎草科植物占优势。中国大部分沼泽属此类。　　　　　　　　(胡方荣)

低温低压火电站　low temperature and low pressure thermal power station
　　汽轮机初参数为 340℃/1.27MPa 的火电站。
　　　　　　　　　　　　　　　(刘启钊)

低压灌溉管道　low pressure irrigation pipe

承受较低的内外压力的灌溉输水管道。允许承受内外压力的大小随不同管材而异。目前各地采用较多的管材是：①移动式软塑管；②固定式地下塑料硬管；③预制混凝土管或水泥土管；④现场浇筑混凝土管。它与传统土渠灌溉相比，节水、节能、减少占地、灌水及时等。已大面积推广使用。

（李寿声）

堤 levees, dikes

沿江河、海岸、湖泊和分洪区、行洪区边缘修筑的挡水建筑物。用以约束水流，抗御风浪和海潮。是一种重要的防洪工程。堤的类型按修筑位置分为河堤、湖堤、海堤（海塘）及水库、分洪区、行洪区的围堤等；按堤的功能分为防洪（涝）堤、防潮堤、防浪堤、渠堤等；按建筑材料分为土堤、石堤、混凝土防洪墙等。

（胡方荣）

堤防堵口 levee breach plugging

河、湖及海堤受洪水或风暴潮、海潮袭击决口后，对口门进行的堵复工程。江河决口，常造成巨大损失，须及时堵复，减少灾害。中国劳动人民与江河洪水和海潮作斗争历史悠久，西汉武帝元光三年（公元前132年），汉武帝曾亲临黄河濮阳瓠子口堵口处，把黄河改道达23年之久的老口堵复。堵口方法分有立堵、平堵和混合堵三种。宜选在枯水季节进行，最迟于次年汛前完成。

（胡方荣）

堤防工程 levee engineering

防止洪水漫淹城镇农田而修筑的挡水建筑。一般在洪水位高于两岸地面时修建。它既阻挡了河水漫溢，又约束了水流走向。工程一般用当地土石料建造。在主流顶冲的堤段，还必须用抗冲能力较强的材料构筑护岸、矶头、丁坝、顺坝等御险工程。有时在宽阔的两岸大堤之间的滩地上还修建规模较小的顺堤、格堤等辅助工程。为保护海边滩地修建的海塘也是一种堤防工程。

（周耀庭）

堤防设计水位 design stage of levee

决定堤顶高程的设计水位。与洪水流量、河道断面、设计标准有关。堤顶高程等于设计洪水位、安全超高及风浪爬高的总和。

（胡方荣）

隄

同"堤"。沿江、河、湖、海及其他水体的边缘修建的挡水建筑物。《礼记·月令》："季春之月，修利隄防，道达沟渎。"参见堤。

（查一民）

滴灌 drip irrigation

用细小的低压管道送水到田间，通过滴头向植物根部附近土壤缓慢滴水的局部灌溉方法。可避免灌溉水的地面流失和深层渗漏，无效蒸发水量很小，在根系附近土壤中经常保持最优水分状况，省水增产效果显著，灌水自动化程度高，需要管理人员少，还可结合灌水施入化肥和农药；但滴头容易堵塞，滴灌工程的投资和运行费用较高。多用于干旱缺水地区，灌溉果树、蔬菜等经济作物。

（房宽厚）

滴灌系统 drip irrigation system

由首部取水工程、输配水管网和滴头组成的滴灌工程系统。首部取水工程：包括水源、水泵机组、过滤设备、肥料和化学药剂注入装置、压力调节器、流量控制和量测设施等，其任务是从水源取水并进行必要的处理，提供灌溉所需要的水质、水量和工作压力。输配水管网：一般分为干、支、毛管三级，干、支管道常用硬塑料管；安装滴头或滴头引出管的毛管常用软塑料管或半软塑料管；管网上设有流量和压力的控制设备、量测设备等；其作用是把首部取水工程提供的水量输送到田间并进行合理分配。滴头：是灌溉滴水设施，通常用塑料压注而成，结构形式很多，它把毛管供给的压力水流经消能后，以稳定的流量滴入土壤。

（房宽厚）

滴头 emitter

滴灌系统的消能和出水设施。其作用是消除毛管中压力水流的剩余能量，使水流从出口一滴一滴地，均匀而缓慢地注入土壤。按其消能特点分为三种基本类型：①长流道滴头：流道直径一般不足1.0mm，长度50~60cm，甚至更长，水流在流动过程中克服边壁摩阻而消能。②孔口滴头：一般是旁插于毛管上，进、出水口直径很小，中间有较大的空腔，压力水流经过扩散、收缩或旋转等方式消耗剩余能量。③微孔毛管：有单壁管和双壁管两种类型。前者是通过管壁上的微孔渗水滴灌，后者有两层管壁，水由主管壁上的出水孔眼进入辅管腔，再经辅管壁上的孔眼渗出，辅管壁上的孔眼数是主管壁上孔眼数的5~10倍。这种兼有输水和出水双重功能的毛管是它的一种特殊形式。多用塑料制成。由于出水孔口很小，容易堵塞。

（房宽厚）

迪诺威克抽水蓄能电站 Dinorwic Pumped Storage Plant

英国装机容量最大的抽水蓄能电站。1982年建成。在斯诺登尼亚（Snowdonia）区兰贝里斯镇（Llanberis）附近。共装有6台可逆式水轮发电机组，最大总功率189万kW，最大总流量420m^3/s，最大水头513m。抽汲最大总功率189万kW，最大总流量1 595m^3/s，最大水头544m，水库为日调节水库。

（胡明龙）

抵偿年限 compensation period

投资大的工程方案多耗费的投资被节约的年费用抵偿所需的年限。

（胡维松）

抵偿年限法 compensation period method

将满足相同需要的两个方案之间的抵偿年限与

国家规定的标准抵偿年限进行比较,来选择工程方案的方法。若计算求得的年限等于或小于国家规定的标准抵偿年限,则投资费用大的方案是经济合理的。这是前苏联长期采用,也是中国水、火电方案比较曾经采用过的一种方法。　　(胡维松)

底阀　bottom valve

安装在离心泵、混流泵的进水管入口处的单向阀门。此阀下端通常附有防止固体物质进入的栅网。它的作用是:对需要人工充水排气的水泵,在起动前可防止进水管中的水外漏;起动后,阀下水流顶开阀瓣,进入进水管;停机时,借阀瓣自重和管内倒流的水力自行关闭。采用真空泵抽气的离心泵、混流泵和无须灌水、抽气的其他水泵均不需要安装此阀。　　(咸　锟)

底格里斯河　Tigris River

源出土耳其东部山区果勒秋克湖,流经土耳其、叙利亚、伊拉克等国,支流有大扎卜河、小扎卜河、迪亚拉河等,在库尔纳与幼发拉底河汇合成阿拉伯河,注入波斯湾的西亚大河。长 2 045km,流域面积 37.5 万 km²,河口年平均流量 700m³/s,年平均径流量 42 亿 m³,为西亚水量最大河流。巴格达以下可通航。中、下游灌溉发达,农业为主要基础。为著名古文明发源地之一。　　(胡明龙)

底孔　bottom outlet

穿过拦河坝下部近坝基的坝身泄水孔。可承担水库放空和施工期导流等任务。参见坝身泄水孔(5页)、有压泄水孔(316 页)、无压泄水孔(289 页)。
　　(王世夏)

底孔导流　bottom outlet diversion

利用坝体内预留底孔宣泄河水的导流方法。多用于混凝土坝的施工导流。一般布置在混凝土坝段和厂房段内,宽缝重力坝可布置在两坝段间的宽缝内;支墩坝可布置在两支墩间。其数量、尺寸及高程视导流需要而定,但应考虑有利截流和封孔,最好能与坝身永久性孔道结合,如放空、冲砂孔等。专用导流底孔后期须堵塞。优点是不修建导流建筑物,降低工程造价,缩短工期,施工不受过水影响。缺点是要求封堵质量高,易造成坝身缺陷。
　　(胡肇枢)

底栏栅式取水　intake through railing rack to dam crest gallery

有坝取水中,为防止粗粒推移质泥沙入渠,进水闸采用带底栏栅溢流坝型的取水方式。底栏栅坝内设有引水廊道,栏栅位于坝顶面,向下游倾斜,并作为廊道顶盖,用以防止粗粒推移质进入廊道。当河水由栏栅坝顶溢流时,一部或全部水流经栏栅空隙流进廊道,然后侧向流入渠道。廊道与渠道连接处设有闸门,以控制入渠流量。除细沙外,粗粒沙、石子则由栏栅坝顶滑向坝下游河道。适用于洪水时携有大量粗沙、石子及漂浮物的山溪河流。结构简单、经济,但栅孔易堵,廊道内泥沙不易清除。

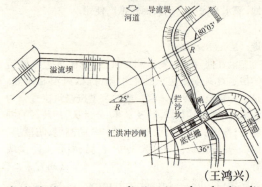

(王鸿兴)

底流消能　energy dissipation by hydraulic jump

又称水跃消能。主要利用水跃旋滚内水流相互摩擦、混掺,转化机械动能为热能而散逸的一种消能方式。以水跃区内高流速的主流位于底部故名。泄水建筑物下游采用底流消能方式时,其水力设计应保证各种运行工况下都在预定的消力池范围内产生水跃,使跃前入池急流出池成为缓流与下游衔接。其消能率与跃前水流弗劳德数有关,该数为 4.5~9 时可产生流态良好的稳定水跃。适用于各种水流条件和河床地质条件,工作可靠,而工程量较大;但土基上的泄水建筑物几乎必须采用这种消能方式,此时消力池下游还常设海漫等防冲措施。

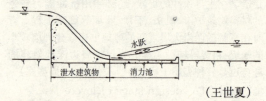

(王世夏)

地表水灌溉　irrigation with surface water

以地表水体作为水源的灌溉工程技术。地表水体包括河川径流、湖泊蓄水及塘坝等小型工程拦蓄的地表径流。按取水工程的特点可分为引水灌溉、蓄水灌溉、提水灌溉及蓄引提结合灌溉等。相邻流域水资源盈亏悬殊时,可以跨流域引水灌溉,调盈补缺,在更大的范围内合理利用水资源,充分发挥灌溉工程效益。　　(房宽厚)

地表水资源　surface water resources

地球表面上一切水体的统称。包括海洋、冰川、湖泊、沼泽及河流中的水体。但在水资源分析中,常把河川径流量称为地表水资源。地表水资源量通常用地表水体的动态水量,即河川径流量来表示。大

气降水是地表水资源的主要补给来源,在一定程度上能反映水资源的丰枯情况。　　　（许静仪）

地基容许承载力　allowable bearing capacity of foundation

在一定的安全度范围内,地基容许承受建筑物荷载的最大能力。建筑物对地基的压力强度如超过该地基的最大承载能力时,在地基中可能出现滑裂面而发生深层滑动,使地基失去整体稳定而破坏。工程上确定该值的方法有:①以容许地基发生一定范围塑性变形的临界荷载作为该值;②以地基内塑性区已发展为连续贯通的滑裂面,使地基失去稳定而破坏的极限荷载给以一定的安全度作为该值;③用地基荷载试验方法确定。该值大小主要取决于土壤的物理力学性质及基础埋置的深度及宽度。设计建筑物时,必须使建筑物荷载控制在地基容许承载力之内,以确保建筑物安全、可靠。　　（王鸿兴）

地面辐射　earth's surface radiation

又称地表辐射。地球表面向外发出的辐射。地球表层一方面吸收直接的和间接的太阳辐射以及来自大气的辐射,同时本身也不断地产生辐射。它相对于太阳辐射而言是一种长波辐射(大部分波长为 $4\sim 50\mu m$),虽不发光却有大量的热,这是大气热量的第二来源。因为大气对太阳辐射直接吸收较少,而水、陆、植被等表面(又称下垫面)能大量吸收太阳的短波辐射,并以长波辐射的形式供给大气,所以它也是大气的直接能源。　　（周恩济）

地面灌溉　surface irrigation

水在田面流动或蓄存的过程中,在重力和土壤毛管力的作用下,浸润土壤的灌水方法。按田间工程的差异和水流在田间流动的特征,把它分为畦灌、沟灌、漫灌和淹灌。它是最古老的灌水方法,由于具有操作简便、费用低廉、节省能源等,至今仍在广泛使用;但有灌水不均匀、浪费水量等缺点。
　　　　　　　　　　　　　　　　（房宽厚）

地面有效辐射　effective radiation of earth's surface

地面放出的长波辐射与大气向地面的长波辐射(大气逆辐射)两者之差。它是地面通过长波辐射的交换而实际损失的热量(通常情况下,地面长波辐射大于大气逆辐射,有效辐射为正值)。它与地面温度成正比,与空气温度、湿度、云量等成反比。
　　　　　　　　　　　　　　　　（周恩济）

地区水利规划　regional water plan

制定某一特定地区综合利用水资源的水利规划。目的是促进该地区国民经济全面发展或某一特定任务的实现。其范围可以是一个综合经济区,也可以是水利条件相同并具有共同开发目标的地区;可以是流域的一部分,也可以是一个或几个流域。因不受行政区划或流域水系的限制,更有利于开发利用自然资源。按门类可分为:①综合经济区建设的水利规划,如上海经济区;②商品粮基地建设的水利规划,如黄淮海平原;③与大型水利工程或流域规划配套的水利规划,如内蒙古河套灌区;④按行政区划制定的水利规划。作规划时,对水质保护,工农业供水,生活供水,航运等均应给以足够保证。
　　　　　　　　　　　　　　　　（胡明龙）

地下厂房变压器洞　transformer hall of underground powerhouse

地下厂房中安置主变压器的地下洞室。洞身尺寸要满足主变压器运输、安装、检修、运行的特殊要求。　　　　　　　　　　（王世泽　胡明龙）

地下厂房出线洞　bus-bar tunnel of underground powerhouse

为敷设地下厂房引出线而建造的通道。当主变压器布置在地面时,用以敷设发电机电压引出线;当主变压器安装在地下时,用以敷设升高电压后的高压引出线。出线洞里还要敷设一定的控制电缆,要留有供交通及检修用的空间,注意通风及防潮。
　　　　　　　　　　　　　　　　（王世泽）

地下厂房交通洞　access tunnel of underground powerhouse

供地下厂房运输物资设备及人员通行的通道。至少有一条永久性的交通运输洞由地面通至地下厂房装配场。施工期还可能设置临时性交通运输洞。地下厂房各洞室之间要与交通洞相连接。
　　　　　　　　　　　　　　　　（王世泽）

地下厂房通风洞　ventilation tunnel of underground powerhouse

向地下厂房输送新鲜空气及排出污热空气所建造的通道。按用途可分进风洞及出风洞。前者常布置在较低的位置上,以便装冷空气由下部送入主厂房。必要时要设置鼓风机使空气过滤与冷却装置;后者常布置在较高的位置上,以便热空气排出,必要时可设排风机。也可利用其他用途的通道兼作。
　　　　　　　　　　　　　　　　（王世泽）

地下厂房尾水洞　tailrace tunnel of underground powerhouse

地下厂房中将水轮机利用过的尾水排至下游的通道。可分为有压及无压两种。在有些电站上,尾水洞平时是无压的,但泄洪时下游水位抬高后,呈有压状态。　　　　　　　　　　（王世泽）

地下灌溉　subsurface irrigation

在作物主要根系吸水层下面供水,借助土壤中毛管力的作用,自下而上湿润土壤的灌溉方法。根据供水方式的差异分为暗管灌溉和地下水浸润灌溉两类。土壤表层含水量较少，有利于抑制蒸发损失和杂草滋生；灌水不影响田间耕作；与地面灌溉相比，没有田间灌水沟、埂，提高了土地利用率，节省了劳力。但工程投资较高；不能用于播前灌水和幼苗期灌水；在灌溉水和深层土壤中含有较多的盐分时，会引起盐分向土壤表层聚集。　　　（房宽厚）

地下径流　groundwater flow

由地下水的补给区向排泄区流动的地下水流。是径流的组成部分——基流。大气降水渗入地面以下后，一部分以薄膜水、毛管悬着水形式蓄存在包气带中，当土壤含水量超过田间持水量时，多余的重力水下渗形成饱水带，继续流动到地下水面，由水头高处流向低处，由补给区流向排泄区。是枯水的主要来源。　　　　　　　　　　　（胡方荣）

地下轮廓线　contact line of dam with soil or rock foundation

闸、坝底部及其铺盖、板桩等不透水部分与地基接触面的纵剖面线。是闸、坝基下渗流场的第一根流线，称渗流途径，其长度称防渗长度。为防止闸（坝）基的渗流破坏，要满足一定防渗长度要求，根据设计水头及地基土壤渗流变形特性而定，参见勃莱法(18页)及莱因法(150页)。合理选择轮廓线的形式及布置，能有效防止渗流破坏作用及减小基底渗透压力，使结构安全、经济，应根据阻渗与导渗结合原则，考虑地基性质及参照已建工程的实践经验来选择确定。　　　　　　　　　（王鸿兴）

地下埋管　steel-lined underground pipe, steel-lined tunnel

埋设在岩体中，管壁与围岩间填筑混凝土或水泥沙浆的钢管。与明管相比，常可缩短管道长度，利用围岩承担部分内水压力，并可省去支承结构，因而可节约钢材。此外，地下埋管受气候等外界影响较小，安全可靠，是大中型水电站最常采用的一种压力钢管，适用于地下式水电站和引水式水电站。宜用一管多机供水方式，应有足够的埋置深度，可布置成垂直、倾斜或水平，倾斜布置时倾角为35°～48°，视施工方法而定。　　　　　　　　　（刘启钊）

地下输水灌溉管道　subsurface irrigation conveyance pipe

埋置在地下的灌溉输、配水管道。现代用地下暗管输水，在中国始于1960年前后，至20世纪80年代初期，仅江苏、上海市建成地下渠道的灌溉面积已达300多万亩。地下渠道与明渠相比，可节约耕地2%～5%，渗水少、输水快，便于机耕、交通和管理。但一次性投资较大，技术及质量要求较高。该灌溉管道系统是有压管道系统，由渠首进水池（提水灌区为水泵出水池），干、支两级或干、支、毛三级管道及建筑物等组成。地下管道一般用灰土夯筑成型，或采用混凝土管、石棉水泥管、陶土管等埋设于地下，直径视设计流量决定，流速一般为0.3～0.8m/s，管顶覆土不小于0.8～1.0m。　　　　　　（李寿声）

地下水　groundwater

埋藏在地面以下岩土孔隙、裂隙及溶洞中的水。是自然界水文循环的重要组成部分。根据含水层埋藏条件，分为包气带水、潜水和承压水；根据含水层空隙性质，分为孔隙水、裂隙水及岩溶水。是工农业及人畜用水的重要水源。　　　（胡方荣）

地下水补给　groundwater feed

河流水源的地下补给。在年径流组成中地下水所占比重，各地相差很大。除少数例外，几乎都有一定数量地下水补给。以地下水补给为主河流，其水量年内分配和多年变化都比较稳定。　（胡方荣）

地下水灌溉　ground water irrigation

开采利用地下水进行灌溉的工程技术。一般采用井灌。中国北方很多地区采用这种灌溉方式。地下水源分布广，水量较稳定，抽水灌溉的同时可调控地下水位。但要做好规划，防止过量开采而造成不良后果。　　　　　　　　　　　（刘才良）

地下水回灌　recharge of ground water

又称地下水人工补给。利用地面或地下工程促使地面水转化成地下水的技术措施。当地下水开采区内的天然补给量和区外流入的地下径流量小于地下水的开采量时，会出现区域性地下水位连续逐年下降，造成单井出水量减小，井泵扬程增加，地下水资源渐趋枯竭，致使管井报废、地面下沉、诱发地震、海水入侵等不良后果。为增加补给来源，防止此类情况发生，可将暴雨径流、洪水、闲弃的地面水源拦蓄储存，使其下渗，或采用人工引渗、井点补给等办法间接或直接地转化成地下水。但应防止污染物和泥沙进入含水层，恶化地下水开采条件。
　　　　　　　　　　　　　　　　（刘才良）

地下水浸润灌溉　subsoil water irrigation

人为抬高地下水位到适当高度，利用上升毛管水湿润根层土壤的地下灌溉。采用这种灌溉方法时必须具备下列条件：①供水水源水质良好，水量充足；②土壤透水性良好，含可溶性盐分很少，没有盐渍化威胁；③地面平坦，起伏很小；④地面以下2～3m处有弱透水层，或有较高而稳定的地下水位。它能获得较高的经济效益。　　　　（房宽厚）

地下水库　ground water reservoir

调蓄地下径流的含水层或储水构造。选择径流条件好，蓄水容积大的天然河谷中的储水构造，在狭窄的出口处，修建地下坝拦截地下径流和抬高地下水位。通过人工开采和人工引渗回灌等措施进行调控。条件好的平原地区可不修地下坝，利用天然含水层作为调蓄容积。与地面水库一样，具有蓄水和调节作用。由于水蓄存在地层的孔隙中，几乎不占耕地，也不会出现工程事故。地面水经含水层以上土壤的过滤净化作用，还可改良水质。但用水时需用动力从地下水库中提取。　　　　　　（刘才良）

地下水矿化度　salt content of groundwater

地下水中所含各种元素的离子、分子、化合物（不包括气体）的数量。通常以1升水在105～110℃的温度下蒸干后所得残渣的重量表示，计量单位为g/L或mg/L。按数值的大小，一般把地下水分为淡水（<1g/L）、弱咸水（1～3g/L）、咸水（3～10g/L）、强咸水（10～50g/L）和盐水（>50g/L）。它是影响地下水质的主要因素。同时也是农田产生土壤盐碱化的重要条件。在地下水位和其他条件相同的情况下，矿化度愈高，土壤积盐愈重，愈易产生盐碱化。　　　　　　　　　　　　（赖伟标）

地下水利用量　groundwater draught

地下水向作物主要根系吸水层补给的水量。在地下水埋藏深度较小的地区，在毛管力的作用下，地下水沿土壤孔隙上升到作物根系吸水层，被作物吸收利用。利用的数量和土壤性质、地下水埋藏深度、作物根系分布层的厚度等因素有关，要通过试验研究确定。　　　　　　　　　　　　（房宽厚）

地下水临界深度　critical depth of subsurface water

防止发生土壤盐碱化所要求的地下水最小埋藏深度。是盐碱土地区排水规划设计中，确定末级固定排水沟道沟深和间距的主要依据。其值随土壤质地、地下水矿化度、气象条件、作物种类和农业技术措施而异，一般采用土壤毛管水强烈上升高度和作物主要根系层深度之和作为设计值。　　（赖伟标）

地下水位　groundwater level

地下水（潜水）水面距标准基面的高度。单位以m计。　　　　　　　　　　　　　　　（胡方荣）

地下水下降漏斗　water-table depression cone

潜水井抽水时，井周围的潜水位下降而形成的以井孔为轴心呈漏斗状的潜水面。随着抽水时间增长，漏斗由小变大并逐渐趋向稳定。停止抽水后，潜水向其中心汇流，漏斗逐渐缩小，最后消失。若地下水开采量大于补给量时，漏斗不断扩大，即使停止抽水后也不会完全消失。随着开采时间增长，造成开采区内地下水持续下降，形成以井群密集区为中心的漏斗状潜水面，称为区域性地下水下降漏斗。　　　　　　　　　　　　　　　　　（刘才良）

地下水资源　groundwater resources

埋藏于地面以下岩土孔隙、裂隙及溶洞中的水。是天然水资源重要组成部分。分为储存资源与补给资源两类。在评价时，还要考虑排泄量及开采量。可以开发利用的地下水资源是指在开发利用条件下，区域内可以得到的水量，与开采条件及地区的水文地质条件有关。　　　　　　　　（许静仪）

地形雨　orographic rain

暖湿空气受到山脉阻碍，爬坡上升而产生的雨。因空气本身温湿特性，运动速度及地形特点不同，地形雨特性差别较大，常发生在山脉的迎风面。　　　　　　　　　　　　　　　　　（胡方荣）

地震作用　earthquake load

地震时地面运动引起的作用于水工建筑物上的动荷载。包括地震惯性力、地震动水压力和动土压力。其大小取决于地震时地面运动的强烈程度和建筑物的动力特性。

Q_H—水平地震惯性力
P_H—地震动水压力
Q_V—垂直地震惯性力

在中国，水工抗震设计一般采用场地基本烈度作为设计烈度。对于Ⅰ级挡水建筑物可根据工程的重要性和遭受震害的严重性，在基本烈度的基础上提高1度，设计烈度在6度以下不考虑地震作用，而在9度以上则需进行专门的研究。根据《水工建筑物抗震设计规范》，地震惯性力和地震动水压力的计算，一般可采用拟静力法；对于高度超过150m的坝，宜采用动力法，按照振动理论和选定的地震波，直接求得建筑物在地震时的动力反应。随着震害资料的不断积累和计算理论的不断发展，确定地震荷载的方法也在不断改进和完善。

　　　　　　　　　　　　　　　　　（林益才）

地质力学模型试验　geomechanics model test

用缩尺模型模拟重力和地质构造，研究水工结构及其地基破坏机理的结构模型试验。在弹塑性力学的基本假定前提下，用高密度（常采用与原型相同的密度）、低强度、低变形模量的非线性材料（如重晶石粉）制作，将岩石部分视为由若干切割岩块组成，用规则的砌块模拟，砌块表面代表节理裂隙面，其物理力学指标用经过材料试验满足相似条件的电容纸、薄膜塑料、蜡纸、甘油等模拟，断层冲填物用石膏、淀粉及软胶模拟。这种模型试验的研究工作始于20世纪60年代，70年代得到迅速发展。适用于研究建筑物影响范围内基础岩体承受荷载后的变形、失稳过程和破坏机理以及基岩变形对建筑物的影响等问题。　　　　　　　　　　（沈长松）

第聂伯河　Dnieper River（днепр）

源出俄罗斯西北部瓦尔代丘陵南麓，流经白俄罗斯东部及乌克兰中部，注入黑海的欧洲第三大河。

全长2201km，流域面积50.4万km²，河口年平均流量1670m³/s，平均年径流量540亿m³。建有基辅、克烈缅楚格、第聂伯、卡霍夫卡等6座大型水利枢纽。通航1990km，通航期8~9个月。沿岸有基辅、克烈缅楚格、第聂伯罗彼得罗夫斯克、扎波罗热和赫尔松等港口。

（胡明龙）

第一相水击

最大水击压强出现在第一相末的水击。节流机构开度直线变化情况下水击现象的一种。发生的条件是$\rho\tau_0<1$，$\rho=cv/2gH_0$称水击常数，c为水击波速，v为管道流速，g为重力加速度，H_0为静水头，τ_0为节流机构的初始开度。常出现在高水头电站中。

（刘启钊）

dian

滇池 Dianchi Lake

又称昆明湖、昆明池。位于中国云南省昆明市西南，有盘龙江纳入，湖水注入螳螂川的大湖。地处北纬24°35′~24°58′，东经102°35′~102°50′。面积330km²，最深8m。由构造陷落而成。旧时环湖常有洪涝水患，1262年在盘龙江上建松华坝，1268年又凿海口河，增加泄量，涝灾减轻。1955年上游各河流先后修建10余座大、中型水库，几十座排灌站，洪涝灾害解除。

（胡明龙）

电当量法 method of electric equivalent

用河流的水流出力过程代替天然来水过程。用电库容代替径流调节时所用的水库容，然后按径流调节时历图解法的原理进行电力补偿调节。

（陈宁珍）

电度电价 kilowatt-hour electricity price

又称流动电价。以用户耗电度数作为依据计算的电价。两部电价的组成部分之一。它所代表的是售电成本中的可变成本，包括燃料费、水费、运行维护管理费等。

（施国庆）

电价 electricity price

电业部门出售给用户的电力产品的价格。由售电成本、利润和税金构成。以价值为基础，考虑成本、国家能源政策和经济政策，并照顾历史条件制定。现行电价按用户用途辅以容量大小，分为生活用电电价、普通工业用电电价、大工业用电电价以及农业用电电价等大类。同时根据各大类所需以及反映供电成本构成的不同要求，设置不同的电价结构，其中有的是单一电价制，有的是两部电价制，如有的国家区别峰、谷或季节不同也采用两部甚至多部电价制，也有根据电压不同而分若干等级的。此外，根据投资来源、建设与管理形式不同，又有自办电价、来料加工电价等。

（施国庆）

电库容 electric reservoir volume

将库容换算成电量。其单位为kW/月。在补偿调节计算中，两并联年调节水库中有一水库即使在水电站丰水期不发电也蓄不满，那蓄不满部分称为不足电库容。

（陈宁珍）

电力补偿 electric compensation

见补偿（18页）。

电力平衡 electric capacity balance

又称容量平衡。电力系统各发电机组满足系统负荷情况的校核方法。统一安排各月各类电站所承担的工作位置以满足设计水平年电力系统各月最大负荷的要求，并满足负荷备用、事故备用及机组检修等要求。通过平衡可检验系统总装机容量及各类电站装机容量的合理性。平衡目的随阶段而异，规划阶段为系统规划和电源组成提供依据。设计阶段为参数选择提供依据。技施阶段，用以校核水电站特征值及研究所设计水电站与电力系统中已有水电站的容量和电量的利用程度。

（陈宁珍）

电力系统 power system

在一定范围内用输电线路把各类发电厂、变电所和电能用户连成的整体。目前各国的电力系统从组成电源的比重来划分，主要是两类：①火主系统。火电比重较大，如美国、英国、俄罗斯、德国等。自从石油危机以来，许多油电又逐渐改为煤电，同时核电也大为发展。②水主系统。水电占较大比重，如瑞士、瑞典、挪威、加拿大、奥地利、新西兰等国。水电是可再生的清洁能源，且适宜在系统中担任峰荷，常为系统中不可缺少的组成部分。

（陈宁珍）

电力系统负荷 power system load

电力系统中电力用户的电力消耗总值。以电力用户的受电设备所消耗的功率来表示，单位为kW。电力用户的负荷随时间而变化，都有各自的需电特性。工业用电耗量大，农业用电具有季节性，市政用电在一昼夜间、季节间变化均较大等。通常电力系统负荷值与电力系统范围大小与所属范围内的国民经济发展速度等因素有关。

（陈宁珍）

电力系统负荷图 power system load curve

简称负荷图。在一定期间（一日或一年）内电力负荷随时间变化的曲线。其形状与用户的组成及其用电比重有关，在不同电力系统或同一电力系统在不同时期，有各种各样的形状。虽然形状不同，却都具有周期性的变化规律。

（陈宁珍）

电力系统稳定性 stability of electric power grid

电力系统受到外界干扰后，重新恢复稳定运行状态的能力。外界干扰可能使负荷变化或出现某些事故,破坏电力系统中各同步发电机输入与输出功率的平衡,从而使各发电机出现不同程度的转速变化。外界干扰发生后,如电力系统能恢复平衡,同步运行,则此电力系统是稳定的。电力系统如不稳定,则在外界干扰后系统中各点电流、电压、各发电机输出功率会不断变化,甚至形成振荡,以致造成系统瓦解的大事故。
（王世泽）

电量价值 electricity value

为满足电力系统发电量的需要所设置的电量产生的效益(价值)。可由售电量乘以每度电的价格求得。对水电站,所发电量不消耗燃料,而且用水电站来供给峰荷及旋转备用容量时,将能省出火电厂为了保持在常备状态下的燃料费用。
（胡维松）

电模拟 electrical analogy

用电现象模拟非电物理现象的试验研究方法。当所研究的非电物理现象与电现象有共同遵循的数理方程,且两者物理量和边界条件都可对应时,就可采用此法。特点是试验场所较小,电学物理量的量测方便、准确,因而经济有效。例如水利工程中渗流场与电场都遵循拉普拉斯方程,而且渗流水头与电位,渗透系数与导电率,渗透流速与电流密度,渗流达西定律与电流欧姆定律,渗流量与电流强度,渗流不透水边界条件与电流绝缘边界条件都一一对应。故用电模拟研究渗流问题成了常用的重要方法,不论平面问题或空间问题都可进行。
（王世夏）

电能成本 cost of electric energy

单位电能的运行费。以分/度计。即年运行费除以年发电量。由于水力发电是应用可再生的水流发电,故水电成本较低,火电的能源是煤或油,所以火电电能成本远高于水电电能成本。要降低系统发电成本,水电站应尽量多发电;少弃水,以节省系统中火电燃煤耗量。
（陈宁珍）

电能平衡 electric energy balance

又称电量平衡。电力系统各发电站发电量满足系统电能需求情况的校核方法。各类电站各月平均出力的总和应等于系统该月的平均负荷。
（陈宁珍）

电气液压式调速器 hydro-electronic governor

以电气元件感受机组转速的变化,并通过液压系统进行操作的调速器。由于造价低,灵敏度高,控制方便,并能合理分配负荷,实现成组调节等优点,近来获得很大发展。
（王世泽）

电气主接线图 electrical diagram

表示各种一次电气设备(如发电机、变压器、开关设备等)及其连接线的相互关系的图形。用规定的文字和符号绘出,并标明各种设备的规格和型号,一般将三相电路绘成单线图。可分为单元接线、扩大单元接线、桥形接线、环形接线等多种。
（王世泽）

电站单位经济指标 unit economic indexes

反映电站单位经济特性的各种指标的统称。如电站的总投资值被总装机容量值除所得的商称为单位千瓦投资(元/kW)。电站总投资值被多年平均年发电量除所得的商称单位发电量投资(元/kW·h)。
（陈宁珍）

电阻块水分计 resistance block moisture meter

借助于埋设在土壤中的电阻块的电阻值与含水量的相关性,量测土壤水分含量的仪器。目前最常用的是石膏电阻块,尼龙块、玻璃纤维块也有使用。在多孔介质内装两个相距10mm的电极板,用导线将电极板与电阻计相连,就构成一个量测系统。电阻块埋入土壤后,与周围土壤进行水分交换,从而引起电阻值变化,并在一定时间内达到平衡。平衡后量测即可开始。电阻块制作容易、价格低廉、测定范围较宽,还可作为传感器与自动化灌溉系统相连。但电阻值受温度及溶液浓度影响显著,量测结果需做温度修正。在盐碱地上使用时要慎重。用于湿度高的土壤时灵敏度较差。
（刘圭念）

diao

凋萎系数 wilting coefficient

又称凋萎湿度(wilting moisture)、凋萎点(wilting point)。土壤水分减少到使植物呈现永久凋萎现象时的含水量。此时,土壤含水量包括全部吸湿水和部分薄膜水,土壤保持水分的力约为$15×10^5$Pa,与大多数植物根的吸水力相当,处于不能补偿植物耗水量的水分状态。在进行土壤水文计算时,通常把它作为有效水和无效水的分界点。可在作物生长发育的各个阶段观察测定,也可用吸湿系数的1.5～2倍估算。
（刘圭念）

调水工程 water transfer works

为从水源向缺水地区调水而修建的工程。地区间因降水分布不均衡,常出现水量供需矛盾,通常采用工程措施将某一河流或流域的水调往干旱及缺水地区。大规模调水工程应与国民经济发展总体规划和国土开发规划相结合,研究对生态和环境的影响,考虑技术、经济的可行性和效益。按方式分有直接从水源调水和跨流域调水两种工程,后者如哈萨克斯坦额尔齐斯调水工程、中国南水北调工程和美国中央河谷工程等。
（胡明龙）

die

跌水 drop

使上游渠道水流自跌水口自由跌落到下游渠道消力池内的落差建筑物。也常作为渠道上的排洪、退水及泄水建筑物之用。根据落差大小可做成单级跌水和多级跌水，前者用于落差较小的情况，一般不超过5m，落差较大时用后者较经济合理。单级跌水由进口连接段、控制缺口、跌水墙、消力池、出口连续整流段等五部分组成。出口段是落差建筑物的重要部分，其工作不良将对下游产生冲刷，甚至危及整个建筑物的安全；多级跌水的构造与单级跌水基本相同，其进出口布置也基本类似，各级的高度、消力池长度应设计成一样，以便于施工。

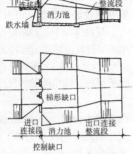

（沈长松）

跌窝抢险 protection against sinking pit

对堤、坝在高水位下，出现局部凹陷的抢护工作。跌窝也称陷坑。堤坝质量差，有隐患，在隐患周围土体浸水后湿软塌落，或堤、坝内埋设管道断裂漏水，土壤被冲失，均会造成跌窝险情，如伴随漏洞发生，险情将更为严重。根据情况可采取不同措施，及时翻筑，防止险情扩大；如伴随渗水或漏洞发生，按渗水或漏洞抢险的办法处理，条件许可时，可进行翻筑。

（胡方荣）

叠梁闸门 stoplog gate

由若干单根横梁在门槽内叠放起来遮蔽孔口的闸门。常用木材、钢筋混凝土或钢材等做成。闸门的启闭是逐根操作，比较费时，多用作检修闸门、施工闸门，在小型的涵闸上也可作为工作闸门。

（林益才）

ding

丁坝 spur dike, groin

平面上与河床水流方向正交或斜交的河道整治建筑物。由坝根、坝身和坝头三部分组成。按照坝的长度分为长丁坝和短丁坝；按照坝的相对高度分为淹没丁坝与不淹没丁坝；按照坝轴线与水流方向的交角分为正交丁坝、上挑丁坝和下挑丁坝。布置形式常采用多座成组的丁坝群。与顺坝比较，导沙作用较好，坝田内泥沙淤积较快，施工比较方便，费用较省，易适应河道整治线调整改变。但对水流的干扰较大，对航行有一定的影响，坝头受水流冲击，局部冲刷比较严重坝根易被水流冲毁。

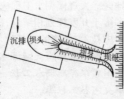

（李耀中）

丁坝回流区 flow circulation near dike

又称丁坝副流区。绕丁坝水流与附近河岸发生分离而形成的回流区域。在平面上丁坝束窄河床的断面，在丁坝的上、下游会形成两个回流区，分别称为上游回流区和下游回流区，前者较小，后者较大，它会导致河床发生局部冲刷，影响丁坝的安全，是治河工程水动力学的重要研究对象之一。其相对长度主要与河宽的束窄比有关。

（李耀中）

丁坝间距 spacing of dikes

丁坝群内两坝间的距离。如何确定该间距的大小尚无精确的规则。通常只是依据各条河流以往的经验，用模型试验方法进行研究，乃是一种先进的方法。丁坝间距大小应既能充分发挥每座丁坝的作用，又保证不致发生河岸和丁坝底脚的搜掘危害为原则。一般凹岸的间距较小，为坝长的1.0～1.5倍；凸岸的间距较大，为坝长的4～8倍；过渡段的间距处于以上两者之间，为坝长的3～4倍。

（李耀中）

丁坝群 system of dikes

在一个整治河段内设置的多座丁坝。孤立的单座丁坝，不但因受水流的冲击容易损毁，而且可能导致上、下游水流的流态恶化。因此，在每一河段内，应由多座丁坝组成丁坝群，才能满足河段整治的需要。在凹岸一侧，护岸丁坝群的坝头连线以平顺的下凹曲线较好，能起到迎托上游来流的作用，且下游水流的摆动变化也较小，在过渡段内，两岸相对的丁坝群应尽可布置成对口丁坝，对水流的干扰比较小，航行也较为有利。

（李耀中）

丁厢

秸料放置方向与水流垂直的一种厢埽法。最底下一层，先以秸料或柳枝捆扎如枕（埽枕），上橛系绳于枕上，秸料放置方向与水流方向平行；压土衬平，称为生根。从第二层开始，每层（坯）秸料的铺设方向均与水流方向垂直，即将秸根朝外（面水），梢尖在内（面堤），经土压实，成外高内低形状。坯坯加压达到预定高程时，加盖埽面土（又称大土）一至二尺，即成。

（查一民）

丁由石塘

丁石由石构成框架，内填土石的海塘。明清浙江海塘的一种结构形式。塘身由"丁石"构成骨架，

"由石"构成挡水面板,在丁石由石构成的框架内填入土石夯实(见图)。这是一种结构巧妙,省工省料,容易施工的轻型石塘,曾在钱塘江口和杭州湾南岸塘工中得到广泛应用。

(查一民)

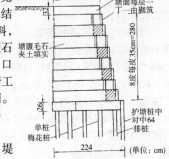

顶冲　大溜直撞堤岸。为溜势名称。《河工简要》:"河流缺湾,南曲北趋,北曲南趋,大溜撞崖,即系顶冲。"

(查一民)

定床模型试验　rigid-bed model test
用缩尺模型研究河渠水流或水工建筑物水流问题并视河床、渠槽等过水边界为固定不变的试验方法。这种试验,模型与原型应实现几何相似与水流运动相似,后者意指满足重力相似准则和阻力相似准则。一般模型与原型流态如均处于紊流的自动模型区,则阻力相似只需由边界糙率控制来实现。

(王世夏)

定桨式水轮机　propeller turbine with fixed blades
转轮叶片固定在轮毂上,不能改变角度的轴流式水轮机。结构简单,但水头变化时效率降低,常用于中小型水电站。目前最大出力达13.1万kW,安装在尼日利亚的凯因齐扩建水电站,水头38.1m。

(王世泽)

定轮闸门　fixed roller gate
在门槽中以滚动方式升降的闸门。支承行走装置由安装在门侧边柱上的滚轮和埋固在门槽中的轨道组成。定轮沿门高的位置一般按等荷载的原则布置。其优点是启闭省力、运行安全可靠,在较高的水头下也能在动水中启闭,但闸门的构造比较复杂,轮重较大,造价较高。常用于工作闸门或事故闸门。

(林益才)

定期冲洗式沉沙池　periodic flush type silting basin
又称间断冲洗式沉沙池。在运行中每隔一定时间需停止引水进行冲洗的沉沙池。泥沙淤积造成沉淀室过水断面减小,流速增大,致使有害泥沙随水流进入渠道,需停止引水进行冲洗。冲洗的间隔时间,依水流含沙量、引水流量、沉沙池的结构形式及尺寸而定。通常洪水期含沙量大,需经常冲洗,其他时期冲洗较少。按类型有单室、双室及多室之分。当引水流量较大,单室池身尺寸很大时,采用双室或多室合理,每室的冲洗时间短,冲洗效果高,一室冲洗其他室仍连续供水,所需冲沙流量也小,但结构较单室复杂,造价亦高。

(王鸿兴)

定向爆破堆石坝　rockfill dam with directional shooting
利用爆破后破碎石块沿最小抵抗线方向抛出的原理填筑支承体的堆石坝。在地形、地质条件适宜的河谷一岸或两岸山体中开挖峒室,埋置炸药,一次爆破可得数十万甚至上百万立方米石料,大部分石块抛向指定地点,初步形成坝体,后用普通填筑方法加高加宽坝的剖面,修建上游面防渗体,一般常用黏土斜墙,少数采用沥青混凝土斜墙。优点是减小开挖、运输、填筑等工作量,节省人力、物力,堆石体紧密度较大,孔隙率一般可在30%以下;缺点是爆破后整修清理工作量大、工作条件差,坝基处理与防渗体施工困难。适用于高山峡谷的中小工程。中国已建有多座定向爆破堆石坝,其中广东的南水和陕西的石砭峪,坝高均在80m以上。

(束一鸣)

定振波　seiches
又称波漾。湖泊整个或局部水域长周期性的摆动。由于外力突变引起湖边水位呈有节奏升降,如持续风力、强气

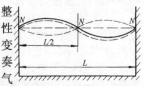

压梯度力或湖面局部暴雨、地震作用等。这种摆动受湖底摩擦阻尼影响及内部紊动作用,变幅逐渐减小,最后湖面恢复原状。水体摆动轴位置称波节,按波节数目分,有单节、双节和多节波漾。

(胡方荣)

dong

东江　Dongjiang River, Eastern River
东源寻乌水,西源定南水均源出江西省安远县、寻乌县间,南流入广东省龙川,经惠州、东莞流入珠江,至狮子洋出虎门入南海的珠江东支流。长523km,流域面积3.22万km²。支流有安远水、浰江、新丰江、秋香江、西枝江和增江等。建有枫树坝、新丰江等水库。龙川以下可通航。

(胡明龙)

东江水电站　Dongjiang Hydroelectric Station
湘江支流耒水上一座水电站。在湖南省资兴县境内。1987年发电。装机容量50万kW,年发电量13.2亿kW·h;总库容81.2亿m³,为多年调节水库,调节库容66.98亿m³。调洪后,可提高京广线

防洪标准和白渔潭、遥田水电站出力，使下游700ha农田免除水患。建筑物主要有双曲拱坝、坝后式厂房、左右岸滑雪式溢洪道、左右岸一、二级泄洪放空洞；坝高157m，顶弧长438m。年过木能力30万m³。以发电为主，兼有防洪、航运、养殖等效益。水利电力部中南勘测设计院设计，第八工程局施工。
（胡明龙）

东欧平原 Eastern Europe plain（Восточно-Европейская Равнина）

又称俄罗斯平原。位于欧洲东部，冲积而成的欧洲最大平原。东抵乌拉尔山脉，南达高加索和黑海，西至斯堪的纳维亚和喀尔巴阡山脉，北临巴伦支海。面积约400万km²，约占欧洲的1/2，绝大部分在前苏联境内，其余分属芬兰、波兰等国。中间有瓦尔代、中俄罗斯和伏尔加丘陵及里海低地。主要河流有伏尔加河、顿河、第聂伯河等，水资源丰富，人口稠密，河网密布，工农业和交通发达，为主要产粮区。
（胡明龙）

东钱湖

旧称西湖，又称万金湖。位于今浙江省宁波市东南的古代利用天然湖泊改建的灌溉水库。西晋时已有灌溉之利，唐天宝二年（743年），县令陆南金修堵山间缺口，形成周围80余里（唐1里≈0.54km）人工湖泊，灌田五百顷（唐1顷≈今0.81市顷）。北宋增筑围湖石塘80里，置四闸七堰，堰用于航船进出湖泊，洪水时亦可泄洪；闸用于控制灌溉水量。南宋灌田增至百余万亩。又因葑草淤积，曾用养鱼及买葑的办法除草，由于重视管理，东钱湖免于淤废。现湖面仍有近20km²，灌溉37万亩农田，每年出产3 500万kg鲜鱼，向宁波市区供水2 000多万m³，兼有旅游、航运等综合效益。
（陈 菁）

动床模型试验 model test of movable bed

用缩尺模型将河渠水流泥沙运动与其河床、渠槽等水边界的冲淤演变同时进行试验研究的方法。与定床模型试验比，其相似条件不但包括几何相似、水流运动相似，还包括一系列泥沙运动相似条件；由于边界可变导致几何相似、水流运动相似条件本身复杂化，并和时间因素密切相关；加之泥沙运动基本理论未臻成熟，从而其相似理论也未臻成熟，故建立与原型完全相似的动床模型很难。为此常先进行模型验证试验，并据验证结果适当调整模型本身或修正某些相似常数，直至满意为止。
（王世夏）

动库容调洪演算 flood routing through slope storage

根据动库容曲线进行的调洪演算。当研究水库回水淹没和浸没的确实范围时，或作库区洪流演进计算时，或库尾地形较开阔的水库，楔形蓄量占防洪库容比重较大时，或水库与下游区间洪水采取某种特殊补偿调节时，需采用动库容法进行调洪演算或校核计算。
（许静仪）

动力波 dynamic wave

浅水中长波传播的现象。圣维南方程组中各项皆不能忽略时所描述的洪水波运动。许多平原河流的洪水波接近于动力波。1871年法国科学家A.J.C.B.de 圣维南（A.J.C.B.de Saint-Venant）提出描述水道和其他具有自由表面的浅水体中渐变非恒定水流运动规律的偏微分方程组。由反映质量守恒律的连续方程和反映动量守恒律的运动方程组成。一维典型形式为

$$\frac{\partial Q}{\partial x} + \frac{\partial A}{\partial t} = 0 \qquad ①$$

$$i_0 - \frac{\partial h}{\partial x} = \frac{1}{g} \cdot \frac{\partial v}{\partial t} + \frac{v}{g} \cdot \frac{\partial v}{\partial x} + \frac{v^2}{C^2 R} \qquad ②$$

Q为流量；x为距离；A为断面面积；t为时间；i_0为河底比降；h为水深；v为断面平均流速；C为谢才系数；R为水力半径；g为重力加速度。方程组中式①为连续方程；式②为运动方程，由五部分组成：i_0为底坡，表示重力项；$\frac{\partial h}{\partial x}$为附加比降，表示压力项；$\frac{1}{g} \cdot \frac{\partial v}{\partial t}$是由时间加速度引起的惯性项，$\frac{v}{g} \cdot \frac{\partial v}{\partial x}$是由空间加速度引起的惯性项，二者合称惯性项；$\frac{v^2}{C^2 R}$称摩阻项。
（胡方荣）

动力渠道 power canal

水电站引水渠道和尾水渠道的总称。参见水电站引水渠道（234页）和水电站尾水渠道（234页）。
（刘启钊）

动力渠道的经济断面 economic section of power canal

由动能经济计算确定的渠道最佳断面。即年计算支出最小的断面。渠道断面尺寸越小一次投资越小，但水头损失越大，电能损失亦越大；反之，渠道断面尺寸越大则投资越大，电能损失越小。渠道经济断面是考虑当前利益和长远利益通过动能经济计算确定的最合理断面。设计流量通过经济断面时的流速称经济流速，一般为1.5～2.0m/s，可用来粗略估算渠道的断面尺寸。
（刘启钊）

动力渠道极限过水能力 limit flow capacity of power canal

渠末水深为临界水深时渠道通过的流量。即渠道的最大过水能力。此时渠道的过流量超过设计流量。渠道最大过流量超过设计流量的百分比称为渠道的超负荷系数。短渠道的超负荷系数大于长渠道。
（刘启钊）

动力渠道设计流量 design flow of power canal

据以确定水电站动力渠道基本尺寸的流量。一般等于设计流量。渠道按在均匀流状态下通过设计流量设计,其极限过水能力大于设计流量。这样可使渠道经常在壅水情况下工作以增加发电水头,避免因流量增加不多使水头显著下降,同时给渠道的过水能力留有余地。 (刘启钊)

动力隧洞 power canal

水电站引水隧洞和尾水隧洞之总称。参见引水隧洞(313页)和尾水隧洞(284页)。 (刘启钊)

动力隧洞经济断面 economic section of power tunnel

经动能经济计算确定的隧洞最合理的断面。隧洞断面越小投资越小,但水头损失即电能损失大;断面越大则反之。动力隧洞的断面应根据当前和长远利益经动能经济计算确定。在设计流量下与经济断面相对应的流速称经济流速,一般 3~5m/s,可用来初步确定动力隧洞的尺寸。 (刘启钊)

动力隧洞临界流速 critical velocity of power tunnel

水电站有压引水隧洞输送水流功率最大时的流速。隧洞输送的功率与通过的流量和扣除水头损失后的有效水头成正比。通过的流量越大,水头损失越大即有效水头越小,二者的乘积有一最大值。此时的流速称临界流速。水电站有压输水隧洞的流速应小于临界流速。在一般情况下经济流速远小于此流速。 (刘启钊)

动力相似 dynamic similarity, dynamic similitude

几何相似诸体系各对应点所受的各种力相互平行且其大小互成一定比例关系。在经典力学范围内设以 m 表质量,F 表力,v 表速度,t 表时间,则据牛顿第二定律可推知动力相似的必要条件是诸体系各对应的 Ft/mv 值为同量,或写为

$$Ne = Ft/mv = idem$$

此即动力相似准则,或牛顿相似准则,普遍适用于各种质点运动,刚体运动或流体运动。无因次数 Ne 称牛顿数(Newton Number)。又设以 l 表长度,ρ 表密度,该准则也可以下列各等价形式表达

$$Ne = Fl/mv^2 = idem$$
$$Ne = Ft^2/\rho l^2 = idem$$
$$Ne = F/\rho l^2 v^2 = idem$$

最后一种形式常用于流体运动。 (王世夏)

动能经济计算 economic calculation for utilization

水力发电工程设计时所进行的经济核算。要求用同样多的劳动消耗和投入以取得尽可能多的电能满足社会需要。设计方案的取舍标准不可能是单一的,而是多方面的、综合的。首先必须体现国家的经济方针和技术政策,合理利用资源,既重视当前利益,又要照顾长远利益,使技术上先进和经济上合理统一起来。 (陈宁珍)

动能指标 kinetic energy indexes, energy indexes

反映水电站功能特征的各种数值的统称。主要包含有保证出力,多年平均年发电量以及装机容量等。 (陈宁珍)

动水压力 hydrodynamic pressure

处于流动状态的水对过水边界产生的作用力。如溢流坝泄水时,水流对溢流坝面及其反弧段所产生的压力。其值可通过水工模型试验测定,也可通过计算近似确定。对溢流坝反弧段的动水压力可直接由动量方程求得,即

$$P_x = \rho_0 qv(\cos\varphi_2 - \cos\varphi_1)$$
$$P_y = \rho_0 qv(\sin\varphi_1 + \sin\varphi_2)$$

P_x、P_y 为反弧段动水压力合力的水平和垂直分力;ρ_0 为水密度;q 为单宽流量;v 为反弧上平均流速。 (林益才)

动态规划 dynamic programming

在时间过程中依次分阶段地选取某些决策来解决整个动态过程最优化问题的数学方法。是解决多阶段决策过程的一种最优化技术。核心是贝尔曼提出的最优化原理,据此用递推关系从终点逐时段向始点方向寻最优解。根据决策过程时间变量可分为离散(多段)决策过程和连续(多段)决策过程,根据决策过程演变又可分为确定性决策过程和随机性决策过程。最优路线,如运输路线、引水管线、渠线的规划,资源、物资、设备的最优分配问题,最优生产调度、水库优化调度问题,设备更新问题等都常采用动态规划来选择最优策略。 (许静仪)

动态年负荷图 dynamic annual load curve

见年最大负荷图(179页)。

冻融侵蚀 freeze-thaw erosion

因温度变化使现代冰川产生冰川运动、雪崩、冻融泥流等现象形成的土壤搬运和堆积。雪线以上的积雪,沿冰床缓慢下移,产生巨大的能量,具有强大的推土机效应,能携带大量岩石风化物在山口或坡下堆积。 (刘才良)

洞顶净空余幅 clearance between tunnel crest and water surface

无压隧洞或涵洞内水面至洞顶的距离。为保证无压流态,流速较低通气良好时,应不小于洞高的

0.15倍,且不小于40cm;高速水流应考虑掺气和冲击波的影响,在掺气水面以上的净空约为洞身断面积的15%～25%;对于门洞形隧洞,冲击波峰应限制在直墙范围内。国内外无压泄洪隧洞设计一般规定最大允许水深为洞高的75%或过水断面积不超过洞身断面积的75%。

（张敬楼）

洞顶压力余幅 pressure head at tunnel crest

作用于有压隧洞洞顶的内水压力水头。为保证有压流态,一般要求为2m以上,并随洞内流速的增大而加大;对于高流速的有压泄水隧洞,要求高达10m左右。为满足要求,有时将出口断面缩小,以减小洞内流速和增大压力。

（张敬楼）

洞庭湖 Dongtinghu Lake

位于中国湖南省,地处北纬28°36′～29°30′、东经111°44′～113°08′的淡水湖。1825年面积约6 000km², 1890年为5 400km², 1932年为4 700km², 1960年为3 141km², 现已减至2 820km², 昔日"八百里洞庭",今已分割成许多大小湖泊。北有松滋、太平、藕池、调弦等四口可引江水,南、西有湘、资、沅、澧等四水汇入,可起调蓄作用,湖水经城陵矶注入长江。一般年份四口四水洪峰相错,有"纳四水、吐长江"之说,可减轻长江中游洪水威胁。遇江湖并涨,极易泛滥成灾。每年有1.28亿t泥沙淤积,湖盆显著缩小。1952年荆江分洪工程和蓄洪垦殖区建成后,洪水威胁减少,湖滨是重要产粮区。

（胡明龙）

dou

兜湾

河槽的弯曲度甚大,形如兜状。为河势名称。《河工名谓》:"河势里卧成弯曲者。河势弯曲之甚者。"

（查一民）

斗门

古代堤、堰上所设的放水闸门或横截河渠运河,用来壅高水位的闸门。《旧唐书·职官志三》:"(都水监使者)凡虞衡之采捕,渠堰陂池之坏决,水田斗门灌溉,皆行其政令。"《宋史·河渠志一》:"其分水河,量其远迩,作为斗门,启闭随时,务乎均济。"

今专指灌溉渠道上斗渠进水口的启闭设施,用以调节进入斗渠的水量。

（查一民）

斗渠 distribution branch canal

从干渠或支渠取水分配给各用户的输水渠道。其作用、设计要求与干渠、支渠类似。（沈长松）

斗式水车 bucket type water wheel

旧称八卦水车。由齿轮和连成环状的许多水斗组成的提水机具。多用畜力驱动。因其水平传动齿轮形似"八卦",故得名。这种水车在20世纪30年代以前全为木结构,后改用铁制。适用于10m以内的提水高度,最大出水量为8m³/h, 因驱动力较大,易损坏,维修费高,在管链水车出现后,已逐渐被淘汰。

（咸　锟）

陡槽 chute

见泄槽(298页)。

陡门

又称斗门。古代用来横截河渠或运河以壅高水位的闸门。唐鱼孟威《灵渠记》:"其陡门悉用坚木排竖,增至十八重。"灵渠俗名陡河,长六十里,设陡门(或称斗门)三十六座,每座均有闸,其作用相当于现代的船闸。

（查一民）

陡坡 chute

使上游渠道(或水库)的水流沿陡槽下泄到下游渠道(或河、沟、塘)的落差建筑物。亦可作为渠道上排洪、退水和泄水建筑物之用,或作为河岸溢洪道的泄槽。根据地形地质条件和落差大小,可做成单级陡坡和多级陡坡。前者由进口段、陡坡段、消能设施及出口连接整流段等部分组成。其构造与跌水类似,不同之处在以陡槽代替跌水墙,水流沿斜坡下泄,在陡槽上进行人工加糙可促进水流扩散,降低流速、改善下游流态。其布置形式和尺寸一般由模型试验确定。多级陡坡的构造与单级陡坡相同。

（沈长松）

陡涨

又称陡长。指河水急速上涨。为水势名称。《河工名谓》:"河上激涨甚速者,曰陡涨。"又:"河水于一日之内,涨至一尺以上者。"

（查一民）

du

都江堰

引岷江水灌溉成都平原兼及防洪及航运的著名水利工程,战国后期(约公元前256年～前221年间)蜀郡守李冰创建。渠首位于四川灌县城西北,古代又称湔堰、湔堋、金堤、都安堰、灌口堰等,宋以后称都江堰,通指灌区在内。该堰布置合理、维护简便,加之历代重视管理维修,2000多年来沿用不废并不断改进,现已成为中国最大灌区。该堰渠首枢纽工程系无坝取水形式,主要由鱼嘴、宝瓶口、飞沙堰组成。鱼嘴位于岷江江心,下接金刚堤,分岷江为内外二江;内江即为引水干渠。分水比例在洪水时约为外六内四;枯水时为外四内六。宝瓶口为人工凿开山岩而成,宽约20m, 是控制内江流量的咽喉。

飞沙堰是内江分洪减淤入外江的工程,由竹笼装石砌成,平时起正面取水、侧面排沙的作用,水大时堰被冲垮泄洪入外江。三者位置十分合理,配合得当,可保证灌区枯水时不缺水,洪水时不受淹。灌区以下各级渠道也都采用无坝引水,巧妙利用地形、河势,或布置鱼嘴分流股引,或以拦河低堰壅水入渠,再通过湃缺等略加控制。这些工程都以竹、木、石料为主,布置简单灵活,对河道变化适应性强。但由于调节能力低,维修工程量大,1949年后部分工程已进行改造。

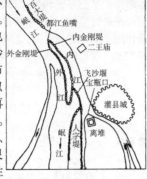

(陈 菁)

都江堰灌区 Dujiangyan Irrigation District

位于四川省中部,包括成都平原和邻近的广大丘陵地区。灌溉面积为73.84万ha。在灌县城西约1km处从岷江引水,发挥着灌溉、防洪、漂木、发电等综合效益。创建于战国末期(公元前250多年),以历史悠久、规模宏大、效益显著而闻名中外。灌区地处华中亚热带湿润气候区,气候温和,土壤肥沃,一年可收两熟到三熟。是中国重要的粮、油基地之一。年平均降水量为900~1240mm,雨量分布不均,有春旱、夏洪、秋涝、冬干的特点。岷江水量丰富,是理想的水源。成都平原为扇形冲积平原,西北高,东南低,以灌县为顶点。灌区工程布置充分利用了优越的地理条件。都江堰工程经久不衰的主要原因在于:岷江水源丰沛,灌区地势优越,工程布局合理,管理制度科学而严密,人们在长期的治水斗争中不断总结经验,不断进行维修和改造,使其不断巩固、完善和发展。 (房宽厚)

都水监

古代掌管修建水利工程的中央机构,与主管水政的水部平行不相隶属。秦代始置都水官,掌"陂池灌溉,保守河渠",汉都水之职有长、丞、令、掾之别,隶属于太常、少府及水衡都尉,地方上也有设置。汉成帝时设左右都水使者各一人,统辖各类都水官吏,东汉时改都水使者为河堤谒者,主管河防工程。晋武帝时始置都水台,掌管舟船及水运等事务,宋齐梁陈因之。隋文帝仁寿元年(601年)改称都水监,唐沿之。主管官称使者,下有河渠、舟楫二署,各设有令、丞。"凡虞衡之采捕,渠堰陂池之坏决,水田斗门灌溉,皆行其政令。"宋辽金元亦沿之,惟金元称使者为监,称其副手为少监。称派驻地方或河道的分支机构为外监、分治监、或行水监。明、清设都水清吏司,并水部与都水监之职责为一。 (陈 菁)

督亢陂

位于今北京市以南涿县、新城一带的古代灌溉工程。创建年代不详,最早可能始于战国,汉代已有记载。北魏神龟三年(520年)裴延儁修复。40年后北齐稷晔又开督亢陂,设置屯田,年收稻粟数十万石(北齐1斗=0.004m³)。《水经注》巨马河篇记有督亢泽、督亢沟。古督亢地区是战国燕下都所在,为著名水利区,现在之房涞涿灌区就在该地区。 (陈 菁)

独流减河 Duliu flood way

在中国河北省海河下游滨海地区,天津市南部,1938年大水后始扩大河槽为一大减河。1963年大水后,根据根治海河规划又大体沿旧槽重新改线规划施工。1968~1969年再扩挖。自静海县独流镇附近第六堡引大清河水,东南流到万家码头横穿马厂减河,进入渤海。长为70km。分泄大清河及子牙河洪水,以减轻海河负担。 (胡方荣)

渎

①独流入海的大河。《尔雅·释水》:"江、淮、河、济为四渎,四渎者,发原注海者也。"

②沟渠。《汉书·召信臣传》:"行视郡中水泉,开通沟渎。" (查一民)

堵汊工程 anabranch closure engineering

在分汊河段上为集中水流而进行的堵塞汊道工程措施。河流分汊导致水流分散,航道水深不足。或因主支汊关系逐渐变化,使某一汊道中原有水利工程不能正常工作,则须采取丁坝、顺坝、潜坝或锁坝等工程抑制某些汊道的发展,甚至完全堵塞,以确保某个汊道发展为主河槽。有时为了使江心洲(滩)转变为接岸边滩也做堵汊工程。堵汊工程的位置和顶部高程,都须要进行认真的研究和比较后确定。 (周耀庭)

堵口 blocking, plugging

截流的别称。堵塞堤、坝缺口和围堰合龙段的龙口。按封堵方式分,有平堵、立堵和混合堵三种。选择方案时须依口门地质条件、宽度、深度、流量、上下游水位差、流速及建筑材料等确定。中国一般多用立堵。 (胡肇枢)

渡槽 aqueduct

为输送渠水跨越渠道、河流、溪谷、洼地及交通道路等而修建的一种交叉建筑物。其主要作用是输送渠道水流,有时也用于通航、排洪、排沙及导流等。由进口、槽身、出口及支承结构等组成。按所用材料不同有木、砖石、混凝土、钢筋混凝土、钢丝网水泥渡槽等;按施工方法不同有现浇整体式和预制装配式等;按支承结构型式不同有梁式、拱式、桁架拱式、桁架梁式以及斜拉式等,常用的是梁式和拱式;按断面形状不同又有矩形、U形、梯形、半圆形、抛物线形、半椭圆形和圆管形,工程上常用前两种。其设计内容包括总体布置、选择槽身断面形式和支承结构型式、水力和结构计算等。设计时要通盘考虑,使其既安全可靠又经济耐用、美观大方。

(沈长松)

duan

短波　short wave

波长相对水深很小的波动。当其波形向前传播时,称为进行波。水深(h)与波长(λ)之比,即 $h/\lambda \geq \frac{1}{2}$ 作为深水波的界限。　　(胡方荣)

短丁坝　short spur dike

见长丁坝(23页)。

断层破碎带处理　treatment of fracture zone of fault

为增加断层破碎带岩体的强度和抗渗性所采取的工程措施。其方法视断层破碎带倾角大小而定,倾角较陡或与地面接近垂直时,可采用开

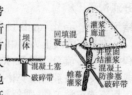

挖回填,将破碎带中的破碎物挖掉一部分再回填混凝土以改善坝体在跨越破碎带处所引起的不利应力状态;倾角平缓时处理较复杂,除在顶部设置混凝土塞外,还需沿不同深度开挖若干个平洞与斜井回填混凝土形成支撑,承担坝体和岩体的压力。对与上游水库连通的断层破碎带,常采用水泥或化学灌浆形成连续防渗墙,或开挖垂直井或斜井,内填混凝土防渗塞。

(沈长松)

断裂抢险　protection against breakage

对堤顶发生临背贯通裂缝的抢护工作。可采取挖土翻筑,或参见漏洞抢险(163页)方法处理。

(胡方荣)

断流装置　cut-off device

在水泵出水管口或出水侧设置的断流设施。用以防止正常停机或事故停机时水流倒灌产生的水击或机组倒转时产生的飞逸转速使机组损坏。常见的形式有拍门、快速闸门和真空破坏阀。(咸 锟)

断面结构模型试验　two-dimensional structure model test

用于研究建筑物典型断面在平面力系作用下应力状态和稳定性的结构模型试验。对原型结构代表性断面的平面形状和外界荷载,利用模型材料按相似理论进行模拟,通过量测仪器和设备测得平面力系作用下结构物的应力、变形和稳定性,然后转换到原型上。参见结构静力模型试验(132页)。

(沈长松)

dui

堆石坝　rockfill dam

坝主体(支承体)由堆石组成的拦河坝。除小型低坝外,一般均为非溢流的挡水坝。按施工方式可分为抛填堆石坝、碾压堆石坝及定向爆破堆石坝,现代高堆石坝均为碾压式;按防渗结构分有心墙堆石坝、斜心墙堆石坝、斜墙堆石坝、面板堆石坝及土工膜防渗堆石坝。优点是剖面比土坝小,工程量小,可利用溢洪道、隧洞等开挖或风化料,节省耕地,适宜在土少石多的山区建造。　　(束一鸣)

堆石棱体排水　mound drain

设在土坝坝趾的棱柱形堆石排水体。上游坡伸入下游坝体内,可降低坝内的浸润线及使下游坝脚免受尾水淘刷以及支撑下游坝坡的作用,但造价较高,在中、高坝工程中应用广泛。排水体的顶部应高出最高尾水位 $1\sim2m$,及高出浸润线逸出点 $1m$ 以上,顶宽不小于 $1m$,内坡(上游坡)一般为 $1:1.0\sim 1:1.5$,外坡(下游坡)一般为 $1:1.5\sim 1:2.0$,在坝体与排水体之间须设置反滤层。　　(束一鸣)

堆芯　core

又称活性区。存放核燃料和用中子轰击原子核使之裂变,产生热能的地区。　(刘启钊)

对冲消能　energy dissipation by mutual colliding of overflow jets

相互交会撞击的消能方式。中、高拱坝中,可在拱冠两侧布置溢洪道或泄水中孔,使挑射水流在空中碰撞对冲,沿河槽纵向扩散,消耗大量动能,减轻对下游河床的冲刷。但运行中两侧闸门必须同步开启,以免射流直冲对岸,形成危害。如广东泉水双曲拱坝岸坡式滑雪道。水流造成的"雾化"程度较其他挑流方式更甚,应适当加以控制。(林益才)

对口坝

又称对坝。由两岸相对向河中修筑的成对丁坝,坝身轴线与河岸斜交,两坝头相对。系束水坝的一种。《河工要义》:"两坝头相对者,曰对口坝。"

(查一民)

对口丁坝　opposite dikes

两岸丁坝的坝轴线在河流轴线上相交在同一点的丁坝。为了束窄过宽的河道，在两岸相对布设的丁坝群，应尽可能组成对口丁坝，当新的岸线尚未淤积形成以前，此时丁坝群对水流的干扰较小，中、枯水期河道水流比较平顺，故航行条件较好。

(李耀中)

对流混合 convection mixing

海水对流引起的混合现象。当上层海水密度比下层海水密度大时，重力大于浮力，上层海水下沉，下层海水相应上升，发生垂直方向的对流，从而产生混合。取决于海水密度垂直分布，与海水的运动状态无关。

(胡方荣)

对流雨 convective rain

对流云所产生的雨。地表局部受热时，气温向上递减率过大，大气稳定性降低，发生垂直上升运动，形成动力冷却而降雨。一般表现为阵雨，降雨强度大，但雨面不广，历时也较短。

(胡方荣)

dun

墩内式厂房 powerhouse within pier

水轮发电机组分别布置在拦河闸各闸墩内的水电站厂房。采用此式厂房可减小拦河建筑物的总长度，改善水轮机进出水条件，有利于排沙及排污，有时还可获得增差效益。缺点是机组分散，运行管理较不方便。如中国青铜峡水电站厂房。

(王世泽)

duo

多功能泵站 multi-purpose pumping station

既能灌溉、排水，又能发电、蓄能、调水的泵站。特点是设备利用率高，年运行小时数多，泵站配套水工建筑物也多。由闸、坝、堤防、渠道、泵站等形成抽水枢纽。泵站中的抽水设备为水泵——水轮机，正转时由电动机带动抽水排、灌、调水等，反转时由水轮机带动发电机发电。水泵空载运行发无功功率，用以提高电网功率因素。这种泵站多建于河网、圩垸湖区和感潮区。中国江苏省的江都抽水站就是这种泵站。

(咸　锟)

多级孔板消能工 multistage ring plate energy dissipator

沿圆形有压隧洞或管道分布设置带有锐缘的环状隔板，使水流沿程不断受阻、收缩、扩散的消能工。适用于高水头泄水隧洞前段，使其后洞内流速及内水压力都

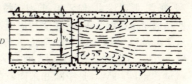

大幅度降低。孔板本身应用抗蚀、抗振性能较好的材料建造。

(张敬楼)

多孔系数 factor of multiple outlets

多孔出流管道沿程水头损失简化计算结果的修正系数。喷灌系统的支管和滴灌系统的毛管等出水口很多，如逐段计算水头损失则十分繁琐，为简化计算，先按全部流量从管道末端流出计算沿程水头损失 h_f'，再乘以多孔系数 F，所得结果就是多孔出流管道的沿程水头损失 h_f。即

$$h_f = F h_f'$$

它可按有关公式计算，也可从有关设计手册中查出。

(房宽厚)

多跨球形坝 multihole spherical dam

由双向凸形的球面构成挡水结构的坝。球形的挡水面板与支墩浇成整体，其工作条件与连拱坝相似。1938年建成的柯立奇(Coolidge)坝是目前世界上仅有的一座多孔球形坝。坝体系由三个球形面板、两个支墩和岸墩组成，最大坝高为76.2m，坝顶长170.7m，支墩间距为54.86m，面板厚度上部为1.2m，下部为6.3m。

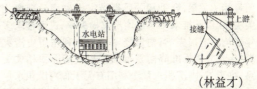

(林益才)

多目标开发 multiple-purpose (multi-purpose) development

考虑多种目的和多种用途综合利用的水资源开发。涉及国计民生、生态环境等广泛领域，其中包括国民经济发展、地区开发、社会经济效果、自然环境和国防安全等诸多方面。故任一流域或地区的水资源规划和水资源管理其目标总是多种多样的。多目标与多用途是两个不同概念。前者指水资源开发时，需要综合考虑社会、经济、环境、工业、农业、地区、部门等方面权益和需求以及评价标准；后者指水资源工程的综合利用，应同时兼顾防洪、灌溉、发电、航运、供水、水产养殖等多种用途，以取得最佳经济和社会效益。

(胡明龙)

多瑙河 Danube River

发源于德国南部黑林山脉东麓，向东流经奥地

利、捷克、斯洛伐克、匈牙利、前南斯拉夫、保加利亚、罗马尼亚和乌克兰等国,在罗马尼亚苏利纳附近注入黑海的欧洲第二大河。全长2 850km,流域面积81.7万 km^2,河口年平均流量6 400m^3/s。水力资源蕴藏量3 500万 kW。是中欧和东南欧的重要国际航道。

(胡明龙)

多年平均洪灾损失 normal annual value of flood damage

不同洪水年的洪灾损失值的平均值。通常有三种计算方法:频率法、实际年系列法、保险费法。由于防洪效益是免灾效益即由工程前后减少的洪灾损失表示工程的防洪效益,因此用多年平均洪灾损失表示防洪工程的多年平均效益。由于水文现象的随机性,不同年份洪灾情况差异大,其相应的防洪效益变化也大,因此需用多年平均值表示其洪灾损失值,即防洪效益值。

(戴树声)

多年平均涝灾损失 average long-term water-logging disaster

某一历史时段内涝灾损失年平均值。即历史上某一时段内各年实际发生涝灾损失之和除以该时段总年数所得平均值或未来某一时段内可能发生的涝灾损失年期望值。一般应考虑该时段内历年涝灾损失增长率。计算方法有多种。合轴相关分析法利用历史涝灾资料,建立涝灾损失率－雨量和频率－雨量相关关系,合轴相关后得涝灾损失率－频率相关关系,以此推求多年平均涝灾损失率,进而推求多年平均涝灾损失 $\overline{S}$;雨量笼罩面积法利用历史涝灾资料,建立超标准降雨笼罩面积与成涝面积相关关系,推求 $\overline{S}$;内涝积水量法利用有无工程内涝积水量及涝渍损失资料推求 $\overline{S}$;实际年系列相关分析法根据工程前后若干年农业资料,建立排涝区与对比区农作物单产相关模型,并根据模型和工程后对比区农作物单产求得排涝区相关分析单产,与相应年份实际单产比较,得出涝灾损失实际年系列,进而推求 $\overline{S}$。

(施国庆)

多年平均年发电量 average annual energy output

水电站在多年工作时期内平均每年生产的电能量。是水电站一个重要动能指标。反映水电站的多年平均动能效益,其方法可根据设计阶段、精度要求而定。计算方法不同,精度不同。

(陈宁珍)

多年调节库容 long-term storage

又称多年库容。对年际间径流不均匀性进行调节所需的库容。是多年调节数理统计法计算兴利库容时硬性划分出来的另一部分。可利用一定保证率的调节系数(调节流量与多年平均流量之比)～库容系数(多年库容与多年平均径流量之比)～年径流变差系数的线解图,求解多年库容。

(许静仪)

多年调节水电站 multiannual regulating water power station

水库容积能在年度之间进行河流水量重新分配使用的水电站。是调节性能最好和水量利用率最高的一种水电站。水库可将一个或连续几个丰水年的多余用水量储蓄起来供以后一个或几个枯水年使用,使用户在若干年内可获得较为平稳的用电和用水。水电站的调节性能不但决定于库容大小,还决定于河流水量。当水库的兴利库容超过河流坝址处多年平均年水量的30％时,一般即可进行多年调节,也可同时进行年调节、季调节、周调节和日调节。

(刘启钊)

多年调节水电站运行方式 operation mode of hydroplant with multiannual storage

多年调节水电站在电力系统中的工作状态。水电站经常按保证出力图工作,并常年担任峰荷,只有在连续丰水年水库蓄满时水电站才可能改而担任腰荷及基荷以减少弃水。

(陈宁珍)

多年调节水库 reservoir for multiannual storage

调节周期长达几年的水库。将丰水年多余水量蓄存起来,用以补充枯水年或连续枯水年组的水量不足。

(许静仪)

多种土质坝 multi-kind-earth dam

坝支承体(坝壳)由几种不同的土料分区填筑而成的土坝。以心墙坝和斜墙坝为多见。心墙坝的上游区亦应采用透水性较大的土料,以便在库水位降落时迅速降低上游坝壳的瞬时浸润线,有利于上游坝坡的稳定。

(束一鸣)

夺溜

又称掣溜、夺流。河道水流大部或全部由漫口或决口流走者。《河工名谓》:"决口走溜大于正河者。"

(查一民)

E

e

额定容量 rated capacity

又称额定出力。发电机组按规定可以发出的功率。对水轮发电机组,指在标准功率因数($\cos\varphi$)条件下所能发出的最大功率(kW)。

(陈宁珍)

额尔齐斯调水工程 water transferring work in Ertix(Irtys)

哈萨克斯坦大型调水工程。1972年建成。从额尔齐斯河调水至哈萨克地区,干渠总长458km,引水流量$50\sim75m^3/s$,每年调水量17.5亿m^3。建有水库14座,抽水站26座,总扬程418m。

(胡明龙)

额尔齐斯河 Irtys River, Irtysh, Ertix

源出阿尔泰山南坡,上源为库依尔特斯河,汇各支流出国境入斋桑泊,下游流入鄂毕河的中国新疆维吾尔自治区内惟一外流河。属北冰洋水系惟一的中国河流。全长2 969km,流域面积10.7万km^2,河川径流量多年平均103亿m^3。水力资源丰富,上游建有塘巴湖水库及额尔齐斯引水工程。布尔津以下夏季可通航。

(胡明龙)

厄尔尼诺现象 EL-Niño

太平洋的秘鲁和厄瓜多尔沿岸,圣诞节前后发生的一种海温异常升高现象。由于某些原因一旦上升流减弱,低纬海区暖水南侵,使渔场水温异常升高,鱼群大量死亡,海鸟因缺乏食物,也成群结队死于海滨,臭气冲天。鱼、鸟死亡尸体腐烂产生硫化氢,使经过这一海区的船只染上一层黑色。特别是秘鲁沿岸尤为严重。研究表明,每次持续时间长短不一,短者数月即逝,长者可达一年以上。暖水扩展范围也各不相同。但其成因至今还没有完全弄清。

(胡方荣)

堨

即"堰"。挡水低坝。段玉裁《说文解字注》:堨,"今义堰也,读同壅遏,后人所用俗字也。"《三国志·魏·刘馥传》:"兴治芍陂及茹陂七门吴塘诸堨,以溉稻田。"《水经注·济水》:"以竹笼石,葺土而为堨。"

(查一民)

er

二道坝 two-stage dam

为形成水垫消能在泄水拱坝下游一定距离处修建的低壅水坝。适用于下游河道水深较浅的情况。如前南斯拉夫的姆拉丁其(Mratinje)双曲拱坝,坝高220m,坝顶设有三个13m×5m的溢流孔,泄洪量约2 000m^3/s,下游设高21m的二道坝,消力池长133m,混凝土底板厚2m,用钢筋锚固于基岩。中国湖南半江拱坝堰顶高程采用两侧高中间低的布置,下游设二道坝壅水,形成水垫消能,一般洪水时,泄流量集中河床,避免冲刷两岸。

(林益才)

二机式厂房 powerhouse with reversible pump-turbine

装置发电机(兼电动机)及可逆式水轮机的抽水蓄能电站厂房。由于一台机组包括发电机与水轮机各一台,故名。此式厂房投资较少,但机组效率稍低。与常规厂房不同,需考虑发电及抽水两种工况的要求。

(王世泽)

F

fa

发电机层 generator floor

水电站主厂房中安装有发电机的楼层。常是主厂房机组段的最高层,其上有高大的空间,装有桥式起重机,以便吊运各种部件。发电机可以全部出露在该层之上,也可部分或全部埋没在该层之下。发电机的安装、检修、监测、运行都在这一层进行。
（王世泽）

发电机导轴承 generator guide-bearing

又称径向轴承。发电机中使转动部件能自由旋转又阻止其沿径向移动的部件。立式水轮发电机组的导轴承用来承受机组的转动部分的径向机械不平衡力和电磁不平衡力,使机组轴线的摆动不超过规定数值。卧式水轮发电机组的导轴承还要承受机组转动部分的重量。 （王世泽）

发电机定子 generator stator

发电机非转动部件的总称。由机座、铁芯、线圈、端箍、铜环及基础螺杆等部件组成。
（王世泽）

发电机额定电压 generator rated voltage

制造厂给发电机规定的电压值。要综合考虑发电机及配套设备的经济性加以决定。中国规定,当发电机额定容量为 20 000kVA 以下、20 000～80 000kVA、70 000～150 000kVA、130 000～300 000kVA、300 000kVA 以上时,分别采用额定电压为 6.3kV 以下、10.5kV、13.8kV、15.75kV、18kV 及以上。
（王世泽）

发电机额定容量 generator rated capacity

制造厂给发电机规定的在给定条件下的发电能力。通常以视在容量表示,单位为 MVA 或 kVA,为发电机额定电压和额定电流的乘积。（王世泽）

发电机额定效率 generator rated efficiency

制造厂所规定的在给定条件下发电机的效率。
（王世泽）

发电机额定转速 generator rated speed

制造厂规定的在给定条件下发电机的转速。单位为 r/min。同步发电机的额定转速必须等于同步转速。中国交流电的电流频率为 50Hz,故发电机的同步转速为 3 000 被磁极对数所除之商。（王世泽）

发电机飞轮力矩 fly-wheel effect of generator

发电机转动部分的重量与其惯性直径平方的乘积。当水轮发电机组的负荷被部分或全部切除时,水轮机的驱动转矩与发电机的电磁转矩一时失去平衡,机组转速上升,飞轮力矩愈大,转速变化率愈小,电力系统运行的稳定性就愈高。但增加飞轮力矩要增加发电机的尺寸及重量。 （王世泽）

发电机功率因数 generator power factor

发电机额定有功功率 P_N(kW)与额定容量 S_N(kVA)的比值。常以 $\cos\varphi_N$ 表示,即
$$\cos\varphi_N = P_N/S_N$$
用户电器在一定电压和功率下,功率因数越低,所需电流越大,使线路损耗增大,发电厂设备不能充分利用。所以采取措施提高功率因数具有重大的经济意义。 （王世泽）

发电机惯性时间常数 generator acceleration time

见发电机机械时间常数。

发电机机械时间常数 generator acceleration time

又称发电机惯性时间常数。在额定转矩作用下,把发电机转子由静止状态加速到额定转速所需要的时间。 （王世泽）

发电机冷却 generator cooling

维持发电机绕组及定子铁芯表面温度不超过允许值所采取的措施。利用空气作为冷却介质的发电机称风冷式发电机。小容量发电机可采用开路通风冷却。大中容量发电机则采用闭路循环通风冷却方式,由发电机中排出的热空气经过空气冷却器(采用水冷)冷却后,再重行进入发电机。采用水作为冷却介质的发电机称水内冷式发电机。 （王世泽）

发电机视在容量 generator apparent output

见发电机额定容量。

发电机推力轴承 generator thrust bearing

又称止推轴承。发电机中使转动部件能自由旋转又阻止其沿轴向移动的部件。在立式水轮发电机组中,推力轴承承受全部转动部件的重量及轴向水平推力。在卧式水轮发电机组中,推力轴承只承受不平衡的轴向力。 （王世泽）

发电机调相容量 generator phase-correcting power

励磁电流为额定值时,发电机调相运行可能发出的无功容量。此时虽需消耗系统少量有功功率以补偿各种损耗,但可向系统输送无功功率,以改善系统的功率因数。水轮发电机的调相容量常为发电机额定容量(kVA)乘以0.6~0.75的系数。 （王世泽）

发电机有功功率 generator active output
发电机单位时间内实际输出的交流电电能。单位为kW,是一个周期内的平均功率。等于发电机额定容量与功率因数的乘积。 （王世泽）

发电机转子 generator rotor
发电机转动部件的总称。一般由转轴、转子支架、磁轭、磁极等部件组成。 （王世泽）

发电量 energy output
电站在某一时段内所生产的电能量。单位为kW·h或度。是水电站动能指标之一,等于该时段中电站的平均出力与该时段历时(小时)的乘积。 （陈宁珍）

发电流量 power flow, power discharge
水电站发电时所引用的流量。其大小与水轮机特征参数及水电站水头有关。水电站在设计水头下发额定出力时,流量最大,称水电站最大过水能力。一台机组所通过的最大流量称机组最大过水能力。 （陈宁珍）

发电站年费用 annual operation cost of power station
维持电站正常运行每年所需各种费用的总和。包括固定年费用和年运行费两部分。其总额被装机容量或平均年供电量除所得之商分别称单位千瓦年费用(元/kW)与单位电能成本(分/kW·h)。 （陈宁珍）

阀门 valve
管道中用来控制水流(气流或其他液体)、调节流量的设备。由阀壳、阀体(阀叶)及操作装置等组成。水利工程中常见的平板阀、蝴蝶阀、球形阀、针形阀、锥形阀和空注阀等。前三者常用作水电站压力水管上的事故阀门;后三者多用作泄水管道出口的控制阀。常用液压或电动机械启闭,小型的也可用手动操作。一般用铸铁、铸钢等材料制成,也有用普通钢材焊接而成。 （林益才）

阀门开度 opening of valve
又称阀门相对开度。节流阀任一过水断面与其最大过水断面之比值,节流阀开度随时间变化规律称阀门开度变化规律,它对水击压强的变化过程影响很大。在阀门开度变化历时一定情况下,在调速器可能的调节范围内,应采用水击压强最小的阀门开度变化规律。常采用的阀门关闭规律有直线关闭和分段关闭(先快后慢或先慢后快)。 （刘启钊）

阀门廊道 valve gallery
水电站主厂房中安装有水轮机前阀门的廊道。由于水轮机前阀门的安装高程常低于水轮机层,故在水轮机层之下专设此廊道。其中还可布置蜗壳及尾水管进人孔等。 （王世泽）

筏道 log way
用以运输木筏过坝的设施。有水筏道和干筏道两类。前者通常由上下游引筏道、进口段、槽身段和出口段组成,木筏进入筏道后依靠陡槽中的水流将其输送到下游。槽身用木、混凝土或钢筋混凝土筑成,底部一般人工加糙,进口设有闸门,出口设静水池或漂浮的木排,以防止木筏撞击护坦底部。水筏道进口应能适应水位变化,准确调节流量,以求省水和安全过筏;出口应使木筏流放顺利。目前常用的进口型式有两种:一是设置活动筏槽;二是设置阀闸室。干筏道是顺坝坡或岸坡修建斜坡道,利用滑车和卷扬机牵引木材过坝。 （张敬楼）

fan

翻板闸门 tilting gate
绕铰装在支墩上的水平轴旋转而启闭过水孔口的平面闸门。依靠水位涨落时水压力与门重对闸门水平支承轴产生的力矩差值变化,自动操作启闭闸门。优点是不需要启门机和工作桥。但闸门自动翻倒时对支墩撞击很大,泄水时门叶拍打振动,关门不够灵活。近年来,又发展了多铰式自动翻板闸门,对

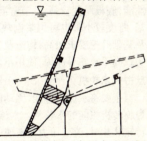

上述缺点有所改善,运行效果较好。常用在山区河道上的小型水利工程。 （林益才）

翻车 water wheel with wooden chain
又称"龙骨水车"。利用车水槽内的龙骨刮水板将水提升到较高处的提水灌溉机械。提水高度一般为1~2m。主要部件为车轴(上安齿轮)、车水槽、刮水板及龙骨等。龙骨即木质活动链,每一骨节上安装一刮水板,骨节与骨节间由可活动的榫卯结构及竹钉连接。可由人力、畜力及水力驱动。人力驱动的又分为手摇及脚踏两种。水力驱动的称为水转翻车。为中国东汉灵帝时毕岚所创,流传至今,其结构

变化不大。《后汉书·张让传》：东汉中平三年(186年)："又使掖庭令毕岚……作翻车、渴乌。"李贤注："翻车,设机车以引水。"又《三国志·魏志·杜夔传》裴松之注："时有扶风马钧,巧思绝世。……乃作翻车,令童儿转之,而灌水自覆,更入更出,其巧百倍于常。"由于现代提水机具——水泵的发展,这种水车逐渐被淘汰。

(查一民　咸锟)

樊口泵站　Fankou Pumping Station

位于中国湖北省鄂城县樊口镇,为湖北省最大的排水泵站。安装有 40CJ95 型全调节大型轴流泵机组 4 台套,设计流量为 214m³/s,扬程为 9.5m,总装机容量为 24 000kW。它与变电站、水闸、拦河大堤、内外引水、排水河渠、拦污栅等组成水利枢纽。其作用为：排涝 47 万亩(其中保收面积 40 万亩、新增耕地 7 万亩)。平均产粮达 0.75 亿 kg。养鱼面积达 37 万亩,鲜鱼年均产量 675 万 kg。植莲面积达 8 万亩,年产莲子 30 万 kg。此泵站于 1980 年竣工。其特点是采用了大拍门上设小拍门的断流装置和主机组小角度启动。(咸锟)

反拱底板　inverted arch bottom plate of sluice

水闸闸室底部呈倒拱形状结构的底板。拱凸向下方地基中,多为等厚圆弧形。拱是承压结构,主要承受轴向压力,弯矩较小,能充分发挥混凝土的抗压性能,底板厚度较薄,可节省混凝土及钢筋。良好地基、跨度较小时也可用浆砌块石建造。由于对地基及基础开挖要求较高,构造及施工复杂,设计理论及实践尚不成熟等原因,使用不广泛。(王鸿兴)

反击式水轮机　reaction turbine

主要将水流的势能(因动能只占极小比重)转化为旋转机械能的水轮机。水流在有压流状态下流经转轮叶片时,改变压力与流速的大小和方向,从而对叶片产生反作用力,使转轮旋转,带动电机发电。按水流通过转轮时的流向,可分为混流式水轮机、轴流式水轮机、斜流式水轮机数种。(王世泽)

反滤层　filtering layer

用于土质防渗体与坝身、坝基透水层相邻处及渗流逸出处的滤土排水层。用以防止产生管涌等渗透变形而导致坝体破坏。通常由 2～3 层粒径不同的砂砾料组成,层面与渗流方向接近垂直,粒径沿渗流方向由小渐大,人工铺设层厚不应小于 30～50cm,机械铺设层厚不应小于 3cm。目前也有采用土工织物作反滤的,具有施工简单迅速、质量容易控制、造价低廉等优点。(束一鸣)

反滤料　filter medium

反滤层所用材料的统称。有砂石料与土工织物两类。前者又可分为人工筛分料与天然料两种。人工筛分料造价很高,实际工程多选用适宜的天然料,用不均匀系数 η 与两层间的层间系数 ξ 作为选择的指标。土工织物是一种新型反滤料,具有施工快、造价省等优点,用单位面积重量、有效孔径和渗透系数 k 等作为选择的指标。(束一鸣)

反射辐射　reflected radiation

投射的辐射被一个物体或系统反射回去的部分。它和投射辐射之比,称为反射率,是表征物体表面反射能力的物理量。绝对黑体的反射率为 0,纯白物体的反射率为 1,实际物体的反射率介于 0 与 1 之间,视其性状和投射辐射的波长及入射角而异。(周恩济)

反射率　albedo

从非发光体表面反射的辐射与入射到该表面的总辐射之比。用小数或百分数表示。表征物体表面反射能力的物理量。绝对黑体反射率为 0,纯白物体反射率为 1,实际物体反射率介于 0 与 1 之间。(胡方荣)

反水击　reflectional(opposite)water hammer

水击波经水库和节流机构反射而产生的符号相反的水击。正水击的反水击为负水击,负水击的反水击为正水击。(刘启钊)

反调节　reregulation

利用下游水库对上游水库的出流过程进行的重新调节。因上游日调节水库的下泄流量引起下游河道不稳定流变幅过大,或最小水深过小,影响下游的灌溉取水或航运时,为适应灌溉和航运的需要,在下游兴建梯级水库,对上游日调节水库的放水过程进行重新调节。(许静仪)

反向坝　adverse(backward)dam

由一系列嵌固在支墩下游侧的挡水面板构成的坝。靠基础底板上的水重、填碴重和支墩等结构自重维持稳定。承压的挡水板可同时兼作溢流面板用。其优点较一般非岩基上的溢流支墩坝经济,缺点是在挡水板嵌入支墩处易产生拉应力。前苏联 1937 年在阿雷斯河(Р. Арысь)上建成的沙乌利杰尔(шаульдер)坝即为反向坝的结构实例。

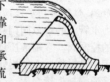

(林益才)

反应堆　(nuclear) reactor

核裂变装置,其核心为堆芯。有冷却剂和减速剂。冷却剂用以吸收核裂变的热能,可用普通水、重水、二氧化碳、氦和液态钠等。减速剂用以将核裂变产生的高能快中子慢化为低能热中子，可用普通水、重水、石墨、铍和氧化铍等。 （刘启钊）

饭泉调水泵站 Hangzeng pumping station for transferring water

位于日本神奈川县饭泉的全自动控制泵站。建成于1974年。共安装4台口径为1 600mm的双吸离心泵，扬程为82m，流量为24.1m³/s，总装机容量为26 000kW。该泵站运行全部采用电子计算机自动控制。它将酒匀河水输送至30km以外的扬模草原泵站，然后向横滨、川崎等市供水。 （咸　锟）

范公堤

北宋范仲淹、张纶先后主持修筑的捍海堤堰。早在唐大历年间（766～799年），淮南西道黜陟使李承就已在今江苏省盐城、大丰、东台县境内串场河东岸修筑捍海堰，长142里（唐1里＝0.54km），抵御海潮，屏护民田、盐灶，名常丰堰。北宋时此堤堰已颓毁不存。天圣元年（1023年），担任泰州西溪盐官的范仲淹建议修复捍海堰，得到转运副使张纶的支持。次年张纶推荐范仲淹任兴化知县，主持施工。不久范因母亡去职守孝，由张纶和转运使胡全仪直接主持，于天圣六年（1028年）竣工，筑成捍海堰长180里，自小海寨（今东台县北）至耿庄（今属如东县），后人称为"范公堤"。后30余年海门知县沈起又筑堤百里。南宋时，范公堤经常修葺并向南延伸。元初已增筑至300里，明代万历四十三年（1615年），范公堤南起吕四场北至庙湾场，号称八百里有余。明、清两代由于黄河夺淮至苏北入海，海岸线不断向外推移，范公堤距海渐远至一二百里，堤外土地逐步被辟为盐场，民国以来又逐步得到围垦。

（查一民）

fang

方程分析法 equation-analyzing method

根据描述某类物理现象的数学物理方程，分析求得该类现象相似准则的方法。例如，据流体力学中著名的纳维叶-斯托克司（Navier-Stokes）方程可导出流体力学现象相似的4个准则，即谐时准则（斯特鲁哈准则）、重力相似准则（弗劳德准则）、黏滞力相似准则（雷诺准则）和流体压力相似准则（欧拉准则），适用于黏性不可压缩流体的各种运动。

（王世夏）

枋口堰

古代引沁河灌溉的著名工程，相传始于秦代（公元前221～前207年）。堰位于沁河出山峡处，今河南省济源县东北的五龙口。因引水闸采用木枋门，故称。干渠后称秦渠。汉代曾有修治扩展。曹魏初年（225年左右）司马孚改木门为石门。隋开皇十年（590年）左右，修利民渠，引沁水东流，溉河内（在今沁阳县）等县地，并延长渠道至温县，名温润渠。唐代有两次大修，灌田至五千余顷。（唐1亩≈今0.812亩）。北宋时毁坏。元代为广济渠所取代。

又称枋堰。曹魏"遏淇水东入白沟以通漕运"的大堰，建于建安九年（204年），《水经注》："魏武王于水口下大枋木以成堰，……其堰悉铁柱，木石参用"，又引《征艰赋》描述白沟枋堰道："洪枋巨堰，深渠高堤"。据今人分析可能是石底、石墙、铁柱，以大木为叠梁的溢流坝；也可能是一种分水铧嘴。

（陈　菁）

防

比堤为小的挡水建筑物。《周礼·地官·稻人》："以防止水。"《吕氏春秋·慎山》："巨防容蝼而漂邑杀人"《管子·度地》："令甲士作堤大水之旁，……大者为之堤，小者为之防。" （查一民）

防冲槽 erosion control groove

泄水建筑物下游海漫末端所设置的一道深槽式防冲设施。防止水流对海漫末端河床的冲刷，以保护海漫不受破坏。深槽内填有块石，当河床遭水流不断冲刷后，槽内块石自行坍塌在冲刷坑上游坡面，保护河床，并使冲刷坑不向上游延伸而破坏海漫，且冲刷随河床断面增大流速减小，最终趋于稳定。有时在水闸上游铺盖前端设置防冲槽，以免进闸水流流速较大时对铺盖的冲刷破坏。 （王鸿兴）

防海塘 seawall

① 又称"防海大塘"。在钱唐县（今杭州市西灵隐）东一里许，汉代华信所议立的海塘。郦道元《水经注》浙江（浙江，即钱塘江）水卷钱唐古县注引《钱唐记》："防海大塘在县东一里许，郡议曹华信家议立此塘以防海水，始开募有能致一斛土者，即与钱一千。旬月之间，来者云集。塘未成而复不取，于是载土石者皆弃而去，塘以之成，故改名钱塘矣。"这是我国历史文献中已知关于建筑海塘的最早记载。

② 古代浙江会稽（今浙江省绍兴市东部）一带的海塘。始筑于唐以前，唐代开元、大历、大和中曾三次增修。《新唐书·地理志》会稽："东北四十里有防海塘，自上虞江（即今曹娥江）抵山阴（今绍兴市西部）百余里，以蓄水溉田，开元十年（722年）令李俊之增修，大历十年（775年）观察使皇甫温、大和六年（832年）令李左次又增修之。" （查一民）

防洪保证水位 guaranteed stage

防洪工程能保证安全的最高洪水位，或防护区所能安全经受的最高洪水位。是修建防洪工程和制定度汛方案的重要依据，根据各河流特性、工程状况、政治经济影响、历史洪水等综合研究确定。汛期洪水位达到保证水位时，工程已处于严峻的洪水考

验阶段。　　　　　　　　　　　　（胡方荣）

防洪标准　criteria of flood-control
　　防洪工程抗御洪水能力的规定限度。用洪水出现的概率或重现期表示。设计防洪工程时,选用过大的洪水为设计依据,虽然安全,但不经济;反之,虽然经济,但不安全。需要制定安全经济的标准。通常分正常运用设计标准(简称设计标准)和非常运用设计标准(简称校核标准)。当洪水超过设计标准时,工程正常运用将遭到破坏;当洪水超过校核标准时,工程安全将受到威胁。　　　　　（胡方荣）

防洪措施　flood-control measures
　　人类为防御洪水灾害而采取的各种手段和方法。分防洪工程措施和防洪非工程措施。前者采用修建各种工程防洪的办法;后者通过洪水预报、洪水警报、洪泛区管理、洪水保险等,以减少洪灾损失或改变洪灾损失分担方式的方法。两者相辅相成。
　　　　　　　　　　　　　　　　（胡方荣）

防洪调度　flood regulation
　　发挥防洪效益而采用的控制运用方式。为确保防护对象及防洪工程本身安全,实现防洪任务,防洪调度中,应充分考虑防洪工程调度规程要求,并根据洪水特性及其演变规律和防护区实际情况,拟定合理的洪水调度方案,尽可能达到防护区洪灾损失最小和防洪工程综合效益最大的目的。　（许静仪）

防洪调度线　flood control curve
　　汛期防洪限制水位与设计洪水位之间的水库蓄水位(或蓄水量)变化过程线。根据设计洪水过程线,经水库调洪演算后得到。实际运行时,水库因兴利要求的蓄水位不得超过此线。当汛期库水位高于或等于此线时,水库按防洪调度规则运用。
　　　　　　　　　　　　　　　　（许静仪）

防洪法　flood-control law
　　为防汛与抗洪制定的专项法律。包括规定各级防汛机构的职责和权限,防御洪水方案制定和实施的基本原则,防洪、排涝中处理各有关部门之间关系的基本准则以及有关分洪、滞洪措施和相应规定的立法准绳。　　　　　　　　　（胡维松）

防洪法规　laws and regulations of flood control
　　防洪非工程措施的法规。根据洪水危险程度进行区划的洪泛区,制定出有技术依据的法律和政策,由政府或水利主管部门颁发执行。如1988年7月1日施行的《中华人民共和国水法》中的第五章就是关于防汛与抗洪的法规。　　　　　（胡方荣）

防洪非工程措施　flood control non-structural measures
　　通过技术、法律、政策等手段,缩小可能发生洪水灾害的措施。包括洪水预报、洪水警报、洪泛区的土地划分与管理、洪水保险、洪灾救济和紧急防洪措施。必须与防洪工程措施相结合,才能发挥更大效能。20世纪60年代正式形成防洪非工程措施的概念。中国在20世纪50年代就采用工程措施与非工程措施的洪水预报、警报和救济相结合的办法,对减少洪灾损失取得明显效果。　　　　　　（胡方荣）

防洪工程　flood control projects
　　为防止洪水泛滥、减轻洪水灾害而修建的工程。主要作用是提高河道宣泄能力、适当控制上游洪水来量。其措施有修建水库、整治河道、整修堤防、开展水土保持、利用湖泊或低洼地区蓄洪、向相邻流域分洪和增辟入海洪道等。洪水时防护堤坝、保证安全的工程措施也属这类。　　　　　　（胡方荣）

防洪规划　flood control planning
　　为防治洪水灾害而制定的水利规划。一般在流域规划或地区水利规划的基础上进行,任务是拟定防洪标准和相应的防洪措施,选用最优方案,进行技术经济论证。按目的和要求,分流域防洪、地区防洪、城市防洪和单项防洪等规划。按工程措施规划分,有修筑堤防工程,河道整治工程,开凿分洪道及开辟滞(蓄)洪区,修建水库以及清除河障等。按非工程措施规划分,有洪水预报、预警系统,抢险应急办法,洪泛区管理,超标准洪水对策等。
　　　　　　　　　　　　　　　　（胡明龙）

防洪河道整治　river regulation for flood protection
　　为河道安全度汛全面进行的治理工程。一般包括防止洪水漫溢的堤防工程和保护堤岸免受水流冲刷的护岸工程,以及疏导洪水顺利通过的裁弯取直和滩地清障工程等。在某些情况下利用邻侧河渠或堤外洼地和湖泊进行的分洪滞洪措施,也可认为是为防洪而治理河道的措施之一。　　　（周耀庭）

防洪库容　flood-control storage
　　防洪高水位与防洪限制水位之间的库容。为了汛期安全泄洪,以削减洪峰、拦蓄部分洪水而预留的部分水库容积。　　　　　　　　　　（许静仪）

防洪枢纽　flood control hydro-junction
　　为防止或减轻可能的洪水灾害而兴建的水利枢纽。一般是在河流中上游山区、丘陵区选择有利位置修建拦河坝以形成能拦蓄洪峰的水库,同时修建溢洪道等泄水建筑物,以便在洪峰进库后以下游防洪安全容许流量泄放至预定低水位,腾出库容(参见防洪库容),迎接下一次洪峰,并保护拦河坝不致漫顶冲毁。在河流中下游平原地区,有时为补河道行洪断面不足或堤防标准不够,可选择一片低洼地区作为滞洪区,遇大洪水时可向该区分洪,削减下泄洪峰,以滞洪区相对较小的损失换取大片地区

的抗洪安全，洪峰过后再将滞水排放回河流主槽。滞洪区所应建造的分洪闸、退水闸和堤防等也组成防洪枢纽。 （王世夏）

防洪限制水位 controlled level before flood

汛期中允许水库兴利蓄水的上限水位。根据洪水特性和防洪要求，在汛期不同时段分期拟定。 （许静仪）

防洪兴利联合调度图 joint operation chart for flood control and water conservation

防洪调度线与兴利调度线所组成的调度图。图上的防洪调度线与防破坏线相切，有结合库容，水库可同时满足防洪与兴利要求。水库正常运行方式是通过防洪兴利联合调度图来控制实现的。这张图上的调度线及调度区的含义同水库调度图。 （许静仪）

防浪墙 wave wall

防止波浪涌上顶面的挡墙。设在坝顶上游侧，应高于可能出现的风浪涌高。可采用浆砌石或钢筋混凝土结构，墙底应与防渗体连接。 （束一鸣）

防凌措施 ice control measures

防治江河、湖泊、港口以及水工建筑物受冰凌危害采取的措施。根据不同危害类型，采取不同防治措施：冰凌冻结江河、湖泊、港口，影响航运交通，采用破冰船破冰，或在港岸和船闸附近用空气筛等防冻措施；冰凌冻结水电厂的引水渠，或阻塞拦污栅，影响发电出力，可设法抬高渠道水位，促使形成冰盖，防止产生水内冰；冰凌冻结各种泄水建筑物闸门，影响启闭运用，采取加热或其他防冻措施；冰凌撞击建筑物，采用局部加固或破碎大块流冰等措施；冰盖膨胀时，增加建筑物荷载，应在设计建筑物时考虑，也可在建筑物临水面设置表底水流交换器防冻，或安放圆浮筒减少冰压力传递等措施。 （胡方荣）

防破坏线 firm output curve

又称保证供水线。在水库保证正常供水前提下，相应设计枯水年份各种可能出现的库水位外包线。当库水位低于此线时，水库供水不得大于保证供水值，以使设计枯水年正常工作不致遭到破坏。 （许静仪）

防弃水线 full load running curve

又称加大供水线。水库按最大需水量或电站最大过水能力工作的条件，相应丰水年份可能出现的库水位内包线。 （许静仪）

防守与抢险 flood protection and emergence defence

对防洪设施组织防守及出现险情时采取抢护的工作。主要包括：汛前准备，建立防汛指挥系统，组织防汛队伍，防汛物料和交通运输工具准备，技术准备，建立健全报汛站网，做好气象及水文预报准备，制订防守措施方案；根据江河水位情势（设防水位、警戒水位和保证水位）进行不同程度的巡守防护工作；对水工建筑物出现的险情进行观察与鉴别；当水利工程出现险情时，进行抢险。 （胡方荣）

防淘墙 erosion control wall

又称防冲墙。泄水建筑物下游末端，为防止下泄水流深淘河床，危及结构物而设置伸入地基的深齿墙。常设在溢流坝、防洪水闸、溢洪道等下游消能防冲结构末端，如护坦、静水池、挑流坎或海漫末端等，以保护消能防冲结构物不受淘空。墙深应大于可能淘刷的深度或与坚固耐冲的岩层相连。多为混凝土结构。在山区河道上，为防严重的冲刷，可采用防冲裙板与防淘墙相结合的消能防冲措施。 （王鸿兴）

防汛 flood control, flood prevention

汛期防止洪水成灾的各项修守工作。为了充分发挥已有防洪体系作用，保障保护区安全，汛期要对堤防、闸、坝、铁路和桥梁等进行防守和险情抢修工作。防汛工作包括：汛前检查，报汛，组织防汛抢险队伍，物质准备和技术准备等。 （胡方荣）

防汛抢险费 emergency cost of flood control

在防汛抢险中消耗的器材、设备和防汛劳动工资等费用。该费用与险情大小、防护对象、防护范围和时间长短密切相关。 （戴树声）

防汛组织 flood control organization

为防汛而设立的政府性专门机构。在汛期，中央设置防汛总指挥部，负责全国防汛工作的组织、指挥、调度工作；省(市、区)、县也设防汛指挥部；各大江河，还设有流域性防汛指挥部，分别负责辖区和流域内的防汛组织和指挥工作。 （胡方荣）

防治土壤盐碱化 Prevention and reclamation of saline soils

防止表层土壤积盐和改良利用盐碱地的技术措施。预防土壤积盐的主要措施是把地下水位控制在临界深度以下，并采用增加农田植被、增施有机肥料等农业技术措施，改良土壤结构，减少潜水蒸发。对已经盐碱化的土地，要采取灌水洗盐、种植水稻等措施，使土壤迅速脱盐，为农业利用和进一步改良土壤理化性状打下良好基础。排水对预防和改良盐碱地有着十分重要的作用。 （房宽厚）

放淤

利用含沙量大、肥分多的浑水灌溉，并沉积泥沙以肥田或造田的措施。《汉书·沟洫志》：郑国渠成，"用注填阏之水，溉舄卤之地四万余顷，收皆亩一锺。于是关中为沃野，无凶年。"颜师古注："注，引也。阏读与淤同,音于据反。填阏谓壅泥也。言引淤浊之水灌咸卤之田,令更肥美,故一亩之收至十斛四斗。"又西汉民众称赞引泾水溉田的白渠:"田于何所?池阳谷口。郑国在前,白渠起后。举臿为云,决渠为雨。泾水一石,其泥数斗。且溉且粪,长我禾黍。衣食京师,亿万之口。"这些都是古代放淤灌溉的事实。放淤方式大致有:①利用山区雨洪淤灌,筑淤地坝拦洪落淤成田。②河滩引洪漫淤造田,于河中作坝,滩地作埂,引洪漫滩留泥成田。③多沙河流下游放淤,如宋熙宁时(1068~1077年)大规模放淤,采用斗门、涵洞、石硪、引水渠、排水沟、田埂等工程配套,形成方格放淤,淤田数万顷。我国古代放淤多施行于黄土高原及黄河、漳河、永定河、滹沱河等多沙河流的下游。明、清代还利用河滩落淤和堤背放淤来固堤。河滩落淤有植柳落淤,放水入缕、遥两堤间落淤,利用丁坝、埽工、木龙落淤,及挖"进黄沟"引水入滩区洼地落淤等形式。堤背放淤有月堤放淤,涵洞放淤及埽后放淤等形式。 (查一民)

fei

飞槽 又称飞渠、架槽。即今之渡槽。《水经·渭水注》记西汉时长安西南在跨越沈水支渠的渠道上建有飞渠。南宋绍定元年(1228年)在今湖北枣阳县的平堰灌区中,建有长达八十三丈的飞槽,跨越河道和山岗,名为通天槽。《宋史·河渠志四》:"哲宗元祐元年(1086年)……又即宣泽门外仍旧引京、索源河,置槽架水,流入咸丰门。" (查一民)

非常溢洪道 emergency spillway
又称应急溢洪道。水利枢纽中用以泄放超过溢洪道设计标准的可能特大洪水的非常应急设施。与正常溢洪道不同,它是只在非常洪水情况下才启用的保坝措施,启用时将有一定损失,但可免除主坝溃决导致的巨大灾难。一般有自溃式和破副坝式两种。前者指在适当位置与高程专门修建的自溃坝,当水库水位超过保证主坝安全的最高容许水位时即自溃泄洪,参见自溃坝(342页);后者指枢纽恰有位置、地形和地质条件适当的副坝可以利用,遇特大洪水时挖开或炸开副坝泄洪,以保主坝。
(王世夏)

非牛顿流体 non-Newtonian fluid
流变学中表达剪切力与切变速率之间关系的数学方程不符合牛顿表达式的流体。清水水流和一般挟沙水流的流变方程均符合牛顿定律,即

$$\tau = \mu \frac{du}{dy}$$

τ 为剪切力;$\frac{du}{dy}$ 为切变速率;μ 为黏滞系数;u 为流速。含沙量超过一定限度后(特别是细颗粒含量),剪切力与切变速率之间的关系不再符合牛顿定律。如:高含沙水流。 (陈国祥)

非线性规划 non-linear programming
目标函数或约束条件中包含有自变量非线性函数的规划问题。求最优解的方法可归纳为:间接寻优方法(也称解析法)及直接寻优方法(也称搜索法)两大类。后一种是数值方法,又可分为消元法和爬山法。工程设计、过程设计、结构设计等问题,水资源系统分析中的水库优化调度、水资源管理问题等都可表示为非线性规划问题。 (许静仪)

非溢流坝 non-overflow dam
坝顶不容许过水的拦河坝。水利枢纽的拦河坝坝型为土石坝时常将全坝建成非溢流坝,相应设置河岸溢洪道;拦河坝为混凝土坝、浆砌石坝等坝型时常将河床中一段建成溢流坝,但靠岸两段一般仍为非溢流坝;混凝土或浆砌石溢流坝段与非溢流土石坝段混合布置时应注意建好两种材料的联结部分;小型工程偶也有非溢流坝段与溢流坝段都采用土石坝的,但应有专门的防冲保护设施。 (王世夏)

非溢流重力坝 non-overflow dam
坝顶不具备泄水功能的重力坝。可用混凝土或浆砌石材料建造。常用的剖面有上游面铅直、倾斜或上部铅直下部倾斜的三种形式。设计剖面时,按照安全和经济要求的原则,从理论上研究拟定基本剖面,再根据运用和施工要求修改成实用剖面,然后进行详细的应力分析和稳定验算,必要时根据计算结果再行修正。最后还要进行坝体分缝、止水、排水、廊道等细部构造及地基处理的设计。随着结构优化设计的发展,中国自20世纪70年代已开始采用坝工优化设计,目前已有专门的优化设计程序可供应用。 (林益才)

肥水灌溉 fertilized water irrigation
利用含有一定量硝态氮的地下水灌溉农田。地下水由于长期受到生活污水、农田中有机肥、工业排放含有氮元素的污水的污染,加之潜水埋深小,地下水出流不畅,潜水蒸发后浓缩,致使氮元素在潜水中集聚。肥水多分布在古老的村镇和动物遗体集中的地区。用它灌溉农田,可减少施用氮肥,有明显的增产作用;但要结合施用钾、磷肥,以防止作物生长过分茂盛,贪青晚熟,容易倒伏等弊病。 (刘才良)

废黄河零点 Old Huanghe Zero Datum
位于江苏省废黄河口,以平均海平面为零起算。旧高程基点之一。将此系统化成黄海零点系统应加入的改正数为-0.063m。 (胡方荣)

费用分摊 cost allocation, cost apportionments

在综合利用水利工程各水利目标之间分摊总费用。在分摊总费用前，要先计算共用工程费用或剩余费用，将它们在各水利目标间进行分摊，也可直接将总费用分摊。分摊方法很多，主要有：①按水利目标主次地位分摊；②按主要参数的比例分摊，如按分配给各水利目标的水库库容比例或使用水量比例进行费用分摊；③按各水利目标效益的比例分摊；④按可分费用剩余效益法分摊；⑤按最优等效替代工程费用比例分摊。

（谈为雄）

fen

分布参数模型 distributed model

见水文模型（253页）。

分层式进水口 layered intake

进水塔上分层设置取水孔并设闸门控制的进水口。适用于库内水位变化很大的灌溉引水工程。优点是在各种不同水位情况下，都能保证引取水温较高的表层水，以利农作物的生长。

（张敬楼）

分层式取水 layered intaking

有坝取水中，为防止泥沙入渠，采取进水闸引取表层较清水流，排除含沙较多底流的一种取水方式。进水闸分两层闸孔，上层为一般开敞式闸孔，可引入较清的表层水流入渠，下层为数条冲沙底孔，可引入含沙量大的底流并经冲沙廊道排至拦河坝下游。按进水闸的布置可分侧向分层式取水及正向分层式取水。前者进水闸与拦河坝斜交，水流侧向进闸；后者进水闸与拦河坝在同一坝轴线上，水流正向进闸，因水流进闸时不发生弯曲，减少粗沙入渠，较前者有效。但后者进水闸设在河床中而须转向河岸入渠，建筑物结构复杂，对河床要求较宽，适于平原河道。

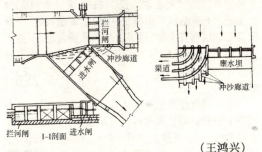

（王鸿兴）

分汊型河道 anabranched channel

中水河槽宽窄相间，窄段为单一河槽水深较大，宽段有沙洲将水流分为若干股的河道。这类河道的演变特点为：沙洲与河岸线不断移动变形，分流比与分沙比产生相应变化，导致主支汊道周期性兴衰交替。这类河道多存在于河谷宽阔且组成物质沿程不均匀，上游有节点或稳定边界条件、流量变幅不过大含沙量不过高的河流中。这类河道因水流分散水深较小，主支汊兴衰交替不稳定等也常给水利水运建设带来一些问题，需要进行一定整治。

（陈国祥）

分汊型河道整治 regulation of anabranched river channel

对比较稳定的少汊河道为使行洪通畅或改善航行条件而进行的治理。分汊河段水流分散，有时主航槽水深不足。各汊自然演变后，分流比也随之改变，有时主支汊易位，航槽不能稳定。为此采取护岸、固滩或锁坝等工程措施，使分汊状态稳定或削枝强干，以满足通航、行洪和行引水等生产建设的要求。

（周耀庭）

分洪工程 flood diversion projects

为分蓄和滞留洪水修建的工程。将超过河道安全泄量的洪水分入其他河流、湖泊和分洪区，减轻洪水对原河道两岸防护区威胁，减免洪水灾害。是防洪体系中的重要组成部分。包括进洪设施（进洪闸）、分洪道、分洪区，避洪安全设施和泄洪排水设施。按自然条件和防洪要求分有不同布局方式为分洪直接入海或邻近河、湖；绕过狭窄河道或防护区，返回原河道；分入洼地或预定的分洪区，经滞蓄调节错峰后退回原河道；另开一段溢洪道减少来汇支流的洪水，绕过保护区再汇入主河道等。

（胡方荣）

分洪区 area for flood diversion

利用湖泊、洼地及修筑围堤或利用老的圩垸加高加固，以滞蓄洪水的区域。一般分洪区兼有滞洪和蓄洪两种作用。到达设计蓄洪水位之前，分洪运用为蓄洪；当超过设计蓄水位时，采用"上吞下吐"的运用方式，为滞洪或行洪的运用方式。如荆江分洪区和黄河东平湖区等。

（胡方荣）

分洪水位 flood diversion stage

在河道上采取分洪措施时的分洪起始水位。根据分洪口以下原河道安全泄量确定。河道冲淤变化不大的河流，其水位流量关系比较稳定，在分洪口，相应流量的水位也是分洪的起始水位。对水位流量关系不稳定的河道，还要分析历次洪水的冲淤规律、支流入汇、湖泊分流等因素，结合河段情况和分洪要求，综合分析确定。

（胡方荣）

分洪闸 flood diversion sluice

修建在河流分洪区或滞洪区进口，控制并宣泄分洪流量的水闸。用以分泄天然河道中超过安全泄量的多余洪水进入湖泊、洼地等预定分洪区或滞洪区，削减洪峰流量和水位，保障下游河道安全。闸门平时关闭，分洪时开启，以分洪区或滞洪区较小的淹没损失换取下游大片地区及城市的安全。如著名的中国荆江分洪工程就是长江干流上分洪闸一例。

（王鸿兴）

分基型泵房 separate-footing pump house

水泵、动力机的基础与泵房的基础分开建筑,无水下结构的泵房。这种泵房结构简单,施工方便,可采用砖、石、木材等当地建筑材料。它的通风、采光、防潮等条件较好,有利于机组的运行和维护管理。适宜安装卧式水泵。建于水源水位变幅小、地下水位较低的地方。

（咸锟）

分溜

河道水流因遇漫口或浅滩而发生分歧者。《回澜纪要》:"漫口有分溜、夺溜之别,如大溜尚走正河,漫口不过分溜几分,谓之分溜。"

（查一民）

分流 diversion

采用人工或自然方法将一部分河水分泄入另一河道或单独入海。古代治黄方略之一。主张将黄河水分引出一部分用于灌溉;汛期则分泄一部分洪水由其他河道入海。最早提出这一主张的是西汉末年待诏贾让。之后历代治黄家中,均有主张分流者。分流亦用于其他河道整治,如灵渠分流入湘入桂;都江堰分水入内入外。

（查一民 胡方荣）

分流区 bifurcation

江心洲首部水流开始分歧的区域。分流区内断面扩大,水流分散,局部阻力增大,纵比降沿程减小,甚至出现倒比降,同时往往存在横比降和横向环流,并伴随有回流产生,因此常常引起泥沙淤积,形成边滩和浅滩,使航行发生困难。

（陈国祥）

分期导流 stage diversion

水工建筑物沿轴线分段分期建造时采用的导流方式。常分两段,也有分成三段或多段,视工程施工需要而定。优点是前期导流利用原河床,后期利用坝体预留的通道泄水,可省去专用导流泄水建筑物,降低造价,有利于提前施工,降低施工强度。缺点是需要修纵向围堰,建筑物(如土石坝)分段施工时,联结处要妥加处理,以保证工程质量。适用于河床宽阔、流量大的大中型工程。

（胡肇枢）

分期设计洪水 design flood in a partial period of a year

年内不同季节或指定时期的设计洪水。分期原则是流域洪水季节性变化规律和工程设计中对不同季节的防洪安全和分期蓄水的要求。 （许大明）

分水河

主河道之外的行水河道。用以分泄主河道的一部分流量,以增加整个水系的行水能力,减轻主河道的行洪负担。

（查一民）

分水线 divide

又称分水岭。集水区周围最高点的连线。有地面分水线和地下分水线,前者是汇集地表水的界线,后者是汇集地下水的界线。一般把地面分水线作为流域的分水线,使雨水分别汇集到各自的河流中去。

（胡方荣）

分水闸 diversion sluice

建于灌溉渠道分支的进口处,用以分配水量的水闸。将上一级渠道的来水按一定比例分配到下一级渠道中。可兼作支水用。其形式有开敞式及封闭式两种。前者为露天的,结构简单;后者为涵洞,上有填土覆盖,主要修建在深挖渠道上。

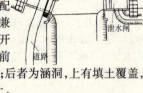

（王鸿兴）

分水之制

在原河道之外开辟分水河道,分泄原河道的一部分流量,以减轻其行水负担的方略。《史记·河渠书》:"禹以为河所从来者高,水湍悍,难以行平地,数为败,乃厮二渠以引其河。"司马贞《索隐》:"厮,即分其流泄其怒是也。"《宋史·河渠志一》:"於此二州(滑、澶)之地,可立分水之制,宜於南北岸各开其一,北入王莽河以通于海,南入灵河以通于淮,节减暴流。"

（查一民）

汾河 Fenhe River

发源于山西省宁武县管涔山,至河津县西流入黄河的黄河第二大支流。长716km,流域面积3.94万km²。上游沿吕梁山南行,中游贯太原盆地,至介休县义棠镇河谷变窄,过灵石峡入临汾盆地,下游河道开阔。有岚河、浍河等支流汇入,干支流上建有汾河水库、文峪水库等。

（胡明龙）

濆水

古代具有灌溉效益的大泉水。《水经注》称分布在今山西省临猗县和陕西省合阳县间黄河两岸的濆水有四处,河中洲渚上又有一处。其中位于临晋(今临猗县西)的濆水"口大如车轮",流量最大,俗称濆魁。至迟在西晋时期,河东的濆水已引入陂塘灌溉。隋开皇九年(589年)蒲州刺史杨尚希"复引濆水,立堤防,开稻田数千顷"。唐代引合阳濆水入通灵陂存蓄灌田。清乾隆三十四年(1769年)统计合阳五处濆水共灌田1600余亩。至民国时流量减少,灌田不多。

（陈菁）

feng

丰满水电站 Fengman Hydroelectric Station

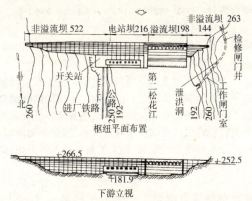

第二松花江上的大型水电站。在吉林省吉林市境内。日本侵占东北时，1937年始建，1943年发电。1945年日本战败时，完成土建工程89%，安装工程50%。1948年东北解放，为确保大坝安全，委托前苏联列宁格勒水电设计院作修复和扩建工程设计，1953年土建工程基本完成，1959年建成。水库库容107.8亿 m³，其中防洪库容 26.7 亿 m³，调节库容53.5 亿 m³；装机容量 55.4 万 kW，年发电量 18.9亿 kW·h。建筑物有重力坝、厂房、泄洪洞等，坝高90.5m，长 1 080m。以发电为主，兼及防洪、航运。上游白山水电站建后，提高径流调节能力，可增加装机容量37 万 kW，总共达 92.4 万 kW。伪满水电建设局设计，长春水力电气建设局、丰满水电工程局改建。

(胡明龙)

丰兖渠

隋前期山东兖州的引水通运工程。开皇元年至八年(公元581～588年)间，薛胄任兖州刺史时筑石堰拦截城东的沂、泗二水(原合而南流)，使其西注以通转运，并使原来的沼泽地尽为良田。元代初开济州河时曾重修薛胄旧堰为滚水石坝，引泗济运，明代称金口坝。元、明、清三代都用于引泗水济运。

(陈 菁)

风暴潮 storm surge

又称风暴增水、气象海啸。强烈气象因素引起的水面异常升降现象。由台风、温带气旋、冷锋的强风作用和气压骤变等引起。是一种重力长波，分为温带气旋引起的温带风暴潮和热带风暴(台风)引起的热带风暴潮两类。它和相伴的狂风巨浪，可引起水位暴涨、堤岸决口、农田淹没、房摧船毁，酿成灾害。例如，1970年11月12～13日发生在孟加拉湾沿岸地区的一次飓风暴潮，最大增水超过6m，曾导致20余万人死亡和约100万人无家可归。

(胡方荣)

风洞 wind tunnel

用气流模型试验研究流体运动的主要设备。其中流体与固体(例如飞行物、旋转物、固体边界等)的相对运动是以气体流向静止的固态模拟物实现，气流则由电动机驱动风扇产生。按其运行的马赫数范围可分为低速风洞、高亚音速风洞、跨音速风洞、超音速风洞和高超音速风洞等，也有一种能在2～3个速度档次变化的风速风洞。

(王世夏)

风浪 wind waves

在风直接作用下海水出现的波动。风浪波形不规则，背风面较迎风面陡，在强风作用下翻倒、破碎，伴有浪花和泡沫，波高和波长大小不一，波峰线较短，周期较小，波向基本上与风向一致。

(胡方荣)

风浪抢险 defence against stormy waves

堤、坝工程遭受风浪冲击破坏的抢护工作。江河、湖库等水体，汛期涨水，水面、水深增大，风浪高度大，堤坝边坡易遭受破坏。可采取挂柳、挂枕、土袋、柳笆、秸柳等加强堤坡抗冲能力，以防风浪冲击破坏。

(胡方荣)

风冷式发电机 generator with air cooling system

见发电机冷却(62页)。

风力泵站 wind power pumping station

以自然风力为动力带动水泵提水的泵站。用风力机把风能转换为机械能，带动水泵提水排灌。利用风力资源，无须耗电、耗油且干净卫生。中国现代风力提水机的研制起始于20世纪50年代。世界上发达国家在20世纪70年代后期对风能利用十分重视，先后制订了发展计划并进行投资。预计风力提水机将会日臻完善，达到一个新的水平。

(咸 锟)

风力水车 wind-powered waterwheel

利用风力作动力的提水机具。由风车和水车两部分组成。水车可用龙骨水车、管链水车等。风车在中国已有几千年的历史，传统风车有：立轴立帆式(又名走马灯式或大八卦式)，风轮由八面与船帆相似的布篷组成，适用于任何风向，可带动龙骨水车提水；横(斜)轴篷式，风轮旋转平面与风向垂直，人工调向。风轮由3至18面篾席或布篷组成，通过铁链或传动齿轮带动龙骨水车提水。20世纪50年代以后，中国研制的新型风车有 55 型风力管链水车、三叶螺旋桨风车、多叶式风车等。国外最早应用风力提水出现于8世纪。荷兰于公元1400年前后开始采用风车排水。地中海沿岸在20世纪40年代就有

5万台风车提水灌溉。　　　　　（咸　锟）

风蚀　wind erosion

风力作用下土壤颗粒随风跳动、滚动或随风飞扬的现象。常发生在中国长城以北和西北风沙区。这些地区的特点是地形平坦，土壤疏松，干旱多风，植被稀少等。侵蚀程度和风速有关：风速在4~5m/s时，便可产生风蚀；风速达8m/s以上，则会产生严重风蚀。常采用植树种草等措施加以治理。
　　　　　　　　　　　　　（刘才良）

封冻　freeze-up

河流等水体形成连续不断的冰盖现象。当流冰冰质较硬，呈圆盘状，宽度大于水面约70%时，在排泄不畅的狭窄段、陡弯和浅滩等处，凌块受阻，互相冻结，逆流而上，形成冰盖。其面较平整的称平封，凌块受水流或风力作用呈倾斜叠置的称立封。
　　　　　　　　　　　　　（胡方荣）

封拱灌浆　arch seal grout

为使拱坝形成整体而对施工期的径向横缝进行灌浆封堵的措施。拱坝是空间整体结构，但为施工期混凝土散热和降低收缩应力，需要分段浇筑，各段之间形成收缩缝，如径向横缝。在坝体混凝土冷却到年平均气温左右（封拱温度），混凝土已充分收缩后，再用水泥浆灌注，以保证坝体整体性，发挥拱的作用。封拱灌浆前，在坝块缝面上常设有键槽，预埋进浆和回浆循环式灌浆管路、出浆盒、排气槽、排气管和止浆片等。也有采用软塑料管拔管形成灌浆支管和灌浆系统，既节省灌浆费用，又提高灌浆效果。此外，为水库提前蓄水发挥效益，可采用重复灌浆达到最终封拱。优点是可提前灌浆封拱，待再度收缩产生新的裂缝后，再次进行灌浆，施工过程不再受散热条件严格限制，然而重复灌浆设备质量不易保证，实际应用不多。　　　　　　　　　（林益才）

封河期　freeze-up period

河流水面形成连续不断的冰盖并继续增厚的时期。多出现在寒冷冬季的北方河流中，封冻时河流断航，其长短随当地气温而变。　　（胡方荣）

峰谷电价　electricity price for peak load or trough load

又称分时电价。按高峰用电和低谷用电分别计算电费的一种电价制度。峰谷电价以当期电网的平均电价为基准，根据电网的具体情况，按一定比例上下浮动。高峰及低谷按用电单位是否集中、用电负荷高低、供电是否紧张划分，前者多为白天，后者多为夜间。实行峰谷电价是利用经济手段调整用电负荷，促使用电单位错开用电时间，缓和高峰用电矛盾，增加低谷用电，提高电力工业社会经济效益。据有关规定，峰谷价差可适当拉大，高峰电价可为低谷电价的2~4倍，在有调整用电负荷能力的用户中试行。　　　　　　　　　　　　　（施国庆）

峰荷　peak load

见日负荷图（206页）。

峰荷煤耗　coal consumption of peak load

见煤耗（169页）。

峰量关系　relationship between peaks and volume of floods

本站同次洪水的洪峰与洪量的相关关系。峰量关系线的绘制应依据较多的点据。本站的洪峰洪量或不同时段的洪量相关线的形式与暴雨特征及河网调节特性有关。本次洪峰量关系，因受暴雨历时、暴雨分布和峰型的影响，相关关系可能不够密切，则应引进适当的参数，以改进相关关系。
　　　　　　　　　　　　　（许大明）

凤滩空腹重力拱坝　Fengtan Hollow Gravity Arch Dam; Fengtan Gravity Arch Dam with Cavity

湖南省沅陵县酉水上的重力拱坝。1979年建成。坝高112.5m，混凝土总量123万m³。供发电、灌溉、航运之用。湖南省水电设计院设计，凤滩水电工程局施工。　　　　　　　　　　（胡明龙）

凤滩水电站　Fengtan Hydroelectric Station

长江水系沅水最大支流酉水上一座大型水电站。在湖南省沅陵县境内。1980年建成。总库容17.15亿m³，为季调节水库，有效库容10.6亿m³；装机容量40万kW，年发电量20.43亿kW·h。兼有防洪、灌溉、航运等效益。建筑物有大坝、厂房、筏道等。坝型为定半径混凝土空腹重力拱坝，高112.5m，长488m，轴线半径243m，拱顶中心角115°。坝顶溢流，最大泄量为3.26万m³/s，是世界上拱坝顶最大的泄量。厂房设在坝内，共4台机组。筏道采用桥式垂直升船机，可过50t级船舶，年货运能力单向14.5万t，木材10万m³。湖南省水电设计院设计，凤滩水电工程局施工。

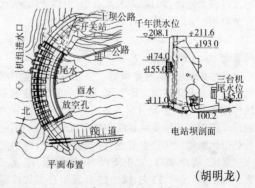

　　　　　　　　　　　　　（胡明龙）

缝隙式喷头　Chink-type sprinkler

压力水流从缝隙中喷出，在空气阻力作用下裂散成水滴的固定式喷头。由喷体和管接头等组成。一般在封闭的管端附近开出一定形状的缝隙，作为出水口。有时使缝隙和水平面成30°的夹角，以便获得较大的射程。结构简单，容易制作；但缝隙易被污物堵塞，两端水流比较集中。 （房宽厚）

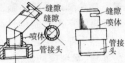

fu

弗朗西斯式水轮机 Francis turbine
见混流式水轮机(120页)。

弗劳德数 Froude Number
重力作用下力学现象的相似准数。其物理意义为惯性力与重力之比的无量纲数。主要用于水力学和流体力学，是判别流态的重要参数，并以其同量作为现象相似的必要条件之一。一般表达形式为
$$Fr = v/\sqrt{gl}$$
v 为速度，g 为重力加速度，l 为特征长度。用于明渠水流运动时，v 的流速，其特征长度可取水力半径或水深 h，于是 Fr 又表征流速与微波波速 $\sqrt{gh}$ 的比值；Fr 愈大则水流愈急；Fr=1 是缓流与急流的临界点，Fr>1 为急流，Fr<1 为缓流。 （王世夏）

弗劳德准则 Froude Criterion
见重力相似准则(337页)。

伏尔加格勒水电站 Volgograd Hydro Plant（Волгоградская гидростанция）
前苏联伏尔加河上的大型水电站。因靠近伏尔加格勒而得名。1958年建成。大坝为重力坝、土坝和堆石坝混合坝，高47m，长3974m。水库延伸540km，最宽处17km，面积3 117km²，总库容315亿m³，有效库容82亿m³。水电站装机容量256.3万kW，为伏尔加河上最大水电站。兼有航运、灌溉、渔业和供水等综合效用。 （胡明龙）

伏尔加河 Volga River(волга)
源出瓦尔代丘陵，由北向南流，经森林带、森林草原带和草原带，注入里海的欧洲第一大河。世界最长内陆河流。有俄罗斯"中心街道"之称。全长3 690km，流域面积136万km²，河口平均流量为7 710m³/s，平均年径流量2 390亿m³。上、中游河网密集，支流众多，约200余条，最大支流有卡马河和奥卡河。全河总落差256m，河宽水深，适宜航运，干、支流通航3 194km，航期7～9个月。全流域人口稠密，经济最发达，土地肥沃，气候宜人，森林茂密，矿产丰富，水资源居冠。沿河有许多重要城镇和港口，如古比雪夫、萨拉托夫、喀山、高尔基、伏尔加格勒等城和加里宁、雅罗斯拉夫尔、阿斯特拉罕等河港。干、支流上建有雷宾斯克、高尔基、卡马、古比雪夫及伏尔加格勒等大型水利枢纽。建成伏尔加-波罗的海运河，伏尔加-顿河列宁运河，北德维纳运河，莫斯科运河和白海-波罗的海运河，将亚速海、黑海、里海、白海和波罗的海相连，有"五海之河"之称。 （胡明龙）

伏汛 summer flood
夏季三伏前后，由于流域上的暴雨或高山冰川和积雪融化，使河水急剧上涨的现象。 （胡方荣）

扶壁式挡土墙 buttressed retaining wall
一种建造有间隔扶壁的轻型结构挡土墙。由直墙、底板及扶壁三部分组成。主要利用底板上的填土重量维持墙身稳定。并调整前趾长度使地基压力分布均匀以适应地基承载力及不均匀沉陷的要求。扶壁为挡土直墙的支撑，直墙在竖向为一固结在底板上的悬臂梁，横向为固结在扶壁上的连续板结构。发挥双向受力的特点，充分利用材料的强度，使直墙厚度小、重量轻。适用于承载力较低的软土地基。当墙高大于9～10m时采用该式较悬壁式经济。用钢筋混凝土建造。当墙高较低(5～6m以下)时，亦可用浆砌块石建造。 （王鸿兴）

芙蓉圩
明代太湖流域大型圩田。位于今江苏常州市东北23km，地跨武进、无锡两县。原为芙蓉湖，相传为战国时楚国所凿，周围1.7万顷。年久淤浅。据《芙蓉圩修堤录》载，明宣德正统年间(1426～1449年)巡抚周忱致力于太湖水利治理，"上筑溧阳东坝，下疏江阴黄田港，湖水遂涸，分筑各大圩，召民开垦，湖遂为田"。其中以芙蓉圩为最大，纵横20多里，周围60余里，有农田10.8万余亩。圩田修成后，经营管理细致，明、清虽曾五次因洪水破圩，但都很快修复，至今仍是当地重要的农业区。 （陈　菁）

浮标测流 float measurement
通过测定水面或水中的天然或人工漂浮物随水流运动的速度以推求流量的方法。是一种简便有效方法。浮标按形式分为水面浮标、双浮标和浮杆等。根据上、下游断面的间距及浮标通过上、下游断面所需的历时，可求出浮标流速，称虚流速；确定浮标通过中断面的位置，绘浮标流速沿河宽分布曲线；利用借用断面以推算流量。由浮标测流推算出的流量称为虚流量，以 Q_f 表示，则实际流量 $Q = K_f Q_f$。K_f 称浮标系数，可通过用流速仪测流与浮标测流同时比测推求；也可用经验公式或半经验公式确定。 （林传真）

浮山堰

又称淮堰。南朝梁天监十三年至十五年间(514～516年)建于淮河上的拦河坝。位于淮河南岸的浮山(在今安徽五河县境)至北岸的巉石山之间,堰长9里,下宽140丈(约346m,梁1丈≈2.47m),上宽45丈(约111m),高20丈(约49.4m),为中国古代最长的拦河坝。梁用此堰壅断淮水,以灌北魏之寿阳城。天监十四年堰成不久即溃决;后又重筑,十五年堰成,蓄水深达19.5丈(约48.2m),回水向上游淹没两岸几百里,坏寿阳城,北魏军被迫移戍至八公山南,另筑魏昌城。是年秋,淮水暴涨,堰溃决,水声若雷,300里外都能听到,沿淮城戍居民村落10余万人口皆漂入于海。普通六年(525年)曾一度重修,后即不见记载,堰址早已无存。　(查一民)

浮体闸　floating-gate sluice

利用水力装置操纵闸门启闭的水闸。其中一种形式的闸门是由位于下游的主闸板及位于上游的上下两扇可折叠的副闸板组成的一个闸门体,并用铰与闸底板相连。闸门体与两侧岸墙及闸底板共同形成封闭的腔体。在岸墙内设有连通上、下游及腔体的输水廊道。当需要闸门挡水时,可操纵上游输水设备向闸门腔体充水,藉助水压力不断增长促使卧倒的闸门体升起,从而促使上游水位也不断地抬高,直至折叠的副闸门被拉直,上游水位升至最高水位为止。如需闸门下降时,可操纵下游排水设备将腔体内的水排入下游,闸门便逐渐下降,直至平卧于底板上。通过门顶溢流可向下游泄水。
(王鸿兴)

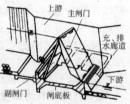

浮体闸门　floating body gate

见浮体闸。其工作原理类似于屋顶闸门。
(林益才)

浮箱闸门　floating camel gate

具有浮动性能的空箱闸门。使用时将空箱门叶拖运到门槽位置,然后向箱内充水使其下沉就位,封闭孔口形成挡水面。需要开启时,抽排箱内储水,闸门自行浮起,再拖运到预定地点。只能在静水中操作,适用于作船坞工作闸门或其他露顶式孔口的检修闸门。　(林益才)

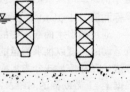

浮运式水闸　sluice assembled by float-transportation

用预制构件、浮运、沉装的施工方法修建的水闸。是装配式水闸在施工方法上的发展。先在预制场地将闸室用预制构件装配成适于浮运的整体"船箱",然后浮运至建闸地点,沉放就位,依次对上、下游翼墙、护坦按同法沉装,海漫、护坡用水下抛石施工,两岸引堤在水中填筑,最后进行二期混凝土浇筑及闸门、上部结构的安装。浮运式不仅有装配式的优点,如施工快、不受气候限制、质量高、造价低,且不必修施工围堰、不必断流、不妨碍水运及农田灌排,更适于淤土软基情况。缺点是闸基平整度难以控制,闸底板没有齿墙,底板与护坦间无连接,水闸整体稳定及防渗性较差,且两岸引堤用水中填土建成后易于沉陷,与闸室连接不易保证。适用于潮汐地区淤土软基的小型水闸。　(王鸿兴)

辐射井　radial collector well

由竖井和若干个呈辐射状的水平集水管(辐射管)组成的复合井型。水平集水管深入含水层,地下水经集水管汇集和输送至集水井,供水泵提取。集水井深度主要由地下水的埋深而定,一般深入含水层15～20m,井径主要由辐射管施工要求确定,一般为2.5～3.5m。辐射管在含水层中布置一层或多层,长度视含水层的构造和施工方法而定。在砂卵石含水层内采用顶管法施工,长度为20～30m;在黄土含水层中采用钻进法施工,长度为100m左右。出水量比同类地区的筒井可增加8～12倍。但施工比较复杂。　(刘才良)

辐轴流式水轮机　radial-axial flow turbine

见混流式水轮机(120页)。

福隆堤　Fulong Levee

珠江支流东江的防洪大堤。位于广东东莞县东35km。北宋元祐二年(1087年)县令李岩始建,近代上自司马头、福隆,下至京山镇,全长为12 806丈(约43km),防护东莞93乡居民田舍和210.28万亩耕地安全。大堤与沿线山岗连接,分作7段,统称东江堤。其中福隆一段最为险要,故名。　(胡方荣)

甫田

见圃田泽(194页)。

辅助消能工　auxiliary energy dissipator

在水闸、溢流坝或其他泄水建筑物下游护坦上或消力池中所设置的趾墩、消力槛、消力墩、尾槛等的总称。其功用是加强水流的分散和相互撞击、摩擦等作用,改善水流条件、调整流速分布,以减小水跃后冲刷作用,使消能结构更有效、经济而合理。各种辅助消能工因受冲击力、磨损力较大,多用钢筋混凝土结构。高水头泄水建筑物则很少采用,以防空蚀破坏。　(王鸿兴)

负荷备用容量　load spare capacity

为防止电力系统由于瞬时负荷波动变化导致频

率失常而设置的备用容量。根据水利动能设计规范采用,一般取系统最大负荷的5%左右。

(陈宁珍)

负水击 negative water hammer

见水击(238页)。

负效益 negative benefits

工程修建后带来的不利影响。如水库修建后,由于库区水体的巨大负荷,可能诱发地震;修建大坝和引水工程后可能引起某些疾病的流行;修建水库后使水库周边灌区地下水位上升,导致土壤次生盐碱化和沼泽化等等。

(戴树声)

负压计 tensimeter

又称强力计。利用土壤湿度与毛细管力之间存在一定函数关系,通过测定毛细管力以确定土壤含水量的仪器。由中空的微孔滤管、盛水器和气压计连接组成。施

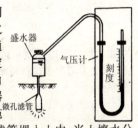

测时,水注满容器,微孔滤管埋入土中,当土壤水分未饱和,水将从微孔滤管渗入土中直至平衡为止,此时仪器内部形成真空,由水银柱高度测定负压。根据事先确定的负压与土壤含水量关系,可求得土壤含水量。

(林传真)

复式滑动面分析法 method of compound slip plane

又称改良圆弧法。土体坍滑面假设为圆弧与折线组合形式的坝坡稳定计算方法。

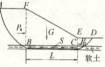

当坝基有软弱夹层时,形成复式滑动面,其中 BC 为通过软弱夹层的直线面,AB 与 CD 为圆弧面,土体 ABF 产生滑动力 P_a,土体 $BCEF$ 与 CDE 分别产生抗滑力 $Gtg\varphi + CL$ 与 P_p,土体 $ABCDEF$ 的稳定安全系数为 $K = \dfrac{Gtg\varphi + CL + P_p}{P_a}$,式中 G 为重力如图示;φ、C 为软弱夹层处土的内摩擦角和凝聚力,土压力 P_a 和 P_p 可用圆弧条分法计算,也可分别用主动土压力和被动土压力公式计算。最危险滑动面的位置须通过多次试算才能确定。

(束一鸣)

复闸

即今称为套闸的简易船闸。《宋史·乔维岳传》:"维岳乃命创二斗门于西河第二堰,二门相踰五十步,覆以夏屋(厦屋,即敞棚),设悬门蓄水,俟故沙湖平,乃泄之。建横桥,于岸筑土累石以固其趾。自是尽革其弊,而运舟往来无滞矣。"这是中国船闸的早期记录,事在北宋雍熙元年(984年)。沈括《梦溪笔谈》卷一二:"天圣中(1023~1031年),监真州排岸司右侍禁陶鉴始议为复闸节水,以省舟船过埭之劳。"

(查一民)

副坝 assistant dam

见主坝(339页)。

副流 secondary flow

除沿河槽总方向的平行运动外,各种形式的有一定规模的流体内部旋转运动的总称。包括环流、滚流、回流、螺旋流等。可因重力作用引起,也可在其他力作用下产生。流线大多呈封闭曲线,有的位于主流边缘,有的与主流叠加在一起呈螺旋式前进运动。是引起泥沙横向输移的主要动力,是形成河槽形状多样化的重要原因。对于引水、疏浚、整治和裁弯取直等各种水利工程均有重要影响。

(陈国祥)

傅里叶规则 Fourier's Rule

反映物理方程各项量纲齐次性的规则。傅里叶,J.(Fourier,Jaseph)研究热理论时首次提出这个规则,故名。无数事实表明这一规则的正确性,因为只有同量纲的物理量才能相加减。此规则是量纲分析法的基础。瑞利法(Rayleigh's Method)即为其具体应用。但应指出,所谓物理方程是指正确反映客观规律的完全方程,在数学上具有量纲齐次性。某些经验公式不受此规则制约。

(王世夏)

富春江 Fuchun jiang River

指钱塘江自桐庐至闻家堰段的江。贯流浙江省桐庐、富阳两县。建有富春江水电站。是浙江省重要水道。

(胡明龙)

富营养湖 eutrophic lake

湖水中含有多量营养物质的湖泊。多在丘陵和平原地区。湖水的含氮量超过 0.2~0.3ppm、含磷量大于 0.01~0.02ppm,生物耗氧量大于 10ppm,pH 的反应为中性或碱性,水色呈绿色与黄色之间,透明度小于 5m,一般有水深不大,水循环较充分,全湖水温和溶解质常趋于一致等特点,各种有机、无机物质较多,水中含氧量较少,影响鱼类生存。

(胡方荣)

G

gai

改道 change river course, diversion

江河由于决口夺溜而使主流从决口流出,放弃原河道,改走新河道。

另辟新道。古代治黄方略之一。认为黄河含沙量过高,河道淤积严重,现行河道经过一定时期必将淤废,非人力所能疏治。如不另辟新道,黄河亦将自行决口改道,因而主张在黄河自然改道之前预觅新道,使之人为改道,以避免自然决口改道造成大灾。最早提出黄河改道主张的是西汉武帝时齐人延年及西汉末待诏贾让。其中尤以贾让的治河策为最有名。之后历代治黄家中,均有主张黄河改道者。
(查一民)

改良圆弧法 improved circle method

见复式滑动面分析法(75页)。

盖板式涵洞 plate covered culvert

由两侧边墙、底板和盖板组成的涵洞。断面为矩形或正方形。侧墙及底板一般用浆砌石或混凝土,盖板多为钢筋混凝土结构,小跨度的也可用条石。底板有分离式和整体式两种。仅适用于填土高度不大及跨度较小的无压式涵洞。

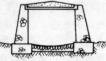

(张敬楼)

概化过程线 generalized hydrograph

地区各流域的实测洪水过程线经综合分析,概括成具有一定代表性的洪水过程线。将单站各次洪水过程线绘在同一图纸上,纵坐标表示流量相对数 Q_i/Q_m,Q_m 是最大流量,Q_i 是任意时刻流量,横坐标表示时间相对数 T_i/T,T 是洪水总历时,T_i 是任意时刻的时间。而后将峰现时间重叠在一起,选用其中常见而又能概括该站洪水形状特征的平均过程线作为单站概化过程线,最后将各站的概化过程线同绘于一图上,按同样方法求得平均或具有代表性洪水过程线,供无资料流域应用。 (许大明)

概率 probability

事件 A 发生的可能性大小。常记为 $P(A)$。当试验次数 n 足够大时,可由事件的频率近似地表示该事件的概率,即 $P(A) = \dfrac{m}{n}$,m 为同事件 A 出现的次数。
(许大明)

概率分布 probability distribution

随机变量 X 的取值 x 与其出现概率之间的关系。离散型随机变量,可直接统计 $\{X=x\}$ 事件的概率值中 $p\{X=x\}$,并给出其分布的直方图
$$P\{X = x\} = f(x)$$
连续型随机变量的任一取值 x,其概率 $p\{X=x\}$ 皆为 0,只能讨论不同取值 x 的概率密度分布
$$\left\{\frac{dP}{dx}\right\}_{X=x} = f(x)$$
对此式积分而得的概率值,代表 $\{X \leqslant x\}$ 事件的概率,水文上习惯把这种概率与 x 值之间的关系称为概率分布
$$P\{X \leqslant x\} = F(x)$$
分布函数 $F(x)$ 具有基本性质是:①$F(x)$ 是一个不减函数;②$0 \leqslant F(x) \leqslant 1$;③$F(x+0) = F(x)$,即 $F(x)$ 是右连续。 (许大明)

概率分析 risk analysis

使用概率理论研究不确定因素和风险因素对项目经济评价指标影响的定量分析方法。一般是计算项目净现值的期望值及净现值大于或等于零时的累计概率,也可通过模拟法测算项目评价指标的概率分布,为项目决策提供依据。 (施国庆)

gan

干旱 drought

农作物因严重缺水而影响生长、发育,导致产量降低的灾害。一般分为土壤干旱、大气干旱和生理干旱。它对作物的主要危害是:破坏原生质的机能;改变各种生理过程(主要是使气孔关闭、蒸腾减弱、光合积累下降、呼吸消耗增多);引起体内水分重新分配,导致老叶提前变黄、光合面积减少;甚至使细胞遭受机械损伤而死亡。 (刘圭念)

干旱区 arid zone

降水稀少、蒸发偏大、产流量很少的地区。如中国新疆的塔里木盆地和吐鲁番盆地等内陆区域。尚有所谓半干旱区,降水略大于蒸发,如陕、甘等大部分地区。 (胡方荣)

干旱指数 arid index

说明干旱程度的数值。
$$\gamma = \frac{P_x - E_e}{E_e}$$

γ 为干旱指数；P_x 为降水量；E_e 为湿润土壤平均蒸发量。$P_x - E_e$ 值可以表明水分对作物的供需关系，γ 为负值，趋于干旱；γ 为正值，则趋于涝。但在近年水资源评价中，$γ = E_0/P$。E_0 为水面蒸发能力，P 为年降水量。当 γ > 1.0 时，该地区偏于干旱；反之，当 γ < 1.0 时，说明该地区气候湿润。

(胡方荣)

干砌块石护坡 slope protection with rock blocks

枯水位以上岸坡的砌石工程。它是护岸的主体，砌石常用单层的，在流速和波浪较大处，也有用双层的。砌石工程要做好垫层（反滤层），通常由两层组成：下层为粗沙或煤渣，上层为碎石，两层的总厚度为 0.15～0.2m。砌石工程的坡度，视岸坡的不同土壤而定，应略小于稳定边坡的坡度。当岸坡高度较大时，在中间可增设水平戗台，与抛石护坡比较，砌石工程结合紧密，整体性较好，且节省石料，但用工较多，对岸坡变形的适应性较差。

(李耀中)

干砌石坝 loose-stone dam

坝身主要由石块干砌而成的拦河坝。要求砌体材料新鲜完整，上游防渗体一般采用混凝土面板或浆砌石直墙；还可做成溢流坝，只需在坝顶与下游坝面设置一层混凝土外壳，浙江省已建成两座 20m 以上的溢流干砌石坝，最大单宽流量不超过 $20m^3/(s\cdot m)$。优点是就地取材，节省工程量，缺点是防渗体易裂缝。

(束一鸣)

干室型泵房 pump house with dry-pit

地下部分的墙壁、底板和水泵、动力机的基础浇筑成一个钢筋混凝土整体，形成具有封闭的、不透水的地下工作室的泵房。泵房分上、下两层。上层安装配电设备，并视需要设检修平台；下层安装水泵和动力机（如用皮带传动，动力机则安装在上层）。凡水源水位变幅较大、地基土壤承载力较低的地方，多采用这种型式。

(咸 锟)

感潮河段 tidal reach

从河口口门至潮水界之间的河段。本河段受潮汐影响，水位、流量、流速、流向都呈周期性变化。如长江下游大通（安徽）至河口之间的河段。

(胡方荣)

干流 main stream

与支流相对而言的主干河流。水系中支流汇入的水体，又流入受水体（海洋、湖泊或其他河流）的水道。是该流域或水系主要或最大的河流。河流常以干流命名。如长江、黄河等。

(胡方荣)

干渠 main canal

从水源取水送至用水地区或部门的输水渠道。其布置方式取决于地形、地貌及土壤地质条件。常见的布置方式有基本上沿等高线和垂直于等高线两种。后者往往要设置跌水、陡坡等落差建筑物。断面尺寸应能满足输水要求，断面形状一般为梯形或矩形。

(沈长松)

淦 antidune standing waves

因逆行沙波运动引起的水面波动现象。在水浅流急且床面出现逆行沙波时，水面会突然出现一连串的波浪，并徐徐向上游移动。有时波峰重叠，波浪破碎，并发出响声。《河工名谓》："河之中泓，因河底坎坷不平，激溜成浪，起伏甚大者，在黄河下游，名之曰淦。"在弯道下游的直河段内容引起，有时布满整个河段内，此起彼伏，蔚为壮观。

(陈国祥)

赣江 Ganjiang River

流经中国江西省境内的长江中游支流。东源贡水出武夷山西麓，主源在瑞金县黄竹岭；西源章水出大庾岭北麓，主源在大余县内良西边，在赣州市贡水和章水汇合后称赣江。曲折北流，纵贯全省，南昌以下分十余支，主流在星子县蛟塘东入鄱阳湖，湖区枯水航道亦称赣江，在湖口县城西流入长江。长 758km，流域面积 8.16 万 km^2，占全省面积 1/2 以上。支流有禾水、袁水、锦江等；上、中游多礁石险滩；下游江宽多沙洲，两岸筑堤束水。干流上建有万安水电站，支流上建有江口、白云山、陡水等水库。赣州以下可通航。

(胡明龙)

gang

刚果河 Congo River

又称扎伊尔河，最远源为赞比亚的钱贝西河，贯流刚果盆地，注入大西洋；另一源流卢阿拉巴河，按径流量可为主要源流，发源于扎伊尔沙巴区的穆斯费，主要流经扎伊尔和刚果两国的非洲第二大河。长 4 700km，流域面积 345.7 万 km^2，雨量充沛，年平均雨量 1 500mm，河口平均流量 41 300m^3/s，最大流量为 8 万 m^3/s，平均年径流量 14 140 亿 m^3，仅次于亚马逊河。主要支流有洛马米河、阿鲁维米河、乌班吉河、桑加河、开赛河等。多急流险滩和瀑布，以博约马瀑布最著名，距河口 320km 有利文斯敦瀑布群，由 32 级跌水组成。水运网遍布干支流，通航里程约 2 万 km。水力蕴藏量估计为 1.32 亿 kW，占世界 1/6。在马塔迪以上 40km 的因加，计划建造装机容量 3 000 万 kW 的水电站。

(胡明龙)

刚性水击理论 rigid water-column theory of water hammer

见水击(238页)。

钢板衬砌 plate steel lining

用钢板制成的隧洞内壁支护结构物。常用于内水压力很大的圆形隧洞,以发挥钢板的抗拉性能。

（张敬楼）

钢板桩围堰 steel sheeting (sheetpile) cofferdam

用钢板桩连接成各种结构形式,加填土石料而筑成的围堰。按构造型式分,有单排、双排和格式三种。单排由一排钢板桩和挡水面填土而成,挡水高度一般6~7m。双排由拉杆联结,两排钢板桩平行,中填土料而成,挡水高度可达10~12m。格式由钢板桩组成多个圆柱格体、扇形格体、花瓣形格体,内填土料而成,挡水高度可达15~30m。具有坚固,断面小,抗冲和抗渗性能好,机械化施工,钢板桩可拔出重复使用等优点,但钢材用量大,施工技术要求高。

（胡肇枢）

钢管不圆度 uncircularity of steel pipe

见钢管椭圆度。

钢管刚性环 reinforcing (rigid) ring of steel pipe

见钢管加劲环。

钢管加劲环 reinforcing (rigid) ring of steel pipe

又称钢管刚性环。加于钢管之外以提高其抗外压能力的环形肋。钢管为薄壳结构,管壁易受外压失稳,发生屈曲,故需进行抗外压稳定校核。明钢管的外压是管道放空时,通气设备造成的内外气压差。埋藏式钢管的外压则为管道放空时的外水压力、浇筑混凝土时的压力和灌浆压力等。如抗外压稳定性不足,用加劲环提高钢管抗外压能力比加厚管壁的办法经济。可用钢板、角钢、槽钢等制成,加焊于管壳之外,其截面积和间距由计算确定。

（刘启钊）

钢管渐变段 transition piece of steel pipe

钢管从一种断面形式或直径变为另一种断面形式或直径的过渡段。功用是平顺水流。闸门后的钢管断面常为矩形,需用渐变段逐渐过渡到圆形。长钢管往往逐段采用不同管径,钢管末端与蜗壳进口直径也常不一致,均需用渐变圆锥管连接,锥管的半锥顶角不宜大于7°。

（刘启钊）

钢管进人孔 manhole of steel pipe

管壁上供运行人员进入管内观察和检修的孔道。尽量设在镇墩附近,以便固定卷扬机、钢丝绳和吊篮。进人孔在钢管横截面上的位置以便于进人为宜,间距约为150m,直径不得小于450mm。

（刘启钊）

钢管临界外压 critical external pressure of steel pipe

使钢管管壁发生失稳的最小外部压强。此值与钢管的形式(明管、埋管、光面管、加劲环式钢管、锚筋式钢管等)、管径和管壁厚度等因素有关。明钢管及埋藏式光面管和锚筋管的抗外压稳定安全系数用2.0,用加劲环加劲的埋管用1.8。 （刘启钊）

钢管伸缩节 expansion joint of steel pipe

保证明钢管轴向自由伸缩并能适应微小角变位的接头。功用是减小温度变化和微量地基沉陷引起的钢管应力。常用的伸缩节为套管式,内外套管之间设止水填料(油浸麻或橡胶)。伸缩节一般布置在两镇墩之间,宜靠近上镇墩。若管道纵坡平缓而镇墩的间距又较大时,可将伸缩节置于管段中部。

（刘启钊）

钢管椭圆度 ellipticity of steel pipe

又称钢管不圆度。钢管最大相互垂直管径之差与纯圆管径之比值。由制造、运输、安装、自重等因素引起。安装完毕后其值不得大于5‰。

（刘启钊）

钢管镇墩 anchorage block

又称锚墩。锚定明钢管的墩子。一般布置在明钢管的转弯处,以承受管道的轴向不平衡力和法向力,固定管道不使有任何位移。一般用混凝土浇制,小型可用浆砌石,靠自身重量保持稳定。按结构形式可分为封闭式和开敞式两种。前者将管道包裹在块体混凝土中,锚定作用强,应用较广。后者用锚定环和锚栓将管道固定在混凝土墩座上,用于受力较小情况。

（刘启钊）

钢管支承环 support ring of steel pipe

支墩处明钢管外的环形支承梁。功用是改善支承处管壁的应力状态,使管壁受力较为均匀,并便于布置辊轴、支柱等支承结构。用钢板或槽钢等焊制,加焊于钢管之外。

（刘启钊）

钢管支墩 supporting pier, support

承受明钢管法向力的支承结构。相当于梁的滚动支承。间距一般6~12m。钢管在支墩上类似于多跨连续梁。支墩按其与管身相对位移的特征分为滑动式、滚动式和摆动式三种。滑动式摩擦系数较大,滚动式次之,摆动式最小,分别适用于管径从小到大。

（刘启钊）

钢筋混凝土坝 reainforced concrete dam

坝身主要工作部位有显著拉应力而采用钢筋混凝土建造的拦河坝。常见的如钢筋混凝土平板坝、连拱坝以及其他轻型支墩坝等。用作低水头挡水、泄水建筑物的水闸,因其底板及闸墩常用钢筋混凝土建造,也可算是钢筋混凝土坝。这类坝工程量较小,工期较短,但钢材量多,并因坝身单薄而耐久性稍差。　　　　　　　　　　　　（王世夏）

钢筋混凝土衬砌　reinforced concrete lining

用钢筋混凝土做成的地下洞室内壁支护结构物。受力钢筋可单层布置或双层布置,前者适用于高、中水头情况;后者适用于洞径、山岩压力和内水压力都很大的情况。　　　　　　（张敬楼）

钢筋混凝土面板　reinforced concrete faceslab

又称钢筋混凝土斜墙。用钢筋混凝土建造在土石坝上游面的板状防渗体。多用于堆石坝与砌石坝。随着现代碾压式钢筋混凝土面板堆石坝的兴起,面板布置趋于板薄(板厚 $t = 0.3 + (0.002 \sim 0.03)H$,$H$ 为坝高,单位为 m)、少筋(含筋率为 $0.3\% \sim 0.4\%$)、分缝简化(只设周边缝、垂直缝,不设水平缝)、止水加强(在受拉区设多重止水)。与传统抛填式堆石坝相比,以水平趾板取代齿墙与地基连接,以级配良好的细颗粒薄层碾压垫层取代特大块石干砌垫层,使面板的结构及布置更趋于经济合理。　　　　　　　　　　　　（束一鸣）

钢筋混凝土面板坝　dam with reinforced concrete faceslab

又称钢筋混凝土斜墙坝。以斜卧在坝体上游面的钢筋混凝土面板作为防渗体的土石坝。自 20 世纪 60 年代后期出现大型振动碾压设备后,避免因沉陷过大导致面板开裂漏水的现象,引起全球坝工建设者的兴趣,自 1971 年澳大利亚用振动碾施工建成高 110m 的塞沙纳(Cethana)坝后,相继出现了多座高百米以上的坝,其中巴西建成高 160m 的阿利亚河口(Fozdo Areia)坝。中国在 20 世纪 80 年代已相继在辽宁关门山、湖北西北口(坝高 95m)建成这种坝。优点是施工速度快,堆石支承体与面板先后分别施工,无干扰,施工度汛简单安全,经济效益显著。但施工中需要有现代化的大型施工设备。
　　　　　　　　　　　　（束一鸣）

钢筋混凝土斜墙　reinforced concrete sloping wall

见钢筋混凝土面板。

钢筋混凝土斜墙坝　reinforced concrete sloping wall dam

见钢筋混凝土面板坝。　　（束一鸣）

钢筋混凝土心墙　reinforced concrete core wall

以钢筋混凝土材料构成的土石坝中央防渗体。其横断面一般为梯形或台阶形,后者便于滑升模板施工,应用较多。心墙顶部厚度一般不小于 0.3m,梯形断面的两侧坡度为 50∶1～100∶1。心墙底部混凝土基垫宽度按接触面的允许渗透坡降确定。心墙沿坝轴线方向需设置竖直伸缩缝以适应不均匀沉陷与温度引起的变形,在河床段间距为 50～60m,在岸坡段间距为 25～30m。在基垫与心墙的连接处以及心墙 1/3 高度处须设置水平缝,以减少心墙的弯矩。分缝处均须设置止水,以防渗漏。
　　　　　　　　　　　　（束一鸣）

钢筋混凝土心墙坝　dam with reinforced concrete core wall

以钢筋混凝土墙作为中央防渗体的土石坝。主要由支承体、钢筋混凝土心墙及其过渡层以及上、下游护坡等组成。若非堆石坝,则还须在下游坝脚设置排水。钢筋混凝土心墙通常坐落在新鲜基岩或弱风化基岩上,并以混凝土基垫与基岩相连。较高的坝通常在心墙底部设置廊道以便观测、排水。若地基为较深的覆盖层,则钢筋混凝土心墙基垫与地基混凝土防渗墙的连接应做成能适应变形的柔性结构。由于心墙坝与面板坝相比下游坝坡较缓,施工速度较慢,心墙受水压后向下游位移较大,一旦产生裂缝又很难修复,故此种坝型较少建造。
　　　　　　　　　　　　（束一鸣）

钢筋混凝土压力管　reinforced concrete pipe

用钢筋混凝土制成的引水管或压力水管。按制作时钢筋受力状态,可分为普通钢筋混凝土压力管、预应力钢筋混凝土压力管和自应力钢筋混凝土压力管。普通钢筋混凝土压力管能承受较高外压,经久耐用,但承受内压的能力较低;预应力钢筋混凝土压力管在制造时将钢筋张拉,自应力钢筋混凝土压力管则用膨胀水泥制造,均为预先使钢筋处于受拉状态而混凝土处于受压状态,以便在承受内压时减小混凝土中的拉应力,以防混凝土开裂,故这两种钢筋混凝土压力管都可承受较高内压。　　（刘启钊）

钢丝网水泥压力管　ferro-cement pipe

用钢丝网水泥制成的压力管道。钢丝网水泥的抗拉强度高于钢筋混凝土,故它比普通钢筋混凝土压力管能承受较高的内压。它包括普通钢丝网水泥管和预应力钢丝网水泥管两种。后者能承受更高的内压。　　　　　　　　　　　　（刘启钊）

钢丝网水泥闸门　steel-mesh cement gate

用多层重叠的钢丝网和强度等级高的水泥砂浆浇筑而成的闸门。为减少钢丝网用量和增加砂浆的密实度有时在网层之间夹填一定数量的直径 4～6mm 的细钢筋。钢丝网水泥接近于匀质弹性材料,具有良好的抗裂和抗冲击性能。优点是制作简便、节省钢材、降低造价;但耐久性较差。施工时要严格控制保护层厚度,砂浆振捣要密实,表面要擀光,并涂防水涂料,以防钢丝网锈蚀。
　　　　　　　　　　　　（林益才）

钢闸门 steel gate

用钢材制成的各种闸门的统称。是大、中型水利工程中常用的门型。优点是闸门结构刚度大、重量较轻、操作方便、安全可靠;但需作好钢材的防锈和防蚀保护。 （林益才）

埠城坝

京杭运河山东段引汶水入泗水济运工程。在今山东省宁阳东北17.5km,建于蒙古宪宗七年(1257年)。当时泗水为京杭运河的一段运道,但水源不足,故筑埠城坝拦汶水,由南岸斗门分水入洸水以通泗水,至任城(今山东济宁)分流南济泗水,北济济州河运道。坝原为草土堰,每年水大时冲毁,枯水时重修。后改为石堰,并屡有修建,一直沿用到明中叶。 （陈 菁）

gao

高坝 high dam

按中国标准,高度在70m以上的拦河坝。它承受巨大的水压力,其上游常形成库容很大的水库,既有防洪、兴利的重大经济效益,而一旦失事,后果也极其严重。故应对其精心设计、精心施工和精心管理,充分发挥其效益,确保安全,不容溃坝。其建造技术,随着20世纪科学技术的发展而日益提高,目前世界上已有高达300m以上的坝。 （王世夏）

高壁拱形隧洞 high oval section tunnel

又称升顶式卵形隧洞。断面呈长卵形的水工隧洞。适用于铅直山岩压力很大而侧向山岩压力较小,且洞内水位变化较大,或有通航要求的无压隧洞。 （张敬楼）

高潮位 high-tide level

在潮汐涨落过程中,海水面上升到达最高位置时的水位。 （胡方荣）

高含沙水流 hyperconcentration flow

因含沙量非常高而使流体流动特性发生重大变化的挟沙水流。多发生在土壤强烈侵蚀的地区。山区泥石流、河口海岸带的浮泥运动,以及管道水力输送固体颗粒的浓度甚大也属于这种流体范畴。由于水流中含沙量很高(几百甚至上千公斤每立方米),其流动性质如体积密度、黏滞性、流变特性等均与普通挟沙水流不同,水流运动特性和泥沙运动特性也都与普通挟沙水流有很大差异。如流变性质属非牛顿流体,接近于宾汉体,挟沙能力很大,具有多来多排特点等。 （陈国祥）

高家堰

洪泽湖大堤的前身,也是形成洪泽湖这一人工湖的主体工程。在今江苏省洪泽县境内,一说始于东汉陈登,一说始于明初陈瑄。明隆庆六年(1572年)大修,长5 400丈(约合17.28km,明1营造尺≈32cm);万历六年(1578年)潘季驯又大修,起武家墩,经大小涧、阜陵湖、周桥、翟坝,长80里,使淮水不能东出,全部集中于高家堰以西地区,潴蓄而成洪泽湖,并于清口会合南流夺淮的黄河一起入海。之后又经清代靳辅、张鹏翮等人继续增修加高,土堤改建石堤,增筑减水石坝,泄洪归江、归海。近代大堤宽约50m,长67.26km,临湖全线均为石工。每层石工约0.4m,各段层数不一,最高可达17层。并逐渐以洪泽湖大堤著称,是淮扬地区防御淮河洪水的主要屏障。1952年开展治淮以来得到了彻底的改造和加固,并于大堤南端建三河闸,作为调节洪泽湖水位的主要控制枢纽。 （查一民）

高架筒车

又称"高转筒车"。利用高架及水筒链将水提升到较高地面的古代提水灌溉机械。主要部件为上、下两个转轮,水筒、链条及木架。下转轮置于河流中,上有叶片,可使水轮旋转,是主动轮;上转轮置于引水渠所在高程的地面上,是被动轮,水筒经过上转轮改变方向,将水倾注入水渠中。水筒由链条连接,围绕上下转轮转动,并由木架和托板支撑。

（查一民）

高水头水电站 high head plant

水头超过75m以上的水电站。目前,世界上水头最高的是1970年建成的瑞士马吉亚抽水蓄能电站,最大水头2 117m。 （刘启钊）

高速水流观测 observation of high-velocity flow

测量和分析由高速水流的基本物理参量及其所引起的振动、脉动压力、负压、进气量以及过水面压力分布等的变化。振动观测一般用电测仪、接触式振动仪以及振动表量测振幅和频率,分析振动与相关因素的关系,提出减免振动的运行方式和措施;脉动压力是一种随机荷载,可用电阻式压力脉动感应器和示波仪进行观测,通常用均方差、功率谱密度函数、自相关函数和概率密度函数四种特征表示;对负压、过水面的压力分布可采用测压管进行观测;进气量观测一般采用孔口板、毕托管、热阻丝、风速仪等方法进行,量测进气量的大小。这些观测可为研究振动、负压、空蚀及管内不稳定流态提供资料。

（沈长松）

高位沼泽 high moor

又称贫营养沼泽。沼泽发育的后期阶段。受大气降水补给，植物所需养分缺乏，泥炭灰分含量不足4%，以泥炭藓贫营养植物为主。中国东北大小兴安岭局部地区有这类沼泽。（胡方荣）

高温高压火电站 high temperature and high pressure thermal power plant

汽轮机初参数为535℃/8.83MPa的火电站。

（刘启钊）

高压断路器 high voltage circuit-breaker

用来接通和切断负荷电路及切断故障电路的开关设备。由于电压较高，电路在接通或切断时会发生强大的电弧，必须采取有效的灭弧手段。按灭弧介质的性质，可分为多油式断路器，少油式断路器，压缩空气式断路器，六氟化硫断路器，真空断路器，磁吹断路器等。（王世泽）

高邮湖 Gaoyouhu Lake

古称樊良湖，旧称新开湖。位于中国江苏省中部，由古潟湖经长期淤积和人类活动而成的大湖。地处北纬32°43′～33°04′，东经119°02′～119°25′。长48km，最宽28km，面积650km²，蓄水8.7亿m³。入湖河流有三河、白塔河、铜龙河、新开河等。1955年在高邮镇南里运河西堤上建高邮船闸。1969年筑大汕子隔堤，三河水改由入江水道入湖。有蓄洪、灌溉、航运及水产之利。（胡明龙）

ge

格坝 traverses

横向连接顺坝与旧河岸的建筑物。为了防止洪水期顺坝漫水后河岸和坝脚遭受水流冲刷，可沿顺坝纵长建造几座格坝，间距以两格坝之间不发生较强的纵向水流为原则，一般为其长度的1～3倍。其方向应与水流方向垂直，而不是与顺坝垂直，以免底流冲刷河岸或坝脚。高度有两种：一种是坝高低于顺坝，洪水期让水流漫溢；另一种坝顶与高水位齐平，此时坝格间的泥沙淤积较快。若能结合疏浚施工将弃土冲填到坝格内，则有利于加速新河岸线的形成。（李耀中）

格堤 lattice dikes

又称隔堤。修建于缕堤与遥堤或缕堤与月堤之间的堤。形状似格子，故名。（参见遥堤图示，页）。与河流横断面方向基本一致，故又称横堤。因缕堤与遥堤相距太远，一旦缕堤决口，洪水即顺遥堤或月堤推进，若筑有该堤，洪水将为该堤阻拦，该堤内的农田、村庄，可受保护。（胡方荣）

格田 check field

田面水平、四周被田埂包围的农田。是进行耕作、灌水和田间管理的独立单元。在中国，格田多用于栽培水稻，要求每个格田都有独立的进、出水口，能按作物生长要求控制淹灌水层深度。在平原地区，农渠和农沟之间的距离通常就是格田的长度；格田的宽度按田间管理要求而定。在山丘地区的坡地上，格田的长边沿等高线方向布置，以减少平整土地的工作量，其长度应根据机耕要求确定；宽度视地面坡度大小而定，坡度越大，格田越窄。田埂高度根据淹灌水层的最大深度而定。格田还用于盐碱地的冲洗改良和低洼地的放淤改造。有些国家在地势平坦、土壤结构紧密、透水性很小的地区，还把格田淹灌用于水稻以外的其他粮食作物、饲料作物和果园灌溉。（房宽厚）

格田淹灌 basin irrigation

筑埂围田，存蓄水量，满足作物生长或改良土壤需要的灌水方法。主要用于水稻灌溉，也可用于盐碱地的冲洗改良。格田内具有深度均一的水层，除满足水稻生长的需水要求外，还在重力作用下不断向土壤深层渗漏，淋洗表层土壤中因长期淹水而产生的有害物质，并向表层土壤补充氧气，为水稻正常生长创造良好的环境。为了保持适当的水深和水温，防止水、肥流失和病虫害蔓延，要求建立完整的灌排系统，使每个格田都有独立的进、出水口，严禁在格田间串灌串排。（房宽厚）

隔板式鱼道 diaphragm plate fishway

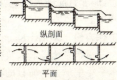

水槽中交错设置若干横隔板的斜槽式鱼道。横隔板上设有过鱼孔，利用隔板阻力、沿程摩阻、水垫或水流对冲削减能量或减缓流速，以满足鱼类上溯要求。根据过鱼孔口形式的不同，可分为堰式鱼道、淹没孔口式鱼道、竖缝式鱼道和组合孔口式鱼道等。适用于水位差较大的工程，水流条件好、结构简单、维修费用低，目前中国广泛采用。

（张敬楼）

隔河岩重力拱坝 Geheyan Gravity Arch Dam

湖北省清江上的重力拱坝。坝高151m。总库容34亿m³。水电站装机容量120万kW，年发电量30.4亿kW·h。长江流域规划办公室设计，水利电力部葛洲坝工程局等单位施工。（胡明龙）

隔离开关 disconnecting switch

用来将高压配电装置中停电与带电部分可靠地加以隔离的开关设备。触头全部敞露在大气中，有

明显的断开点。没有灭弧装置,不能用来切断负荷电流或短路电流。　　　　　　　　(王世泽)

各态历经过程　ergodic processes

平稳随机过程的一个"现实",可以经历所有可能的状态,而且该"现实"在时间上所有各点统计特性的平均接近于概率为1.0的随机过程。否则为非各态历经过程。随机过程的统计特性是通过无限多个"现实"构成的总体中表现出来的。各态历经过程是平稳随机中的一类,它可以通过一个充分长的"现实"来代表所有可能出现的"现实"所具有的统计特性。水文计算工作中,认为根据充分长的观测资料序列求得的统计特性可以代表实际情况,是隐含假定水文过程具有各态历经性。　(朱元甡)

gong

工业用电　industrial load, industrial use of power

工业生产所消耗的电力。包括带动各种机器设备的电动机用电与电炉、电热设备及工厂中的照明设备等用电。在年内变化不大,但在一昼夜中随工作分班生产制度和产品种类的不同而有较大变化。
　　　　　　　　　　　　(陈宁珍)

工作桥　working bridge

安放闸门启闭设备,供工作人员操作管理及为其他专门工作所设的桥。常位于闸门上方,利用闸墩为支承。在水闸、溢流坝、水电站以及其他泄水建筑物上普遍设有。水利枢纽中通往水工隧洞、泄水管、涵管首部进水塔、室以及为结构物专门检修、观测用。　　　　　　　　　　(王鸿兴)

工作容量　working capacity

承担系统日最大负荷的容量。以承担系统设计水平年中最大负荷日的容量为最大工作容量。水电站增加千瓦投资常比替代火电站的低,且运行灵活,设计时常令水电站担任峰荷和腰荷,从而加大水电站的最大工作容量。　　　　　　(陈宁珍)

工作闸门　service gate

又称主闸门。在正常运用情况下主要起控制水流作用的水工闸门。如水电站、水坝或水闸等水工建筑物的工作闸门一般要在动水中启闭;船闸通航孔的工作闸门大都在静水中运行。闸门的设计和制造应满足安全可靠、操作方便和经济合理的要求。　(林益才)

供热式火电站　thermoelectric generating station

采用背压式汽轮机或抽汽式汽轮机发电兼供热的电站。　　　　　　　　　　(刘启钊)

供水成本　cost of water supply

一定数量的商品水从生产到供给用户所需的全部费用。包括水资源费、折旧费、年运行维护管理费(大修理费)以及其他按规定应计入成本的费用。
　　　　　　　　　　　　(施国庆)

供水工程经济效益　economic benefit of water supply projects

供水工程修建后所带来的经济效益。包括增加产品的数量,减少产品废品率,提高人民生活和健康水平,减少发病率和提高劳动生产率等。它与供水对象的性质、职能、用水组成和产业结构等因素有关。它是指投入(包括投资和运行费)与产出(效益)的比较。工业供水效益计算方法有七种:①最优等效替代措施法;②工业损失法;③农业损失法;④相同投资效益率法;⑤供水效益分摊系数法;⑥替代节水措施法;⑦供水水价法。方法①主要用于新建工程的经济评价和南方水资源较丰富地区,以可获得同等效益的最优替代措施的费用作为拟建供水工程的效益。方法②和③以减少工厂供水和农业用水所造成工厂的损失和农业损失为供水工程的效益。该二种方法适用于水资源紧缺地区,可用于新建或已建工程的经济评价。方法④、⑥、⑦既适用于新建工程,又适用于已建工程的经济评价,可用于水资源紧缺地区和水资源丰富地区计算供水工程效益。方法④的基本原理与方法⑤基本相同,目前中国应用比较广泛。　　　　　　　　　(戴树声)

供水效益分摊系数法　allocation coefficient method of water supply

把工业净产值或税利值与供水效益分摊系数的乘积作为供水工程效益的方法。供水工程是工业部门创造产值的因素之一,其应分摊的工业总效益用百分数表示,即为供水工程效益分摊系数。目前常用的效益分摊系数计算方法是以供水范围内工业固定资产总值(包括供水工程固定资产)与供水工程固定资产的比值来表示,其他分摊系数计算方法如投资比例分摊法,折算费用分摊法和产品成本构成分析法等目前应用较少。　　　(戴树声)

供水重复利用率　rate of repeat utilization of water supply

供水工程供水范围内工业重复利用水量与工业总用水量的比例。此值愈高表明工业用水节水量越大,水的利用越合理。提高冷却水的重复利用率是工业节水的主要途径。　　　　　(戴树声)

龚嘴水电站　Gongzui Hydroelectric Station

大渡河上第一座大型水电站。在四川省乐山市上游90km处。1978年建成。库容3.57亿m^3,有效库容1.17亿m^3,只能日、周调节;装机容量70万kW,年发电量41.2亿kW·h。建筑物包括大坝、厂房、漂木道、非常溢洪道等。为混凝土重力坝，高86m，长440m。左右岸分建地面和地下厂房，共安装7台10万 kW 机组。水利电力部成都勘测设计院设计，第七工程局施工。　　　　（胡明龙）

拱坝 arch dam

平面上呈拱形，借助拱的作用将水压力的一部分或全部传到河谷两岸的混凝土坝或浆砌石坝。按

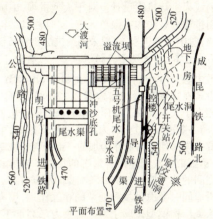

平面布置

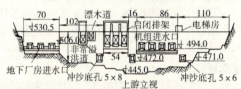

上游立视

拱和悬臂梁分别承受荷载的比例大小分，有薄拱坝、中厚拱坝、重力拱坝等；按悬臂梁形状分，有单曲率和双曲率拱坝。近代拱坝水平截面又从圆拱发展为抛物线拱、三心拱和对数螺旋线拱等，使结构更加合理经济。主要依靠坝体强度和两岸拱座岩体的支

承维持稳定，拱圈截面主要承受轴向压力，可充分利用筑坝材料的抗压强度，用料较省。因它是高次超静定结构，除水平拱的作用外，尚有垂直悬臂梁的作用，坝面即使局部开裂，应力也可自行调整，具有一定的超载能力。因地基变形和温度变化对拱坝内力影响较大，对地质、地形条件、基础处理及施工质量等要求较高。适用于有坚硬岩基的峡谷中。目前世界上已建成的最高拱坝为前苏联英古里（Ингури）双曲拱坝，高达272m。　　　　（林益才）

拱坝坝肩稳定分析 stability analysis of arch dam abutment

校核拱坝两岸坝肩岩体在拱端力系及地下水压力作用下的稳定安全度分析。坝肩岩体滑动的主要原因，一是岩体内存在着软弱结构面；二是荷载作用，特别是扬压力的作用。如法国马尔巴塞（Malpasset）拱坝失事就是一例。在进行抗滑稳定分析时，首先必须查明两岸基岩的节理、裂隙等各种软弱结构面的产状；研究失稳时最可能的滑动面和滑动方向；选取适宜的抗剪强度指标，然后进行抗滑稳定计算，找出最危险的滑裂面组合和相应的最小安全系数，并应满足设计规范的要求。在工程设计中，判断坝肩岩体稳定性常用方法是刚体极限平衡法，对于重要工程或地质条件复杂的工程可辅以有限单元法和地质力学模型试验。后者是20世纪70年代发展起来的一种研究坝肩岩体稳定的有效方法。

（林益才）

拱坝布置 layout of arch dam

在坝址可利用的基岩面等高线地形图上进行拱坝平面和立面布置的总体设计工作。主要内容包括选择坝型、拟定坝体基本尺寸、进行总体布置。合理的布置方案应在满足枢纽布置、建筑物运用和坝肩岩体稳定的要求下，通过调整其外形尺寸，使坝体材料强度得到充分发挥，避免出现不利的拉应力，使坝的工程量最省。拱坝型式复杂，断面形态随地形、地质条件而异。一般按以下几个步骤进行：①根据地形、地质图，定出开挖深度，确定可利用基岩面等高线地形图；②在基岩面等高线地形图上试定顶拱轴线的位置；③初拟拱冠梁剖面尺寸，自坝顶往下，一般选取5～10道拱圈，绘制各拱圈平面图；④切取若干垂直剖面，检查其轮廓线是否光滑连续；⑤进行应力验算和坝肩岩体稳定校核，据以修改布置和调整尺寸，直至所布置的拱坝能满足安全、经济和施工方便的要求为止。　　　　（林益才）

拱坝垫座 arch dam support

又称鞍座。为改善拱坝支承条件而沿河谷浇筑的大体积混凝土基础。当河谷断面很不规则、局部有深槽或有软弱地基时，可在坝体与基岩之间设置垫座以改善应力分布。除用于河床部位外，还可用于岸坡。其宽度比该处坝体厚度约大0.6～1.5倍，用以调整基岩应力。大型拱坝的垫座与坝体接触面常做成斜曲面，并需在接缝中设置止水和排水措施，构造和施工均较复杂。　　　　（林益才）

拱坝厚高比 ratio of thickness to height for arch dam

拱坝在最大坝高处的坝底厚度和高度的比值。用以表征拱坝的厚薄程度。根据拱坝的统计资料，一般认为厚高比小于0.2时属薄拱坝；厚高比在0.2～0.35时为中厚度拱坝；厚高比大于0.35时为厚拱坝或称重力拱坝。

（林益才）

拱坝三维有限元法 three-dimensional finite element method for arch dam

用三维有限元分析拱坝结构应力和变形的方法。用有限元法计算应力时，根据坝的结构形态，可按壳体结构或作为三维连续体分析。将坝体和部分地基划分为有限数量的壳体单元或一般三维单元。设想各单元之间仅以结点相互联结，用这个离散模型代替原来的连续体结构，再找出每个单元结点上的作用力与结点位移的关系，并集合各结点周围的单元建立各点力的平衡方程，利用这一条件求得每个结点的位移，算出单元内各点的应变和应力。适用于任何几何形状的结构，可解决复杂边界和基岩的不均匀性等问题，也可考虑如塑性和开裂等非线性影响。此法对大型拱坝或重要拱坝目前尚不能作为设计的依据，但可作为重要的参考。 （林益才）

拱坝试荷载法 trial load method of arch dam

通过反复试算确定拱坝的拱梁分配荷载并计算应力的方法。参见拱梁分载法（85页）。 （林益才）

拱坝泄水孔 outlet in arch dam

横穿拱坝坝体的泄水孔道。按其在坝体的位置可分为中孔和底孔。前者位于坝体中部，常用于宣泄洪水；后者位于坝体底部，可用于放空水库、辅助泄洪和排沙，以及施工导流。一般都是压力流，比坝顶溢流式流速大，挑射距离远。通常须有两套闸门设施，一套事故检修闸门装在上游坝面的进口处；一套工作闸门装在下游坝面出口处，便于布置闸门的提升设

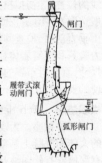

备。工程实践和试验研究证明，大孔口对坝体应力场的影响是局部的，适当配置钢筋，可以保证拱坝的安全。20世纪50年代以后采用大孔口泄流的拱坝越来越多。如莫桑比克的卡博拉巴萨(Cabora Bassa)大孔口泄洪拱坝，孔口尺寸为 $6m \times 7.8m$，单宽流量达 $268m^3/(s \cdot m)$ 中国20世纪60年代后修建若干座大孔口泄洪拱坝，如1970年建成的欧阳海双曲拱坝，设5个 $11.5m \times 7m$ 的泄水孔，最大泄量达 $6090m^3/s$。 （林益才）

拱坝应力分析 stress analysis of arch dam

拱坝坝体和坝基在各种荷载作用下的应力和变形的分析计算。通过应力计算可以验证初步拟定的拱坝布置形式和轮廓尺寸是否合适，据此进行修改和调整。拱坝为空间壳体结构，边界条件及荷载均较复杂，影响坝体应力的因素很多，难以得到应力严格的理论求解。工程设计中采用的计算方法可以概括为两类，一是只考虑拱的作用如圆筒法、纯拱法；一是考虑坝体的整体作用如拱梁分载法（或称试载法）、弹性薄壳法、有限单元法等。结构模型试验不仅可作为检验理论计算的一种辅助工作，而且随拱坝新坝型的发展和试验技术的提高，已有不少工程用以直接确定坝体应力。如葡萄牙常根据模型试验研究的成果进行拱坝设计。对于大型拱坝，中国目前采用拱梁分载法和有限单元法，同时辅以结构模型试验；对中小型拱坝，一般采用纯拱法和拱冠梁法进行应力计算，前者适于薄拱坝。 （林益才）

拱坝重力墩 gravity abutment of arch dam

设置在拱坝拱端与岸边岩体之间的重力式坝体。相当于人工支座。当岸边基岩高程低于坝顶高程，或河谷断面形状复杂，为避免大量开挖时，可在两岸或一岸修建重力墩作为坝的一部分与岸坡基岩相接，达到束窄或调整河谷形态的目的。坝体和重力墩之间的传力作用与重力墩本身的刚度有关。应力分析应同时考虑拱坝和地基的相互作用，用有限单元法或结构模型试验求解。若重力墩高度不大，可假设其刚度与基岩相同，按拱坝支承的基岩条件求得拱端的作用力，然后将此作用力施加于重力墩以校核其稳定和应力。 （林益才）

拱坝周界缝 peripheral joint of arch dam

设置在拱坝与垫座之间的永久性接触缝。在坝

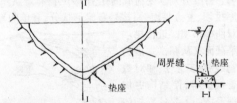

底部的称为底缝，两侧称边缝。主要目的是为松弛坝体周边的弯曲应力，改善坝体应力状态，充分发挥拱的作用。缝的两侧常布置钢筋，上游面设止水塞，下游侧设排水管，构造和施工均较复杂，质量控制不严，边缝容易漏水。意大利的奥西尔埃塔双曲拱坝首先采用，建于1939年，其后逐步推广，如葡萄牙的布桑拱坝等。因对周界缝作用尚有争议，故目前较少采用。中国在有些宽浅的河谷上建造小型拱坝，为减轻梁的作用，加强拱的作用，采用沥青底滑缝，运行情况良好。 （林益才）

拱坝最优中心角 optimum central angle of arch dam

又称拱坝经济中心角。当拱坝跨度已定，满足应力条件的拱圈体积最小的中心角。当拱坝的位置及跨度确定后，拱圈中心角越大，半径越小，拱圈厚度随之减小；但过大的中心角将使拱圈弧长增加，在

一定程度上也抵消了一部分由于减小拱厚所节省的工程量。按照圆筒公式求得拱圈体积最小的理论经济中心角为133.5°。在实际布置中往往受到地形、地质条件的限制，且中心角较大时，拱端推力更接近于平行河岸，对拱座稳定不利。实际工程中，顶拱的实用中心角常取90°~110°，对于下游为收缩的漏斗形河谷，可采用110°~120°。　　　　（林益才）

拱冠梁法　arch crown-cantilever method

拱坝计算时，仅取拱冠的悬臂梁和若干层水平拱，根据梁拱相交点径向变位一致的原理，求得拱梁分配荷载及其应力。一种最简单的拱梁分载法。此法列出拱的径向位移方程时，假定同一高程拱圈分配荷载均匀，以一根拱冠梁分配的荷载代表所有梁系的受力情况，即在同一高程上各悬臂梁具有相同的分配荷载。这些假定与实际情况虽有出入，不如多拱梁法精确，但计算工作量却大为简化，用于对称狭窄河谷的拱坝计算，能得出满意的结果。故在中、高拱坝的初步设计和小型拱坝的技术设计中经常采用。　　　　（林益才）

拱梁分载法　method of load divided into arch and cantilever

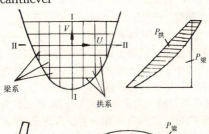

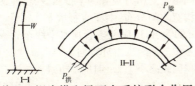

将拱坝视为拱和梁两个系统联合作用的应力分析方法。坝体所承受的荷载一部分由拱系统承担，另一部分由悬臂梁系统承担，利用拱梁在交点处变位（径向、切向和扭转变位）一致的条件，求得两者的荷载分配，再按材料力学法分别算出梁和拱的应力，从而得到坝体各点的应力。由于过去人工计算确定拱梁荷载的分配，需要反复试算，故又称试荷载法。优点是把复杂的空间结构简化为结构力学的杆件系统分析，概念清晰，精度满足设计要求，但计算工作量较大。20世纪50年代以来，由于电子计算机的广泛应用，以求解交点变位一致的代数方程组代替试算工作更加方便，目前很多国家均有通用的计算程序。　　　　（林益才）

拱式渡槽　arch aqueduct

槽身及其上部荷载通过拱形支承传给墩台的渡槽。其组成有墩台、主拱圈和拱上结构等。主拱圈两端支承在墩台上，槽身由拱上结构支承，拱圈各径向截面形心的连线称为拱轴线，其形式有圆弧线、悬链线、抛物线和折线等，对其进行合理设计可使拱圈在竖向荷载作用下主要承受轴向力而弯矩较小，以充分发挥砌体材料的抗压性能。视设铰数量不同，拱圈有无铰拱、双铰拱、三铰拱之分。其稳定性是无铰拱最高，三铰拱最低，所以工程中一般采用无铰拱。但当地基条件较差时，微小的变位会明显改变拱圈的受力条件，在一定条件下也应考虑选用有铰拱。槽身一般采用矩形。

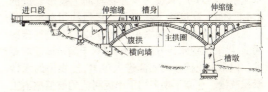

（沈长松）

拱筒　arch barrel

连拱坝上游面的拱形挡水板。拱筒承载能力较大，筒壁可以较薄，支墩间距较大，在支墩坝中，连拱坝的混凝土量最小；但施工复杂，钢筋用量多。近代已开始建造大跨度混凝土拱。拱筒一般做成圆弧形，中心角在150°~180°范围内。因拱筒是倾斜的，在结构计算时，除应考虑拱冠和拱座间不均匀水压力作用外，还需计入自重沿拱计算平面的分力。
　　　　（林益才）

拱形涵洞　arch culvert

洞身断面顶部为拱形的涵洞。断面由顶拱、侧墙、底板组成。洞顶拱圈一般用等厚或变厚的平拱及半圆拱，为防止拱脚处出现拉应力，常将侧墙适当提高，并砌券护拱以压砌拱座。底板有分离式、整体式及反拱式等形式。因受力条件较好，适用于填土高度及跨度均较大的无压涵洞。多用砖石砌筑。　　　　（张敬楼）

拱形闸门　arch gate

门叶的水平截面呈拱形结构的闸门。一般圆弧拱的中心角取90°左右为宜。由于利用拱的作用，受力状态较好，故可节省材料和造价。但要特别注意门叶的稳定性和动水操作中门下泄水的流态。常用钢筋混凝土和钢丝网水泥制成，在中小型工程得到广泛应用。　　　　（林益才）

拱形重力坝　arch gravity dam

水平截面呈拱形的整体式重力坝。主要依靠自重来维持坝体稳定，拱的作用只是提高抗滑稳定的安全度。工作原理与一般重力坝相同。乌江渡水电站拦河坝是目前中国最高的拱形重力坝，最大坝高

为 165m。　　　　　　　　　　（林益才）

共用工程　project for common use
综合利用水利工程中为各水利部门所共同需要的工程项目。例如，拦河闸、坝、水库、运河河床等。
　　　　　　　　　　　　　　　（谈为雄）

gou

勾头丁坝　hooked groin
坝头成钩形的丁坝。在丁坝的坝头加筑一段与水流平行的短坝，长度为坝身在垂向上投影长度的0.4倍左右，高度比丁坝略低。它是利用顺坝的某些优点，既能消除丁坝坝头的旋涡水流，减轻河床的局部冲刷，又使水流方向平顺，有利于满足通航的要求。但常阻止挟沙的底流进入坝田，使坝田的泥沙淤积减慢。这类丁坝多用于山区河流的航道整治工程中。　　　　　　　　　　　　（李耀中）

沟
田间水道。《周礼·考工记·匠人》："九夫为井，井间广四尺，深四尺，谓之沟。"也指一切通水道。如山沟、垄沟、阴沟。
护城河。《礼记·礼运》："城郭沟池以为固。"
泛指和水沟类似的槽。如瓦沟；交通沟。
　　　　　　　　　　　　　　　（查一民）

沟道护岸工程　protection work for gully bank
防止沟岸冲刷坍塌的综合技术措施。包括沟边修筑土埂，防止沟岸坍塌扩宽；沟坡上修建鱼鳞坑、水平沟、水平阶、反坡梯田等水保工程。结合造林种草等农林措施，以滞蓄和减缓沟坡径流，防止冲刷，巩固沟岸。　　　　　　　　　　　　（刘才良）

沟道治理工程　gully erosion control engineering
防治沟蚀的水土保持措施。沟道治理要遵循从上到下，从坡到沟，从沟头到沟口，从沟岸到沟底，层层设防的原则。沟头以上的集流面积上要加强坡面和塬面治理，以控制沟壑发展的水源；沟头附近设沟头防护工程，防止沟头扩展；沟坡上修鱼鳞坑、水平沟、水平阶、造林种草等，以巩固沟岸，防止冲刷；在支沟和干沟的沟底，修谷坊、淤地坝和小水库等拦沙拦泥。　　　　　　　　　　　　（刘才良）

沟渎
同沟洫、沟渠。供灌溉或排水用的水道。《易·说卦传》："坎为水，为沟渎。"《汉书·召信臣传》："行视郡中水泉，开通沟渎。"　　　　（查一民）

沟灌　furrow irrigation
在作物行间开沟引水、湿润土壤的灌水方法。沟中水流在重力作用和毛细管力作用下渗入土壤，满足作物正常生长的需要。适用于玉米、棉花等宽行距中耕作物。沟的横断面近似三角形或梯形。间距视土壤性质而异，黏性土大些（约70～80cm），砂性土小些（约50～60cm）。沟长取决于地面坡度和土壤性质，地面坡度大、土壤透水性小的地区，沟可长些；反之，沟应短些。一般变化在50～100m之间。入沟流量一般为0.5～2.0L/s。灌水沟的纵坡以0.005～0.02为宜。它对土壤结构破坏较轻，可保持沟间土壤疏松，减少土壤水分蒸发，有利作物的生长发育。　　　　　　　　　　（房宽厚）

沟浍
同沟洫、沟渠。供灌溉或排水用的水道。《孟子·离娄下》："七八月之间雨集，沟浍皆盈。"《荀子·王制》："修堤梁，通沟浍，行水潦，安水藏，以时决塞，……司空之事也。"　　　　　　（查一民）

沟垄耕作　ridge and ditch tillage
沿地形等高线开沟筑垄进行种植的水土保持措施。把坡面做成一道道顺等高线的沟和垄，作物种在垄上，中耕时再向根部培土。适用于缓坡地种植玉米、高粱、马铃薯等作物。沟垄可拦蓄地表径流，增加入渗量，减少地表径流量，起到减轻地表冲刷和保水、保土、保肥的作用。　　　　　　（刘才良）

沟埋式涵管　ditch conduit
管身埋设在较深开挖沟槽中的涵管。一般由钢筋混凝土建造。回填土的沉陷受到沟壁的牵制，铅直土压力小于沟内回填土柱重，其值可用自管顶算起的沟内回填土柱重乘以折减系数求得。填土密实时，考虑到管侧与沟壁间土拱的作用，通常认为管侧与沟壁间填土的压力只有一半传给管身，并假定土压力沿沟宽均匀分布，对于直径大于1m而埋深又小于1m的管道，还应考虑管顶水平线至管腹间回填土的重量。侧土压力计算同上埋式涵管，但当管侧至沟壁间距离小于1m时应予折减。
　　　　　　　　　　　　　　　（张敬楼）

沟蚀　channel erosion
地表径流汇集后冲刷坡面，出现的沟状侵蚀现象。在水流长期冲刷下，冲沟由小变大并不断延长，沟面加宽，沟底增深以及造成沟岸崩坍。久而久之，形成的冲沟相互连通，沟壑纵横，加速水土流失。治理这种灾害是水土保持工作的重要内容。
　　　　　　　　　　　　　　　（刘才良）

沟头防护工程　protection of gully head
防止水流冲刷而引起沟头前进的水土保持措施。由于沟蚀作用，沟头不断前进，冲沟加长增宽，蚕食耕地。通过修筑沟头埂，沟头截流沟，植树造林种草等措施，以阻滞和分散成股水流，使之降低冲刷力后流入沟内，稳定沟头。　　　　（刘才良）

沟洫　drainage ditch

古代灌溉排水用的农田水道系统。古代实行井田制度，田块之间均有沟渠以供灌溉与排水。《周礼·地官·遂人》："凡治野，夫间有遂，遂上有径；十夫有沟，沟上有畛；百夫有洫，洫上有涂(途)；千夫有浍，浍上有道；万夫有川，川上有路，以达于畿。"郑玄注："十夫，二邻之田；百夫，一鄙之田；千夫，二鄙之田；万夫，田县之田。遂、沟、洫、浍，皆所以通水于川也。遂广深各二尺，沟倍之，洫倍沟，浍广二寻，深二仞。径、畛、涂、道、路，皆所以通车徒于国都也。"古人即以"沟洫"来代表这个完整的农田灌溉排水系统，或即以"沟洫"来代表水利。如《论语·泰伯》："子曰：禹，吾无间然矣，……卑宫室而尽力乎沟洫。"《汉书》有《沟洫志》，记载从大禹开始直到汉代的治河、防洪、筑堤、修渠、灌溉、通航等水利史实。

（查一民　赖伟标）

沟状侵蚀　gully erosion

流域坡面沟流冲刷岩土的过程。根据冲沟大小分：细沟侵蚀，小股水流冲刷坡面，形成很小细沟，沟深宽 10～15cm；浅沟、切沟侵蚀，细沟小股水流汇集后，冲刷力增加，沟宽沟深增大，达 0.5～1.0m；冲沟侵蚀，地表受大股水流冲蚀，形成深 10m 以上、宽 5m 以上深沟。　　　　　　　　（胡方荣）

构造湖　tectonic lake

地壳构造运动产生的凹陷盆地积水湖泊。以构造断裂形成的断层湖最为常见。湖岸平直、岸坡陡峻、深度较大，如贝加尔湖、坦葛尼喀湖以及中国的洱海等。　　　　　　　　　　　（胡方荣）

gu

古比雪夫水库　Kuibyshev Reservoir（Куйбышевское водохранилище）

前苏联伏尔加河中游的大型水库。因靠近古比雪夫市而得名。1957 年建成。主坝为重力坝，高 45m，副坝为土坝，全长 4 400m。面积 6 500km²，总库容 580 亿 m³，有效库容 346 亿 m³。水电站装机容量 230 万 kW。以发电为主，兼有通航、灌溉、渔业和供水等综合效益。　　　　　（胡明龙）

古洪水　palaeo-flood

发生在古代的洪水。利用物理和生物方法来研究古代洪水称古洪水研究。可提供全新世(距今 10000 年至现代)的洪水资料，是洪水计算的一个新途径。洪水期洪水沉积物的顶点或尖灭点的高程相当于该次洪水的最高水位，已为野外观测证实。在洪水平流沉积物单元的最上部或支流末端沉积的尖灭点上采取土样，由实验室测定其中有机质^{14}C 的放射性强度，测算距今年数，作为洪水事件发生年代。对 10000 年的洪水，误差不超过 100 年。

（许大明）

古里水库　Embalse de Guri（Raúl Leoni）

委内瑞拉最大水库。在委内瑞拉卡罗尼河上。1986 年建成。1963 年起在内奎马峡谷修建大坝，后又扩建。主坝为重力坝，高 162m，主坝、副坝总长 11 409m。水库面积 3 280km²，总库容 1 380 亿 m³，有效库容 854 亿 m³。水电站装机容量为 1 030 万 kW。　　　　　　　　　　　　　（胡明龙）

古田溪梯级水电站　Gutian Cascade Hydroelectric Stations

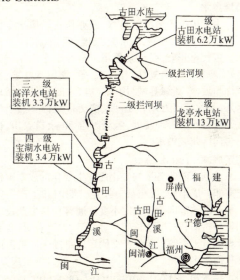

闽江水系支流古田溪梯级开发建设的水电站。由古田、龙亭、高洋、宝湖 4 个梯级电站组成，从 1951 年开始，至 1973 年全部建成。古田溪全长 90km，流域面积 1 799km²，落差约 300 余 m，水能资源集中，利于开发。总装机容量 25.9 万 kW，年发电量 10.62 亿 kW·h。一级古田水电站在古田县城下游峡谷入口处，库容 6.55 亿 m³，装机容量 6.2 万 kW，枢纽有混凝土宽缝重力坝、地下厂房，1959 年底建成。二级龙亭水电站在曹洋溪汇合处，装机容量 13 万 kW，枢纽有溢流式混凝土平板坝、引水式地面厂房，引水洞长 5 241m，1973 年建成。三级高洋水电站枢纽有溢流式混凝土平板坝、坝后式厂房，装机容量 3.3 万 kW，1973 年建成。四级宝湖水电站枢纽有混凝土宽缝重力坝、坝后式厂房，装机容量 3.4 万 kW，1972 年建成。水利电力部上海勘测设计院设计，福建省闽江水电工程局施工。

（胡明龙）

谷坊　check dam

又称闸山沟、沙土坝、垒坝阶等。横筑于山溪或切沟(冲沟)上固定沟床的挡水建筑物(小坝)。其高度低于 5m，用当地材料修建。按建筑材料可分为土谷坊、石谷坊、土石混合谷坊、梢枝谷坊(插柳谷坊)、浆砌石谷坊等。其作用为防止沟底继续下切；减小沟道中水流速度，减轻山洪或泥石流危害；拦蓄泥沙，使沟底逐渐川台化，为沟底农、林业利用创造条件。筑坝技术简单，费用低，是山丘区护沟淤地的常用措施。

(胡方荣　刘才良)

谷水

山谷中的溪流。《管子·度地》："山之沟，一有水，一毋水者，命曰谷水。"山溪在雨季有水流，无雨时可能断流。

(查一民)

鼓堆泉水

古代山西著名灌溉泉水，鼓亦作古。源出今山西省新绛县西北 12.5km 之鼓堆，西南流，注于汾水。古代曾开渠，引此泉灌田。隋开皇十六年(596 年)临汾县令梁轨复修，开渠 12 条，灌田 500 顷，并供绛州城(今新绛县城)用水。唐、宋时除供州城用水外，号称灌田万顷。元、明、清历代维修不衰。清代曾修订灌溉管理制度，灌溉附近 30 余村农田，但不再向绛州城供水。

(陈　菁)

固定成本　fixed costs

总额不随业务量的变化而发生变化的成本。但它并非一成不变，仅在某一特定时期内和生产一定数量产品的范围内才固定不变。通常包括生产设施和设备折旧、财产税、长期租金、工厂保险费、行政和管理人员工资等。单位产品固定成本随生产数量的变化而发生变化。

(施国庆)

固定年费用　fixed annual cost of water power station

又称间接费用。每年应提存的基本折旧费与大修费的总称。水电站在运行过程中，建筑物和机电设备都会逐渐损耗，每年须提存一定数量的款项，当建筑物和设备报废时，用这笔款项建造或购买新的建筑物和设备来代替，使其继续正常运行。每年提存的这种款项称折旧费 $U_折$，其值按报废物的投资 K 及其经济寿命 T 确定，即 $U_折=K/T$。每年提存用于对建筑物整修和机电设备的修复或更换基本部件的那部分费用称大修费。

(陈宁珍)

固定式喷灌系统　fixed sprinkler irrigation system

除喷头按轮灌顺序更换工作位置外，其余各组成部分均固定不动的喷灌系统。此种系统运行管理方便，运行成本较低，工程占地少，有利于实现自动控制，工作效率高；但喷灌设备利用率低，单位面积的工程投资高。一般只用于灌水次数多、经济价值高的果园、菜地以及其他经济作物区。

(房宽厚)

固定式喷头　fixed sprinkler

零部件无相对运动的喷头。结构简单，工作可靠，工作压力低，雾化程度较高；但射程近，喷头附近的喷灌强度比平均喷灌强度大得多。多用于花卉、苗圃、温室和草坪喷灌。为了节能，在行喷式喷灌机上也越来越多地得到使用。按结构和喷洒特点可分为折射式喷头、缝隙式喷头和漫射式喷头。

(房宽厚)

固结灌浆　consolidation grouting

为改善岩体的力学性能而进行的低压浅层灌注水泥浆。作用是充填岩体内的裂缝、孔隙和破碎带，提高岩体的完整性和弹性模量，增强其承载能力，减小其渗透性。灌浆范围视坝高和基岩裂隙分布以及受力条件而定。高坝或基岩裂隙发育，坝基全部需要灌浆，并向坝基外适当扩大范围。灌孔布置成梅花形或方格形，孔距和排距应根据地质条件参照灌浆试验确定，一般为 3～6m。孔深 5～8m，局部应力较大地区可适当加深，帷幕上游区一般采用 8～15m。灌浆孔方向一般垂直于基岩面，需要时，也可钻斜孔以保证灌浆效果。灌浆压力在不掀动基础岩石的原则下，应尽量取较大值。无混凝土盖重时一般为 0.2～0.4MPa，有盖重时可提高到 0.4～0.7MPa。水工隧洞施工中也常对衬砌围岩进行固结灌浆。

(林益才)

故县宽缝重力坝　Guxian Slotted Gravity Dam

河南省洛宁县洛河上的宽缝重力坝。坝高 121m，混凝土总量 147 万 m^3。有防洪、发电、灌溉、供水等效益。黄委设计院设计，水电部第十一工程局施工。

(胡明龙)

gua

瓜维欧土石坝　Guavio Earth-rockfill Dam

哥伦比亚最高土石坝。在瓜维欧河上，位于昆迪纳马卡省加赤塔城附近。1989 年建成。高 246m，顶长 390m，工程量 1 775.5 万 m^3。总库容 10.2 亿 m^3。设计装机容量 160 万 kW，现有装机容量 100 万 kW。

(胡明龙)

挂柳　anchored willow

又称卧式沉树。把成排的树横卧于岸边水中的护岸建筑物。用几株或几十株带枝叶的大树为一排，树根一端牢固系在堤岸的木桩上，树梢一端横卧于岸边的急流中，再加块石将其压沉。在悬沙较多的河流中，不仅能够减小岸边急流的流速，而且能起缓流落淤的作用。常用于堤岸的防护和抢险中。

(李耀中)

guan

关中漕渠

西汉由都城长安(今西安)东至黄河的人工运道。武帝时,关东漕粮溯黄河入渭水至长安每年数百万石,渭水航道曲折,运输不便。其时大司农郑当时建议自长安引渭水,沿终南山北坡,东至黄河,开漕渠三百余里,漕运可三个月完成,余水可灌溉渠旁民田万余顷。元光六年(公元前129年)开工,由齐人水工徐伯勘测定线,发卒数万人开凿,三年建成。运输便利,漕运猛增,并可引灌。曹魏时渐废,隋文帝时重加开浚,为广通渠。 (陈 菁)

观测廊道 observation gallery

监视坝体运行情况、安装观测设备并进行观测的一种坝内廊道。常与灌浆、排水、检查等廊道结合使用。 (林益才)

官堤 official dikes

官修官守的堤。类似遥堤。用以区别于民埝。 (胡方荣)

官厅水库 Guanting Reservoir

永定河上一座大型水利工程。在河北省怀来县境内,1954年建成。总库容22.7亿 m^3,调节库容7.15亿 m^3;电站装机3万kW,年发电量0.91亿kW·h。建筑物有黏土心墙坝、溢洪道、泄洪洞、地面厂房;坝高50m。具有防洪、供水、灌溉、发电等综合效益。官厅水库工程局设计和施工。电站由原燃料工业部水力发电建设总局设计。 (胡明龙)

管井 tube well

又称机井。井孔直径小、深度大、井壁用各种管材加固的井型。采用机械施工和水泵抽水。井管常用钢管、铸铁管、混凝土管、石棉水泥管和塑料管等材料。井径多为200~300mm,井的深度则根据水文地质条件、供水对象和地下水开发规则等因素确定,多为100~300m。是农业生产和城镇供水中采用最为广泛的井型。 (刘才良)

管理费 administrative cost

工程管理单位在运行管理中所需支付的行政管理费用。包括管理机构的职工工资、工资附加和行政费以及日常的防汛、观测和科研、试验等费用。管理费主要与工程性质和管理机构编制的大小等有关,可按各部门、各地区的有关规定或比照类似工程设施的实际开支确定。 (戴树声)

管链水车 tube-chain pump

又称皮钱水车、解放式水车。用水管和链条从井中汲水的提水机具。由机架、锥形齿轮、链轮、链条、圆皮钱、水管和牵引杆等组成。水管垂直置于井中,管内有一根向上移动的链条,链条上等距离串有与管壁密合的若干圆皮钱,用人、畜或其他动力驱动链轮,带动链条循环转动,皮钱即不断地提水上升至井外,供灌溉或生活使用。在中国北方井灌地区曾广泛应用,20世纪60年代以后,逐渐为井泵所取代。 (咸 锟)

管式排水 pipe drain

在下游坝体的基面上由平行于坝轴线的集水管或堆石带及垂直于坝轴线的若干条排水支管或堆石带组成的排水体。集水管通常由陶瓦、混凝土或钢筋混凝土制成,直径约为15~80cm,支管间距约为15~40m,管身有孔,以便收集渗水。若用堆石带,在排水与坝体及地基之间设置反滤层。管式排水容易堵塞、折断,且不易检修,目前已很少采用。 (束一鸣)

管形涵洞 tube-type circular culvert

埋设在路、堤、河、渠或其他建筑物下的输水或泄水圆管。受力条件及水流条件均较好。多用作埋置深、由水压力较大的有压式涵洞及小涵洞,一般由混凝土、钢筋混凝土预制或现浇而成。 (张敬楼)

管涌 piping

在渗流作用下,土体内的颗粒从孔隙中被带走的现象。主要发生在砂土中,先从逸出处开始,逐渐向上游发展。当坝体或坝基土体内的渗流速度达到一定值时,细小颗粒被带走,土体孔隙加大使渗流速度增大,较大颗粒亦被带走,形成管状渗流通道,愈趋严重,最后导致土坝失事。根据国际大坝组织统计,失事土坝中约有 $\frac{1}{3}$ 为管涌所致。工程上常采取延长渗径及在渗流逸出处设置反滤层等措施加以防止。 (束一鸣)

管涌抢险 fight against piping

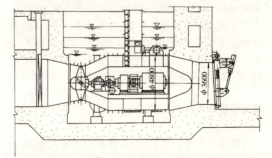

又称翻沙鼓水。堤防、闸坝工程地基发生管涌险情的抢护。当堤坝地基为透水性强的沙土、沙卵石层或表面为黏土,其下有沙层,临河水位升高,渗透坡降增大,渗透流速、压力随之增加,当渗透坡降大于堤坝地基土体允许的渗透坡降时,地基土体中

土粒被渗透水流推动,连续带走,发生渗透变形和破坏,即形成管涌。是渗水险情的发展。通常采用反滤围井、养水盆、滤水压渗台等方法以达到反滤导渗,降低渗压,制止涌水带出泥沙。　　(胡方荣)

贯流泵　tubular pump

又称圆筒泵、灯泡泵。水流水平进、出泵体的叶片泵。形似卧式轴流泵。从吸入口到压出口呈一近乎直管的通道,动力机装于泵的导叶轮毂体内。具有体积小、占地省的特点,既能降低泵房的建筑费用,又减少了泵房的噪声和水力损失,还提高了泵效。但对动力机结构、传动装置和通风措施等要求较高。　　(咸　锟)

贯流式机组厂房　powerhouse with tubular turbines

安装有贯流式机组的水电站厂房。与安装常规轴流式水轮机的河床式厂房相比,由于水流直线贯穿主厂房。因而厂房基础较浅,这种厂房结构简单,施工方便,节省投资。　　(王世泽)

贯流式水轮机　tubular turbine

水流从水电站进水口到尾水管出口都基本上沿水轮机轴向流动的轴流式水轮机。适用于低水头水电站。按结构特征可分为全贯流式水轮机与半贯流式水轮机两种。　　(王世泽)

惯性波　inertial wave

靠惯性力推进传播的洪水波。当摩阻比降恰好与底坡相抵消,即水平无比降时,用简化的圣维南方程组描述的洪水波运动。是不衰减的,如水库洪水波与之接近。　　(胡方荣)

灌溉　irrigation

人工补给农田水分的技术措施。除满足作物正常生长的需水要求外,还有调节土壤的温热状况、培肥地力、改善田间小气候、改善土壤理化性状等功能。按水源向农田的供水方式可分为自流灌溉和提水灌溉两大类;按湿润土壤的方式可分为地面灌溉、地下灌溉、喷灌、滴灌等种类;按灌水的主要目的可分为补水灌溉、培肥灌溉、调温灌溉、冲洗灌溉等类型。它必须适时、适量,并与农业技术措施密切配合,才能充分发挥提高作物产量和改良土壤的作用。
　　(房宽厚)

灌溉保证率　assurance probability of irrigation water

在灌溉工程长期运行中,灌溉用水量得到满足的年份出现的频率。以灌溉用水得到满足的年数占总年数的百分数表示。是灌溉工程设计标准的主要表达方式。用作灌溉工程设计标准的灌溉保证率称为灌溉设计保证率,要通过技术经济论证确定,或根据当地的具体条件参考有关技术规范选定。
　　(房宽厚)

灌溉泵站　irrigation pumping station

从水源取水,向农田供水,满足作物需水要求的泵站。当水源水位低于农田灌溉要求的水位,不可能进行自流灌溉,筑坝壅高水位进行自流灌溉又不经济时,则需建立这种泵站,抽水灌溉农田。平原地区,扬程较低,多为单站一次提水灌溉,称为一级一站提水;丘陵山区和台地,地形复杂、高差较大,扬程较高,多采用几个泵站接力提水灌溉,称为多级多站提水。　　(咸　锟)

灌溉定额　total irrigation quota

作物生长期间单位面积上灌溉的水量。中国常用的单位是 m^3/亩。是各次灌水定额的总和。它再加上泡田定额(水稻田)或播前灌水定额(旱作物)称为总灌溉定额。如计入渠系输水损失和田间水量损失,称为毛灌溉定额。　　(房宽厚)

灌溉回归水　return flow from irrigation

引入灌区的灌溉水未被利用又经地表或地下流回到沟渠或河流的水量。包括渠系渗漏,渠系退水或泄水,田间深层渗漏和田间跑水、退水等。产生的原因,有些是生产上的需要,如稻田渗漏,盐碱地冲洗等。有些在目前还难以消除,如渠系渗漏、退水等。一般回归水量可达总引水量的30%左右。应通过加强管理等措施尽量减少回归水量,并设法予以重复利用。　　(刘才良)

灌溉计划用水　planned water use for irrigation

根据水源供水情况和作物需水要求有计划地从水源引水、在渠系内配水、向农田灌水等科学用水工作的总称。是灌区用水管理工作的核心内容。主要任务是制订和实施灌溉用水计划。　　(房宽厚)

灌溉渠道跌水式水电站　drop water power station

利用灌溉渠道跌水发电的水电站。在灌溉渠道跌水处,以发电建筑物代替跌水建筑物,利用渠道流量和跌水落差发电,既不影响灌溉又增加发电效益。
　　(刘启钊)

灌溉渠道设计流量　design flow of irrigation canal

灌溉渠道需要通过的最大流量。是确定渠道断面和渠系建筑物尺寸的主要根据。渠道设计流量与渠道控制的灌溉面积大小、作物组成、作物的灌溉制度以及渠道工作制度等有关。灌溉渠道在输水过程中,尚有部分流量由于渠道渗漏和水面蒸发而沿途损失。渠道的设计流量 $Q_设$ 为 $Q_设 = Q_净 + Q_损$。$Q_净$ 为该渠道需要向下级渠道或农田提供的流量,称为净流量;$Q_损$ 为渠道输水损失的流量。
　　(李寿声)

灌溉渠道设计水位　design water level in irrigation canal

保证渠道所控制的灌溉面积都能进行自流灌溉的水位。各级渠道在分水点处都应具有足够的水位高程。各分水口的水位控制高程是根据灌区地面高程加上渠道沿程水头损失以及渠水通过各种建筑物的局部水头损失,由下而上逐级推算得出。

(李寿声)

灌溉渠道输水损失 water conveyance loss of irrigation canal

灌溉渠道在输水过程中,部分流量由于渠道渗漏、水面蒸发等原因,不能进入农田并为农作物所利用的损失水量。水面蒸发损失是指输水过程中沿渠水面蒸发掉的水量。一般占渗漏损失的5%以下,渠道设计常不计入。建筑物漏水损失在计算渠道设计流量时,一般亦不计入。因此,常将渗水损失近似地看作渠道输水损失,并习惯称作渗漏损失。

(李寿声)

灌溉渠道系统 irrigation canals system

各级输、配水渠道所组成的系统。一般分为干渠、支渠、斗渠、农渠和毛渠等五级渠道。因灌区面积不同,地形条件各异,渠道分级也可不同。地形复杂、面积较大时,可多于五级。干、支渠一般属输水渠道;斗、农渠属配水渠道。农渠为最末一级固定渠道;农渠以上的毛渠、输水沟等均属田间渠系,直接发挥调节农田水分状况的作用。 (李寿声)

灌溉设计标准 design criterion for irrigation

要求灌溉工程具有的抗旱能力。常用灌溉设计保证率表示。中国南方丘陵山区的小型蓄水灌溉工程常用抗旱天数表示。是确定工程规模的决定性因素,对工程的投资效益有重要影响。 (房宽厚)

灌溉试验 irrigation experiment

为研究农田灌溉基本理论和技术措施而进行的试验。包括作物灌溉制度、灌水方法、需水量和需水规律以及其他有关项目的科学试验工作。是以寻求增产、节水、节能为目的的一项水利、农业综合性科学试验。 (李寿声)

灌溉水费 irrigation charge

为维持灌溉工程的生产能力和积累扩大再生产的资金,灌溉用水户应向灌区管理部门交纳的费用。合理征收水费是灌区以生产养管理、正常运行的基础。征收水费应本着合理负担、量出为入、略有积累的原则,既保证管理单位有维持和扩大再生产的能力,又不要加重农民负担。中国多数灌区按灌溉面积平均收费;一些管理较好的灌区按灌溉用水量收费,可促进节约用水。有些灌区为了保证在多雨年份也有足够的水费收入,维持管理工作的正常进行,实行基本水费和按量收费相结合的办法,先按设计灌溉面积规定基本水费标准,再按用水量计征水费。

(房宽厚)

灌溉水利用系数 irrigation water utilization factor

灌入田间的净水量(或净流量)与渠首引进水量(或流量)的比值。以 $\eta_水$ 表示。或等于渠系水利用系数和田间水利用系数的乘积。即为 $\eta_水 = Aq_净/Q_引$ 或 $\eta_水 = \eta_{渠系}\eta_田$。$q_净$ 为设计灌水率;A 为灌区的灌溉面积;$Q_引$ 为渠首引进的流量;该利用系数是评价灌区渠系工程状况和管理水平的重要指标。

(李寿声)

灌溉水源 water source for irrigation

可用于农田灌溉的水资源。包括地表水和地下水两大类。地表水源主要有河川径流、湖泊、融冰雪水、经处理后达到灌溉水质标准的城镇污水和工业废水。地下水源主要是指埋藏在含水层中的潜水、层间水和泉水等。农田灌溉对水源的水量、水位和水质有一定要求。水源水量在时程分布上与灌溉需求不相适应时,可采用修水库、塘坝等蓄水措施加以调节,称为蓄水灌溉。水源分布与灌区地理位置存在矛盾时,可用修渠引水措施解决。水源水位不能满足自流引水灌溉要求时,可在河道的适当位置修壅水坝抬高水位,把水引入灌区,称为引水灌溉。灌区位置较高,则要建抽水站,把水提到一定高程后才能流入农田,称为提水灌溉。大型灌区中上述三种取水方式俱全者,称为蓄引提结合灌溉。利用处理后的城镇污水作为水源的称为污水灌溉。此外,农田灌溉对水源的水质,即可溶性盐、有毒物质、泥沙、病菌和寄生虫等的含量,在国家制定的灌溉水质标准中有严格的限制,并对水源的水温也有一定要求。

(刘才良)

灌溉水质 irrigation water quality

灌溉水的质量。灌溉水的化学、物理性状,所含物质的成分及数量,应满足作物生长发育和农产品的食用要求。具体包括:①含沙量:泥沙粒径0.1～0.005mm的泥沙可少量输入农田,粒径大于0.1～0.15mm的不允许输入农田;②含盐量:矿化度应小于2g/L,以钠盐为主的应小于1g/L;③有毒物质和重金属的含量,在中国颁布的《农田灌溉水质标准》中有严格的限制;④水温:在水稻生长旺盛期应不低于20℃。

(刘才良)

灌溉系统 irrigation system

从水源取水并将其输送、分配到田间的工程设施的总称。主要包括渠道取水枢纽、各级输配水渠道、灌区内部的调蓄水工程、保证灌水质量所必须的田间工程以及各级渠道上的建筑物等。

(李寿声)

灌溉效益 irrigation benefit

又称灌溉工程效益。兴建灌溉工程所产生的经济效果和社会效果。分为直接效益和间接效益。前者指灌区的农、林、牧业因灌溉而增加的产量和产值。由于农作物产量的提高是水、肥、种子、土壤、田间管理等多种措施综合作用的结果,灌溉只是其中的一项措施,所以在计算直接效益时只能计入灌溉作用所分摊的部分或在增产效益中扣除其他农业措施的费用。后者包括:利用灌溉工程发展通航、发电、水力加工、水产养殖、旅游等事业所获效益中分摊给灌溉工程的那一部分,在干旱少雨地区还包括借助灌溉工程供水、植树、种草、发展乡镇企业等经济收益以及改善生态环境、提高社会就业率等难以用货币计算的社会效益。由于间接效益和间接费用(船闸、电站、筏道等附加工程的投资、维修和管理费用)的比值通常并不比直接效益和直接费用的比值大,因此,一般可不考虑间接效益和间接费用。

(房宽厚)

灌溉效益分摊系数法 allocation coefficient method of irrigation benefit

利用效益分摊系数推求灌溉效益的方法。灌溉效益分摊系数为灌溉增产量与总增产量之比值,可根据历史统计资料、灌溉增产试验资料或灌溉前后作物产量保证率曲线等推求。

(施国庆)

灌溉增产量 increased yields of irrigation

有、无灌溉工程相比所增加的农作物产量。通常为农作物总产量的一部分,可对总增产量进行效益分摊后求得。总增产量分析通常采用对比分析法和数学模型法。对比分析法包括灌区内外对比、灌溉前后对比和试验对比等。

(施国庆)

灌溉制度 irrigation regime

为了适时播种、栽秧和保证作物正常生长而制订的向农田补充水量的技术方案。包括灌水时间、灌水定额、灌水次数和灌溉定额。制订灌溉制度的基本方法是水量平衡计算。根据作物的需水规律、土壤性质和气象条件确定农田水分消耗的速率,计入天然降水和地下水的利用量,不足部分由灌溉水量补充,以保持良好的农田水分状况和土壤生态环境,为农业的稳产、高产服务。开展农田灌溉科学实验和总结群众的丰产灌水经验,可为水量平衡计算提供可靠的依据。它也是进行灌溉工程规划设计和用水管理的依据。

(房宽厚)

《灌江备考》

清代有关四川都江堰水利的资料汇编。灌县二王庙道士王来通刊刻,约乾隆八年(1743年)成书。收录碑刻、诗文30篇,约1.1万余字。内容包括都江堰自然概况、兴修历史及沿革、工程技术及管理、历史传说及其他等,汇集、保存若干珍贵史料。此后又编辑另一部资料汇集《灌江定考》。

(陈 菁)

灌浆廊道 grovting gallery

沿坝轴方向布设在坝踵附近,坝基处理时可在其内进行灌浆的坝内廊道。其断面一般采用城门洞形,断面尺寸应根据灌浆机具大小和工作空间确定,宽度约为2.5~3.0m,高度为3.0~4.0m。廊道的上游壁至上游坝面的距离可取0.05~0.1倍水头,且不小于4.0~5.0m;底面距基岩面不小于1.5倍底宽。廊道轴线沿地形向两岸逐渐升高,纵向坡度应缓于45°,坡度较陡的长廊道,应分段设置安全平台及扶手。较长的基础灌浆廊道,每隔50~100m宜设横向灌浆机室。当岸坡基础的纵向坡度陡于45°时,灌浆廊道可分层布置,用竖井连接或以分层的平洞代替。廊道上游侧设排水沟,下游侧设排水孔及扬压力观测孔。当下游尾水位较高,采用人工抽排措施降低浮托力时,也有在坝的下游侧设基础灌浆排水廊道。

(林益才)

灌浆压力 grouting pressure

对建筑物及其基岩或衬砌围岩等进行灌浆所使用的压力。其大小与工程地质及水文地质条件、浆液浓度及设计要求等密切相关,通常由灌浆试验确定。例如基岩固结灌浆,采用低压稀浆灌注时,一般压力为0.2~0.4MPa,有时可达0.8MPa;帷幕灌浆表层段不宜小于1~1.5倍坝前静水头,孔底段不宜小于2~3倍坝前静水头;对于隧洞,回填灌浆采用0.2~0.3MPa、固结灌浆时为1.5~2倍内水压力。均以不破坏岩体为原则。衬砌回填灌浆压力是一种施工荷载,计算时可假定均匀径向分布在顶部中心角90°范围内,灌浆完毕后一般不再考虑其作用;固结灌浆对衬砌的作用相当于外水压力,只在压力很大时才有必要验算。

(张敬楼)

灌区 irrigation district

一个灌溉工程系统的控制范围。按水源类型分为利用地面水的河流灌区、水库灌区以及利用地下水的井灌区等;按取水方式分为自流灌区和提水灌区;按面积大小分为大型灌区(大于30万亩)、中型灌区(1~30万亩)和小型灌区(小于1万亩)。

(房宽厚)

灌区次生盐碱化 secondary salinization of irrigation district

灌区开灌后由于措施不当产生的土壤积盐现象。灌排工程不配套,灌溉用水不合理,耕作管理粗放,作物种植布局不当等人为因素,均可能引起地下水位大幅度上升,易溶性盐类随水向土壤表层积聚,使灌区土地产生盐碱化。

(赖伟标)

灌区工程管理 irrigation project management

为使灌区工程维持符合设计要求的完好状态、正常运行并充分发挥工程效益而进行的维修养护、技术改造等工作。管理对象包括取水枢纽、灌排渠道、渠系建筑物、机电设备和附属建筑物。管理工作的主要内容是制定和实施工程管理养护办法和检查观测制度。一般在每年冬春停水季节,对工程设施进行全面检查和维修养护。为了保护工程免受损害,根据管理工作的需要和国家的有关规定,划定工程管理范围,明确边界,树立标志,严禁在此范围内进行危害工程安全和正常运行的一切活动。

(房宽厚)

灌区管理 irrigation system management

对灌区灌排工程系统进行养护、维修、运用,并不断进行技术改造、提高工程效益等项工作的总称。按工作性质分为:①工程管理:是灌区管理工作的基础。主要任务是保证灌排工程和机电设备处于设计工作状态,并进行必要的技术改造,使之不断完善。②用水管理:是灌区管理工作的中心。制定合理的灌溉制度、编制和执行灌溉用水计划、改进灌水方法、充分利用水资源、提高作物产量。③组织管理:是搞好管理工作的保证。建立和健全灌区管理机构、培训管理人员、组织群众参加管理等。④经营管理:合理征收水费、开展综合经营、为维持灌溉工程的正常运行和扩大再生产积累资金。 (房宽厚)

灌区经营管理 irrigation business management

巩固和发展灌区经济效益,实现灌区管理企业化的经济活动。主要内容有:正确核算供水成本,合理征收水费,为维持灌溉工程和灌区管理机构的正常运行以及扩大灌区再生产提供资金。充分利用管护范围内的水土资源、人才和设备的优势,开展多种经营,实行独立核算,自负盈亏,扩大灌区的综合经济效益,为国家创造财富,改善职工生活,维持管理工作的良性循环。 (房宽厚)

灌区量水 flow measurement in irrigation system

又称渠系测水。为了掌握灌区地面水和地下水的变化规律、了解灌排渠系的水位和流量而进行的量测工作。测水站按其位置和功能分为:①水源测站:设在引水枢纽上游、不受闸门启闭和挡水建筑物壅水影响的顺直河段上,观测河道的水位、流量、含沙量的变化规律,为制订和实施灌区用水计划提供依据;②各级渠首测站:布置在各级渠道进水口的下游,用以观测从水源或上级渠道引入的水量;③平衡测站:布设在引水枢纽下游河段、各级渠道的末端、管理段或行政区的边界、各级排水沟的末端等处,用以量测灌区的退、泄水量和各区段的用水量,作为水量平衡计算的依据;④专用测站:为专项研究(如渠床糙率、挟沙能力、渠道输水损失等)而特设的测站,具体位置视需要而定。常用的量水方法有:利用渠系水工建筑物量水、利用特设的量水建筑物量水和利用仪器(流速仪、流量计等)量水。

(房宽厚)

灌区用水管理 irrigation water management

灌溉水量的调蓄、输送、调配和农田灌水工作的总称。是灌区管理工作的中心,直接影响着农业产量和灌溉工程的经济效益。为了充分利用水资源,在多水源的大、中型灌区,应实行引、蓄、提水量统一调度、联合运用;有条件的地区,在同一河流的几个梯级水库之间或相邻灌区之间实行水量统一调配,调盈补缺。根据灌区水源情况、作物种植及需水要求等,在灌区内部进行合理的水量分配,采取正确的配水方式和渠道防渗等工程措施减少输水损失,采用先进的灌水方法,适时、适量地向农田均匀灌水。为了提高管理水平,还应开展灌溉试验研究工作。

(房宽厚)

灌区用水计划 water use plan of irrigation

又称灌溉用水计划。说明各时期渠首引取的水量、向各级渠道或用水户的配水流量、配水次序和配水时间等的计划。根据灌区各种作物的种植面积、需水要求、水源情况、渠道输水能力等资料,通过协调、平衡而编制的。一般先由用水单位提出用水申请,灌区管理部门编制年度或季度用水计划,经灌区代表大会或灌区管理委员会审查通过后生效。在每次灌水之前,再根据气象条件和农田需水情况编制分次实施计划。水库灌区由管理部门按年度或季度编制水量预分计划。小型灌区一般只编制分次用水计划。编制用水计划可使灌区管理部门和各受益单位对未来的来水和用水情况有个概括了解,以便更好地安排各项工作,采取必要的抗旱措施。 (房宽厚)

灌区组织管理 irrigation organization management

灌区管理体制、组织形式、机构设置、职责划分等项政策的制订与实施。中国的灌区管理组织有三种形式:大中型灌区由国家设置专管机构管理,配备专职人员,实行专业管理与群众管理相结合。由群众选举产生灌区代表会和灌区管理委员会,前者是灌区的最高权力机构,反映群众的意见和要求,审查灌区管理工作计划和财务开支等;后者主要是协助专管机构实施管理工作计划。小型灌区由受益区群众直接推选管理委员会或专管人员,负责管理工作;个别农户或少数农户受益的水井、塘堰、小型提水机具等则由个人承包,负责管理。 (房宽厚)

灌水定额 irrigation application rate

单位面积上一次灌溉的水量。中国常用的单位

是 $m^3/亩$。其他国家多用灌水深度的毫米数表示。

（房宽厚）

灌水方法 irrigation methods

向农田人工补充水量的方法。通常分为地面灌溉、地下灌溉、喷灌、滴灌等四大类。随着微型喷灌的广泛使用和塑料微孔灌溉管道的出现，人们又把微型喷灌、微孔管道灌溉、滴灌等工作压力低和局部湿润农田土壤的灌水方法归为一类，称为微灌。各种灌水方法都有自己的特点和适用条件，在灌溉工程的规划设计工作中，要根据作物品种、地形、土壤、水资源和投资条件等因素，选择适宜的灌水方法。

（房宽厚）

灌水率 modulus of irrigation water flow

又称灌水模数。单位灌溉面积需要的灌溉净流量。常以 $m^3/(s\cdot 10^4 亩)$ 为单位。每次灌水相应的灌水率 q 按下式计算：

$$q = \frac{\alpha m}{8.64T}$$

α 为灌水作物种植面积与总灌溉面积的比值；m 为灌水定额（$m^3/亩$）；T 为灌水延续天数。以时间为横坐标，灌水率为纵坐标，将各次灌水的灌水率叠加，就得到初步灌水率图。再根据使渠道供水均匀、便于运行管理、减少渠道水量损失等原则，通过改变灌水日期和灌水延续时间等措施，对部分灌水率重新计算，修改灌水率图，就得到修正灌水率图。选取修正灌水率图上的最大值作为设计灌水率，用以推算各级渠道及渠系建筑物的设计流量。

（房宽厚）

灌水周期 irrigation cycle

又称轮期。全灌区一次灌水的延续时间。由于大多数灌区都采用轮灌配水方式，也可理解为灌溉渠系完成一次轮流配水所经历的时间。它的长短和灌区大小、作物种类、水源供水能力等因素有关。

（房宽厚）

guang

光电测沙仪 photoelectric meter for sediment concentration measurement

测定水流中固体颗粒含量的仪器。根据消光原理利用固体颗粒阻拦光线通过数量的差异，转换成电量差值显示。早期在稳定光源与光电感应元件的间隙注入浑浊水即可测出电流量，再借助率定曲线查知含沙量。近年已将组合测头插入水中，直接监测流动水体中含沙量随时间的变化。此仪器也可测定其他浑浊流体所含颗粒物质的多少。

（周耀庭）

光电颗分仪 photoelectric meter for particle size analysis

测定水流所挟泥沙颗粒级配的仪器。在光电测沙仪基础上，应用泥沙在水中沉降过程中含沙量的变化，推求电流量变化与较粗颗粒渐次沉落之间的关系。目前，仪器还只适用于沉降速度不甚大的细颗粒泥沙。为测定水样上层极细颗粒泥沙含量，仪器设计有使水样逐渐下降的功能，早期用机械方法，现改进为底部泄流法。仪器测定的泥沙粒径范围为 $1\sim 50\mu m$，若用分段混匀沉降法可扩大测量范围至 $500\mu m$。

（周耀庭）

光面压力钢管 smooth surface penstock

表面无加劲环、锚筋、钢箍等加劲部件或加强部件的钢管。光面管便于加工制造，可用于明管、地下埋管和坝内埋管。当管径较大、管壁较薄、抵抗外压能力不足时，可用加劲环或锚筋提高其抗外压能力而成加劲管；当管壁过厚不易辊卷和焊接时可加钢箍以减小管壁厚度而成箍管。

（刘启钊）

广德湖

唐代浙江宁波地区灌溉工程。大历八年（773年）鄮县（今鄞县南）令储仙舟在原莺脰湖基础上建成的灌溉水库。贞元元年（785年）扩建，可灌田 400 顷（唐 1 顷 $\approx$ 今 0.81 市顷），北宋熙宁二年（1069年）大修，筑堤 9 000 余丈（宋 1 丈 $=3.12$m），并筑 9 闸 20 堰，可灌田 2 000 顷。因葑草淤积与豪强围垦，屡有人提出废湖为田，但多被抵制。至政和八年（1118年）废湖为田 800 顷，使鄞县西部只能引它山堰水灌溉。

（陈 菁）

广济渠

古代引沁河灌溉的大型工程，前身是枋口堰。唐代即有"广济渠"之称，元中统二年（1261年）王允中、杨端仁奉诏督修，在沁口（今河南省济源县东北五龙口）修石堰引水入渠，灌济源、河内（今河南省沁阳县）、河阳（今河南省孟县）、温县、武陟五县田 3 000 余顷。明代屡次大修，改为利人、丰稔两渠，后合称利丰渠。万历二十八年（1600年）又重开广济渠，渠首为山洞，内设引水闸，干渠长 150 里。明、清两代在广济、利丰两渠稍向下修有永利、大利、小利等渠，稍向上开有甘霖渠，均灌沁河南岸，北岸开有广惠渠。这些渠经多次修浚，一直沿用到现代，统称广利渠。

（陈 菁）

广通渠

又称富民渠。隋代一条从都城大兴（即长安，今西安）起东至潼关通黄河的一条人工运河。隋开皇四年（584年）由著名工程专家宇文恺、苏孝慈、元寿等人主持，以渭水为水源，在已淤塞的汉代关中漕渠基础上开浚而成，长 300 余里，当年完工。使溯黄河而上的漕船不再经弯曲的渭水而直抵长安，"转运通利，关内赖之"。唐初渠渐埋废。至天宝元年（742

年)命韦坚重修。在咸阳(今咸阳东北)西18里渭水上筑兴成堰分水,东流截灞水、浐水至潼关西永丰仓(在华阴县东北)合渭水。并在长安城东九里浐水上开广运潭为停泊港,可泊船数百艘。　　　(陈　菁)

gui

归海五坝　5 dams for entrance to ocean

清代里运河东堤的5座滚水坝。用以排泄由洪泽湖溢洪闸坝排下的水,穿运河入海。清康熙十九年(1680年)开始建归海坝8座,但都是土底草坝。后20年张鹏翮改建为5座石坝,从高邮至邵伯依次为南关坝、五里中坝、柏家墩坝、车逻坝和昭关坝;后柏家墩坝废,另建南关新坝。它是上述5座坝统称。
　　　　　　　　　　　　　　　　(胡方荣)

归江十坝　10 dams for entrance to Yangtze River

清代后期控制由洪泽湖泄出的淮河洪水,经运河入江水道的10座坝。明代后期开始兴建。包括拦江坝、土山坝、金湾坝、东湾坝、西湾坝、凤凰坝、新河坝、壁虎坝、湾头坝和沙河坝。1949年后根治淮河,改建闸坝,十坝均已废除。　　(胡方荣)

龟塘

位于今湖南省长沙市的晋代蓄水灌溉工程。西晋泰始元年(265年)因有白龟出自该塘而得名。当时周围长45里,灌溉面积约100余顷。五代时筑堤蓄水,号称灌田万顷。南宋及明都有修治,后由于淤积严重,康熙年间废塘为田。　　　(陈　菁)

gun

滚流　rolling flow

又称旋滚。绕横轴(河宽方向)旋转运动的副流。多发生在河床纵剖面形态突然改变处。因水流分离形成的摩擦力作用而激起。如沙波后面的凹塘、浅滩后面的深槽处。在水工建筑物(如堰、闸、潜丁坝等)下游尤其强烈。　　　(陈国祥)

滚水坝　overflow dam

见溢流坝(310页)。

滚水石坝

见减水坝(127页)。

滚移式喷灌机组　side roll wheel sprinkler unit

又称侧滚轮式喷灌机组、轮载横管式喷灌机组。以输水支管为轮轴,以许多大直径的轮子为支撑,在动力机驱动下向前滚动的喷灌机组(如图)。常用支管为铝合金管和薄壁钢管,总长为150~500m,每隔12m左右安装一个直径1~2m带辐条的钢圈式轮子,两轮中间装有喷头和自动泄水阀,动力机位于支管中央,带动管道和轮子向前移动。支管的首端用软管与输水干管的给水栓连接,末端用堵头堵塞。这种机组一般为定喷式机组。其结构简单,操作方便,运行可靠,喷洒均匀度较高,供水干管间距大,田间工程投资较少;但受轮子直径限制,不能灌溉高秆作物,对地形的适应能力较差,一般只能用在地面平坦的地区。

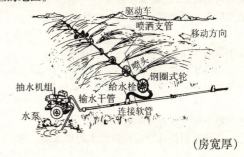

(房宽厚)

guo

国际灌溉排水委员会　ICID, International Commission on Irrigation and Drainage

以鼓励和促进灌溉、排水、防洪及江河治理科学技术发展为宗旨的国际学术组织。由印度发起,成立于1950年。到1997年,已有82个会员国,中华人民共和国国家灌溉排水委员会于1983年10月1日在墨尔本举行的ICID第34届执委会上被一致通过成为正式会员。ICID的最高决策机构是国际执行委员会(International Executive Council),由主席、副主席、秘书长和每个成员国国家委员会指定的代表组成,每年开会一次,处理年度财务预算等重大事宜。秘书处设在印度新德里,由秘书长领导一个30人的中心办公室处理日常事务。ICID的主要活动是:①为各成员国国家委员会之间交流科技情报资料提供条件;②召开包括技术会议、学术会议、专题讨论等内容的地区会议和3年一次的世界大会;③安排调查研究和实验项目;④出版与活动有关的成果报告和其他文件;⑤同有相似宗旨的其他国际组织保持密切联系。　　　(房宽厚)

裹头　dike crown

在堤块堵口之前,对决口口门两端的堤头采取的裹护措施。以防止水流冲刷扩大口门。
　　　　　　　　　　　　　　　　(胡方荣)

过坝建筑物　crossover structures in dam complex

为解决闸坝上下游之间的通航、过竹木和过鱼而兴建的各种建筑物的统称。如通航建筑物、过木建筑物和过鱼建筑物等。　　　(张敬楼)

过木机 log pass machine

传送木材过坝的机械。以链条传送带应用最广;有的上游用传送机、下游用干滑道;还有的用起重机吊运、卷扬机牵引等。 (张敬楼)

过木建筑物 log pass structures

将上游浮送来的木筏或零散木材送往闸坝下游的设施。如利用水力浮运的筏道、漂木道和利用机械运送的过木机、过木索道等。一般靠岸布置,进口前沿应有导漂设施,下游出口水流要顺直。
(王鸿兴)

过木索道 cable way for log pass

运送木材过坝的架空索道。索道由机械驱动作封闭环形运动,工作原理与缆索起重机相似。
(张敬楼)

过水堆石坝 permeable rockfill dam

能通过坝顶或穿过坝身泄水的堆石坝。按不同的过水方式,主要有:渗透堆石坝,堤顶不溢流,水流通过坝体大粒径块石的孔隙渗透过坝,过流量很小;溢流—渗透堆石坝,水流由坝顶溢过落入坝体,从下游渗出,泄流能力也很小;溢流堆石坝,水流从坝顶和下游坝面溢流过坝,可宣泄较大流量。岩基上的溢流堆石坝主要有钢筋网加固下游坝面、硬壳坝等型式,而蓑衣坝可用于土基。 (束一鸣)

过水土坝 overtopped earth dam

见溢流土坝(311 页)。

过鱼建筑物 fish pass structures

河流上修建闸坝后,使原有回游鱼类能回游过坝的设施。主要形式有鱼道、鱼闸和升鱼机等,以鱼道应用最广。进出口布置是设计的关键,入口应有良好的光线、足够的诱鱼流速和水深,便于鱼类发现和进入;出口应远离溢流坝和电站取水口。
(张敬楼)

H

hai

海岸工程 coastal engineering

为防止海水侵袭,保证河口稳定和开发潮汐电能等而兴建的工程统称。包括海塘、防护堤、海港、海岸码头、军港、河口治导、潮汐电站等工程。
(胡明龙)

海冰 sea ice

海洋里的冰。按其成因划分有两种:一是海水大量丧失热量形成;另一种是高纬度冰河或沿岸冰原向海洋下滑形成。一般指前者,后者往往在海洋里形成冰山。近海漂浮的流冰,一部分来源于河流或陆地。海水冰点和最大密度时温度,随含盐度的大小而不同。盐度小于 24.7‰ 的海水,因最大密度值的温度在冰点以上,结冰情况与淡水基本上相同;盐度大于 24.7‰ 的海水,因最大密度值的温度在冰点以下,其结冰情况则与淡水不同。 (胡方荣)

海港工程 harbo(u)r engineering

在沿海海岸或入海河口,为停靠船舶和与内陆联系而修建的工程总称。包括防波堤、航道、港池、船坞、码头、航标、护岸等工程。 (胡明龙)

海河 Haihe River

又称沽水。由潮白河、永定河、大清河、子牙河、南运河等五大河流在天津市附近汇集而成的中国华北最大水系。由大沽口入渤海,全长 1 090km。干流长 69km,流域面积 26.5 万 km²,平均年径流量 233 亿 m³。含沙量大,汛期下游常宣泄不畅,易泛滥成灾,1368~1948 年间发生严重水灾 387次。1949 年后,经全面整治,各支流上游兴建官厅、密云、岳城、岗南、黄壁庄等大型和许多中、小型水库,中、下游辟独流减河、马厂减河、捷地减河、潮白新河、子牙新河、漳卫新河等排洪河道,水害得以根治。河口设拦潮闸,既减少洪涝灾害又便于灌溉和航运。 (胡明龙)

海河流域 Haihe Basin

中国华北地区海河水系干支流所流经的区域。包括北京、天津两市全境,河北大部,河南、山东、山西、内蒙古一部分,总面积 26.5 万 km²,耕地 1 200 万 ha。多数河流发源于太行山和燕山山脉,与平原间几无丘陵过渡带。夏秋间雨量集中,多暴雨,洪水流入平原,河床淤积,宣泄不畅,常成涝灾。据记载,1368~1948 年间发生过严重水灾 387 次和旱灾 407 次。土地盐碱化严重,洪、涝、旱、碱是四大自然灾害。1949 年后,兴建官厅等数十座大、中型水库,开挖、疏浚潮白新河、永定新河、子牙新河、漳卫新河和独流减河出海干道,基本解除灾害,实现粮食自足。但近些年来又呈现缺水趋势。 (胡明龙)

海况 oceanic conditions

风力作用下的海面外貌特征。根据波峰的形状、峰顶的破碎程度和浪花出现的多少,分为10级。　　　　　　　　　　　　　　（胡方荣）

海浪　ocean waves

发生在海洋中的波动。是海水运动的主要形式之一。包括风浪和涌浪等。海浪要素有:波峰,波谷,波高(H),波长(λ),波速(C)和周期(T)等。波速为单位时间内波动传播的距离,与周期和波长之间存在下列关系：$C=\frac{\lambda}{T}$。

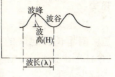

（胡方荣）

海流　sea current

海水具有相对稳定速度的流动。是海水运动形式之一。按其成因可分为:风海流、梯度流和补偿流。在海洋学中,常依海流本身温度高于或低于所流过海区的温度,分为暖流和寒流两大类。
　　　　　　　　　　　　　　（胡方荣）

海漫　apron extension

泄水建筑物下游紧接护坦末端用以消除水流余能、保护河床的防冲设施。在平面及竖向均呈扩散状,常用粗糙的石料修筑,使水流扩散并遭受摩阻以消除余能。应具有柔性及透水性,以适应沉陷及消除渗透压力。靠近护坦处应加强保护,需用混凝土板或浆砌块石筑成。　　　　　　（王鸿兴）

海宁潮

见钱江大潮（196页）。

海平面　sea level

平静的理想海面。参见平均海平面（192页）。
　　　　　　　　　　　　　　（胡方荣）

海水　sea water

海洋中的水。含有各种盐分、有机物,溶解或悬浮于水中。其特性与陆地上的水有明显差别,海水运动也自有规律。全球海洋水共有13.7亿 km³,相当于地球总水量的97%以上,是水文循环的基础。　　　　　　　　　　　　　　（胡方荣）

海水混合　mixing of sea water

海水水分子或水团均匀化的现象。海洋一般处在流动或波动状态,小分子、海水微团及水块总是带着原有特性,由一个空间（水层）向另一空间（水层）运动,从而使相邻的海水趋向均匀一致。有分子混合、对流混合和涡动混合三种。后两种较为重要,远比分子混合效应大,其强度与海水的密度梯度有关。　　　　　　　　　　（胡方荣）

海水密度　density of sea water

单位体积海水中所含的质量。以 g/cm³ 计。为方便计,常采用海水的"比重";指在给定的温度和大气压力下,海水密度与蒸馏水 4℃时密度的比值。由于后者取为1,因此,在数值上海水的密度等于比重。海水密度是盐度（S）、温度（T）和压力（P）的函数。
　　　　　　　　　　　　　　（胡方荣）

海水水色　color of sea water

海水的颜色。其变化从深蓝到碧绿,从微黄到棕红。大洋海水多为蔚蓝,沿岸海水,多为绿色。水色与海面颜色是不同的,前者由海水光学性质及海中悬浮微粒的颜色决定;后者取决于海面对光线的反射,与天空状况和海面状况有关。水色受外界影响较小,能真实反映海洋本身的光学性质。常用福雷尔（Forel）水色计与白色圆盘所显示的颜色比较来确定。福雷尔水色计由 21 种颜色组成,由深蓝到黄绿直到褐色,以号码1～21代替。号码愈小,水色愈蓝,即水色愈高;反之水色愈低。
　　　　　　　　　　　　　　（胡方荣）

海水透明度　transparency of sea water

海水能见度的一个量度。用直径 30cm 的白色圆盘（透明度盘）,垂直沉入水中,直至刚刚看不见的深度,以 m 计。这一深度是透明度盘反射、散射和透明度盘以上水柱散射光与周围海水散射光相平衡时的状况,所以应称为相对透明度。
　　　　　　　　　　　　　　（胡方荣）

海水温度　temperature of sea water

表示海水冷、热的物理量。以摄氏度（℃）计。水温的升高或降低,标志着海水内部分子热运动能的增加或减少。在大洋中水温变化幅度,约在 -2～30℃之间。有温跃层存在。
　　　　　　　　　　　　　　（胡方荣）

海水盐度　salinity of sea water

1kg 海水中所含的盐量。以 S‰表示。即 1kg 海水,将溴、碘以氯置换后,碳酸盐变为氧化物,有机物全部氧化后,其所含固体物质的总克数（指在真空中的重量）。大洋中海水的盐度,一般介于 33‰～37‰。
　　　　　　　　　　　　　　（胡方荣）

海塘　seawall

沿海岸和潮汐河口边缘修建的海堤。苏南、浙江、上海一带习称海堤为海塘。历史上称长江口南岸北起江苏常熟、南至上海金山的海塘为江南海塘;称浙江省杭州湾和钱塘江口北岸海塘为浙西海塘;称浙江省杭州湾和钱塘江口南岸的萧山、绍兴两地海塘为萧绍海塘,宁波地区海塘为浙东海塘。也有将浙江省杭州湾和钱塘江口两岸海塘合称为钱塘江海塘,及将苏南、上海及浙江省海塘合称江浙海塘的。1987年江苏、浙江、上海两省一市水利修志部门建议将北起江苏省常熟市福山口，经上海市沿江沿海，南迄浙江省杭州市狮子口的海塘统称江南海塘。　　　　　　　　　　（查一民）

海涂　beach district

沿海高潮水位与低潮水位之间的滩地。由于受海洋潮汐的影响，海涂区地下水含盐量大、水位高，作物一般不能生长。可以通过围垦改良使之适于农业生产。　　　　　　　　　　（赖伟标）

海涂围垦　beach polder

对沿海高低潮水位之间的滩地修筑坚固的围堤，抵御海潮侵袭，使之与海水隔开所进行的垦殖事业。是国土开发的重要内容之一。为对垦区土壤进行有效改良，垦区内应修建完善的排灌系统，用以排除地面水、降低地下水位、冲洗排盐和引水灌溉。同时还应采取蓄淡养青、种稻洗盐、种植耐盐作物以增加土壤有机质等措施，加速土壤脱盐，改良土壤。　　　　　　　　　　（赖伟标）

海啸　tsunami

又称津波。由水下地震、火山爆发或水下塌陷和滑坡所激起的巨浪。日本人称海啸为"津波"，意为涌向湾内和海港破坏性的大浪。破坏性的地震海啸，只在地震构造运动出现垂直断层，震源深度小于20～50km，里氏震级大于6.5的条件下才能发生。没有海底变形的地震冲击或海底弹性震动，只可引起较弱的海啸。水下核爆炸也能产生人造海啸。　　　　　　　　　　（胡方荣）

海洋潮汐　ocean tides

海水受引潮力作用产生的海洋水体长周期波动现象。是一种长波运动。铅直方向表现为潮位升降，水平方向表现为潮流涨落。潮汐的升降和涨落，与人们多种活动密切相关，如船只航行和进出港、舰艇活动、沿海地区农业、渔业、盐业、港口建设、大地测量、环境保护、潮汐发电等，都须掌握潮汐变化。人类早就知道潮汐和月球的密切关系。中国古人曾把早晨海水上涨现象叫潮，把黄昏上涨叫汐，合称潮汐或海潮。中国汉代的王充（公元27～97年）在《论衡》一书指出："涛之起也，随月盛衰，大小满损而不齐同"。至17世纪牛顿（1643～1727年）才根据他提出的万有引力定律，对潮汐作了科学的解释，用引潮力说明潮汐的原因。　　　　　　　　　　（胡方荣）

海洋水文学　marine hydrology

研究海洋水文现象，观测分析研究海水的物理性质（温度、盐度、水色、透明度及海冰等）及海水运动（海流、海浪、潮汐及海水混合等）规律的水文学分支学科。也是海洋科学的一个重要组成部分。为研究全球水文气象规律及开发利用海洋服务。　　　　　　　　　　（胡方荣）

han

邗沟

中国历史上第一条沟通长江与淮河的人工运道。南起长江北岸的扬州，北至淮河南岸的山阳（今江苏淮安），公元前486年吴王夫差所开。当时为减少人工开挖，主要利用江淮间的众多天然河流湖泊加以沟通，故运道屈曲；三国时进行过裁弯取直。南北朝时已建有多处堰埭，航道已基本渠化。隋代曾对此段运河进行全面修治，称为山阳渎，成为京杭运河的重要组成部分。　　（陈　菁）

含沙量　concentration of suspended load

单位体积浑水中所含泥沙的数量。单位为kg/m³。即$\rho = W_s/V$。V为浑水水样体积（m³）；W_s为泥沙重量（kg）。　　　　　　（胡方荣）

含沙量沿程变化　logitudinal variation of sediment concentration

在不平衡输沙条件下河流断面平均含沙量沿流程的变化规律。如在河流上修建水库，水库上游发生沿程淤积，水库下游发生沿程冲刷，这种冲淤变化需要经过一定距离才能完成，在这一河段中泥沙运动处于超饱和或不饱和状态，含沙量是沿程变化的。上述变化过程可采用基于河段沙量平衡原理建立的公式进行估算，也可在一定边界条件下积分泥沙扩散方程得到的公式进行估算。　　（陈国祥）

含沙量沿水深分布　vertical distribution of sediment concentration

二维恒定均匀流中悬移质运动处于平衡状态时含沙量沿水深的分布规律。根据悬移质运动扩散理论，假定泥沙扩散系数与动量交换系数相当，并采用对数型流速分布公式，对基本微分方程式积分求解，得到含沙量沿水深分布公式为

$$\frac{s_v}{s_{va}} = \left(\frac{h-y}{y} \cdot \frac{a}{h-a}\right)^z$$

s_v为床面以上y处体积含沙量；s_{va}为床面层a处体积含沙量；h为水深；z为指数$z = \omega/ku_*$，称为悬浮指标；ω为泥沙沉速；u_*为摩阻流速；k为卡门常数；$u_* = \sqrt{ghJ}$，J为能坡，g为重力加速度。根据悬移质运动重力理论求解也能得到含沙量沿水深分布公式。　　　　　　（陈国祥）

含水层　aquifer

藏蓄地下水的层状透水岩土。是地下水的贮存和运动的场所。位于地面以下，渗透系数较大的砂、砾层，多裂隙的巉石英岩层，岩溶发育的石灰

涵洞 culvert

埋没在地下或土石填方下的输水或泄水道。常用以将水流从与其交叉的路、堤、河、渠或其他建筑物的一侧送往另一侧。按洞内水流形态可分为有压式涵洞、无压式涵洞和半有压式涵洞三种。一般由进口、洞身和出口三部分组成。洞身断面有圆形、拱形和箱形等，可建成单孔或多孔的砖石、混凝土或钢筋混凝土结构。

（张敬楼）

涵管垫座 saddle of conduit

涵管底部的承垫结构。用以改善管身受力条件和减小对地基的压应力。管径和竖向荷载较小时，可用三合土或分层夯实的碎石垫底；否则宜用浆砌石或混凝土垫座，包角一般为 $2\alpha_\varphi = 90° \sim 135°$，竖向荷载很大时可采用180°。对于矩形管，常在管底铺设10cm左右的素混凝土。对于地基土质良好的小管径涵管和岩石地基上的涵管，也可不设垫座。

（张敬楼）

寒流 cold current

见暖流（183页）。

汉江 Hanjiang River

又称汉水。发源于陕西省宁强县，流经陕西、湖北两省，在汉口和汉阳之间流入长江的长江最长支流。长1 532km，流域面积17.43万 km^2。襄樊市以下旧称襄河，有褒水、堵河、任河、甸河、丹江、唐白河等诸水汇入。上游经汉中盆地，水量丰富；中游丹江口以下为平原；下游迂曲流缓，与长江间河港纵横交错。汛期洪水与长江洪峰相遇，水泄不畅，极易泛滥。建有杜家台分洪工程和汉北大型排涝工程，干流上建有石泉、安康水电站和丹江口水库，支流上建有石门、黄龙滩等水库。

（胡明龙）

汉渠

宁夏黄河东岸引黄灌区主要干渠之一。创建年代不详。唐代、明、清都有维修记录。渠首在黄河青铜峡东岸，灌河东吴忠、灵武地区，民国时可灌田10万亩。1956年进行扩建，1960年取水口与秦渠合并，现渠口最大进水量为 $59m^3/s$，灌地20万亩。

（陈 菁）

《汉书·沟洫志》

中国第二部水利通史。后汉班固（32～92年）所著《汉书》中的"十志"之一，未单独刊行。前半部分基本同《史记·河渠书》；后半部分则系统记述汉元鼎六年至元始四年（公元前111～公元4年）的水利史实，着重记叙黄河洪灾及其治理规划、方略和工程措施，保存大量珍贵古代水利史料和论述。与《史记·河渠书》并称为中国水利史志奠基之作。

（陈 菁）

汉延渠

银川平原引黄灌区五大干渠之一（余为唐徕、惠农、大清、昌润）。相传为汉代所开，唐称汉渠，宋称汉源渠。元代郭守敬等修复，长250里，称汉延渠。明清及民国又屡次大修。渠首在黄河青铜峡以下，干渠介于黄河西岸与唐徕渠之间，长130km，有支渠437条，可灌地25.7万亩。1949年后曾进行裁弯，改置取水口，进水量增至 $80m^3/s$，可灌地50多万亩。

（陈 菁）

旱涝保收农田 farmland with stable yields despite droughts or waterloggings

不受水旱灾害的影响，保证稳定收成的农田。灌排工程设计标准较高、施工质量较好、管理运用得当时，就能抵御水旱灾害，遇旱能灌，遇涝能排，为农作物正常生长提供良好的水分状况，确保稳产高产。

（房宽厚）

旱涝碱综合治理 Comprehensive Control of drought, waterlogging, Salinization and alkalization

干旱、内涝、土壤盐碱化等自然灾害并存地区的治理原则。中国黄淮海平原及其邻近的其他平原地区，受季风气候影响，降水量在年际和年内分配很不均匀，地势低平，排水不畅，旱涝灾害频繁。地下水矿化度较高，埋藏较浅，土壤盐碱化现象严重。内涝招致地下水位升高，干旱又加剧土壤蒸发，促使表土积盐，加重盐害。旱、涝、碱灾害有着密切联系。治理的关键是排除地面径流、控制地下水位、调节土壤水分、抑制土壤返盐，以水利措施为主，密切结合农、林技术措施，进行综合治理。

（房宽厚）

旱田水量平衡 water balance in dry farmland

在旱作物生长期间，使作物主要根系分布土层的来、去水量保持相等，以维持农田良好的水分状态，是制订旱作物灌溉制度的基本原理。旱田的水量平衡计算分时段进行，每个时段的来水量有降雨量、灌溉水量、地下水补给量、时段初计划湿润层的土壤储水量。随着作物根系的伸长，需要加深计划湿润层时，还要计入加深部分的土壤储水量。时段内的去水量有作物需水量、地面径流量、深层渗漏量、时段末计划湿润层的储水量。

（房宽厚）

旱灾 drought

久不降雨影响作物正常生长或致死的灾害。久旱而又缺少灌溉时，农作物生长受到威胁，因而造成大量减产。一般以在一定时间内降水量低于某一范围，农作物难以维持生长限度为标准，不同地区有不同标准。

（胡维松）

捍海塘 seawall

海塘之古称。其①在今浙江省海宁县盐官一带。始筑年代无考。《新唐书·地理志》五杭州盐官（今浙江省海宁县一带）："有捍海塘，堤长百二十四里，开元元年（713年）重筑。"②在今浙江省杭州市。五代梁开平四年（910年）吴越王钱镠筑。《宋史·河渠志七》浙江（浙江，即今钱塘江）："通大海，日受两潮。梁开平中，钱武肃王始筑捍海塘，在候潮门外。潮水昼夜冲激，版筑不就，因命疆弩数百以射潮头，又致祷胥山祠。既而潮避钱塘，东击西陵，遂造竹器，积巨石，植以大木。堤岸既固，民居乃奠。"

（查一民）

捍海堰

江苏省北部古代海堤。①在今江苏省连云港市东云台山麓。有东西二堰：西堰长63里，隋开皇九年（589年）张孝徵建；东堰长39里，隋开皇十五年（595年）元暧建。②在今江苏省盐城县至东台县之串场河东岸。又称常丰堰，唐大历年间（766～799年）淮南西道黜陟使李承筑，长142里。后人说即北宋范仲淹所修复增筑的海堤（后称范公堤）的前身。《宋史·河渠志七》乾道八年（1172年）："通州（今江苏省南通市）、楚州（今江苏省淮阴、盐城两市境）沿海，旧有捍海堰，东距大海，北接盐城，袤一百四十二里。始自唐黜陟使李承所建，遮护民田，屏蔽盐灶，其功甚大。历时既久，颓圮不存。至本朝天圣改元，范仲淹为泰州西溪盐官日，风潮泛溢，淹没田产，毁坏亭灶，有请于朝，调四万余夫修筑，三旬毕工。"

（查一民）

焊接压力钢管 welded steel pipe

有纵（轴）向焊缝的钢管。将钢板按要求的曲率辊卷成弧形，纵缝焊成管段，运到现场后再将各节横缝焊成整体。相邻管段的纵缝应错开，且纵缝不应在管道横断面的水平轴线和垂直轴线上。管道的主要受力构件应使用镇静钢。在中国，钢材宜用Q235、16Mn和经正火的15MnV和15MnTi。当钢板厚度超过35mm时，在辊卷和焊接前后一般要进行消除应力处理。它是应用最广的一种压力钢管。

（刘启钊）

hang

航运枢纽 navigation hydro-junction

以发展水运为主要目的而兴建的水利枢纽。由闸坝、通航建筑物及其上下游附近的码头、引航道、输水系统等组成。根据国民经济对天然水道或人工运河的通航要求，这种枢纽应起增加航深、降低流速或缩短两地航程等有利于航运的作用。例如为克服急流浅滩的水道自然情况，可分级建造闸坝及导流建筑物，使两级之间水道有足够水深和较小流速，并借助于船闸或升船机等通航建筑物克服闸坝集中的落差。又如为对蛇曲状天然水道裁弯取直，或为沟通海洋、缩短航程而开挖运河，也常须在一处或数处修建挡水、引水和通航建筑物等。

（王世夏）

he

合流

集中全河之水刷深主槽，以保持河道的稳定。古代治黄方略之一。与分流相对。最早提出这一主张的是王莽时大司马史张戎。之后历代治黄家中均有主张合流者，其中最著名的代表人物为明代四任总理河道的潘季驯，其《河防一览》曰："水分则势缓，势缓则沙停，沙停则河塞。河不两行，自古记之。支河一开，正河必夺。"他的主张对后世治黄有很大影响。

（查一民）

合龙 breach blocking

用立堵进占时，对最后留下的龙门口进行封口截流。当口门逐步缩窄后，龙门口水深有时可达20～30m，这是截流过程中一个重要而困难的阶段，关系到堵口的成败。在堵合时，分有合龙埽、抛枕和梢捆沉厢等方法。

（胡方荣）

河岸溢洪道 bank spillway

设于拦河坝外河岸的各种溢洪道的统称。当由于坝型、地形以及水利枢纽其他技术经济条件，不宜或不利于布置河床溢洪道时，必须布置这类溢洪道，如正槽溢洪道、侧槽溢洪道、井式溢洪道等，并视具体条件选型。

（王世夏）

河槽调蓄作用 effect of channel storage on flood wave

河槽使洪水波在传播中变形的作用。当洪水波从上游向下游传播时，涨水段一部分水量用于充蓄槽蓄量，退水段部分槽蓄量不断泄出，延长了流量消退过程。这种作用使洪水波在传播过程中，波高不断降低，退水段不断加长，整个波形发生坦化和扭曲。

（刘新仁）

河长定律 law of stream lengths

河长与长度比的关系式。其表达式为

$$\bar{L}_u = \bar{L}_1 R_l^{u-1}$$

$\bar{L}_u$为第u级河流的平均长度；$\bar{L}_1$为第一级河流的

平均长度；R_1为长度比。说明河长随河流级序成几何级数的减小或增大。　　　　　　（胡方荣）

河川水利枢纽　river hydrohub, river hydrojunction

为防治江河水害和开发利用江河水资源而兴建的水利枢纽。其组成建筑物一般包括拦蓄河水、抬高水位以形成水库的拦河坝，供灌溉或发电引水之用的取水建筑物、输水建筑物，宣泄水库多余水量以保证枢纽抗洪安全的泄水建筑物；还可能包括水电站、船闸、鱼道、筏道等专门建筑物。随枢纽修建地点的不同，有山区、丘陵区和平原地区之分；随拦河坝上下游水位差的不同，有高水头、中水头、低水头之分。建于重要河流上的控制流域面积巨大的高等级水利枢纽（参见水利枢纽分等，页），常成为整个流域开发的关键工程，其成败对国计民生影响很大，在其规划、设计、施工和运行管理方面都应特别精心。　　　　　（王世夏）

河川水能资源　water power resources of river
见水能资源（249页）。

河床　river bed, river channel

又称河槽。河谷中被水流淹没的部分。通常将被枯水淹没的部分称为枯水河床；被中水淹没的部分称为中水河床，又称基本河槽或主槽；被洪水淹没的部分称为洪水河床，也有只将河漫滩称做洪水河床的。山区河流河床多为基岩组成，比较稳定；平原河流河床多由冲积物组成，经常处于冲淤变化过程中。　　　　　　　　　（陈国祥）

河床式厂房　integral powerhouse

布置在河床中起挡水作用的主厂房。当水电站水头不高，主厂房尺寸又足够大时，可将主厂房与拦河坝或闸成一排布置，如中国的富春江水电站。　　　　　　　　　　　　（王世泽）

河床稳定性指标　stability idex of river

表达河床稳定程度的定量指标。表达河床纵向稳定程度的为纵向稳定指标，如常用的 $k = d/J$，d 为床沙粒径，J 为河床纵坡坡降，k 值愈小，河床愈不稳定。表达河床横向稳定（河岸稳定）程度的为横向稳定指标，两者结合在一起为综合性稳定指标。　　　　　　　　　　　（陈国祥）

河床演变　fluvial process

河床在自然条件下或受人类活动影响后所发生的冲淤变化。就表现形式而言可分为纵向变形和横向变形（或平面变形）两类；就发展方向而言可分为单向变形和往复变形（或周期变形）两类；就影响所及范围而言可分为普遍变形和局部变形两类。河床演变是水流与河床相互作用的过程，在这一过程中泥沙的运动起了关键作用，河床的冲淤变化因输沙不平衡而引起，演变的发展趋向是建立新的输沙平衡。河床演变受到许多自然因素的影响如地形、地质、土壤、植被等，人类活动对河床演变的影响更为显著。河床演变对于水利工程建设和其他土木建筑工程如城市给排水、铁路与公路桥梁建设等均有密切关系。　　　　　　（陈国祥）

河床溢洪道　river channel spillway

布置于河床中与挡水建筑物相结合的溢洪道。除土石坝、连拱坝外，大多数拦河坝、拦河闸都可结合布置河床溢洪道，如各种重力式溢流坝、溢流大头坝、溢流平板坝、溢流拱坝、滑雪道式溢洪道、泄水闸等。与河岸溢洪道比，采用河床溢洪道可使水利枢纽布置紧凑，并可能造价经济，但须经方案比较优选。土石坝由于抗冲能力差，连拱坝由于结构体型原因，都不适于在坝上布置溢洪道，但低水头小工程偶有例外。　　　　　（王世夏）

河道整治规划　river regulation planning

根据综合开发利用水资源的要求对河道进行全面治理而进行的各类工程措施的总体部署。为除弊兴利充分发挥河道的潜力，规划应全面地考虑防洪、航运、工农业用水等各部门的需要，兼顾上下游各方面的利益，采取各种形式整治工程措施使河道稳定或使之向有利的方向发展。　（周耀庭）

河道整治设计流量　design discharge for river regulation

根据河道不同整治目标选定的特征流量。如治理洪水河槽时确定堤顶高程、护岸及御险工程规模而选定的设计洪水流量。为控制河道主槽稳定，选择的对河床作用较大的造床流量。为通航目的整治河道，选定的在枯水期保证最小水深的设计流量。
　　　　　　　　　　　　　　（周耀庭）

河道整治设计水位　design water level for river regulation

为实现河道治理目标而选定的特征水面高程。如为筑堤防洪选定堤顶高程，有堤防设计水位；为确保最小通航水深选定最低通航水位；为限定跨河建筑物的最低高度，选定最高通航水位，以确保过船安全的最小水上净空。所有这些选择都必须根据水文资料使用保证率方法进行分析比较，合理地选定各种设计水位，供工程设计时作为基本依据。
　　　　　　　　　　　　　　（周耀庭）

河道总督

清代主管黄、运两河及海河水系事务的最高官职。其地位与主管一省或数省地方军政事务的总督相当。明代称总理河道，清代沿袭之，并改称河道总督，亦简称总河，并带兵部尚书右都御史或兵部侍郎副都（或佥都）御史衔。顺治、康熙时驻山东济宁,后驻清江浦(今江苏淮阴市)。雍正时分河道总督为三:一为江南河道总督,驻清江浦,专管江南(今江苏、安徽)境内的黄河与运河,简称南河;二为河东河道总督,驻济宁,后移驻兖州,专管河南、山东境内黄、运两河,简称东河;三为直隶河道总督,驻天津,专管直隶(今河北省及京、津二市)境内的南北运河及海河水系,简称北河,后不久由直隶总督兼任。咸丰五年(1855年)黄河在铜瓦厢决口改行今道后,清廷先后裁撤南河及东河,河务归地方管理。河道总督的下属有文职和武职两个系统,均分道、厅、汛三级。道为总河以下,厅以上的一级官员,文官为道员(道台),武官为河标副将、参将等;道下辖厅、汛,厅与地方的府、州同级,文官为同知、通判等,武官为守备;汛与县同级,文官为县丞、主簿等,武官为千总。各厅、汛均有河兵与夫役。 (陈 菁)

河堤谒者

汉唐时中央临时派往地方主持河工的官吏。西汉时始有,又称河堤使者,或兼称原官衔如河堤都尉,或称以某官衔"领河堤"、"护河堤"、"行河堤"等。东汉罢中央所有都水官职,河堤谒者成为中央常设水利官员。晋至唐为都水使者的属官,五代以后不见记载。 (陈 菁)

河防

古代对负责防治黄河水患所设机关及其职责的通称。元欧阳玄《至正河防记》:"命鲁以工部尚书为总治河防使。"北宋沈立、金都水监均撰有《河防通议》。 (查一民)

《河防令》

金泰和二年(1202年)颁布的黄河及海河水系各河的河防修守法规。为《泰和律令》中29种令之一,共11条。是在宋及其前的河防法令基础上编订而成的,为现存最早的防洪法令,对都水监及全国各地地方州县河防官吏、军夫埽兵的职责和奖惩均有规定。 (陈 菁)

《河防述言》

清代治河名著。清陈潢撰,康熙年间(1662~1722年)由其同乡张霭生追记而成。全书12篇,分别为河性、审势、估计、任人、源流、堤防、疏浚、工料、因革、善守、杂志、辨惑。陈潢为靳辅治河的主要幕僚及筹划者,书中所记大都是他参与考察和治理黄、淮、运的指导思想、心得体会和实践经验。 (陈 菁)

《河防通议》

记录宋、金、元三代河工技术的专著。由元代沙克什将北宋沈立所撰八篇《河防通议》(称为"汴本")和元赡思(又名若思)重订金代都水监录当时河工技术的《河防通议》(称为"监本")两书进行考订、删节并摘录合为一书,成于元至治元年(1321年)。书分为六门:河议第一,概述治河起源、堤埽利病、十二月水名、波浪名、土脉名及河防官兵职责等;制度第二,介绍开河、闭河、定平(水准测量)、修岸、卷埽之法;料例第三,介绍筑城、修砌石岸、安置闸坝、卷埽、造船所用物料定额;功程第四,介绍各工种的计工方法;输运第五,介绍水陆运输计工法及装载量、工程物料体积及重量估算法、历步减土法等;算法第六,用实例说明计算工程土方及物料数量的方法。具体记载了宋、金、元时代的河工技术和制度,是现在所见这方面的第一本专著。 (查一民)

《河防一览》

明代河工名著。潘季驯(1521~1595年)撰,成书于万历十八年(1590年),共14卷约28万字。收录作者四任总河的治河理论、经验和措施,包括治河奏议、修守事宜等。分析黄、淮、运的主要问题及治理对策;阐述其"以河治河,以水攻沙"的治河主张,以及作者所制定的堤防修守制度和工程修筑技术,并收集整理黄河演变历史和前人治河议论。是"束水攻沙"论的主要代表作,也是明代河工科学技术和管理知识的重要汇集,对后世治河方针和河工实践均有极大影响。

(陈 菁)

《河防志》

清代治河著作。张希良编。成书于康熙年间(约1692~1722年间),共12卷,为作者跟随张鹏翮治河所见治河事迹及文牍、议论、奏疏、碑记等。参见《张公奏议》(325页)。 (陈 菁)

《河干问答》

清代论述治理黄、淮、运的重要著作。陈法撰,乾隆十年(1745年)成书,共12篇。书中对黄河夺淮之害有深刻论述,并提出了黄淮分流、黄河改道山东大清河入海等主张;反对潘季驯、靳辅等人的"黄淮合流"、"筑堤束水"和"蓄清刷黄"说,并首先提出"沙见清水而沉"的论点,对黄河高浓度含沙水流特性有独创性认识。是清代治河中非主流派的著名代表作。(注:"河干"为"河畔"之意,书名意为坐在河畔上谈论有关治河之事的问答。) (查一民)

河工

治河工程。因黄河水患最多,史书上多指治黄工程。《明史·河渠志一》:"复遣工科给事中何起鸣往勘河工。" (查一民)

《河工器具图说》

清代专门辑录各种河工器具的图集。麟庆撰,成书于道光十六年(1836年)。共4卷。辑录河工修防、疏浚、抢护、储备等所用器具图共289种,每图附一说。是研究河工器具沿革的重要资料。

（陈 菁）

河谷 river valley

在水流、冰川等动力因素长期作用下，或由于地壳运动原因而形成的水流通道。具有窄长、弯曲的外形和向一个方向倾斜的特征。由谷坡和谷底两部分组成，谷坡是河谷两侧的斜坡，有时有阶地存在。谷底是水流占据部分，包括主槽和河漫滩，中小水位时水流集中在主槽内流动，洪水时水流漫滩。

（陈国祥）

河口 estuary, river mouth

河流的终段，是河流和受水体的结合地段。受水体可能是海洋、湖泊、水库和河流等，可分为入海河口、入湖河口、入库河口和支流河口等。

（胡方荣）

河口潮流 tidal current in estuaries

河口潮汐涨落过程中的水流。有四个阶段：潮波侵入河口之初，水位开始上升，落潮流速渐减，水流方向仍指向海洋，称涨潮落潮流；随水位不断上升，涨潮流速逐渐超过河流流速，水面比降转向上游倾斜，河口全断面出现负流，称为涨潮涨潮流；海洋已开始落潮，河口内水位亦随之下降，涨潮流速虽已逐渐减小，但仍大于河水流速，流向指向上游，称为落潮涨潮流；河口水位继续下降，河水流速渐增，流向转指下游，水面比降转向海洋倾斜，称为落潮落潮流。

（胡方荣）

河口浮泥 mud in estuary

河口近底层颗粒很细、流动性较大的泥沙。是细颗粒泥沙沉落在河底之后，没有变密实以前形成的，其显著特点是：颗粒细，流动性大，含沙量高，属于非牛顿体，可近似用宾汉体来模拟，当浮泥层具有一定坡度 J 时就可在重力作用下沿坡降方向流动，

$$J \geqslant \frac{\tau_0}{\gamma_s h}$$

τ_0 为宾汉极限切应力；γ_s 为浮泥表观密度；h 为浮泥层厚度。浮泥运动时河口港口及航道维护有很大影响。

（陈国祥）

河口进潮量 tide influx in estuary

进入河口段的潮流量。是衡量河口潮流强弱的主要指标，控制进潮量的因素有：潮差、径流量和河槽容积，潮差越大进潮量越大，在相同海洋潮汐情况下洪水期进潮量小于枯水期进潮量，河槽容积决定于河口段的比降、长度和断面面积，比降越平缓，长度和断面面积越大进潮量越大。

（陈国祥）

河口拦门沙 mouth bar in estuary

位于河口口门以外或口门附近的高出平均河底的泥沙堆积体。是河口区在径流与潮流共同作用下泥沙集中落淤所造成的，其规模、部位和变化规律与河口平面外形、径流与潮流的相对大小、来沙方向和数量密切相关，盐淡水混合类型也有一定影响。河口拦门沙的存在对航运十分不利，对防洪排涝也有一定影响，是河口治理的主要目标之一。

（陈国祥）

河口泥沙 estuary sediment

河口段水流中所挟带的泥沙。以悬移质为主，一般粒径很小，在 0.005mm 以下，河床表土的颗粒与悬移质组成也无显著差别。其来源有的以河流挟沙为主，有的以海域来沙为主，也有两者兼有的。其运动因受河流及潮汐的影响，情况比较复杂。

（胡方荣）

河口区 estuarine area

河海之间的过渡地带。通常根据河流情势与海洋情势的强弱分成河流近海段和口外海滨段，河流近海段又分为河流近口段和河流河口段。前者是从潮区界至潮流界之间的河段，又称河流感潮区。潮流界是潮波沿河上溯，潮水停止倒灌的上界。潮区界是由于潮水和增水顶托造成的水位抬高现象趋于消失的上界。后者是近口段下界至海边之间的河段，又称河流潮流区。口外海滨段是从河口段下界起到海上沿岸浅滩的外边界为止的区域。

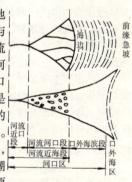

（胡方荣）

河口沙坝 sand ridge in estuary

位于河口口门以内高于河口区平均河底高程的泥沙堆积体。是河口区径流和潮流共同作用下形成的泥沙集中落淤造成的，其规模、部位和变化决定于河口地形、径流量与潮流量相对大小、泥沙来源和数量等因素，沙坎存在对于河口潮流、泥沙运动和河床演变均有重要影响。

（陈国祥）

河口盐水楔 saline wedge in estuary

河口区在一定条件下形成的盐水从淡水之下成楔形侵入上溯的现象。是由于重率不同的海水和淡水交会时产生的异重流。多出现在与弱潮或无潮海域相连接的河口，对于河口区的水流、泥沙运动及河床演变有重要影响。

（陈国祥）

河口涌潮 tidal bore in estuary

在三角港河口形成的一种特殊潮汐现象。是潮波受到剧烈地反射而产生的。前坡极陡，状似直

立，以极高速度向上游推进，伴有很大声音，潮水位上涨很快。涌潮过后流速也很高，对航运及河床稳定十分不利。 （陈国祥）

河流 river

经常或间歇地沿天然狭长凹地流动的水流。由地表水和地下水补给，是水文循环的重要路径，泥沙、盐类和化学元素等进入湖泊、海洋的通道。在中国称谓很多，大者称江、河、水，如长江、黄河、汉水等；短小水急者称溪，如浙、闽、台一些河流。西南地区也有称川，如四川的大金川、云南的螳螂川等。 （胡方荣）

河流崩岸 bank sloughing

河流岸壁受到水流、波浪、重力等作用而产生的坍塌现象。河流崩岸的方式是多种多样的，常见的有：①在岸坡较陡处，岸壁上部失去稳定而倾倒于河中；②坡脚为水流淘空，同时受到岸滩中地下水渗透压力作用产生圆弧形滑动，使岸壁滑移入水中；③在水流的冲蚀和波浪的直接冲击下，岸壁土壤颗粒被水流剥蚀脱落后逐渐带走。在水流作用下河流崩岸多发生在水流顶冲河岸的部位和弯道的凹岸，影响因素主要是流速大小、持续时间长短和水流对河岸顶冲情况、临河岸滩地下水渗出情况以及河岸组成物质的抗冲强度。为了防止河流崩岸应采取护岸工程措施。 （陈国祥）

河流比尺模型 scale model of river

将某一段天然河道按一定比例缩小制成的小河道。目的是用以复演或预报在各种来水来沙条件下的水流和泥沙运动情况。为确定模型小河与原型河道的相似性，一般首先在模型上复演出原型河道上实测的水面线和冲淤情况，为此常须调整模型河道的糙率和某些相似比尺。有时因条件所限而采用垂向和水平比尺不同的变态模型。由于水利工程所处自然环境十分复杂，有许多情况难以用计算方法准确预测，常借助于模型试验来完成这个任务，河工模型试验是规划设计中选择优良方案和预测工程的长期效果的最重要手段之一。 （周耀庭）

河流冰情 river ice regime

河水因热量变化产生的结冰、封冻和解冻现象。常在北方寒冷季节河流中出现。当河水温度降至0℃略呈过冷却时，河水表面和水内迅即出现冰象，经过淌凌，达到全河封冻。春季太阳辐射增强，当气温高于0℃时，河冰迅速融化，经过淌凌，直至全河解冻，冰情终止。 （胡方荣）

河流动力学 river dynamics, river mechanics

研究河道水流、泥沙运动和河床冲淤变化力学规律及其应用的学科。是治河工程的理论基础。与防洪工程、灌溉与排水工程、航道与港口工程、水力发电工程、城市取排水工程、铁路和公路桥渡工程等均有密切关系。是在长期的防治水害、兴修水利的实践中逐步发展起来的。19世纪末与20世纪初得到较迅速发展，20世纪40~50年代逐步形成一门独立学科。研究内容包括：水流内部运动特性；泥沙冲刷、搬运和堆积机理；河床形态及冲淤演变规律；人类活动引起的河流再造床过程；自然条件下和人工干扰后河床冲淤变化过程的预测及控制等。研究方法有：现场观测、室内试验、理论分析和数值计算等。由于涉及的问题十分复杂，目前在理论上仍不够完善，解决实际问题时还得同时依靠经验和半经验方法。 （陈国祥）

河流分汊比 bifurcation ratio

流域内任一级河流的数目与低一级河流数目的比值。流域内的分汊比（R_b）接近同一数量，通常在2~4之间。参见河流数定律（105页）。 （胡方荣）

河流分级 stream order

流域内河流分汊程度的量度。有两种划分方法：一是干流、一级支流、二级支流等，级数愈高，支流愈小（图a）；另一是霍顿（R.E.Horton）划分方法，一级支流为不分汊的小支流，一级支流汇入二级支流，二级支流汇入三级支流，级数愈高，支流愈大，最后为干流（图b）。两种分级的顺序恰恰相反。

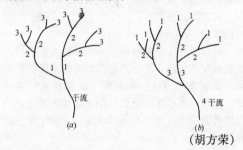

（胡方荣）

河流横断面 cross section of river

沿垂直于水流方向截取的河槽断面。山区河流横断面多呈V型或U型，平原河流顺直河段断面常呈抛物线形；弯曲河段常为不对称的三角形，深泓在凹岸一侧；分汊河段横断面则为复杂的马鞍形；游荡河段横断面形状极不规则。 （陈国祥）

河流节点 river nodes

由天然的山嘴、难冲的堤岸或人工建筑物形成的，对河道水流和河床演变有一定节制作用的河段。可以是一岸有或两岸均有。仅一岸有控制作用的节点常因上游主流摆动及洲滩变化影响，使控制点脱溜，失去作用。在治河工程中应注意利用节点，控制河势，在需要时可采用人工矶头等方式形

成人工节点。　　　　　　　　　（陈国祥）

河流面积定律　law of stream areas

与河长定律相当的流域面积关系式。其表达式为

$$\overline{A}_u = \overline{A}_1 R_b^{u-1}$$

$\overline{A}_u$为第 u 级河流流域平均面积；$\overline{A}_1$ 为第一级河道平均面积；R_b^{u-1} 为面积比 $(\overline{A}_u/\overline{A}_{u-1})$。说明流域面积随河流级序成几何级数的减小或增大。

（胡方荣）

河流泥沙　river sediment

河流挟带的岩土颗粒。来源于流域坡地上被风、雨、径流侵蚀及河床被水流冲刷的岩土。按泥沙输移特性可分为推移质和悬移质。泥沙输运是河流中重要的水文现象，它对河流变迁有重大的影响。中国黄河是世界著名的多沙河流，洪水期含沙量高达40%以上（按重量计），平均年输沙量（三门峡站）约有17亿t。　　　　（胡方荣）

河流数定律　law of stream numbers

河流数目与分汊比的关系式。其表达形式为

$$N_u = R_b^{k-u}$$

N_u 为第 u 级河流的数目；R_b 为分汊比；K 为干流的等级。说明河流数随河流级序成几何级数的减小或增大。　　　　　　　　（胡方荣）

河流数学模型　mathematical model of river

用数学方程式来模拟河道中水流泥沙运动及河床冲淤变化过程，并用数值方法来求解这些方程式，得到问题近似解的方法。是预测河床在自然条件下，特别是在受到人工干扰以后所发生的冲淤变化过程时常用方法之一，近年来随着电子计算机技术的发展得到越来越广泛的应用。常用的基本数学方程式主要有：水流连续方程、水流运动方程、泥沙连续方程、泥沙扩散方程和水流挟沙能力公式等，常用的数值方法为：有限差分法、有限元法等，根据具体问题特点采用。数学模型只有在所研究的对象可以用数学方程式来描述且这些方程式可以数值求解的情况下才能使用，目前对一维问题较为成熟，使用广泛，二维问题正在研究和推广使用，三维问题研究使用较少。　　（陈国祥）

河流水量补给　feeding of a river

又称河流水源。河水的来源，有雨水、冰雪融水、湖水、沼泽水和地下水补给等多种形式。但均来源于降水。多数河流为多种形式的混合补给。河流水量的多寡和年内分配情势、河流水情及其变化规律均取决于河流补给形式，是河水资源评价的重要依据。　　　　　　　　　（胡方荣）

河流水情　river regime

河流水文情势的简称。河水流量和水位随时间的变化。水位和流量有日、月、季、年和多年变化。由于气候的季节更替，河流在一年中各个时期的水情也随之变化。中国河流水情一般分为春汛、夏季洪水、秋季洪水及平水、冬季枯水四个阶段。

（胡方荣）

河流弯曲系数　sinuosity of river

又称弯曲率。河流沿程任意两点之间沿河槽长度与沿河谷长度的比值。是表征河流弯曲程度的基本参数，通常将弯曲系数小于2.0的河道称为顺直型河道。　　　　　　　　　（陈国祥）

河流自动调整　selfadjustment of river

当本河段的水流挟沙能力与上游的来沙量不相适应时借助于冲淤变化而建立新的平衡的过程。河流在冲淤变化过程中，通过改变河宽、水深、比降及床沙组成等因素，调整水流挟沙力，使本河段水流挟沙力逐步与上游来沙量相适应，从而建立新的输沙平衡，使河床变形趋向终止，这种现象称为河流的自动调整作用，也是河床演变的一条基本规律。　　　　　　　　　（陈国祥）

河流纵剖面　longitudinal profile of river

沿河道深泓线切取的河床和水面线的剖面。多呈上凹形曲线。任意两断面间河底高差或水面落差与该河段长度之比称为河流的纵坡或纵比降。一般较大河流从上游到下游纵比降逐渐减小。

（陈国祥）

河漫滩　flood plain

又称洪水河床。河流主槽两侧，洪水时被水流淹没，中水时出露的滩地。是在河流长期堆积和演变过程中形成的，下层多由较粗的床沙质堆积物组成，上层为洪水泛滥时淤下的黏土覆盖层，称为二元结构。河漫滩上常分布着由泥沙堆积形成的自然堤、鬃岗地形及因裁弯取直遗留下来的牛轭湖、串沟及古河道等地貌，并常常生长草及灌木等植物。

（陈国祥）

河渠异重流　density flow in river

河流中的挟沙水流潜入一端与河流连通另一端呈封闭状态的引渠内形成的异重流。异重流沿河底向引渠流去，泥沙沿程落淤，分离出来的清水在水面循相反方向流向河流，形成清浑水分层相向流动。如关闸期间闸前引水渠中的异重流，低水头枢纽引航道内异重流等。异重流的淤积对这些水利工程的使用有重要的影响。　　　（陈国祥）

河势　dynamic state of river course

河道水流动力轴线、岸线、深槽和沙洲等分布的河床平面形态及主流前进变化的趋势。常用目测方法勾绘出水流动力轴线及岸线、沙洲的位置称为河势图。根据河势图的分析可以了解河床演变的现

状及发展趋势。对治河工程规划和枢纽布置，其他沿河工程选址和施工有很大帮助。　（陈国祥）

河水

① 黄河古称。古人称黄河为河，或称河水。《尚书·禹贡》："导河积石，至于龙门。"《水经》有《河水篇》。参见黄河（117页）。

② 河道水流的通称。　（查一民）

河滩造田 building farmland on river beach

修筑河滩围堤，隔开外水，营造农田。是沿河滨湖地区开垦土地扩大耕地面积的一种方法。围堤的修建要考虑到留足河道的安全行洪能力，避免上下游和左右岸之间的矛盾。围堤内用人工填土或引洪放淤建成农田。　（刘才良）

河套灌区 Hetao Irrigation Area

位于内蒙古自治区巴彦淖尔盟南部，西接乌兰布和沙漠，东至包头市郊区，南临黄河，北抵阴山，总面积为1.19万 km²，设计灌溉面积为73.3万 ha。主要种植小麦、玉米、向日葵、甜菜等农作物。多年平均降水量为130～215mm，多年平均蒸发量为2 100～2 300mm，无霜期为160～180d，地下水埋深为1～2m，矿化度大于3g/L 的地下水区域占灌区面积的40%左右。区内有大小湖泊208处，其中乌梁素海面积最大，为290km²，是山洪和灌溉退水的主要容泄区。盐碱地占耕地面积的一半以上。河套地区的灌溉始于秦汉时期，到民国时期，从黄河自流引水灌溉的工程号称八大干渠，1949年以后发展到十大干渠，灌溉面积为19.3万 ha。由于工程简陋，渠道弯曲，黄河水大时灌区受淹；黄河水小时引水困难，灌溉没有保证。1961年在磴口县黄河干流上建成了三盛公引水枢纽工程，开挖了纵穿灌区、长180km的总干渠，兴建了4座分水枢纽工程，使引水、配水得到了良好控制。总干渠首设计引水能力为565m³/s。排水沟多与灌溉渠道相间、平行布置，由于地势平缓、排水沟坍坡严重、下游受黄河水位顶托等原因，排水问题尚未完全解决。支渠以下的配套工程还有待完善。　（房宽厚）

河弯幅度 meander amplitude

又称摆幅。河弯相邻两反向弯顶之间的横向距离。是表征河弯平面形态特征的基本参数之一。稳定河弯幅度与流域因素之间存在着一定关系，如

$$T_m = KB$$
$$T_m = \alpha Q^\beta$$

T_m 为河弯幅度；B 为河宽；Q 为流量；K、α、β 为经验系数或指数，由实际资料统计而得。　（陈国祥）

河弯跨度 meander length

又称弯矩。包含两个弯道和过渡段在内的河弯相应点之间的直线距离。是表征河弯平面形态特征的基本参数之一。稳定河弯的跨度与流域因素之间存在着一定关系，如

$$L_m = KB$$
$$L_m = \alpha Q^\beta$$

L_m 为河弯跨度，B 为河宽，Q 为流量，K、α、β 为经验系数和指数，由实际资料统计而得。　（陈国祥）

河弯曲率半径 curvature radius

河弯中心线的曲率半径。其倒数称为河弯曲率，是表征河弯平面形态特征的基本参数之一。天然河弯曲率半径是沿流程变化的，通常将弯顶的曲率半径作为河弯曲率半径的代表值。稳定河弯的曲率半径与流域因素之间存在着一定关系，如

$$R = KB$$
$$R = \alpha Q^\beta$$

R 为河弯曲率半径；B 为河宽；Q 为流量；K、α、β 为经验系数或指数，由实际资料统计而得。　（陈国祥）

河弯蠕动 meander shift

在弯道水流作用下，河弯的平面形态发生变化，并向下游缓慢移动的现象。河弯蠕动的形式多种多样，有相邻河弯绕固定点分别向相反方向旋转的，有平行下移的，有向两侧不断伸长的，决定于河弯的平面形态，河床的物质组成和水流特性。
　（陈国祥）

河网 stream network, river system

又称水系。流域内各种水体构成脉络相通系统的总称。通常包括干流、支流、地下暗河、沼泽及湖泊等。分布形式可分为扇形、羽毛形、平行形和混合形等。　（胡方荣）

河网化 channels net system

采用密布成网的大小河沟对江河中下游平原地区进行综合治理的措施。一般由天然河道和新规划开挖的大小河沟组成。可综合用于消除旱、涝、碱威胁，全面发展灌排、航运、给水、养殖等事业。河网的特点是沟道较深，沟底平缓，河沟相通成网，河道上节节建闸、形成梯级，分片控制，发挥蓄、灌、排、引等综合作用。　（赖伟标）

河网密度 drainage density

流域内河流干支流总长度与流域面积的比值。即单位面积内干支流的长度。用下式表示：

$$D = \frac{\Sigma l}{F}$$

D 为河网密度（km/km²）；Σl 为河流干支流总长度（km）；F 为流域面积（km²）。一般干旱地区河

网密度小，雨量丰沛地区河网密度大。

（胡方荣）

河西古渠

古代在今甘肃河西走廊一带所开渠道。多引南山雪水灌田，始于西汉武帝时（公元前140～前87年）。《史记·河渠书》载："朔方、西河、河西、酒泉皆引河及川谷（水）以溉田"，其中河西、酒泉即指甘肃河西走廊一带。汉代觟得县（今甘肃省张掖市西北）有千金渠引羌谷水溉田。十六国前凉在敦煌修建了北府、阳开、阴安等渠。唐大足元年（701年）在河西大兴水利，有人认为现在张掖市南部黑河上的各渠均为唐时所开创。敦煌发现的唐《沙洲图经》记载了甘泉水（党河）灌区有东河、神农、阳开、北府、阴安、都乡、宜秋、三丈、孟授等九渠；另一唐代写本《敦煌水渠》记载的干支渠达70多条。河西地区直至明、清都有引南山雪水及山泉水筑坝开渠的记载。

（查一民）

河相关系 hydromorphologic relationship of river

河流通过长期的自动调整作用，达到某种相对平衡状态，使河床的几何尺度与来水、来沙及河床边界之间存在的相关关系。它包括河流纵剖面的河相关系，河流横断面的河相关系以及河弯平面形态的河相关系等。常被用来作为预测河流达到相对稳定状态下的几何形态及进行河道整治规划的依据。

（陈国祥）

河型 river patterns

河流在不同来水、来沙及边界组成条件下经过长期的自动调整所形成的相对稳定的典型河床形态。目前对河型分类尚有不同看法，有按河流平面形态进行分类的，可分为弯曲、顺直、辫状、单股、分汊、江心洲等类型；也有按河流边动特性分类的，如周期增宽、蜿蜒、游荡、摆动等类型。在中国习惯上常分为顺直、弯曲、分汊、游荡四种，各型河流具有不同的形态特点、演变特征、稳定性和边界特征。在客观条件改变时，不同类型的河流可能转化。

（陈国祥）

河型转化 river patterns change

由于河流来水来沙条件明显改变而引起河流类型的转变。当决定河型的一些主要因素如上游来水来沙特性、河流的边界条件、河床比降等情况有所改变时，原河型的存在条件被破坏，尤其是在河流上游建拦河枢纽或水库之后，来水来沙情况改变剧烈，可能使河道形态向着另一种类型逐渐演变。

（周耀庭）

河源 river source

河流开始的源头。河流最初具有表面水流的地方。通常为溪涧、泉水、冰川、沼泽或湖泊。在河流溯源侵蚀作用下，河流可向上移动或变动位置。

（胡方荣）

核电站 nuclear power station

又称原子能电站。将原子核裂变产生的能量转换为电能的机电设备和相应建筑物的总称。主要由反应堆、蒸汽发生器、汽轮机、发电机、辅助设备及其相应建筑物组成。核裂变材料称核燃料，为铀－235和钚－239。蒸汽发生器是吸收冷却剂带来的核裂变的热能使水汽化，用以推动汽轮机和发电机发电。反应堆和蒸汽发生器应安装在对辐射有屏蔽作用的密封间内。它适于以持续不断的额定功率运行，故在系统中总是担负基荷。

（刘启钊）

荷载组合 loads combination

水工建筑物所承受的各种荷载按建筑物的功能需要和工作条件，考虑同时出现的可能性而进行的组合。是建筑物设计的重要依据。可分为基本组合和特殊组合两类。前者属于设计情况或正常情况，由同时出现的基本荷载组成。后者属校核情况或非常情况，由同时出现的基本荷载和一种或几种特殊荷载组成。考虑不同的荷载组合，应按其出现的几率，给予不同的安全系数，确保建筑物的安全性和经济性。设计时，应从这两类组合中选择几种最不利的、起控制作用的组合情况进行应力、稳定等的计算，使之满足设计规范中所规定的要求。

（林益才）

hei

黑潮 Kuroshio Current

北太平洋副热带总环流系统中的西部边界流。与北大西洋中的湾流齐名，同是世界大洋中的著名强流。发源于北赤道，当抵达菲律宾以东海区时，因受海岸阻挡，经中国台湾东侧入海，越吐噶喇海峡，沿日本南部海区向东流去，流程达600km。具有流速强，流量大，流幅狭窄，延伸深邃，高温，高盐等特征。"潮"即水流，因其水色深蓝，远看似黑色，故名。中国早在公元前4世纪即已发现。18世纪末，日本文献才出现"黑潮"这个名称。对中国沿海地区的气象变化、渔场变迁均有直接影响。

（胡方荣）

黑龙江 Heilongjiang River, Amur River

从南北源汇流点起至与乌苏里汇合点止的中俄界河。俄罗斯称阿穆尔河。上游由额尔古纳河和石勒喀河汇成，主要支流有结雅河、松花江、乌苏里江等，注入鞑靼海峡。以石勒喀河及鄂嫩河为源全长4370km，流域面积184.3万km²，多年平均流量 1.25 万 m³/s，平均年径流量 3 550 亿 m³。冰期长达 6 个月，水利资源非常丰富。江宽水深，利于航行，漠河以下可通航。

（胡明龙）

黑箱模型　black box model

见水文模型（253 页）。

heng

恒河　Ganges River

印度称为"圣河"。源出喜马拉雅山南坡，远源在中国西藏境内，流经印度、孟加拉国，注入孟加拉湾的印度第一大河。全长 2 580km，流域面积 90.5 万 km²，河口年平均流量 25 100m³/s，年平均径流量 3 680 亿 m³。在孟加拉国境内与布拉马普特拉河汇合，组成河口三角洲。下游水网运河密布，农业生产发达。可通航至哈尔德瓦城。

（胡明龙）

恒河三角洲　Ganges Delta

又称恒河-布拉马普特拉三角洲。位于恒河与布拉马普特拉河的入海处，由冲积和洪积而成的南亚最大三角洲。北至印度的法拉卡，西起巴吉拉蒂-胡格利河，东达梅格纳河，南濒孟加拉湾，地跨印度和孟加拉国。面积 8 万 km²，平均海拔 10m。汇集恒河，布拉马普特拉河，梅格纳河三水系，河道密布，通航里程 1 万 km 以上。7～9 月为多雨季节，河水常泛滥成灾。土地肥沃，人口密集，农业发达，为南亚重要经济中心。

（胡明龙）

恒升

人力提水机械，即今之提升泵。明代末年自欧洲传入中国，徐光启在《泰西水法》中曾有介绍，译名为恒升。其结构为：圆柱形的密闭筒 1 称为"筩"，筒底装有只能向上开的阀门；可在筒中上下活动的活塞 2 称为"提柱"，活塞上也有只能向上开的阀门；操纵活塞上下的手动杠杆 3 称为"衡柱"。取水时，将圆筒 1 下面的水管浸入水中，转动轮子使杠杆 3 上下运动，大气压即将水压入圆筒 1，并通过活塞 2 上的阀门进入活塞上部，并被提升至井上，流出筒口。与恒升类似的提水机械还有"玉衡"，详见徐光启《泰西水法》。

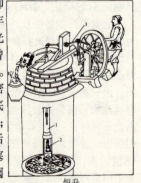

恒升

（查一民）

恒压泵站　constant pressure pumping station

使灌溉管网保持一定工作压力的泵站。由进水池、水泵机组、调压罐、压力管网等组成。这种泵站根据用户随机增减灌溉水量的特点，通过调压装置自动调整水泵的运行台数或运行工况，维持灌溉系统的恒定压力，并利于提高灌水质量，并可节能、节水，提高泵站的经济效益。自 20 世纪 70 年代以来，世界各国相继修建这种泵站；中国于 1983 年在河南省郏县堂街乡建成了第一座恒压喷灌泵站。

（咸　锟）

桁架拱渡槽　truss arch aqueduct

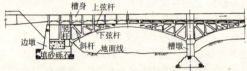

以桁架式拱作为槽身支承结构的渡槽。桁架拱由几榀桁架拱片连接而成，每榀桁架拱片由上下弦杆和腹杆拼接成为拱形桁架，因而具有拱和桁架两者的特点。桁架拱有上承式、下承式、中承式和复拱式等，属于空间超静定体系，在外界荷载作用下可根据结构纵横向变形相容条件，用杆系有限元法计算各杆的内力和变位。

（沈长松）

横缝　transverse joint

垂直于坝轴线方向从基础到坝顶贯通的构造缝。其作用是减小温度应力，适应地基不均匀变形，满足混凝土浇筑能力和温度控制等要求。横缝将坝体分成若干坝段，间距一般为 12～20m，个别情况也有达 24m 左右。在溢流坝段的横缝可设在闸墩中间，也可设在闸孔中间。对软基上的闸坝，在荷重相差悬殊的相邻部位应设缝分开。横缝一般为永久缝，也可以是临时缝。前者不进行灌浆，使各坝段独立工作；后者应在混凝土冷却到稳定温度后灌注水泥浆，使整个坝体或一部分坝段连成整体，以增加刚度。岩基上的永久性横缝的缝宽为 0.2～2.0cm；软基上的闸坝，为适应不均匀变形，缝宽一般取 2.0～2.5cm。为防止横缝漏水，应在缝中设置可靠的止水系统。

（林益才）

横拉闸门　horizontally drawing gate

沿水平轨道左右移动门叶以启闭闸孔的闸门。门叶结构有横梁式和竖梁式两种，前者用得比较普遍。门叶两侧设有竖向条形支承座，当闸门关闭时，与埋在砌体结构内的支座相紧贴，以承受水压力。当闸门开启时，门叶全部移入门库。因门库和门坑易受泥沙沉积的影响，必须考虑水下检修滚轮的措施。横拉闸门只能在静水中操作运行，但却能承受双向水头，常用作双向水级船闸上的工作闸门。

(林益才)

横向输沙 transverse transport of sediment

河流泥沙在弯道环流作用下沿横断面方向的输移。由于含沙量沿水深分布不均匀，在弯道环流作用下，表层含沙量低的水流流向凹岸，底层含沙量较高的水流则流向凸岸，从而形成横向输沙的不平衡，它是引起弯道凹岸冲刷、凸岸淤积，产生弯道的平面变形的基本原因。 (陈国祥)

横向水位超高 superelevation

河弯横断面左右岸边的水位差。是水流通过弯道时受离心惯性力作用而产生的，一般表达式为

$$\Delta h = \int_{R_1}^{R_2} \frac{u^2}{gr} dr$$

Δh 为横向水位超高；u 为纵向垂线平均流速；r 为任一流线的曲率半径；R_1、R_2 分别为左右岸水边线的曲率半径，知道了纵向垂线平均流速沿河宽分布 $u = f(r)$ 以后就可用上式积分求 Δh。如作为一维问题考虑（$u = u_m$，u_m 为断面平均流速，$r = R_c$，R_c 为断面中心线曲率半径）则

$$\Delta h = \frac{u_m^2}{g} \frac{B}{R_c}$$

B 为弯道河宽。 (陈国祥)

横向围堰 cross cofferdam

轴线与水流方向近于垂直的围堰。 (胡肇枢)

hong

红水河 Hongshuihe River, Red-water River

正源南盘江出云南省沾益县马雄山，在黔桂边境纳北盘江后的珠江水系西江上游一段干流。因穿过红壤土区，水色红褐，故名。多峡谷，水流湍急，水力资源丰富，准备作梯级开发，建有大化、恶滩、岩滩等水电站。 (胡明龙)

虹吸井 siphon well

利用虹吸管把数个水源井与集水井相连，从集水井中提水的井组。由集水井、水源井、虹吸管和提水机具组成。提水机具安装在集水井中。抽水时先开动真空泵，虹吸管充分排气后，水源井中的水便通过虹吸管进入集水井中供机械提取。一般适用于地下水埋深小，单井出水量小的地区。

(刘才良)

虹吸式取水 siphon intaking

利用虹吸作用的一种有坝取水方式。其虹吸管进水口没入水源，顶部跨过河堤顶，出水口与渠道相接，可免在堤身建闸取水，但要求河流水位高于两岸农田。为保证虹吸作用，管身及接头处不能漏气，进水口须淹没在水源水面以下一定深度；出水口也须没入水下，或为水柱所充满。工作时可用真空泵启动，发生虹吸作用后停泵。结构简单、经济。缺点是不能自流引水，取水流量有限，不如建闸取水方便可靠，应用不广。 (王鸿兴)

虹吸式溢洪道 siphon spillway

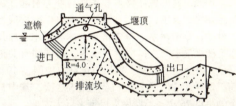

利用虹吸管原理泄水的封闭式泄洪建筑物。既可设于坝上，也可设于河岸，其前端设有遮檐，进口较宽，并位于正常高水位以下以免挟入空气或漂浮物。虹吸管的槛顶，即溢流堰顶与正常高水位齐平。在遮檐上与槛顶同一高程设通气孔，并与虹吸管喉道顶部连通。当上游水位超过堰顶高程，即开始溢出小流量并带走空气，同时淹没通气孔进口；当水位继续升高，空气继续带走而造成管内一定真空度后，水流即以虹吸满管下泄；设置挑流坎或弯曲段等辅助设备，可加速这一虹吸形成过程；当上游水位重新降至正常高水位以下，虹吸作用破坏，泄洪乃停止。以虹吸作用运行时其泄流能力与进、出口上下游水头差的开根以及出口控制断面积成正比，亦即按压力管流计算。优点是可在较小的堰顶水头下得到较大的泄流量，不用闸门而可自动泄洪、自动停泄，管理简便；缺点是封闭式虹吸管流态的超泄能力小，真空度较大时易引起空蚀破坏和振动，构造也较复杂，进口易被冰块或污物堵塞，故大型工程很少采用。 (王世夏)

洪泛区 flood plain

易遭受洪水泛滥的地区。河流发生洪水时，冲决堤防，江河漫溢，使大片地区被洪水淹没。该区地势低洼平坦，土地肥沃，人口稠密，是工农业生产的重要地区。如中国黄河、长江、淮河等河的中下游，埃及尼罗河、美国密西西比河等河的中下游，都有很宽广的洪泛平原。为减少洪水灾害，很多国家都颁布防洪法，行洪道、洪泛区管理法令或条例，加强对该区土地的使用管理。 (胡方荣)

洪流演算 flood routing

利用河段（或水库）的蓄泄关系和水量平衡关

系，将上断面（或水库）入流流量过程演算出下断面（或水库）出流的流量过程。一河段的蓄量与流量之间的蓄泄关系，是该河段水流动力特性的具体反映。水库的蓄泄关系与库容曲线、泄洪设施形式、尺寸、水库运行方式有关。是水库的洪流演算（又称水库调洪演算）的主要依据。天然河道的蓄泄关系，一般称为槽蓄曲线或槽蓄方程，其表达形式随洪流演算方法（如马斯京根法和特征河长法等）而有所不同。河道洪流演算是洪水预报及河道防洪工程设计的重要依据。 （刘新仁）

洪水 floods

暴雨或急骤的融冰化雪和水库垮坝等引起江河水量迅猛增加及水位急剧上涨的现象。根据形成原因，分为：暴雨洪水、融雪洪水、冰凌洪水、冰川洪水、溃坝洪水与土体坍滑洪水等。常威胁有关地区安全，甚至泛滥成灾。据历史记载，中国在1949年前三四千年中，黄河决口泛滥1 593次，其中最严重的决口26次，给两岸人民带来巨大灾难。

（胡方荣）

洪水波 flood wave

暴雨洪水引起河水暴涨在河道里形成的波动状态。暴雨降落后，大量地面径流迅速向河道里汇集，由于降水量与河网密度空间分布不均，致使河道中汇集的水量不等，水量多的河段较水量少的河段水位高、流量大，使水深沿程分布不均，改变河流原有的恒定流状态。根据其水力特性，可分运动波、扩散波、惯性波和动力波等。 （胡方荣）

洪水地区组成 areal composition floods

当河流设计断面发生某设计频率洪水时，其上游各控制断面和区间相应的洪水峰量及其洪水过程线。是为研究流域开发、计算水库对下游的防洪作用，以及进行梯级水库或水库群的联合调洪计算。计算方法有典型年法和同频率地区组成法。

（许大明）

洪水调查 flood investigation

为推算某次洪水的洪峰水位和流量、总量、过程及其重现期而进行的现场调查和资料收集工作。是插补延长水文资料系列的重要途径，防洪减灾和进行水利水电工程规划设计不可缺少的基础工作。调查对象为历史或近期或当年的特大洪水。从洪水发生时间和洪水痕迹两方面调查，对洪水痕迹及河道纵、横断面进行现场测量。根据收集和测量的资料，推算洪峰流量、洪水过程及洪水总量。洪峰流量计算常用的方法有比降法及水面曲线法。洪水调查分析计算成果分为可靠、较可靠和供参考三级。

（林传真）

洪水调度 flood regulation

运用防洪工程措施，在时间上、空间上重新调节安排江河、湖海洪水量及其水位。利用堤防工程，分洪闸、分洪道、分（蓄）洪区工程，水库工程等。可进行系统防洪工程的联合调度，即多种防洪设施的联合调度及水库联合调度。要因地制宜地拟定合理调度方案，尽可能达到防护区洪灾损失最小和工程综合效益最大。

（胡方荣）

洪水痕迹 flood mark

河流在涨水期间达到最高点水位时所遗留下来的印迹。如大水后在墙壁、陡崖等处遗留的冲刷痕迹、水迹、泥印等。是确定该次大洪水水位和计算流量的重要依据。 （许大明）

洪水警报 flood warning

严重洪水在某地出现时为尽可能减轻或避免损失而采用某种快速传递信号方式向洪水沿途发布的告急警报。信号及其传递系统有古代即已使用的鸣锣敲钟、燃点烽火，有现在建立的电子通信系统，繁简不一，应因时因地制宜采用。 （刘新仁）

洪水频率分析 flood frequency analysis

由设计断面洪水资料推求洪水频率曲线的分析计算。根据某站的实测与插补的洪水资料系列和历史调查洪水资料，经分析确定其各自的序位或重现期，通过频率计算方法估计洪水峰量总体的频率，从而推求指定频率的设计洪水数据。在上述洪水资料系列中，没有特大洪水值需提出作单独处理，只就各项洪水值直接按大小顺序统一排位，称连序样本序列。反之通过历史洪水的调查和文献资料考证后，实测或调查的特大洪水值需要在更长的时期内排位，称不连序样本系列。对于连序样本系列，根据每一项洪水值 x_m 的排位 m 来估计在总体中对应的 P_m 值，其估值常用期望值公式计算 $P_m = \dfrac{m}{n+1}$。对于不连序样本序列，经验频率按下列方法之一估算：分开处理；统一处理。 （许大明）

洪水设计标准 design flood standard

设计永久性水工建筑物所采用的洪水标准。一般用洪水出现的概率或重现期表示。个别工程和有些地区的防洪规划，也有以防御某次大洪水作为洪水设计标准。分为正常运用设计标准（简称设计标准）和非常运用设计标准（简称校核标准）。不同规模和不同重要性的工程分别采用不同的洪水标准。对于重要工程，以可能最大洪水作为校核标准。

（许大明）

洪水统计特征 flood statistical characteristics

反映洪水变化统计规律的参数统称。例如洪峰和时段洪量的均值 $\bar{x}$，离差系数 C_v，偏态系数 C_s 及相应各种指定频率的设计值 x_p，为百年一遇洪峰流量，一日洪量，三日洪量等。有实测洪水流量资

洪灾 flood damage, flood disaster, flood havoc, deluge

洪水造成的灾害。是常见的一种自然灾害。因山洪暴发、堤坝决口、内涝积水等原因引起，造成淹没良田，农业减产，房屋倒塌，人畜伤亡等不良后果。 　　　　　　　　　　　（胡维松）

洪灾损失率 rate of flood damage

洪淹区各类财产的损失值与灾前或正常年份各类财产值之比值。各类财产的损失率是不同的，具体数值与淹没程度、等级、季节、范围、预见期、抢救时间、抢救措施等因素有关。 　　（戴树声）

洪灾损失增长率 increment rate of flood damage

洪灾损失值随时间增长的比率。由于社会经济发展，科学技术进步，工农业生产水平和人民群众生活水平的不断提高，社会财富逐年增加，因而同一频率洪水发生在不同年份，其损失也不同，一般呈增长趋势。它与各类财产增长率及其洪灾损失率的变化率以及洪灾损失中各单项损失的组成比重有关。 　　　　　　　　　　（戴树声）

洪泽湖 Hongzehu Lake

古称破釜塘、洪泽浦。位于中国江苏省，地处北纬 $33°00'\sim 33°40'$、东经 $118°15'\sim 118°55'$ 的淡水湖。最长 60km，最宽 58km，最大面积 2 600km^2，最深 5.5m，最大蓄水量 130 亿 m^3；平时面积 1 805km^2，蓄水量 31.3 亿 m^3。南宋建炎二年（1128年）黄河改道夺淮，湖底日渐淤高，不能行洪，淮水汇聚，宣泄不畅，形成巨浸。明、清屡筑大堤，1949 年后经多次整修，长 67.25km。淮河来水占 65.5%，其他支流占 34.5%，湖水由三河经高邮湖流入长江，一部分经苏北灌溉总渠和新淮河出水入海。水产丰富，有鱼类 80 多种。经灌溉总渠可灌洪泽、淮安、阜宁、滨海等县农田。 　（胡明龙）

洪泽湖大堤 Hongzehu Lake Levee

又称高家堰。位于江苏洪泽县境洪泽湖东边的大堤。淮扬地区防淮河洪水的屏障。全长为 67.26km，是数百年修建增筑最后成果。近代大堤宽约为 50m，全线都有临湖石工。明代人相传创建人为东汉陈登，又一说为明初陈瑄。明万历六年（1578 年），潘季驯曾大修，后来又进行过数次改建增筑。1949 年前，该大堤已很残破，在以后治淮工程中，才得到彻底改造和加固。1966 年 11 月又动员了 6 万民工，3 千石工全面进行加固工程，主体工程于 1967 年汛期完成，全部工程于 1969 年结束。 　　　　　　　　　　　　　（胡方荣）

鸿沟

古代沟通黄河与淮河支流的人工运河。约战国魏惠王十一年（公元前 360 年）开凿。故道于今河南荥阳北接黄河，南接济水及淮河支流菏、泗、丹、睢、颍诸水，中有圃田泽作为调节水柜，形成黄淮间水运交通网，对全国经济、文化交流有巨大作用。西汉时改称狼汤渠，其后渐被汴渠所取代。
　　　　　　　　　　　　（陈 菁）

鸿隙陂

位于淮水与汝水之间的古代大型蓄水灌溉工程，现河南省息县以北。分引淮汝水调蓄灌溉。创建年代不详。西汉时汝南郡（今河南省驻马店地区至安徽阜阳地区东部）就因有鸿隙陂灌溉而富足。汉成帝（公元前 32～公元前 7 年）年间废陂为田。王莽时天旱，无水灌溉，百姓要求恢复。东汉时汝南太守邓晨、都水掾许扬主持修复，建塘堤长 400多里，成为大型水库，效益较前更好。南北朝时陂还存在，隋唐以后不见记载。 　（陈 菁）

hou

后套八大渠

清代内蒙古河套地区八条著名的引黄灌渠的统称。位于今巴彦淖尔盟黄河与乌加河之间。自上游至下游依次为永济渠（原名缠金渠）、刚济渠（原名刚目渠）、丰济渠（原名中渠）、沙河渠（又名永和渠）、义和渠、通济渠（原名老郭渠）、长济渠（原名长胜渠）和塔布渠（原名塔布河）。各渠引水方式因条件而异，共灌田 7 700 余顷，尾水都退入乌加河。这些渠都是清乾隆以后由民间私人经营开凿的，较著名的有甄玉、侯应奎、郭敏修、王同春等人。清光绪时曾派督办垦务大臣统一管理各渠，屯垦土地最多达 8 万顷。民国初期灌溉面积曾一度下降至 3 500 顷，后又陆续增修若干小渠道，可灌面积达 2 万顷左右。
　　　　　　　　　　　　（陈 菁）

hu

呼伦湖 Hulunhu Lake, Hu-lun chih, Zalai Nor

又称呼伦池。蒙语称"札赉诺尔"，意为"海湖"。位于中国内蒙古自治区呼伦贝尔盟纳克鲁伦河和乌尔逊河的半咸水湖。地处北纬 $48°31'\sim 49°14'$，东经 $117°03'\sim 117°50'$。最深 8m，面积 2 315km^2。过去北与海拉尔河相通，湖水注入黑龙江，现已成内陆湖。湖面蒸发量与补给水量平衡，水位稳定。封

冻期约3个月。　　　　　　　　（胡明龙）

弧形闸门　tainter gate

挡水面呈圆弧面的闸门。是水工建筑物常用的一种门型。由面板、支臂和支承铰等部分组成。支承铰安置在闸墩或边墩的牛腿上。闸门启闭借助动力及机械的牵引力绕固定轴转动。通常闸门的旋转中心与弧形面板的圆心相重合，面板上水压力的合力通过旋转中心，因而所需启门力较小。按主梁布置方式分为主纵梁式和主横梁式两种。门叶和支臂一般采用钢结构，小型工程也有用钢丝网水泥和钢筋混凝土做成。常用于大跨度的闸孔和高水头的泄水孔中。　　　　　　　　（林益才）

胡佛重力拱坝　Hoover Gravity Arch Dam

美国最高的重力拱坝。在科罗拉多河上，位于内华达州和亚利桑那州接壤的博尔德城。1936年建成。高221m，顶长379m，工程量336.4万m³。库容348.52亿m³，水电站装机容量140.4万kW。
　　　　　　　　（胡明龙）

湖流　lake current

湖水沿一定方向的运动。引起湖流的力有重力、梯度力、风力和派生的地转偏向力等。根据湖流成因，可分为梯度流和漂流。按流动路线，可分为平面环流，垂直环流和朗缪尔（Irving Langmuir，1881～1957年）环流。　　　　（胡方荣）

湖南镇水库　Hunanzhen Reservoir

浙江省衢县乌溪江上的一座大型水库。距下游黄坛口水电站约25km，1979年建成。总库容20.6亿m³，调节库容11.34亿m³；电站装机容量17万kW，年发电量5.4亿kW·h。建筑物有混凝土梯形支墩坝、地面厂房等。采用坝顶溢流与底孔泄流相结合方式，最大泄流量11 000m³/s。坝高129m。与黄坛口水电站联合运行，可增加黄坛口电站枯水出力。是开发乌溪江水能资源梯级电站之一，具有发电、防洪、灌溉、航运、供水等综合效益。水利电力部上海勘测设计院设计，第十二工程局施工。
　　　　　　　　（胡明龙）

湖泊　lakes

陆地上洼地大面积积水的水体。在地壳构造运动、冰川作用、河流冲淤等地质作用下，地表形成许多凹地，积水成天然湖泊，包括有构造湖、火山湖、堰塞湖、侵蚀湖、冰川湖、沉积湖等。世界湖泊分布很广，著名的大湖有美国和加拿大之间苏必利尔湖，俄罗斯贝加尔湖等。中国湖泊众多，面积大于1km²的约有2 300个，总面积达7.1万km²，大湖有鄱阳湖、太湖、青海湖等。露天采矿凹地积水和拦河筑坝形成的水库成为人工湖，如新安江水库，又称千岛湖。　　　　（胡方荣）

湖泊沉积　lake sedimentation

湖水中各种物质在湖内沉积的现象。如入湖水流挟带的泥沙，因流速减小而下沉；由于蒸发、冷却和化学作用，引起矿物溶解质沉淀；湖岸在风浪和湖流作用下崩塌而沉积在湖岸坡脚；湖中水生物死亡后沉积等等。　　　　（胡方荣）

湖泊环流　circulation of lake water

湖水呈闭合系统的环状流动。是因水力坡度、密度梯度力以及风力等引起的。根据湖流空间路线分为水平环流与垂直环流。按运动方向，又有旋流和反旋流，前者沿反时针方向，后者沿顺时针方向。此外，还有一种在表层形成的螺旋流动，称朗缪尔（IrvingLangmuir）环流。　　　　（胡方荣）

湖泊逆温层　reverse temperature layer of lake water

表层水温低于底层的湖水温度垂向分布。在冬季，当气温降至4℃以下，表层水温较低，底层较高，但不高于4℃。　　　　（胡方荣）

湖泊资源　resources of lakes

湖泊可提供的生产资料和生活资料。湖水是全球水资源的重要组成部分。地球上湖泊，包括淡水湖、咸水湖和盐湖，总面积约为205.87万km²，总水量约17.64万km³，其中淡水储量约占52%，约为全球淡水总储量的0.26%。中国是一个多湖泊国家，天然湖泊面积在1km²以上的有2 300多个，总面积为7.1万km²。湖泊利于舟楫，是水路交通的组成部分。湖泊盛产鱼、虾、蟹、贝，生产莲、藕、菱、芡和芦苇等，是水产和轻工业原料的重要来源。湖泊是重要的旅游资源。还有调节气候，改善环境的作用。　　　　（胡方荣）

湖水　lake, lacus

大泊中的积水。四周被陆地所围，一般有水源补给，多数为淡水，是一种重要水资源。
　　　　　　　　（胡明龙）

湖水混合　mixing of lake water

湖中水团或水分子从某一水层转移到另一水层相互交换的现象。湖水混合的方式有紊动混合和对流混合两种，前者由风力和水力坡度力作用产生，后者由湖水密度差异引起。由于混合作用，湖水表层吸收的热能和其他物理化学特性能传输到深层，同时把湖底的二氧化碳和溶解的有机质等送到表层。
　　　　　　　　（胡方荣）

湖水水色　color of lake water

湖水的颜色。取决于湖水对光线的选择吸收和散射。照射到湖面上的光，部分被水面反射，部分散射到空中，只有一小部分能透入水中被吸收。清澈湖水对红色光、黄色光吸收最强，对蓝色光、紫色光散射最强，因此湖水呈浅蓝色或蓝色。影响水色因素有悬浮质、可溶性物质、腐殖质、浮游生物等。测定水色常用特制的水色计与天然状态下的水色进行比较。水色计从蓝色到棕色共有21个标准色，编有号码。　　　　　　　　　（胡方荣）

湖水透明度 transparency of lake water

湖水透过光线的能力。以 m 计。表示湖水的清澈程度。通常用直径30cm白色圆盘测定。将圆盘徐徐沉入水中，从视野里消失的湖水深度称透明度。取决于湖水化学性质和浑浊度。一般在 0.2~10m 之间。　　　　　　　　　　　　　（胡方荣）

蝴蝶阀 butterfly valve

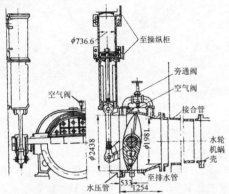

由圆筒形阀壳和圆盘形阀舌以及操作机械组成的阀门。阀舌绕水平或垂直轴旋转，启闭迅速。用液压或电动操作，可在动水中关闭，需由旁通阀平压后才能开启。常用作水电站输水管道上的事故闸门。　　　　　　　　　　　　　　　　（林益才）

互感器 transformer

将交流高压或大电流变换成低压或小电流以供测量和继电保护之用的电器。其结构与一般变压器相似。电压互感器按工作原理可分为电磁感应式和电压分压式两大类。电流互感器则常按电磁感应原理制成。　　　　　　　　　　　　　　（王世泽）

护岸工程 bank protection engineering

修建在堤岸（滩边）迎水面防御水流冲蚀堤岸（滩边）的工程措施。有平顺护岸和垂直护岸两种。平顺护岸是采用抗冲材料直接覆盖堤岸的迎水面，直至坡脚。垂直护岸则采用凸出堤岸迎水坡面的矶头、短丁坝等，将近岸水流挑向河中心，一般需要沿岸隔一定距离连续做若干个方能奏效。护岸工程的建筑材料和构筑方式甚多，并不断出现新型材料。从早期的抛石、沉排、石笼、梢捆、编篱抛石，到铰接混凝土板（块）沉排、加筋沥青、聚烯烃编织物软体沉排、尼龙沙袋等。为保护业已形成的对稳定河势或掩护大堤有益的滩地不被冲蚀，有时沿滩边也修建类似护岸工程的建筑物。　（周耀庭）

护脚 bank toe protection

平顺护岸的水下部分的防护措施。枯水位以下的河岸，因受水流的冲刷，边坡变陡，甚至被完全淘空，以致造成河岸坍塌下陷等损毁险情，因此，平顺护岸必须重视护脚，它是中、上层护岸的基础，其坚固程度对整个护坡工程有决定性的作用。做护脚选用的材料，不仅应能抵抗水流的冲刷，而且能够适应河床的变形，以及便于水下施工和维修等。通常采用抛石、石笼、沉枕或沉排等材料或构件，筑成永久性的重型工程。　　　　（李耀中）

护坦 apron

水闸、溢流坝及其他泄水建筑物下游出口处，为保护河床以防止水流冲刷的底板。对下泄水流，常采用底流式水跃进行消能，底部流速较大，对非岩基河床有很强的冲刷力，在水跃范围内需建护坦。其底高程及长度视水跃的水力特性而定，如河床高程较高则护坦需要降低，以便形成消力池；厚度视河床地质、水流及渗透压力情况而定。为消除基底渗透压力，板上需设有排水孔。为加强消能作用及促进发生水跃，护坦上常设有各种辅助消能工，如消力墩、消力槛等等。常用混凝土或浆砌块石修建。　　　　　　（王鸿兴）

戽流消能 bucket-type energy dissipation

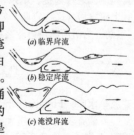

通过设于泄水建筑物末端、下游水位以下的消力戽，使水流在戽内形成旋滚，并在出戽后以面流与下游衔接的一种消能方式。有三种基本流态，即临界戽流、稳定戽流和淹没戽流，可随下游水位由低向高变化而依次出现。"三滚一浪"（即一个涌浪，涌浪前、后和底部的三个旋滚）的稳定戽流是实用的典型流态。应避免下游水位相对过低或过高时出现的其他流态。适用于下游水深大而变幅不太大的中水头、大流量溢流坝，可较底流消能省去护坦等防冲设施。但下游有延伸较远的波浪，岸坡抗冲能力差或下游有航运要求时采用应慎重。

　　　　　　　　　　　　　　　　（王世夏）

戽式消力池 stilling pool of bucket-type

介于消力戽和消力池之间的一种混合式消能工。中国首先对其水力特性进行试验研究并在工程上运用。其体型一般由水平池底和反坡尾坎组成，与常规消力池比，池长短，造价经济，与常规消力戽比，尾坎挑角较小，戽内水体积大，可承受较大的消能负荷。随下游水位相对池、坎由低向高变化，戽式消力池会出现各种流态。淹没戽流是正常运行流态，此时下游水位高于尾坎，池内产生斜卧横轴旋滚，旋滚下游端即为涌浪顶点；同时坎下产生一个横轴逆溯旋滚，出池主流在两旋滚之间向下游扩散；下游也有一些波浪，但河床不会产生显著冲刷。适用于高坝、大单宽流量和下游大水深情况。中国红水河岩滩水电站溢流坝和清江隔河岩水电站溢流坝都采用了这种消能工。

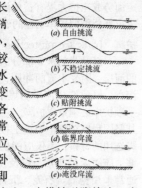

(a)自由挑流
(b)不稳定挑流
(c)贴附挑流
(d)临界戽流
(e)淹没戽流

（王世夏）

瓠子堵口
　　西汉武帝时著名的黄河堵口工程。汉武帝元光三年（公元前132年）五月，黄河在瓠子（今河南濮阳西南）决口，东南冲入巨野泽，又下注泗水、淮水，十六郡受灾。当时虽曾堵塞，但堵而复决；丞相田蚡又反对再堵，致使黄河泛滥23年，受灾各郡连年欠收。元封二年（公元前109年）汉武帝令汲仁、郭昌率领数万军士再次堵口，并亲临现场指挥，"令群臣从官自将军已（以）下皆负薪寘（填）决河"。由于决口时间长，堵塞困难，汉武帝曾沉白马玉璧于河，并作《瓠子之歌》以祭河神，伐皇家宫苑淇园之竹为楗，填以土石，终于堵决成功。于其上筑宣房（又称宣防）宫，以为纪念。后世因以"宣防"为治河防洪事业之别称。　　（陈　菁）

hua

花凉亭水库　Hualiangting Reservoir
　　安徽省长河上一座大型水库。在太湖县境内，1969年建成。总库容23.98亿 m^3，调节库容17.28亿 m^3；电站装机容量4万 kW，年发电量1.016亿 kW·h，计划修抽水蓄能电站，总装机容量达180万 kW。枢纽有黏土心墙坝、溢洪道、泄洪洞、地面厂房等；坝高57.2m。有防洪、灌溉、发电等效益。安徽省水电设计院设计。　　（胡明龙）

花园口堵口
　　花园口黄河南大堤决口的复堵工程。决口历时9年未堵，只在黄泛区东西两岸修有"防泛东堤"与"防泛西堤"。抗战胜利后，国共两党协议决定先恢复黄河下游堤防，后堵塞口门，但国民党于1946年即匆促堵口。当时口门宽1 460m，深槽在东部。堵口工程采用美国顾问的"平堵方案"，西部捆厢进占，东部架桥铺铁轨，打桩120排，抛石平堵。汛期排桩冲毁1/3。10月初复工后，补打桥桩，再抛石。至1947年1月中旬又局部冲毁，冲开口门32m。后根据中国技术人员建议，增开引河，加筑挑水坝，已成抛石坝加筑护坡，并改为捆厢进占立堵，抛柳石枕及铁丝笼合龙。于1947年3月15日合龙成功，黄河复归故道。由于下游堤防未全部完成，黄水复归故道后下游受灾人数达26万以上。1947年7月解放区军民将两岸大堤普遍加高1m。

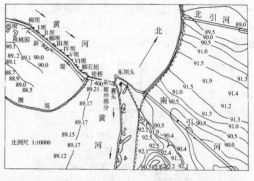

（陈　菁）

花园口决口
　　花园口黄河南大堤被决开的事件。花园口位于郑州市北18km处。1938年6月日本侵略军侵占开封，逼近郑州，国民党军队为阻止日军西进，于6月9日决开花园口黄河南大堤，使河水向东南泛流入贾鲁河及颍河，经中牟、尉氏、扶沟、西华、淮阳、商水、项城、沈丘等县入淮，形成长约400km，宽30～80km不等的黄泛区，受灾面积约5.4万 km^2，遍及豫、皖、苏三省44个县市，灾民1 250万人，死亡89万人。　　（陈　菁）

华北大平原　North China Plain
　　由黄河、淮河、海河和滦河等水系泥沙长期淤积、冲积而成的北部平原。包括黄淮海平原和沿海平原，海拔5～100m，面积69.18万 km^2。按海拔高度和沉积物不同，自西向东大致分为山前洪积平原、中部冲积平原和滨海平原三部分。东临渤海和黄海，中间夹有山东丘陵，南与长江中下游平原毗邻，西至太行山地和豫西山地，北抵燕山山地。地处中南部湿热和北部干寒地区的过渡地带，属暖温带湿润、半湿润气候，年平均降水量大部在800mm以下，自南向北、自东向西递减，时间分配不均，年内及年际变化大，夏季降水占全年3/4，常易引起严重水土流失和洪、涝灾害，在干旱季节又引起旱、碱为害，影响农业发展。1949年后，黄、淮、海三大水系经过治理，已基本控制洪涝灾害，但近年水

铧嘴

建造于河道中形似犁铧的分水建筑物。其结构及作用均类似鱼嘴。著名的如广西兴安县境内接连湘漓两江的灵渠渠首的分水铧嘴，建于湘江中，将湘水一分为二。其一为北渠，下接湘江正流；另一为南渠，下接漓江支流始安水，成为沟通湘、漓两江的人工运河。 (查一民)

滑动平均模型 moving average (MA) model

通过取连续若干项随机变量的加权平均数得出的一种模型。可以用来模拟连续多项之间存在一定联系的随机模型。m 阶滑动平均模型 $MA(m)$ 的数学表达式为

$$X_t = b_0\varepsilon_t + b_1\varepsilon_{t-1} + \cdots + b_m\varepsilon_{t-m} = \sum_{j=0}^{m} b_j\varepsilon_{t-j}$$

X_t 为 t 时刻的随机变量，ε_t 为纯随机变量，其期望值为 0，方差为有限值，$b_0, b_1\cdots, b_m$ 为权重，一般取 $\Sigma b_j^2 = 1.0$；m 为滑动平均项数。美国 Hoyt 在 1936 年首先用 10 年滑动平均模型 $MA(10)$ 分析一些流域平均雨量系列。 (朱元甡)

滑动抢险 protection against sliding

阻止水工建筑物滑动的紧急抢护工作。修建在土壤地基上的水闸、圩土坝等水工建筑物，高水位挡水时，在水、泥沙、渗流、风浪及地震等力作用下，常发生滑动险情，严重者可使建筑物损坏或倒塌。要迅即分析情况，判明原因和滑动形式，及时抢护。 (胡方荣)

滑动闸门 sliding gate

在门槽中以滑动方式升降的闸门。滑动支承由安装在门侧边柱上的滑块和埋置在门槽中的轨道构成。滑块和轨道一般可用青铜、钢材、铸铁或压合胶木等材料制成。优点是构造简单、安装容易、重量较轻、止水严密；但摩阻力较大、启闭费力。适用于闸孔尺寸较小，作用水头不大的情况。 (林益才)

滑坡 slide

地表层成片、成块的滑落现象。由于地表水或地下水、地震和人类活动影响，地表坡度超过安全坡度界限时，巨大岩体或土体沿坡面整体滑下。 (胡方荣)

滑坡涌浪 surge caused by slope-sliding

又称涌波。由于库岸坍塌或滑坡迅速在水库中激起的水流波动。是一种重力波，主要由惯性力和重力造成。库岸小型滑坡危害性不大，大型滑坡的巨大滑体以很快速度冲入水库，水体被激起巨大的涌波，冲向对岸或挡水建筑物，波高可达数十米至百米以上。库区的形状和水深变化极为复杂，涌波到达岸边的时间也不相同，涌波会爬坡而上，还会发生反射和折射，使整个库区水面出现极为复杂的波动现象。涌浪可能翻越坝顶，危害坝体和下游。如意大利瓦依昂拱坝上游大滑坡，造成 150m 高的涌浪翻越坝顶，冲毁下游一些村镇，死亡约 3 000 人。兴建水库前，对库区可能引起涌波的因素必须勘查清楚，并采取防范措施。 (林益才)

滑雪道式溢洪道 ski-jump spillways

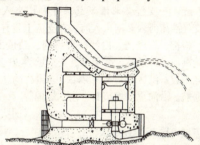

由溢流坝坝顶和适宜形状的滑槽组成、将水流挑入下游的泄洪建筑物。滑槽常为坝体轮廓以外的结构部分，水流过坝后，经滑雪道末端的挑流鼻坎挑出，使水流在空中扩散，跌落到距坝址较远的地点。为防止滑雪道产生严重的空蚀破坏，其形状和尺寸必须适应水流条件、溢流面曲线、反弧段半径和鼻坎尺寸都需通过水工模型试验确定。底板可设置于水电站厂房的顶部或专门的结构上。可顺岸坡成两岸对称布置，也可沿一岸布置。适用于泄洪量较大，坝身较薄的拱坝枢纽。 (林益才)

huai

淮安抽水站 Huaian Pumping Station

江苏省淮安水利枢纽中两座大型轴流泵站的总称。位于中国江苏省淮安市南郊、苏北灌溉总渠与京杭大运河的交汇处，它与运西电站、灌溉引水枢纽等工程组成淮安水利枢纽。淮安一站于 1972 年 12 月动工，1974 年建成投产。安装 8 台套轴流泵机组，叶轮直径 1.6m；单机容量 800kw，总抽水流量 64m³/s。二站于 1975 年 1 月破土，1978 年 12 月竣工，安装 2 台轴流泵机组，叶轮直径 4.5m（为当前中国和世界上轴流泵最大的叶轮直径），配用同步电机 5 000kW。单机抽水量为 60m³/s。其作用为：灌溉农田 13.5 万 ha；排除白马湖地区 4.6 万 ha 耕地的涝水；补给京杭大运河水量，维持通航需要水位；作为南水北调的二级接力泵站与江都排灌站配合送水北上。该抽水站的自动化程度较高，已实施了自动监测、自动记录、自动报警，既保证了安全运行，

又提高了经济效益。曾被评为省内优质工程。为增加北上送水流量，该抽水站拟兴建三站，设计流量为 $50\sim60\text{m}^3/\text{s}$，装机容量为 5 000kW。

（咸　锟）

淮河　Huaihe River

发源于河南省桐柏山的中国中部和东部的一条主要大河。最长支流北汝河源出于外方山，流经河南、安徽、江苏三省，入洪泽湖，主流经江苏省江都三江营入长江，全长 1 000km，流域面积 18.9 万 km^2；流域内平均年降水量 920mm，平均年径流量 459 亿 m^3。一支经苏北灌溉总渠在扁担港入黄海；另一支经淮沭河入新河再入海。在支流上建有南湾、薄山、板桥、石漫滩、白沙、宿鸭湖、鲇鱼山、梅山、响洪甸、佛子岭、磨子潭、安丰塘等 30 多座水库，老王坡蓄洪区和淠史杭灌区。安徽省境内干流全可通航。沿河重要城市有淮南、蚌埠等。

（胡明龙）

淮河流域　Huai River Basin

位于中国东部淮河水系干支流集水面积和所流过的区域。包括河南、安徽、江苏三省，流域面积 18.7 万 km^2。各支流大都河床平缓，水流不急，易成内涝。1128 年黄河夺淮河下游河道入海，至 1855 年在河南省铜瓦箱决口，北流入渤海止，大量泥沙淤积，水道系统受严重破坏，灾害频仍。1949 年后进行全面治理，上游建有 30 多座大、中型水库，中下游兴修蓄洪工程，整治入江水道和增辟入海水道，兴建淠史杭灌区、江都抽水站等，灌溉面积 700 余万 ha，增强排洪能力，基本改变"大雨大灾、小雨小灾、无雨旱灾"局面。

（胡明龙）

淮水

淮河古称。古人称淮河为淮，或称淮水。《尚书·禹贡》："导淮自桐柏，东会于泗、沂，东入于海。"《水经》有《淮水篇》。参见淮河。

（查一民）

huan

还本年限　capital recovery life

见投资回收期（275 页）。

还款期限　payback period

工程项目投产后用利润、折旧及其他收益额偿还固定资产投资借款本金和利息所需要的时间。以年计。

（胡维松）

环流　circulation current

绕纵轴（水流前进方向）旋转的副流，在横断面上的投影呈封闭环状，常与主流叠加在一起成螺旋式前进运动。主要发生在水流动力轴线弯曲处的河流弯道内，在顺直河段中也存在。整个横断面上可能仅有一个，也可能有几个环流。可以占据整个河槽断面，也可能只占河槽断面的一部分。

（陈国祥）

环形接线　circular electrical diagram

又称多角形接线。在环形（三角形，四角形，五角形等）母线的各个顶点上依次各接入一台主变压器及一条输电线路的接线方式。具有较高的供电可靠性及运行灵活性，常用于进出线回路不多的大中型水电站上。

（王世泽）

环形堰　ring weir

平面上呈圆环形的溢流堰。主要用作井式溢洪道的控制堰，泄洪时水库的水从堰上四周向心汇入堰下喇叭口的竖井内下泄。按径向断面形态可分圆锥台宽顶堰和实用堰两种体型，前者平面面积较大，堰顶单宽弧长泄流能力较小，但所需喇叭口的深度较浅；后者反之。堰顶可建径向闸墩，采用平面闸门或弧形闸门控制；或不设闸墩，采用环形闸门，泄洪时闸门降入堰体的门室内；中小工程也可不设闸门。堰型既定情况下过堰总流量与堰顶过水总弧长及堰顶水头的 3/2 次方成正比。

（王世夏）

环形闸门　ring gate

门叶呈圆环形，沿铅直方向移动而启闭孔口的闸门。可利用机械装置或水力操作门叶的升降。常安设在竖井式溢洪道的进口顶部，当门叶降入门室后，库水便可漫过门顶而进入竖井。由于环形门叶所受水压力沿径向是均匀自呈平衡的，故启门力较小。但使用条件受到一定限制，故实际应用不多。

（林益才）

换土垫层法　foundation cushion with removol of softsoil

将软土地基中一定深度的软弱土层挖除，换以适当土料并分层夯实而成垫层以改善地基的工程措施。是软基处理的一种。垫层土强度高、摩擦角大、压缩性小并通过垫层的应力扩散作用，改善垫层下软土层的应力分布，提高地基承载力，从而增强建筑物抗滑稳定、地基深层稳定及减小地基沉陷。如为砂土垫层，其排水性好，有利于其下软土层加速固结，但须加强地基的防渗措施，以防止水工建筑物基下渗流破坏作用。

（王鸿兴）

huang

黄广大堤 Huangguang Levee

位于湖北黄梅、广济两县境内长江北岸的堤防。堤长为85km。堤线上起广济盘塘，经武穴、龙坪，再经黄梅蔡山至孔龙镇，沿驿路堤达清江镇，经段窑，东接安徽同马大堤。大堤创于明永乐二年（1404年），完成于清代中叶，以后曾多次被冲决、修复和退移新线。

（胡方荣）

黄海零点 Huanghai Zero Datum

高程测量系统的基准面。全球高程基准尚未统一。中国于1956年规定以青岛验潮站多年（1950～1956年）平均海平面为全国统一的高程起算面，称为青岛平均海平面或黄海基准面，即黄海零点。1955年中国人民解放军总参谋部测绘局曾在青岛观象山设有极为稳固的水准原点一座，其高程高出黄海零点72.289m。中国地图上所指的海拔高度，就是从这个海平面起算的。国家各等水准点高程都依据该点高程推算。此外，中国曾应用过珠江零点、吴淞零点、废黄河零点和大沽零点等。

（胡方荣）

黄河 Yellow River, Huanghe River

上源卡日曲出青海省巴颜喀拉山脉雅拉达泽山峰南麓的中国第二大河。纵贯西北、华北两大地区，流经青海、四川、甘肃、宁夏、内蒙古、陕西、山西、河南、山东等省、自治区，在山东省北部注入渤海，长5 464km，流域面积75.24万 km^2，平均年径流量为688亿 m^3。支流有洮河、湟水、无定河、汾河、渭河、洛河、沁河等；内蒙古托克托县河口镇以上为上游，流经高原，水量大，流势缓，泥沙含量较小，水流较清；河口镇至河南孟津（另一分法至桃花峪）为中游，穿过黄土高原，水流夹带大量泥沙，年输沙量达15.7亿t；孟津以下为下游，流入华北平原，水流变缓，泥沙淤积，两岸筑堤束水，堤随河床升高而加高，致使成为高于堤外地面的"地上河"。汛期洪水暴涨，经常决口泛滥，自公元前600年以来，2500余年间，决口达1 500余次，历史上较大改道有26次，1855年河决河南铜瓦厢改由今道入海，最后一次决口在1938年8月，受灾人口达1 250万，受淹面积5.4万 km^2，豫东、苏皖北部形成"黄泛区"。黄河哺育中华民族，治黄成为历代王朝重要任务，出现一批治河人物、著述和工程。1949年后，上、中游泛进行水土保持，建有龙羊峡、刘家峡、盐锅峡等大型水电站和青铜峡、三门峡等大型水利枢纽；下游加固堤坝、修建人民胜利渠等工程，虽多次受洪水威胁，但未成灾。沿岸重要城市有兰州、银川、包头、郑州、济南等。

（胡明龙）

黄河大堤 Yellow River Levee

黄河下游（三门峡以下）两岸有1 396km的临黄大堤。多数是在历代旧堤基础上修建，堤基大部是粉细砂壤土，渗透性大，洪水时常发生翻砂鼓水，加之堤坊土质不均，隐患多，自20世纪50年代至80年代先后进行三次大规模加培，一般加高为2～6m，现在堤高达8～14m。

（胡方荣）

黄河东平湖分洪区 Dongpinghu Flood Diversion Area of Yellow River

位于山东梁山县境黄河右岸东平湖的分洪区。当黄河下游发生大洪水时，为保证陶城埠以下大堤安全，将超过河道安全泄量的洪水分入东平湖。由于黄河泥沙淤积，河床抬高，形成黄河与大汶河的自然滞洪区。1958年大洪水后，为提高分洪能力，在原老湖区扩建新湖，形成能控制蓄泄的分洪区，总面积为632km^2，设计总有效蓄洪容积为40亿 m^3，近期有效蓄洪容积为30.4亿 m^3。主要建筑物有分洪闸5座，围堤全长为100km，避洪设施及泄洪、排洪闸等。

（胡方荣）

黄河流域 Yellow River Basin

中国黄河水系干、支流集水面积和所流过的区域。包括青海、四川、甘肃、宁夏、内蒙古、陕西、山西、河南、山东等省、自治区。跨北纬33°～42°，东经96°～119°范围，流域面积75.24万 km^2，地处温带，属东亚季风气候。西部为内陆高原，气候干燥；东部受太平洋季风影响，雨量充沛，平均年降水量461mm，多集中在7～9月。夏季雨量占全年50%～70%，常以暴雨形式出现，多雨区在甘肃省岷县，中心点平均年降水量可达700mm，少雨区在河套，雨量由南向北减少。流域径流以陕县测站为代表，多年平均流量1 350m^3/s，多年平均年径流量626亿 m^3。流域内泾河和无定河含沙量最高，多年平均分别为180kg/m^3和128kg/m^3。1949年前，中、下游河水常泛滥成灾，特别是郑州花园口以下河段，几乎不到两年即发生一次洪水灾害。黄河流域是中华民族古文明的摇篮，农业和畜牧业较发达，有丰富矿藏资源，煤藏量居全国之冠。重要工业城市有兰州、西安、太原、洛阳、郑州、济南等。

（胡明龙）

黄淮海平原 Hwan-Huai-Hai plain of China

见华北大平原（114页）。

《黄运河口古今图说》

清代论述清口工程的图集。麟庆撰，成书于道光二十年（1840年）。清咸丰五年（1855年）前，清口为黄、淮、运交汇之处，扼黄运之咽喉，形势极为险要。麟庆任总督时绘图10幅，起于前明迄于道光18年（1838年）考其沿革，论其损益，并附各说。是研究明、清两代黄、淮、运关系及清口变迁的重要资料。

（陈 菁）

hui

《回澜纪要》

清代河工技术专著。徐端撰，乾隆年间成书。包世臣称其为王全一所著，为徐所得。书2卷。上卷分盘裹头、定坝基、缉口、估计料物、派执事官等目；下卷分提脑揪艄、捆厢船、出占、合龙、定价、办土、开工诸目。是研究清代河工技术的重要资料。

（陈 菁）

回流 local plan circulating flow, return flow

① 又称涡流。绕竖轴（水深方向）旋转运动的副流。因旋转部分压力较低，水面常下凹成涡。常位于主流边缘，成封闭状态作旋转运动。在一个大尺度回流旁边常伴有小尺度次生回流。多因水流发生局部变形时产生分离现象在分离面上出现摩擦力而激起。常见于河床突然展宽处、河床束窄处上游、裁弯后故河入口、挖入式港池内、丁坝间坝田内及闸孔、桥墩、跌水建筑物下游等处。

② 在暴雨期间可回到地面的壤中流。当壤中流遇到相对不透水层时，如透水层沿坡面向下变薄，在坡面下边会回归到地面上；或当壤中流的厚度因凹形坡面使流线收敛而增加，因而形成。

（陈国祥 胡方荣）

回声测深仪 echo sounder

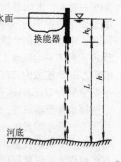

又称超声波测深仪。利用超声波信号在水中传播特性和从水下床面反射特性测定水深的仪器。声波在水中传播时，遇到密度不同的介质如水底，产生反射，根据声波往返时间 t 及其在水中传播速度 c，求得换能器至反射目标的垂直距离 $L = \frac{1}{2}ct$，水深 $h = h_0 + L$，h_0 为换能器吃水深。构造由电源、指示器（包括记录与显示两部分）、激发器、换能器、放大器及定标线路等组成。不易受天气、潮汐和流速限制，适应性较强，工效高，能保证一定精度。适用于水深较大，含沙量不大的江河湖海等水体测深。

（林传真）

回填灌浆 backfill grouting

为使衬砌与围岩紧密结合而将水泥浆液加压灌注到衬砌与围岩之间空隙中的工程措施。可使衬砌和围岩共同工作，改善传力条件和减少渗漏。灌浆孔深入围岩5cm以上，布置在顶拱中心角90°～120°范围内，孔距和排距一般为2～6m，通常与固结灌浆孔分排间隔布置。灌浆压力为0.2～0.3MPa。灌浆前先用压缩空气吹扫管孔并用水冲洗。灌浆顺序在断面上是自下而上进行，并利用上孔排气；在轴线方向要间隔循环进行。拱顶部位设检查短管，当管内有浆液流出时，即表明空隙已为浆液充满。

（张敬楼）

汇流历时 travel time

水流质点或水团沿程流达某一出口断面所需要的时间。有坡地汇流和河网汇流两种，通常坡地汇流历时相对较短。

（胡方荣）

汇流区 confluences

汊道尾部水流开始汇合的区域。汇流区内因两股或多股水流汇合，相互冲击、摩擦和挤压，水流结构极为复杂，在江心洲尾部形成一系列漩涡，在两岸边形成大片回流区，使泥沙大量淤积，航行产生困难。

（陈国祥）

会通河

元代所开自今东平县安山镇北至临清的人工运河。至元二十六年（1289年）动工，当年凿通，南接济州河引汶水北流，北达御河（今卫河），长265里。此后渐将北起临清，南至徐州的运道统称为会通河（包括原会通河、济州河及以南的泗水运道）。由于此段地势高仰、水源不足，成为京杭运河的咽喉段，虽建闸31座以调节水位，仍通航困难。元末废弃不用。明初会通河已淤断三分之一。永乐九年（1411年）工部尚书宋礼重开，采用汶上老人白英的计策，修筑戴村坝引汶水至南旺入运河，南北分流济运，成为主要水源。并修金口坝引泗水至济宁济运。工成运道畅通，罢海运，岁漕四百万石皆取道于此。明末开泇河于微山湖东，湖西旧道废。清代称山东运河，1855年黄河北徙由大清河入海，截断会通河，不久黄河以北运道湮塞，惟黄河以南区段尚可通航。

（陈 菁）

惠农渠

清雍正四年（1729年）由通智、单畴书等主持修建的银川平原引黄灌区主要干渠。以灌溉银川平原黄河西岸唐徕、汉延两渠以东的土地。清代因河势变化，该渠曾多次改变取水口和改线。民国时渠长184km，有支渠664条，可灌地28.3万亩。1949年10月后对灌区进行了全面扩建整修，并合并了原昌润渠灌区。现渠口最大进水量120m³/s，灌地70万亩。　　　　　　　　　　　　　　（陈　菁）

hun

浑江梯级水电站　Hunjiang Cascade Hydroelectric Stations

鸭绿江支流浑江的梯级开发水电站。规划中分5级开发，以发电为主，兼及防洪、灌溉等效益，现已建成桓仁、回龙山、太平哨三座中型水电站，总装机容量45.55万kW，占总蕴藏量71%。浑江全长435km，流域面积近1.5万km²，水能资源蕴藏量63.96万kW。桓仁水电站1972年建成，装机容量22.25万kW，年发电量4.77亿kW·h；水库为不完全年调节，坝后式厂房，坝型系单支墩大头坝。回龙山电站1975年建成，距桓仁电站下游51km，装机容量7.2万kW，年发电量2.74亿kW·h；引水式地下厂房，重力坝，高35m，由桓仁水库调节。太平哨电站1981年建成，在回龙山电站下游36km，由上库进行调节，装机容量16.1万kW，年发电量4.3亿kW·h，引水式地面厂房，重力坝，高44.2m。下游计划兴建金坑、高岭2座低水头电站，金坑装机容量8.5万kW，高岭5万kW。水利电力部东北勘测设计院设计，第一工程局施工。

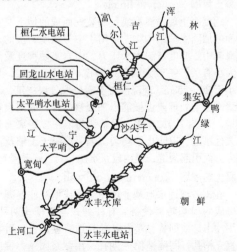

（胡明龙）

浑水灌溉　irrigation with muddy water

利用多泥沙河道中汛期泥水灌溉农田，以提高水资源的利用率和灌溉保证率。汛期引水，可削减河道的洪峰，减小河道的输沙量；灌溉农田又能起到抗旱保墒、提高土壤肥力、改良土壤，促进农业增产的作用。浑水来源于河沟中的洪水和水库排出的泥水。引浑常通过现有的灌溉引水设施进行，要注意防止泥沙淤塞渠系，并选择好渠道的断面和比降。　　　　　　　　　　　　　　（刘才良）

混合长度理论　mixing length theory

由德国学者 L.Prandtl 在1925年提出的半经验紊流理论。至今仍得到广泛的应用。在二元紊流中，由于垂向脉动流速 v' 的作用，相邻各层间的流团相互掺混，参与掺混的流团各自带有原前进方向的动量，随着相互质量交换产生动量交换，并由此产生紊动应力。假定流团在掺混过程中有一平均自由行程，在这一过程中流团将保持原有特性（如动量）直到抵达行程终点并与该处流体掺混后，才消失原有特性而取得该处流动平均性质（如流速）。起点和终点的任何平均性质的差别就等于该性质在终点的脉动值，这个自由行程被称为混合长度，根据这一理论可将紊动应力与时间平均流场联系起来，从而使紊流运动问题得到了一种理论解。　　（陈国祥）

混合潮　mixed tide

海水不正规的波动现象。分不正规半日潮和不正规全日潮两种。前者在一个太阳日内有两次高潮和两次低潮，但两次高潮和两次低潮的潮高均不相等，涨、落潮时也不相等；后者在半个月内，大多数天数为不正规半日潮，少数天数在一个太阳日内会出现一次高潮和一次低潮的全日潮。如南海暹罗湾等。　　　　　　　　　　　　　（胡方荣）

混合贷款　conglomerate loan

软贷款与硬贷款搭配的贷款。　　（胡维松）

混合堵　complex closure

立堵和平堵结合进行的堵口方法。中国黄河花园口，在1946年堵口时，采用此法，口门宽为1460m。　　　　　　　　　　　　　　（胡方荣）

混合式抽水蓄能电站　mixed pumped storage power plant

部分为常规机组和部分为抽水蓄能机组混合组成的抽水蓄能电站。　　　　　　　（刘启钊）

混合式开发　damming and diversion development

同时利用挡水建筑物和引水建筑物集中河段落差的河川水能开发方式。由此形成的水电站称混合式水电站。一般采用较高的坝和较长的有压引水建筑物。适用于坝的上游河段坡降平缓易于用坝形成较大水库和坝的下游河段坡降陡峻易于用引水建筑物集中落差的情况。混合式水电站的组成建筑物与有压引水式水电站基本相同。　　　　（刘启钊）

混合式水电站　damming and diversion water

power station

见混合式开发（119页）。

混合整数规划 mixed integer linear programming

要求部分自变量取整数值，部分自变量取实数值的线性规划。常用算法同整数规划。如水利工程的设置计划、投资项目选择等问题都可表示成混合整数线性规划问题求解。　　　　　（许静仪）

混联水库群 parallel-series of reservoirs

又称复杂水库群。见水电站群（233页）。

混流泵 diagonal flow pump

又称斜流泵。水体斜向流出叶轮的水泵。叶轮旋转时，叶片对水体既产生离心力又产生轴向推力。具有中等扬程（一般

为 $6\sim20m$ 左右），较大流量（最大达 $100m^3/s$），结构简单，效率高，抗气蚀性能好和适用范围广。按其结构可分为两种类型：①蜗壳式混流泵：由泵体、叶轮、泵轴、轴承和密封装置组成。分为卧式和立式两种。后者仅限于大泵；前者的结构与单级单吸离心泵相似，但叶型不同且形状较离心泵叶轮粗曲，蜗室也较大，泵的基础底脚座一般设于泵壳下面。②导叶式混流泵：其外形和结构与轴流泵相近。分卧式和立式两种。叶片安装角可以调节，可使水泵长期在高效率区运行。20世纪60年代以来，世界上混流泵发展较快，大型导叶式和立轴蜗壳式混流泵是世界上泵型发展的趋势。在日本，农田排灌中除部分大型轴流泵外，几乎全被混流泵所取代。中国上海水泵厂于20世纪70年代生产的两台6HL—70型立式全调节混流泵，转轮直径达5.7m，是世界上最大转轮的混流泵。　　　　　　（咸　锟）

混流式水轮机 mixed flow turbine

又称辐轴流式水轮机、弗朗西斯式水轮机。水流沿辐向流入转轮又转向沿轴向流出转轮的反击式水轮机。适应水头范围最为广泛，既可用于高水头的大中型水电

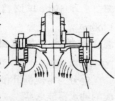

站，也可用于低水头的小型水电站。例如，奥地利劳斯亥克水电站，采用这种水轮机，水头高达672m。目前，最大出力为70万kW，安装在美国大古力水电站，转轮直径9.9m，水头86.9m。
　　　　　　　　　　　　　　　　（王世泽）

混凝土坝 concrete dam

以混凝土浇筑成的各种拦河坝的统称。按结构形式分，主要有重力坝、拱坝、大体积支墩坝（如大头坝）等。这类坝的主要特点是发挥混凝土较好的抗压、抗渗性能，但局部拉应力较大处仍可能要配置钢筋。水利枢纽采用混凝土坝时便于利用坝身布置河床溢洪道、坝身泄水孔以及水电站压力钢管等各种组成建筑物，使枢纽布置集中紧凑，也易于解决施工导流问题。建造这类坝需要大量水泥，水泥凝固时要产生水化热，引起坝身温度应力，故施工中要注意温度控制，并尽量采用低热水泥。
　　　　　　　　　　　　　　　　（王世夏）

混凝土坝温度观测 temperature observation of concrete dam

观测和分析气温、水温以及混凝土水化热影响下坝内温度的变化。观测设备一般采用电阻式温度计，由电缆引到观测站集线箱上，用比例电桥测定温度计的电阻比，再换算成相应的温度，这是混凝土坝中的重要观测项目。温度变化对坝体变形和应力等有着重要的影响。　　　　　（沈长松）

混凝土坝应力观测 stress observation of concrete dam

测量外荷载作用下混凝土坝内应力的大小。在施工期间埋设应变计，由电缆引到观测站集线箱，用比例电桥测读电阻和电阻比，计算混凝土在应力、温度、湿度及化学作用下的总变形，同时利用测点附近的无应力计资料，求得非应力变形，从总变形中扣除即得应力应变，再根据混凝土徐变特征、弹性模量求得应力。根据应力观测成果可判断大坝产生裂缝和破坏的可能性，为工程加固和改进设计提供资料。对于只需观测压应力和应力方向较明确的部位，可直接采用应力计观测。　　　（沈长松）

混凝土衬砌 concrete lining

用混凝土现场浇筑或预制装配而成的地下洞室表面的加固支护结构物。多用于中等强度岩层的无压隧洞中。厚度与洞内水压力、山岩坚硬程度及洞径大小有关，一般为洞径或跨度的$1/8\sim1/12$，且不小于$20\sim25cm$。现浇混凝土需分段分块浇筑，工作缝需凿毛处理或设插筋以加强整体性，缝内设置键槽，必要时需加止水。沿轴线每隔一段距离需设永久性槽缝，以防止不均匀沉陷、混凝土干缩及温度应力而引起裂缝，缝内设止水。　　（张敬楼）

混凝土防渗墙 concrete cut-off wall

在土石坝透水地基上用钻造孔或槽浇注混凝土而形成的坝基防渗设备。有柱列式与板槽式两种，使用冲击钻或回旋钻造孔，前者造直立圆孔，后者造直立槽孔。间隔造第一期孔，用泥浆固壁，带出钻屑，钻到基岩清后在泥浆下浇注混凝土，一星期后钻第二期孔，并削掉一部分第一期混凝土，再浇注第二期混凝土，形成一道完整的混凝土防渗墙。当透水坝基深度大于30m时，被广泛采用，厚度应

混凝土建筑物接触土压力观测 contact earth pressure observation of concrete structure

测量土体与混凝土之间接触压力的变化。通常采用土压力计进行测量。在水利工程中，土体与混凝土接触的部位有埋设在土坝坝体内的输水管道、水闸的岸墙、翼墙、溢洪道的边墙以及坝前淤积等。在这些部位埋设仪器进行观测，以了解接触土压力对建筑物的影响。　　　　　　（沈长松）

混凝土建筑物内部渗压观测 observation of internal seepage pressure in concrete structure

观测和分析水头作用下建筑物内部渗透压力的大小。量测设备一般采用渗压计，测点通常布置在混凝土分层浇筑的施工缝上或两层施工缝间的水平截面中心线上，以了解浇筑冷缝或振捣不实引起的渗透状态。参见坝基扬压力观测（4页）。
　　　　　　　　　　　　　　　（沈长松）

混凝土建筑物渗透观测 seepage observation of concrete structure

观测和分析水头作用下混凝土建筑物的渗流要素以及防渗、排水、降压等设施的效果。内容包括坝基扬压力观测、渗流量观测、绕渗观测、外水压力观测、混凝土建筑物内部渗压观测等。根据不同要求分别进行观测，可了解建筑物的渗流状态，掌握防渗设施的工作效能，据此分析其在各种运行条件下的稳定性，为工程安全运用提供依据。
　　　　　　　　　　　　　　　（沈长松）

混凝土伸缩缝观测 observation of expansion and contraction joint for concrete

观测和分析外界荷载作用下混凝土建筑物伸缩缝缝宽和两侧建筑物的相对位移量。观测仪器有差动电阻式测缝计和金属标点等。前者用电阻比电桥或其他检测装置测量钢丝变化后的电阻比值，计算伸缩缝开度；后者用游标卡尺直接测读。观测分析伸缩缝的变化规律，可为综合评价混凝土建筑物的工作性态提供依据。　　　　　　（沈长松）

混凝土围堰 concrete cofferdam

以混凝土为主要材料筑成的围堰。按结构型式分，有重力式、支墩式和拱式等。可直接在水下施工修建，但更多在临时低水围堰保护下修建。具有底宽小、承受水头高、抗冲能力强，堰身又可过水等优点。　　　　　　　　　　　　（胡肇枢）

混凝土预制板护坡 slop protection of precast-concrete plate

以混凝土预制板作为土坝上游坝面保护的设施。预制板的形状多为矩形或六角形，厚约 0.15～0.2m，矩形板的尺寸多为 1.5m×2.5m、2m×2m、3m×3m；六角形板的每边尺寸约为 0.3～0.4m。预制板下面铺设砾石或碎石垫层，并按反滤原则设计。
　　　　　　　　　　　　　　　（束一鸣）

huo

活动坝 movable dam

见水闸（257 页）、闸坝（323 页）。

活动导叶 wicket gates

安装在水轮机上控制水流的导水部件。主要作用是：①使水流成为有压涡流，以形成转轮上的旋转力矩；②与负荷的变化相适应，改变导叶之间的开度以调节进入转轮的流量。大中型反击式水轮机的活动导叶多数布置成圆柱面；斜流式及灯泡式水轮机的活动导叶可布置成圆锥面；全贯流式水轮机的活动导叶的轴线可与主轴垂直。　　（王世泽）

火电站 thermal power station

利用燃料燃烧的热能发电的电站。主要燃料有煤、石油和天然气，中国以煤为主。主要设备为锅炉、汽轮机和发电机。主要辅助设备有冷凝器、给水加热器、水泵、煤或其他燃料的输送系统和烟囱等。主要建筑物有主厂房和电气、燃料、供水等配套建筑物。其发电过程是将燃料送入锅炉燃烧使水汽化，利用蒸汽推动汽轮机带动发电机发电，再通过变压器升压送给用电户。按采用燃汽轮机分，有凝汽式火电站和供热式火电站。按汽轮机进（新）汽温度和压强可分低温低压火电站、中温中压火电站、高温高压火电站、超高压火电站、亚临界火电站和超临界火电站。汽压越高电站单位千瓦投资和煤耗越低。火电机组启动费时，不宜担负变动负荷。
　　　　　　　　　　　　　　　（刘启钊）

火电站运行方式 operation mode of thermal power plant

火电站在电力系统中的工作状态。火电站为获得最高热效益和最小煤耗，适宜担任电力系统基荷。只有当水电站为减少弃水转为基荷工作时，或水电容量不足以担任全部峰荷时，火电站才担任峰荷及腰荷。　　　　　　　　　　　（陈宁珍）

火电站最小技术出力 minimum technical output of thermal power plant

又称最小运行出力。受技术条件限制，火电站发电机组运行时所必需发出的最小出力。凝汽式机组的最小技术出力约为额定容量的 70% 左右。由于煤质的差异影响燃烧的稳定性，以及锅炉运行条件的多样性和火电站机组设备的差异，应根据试验资料和运行经验分别确定。　　　　（陈宁珍）

火山湖 volcanic lake

火山喷发停止后，火山口作为湖盆的积水湖泊。湖形近圆形或马蹄形，深度较大，如中国白头山的天池。

(胡方荣)

J

ji

机电排灌 mechanical and electrical irrigation and drainage

以机械或电力为动力进行排水或灌溉的工程及其运行管理的总称。该工程一般包括泵站建筑物、水泵、动力设备、供水线路和沟渠工程等。除用于农田排灌外，还用于海涂围垦、围海造田、排洪防潮、开垦荒地、牧区供水、抽水蓄能以及跨流域调水等。截至1986年底，中国大、中、小泵站有45.5万余座，机井236万眼，配套动力为5 979万kW，占农村动力的29%。提水灌溉的总面积为3.95亿亩，占全国灌溉总面积的55%；抽排面积为6 126万亩，占全国除涝面积的36%。中国已能自行设计、制造、试验各种大型抽水装置及大型泵站，并设有水泵及水泵站的专门研究机构，形成了一支研究、制造水泵和建设、管理水泵站的专业技术队伍，初步满足了各类地区机电排灌事业发展的需要。

(咸 锟)

机坑 turbine pit

大中型立轴水轮机顶盖与发电机下支架之间的空间。四周常被发电机支座所包围，形成坑的形状，故名。是对水轮机进行安装、维修及运行监视的重要场所。

(王世泽)

机械密封 mechanical seal

又称端面密封。靠静密封环和动密封环的端面在水泵运行时形成的一层极薄的液膜起密封、润滑和冷却作用。结构紧凑，机械磨损小，耗功少（一般为填料密封的10%～50%），密封性能高，寿命长（可达3～5万h）；但结构复杂，加工精度和安装技术要求较高，价格贵。只用于对密封要求较高的大泵。

(咸 锟)

机械液压式调速器 hydro-mechanical governor

以机械元件进行控制并以液压系统进行操作的调速器。常采用飞摆以感受机组转速的变化。机组转速偏离额定值时，飞摆的位置也随之改变，从而改变压力油的流向，使接力器动作调整导叶的开度。

(王世泽)

机翼形堰 airfoil weir

过水面呈机翼形的一种低矮溢流堰。按美国航空咨询委员会（NACA）建议，堰面曲线方程为：

$$y = 10P[0.2969\sqrt{\frac{x}{C}} - 0.126(\frac{x}{C}) - 0.3516(\frac{x}{C})^2 + 0.2843(\frac{x}{C})^3 - 0.1015(\frac{x}{C})^4]$$

C为沿x轴的堰长，P为堰高。此曲线前端与半径为R的圆弧相接，并有

$$\frac{R}{C} = 4.408\left(\frac{P}{C}\right)^2$$

此堰型适用于以低堰状态工作的明流河岸泄水建筑物的控制堰，与其他堰型比，有较大的泄流能力，堰面不易产生负压，剖面形态易由改变P/C来调整，下游端便于和任何纵坡陡槽相接。

(王世夏)

机组转速相对变化 relative speed rise

机组转速变化与额定转速之比值。机组转速变化用相对值表示可以看出转速变化的程度和定出控制标准，也易于进行计算和绘制计算图表。

(刘启钊)

矶头 rigid nodes in bank protection line

又称矶。保护河岸、堤防和滩地的靠岸坚实短建筑物。与短丁坝类似，一般和水流成正交或向下游斜交，具有挑开大溜、减杀水势作用。在长江上把略突出堤岸下挑的短丁坝称为矶头，能够将急流挑离岸边。黄河把短丁坝称为盘头（垛），形状有半圆形、人字形或曲线形的。矶头（垛）的下部用抛石、石笼或埽工做成，上部多用干砌块石护坡。用作保护堤岸的矶头，其顶高比堤顶略低；用作保护边滩的，顶高与滩坎齐平。若遭受水流冲刷的岸线较长，可沿岸间隔一定距离，集中护岸材料造成几个矶头，而对矶头之间的堤岸采用简易护坡或不护坡，这种布置称为矶头群护岸。

天然不冲的局部岩石河岸。如南京燕子矶。

(李耀中)

鸡嘴坝

顺水坝之旧称。《河工简要》："凡湾之处，建筑

坝台，其埽坝迤上迤下，必须用料厢做防风雁翅，上雁翅则迎溜顺行，下雁翅则抵御回溜，中间坝台远出尖挑，其形如鸡嘴，名曰鸡嘴坝。"参见顺水坝（259 页）。 （查一民）

积雪 snow cover

又称雪被、雪盖。降雪覆盖在陆地和海冰表面上的雪层。按持续时间分：永久积雪和季节积雪，前者长年存在；后者当年消失。连续维持一个月以上的季节积雪称稳定积雪；连续日数不足一个月的称不稳定积雪。 （胡方荣）

基本电价 basic electricity price

又称固定电价、需用电价。按用户用电设备容量或最大需用量计算的电价。两部电价的组成部分之一。制定依据为电业固定成本，与用户用电度数无关。它是以用户变压器容量或最大需用量（即 1 月中每 15min 平均负荷的最大值）作为计算价格的依据。具体由电网局或省级电力主管部门按情况规定。 （施国庆）

基床系数法 settlement coefficient method

又称垫层系数法、沉陷系数法。运用基床系数为常数的假定，计算地基梁内力的一种方法。在弹性地基梁法中，假定单位面积地基上所受的压力与其地基沉陷值 y 之比为一常系数 K，即 $K=p/y$ 称基床系数（这种假定又称文克勒假定）。系数值可根据荷载板试验推算获得。由于该法将地基当成由一组独立的弹簧组成，相互间无联系作用，故不能正确反映地基的实际变形，只有当地基可压缩层厚度与梁长相比为较薄的垫层，地基中应力扩散对变形的影响较小时才可以适用。 （王鸿兴）

基荷 base load

见日负荷图（206）页。

基荷煤耗 coal consumption of base load

见煤耗（169 页）。

基荷指数 base load index

日最小负荷值与日平均负荷值的比值。常用 α 表示。比值越大，表示基荷占负荷图的比重越大，各用电户用电随时间的变化较小。 （陈宁珍）

基流 base flow

地下径流维持的水流。在流量过程线分析时从中划分出以过程线底部表示的水流流量，基本上稳定不变。有时人们也把慢速壤中流并入。 （胡方荣）

基膜势 matrix potential

由土壤基质对水的吸力引起土壤水能量改变而产生的势。土壤颗粒对水分有吸附力，毛细管产生毛管力，受这两种力的吸引和束缚，使水保持在土壤孔隙中，降低了土壤水的势并低于自由水，形成了吸附势和毛管势，合称基膜势。非饱和土壤为负值，饱和土壤为零。 （胡方荣）

基围

又称堤围。基即堤。珠江和韩江三角洲滨江、海地区的围田。周围有堤（围基），常与江堤相接。围内有排灌沟渠，通过堤上的涵闸（窦）与围外水系相通。大者达几万亩至 20 多万亩，小者仅数十亩。起于北宋，盛行于明、清。早期多系私家小围，后期多按地势逐步与水利系统合并为公家大围。早期多在干流两岸，并逐步向支流扩展；后期向滨海口门发展，甚至有在水中建坝栽草，落淤后围垦的。早期多先垦后围，后期多先围后垦。早期围基多为低矮土堤，后期渐筑石堤。至清代后期该地区围田已达 13000 多顷。 （查一民）

基准点 base point

见基准年。

基准年 base year, reference year

水利经济效果分析中考虑时间因素折算的基本年度。参与比较的各个方案或同一方案的不同工程，不论开工时期是否相同，都应按选定的同一基准年进行时间价值的计算。原则上基准年可取经济分析期中的任何一年，但为统一起见，曾建议选择工程主要受益部门开始正常受益（即达到设计效益水平）之年为基准年，该年年初为基准点。也可取工程主要部门开始受益（即开始部分投产）之年。按国家计委 1993 年 4 月 7 日通知应从工程开工（即施工期初）之年为基准年。 （胡维松）

《畿辅安澜志》

清代关于海滦河流域各河道及水利的专志。王履泰撰，一说原为赵一清撰，戴震删改，名《直隶河渠书》。嘉庆十三年（1808 年）成书，共 56 卷 70 万字，以水系为主干，分门别类记述海滦河流域 24 条骨干河流的源委、故道、堤防、工汛、桥渡、修治、经费、官司、祠庙、水利等。资料详备，是中国第一部海滦河流域水利专志。 （陈　菁）

《畿辅河道水利丛书》

关于北京及其周围地区的水利著作汇编。吴邦庆编纂。清道光四年（1824 年）刻印。共收书 9 种：①《直隶河渠志》，清陈仪著，辑自雍正《畿辅通志·河渠》；②《陈学士文抄》，辑录陈仪文集中有关畿辅水利的文章 8 篇；③《潞水客谈》，明徐贞明著，万历三年（1575 年）成书；④《怡贤亲王疏钞》，清允祥著，允祥原名胤祥，系清世宗胤禛之弟，雍正三年至八年（1725～1730 年）主持畿辅水利，本书辑录其有关奏疏 9 篇；⑤《水利营田图说》，辑录《畿辅通志》中所载陈仪著《水利营田》，并参考《畿辅义仓图》，按营田所在州县补图 37 幅而成；⑥《畿辅水利辑览》，汇辑散见于古籍中的宋何承矩，元虞集，明汪应蛟、董应举、左光斗、张慎言、魏呈润、叶春及清朱云锦等人的文章而成；⑦《泽农要录》，辑录《齐民要术》等古农书中垦水田、艺秔稻诸法，分为10门，成书6卷；⑧《畿辅水道管见》，编集前人关于海河五大水系的四五十条骨干河道的治理意见，各河都叙明源委及"故老所传，书传所载诸治法"，末有《书后》，记述作者研究畿辅河道水利的概括总结；⑨《畿辅水利私议》，吴氏自撰，以发挥其治水主张和见解。本书是研究京、津及河北省水利的重要历史资料。（查一民）

《畿辅水利四案》

清代有关今京津冀地区的水利专著。潘锡恩撰，正文4卷，附录1卷。道光三年（1823年）准备兴修畿辅水利，作者收集雍正三年（1725年）、乾隆四年（1739年）、九至十年及二十七年四次兴修畿辅水利营田的重要事件和有关文牍，供当事者参考。附录中的"疏筑事宜"详述工料做法，是研究海河流域水利的重要历史文献。（陈菁）

激

阻遏水势并使之改变流向的水工建筑物。《汉书·沟洫志》贾让奏言："河从河内北至黎阳为石堤，激使东抵东郡平刚。"颜师古注："激者，聚石于堤旁冲要之处，所以激去其水也。激音工历反。"

又称激堤。挑水石堰或石堤。相当于挑水丁坝。《水经注·沔水》："沔水北岸数里，有大石激，名曰五女激。"（查一民）

极大似然法 maximum likelihood method

一种由样本估计总体统计参数的方法。若总体X的概率密度函数为$f(x_i;\theta)$，其中θ是待估计的统计参数，则样本$x_1, x_2, \cdots, x_n$的联合概率密度为

$$L(\theta) = \prod_{i=1}^{n} f(x_i;\theta)$$

$L(\theta)$是θ的函数，称为样本的似然函数。极大似然法就是以$L(\theta)$达最大值时的θ值作为总体统计参数的估计值$\hat{\theta}$，因为$L(\theta)$最大表明该样本最可能来自$f(x_i;\theta)$所描述的总体。（许大明）

极限水击 limiting water hammer

最大水击压强出现在第二相以后的水击。其压强接近于某一极限值。为节流机构开度直线变化情况下水击现象的一种，发生的条件是$\rho\tau_0 > 1$，$\rho = cv/2gH_0$称水击常数，c为水击波速，v为管道流速，g为重力加速度，H_0为静水头，τ_0为节流机构的初始开度。常出现在中低水头的水电站中。（刘启钊）

极值分布 extremal distribution

n个观测值中极大值或极小值的概率分布。是一种导出分布，依赖于原始随机变量的分布函数。若考虑当$n \to \infty$时极值的渐近分布，只区别原始变量的分布类型而不用了解原始分布的具体内容，就可以求出极值的渐近分布。理论上有三种可能渐近极值分布。第一型为指数原型极值分布，或双指数分布或甘倍尔分布。是应用最多的一种极值分布。其原始分布可以是正态、指数、皮尔逊Ⅲ型等。第二型为柯西型极值分布。第三型为有界型极值分布。（许大明）

急滩 rapids

河流流经坚硬基岩出露、比降大的河段。一般在河流上游。水流湍急，影响通航，但蕴藏着丰富的水力资源。（胡方荣）

集水网道式水电站

用集水网将不同河流的径流汇集到一起进行发电的水电站。山区河流的落差大流量小，为节约机电设备和土建投资，可在高程和位置相近的多条河流筑坝引水，将水流汇集到一个电站发电。有的引水式水电站，引水道跨越或行近某些河道或溪流，可用适当的建筑物将这些河道和溪流的流量汇入主引水道以增加电站的发电量。一般用于山区小型河流水能资源的开发。（刘启钊）

集总参数模型 lumped model

见水文模型（253页）。

几何相似 geometric similarity, geometric similitude

又称正态相似。原型和模型两体系相互间存在一一对应的几何尺度，而且这些尺度决定的空间图形互为几何相似图形。用缩尺模型研究原型物理现象时必须满足的相似条件之一。两个几何相似体系任何方向对应长度的比值均相等，可写为

$$\alpha_x = \alpha_y = \alpha_z = \alpha_l$$

α_x、α_y、α_z分别表示x向、y向、z向对应几何尺度的比值，它们都为同一比值α_l。（王世夏）

几率格纸 probability paper

一种为图解法频率分析专门设计的格纸。通过对坐标作不均匀分格，使概率分布曲线转换为直线。常用的几率格纸纵标为均匀分格，横标为几率分格，适用于符合正态分布的随机变量。（许大明）

济水

与江、河、淮三水并称四渎的古水名。均为独流入海的大河。《尚书·禹贡》："导沇水，东流为济，入于河，溢为荥，东出于陶邱北，又东至于菏，又东北会于汶，又北东入于海。"其水源出于河南济源县王屋山，故道过黄河而南，东流至山东，会汶水后也称清水，金以后称大清河，东北流入渤海。后下游被黄河所夺，已不复有济水之名，只有黄河以

北发源处尚存。　　　　　　　　　（查一民）

济州河

元代所开自济州（今济宁市）至须城（今东平县安山镇）一段运河，长 130 余里，至元二十年（1283 年）完工。北引汶水，东引泗水为源，合流至州城西分流南北，南入泗水，北汇大清河（今黄河），即今山东段运河南起鲁桥北至安山一段的前身，惟袁口以北故道在今道之西。河成后南来漕船可由此出大清河经海路至直沽（今天津市），但因利津海口壅塞，有时需改陆运"从东阿旱站运至临清入御河"。后六年开会通河后，济州河亦通称会通河。　　　　　　　　　　　　　（陈 菁）

济淄运河

战国时期（公元前 475～前 221 年）齐国所开沟通首都临淄（今临淄北）和济水下游的人工运河。
　　　　　　　　　　　　　　　　（陈 菁）

给水度　specific yield

含水层的释水能力。饱和含水层中能自由排出水的体积与该含水层总体积的比值。由实验室或野外抽水试验确定。其大小反映出水量的多少。
　　　　　　　　　　　　　　　　（胡方荣）

给水排水工程　Water supply and waste-water engineering, water supply and sewer works

为供应人们生活、生产用水及排除各种废水而修建的工程总称。给水由取水建筑物、水厂、给水管道、配水管网等组成。排水视其用途有城市生活污水、工厂废水和多余地面水、地下水排除等。主要设施有沟渠、管道、泵站及污水处理建筑物等。
　　　　　　　　　　　　　　　　（胡明龙）

计划检修　planned repair

按照规定计划对发电机组所进行的短期和长期停机检修。短期停机是为了进行养护性或预防性的检查和小修，长期停机则是利用年负荷图低落部分安排大修。大修停机天数火电机组约为 30d，水电机组约为 20d。　　　　　　（陈宁珍）

技术经济比较　technical and economical comparation

在水利规划、设计时选择最优方案的经济核算。针对初选的若干方案，进行技术上可行性及经济上合理性的论证，以便以最少的投资取得既定的工程效益，或者以一定的代价取得最大的工程效益。是制定决策的有力工具。　　　　　（陈宁珍）

技术设计　technical design

继初步设计之后主要是落实工程实施技术阶段的设计工作。其设计任务是：首先根据初步设计审查意见，对初设中遗留的问题进行必要的修改与补充，对工程中较复杂的技术问题进行分析计算和试验研究，使技术措施更加落实可靠；对已审定的初步设计方案，进行建筑物的结构设计和细部构造设计；进一步研究地基处理方案；确定施工总体布置及施工方法，安排施工进度和施工预算等，并编制全面的技术设计书和有关的专题技术报告。
　　　　　　　　　　　　　　　　（林益才）

季抽水蓄能电站　seasonal pumped storage power plant

以季为运行周期的抽水蓄能电站。将汛期多余水量抽至上库供枯水期使用。但不多见。
　　　　　　　　　　　　　　　　（刘启钊）

季负荷率　seasonal load factor

全年各月最大负荷的平均值与年最大负荷值之比。常用 ξ 表示，它表示一年内月最大负荷变化的不均衡性，它的大小受静态负荷下降系数 φ 的影响，φ 为系统年最大负荷曲线中夏季最大负荷与年最大负荷的比值。一般 φ 为 0.8～0.95。具体数值与年内日照时间的规律和季节性用电特点有关。
　　　　　　　　　　　　　　　　（陈宁珍）

季节性电价　seasonal electricity price

按水电站的弃水期和枯水期分别计算电费的一种电价制度。在水电比重较大的电网实行。来水的弃水期电价和枯水期电价一般在现行电价基础上上下浮动 30%～50%。　　　　　（施国庆）

季节性电能　seasonal energy

只在某些季节才能生产的电能。对水电站是指洪水季节设法减少弃水而增发的电能。随重复容量的加大而增加，但其增加率愈来愈小，因此，应装设多少重复容量以增加季节性电能需进行经济论证。
　　　　　　　　　　　　　　　　（陈宁珍）

季节性容量　seasonal capacity

见重复容量（31 页）。

季调节水电站　seasonal regulating water power station

见年调节水电站（179 页）。

jia

加糙槽式鱼道　Dannier fishway

又称旦尼尔式鱼道。利用设在水槽底部及侧壁的加糙梳齿或坎消减水流能量和减缓流速的斜槽式鱼道。20 世纪 50 年代在瑞典、法国和荷兰等国用得较多。因水流紊乱，目前极少采用。
　　　　　　　　　　　　　　　　（张敬楼）

加丁尼尔土坝　Gardiner Earthfill Dam

加拿大最大土坝。在南萨斯喀彻温河上，位于萨斯彻温省萨斯卡吞城附近。1968 年建成。高

69m，顶长 5 090m，工程量 6 544 万 m³。库容98.68亿 m³。
（胡明龙）

加箍压力钢管 rigid-hooped penstock

简称箍管。在光滑的无缝钢管或焊接管上套以钢箍构成的管道。用于管壁较厚，卷板和焊接困难的情况，用加箍的办法减小管壁厚度。在内水压力作用下钢箍和管壁联合受力。套箍的加工方法有热套和冷套两种。热套的管箍内径略小于钢管外径，将管箍预热膨胀后套在管道上，待冷却后箍紧。冷套的管箍内径略大于钢管外径，套箍后在钢管内通入高压水，压力为设计内压的 2~2.5 倍，使管壁应力达到屈服点，发生塑性变形并与管箍压紧，然后取消内压。另有一种加柔性箍的管道，柔性箍用预应力钢索做成。
（刘启钊）

加劲梁 buttress bracing beam

为加强支墩坝纵向和横向的稳定而设于相邻支墩间的钢筋混凝土水平支撑梁。具有阻止纵向弯曲和横向受力变形的作用。一般沿支墩交错布置，水平间隔为 5~12m，垂直间隔为 4~8m。梁的两端固接（或铰接）于两侧支墩上。梁的断面应考虑自重引起的弯矩及其他荷载如地震的影响，有时还须考虑构造条件。
（林益才）

加劲压力钢管 stiffened penstock

表面有加劲环或锚筋等加劲部件的钢管。钢管是一种薄壳结构，能承受较高的内压，但抵抗外压的能力较低，用加劲环或锚筋提高其抗外压的能力比用加厚管壁经济。加劲环是加于钢管表面、刚度较大的环状结构，环的断面积和距离由计算确定。具有加劲环的钢管常称加劲环式钢管，可用作明管、地下埋管和坝内埋管。锚筋是分散焊在管壁上的钢筋，在管壁上成梅花形或矩形排列，功用是将管壁锚在管外混凝土上。锚筋的直径和间距根据计算和经验确定。具有锚筋的钢管常称锚筋式钢管，可用作地下埋管和坝内埋管，但不能用于明管。
（刘启钊）

加里森土坝 Garrison Earthfill Dam

美国密苏里河上的大型土坝。位于北达科他州加里森附近。1956 年建成。高 62m，顶长 3 658m，工程量 5 084.5 万 m³。库容 300.97 亿 m³，有效库容 221 亿 m³。
（胡明龙）

加权平均水头 weighted average head

水电站按出力加权计算所得的平均水头。即历年各月（或旬）的平均出力与相应水头乘积之总和被出力的总和相除之商数。多用于水轮机选择。
（陈宁珍）

加压喷灌系统 pressurization sprinkler irrigation system

水流经机、泵加压才能提供喷头工作压力的灌溉系统。在水源的水位低于灌区地面高程或高出灌区地面不多，不足以形成喷灌所需的压力时采用。
（房宽厚）

㴲河

又称㴲运河。明代所开自夏镇（今山东微山）至邳州直河口（今皂河集西）的新运河。利用㴲河河道开挖而成。长 260 余里。取代京杭运河由夏镇穿微山湖至徐州入黄河 300 里至直河口的旧运道，既避黄河之险，又减轻泛溢淤塞之害，并可缩短行程，效益明显。

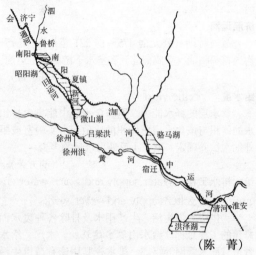

（陈菁）

嘉陵江 Jialingjiang River

古称阆水、渝水。发源于陕西省凤县秦岭以南嘉陵谷一条流经四川省的长江上游支流。在重庆市注入长江，长 1 119km，流域面积 15.96 万 km²，平均流量 2 110m³/s。支流有西汉水、白龙江、东河、西河、渠江和涪江等，上游水急多滩，下游因纳渠、涪二江，水量增大，合川以下因横截华蓥山而形成沥鼻峡、温塘峡、观音峡，有小三峡之称。支流白龙江上建有碧口、宝珠寺水电站及升钟水库等。广元以下可通航。
（胡明龙）

嘉南大圳

位于台湾省台南、嘉义一带的大型灌溉工程。1920 年动工，1930 年完工。包括两大灌区：乌山头水库（珊瑚潭）灌区和浊水溪灌区。乌山头水库自曾文溪取水，经过长 3.1km 的乌山岭隧道，入官田溪，溪上筑坝拦河成库。坝高 5.6m，长 1 273m，库容 1.67 亿 m³，可灌田约 150 万亩。浊水溪灌区自溪上三个引水口引水，可灌田约 70 万亩。1944 年又合并台南县各陂塘灌区为一个管理区，其中包括清康熙至嘉庆时所修九处，以及近代所修的一二十个埤（陂）圳。各陂塘共可灌田 60 万亩。现嘉南大圳共有干渠 112km，支渠 1 200km 及排水渠 500 余

嘉南灌区 Jianan Irrigation Project

位于台湾省西部平原的南端,包括嘉义、云林、台南三个县和台南市,灌溉面积为 15 万 ha。主要种植水稻,一年两熟。建于 1920~1930 年间,是台湾省最大的灌区。乌山头水库和曾文水库是主要水源,每年提供灌溉水量 8~9 亿 m^3,灌溉灌区 2/3 的面积。林内引水工程是灌区另一水源,位于云林县境,从浊水溪引水,有三个引水口,设计引水流量分别为 50、55.7、69.9 (m^3/s),灌溉灌区 1/3 的面积。总干渠全长 110km,贯穿灌区南北,北接浊水溪,南连乌山头水库和曾文溪。随着工业用水和城市用水急剧增长,灌溉用水日益紧张。为了开源节流,20 世纪 60 年代以来,采取了打深井开发利用地下水、衬砌渠道防止渗漏、实行水旱轮作等措施,缓和水资源的供求矛盾。 (房宽厚)

jian

湔江堰

古代引湔江等水的灌溉工程。西汉景帝末年(约公元前 141 年),蜀郡守文翁所开。渠首在湔水出山处,今四川省彭县西北之关口(堋口),下分若干支,东合绵水、洛水为沱江上源。灌繁县(治今彭县西北)田 1 700 顷。近代湔江水出山口以下分为 7 支,有小堰 100 座左右,灌今四川省彭县、广汉、新繁、什邡等县田 20 万亩。1953 年开人民渠自都江堰引水后,已并入都江堰向北扩灌的人民渠灌区。 (陈 菁)

检查廊道 inspection gallery

为检查坝体及其防渗排水设施的工作状态而设置的坝内廊道。可沿纵向及横向布置。坝体纵向检查廊道一般靠近坝上游侧每隔 15~30m 高差设置一道,常与排水、交通等廊道相结合。其上游侧到上游坝面的距离与灌浆排水廊道相同。各层廊道相互连通,并与电梯或便梯相连,通常在两岸均有进出口通道。对于高坝,除靠上游面的检查廊道外,常需布设其他纵横两方向的检查廊道,以便对坝体做更全面的检查。 (林益才)

检修备用容量 repair spare capacity

电力系统中部分机组检修时用以维持正常供电所设置的备用容量。计划性停机检修应安排在系统负荷低落时进行,以减少专设的检修备用容量。 (陈宁珍)

检修闸门 bulkhead gate

当工作闸门或过水管道及其设备进行检修时,用以封闭孔口截断水流的闸门。一般设于工作闸门的上游侧,可借助平压管等设备在静水中启闭。 (林益才)

减河 floodway, flood diversion channel

又称分洪道。为分泄洪水用人工开挖的河道。在河岸一侧选定适当地点,利用天然河道或开挖新河、并两侧筑堤,将超过河道所能容纳的洪水分泄入海、入分洪区或其他河流,也可绕过保护区再返回原河道。如中国的独流减河,美国的密西西比河下游的阿特察法拉亚分洪道(Atchafalaya flood way)等。 (胡方荣)

减水坝

又称滚水石坝。为防止河道或人工运河因水量过大、水位过高发生决溢灾害而在河堤上预先设置的溢流坝。《河防一览》卷四:"滚水石坝即减水坝也。为伏秋水发盈槽,恐势大漫堤,设此分杀水势;稍消即归正槽。故建坝必择要害卑洼去处,坚实地基,先下地钉桩,锯平,下龙骨木,仍用石楂榰铁榰缝,方铺底石垒砌。雁翅宜长宜坡,跌水宜长,迎水宜短,俱用立石。拦门桩数层,其地钉桩,须剖鹰架,用悬碌钉下。石缝须用糯汁和灰缝,使水不入。"减水坝石脊比堤低二三尺,上有封土,如水涨高过坝脊一二尺,即相机减土,使河槽中水从坝顶溢流,泄入坝下河道或滞洪区,既可保护堤防不致在其他地方溃决,又能保持原河道的一定水位,便利航运。 (查一民)

减压井 relief well

设在土坝坝趾下游,排除地基表面以下强透水层渗水及减压的设施。防止坝趾附近产生渗透破坏与沼泽化。井身由井管(包括沉淀管、滤管、升水管等)、反滤层、井口结构等几部分组成,井管直径 15~30cm,井管须深入透水层深度的 50%~70% 处,井距为 15~30m。

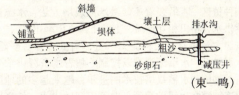

(束一鸣)

减压模型试验 model test under vacuum condition

用几何相似模型研究水流空化、空蚀问题时,为实现与原型空化数同量而置模型于有所需真空度的封闭系统中进行试验的方法。空化数是空化、空蚀现象的主要相似准数,其分子与绝对压强有关,分母取决于流速的平方,原型高流速情况下分母值很大而使空化数很小,如用常压模型试验,难以实现与原型空化数同量;减压模型中则可抽气使分子值减小,而实现与原型空化数同量。用于这种试验的封闭系统有减压箱、循环水洞等。 (王世夏)

减压箱 vacuum tank

能在其内安装模型并可抽真空以进行水流空化试验的封闭式水流循环系统。以系统中包括断面较大的箱形模型试验段，故名。由位置最低的水泵、上升式供水管、位置最高的试验段、下降式回水管形成水流循环，并由真空泵通过管路在箱形试验段顶部抽气提供试验所需真空度。主要用于具有自由水面的水流（例如过坝水流）空化试验，使模型水面的绝对压强远低于原型水面的大气压强，从而可实现模型与原型空化数同量的相似要求。参见减压模型试验（127页）。　　　　　　　（王世夏）

简单调压室 simple surge tank

自上而下断面不变的调压室。特点是结构简单，与引水道的连接处断面较大，能充分反射水击波，但在电站正常运行时水流通过调压室底部的水头损失较大，负荷变化时室内水位波动振幅大，衰减慢，适用于低水头电站。　　　　　　　（刘启钊）

间接成本 overhead costs

又称间接费用。不能直接计入而要按一定标准分摊计入产品成本的费用。如辅助材料、间接人工和管理人员的工资，一般的企业管理费、废品损失等。　　　　　　　　　　　　　（施国庆）

间接水击 water hammer due to slow closure

节流机构开度变化历时大于一个相长的水击。产生的条件为 $T_s > 2L/c$，T_s 为节流机构开度变化历时，L 为管长，c 为水击波速。从进口折回的反射波在节流机构处发生再反射，节流机构处的水击压强是由向上游传播的水击波和向下游传播的水击波叠加的结果。实际工程中的水击多属此类。
　　　　　　　　　　　　　　　（刘启钊）

间歇灌溉 intermittent irrigation

指水稻田的分次灌溉。在世界范围内，很多水稻种植区一直沿袭着连续灌溉的栽培方法，水源连续供水，格田相互连通，上灌下排（串灌串排），水资源大量浪费，肥料流失严重，病虫害容易蔓延，水温较低，水层深度难以控制。随着水资源供求矛盾的加剧和水稻栽培技术的进步，越来越多的地区改连续灌溉为间歇灌溉，向稻田间歇供水，使格田的水层深度保持在一定的范围之内，符合水稻正常生长和田间管理的需要。中国农民普遍采用的浅水勤灌和正在试验推广中的湿润灌溉都属于这种灌溉。
　　　　　　　　　　　　　　　（房宽厚）

间歇性河流 intermittent river

又称季节河。季节性有水的河流。干旱与半干旱地区，旱季河流干涸，雨季暴雨后或冰雪消融季节才有短期水流流动。山区一些小河常是。
　　　　　　　　　　　　　　　（胡方荣）

建筑物测流 discharge measurment by structures

利用河渠中已建水工建筑物或专门修建的标准形式测流建筑物来测定流量。形式包括：已建水工建筑物，如闸、坝、水电站等和标准测流建筑物，如量水堰、槽。利用建筑物测流，事先应对水力学公式的流量系数进行率定，并确定流量与某项或几项水力因素（如上、下游水位、堰顶水头、闸门开启高度等）的相关关系，据以由测定的水力因素来推求流量。优点是测量精度较高，使用方便，易于实现遥测。　　　　　　　（林传真）

荐浪水

又称笃浪水。洪波略停，忽又有急流涌起，容易导致翻船的水流。为水势名称。《宋史·河渠志一》："湍怒略渟，势稍洄起，行舟值之多溺，谓之荐浪水。"《河工简要》卷三："即笃浪水同类也。"又："汩音骨，又音鹘，涌波也，即涌也。"
　　　　　　　　　　　　　　　（查一民）

渐变段 transition segment, gradually varied reach

泄水或输水建筑物断面形状尺寸变化时，为使水流平顺而设置的过渡段。例如有压隧洞洞身断面为圆形，进口部分因安装闸门需要常做成矩形，在这两种断面之间需设置渐变过渡段。其长度与过水断面变化的大小有关，过短水流不平顺，过长则增加施工困难。一般渐变段长度为洞径的 2～3 倍；对于渡槽和倒虹吸管，进口为水面宽度变化的 1.5～2 倍，出口为 2.5～3 倍。　　　　　（张敬楼）

鉴湖

又称镜湖、长湖。浙江绍兴地区古代著名蓄水灌溉工程。位于今绍兴城南。东汉永和五年（140年）会稽太守马臻主持修筑，灌田 9 000 顷。绍兴地区南部为山地，北部为平原，再向北为海（杭州湾）。马臻修长堤约 130 里（一说为 101 里），东起曹娥江，西至西小江，拦蓄山南诸小溪水使成鉴湖，周长约 310 里（一说为 358 里），形成水高于田，田又高于海的合理布局。堤上设有斗门、涵洞、溢洪道。天旱开斗门放湖水灌田，雨涝则关闭斗门涵洞，拦蓄山溪洪水，并排田间水入海。如山洪过大时，则开溢洪道泄洪入曹娥江与西小江，由三江口入海。北宋中期逐渐被围占为田，后虽屡议废田还湖，但至南宋已全被围占成田。鉴湖兴利 800 多年间，对绍兴地区经济发展起重要推动作用。现在该地区仍分布着若干星散小湖，为古鉴湖之残迹。
　　　　　　　　　　　　　　　（陈　菁）

jiang

江都排灌站 Jiangdu Irrigation and Drainage

江浆 Pumping Station

中国江苏省江都水利枢纽中4座大型轴流泵站的总称。位于江苏省扬州市以东的江都县境内,在京杭大运河、新通扬运河与淮河入长江尾闾——芒稻河的交汇处,是连接长江与淮河下游的一项大型综合性水利枢纽工程,为南水北调工程东线的起点泵站。于1961年开始兴建,1979年全部建成。4座泵站中安装大型轴流泵机组33台套,总容量为49 800kW,设计抽水流量为400m³/s,最大抽水流量为470m³/s。它与变电站、水闸、船闸等16座水工建筑物构成以泵站为主体的江都水利枢纽。具有灌溉、排涝、航运、发电、供水、调水等作用。该站因规划设计较合理,效益较显著,曾获得中国国家计划委员会颁发的1970年到1979年国家优秀设计奖,1982年又获得中国国家经济委员颁发的国家优质工程金质奖。 (咸锟)

江都水利枢纽 Jiangdu Hydro-junction

中国长江下游大型水利工程。在江苏省江都县境内。1977年建成。是一座灌溉、除涝、航运、发电、供水等综合利用水利工程。包括4座大型泵站,12座节制闸,5座船闸,2条输水干道及鱼道等。是东线南水北调工程第一级抽水站,泵站装机容量4.98万kW,水泵33台,抽水能力400m³/s。可灌溉20余万ha农田,排除里下河2 100km²的内涝,不抽水时,第三抽水站可用淮河来水发电。(胡明龙)

江南海塘

历史上习指江苏省长江以南及上海市境内的海塘。北起江苏省常熟市福山口,向东经太仓县至上海市嘉定县、宝山县、川沙县、南汇县、奉贤县至金山县的金山卫与浙西海塘相接。1987年江苏、浙江、上海两省一市水利修志部门建议将历史上习称的江南海塘和浙西海塘合称江南海塘,即将北起江苏省常熟市福山口,经江苏太仓,上海市嘉定、宝山、川沙、南汇、奉贤、金山各县,浙江省平湖、海盐、海宁各县,迄杭州市狮子口的全线海塘,及崇明岛、长兴岛、横沙岛的海塘,总称为江南海塘。总长约692.4km,其中苏南段约长68.0km,上海市段约长464.4km(含崇明岛、长兴岛、横沙岛293.6km),浙江省钱塘江北岸段长约160.0km。是抵御海潮侵袭的主要屏障。 (查一民)

《江南水利全书》

清代有关兴修太湖地区水利的专志。陶澍等修,陈銮等纂,姜皋编辑。成于清道光十六年(1836年),共75卷。按年代编录当时兴修开浚工程的有关谕旨章奏及公移、章程、工段等。首载江苏水道图11幅,末考历代治水事迹,作叙录8篇。
(陈菁)

江南运河

旧称江南河。沟通长江与钱塘江的人工运河。京杭运河的最南段。隋炀帝大业六年(610年)在三国孙吴已有运道基础上开凿而成。北自长江南岸的延陵(今镇江)经晋陵(今常州),绕太湖东面的无锡、吴郡(今苏州)至余杭(今杭州),"长八百余里,广十余丈"。自隋至今,历代都有修治,现仍畅通,成为太湖流域南北水运重要干线。
(陈菁)

江水

长江古称。古人称长江为江,或称江水。《尚书·禹贡》:"岷山导江,东别为沱。"《水经》有《江水篇》。参见长江(23页)。 (查一民)

江厦潮汐电站 Jiangsha Tidal Power Station

中国第一座潮汐试验电站。在浙江省温岭县江厦港。1972年建成,1980年发电。安装6台双向灯泡贯流式机组,利用潮差,正反向发电。装机容量3 000kW,年发电量1 070kW·h。建筑物有堤坝、泄水闸、厂房等。系黏土心墙堆石坝,高16m,长670m。设计高潮位4.76m。泄水闸5孔。库水位差50~80cm。水利电力部华东勘测设计院设计。
(胡明龙)

江心洲 middle bar, island

河床中不与河岸连接,仅在洪水期才被水流淹没的泥沙堆积体。常位于河床展宽处,因泥沙堆积成心滩,然后逐渐淤高,超出平滩水位后形成。主流切割河漫滩也能形成江心洲。江心洲物质组成多为二元结构,底部为床沙质,表层覆盖黏土,洲面上大多生长植物。江心洲虽有一定冲淤变化但相对来说比较稳定,存在时期较长,常被筑堤围垦,或为良田和居民区。 (陈国祥)

浆河现象 silt jam by hyperconcentration flow

高含沙水流通过时泥浆突然停止运动造成的河槽堵塞现象。多发生在水位突然降落,流速急剧减小的情况下,浆河发生时常出现阵流现象,水位时升时降,水流时断时续,使河床发生急剧变化,可能对防洪和引水工程造成危害。 (陈国祥)

浆砌块石护坡 slope protection with grouted rock blocks

用水泥砂浆砌石的护坡工程。砌石砂浆的强度等级一般采用M15、M10、M7.5、M5、M2.5、M1和M0.4。通常只在坚实的岸坡上做浆砌块石工程,必须在下面做好垫层,垫层做法与干砌块石护坡的相同。虽然浆砌块石的整体性和抗冲性较优,但对岸坡变形的适应性较差,且容易被地下水鼓裂,所以采用的并不广泛。 (李耀中)

浆砌石坝 grouted rubble dam

坝身石块用胶结材料砌成的拦河坝。胶结材料主要有水泥砂浆、小石子水泥砂浆和细石混凝土，石料要求新鲜完整。防渗体主要有混凝土面板、混凝土心墙、钢丝网喷浆，水头在30m以下的可采用水泥砂浆勾缝防渗。也可做成溢流坝。按结构型式有浆砌石实体重力及空腹重力坝、浆砌石重力拱坝及双曲拱坝、浆砌石连拱坝及大头坝、浆砌石硬壳坝及框格填碴坝等。中国已建的浆砌石坝绝大多数坝高在50m以下，70~100m坝高的有14座，河南群英浆砌石重力拱坝为101.3m。优点是就地取材，工程量较小，坝身溢流及施工导流度汛易解决，施工机械要求不高；缺点是不能机械化施工，需大量劳动力，生产率较低，施工速度慢，质量难于控制。适合于中小型工程。　　　　　　（束一鸣）

浆砌石拱坝　grouted rubble arch dam

由石块以胶结材料砌成的拱坝。要求石料新鲜完整，胶结材料主要是水泥砂浆、小石子砂浆及细石混凝土。结构型式主要有重力拱坝和双曲拱坝，均可坝顶溢流。20世纪70年代在中国发展较快，坝高已超过100m。优点是可大量节省模板及水泥；缺点是分层砌筑，整体性差，坝体弹模低，变形大，抗拉、抗剪强度低，倒悬度不宜大于$\frac{1}{10} \sim \frac{1}{5}$。浆砌石拱坝适用于中小型工程。　　　　　　（束一鸣）

浆砌石重力坝　grouted rubble gravity dam

由石块以胶结材料砌成的重力坝。结构形式有实体重力坝与空腹重力坝，可做成溢流坝。要求石料新鲜完整，胶结材料主要是水泥砂浆、小石子砂浆及细石混凝土，防渗体大多采用上游混凝土防渗墙及钢丝网喷浆防渗体。在中国多建于20世纪60年代，高于70m的浆砌石坝中，重力坝约占70%，目前最高的为河北朱庄水库浆砌石重力坝，坝高95m。优点是就地取材，大量节省水泥，节省模板，不需采用温控措施，施工技术易于掌握，无机械也能施工；缺点是机械化施工困难，投入劳动力多，生产率低，质量难以控制，工期长。适用于当地石料丰富的中小型工程。　　　　　　（束一鸣）

降水　precipitation

云、雾中的气态水凝聚并降落到地面的液态水如雨和固态水如雪、霰、雹、露、霜。单位为mm。按过程有阵性和连续性两种，是水文、气象要素之一。根据上升气流特性，可分成对流性的，如暴雨；系统性的，如气旋雨；地形性的，如地形雨三种。降水量可用雨量筒或自记雨量计量测。

（胡方荣）

降雨径流关系　rainfall-runoff relationship

流域上的降雨和由它形成的流域出口断面处的径流间的定性或定量关系。定性关系是降雨形成径流的水文过程；定量关系是一定历时（次暴雨、月、年、多年等）降雨量（包括融雪量及其他降水量）和相应径流量间的数量关系。次暴雨径流关系常表达为三变数（降雨、径流和前期影响雨量）或五变数（降雨、径流、前期影响雨量、降雨历时和季节）相关图形式。长历时降雨径流关系可用径流系数表达。

（刘新仁）

降雨损失　rainfall loss

不产生径流的部分降雨。流域中的降雨，首先耗于植物截留、下渗、填注与蒸发，其中大部分耗于下渗，对地面径流来说，是个损失。但因渗入地面以下的降雨，会以壤中流和地下径流形式流入河网，故只有蒸发才是真正的损失。　　（胡方荣）

绛州渠

唐代汾河下游绛州（治今山西省新绛县）地区灌溉工程的合称。其中规模最大的是唐贞元年间（785~805年）绛州刺史韦武主持引汾水灌田13000余顷（唐1顷≈今0.81市顷）的工程。此外还有新绛渠，引鼓堆泉水灌田百余顷；沙渠引中条山水灌涑水南岸田；龙门县（今山西省河津县）的瓜谷山堰、十石垆渠、马鞍坞渠等一系列灌区。汾水下游和涑水流域，自古以来就是水利区，历代不衰，但以小灌区居多。

（陈　菁）

jiao

交叉建筑物　cross structures

渠道与河渠、洼地、山梁、道路等相交时所修建的水工建筑物。按相交的空间位置不同可分为平交建筑物和立交建筑物。常用的平交建筑物有滚水坝、水闸等；立交建筑物有渡槽、倒虹吸管、涵洞、隧洞以及跨越渠道的桥梁等，也可作填方渠道。当渠道与另一水道底部高程接近或相等时，多采用平交建筑物，当两者高程相差较大时，多采用立交建筑物。影响立交建筑物形式选择的因素很多，有地形地质条件、输水流量大小、相对高程差、施工难易以及工程量和造价等，设计时应综合分析比较选择最优方案以节省投资。　　（沈长松）

交通廊道　access gallery

为交通运输需要而设置的坝内廊道。常与灌浆、排水、检查等用途的廊道相结合。其断面尺寸应按运行要求确定，一般最小宽度为1.2m，最小高度为2.2m，其断面形态与其他坝内廊道相同，常采用城门洞形的标准断面。　　　　　　（林益才）

交通运输用电　communications and transport use of power

交通运输所消耗的电力。其主要用户为电气化

胶合层压木滑道 wood-laminated slide track

用桦木薄板浸渍酚醛树脂后，经热压粘合而制成的闸门滑道。常用的胶木滑道有整体式和装配式两种。前者工作可靠，但加工的工作量较大，常用在大型工程或高水头的闸门上；后者制作比较简单，但侧向挤压力难以保证，多用于小型工程的闸门上。优点是强度较高，摩擦系数较小和加工性能良好；缺点是压合胶木性能不太稳定，在深水或干湿交替的环境中摩擦系数会有所增大，运用可靠性尚待提高。　　　　　　　　　　　（林益才）

胶莱运河

元代沟通胶州湾与莱州湾的人工运河。至元十八年（1281年）开。起山东胶县陈村河口，入胶河，由海沧口出莱州湾，航程三百余里。海船可由此河横穿胶东半岛以避海上风险并缩短行程。至元二十六年（1289年）废弃，明嘉靖十九年（1540年）重开，后又淤废。　　　　　　　　（陈　菁）

角墙式进口 horn wingwall intake

又称反翼墙走廊式进口。两侧墙在平面上呈羊角状的涵洞进口。墙高保持不变，水面降落发生在侧墙范围内，可降低洞顶高程，水流条件亦较好，但工程量较大，较少采用。（张敬楼）

绞盘式喷灌机组 rolling travelling sprinkler unit

用绞盘卷绕供水软管或钢索，牵引1～3个远射程喷头，边移动边喷洒的喷灌机组。一般由喷头车和绞盘车组成。压力水由干管的给水栓或移动式抽水机组供给，在喷洒过程中，压力水使动力机构

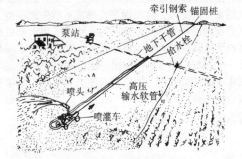

（液压缸、水蜗轮等）工作，带动绞盘旋转，缠绕供水软管或牵引钢索，使喷头车匀速前进，从田头移向给水栓。其自动化程度较高、操作简便、节省劳力、对地形的适应性强；但耗能量大、运行费用高、喷灌强度较大、喷灌质量受风力影响较大。图示为钢索牵引绞盘式喷灌机的作业方式。　（房宽厚）

校核洪水 spillway design flood

非常运用标准的设计洪水。设计永久性水工建筑物所采用的洪水标准，有正常运用（设计）和非常运用（校核）两种。水工建筑物失事后对下游将造成较大灾害的大型水库、重要的中型水库和特别重要的小型水库的大坝，一般以可能最大洪水作为校核洪水。　　　　　　　　　　　（许大明）

校核洪水位 extraord flood level

当发生大坝校核标准洪水时，水库在坝前达到的最高水位。　　　　　　　　　　　　（许静仪）

jie

阶梯式丁坝 stepped dikes

坝顶做成两级或几级阶梯状的丁坝。这种丁坝因顶高不同能对应不同的水位、坝头与低水位齐平；坝根与中水位或洪水位齐平；坝身的顶高则介于以上两者之间。不过这种丁坝较为罕见，一般是把坝顶做成不同纵坡的折线状，就能够适应河流水位的变化。　　　　　　　　　　　　（李耀中）

接触冲刷 contact scour

两种不同颗粒土层交界面处的土颗粒在沿交界面的渗流作用下被带动而使不同土层颗粒混杂起来的现象。为渗透变形的一种型式，应予防止。
（束一鸣）

接触管涌 contact piping

在垂直于两相邻土层交界面的渗流作用下，其中一层的细颗粒被渗透水带入另一层粗颗粒层的现象。为渗透变形的一种形式，应予防止。
（束一鸣）

接触灌浆 contact grouting

为防止混凝土坝与基岩斜坡面脱离而进行的灌浆。具有加强坝体与基岩接触面的结合能力，提高坝体抗滑稳定性和坝基防渗性能等作用。一般要在坝体与基岩结合部位的混凝土冷却到稳定温度以后才进行灌浆，以防混凝土冷却收缩而将缝面拉开，达不到灌浆预期效果。灌浆材料和压力与固结灌浆相同。　　　　　　　　　　　　（林益才）

接触流土 contact blowout

在垂直渗流作用下，相邻土层交界面的黏性土凝聚力降低而形成剥落的现象。为渗透变形的一种形式，应予防止。　　　　　　　　　（束一鸣）

接触质 contact load

在运动过程中经常与床面保持接触的泥沙颗粒。基本运动形式为沿床面滑动或绕某接触点滚动，在滑动过程中常因床面高低不平而转化为滚动。与跃移质一起组成推移质。　　　　（陈国祥）

接力器 servomotor

又称伺服马达，俗称作用筒。控制水轮机导水机构的主要部件。调速器按要求向接力器输送一定压力及流向的操作油，推动接力器活塞向某一方向运动，从而改变导叶的开度。按构造可分为直缸及环形两种，布置在机坑壁内或水轮机顶盖上。

（王世泽）

揭河底现象 bed scour by hyperconcentration flow

高含沙水流通过时流速和挟沙能力很大造成河底剧烈冲刷的现象。多发生在汛期头几次较大洪水的涨峰过程或峰顶时，在冲刷过程中河床常形成跌水，成片淤积物被掀起，随后被水流冲散带走，并伴随汹涌水声，冲刷深度可达几米乃至十几米，范围可达几十公里。使河槽发生急剧变化，可能对引水及护岸工程造成危害。

（陈国祥）

节制闸 regulator

横跨河流或渠道，拦截水流以控制闸前水位及过闸流量的水闸。建在河道上的又称拦河闸。河道枯水期由于水位较低或引水流量不足或通航深度不够，须关闭闸门，抬高水位、调节流量，以利上游通航或进水闸取水以满足灌溉、发电或供水需要。洪水期控制下泄流量，以利下游防洪，故也称泄水（洪）闸，如长江上葛洲坝二江泄水闸。建在灌溉渠系上，位于干渠、支渠分水口下游附近处的，只用以抬高渠中水位，便于灌溉水流经分水口处的分水闸流入下级渠道。

（王鸿兴）

结构动力模型试验 dynamic model test of structures

用相似缩尺模型研究动荷载作用下结构的动力特性和动力反应等问题的方法。其设备主要有激振器、振动台、伪静力试验机、伪动力试验机以及离心机等。方法是将满足相似条件的模型材料按相似要求加工成模型，用振动设备对其施加不同频率的动荷载，或用离心机通过改变离心加速度模拟地震、爆破等振动力，研究结构的变形、应力、边坡稳定、土质液化以及结构的自振频率、振型等，从而判断结构物在动力作用下的安全度。

（沈长松）

结构静力模型试验 model test of structural statics

用相似缩尺模型研究水工结构在静荷载作用下应力、变形和稳定问题的方法。模型材料一般有石膏、硅藻土、碎浮石、胶乳、胶乳配合剂、铁砂、水泥以及轻质粉状等。按相似条件对原型的空间或平面形状、静荷载以及宏观力学特性进行模拟，其静力相似条件为

$$v_p/v_m = \rho_p/\rho_m;$$
$$\mu_p = \mu_m;$$
$$\sigma_p/\sigma_m = l_p v_p / l_m v_m;$$
$$\varepsilon_p/\varepsilon_m = l_p v_p E_m / l_m v_m E_p;$$
$$\delta_p/\delta_m = (l_p/l_m)^2 v_p E_m / v_m E_p;$$

l_p、l_m 为原型和模型的尺度；δ_p、δ_m 为原型和模型的变位；v_p、v_m 为原型和模型的侧压当量液体单位体积所受重力；ρ_p、ρ_m 为原型和模型材料的密度；σ_p、σ_m、ε_p、ε_m 为原型和模型的应力、应变；E_p、E_m 为原型和模型弹性模量。作用在模型上的压力用水银袋或压缩空气或小型千斤顶施加，用电阻应变仪测量模型加荷前后的电阻差，计算相应测点的应变、应力值。模型的变位由千分表或位移传感器量测，安全度通过超载试验获得。

（沈长松）

结雅水库 Zeya Reservoir (Зеяское Водохранилище)

原苏联远东大型水库。在结雅河上，位于布拉戈维申斯克附近。1978年建成。总库容684亿 m^3，有效库容321亿 m^3。坝型系支墩坝，高115m，顶长758m。以防洪、发电为主，装机容量126万 kW。

（胡明龙）

桔槔 shadoof

利用杠杆原理的人力汲取井水的提水机具。竖一长杆于井边，杆上悬挂横杆，横杆的一端系重物（如石块）；另一端系汲水桶。由人操作提取井水，也用于提取沟、圹、河、渠中的地面水。一般的提水高度为3～8m。据中国明代王桢在公元1313年所著《农书》中有关记载推算，它的使用至今约有2500年的历史。

（咸锟）

截流 diversion closure

将原河道中水流截断以利决堤堵口和施工导流的工程措施。截断后的水流从导流泄水建筑物中宣泄。因在流动水流中进行，随着龙口缩小，水流落差、流速亦随之增大，尤其在接近合龙时是难度最大而紧张的阶段，应予周密安排，不致失败。按方法分有抛投料和下闸截流两种，前者多用大型机械抛投大体积投料，能起显著效果，有时也用定向爆破，载石沉船等方法，而捆埽截流和枥槎截流是中国常用的传统方法。按抛投程序分有立堵、平堵和混合堵三种。

（胡肇枢）

截流堤 closure dikes

相当于拦河坝的堤。截断河流，壅水旁出。

（胡方荣）

截流沟 interception ditch

修建在排水区上游边缘拦截区外地表径流的沟道。主要作用是减轻排水区的来水量，保护农田、村镇或其他设施免遭洪水侵袭，也可起到拦截地下径流或引撇山洪的作用。可以环山开挖，单纯拦截、引撇区外径流；也可与库圹相通，截蓄结合；还可

兼作灌溉输水，排灌两用。　　（赖伟标）

截流环　cut-off collar

为防止管道与填土接合处产生集中渗流而围绕管外设置的环状物。相邻环的间距一般为10~20m，凸出管壁的高度为0.5~1.5m，厚0.3~0.6m，可以专门设置，也可利用管道接缝处加厚的凸缘。当与管道用缝分开时，缝内需填沥青止水，使管道能自由伸缩。　　（张敬楼）

截潜流工程　interception work of subterranean stream

利用管道或截渗墙等建筑物截取河床中的地下潜流的工程。是开发利用地下水的一种方式。该工程宜建在河床下有深厚的砂砾石层的山区间歇性河流、河床下有丰富的地下水但经常断流的河流的中上游以及山前地下水逸出带附近。这些地区地下水位高，水力坡度大，有利于采用工程措施把部分或全部地下潜流拦截并引出地面利用，用于供水和农田灌溉。　　（刘才良）

截渗沟　seepage interception ditch

拦截地下径流的工程设施。多以明沟形式修建在渠道、水库、河湖等渗水严重的地段，防止渗水入侵抬高地下水位，免使农田土壤盐渍化。
　　（赖伟标）

解冻　ice breakup

俗称开河。冰盖受热融化，河流解除封冻的现象。在热力或水力因素作用下，冰盖破裂形成流冰，主流畅通，河流恢复到明流状态。按原因，分为"文开"、"武开"和"半文半武开"三种形式。文开以热力因素为主，由于气温回升至0℃以上，冰盖逐渐融化解体的开河形式。武开以水力因素为主，靠水流动力作用使冰盖解体。　　（胡方荣）

借款期限　borrowing period

从借款合同生效之日起，到全部还清借款本息之日止的历时（年）。包括建设期与还款期。在中国，根据《水利电力基本建设投资贷款补充规定》第八条："大中型项目各年度借款合同的借款期限（含建设期，下同。），应根据设计文件规定的施工期限确定，'拨改贷'一般不超过15年；中国建设银行贷款一般不超过10年。小型项目的借款期限，'拨改贷'不超过10年，建行贷款不超过5年。前期工作项目的贷款，在项目正式列入年度基建计划之前，不计算借款期限；待项目正式列入年度基建计划后一并计算贷款期限。"　　（胡维松）

jin

金堤

古代黄河下游堤防的美称。《史记·河渠书》："汉兴三十九年，孝文时（公元前168年）河决酸枣，东溃金隄（堤）。"张守节《正义》引《括地志》云："金堤一名千里堤，在白马县东五里。"白马县在今河南滑县旧滑县城东。黄河下游东郡、魏郡、平原郡等地堤防始于春秋战国，汉代又不断加高培厚，并陆续增修石工，形势隆固，故有金堤之美称。东汉王景治河后，在汴口以东沿河筑石堤，也称金堤。汉代以后，也泛指那些修筑坚固的大堤。
　　（陈菁）

金沙江　Jinshajiang River

古称绳水、泸水。青海省玉树县至四川省宜宾市长江上游的河段。长2 308km，流经青海、西藏、四川、云南等省、自治区，奔腾于达马拉山、芒康山和沙鲁里山之间。有无量河、雅砻江、普渡河、牛栏江和横江等支流注入，流至云南省玉龙雪山附近，河谷深切，深达3 000m以上，水流湍急，有著名的虎跳峡，两岸悬崖飞瀑，蔚为壮观，为世界最深峡谷之一。　　（胡明龙）

《金史·河渠志》

金代水利专志。《金史》专志之一。元代官修，脱脱等撰，全1卷，成于至正四年（1344年）。记述黄河、海河流域史事，大多为大定、明昌至泰和年间（1161~1208年）事，前缺三四十年，后亦缺二三十年。　　（陈菁）

紧水滩水电站　Jinshuitan Hydroelectric Station

瓯江支流龙泉溪上一座大型水电站。在浙江省云和县境内。1987年发电。总库容13.93亿m³，为年调节水库，调节库容5.53亿m³；装机容量30万kW，年发电量4.9亿kW·h。以发电为主，兼有防洪、灌溉、航运等效益。枢纽由三心双曲变厚拱坝、厂房、船道及筏道组成。坝高102m，顶弧长350余m；坝后式厂房，两侧各有一中孔和浅孔溢流；升船机过船30t；年过竹木能力33.3万m³。水利电力部华东勘测设计院设计，第十二工程局施工。

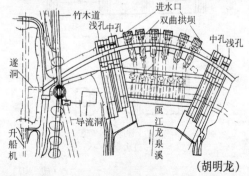

（胡明龙）

进出水管道　suction and pressure pipeline

将水从水源吸入水泵又由水泵压出送至高处的

管道。吸水入泵的进水管道内为负压，因此，要求保证管路不漏气，多采用钢管或橡胶管。泵后输水入出水池的出水管道内压力较高，因而要求有足够的强度和耐久性。常用的有钢管、铸铁管、钢筋混凝土管、钢丝网水泥管等。 （咸　锟）

进口锥管　conical flare
见弯曲形尾水管（282页）。

进水池　inlet sump
又称集水池。供水泵进水管直接取水的水池。为水泵提供良好的进水条件。通常设于泵房前侧或下部（又称为进水室）。按来水方向可分为正向进水和侧向进水两类；又可根据有无隔墩分为开敞式、半开敞式和全隔墩式三种。它的平面形状有矩形、多边形、半圆形、蜗形等。它的形状、尺寸对水泵的运行效率、出水量和泵站的工程造价等均有较大影响，设计时，应保证水流平稳，各断面流速分布均匀，避免水流脱壁，产生漩涡。在多泥沙地区建进水池时还应考虑防淤和清淤要求。 （咸　锟）

进水口淹没度　relative submerged depth of intake
进水口淹没深度与闸孔高度之比值。参见水电站进水口淹没深度（233页）。 （刘启钊）

进水流道　inlet passage
与泵房基础浇筑成一体的有压进水室或管道。为水泵进水创造良好的条件，以提高水泵效率。按其型式分有肘形进水流道、钟形进水流道、双向进水流道和直管形进水流道。

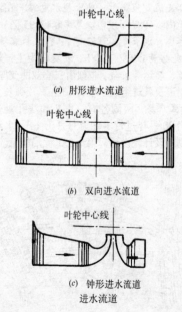

进水流道

进水闸　intake sluice
又称取水闸、引水闸、渠首闸。修建在取水首

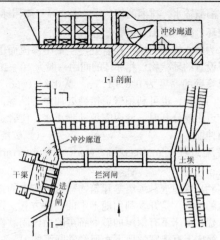

部或干渠进口处，引取江河、水库或湖泊水流入渠的水闸。用以控制入渠流量，拦阻泥沙、污物及防止洪水入渠。可为各种用水需要服务。中国苏北灌溉总渠的高良涧闸是著名的进水闸实例。
（王鸿兴）

浸
① 湖泽。亦指可供蓄水灌溉的水体。《周礼·夏官·职方氏》："东南曰扬州，……其浸五湖。"郑玄注："浸，可以为陂灌溉者。"
② 大水；洪水。《庄子·逍遥游》："大浸稽天而不溺，大旱金石流、土山焦而不热。"
③ 灌溉。《庄子·天地》："有械于此，一日浸百畦，用力甚寡。"
④ 淹没。《史记·赵世家》："三国攻晋阳，岁余，引汾水灌其城，城不浸者三版。"
⑤ 逐渐达到；逐渐浸染；逐渐积聚，延展或扩大。如浸寻，浸润。 （查一民）

浸润线　phreatic line, saturation line
渗透水流表面与土坝横断面的交线。其以下土体处于饱和状态，颗粒重量为有效重量，同时受渗流水的渗透力作用，故坝体内浸润线位置的高低及形状对坝体的应力、土料的抗剪强度、坝坡稳定及土料的渗透稳定性影响较大。其位置的确定是土坝渗流分析及稳定分析的重要内容，如何有效地降低浸润线的位置也是实际工程中的研究课题。
（束一鸣）

浸润线观测　phreatic line observation
观测和分析建筑物或岸坡在水头作用下渗流面的位置。一般由测压管测得，测压管数量不少于三根，各管水位

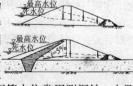

的连线即为浸润线。测压管水位常用测深钟、电测水位器及示数水位器进行观测，观测时用钢尺或测

绳将仪器吊入观测管内，测读管内水面与管口的距离，由管口高程推算出管水位。用集控或自动式观测设备可提高观测速度和精度，其仪器有重锤跟踪仪、压力传感器、激光测距仪等。对斜墙坝需在防渗墙后设置略向上游倾斜的测压管。分析研究观测成果，可掌握建筑物渗流变化规律，为渗流计算和稳定分析提供依据。

(沈长松)

jing

茎流 stem flow

雨水被树冠截留后沿树干徐徐流下到达地面的水流。量不大，常忽略不计。 (胡方荣)

京杭运河

又称京杭大运河，简称大运河。中国古代开通的北起北京、南至杭州的水运大动脉。肇始于春秋时吴国开邗沟通江、淮，战国时魏国开鸿沟通黄、淮。两汉、三国、魏、晋历代开凿汴渠、白沟、平

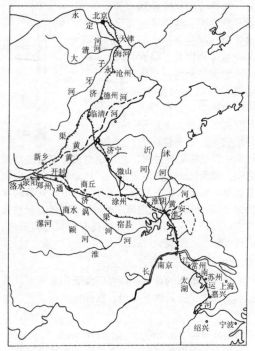

房渠、修治邗沟等，使南北水运逐渐贯通。隋朝大规模整修南北运河，以洛阳为中心，向南开通济渠、山阳渎及江南运河以达杭州；向北开永济渠以达涿郡（今北京南郊），使京杭大运河全线贯通。宋代建都汴梁（今开封），南北水运中心由洛阳移至汴京。元代建都北京，南北运道不必绕道汴梁，故新开通惠河、济州河、会通河，从北京南下直达淮河，其中部分利用黄河、泗水等天然河道及宋以前原有运河御河，过淮河后接淮扬运河与江南运河，使北京至杭州的航程大为缩短。明清两代又在元代的基础上多次修治，并调整、改建部分河线，才最终形成今日的格局。现航道经今北京、河北、天津、山东、江苏、浙江六省市，沟通海河、黄河、淮河、长江、钱塘江五大水系，全长约1794km。全程分为七段，自北而南分别为通惠河（北京市区至通县）、北运河（通县至天津）、南运河（天津至临清）、鲁运河（临清至台儿庄）、中运河（台儿庄至淮阴）、里运河（淮阴至扬州）、江南运河（镇江至杭州）。大运河历来为漕运要道，朝廷命脉所系，对南北经济、文化发展和交流起过巨大作用。清咸丰五年（公元1855年）黄河北徙，截断山东运河，加之海运兴起，津浦铁路通车，其作用逐渐缩小。现山东段已不能通航，但里运河、江南运河仍为该地区南北水运干线，河北境内的南运河、北运河亦仍可通航。

(陈 菁)

泾函

河底过水涵洞。古代在江南运河的某些河段，在河底建有梓木做成的涵洞，运河西面的来水可经由涵洞向东排出。涵洞中设有"铜轮刀"，水流带动轮转，铜刀可以割断水草，以防止涵洞堵塞。《宋史·河渠志六》东南诸水上："及因浚河，瘵败古泾函……"。

(查一民)

泾河 Jinghe River

发源于宁夏回族自治区泾源县六盘山东麓，流经甘肃省东北部，至陕西省高陵县境入渭河的渭河支流。长451km，平均年径流量15.8亿m³。有茹水河、蒲河、马莲河等支流注入。上、中游经黄土高原，挟带大量泥沙，多年平均含沙量高达180 kg/m³，为全国各河之冠；下游修有泾惠渠灌溉工程，1949年后，扩建渠道，灌溉面积大增。

(胡明龙)

泾惠渠

中国第一座应用近代技术建设的大型灌溉工程，陕西八惠之一。前身为引泾灌溉的郑国渠。民国初引泾已名存实亡。1928~1930年陕西大旱，灾情严重，李仪祉主持陕西水利，首倡恢复引泾灌溉工程。1930年始修泾惠渠，4年后竣工。渠首在张家山泾水出峡处，为有坝枢纽，拦河坝长68m，高9.2m，干渠设计流量16m³/s，进水口下2km设节制闸和退水闸。灌泾阳、三原、高陵、临潼、礼泉五县农田59万亩。泾惠渠在灌区管理方面有一套较完善的办法。1949年10月后又有扩建。 (陈 菁)

泾惠渠灌区 Jinghui Canal Irrigation District

位于陕西省关中平原中部，在泾阳县的张家山引泾河水灌溉泾阳、三原、高陵、临潼四县和西安市阎良地区的9万ha农田。是陕西省的重要粮棉基

地，农作物以小麦、玉米、棉花为主。多年平均降水量为535mm，蒸发量为1212mm。该灌区由著名水利专家李仪祉先生主持修建，于1930年动工，1932年第一期工程完工，开始灌溉受益。1935年第二期工程完工。设计引水流量为16m³/s，设计灌溉面积为4.27万ha。1966年，原拦河坝被洪水冲毁，在原坝址下游16m处另建新坝和进水闸，设计引水流量增加到46m³/s，又增设机井14 000多眼，抽水站107处，装机8 100kW，增加了灌溉供水量，扩大了灌溉面积。 （房宽厚）

《泾渠志》

清代关于引泾灌区的专志。王太岳著。约乾隆三十二年（1767年）成书。分序、图、泾水考、泾渠志、总论、后序等六部分。对秦代以来的兴修史实按时间编排并作考证，还对历代引泾渠道经行路线、灌区范围变化等作较详叙述和分析。道光二十一年（1841年）蒋湘南修《泾阳县志》，书末附《后泾渠志》3卷；1935年高士荔又撰《泾渠志稿》，由李仪祉作序刊行。 （查一民）

经济利用小时数 economic utilization hours

利用水电站的弃水发电以替代火电站煤耗而增设水电站容量的经济小时数。该值大小与火电站燃料费，水电站增加千瓦造价，水电站增加千瓦容量的年运行费以及年本利摊还因子有关。 （陈宁珍）

经水 main river

河道之干流。《管子·度地》："水之出于山而流入于海者，命曰经水。"注："言为众水之经。" （查一民）

荆江大堤 Jingjiang Levee

长江中游北岸，上从湖北江陵县枣林岗，下至监利县城南长江最险要的堤段。全长为182km，是江汉平原防洪屏障。荆江是枝城到城陵矶之间长江河段的总称。属典型冲积性平原河道，迂回曲折，易泛滥成灾。历史上早已开始修筑堤垸。 （胡方荣）

荆江分洪区 Jingjiang Flood Diversion Area

位于长江荆江段的平原分洪区。为保证荆江大堤的防洪安全，提高两岸圩区防洪标准，在上荆江南岸，利用荆江与虎渡河之间历史上洪灾较多的民垸，加高加固围堤，并设置进洪闸、泄洪排水闸和安全区、安全台等。是荆江防洪体系的重要组成部分。位于长江右岸湖北公安县境，与荆江大堤隔江相望，总面积为920km²，总蓄洪容积为62亿m³，有效蓄洪量为52亿m³。主要建筑物包括分洪闸、节制闸，分洪区围堤全长为208km，分洪安全设施及排水设施等。1952年4月上旬动工兴建，同年6月建成。 （胡方荣）

《荆州万城堤志》

第一部荆江堤防专志。清倪文蔚撰，光绪二年（1876年）成书，共12卷约21万字。分谕旨、图说、水道、建置、岁修、防护、经费、官守、私堤、艺文、杂志、志余等12门。全书分目合理，记叙详尽，保存大量较为完整的第一手资料。后20年荆州知府舒惠又编《续荆州万城堤志》，体例全照原志，约4.6万字，补充后史料，其中"万城堤详图"是清代最为详尽准确的荆江大堤图。 （陈菁）

井泵 well pump

专门用于汲取井水的水泵。按抽取地下水的深浅分为浅井泵（图a）和深井泵（图b）。中国将扬程在50m以下的井泵称为浅井泵，将扬程在50m以上的井泵称为深井泵。有的国家将扬程在300m以上的井泵称为深井泵。该泵由三个部分组成：井上部分，包括泵座、电动机或内燃机、传动装置等；中间部分，输水管、传动轴、轴承等；泵体部分，包括叶轮、橡胶轴承、导流壳、滤网、进水管等。深井泵：中间部分的传动轴长，串联的叶轮数目较多，泵体结构也较浅井泵复杂。串联叶轮型式分离心式和混流式两种。多用于井径较小、井筒较深的机井；但是传动轴过长，耗用钢材多，安装检修较麻烦，输水管加工精度要求高，传动效率低，因而有被潜水电泵取代的趋势。浅井泵：串联安装的叶轮为2~8个离心式或混流式叶轮。多用于井径较大的大口井、土井和井深不大的机井。其结构简单、运行可靠、工作效率较高。 （咸锟）

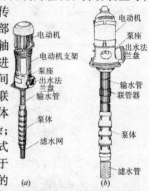

井泵站 well pumping station

从井内取水的泵站。供农田灌溉用水和乡、镇给水，或用于控制地下水位，以保证农业高产、稳产。 （咸锟）

井的影响半径 influence radius of well

抽水过程中稳定的地下水下降漏斗边缘至井轴的水平距离。与水文地质条件和井水位的降深有关，可通过抽水试验或计算确定。用于计算单井出水量和井灌规划。 （刘才良）

井灌 well irrigation

利用水井提取地下水进行灌溉。是农田的一种主要灌溉方式。水井有管井、筒井、筒管井、辐射井、插管井、真空井、虹吸井、大骨料井等。在渠灌区提取地下水作为补充水源的灌溉方法称为渠井结合灌溉。井灌区要作好全面规划，合理开采地下水，保证灌溉有稳定水源。由于机井建设周期短，受益快，输水距离短，灌溉水利用率高，能保证农田及时用水等，是农业增产的一项有效措施。提取地下水可降低灌区的地下水位，有利于防治灌区土壤发生次生盐渍化；但抽水需消耗能源，管理费用高。

（刘才良）

井渠结合灌溉 conjunct irrigation with well and canal water

利用地面和地下水源联合灌溉农田。对于地面水源不足，地下水源丰富、水质良好的灌区，可实行地面水和地下水联合运行，以提高灌溉保证率或扩大灌溉面积；还可防止由于长期不合理的引水灌溉，造成地下水位逐年上升，有导致灌区盐渍化的危害。有计划地引用地面水，合理开发利用地下水，是联合调度多种水源为农业增产服务的好办法。

（刘才良）

井式溢洪道 shaft spillway, morning-glory spillway

泄洪时水流从四周经环形堰汇入山岩中开凿的喇叭口竖井中，再经出水隧洞泄往下游的河岸溢洪道。竖井中过水舌汇交点以下为有压流态。作为控制堰的环形堰有圆锥台形宽顶堰和实用堰两种断面形式；堰顶可设闸门控制，也可不设闸门，图示实用堰无闸门情形，堰顶设闸门时可建径向闸墩，安装弧形闸门或平面闸门；也可不用闸墩，安装环形闸门，泄洪时闸门降入堰体门室内。正常运行设计条件是，泄大流量时水舌汇交点不壅高至影响自由堰流；泄小流量时汇交点不降低至破坏隧洞的有压流态。这种溢洪道适应的总水头可达100～200m，对于拦河坝本身不宜溢流的高水头水利枢纽，河岸地形条件又不适于建其他形式溢洪道情况下可以考虑选用，特别是当出水隧洞可以与施工期导流隧洞结合时较合理。主要缺点是当泄流量特大，竖井内水面淹没环形堰顶时将以孔流运行，超泄能力随之很小；当泄流量很小时竖井内水流连续性破坏，流态不稳定，易发生振动和空蚀。故选用时宜进行水工模型试验，研究最佳的体型和尺寸。有时限于地形条件，控制堰及喇叭口采用非轴对称布置，则试验研究尤为必要。（王世夏）

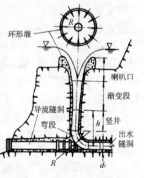

井田

我国古代的一种土地制度。以方九百亩的地为一里，平分为九区，四边八家为私田各一百亩；中间一百亩为公田，由八家共同耕种。因为形如井字，故称井田。《孟子·滕文公上》："方里而井，井九百亩，其中为公田。八家皆私百亩，同养公田。公事毕，然后敢治私事。"《周礼·考工记·匠人》："九夫为井。"郑玄注："此畿内采地之制。九夫为井，井者，方一里，九夫所治之田也。"

（查一民）

景泰川电力提灌工程 Jingtaichuan Electrical Lifting Irrigation Project

位于甘肃省兰州市北约170km处，灌区地跨景泰、古浪两县的电力抽水灌溉工程。规划灌溉面积为80万亩，从黄河提水 $28m^3/s$。该工程两期建设，一期工程提水 $10m^3/s$，灌溉景泰县农田30万亩，于1969年10月兴建至1974年冬竣工，共建成泵站15座，分十一级提水，最高累计总扬程445m。前三级泵站扬程242m，无灌溉任务，从第四级以后才有灌区，共安装双吸离心泵96台，配套电机总功率为6.4万kW，其中有16台32sh-9型双吸离心泵（每台泵的流量为 $2m^3/s$，扬程为80m。年抽水量为1.48亿 m^3，耗电量1.7亿kW·h。干、支渠总长177km，渠系建筑物共451座。一期工程建成后，改变了该地区的自然面貌、经济状况和生态环境，已成为新型农业生产基地。二期工程，计划从黄河再抽水 $18m^3/s$，分十三级提水，累计最大总扬程达708m，最高净扬程602m，共建泵站28座，配套电机总功率17.5万kW，灌溉古浪县农田50万亩，已于1984年开始兴建。

（咸锟）

警戒水位 warning stage water-level

汛期江河、湖海水位达到某一高程，防洪工程已有可能出现险情时的水位。是制定防汛方案的重要依据。当洪水位到达此水位时，防洪工程有可能随时发生各种险情。（胡方荣）

径流 runoff

由降水及冰雪融化水所形成，沿流域不同路径流入河流、湖泊或海洋的水流。按降水形态分为降雨径流和融雪融冰径流。按其形成及流经路径分为：地面径流、壤中流（表层流）和地下径流。是水文循环的一个重要环节和河流水文情势变化的基本因素。一定时段内通过某一河流断面的水量，称径流量，是水量平衡的基本要素之一，可供人类利用。

（胡方荣）

径流补偿 runoff compensation

见补偿（18页）。

径流成因公式 genetic formula of runoff

描述径流形成过程的表达式。1935年前苏联

М·А·韦利卡诺夫（Михаил Андреевич Великанов 1879~1964年）从水流连续方程出发，在等流时线概念的基础上导出。其表达形式为

$$Q_t = \int_0^{\tau_M} I_{t-\tau}\left(\frac{\partial f}{\partial \tau}\right) d\tau$$

Q_t 为 t 时刻流域出口断面处流量；τ 为汇流时间；I 为相应等流时面积上 $t-\tau$ 时刻净雨或入流量；τ_M 为流域最大汇流时间；f 为等流时块面积；$\frac{\partial f}{\partial \tau}$ 为汇流曲线。 （胡方荣）

径流冲刷 erosion by runoff

径流对地表面的冲刷作用。在暴雨情况下径流是运移土粒的主要动力。其冲刷作用可分为：推离作用，如果径流的推力大于土壤抵抗力，就能使土粒随水流动；上举作用，当径流具有垂直向上分速时，就能把土粒从原位置上举分离，使之随水流动；擦去作用，当径流内含有砂砾时，就会使表土被擦去。 （胡方荣）

径流还原计算 computation of runoff restoration

将流域大规模治理后的径流修正还原计算到治理前水平的计算方法。随国民经济和水利建设发展，工农业用水不断增加，使径流情势发生渐进性变化，破坏了径流形成的一致性条件。因此需要对实测年径流进行一致性修正。一般修正到大规模治理前的同一水平。计算方法有直接按用水项目分项进行还原计算和依据人类活动前后径流形成条件的变化进行还原计算。 （许大明）

径流模数 modulus of flow

单位流域面积上的平均流量。单位以 L/(s·km²) 计。和流量一样，有日平均、月平均和多年平均值。多年平均值又称正常径流模数。 （胡方荣）

径流深度 depth of runoff

一定时段内单位面积上的径流总量。相当于把径流总量平铺到全流域面积上所得到的深度。单位以 mm 计。 （胡方荣）

径流式水电站 run-of-river plant

无调节水库，利用河流天然流量发电的水电站。当河流天然流量大于水电站的最大过水能力时，多余的流量经泄水建筑物弃之于下游；当河流的天然流量小于水电站的最大过水能力时，则水电站按天然流量运行。它对水量的利用率低，只适于担负基荷，一般建于河流下游。 （刘启钊）

径流调节 runoff regulation

运用水利工程来控制和重新分配河川径流，使其在时间上与空间上适应各用水部门需要的措施。通过兴建蓄水工程，如水库，调蓄改变径流的天然状态，解决水资源量供给与用水量需求之间的矛盾，达到兴利除害的目的。广义的径流调节，还可以包括人类对整个流域内地面及地下径流自然过程一切有意识的干涉。除水库外，还有许多方式可进行径流调节，也应包括。按调节的对象和重点可分为水库洪水调节和枯水调节；按服务目标可分为灌溉、发电、给水、航运及防洪除涝等的调节；按调节周期可分为无调节、日调节、年调节和多年调节；其他形式的尚有补偿调节、反调节和库群调节等。 （许静仪）

径流调节典型年法 method of runoff regulation based on representative year(s)

利用典型年流量过程线进行调节计算的方法。在实测年径流资料中，选择一个或几个典型年来水过程线，根据此典型年（组）进行逐时段水量平衡计算，求得各典型年所需的库容或调节流量，然后取其偏大值作为设计值。典型年法的计算成果取决于所选的典型年。适用于无资料地区，或资料不足，无法采用长系列操作的中小型水库，或在初步规划阶段，需作多种可能方案比较时用。 （许静仪）

径流调节时历法 chronological method of runoff regulation

又称长系列操作法。利用实测径流资料系列逐年进行调节计算的方法。根据河川径流的实测流量过程进行逐年、逐月（或逐日）水量平衡调节计算，然后将调节后的各水利要素值，如流量、水位或库容等，绘制成相应的历时曲线和频率曲线，根据库容、供水量和保证率三者关系，由一定的设计标准推求水库兴利库容的方法。也就是先调节计算后频率统计的方法。 （许静仪）

径流系数 coefficient of runoff

任意时段内径流深度与同时段降水深度的比值。以小数或百分数计。表明降水量中形成径流的部分。主要受地理因素影响。 （胡方荣）

径流形成过程 process of runoff formation

在流域中从降水到水流汇集于流域出口断面的整个物理过程。包括降水、流域蓄渗、坡地汇流及河网汇流等环节。降水是径流形成的主要水源。降水之初，除降落在河槽水面和不透水面积上一小部分雨水直接形成径流外，大部分被植物截留、渗入土壤和充填地面洼地。持续降水产生地面径流、壤中流（表层流）和地下径流，沿坡地向河网汇集，往往是时分时合的沟流，但雨强较大时，可呈现为片流。在坡地汇流过程中，一方面继续接受降雨补给，一方面又继续下渗，直到降雨终止，地面滞蓄

消尽，坡面流即停止。汇入河槽的水流，向河流下游流动，在运行过程中不断接纳各级支流的来水和旁侧入流的补给，使水量不断增加，最终在出口断面形成流量变化过程。在径流形成过程中，一直有蒸发，但雨期蒸发一般不计。中国习惯上将其全过程概化为产流过程和汇流过程两个阶段。

(胡方荣)

径流总量 total volume of runoff

一定时段通过河道某一断面的总水量。单位以 m^3、亿 m^3 或 km^3 计。如汛期径流总量、枯季径流总量、年径流总量等。　　　　　(胡方荣)

径沜

涨水骤落，直流之中忽然发生屈曲横射的水流。为水势名称。《宋史·河渠志一》："或水乍落，直流之中，忽屈曲横射，谓之径沜。"沜同窆。

(查一民)

净辐射 net radiation

向下和向上（太阳和地球）辐射之差，即一切辐射的净通量。分为净太阳辐射和净地球辐射。前者指向下（投射）和向上（反射）的太阳辐射之差。后者指向下的大气辐射和向上的地球辐射之差。对于一个物体或系统来说，正值净辐射表示辐射得热，负值表示失热。　　　　(周恩济)

净水头 net head

见水头（251页）。

净效益 net benefits

效益超过费用的差值。即纯收入或纯收益（净收益）。当考虑资金的时间价值时，则是指折算到基准年（点）的总效益超过总费用的差值，或折算年效益超过折算年费用的差值。(胡维松)

净效益法 net benefits method

以净效益的大小评定和选择经济上有利方案的方法。根据已知的折现率，折算到基准年（点）的总效益超过总费用的差值，或折算年效益超过折算年费用的差值。差值为正值时表明此方案有利，经济上是可行的。对于不同方案的比较，净效益最大的方案是经济上最有利的方案。　　(胡维松)

净雨 net rainfall

形成河道中直接径流的那部分降雨。是降雨扣除植物截留、下渗、填洼和蒸发等损失后的剩余部分。由于下渗是降雨损失的主要部分，故有时又称超渗雨。

(刘新仁)

静水池 stilling pool, stilling basin

见消力池（295页）。

静水压力 hydraulic pressure

静止的水作用于建筑物表面的压力。是水工建筑物的重要荷载之一。作用于建筑物表面任一点的水压力强度为 $p=r_0 y$，式中 r_0 为单位体积水所受重力，y 为该点距水面深度。将 p 沿建筑物表面进行积分，即可求出作用在建筑物表面上的水压力合力。当建筑物表面呈倾斜、折线或曲线形时，为便于计算，通常可将水压力分解为水平分力和垂直分力。　　　　　　　　　　(林益才)

静态年负荷图 static annual load curve

见年最大负荷图（179页）。

静止锋雨 stationary front rain

静止锋所产生的雨。静止锋为移动缓慢、南北摆动或短时间内静止的锋，又称"准静止锋"。锋的两侧，冷暖气团势均力敌。暖空气为冷空气所阻，沿冷空气上滑，伸展到距地面锋线很远的地方。云区、雨区都比暖锋宽，但降雨强度较小，历时较长，常细雨连绵不断。　　(胡方荣)

jiu

九河

古代黄河流至大陆泽后，向北分为九条河道之合称。《尚书·禹贡》："导河……，至于大陆，又北播为九河，同为逆河，入于海。"《尔雅·释水》认为九河指徒骇、太史、马颊、覆釜、胡苏、简、絜、钩盘、鬲津等九条河。近人多以为九河不必确指九条河，而泛指古代黄河下游众多支派。九河故道久已湮废，其范围大致在今德州市以北，天津市以南地区。　　　　　　　　(查一民)

九江

古代荆州地域内长江水系的九条河道。《尚书·禹贡》："荆及衡阳惟荆州。江汉朝宗于海，九江孔殷。……九江纳锡大龟。"又："岷山导江，东别为沱，又东至于澧，过九江，至于东陵。"注释家一说认为长江自浔阳（今湖北省广济、黄梅一带）分为九道，东合为大江。另一说认为九江各自有源，下流入于大江。

汉刘歆指注入彭蠡（今鄱阳湖）的赣江等九条河。

宋代有人指注入洞庭湖的沅、湘等九条河。

(查一民)

九穴十三口

长江中游荆江段分流穴口的统称。古代长江的荆江段湖泊众多，涨水时江水与南北诸湖相通，形成若干分泄江流的穴口。《水经·江水注》即有记载，至唐代已有穴口之名，元代有九穴十三口之说。大致宋以前江汉平原分汊水系发达，荆江两岸只有零星堤防，穴口畅通无阻，湖泊调节作用明显。南宋以来，由于不断修筑堤防和圩垸，各穴口逐渐堵塞，有时又被洪水冲开或决出新口。明代荆江北岸大堤已成系统，穴口全部堵塞，南岸仅存虎渡（今江陵县西南）、调弦（今石首县宋穴之东）两处分流穴口。清咸丰二年（1852年）南岸藕池决口不塞；同治十二年（1873年）松滋复溃不塞，形成了现在长江荆江段南岸虎渡、调弦、藕池、松滋四口分流入洞庭湖的局面。　　（陈　菁）

ju

《居济一得》

清代关于山东运河的专著。张伯行撰，康熙年间（1662～1722年）成书。共8卷，前7卷叙述山东省境内运河闸坝堤岸及其修筑疏浚、蓄泄启闭之法，第8卷为漕政，较简略。所述都是作者实践所得，《行水金鉴》几乎将其全书收入。
　　（陈　菁）

矩法　moment method

用样本分布函数的数字特征估计总体同一种数字特征的一种方法。若 X 为由总体抽出的一个样本，当 $n \to \infty$ 时，样本分布 $F_n(x)$ 将趋近于总体的各阶矩。参数估计的矩法，对常用的 Ex、C_v、C_s 采用估计量，分别为样本的数字期望

$$\bar{x} = \frac{1}{n}\sum x_i, \quad C_{v_n} = \left[\frac{1}{n}\sum(x_i - \bar{X})^2\right]^{1/2}/\bar{X}$$

$$C_{s_n} = \frac{\dfrac{1}{n-3}\sum(x_i - \bar{X})^3}{\left[\dfrac{1}{n-1}\sum(x_i - \bar{X})^2\right]^{3/2}}$$

当有一个具体样本 x_1、x_2、$\cdots$、x_n，计算估计值十分方便。　　（许大明）

巨鹿泽

见大陆泽（38页）。

巨野泽

又称大野泽。故址在山东省巨野县北的古湖沼名。五代后南部涸为平地；北部成为梁山泊的一部分，现亦已涸为平地。《尚书·禹贡》："海岱及淮惟徐州。淮沂其乂，蒙羽其艺，大野既猪（潴），东原底平。"即此。《周礼·职方氏》："河东曰兖州，其山镇曰岱山，其泽薮曰大野。"郑玄注："大野在钜野"。　　（查一民）

具区

又称震泽、笠泽、蠡湖。即今江苏太湖之古称。《周礼·职方氏》："东南曰扬州，其山镇曰会稽，其泽薮曰具区。"《尔雅·释地》："吴越之间有具区。"　　（查一民）

锯牙　saw-tooth fascine

护岸锯牙状埽工。分段做成丁厢埽和锯牙一样，有消能作用，以保护堤岸。所谓丁厢是指将秸根向外和水流方向垂直；将秸根料放置和水流或河岸方向平行的称为顺厢。　　（胡方荣）

juan

卷埽法

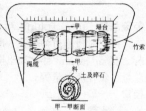

在陆地上施工的修筑埽工的方法。先在需要修筑埽工的堤坝顶上设置埽台，以梢芟秸秆等分层平铺于竹索、麻绳之上，再在梢料、秸料上压土及碎石，然后推卷成埽个（埽捆），以竹索、麻绳捆扎紧密并用桩橛系紧，并用人工将埽个沿堤坝坡面推滚下堤，沉入水中（见图）。将若干个埽捆按一定程序和方向叠筑，并用木桩、橛橛、绳索加以固定，即可构成护岸、堵口、挑流等不同用途的埽工。

（查一民）

卷扬式启闭机　winch hoist

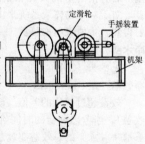

用钢丝索牵引闸门升降的启闭机。由动力机、减速机构和钢丝索卷筒组成。可根据闸门宽高比决定用单吊点或双吊点牵引门叶。当宽高比大于1时，一般用双吊点，即用两台左右对称的单吊点启闭机在减速器出力轴端加设长轴连接，使左右两个吊点机械同步运行。

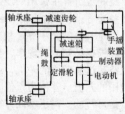

当两个吊点的距离较大或空间不允许布置连接长轴时，可加设电气设备，用电轴使左右两吊点同步升降。优点是钢索及其机械的自重较轻，连接方便，工作可靠。但钢索在水中抗腐蚀性差，常用于借自重可以下降的闸门上。中国定型产品有 QPQ 型和 QPK 型两种。

（林益才）

jue

决〔决〕

水流冲破堤防，形成缺口。如河决；决口。

《史记·河渠书》:"孝文时河决酸枣,东溃金堤。"又:"天子既临河决。"

清除壅积,开通水道,导引水流。《孟子·滕文公上》:"决汝汉,排淮泗而注之江。"《汉书·沟洫志》:"善为川者,决之使道。"

判定,分别。 (查一民)

决口 burst

河道的堤岸被冲溃而形成缺口的现象。水流由决口处流出,可泛滥成灾,并可造成夺流改道。 (查一民)

绝对湿度 absolute humidity

又称水汽密度。单位体积湿空气中所含的水汽质量。表示式为

$$\rho_v = m_v/V$$

ρ_v 为绝对湿度,以 g/cm³ 计;m_v 为水汽质量,以 g 计;V 为湿空气体积,以 cm³ 计。 (周恩济)

绝缘子 insulator

用来固接各种带电体,并使之对地或对不同电位的其他带电体绝缘的部件。绝缘子除承受电压及导线重量的作用外,还承受各种外界的作用力,所以应具有足够的电气强度、机械强度和耐热性,常由电工陶瓷或钢化玻璃制成。按用途可分为电站用绝缘子,电器用绝缘子和线路绝缘子。 (王世泽)

jun

均方差 mean square deviation

表示随机系列离均程度的参数。随机变量 X 对数学期望 EX 的离差平方的数学期望 $E(X-EX)^2$,称为 X 的方差,记为 DX。$\sigma = \sqrt{DX}$ 表征随机变量 X 的离散程度,为随机变量 X 的均方差或标准差。 (许大明)

均值 mean

一个数组的算术平均值。若该数组是某随机变量的一组取值,则均值可以看做其概率分布的中心,当数组项数充分大时,均值趋近于总体分布的数学期望值。 (许大明)

均质土坝 homogeneous earth dam

又称单种土质坝。基本上用一种黏性土料填筑的坝。除坝主体外还有排水、上游护坡、下游护坡等设施。若地基透水层不深,常用黏土截水槽作为坝基防渗设施;若很深,则要采用黏土铺盖或混凝土防渗墙等设施。由于黏性土的抗剪强度低于无黏性土,所以,均质土坝的坝坡较缓,填筑工程量较大,而且黏性土施工受气候影响较大,因此,多用于中低坝。 (束一鸣)

浚川耙

又称浚川杷。北宋神宗熙宁六年(1073 年)李公义、黄怀信所创制的疏浚工具。《宋史·河渠志二》:"以巨木长八尺,齿长二尺,列于木下,如杷状,以石压之;两旁系大绳,两端钉大船,相距八十步,各用滑车绞之,去来挠荡泥沙,已又移船而浚。"当时就有人对此耙功效提出疑问:"或谓水深则杷不能及底,虽数往来无益;水浅则齿碍沙泥,曳之不动,卒乃反齿向上而曳之。"认为其不可用。 (查一民)

K

ka

卡布拉巴萨水库 Barragem Cabora Bassa

莫桑比克大型水库。在赞比西河上,因靠近卡布拉巴萨城而得名,1974 年建成。形成长 240km,面积 2 660km²,总库容 630 亿 m³,有效库容 518 亿 m³ 的大水库。大坝为拱坝,高 171m,长 321m。水电站设计装机容量 415 万 kW,现有装机容量 242.5 万 kW。有灌溉、发电、航运之利。 (胡明龙)

卡拉库姆调水工程 Kara-kum water transfer project

土库曼大型东水西调工程。通过卡拉库姆运河引阿姆河水,穿越卡拉库姆沙漠,连接木尔加布河、捷詹河,沿科彼特山脉西行,到达里海。工程分五期进行,建成后,渠道总长 2 000km,流量 800m³/s,灌溉 118 万余 ha。第一期工程到马里,1960 年建成,长 392km,灌溉 9 万余 ha。第二期到捷詹,1961 年建成,长 136km,灌溉 7 万余 ha,改善近 3 万 ha 农田供水。第三期到阿什哈巴特,1962 年建成,长 300km。第四期到基孜尔-阿尔瓦

特，长172km。第五期分南北两支，南支由卡赞治克至伊朗边境，北支至涅比特-达克西部，1989年建成，总长1001km。 （胡明龙）

卡里巴水库 Lake Kariba

非洲第二大水库。在赞比亚与津巴布韦接壤处，赞比西河中游。1959年在卡里巴附近建成大坝，为拱坝，高128m，顶长579m。形成长200km，平均宽19km，面积5 180km^{2}的水库，总库容1 806亿m^3，有效库容440亿m^3。南、北岸各建有水电站一座，设计总装机容量为156.6万kW。兴发电、渔业、旅游之利。 （胡明龙）

卡门数 Kármán Number

以脉动流速 v' 与时均流速 v 之比表示的紊流相似准数。表达式为
$$Ka = v'/v$$
由于 v' 是随机变量，故它应被理解为脉动流速的某种统计特征值。实际上模型中无法直接控制 v' 值，而只能保持几何边界条件相似和紊流流态相似来间接实现。 （王世夏）

卡尼亚皮斯科水库 Caniapiscau Reservoir

加拿大大型水库。在卡尼亚皮斯科河上，位于魁北克省。1981年建成。总库容538亿m^3，有效库容385亿m^3。大坝为堆石坝，高54m，顶长3 495m。设计装机容量71.2万kW。 （胡明龙）

卡普兰式水轮机 Kaplan turbine

见转桨式水轮机（339页）。

kai

开敞式河岸溢洪道 bank open spillway

又称陡槽溢洪道。设于坝址附近河岸，以明流陡槽过水的泄洪建筑物。一般由引水渠、控制堰、陡坡泄槽、消能工和尾水渠等部分组成。按照控制堰轴线与泄槽轴线大致正交或大致平行可分正槽溢洪道和侧槽溢洪道两类，主要根据地形条件选用：当河岸具有高程适当的马鞍形垭口或平缓台地时，一般多用前者，水流顺畅，造价经济；而陡峻山坡则可考虑选用后者，以免开挖量过大。无论前者或后者都应尽量布置于抗冲能力强的岩基上以降低造价；限于自然条件不得不布置于土基上时泄流量要加以限制，且造价较高。 （王世夏）

开河 ice breakup

见解冻（133页）。

开河期 date of ice breakup

开始解冻的日期。也可理解为从春季流冰开始日到流冰终止日所经历的时间。是冰情预报的主要项目之一。 （胡方荣）

kan

坎儿井 karez well

简称坎井或卡井。利用水平廊道截取地下水并能自流引出地面开采地下水的建筑物。新疆地区特有的灌溉取水工程形式。主要分布于气候干旱、蒸发量大的吐鲁番盆地和哈密一带。它在有水脉处开一排竖井，井下用暗渠（集水廊道）沟通，以汇集地下水，并将水引至平原处出洞灌溉。能减少蒸发损失，避免风沙侵袭，并能将高山融雪渗入山麓冲积扇沙砾带的地下水引来灌溉。起源较早，一说源于西汉关中井渠，参见龙首渠（162页）；一说源于波斯的卡斯井（Karez）。

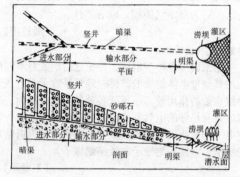

（陈　菁　刘才良）

坎门零点 Kanmen Zero Datum

位于浙江省玉环县玉环岛，以平均海平面为零起算。旧高程基点之一。将此系统化成黄海零点系统应加入的改正数为 $+0.237$m。 （胡方荣）

kang

抗旱保墒耕作 tillage for anti-drought and soil water conservation

采用耕作措施，保持土壤水分，改善农业生态环境。对于缺乏水利设施的干旱山区，通过平整深翻土地，以接纳天然降水，做到以土蓄水，增强土壤的蓄水保水能力。结合增施有机肥料。选种耐旱作物，提高农田的抗旱能力。推广免耕法、坑种、抗旱丰产沟等，以减少土壤水分的蒸发消耗。 （刘才良）

抗旱天数 drought-resistant days, days of drought resisting

在长期干旱无雨的情况下，灌溉工程能满足作物用水要求的天数。是灌溉工程设计标准的表达方式之一。多用于中国南方丘陵山区以当地水源为主

抗滑混凝土洞塞 concrete (cave) plug against sliding

在坝基范围内沿软弱夹层面的方向开挖若干个平洞，回填混凝土形成混凝土塞，用以提高其抗剪能力。洞塞数量视荷载、夹层面物理

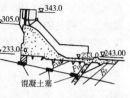

力学参数以及施工条件等确定，设计时须验算、校核洞塞由剪应力集中产生的最大剪应力，其值不应超过允许抗剪强度。

（沈长松）

抗滑稳定安全系数 safety factor against sliding stability

表征水工建筑物抗滑稳定安全程度的指标。常用滑动面上的阻滑力与滑动力之比值来表示。有两种计算公式：

摩擦公式：$K = \dfrac{f(\Sigma W - u)}{\Sigma P}$

剪摩公式：$K' = \dfrac{f'(\Sigma W - u) + C'A}{\Sigma P}$

f、f'分别为建筑物与地基接触面的抗剪和抗剪断摩擦系数；C'为抗剪断凝聚力；ΣW、ΣP、u分别为作用于滑动面上的法向力、切向力和扬压力；K、K'分别为按摩擦公式和剪摩公式计算时的安全系数，其值应大于1，并不低于设计规范的要求。

（林益才）

抗拉安全系数 safety factor of tensile strength

建筑物构件的极限抗拉应力与其材料允许拉应力的比值。其数值大小与建筑物的形式、级别、荷载组合、材料类型和受力特征等因素有关，应按设计规范所确定的数值选用。如混凝土重力坝当坝体个别部位有抗拉强度要求时，在基本荷载组合情况下的抗拉安全系数应不小于4.0。在核算仅由地震作用引起的拉应力时，混凝土的抗拉强度安全系数应不小于2.5。

（林益才）

抗倾稳定安全系数 safety factor against overturning stability

表征建筑物抵抗倾覆的安全程度指标。用建筑物所受的力对某一点抗倾力矩与倾覆力矩之比值来表示。其值应大于1，并不小于设计规范的要求。

（林益才）

抗压安全系数 safety factor of pressure strength

建筑物构件的极限抗压应力与其材料允许压应力的比值。其数值大小与建筑物的形式、级别、荷载组合、材料类型和受力特征等因素有关，应按设计规范的数据选取。如混凝土重力坝的抗压安全系数规定在基本荷载组合情况下不小于4.0；在特殊荷载组合下不小于3.5。在地震作用下混凝土允许压应力可比静荷载情况下适当提高，但不超过30%。

（林益才）

ke

柯西数 Cauchy Number

弹性力作用下流体运动的相似准数。物理意义为惯性力与弹性力之比的无量纲数。一般表达式为

$$Ca = v^2 \rho / E$$

v为流速；E为流体的体积弹性模数；ρ为流体密度。用模型研究与弹性力有关的水流现象，如有压管流的水锤现象，应使模型与原型柯西数Ca同量。

（王世夏）

柯西准则 Cauchy Criterion

见弹性力相似准则（265页）。

棵间蒸发 evaporation between plants

植株间土壤或水面的蒸发。其数值随气象因素、土壤水分状况和植株对地面的覆盖程度而变化，可通过实验测定。棵间蒸发水量是作物需水量的重要组成部分。

（房宽厚）

可分费用 separable cost

综合利用水利工程为某水利目标服务时的费用和该工程不为该水利目标服务时费用的差额。例如，在一个双目标防洪和灌溉工程中，防洪的可分费用是双目标的费用减去灌溉单目标的费用。反之，灌溉的可分费用是双目标的费用减去单目标防洪的费用。它是相应目标必须承担的最低费用，是使用可分费用剩余效益法进行综合利用水利工程费用分摊的重要数据。

（谈为雄）

可分费用剩余效益法 separable-cost remaining-benefits method

在多目标利用水利工程项目中先将可分费用减去后再按各目标剩余效益比例进行费用分摊的计算方法。首先将项目总费用分为可分费用和不可分费用两部分，减去全部可分费用，然后对不可分费用按照各水利目标的剩余效益之比例在各部门间进行分摊，并将分摊到的费用加到各自的可分费用，从而计算出各水利部门承担的总费用。该法的特点是以剩余效益作为分摊比例。

（谈为雄）

可降水量 possible precipitation

截面为单位面积的空气柱中，自气压为p_0的地面至气压为p（一般取$p = 300 \sim 400$hPa）的高

空等压面间总水汽量全部凝结后所相当的水量。用 g/cm² 表示。因水的密度 $\rho = 1g/cm^3$，习惯上可降水量 W 用 mm 表示。（许大明）

可开发水能资源蕴藏量 developable water power resources

经济上合理与技术上可能开发的水能资源数量。根据1981年联合国新能源、可再生能源大会水电专家小组报告，全世界可开发水能资源蕴藏量为19.4万亿 kW·h，已开发17%。根据1977～1980年全国普查结果，除台湾省外，中国可建装机容量500kW以上的水电站11 103座，总装机容量3.79亿 kW，年发电量1.92万亿 kW·h，居世界各国之首，但至今仅开发约13%。

（刘启钊）

可能最大暴雨 probable maximum storm

在现代气候条件下，一定历时内可能发生的理论最大降水量。这种降水量对于特定地理位置给定暴雨面积上，一年中某一时期内是可能发生的。

（许大明）

可能最大洪水 probable maximum flood

合理地考虑水文与气象条件可能发生的最严重洪水。当设计流域由水文气象法所得到可能最大暴雨后，按水文学中的产、汇流推演出的设计断面洪水过程。（许大明）

可逆式水轮发电机组 reversible turbine-generator unit

兼有水轮发电机组和电动抽水机组两种功能的机组。由电机与水机组合而成。电机可作为发电机也可作为电动机；水机则既可作为水轮机也可作为抽水机。当水流由上游通过水轮机流向下游时，作为水轮发电机发电；当电动机吸收系统电能带动抽水机运行时，将水流由下游抽至上游。常用于抽水蓄能及潮汐电站。此种机组投资较少，但效率稍低。（王世泽）

可行性研究报告 feasibility study report

为论证工程建设项目在技术上的可能性、经济上的合理性及开发次序上的迫切性所进行工作的成果，也表示工程建设项目的设计阶段。这一设计阶段的工作重点在于对工程规模、经济效益、投资总额、资金来源以及技术力量的落实等问题进行分析论证，并经过多种方案的比较，推荐最佳的建设方案，为进一步编制和审批设计任务书或初步设计提供依据。（林益才）

可用容量 usable capacity

电力系统中某一时刻实际可以利用的设备容量。即装机容量值与受阻容量值之差。

（陈宁珍）

渴乌

古代汲水用的虹吸管。《后汉书·张让传》："又使掖庭令毕岚……作翻车、渴乌，施于桥西，用洒南北郊路，以省百姓洒道之费。"李贤注："翻车，设机车以引水；渴乌，为曲筒以气引水上也。"事在东汉中平三年（186年）。杜佑《通典·兵·隔山取水》："渴乌隔山取水。以大竹筩（竹管）雄雌相接，勿令漏泄，以麻漆封裹，推过山外，就水置筩，入水五尺，即於筩尾取松桦干草，当筩放火，火气潜通水所，即应而上。"这是由于燃烧使竹管内空气减少，形成局部真空，产生虹吸现象，将水从山的一端吸至另一端。（查一民）

克-奥剖面 profile of creager

由克里格尔（Creager）提出并经奥菲采洛夫（Офицеров）修正的曲线形非真空的实用堰剖面。曲线形态以坐标数值表给出。设计水头时的流量系数 $m = 0.49$，该剖面较宽厚，工程量较大，且施工放样不便，故目前已较少采用。（林益才）

克拉斯诺亚尔斯克水库 Krasnoyarsk Reservoir (Красноярское Водохранилище)

原苏联第二大水库。在叶尼塞河上，因位于克拉斯诺亚尔斯克城附近而得名。1955年兴建，1967年建成。面积2 000km²，平均水深36. 6m，总库容733亿 m³，有效库容304亿 m³。大坝为重力坝，高124m，顶长1 065m。水电站装机容量600万 kW。（胡明龙）

客水

古人对黄河不期而至的涨水的专称。古人认为黄河一年内各次涨水，具有一定的规律性，并以物候来命名，如：二三月桃花开时的涨水称为"桃花水"，又称"桃汛"；八月芦苇开花时的涨水称为"荻苗水"，等等。如果遇到不按此规律而来的涨水，就称为客水。《宋史·河渠志一·黄河上》："水信有常，率以为准，非时暴涨，谓之客水。"此外，近年来对于非本地域降水产流所形成的地表、地下径流，进入本地区后，也俗称为客水。

（查一民）

keng

坑测法 pit measurement

应用测坑量测和研究作物需水量和需水规律的方法。测坑建于试验田中，坑内与试验田中种植同一种作物，因测坑有底，隔绝了地下水补给交换因素，便可根据试验需要设计灌水次数和灌水量，并定时观测时段内水量消耗值。测坑（如图）可用混凝土或其他材料修筑而成，要求不漏水，面积一般采用 1/100 亩（即 $6.67m^2$），形状为正方形或矩形，填土深度为 60~80cm，下铺厚度约 20cm 的滤水层（可用砂、砾石或碎石），底部设可以控制渗漏量的排水管。用测坑测得的耗水量因受边界条件等因素的影响，其耗水量值与大田相比约偏高 10%~15% 左右。若用于大面积水资源平衡或规划设计时应修正使用。

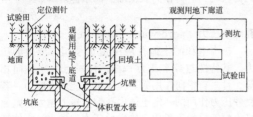

(李寿声)

kong

空腹拱坝 hollow arch dam

为减小坝底扬压力或在坝内布置厂房时，在坝体腹部布置大孔洞的重力拱坝。空腹顶拱以上坝体重心偏向上游，前腿承担坝体大部分重量，对上游坝踵应力有利。空腹上下游两侧混凝土分开浇筑，散热条件较好，便于大坝温度控制。但施工较复杂。当河谷狭窄且洪水流量较大，布置溢流坝与发电厂房有矛盾时，可采用此种坝型。中国湖南省凤滩水电站采用定圆心等半径空腹重力拱坝。

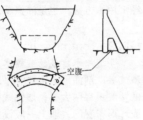

(林益才)

空腹重力坝 hollow gravity dam

在坝体腹部平行坝轴线方向设有大孔洞的重力坝。其空腹剖面积与坝剖面的总面积之比一般在 25% 以内。可使坝体所受的扬压力大为减小。空腹内布置厂房，可解决峡谷大流量条件

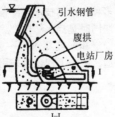

下电站坝段与溢流坝段争地的矛盾。但其结构形态、应力条件和施工技术比较复杂。据 1982 年统计，中国已建成的空腹重力坝共有 8 座，其中广东枫树坝的最大坝高为 93.3m，空腹高 31.25m，宽 25.5m，电站厂房布置在溢流坝的空腹内。

(林益才)

空化数 cavitation number

水流空化、空蚀现象的相似准数和空化流态的判别参数。有类似于欧拉数的表达式，一般写为

$$K = \frac{P_\infty - P_c}{\rho u_\infty^2 /2}$$

P_∞、u_∞ 为非扰动水流中的绝对压强和流速，P_c 为水流发生空化时的临界压强，ρ 为水密度。通常情况下 P_c 等于水的饱和蒸汽压 P_v，故空化数也常写为

$$K = \frac{P_\infty - P_v}{\rho u_\infty^2 /2}$$

进行水流空化模型试验时，必须使模型与原型的空化数同量，即 $K = idem$。水流中某一点初始发生空化状态时的空化数称初生空化数，加脚标"i"表示为

$$K_i = \frac{P_{\infty i} - P_c}{\rho u_{\infty i}^2 /2}$$

不同几何边界条件的 K_i 不同。通过减压模型试验得到所研究几何边界形态条件下的 K_i 后，与原型水流情况下实有 K 相比，$K \leqslant K_i$ 时原型将发生空化，$K > K_i$ 则否。

(王世夏)

空化系数 cavitation coefficient

旧称汽蚀系数。表示水轮机转轮空化特性的系数。常以 σ 表示。通常用模型试验加以测定，并标明在水轮机综合特性曲线上。系数大，表示发生空蚀的危险性大。

(王世泽)

空气湿度 air humidity

又称大气湿度（atmospheric humidity），简称湿度。表示空气中水汽含量多少或潮湿程度的物理量。是重要的气象要素，通常用相对湿度、绝对湿度、露点温度、水汽压等表示。

(周恩济)

空气制动调压室 air brake surge tank

利用空气压力抑制水位高度和水位变幅的调压室。按制动方式可分为气压(垫)调压室和空气阻抗调压室。气压(垫)调压室顶部有全封闭的气室。在水位波动过程中，气室内外无空气交换，室内气压随水位升降而增减，故可抑制水位波动的振幅。改变气室内的气压还可改变调压室的稳定水位，从而改变调压室的高度。适用于水头较高的地下水电站。空气阻抗调压室的气室有阻力孔与大气相连，在水位变化过程中，气室内外有空气交换，它只能抑制水位波动振幅而不能压底调压室的稳定水位。

(刘启钊)

空气阻抗调压室 air restricted-orifice surge tank

见空气制动调压室。

空蚀数 cavitation damage number

由水流空化导致固体边壁材料发生空蚀现象的相似准数。按 A. 狄鲁文格达姆（A. Thiruvengadam）1971年发表的论文，水流系统中的空蚀强度与空蚀数、相对气核尺寸、韦伯数、空化数、初生空化数及空化度等6个无因次参数有关，其中空蚀数的表达式为

$$\eta = \frac{(\Delta y/\Delta t) S_e}{\rho u_\infty^2 /2}$$

Δt 为暴露时间间隔，Δy 为 Δt 时间内的平均空蚀深度，S_e 为材料抗空蚀强度，ρ 为水流密度，u_∞ 为非扰动水流的流速。　　　　　（王世夏）

空闲容量　idle capacity

电力系统内暂时闲置不用的容量。但随时都可以投入工作。　　　　　　　　　（陈宁珍）

空箱式挡土墙　hollow box retaining wall

一种轻型结构、箱型挡土墙。是扶壁式的特种形式。由顶板、前墙、后墙、扶壁、隔墙及底板六部分组成的空箱结构。主要靠自重维持稳定。空箱内不填土，以适应较差的软土地基。用在水闸的岸墙工程且与水闸边墩分开时。利用空箱较轻的特点，使作用于地基上的荷重从较轻的闸室向较重的两岸过渡，以减小岸墙与边墩、岸墙与墙后回填土之间不均匀沉陷、防止局部结构破坏及闸室底板因产生附加应力而断裂，并避免两岸填土过重有使结构发生连同部分地基一起滑动的危险。还可在空箱上设置管道分别与上、下游相通，用阀门控制充水或放水，以调节空箱作用于地基的压力分布，使在任何水位时都接近于均匀。空箱结构复杂，钢筋用量多，工程量大，造价高且施工麻烦，一般只在大型水闸、闸室较高的软土地基条件采用。　　　　　　　　　　　　　　（王鸿兴）

空注阀　hollow jet valve

由锥形活动阀舌和固定阀壳组成的阀门。用螺杆操作阀舌前后移动，控制环形孔口的大小，用以调节流量。活动阀舌有平压孔与上游相通，因而处于内外水压平衡状态，启闭力小。空注阀射出的水流扩散掺气，有利于消能；但射流产生雾气对电站、航运不利。必要时可设置护罩，防止水流向空中喷射。中国佛子岭水库泄水管出口采用此种阀门。　　　　　　　　　　（林益才）

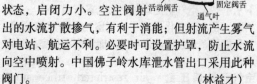

孔隙度　porosity

又称孔隙率。土块中孔隙体积与总体积的比值。与土壤中水分的存在和运动关系密切。一般约在30%～60%之间，与土壤类型、耕作情况、植被情况和离地面的深度有关。　（胡方荣）

孔隙水　pore water

存在于地层孔隙中的地下水。地层为第四纪松散沉积物（土层、砂层）和半胶结的碎屑沉积岩所组成的孔隙含水层，一般呈面状分布，在一定范围内比较均匀。可作为农田灌溉的水源。
　　　　　　　　　　　　　　（胡方荣）

孔隙水压力　pore water pressure

被水饱和的土体孔隙中由水承担、传递的压力。其特性与静水压力一样，任一点大小各向相等，且垂直指向作用面。孔隙水不能承受剪力，若受外压力作用的一定土体中孔隙水压力越大，则通过土粒间接触面承担、传递的压力就越小，土体抵抗剪切变形的能力就越低。
　　　　　　　　　　　　　　（束一鸣）

控制灌溉　limited irrigation

又称不充分灌溉。只在对作物产量有重大影响的关键时期，向农田灌水的节水灌溉方式。在水资源严重不足的地区，减少作物非关键生长时期的灌溉用水量，用有限的水量灌溉较大的面积，单位面积的产量虽然受到影响，但灌溉面积的总产量可达到较高的目标，获得较高的灌溉工程效益。是一种经济用水方法，也是灌溉节水的重要途径。
　　　　　　　　　　　　　　（房宽厚）

控制堰　control weir

明流泄水建筑物或输水建筑物首部控制水流的溢流堰。剖面形态主要有平底板式的宽顶堰和各种低矮实用堰两大类；堰轴线多用直线，也有呈曲线或环形布置的，堰上一般设闸门以便水库的调节运用，中小型工程也可不设闸门。堰的单宽过水能力与堰顶以上水头的3/2次方成正比。堰顶高程、孔口尺寸等主要参数连同堰型本身的确定，通常要由多种方案的技术经济条件计算、比较和优选。控制堰同时是挡水结构，除满足过水要求外，还应满足稳定和强度要求，一般由混凝土、钢筋混凝土建造，中小工程也可采用浆砌石结构。
　　　　　　　　　　　　　　（王世夏）

kou

扣除农业成本法　deducting agriculture costs method

从农业总增产值中扣除有、无灌溉工程相比较所增加的农业生产成本及其合理的经济报酬，求得灌溉效益的方法。农业生产成本为农业生产过程中所需要的全部费用，包括种子、肥料、农药、人力

ku

枯季径流 low flow

又称低水。无雨或少雨时期的河川径流。主要是流域地下蓄水补给。河流枯水期的流量通常用不同时段内最小平均流量表示，如年最小平均流量、全枯水期平均流量等。 （许大明）

枯水 low flow

无雨或少雨时期主要由浅层和深层地下水补给的河川径流。干旱少雨季节，河水位降落，流量减少，出现枯水。对一些小河流，地下水补给可能中断，出现干涸断流现象。在干旱地区，对工农业及生活用水有极大影响。 （胡方荣）

枯水调查 low water investigation

为查明测站或特定地点最低枯水位和最小流量而进行的调查工作。内容包括最低枯水位、最小流量、重现期、持续时间、发生次数、是否断流及旱灾情况。调查通常与洪水调查同时进行，有特殊需要时可单独进行。其成果质量分为可靠、较可靠、供参考三级。 （林传真）

库区 reservoir region (area)

水库设计最高水位以下可能被水淹没的范围。是确定水库水量损失、淹没损失、水库浸没和淤积的基本依据。 （胡明龙）

库群调节 reservoir system regulation

水库群互相配合，互相补偿的联合调节。共同负担河道下游防洪要求、向同一灌区给水、同一电力系统供电等任务的水库群，以联合工作，互相配合，互相补偿方式进行调节。按用水部门要求可分为发电库群联合调节和补偿调节；灌溉、供水、航运为主水库群联合调节和补偿调节；水库群洪水补偿调节等。 （许静仪）

库容 reservoir capacity, reservoir storage

水库两个水位间存蓄水量的容积。以 m^3 计。根据水库特征水位不同，有总库容、有效库容、防洪库容、兴利库容、调节库容、死库容等之分。 （胡明龙）

库容补偿 reservoir capacity compensation

见补偿（18页）。

库容曲线 storage capacity curve

表示水库各种水位与库容之间关系的曲线。在假定入库流量为零，蓄入水库水体为静止时，水面是水平的坝前水位 Z 与该水位线以下水库容积 V 的关系曲线，为静库容曲线 $V=f(Z)$。如有一定入库流量，则水库水面从坝址起沿程上溯回水曲线并非水平，越近上游，水面越上翘，直到入库端与天然水面相交为止。静库容以上与洪水实际水面线之间包含的水库容积为楔形蓄量，静库容与楔形蓄量的总和为动库容。以入库流量 Q 为参数的坝前水位 Z 与相应动库容 V 的关系曲线 $V=f(Z,Q)$ 为动库容曲线。 （许静仪）

kua

跨流域规划 interbasin planning

以两个或两个以上流域的水资源为对象的水利规划。包括总体规划，工程措施规划，规划方案评价，工程计划实施与管理等。通常以互相调剂流域间的调水为主，小规模如灌区、水电站，大规模如南水北调。由于涉及多项工程，常对水资源开发利用、社会经济发展和自然环境生态等产生重大影响，涉及面广，耗资巨大，应与流域规划和地区水利规划结合研究。在作规划时，应充分重视各地区和各部门之间利益，协商解决各种矛盾，远近期相结合，水资源综合利用，对生态环境影响等。 （胡明龙）

跨流域开发 interbasin development

将一个河流的水引向另一个相邻河流进行利用的开发方式。有时两个山区河流距离较近而又存在较大高差，可在位置较高河流的适当部位筑坝形成水库，用有压引水建筑物引水穿越分水岭至高程较低的河流发电。将一个河流的水引至另一个流域以满足后者工农业和生活用水的需要亦可称为跨流域开发。采用跨流域开发时必须考虑由此给两个河流下游带来的影响。 （刘启钊）

kuai

块基型泵房 pump house with block foundation

用钢筋混凝土将水泵基础、泵房底板、进水流道、出水流道浇筑成一个整体的泵房。适宜安装口径大于 1200mm 的水泵。这类泵房的层数依泵轴装置的不同而异，安装立式泵（轴流泵、混流泵、离心泵）的泵房层数为四层，自上而下分别为电机层、联轴层、水泵层、进水流道层；安装卧式泵（轴流泵、混流泵和贯流泵）的泵房层数只需二层，即电机层（安装水泵机组、电器设备、辅助设备等）和进水流道层。这种泵房具有整体性较好、抗滑和抗浮稳定性好、对不均匀地基适应性好等优点。按泵房是否直接挡水与堤防的关系可分为堤身式（河床式）和堤后式两种。前者泵房直接挡水，承受上、下游水压力及渗透压力，适用于上、下游水位差小于 5m 的场合；后者泵房不直接抵挡外河水压力，泵房与出水流道分段建筑（也称分段式）。适用于扬程较高、上下水位差大于 10m、地基条件较好的情况。中国在沿江滨湖地区已建成许多这种大型泵站，如江都抽水站等。

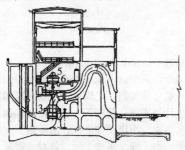

1—肘型进水流道；2—水泵；3—水泵层；4—联轴器；
5—电机；6—电机层；7—虹吸式出水流道

（咸 锟）

块体式支座　monolithic support

大块体积混凝土浇注成的发电机支承结构。其中只留有水轮机井及必需的通道。优点是受压及受扭性能均好，刚性大，但混凝土方量大，水轮机井较狭窄。主要在大型及特大型水电站上采用。

（王世泽）

快速闸门　flash gate, rapid-drop gate

① 具有紧急关闭过水孔口功能的事故闸门。常用于水电站引水管道的进水口。要求能在动水中迅速关闭闸门。

② 设在水泵出水管口、能快速关闭的闸门。水泵运行时，闸门完全开启，使出水管口水力损失很小；水泵停机时，迅速关闸断流，防止出水管内的压力水倒流产生水击或使水泵高速倒转，损坏机件。　　　（林益才　咸 锟）

浍

① 田间水道。参见沟浍（86 页）。

② 农田排水大沟。《周礼·地官·稻人》："以浍写（泻）水。"郑玄注："浍，田尾去水大沟。"《周礼·地官·遂人》："千夫有浍。"郑玄注："浍，广二寻，深二仞。"按：寻为古长度单位，一寻等于八尺；仞为古深度（或高度）单位，说法不一，有说等于八尺，有说等于四尺，还有说在四至八尺之间者。《周礼·考工记·匠人》："方百里为同，同间广二寻，深二仞，谓之浍。"郑玄注："缘边十里治浍。"

（查一民）

kuan

宽缝重力坝　slotted gravity dam

两相邻坝段之间的横缝中部拓宽形成空腔的重力坝。缝宽与坝段总宽之比约在 0.2～0.35 之间。可有效降低扬压力，改善坝体的应力条件，更好地利用混凝土的强度，从而减小工程量。但增加施工难度和模板的工作量。这种坝型在中国得到广泛的应用和深入的研究，如新安江水电站拦河大坝。

（林益才）

宽尾墩　flaring gate piers

为使溢流坝上表孔水流横向收缩以实现闸孔下水流竖向强烈扩散掺气而设置的水平截面呈尾翼形的闸墩。中国首先研究并实用的一种新型收缩式消能工。一般要与挑流鼻坎或消力池或戽式消力池等配合运行。特点是消能效果好，并有防坝面空蚀的功效。中国滦河潘家口水库溢流坝、汉江安康水电站溢流坝都已采用，前者运行流态如图示。

（王世夏）

宽限期　extend period

工程项目投产前，按贷款条件规定，不要求还款的时期。以年计。

（胡维松）

kuang

框格填碴坝　cellular packing dam

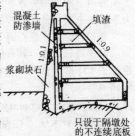

在浆砌式硬壳坝基础上发展起来的一种拦河坝。20 世纪 70 年代在中国河北省兴起。坝的基本断面为三角形，与重力坝类似，沿坝轴线间隔 6～10m 筑起若干浆砌石隔墩，沿坝高约 0.7～1.0 倍隔墩间距在隔墩上建成若干砌石拱圈，使整个坝体形成一系列框格，格内充填石碴，故名，图示为河北省小龙潭框格填碴坝。上游防渗体为混凝土面板或混凝土防渗墙，与浆砌式硬壳坝相比，节省浆砌石方量，扬压力基本消除，在隔墩上架设拱圈后即可施工度汛，但结构复杂，隔墩两侧的防渗面板易产生裂缝。可在 30m 以下的低坝中采用。

（束一鸣）

框架式支座 rigid frame support

由立柱及横梁组成的框架形状的发电机支承结构。底部固接在厂房下部块体结构上。此式支座受压及受扭性能均较差，但结构简单，水轮机顶盖处较宽敞。小型水电站常采用。

（王世泽）

kui

溃坝 bursting of dam, failure

堤坝因水的破坏作用或其他原因失事而溃决的现象。如坝基渗漏、人工决口、洪水漫顶、地震破坏、蚁穴鼠洞穿透、施工质量缺陷、承载能力不够等都容易造成局部地区的灾害。应根据不同原因，采取相应技术措施加以防范。

（胡维松）

溃坝洪水 dam-break flood, dam-failure flood

堤坝溃决形成的洪水。水库溃坝，存蓄的大量水体突然泄放，使下游河段的水位流量急剧增涨。常因暴雨洪水引起，突发性大，易对下游城市、乡村造成毁灭性灾害。

（胡方荣）

kun

昆明池

汉元狩三年（公元前120年）在长安城西南，仿昆明滇池所修的人工湖。周围40里，占地332顷。用以习水战，以备南征滇越。池有昆明渠（即关中漕渠）与渭水通，并有渠引水入沆水以利长安城供水。十六国姚秦时池水涸竭，北魏太武帝及唐德宗时都曾修浚，自唐大和时丰水堰坏，池遂干涸，宋以后湮为田。

（陈 菁）

捆厢法

见厢埽法（294页）。

kuo

扩大单元接线 multi-unit electrical diagram

将两台（或三台）发电机与一台变压器直接连成一个扩大单元的接线方式。与单元接线相比，可减少主变压器的数量，简化高压侧的接线及设备，中国许多大中型水电站中采用。

（王世泽）

扩散波 diffusion wave

有坦化和平移现象的洪水波。一般河流的洪水波接近于扩散波。在运动方程中只忽略惯性项的圣维南方程组所描述的洪水波运动。附加比降影响不能忽略，水位流量关系不是单值函数，而是一条逆时针方向的绳套曲线。在扩散波的条件下，合解连续方程与运动方程，可求得对流扩散方程，能表示洪水波的坦化与平移现象。

（胡方荣）

扩散度 diffusivity

又称扩散系数、扩散率。泛指在单位浓度梯度下，单位时间内扩散过单位面积的物质重量。以 g 计。土壤水的扩散度为土壤水力传导度对容水度的比，亦即在单位含水率梯度下，土壤水的通量。通常用 $D(\theta)$ 表示，单位为 cm^2/s。其式为 $D(\theta) = K(\theta)\frac{\partial \psi(\theta)}{\partial \theta}$。$K(\theta)$ 为水力传导度；$\frac{\partial \psi(\theta)}{\partial \theta}$ 为容水度的倒数。

（胡方荣）

扩散段 diverging segment

渠槽过水断面沿流向由窄变宽的过渡段。例如为减小单宽消能负荷而在河岸溢洪道的泄槽与消能工之间常设置，这种急流扩散段边墙的扩散角一般不大于 7°，以免水流与边墙脱离。

（王世夏）

L

la

拉丁顿抽水蓄能电站 Ludington Pumped Storage Plant

美国密执安州密执安湖畔拉丁顿城附近的大型抽水蓄能电站。1973年建成。共装有6台可逆式水轮发电机组，最大总功率205.8万kW，最大水头107.7m。抽汲最大总功率197.88万kW，最大总流量 1 884m³/s，最大水头 113.6m。

（胡明龙）

拉格兰德2级水库 La Grande 2

加拿大拉格兰德河上第二级大型水库。位于魁北克省拉迪逊城附近。1978年建成。总库容617.15亿m³，有效库容194亿m³。大坝为堆石坝，高168m，顶长2 826m。以发电为主，装机容量532.8万kW。

（胡明龙）

拉格兰德3级水库 La Grande 3

加拿大拉格兰德河上第3级大型水库。位于魁北克省拉迪逊城附近。1981年建成。总库容600亿m³,有效库容252亿m³。坝型为堆石坝,高93m,顶长3 845m。以发电为主,装机容量230.4万kW。　　　　　　　　　　　　(胡明龙)

拉格朗日数　lagrange Number
　　诸流动体系处于黏滞力为主的层流区,不计重力及惯性力时流体力学相似准数。其表达式恰为欧拉数Eu与雷诺数Re之积
$$La = \Delta pl/\rho vv = (\Delta p/\rho v^2)(vl/\nu) = Eu \cdot Re$$
Δp为压力差降;l为特征长度;v为流速;ρ为流体密度;ν为流体运动黏滞系数。拉格朗日数同量($La = idem$)是管路层流运动的相似准则。处于层流区的诸几何相似管流可自动满足这一准则,即管流的层流区是一种自动模型区。　　　(王世夏)

lai

莱因法　Lane's weighted seepage line method
　　由莱因建议拟定闸、坝地下轮廓线长度(或渗径长度)及计算闸、坝下渗透压力及渗流坡降的方法。是对勃莱法主要缺点的改进。认为水平渗径的减压作用不如铅直渗径,前者仅为后者的1/3。须将水平渗径折算为铅直渗径,按折算的铅直有效渗径长度 $L' = L_1 + \frac{1}{3}L_2 = C'H$ 拟定渗径长度L_1、L_2、L_1、L_2分别为铅直、水平渗径长度,C'为莱因法渗径系数,与土质、有无排水有关。计算基底渗透压力及渗流坡降同勃莱法,只是将防渗长度换为有效防渗长度。该法虽考虑到铅直与水平渗径防渗的差异,实际上并非都为三倍关系,而是因垂直板桩或齿墙长度及位置不同而变;渗流水头沿渗径均匀消减也不精确;再者与勃莱法同样仅反映了地基土质不同而未考虑地基不同土层及闸基地下轮廓的复杂性。故该法仍不够精确,但简单、方便。常用以初拟防渗长度、初估渗透压力及渗流坡降,在小型工程中可直接确定上述诸值。　　　　　　　(王鸿兴)

莱茵河　Rhine River
　　源于瑞士东南部阿尔卑斯山北麓,流经列支敦士登、奥地利、法国、德国、荷兰等国,在鹿特丹附近注入北海的欧洲第四大河。全长1 320km,流域面积22.4万km²。上游靠冰雪融水补给,夏季水丰;中游由融水、雨水补给,春季水盛;下游常年雨水补给,秋冬水多。全年水量丰沛、均匀,河口年平均流量2 500m³/s,平均年径流量790亿m³。航运发达,通航886km,货运量居世界各河之首。有运河与多瑙河、塞纳河、罗讷河、马恩河、埃姆斯河、威悉河和易北河相通,水网交错。中、下游工业城市密布,港口有鹿特丹、杜伊斯堡、美因茨、路德维希、斯特拉斯堡等。　　　　　　　　　　　　　(胡明龙)

lan

拦河坝　dam
　　见坝(3页)。

拦河闸　sluice across river
　　横跨河道修建的节制闸。　　　(王鸿兴)

拦沙坝　sediment storage dam
　　为拦蓄山洪和泥石流而在河道中修建的低坝。主要用于减轻山洪和泥石流对下游的危害;抬高坝上游沟底高程和减缓沟底比降,加宽沟底,以减缓流速,削弱山洪的冲刷能力。一般采用干砌石或浆砌石坝,土石混合坝,铁丝石笼坝等,坝高一般为5～15m。　　　　　　　　　　　　　(刘才良)

拦污栅　trash rack,trash screen
　　设在引水建筑物或泄水建筑物进口处的拦污设备。用以拦截水流挟带的污物,以免进入引水道或泄水道,影响机、闸、阀以及建筑物本身的正常运行。拦污栅上积累的污物应及时用人工或清污机清除,以减少水头损失。　　　　　　　(张敬楼)

拦鱼网　fish screen
　　防止鱼类离开或进入某一水域,迫使其向预定方向游动的设施。例如在鱼道出口和溢洪闸坝之间设置拦鱼网,防止向上游游动的鱼群靠近溢洪闸坝,以免被冲至下游。　　　　　　　　　(张敬楼)

澜沧江　Lancangjiang River,Mekong River
　　上源扎曲、吉曲、子曲均出青海省唐古拉山东麓,南流经西藏自治区、云南省,在孟腊县境流出国外的中国西南部一条大河。中国境内长1 612km,流域面积16.5万km²。最大支流为漾濞江,余皆小河。上、中游穿过横断山脉,山高谷深,水流湍急,水能资源丰富。　　　　　　　　　(胡明龙)

lang

狼汤渠
　　又称蒗荡渠、莨荡渠。沟通黄河与淮河支流的古运河。即原来的鸿沟。西汉起改称此名,《水经注》作莨荡渠,又简称渠水,魏晋后自开封以下改称蔡水河,开封以上改称汴水。　　　　(陈　青)

朗斯潮汐电站　Rance Tidal Power Station

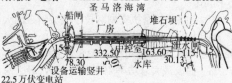

世界最大潮汐电站。在法国朗斯河口，1967年建成。平均潮差8.5m，最大潮差13.5m。建筑物包括大坝、厂房、泄水闸和船闸等。水库面积22km²，库容1.8亿m³。水电站为单库双向式，涨落潮均可发电，装机容量24万kW，年发电量5.4亿kW·h。

（胡明龙）

浪压力 wave pressure

波浪对水工建筑物所产生的作用力。其大小和作用范围取决于波浪高度 $2h_1$、波长 $2L_1$ 和波浪中心线高出静水面的高度 h_0 等要素。一般可根据风速 V 和水面吹程 D 采用近似的经验公式计算。波浪遇到铅直挡水面时，反射形成驻波，波高加倍，而波长仍保持不变。当建筑物前沿水深 $H > L_1$ 时，波浪属于深水波，浪压力呈三角形分布，在静水面以下半波长 L_1 处压强假定为零；当建筑物前沿水深 H 小于 L_1 而大于临界水深 H_K 时，属于浅水波，在静水面以下浪压力近似呈直线变化，底部压力强度为 $a \approx 2h_1 \mathrm{sech}\left(\dfrac{\pi H}{L_1}\right)$。若建筑物的挡水面倾斜，波浪反射作用减弱。当挡水面与水平面的交角小于45°时，则应按斜坡上的波浪考虑。

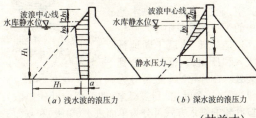

(a) 浅水波的浪压力　　(b) 深水波的浪压力

（林益才）

lao

涝 surface water-logging

因降雨过多而造成旱田积水或水田淹水过深的现象。由它引起的灾害称为涝灾，常用成灾面积的百分数或作物减产的成数来表示灾情的轻重。为减免涝灾损失而采取的措施称为除涝。它的成因主要是当地降雨集中、地势低洼、缺少排水工程或排水工程标准太低、排水出路不畅等。

（赖伟标）

涝池 poud

拦蓄地面径流供抗旱和牲畜饮水的水塘。多挖在村边、路旁和崖下等地面径流集中的地方。大多是挖一土坑或利用局部洼地建成。为防止渗漏，在池邦和池底采有砌护措施。修筑在沟头、还可防止沟道发展。

（刘才良）

涝灾 water logging disaster

雨水过多，积水淹渍庄稼而致减产的灾害。雨水持续时间过长，江河水位上涨，引起田间积水排泄不畅，导致作物减产或失收。涝易致渍，涝渍相随，亦统称为涝。

（胡维松）

涝灾减产率 water-logging decreasing production rate

涝灾减产量与不受涝时正常产量的比率。可根据试验法或统计资料分析法推求。减产量为正常产量与实际产量之差。当平均单产相同时，也可由绝产面积与播种面积之比率代替。绝产面积根据减产程度及成灾面积换算求得。

（施国庆）

涝灾损失率 water-logging loss rate

涝灾损失值与灾前价值或正常值的比率。对于农作物损失值，又称涝灾减产率。通常可分为综合损失率和单项损失率两类。综合损失率为单项损失占总损失比重与单项损失率乘积的累加值。

（施国庆）

涝渍灾害 water-logging disaster

积水过深或历时过长造成农作物减产或失收的灾害。原因是过量降雨未能及时排出，超过作物耐淹水深及耐涝耐渍历时。

（施国庆）

lei

雷诺数 Reynolds Number

黏滞力作用下流体运动的相似准数和流态的判别参数。物理意义为惯性力与黏滞力之比的无量纲数。一般表达式为

$$Re = vl/\nu$$

v 为特征流速，l 为特征长度，ν 为流体的运动黏滞系数。黏滞力起主要作用时，雷诺数 Re 同量是流动相似的必要条件。Re 的大小可用以判别流态。在著名的雷诺圆管流动试验中取特征流速为断面平均流速，特征长度为管径 D，发现当 $Re = vD/\nu < 2\,300$ 时为层流，故视下临界雷诺数等于 $2\,300$；$Re > 2\,300$ 时流态开始失去稳定性；Re 大于上临界雷诺数则成完全紊流，但上临界雷诺数本身不够稳定，各家试验值有较大差异，变化在 $12\,000 \sim 40\,000$ 之间。对于明渠流动，除可用断面平均流速及水力半径或水深表达雷诺数外，还常取特征流速为切力流速 $v_* = \sqrt{gRI}$，其中 g 为重力加速度，R 为水力半径，I 为水力坡降；特征长度为渠槽绝对粗糙度 K；并据雷诺数 $Re_* = v_* K/\nu$ 将紊流区进一步剖分：一般认为 $Re_* \leqslant 5$ 为光滑区，$Re_* = 5 \sim 70$ 为过渡区，$Re_* \geqslant 70$ 为粗糙区亦即阻力平方区。

（王世夏）

雷诺准则 Reynolds Criterion

见黏滞力相似准则(180页)。

雷雨 thunder storm

伴有雷声和闪电的降雨。多为对流雨。降雨强度大，雨面小，历时短。多见于春夏季，可达暴雨程度。　　　　　　　　　　　　　　　（胡方荣）

累积频率　cumulative frequency

简称频率。从统计资料得出的某水文特征值可能出现的几率。水文学中随机变数惯用的频率曲线 $G(x)$ 为

$$G(x) = P\{\xi \geqslant x\}$$

是将水文特征值按大小顺序排列，求出其分段频率，再逐段累积求得。一般用百分比表示。对于连续型

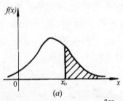 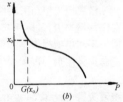

随机变数，$G(x_0) = \int_{x_0}^{\infty} f(x) \mathrm{d}x$，代表 $f(x)$ 曲线下在 x_0 右边的阴影面积（图 a）。$G(x)$ 图形在水文学中习惯采用 x 为纵坐标，$G(x)$ 为横坐标，记为 P，绘成累积频率曲线（图 b）。由此曲线可求得水文特征值等于或大于某一定量时，平均可能在多少时间内出现一次。　　　　　　　　　（许大明）

leng

冷备用　cold stand-by

处于停机状态的火电站备用机组。需要担任负荷时要先加热至热状态，蒸汽达到规定的初参数后，才能逐渐增加负荷。　　　　　　　　（陈宁珍）

冷锋雨　cold-front rain

冷气团向暖气团方向移动并楔入暖气团之下，使湿热气团上升冷却而产生的雨。一般雨面较小，雨强较大，历时较短。

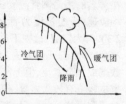

　　　　　　　　　　　　　　　　　（胡方荣）

冷浸田　field soaked by cold water

经常或终年浸泡在水温很低的水中的水稻田。是低产水稻田中主要的一种类型，大多分布在山区及丘陵谷地，常有泉水注入。由于水冷、土温低，水稻秧苗返青慢、分蘖少、成熟迟，产量低。一般可采用开沟排水、合理灌溉、冬季晒垡、合理施肥、选用适宜水稻品种等措施进行改造。　　　　（赖伟标）

冷水环流　cold water circulation

海水温度较低的环流。亲潮南下不断把冷水从北冰洋带入太平洋。由于温度低、密度大，与西风漂流相遇时，一部分潜入西风漂流的下面，另一部分随西风漂流向东，在高纬和极地附近形成。
　　　　　　　　　　　　　　　　　（胡方荣）

li

离差系数　variation coefficent

标准差与数学期望的比值。标准差可说明随机变量分布离差情况，但不能反映分布的相对离散程度。为说明相对离差情况，常用无因次参数表示，即 $C_v = \dfrac{\sigma}{EX}$，C_v 为离差系数。　　　（许大明）

离散模型　discrete model

见水文模型（253 页）。

离心泵　centrifugal pump

依靠离心作用使水体提升的水泵。由泵壳、叶轮、泵轴、轴承、密封装置、减漏环等组成。当叶轮在泵壳内高速旋转时，叶轮中的水体在离心力的作用下被甩向叶轮外缘，并汇集于断面逐渐增大的螺旋形泵壳内，流速随之减慢，压力随之增加，将水压向出水管；而叶轮中心却形成真空，通过吸水管将进水池中的水吸到叶轮中心。叶轮不停地旋转，水就不断地被吸入和压出，从低处压送到高处。按叶轮的个数可分为

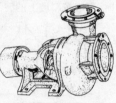

单级泵（一个叶轮）和多级泵（两个以上叶轮串联）；按叶轮的进水方式可分为单面进水（单吸）和双面进水（双吸）两种；按其装置方式又可分为卧式和立式两种；按能否自动吸水又可分为普通和自吸两种。该泵的一般特点是扬程较高，流量较小，起动前泵内必须充水或抽真空，以形成初始的工作条件。适用于山丘区的农田灌溉。中国西北高原灌溉工程中使用的离心泵最高扬程 225m，流量 2.25m³/s，配套功率 8000kW。　　　　　　　　　　（咸　锟）

李家峡重力坝　Lijiaxia Gravity Dam

中国第一座最高的重力坝。在青海黄河上。坝高 175m。总库容 16.5 亿 m³。水电站装机容量 160 万 kW，年发电量 58.3 亿 kW·h。水利电力部西北勘测设计院设计，第四工程局施工。　　（胡明龙）

李渠

古代袁州（今江西省宜春市）以城市供水为兼有灌溉、通航、排洪综合效益的水利工程。唐元和四年（809 年）袁州刺史李将顺主持修凿。渠长 1 965 丈（唐 1 丈 = 3m），以袁江支流清沥江为源，筑分水石堤，引水流经全城后仍入袁江。渠上建有分水斗门引水灌田，还建有溢洪用的减水沟，入城、出城水闸，暂时蓄水和调节流速的湖池，汇集城内坡水并外

排的接水沟等。后经两宋及明、清多次重修,对袁州发展起重要作用。至近代始废。有《李渠志》记其沿革。　　　　　　　　　　　　　　　　(陈 菁)

里海 Caspian Sea(Каспийское Море)

介于欧亚大陆之间,地处北纬 36°30′~47°10′,东经 46°30′~53°20′,世界最大的咸水湖。南北最长 1 222km,平均宽 320km,面积逐渐减小,由 1929 年的 42.2 万 km^2 减至 1980 年的 36.8 万 km^2。属海迹湖,水位低于海平面 28.5m,深度自北向南由浅变深,大部分水深不足 100m,最浅 4~6m,最深处 1 025m。盐度北部 1‰~2‰,南部 13‰。有伏尔加河、乌拉尔河等 130 余条河流注入。航运发达,主要港口有巴库、阿斯特拉罕、古里耶夫、腊什特和托尔卡曼港等。　　　　　　　　　　　　　(胡明龙)

里卧

又称内注。河势不断移近堤岸,正溜贴近岸边而行。为溜势名称。《河工名谓》:"河势趋堤日近,是谓里卧,一名内注。"　　　　　　　　(查一民)

里运河

京杭运河的江淮段。春秋时为邗沟。隋唐全面修浚,称山阳渎。宋以后称淮扬运河。清以后至今称里运河。自江苏省淮阴市清江大闸经宝应、高邮至邗江瓜洲,长 170km。系苏北水运干线,并已成为南水北调东线工程的主干渠。　　　　　(陈 菁)

理想型差动调压室 idealized differential surge tank

见差动调压室(21 页)。

理想型双室调压室 idealized double chamber surge tank

竖井断面为零、上室容积集中于水位最大升高处和下室容积集中于水位最大降低处的双室调压室。实际上是不存在的,它是计算时的一种假定。竖井横断面愈小,上下室的横断面愈大,双室调压室愈接近理想型。　　　　　　　　　　　(刘启钊)

蠡湖

见具区(140 页)。

历时保证率 duration design dependability

见设计保证率(216 页)。

历史洪水 historical flood

发生在历史上未经实测到的或特大的洪水。目前中国河流的实测流量资料一般都不长,进行插补延长又比较困难。根据短期流量资料推求小频率的稀遇设计洪水,所取得成果难免有较大的抽样误差。如果经当地洪水调查和文献考证得知历史上曾发生过多次洪水,并能确定洪峰流量的大致范围,则在洪水频率分析中,起着延长系列、减少抽样误差和提高设计洪水成果可靠性的作用。　　　(许大明)

立堵 vertical closure

从口门两坝头相对进占的堵口方法。或由一端坝头向另一端推进,逐步把口门缩窄最后留一定宽度进行合龙。一般用捆厢埽草土围堰、打桩进堵等。　　　　　　　　　　　　　　　　(胡方荣)

立式水轮发电机组 vertical-shaft turbine-generator unit

主轴垂直布置的水轮发电机组。发电机位于水轮机之上,不易受潮,主轴和轴承的受力情况较好,水轮机装拆检修方便,土建结构也便于布置,故大中型机组(除贯流式水轮机外)一般均采用立式。根据推力轴承和发电机的相对位置,可分为伞式水轮发电机及悬式水轮发电机两种。　　　　(王世泽)

立柱式支座 column support

由立柱及上部圈梁组成的发电机支承结构。发电机定子固定在圈梁上,圈梁则由 4 至 6 根立柱支承,将荷载传至下部块体结构。缺点是受扭性能较差,但混凝土方量少,水轮机顶部较宽敞。中小型水电站常采用。　　　　　　　　　　　(王世泽)

利漕渠

曹魏时沟通邺城(今河北临漳西南)与白沟的运河。渠与白沟会合处在今馆陶县南的利漕口,建安十八年(公元 213 年),曹操为营邺都,引漳水过邺,东北流至馆陶县南利漕口入白沟,南通黄河转江淮;北通平虏诸渠至幽、蓟,使邺都漕运四通。　　　　　　　　　　　　　　　　(陈 菁)

利改税 transforming profits into tax

将国有企业的利润分配制度由企业向国家上缴利润改为上缴税金的财政措施。中国在 1983 年起实行。按此分配制度,国有工业企业从实现的利润中向国家缴纳的税金主要有资源税、所得税、调节税。税后利润留归企业建立专用基金。
　　　　　　　　　　　　　　　　(施国庆)

利根川河口闸工程 Jonegawa Estuarial Gate Dam

日本利根川河口的防盐害工程。1971 年建成。利根川流域面积 1.58 万 km^2,长 332km。枯水时,海水倒灌 50km,常给农作物带来盐害,最高氯离子浓度曾达 1 470ppm,水田深受其害,大规模减产。闸长 834m,计 9 孔,滚筒式闸门,可按潮位、含盐量和河水流量变化操作,建成后,盐害减轻,但有时枯水年的含盐量仍超过容许值。　　　(胡明龙)

沥青混凝土面板 asphalt concrete face-plate

见沥青混凝土斜墙(254 页)。

沥青混凝土面板坝 dam with asphalt concrete face-plate

见沥青混凝土斜墙坝(254 页)。

沥青混凝土斜墙 asphalt concrete sloping wall

又称沥青混凝土面板。以沥青混凝土材料做成的土石坝上游面倾斜防渗体。常见的结构形式有单层与双层两种,有的还在墙面上设置水泥混凝土保护层。沥青混凝土抗渗、抗冻等能力较强,近年来多趋于采用单层,不设混凝土保护面层,只涂一层沥青玛琋脂作为保护。斜墙厚约20cm,分层碾压,层厚3~6cm,斜墙下面为厚约3~4cm的沥青碎石基垫,基垫下面为厚约1~3m的碎石垫层,垫层下面为坝支承体。 (束一鸣)

沥青混凝土斜墙坝 dam with asphalt concrete sloping wall

又称沥青混凝土面板坝。以沥青混凝土作为坝体上游面倾斜防渗体的土石坝。具有适应变形的能力与防渗性能好等特点。主要由土石料支承体、沥青混凝土斜墙、斜墙垫层、排水及下游护坡等组成。在透水地基上还包括坝基防渗体。沥青混凝土斜墙通常有单层与双层之分。前者是铺设在厚约1~3m的碎石或砾石垫层上;后者则需在两层之间设置一道疏松沥青排水层。沥青混凝土几乎不渗水,近年来多倾向用单层斜墙。若设有地基防渗结构,则斜墙与其连接要做成能适应变形的柔性结构。按沥青混凝土斜墙铺筑施工的要求,上游坝坡不应陡于1:1.0~1:1.7。 (束一鸣)

沥青混凝土心墙 asphalt concrete core wall

以沥青混凝土材料作成的土石坝中央防渗体。工程中多采用密实沥青混凝土心墙形式,分层填筑,振动碾压实。心墙底厚约为坝高的$\frac{1}{50}$,目前有些高坝心墙底厚只有坝高的$\frac{1}{90}$~$\frac{1}{130}$,顶部最小厚度为30cm,断面成梯形或台阶形。心墙两侧设置碎石过渡层,下游侧可作为排水层,上游侧可用于心墙漏水时灌浆。此外,还有块石沥青混凝土心墙与油碴沥青混凝土心墙等型式。 (束一鸣)

沥青混凝土心墙坝 dam with asphalt concrete core wall

以沥青混凝土作为中央防渗体的土石坝。具有适应变形能力与防渗性好等特点。主要由坝支承体、沥青心墙及其过渡层、棱体排水以及上、下游护坡等组成,心墙底部通常设置观测廊道。在透水地基上,沥青心墙与地基防渗结构的连接应做成能适应变形的柔性结构。目前建设中的沥青混凝土心墙堆石坝最高已达105m。 (束一鸣)

戾陵堰

三国时引㶟水(今永定河)灌溉的拦河溢流堰。在今北京西郊石景山西麓,当时灌溉今北京市区万余顷农田。曹魏嘉平二年(250年),由镇北将军刘靖主持修建。堰体用石笼砌筑,堰上游北岸,开口置水门取水,渠道首段即为车厢渠。下游利用经疏导的高粱河,东至潞县(今通州境)入鲍丘河,灌田2 000余顷。北朝至唐代都有修治。

(陈菁)

笠泽

见具区(140页)。

lian

连拱坝 multiple-arch dam

挡水面板由一系列倾向上游的拱筒组成的支墩坝。多为钢筋混凝土结构。拱与支墩大多为刚性连接,拱圈常采用等厚圆拱,中心角为150°~180°。支墩型式有单支墩和空腹双支墩两种,后者多用于高坝以增强稳定性,拱形挡水面板厚度小,跨度大,用料省。但不易做成溢流坝,受温度变化和地基变形的影响较大,一般应修建在坚固的岩基上。近代已出现大拱跨混凝土连拱坝,最大坝高达215m,最大拱跨为161.5m。 (林益才)

连拱式挡土墙 multiple arch retaining wall

墙背呈连拱形的一种轻型结构的挡土墙。由前墙、隔墙、连续拱圈及底板四部分组成。拱圈斜支在隔墙上,组成后墙,犹如在扶臂式挡土墙的扶壁上加做连续拱而成。利用墙背填土重量及自重维护稳定。对一般软土地基,在空箱内可适当填土以提高抗滑稳定性。特点是整体刚度大,后墙为拱圈,发挥拱的抗压作用,能充分利用材料的抗压性能,可节省或不用钢筋,造价低廉。当墙高大于4m时,比重力式经济。缺点是结构及施工复杂,技术性高,平面不易成折线形布置。前墙与隔墙可用浆砌块石筑成,拱圈可用混凝土预制构件,底板用混凝土现场浇筑。由于重量较轻,适用于软土地基。多用于水闸的岸墙和翼墙。 (王鸿兴)

连续冲洗式沉沙池 continuous flush type silting basin

在运行中不需停止供水,可不间断冲洗的沉沙池。利用池底冲沙道内压力水流连续冲沙,沉沙池水面可不降低,冲沙所需水头较小,只需将河流水位少许壅高即可。顺池底有纵向冲沙道,上有底栅或带孔盖板,池中一部分水流挟带沉底泥沙通过底栅或孔板进入冲沙道,由压力水流冲至下游河道。有单室或多室,视沉沙池过水流量而定。类型很多,结构复杂,运用比较麻烦,且易发生故障,只有当含沙量较多、颗粒较粗且不允许停止供水时才适于采用。

(王鸿兴)

连续灌溉 continuous irrigation

又称活水灌溉。在水稻生长期间向格田连续供水的灌溉方法。是水稻栽培最早使用的灌水方法,世界上许多水稻种植区至今仍广泛使用这种栽培方法。很多格田共用一个供水口,格田相互连通,渠道放水给位置较高的格田,高水低流,上灌下排,持续不断,直到水稻成熟为止。这种灌溉使水资源大量浪费并遭到严重污染,病虫害容易蔓延,肥料流失,田间水温较低,格田内水层深度难以控制等。随着水资源供求矛盾的加剧和水稻栽培技术的进步,这种灌溉逐步被间歇灌溉所取代,中国已很少使用。

(房宽厚)

连续模型 continuous model

见水文模型(253 页)。

莲柄港

福建长乐县近代著名提水灌溉工程。此港为闽江下游营前港的汊港。1927 年 5 月开始兴办抽水灌溉,分二期进行。第一期工程设两级抽水站,扬程 6.3m,设计流量 130m³/s,灌溉该县中、南两区农田 5 万余亩。1929 年 2 月完工输水,干渠总长 29.17km,其中有 500m 为岩石渠道,工程艰巨。1931 年因水费纠纷,设备被毁,工程废弃。1935 年重修,增修节制闸、泄水闸、给水口、桥梁、暗沟等,改用电力抽水,改进水费征收办法,溉田 6 万多亩。抗日战争中又遭破坏,1947 年曾有复修建议,未实施。第二期工程未进行。

(陈 菁)

涟子水 boils and drops

因沙垄运动引起的水面跌落和波动现象。当水深较小且床面有沙垄时,水面会产生局部跌水,出现一片小波浪带,有时还冒气泡。新月形沙波引起的涟子水状如 V 形称 V 形涟,带状沙波引起的涟子水为半河涟或拦河涟。漫滩水流落入下深槽时也会出现涟子水现象。

(陈国祥)

联圩并圩 combining small polders

封堵较小的外河,将若干小圩联并成一个大圩。是圩区治理的一项主要措施。具有缩短围堤长度、增强圩区的防洪能力、减少堤防渗漏、增加圩内水面积、扩大圩内河网的调蓄能力、便于老河网的综合治理改造等优点。联圩规模要适度,过大会给圩垸内外的水情变化、工程布局以及圩内生产带来新的矛盾,故应根据当地的具体条件,确定适宜的联圩规模。

(赖伟标)

练湖

又称练塘。西晋时陈谐所修丘陵水库。位于今丹阳市西北,周长 120 里,具有调蓄山洪、灌溉及接济江南运河的作用。常州至镇江段运河地势较高,常因江水涨落影响运河供水,唐宋以来主要利用练湖为其调节水柜,有"湖水放一寸,河水长一尺"之说。元代以来湖区淤积围垦严重,影响济运水量。明清以济运为主,有"七分济运,三分灌田"之说,并曾多次修浚。历代维修管理都有定规。明末清初大部被淤围田。现为国营练湖农场所在。

(陈 菁)

liang

梁式渡槽 beam aqueduct

槽身支承于槽墩或排架上,既起输水作用又起纵梁作用的渡槽。其荷载经槽身、槽墩或排架传给地基,为适应温度变化及地基变形等将槽身分为独立工作的若干节,按各节支承方式不同分为简支梁式、双悬臂梁式、单悬壁梁式和连续梁式。简支梁式各节槽身两端支撑在排架或槽墩上,结构简单,施工吊装方便、工作可靠,但跨中弯矩较大。双悬臂梁式根据支承排架的位置不同又分为等跨双悬臂和等弯矩双悬臂,因悬臂作用,跨中弯矩减小,可适当加大跨度,单悬臂仅在双悬臂梁式向简支梁式过渡或与进出口建筑物连接时采用。连续梁式较简支梁式受力条件好,在相同荷载作用下,前者可加大跨度、减少排架或槽墩数,以节省投资。设计时应综合分析比较后确定。

(沈长松)

量纲分析法 method of dimensional analysis

基于物理方程的因次均衡性和阐明物理量之间函数关系结构的 π 定理,探索物理现象的某些待知规律或寻求其相似准数的方法。应用此法时对所研究现象的有关物理量必须有确切了解,既不能遗漏,也不能让无关量混入。例如研究黏性不可压缩流体运动,设确知其函数的有关物理量为长度 l,流速 v,时间 t,重力加速度 g,流体运动黏滞系数 ν,流体密度 ρ 以及流体压强 p 共 7 个,可写一般函数形式

$$f(l,v,t,g,\nu,p,\rho)=0$$

通过量纲分析,应用 π 定理,可将此函数转变为由这些物理量组合成的 4 个无量纲变量的等价函数

$$f(vt/l, v^2/gl, vl/\nu, p/\rho v^2)=0$$

进而可写成

$$f(\mathrm{Sh}, \mathrm{Fr}, \mathrm{Re}, \mathrm{Eu})=0$$

最后这一函数形式又称准则方程,其中包含的 4 个准数是斯特鲁哈数 Sh,弗劳德数 Fr,雷诺数 Re,欧拉数 Eu。Sh、Fr、Re、Eu 值同量纲构成了黏性不可压缩流体运动的 4 个相似准则。这和据纳维叶-斯托克司(Navier-Stokes)方程,通过方程分析法导出的 4

量水槽 measuring flume

根据上下游水位差计算过水流量的槽形建筑物。巴歇尔量水槽最为常用。由进水段、喉道、出水段三部分组成。可用混凝土预制构件装配或用木材等材料建造。还有水跃式量水槽等。它受泥沙影响较小，适用于比降较小、水流含沙量较大的渠道。

（房宽厚）

量水管嘴 measuring nozzle

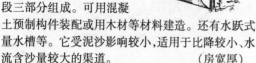

带有出流管嘴的量水建筑物。由挡水墙和管嘴组成。管嘴断面有圆形、方形、长方形三种。可用木板、金属材料、混凝土等制作。流经管嘴的流量可根据上、下游水位差和管嘴出口尺寸计算得出。它受泥沙影响较小，适用于比降较小、水流含沙量较大的渠道。

（房宽厚）

量水堰 measuring weir

垂直水流方向布置，顶部溢流、用以量测渠道或小溪流量的建筑物。灌溉渠道上常用薄壁堰量水，堰板用金属或木板制成，堰板的缺口有矩形、直角三角形或梯形。通过量测堰顶的溢流水头计算出渠道的流量。由于堰板壅水的影响，堰前会有泥沙淤积，影响量水精度，只适用于比降较大的清水渠道。

（房宽厚）

两部电价 twofold electricity price

一种包括基本电价和电度电价在内的电价制度。中国一般用于用户受电变压器总容量为320kVA及以上的大工业生产用电。基本电价对应容量成本，电度电价对应电量成本。对实行两部制电价的用户，一般还实行力率调整电费的办法，力率调整电费是根据用户用电率高低计算。高于标准力率的，按当月生产用电全部电费的一定比率增收电费。所以实行两部电价用户的全部电费，等于基本电费加减力率调整电费。

（施国庆）

《两浙海塘通志》

中国第一部海塘专志。查祥、杭世骏总修，清乾隆十六年（1751年）刻印。共20卷，外加首卷"诏谕"1卷。卷1为"图说"，载有钱塘江口及杭州湾南北岸全图，六府海塘图及江塘图，附说明，概述两浙海塘形势；卷2至卷7为"列代兴修"及"本朝建筑"，按时间顺序分列从唐至清乾隆十四年（1749年）的海塘兴修建筑事项；卷8为"工程"，绘有鱼鳞石塘、坡陀塘、坦水、石坝、盘头、草塘、木柜、竹络等结构图，切沙、引河示意图，鱼鳞石塘底桩及各层砌式施工图；卷9为"物料"；卷10至12为"坍涨"上、下"场灶"（盐场）；卷13为"职官"；卷14为"潮汐"，收集从晋至明历代有关潮汐之论述及沿海各府县地方志中有关潮汐的记载；卷15至18分别为"祠庙"、"兵制"及"江塘"；卷19、20为"艺文"，收集海塘建筑、施工、管理及潮流形势等古代论文数十篇。该志搜集史料丰富，条理清晰，考订精当，图文并茂，尤重工程技术资料，具有较高的历史与科学价值，曾是中国海塘专志的典范。该志问世后，官私各家编纂海塘专志者竞相仿效，其中较重要的有翟均廉《海塘录》、杨铗《海塘揽要》、琅玕《浙江海塘新志》、道光年间所编《续海塘新志》及李庆云《江苏海塘新志》等。

（查一民）

晾底

溜势两边高中间低。是落水的征兆。为溜势名称。《河上语》："边高中下曰晾底，晾底落水之征。"

（查一民）

晾脊

溜势两边低中间高。是涨水的征兆。为溜势名称。《河上语》："边下中高曰晾脊，晾脊长水之征。"

（查一民）

liao

辽河 Liaohe River

由东、西辽河在辽宁省昌图县古榆树汇流而成的中国东北境内一条大河。流经河北、内蒙古、吉林、辽宁四省、区，东源出吉林省辽源市哈达岭；西源有两支，一支出内蒙古自治区克什克腾旗白岔山，称西拉木伦河；另一支出河北省平泉县光头岭，称老哈河，与西拉木伦河在哲里木盟汇合后称西辽河。在双台子河口入辽东湾，长1 430km，流域面积21.9万km^2，平均年降水量476mm，多年平均流量165m^3/s，平均年径流量145亿m^3。支流有清河、柳河、秀水河等。河道弯曲，含沙量高，流量变化大，常泛滥成灾。1949年后，经过治理，上、中游修建清河、柴河、南城子等水库，干流修堤开渠，下游低洼地辟灌区，灾害减少。六间房以下可通航，封冻期4个

月左右。　　　　　　　　　　　（胡明龙）

辽河流域　Liaohe Basin

中国东北地区南部辽河干支流所流过的区域。包括辽宁、吉林、内蒙古、河北等省区,总面积22.94万 km^2。地势平坦,间有沼泽。水系包括辽河、饶阳河、浑河、太子河。分成两个独立水系入海。降水集中在6～9月,水量变化大,含沙量高,常发生洪涝灾害。浑河上建有大伙房水库。　　　　（胡明龙）

撩浅军

五代吴越时期大兴塘埔圩田时的专门工程养护队伍。创设于唐天祐元年(904年),计有一万余人,归都水营田使指挥,分为四路。一路驻吴淞江地区,负责吴淞江及其支流的浚治;一路分布在急水港、淀泖地区,着重于开浚东南出海通道;一路驻杭州西湖地区,担任清淤、除草、浚泉以及运河航道的疏治管理等工作;另一路称作"开江营",分布于常熟昆山地区,负责通江港浦的疏治和堰闸管理。撩浅军的设置经吴越近百年而不改。吴越塘埔圩田的发展与巩固,就是因为有一套较完备的管理养护制度,撩浅军的创建与维持起了很大作用。北宋实行水利以漕运为纲,"转运使"代替了"都水营田使",养护撩浅制度废弛,塘埔圩田系统解体。后虽有开江营的设置,但人数少,废置无常,且偏重漕路的维修。西湖撩浅军南宋时也曾多次设置,主要是开辟浚湖以保证灌溉、城市及运河用水。专职工程养护队伍在我国古代水利工程的管理中早已有之,如蜀汉时都江堰就设置有1200名护堰军。　　　　　　　　（陈菁）

潦

①大雨水。《楚辞·九辩》:"寂寥兮收潦而水清。"洪兴祖补注引五臣云:"潦,雨水。"亦指雨后地面或沟中积水。

②同"涝"。雨水过多。《庄子·秋水》:"禹之时十年九潦,而水弗为加益。"　　　　（查一民）

lie

列

田畦间的垄沟。相当于圳。《周礼·地官·稻人》:"以遂均水,以列舍水,以浍写(泻)水。"郑玄注:"遂,田首受水小沟也;列,田之畦畔也。……开遂舍水于列中。"　　　　　　　　　　　（查一民）

裂缝观测　crack observation, gap observation

对建筑物在不利因素影响下产生的裂缝长度、宽度、深度以及条数分布等进行的观测和分析。对较大的混凝土裂缝一般采用测缝计、金属标点或固定千分表等仪器量测,缝深可采用超声波探伤仪探测,或从表面向深部斜向钻孔进行压水试验。土坝常在缝两侧打木桩,木桩顶部钉圆钉量测缝宽变化,深度及内部裂缝一般采用坑探、槽探、钻孔和井探等,探查前灌入石灰水以显示裂缝痕迹,对微小无一定规律的裂缝,用绘制分布图和详细文字说明来描述分布位置、条数、是否漏水等情况。研究分析裂缝的成因,判别裂缝性质、预测其发展趋势和影响,寻求合理的处理措施,对建筑物设计、施工和科学研究都具有重要意义。　　　　　　　　（沈长松）

裂隙水　fissured water

存在于岩石各种裂隙中的地下水。按埋藏条件分为:基岩裂隙水,层状裂隙承压水和脉状裂隙承压水。因埋藏较深,一般运移缓慢。　　（胡方荣）

lin

临时渠道　temporary canal

条田内季节性的渠道。担负着田间输水和配水的任务,把农渠的供水量分配和输送到条田的各个部分,经由灌水沟、畦均匀地湿润土壤,是旱作物地面灌溉不可缺少的田间工程。为了灌水均匀,视条田内部的地形特点可设一级或两级临时渠道。一般把从农渠取水的渠道称为毛渠,把从毛渠取水的渠道称为输水垄沟。　　　　　　　　（房宽厚）

临塑荷载　critical plastic deformation load

作用在建筑物地基上的荷载使建筑基础边缘处土壤将开始出现塑性变形区时所达到的限度值。可用做地基的容许承载力以设计建筑物。其实质是不容许地基出现塑性变形区,按照工程经验知,塑性变形出现并发展到某一定深度并不影响建筑物的安全。故依此荷载设计建筑物偏于保守而不经济。　　　　　　　　　　　　　　（王鸿兴）

淋溶侵蚀　leaching erosion

水分下渗过程中,溶解并携带可溶性盐类和矿物垂直下移,破坏岩体和土壤结构的现象。石灰岩地区,雨水沿岩石裂隙渗流,形成各种溶洞,也是这种侵蚀的一种形式。此外雨水和灌溉水下渗过程中,把钙离子带至土壤深层,使土壤变得松散,加重了土壤侵蚀作用。　　　　　　　（刘才良）

ling

灵渠

又称陡河或兴安运河。沟通长江水系和珠江水系的著名运河。在今广西兴安县境内。秦将史禄(监禄)于公元前219年所开。秦统一六国后,继续用兵岭南,此渠即为运送军需而开。兴安境内,长江支流湘水上源出海洋山向北流,珠江支流漓水的一支上源——始安水向南流,二水最近处相隔只两三里,分水岭高不过二三十米,二水之水位差不过几米,最适于开凿运河。灵渠即巧妙利用此有利形势,辅以分水、壅水、平水、泄水工程,建成通航运河。近代主要工程设施有铧嘴、大小天平、南北渠道和船闸斗门四部分。铧嘴分湘水为二,其一通过南渠引水入始安水,另一股通过北渠并入湘水。渠首有大小天平溢流,南渠有泄水天平泄洪,并以湘水故道作为泄洪通道。渠道因地势开挖与筑堤相结合,并以增加渠道弯曲度来减缓坡降,分段设斗门壅高水位以利通航,其功效相当于船闸。这样船只即可由湘水溯流而上入漓,亦可由漓溯流入湘。灵渠自秦代起时断时复,不断进行修整改建,成为岭南与长江流域水上交通的重要通道,并有灌溉之利。现在灵渠虽已无通航效益,但仍有灌溉、供水与旅游等综合效益。

(陈 菁)

灵轵渠

汉代关中地区灌溉工程。在今陕西省周至县东。据《汉书·地理志》载,灵轵渠为武帝时(公元前140～前87年)开凿。直到宋代,灵轵渠一直发挥作用,灌溉今周至、户县一带农田。现已湮没。

(陈 菁)

玲珑坝

河工上指坝体透水的拦水坝。坝体用条石纵横架空砌筑如花墙形式;或用块石堆砌并留有缝隙,水可从坝身透过,泄入下游。《山东运河备览》:"戴村三坝通长一百二十六丈八尺,北为玲珑坝高七尺,长五十五丈五尺。"

江南海塘称桩石护塘坝为玲珑石坝。即从塘脚向滩地伸展的阶梯形多层桩石护坝。由于各层护坝均用排桩钉口,内填块石,在潮浪冲击下,块石可随水流发生扰动,进一步消减潮浪的能量,减弱底流流速,所以其消能效果更好,并能落淤固滩。

(查一民)

凌汛 ice flood

由于上游河冰先融,下游河道尚未解冻,而使河水发生急剧上涨的现象。中国北方凌汛一般出现在2月下旬。黄河在宁夏-内蒙段,山东河口段和松花江下游等由南向北流的河段都有。

(胡方荣)

领海 territorial waters(sea)

沿海国家主权管辖范围内与海岸或内水相连接的海域。包括水域、上空和底床。其宽度国际上尚无统一规定,目前从3海里(5.556km)至200海里(370km)。由各主权国按本国地理特点,经济需要和国家安全,并顾及到邻国正当利益和国际航行规定,合理确定其领海宽度。根据中华人民共和国政府1958年9月4日声明,宣布领海宽度为12海里(22.224km)。

(胡维松)

领水 inland waters

一国主权管辖内的水域。一般包括地表水和地下水,或分布于一个国家版图内的河流、湖泊、运河、港口、海湾、河口等水域。边界上的河流一般以深泓线为分界线,其水资源为两国所共有,开发利用由两国共同商定,效益共享。其他边界水域由有关国家勘定。

(胡维松)

领水坝

引领支河水流的埽坝。河工上遇到支河溜势急猛,不由大河直去,须在支河上建筑埽坝,引领支河水流直归大河。

(查一民)

liu

刘家峡水电站 Liujiaxia Hydroelectric Station

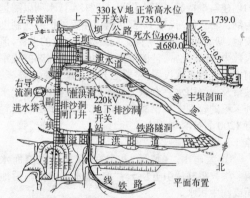

黄河上游梯级规划中三大工程之一。在甘肃省永靖县境内,1969年发电,1974年建成。以发电为主,兼有灌溉、防洪、防凌、供水及养殖等综合效益。总库容57亿m^3,调节库容41.5亿m^3;装机容量122.5万kW,年发电量55.8亿kW·h。可改善甘肃、宁夏、内蒙古等省区约100余万公顷农田灌溉条件;解除兰州市百年一遇洪水灾害。枢纽建筑物包括主坝、副坝、厂房、泄洪洞、溢洪道等。主坝为混凝土重力坝,高147m,长204m。水利电力部北京勘测设计院设计,第四工程局施工。

(胡明龙)

流量 discharge

单位时间内通过江河渠道或管道某一断面的流体体积。单位为m^3/s。其值随时间变化反映水量的多少。有瞬时值、日平均值、月平均值、年和多年平均值。多年平均流量又称正常径流量。

(胡方荣)

流量过程线 discharge hydrograph

表示河流或渠道上某一横断面流量随时间变化的过程线。以流量为纵坐标,时间为横坐标绘制而成。一次降雨形成的典型流量过程线包括涨水段、峰段和退水段。

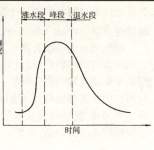

(胡方荣)

流量过程线分割 separation of hydrograph

对流量过程线组成的不同水源进行划分。最简单分割是用斜线将洪水流量过程划分成直接径流和基流。较复杂分割包括地面径流、壤中流(表层流)、地下径流等。一般难以做到精确定量。

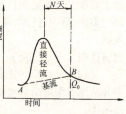

(胡方荣)

流量历时曲线 flow-duration curve

反映流量在某一时段内(或年内某一季节、一年)超过某一数值持续天数的一种统计特性曲线。其纵坐标为日平均流量,横坐标为超过该流量的累计日数,即历时。如横坐标用历时相对百分数表示,则为相对历时曲线,或称保证率曲线。应用最广的是以年为时段的日平均流量历时曲线。绘制年为时段的日平均流量历时曲线时,由于一年日数很多,一般分组进行历时统计,流量组距不一定要求相等。点绘流量下限值与累积历时(或相对历时)关系,即得日平均流量历时曲线。

(许静仪)

流玫瑰图 current rose chart

表示一海区一定时间内流向、流速的统计图。一般用 8 或 16 个方位表示。可根据流速流向仪测出的数据,统计出不同方位的最大流速、平均流速等最大流速玫瑰图和平均流速玫瑰图等。

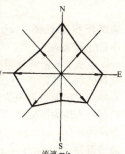

(胡方荣)

流速仪 current meter

测定水流运动速率的仪器。分为转子式和非转子式两大类。转子式流速仪俗称流速仪,根据转子的转率与水流速度成正比,测定转子的转率以推算出水流速度,如旋杯式、旋桨式流速仪。为目前国内外测量流速的主要仪器。非转子式流速仪是利用电、声、光学等物理量与水流速度关系研制成的测量流速仪器,如电磁流速仪、超声波流速仪、光学流速仪,目前局限于一些特定场合使用。

(林传真)

流速仪测流 discharge measurements by current meter

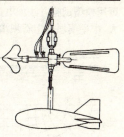

采用旋杯式或旋桨式流速仪测定水流速度以推求流量。广泛使用的最基本测流方法。按测速方式不同分为积点法、积深法和积宽法,中国最常用的是积点法。在测流断面上布置一定数目的垂线,使过水断面划分成若干部分;用测深仪器测量各垂线水深,并确定各垂线位置,即起点距,计算垂线间各部分面积;在各垂线上将流速仪放在不同水深点处逐点测速,计算各垂线平均流速及两测速垂线间的部分平均流速;各部分平均流速与相应面积的乘积为部分流量,各部分流量总和即为断面流量。

(林传真)

流体压力相似准则 similitude criterion of fluid pressure

又称欧拉准则。以欧拉数保持同量表示的不可压缩流体力学现象相似准则。一般形式为

$$Eu = \Delta p/\rho v^2 = idem$$

Δp 为压强差降,v 为流速,ρ 为流体密度,Eu 为欧拉数。用模型研究原型有压管流时,模型与原型 Eu 相等是相似的必要条件。对于重力作用下的明渠流,欧拉同量与弗劳德数同量的要求是相容一致的,无须并列提出。

(王世夏)

流土 blowout

在渗透水流作用下,土体表面局部隆起或颗粒群同时起动流失的现象。主要发生在黏性土或较均匀的非黏性土体的渗流逸出处,对土坝造成危害,应加以防止。

(束一鸣)

流网法 flow-net method

根据渗流理论绘制流网,对闸、坝土基下或土石坝坝身、坝基下的渗流要素进行计算的一种方法。按平面渗流理论,即渗流连续性及达西定律,在渗流场内连续光滑的流线族与等势线族相互正交,且组成的网格相似。例如,在等势线与闸、坝基底板交点上绘出等势线的水头值并连线即为底板上的渗流压力分布图,依此可求总渗流压力;任一网格两等势线水头差 ΔH 与两等势线距离 ΔS 之比 $\Delta H/\Delta S$ 即为该网格平均渗流坡降;先计算两流线间流管内通过的流量,将渗流场内全部流管的流量总和即得总渗流量。不论土石坝结构或闸坝基下地下轮廓复杂与否,均质或非均质土壤、土层均适用。可以手绘,亦

可用模型试验方法如电拟法绘制,精度较高,适用于大、中型闸坝或土石坝渗流计算。

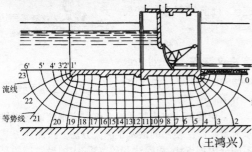

(王鸿兴)

流域 drainage basin, catchment, watershed

由分水线包围的集水区。地面分水线连续并与地下分水线基本重合称闭合流域;反之,称不闭合流域。河流、湖泊和海洋都有自己流域,如长江流域、太湖流域、太平洋流域等。地表和地下径流最终汇入海洋的流域称外流域;反之,称内流域。

(胡方荣)

流域产沙 sediment yield in a basin

又称流域侵蚀。流域上的岩土在水力、风力、热力和重力等作用下侵蚀和输移的过程。在多数地区,水力侵蚀是流域产沙的主要形式,有雨滴溅蚀、片状侵蚀和沟状侵蚀等。重力侵蚀常有水力附加作用,分为陷穴、滑坡和崩塌等。中国黄土高原是世界上产沙量最高的地区之一,黄土沟壑区的小流域年产沙量可达 34 500t/km²。影响产沙因素有:降水特性,岩土性质,地形条件及人类活动等。

(胡方荣)

流域规划 watershed planning, basin planning

一条河流全流域内综合开发和治理的水利规划。是一项具有经济发展战略性的规划任务。包括开发和治理方向、任务、措施、主要工程布置和实施程序等。规划时,必须从国民经济建设和发展需要出发,兼顾各方面和各部门的利益,合理利用水资源和其他自然资源。制定规划要充分运用现代科学技术先进成果,如水文、水利计算、工程经济学、系统工程等,对基本目标、侧重点和经济效益的评价要客观,对可能引起社会、环境和国民经济的利弊得失要实事求是,作全面衡量,避免顾此失彼,同时,采用系统分析方法,编制多目标多学科的规划。

(胡明龙)

流域汇流 concentration of watershed

流域上各处的净雨向流域出口汇集形成出口的流量过程。是流域洪水波运动过程,研究流域出口断面流量过程线是如何形成的。包括坡地汇流和河网汇流两个子阶段。降水扣除各项损失后称净雨,经过坡面汇流阶段的调蓄进入河网,再经过河网调蓄形成出口断面的流量过程。

(胡方荣)

流域经济学 river basin economics

研究河流流域水资源开发利用与流域经济发展之间的客观经济规律,探讨如何充分合理地利用水资源及促进流域经济发展的一门新兴学科。主要研究内容包括水资源特点和流域概况、流域规划、水资源综合利用、流域经济发展等。进行定量分析的方法包括技术经济分析、系统工程、价值工程、决策论等。

(施国庆)

流域开发 watershed development

以整条河流的水利资源为目标的开发方式。根据工农业发展需要和自然条件,综合考虑工农业各部门需要,分期进行治理和开发,以促进该流域经济发展。

(胡明龙)

流域面积 drainage area

又称集水面积。分水线包围的集水区面积。大多先从地形图定出分水线,然后用求积仪或其他方法求得。

(胡方荣)

流域面积高程曲线 area-elevation curve

流域面积随高程分布的曲线。用求积仪量取地形图上相邻两条等高线的面积,将高于(或低于)一定高程的累积面积对高程作图求得。

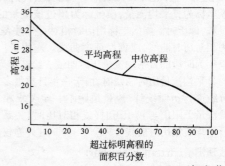

(胡方荣)

流域面积增长图 graph of the increment of drainage area

流域面积沿河流距离河口里程增长的图示。有两种绘制方法:一种是以距河口距离为纵坐标,以左右岸沿里程面积累积值为横坐标(图a);一种是以距河口距离为横坐标,以左右岸沿里程面积累积值为纵坐标(图b)。

(胡方荣)

流域侵蚀 erosion of a basin

见流域产沙。

流域延长系数 coefficient of watershed elongation

分水线长度和等面积圆周长的比值。表示流域形状的数值,即 $K_b = \dfrac{l}{2\sqrt{F\pi}}$。$K_b$ 为延长系数;l 为分水线长度(km);F 为流域面积(km²)。在等面积

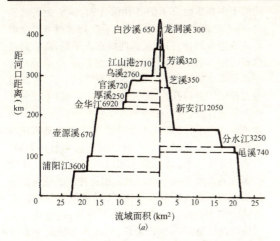

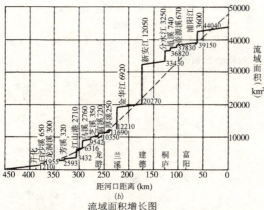

流域面积增长图

的几何图形中,圆的周长最小,$K_b \geqslant 1$。K_b 值越大,流域形状越狭长,径流变化越平缓。

(胡方荣)

流域总蒸发 watershed total evaporation

又称流域蒸散发。流域内陆面蒸发、水面蒸发和植物散发的总称。在水文学中,通常又指这些蒸发量的总和。陆地上的年降水量有 60%～70% 通过蒸发返回大气,因此是水文循环的重要环节。

(胡方荣)

流状泥石流 fluid debris-flow

流动性较大的泥石流。泥石流中含粗颗粒泥沙,当泥沙量相对不大而水分过多时形成。作为运送能力媒介物的水具有紊流运动的特点。此种泥石流能沿途散开,并将所挟带的泥沙按级配淤积。

(胡方荣)

柳石坝垛 short groin with wicker mat and gravel

用一层树枝一层石料或柳石枕填筑的短丁坝。平面形状呈锐角三角形,上游外缘线与河岸线的夹角为 30°～40°,坝轴线宜顺不宜挑,用多座坝垛沿边滩外缘布设,可组成护滩工程。黄河下游护滩坝垛的施工方法有旱工和水工两种:旱工是于秋冬季在滩地上施工;水工是在水下用柳石搂厢,直到枯水位以上。坝头和坝体表面用抛石抛护。柳石坝垛的施工简单,造价较低,在护岸和护滩工程中常被采用。

(李耀中)

六辅渠

汉代关中地区灌溉工程。汉武帝元鼎六年(公元前 111 年),由倪宽主持兴建。据《汉书·沟洫志》记载,它是用于灌溉郑国渠旁高程较高而不能由郑国渠自流灌溉的农田。倪宽还首次制订了灌溉管理制度("定水令"),以加强灌区管理,提高灌溉效率,扩大灌溉面积。这是我国历史上关于建立灌溉管理制度的第一个明确记载。

(陈 菁)

六门陂

又称六门竭、六门堰。古代唐白河支流湍水上的拦河蓄水灌溉工程。位于南阳穰县(今河南省邓县)西,西汉建昭五年(公元前 34 年)召信臣兴建。原有三水门引水,元始五年(公元 5 年)又增建三水门,故称。共灌穰、新野、涅阳(今邓县东北)三县田 5000 余顷。汉末荒废,晋杜预、刘宋时刘秀之曾重修。唐、宋、明都几经修复,不同程度发挥效益,明末废毁。现遗迹仍在。

(陈 菁)

六门堰

古代武功县(今陕西省武功县西北)西的灌溉工程。始建于西魏大统十三年(547 年),因修有六座控制闸门而得名。唐代曾多次维修,当时汇合渭北韦川、莫谷、香谷、武安四水,下接成国渠,号称灌溉武功、金城(今兴平县)、咸阳、高陵等县田 2 万余顷(唐 1 亩≈今 0.81 亩)。唐《水部式》载有六门堰的灌溉管理制度。后渐湮废。

河南南阳西汉时召信臣兴建的六门陂有时也称之。

(陈 菁)

溜

河道中的水流。《河工用语》:"河水之流者,曰溜。"溜按其形态、性质、大小等,又可区分为:①正溜,又称大溜。水流集中,流势汹猛而不受他物抵触者。《河工辞源》:"力大合注,曰正溜,亦曰大溜。"《河工用语》:"溜之力大而不受他物抵触者,曰大溜。"《河工名谓》:"全部河流集中之处,水流汹涌者,是为大溜。"②边溜。河道中正溜两侧的水流。《河工辞源》:"水流,谓之溜。……力大合注,曰正溜,亦曰大溜。其余谓之边溜。"③顺溜。河形顺直,溜势顺直而下者。《河工简要》:"河势直顺,并无兜湾,或溜贴岸崖,或大溜中行,即为顺溜。"④漫溜。河道水流因靠近浅滩而流速较缓慢者。《河工用语》:"溜之近浅滩而流缓,曰漫溜。"⑤拖溜。大溜之下,水深之处,比大溜稍缓者。《河上语》:"大溜之下,曰拖溜。"⑥迴溜。河道水流发生回旋倒流者。《河上语》:"越过拖溜之下,回旋逆流,曰迴溜。"⑦绞边溜,又称扫边溜。溜顺河岸,旋转而下者。⑧搜根溜。入秋后水位低落,冲袭工程根部者。⑨翻花溜。河道水流受到抵触,翻花四散者。《河工名谓》："顶冲大溜,由埽坝根上翻,势若沸汤,形如开花者。" （查一民）

long

龙骨水车

见翻车(63页)。

龙口 breach

决口复堤与围堰截流中最后过流的缺口部分。其大小由流量确定,龙口缩窄将引起落差增加,流速加大,造成河床冲刷,故初期宽度要选择适当,过大会增加大体积抛投料的工程量,过小会引起严重冲刷,不易合龙。其位置应选在岩基不易冲刷或覆盖层浅的河床处,以减少护底工程量和严重冲刷。应使水流平顺,避免或减少局部水流的破坏作用。同时,还应考虑截流时的施工条件,抛投料的堆存和运输都要方便施工,以便在短暂时间内合龙。

（胡肇枢）

龙首渠

西汉关中地区引北洛水的灌溉工程,我国井渠的肇始。汉武帝元朔至元狩年间（公元前128～前117年）庄熊罴上书称,临晋（今陕西省大荔县）人愿引洛水灌溉重泉（今陕西省蒲城县东南）

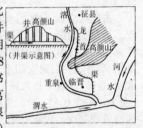

井渠示意图

以东一万多顷盐碱地。于是发兵卒万余人兴工,自征县（今陕西省澄城县）向南开渠,引洛水至临晋境再回注洛水。渠道穿越商颜山（今铁镰山）时,由于黄土渠岸容易崩坍,于是改明渠为隧洞,长十余里。隧洞施工时加开若干竖井,其深者达"四十余丈（西汉1丈=2.31m）",以利通风、采光、出渣、进料及开拓工作面。该段带竖井的隧洞式渠道称为"井渠",《史记》称"井渠之生自此始"。又因开隧洞时曾挖出龙骨,故名为"龙首渠"。施工10多年后渠成,但效益不显著。北周时曾重开此渠,近代洛惠渠位置大约与此相当。又隋开皇三年（583年）引浐水向长安（今西安市）供水的渠道也名龙首渠。

（查一民）

龙抬头式泄洪隧洞 raised-intake-shaft hydraulic tunnel

由进口段、斜井段和纵坡相对很小的平洞段组成的泄洪隧洞。进口段可采用表孔堰流式,也可采用位于水库水面以下的各种深孔式,如竖井式进水口、塔式进水口、岸塔式进水口等。前者过堰水流沿竖曲线进入斜井,再经反孤曲线进入平洞,最后通过出口消能工后下泄,全程为无压流态,工作原理与河岸正槽溢洪道类同,可独力承担泄洪任务;后者泄流能力控制于进口孔流,超泄能力较小,一般不宜独立承担泄洪任务,但可在水库水位较大变幅内运行,与溢洪道配合工作,更可灵活调度,故大型水利枢纽应用较多。深孔进口以下的纵剖面布置与前述类似,仍常用无压流态,这是靠进水口工作闸门后断面突扩实现的。刘家峡水电站就采用这种泄洪隧洞。水利枢纽施工期采用隧洞导流时,导流洞的后段往往可结合作龙抬头式泄洪隧洞的平洞段,这常成为选用这种泄洪隧洞的有利条件;但高水头情况下要特别注意高速水流引起的一系列问题,尤其是空蚀问题,对此可采用掺气抗蚀设施。 （王世夏）

龙溪河梯级水电站 Longxihe Cascade Hydroelectric Stations

长江上游支流龙溪河上的梯级水电站。由狮子滩、上硐、回龙寨、下硐四级水电站组成,分别于1956～1959年建成。狮子滩至下硐全长24km,落差140余m。梯级开发始于1936年,由龙溪河工程处规划设计,拟定装机6.4万kW。建国后重新规划,扩大调节库容,使4级电站总装机容量增至10.45万kW。一级狮子滩水电站利用瀑布落差、混合式开发,枢纽有钢筋混凝土斜墙堆石坝、岸边溢洪道、引水式厂房,库容10.28亿 m^3,多年调节,装机容量4.8万 kW,1957年建成。水利电力部北京勘测设计院和成都勘测设计院设计,四川省水电工程局施工。二级上硐水电站枢纽有半地下引水厂房、浆砌石重力坝,装机容量1.05万 kW,1946年始建,1956年发电。三级回龙寨电站枢纽有浆砌石重力坝、引水式厂房,装机容量1.6万 kW,1940年开工,1956年复建。四级下硐水电站枢纽有块石混凝土重力坝、坝后式厂房,装机容量3万 kW,1943年建

成,建国后改建,1959 年建成。　　　(胡明龙)

龙羊峡水电站　Longyangxia Hydroelectric Station

黄河流域梯级开发中最上游水电站。在青海省共和县境内。1987 年发电。总库容 247 亿 m^3,调节库容 193.5 亿 m^3;装机容量 128 万 kW,单机容量 32 万 kW,共 4 台,年发电量 60 亿 kW·h。坝型为重力拱坝,高 178m,拱外径 265m,工程量 299 万 m^3。坝后式厂房。坝内设中孔、深孔及底孔,分泄不同频率的洪水和向下游供水,以保证水库调度的可靠性和灵活性。岸边有开敞式河岸溢洪道,最大泄洪流量 5 900m^3/s,流速 45m/s。通过与刘家峡两库联合调节可使刘家峡、盐锅峡、八盘峡、青铜峡四座水电站年发电量增加 5.4 亿 kW·h;工业供水 4.6 亿 m^3;新增灌溉面积 100 万 ha。具有发电、防洪、灌溉等综合效益。西北勘测设计院设计,第四工程局施工。
　　　　　　　　　　　　　　　(胡明龙)

笼网围堰　crib cofferdam, gabion cofferdam

用竹笼、木笼、铁丝笼内填石料为支撑体的围堰。按材料分,有竹笼围堰、铁丝笼围堰、木笼围堰等。竹笼或铁丝笼常编成圆柱形,木笼做成框格形等,内填石料,垂直累叠而成,迎水面须设防渗体,以防漏水。　　　　　　　　　　(胡肇枢)

lou

漏洞抢险　protection against percolated flow

对堤防、土坝等工程发生漏洞险性的抢护。漏洞是在汛期或高水位下,堤防背河(或坝下游)或堤(坝)坡出现漏水的孔洞;或因渗水险情抢护不及,发展为集中渗流穿孔成洞。如不及时抢护,将迅速恶化,造成堤坝溃决。抢护时应先在临河找到漏洞进水口,及时堵塞;同时在背河漏洞出口抢修滤水层,制止土壤流失,防止险情扩大。切忌在背河用不透水物强塞硬堵或用土填压出口。　　　(胡方荣)

lu

鲁布革水电站　Lubuge Hydroelectric Station

云南和贵州两省交界处的南盘江支流黄泥河干流最下游的一级水电站。1988 年发电。黄泥河水能资源丰富,流域规划按七级开发。电站所处河段约 10.5km,集中落差 287m,河道平均坡降 27.4‰,采用长洞混合式开发。装机容量 60 万 kW,年发电量 27.5 亿 kW·h。上一级拟建的阿岗水库,可对径流补偿调节,增加发电量 1.9 亿 kW·h。枢纽由拦河坝、泄水建筑物及引水发电系统组成;坝型系黏土心墙堆石坝,最大坝高 101m,坝体工程量 196 万 m^3;左右岸泄洪洞各一条,左岸开敞式河岸溢洪道,最大泄量 1 万 m^3/s 左右;混合式厂房布置在地下,引水洞长 9.382km。水利电力部昆明勘测设计院设计,第十四工程局施工。　　　　　　　　(胡明龙)

陆地水文学　land hydrology

研究陆地水的状态、生成、时空分布与循环、运动规律及水的物理、化学性质,水对环境的反应,并应用于兴水利除水害的一门学科。为水文学的主要分支学科。与海洋水文学合成广义的水文学,也是地球科学的分支。海洋水文学又属海洋科学的分支,故通常水文学又是陆地水文学的泛称。按研究水体分,又可分为河流水文学、湖泊水文学、沼泽水文学、冰川水文学、雪水文学及地下水水文学等。对特殊自然条件分有森林水文学、小岛水文学等特殊分支。按服务对象分有工程水文学、农业水文学、城市水文学及环境水文学等应用水文学。研究内容是地面与地下水的观测、评估与预测,为水资源规划与管理提供依据。研究方法是通过水文测验、调查及遥感等获取资料,分析研究其物理规律及统计规律。随着水资源的开发利用,各种水文问题研究日益迅速发展。　　　　　　　　　(胡方荣)

辘轳　windlass, jigger

又称桔轳。利用轮轴省力原理用人力汲取井水的提水机具。由卷筒、筒轴、曲柄组成。井绳缠绕于卷筒上,末端系水桶,由人转动曲柄提水。因为空桶在井中下沉时,带动卷筒在筒轴上"噜噜"作响而得名。据明代罗顾所著《物原》记载,中国在公元前 1000 年前后就出现此机具,北方农村至今仍在使用。　　　　　　　　　　　　(咸　锟)

露　dew

地面或地物表面因散热降温接近 0℃ 时,附近空气中的水汽达到饱和而在其上凝结的水滴。温度降至 0℃ 以下,露水冻结成冰珠,称冻露。中纬度地区夜间,露水量约为 0.1～0.3mm,一年总计约 10～50mm。一般春露比秋露多,夏季较少。
　　　　　　　　　　　　　　　(胡方荣)

露点温度　dew-point temperature

简称露点。在气压和水汽含量不变的条件下,使未饱和空气冷却到饱和状态时的温度。它不代表空气的冷热程度,而是表示空气中水汽含量多少的一个间接指标。当实际空气中水汽含量一定时,它不受气温变化的影响。露点越高,表示水汽含量越多;露点越接近实际气温,反映空中水汽越接近饱和状态,即相对湿度越大。　　　　(周恩济)

露天式厂房　outdoor powerhouse

将发电机加以防护后置于露天运行的水电站厂

房。可分为露天式及半露天式两种。前者完全不设上部结构,只在发电机顶部设一轻便机罩,以避风雨灰沙。机组安装检修时,用门式起重机吊开机罩,或临时加设雨篷,或在露天检修。后者则具有低矮的上部结构,日常运行时与普通厂房相同,只在机组安装及解体大修时才打开房顶的顶盖,用房顶外的门式起重机起吊机组。基于经济及运行上的考虑,很少采用。　　　　　　　　　　　　(王世泽)

lü

缕堤　strand dikes

顺河流靠近主槽修建的小堤。堤势低矮,形如丝缕,故名。用以约束水流,防御一般洪水。参见遥堤(308页)图示。　　　　　　　(胡方荣)

luan

滦河　Luanhe River

发源于冀北巴彦古尔图山北麓,西源以闪电河为源,向北流绕经内蒙古自治区多伦县,再折向东南流,与东源小滦河在郭家屯合流后的河。穿过燕山山脉,经迁西、滦县等县,至乐亭县东分成数股流入渤海。长 885km,流域面积 4.46 万 km^2,多年平均流量 $148m^3/s$。有兴州河、伊逊河、武烈河、瀑河、青龙河等支流汇入,成不对称羽状水系。干流上建有潘家口、大黑汀等水库。从潘家口水库引水供天津、唐山二市。　　　　　　　　　(胡明龙)

卵形隧洞　oval tunnel

断面呈卵形的水工隧洞。断面周边由多心圆弧组成,衬砌中心线与荷载压力线接近,因而能充分利用砌体材料的抗压性能,大量节省钢材,适于预制装配。在围岩的铅直山岩压力很大、侧向山岩压力也较大,且底部存在向上的山岩压力时采用,并多用作无压隧洞。

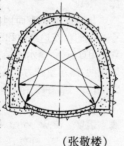

(张敬楼)

lun

轮灌　rotation irrigation

渠道在一次灌水延续时间内只有部分时间输水,和同级其他渠道轮流地工作。一般有两种形式:①集中轮灌:是将上一级渠道的来水集中供给一条下级渠道使用,待这条渠道用水完毕,再将水集中供给另一条渠道,如此依次逐渠供水。这种方式供水流量集中,同时工作渠道长度最短,渠道水利用系数最高。当上级渠道来水流量较小,分散供水会显著增加渠道输水损失时,多采用这种方式。②分组轮灌:是将下一级渠道分为若干组,将上一级渠道的来水按组供水。编组可根据作物种植、需水先后进行集中编组或插花编组。在正常供水情况下,斗、农渠一般都采用这种方式。　　　　　　(李寿声)

luo

罗贡土坝　Rokong Earthfill Dam (Рогунская Земельная Плотина)

世界最高土坝。在原苏联塔吉克瓦赫什河上。1985 年发电。高 335m,顶长 660m,工程量 7 550 万 m^3。库容 133 亿 m^3。水电站装机容量 360 万 kW。
(胡明龙)

螺杆式启闭机　screw hoist

用螺杆旋转牵引闸门升降的启闭机。由传动系统和控制系统组成。前者包括轴架、装在轴加上手摇把的电动机,再通过齿轮传动螺母沿闸门曳引杆转动,带动杆件升降门叶。后者包括限制开关、指示器等。其特点是当闸门不能借自重关闭时,可强制闸门下降,并且刚性杆件有阻滞闸门产生振动的功效。多用于高水头深水弧形门和平面门上。此外在低水头的小型闸门上也广泛采用人力操作的螺杆启闭机(见图)。　　　　　　　　　(林益才)

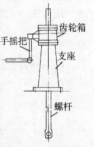

螺旋泵　screw pump

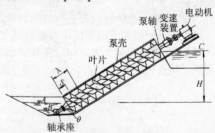

又称螺旋扬水机、阿基米德螺旋泵。利用螺旋叶片的旋转,使水体沿轴逐级上提的水泵。由轴、螺旋叶片、外壳组成。抽水时,将泵斜置水中,倾斜度应小于螺旋叶片的倾角,螺旋叶片的下端淹于水中。当电动机通过变速装置带动螺旋叶片旋转时,水就沿螺旋形流道上升,直至出口。具有制造容易,流量较大,水头损失小,效率较高,便于维修和养护等优点。但扬程低,只适用于水位变幅较小的地区;转速低(一般为 20~90r/min),需加变速装置。多用于

灌溉、排涝和提升污水、污泥等。图中 A—最佳进水位；B—最低进水位；C—正常出水位；H—扬程；θ—倾角；S—螺距；λ—螺旋导程。　　（咸　锟）

螺旋流　spiral flow

呈螺旋式旋转运动的副流。在河流弯道内，因离心力产生的环流叠加在主流上，使水流呈螺旋式前进运动，在沙波和浅滩背后当水流方向与其顶部不相垂直时产生的斜轴副流，以及斜交丁坝后产生的副流都是螺旋流的例子。　　（陈国祥）

洛河　Luohe River

发源于陕西省华阴县华山南麓，在河南省偃师县杨村附近纳伊河，至巩县洛口北注入黄河的黄河支流。长 420km。

旧称北洛河。发源于陕西省定边县南梁山，至大荔县南三河口附近入渭河的渭河支流。长 660km。上、中游经黄土高原，水量变化大，含沙量高。下游建有洛惠渠灌溉工程。　　（胡明龙）

洛惠渠

近代陕西引北洛水灌溉工程。陕西八惠之一。前身为西汉龙首渠。1934 年 5 月兴建。渠首在澄城县洑头村西，拦河坝长 150m，高 16.2m，干渠设计流量 15m³/s。引北洛水灌溉澄城、大荔等县农田，设计灌溉面积 50 万亩。渠系建筑中隧洞和渡槽较多，开工后工程进展顺利，至 1935 年秋基本完工。但由于总干渠穿越铁镰山的五号隧洞(全长 3 037m)出现流沙和塌陷，施工困难，直到 1950 年才建成通水。　　（陈　菁）

洛惠渠灌区　Luohui Canal Irrigation District

位于陕西省关中平原东部，在澄城县洑头村从洛河引水，灌溉大荔、蒲城、澄城三县的 5.2 万 ha 农田。主要农作物为小麦、玉米和棉花，是陕西省的粮棉基地之一。渠首引水枢纽包括拦河大坝、进水闸、泄水闸和 250m 的砌石引水渠道，大坝为拱形砌石重力坝，设计引水流量为 15m³/s，加大引水流量为 18.5m³/s。于 1934 年动工兴建，因穿越铁镰山的 5 号隧洞地质复杂，工程受阻，直到 1950 年才通水受益。洛河洪枯流量相差悬殊，洪水期含沙量很大。为了充分利用水沙资源，管理部门开展了高含沙引洪淤灌的试验研究，取得了显著成绩，把引水的含沙量限值由过去的 15% 提高到 60%，在增加灌溉引水量、肥田改土、减少黄河下游泥沙等方面收到了很大效益。该灌区坚持以用水管理为中心，加强管理工作，在科学用水方面积累了丰富的经验。

（房宽厚）

落差　fall

河段两端的高程差。即 $\Delta h = h_n - h_0$。h_n、h_0 分别为河段上、下游两端的高程(m)。

（胡方荣）

落差建筑物　drop structures

渠道通过地面落差集中或坡度过陡地段时所修建的建筑物。其主要类型有陡坡、跌水、斜管式跌水及跌井等。陡坡与跌水应用较广，按落差大小，二者均有单级和多级之分。其设计要求是：保证建筑物本身及与之相连接的上下游渠道有良好的水力条件，上游平顺进流，下流充分消能，同时须满足强度、稳定、工程量省、施工管理方便、安全可靠等项要求。

（沈长松）

漯川

见漯水。

漯水

又称漯川。古代黄河下游重要分汊河道之一。《史记·河渠书》："禹导黄河至于大邳，于是禹以为河所从来者高，水湍悍，难以行平地，数为败，乃厮二渠，以引其河。"司马贞《史记索隐》按："二渠，其一则漯川，其二王莽时遂空也。"故道自今河南省浚县西南别黄河，东北流经濮阳、范县，至山东省经莘县、聊城、临邑、滨县入海。今山东省徒骇河大致即古漯水变迁而成。　　（查一民）

M

ma

马道　berm

见戗台(198 页)。

马尔柯夫模型　Markov model

认为时间序列中任何时刻 t 的状态 $x(t)$，仅与相邻的前一时刻 $t-1$ 的状态 $x(t-1)$ 有关，根据这一关系所建立的随机过程模型。由俄国数学家马尔柯夫(Марков, A. A. 1856～1922 年)提出，故名。模型的数学表达式为：

$$X_t = a_1 X_{t-1} + \varepsilon_t$$

X_t、X_{t-1} 分别为 t 和 $t-1$ 时刻的随机变量；a_1 为马尔柯夫系数；ε_t 为 t 时刻的随机干扰因素，是一独立的标准化正态随机变量。1961 年美国布里顿首次运用此模型模拟科罗拉多河的年径流系列,即假定当年的年径流量 W_t 仅与前一年的年径流量 W_{t-1} 有关,再加上一随机项 ΔW。由于模型很简单,在水文计算中得到相当广泛的应用。若同时考虑前二年、前三年、…的年径流量 W_{t-2}、W_{t-3}、…、W_{t-n} 对 W_t 的影响,则马尔柯夫模型拓广成为 m 阶自回归模型。

(朱元甡)

马赫数 Mach Number

气流运动的相似准数和流态判别参数。一般表达式为

$$M = v/c$$

v 为物体与流体相对运动速度;c 为音速,0℃时空气中音速 $c \approx 331$m/s。对不同情况有具体不同马赫数。马赫数同量是气流运动相似的必要条件。在风洞中进行气流模型试验时一般都须满足这一条件。M 愈大流体介质的压缩性影响愈显著。当 M=1 时形成激波。M<1 称亚音速,M>1 称超音速。用气流模型试验研究水工中问题时一般在 M<1 的低速风洞中进行。

(王世夏)

马拉开波湖 Lake Maracaibo(Lago de Maracaibo)

位于委内瑞拉西北部,水道与委内瑞拉湾相通的南美洲大湖。地处北纬 9°06′~10°32′,西经 70°58′~72°05′。面积为 1.36 万 km^2,宽 3~12km、长 35km,口窄内宽,湖水较浅,南部有苏利亚河流入,水呈南淡北咸,周围为沼泽洼地,盛产石油,西北岸储有大量煤,东岸储有 1 万多亿 m^3 天然气。水产及水资源丰富。

(胡明龙)

马拉维湖 Lake Malawi(Nyasa)

旧称尼亚萨湖。在马拉维、莫桑比克、坦桑尼亚接壤处的非洲南部淡水湖。地处南纬 9°26′~14°17′,东经 33°48′~35°25′,由断层陷落而成。湖面海拔 472m,南北长 560km,东西宽 32~80km,面积为 3.08 万 km^2。平均水深 273m,最深处 706m。湖周多高崖绝壁。有 14 条河流注入。湖水经希雷河流入赞比西河。沿岸有奇龙巴、恩卡塔贝、卡龙加、科塔科塔、奇波卡等湖港。

(胡明龙)

马斯京根法 Muskingum method

美国陆军工程兵团麦卡锡(McCarthy)等人于 1935 年研究马斯京根地区洪水控制工程时,提出的一种洪流演算方法。该法假定河段蓄量 S 与上下断面流量 I 和 O 之间为线性关系:

$$S = KO + KX(I - O)$$

此式称为马斯京根槽蓄方程,K、X 为参数。与河段水量平衡方程联立求解,经整理可得马斯京根流量演算公式:

$$O_2 = C_0 I_2 + C_1 I_1 + C_2 O_1$$

上下断面流量 I 和 O 的下标 1 和 2 分别代表计算时段 Δt 的始末;C_0、C_1 和 C_2 为演算参数,可由下式计算:

$$C_0 = \frac{0.5\Delta t - KX}{K - KX + 0.5\Delta t}$$

$$C_1 = \frac{KX + 0.5\Delta t}{K - KX + 0.5\Delta t}$$

$$C_2 = \frac{K - KX - 0.5\Delta t}{K - KX + 0.5\Delta t}$$

可以证明

$$C_0 + C_1 + C_2 = 1$$

根据上述马斯京根流量演算公式,可由时段始末的上断面流量 I_1、I_2 和时段初的下断面流量 O_1,计算出时段末的 O_2。如此逐时段连续演算,便可得出下断面的流量过程。

(刘新仁)

马蹄形隧洞 horseshoe tunnel

断面呈马蹄形的水工隧洞。断面周边由多心圆弧组成,顶部为半圆形。其受力条件较好,适用于岩石比较软弱破碎,铅直及侧向山岩压力均较大,且底部也存在向上山岩压力的无压隧洞。

(张敬楼)

马头 fascine platform

堵闭河堤决口时下沉埽工的埽台。取土平铺河堤坦坡,填筑而成具有适当坡度的埽台,以便卷拉埽工。埽工是将树枝、秫秸、芦苇、石头等用绳子捆紧做成圆柱形体,用以保护堤岸防水冲刷。所谓出马头,就是筑埽台以便下埽堵闭决口,是一种堵口的施工方法。

(胡方荣)

马牙桩

即排桩。有时指双层排桩。《河防志》:"堤岸坚固者,莫如石工,次则密钉马牙桩。" (查一民)

玛纳斯河灌区 Manas River Irrigation Area

位于新疆维吾尔自治区天山北麓玛纳斯河流域,灌区范围包括玛纳斯、沙湾两县和石河子市郊区。灌溉面积为 20 万 ha。灌区属大陆型气候,冬冷夏热,日较差大、光照充足,无霜期为 160~170d,多年平均降雨量为 100~200mm,蒸发量为 1 500~2 000mm,不灌溉即无农业。农作物以小麦、玉米、棉花、甜菜为主。中国人民解放军新疆建设兵团从 20 世纪 50 年代开始在玛纳斯河流域兴修水利、开垦荒地,1959 年灌区骨干工程基本建成,原设计灌溉面积为 14.7 万 ha,后经逐年扩建,灌溉面积不断扩大。引水枢纽工程位于红山嘴,设计引水流量为

105m³/s。为了调节河道径流,在下游地区先后修建了4座大中型平原水库,总库容为4亿m³。灌区内有机井1 500多眼,年提取地下水1.2亿m³,用以弥补春、秋灌季节河水的不足,并以灌促排,降低地下水位,加速土壤脱盐。灌区各级渠道总长度为8 000多km,其中四分之一已经修建了防渗护面。除保证农田灌溉外,在发电、养鱼、绿化等综合经营方面也有较大发展,已建成水电站4座,装机容量为5万多kW,水库年产鱼500万t。　　（房宽厚）

杩槎
　　明代又称闭水三脚,清初又称"木马"。圆木三角架为主体的木结构临时截流导流建筑物。用于河

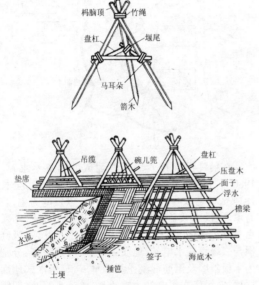

床系卵石块石组成的山区河道,如四川都江堰。杩槎是由三根圆木用竹索捆扎成三脚架,在架的中部捆三根横木(称为盘杠)将杩脚张开并固定。施工时可将多个杩槎依次排列于河道中,两脚向前迎流,其所成之迎水面称为"罩面";背水面的一根杩脚称为"箭木"。盘杠上放置石块使之稳定。在迎水面用长木(称为檐梁或顺木)将各个杩槎互相连接绑扎成为整体。在檐梁外再竖向绑扎木棍(称为签子)一层;签子外加方眼竹篱(称为花栏)一层;花栏外加竹片编成的竹笆(称为摇笆)一层;有时在摇笆外再加竹篾编成的垫席一层,以减少黏土的损耗。然后沿垫席外倒黏性土(内加20%体积比的卵石或块石)筑埂,最后拦住水流。当河水较深时,檐梁受力大,为防其变形和断裂,可在其背水面安设上下两排木料支撑,称为撑子,俗称"驮子"。杩槎可用来截流挡水、导流调节水量、抢险堵口、护堤护闸,也可用来搭便桥和围堰等。拆除时,先拆盘杠和撑子,再用绳索拉倒杩槎,最后清泥,木料可以捞起再用。杩槎造价

低廉,施工方便,并可随水情流态改变其长短。
　　　　　　　　　　　　　　　　（查一民）

mai

麦卡土石坝　Mica Earth-rockfill Dam
　　加拿大最高的土石坝。在哥伦比亚河上,位于不列颠哥伦比亚省雷夫尔斯托克。1973年建成。高242m,顶长792m,工程量3 211万m³。库容247亿m³。水电站装机容量261万kW。
　　　　　　　　　　　　　　　　（胡明龙）

脉冲喷灌　impulse sprinkler irrigation
　　使用脉冲喷头的间歇喷灌方法。脉冲喷头由喷管和水气箱等组成。喷管和一个水气箱连接,压力水流经供水管道以小流量q连续不断地向水气箱供水,当水气箱中水位上升,压力增大到P_2时,喷管内的控制阀打开,压力水由喷头迅速喷出,水气箱中的压力随之下降,降到P_1值时,喷管的阀门自动关闭,停止喷水。然后,又重复这个循环。充水时间一般为1~5min,喷水时间一般为1~3s。所以喷水流量大、射程远、平均喷灌强度低,可减小供水管道的直径、增大支管的间距;但脉冲喷头的结构比较复杂。　　　（房宽厚）

脉动强度　fluctuation intensity
　　表征紊流中水流脉动强弱的标值。常用脉动流速的均方根表示为

$$\sigma_{u'} = \sqrt{\overline{u'^2}} \quad \sigma_{v'} = \sqrt{\overline{v'^2}}$$
$$\sigma_{w'} = \sqrt{\overline{w'^2}}$$

$\sigma_{u'}$、$\sigma_{v'}$、$\sigma_{w'}$分别为沿流向、横向及垂向的脉动强度;u'、v'、w'为相应方向的脉动流速,"—"为算术平均符号。$\sigma_{u'}$、$\sigma_{v'}$、$\sigma_{w'}$具有速度量纲。紊流中各点的脉动强度不同,其分布遵循一定规律,在不同水流条件下脉动强度也不同。　　　　　　　（陈国祥）

脉动压力　fluctuating pressure
　　水流紊动对建筑物表面产生的围绕时均动水压强线上下跳动的随机水压力。其大小以统计特征值表示,取决于水流的流速和边界条件。流速愈大,水流质点紊动愈强烈,动水压强的脉动也就愈大。边界表面凹凸不平,或边界突然改变,或形状不符合流线型,都会使水流脱离边界形成局部漩涡,引起动水压强的脉动幅度急剧增大,有时最大脉动压强可超过时均压强1倍以上。它对泄水建筑物可能产生三方面的不利影响:①增加建筑物的瞬时荷载;②可能引起建筑物的振动,当脉动压强的优势频率与建筑

物自振主频率很接近时,就有可能发生强烈震动或共振,甚至导致建筑物的破坏;③增加发生空蚀的可能性。它可通过水工模型试验测定,或参考国内外原型观测和模型试验所提供的数据,用 $p_m = \pm \alpha_m \frac{v_c^2}{2g} r_0$ 的公式进行估算。式中 v_c 为水流平均流速;r_0 为单位水体积所受重力;α_m 为脉动压力系数,对急流区其值一般可在 0.05~0.1 之间。工程上习惯将脉动压强(点脉动压力)和动水荷载的脉动(面脉动压力)统称为脉动压力。

(林益才)

man

曼格拉土坝 Mangla Earthfill Dam 巴基斯坦杰卢姆河上的大体积土坝。位于旁遮普省杰卢姆城附近。1967 年建成。高 138m,顶长 3 139m,工程量 6 537.9 万 m³。库容 72.52 亿 m³。水电站装机容量 100 万 kW,现有 60 万 kW。

(胡明龙)

漫灌 wild flooding irrigation 引水漫流、无田间工程约束的灌溉方法。不平整土地,不修筑灌水沟、埂等田间工程,从河道或渠道放水,任水流在重力作用下四处漫流,向农田补充水量。是最古老、最粗放的地面灌水方法。主要缺点是浇地不匀,严重地破坏土壤结构,浪费水资源,招致地下水位急剧上升,引起土壤沼泽化和盐碱化。故应废止。

(房宽厚)

漫射式喷头 diffusion-type sprinkler 喷出的水流具有沿切向旋转的速度,在空气阻力作用下迅速裂散成水滴的固定式喷

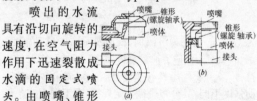

头。由喷嘴、锥形轴(螺旋轴)、喷体、接头等组成。水流沿切线方向或沿螺旋孔道进入喷体,并沿锥形轴或壁面旋转,最后从喷嘴射出。工作压力低,雾化程度高;但控制面积小。多用于苗圃、温室、花坛等处。

(房宽厚)

漫滩水 又称漫水。水溢上滩,迟行无溜者。为水势名称。

(查一民)

漫溢抢险 protection against overtopping 为防止洪水漫溢堤顶的抢护工作。当预报洪水位将超过堤顶(土坝)或施工围埝设计洪水位漫顶时,为防止洪水漫决,应迅速进行抢护。可在堤顶临水一侧抢筑子埝防护。

(胡方荣)

mao

猫跳河梯级水电站 Maotiaohe Cascade Hydro-electric Stations

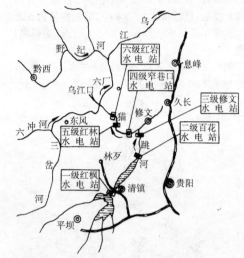

在猫跳河上按六级开发建成的梯级水电站。1980 年全部建成投产。猫跳河是乌江支流,全长 181km,落差 550m,利于梯级开发。以发电为主,兼有灌溉、供水效益。总装机容量 23.9 万 kW,年发电量 9.182 亿 kW·h。自上而下顺序开发,一级红枫与二级百花水电站,地质条件差,河道宽阔,分别为木板斜墙及钢筋混凝土斜墙堆石坝,引水式地面厂房;三级修文水电站为重力坝,溢流式厂房;四级窄巷口水电站为双曲拱坝,引水式地面厂房,砾石覆盖层深 27m,用跨河拱为基础,颇具特色,设两道钢筋混凝土防渗墙;五级红林水电站为低坝引水式厂房;六级红岩水电站为双曲拱坝,中孔泄洪,引水式地面厂房。贵州省勘测设计院、水电工程局和水利电力部第九工程局、勘测设计院设计和施工。

(胡明龙)

毛管断裂含水量 moisture of the capillary bond disruption 土壤中毛管悬着水因土壤蒸发、植物吸收等而逐渐减少到毛管连续性遭到破坏时的土壤含水量。土壤水分处于这种状态时,运动性明显减缓,表现为已不能整体地向蒸发面运行而蒸发失水量大大减少,植物吸收也得不到及时补给,生长受到抑制,又有生长阻滞含水量之称。其数值大约相当于田间持水量的 65%,可作为适宜土壤水分的下限。

(刘圭念)

毛管上升带 capillary fringe

毛细管支持水带。在地下水面之上,由于土壤孔隙大小分布不均匀,毛管上升水高度也不相同,形成一个不均匀的水分分布带。其厚度决定于土壤性质,从砂土到黏土,逐渐增大。　　(胡方荣)

毛管水　capillary water
受水的表面张力和毛管壁与水分子间的吸持力的共同作用而保持在土壤毛管孔隙中的水。根据所处部位和存在状态分为毛管上升水和毛管悬着水两类。前者存在于潜水面以上的土层中,是地下水沿毛管孔隙上升至一定高度并保持在土壤孔隙中的水分;后者存在于不受地下水补给影响的上层土壤孔隙中,是降水或灌溉进入并保存在土壤中的水分。具有一般自由水的理化性质,有溶解力,可在任意方向由毛管力小处向毛管力大处移动,移动速度较快,是与农作物生长关系最密切的水分类型。
　　(刘圭念)

毛管现象　capillary phenomenon
细管内水上升的现象。当一细圆管下端插入水中时,由于液体表面在非常细小的管内形成弯月面,使液体表面变化;又因表面张力和收缩作用,使液面又趋向水平,管内液体就随之上升,以减少面积,直至表面张力向上的拉引作用与管内升高的液柱重量平衡时为止。管径愈细,上升高度愈大。
　　(胡方荣)

毛渠　field subbranch
灌溉渠系中的季节性渠道。上接农渠并与之垂直,下与田间工程直接相通,将水送到田间。
　　(沈长松)

锚筋桩　anchor pile
为锚固建筑物以增强其稳定性而在地基中设置的钢筋混凝土桩。在土基或较软弱、破碎岩基上的消力池底板和溢洪道泄槽底板等处,因承受扬压力、脉动压力和水流拖曳力等的作用,当采用降低渗透压力或锚筋加固等措施尚不能依靠自重维持稳定时,可在地基中钻孔灌注锚筋桩,使底板与锚筋桩连接成整体,借助锚筋桩重量和桩与地基间的锚固力,以提高底板的稳定性。如中国岳城水库溢洪道底板即采用锚筋桩加固。　　(林益才)

mei

梅花桩
以五根为一组,布置成梅花形而打下的桩。类似的还有"三星桩"、"七星桩"、"九宫桩"、"十三太保桩"、"鸡脚桩"、"人字桩"、"棋盘桩"、"满天星"等等。
　　(查一民)

梅山水库　Meishan Reservoir
安徽省金寨县史河上的治淮骨干水利工程。1958年建成。总库容23.37亿m^3,调节库容9.12亿m^3;电站装机容量4万kW,年发电量1.1亿kW·h。建筑物有连拱坝、溢洪道、泄水洞、坝后厂房等;坝高88.24m。有防洪、灌溉、发电等效益。淮委勘测设计院和上海勘测设计院设计,梅山水库工程局施工。
　　(胡明龙)

梅雨　plum rain
又称霉雨。中国江淮流域每年6~7月间出现较长时间的降水过程。正值梅子黄熟,故名。该时节空气湿度大,衣物容易发霉,又称"霉雨"。由冷暖空气在上空徘徊交锋形成,是江淮流域每年主要雨季。其特点是阴雨连绵,间有阵雨和雷雨,有时可达大暴雨,总降雨量多。　　(胡方荣)

湄公河　Mekong River
上源为中国的澜沧江,从云南省流出点起,经缅甸、老挝、泰国、柬埔寨、越南等国,注入南海的亚洲中南半岛第一大河。澜沧江与湄公河总长4 500km,流域面积81万km^2,河口年平均流量12 000m^3/s,均居东南亚诸河之首。下游多岔流,河口为三角洲,入海河段称为九龙江。水力资源丰富,蕴藏量1 000余万kW,金边以下可通3 000t海轮。支流上建有南崩、兰保、会扬和乌博尔拉德纳等水库和水电站。
　　(胡明龙)

煤耗　coal consumption
火电站发1kW·h电所消耗的煤量。以kg/(kW·h)计。火电厂担任系统峰荷运行时,每发1kW·h电所消耗的煤量,称峰荷煤耗。火电站担任系统基荷运行时的煤耗,称基荷煤耗。通常基荷煤耗小于峰荷煤耗。　　(陈宁珍)

美国防洪法　US Flood Control Act
由美国制订的防洪法规。曾先后制订和修订若干次。1917年该法:由于1915和1916两年大洪水导致1917年防洪法的制订,要求工程师兵团承担密西西比河及萨克拉门托河防洪工程(不包括水库)的规划与建筑,至少一半的筑堤费用应由州或地方负担。直至1927年密西西比河一次大洪水之后,美国人民始知需有完善的防洪计划,方能御御洪水,于是成立密西西比河流域防洪委员会,同时联邦政府,亦立即加入并扩大其范围,并开始承担防洪工程的全部经费。1936年该法:由美国国会正式通过,1937年又进行修订。开始了全国性的防洪计划,授权工程师兵团管理所有的联邦防洪活动,致力于减少未来洪水损失,并开始对效益-费用进行分析,以更完善的通信及交通设施迁移洪水通道上的居民以减少生命损失;建新坝或扩建旧坝供临时蓄洪以减少洪水发生的频率,使削减洪峰和下游灾害;试图鼓励人民在洪泛区建筑。根据工程的大小、效能和地理条件把防洪工程分给工程师兵团及农业部两个单位承担。1944年该法(补充):批准建造空前多的工程,因为第二次世界大战结束后会带来大量的失业。1956年还制订了联邦防洪保险法。1960年该法(补充):批准工程师兵团开始洪泛平原的土地利用规划。1970年该法(补充):批准陆军部长通过总工程师研究工程师兵团建筑的工程运行情况,确定在结构上如何改善或运行以改进环境质量。

(胡方荣)

美国加州引水工程 California Aqueduct of USA

位于美国加利福尼亚州的大型引水工程。主要为城市与工业供水。1974年建成水库21座,总库容71亿 m^3,输水干支渠5条,总长1028km,水泵站15座。该工程与中央河谷工程基本平行,且是后者的后续工程,不仅调水到中央河谷中、南部,还伸至洛杉矶地区。共有2条输水道,其一洛杉矶输水道,从奥温斯河及蒙那湖引水,1913年建成,长540km,输水流量 $14m^3/s$,1970年又建成平行长284km 输水道,两者年总输水量5.8亿 m^3;其二科罗拉多河输水道,从派克水库引水,1940年建成,长389km,有小型调节水库4座,水泵站4座,年引水量15亿 m^3。全部建成后,年平均供水能力52亿 m^3,发电66亿 $kW·h$,兼有防洪、灌溉、旅游等综合效益。

(胡明龙)

美索不达米亚平原 Mesopotamia Plain

又称两河流域。位于中东安纳托利亚-伊朗高原与阿拉伯高原之间冲积而成的平原。包括伊拉克大部,叙利亚东北部,伊朗西南角及科威特大部。广义指底格里斯河与幼发拉底河中下游广大丘陵平原地带;狭义指两河之间地带。南部绝大地区为平原,海拔不足100m,地势低平,多沼泽,易被洪水淹没;北部多丘陵、草原。以两河之水为灌溉水源,灌溉平原地区,农业极发达,6000年前已形成发达文化,是古巴比伦文明的发祥地。

(胡明龙)

men

门吊 gantry crane

见门式起重机。

门式起重机 gantry crane

简称门吊。又称龙门起重机。由带支腿的桥架及其上的提升机构(小车)构成的起重机械。桥架支腿底部有车轮,可沿地面轨道移动。如桥架一端的支腿落地,另一端支持在高架轨道上,则称半门式起重机。水电站进口及尾水闸门处及露天厂房常采用。

(王世泽)

meng

孟渎

又称孟河。古代江南引江灌溉及通航渠道。位于今江苏常州西。唐元和八年(813年)常州刺史孟简循故渠旧迹重开,长41里(唐1里≈0.54km),灌田4000顷(唐1顷≈今0.81市顷)。该渠北通长江、南接运河,成为通江重要航道之一。

(陈 菁)

mi

密度流 density current

海水密度分布不均匀引起等压面倾斜而产生的海流。当海水密度分布不均匀时,密度小的地方,等压面之间的距离就大;反之,距离就小。从而使等压面发生倾斜,并在水平面上产生水平压强梯度力,导致海水运动。海水密度变化与海水温度、盐度的变化密切相关。

(胡方荣)

密度跃层 maximum gradient layer of sea water density

海水密度随深度变化最显著的水层。在层结稳定的海洋中,海水密度铅直分布通常不全是渐变的,而是在风混合层之下有阶跃状变化。海水密度变化主要取决于温度变化,故与温度跃层大体上重合。

(胡方荣)

密封装置 sealing apparatus

又称水泵轴封装置。密封泵轴穿出泵壳处的缝隙的设施。防止泵内的高压水从此处大量流出和防止空气进入泵内,还可起部分支承转子和引水润滑、冷却泵轴的作用。按密封的结构与材料可分为填料函密封、机械密封和有骨架的橡胶密封。

(咸 锟)

密西西比河 Mississippi River

发源于明尼苏达州伊塔斯卡湖,南流经密西西比平原,注入墨西哥湾的美国著名大河。印第安语为"大河"。本身长3950km,以密苏里河为源,长6262km,流域面积322.2万 km^2,河口年平均流量1.9万 m^3/s,平均年径流量5800亿 m^3。支流有俄亥俄河、田纳西河、密苏里河、阿肯色河等,春夏河水暴涨,沿河低地常泛滥成灾。干、支流可通航2.5万km,有运河与五大湖相通,为内陆水路大动脉。建有福特、伦道尔、奥黑等水库和加瑞桑水电站。

(胡明龙)

密云水库 Miyun Reservoir

位于北京市密云县潮、白河上的一座大型水库。是根治海河重要组成部分,1960年建成。总库容41.9亿 m^3,为多年调节。有主坝、副坝7座,总长4 559.5m,坝型为黏土斜墙及黏土心墙坝;坝基防渗以混凝土防渗墙为主,水泥黏土灌浆帷幕为辅;有溢洪道3座;泄洪、引水隧洞6条;水电站装机容量8.8万kW,年发电量1.15亿 kW·h。担负防洪、供水、灌溉、发电等任务,为京、津、冀供应生活和工农业用水,可使12万多ha耕地免受洪灾,灌溉耕地20多万ha。清华大学水利系设计,密云水库修建总指挥部施工。

(胡明龙)

mian

面板坝 dam with faceslab

用面板作防渗体设在上游坝面的土石坝。有钢筋混凝土面板坝、沥青混凝土面板坝。较低的坝亦有采用木板与钢板作为面板的。坝体与面板可先后分别施工,干扰小,施工快,受天气影响小,在各类堆石坝中工期最短。因面板坝上游面的水重利于稳定,故坝体工程量较小,导流隧洞短,可减少投资。近年来,钢筋混凝土面板堆石坝的发展尤为迅速。

(束一鸣)

面板堆石坝 rockfill dam with faceslab

非柔性防渗体设在坝体上游迎水面的堆石坝。按面板材料可分为钢筋混凝土面板坝、钢面板坝及木面板坝。其中前者应用广泛,后两者因面板易于锈蚀与腐蚀,采用较少。优点是防渗面板可在堆石支承体完成后施工,无相互干扰,速度快,工程量小,但要求堆石体密实。

(束一鸣)

面流消能 energy dissipation of surface regime

通过跌坎使泄水建筑物下泄水流出坎后主流在表层而在坎下形成底部逆溯旋滚的一种消能方式。跌坎顶部可呈水平或略有小挑角。坎高和体型选择应使各运行工况的流态为自由面流、混合面流、淹没混合面流和淹没面流四者之一,这四者是下游

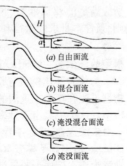

(a) 自由面流
(b) 混合面流
(c) 淹没混合面流
(d) 淹没面流

水位相对坎顶高程由低向高变化时可能依次出现的,但应避免下游水位相对过高或过低时出现非面流型衔接。这种消能方式适用于下游水深较大而变幅不大的中、低水头溢流坝,其优点是主流与河底隔开,逆溯旋滚的底流速又指向坎基,可避免其附近河底冲刷,而不需衬砌保护,当水面无旋滚时并可排放漂浮物。但其消能率低,虽对河底无严重冲刷,却伴有延伸甚远的成串波浪,对下游两岸冲刷能力较强,对通航也有不利影响,实用不很广。

(王世夏)

面蚀 surface erosion

在雨滴打击和地表水径流冲刷作用下,大面积表层土壤被剥蚀并随水流失的现象。常发生在缺乏植被、土质疏松的缓坡地上。

(刘才良)

min

民埝 civil dikes

又称生产埝、行洪堤、套堤、圩垸。民修民守的堤。类似娄堤。在行洪区内群众用以保护耕地和农舍所修建的堤工。在中国江河上,凡影响河道排洪的民埝,由政府规定加以限制。

(胡方荣)

民生渠

民国期间绥远省萨拉齐地区引黄灌溉工程。位于今内蒙古自治区土默特右旗和托克托县境内。1927~1928年间该地区连年大旱,灾情严重,遂用以工代赈的办法兴建该渠。渠成于1931年。但由于仓促开工,未经详细勘测,渠道不能引水灌溉,未能产生效益。1949年10后曾利用其部分渠道实行电力提灌,现灌田已达100多万亩。

(陈 菁)

岷江 Minjiang River

源出岷山南麓,西源出郎架岭,东源出弓杠岭的长江上游支流。一条流经四川省中部的河流。南流经灌县出峡谷,分内外江,后至江口又复合为一,纳大渡河,至宜宾注入长江。长793km,流域面积13.35万 km^2。年径流量900多亿 m^3,水力资源蕴藏量占长江水系1/5。支流有黑水河、青衣江、大渡河、马边河等汇入。上游谷深水急,干流有著名的都江堰水利工程,支流渠系纵横,灌溉成都平原达54万ha。支流上建有龚嘴和铜街子水电站及代家沟、东风、黑龙滩等水库。灌县以下可通航。

(胡明龙)

闽江 Minjiang River

上游有建溪、富屯溪、沙溪三源,均发源于武夷山地,在南平市汇合后的福建省最大河流。至福州市以东分南北两支,至罗星塔复合流入东海。长577km,流域面积6.08万 km^2,占全省面积1/2。较大支流有尤溪、古田溪、大樟溪等。干、支流水量丰富,年径流量621亿 m^3,水力蕴藏632万kW,南平市以下为重要交通航道,上、中游滩多水急,建有古田溪梯级、安砂、池潭、沙溪口等水电站。

(胡明龙)

敏感性分析　sensitivity analysis

分析和预测项目主要因素发生变化时对经济评价指标的影响并分析其敏感程度的方法。可能发生变化的因素有投资、效益、施工年限、达到设计效益的年限、电力系统负荷水平、负荷指数(日负荷率)等。项目对某种因素的敏感程度可表示为该因素按一定比例变化时引起评价指标变化的幅度，也可以表示为评价指标达到临界值时允许某个因素变化的最大幅度，即极限变化。　　　　　（施国庆）

ming

明沟排水　open ditch drainage

利用开挖的沟道，排除多余地面水或控制地下水位的排水方式。是历来采用最为广泛的一种农田排水方式。输水能力大，施工方便，造价较低；但沟道占地多，妨碍田间机械作业和交通，沟坡易滑坍，沟道易淤塞和滋生杂草，管理费工。（赖伟标）

明流隧洞　free flow tunnel

见无压隧洞(289 页)。

明满流过渡　transition from open channel flow to pressure flow

水工隧洞或涵管内出现的时而满流、时而又有自由水面的水流流态。发生在进口闸门的启闭过程中以及出口不被淹没、而库内水位下降到某一临界水位后的一定范围内。这种流态情况复杂，可能引起强烈振动或空蚀，应尽量避免。最有效的防止措施是将工作闸门布置在隧洞出口。

　　　　　（张敬楼）

明渠导流　open-channel diversion

利用修建明渠作为导流泄水建筑物的施工导流方法。在丘陵或平原河流上修建闸坝等建筑物时多常使用。近年来也用于河床狭窄、流量大的山区河流。当开挖导流隧洞有困难或难以满足某些要求时，如不能中断通航、过木，常选用这种导流方法。

　　　　　（胡肇枢）

《明史·河渠志》

明代水利专志。《明史》专志之一。清代官修，张廷玉等撰，共 6 卷，乾隆四年(1739 年)成书。按流域或地区分类记述了洪武元年至崇祯十六年(1368～1643 年)间全国范围的水利史料。对黄河、运河记述较详。　　　　　（陈　菁）

mo

模比系数　coefficient of modulus of flow

又称径流变率。一定时段内径流值与同一时段多年平均径流值的比值。反映径流变化的情况。无因次。径流值可以是流量、径流总量、径流深度或径流模数。若比值大于 1.0，说明水量较正常情况多；若小于 1.0，则相反。　　　　　（胡方荣）

模范河段　model reach

天然河流在长期演变过程中自然形成的相对稳定、形态规则、通航条件良好的河段。其特点一般是弯道和浅滩位置比较稳定，浅滩段水深相对较大，边滩较高，深槽稳定，两弯道间过渡段长度适宜，其宽度与深槽宽度相差不大，水深相对较大，且连接平顺。这种河段可作为规划设计整治工程的重要参考依据。　　　　　（周耀庭）

模型变率　distortion scale of model

模型的水平比尺与垂向比尺之比值。在某些具体情况下模型的平面比尺和垂向比尺不能取同一数值，这种模型称为变态模型。河工模型做成变态的较多，但对以水工建筑物为重点研究对象的模型不宜变态，即使对河工模型，在一般情况下变率也不宜用得过大，在条件许可时，变率愈小愈好。

　　　　　（周耀庭）

模型沙　modeling sand

河工模型中用来模拟河流泥沙的固体颗粒。可以是重率小于天然泥沙的轻质颗粒，也可以是按一定比例缩小了粒径的天然泥沙。模型沙应满足几何相似(即各组粒径都按某一比尺缩小)、沉降速度相似、起动条件相似和输沙率相似等条件。最后做到在河工模型上的冲淤情况相似。常用的模型沙材料有电木粉、煤粉、滑石粉、木粉、木屑、塑料沙等。

　　　　　（周耀庭）

模型相似理论　similarity theory of modelling

用缩尺模型研究原型各种物理现象或物理过程所应满足的相似准则、相似充要条件，以及这些准则、条件本身求取途径和在模型试验中实现方法的统称。　　　　　（王世夏）

模型验证试验　verification test of modelling

为检验新建模型与原型的相似性而将原型已知物理过程在模型上重演的试验。主要用于河流泥沙模型。这类模型由于过多的相似准则要求或相似律本身未臻成熟，难以一次设计、建造完善，可通过验证试验，适当调整模型本身或校正某些相似常数，至满意为止。例如为验证河工模型的阻力相似性，可按原型已有实测水面线的某流量已知值在模型上施放相应流量，并测出模型水面线；于是比较模型与原型的水力坡度，如模型坡降偏缓，则对模型河床适当加糙，反之要适当减糙；还可适当调整坡降的相似比尺值，如此等等。　　　　　（王世夏）

摩阻作用可加性原理　the principle of resistance

linearity

当许多阻力单元同时并存时,推求总阻力的一种理论。假定部分阻力与综合阻力之间存在线性关系,即假定总阻力等于部分阻力之和。爱因斯坦(H.A.Einstein)及班克斯(R.B.Banks)通过试验证明可以据此原理来处理冲积河流阻力问题,但是只有在一定条件下才是正确的。 （陈国祥）

抹岸

又称抹岸水。涨溢出槽,漫过堤顶的水流。为水势名称。《宋史·河渠志一》:"涨溢踰防,谓之抹岸。" （查一民）

抹面衬砌 paste lining

又称平整衬砌。减小隧洞内壁糙率和防止渗漏的护面结构物。常用混凝土、喷浆、砌石等做成,一般喷浆厚度为1～2cm,水泥沙浆厚度为5～15cm,混凝土最小厚度为20cm。因不能承受荷载,仅适用于岩层较好、水头较低的情况。 （张敬楼）

墨西哥型溢洪道 Mexico-type spillway

控制堰平面上弯曲凸向上游的开敞式河岸溢洪道。因最先在墨西哥水利工程中采用,故名。除曲线堰外,其余组成部分类似正槽溢洪道。特点是在同等地面宽度范围内获得较长的溢流前缘,有时较为经济;但由于从控制堰到陡槽之间边墙的显著收缩以及过堰水流本身的向心集中,水流条件复杂,陡槽中有明显的冲击波,常采用堰下水平消能过渡段或陡槽前段加糙等措施。中国曾将其用于山区中小型工程,控制堰采用低堰断面,堰顶不设闸门。
 （王世夏）

mu

母线 bus bar

在配电装置中用来连接各种电气设备,汇集、分配和传送电能的导体。常以铜、铝或钢制成。可分为软母线及硬母线两大类。软母线常采用钢芯铝绞线,当单根绞线的截面不足以通过要求的电流时可采用组合导线。硬母线常采用矩形、槽形、圆形或管形截面。 （王世泽）

母线道 bus-bar gallery

发电站厂房中用以敷设母线及发电机引出线的专用通道。由于引出线及母线电压高,电流大,需占据相当大的空间,并对防潮、通风、保安、检修等均有较高要求,一般均须专门设置。 （王世泽）

木坝 timber dam

主要依靠木结构挡水、防渗的坝。用于林区低水头溢流坝,可视为当地材料坝;在非林区或仅用作非溢流坝,远比土石坝昂贵。其关键部位是兼起稳定、防冲、抗渗作用的护底。随地基条件不同,护底结构也可不同,土基上可用木桩式护底、木笼护底、桩基木笼护底;岩基上可用木笼护底、扶壁式护底等。其优点是容易加工,对温度变化不敏感,不受严寒气候影响,抗清水冲刷能力也较强;缺点是其强度和变形受含水量严重影响,能被泥沙和冰块磨损,特别是易腐朽和易受虫害,因而耐久性也差。前苏联寒冷林区有应用木坝的较多经验,中国尚无木坝实例,但作为施工临时建筑物,不止一次地用过木笼围堰。 （王世夏）

木柜 timber tank

由圆木或木条构成的长方形大柜,内装块石,用作筑堤坝、滚水堰坝或护岸、抢险、堵口等的水工建筑构件。其作用与竹笼(竹络)、石囤相似,但更为坚固耐久。木柜可排列成行,并用长木联结成为整体,以增加其稳定性和抗冲能力。元、明、清三代在浙江海塘上也曾大量使用木柜筑海塘及附塘坦水。
 （查一民）

木兰陂

位于今福建莆田县西南木兰溪上著名御咸蓄淡灌溉工程。工程初建于北宋治平元年(1064年),由长乐县女子钱四娘主持,后毁于洪水;林从世又重建,再毁于海潮;最后由李宏主持,建成于元丰六年(1083年)。工程拦溪筑堰长三十五丈,高二丈五尺(约长109.2m,高7.8m,宋1尺≈31.2cm),置闸32孔,上拦淡水,下御咸潮,开渠灌田号称万顷。元代曾扩建,明、清大修不下二三十次。1949年后增修海堤、闸、涵、电力排灌站等配套工程,可灌田20多万亩。 （陈 菁）

木龙

形似木栅栏的木结构护岸建筑物。《宋史·河渠志一》:"宋天禧五年(1021年)正月,知滑州陈尧佐以西北水坏城,无外御,筑大堤,又叠埽於城北,护州中居民,复就凿横木,下垂木数条,置水旁以护岸,谓之木龙。"清乾隆五年(1740年)李晅撰《木龙成规》一卷,记述木龙的用料、制作及使用方法与功能等,与宋代木龙不同。 （查一民）

木闸门 wood gate

用木材做成的闸门。仅用于闸孔跨度小和水头低的小型工程,在中国已很少使用。 （林益才）

目标函数 objective function

规定系统应达到的目的。当开发目标转化为设计准则时,可用数学式来表达。一般表达为技术效果和经济效果最优。在水资源系统分析中,表达为发电量最大或耗水量最小,利润最大或费用最小。
 （许静仪）

牧区水利 water conservancy in pastureland

为牧区发展服务的水利事业。主要内容是人畜供水和牧草灌溉。中国的牧区集中分布在西部和北部的高寒少雨地区，兴修水利工程对牧区发展起着十分重要的作用。人畜供水多用机井和管道供水。牧草灌溉一般需要修建水库，蓄水灌溉；或修建泵站、渠道，引水灌溉。在水源贫乏的草原地区，还可修筑雪障、挖水平沟和鱼鳞坑等蓄水工程，就地拦蓄天然雨雪，增加土壤水分。　　　　　（房宽厚）

N

nei

内波　internal wave, boundary wave

在海洋中密度不连续面上引起的波动。在密度不同的两个流体交接面上，受扰动会引起波动，最常见的是空气和海水边界上的风浪和涌浪。海洋中密度变化各处不同，如存在密度不连续面，也会因扰动出现波动现象。内波可以是潮汐周期、惯性周期和自由内波等。其波高也很大，在外洋正中央部分1 000m深处，内潮波可超过300m。　　（胡方荣）

内部回收率法　internal rate of return method

将计算的内部回收率与国家规定的标准回收率（社会折现率或基准收益率）相比较来选择工程方案的方法。内部回收率愈高，该工程的经济效果愈好。通常情况下，计算的回收率大于规定回收率的方案，才是经济上合理的或财务上可行的方案。进行同一工程的不同规模的方案比较时，还要分析相邻方案间增值的回收率，只有当增值的回收率大于规定的回收率时，投资较大的方案才是较优的，否则选择费用较小的方案。　　　　　　　　（胡维松）

内部收益率　internal rate of return

又称内部回收率。一项工程内在的回收投资的能力或其内在取得报酬的能力。通常是指该工程在经济使用年限内，当效益现值等于费用现值（即净效益为零或效益费用比为1）时的回收率或报酬率，可用试算法求解。　　　　　　　　　　（戴树声）

内流区　interior basin

地面和地下径流不直接与海洋沟通的地区。区域内的河流多中途消失或注入内陆湖泊，如中国新疆塔里木盆地、青海柴达木盆地等。占全球陆地总面积20％。中国占总面积的36.24％。
　　　　　　　　　　　　　　　　（胡方荣）

内陆湖　inland lake

不能经由河流汇入海洋的湖泊。一般位于大陆内部，如青海湖和罗布泊等。　　　（胡方荣）

内循环　interior cycle

又称小循环。海洋或陆地及其上空间的水分交换过程。陆地上的水经蒸发、凝结又降落到陆地，或海洋面上蒸发的水汽在上空凝结，又降落在海洋中的纵向周而复始的运动过程。　　（胡方荣）

na

纳赛尔水库　Lake Nasser

又称阿斯旺水库。埃及最大水库，在埃及尼罗河上。1970年建成阿斯旺高坝后，形成长501km（其中101km在苏丹），面积3 994km²，总库容1 689亿 m³ 的大水库，有效库容900亿 m³。水电站装机容量210万 kW。大坝为土坝和堆石坝，高111m，长4 200m。为综合利用水利工程，有防洪、灌溉、发电、航运、渔业、旅游等效益。　　　　（胡明龙）

nan

《南河成案》

清代江南河道总督衙门编印的治理黄、淮、运河水利档案的总汇编。共58卷。起雍正四年迄乾隆五十六年（1726～1791年），共收奏疏上谕等文件954件。20多年后编印"续编"106卷、1491件，10多年后编印"再续编"38卷、981件，上接乾隆五十七年至嘉庆二十四年，再至道光十三年（1792～1819～1833年）。　　　　　　　　　　　（陈　菁）

《南河志》

明后期有关淮扬段运河的区域性专志。朱国盛天启五年（1625年）在同朝熊子臣《南河纪略》基础上重新编排补充而成。共10卷24万字。记述上自明初下至崇祯三年（1630年），重点万历以后的南河史实。崇祯时徐标又补入治运管漕议论7篇，并作《南河全考》并入。主要内容是南河的管理及规章制度、管理者的议论及敕谕、奏章、碑记等文献，内容详细具体。南河是明、清南河分司所管辖河段的专称，成化十三年（1472年）北起济宁、南至长江北岸仪真，后改为北自沛县，再改为北自鱼台珠梅闸，万历元年（1578年）又改为北自淮安，南河即指淮扬段运

河。　　　　　　　　　　　　　　（陈　菁）

南旺分水　Nanwang separation work

明清京杭运河山东段分流济运枢纽工程。元代该段运河水源依靠埋堰坝分汶入洸至济宁，分流南北以济运，但向北地高势逆，难以奏效。明永乐九年（公元1411年）工部尚书宋礼采白英计，建戴村坝拦断汶水，由小汶河（南旺引水渠）至汶上县西南之南旺镇马常泊（后称南旺湖，为济运水库）分流，南下徐州，北下临清。初建时，分水处没有控制建筑物。成化十七年（1481年）在南旺南建柳林闸，北建十里闸，分水效果得到改善，有北七南三（或北六南四）之说。因南旺地势最高（较济宁高4～5m），南北分流均较济宁顺畅，故逐步取代济宁分水，成为该段运河主要引水分水枢纽。　　　　　　　　（陈　菁）

南阳新河　Nanyang new canal

明代在昭阳湖东所开自南阳至留城的新运河。长194里，取代京杭大运河原在昭阳湖以西的旧运道，并利用昭阳湖容蓄黄河水，减少对运道的威胁。新道建有通船节制闸、进水闸和溢流坝等建筑物，以改善航运条件。　　　　　　　　　　（陈　菁）

南运河　Nanyunhe Canal

大运河自山东省临清县流经河北省南部至天津市北部的一段河。海河水系五大河之一。与子牙河合流入海河，纳上游漳河和卫河水。近年因上游修建水库拦洪，水源日渐枯竭。现为南水北调东线的一段。　　　　　　　　　　　　（胡明龙）

neng

能源消费弹性系数　elastic coefficient of energy comsumption

能源消费的年增长率与国民经济增长率之间的比值关系。应用此系数来预测长时期能源的发展。影响该系数的主要因素为经济结构的变化（改变耗能与节能工业的比例）、能源利用效率的升降以及纯消费能源份额的改变等。通常希望每年国民生产总值多增长一些，而消费的能源少增长一些，也就是系数愈小愈好。　　　　　　　　　　（陈宁珍）

ni

尼加拉瓜湖　Lake Nicaragua（Lago de Nicaragua）

在尼加拉瓜西南部的中美洲大淡水湖。地处北纬10°57′～12°07′，西经84°48′～85°58′。海拔31m，长160km，宽60km，面积8 264km²，最深60m。原为太平洋一海湾，后因火山喷发与海隔绝，湖内多岛屿，北部马那瓜湖水经蒂皮塔帕河流入，再经圣胡安河向东南流注入加勒比海。　　　　（胡明龙）

尼龙坝　nylon dam

承受拉力的纤维织物采用尼龙布的橡胶坝。参见橡胶坝（294页）。　　　　　　　　　（王世夏）

尼罗河　Nile River

位于非洲东北部，源出布隆迪的卡格腊河，流经布隆迪、卢旺达、坦桑尼亚、扎伊尔、肯尼亚、乌干达、埃塞俄比亚、苏丹和埃及等国的世界第一长河。非洲称"众河之父"。全长6 650km，流域面积335万km²。上源流入维多利亚湖，干流自乌干达的金贾起，称维多利亚尼罗河，入阿尔伯特湖，出该湖至苏丹的尼木累称阿伯特尼罗河，尼木累至喀土穆称白尼罗河，在喀土穆南汇青尼罗河，合称尼罗河，直至注入地中海。流域分成热带雨林区，草原区和沙漠区。上、中游多湖泊和瀑布，水力资源丰富，下游三角洲是埃及古文明发祥地，以每年有规则定期泛滥著称。4月开始涨水，7月出现洪水，9月中旬水位最高，在开罗10月始见洪峰，次年3～5月干流水位最低，河口年平均流量约2 200m³/s。因河水循环涨落，给下游河谷淤积大量沃土，阿斯旺以下河谷开阔，两岸多泛滥平原，一般宽3～16km，最宽可达20余km。开罗以北为东西宽250km，南北长160km尼罗河三角洲，面积约24 000km²，地势平坦，河渠密布，自古即为著名农业灌溉区，19世纪中叶修建许多导流堰，进入灌溉现代化。在阿斯旺建有高坝，高111m，回水500km，形成1 689亿m³纳赛尔水库，可灌溉数十万公顷沙漠土地，水电站装机容量210万kW，年发电量58.95亿kW·h。1954年在金贾附近建成大坝，形成欧文瀑布水库，总库容达2 048亿m³，居世界第一。　　　　　　　　（胡明龙）

尼罗河三角洲　Nile Delta

非洲北部埃及境内洪积和冲积而成的三角洲。南北最长160km，东西最宽250km，面积2.4万km²。地势平坦，河渠密布，沿海多泻湖和沼泽，原有7条汊流入海，经疏导，现主要经由杜姆亚特和腊布德（罗塞塔）两河口入海。土地肥沃，是重要农业灌溉区。城镇众多，交通发达，工商业集中，人口最为密集。是埃及古文明的发祥地。　　　（胡明龙）

尼日尔河　Niger River

源出几内亚富塔贾隆高原，流经马里、尼日尔、贝宁、尼日利亚等国的西非最大河流。长4 160km，流域面积210万km²。主要支流有贝努埃、巴尼等河，注入几内亚湾。上游多急流浅滩，水力资源丰富。河口三角洲水道密布，大片为沼泽地。马里境内塞古附近建有桑桑丁大坝和灌溉运河，尼日利亚境内建有凯因吉水库，水电站装机容量100万kW。　　　　　　　　　　　　（胡明龙）

泥沙 sediment

水体中粒径一般较细的岩土颗粒。研究河流、湖泊、水库及河口等水体中泥沙的生成、运动及冲淤变化过程是水文学中的一个重要分支学科。其中河流泥沙是其他水体中泥沙的主要来源。

(胡方荣)

泥沙采样器 sediment sampler

采集河流或其他水体泥沙样品仪器的总称。按泥沙运动状态不同,分为悬移质、推移质、河床质采样器三大类。悬移质采样器是为测定悬移质含沙量及其颗粒级配的仪器,分为瞬时式,如横式采样器;积时式,如瓶式、调压式采样器。推移质采样器是测定推移质输沙率及其颗粒级配的仪器,有网式和压差式两种。河床质采样器是为了解河床组成情况采集河床质样品仪器,当为沙质河床时,采用钻式、锥式采样器;当为卵石河床时,采用锹式、蚌式采样器。

(林传真)

泥沙测验 sediment survey

收集和整理泥沙资料的全部技术过程。按泥沙运动状态不同,分为悬移质测验、推移质测验及河床质测验。目的在于掌握泥沙运动(输移)及其变化规律,泥沙颗粒级配的情况。悬移质测验一般与流量测验结合进行,测次比流量测验少。一年施测输沙率次数,视全年水情、沙情而定,主要布置在洪水期,平、枯水期少些。通常以在断面上有代表性的垂线或测点所取得的含沙量称单样含沙量,来控制悬移质泥沙变化过程。推移质测验在少数测站进行。河床质测验根据需要确定。

(林传真)

泥沙沉速 fall velocity of sediment

泥沙颗粒在静水中的均匀沉降速度。决定于泥沙颗粒在水中的重量以及泥沙下沉过程中受到的绕流阻力,后者又与泥沙沉速大小有关。根据理论分析和实验结果,可采用以下公式进行计算:

层流区($Re_d < 0.4$):用斯托克斯公式,即

$$\omega = \frac{1}{18} \frac{\gamma_s - \gamma}{\gamma'} \frac{gd^2}{\nu}$$

沉速与粒径平方成比例。

紊流区($Re_d > 1000$):

$$\omega = 1.054 \sqrt{\frac{\gamma_s - \gamma}{\gamma} gd}$$

沉速与粒径方根成比例。

过渡区($0.4 < Re_d < 1000$):有一些经验或半经验公式。

d 为泥沙颗粒粒径;γ_s 为泥沙颗粒表观密度;γ 为水的密度;g 为重力加速度;ν 为水的运动黏滞系数。泥沙沉速是泥沙的一个十分重要的特性,在许多情况下它反映了泥沙与水流相互作用过程中对运动的抗拒能力。

(陈国祥)

泥沙拣选系数 selection coefficient of sediment mixture

又称非均匀系数。表示混合沙均匀程度的参数。其表达式为

$$\varphi = \sqrt{\frac{d_{75}}{d_{25}}}$$

d_{75} 和 d_{25} 分别为泥沙粒配曲线上相应于重量百分比为 $p=75\%$ 和 $p=25\%$ 的相应粒径。拣选系数等于 1,则泥沙样均匀;φ 愈大于 1,则泥沙样愈不均匀。

(陈国祥)

泥沙颗粒表观密度 apparent density of sediment particle

泥沙颗粒在自然条件下,单位体积的质量。国际单位为 kg/m^3。随构成泥沙颗粒的母岩成分而异。天然泥沙颗粒一般在 $2.6 kg/m^3$ 左右。

(陈国祥)

泥沙颗粒分析 sediment particle size analysis

确定泥沙样品中各种粒径组泥沙质量占样品总质量的百分数,据以绘制泥沙颗粒级配曲线的全部技术操作过程。分析方法分两类:一类直接观测法,系直接测定泥沙颗粒几何尺寸的大小,如卵石粒径测定法、筛分析法和显微镜法;另一类为水中分析法,通过测定泥沙颗粒在水中的沉降速度,根据沉降速度与泥沙粒径的关系推算粒径,如粒径计法、比重计法、移液管法及消光法。泥沙颗粒较大,采用直接测定法;当颗粒小于 0.1mm 时,应采用水中分析法。

(林传真)

泥沙颗粒级配 particle distribution of sediment

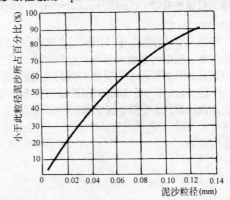

大小不同泥沙颗粒的分布。常用泥沙颗粒分析求得的泥沙颗粒级配曲线表示泥沙颗粒组成的特性。此曲线的横坐标为泥沙颗粒直径,纵坐标为小于此种粒径的泥沙在全部泥沙中所占的百分数。

(胡方荣)

泥沙颗粒容重 specific weight of sediment par-

ticle

泥沙颗粒实有重量与实有体积的比值。

(陈国祥)

泥沙颗粒形状系数 shape factor of sediment particle

表征泥沙颗粒形状的参数。常用的有：①球度——某泥沙颗粒的实际表面积和与之体积相等的球体表面积之比，常用下式近似表示

$$\varphi = \sqrt[3]{\left(\frac{b}{a}\right)^2 \frac{c}{b}}$$

②形状系数

$$S_F = \frac{c}{\sqrt{ab}}$$

a、b、c 分别为泥沙颗粒的长、中、短轴。

(陈国祥)

泥沙扩散方程 diffusion equation of sediment

描述悬移质泥沙在水流中运动过程的基本微分方程式。其一般形式为

$$\frac{\partial s_v}{\partial t} = -u\frac{\partial s_v}{\partial x} + \varepsilon_x \frac{\partial^2 s_v}{\partial x^2} + \frac{\partial \varepsilon_x}{\partial x}\frac{\partial s_v}{\partial x} +$$
$$\varepsilon_y \frac{\partial^2 s_v}{\partial y^2} + \frac{\partial \varepsilon_y}{\partial y}\frac{\partial s_v}{\partial y} + \varepsilon_z \frac{\partial^2 s_v}{\partial z^2} + \frac{\partial \varepsilon_z}{\partial z}\frac{\partial s_v}{\partial z} + \omega \frac{\partial s_v}{\partial y}$$

s_v 为体积计含沙量；ω 为泥沙沉速；u 为 x 向流速；ε_x、ε_y、ε_z 分别为 x、y、z 向的泥沙扩散系数；x、y、z 分别为沿流向、水深方向和河宽方向坐标。右边第一项为对流项，二至七项为扩散项，最后一项为沉降项。对于二维情况上式可简化为

$$\frac{\partial s_v}{\partial t} = -u\frac{\partial s_v}{\partial x} + \varepsilon_x \frac{\partial^2 s_v}{\partial x^2} + \frac{\partial \varepsilon_x}{\partial x}\frac{\partial s_v}{\partial x} + \varepsilon_y \frac{\partial^2 s_v}{\partial y^2}$$
$$+ \frac{\partial \varepsilon_y}{\partial y}\frac{\partial s_v}{\partial y} + \omega \frac{\partial s_v}{\partial y}$$

(陈国祥)

泥沙粒径 particle size of sediment

表达泥沙颗粒大小的度量。由于泥沙颗粒形状很不规则，需用人为的方法加以定义，常分为：等容粒径、轴平均粒径、筛孔粒径、沉降粒径。粗颗粒常用等容粒径或平均粒径，细颗粒常用沉降粒径，中等粗细的颗粒常用筛孔粒径。

(陈国祥)

泥沙粒配曲线 particle size distribution curve of sediment mixture

表达混合沙中不同粒径泥沙所占重量比例的曲线图。横坐标为泥沙粒径，纵坐标为大于或小于该粒径的泥沙在总沙样中所占重量百分比。由于天然泥沙粒径变化范围甚广，横坐标常用对数坐标分格。从粒配曲线上可看出沙样粒径大小和均匀程度。

(陈国祥)

泥沙起动 incipient motion of sediment

床面上的泥沙颗粒在水流作用下由静止转入运动的临界状态。水流沿河床流动时，床面上的泥沙颗粒受到水流拖曳力和上举力的作用，当水流作用力或其对某支点的力矩大于泥沙颗粒在水中的有效重量或颗粒间的摩擦力（对细颗粒泥沙还有颗粒间的黏结力）或其对相应支点的力矩时，泥沙颗粒将从静止状态转入运动。泥沙起动时的水流条件称为泥沙的起动条件，可用水流的拖曳力、平均流速或功率来表示，分别称为泥沙起动拖曳力、泥沙起动流速和泥沙起动功率，可根据理论或经验公式来确定。

(陈国祥)

泥沙起动流速 incipient velocity of sediment

在水流作用下床面上的泥沙颗粒从静止转入运动时的临界水流平均流速。是判别泥沙起动状态的一种水力指标。由理论分析和实验资料对于无黏性粗颗粒泥沙计算公式的一般形式为

$$u_c = (1 \sim 1.4)\lg 12.27 \frac{Rx}{k_s}\sqrt{\frac{\gamma_s - \gamma}{\gamma}gd}$$

u_c 为泥沙起动流速；d 为泥沙粒径；R 为水力半径；γ_s 为泥沙表观密度；γ 为水的密度；k_s 为床面粗糙高度，对均匀沙 $k_s = d$，不均匀沙 $k_s = d_{65}$（床沙组成中 65% 较之为小的泥沙粒径）；x 为床面状况校正系数，$x = f(\frac{k_s}{\delta})$，$\delta$ 为近壁层流层厚度，床面粗糙时 $x = 1$。对于黏性细颗粒泥沙也有一些计算公式，但因问题比较复杂，目前仍有不少问题有待继续研究。

(陈国祥)

泥沙起动拖曳力 incipient tractive force of sediment

在水流作用下床面上的泥沙颗粒从静止转入运动时的临界水流拖曳力。是判别泥沙起动状态的一种水力指标。根据理论分析和实验结果，计算公式一般形式为

$$\frac{\tau_c}{(\gamma_s - \gamma)d} = f\left(\frac{u_* d}{\nu}\right)$$

τ_c 为泥沙起动拖曳力；d 为泥沙粒径；u_* 为水流摩阻流速（$u_* = \sqrt{\tau_0/\rho}$；τ_0 为水流切应力；ρ 为水的密度）；γ_s 为泥沙表观密度；γ 为水的密度；ν 为水的运动黏滞系数。函数 $f\left(\frac{u_* d}{\nu}\right)$ 的具体形式通过实验资料来确定。

(陈国祥)

泥沙特征粒径 representative diameter of sediment mixture

表达混合沙不同特征大小的度量。常用的特征粒径有：①平均粒径——混合沙中不同粒径按其所占重量百分比的算术加权平均值，即

$$d_m = \frac{\Sigma d_i \Delta p_i}{100}$$

d_m 为算术平均粒径,d_i 为各组泥沙平均粒径,Δp_i 为该组泥沙在总沙样中所占重量百分数。

②中值粒径——混合沙中相应于重量百分比为 50%的粒径。d_{50} 表示大于和小于该种粒径的泥沙重量各占沙样总重量的一半。 （陈国祥）

泥沙休止角 sediment angle of repose

泥沙堆积成丘时斜坡上泥沙颗粒不再滑动情况下坡面与水平面的交角。与泥沙颗粒大小、形状、密度及颗粒组成等因素有关，泥沙在水中的休止角称泥沙水下休止角。 （陈国祥）

泥沙絮凝 sediment flocculation

细颗粒泥沙在一定条件下结合成集合体的现象。由于分子力的作用在泥沙颗粒周围形成一层吸附水膜，当两颗泥沙相互靠近时会形成公共的吸附水膜，如果泥沙颗粒足够细，公共吸附水膜足以使颗粒连接起来，形成集合体。泥沙颗粒絮凝后形成较大团粒，中间有很多空隙充满了水分称为絮团。含沙量增大到某一程度时，絮团间相互连接形成不规则网架结构。它对泥沙的沉降、起动和输移都有重要影响。 （陈国祥）

泥沙悬浮指标 suspended index of sediment

表征悬移质运动特性的一个参数，即 $z = \omega/ku_*$。ω 为泥沙沉速；u_* 为摩阻流速，$u_* = \sqrt{\tau_0/\rho} = \sqrt{ghJ}$，$\tau_0$ 为河底切应力，h 为水深，J 为能坡，ρ 为水的密度，g 为重力加速度；k 为卡门常数，清水中 $k = 0.4$。在悬移质含沙量沿水深分布公式中 z 表征了泥沙沿垂线分布的均匀程度，z 值愈小含沙量分布愈均匀，z 也可作为判别泥沙是否进入悬浮状态的一个参数，如拜格诺(Begnold)取 $z = 3$，恩格隆取 $z = 2$ 作为泥沙开始悬浮的临界判数。
 （陈国祥）

泥沙淤积物干表观密度 apparent density of sediment deposition

泥沙淤积物原状沙样在烘干状态下的表观密度。国际单位为 kg/m^3。因组成淤积物的沙粒大小、材料、均匀度、沙粒形状、淤积情况以及堆积后受力大小及历时久暂而有不同，变化范围较大，在解决实际问题时常通过收集整理同条件下的实测干表观密度资料来确定。在缺乏实测资料时也可用一些计算公式来估算。 （陈国祥）

泥沙淤积物干容重 specific weight of sediment deposition

泥沙淤积物原状沙样干燥后(100～105℃)的重量与整体体积的比值。 （陈国祥）

泥沙止动 pause of sediment motion

由于水流条件的改变，床面上运动的泥沙颗粒从运动转为静止的临界状态。相应于这种临界状态的水流条件称为泥沙的止动条件，同样可以用水流拖曳力、平均流速等来表示，分别称为止动拖曳力和止动流速，一般认为泥沙止动拖曳力和止动流速小于泥沙起动拖曳力和泥沙起动流速。 （陈国祥）

泥石流 debris flow, mud flow

突然暴发的饱含大量泥沙和石块呈半固体泥浆状的特殊山洪。其中固体物质的体积大于15%，重度大于 $1.3t/m^3$。按成因分为降雨型和冰川型；按流体性质分黏性和稀性；按固体物质组成分为泥石流、泥流、水石流。形成条件是：地形陡峻、山高沟深、沟床坡大；松散堆积物丰富；特大暴雨或大量冰雪融水的流出。人类不合理的生产活动，如山区滥垦滥牧，滥伐森林，弃土弃渣堆放不当等，也会导致和加剧泥石流的形成发育。泥石流来势迅猛，历时短暂，破坏力极大，常造成生命财产重大损失。河谷出口处，断面突然变宽，坡度急剧变小，流速变缓，大量泥沙和块石堆积在山口，形成的扇形或圆锥形堆积物称为洪积扇(锥)。 （胡方荣 刘才良）

泥石流侵蚀 debris flow erosion

泥石流形成过程中的土壤冲刷和搬运现象。山洪暴发时洪水与坡面上的覆盖物相混，形成由水、土、砂石组成的洪流，具有很大的破坏性。特点是爆发突然，来势凶猛，历时短，具有很高的能量。所经之处，可摧毁农田、村庄以及各种建筑物，是一种破坏力很强的自然灾害。侵蚀作用主要集中在沟谷的上游和源头区。 （刘才良）

泥炭层水 peat moisture

沼泽泥炭层中的水分。泥炭一般由上下两层组成。上层是死亡而尚未分解的植物覆盖层，即由腐烂的枯枝落叶层构成；下层由不同植物成分及不同分解程度的泥炭组成。上下两层构成的物质不同，因之含水量亦不相同。上层含水量变化无常，而下层含水量则经常保持不变。 （胡方荣）

nian

年超大值法 annual exceedance method

在 n 年观测资料中不是逐年选取最大值，而按数值大小次序选取 n 个最大值 m 的方法。由该法取得的样本，往往有的年份中没有选到，个别年份中则有两个或三个，这样可能在一年中连续读取数个最大值，其独立性较差。

（许大明）

年费用法 annual cost method

将各工程方案的投资和年运行支出，都折算成平均分布的年值之和，再根据年费用的大小选择最优方案的方法。在某些情况下，无法以货币表示效益，则以相同效益所耗费的年费用最小的方案为最优方案。　　　　　　　　　　（胡维松）

年负荷率　yearly load factor
一年的发电量 $E_年$ 与年最大负荷图中最大负荷 N_{max} 相应的年发电量的比值。用 δ 表示。即 $\delta = E_年/8\,760 N_{max}$。　　　　　　（陈宁珍）

年计算支出法　method of annual counting cost
又称年计算费用法。根据各工程方案年计算支出的大小选择工程方案的方法。年计算支出为工程投资乘以标准投资经济效益比系数，再加年运行费用（此处年运行费用应包括基本折旧费）。以年计算支出最小的方案为最优方案。
　　　　　　　　　　　　　　　　（胡维松）

年径流　annual runoff
在一个年度内，通过河流出口断面的水量是该断面以上流域的年径流量。可用年平均流量、年径流深、年径流总量或年径流模数表示。
　　　　　　　　　　　　　　　　（许大明）

年平均负荷图　annual average load curve
一年中各月最大负荷日中平均负荷值所连成的曲线。一般用阶梯线表示，该曲线以下所包括的面积反映一年中所需要满足电能的情况。
　　　　　　　　　　　　　　　　（陈宁珍）

年设计保证率　annual design dependability
见设计保证率（216页）。

年调节库容　annual storage
又称年库容。对年内季节间径流不均匀性进行调节所需的库容。仅是多年调节数理统计法计算兴利库容时硬性划分出来的一部分。选择来水的年平均流量等于年用水流量，且年内分配为多年平均年份，进行完全年调节计算求得的库容作为年调节库容。　　　　　　　　　　（许静仪）

年调节水电站　annual regulating water power station
水库容积能在一年之内进行河流水量重新分配使用的水电站。一年四季河流天然来水量有较大变化，但系统要求电站提供的电能变化较小，将丰水期的多余水量储存起来供枯水期使用，在年内进行调节，可提高水量的利用率和电站效益。能将丰水期多余水量全部储存起来供枯水期使用而不发生弃水者称完全年调节水电站，反之称不完全年调节水电站，有些著作称为季调节水电站。当兴利库容达到多年平均年径流量的 8%～30% 时可进行年调节，亦可同时进行季调节、周调节和日调节。
　　　　　　　　　　　　　　　　（刘启钊）

年调节水电站运行方式　operation mode of hydroplant with annual storage
年调节水电站在电力系统中的工作状态。水库供水期水电站常担任峰荷，有时为满足其他部门的要求（如灌溉、航运等）也担任腰荷。水库蓄水初期水电站担任峰荷及腰荷；在蓄水后期，如天然流量较大，也可使水电站担任基荷以多发电而减少水库过早蓄满所产生的弃水。弃水期水电站担任基荷。不蓄不供期，水电站的出力取决于天然流量，在不浪费水的条件下尽可能担任峰荷。　　（陈宁珍）

年调节水库　annual regulating reservoir
调节周期为一年的水库。将一年中丰水季节多余水量蓄存起来，提高枯水季节用水量。
　　　　　　　　　　　　　　　　（许静仪）

年运行费　annual operation cost
又称直接费用。水电站在运行期内每年直接用于消耗的费用。包括职工工资、建筑物和发电设备的小修费、厂用电及行政管理费等。　（陈宁珍）

年值法　annual value method
根据各方案年值的大小来选择最优方案的经济评价方法。如果几个方案的效益相同则费用年值小的为最优方案。若各方案的费用一样，则效益年值大者为有利方案。若费用、效益均不一样，则要比较净效益的年值，以净效益年值最大的方案为最优方案。它以年为计算单位，不受各方案经济使用年限不同的影响。　　　　　　　　（胡维松）

年最大负荷图　annual maximum load curve
在一年内各月最大负荷日中最大负荷值所连成的曲线。由于一年内随着生产的发展，电力负荷不断有所增长，因而实际上年末最大负荷总比年初大，这种考虑年内负荷增长的曲线，称为动态负荷曲线。不考虑年内负荷增长的因素称为静态负荷曲线。
　　　　　　　　　　　　　　　　（陈宁珍）

年最大值法　annual maximum value method
在水文变量资料中每年仅选取一个最大值的方法。用年最大值法选择，在 n 年观测资料中，能选出 n 个最大值。　　　　　　　　　（许大明）

黏土截水槽　clay cut-off ditch
用黏性土回填透水地基沟槽所形成的坝基防渗体。一般用于深度小于 15m 的透水地基。槽底应达到不透水地基或岩基，常须浇筑混凝土垫座或齿墙以加强结合。防止集中渗漏。槽底宽度取决于与黏性土接触面的允许渗透坡降。槽顶部与黏土心墙或斜墙连成一体，若为均质坝，截水槽应设于坝轴线的上游部位，可显著降低坝体内的浸润线，利于下游坝坡的稳定。　　　　　　　　　（束一鸣）

黏土截水墙垫座　cushion block of clay cut-off

wall

心墙坝或斜墙坝的黏土截水墙与岩基连接的结构。垫座用混凝土浇筑在岩基上。一般可先在垫座上对地基进行固结灌浆及帷幕灌浆，然后在垫座上填筑黏土截水墙。垫座宽度应根据黏土与混凝土的允许接触渗径确定。

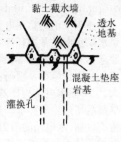

（束一鸣）

黏土铺盖 clay blanket

用黏性土铺设在土石坝上游透水地基上的防渗体。通常与坝身防渗体相连，不能阻断透水地基的渗流，只起延长渗径、减少渗漏的作用。对土料的防渗性要求与黏土斜墙相同，厚度取决于铺盖的允许渗透坡降，前端薄，后端厚，一般前端厚1m，末端厚3～5m，长度一般为4～8倍水头。填筑前须清基，若地基为砂卵石，应设置过渡层，顶面应设保护层，两端须与不透水岸坡封闭连接。只适用于中、低水头的土石坝，严重渗漏的透水地基应慎用。

（束一鸣）

黏土斜墙 clay sloping wall

以黏性土材料做成的土石坝上游部位的倾斜防渗体。对土料的防渗性能、厚度、墙顶保护、墙底与地基的连接等要求与黏土心墙相同。黏土斜墙的上游坡度不宜陡于1:2.5，下游坡度不宜陡于1:2.0，上游必须设置保护层，以防冲、刷、冰冻和干裂，保护层材料常用砂砾、卵石或块石，厚度一般2～3m。

（束一鸣）

黏土斜墙坝 dam with clay sloping wall

以黏性土作为坝体上游部位倾斜防渗体的土石坝。通常由支承体、黏性土斜墙、排水体、上下游护

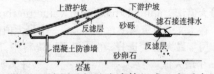

坡、反滤层、过渡层及坝基防渗体组成。在透水地基上，坝基防渗体视透水层深浅程度可分别采用黏土截水槽、混凝土防渗墙、灌浆帷幕或黏土铺盖等型式，并须与黏土斜墙连接在一起。与黏土心墙坝相比，具有施工干扰小、施工进度受气候影响较小、施工速度较快等优点，但其抗震性能不如前者，工程量也比前者大。

（束一鸣）

黏土心墙 clay core wall

以黏性土料作成的土石坝中央防渗体。常用黏土、壤土等材料筑成，要求其渗透系数只相当于坝壳材料渗透系数的1/1 000以下，且不大于10^{-5}cm/s，其厚度取决于土壤的允许渗透坡降，约为作用水头的$\frac{1}{8} \sim \frac{1}{4}$，且不小于3m，过厚对稳定与施工不利，过薄不利于防裂与抗震。薄心墙的两侧边坡在0.15～0.3之间，厚心墙则可达0.4～0.5。心墙顶应高出设计洪水位0.3～0.6m，且不低于校核水位，顶面须设置砂砾保护层。若地基为基岩，则需在心墙底部设置混凝土板或混凝土齿墙，以免造成集中渗漏。亦有用砾质黏土作成心墙，以降低其压缩性，使变形与坝壳较为协调。

（束一鸣）

黏土心墙坝 dam with clay core wall

以黏性土作为中央防渗体的土石坝。建在透水地基上的黏土心墙坝通常由支承体、黏土心墙、排水体、上游护坡、下游护坡、反滤层、过渡层及坝基防渗体组成。按透水地基的深浅程度和组成料不同，坝基防渗体可分别采用黏土截水槽、混凝土防渗墙或灌浆帷幕等型式，并须与黏土心墙连接。优点是抗震性能较好，工程量较小。缺点是不同土料的施工相互干扰以及进度受气候影响较大。

（束一鸣）

黏性泥石流 viscous debris-flow

黏滞性较大的泥石流。泥石流中含泥沙量超过一定比例（如相对体积在50%以上），且泥沙内含有大量微粒黏土颗粒。其特点是具有很大的黏滞性和整体性，它借泥石流本身作用而流动，在河谷中甚至在宽阔的河滩上都能保持原来的高度和宽度而不流散。

（胡方荣）

黏滞力相似准则 similitude criterion of viscosity

又称雷诺准则。以雷诺数保持同量表示的黏滞力作用下流体运动相则。一般形式为

$$Re = vl/\nu = idem$$

v为流速，l为几何特征长度，ν为表征流体内摩阻力的运动黏滞系数，Re为雷诺数。在层流区运动的诸体系如对应雷诺数相等则保证了阻力相似。当以几何相似模型研究原型黏滞力作用下的流体运动时，如模型与原型采用ν相同的流体，则此准则给出相似比尺的下列基本关系

$$\alpha_v = 1/\alpha_l$$

即流速比尺等于几何比尺的倒数，由此可推知其他物理量的相似比尺。如模型与原型都属紊流阻力平方区的流动，黏滞力可忽略，雷诺数同量的相似条件也可略去。这时模型应据作用力属性用其他准则，

例如重力相似准则、阻力相似准则设计。

(王世夏)

碾压堆石坝 rolled rockfill dam

采用振动碾压实的堆石坝。具有安全、经济、施工快的特点。始建于20世纪60年代后期，克服了抛填堆石坝沉陷量大的弱点，其防渗体材料及型式主要有黏土心墙、斜心墙；钢筋混凝土面板；沥青混凝土斜墙、心墙；上游面铺设土工膜等。

(束一鸣)

碾压混凝土坝 rolled concrete dam

采用低流态混凝土填筑而以振动碾压密新工艺建造的混凝土坝。按传统的混凝土浇注施工方法，为得到必要的和易性，不得不采用超过水泥水化凝固所需的过多加水量，而为控制水灰比以保证强度，又不得不相应增加水泥，从而也增加了水化热量，不利于温度控制。碾压混凝土的水和水泥用量都低于普通混凝土，一般施工方法是：用自卸汽车、斜坡道缆车、缆式起重机等运输超干硬混凝土拌和料上坝；采用水平全断面通仓铺料，不设纵缝，推土机平仓；层厚50～100cm，薄层填筑，振动碾压密；坝体所设横缝由振动切缝机在碾压前切割而成，相应设置止水；水平施工缝面处理后，填筑上一层混凝土前，先铺一层厚约15mm的砂浆。碾压混凝土的抗渗性能较普通混凝土稍差，故这种坝的坝面及近坝基处的抗渗要害部位常仍用振捣法浇筑普通混凝土，以满足抗渗标号要求。世界上已建成多座碾压混凝土坝，其造价及工期均较普通混凝土坝有明显缩减。

(王世夏)

碾压式土石坝 rolled earth-rockfill dam

用土石料填筑并用机械碾压密实而成的坝的总称。通常有心墙坝、斜墙坝、面板坝、均质坝等。绝大多数的中、高土石坝都是采用机械碾压施工。一般的施工程序是土石料由自卸汽车或皮带运输机运送上坝，推土机分层铺料，后由碾压机械碾压，每一层填筑厚度和碾压遍数由土石料的粒经、压实密度要求与碾压设备的功能决定。

(束一鸣)

埝

在河工上，埝与堤同义。章晋墀、王乔年《河工要义》中有"堤、埝二字，名异实同，皆积土而成，障水不使旁溢之谓也，故通用之"的说法。居民为保护某一沿河地带而筑的堤，俗称"民埝"。民埝一般较大堤为低；某些河流（如黄河），民埝外面还有大堤。洪水时期，河水上涨，为防漫溢而在大堤顶上抢筑的小堤，亦称"子堤"或"子埝"。子埝应筑在堤顶临水一面，但也不可过于靠边，以免塌。埝后应留有抢修时人员与运输工具往来的通道。

淮北盐场交货与换船的地方。 (查一民)

ning

凝汽式火电站 condensing steam power plant

采用凝汽式汽轮机，纯用于发电的电站。

(刘启钊)

凝汽式汽轮机 condensing steam turbine

设有冷凝器的汽轮机。汽轮机的一种。适用于纯发电的凝冷式火电站。冷凝器设于汽轮机出口，功用是将汽轮机出口蒸汽冷凝成低温低压的水，以提高汽轮机出力。冷凝水经低压给水加热器送入锅炉重复使用。冷凝器中的冷却水吸收的蒸汽能量约为其从锅炉带出能量的40%，故火电站的最高效率不超过40%。

(刘启钊)

niu

牛顿数 Newton Number

力学现象的相似准数。一系列力学现象相似时牛顿数 Ne 必相互同量。Ne 的表达形式有多种，如
$$Ne = Ft/mv = Fl/mv^2 = Ft^2/\rho l^2 = F/\rho v^2 l^2$$
F 为力，t 为时间，m 为质量，v 为速度，ρ 为密度，l 为几何特征长度。参见动力相似(55页)。

(王世夏)

牛轭湖 oxbow lake

河流裁弯取直后遗留下来的老河部分水域。弯曲型河道在发展到一定阶段后会发生裁弯取直现象。裁弯后新河迅速扩展而老河日渐淤塞。老河淤积分布是不均匀的，以进口以下上游河段和尾部最为迅速。当老河完全断流后，其残存水体成为湖泊，因其形状多似牛轭故称为牛轭湖。

(陈国祥)

nong

农村水电站 rural water power station

建于农村并向农村地区供电的水电站。在中国，20世纪50年代时指装机容量小于500kW的小型水电站。现装机容量的上限已提高到小于1.2万kW。

(刘启钊)

农渠 field branch

用于分配斗渠水量并直接与毛渠或输水垄沟相通的最末级固定渠道。其作用是分配上级渠道的水给下级渠道，以满足用水要求。

(沈长松)

农田辐射平衡 radiation balance in field

又称农田辐射差额,农田净辐射。农田的辐射能量收入和支出之间的差值。其表达式为
$$B_r = Q_s(1-\alpha_s) + Q_a(1-\alpha_a) - Q_{fr}$$
B_r 为辐射平衡;Q_s 为太阳总辐射通量(太阳直接辐射通量 Q_d 与散射辐射通量 q_s 之和);α_s 为田面对太阳短波辐射的反射率;Q_a 为大气长波辐射通量;α_a 为田面对大气长波辐射的反射率;Q_{fr} 为田面长波辐射通量。辐射平衡可用仪器直接测量或根据观测资料用经验公式计算,正值表示净辐射得热,负值表示净辐射失热。

(周恩济)

农田基本建设 capital construction of farmland

为使农业旱涝保收和稳产高产,在田间进行的水利工程和农业工程建设的总称。主要内容包括:①田间灌排工程配套,做到灌排自如,并能控制地下水位;②扩大田块面积,统一田块尺寸,以适应现代化农业的耕作和管理要求;③平整土地,采用先进的灌水技术,以保水、保土、保肥、节水、节能和促进增产;④道路、林带和居民点的统一规划和建设。

(房宽厚)

农田排水 drainage of farmland

排除农田多余水量的技术措施。包括排除农田中过多的地面水、土壤水和地下水,调控地下水位,为作物生长创造良好条件。农田地面积水过深,土壤水分过多,地下水位过高,是造成涝灾、渍害、土壤盐碱化、土壤沼泽化和冷浸田等的根本原因。因此,修建完整的农田排水系统,进行及时有效的排水,是农田除涝防渍,防治土壤盐碱化,改良沼泽地,改造冷浸田,调节农田水分状况,保证农业丰收的重要措施。

(赖伟标)

农田排水试验 drainage test of farmland

为研究农田排水理论和技术措施而进行的试验工作。是发展农田排水事业不可缺少的部分。试验内容一般包括:作物的耐淹能力、耐渍能力和耐盐能力试验;排水条件下的土壤水和地下水的水盐运动规律;适宜的沟深沟距;排水方式;工程材料;施工技术和管理措施等。试验方法一般有野外的田间实地试验和室内的器皿、模型及模拟试验等。其中田间试验较符合客观实际,是常用的试验方法;但试验条件复杂,受自然条件影响大,周期较长。室内试验的条件较易人为控制,但与实际排水条件有一定的差异,常用作田间试验的补充。

(赖伟标)

农田排水系统 drainage system of farmland

排除农田多余地面水和地下水的各级排水沟(管)道及建筑物的总称。是减免农田涝渍灾害,防治土壤盐碱化和改造沼泽地的主要工程技术设施。一般由田间沟系(明沟或暗沟)、输水沟系、沟道上的建筑物和容泄区等部分组成。对于不能自流排水的地区,还应包括抽水站设施。

(赖伟标)

农田排水系统管理 management of farmland drainage system

为使排水系统能正常运营而进行的管理工作。是延长排水工程寿命和充分发挥排水效能以及提高经济效益的必要措施。管理内容一般包括:建立健全的组织机构、制订并执行各种管理规章制度的组织管理;维护工程设施完好和调度工程正常运行以及分析整理各种观测资料的技术管理;负责合理分担排水费用和发展多种经营的经营管理。这三种管理互为依存,共同发挥作用。

(赖伟标)

农田排水效益 benefit of farmland drainage

在形成涝渍灾害时,农田排水工程所减免的农作物可能造成的经济损失。是反映排水工程效果的重要指标。排水工程主要以除害为目的,一般情况下并无财务收入,但对于有条件进行通航、养殖等综合利用的农田排水工程,则可能取得相当可观的财务收入。选用合理的工程设计标准,可以提高工程的经济效益。

(赖伟标)

农田热量平衡 heat balance in field

农田通过各种方式得到的热量和失去的热量之间的平衡关系。根据能量守恒定律,一个农田单位面积上的柱体,在一定时段内收入的热量减去支出的热量,等于体内蓄热变量。其方程为
$$\pm B_r \Delta t \pm W_e \pm W_e' + W_c \pm W_p = \pm \Delta W$$
B_r 为辐射平衡或称辐射通量差额;Δt 为计算时段,一般以日计;W_e 为时段内表面凝结与蒸发收支的潜热量,凝结为正,蒸发为负;W_e' 为时段内随凝结或蒸发收支的热量,凝结为正,蒸发为负;W_c 为柱体表面通过对流、湍流扩散及分子传导与大气交换的热量,气温高于柱体表面温度为正,反之为负;W_p 为时段内落在田面的降水带来的热量;ΔW 为时段内农田土柱体储热量的变化,增温为正,降温为负。热量平衡的各分量,可以直接观测,也可以由气象资料算出。

(周恩济)

农田水利 irrigation and drainage

为发展农业生产服务的水利事业。基本任务是通过水利工程技术措施,改变不利于农业生产发展的自然条件。主要内容是:①采取引水、蓄水、跨流

域调水等措施调节水资源在时间上和空间上的分配,为充分利用水、土资源和发展农业创造条件;②采取灌溉、排水等措施调节农田水分状况,满足农作物的需水要求,提高土壤肥力,为农业的稳产、高产创造条件。

(房宽厚)

农田水利工程 farm(agricultural) water engineering

通过各种工程技术措施改善农田水土条件的工程总称。包括排涝、除洪、灌溉、土壤改良、水土保持、开挖沟渠、修筑塘坝、盐碱地改良、围垦及中小河流治理等。

(胡明龙)

《农田水利约束》

又称《农田利害条约》。北宋熙宁二年(1069年)朝廷颁布的农田水利法规。王安石变法的新政之一。对兴修农田水利制定了一系列政策措施和方法,规定各地兴修农田水利、整治河道工程的勘察规划、申报批准、经费来源、官员职责及功过赏罚等,是中国古代较为完整的水利法规。

(陈 菁)

农田小气候 microclimate in field

又称田间气候。直接影响农作物生长发育进程和产量形成的田间小范围特殊气候。主要决定于具体农田的局部地形、作物状况、耕作层土壤与水分条件以及栽培措施。由于这些因素的影响,改变了农田活动面(或称作用面,在作物冠层叶片最密集处)的物理特性,导致辐射平衡和热量平衡各分量的变化,从而在该地区一般气候背景下形成独特的田间小气候。

(周恩济)

农业水费 agricultural water fee

农业用水户按规定向水利工程管理单位交纳的水费。粮食作物按供水成本核定水费标准,经济作物水费可略高于供水成本。农业水费根据的供水成本内不包括农民投劳折资部分的固定资产折旧。

(施国庆)

农业水利区划 zoning of agricultural water conservancy

为了充分考虑地区特点,分别制订水、旱灾害治理规划和水、土资源开发利用规划以及农业发展规划的分区划片工作。目的在于摸清各地区的自然特征和社会经济特点,找出水利条件地域分布的规律,提出开发利用的方向和治理改造的战略重点,指导农田水利建设。是进行地区水利规划和农业规划的前期工作。分区划片的主要依据是地区自然特征、水资源开发利用情况、水利建设基础和近期农业发展要求等。并应适当照顾流域界线和行政边界。

(房宽厚)

农业用电 agricultural load, agricultural use of power

农业生产和农村生活所消耗的电力。如排灌用电、收获用电、乡镇企业用电、田间耕作用电、畜牧业用电及农村生活与公共事业用电等。其中用电量最大的是排灌与收获用电,它具有季节性。

(陈宁珍)

《农政全书》

明代农业科学巨著。徐光启撰。约1625～1628年成书。共60卷,约70万字。分为农本、田制、农事、水利、农器、树艺、蚕桑、蚕桑广类、种植、牧养、制造、荒政等12门,其中农田水利9卷,包括总论、西北水利(包括今海河流域)、东南水利、浙江水利、海塘和滇南水利、利用天然水体的工程方法、灌溉器械和提水机械图谱、西方水利技术和水利机具等。

(陈 菁)

nu

努列克土坝 Nunek Earthfill Dam (Рулекская Земемная Плотина)

原苏联第二高坝。在塔吉克瓦赫什河上。1980年建成。高300m,顶长704m,工程量5 800万 m³。库容105亿 m³,水电站装机容量270万 kW。

(胡明龙)

怒江 Nujiang, Salween River

又称潞江。发源于西藏唐古拉山南麓,先东南流,继而南流,经云南省入缅甸,称萨尔温江,穿掸邦高原,在毛淡棉附近注入安达曼海莫塔马湾的中国西南部一条大河。中国境内长1 540km(全长2 820km),流域面积14.3万 km²(全部32.5万 km²)。径流总量700亿 m³,支流少,大部河段奔于峡谷中,落差大,流势急,多瀑布、险滩,水力资源丰富。

(胡明龙)

nuan

暖锋雨 warm-front rain

暖气团在冷气团上爬升,在暖空气中形成的雨。一般雨面较广,雨强较小,历时较长。

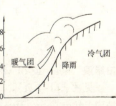

(胡方荣)

暖流 warm current

温度高于所流过海区的海流。当海流温度低于流过海区时,称寒流。寒流温度不一定比暖流温度低;反之,暖流也不一定比寒流温度高。通常,从低纬度海区向高纬度海区流动的海流,其温度高,故称暖流;反之,从高纬度海区流向低纬度海区的海流,其水温低,故称寒流。

（胡方荣）

暖水环流 warm water circulation

海水温度较高的环流。北太平洋海流,到大洋东岸,碰上北美大陆阻挡,分成南北两股:北支叫阿留申海流,将高温海水一直带入北冰洋;南支叫加利福尼亚寒流,沿美洲海岸南下与北赤道流衔接,构成北太平洋海流的大循环。其动力是东北信风和盛行西风。因该环流位于中纬和低纬,温度较高,故名。

（胡方荣）

nuo

糯米石灰浆

糯米汁与石灰浆掺和的砖石结构胶粘剂。对砖、石料具有极强的粘结力,且不透水,是中国古代特有的一种建筑粘结剂。其制法为:在铁锅上加接木桶,放入糯米和水,用文火熬炼糯米成汁,随时用耙推搅,不使停滞。用瓢勺取验其浓淡,以滴下成丝为度,取出存放在瓦缸内备用。将糯米汁与石灰浆掺和,称为对浆。其法为:将石灰用水化开,使之溶化匀净,去掉杂质,再以糯米浓汁兑入其中,掺和搅匀。据《河器图说》,其配方为:每灰浆四十斤,用糯米二石,白矾四两。

（查一民）

O

ou

瓯江 Oujiang River

上源龙泉溪出洞宫山百山祖西麓,自丽水县大港头至青田县石溪为大溪,石溪以下为瓯江的浙江省第二大河。经温州市入温州湾,长 376km,流域面积 1.79 万 km²。上、中游水急滩多,下游江面宽阔,水力资源丰富。建有紧水滩水电站。 （胡明龙）

欧拉数 Euler Number

不可压缩流体运动的相似准数。实用表达式一般写为

$$Eu = \Delta p / \rho v^2$$

Δp 为压力差降,v 为流速,ρ 为流体密度。用模型研究有压管流时,必须使模型与原型欧拉数 Eu 同量。而对于重力作用下的明渠流,欧拉数同量与弗劳德数同量是相容一致的,不需并列提出。

（王世夏）

欧拉准则 Euler Criterion

见流体压力相似准则(159 页)。

欧文瀑布水库 Owen Falls

世界库容最大的水库。位于乌干达金贾市北维多利亚尼罗河上。1949 年兴建,1954 年建成。拦蓄维多利亚湖水,大坝为重力坝,高 31m,顶长 831m,库容 2 048 亿 m³,有效库容 680 亿 m³,如合并计算维多利亚湖水量,则为 27 000 亿 m³。建有水电站,装机容量 150 万 kW。 （胡明龙）

P

pai

拍岸浪 beating of waves

见破浪(194 页)。

拍门 flap valve, flap-door

安装在水泵出水管口处的简单阀门。用铸铁、钢或铁木结构制成。顶部用铰链与门座相连。水泵运行后,在水流的冲击下,自动打开。停机后,靠拍门的自重或倒流水的压力自动关闭。具有结构简单,造价低廉,自动启闭等优点;但水力损失较大,关闭时有很大的冲击力。按结

剖面 平面

构形式可分为普通拍门和带平衡锤的拍门、多扇组合拍门、机械平衡拍门、油压缓冲拍门和铁木结构的二阶段工作拍门等。　　　　　　　　（咸　锟）

排冰道　ice removal derice

为排除堆积在水电站进口处的浮冰而设置的泄水排冰建筑物。出现浮冰堵塞现象时，打开排冰道闸门，将进口前的表层水连同浮冰一起排至下游河道。　　　　　　　　　　　　　　（王世泽）

排灌结合泵站　combined pumping station for drainage and irrigation

又称排灌两用泵站。既能排除地面径流和控制地下水位，又能灌溉农田的泵站。这种泵站设备利用率较高；但存在建筑物较复杂，需配备两套引水、出水系统和控制闸门。在规划设计这种泵站时，应根据排、灌要求合理地选定站址和建筑物结构形式，正确地确定水泵安装高程和出水池的型式与数目。
　　　　　　　　　　　　　　　　（咸　锟）

排洪渠　drainage canal

排泄洪水的渠道。为保护城乡及厂区免受洪水侵袭，在其上游开挖渠道引水入邻近荒地、洼地或下游水体。根据地形、地质及洪水资料，综合考虑排水渠道（含明渠、暗渠等）的平面位置，合理选定渠道断面，解决渠道与城乡及厂区在高程上的关系，使整个工程坚固可靠，经得起洪水考验，保护住城乡及厂区安全。　　　　　　　　　　　　　　（胡方荣）

排涝模数　modulus of drainage

又称排水率。单位面积上的排涝流量。以 $m^3/(s·km^2)$ 计。它是由除涝标准相应的设计暴雨，扣除土壤入渗和稻田、坑塘、河湖等允许临时容蓄的水量之后，剩下需要排除的雨量，在单位排水面积上产生的流量。由它和排水设施所控制的排水面积，可计算得出排水工程的设计排涝流量。　（赖伟标）

排涝设计流量　design flow for surface drainage

某一设计标准下的暴雨在排水区内产生的地面径流的流量。以 m^3/s 计。可用实测暴雨或径流资料进行推算求得。其值受除涝设计标准、排水面积、地形、土质、作物、排水区内工程设施情况等因素影响，是设计排水工程过水断面尺寸的主要依据。
　　　　　　　　　　　　　　　　（赖伟标）

排漂隧洞　floatage-outlet tunnel

引导水库漂浮物排往下游，防止其进入发电、灌溉、给水等兴利取水口的水工隧洞。一般采用表孔进口，沿线全程都为有自由水面的无压流，湿周范围内的过水断面常用矩形。　　　　（王世夏）

排沙隧洞　sediment transport tunnel

多沙河流的水利枢纽中为减小水库淤积而建造的排泄挟沙水流的水工隧洞。其进口位于水库水面以下和设计淤积高程以上的适当部位(如可能发生异重流的部位)，以实现最有效的排沙。进口下游既可为有压隧洞，也可为无压隧洞；或前段有压，后段无压，两段之间加设中间闸室。由于排沙时必泄水，故排沙隧洞可兼负泄洪期部分泄洪任务，亦称泄洪排沙隧洞。其断面尺寸主要取决于与排沙要求相应的浑水流量以及地质、施工等条件；无法用一条隧洞满足要求时可设置多条。与一般泄水隧洞设计的区别在于要附加解决有效排沙的合理布置与运行方式，防淤堵和防洞壁、闸门设备的磨蚀问题。
　　　　　　　　　　　　　　　　（王世夏）

排渗沟　draining dicth

设在土坝下游坝趾附近的滤土排水沟。当坝的砂砾石透水层在较薄的黏性土层以下，采用水平铺盖不能截断坝基渗水时，可设置排渗沟以减小坝趾附近的渗透压力，防止渗透破坏与沼泽化现象。排渗沟轴线与坝轴线平行，为梯形断面，沟底应伸入坝基透水层，沟底、沟坡的材料组成应满足反滤层要求。　　　　　　　　　　　　　　（束一鸣）

排水泵站　drainage pumping station

用于排除地面径流和控制地下水位的泵站。在沿江滨湖低洼圩区，当雨季或汛期，因暴雨径流不能自流外排，形成内涝时，或因地下水位较高，防溃或治碱要求降低地下水位时，需建这种泵站，排除多余水量，以保证农作物的高产、稳产。在排水面积大、地形变化小、容泄区及排水系统集中的地区，一般集中建站排水；在水网地区和排水系统分散、地形复杂的地区，一般分散建站。在规划这种泵站时，应尽量做到高水高排、低水低排、主客水分开，充分利用河、湖调蓄，以减小排水站的装机容量和降低年运行费用。　　　　　　　　　　　　　　　（咸　锟）

排水方式　drainage methods

为排除农田多余水量和控制地下水位所采用的工程技术方案。分为自流排水、提水排水和生物排水三大类。按田间排水工程的类型又分为明沟排水、暗管排水和鼠道排水等。在排水沟、管中，水流近似水平流动，又称为水平排水。在排水竖井中，水流自下向上提升，又称为垂直排水。　（房宽厚）

排水改良盐碱地　drainage improvement of saline-alkali land

通过农田排水措施控制地下水位并排除土壤中可溶性盐分。在盐碱地上按排水排盐要求，修建完善的排水系统，可把地下水位经常控制在临界深度以下，使地下水和土壤下层的盐分不能向表层积聚，切断盐分来源。同时通过降雨入渗水量的淋洗，排除作物根系层内的土壤盐分，达到改良盐碱地的目的。　　　　　　　　　　　　　　　　（赖伟标）

排水工程规划 planning of drainage engineering

确定农田排水工程的形式、布局、规模等的技术工作。主要内容包括：论证兴建排水工程的必要性和可行性；根据地区自然特点和经济条件选择排水方式；选定排水工程设计标准，计算各种排水工程的设计流量和设计水位；计算各种工程的尺寸和工程投资。它要和土地利用、道路网、林带等规划结合进行。 (房宽厚)

排水工程设计标准 design standards for drainage works

排水工程应达到的排水能力。是确定排水工程规模的依据。可分为排除地表多余降雨径流的除涝标准和控制农田地下水位的防渍标准。设计标准与工程的投资、效益、管理维护等因素密切相关。一般应根据地区的社会经济情况和排水工程效益分析，通过技术经济论证择优确定。 (赖伟标)

排水沟道系统 drainage ditch system

农田排水工程的整套设施。一般由汇集地面径流和地下水的临时性田间沟网、输送水流的各级固定沟道及其各种建筑物和排水出口建筑物（排水闸或抽排站等）、容泄区三大部分组成。各组成部分的具体情况，视排水区的实际需求而定，但工程必须配套，才能起到良好的排水效果。
(赖伟标)

排水孔 drainage holes

水工建筑物或其地基中所设置的用以降低地基中的渗透压力或地下水位的排水设施。应用颇广，如水闸中护坦上的排水孔，通至闸基下含有承压水透水层的排水孔，坝下岩基中通至排水廊道的排水孔等均为降低地基中渗透压力的排水设施；如设在无压水工隧洞顶部的排水孔，挡土墙后通过墙身的排水孔等则为降低建筑物背后地下水位以减小水压力作用的排水设施。 (王鸿兴)

排水廊道 drainage gallery

为坝体和坝基排除渗水而设置的坝内廊道。坝基排水廊道可沿纵横两个方向布置，一般直接设置在坝底基岩面上。低坝通常只在坝踵附近设置一条纵向排水廊道，兼作灌浆及检查之用。当廊道的高程低于尾水位或采用坝基抽水方式降低扬压力时，需设置集水井用水泵抽水。坝体纵向排水廊道的上游侧距上游坝面不应小于 0.07～0.1 倍水头，且不得小于 3m。沿高程方向每隔 15～30m 设一层，在两岸均应布置进出口，便于对外交通。廊道内还要设置具有一定坡度的排水沟，以利排水管及其他渗漏水由此集中并排到下游。基础排水廊道一般宽为 1.5～2.5m，高度为 2.2～2.5m。 (林益才)

排水容泄区 drainage reception district

容纳或宣泄从排水区排出水量的区域。应具有足够的容积或泄水能力，不能使周围和下游地区造成洪涝灾害，同时还要有适宜于灌区自流排水的洪枯水位条件。河流、湖泊、海洋和洼地等均可作为容泄区。 (赖伟标)

排水闸 drainage sluice

主要为排泄江河、湖泊堤内或低洼地区内涝渍水的水闸。建在江河、湖泊沿岸，排水渠末端。待外河水位退落，低于内涝水位时开闸排水，使农田免受涝灾。当外河水位上涨，高于内涝水位时关闸挡水，防止外河洪水倒灌，故也有防洪闸的功用。低洼地区如需蓄水灌溉，在外水退落后，须关闸蓄水。如尚兼有引外河水蓄水时，在外河水位上涨后，又须开闸引水。既可双向挡水又可双向过水，一闸多用，结构较复杂。河流分洪区出口处的泄洪闸也属排水闸。
(王鸿兴)

排桩 row of piles

又称马牙桩。桩与桩间无间隔地密钉成排的桩。其结构与作用近似于现代的钢板桩。《河工要义》："灰步两面沿口签钉保护基底之桩木也。盖虞冲动灰步，基址蛰陷，关系重要，故于灰步沿口，密钉排桩，以护根脚。"灰步即用作石堤、闸、坝或桥梁基底并经夯实的三合土。 (查一民)

排桩建筑物 timber pile structure

用长桩成排打入河床构成的坝。一般用三根长木桩为一组打入河床，排成两行或多行，视水深和流速大小而定，桩顶的高度超过中水位，并用横木把排桩连成整体。这种建筑物常用做丁坝。坝的上、下游用沉排抛石护底，坝根嵌入河岸内。排桩坝可束窄河宽，阻塞部分水流等，但由于需用的材料较多，使用受到限制。 (李耀中)

排渍模数 modulus of subsurface drainage

又称地下排水模数。单位面积内排出的地下径流量。以 $m^3/(s·km^2)$ 计。排水工程控制的排水面积乘以排渍模数即得排渍流量，是设计暗管尺寸和排水沟排渍水深的主要依据。 (赖伟标)

pan

潘家口水利枢纽 Panjiakou Hydro-junction

中国河北省滦河上的一座大型水利工程。为开发滦河水利资源，解决天津市和唐山地区工农业和生活供水而建，1983 年建成。主要建筑物有主坝、副坝及发电厂房。总库容 25.5 亿 m^3，电站装机容量 42 万 kW，年发电量 5.8 亿 kW·h，其中包括 3 台单机容量 9 万 kW 抽水蓄能机组。计划在下游 6km

处黄石哨修建一座拦河闸,形成下池,为抽水蓄能所用。主坝为混凝土宽缝重力坝,高 107.5m,长 1040m,坝顶溢流泄量设计为 40 400m³/s。由水电部天津勘测设计院设计,基建工程兵 00619 部队施工。

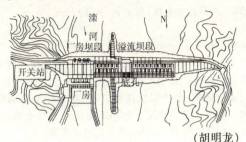

（胡明龙）

盘坝

又称盘驳、盘剥。以人力、畜力为动力,用辘轳、绞车等机械将船只牵引通过堰埭。古代如遇因运河水量不足或水深不够而无法通航的河段,则往往在该河段上修筑堰、埭等拦河坝(车船坝),以控制水量,提高航道水深。但因拦河堰埭截断航道,船只无法通过,需要用人力、畜力转动辘轳或绞车,将先行卸载的船只从坝的一侧沿着坝的坡面牵引至坝顶,过坝后再沿坝的另一侧坡面滑下重新进入航道,然后再将卸下的货物重行装入。整个过程称为盘坝。其设备与操作过程相当于现代的斜坡式升船机。宋熙宁五年(1072 年)日本僧人成寻《参天台五台山记》记载乘船自江南运河至京口堰盘坝情景:"九月十日辰时,至京口堰驻船。十一日,天晴,中时以牛十四头,左右各七越堰,依堰司命令上陆,见越船。"熙宁六年又记载:"五月十日天晴朗,一点,曳船;午时至四十五里至吕城堰,即曳船来;三点过三十里至奔牛堰,左右辘轳,合十六头水牛曳船,酉时至常州北水门留宿。" （查一民）

盘头

修筑于堤岸迎溜顶冲地段的小型顺水坝。在河工上习称鸡嘴坝,在海塘上习称"盘头"。坝身短而粗,形如半月,靠筑于海塘迎水面,直长五六丈至一二十丈不等。盘头按建筑材料分为"草盘头"(又称"柴盘头")和"石盘头"两种。《浙江海塘新志》载雍正七年(1729 年)修筑挑水盘头大草坝五座,筑法为:周围签钉排桩,中填块石竹篓,深入软泥之下,作为底脚,上加埽料压盖,顶上钉长桩深贯其底。

（查一民）

pang

旁通管 by-pass pipe

在闸门开启之前向有压引水道充水的管道。功用是使闸门前后平压后在静水中开启。设有阀门以控制流量,断面积由其工作水头、引水道容积和允许充水时间决定。

（刘启钊）

pao

抛泥坝 sediment-filled dike

由泥沙或碎石抛填的坝。常用从河床上取得的或疏浚航道挖出的沙石填筑。在整治工程中,它的用途很广泛。例如,固定边滩、堵塞汊道、做导流堤和封闭尖潭沱口的丁坝等。若用机械化施工时,抛泥坝的断面尺寸较大,通常坝身的顶宽为 6～8m,边坡系数为 3～4,坝头的边坡系数加大到 5～6。如用吹泥船吹填时,因吹填的泥沙较细,则坝体的断面尺寸还要加大,顶宽为 10～20m,边坡系数为 6～10。抛泥填筑的坝体应比设计高度高 0.5～0.8m,吹填完后坝顶应进行平整。吹填的方法是将轮泥管从坝的一端向前推进,让泥浆沿吹填的方向流动。当坝体填筑好以后,再抛石护面和加固坝头。因抛泥坝结合疏浚施工进行,可以全部机械化,是值得推广的一种整治建筑物。

（李耀中）

抛石坝 dumped rock-fill dike

用乱石抛筑的重型坝。一般的填筑方法是把石料从一定的高度抛下,利用石料的本身重量冲击填实坝体。坝体的断面呈

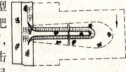

梯形,其尺寸是根据地质条件、坝型和河水流速确定的:抛石坝、坝身各部分尺寸:一般顶宽为 1.0～1.5m,山区河流有加宽至 3m 的;迎水面的边坡系数为 1.0～1.5,背水面的边坡系数增大到 1.5～2.0。坝根和坝头是容易损坏的部分,故需要特别加固,可把坝根和坝头的局部尺寸加大,有时把坝根做成喇叭形状的,把坝头做成盘头形状的,还加做沉排护底。抛石坝可建造丁坝、顺坝或锁坝。为了节省石料,坝身内部也可以用小块石或沙砾代替。抛石坝坚固耐久,维修简单,常用于山区河流和急流险工段的整治工程。

（李耀中）

抛石厚度 thickness of dumped rock-fill

平行抛石护岸的抛石层厚度。护岸工程的抛石不少于两层,下层可用较小的块石或碎石抛成垫层,上层用大块石护面,视水流流速的大小,抛石层的总厚度不得小于 0.5m,在水深流急的地方,下层护脚的抛石层厚度可增到 1.0m 以上。

（李耀中）

抛石护岸 bank protection with dumped rock-fill

用块石或碎石抛筑的平顺护岸工程、用石料抛筑的护岸工程,分为下层护脚和中、上层护坡工程。在枯水位以下的护脚,先抛筑断面较大的护根块石棱体,其底宽为1.5~2.0m,坡度为1:1.5或更大,然后继续抛筑下层的块石护坡,高出枯水位以上1.0~1.5m。中层护坡一般抛两层石料,先抛小块石做垫层,然后抛面层的大块石。为节省石料,也常见采用砌石护坡的,为防止雨水浸蚀上层边坡,则多采用植树和植草等上层护坡工程。抛石护岸施工简易,如有下陷变形,也容易补充修复,是被广泛采用的护岸工程。

(李耀中)

抛石护坡 slope protection with rock-fill

用块石保护河岸边坡的重型工程。在较平缓的河岸边坡上,为了防止水流的冲刷和波浪的打击,用块石或碎石作防护层,一般抛石的范围要达到坡脚为止,如果水深较大,抛石到达水下的边坡系数大于4~5就可以了。抛石至少有两层,上层较大的石料应均匀分布在整个表面上,石料的大小等于或略小于计算的直径,下层的石料可以小一些,并且可以掺合部分碎石混合抛。防护波浪打击的块石层厚度不得小于计算尺寸的2倍。整体性好,能够适应岸坡的变形,施工简易,如有局部损坏也容易维修。

(李耀中)

抛石直径 diameter of dumped rock

抛石护岸工程的块石直径。抛在坡脚和坡面上块石大小,与底部流速和波浪的打击有关,必须满足稳定条件,应分别依据边坡上的起动流速和波浪破坏力进行计算,取二者中的较大的直径。斜坡上起动流速公式为 $u_c = \eta K_m u_\infty$,u_c、u_∞ 分别为斜坡上和平底河床上的起动流速;K_m 为斜坡上起动流速校正系数,一般取为0.6~0.9;η 为安全系数。跌浪的破坏力主要与波浪高度有关,可用简化公式计算块石的大小,$d \cong 0.33 h_\delta$,d 为块石直径;h_δ 为波高。

(李耀中)

抛填堆石坝 bulk rockfill dam

堆石支承体用抛填方式进行施工的堆石坝。抛填方式又可分为水下抛填与基坑内栈桥抛填两种。前者多用于土石围堰的施工,先抛填截流戗堤,后在上游面依次抛填过渡层、反滤层、黏性土防渗墙,或在两个堆石支承体中间的砂砾中打钢板桩或混凝土防渗墙;后者是20世纪60年代以前建造堆石坝的传统施工方式,石料从10m以上的栈桥上抛向坝体,利用石块撞击密实堆石体,同时用高压水枪喷射,使受冲击的堆石体密实,耗水量巨大,约为堆石体积的3倍。坝建成后堆石体的沉降量仍超过坝高的1%,易使防渗体产生裂缝。大型振动碾问世后,抛填式堆石坝已被碾压式堆石坝所取代。

(束一鸣)

泡卢-阿丰苏水电站 Paulo Afonsol Hydro Plant

巴西圣弗兰西斯科河上的大型水电站。位于巴伊亚州泡卢-阿丰苏瀑布处。1955年建成。设计装机容量340.9万kW,现有装机容量152.4万kW。坝型为重力坝,高19m,长4 125m。

(胡明龙)

泡田 pre-irrigation gifts

在水稻秧苗栽插之前为整平土地和软化土壤而进行的灌水。其用水量称为泡田定额。在泡田的同时带水耕耙,土块很快潮解,田面整平标准容易掌握。泡田水量主要用于饱和犁底层以上的土壤,并在田面建立很薄的水层,满足栽秧的需要。

(房宽厚)

pei

佩克堡土坝 Fort Peck Earthfill Dam

美国密苏里河上的一座大体积土坝。位于蒙大拿州佩克堡附近,故名。1937年建成。高76m,顶长6 409m,工程量9 605万 m^3,总库容230.42亿 m^3。

(胡明龙)

配电装置 switchgear

接受和分配电能的多种设备组合的统称。可包括有开关、互感器、保护电器、母线、电气测量仪表等。电压在35kV以上时常采用户外配电装置,在水电站上常称为高压开关站。低压和10kV以下时常采用户内配电装置。可分别采用配电盘、高压开关柜、装配式配电装置等。

(王世泽)

配水建筑物 distribution structures

为满足各级渠道用水要求,控制渠道中水位流量而设置的水工建筑物。常见的有分水闸、节制闸等。前者一般设置在支渠、斗渠上,其作用是调节由干、支渠引到下一节渠道的流量;后者一般设置在干、支渠分水口下游渠道上,其作用除了抬高上游水位,保证下一级渠道引入所需流量外,当下游渠段发生事故时,亦可用它截断渠道水流,保证下游渠道安全。节制闸还可设置在渡槽或隧洞的进口,兼作检修门以节省投资。

(沈长松)

pen

喷管 nozzle

见喷嘴(189页)。

喷灌 sprinkler irrigation

以喷洒水滴的方式向农田补充水量的灌溉方法。利用天然水头或用水泵加压形成压力水流，经由专门的喷水装置(喷头)向空中喷射，在空气的摩擦撞击下形成细小的水滴，洒落在田面上，湿润农田土壤。可采用较小的灌水定额，准确地调节土壤水分，改善土壤中的水、肥、气、热状况和农田小气候，并能冲掉作物茎、叶上的灰尘，有利于植物的呼吸及光合作用，具有省水、增产的效果。由于使用压力管道输水，还具有节省土地和劳力、不受地形限制、便于实现自动控制等优点；但工程投资较大，能源消耗较多，喷洒质量受风力影响较大。工作压力较低的微型喷头的出现和推广为喷灌的进一步发展开辟了广阔的前景。

(房宽厚)

喷灌机组 sprinkling machine unit

由水泵、动力机、输水管道、喷头等部件组装而成的喷灌装置。从田间配水系统(多为明渠，也可是输水管道)取水进行喷灌。按其移动的动力可分为：①人力移动的小型喷灌机组：包括手提式、手抬式和手推式喷灌机组；②动力驱动的大型喷灌机组：带有驱动装置或由拖拉机牵引的喷灌机组。按配备的喷头数量分为：①单喷头机组：一台机组只配备一个喷头；为了增加控制面积和加大田间供水渠道的间距，多配备远射程喷头；②多喷头机组：该机组带有供水管道，上面装有多个喷头；这种机组一般体积庞大，称为大型喷灌机组，单机控制面积大，田间工程较少，由于可采用较小的喷头，喷灌质量较好。按其工作特点又分为：①定喷式喷灌机组：该机组停留在一个工作位置进行喷洒，完成喷灌定额后，再移到新的位置，继续喷洒；②行喷式喷灌机组：该机组在进行喷洒的同时也在移动着位置。

(房宽厚)

喷灌均匀度 sprinkling uniformity

喷洒面积上水量分布的均匀程度。是评价喷灌质量的技术参数之一。常以喷洒均匀系数 C_u 表示。中国《喷灌工程技术规范》规定用下式计算：

$$C_u = 1 - \frac{\Delta h}{h}$$

h 为喷洒水深的平均值(mm)；Δh 为喷洒水深的平均离差(mm)。该式和国际上使用的 ISO 标准中的计算公式是一致的。一般认为在无风或风速较小时 C_u 值应不低于 80%，风速较大时不应低于 70%。它还可用水量分布等值线图表示。

(房宽厚)

喷灌强度 sprinkling application rate

单位时间内喷洒在灌溉土地上的水深。单位为 mm/h。由于喷洒水量在空间分布的不均匀，有点喷灌强度和平均喷灌强度之分。前者可用雨量筒直接观测。后者在雨量筒均匀排列时，为各点喷灌强度的算术平均值；雨量筒不均匀排列时，各雨量筒代表的面积不同，为各点喷灌强度的加权平均值。

(房宽厚)

喷灌系统 sprinkler system

由水源工程、加压机泵、输水管道及其附属设备、喷头等组成的喷灌工程系统。它有几种分类方法：①按水流压力的来源分为自压喷灌系统和加压喷灌系统；②按喷灌工程的结构形式分为管道式喷灌系统和机组式喷灌系统；③按各组成部分可移动的程度分为固定式喷灌系统、半固定式喷灌系统和移动式喷灌系统；④按喷灌时的工作特点分为定喷式喷灌系统(喷头在指定位置喷洒)和行喷式喷灌系统(喷头边移动边喷洒)。

(房宽厚)

喷锚支护 sprayed concrete and anchored strut

锚杆支护、喷射混凝土支护和锚杆喷混凝土支护的统称。锚杆支护和喷射混凝土支护均为隧洞等地下工程的一种支护型式。前者一般用钢锚杆，插入围岩预先钻好的孔中，钻孔深入稳定岩石，深入岩体一端有楔缝，内嵌楔子，经打击后，楔子抵住孔底，撑开楔缝，与孔壁嵌固，露出岩体一端用垫钣和螺母束紧；也可在钻孔中灌注水泥砂浆或树脂锚固剂，将一定长度的钢筋固结在钻孔中，以增加围岩的整体性和强度。后者是将掺入速凝剂的水泥、砂、砾石混合料，借助压缩空气通过喷射机具压送到喷嘴处，使混合料与水混合后高速喷射于围岩表面凝固硬化而成。两者通常联合使用，具有用料省、架设简便、速度快和便于机械化施工等优点。

(张敬楼)

喷头 sprinkler

将压力水转变成水滴，进行喷洒灌溉的设备。可安装在管道上或喷灌机组的机架上，进行定点喷洒或行走喷洒。按其工作压力或射程分为：低压喷头(或称近射程喷头)、中压喷头(或称中射程喷头)和高压喷头(或称远射程喷头)。按结构形式分为：①旋转式喷头；②固定式喷头；③喷洒孔管：在圆管上部开一列或数列孔径仅 1～2mm 的喷水孔。它的性能好坏直接影响着喷灌系统的喷洒质量和经济指标。

(房宽厚)

喷嘴 nozzle

又称喷管。冲击式水轮机中使水流形成射流以冲击转轮的导流部件。对水斗式及斜击式水轮机，喷嘴呈锥形，断面逐渐缩小，其中安装有喷针，调整喷针的行程即可改变射流的流量，以适应负荷的变化。一个转轮可以安装有 1～6 个喷嘴。双击式水轮机的喷嘴是矩形管嘴。

(王世泽)

彭蠡 Pengli

即今江西鄱阳湖之古称。《尚书·禹贡》："淮海惟扬州,彭蠡既猪(潴),阳鸟攸居。"又"嶓冢导漾,东流为汉,……南入于江,东汇泽为彭蠡。"

(查一民)

pi

皮尔顿水轮机 Pelton wheel

见水斗式水轮机(235页)。

皮尔逊Ⅲ型分布 Pearson type Ⅲ distribution

一条一端有限一端无限的不对称分布单峰的概率分布曲线。由英国生物学家K·皮尔逊在1895年提出,故名。用来与实际资料相配合,他所建立的是一K族分布曲线,在某种程度上能够约略地符合二项分布、普阿松分布、超几何分布和正态分布。其概率密度函数为

$$f(x) = \frac{\beta^\alpha}{\Gamma(\alpha)}(x-b)^{\alpha-1}e^{-\beta(x-b)}$$

$\alpha, \beta > 0$。三个原始参数 α、β、b 可用基本参数 EX、C_v、C_s 表示为 $b = EX\left(1 - \frac{2C_v}{C_s}\right)$, $\alpha = \frac{4}{C_s^2}$, $\beta = \frac{\alpha}{EXC_vC_s}$。

(许大明)

淠河 Pihe River

源出安徽省西部大别山,北流至寿县西正阳关附近注入淮河的淮河支流。长248km。汛期上游山洪较大,下游宣泄不畅,极易泛滥成灾。1949年后,上游建有响洪甸、佛子岭和磨子潭等水库,拦蓄洪水,灾害有所减少。

(胡明龙)

淠史杭灌区 Pishihang Irrigation Area

淠河、史河、杭埠河三个毗邻灌区的总称。是以灌溉为主,结合发电、航运、水产养殖和城镇供水等的综合利用工程。灌区范围涉及安徽、河南两省13个县市,总面积为14 107km²,其中丘陵区占83.6%,平原区占16.4%。灌区范围涉及安徽省的金寨、霍丘、六安、寿县、舒城、肥西、肥东、长丰、庐江等九县和六安市、合肥市以及河南省的固始、商城两县。设计灌溉面积为74.9万ha,主要种植水稻和小麦。多年平均降水量为850~1 200mm,多年平均蒸发量为700~900mm,无霜期210~230d。灌区的主要水源是淠河上的佛子岭、磨子潭、响洪甸水库、史河上的梅山水库、杭埠河上的龙河口水库,这五座大型水库的设计总库容为66.3亿m³,兴利库容为28.4亿m³。三个灌区渠首设计总进水流量为550m³/s。灌区内还有中型水库23处,小型水库1 043处,小型塘坝21万多处,总蓄水能力达14亿m³。这些水库、塘坝大部分和渠道相连,形成"长藤结瓜"式的灌溉系统。还建成机电提水泵站40处,装机容量为14.1万kW,提取河、湖水量,补充渠水之不足。5座大型水库于1952~1958年先后建成,灌溉渠系工程于1958年动工,1959年开始灌溉受益,以后逐年进行续建、配套,截至1985年,干渠以上工程已全部完成,支渠以下的配套工程正在进行。

(房宽厚)

pian

偏光弹性模型试验 photoelastic model test

利用偏振光束在力学相似的结构模型上呈现的光学图案分析结构受力状态的结构模型试验。一般用环氧树脂按相似律加工或浇注成断面或整体模型,再施加荷载,通过对模型的加温和降温,可使模型产生等色线和等倾线两组条纹,将加荷的力学现象"冻结"在模型内,用光弹仪测量其应力,由此分析结构的应力状态。光弹仪由光源、偏振片、1/4波片、检波片和显示幕组成。该模型一般较小,制作、加荷和量测均要求有较高的精度。

(沈长松)

偏流器 deflector

见折向器(327页)。

偏态系数 skew coefficent

随机变量分布形态对中心的不对称程度。用无因次相对量表示,即

$$C_s = \frac{E(x-\bar{x})}{\sigma^3}$$

C_s 称为偏态系数或偏差系数,大小反映分布不对称程度,$C_s=0$ 为密度曲线以 $\bar{x}$ 对称,$C_s>0$ 称为正偏或右偏,$C_s<0$ 称为负偏或左偏。

(许大明)

片状侵蚀 sheet erosion

流域坡面薄层水流带走雨滴击溅泥沙的过程。难以测定,常被忽视,但整个流域表面都会发生,常是河流泥沙的主要来源。其损失量大约为0.1~15mm/年。

(胡方荣)

piao

漂流 wind-driven current, drift

又称吹流。大尺度和大范围内盛行风所引起的风海流。当风吹过海面时,对海面会产生切应力,致使海水水平流动,称风海流。漂流是风海流中一种习惯称谓,将另一种由某一短期天气过程或不连续阵性风形成的海流称为风成流。

(胡方荣)

漂木道 log chute

用以散漂原木过坝的设施。类似水运筏道。进口常采用各式活动闸门，如扇形闸门、下沉式弧形闸门和下降式平板门等，适应上游水位变化，调节过木所需水深，以节约用水。

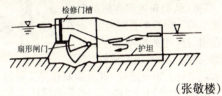

（张敬楼）

pie

撇洪沟 flood by-pass ditch

又称截洪沟。为引撇山洪而环山修建的拦截和输送洪水的沟道。经沟道引撇的山洪在适宜地点导入河道排除或蓄水设施存蓄。有的可兼起蓄水或输水灌溉的作用。为保护山丘区环山渠道的防洪安全，一般需在渠道的上侧修建撇洪沟道。

（赖伟标）

撇弯切滩 chute cutoff

急弯河道主流离开凹岸而凹岸淤积凸岸受冲刷的现象。河弯在发展过程中，如遇到坚硬的土壤，有时会形成曲率很大的急弯，在这种情况下，主流常脱离凹岸而转向凸岸，使得凹岸深槽逐渐淤积，而凸岸边滩受到冲刷甚至被切割。如果凹岸崩退较快，凸岸延伸较宽，但滩面较低，在遇到大洪水时，主流取直，切割凸岸边滩，凹岸则发生淤积，也会产生撇弯切滩现象。

（陈国祥）

pin

贫营养湖 dystrophic lake

湖水中含有少量营养物质的湖泊。多在高原和山区。根据湖水中植物通过光合作用转化为有机物质的能力，水中氮、磷等营养物质的含量及 pH、耗氧量、水色、透明度等水质综合指标确定。其湖水的含氮量小于 0.15ppm，含磷量小于 0.02ppm，pH 的反应接近中性，水色呈蓝色或绿色，透明度在 5m 以上，生物耗氧量小于 10ppm，一般有湖水深度较大，湖底有机物较少且不易分解等特点。冬春两季水循环常不能到达底层。

（胡方荣）

频率 frequency

随机事件 A 出现的次数与试验的总次数之比。记为 $f(A)$。随机事件在一次试验中是否发生，是事先无法肯定的偶然现象，但进行多次反复试验，就可以发现其发生的可能性大小的统计规律性。如果在相同的条件下进行 n 次重复试验，事件 A 出现了 m 次，则事件 A 在 n 次试验中出现的频率为 $f(A) = \dfrac{m}{n}$。当 n 无限增大，频率呈现稳定性。工程应用中，常采用累积频率。在水文上设计频率是指水文变量 x 等于或超过设计值 x_p 的累积频率。

（许大明）

频率法 frequency method

用频率原理计算多年平均洪灾损失（即多年平均防洪效益）的方法。先计算工程前后各典型频率（如 20 年一遇、50 年一遇、百年一遇、千年一遇、万年一遇）洪水的一次损失，并建立损失与洪水频率关系曲线或关系表，再按频率差法计算频率间工程后减免的洪灾损失值，进行叠加后得多年平均洪灾损失值，即为多年平均防洪效益。

（戴树声）

ping

平板坝 flat slab dam

挡水面板由一系列倾斜平板组成的支墩坝。通常面板简支在支墩的托肩上，以适应地基不均匀沉陷和

减小温度应力，并避免挡水面板的上游面产生拉应力。在支墩间设置加劲梁增加支墩抵抗纵向弯曲与横向倾覆。可建在岩基或非岩基上，也可做成溢流的。非岩基上的平板坝，必须设置整体式透水基础底板，便于支墩直接支承在底板上，使地基受力均匀，有利于地基稳定。1949 年阿根廷兴建的伊斯卡巴（Eskaba）坝，坝高 88m，是目前世界最高的平板坝。中国 20 世纪 50 年代也修建少数平板坝。由于平板钢筋用量较多，且防渗、抗裂较差，近年来很少采用。

（林益才）

平底板 flat bottom plate of sluice

水闸闸室底部呈平板式结构的底板。其上过水一般属宽顶堰流态，适用于低水头情况。主要优点是泄流稳定，并可使闸室兼作冲沙、排污、泄水乃至通航之用。与闸墩连成整体的为整体式平底板，是闸室的基础，承受闸室全部荷载及水压力并传给地基，且具有防冲、防渗作用；其尺寸、厚度须根据闸身稳定及地基应力分布均匀的条件确定。与闸墩用沉陷缝分开的为分离式平底板，闸室上部结构的荷载及水平水压力直接由闸墩传给地基，它仅有防冲、防渗的要求，在满足底板不被地基的扬压力抬起的原则下决定其厚度，一般较薄，适用于较好地基，在地震区因整体性较差，不宜采用。

（王鸿兴）

平堵 horizontal closu

从口门河底向上抛投料物的堵口方法。沿口门

宽度,自河底向上抛投料物,逐层填高,直至高出水面,以截堵水流。分有架桥及抛料船两种抛投方法。

(胡方荣)

平均潮位 mean tidal level

一定期间潮水位的平均值。分别由相应期间逐时潮位观测资料按一定方法计算求得,有日、月、年和多年平均潮位之分。 (胡方荣)

平均出力 average output

在某一时段中电站出力的平均值。单位为kW。所取计算时段长短主要根据水电站出力变化情况及计算精度要求而定,如日平均出力、月平均出力、年平均出力、某一时段平均出力等。

(陈宁珍)

平均海平面 mean sea level

简称海平面。水位高度等于观测结果平均值的平静理想海面。按观测时间长短,分为日平均海平面、月平均海平面、年平均海平面和多年平均海平面。一些验潮站常用18.6年或19年里每小时的观测数据进行平均,求出该站的平均海平面。对固定地点,海平面在相当长的时间内是相对稳定的,可取为高程测量系统的基准面。平均海平面实际上不是等位面(大地水准面是一个等位面),而是对等位面微有倾斜。 (胡方荣)

平均水头 average head

水利工程正常运行情况下,作用水头的平均值。一般是指水库兴利库容蓄水一半时的上游水位与通过平均流量时的下游水位之差。 (陈宁珍)

平均损失率 Φ-index

用以在降雨过程柱状图上快速估算直接径流量的降雨损失指标。雨强超过平均损失率Φ的部分形成直接径流,小于它的部分成为损失。流域平均损失率由实测降雨和径流资料反推求得。

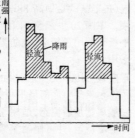

(刘新仁)

平虏渠 Pinglu Channel

曹魏时沟通滹沱水与泒水(上游为今大沙河,下游经今饶阳北、河间、任丘西、文安、静海至天津南入海)的人工运道。建安十一年(公元206年),曹操欲北征乌桓,消灭袁氏残余势力,命董昭开凿此渠。故道经行路线不详。一说唐代姜师度所开平虏渠即此,在今沧县东北;一说大致与今青县至独流镇间一段南运河合。 (陈 菁)

平面闸门 plane gate

挡水面呈平面的闸门。是水工建筑物中最常用的一种门型。包括承重结构、支承移动装置、封水设备和吊耳等。承重结构由面板、横梁、纵梁和边梁等组成肋形板梁结构。面板主要用钢板,也有根据闸门尺寸和具体工作条件用钢筋混凝土、钢丝网水泥和木材等做成。边柱上附有滚轮、滑块和履带等支承移动装置,便于闸门沿门槽升降。一般采用螺杆式、卷扬式或油压式启闭机操作闸门升降。

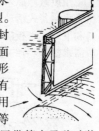

(林益才)

平顺护岸 parrallel revetment

用能抵抗水流和风浪冲刷的材料直接覆盖在河岸坡面上的护岸工程。按照水流对岸坡的冲刷作用,以及水位、气候和施工等条件,平顺护岸分为上、中、下三层:枯水位以下为下层,包括护底和护根,总称为护脚;从枯水位到堤顶为中、上层护岸。平顺护岸是一种被动的连续性护坡工程,应具有较好的整体性,柔韧性,抗冲性和耐久性,不仅能抵抗水流和风浪的冲刷,而且要能够适应河床的变形、在水深流急的河岸处,护脚要做到河床的深泓为止。平顺护岸对水流的干扰较小,在重要的通航河段和港口区多被采用。 (李耀中)

平台扩散消力塘 stilling basin with spread platform

水流经平台横向扩散后再进入消力池的一种消能设施。由水平扩散段、曲线衔接段、陡坡段和消力池(塘)组成。隧洞出口水流经平台横向扩散,再经曲线衔接段继续扩散后进入消力池,在池内产生水跃,以消减水流能量。适用于出口设置工作闸门的隧洞与涵管,且出口高程接近下游水位的情况。

(张敬楼)

平稳随机过程 stationary stochastic processes

统计特性在不同时刻平稳不变的一类随机过程。数学上严格的平稳性概念是:一随机过程,如两组时刻状态变量 $X(t_1), X(t_2), \cdots, X(t_n)$ 和 $X(t+t_1), X(t+t_2), \cdots, X(t+t_n)$ 的联合概率密度函数 $f(x(t_1), x(t_2), \cdots, x(t_n))$ 与 $f(x(t+t_1), x(t+t_2), \cdots, x(t+t_n))$ 是完全相同的(对所有的 t 和 n),称为平稳随机过程。一般只要求随机变量的均值和方差的平稳性,而不要求密度函数完全相等,对均值和方差保持平稳的过程,称为弱平稳随机过程或广义平稳随机过程。对水文现象,当在一定时期内,气候条件没有明显改变,流域状况和人类活动基本稳定,就认为河川年径流量和年最大洪峰流量等水文变量的变化属于平稳随机过程,不同时段观测序列求得的各种统计特征基本上是一致的。

(朱元甡)

平压管　pressure release pipe

设置在检修闸门与工作闸门之间并与水库相联通的旁通管。

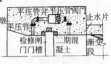

其作用是在开启检修闸门之前，首先在两道闸门中间充水平压，使检修闸门可以在静水中启吊。平压管的直径可根据规定的充水时间确定。控制阀门可布置在廊道内。当充水量不大时，也可将平压管设在闸门上，充水时先打开门上的充水阀，待充水完毕后再继续提升闸门。

（林益才）

平压建筑物　pressure release structure

压力前池和调压室的总称。前者用于无压引水式水电站，后者用于有压引水式水电站。功用是当水电站的引用流量发生变化时凭借其一定的蓄水容积缓和引水系统中的水位变化和压力变化，以达到降低工程造价和改善电站运行条件之目的。

（刘启钊）

平移式喷灌机组　lateral move sprinkler

又称直线连续自走式喷灌机组。带喷头的支管装在许多能自动行走的塔架上，一边平行移动一边喷洒的喷灌机组。一般从明渠取水，平行明渠移动。柴油机、水泵、发电机、控制设备、导向设备等安装在中央跨的吊架上。其喷洒面积为矩形，能充分利用耕地；移动方向和耕作方向一致，对农机作业影响较小；喷洒均匀，受风力影响较小；采用低压喷头，能耗较小；自动化程度高等。但对地形的适应性较差，造价较高，转移田块时需拖拉机牵引。

（房宽厚）

平原河流　plain river

流经冲积平原地区的河流。大中型河流的中下游均流经冲积平原。平原河流河谷宽广，分布着广阔的河漫滩，中水位时水流集中在主槽中流动并形成一系列泥沙堆积体（如边滩、心滩、江心洲、浅滩、沙嘴等），平面形态具有一定规律，有顺直型、弯曲型、分汊型、游荡型等几种。纵剖面多呈下凹曲线，没有显著的台阶状变化，但也有波状起伏。横断面形态在顺直河段多为对称抛物线形，弯曲河段多为不对称三角形，深槽在凹岸一侧，分汊河段和游荡河段则为复杂的W形。平原河流洪水涨落平缓，流量和水位变幅较小，有稳定的中水期，来沙量大致与来水量相应，推移质多为中、细沙，悬移质以沙、粉沙和黏土颗粒为主，较粗颗粒多为床沙质，较细颗粒属冲泻质。平原河流多处于平衡或准平衡状态，一般情况下无显著单向变形，但周期性的往复变形却非常活跃，有些河流冲淤速度和幅度都很大，特别是河床平面变形和河床中泥沙堆积体的运动变化十分剧烈。

（陈国祥）

平整衬砌　paste lining

见抹面衬砌（173页）。

屏式建筑物　curtain structure

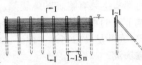

把预制的篱屏绑扎在木桩上的轻型导流建筑物。每块篱屏的尺寸可依据需要预制，一般屏高1.0~1.2m，屏长3~4m。用粗树枝做骨架编的篱屏，其整体性较好。可做成表层的或底层的导流建筑物。与编篱坝相比，优点有：①桩距可略大，一般为1.0~1.5m，故桩数减少；②屏为预制，减轻了劳动强度，并降低造价。但易于冲毁，需要经常维修。

（李耀中）

po

坡地漫流　overland flow

水流从产生地沿坡地向河槽流动的过程。往往是许多时分时合的沟流；当雨强较大时，呈现为片流。在流动中一方面接受降雨补给，一方面消耗于蒸发和下渗。漫流的路程不超过数百米，历时较短，对小流域洪水形成影响较大。

（胡方荣）

坡面蓄水工程　storage water engineering on slope

修建在坡面上用以拦蓄暴雨径流、保护农田的小型水利工程。是水土流失地区的一种工程措施。常见的有水窖、水窑窖、涝池等蓄水设施。在洪水集中的地方，可采用引洪漫地方法，把洪水蓄入农田土壤中，做到用洪用沙，变害为利。

（刘才良）

鄱阳湖　Poyanghu Lake

古称彭蠡泽、彭泽、彭湖。位于中国江西省，纳赣江、修水、鄱江、信江、抚江等河流，经湖口注入长江的淡水湖。地处北纬28°45′~29°42′，东经116°00′~116°38′。形似葫芦，长110km，宽50~70km，最窄处5~15km，最深16m，面积3 583km²。由地壳陷落不断淤积而成。以松门山为界，分南北两湖,南湖水面辽阔,为主湖;北湖狭小,实为入江水道。经其调节,可削减赣江等河流15%~30%的洪峰流量,减轻长江洪水威胁。水草丰美,有利于水产养殖,产鱼百余种。沿湖是主要农业区。

(胡明龙)

破冰 ice breaking

利用破碎冰凌,以防治冰凌危害的措施。方法有人工打冰、撒土融冰、用船晃冰、炸药炸冰、破冰船破冰、炮弹轰冰和投弹炸冰等。 (胡方荣)

破冰船 ice breaker

专门用于破碎冰凌的船。其设计特点是:马力大,壳板厚,圆形底,船体宽(为一般船宽的两倍),有时船头上装有附加的螺旋桨。破冰时利用特种水舱调节船的重心位置,使船前端翘起,驶到冰上将冰压碎,或开足马力将冰层撞碎。 (胡方荣)

破岗渎

三国吴时连接京口(今镇江)与建业(建康,今南京)的人工运道。孙权赤乌八年(公元245年),为避此段长江风涛之险,派陈勋率屯田兵士三万人开凿,起于小其(今句容东南,有破岗埭,离城12.5km)向东穿山岗至云阳西城(今丹阳延陵镇西)接旧有运道。该渎西经方山埭接秦淮河,长约四五十里。山岗河段纵坡很陡,沿途建埭14座,以蓄水、平水。因渠窄,冬春行船不便,至梁代在其附近另开上容渎以代之。陈代又修,隋废。 (陈 菁)

破坏年 failure year

不能维持正常工作的年份。导致水电站工作被破坏的原因可以是缺水(时间不符合要求或水量不足)或发电水头不足。 (陈宁珍)

破浪 broken waves

发生在离海岸较远的暗礁或沙洲附近海浪破碎的现象。当海浪传到岸边时,波峰至波谷的各点流速不一样,高出平均水面部分比低于平均水面部分走得快,使波形前侧变陡,后侧平缓,当这种波形不对称分布达到极限时,海浪的波峰出现倒卷和破碎现象。如海浪的破碎发生在海岸附近,称为"拍岸浪"。其能量很大,在陡立式的岩岸或堤岸,海浪破碎后浪花可高达数十米。西班牙曾遇到一次大风暴,拍岸浪竟把1 000多吨重的混凝土块搬走。

(胡方荣)

pu

铺盖 blanket

土基上挡水建筑物上游的水平防渗设施。常铺设在水闸或土石坝上游河床,与闸、坝底板或不透水部分紧密相连。主要用以延长水平向渗径,以减小闸、坝基底的渗透压力、渗流流速或坡降以及渗流量;对土石坝还可降低坝身浸润曲线位置。常用不透水的材料如黏土做成,应有一定柔性以适应地基变形。也有用混凝土或钢筋混凝土板做成,且兼有对建筑物的阻滑作用。其厚度及长度根据上、下游水头差的大小、防渗材料性质及地基情况而定。黏土铺盖从上游端至闸、坝前沿需逐渐加厚,表面加设砂砾、块石保护层,与建筑物连接处需连接紧密牢靠,并适应不均匀沉陷以防产生裂缝、漏水短路。

(王鸿兴)

铺砌草皮护坡 slope protection with grass sod sheet

用草皮铺砌的上层护坡工程。中水位以上的岸坡上,植物容易生长,可以用铺砌草皮做护坡。生长良好的草坡,能抵抗1~2m/s的流速,草坡的边坡系数应大于1.5。移植的草皮,应采取新鲜的,若坡面是新削坡所裸露的土层,表面应先刨松5~6cm,草皮铺砌施工应在春秋两季进行,切不可安排在冬天。在天气干燥时,新铺的草皮要定时浇水,直到草皮扎根为止。草皮移植时可切成砖状或带状,可间隔地铺砌,也可整体满铺。 (李耀中)

圃田泽

又称甫田。故址位于河南省中牟县西的古湖沼名,现已淤为平地。《周礼·职方氏》:"河南曰豫州,其山镇曰华山,其泽薮曰圃田。"郑玄注:"圃田在中牟"。 (查一民)

瀑布 falls

从河床纵断面陡坡或悬崖处垂直或接近垂直地倾泻下来的水流。主要由于水流对河底软硬岩层差别侵蚀形成。地质运动也可使其形成。如中国贵州省的黄果树瀑布,北美洲的尼亚加拉瀑布等,都是世界著名的自然景观。 (胡方荣)

Q

qi

栖息地下水 perched groundwater

又称上层滞水。存在于包气带中局部隔水层上的重力水。大气降水或地表水渗入地面以下,遇到局部不透水层阻挡,聚积成地下水,分布范围不广。水量一般不大,季节性变化明显,有的在干旱季节可能消失。只能作为小型或暂时性的供水水源。
（胡方荣）

期望值 expected value

样本系列的平均情况。若离散型随机变量有以 $p_1、p_2、\cdots、p_n$ 为概率的可能值 $x_1、x_2、\cdots、x_n$。用下列计算所得随机变量的平均数

$$\bar{x} = \frac{x_1 p_1 + x_2 p_2 + \cdots + x_n p_n}{p_1 + p_2 + \cdots + p_n} = \frac{\sum_{i=1}^{n} x_i p_i}{\sum_{i=1}^{n} p_i}$$

因 $\sum_{i=1}^{n} p_i = 1$ 故 $\bar{x} = \sum_{i=1}^{n} x_i p_i$。可以把 p_i 看做是 x_i 的权重,这种加权平均数为数学期望(期望值、均值),记为 EX。
（许大明）

奇科森土石坝 Chicoasén Earth-rockfill Dam

墨西哥最高土石坝。在格里哈尔瓦河上,位于恰帕斯州图斯特拉－古铁雷斯附近。1980 年建成。高 261m,顶长 485m,工程量 1 537 万 m^3。总库容 16.13 亿 m^3。装机容量 240 万 kW。
（胡明龙）

奇沃堆石坝 Chivor Rockfill Dam

哥伦比亚最高堆石坝。在巴塔河上,位于博亚卡省古阿迪克附近。1975 年建成。高 237m,顶长 310m,工程量 1 117.4 万 m^3。总库容 8.15 亿 m^3。水电站装机容量 100 万 kW。
（胡明龙）

畦灌 border irrigation

筑埂束水、湿润土壤的灌水方法。在整地播种时,修筑临时性的田埂,把灌溉农田分隔成许多长方形的小田块,称为畦,灌溉水流沿畦面流动,在重力作用下渗入土壤,满足作物正常生长的需水要求。适用于小麦、谷子、牧草等密播作物。畦田的大小和地面坡度、土地平整程度、土壤透水性能等因素有关,当地面坡度较大、土壤透水性较小、土地平整较好时,畦可长些和宽些;反之,应该短些和小些。畦田还应适应机械耕作的要求,畦宽应是播种、中耕机具宽度的整倍数。中国的畦田较小,一般长为 50～100m,宽为 2～4m。灌水流量主要受地面坡度和土壤性质制约,以不冲刷田面并使土壤湿润均匀为原则,入畦单宽流量一般为 3～6L/(s·m)。畦田沿长边方向应有一定坡度,适宜的坡度范围为 0.001～0.003。
（房宽厚）

骑马桩

以两根为一组,缚成交叉十字形状,分钉于新埽两边眉的桩。类似的还有:"暗骑马",以两桩一组斜插于埽料间;"倒骑马",于埽工下口安骑马桩,并用长绳拉紧,固定于上口前地面的桩橛上,又名"玉带骑马";"五花骑马",用丈桩,交叉成十字形,再于四端各加横木,纵横如四个十字形,钉于合龙埽下水边眉;"拐头骑马",用五尺桩两根,交叉成十字形,进占时,在最下两坏上下口,各用四五组,每组相隔约一丈,又称"霸王骑马";等等。
（查一民）

气垫调压室 air cushion surge tank

见空气制动调压室(145 页)。

气流模型试验 airflow model test

用气流对原型工程中流体动力学或水动力学问题进行模拟研究的试验方法。以气体流向静止的固态模拟物形成模型中固体与流体的相对运动。常用的主要设备是能产生所需气流速度的风洞。模型与原型的相似要以雷诺数和马赫数都同量为准则。但随流速的高低不同,有时可容许两者之一有偏离。例如马赫数 $M < 0.5$ 时可以不要求 $M = idem$。通常"气流模型试验"指民用(或土建用)低速风洞中气流试验,气流被视为不可压缩的。
（王世夏）

气蚀余量 net positive suction head

水泵进口处单位重量的水所具有的超过汽化压力的富余能量。以 Δh 表示。单位为 mH_2O。是判断水泵是否发生气蚀的物理量。是表征水泵抗气蚀性能的重要参数。由水泵气蚀试验得出。可从水泵性能表或性能曲线中查到。水泵的气蚀余量愈大,抗气蚀性能就愈好。可用它计算立式轴流泵和立式混流泵的安装高程。为避免水泵运行时发生气蚀,应使水泵进口处的压力超过当时工作温度下的汽化压力,且有一定的裕量。
（咸铿）

气象潮 meteorological tide

大气对海水作用所引起的一种海面振动。周期从几分钟到几天,振幅为几厘米到几十厘米,受气象

因素影响，如风的切应力、降水和气压变化。特大的称"风暴潮"。　　　　　　　　　（胡方荣）

气旋雨　cyclonic rain

与气旋有关或在气旋内产生的雨。由辐合入于低压中心或气旋空气抬升而形成。有非锋面雨和锋面雨两种。后者由锋面一边的暖空气被另一边冷重空气所抬升而产生。　　　　（胡方荣）

气压调压室　air cushion surge tank

见空气制动调压室(145页)。

弃水　surplus water；waste water

未被水电站利用，从泄水建筑物泄走的流量。当水库蓄满而上游来水流量又大于水电站所能利用的流量时，即发生弃水。为某些特种目的需降低水库水位时，也可能出现弃水。　　　（陈宁珍）

弃水出力　surplus water output

弃水流量被有效利用时所能发生的功率。用以评估弃水所造成的损失。　　　　（陈宁珍）

汽轮机初参数　primary parameters of steam turbine

汽轮机的进(新)汽温度和压强，以℃/MPa表示。低温低压，340/1.27；中温中压，435/3.43；高温高压，535/8.83；超高压，535/12.75；亚临界，535/16.18；超临界，565/22.04。　　　（刘启钊）

汽蚀系数　cavitation coefficient

见空化系数(145页)。

契尔克拱坝　Chirkey Arch Dam (Черкесская Арочная плотина)

原苏联第二高拱坝。在苏拉克河上，位于北高加索达格斯坦自治共和国境内。1978年建成。高233m，顶长333m，工程量135.8万m^3。库容27.8亿m^3。装机容量100万kW。　　　（胡明龙）

砌石坝　stone masonry dam

块石或条石砌筑成的拦河坝。其中用水泥砂浆等胶结材料砌成的称浆砌石坝；除防渗设备外，坝体大部分为石料干砌的称干砌石坝。前者按结构型式分，有浆砌石重力坝、浆砌石拱坝、浆砌石支墩坝等，按坝顶可否过水分，有浆砌石溢流坝、浆砌石非溢流坝等；后者则一般只用于非溢流坝。石料丰富的山区采用砌石坝较经济，随坝高与坝型的不同，其对地基的要求类似于相应的混凝土坝。优点是较多地使用当地材料，施工中不存在温度控制和分缝分块问题，缺点是较难大规模机械化施工，渗漏问题也较突出，因而高砌石坝不多见。　　（王世夏）

碶

同闸、堋。《宋史·河渠志七》鄞县水："其他山水入府城南门一带，有碶堋三所：曰乌金，曰积渎，曰行春。乌金碶又名上水碶，昔因倒损，遂搽为坝。"按鄞县一带人称"堋"为"碶"。　　　（查一民）

qian

铅直位移观测　vertical displacement observation

又称竖向位移观测。测量建筑物在外界荷载作用下特定点处沿铅直方向的位置改变量。包括建筑物受外界作用产生的铅直方向上的位移分量和地基变形引起的铅直方向上的位移分量。有精密水准法和液体静力水准法两种观测方法，以起测基点的高程确定观测标点高程的变化。不均匀铅直位移会使建筑物接缝拉开甚至破坏，影响建筑物的寿命和正常使用，应设法将其控制在允许范围内，以确保工程正常使用。　　　　　　　（沈长松）

前池　fore bay

泵站的引水渠和进水池的衔接建筑物。具有平顺和扩散水流的作用，为水泵取水提供良好的条件。其进水方式分正向和侧向两种。前者的水流方向与进水池中水流方向一致，水流平稳；后者的水流方向与进水池水流方向成一夹角，流速分布不均，容易产生漩涡、回流和淤积，影响水泵取水。其平面呈梯形。结构简单，对地基条件没有特别要求。
　　　　　　　　　　　　（咸锟）

前期影响雨量　antecedent precipitation index

又称前期降雨指数。根据前期雨量计算的流域湿润程度指标。当前流域湿润程度与过去一段时期降雨过程有关，前期雨量越大，降雨日期越近，流域当前越湿润，反之越干燥。根据这一概念制订出计算流域湿润程度指标 p_a

$$p_a = p_{-1}k + p_{-2}k^2 + \cdots + p_{-t}k^t$$

$p_{-1}, p_{-2}, \cdots, p_{-t}$分别代表前一日、前二日…前$t$日降雨，$k$为小于1的常数，$t$一般取15日，与$k$大小有关，以$k^t$足够小为准则。$p_a$是许多降雨径流关系的参数。　　　　　　　　（刘新仁）

钱江大潮

又称钱塘潮、海宁潮。浙江省杭州湾钱塘江口的涌潮。以每年夏历八月十八日在海宁盐官镇附近所见者最为著名。因钱塘江口呈喇叭形，向内迅速收窄，河底又有沙坎隆起，潮波上溯时受约束变形，形成一道直立如墙的"潮头"，最高可达3.5m左右，长数千米，沿江向上游推进，排山倒海，成为奇观。此涌潮对两岸海塘构成巨大威胁，必须严加防范。
　　　　　　　　　　　　（查一民）

钱塘潮

见钱江大潮。

钱塘湖　Qiantang Lake

即今杭州西湖。原为古海湾淤积形成的泻湖，自唐代起由人工控制蓄泄，供城市用水及灌溉，并可济运、养殖和游览。唐建中年间(约780~783年)李泌引湖水注杭州城内六井，供居民饮用，解决杭州城地下水咸苦问题，并设闸引水灌田。长庆四年(824年)白居易为杭州刺史，主持修湖筑堤，建闸、渠、引水管道及溢洪道，完善供水与防洪工程，使之成为人工水库。并以江南运河为干渠，与下游一些湖泊联合使用，溉地千余顷(唐1顷≈今0.81市顷)，还制定了管理制度，促进了地方经济发展。五代、北宋多次修浚。南宋建都杭州，西湖水利达到高潮。元、明、清各代经营不辍。现在西湖虽已不作供水、灌溉之用，但已成为世界著名的风景游览胜地。

(陈　菁)

钱塘江 Qiantangjiang River

旧称浙江。上源马金溪发源于皖、浙交界处，东南流在衢州附近汇江山港后东北流贯浙江省北部至海盐县澉浦注入杭州湾的浙江省最大河流。一说闻家堰以下始称钱塘江；另一说闸口以下始称钱塘江，闻家堰至闸口段河道曲折如"之"字，故称"之江"。全长410km，流域面积4.2万km^2。干流各段名称不同，衢州以上称常山港，衢州至兰溪称衢江；兰溪至梅城称兰江；梅城至桐庐称桐江；桐庐至闻家堰称富春江。主要支流有乌溪江、金华江、新安江、桐溪、浦阳江等，干支流多可通航，建有湖南镇、黄坛口、新安江、富春江等水电站。每年夏历8月18日，钱塘潮蔚为壮观，闻名于世。

(胡明龙)

钱塘江海塘

杭州湾及钱塘江口两岸海塘的总称。北岸东起平湖县金丝娘桥，向西经海盐、海宁两县至杭州市上泗区狮子口；南岸西起萧山市临浦麻溪山，向东经绍兴市至上虞县曹娥江口的蒿坝。北岸又称浙西海塘，长约160km，是钱塘江涌潮直接冲击的地段，形势十分险要。从汉唐以来，历代均有修筑，至明、清更屡兴大役，是我国修建时间最早，修筑次数最多，工程最为浩大的海塘。绝大部分是由大条石纵横砌成的鱼鳞石塘和条块石塘，塘脚并砌有多层坦水以护塘。现代又逐步改建增建混凝土或钢筋混凝土塘。

(查一民)

钳卢陂

古代引蓄湍水和刁河的灌溉工程。位于今河南省邓县东南，西汉元帝时(公元前48~前33年)南阳太守召信臣主持兴建，号称灌田万顷。东汉光武帝时(公元25~57年)杜诗为南阳太守，曾复修。后名迪陂。明清时废，今尚有遗迹。

(陈　菁)

潜坝 submerged dam

坝顶低于枯水位的横向跨河建筑物。常用来调整河床高程和水面比降。在急滩的下游建造潜坝，可雍高水位，消除滩险，增加航深。在急弯深潭处建造潜坝，可调整河床高程，防止河床的局部冲刷，根据不同的情况，可用单个也可用多个潜坝组成的潜坝群。如果把潜坝和丁坝相结合，就成为丁坝向深泓延长的部分，则丁坝的坝头还可以得到加固。

(李耀中)

潜水 phreatic water

地表以下第一个稳定隔水层以上含水层中的水。为无压地下水，受重力作用，具有自由水面。靠大气降水与地面水补给。潜水分布广，埋藏浅，开采方便，为工农业及生活用水的重要水源，但易受污染。

(胡方荣)

潜水电泵 submersible elecrical pump

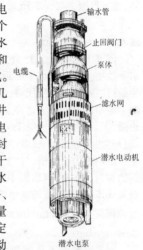

潜水电泵

又称潜水泵。电动机和水泵组装成一个整体浸于水中运行的水泵。由电动机、水泵和输水管等三部分组成。按扬程大小(几米到几百米)可分为深、浅井(作业面)两种潜水电泵；按电动机防水密封措施可分为干式、半干式、充油式和湿式潜水电泵。具有机泵合一、结构简单、体积小、重量轻、使用方便、毋需固定的安装基础、便于移动使用等优点。适用于流动排灌和井灌。

(咸　锟)

潜水蒸发 evaporation from phreatic water

浅层地下水的蒸发。潜水向包气带输送水分，并通过土壤蒸发或(和)植物散发进入大气，是潜水消退的主要方式。由于土壤蒸发或(和)植物散发，从土壤表层或根系层中消耗水分，通过毛细作用潜水不断向上补给，保持土壤蒸发和植物散发持续进行。主要影响因素有：气候条件，潜水埋藏深度，包气带岩性及植被等。在干旱和半干旱地区，地下水埋深浅时，能引起盐分上升并在地表积累，使土壤盐渍化。

(胡方荣)

潜在需水量 potential evapotranspiration

特定作物(又叫参考作物)在供水充足条件下的需水量。根据气象资料用经验公式或半经验公式进行计算。对旱作物来说，除生长旺盛的个别生育阶段外，其值均大于作物需水量。因此，它曾被认为是可能达到的最大需水量。各国科学工作者越来越多地发现这种认识并不适用于所有作物，也不适用于一种作物的各个生育阶段,主张改称参照需水量。

(房宽厚)

浅水勤灌 shallow and frequent irrigation

田面水层深度较小、灌水次数较多的稻田淹灌方法。水稻是喜湿作物,需水量较大。但各生长阶段对水的需求并不一样,而且水层太深对作物生长有害。20世纪50年代,中国农民和科学工作者在总结丰产经验的基础上创造了这种灌水方法,随后得到普遍的推广。水层深度在不同生长阶段稍有不同。从栽秧到分蘖末期约为10~30mm,从孕穗到开花约为20~50mm,乳熟以后又改为10~30mm。浅水有利于土壤对太阳辐射能量的吸收利用,可以提高水温和地温,促进植株分蘖、根系深扎、茎秆粗壮、穗大籽饱。与深水淹灌相比,具有省水、增产的优点。

(房宽厚)

浅滩 crossing bars

河流中连接两岸上、下边滩,隔断上、下深槽的水下沙埂。其水深小于邻近水域水深,枯水期常成为航行的障碍。典型浅滩由五个部分组成:位于沙埂上游的边滩称为上边滩,位于下游的边滩称为下边滩,上、下边滩分别位于河岸两侧。与边滩相对的部分称为深槽,位于浅滩上游的深槽称为上深槽,位于下游的称为下深槽。自上边滩下部斜向下边滩上部的称为浅滩脊,当水深不能满足航行要求时称为碍航浅滩,需进行疏浚或整治。

(陈国祥)

浅滩河段整治 regulation of river channel with crossing bars

对通航水深不足的浅滩河段所采取的治理措施。浅滩可能出现在通航河道的各个河段,如两个反向弯道的过渡段,河流的分汊段和汇流段,有跨河建筑物的河段,入湖入海河口段和丘陵山区河道的扩宽段。浅滩整治一般按束水归槽原则,采用丁、顺坝等建筑物导引水流通过规划的航槽或按规划线进行挖泥疏浚。但在布置工程建筑物时必须全面地考虑到通航、防洪、引水及其他建设的要求,并遵循顺应自然规律、因势利导的原则,参考较为稳定的优良河段河势,合理地选择整治工程的平面布置和建筑物形式。修建整治工程和疏浚挖槽可以单独使用也可以两者结合使用。

(周耀庭)

qiang

戗堤 berm

帮贴在险工地段的大堤背水坡或迎水坡的堤。帮贴在大堤背水坡的称为内戗,又称后戗;帮贴在大堤临水坡的称为外戗,又称前戗。该堤顶低于正堤,对大堤有保护作用。也常作为巡防及抢险时交通之用,称为马道。

(胡方荣)

戗台 berm

又称马道。为施工、观测、检修及布置排水沟而设置的土坝坝面通道。平行于坝轴线,多设在坝坡变坡处,约每隔15~30m高程设置一道,宽为1.5~2.0m。建在高山峡谷的土石坝也有的采用斜戗道,取代运输填筑土石料的上坝公路,其宽度应根据施工、运输要求决定,以达到节省工程造价的目的。

(束一鸣)

强度安全系数 safety of strength

反映建筑物及其构件强度安全程度的指标。其数值与建筑物的级别、材料类型、荷载特点、运用情况、施工质量和计算方法等因素有关。按容许应力设计的强度安全系数是材料的极限应力与允许应力的比值;按破坏强度设计则为破坏荷载与规定的标准荷载之比;按极限状态设计又可分别用荷载系数、材料强度系数和工作条件系数表达。应按设计规范选取。

(林益才)

强夯法 strong ram method, dynamic consolidation method

用重型夯具夯击土料或地基以达到压实土壤的工程措施。是软基处理的一种。用于土坝、路堤及地基处理,增强土壤强度、减小压缩性及渗透性以提高土壤承载力。通常用8~40t重锤从6~30m高处自由落下撞击夯实土层。该法不仅适用于强透水土层,对于半透水的软弱黏性土,甚至泥炭地基也可采用。

(王鸿兴)

抢险石塘

见条块石塘(269页)。

qiao

桥吊 bridge crane

见桥式起重机(199页)。

桥渡河道整治 river regulation near bridge site

为保护桥梁的安全并满足通航要求采取的局部河段整治措施。首先是岸墩上下游导墙和护岸,其次是桥墩附近的防冲措施,以及为保证低水时通航孔有足够水深而做的束水工程。

(周耀庭 陈国祥)

桥式倒虹吸管 bridge inverted siphon

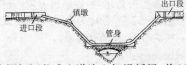

在深切河谷或山洪沟上架设桥梁,将倒虹吸管设置在桥上的一种输水建筑物。为了避免在深槽中

设管的困难,降低管中段的压力水头,缩短管长度,减少管路中的水头损失,在深槽或洪沟部位建桥,在其上设输水管道。其布置和设计要求与倒虹吸管相同。　　　　　　　　　　　　　　　　（沈长松）

桥式起重机　bridge crane

简称桥吊,俗称天车。由桥架和沿桥架移动的提升机构(小车)构成的一种起重机械。在水电站上,桥架两端支持在主厂房两侧的轨道上,并可沿轨道移动。是主厂房中最常采用的起重运输机械。在大型水电站上,一个桥架上可能装置两台小车,也可能在同一主厂房内设置数台桥式起重机。

（王世泽）

桥形接线　bridge electrical diagram

在两组单元接线(或扩大单元接线)之间增加横向桥电路的接线方式。可增加运行的可靠性和灵活性,适用于中型水电站上。　　　　　（王世泽）

qin

侵蚀湖　erosion lake

由风蚀或溶蚀作用形成的湖泊。如分布在中国内蒙的许多湖泊大多为风蚀湖,分布在中国西南岩溶地区的湖泊多为溶蚀湖。　　　（胡方荣）

亲潮　Qyashio Current, Kurile Current

自千岛之西向西南方向流下的寒流。北极附近是极地东风带,风力推动海水向西流,极流沿堪察加半岛南下,与黑潮及西风漂流形成极前线而相连接。以此线为界,在暖水部分成蓝色,在冷水部分成绿色。　　　　　　　　　　　　　　　（胡方荣）

秦渠

原名秦家渠。宁夏黄河东岸引黄灌区主要干渠之一。创建年代不详,元代郭守敬、董文用主持修复,明、清两代修治较勤。渠首在黄河青铜峡东岸,灌黄河东面汉渠以西及以北地区。民国时可灌地14.5万亩,建国后进行裁弯扩建,1960年青铜峡枢纽截流后取水口与汉渠合并,由一号机组尾水供水,最大进水量为 $70m^3/s$,可灌田36万亩。

古代引沁灌溉工程枋口堰的干渠。

（陈　菁）

qing

青海湖　Qinghaihu Lake, Koko Nor

蒙古语称"库库诺尔"意为"青色的湖"。古称西海。位于中国青海省,系由祁连山脉的大通山、日月山、与青海南山间断层陷落而成的咸水湖。地处北纬36°20′～37°10′,东经99°40′～100°45′,最深32.8m,面积4 583km^2,海拔3 195m。有布哈河注入。每年12月封冻,冰期6个月。湖中鸟岛为10多种候鸟繁殖栖息地,达10万只以上。近年湖水有下降趋势,盛产裸鲤,滨湖草原为天然牧场。

（胡明龙）

青山水轮泵站　Qingshan Water Turbine-Pump Station

位于湖南省临澧县城以北约37km的澧水干流上的水轮泵站。是中国装机最多、规模最大的水轮泵站。泵站内安装AT100-8型水轮泵33台,总流量为15.26m^3/s,净扬程50m,年提水量13 000万m^3,灌溉农田35万亩。它与主副坝(均为浆砌石重力坝)、水闸、船闸、电站等建筑物组成水利枢纽。于1966年兴建,1972年完成主体工程并部分受益。按其作用分有:灌溉:由水轮泵站灌溉35万亩农田,水闸引水灌溉20余万亩;通航:长80m,宽12m的船闸年通航能力为120万t;发电:安装8台水轮发电机组,总装机容量为8 900kW,年发电量达3 900万kW·h;调配水:以水轮泵站为主体,构成了长藤结瓜式的水利灌溉网,做到蓄、引、提结合,先用提、引水,后用塘、库水,灌区内水量调配自如,农田可随时灌排。

（咸　锟）

青铜峡水利枢纽　Qingtong Gorge Hydro-junction

中国黄河中游一座大型水利工程。在宁夏回族自治区青铜峡口,距银川80km。1978年建成。是以灌溉为主,结合发电、防凌等综合利用枢纽工程。为日调节水库,设计库容5.65亿 m^3,电站装机容量27.2万 kW,年发电量10.4亿 kW·h。建筑物有挡水坝,河东、西干渠及电站,大坝为混凝土重力坝,高42.7m,长666.75m。建成后,汉渠、秦渠、唐徕渠、汉廷渠、惠农渠等由自由引水变为调节引水,控制自如,灌溉面积扩大4倍。电力可承担宁夏电网的50%以上负荷。由水电部西北勘测设计院设计,青铜峡水电工程局施工。

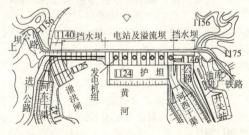

（胡明龙）

轻型整治建筑物　light regulating structures

用竹、木、苇或梢料等材料构成的临时性建筑物。因能就地取材,施工较简易,又造价低廉,在河流整治工程中被广泛采用。如沉树、桩坝、编篱或篱屏等建筑物。尤其在泥沙较多的河流上,它被用作各种临时性的整治工程。其缺点是抗冲性和抗朽性较弱,使用的年限较短。　　　　　　　（李耀中）

倾倒抢险　protection against overturning

堤、坝、护岸工程发生倾倒情况的抢护工作。重力式坝岸工程稳定主要依靠其自身重量维持,当坝岸抵抗倾倒力矩小于倾倒力矩时,坝岸失稳而倾倒。当坝岸发生倾倒时,应迅速针对坝岸前水流冲刷情况和险情的轻重程度,首先巩固基础,避免险情继续扩大。可采用抛石(或抛笼)护岸,柳石搂厢,丁厢开埽等方法抢护。　　　　　　　　　　（胡方荣）

倾斜流　slope current

在不均匀外压场作用下的梯度流。如水平方向的海水密度没有变化,因海洋上空大气压力分布的不均匀性,或者在大河入海河口和迎风的海岸边,海水不均匀堆积,都将使海面(等压面)倾斜,而且,海面以下各个等压面也将同时发生倾斜,与海面平行。这时从海面到海底都将产生大小相同的水平压强梯度力,使海水发生运动。　　　　　（胡方荣）

清沟　open water surface in freezing-up river

封冻初期仍敞露的自由水面。在封冻过程中,冰块受阻封冻,下游由于涡凌失去连续性,不能同时形成冰盖,而出现清沟。由于风的影响,迫使凌块集中于迎风的岸边,引起淌凌分布不均匀,气温低时一岸封冻,而背风的岸边则亦可能出现此现象。
　　　　　　　　　　　　　　　　　　（胡方荣）

清口

又称泗口。原为泗水入淮口,因泗水又名清水,故名。在今江苏省淮阴市北。历史上黄河曾多次改道南流,经颍、涡、睢、泗等淮水支流南泄入淮,而泗水又常为黄河南徙入淮主流所经。明代后期,采取"塞旁决以挽正流"和"束水攻沙"的方略,筑堤固定黄河下游河道,从而使徐州以下至清口的泗水故道及从清口至入海口云梯关的淮水故道成为黄河下游的惟一河槽。这样就使淮水成为黄河支流,清口转而成为淮水入黄口。因淮清黄浊,故仍沿称清口。明后期至清前期,从清口至徐州的黄河,是京杭大运河的一段必经之路,所以清口又成为黄、淮、运交会的枢纽。当时朝廷采用"蓄清刷黄"的策略,高筑洪泽湖大堤(高家堰)以蓄积淮水,然后出清口刷深黄河,以保持黄、淮、运交会处的畅通。公元1855年黄河于河南铜瓦厢决口改道东流经山东利津入海,清口即已废止。　　　　　　　　　（查一民）

《清史稿·河渠志》

清代水利专志。《清史稿》专志之一。大致完成于1927年,赵尔巽等撰,未经官方认可。分4卷,按水系和地区编辑了清代全国水利史料。对黄河、运河记述较详。　　　　　　　　　　（陈　菁）

清污机　trash rack cleaner

清除集聚在拦污栅前污物的机械设备。用以减少水头损失,保证拦污栅正常工作。其型式有抓斗式、耙斗式、铲耙式、压耙式和回转式等。常用的抓斗(或耙斗)式主要由刚性门架、行走台车、抓斗或耙斗及其启动机构组成。一般是在动水条件下工作,应考虑其体形对水流的影响,并要有足够的刚度和能够灵活启动运行。
　　　　　　　　　　　　　　　　　　（张敬楼）

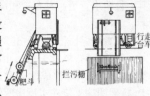

qiu

丘吉尔瀑布水电站　Churchill Falls Hydro Plant

加拿大丘吉尔河上的大型水电站。位于纽芬兰省丘吉尔瀑布处,故名。1971年建成。总装机容量522.5万kW,安装机组11台。总库容323.17亿m^3,有效库容280亿m^3。大坝为土坝,高32m,顶长5506m。　　　　　　　　　　　　　　（胡明龙）

秋汛　autumn flood

秋季由于暴雨,河水发生急剧上涨的现象。
　　　　　　　　　　　　　　　　　　（胡方荣）

球形岔管　spherical branch

用球壳、柱壳和补强环构成的岔管。适用于高水头电站。补强环位于柱壳和球壳的连接处,承受柱壳和球壳的作用力和直接水压力,一般为锻件。球壳内设导流板以平顺水流。导流板由薄钢板制成,设平压孔,因此不承受内水压力。
　　　　　　　　　　　　　　　　　　（刘启钊）

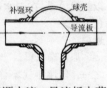

球形阀　globe valve

由一个装在套壳中的球形塞与操作机构组成的阀门。球形塞在水平向有一直径与输水管道相当的连通管,可绕垂直轴作水平转动。当连通管与管道轴线相重合时,则管道畅通;球形塞转动90°则管道完全封闭。优点是操作轻巧而迅速,开启时可构成光滑的管道内壁,水流平顺,几乎无局部水头损失。但部分开启时会形成较严重的空蚀与振动现象。常用作引水管道上的检修

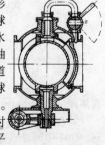

闸门或事故闸门。　　　　　　（林益才）

qu

区域平均降水量 regional average precipitation

　　区域总降水量在面上平铺后的水层深度。是区域降水量一种度量方法,单位以 mm 计。区域总降水量一般无法直接观测,而是用布设在区域内有限个雨量站观测的点雨量,通过算术平均法、泰森多边形法或等雨量线法进行估算。是估计区域水资源及推求径流量等水文计算最重要的资料依据。
　　　　　　　　　　　　　　（刘新仁）

渠 canal

　　多指经过人工疏凿的灌渠或运河。如沟渠,漕渠。《史记·河渠书》:"悉发卒数万人穿漕渠,三岁而通。通,以漕,大便利。其后漕稍多,而渠下之民颇得以溉田矣。"《汉书·沟洫志》:"至于它,往往引其水,用溉田,沟渠甚多,然莫足数也。"（查一民）

渠道 canal

　　由人工开挖或填筑建成的过水通道。常用于灌溉、发电、给水、排水、航运等水利工程,线路选择力求短直,尽量减少渠系上的交叉建筑物,做到挖方与填方基本平衡。当渠线遇到沟谷时,可采用直穿或绕行方式通过。前者常用倒虹吸或渡槽等建筑物横过沟谷;后者则沿等高线布置绕过沟谷。当渠线遇到岗岭时也可采用明渠、暗渠和隧洞通过。渠道的断面应满足流量及流速的要求,其形状多采用梯形或矩形,视地质条件而定。在灌溉系统中渠道一般由干渠、支渠、斗渠、农渠四级固定渠(沟)组成。　　（沈长松）

渠道比降 canal bed slope

　　渠道上、下游两个断面之间渠底沿水流方向下降的高差与该渠段长度的比值。它的合理选择不仅关系到渠道输水能力的大小和渠道的稳定性,而且影响渠道控制灌溉面积的大小和渠道上水工建筑物以及渠道本身的工程量。它应根据沿线地面坡度、上、下级渠道水位衔接要求,渠床土质,水源含沙量,渠道设计流量等因素,综合分析后合理确定。
　　　　　　　　　　　　　　（李寿声）

渠道边坡系数 canal side-slope factor

　　渠道边坡的倾斜度。以 m 表示。其值等于边坡在水平方向的投影长度和在垂直方向投影长度的比值。大型渠道边坡系数应通过土的力学试验和稳定分析等确定,一般渠道的边坡系数则常根据经验确定。　　　　　　　　　　（李寿声）

渠道冲淤平衡 equilibrium of canal scouring and silting

　　允许渠道周期性的冲刷或淤积,使渠道保持相对稳定。一般用于从多泥沙河流引水的渠道。在设计时应尽量使冬季引清水灌溉期内可能造成的局部渠床冲刷与引汛期浑水时可能造成的淤积达到平衡。　　　　　　　　　　　　（李寿声）

渠道除草 canal weed control

　　除掉渠道内所长的杂草。杂草丛生增大渠床糙率而影响渠道输水能力,并招引牲畜吃草,践踏破坏渠道。故渠道除草是渠道维修养护工作的内容之一。多在非输水运行期进行,人工或机械割除,或使用化学灭草剂灭草,或干枯期放火烧除。使用化学灭草剂效果较好,但要选择适宜时期和剂量,防止人畜饮用渠水中毒。　　　　　　　　　　　　　（李寿声）

渠道防冻 canal frost prevention

　　防止渠道遭受冻胀破坏的措施。包括规划设计和管理养护两个方面:①规划设计时,应尽量使渠线走向平直,渠床中心线高程尽量选择较高位置,避开地下水浅的低洼泽地等。在地下水位较高地段,要同时设计排水出路;建筑物基底、渠底、渠坡要设计铺设反滤垫层,垫层厚度应视冻土深度、土壤的冻胀性等因素而确定。②管理方面:在封冻前要排空渠道水,防止建筑物和渠道护面冻胀破裂;兼顾饮水的灌溉输水渠道要随时破碎冰凌,防止建筑物前后壅冰冻胀;来年灌溉行水前要沿线检修局部冻胀破渠段及建筑物;以确保渠道正常运行。　（李寿声）

渠道防洪 canal flood control

　　防止洪水侵入渠道冲毁渠堤、破坏渠系建筑物以致淹没庄稼、村庄的工程和管理措施。在工程规划设计中要妥善解决被渠道截断的排水块的排水出路问题。如在渠下修建泄洪涵洞,在渠上建排洪桥等,不让洪水入渠;使进入渠道的洪水泄入天然溪沟。在管理方面,除遵循渠系维修养护一般管理原则和措施外,暴雨洪汛期间对渠道及渠道上重要建筑物必须派人巡守,及时处理险情。洪汛期后及时整修渠道和建筑物,疏浚整直泄洪溪沟等。
　　　　　　　　　　　　　　（李寿声）

渠道防渗 seepage prevention of canal

　　防止渠道渗漏损失的措施。渠道渗漏损失不仅浪费水资源,降低灌溉和工程效益,而且抬高灌区地下水位,招致土壤盐碱化、沼泽化。渗漏严重的渠道还会引起渠道坍塌,危及灌区人民生命财产安全。因此,需要对渠道进行防渗处理。防渗措施可分两类:①改变渠床土壤透水性能:主要方法有压实、淤填和化学处理等;②修筑防护层或铺设防渗层:主要方法有用黏土、灰土、三合土、砌石、混凝土、沥青混凝土等材料修筑成渠道防护层,也可用塑料薄膜、沥青油毡等铺设防渗层。　　　　（李寿声）

渠道防塌 canal collapse prevention

防止渠坡坍塌而影响渠道安全运行的措施。大型渠道或重要渠段的渠道边坡系数,设计时要经土工试验和稳定分析后确定。对填方渠道清基面要做成阶梯形,外坡坡脚应设斜坡排水反滤层以增强渠堤稳定性等。坍塌和滑坡多由于渗漏、渠坡太陡、冲刷震动等原因引起。在设计时要考虑断面结构的稳定性,在运行管理期间,特别是对高填方渠段和施工质量差的险工险段,要加强观测、巡视。停水期间要加强维修养护或加固改善,防止坍塌于未然,确保渠道安全运行。　　　　　　　　　　(李寿声)

渠道工作制度　canal working regime

渠道的运行方式。分为续灌和轮灌两种。在一个灌水周期中连续输水的渠道称为续灌渠道;只在部分时间里输水的渠道称为轮灌渠道。续灌有利于均衡配水;轮灌可减少输水损失。在大中型灌区,通常采用干、支渠续灌,斗、农渠轮灌。　　(李寿声)

渠道管理　canal management

为使灌溉渠道保持设计输水能力和安全运行所进行的检查、养护、维修等工作。渠道遍及全灌区,数量很多,管理任务繁重。在大中型灌区,灌区管理机关主要负责跨越行政边界的干支渠道的管理工作;下级渠道则由地方政府组织群众管理队伍分级管理。管理工作的主要内容有:观测检查渠堤有无不均匀沉陷和裂缝、渠坡有无坍塌和滑坡、渠床有无冲刷、淤积和异常渗漏,针对发现的问题查明原因,及时处理。为了减少输水损失,提高灌溉水的利用率,根据灌区具体条件,推广渠道防渗衬砌措施。制订有关规章制度,严格运行操作办法,制止各种有碍渠道安全运行的行为。　　　　　(房宽厚)

渠道加大流量　canal extension flow

为考虑管理运行中可能出现规划设计时未能预料到的变化,而在设计流量的基础上乘一加大系数所得的流量。它是设计堤顶高程的依据。渠堤堤顶高程等于渠道通过加大流量时的水位与堤顶超高相加。　　　　　　　　　　　　　　(李寿声)

渠道流速　flow velocity in canal

渠道过水断面上水流的平均速度。当流量 Q 和过水断面积 A 已知时,可由下式计算:$V=Q/A$(m/s)。对于明渠均匀流渠道,流速 V 的水力学计算公式为 $V=\frac{1}{n}R^{3/2}i^{1/2}$,$n$ 为渠道糙率;R 为水力半径(m);i 为渠道比降。　　　　(李寿声)

渠道清淤　silt-clearing in canal

清除渠道淤积的泥沙。应针对不同淤积原因采取相应防淤清淤措施,确保渠道正常运行。如:控制入渠水流的含沙量,减少淤积泥沙来源;及时清除阻碍水流的杂草、砖石和其他堆积物;加大经常发生淤积渠段的纵坡,或缩小其断面尺寸而加大渠段流速,增加渠段挟沙能力;在沿线有泥沙流入的适当渠段,设截流沟和沉沙池等。对已被淤积的渠段,则应在岁修或放水前及时清除。清淤的方法有人工清除、机械清除或水力冲刷清除,视条件选用。清出的泥沙,一般颗粒细微并富含腐殖质,可用于填平洼地或与淤灌方式结合,使之淤积于田间。

(李寿声)

渠道设计流速　design flow velocity of channel

渠道断面通过设计流量时的平均流速。渠道断面在通过设计流量情况下,如流速大于允许不冲流速,渠道就会发生冲刷;小于允许不淤流速时,渠道便会淤积,从而破坏渠道稳定,影响渠道正常工作。因此它应界于允许不冲流速和允许不淤流速之间,即 $V_{不淤}<V_{设计}<V_{不冲}$。　　(李寿声)

渠道水利用系数　utilization factor of canal water

渠道净流量与毛流量的比值。以 $\eta_{渠道}$ 表示。即为 $\eta_{渠道}=Q_{净}/Q_{毛}$。对任一渠段而言,流经上、下断面的流量各为 $Q_{上}$、$Q_{下}$。则 $Q_{上}$ 称为该渠段的毛流量;而 $Q_{下}$ 为该渠段的净流量。$\eta_{渠道}$ 值越高,则表明该渠道的输水损失量减少。它是反映工程技术条件,管理工作水平和渠道渗漏情况的综合指标。

(李寿声)

渠道最小流量　canal minimum flow

渠道流量的最小值。渠道输配水工作过程中,并非保持设计流量及水位不变,往往甚至在大部分运行时间里,渠道流量小于设计流量。最小流量出现在种植面积较小或灌水定额较小的作物单独灌水或在水源供水不足的时候。　　　　(李寿声)

渠堤超高　canal freeboard

渠堤堤顶高出渠道通过加大流量时的水位高程的高度。设置超高是为了保证渠道安全运行,当渠道通过加大流量时防止因风浪而引起渠道漫堤。

(李寿声)

渠水　canal

人工疏凿的水道。尤指运河。《汉书·地理志》:"渠水首受江,北至射阳入湖",指吴王夫差时所开的邗沟。《水经》有《渠水篇》,指蒗荡渠(狼汤渠),即战国魏惠王时所开之鸿沟,汉以后改称狼汤渠。

(查一民)

渠系建筑物　structures in canal system

为满足灌溉、排水、给水、航运及发电等要求而设置在输水渠系上的各种建筑物。包括调节渠道水位和分配流量的建筑物(如节制闸、分水闸、斗门等)、输送渠道水流跨越或穿过山梁、溪谷、河、渠及交通道路的交叉建筑物(如隧洞、渡槽、倒虹吸管、涵洞等)、落差建筑物(如陡坡、跌水等)、泄水、退水、冲沙、沉沙建筑物、量水建筑物和专门建筑物等。选型时应根据具体情况全面考虑地形、地质、建筑材料、施工条件、运用管理、安全经济等各种因素，通过方案比较确定。　　　　　　　　　　（沈长松）

渠系建筑物管理　irrigation structures management

为使渠系建筑物经常处于完好的工作状态而进行的维修养护和合理地操作运用。要求渠系建筑物保持足够的过水能力，能准确而迅速地调节和控制渠道的水位和流量，无危险性渗流，上游无泥沙淤积，下游无冲刷，闸门启闭设备工作正常，闸槽无漏水现象，没有明显的沉陷和位移等。根据建筑物的规模及重要程度，设置观测仪器，进行定期观测，掌握建筑物的变化情况，为工程维修提供依据。使用建筑物要符合设计要求，禁止超负荷运行。建筑物要有专人管理，闸门启闭要符合操作程序。在灌溉用水期间，对偶然发生的人为或自然事故应立即组织力量进行抢修，使其尽快恢复使用。

（房宽厚）

渠系水利用系数　water utilization factor of canal system

灌溉渠系的净流量与毛流量的比值。以 $\eta_{渠系}$ 表示。其值等于各级渠道水利用系数的乘积。即为 $\eta_{渠系}=\eta_{干}\cdot\eta_{支}\cdot\eta_{斗}\cdot\eta_{农}$。$\eta_{干}、\eta_{支}、\eta_{斗}、\eta_{农}$ 分别为干渠、支渠、斗渠、农渠等各级固定渠道水利用系数。$\eta_{渠系}$ 是反映灌区自然条件以及渠系工程技术状况和管理水平的综合指标。在规划设计渠道时应根据灌区大小、渠床土壤、渠道长度、防渗措施和管理水平等因素，选用一个合适的渠系水利用系数。这一数值要求在工程建成后，在管理运用中经努力能够达到。　　　　　　　　　　（李寿声）

渠堰使

唐代后期关中地区修建管理灌溉工程的非常设官职。需设置时由当地行政官员兼任，有时也设副职。渠堰使的首见记载为贞元四年(788年)"京兆少尹郭隆为渠堰使"并设衙署。贞元十六年(800年)"以东渭桥纳给使徐班兼白渠、漕渠及升原、成国等渠堰使"。在光启元年(885年)专为"郑白两渠"而发的诏书曾提到"或署职特置使名，假之优宠"，说明此职并非常设，而为"特置"。

（陈　菁）

籧篨

苇或竹编成的粗席。北宋嘉祐中(1055年前后)用籧篨筑塘法修筑苏州至昆山的至和塘，其法为：先在浅水中用桩木粗席苇草竖立两排墙，间距三尺，作为一侧塘堤的心墙；在离此墙六丈处的另一侧，再做同样的一道心墙。之后捞取水中淤泥倒入

两侧心墙中，等水滤干后，便形成两道实心土墙。再

用水车戽去两道墙间积水，露出底土。最后再在中间开挖渠道，将挖出的泥土用于筑堤。此法解决了在水中筑堤无处取土的困难。　　　　（查一民）

取水建筑物　intake works

自水库、湖泊、河渠等水源引水或提水以供兴利的建筑物。如进水闸、水电站进水口、灌溉泵站等。

（王世夏）

取水权　appropriative water right

取水许可制度。用水权的一种。中国《水法》只规定直接从地下或江河湖泊取水，但不包括非直接取水，因此，不是完整的用水许可制度，只是用水权方式，所以，与用水权是从属关系。

（胡维松）

取水首部　diversion head works

见取水枢纽。

取水枢纽　intake hydro-junction

又称引水枢纽、取水首部。为对用水地区或用水部门供水，而在河流、湖泊等水源的适当地点修建的一系列水工建筑物的综合体。以河流为水源的取水枢纽可分有坝取水和无坝取水两类，前者由拦河坝或节制闸壅水至所需取水位；后者不建拦河闸坝，选择河流左、右岸的合理位置直接建进水闸取水，但只适用于用水地区高程低于水源的情况。为保证水质要求，它通常包括冲沙闸、沉沙池等建筑物，有坝取水枢纽中还可能要建船、筏及鱼类的过坝建筑物。水源很低时，也可用泵站抽水。　　　（王世夏）

quan

全段围堰法　complete cofferdam method

在水利施工时，利用围堰使河流一次断流的导流方法。河道断流后，河水通过专门导流建筑物下泄。优点是不用修筑纵向围堰分期导流，简化施工程序，有利两岸交通。缺点是须建造专门泄水建筑物，增加工程费用。但为节约投资，一般多采用与永久性泄水建筑物相结合，如将导流洞改建成龙抬头泄洪洞。　　　　　　　　　　（胡肇枢）

全贯流式水轮机　tubular turbine

发电机转子装在水轮机转轮外缘的贯流式水轮机。水力性能好,但防漏密封较困难,且转轮外缘线速度大,结构要加强。常用于低水头水电站。

（王世泽）

全日潮 diurnal tide

海水在一个太阳日内有一次波动的现象。在半个月内,有连续 1/2 以上天数,在一个太阳日内出现一次高潮和一次低潮,而少数天数为半日潮。中国的北部湾是世界上最典型的全日潮海区之一。

（胡方荣）

全射流喷头 jet sprinkler

利用水流的反作用力和附壁效应获得驱动力矩的旋转式喷头。有连续式和步进式两种。前者无论是正转还是反转都是连续转动,转速易受外界干扰;后者正转为间歇步进式,反转则连续转动,转速比较稳定。在喷管的出口装有射流元件,既是喷嘴,又是喷头旋转的驱动机构,这是和其他喷头的根本区别。

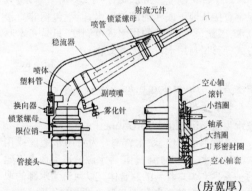

（房宽厚）

全水内冷式发电机 generator with fully-internal water cooling system

见水内冷式发电机(249 页)。

泉 spring

地下水的天然集中出露。在适宜地形、地质条件下,潜水和承压水集中排出地面成泉。按水力性质分为上升泉和下降泉。前者由承压水补给,从地下冒出地面,有时可喷涌高出泉口数十厘米,如中国山东济南的趵突泉。下降泉由潜水补给,一般从侧向流出。水温超过 20℃ 或超过当地年平均气温的称温泉。含有特殊的化学成分、有机物、气体或有放射性,饮用或沐浴后能治疗疾病的称矿泉。温泉往往也是矿泉。中国著名的饮用矿泉有山东崂山矿泉;矿泉疗养地有广东从化、陕西临潼华清池、北京小汤山、南京汤山等。常是河流的水源,有的还成为工农业的重要水源。

（胡方荣）

泉州渠 Quanzhou Channel

曹魏时沟通漳沱水与鲍丘水(即白河)的人工运渠。与平房渠同时兴建。渠从泉州县(今天津市武清西南境)东南引漳沱水,北入鲍丘水,会合处名泉州口(今宝坻县西北)。并从鲍丘水开凿新河达滦河,以沟通白沟与海、滦河之水运。

（陈　菁）

甽

同"畖"、"畎"。畦间小水沟。《书·益稷》："浚畖浍,距川。"疏："一耦之伐,广尺深尺谓之甽,……通水之道也。"《庄子·让王》："(舜)居于甽亩之中,而游尧之门。"成玄英疏："垄上曰亩,垄中曰甽。"

（查一民）

que

确定性水文模型 deterministic hydrologic model

见水文模型(253 页)。

qun

群井汇流 group-well confluence

数井同时抽水汇入同一渠道集中输送到用水地点的工作方式。以便集中调配管理,减少输水损失,提高灌溉水利用系数。采用这种方法有可能把水输送到较远距离,满足供水和农田灌溉的需要。

（刘才良）

R

ran

燃料动力费 costs of fuel and power

水利工程设施在运行管理中所耗用的煤、油、电等的费用。与各年实际的运行情况有关,消耗指标可根据规划设计资料分年核算,求其均值,或参照类似工程设施分析确定。

（戴树声）

燃气轮机火电站 thermal power plant with gas turbine

采用燃气轮机组发电的电站。主要设备有压气机、燃烧室、燃气轮机和发电机。将石油或天然气与压缩空气混合,注入燃烧室,经燃烧直接用高温燃气推动燃气轮机和发电机发电。优点是单位千瓦投资小,运行灵活,适于担负变动负荷。但热效率低,一般只有 16%。 (刘启钊)

燃气轮机 gas turbine

直接利用高温燃气作功的气轮机。燃气由石油或天然气混入压缩空气在燃烧室中燃烧产生。燃气轮机无须复杂的冷却水系统,设备简单,运行机动灵活,可以担负峰荷运行,但效率低,一般仅有 16%。 (刘启钊)

rang

壤中流 interflow

又称表层流。土表层或土壤性质变化不连续界面上形成的一种水流。是径流的组成部分。与地下径流不同,具有较高的速度。分快速和慢速两种,通常把快速壤中流归入直接径流,而把慢速壤中流归入地下径流。 (胡方荣)

rao

绕渗观测 observation of dam-abutment percolation

观测和分析绕过建筑物两岸的渗透水流。其内容包括不同水位作用下岸坡浸润面和渗流量,观测设备

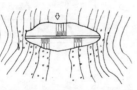

一般采用测压管和量水堰。通过观测分析了解岸坡及其与建筑物交界处的渗流状态。参见渗流量观测(219 页)和浸润线观测(134 页)。 (沈长松)

re

热备用 heating stand-by

又称旋转备用。处于旋转状态可以随时担任负荷的火电站备用容量。火电站的高温高压汽轮机经常承担额定出力的 90% 左右的负荷,以保持最高效率,因而经常可以有 10% 额定出力的热备用容量。 (陈宁珍)

热量平衡 heat balance

一个物体或系统的热量收支与热储量之间的平衡关系。用热量平衡方程表示,是能量守恒定律的一种特殊形式。对地球而言,热量平衡方程为:

对地表 $Q_d = LE + P + A$

对大气 $Q_{da} = F_a - L_r - P + H_a$

对地-气系统 $Q_{ds} = F_s + L(E-r) + H_s$

Q_d、Q_{da}、Q_{ds} 分别为地面、大气、地-气系统的辐射差额;L_r 为潜热;E 为蒸发;r 为水汽凝结率;LE 为蒸发耗热量;P 为地面与大气之间的湍流热通量;A 为地面与土壤或水之间的热通量;F_a、F_s 为大气和地-气系统的水平热通量;H_a、H_s 为大气和地-气系统内部单位时间热焓量的变化。各分量可以直接从观测中得到,也可由气象资料算出。 (胡方荣)

ren

人工海草 artificial sea grass

用比水轻的聚烯纤维丝束组成的簇丛或构成的屏帘。用长约 1.5m 的纤维丝束,绑扎在充填沙石的纤维编制袋上,抛投到被保护的海滩或河口区域内,丛簇的间距约 1~2m。人工海草漂浮于水流中,如天然水草一样地自由摆动,能够增加床面的糙度,有缓流促淤和消减波浪的作用。因施工简易,造价较廉,常用于保护河岸和海滩等。 (李耀中)

人工环流 artificial circulating current

利用弯道或导流建筑物,将河道中纵向流动的水流改变为伴有横向旋转前进的螺旋流,以改变表层与底层水流运动方向的人工措施。在引水渠首工程中,用以防止进水口淤塞并减少泥沙入渠。在河道整治中,控制河床的冲刷和淤积的位置,藉以改善河道,保护河岸或其他建筑物以避免水流冲刷破坏。 (王鸿兴)

人工降雨器 rain simulator

人工模拟降雨量的专门设备。也是测定下渗过程的装置。包括供水设备、输水设备和降雨器。近年来有用电脑控制的人工降雨器。一般要求能模拟不同强度的降雨,雨滴分布均匀,雨滴能量与天然雨滴相似。在测量下渗时,应配置一小型实验场地,并与周围隔离,防止旁渗。通常国外采用实验场面积有:1.85m×3.69m,四周有 0.7m 的湿润周边(F 型)及 0.3m×0.8m 左右(FA 型)两种。 (林传真)

人工弯道式取水 intaking with artificial band

有坝取水中,为引水防沙,在进水闸上游设置人工引水弯道的取水方式。用在多泥沙、分汊乱流、不稳定河道上。用导流堤将天然河床缩窄成一定宽度、稳定的人工弯曲河道,在弯道的

靠凹岸一侧布置进水闸,靠凸岸一侧布置冲沙闸,两者斜向相连,利用弯道环流,进水闸引取表层较清水流,冲沙闸排出含沙量大的底流。中国新疆及内蒙等地采用较多。但进行河道整治及修建人工弯道工程量大,造价较高。　　　　　　　　　　（王鸿兴）

人民胜利渠灌区　People's Victory Canal Irrigation District

位于河南省北部,从武陟县秦厂村引黄河水灌溉武陟、获嘉、新乡、原阳、延津、汲县等6个县和新乡市郊的 6.6 万 ha 农田。主要种植小麦、棉花、玉米,水稻种植面积增长很快,是河南省重要的粮棉基地之一。1951 年开工,1953 年建成,是黄河下游第一个大型引黄灌溉工程。渠首最大引水流量为 90m³/s。灌区地势低平,地下水位较高,排水条件较差,土壤和地下水含盐较多,旱、涝、碱灾害并存。20 世纪 50 年代后期,由于对自然规律认识不足,大引大灌,只灌不排,致使地下水位上升,盐碱地面积急剧扩大,60 年代初期被迫停灌。后经扩建排水系统、加强用水管理、实行井渠结合、控制地下水位,使灌溉面积逐步恢复和发展。由于黄河水含沙量很大,每年都有大量泥沙进入灌区,使干支渠道和排水沟道严重淤塞。防治土壤盐碱化和处理泥沙是需要研究解决的主要问题。　　　　　　（房宽厚）

人字闸门　mitre gate

由两扇门叶分别绕左右两侧轴旋转而启闭孔口的闸门。关门时两扇门叶构成向迎水面突出的人字形,交角为 135° 左右,类似于三铰拱的受力状态。开门时门叶

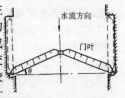

进入闸首两侧的门龛内。一般只能承受单向水头,仅在上下游水位齐平时才能操作运行。常用作单向水级船闸上的工作闸门。如中国葛洲坝水利枢纽 2 号船闸的人字闸门,其口门宽度和门叶高度均为 34m,水级为 27m。　　　　　　　　　　　（林益才）

ri

日本防洪法　Japanese Flood Control Act

昭和 24 年(1949 年)由日本制订的防洪法规。该法第一条指出:防洪的目的是在洪峰时,要进行警戒、防御,减少灾害,保障公共安全。因此各地防洪机构应进行洪水预报、警戒、防御及其他措施,指示都道府县知事发布命令进行防洪。对国民经济有重大影响的河川,建设大臣要直接参与防洪。各都道府县知事每年都要按防洪计划进行各项防洪工作。对防洪需要的器材、仓库和通信设施所需要的经费,由国库补助。在洪水时各防洪机构及消防机关要实地作业,平时要作防洪演习,以使防洪的工作熟练,圆满完成任务。　　　　　　　　（胡方荣）

日抽水蓄能电站　daily pumped storage power plant

以日为运行周期的抽水蓄能电站。夜间抽水蓄能,日间放水发电。　　　　　　　（刘启钊）

日负荷峰谷差　crest-trough difference of daily load

见日负荷图。

日负荷特性　characteristics of daily load

日负荷变化的特征数值。具体指日最大负荷、日最小负荷与日平均负荷三个特征值以及基荷指数、日最小负荷率与日平均负荷率三个特征指数。　　　　　　　　　　　　　　　（陈宁珍）

日负荷图　daily load curve

在一昼夜内电力负荷随时间变化的曲线。通常有两峰两谷,最大峰值为日最大负荷值,最低谷值为日最小负荷,一昼夜内的负荷平均值为日平均负荷。日平均负荷值与日最大负荷值之间称峰荷,平均负荷值与最小负荷值之间称腰荷,最小负荷值以下称基荷,日最大负荷值与日最小负荷值之差称峰谷差。日负荷曲线以下的面积表示日电能,不同负荷情况下日电能的累积点的连线称为日电能累积曲线。

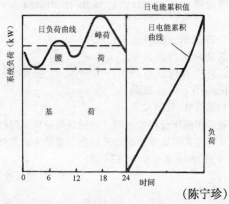

（陈宁珍）

日内瓦湖　Lake Geneva(Lac de Genève)

又称莱蒙湖(Lac Le'man)。位于瑞士和法国边境,地处北纬 46°10′～46°28′,东经 6°10′～7°04′,欧洲著名的湖泊。海拔 375m,长 72km,宽 13km,最深 310m,面积 581km²。东南为阿尔卑斯山,西北为侏罗山环抱,终年积雪。水源大部由冰雪水补给。气候温暖,人口稠密,湖滨有城市日内瓦和洛桑,是著名风景区和疗养地。　　　　　　　　　（胡明龙）

日平均负荷　daily average load

见日负荷图。

日平均负荷率　daily average load facter

日平均负荷值与日最大负荷值之比。常用 γ 表示。比值越小，表示日负荷的变化越大。

（陈宁珍）

日调节池 daily regulating pond

具有一定的调节容积以适应水电站日负荷变化的水池。位于无压引水道的某一部位。无日调节池的无压引水道应按水电站最大引用流量设计，且对流量的变化反应迟钝；若有日调节池，则其与压力前池间的引水道按水电站最大引用流量设计，而其上游的引水道则可按较小的流量（甚至接近水电站的平均流量）设计。日调节池应利用合适的地形建造，以接近压力前池为佳。

（刘启钊）

日调节水电站 daily regulating water power station

水库容积可在一日之内对河流天然来水量进行调节使用的水电站。除洪水期外，河流天然来水量在一日之内几乎不变，但一日中的发电和其他用水一般变化较大，日调节是将用水较少时的多余水量储存在水库中供用水高峰时使用，以一日为调节周期，当兴利库容超过枯水日来水量的 30% 即可进行日调节。

（刘启钊）

日调节水电站运行方式 operation mode of hydroplant with daily storage

日调节水电站在电力系统中的工作状态。在不发生弃水的条件下担任峰荷，有时为满足其他部门的要求要限制担任峰荷的程度，以控制下泄流量的变化幅度及梯度。当天然流量较大时，为不弃或少弃水，可转而担任腰荷甚至基荷。

（陈宁珍）

日调节水库 daily regulating reservoir

调节周期为一日的水库。将一日内较为均匀的天然径流，经调节适应用户一日内需水变化。

（许静仪）

日月潭 Riyuetan Lake, Sun-moon Lake

又称龙湖。位于中国台湾省，在浊水溪支流上的淡水湖。地处北纬 23°51′~23°53′，东经 120°53′~120°57′。面积 5.5km^2，最深 60m，海拔 740m。湖中有珠仔山岛，北为日潭，南为月潭，形似日月，故名。1931 年在出口兴修水电站，水位抬高 21m，面积扩大至 7.7km^2。以风景优美著称，为游览胜地。

（胡明龙）

日照 sunshine

太阳照射时间的量。有可照时间和实照时间两种，分别以可照时数和实照时数表示，单位以小时计。可照时数是一天内可能的太阳光照时数，完全由该地的纬度和日期决定。实照时数，即日照时数，是太阳直射光线不受地物障碍及云、雾、烟、尘遮蔽时实际照射地面的时数，可用日照计测定。

（胡方荣）

日最大负荷 daily maximum load

见日负荷图（206 页）。

日最小负荷 daily minimum load

见日负荷图（206 页）。

日最小负荷率 daily minimum load facter

日最小负荷值与日最大负荷值之比。通常用 β 表示，比值越小，表示日负荷图中高峰与低谷的差别越大，即日负荷变化较大。

（陈宁珍）

rong

容量价值 value of capacity

满足电力系统负荷需要提供必要的电力（容量）所产生的效益（价值）。可由电站每年的保证容量乘以每千瓦容量的单价而得出。水电站具有运行灵活、机动、快速带负荷、事故少、备用容量等特点。水电机组在电力系统中担负调峰和备用容量的优越性和经济效益，使水电每千瓦保证容量的价值要高于火电容量的每千瓦价值。一般，水电每千瓦容量价值要比火电高出 5%~10%。

（胡维松）

溶液法测流 dilution gauging

旧称稀释法。利用一定浓度的示踪剂，在水流中经一定距离充分紊动混合后，测定示踪剂稀释的情况来推算流量的方法。采用的示踪剂主要有食盐、重铬酸钠、同位素、食用染料及荧光染料等。按示踪剂施放方法不同可采用一次注入法或连续（等速）注入法。要求河段尽可能狭窄，水流紊动，无其他水流注入，无分汊、回水和死水区。适用于山区乱石壅塞，水流湍急的河道及水电站管道的流量测验。不需要过河设备，不直接测流速和水道断面面积，工作量小又能保证测流精度，为许多国家采用。

（林传真）

熔断器 fuse

利用熔件熔化以切断电路，防止过负荷电流和短路电流损害的装置。由于结构简单、体积小，价格便宜，在 1kV 以下的低压装置中被广泛应用，在 35kV 及以下的高压装置中也被用来保护小容量的电气设备。类型很多，如跌落式熔断器，高压熔断器，瓷插式熔断器，螺旋式熔断器，填料管式熔断器等。

（王世泽）

融解热 heat of fusion

单位质量的某种物质在熔点时，从固态变为液态需要吸收的热量。如 1g 在 0℃ 的冰化为 0℃ 的水，需要吸收 334.94J(80cal)的热量。

（胡方荣）

融雪 snowmelt

积雪受热融化成水的现象。在春季气温回升至 0℃ 以上时，开始融化。热量主要来自暖气团、太阳辐射和降雨等。

（胡方荣）

融雪出水量 yield of snowmelt

融雪水外流的量。从积雪融化到出水，积雪层起蓄积融雪水的作用，造成积雪融化与出水之间在时间上及数量上的不相等。

（胡方荣）

融雪洪水 snowmelt flood

融雪水形成的洪水。在南北半球高纬度寒冷地区，如前苏联、加拿大的大部分地区和中国的东北北部地区，冬季积雪较厚，春季气温大幅度升高，大量积雪融化，形成江河的融雪洪水。在积雪较厚而夏秋暴雨不大的前苏联和加拿大等地区，春季融雪洪水往往是全年的最大洪水。中国黑龙江省西部嫩江水系，位于大小兴安岭之间，冬季积雪较多，亦有融雪洪水出现。其流量过程与暴雨洪水相比，一般较平缓，与气温过程关系较密切。

（胡方荣）

融雪径流 snowmelt runoff

融雪水沿流域不同路径流入河、湖或海洋的水流。融雪径流量的大小与积雪量和融雪的热量及强度有关。当冬季积雪量大，春夏高温持续时间长时，能形成灾害性的融雪洪水。

（胡方荣）

ru

入仓温度 temperature during vibrating concrete

流态混凝土倒入仓内浇筑时的温度。其值取决于混凝土各种组成材料的比热和拌和时的温度。在混凝土的施工中一般规定夏季入仓温度应不超过 25~28℃，冬季应不低于 5℃。在夏季除采用降低混凝土温度措施外，在运输和浇筑过程应避免受气温影响，否则将形成热量倒灌，致使出拌和机口的混凝土吸热温度回升；冬季则增加温度，如加热水拌和或预热集料，使混凝土入仓温度适当提高，对拌和地点、运输线路及浇筑仓面均应采取保温措施，以满足混凝土入仓温度要求。

（林益才）

入库洪水 flood into reservoir

考虑水库建成后进入水库周边的洪水。一般由入库断面洪水和入库区间洪水两部分组成。入库断面洪水为水库回水末端附近干支流水文站，或某个计算断面以上的洪水。入库区间洪水又可分为区间陆面洪水和库区洪水两部分。其中区间陆面洪水为入库断面以下至水库周边以上区间陆面产生的洪水；库区洪水为库面降水直接产生的入流。

（许静仪）

入渗仪 infiltrometer

又称下渗仪、渗透仪。在野外现场实验，测定入渗量及其过程的器具。有单管下渗仪和同心环下渗仪两种。单管下渗仪管径 20cm，长 45~60cm。同心环下渗仪由直径 20 及 30cm 的两个内外环组成，环高 10~15cm。两种器具均属注水型，其设备简单、易行，可较准确地测得下渗过程。缺点是仅代表单点下渗；所测为地面积水条件下的下渗，与天然降雨不同；有旁渗影响。

（林传真）

入袖

河势弯曲过甚，造成兜溜。为河势名称。此外河道滩地的沟汊和低洼处，涨水灌入不能复出，亦称入袖。《河工简要》："伏秋水涨漫滩，凡遇沟港，水悉灌入，谓之入袖也。又如堤根低洼，一经水涨，有入无出，亦为入袖，不能退也。"

（查一民）

褥垫式排水 horizontal drainage

又称水平排水。用块石平铺于坝基面、从下游坝脚伸入坝体的排水体。当下游无水时，能有效地降低浸润线，及加速软黏土地基的固结，对不均匀沉陷的适应性较差，难于维修。厚度约为 0.5m，伸入坝内的长度一般不大于 $\frac{1}{4}$~$\frac{1}{3}$ 的坝底宽度，应有倾向下游 0.005~0.01 的纵坡。在排水体与坝体及坝基之间应设置反滤层。

（束一鸣）

ruan

软贷款 soft loan

只收少量手续费，偿还期较长(30 年以上)，有一定宽限期的无息或低息特别贷款。

（胡维松）

软基处理 soft foundation treatment

对软土地基进行人工改造、加固以满足建筑物对地基要求的工程措施。如淤泥、高压缩性饱和黏土、黄土、松砂、细砂等地基均属软土地基，因含水量大、压缩性高、承载力小、抗剪强度低而需进行处理。在工程上常用标准贯入击数鉴别地基的承载力及地基是否需要处理。对黏性土地基,当标准贯入击数小于5、砂性土地基小于8时需处理。处理方法有换土垫层法、预压加固法、强夯法、桩基法、板桩围护法、砂井排水预压法及振动加固法等。可根据地基性质、具体条件采取适宜的处理措施。

(王鸿兴)

软胶模型试验 flexible gum model test

用软胶材料按相似条件制作,根据模型加荷后的应变网格变形,研究结构受力状态的模型试验。胶体具有特低的弹性模量,受荷时发生较大的变形,藉助普通量测设备即能测得模型上网格在受荷前后的变形值。其优点是:材料经济易得,可反复使用,试验设备及方法简单,速度快,适用于初步设计阶段坝型比较。缺点是弹性模量受温度影响明显,泊桑比与混凝土相差较大,对空间结构的内部应变难以量测。

(沈长松)

软厢

又称搂厢。即捆厢。建造埽工的施工方法之一。其法为:先在下埽堤段或坝头外设置捆厢船;在堤上钉橛,一橛一绳,绳之两头,一系橛上,一系船上;再于绳上铺置秸料,方向与水流方向平行;铺足原估尺寸,即徐徐松绳并压土,使其到底;然后依次加添层料层土,坯坯加压到底,直到达到所需高度;最后将捆厢船这一头的绳索兜捆住整个埽个,再拴回到堤上的桩橛上。软厢法多用于堵截支河或溜势较缓堤段的护岸工程。

(查一民)

rui

瑞典法 Swedish method

又称瑞典条分法。不考虑土条间相互作用,用圆弧滑动分析法进行土坡稳定计算的方法。圆弧滑动分析法中最古老最简单的一种方法,1916年首先由瑞典人彼德森提出,故名。此法基于极限平衡原理,把滑裂土体当作刚体绕圆心旋转,并分条计算其滑动力与抗滑力,最后求出稳定安全系数,计算时不考虑土条之间的相互作用力。参见圆弧滑动分析法(320页)。

(束一鸣)

瑞利法 Rayleigh's Method

直接应用物理方程量纲齐次性的简单的量纲分析法。例如探求单摆周期公式,设周期 t 与摆长 l、摆质量 m、重力加速度 g 以及摆幅角 θ 有关,则

$$t = f(l, m, g, \theta)$$

又假设知此式为诸变量的某种幂次乘积式,即

$$t = k l^{a_1} m^{a_2} g^{a_3} \theta^{a_4}$$

k 为无量纲常数。按质量·长度·时间(MLT)的一般力学量纲系统写成量纲式为

$$[T] = [L]^{a_1}[M]^{a_2}[LT^{-2}]^{a_3}$$

于是按 M、L、T 的指数在等号左右均衡的规则,甚易定出 $a_1 = 1/2, a_2 = 0, a_3 = -1/2$,从而有

$$t = k\sqrt{l/g}\,\theta^{a_4} = \sqrt{l/g}\,\varphi(\theta)$$

通过物理试验可得 $\varphi(\theta) = \mathrm{const} = 2\pi$,从而得单摆周期的完整公式为

$$t = 2\pi\sqrt{l/g}$$

此例表明瑞利法既有实用价值,又有局限性,后者表现在所求公式只限于幂次乘积式,而且所能确定的指数不多于量纲系统基本物理量个数(力学系统一般为3个)。

(王世夏)

S

sa

萨彦-舒申斯克水电站 Sayan-Shushensk Hydro Plant (Саяны-шушенская гидростанция)

原苏联叶尼塞河上的大型水电站。位于西伯利亚克拉斯诺亚尔斯克州米努辛斯克附近。1958年开工,1980年运行。设计装机容量640万kW,安装混流式水轮机10台。总库容313亿m³,有效库容153亿m³。大坝为重力拱坝,高245m,顶长1 066m。

(胡明龙)

san

三白渠

唐代引泾灌溉工程,由汉代白渠演变而来,为唐代关中最重要的灌溉工程。唐代郑白渠中,郑渠已作用不大,白渠下分三支,即:太白渠、中白渠、南白

渠,故名。太白渠在泾阳县东北十里,东流入石川河,下接北周所开的富平堰。太白渠向南分出一支

为中白渠,东流入高陵县,再东穿过石川河至下邽县(今陕西省渭南县东北25km)南注入金氏陂,再东至华阴县界入渭水。中白渠南分出一支为南白渠,东南流至高陵县南入渭水。三白渠位于唐代首都附近,经济地位显著,极受重视。由京兆少尹直辖,下设专管机构,订有管理制度,唐代300年间大约平均近30年就有一次大整修。管理虽严,但灌溉面积仍不断缩小。永徽年间(650~655年)为一万多顷(唐1顷≈今0.81市顷),至大历(766~779年)降至6200余顷。主要原因是沿渠富豪建置碾硙(现作碨),弃水严重。故永徽六年(655年)、开元九年(721年)、广德二年(764年)、大历十三年(778年)都曾大批拆除碾硙。但利之所在,禁而不止。唐代后期三白渠灌溉面积进一步减少,至宋元才有所恢复。

(陈 菁)

三机式厂房 powerhouse with separate pump and turbine

装置发电机(兼电动机)、水轮机及抽水机的抽水蓄能电站厂房。一台机组包括发电机、水轮机、抽水机各一台,故名。在立式机组中,抽水机位于最低端。在卧式机组中,发电机位于水轮机与抽水机之间。该机组运行方便,在发电及抽水工况之间转换时无须停机,发电机(电动机)始终在同一方向旋转,机组效率也较高。当水头较高需采用多级抽水机时,只能采用此式。 (王世泽)

三江

古代长江下游地区三条水道的合称。《尚书·禹贡》:"淮海惟扬州。彭蠡既猪(潴),阳鸟攸居。三江既入,震泽底定。"《周礼·职方氏》:"东南曰扬州,其山镇曰会稽,其泽薮曰具区,其川三江,其浸五湖。"古人对三江说法不一,如:《汉书·地理志》上"三江既入"注以北江、中江、南江为三江。《尚书·禹贡》释文引顾夷《吴地记》以松江、娄江、东江(已埋塞)为三江。《国语·越语》上"三江环之"注以吴江、钱塘江、浦阳江为三江。余不枚举。近人以为古人所云都较牵强,"三江"应为长江下游若干水道之合称,而非确指某些特定水道。

古代各地亦有指当地三条水道的合称。如《华阳国志》称岷江、涪江、沱江为蜀之"三江"。

(查一民)

三江闸

又称应宿闸。位于浙江省绍兴县东北三江口,古代著名的挡潮排水闸。明嘉靖十六年(1537年)绍兴知府汤绍恩主持修建。全闸28孔,长108m。闸址设于峡口,闸基闸身全部用大条石砌筑,闸旁设水则,按水则水位定开闸孔数,并在绍兴城内另设一校核水则。建闸后,可抵御咸潮并蓄泄内河水量,保护肖绍平原80万亩农田免遭旱、涝及咸潮倒灌。明、清两代屡次重修,至今保存完好。1979年因滩地淤涨,又在闸外2.5km处另建新闸一座。

(陈 菁)

三角港河口 estuary with tidal funnel

海洋伸入大陆内部构成的漏斗状河口。河口平面外形呈喇叭状,放宽率大,纵剖面隆起,水深浅,口内常有沙坎;潮差大、潮流急,常有涌潮出现;河槽不稳定,纵向冲淤幅度大;河宽水浅、主槽摆动频繁,多属游荡型河道,常出现在河流来沙量小,位于沉降地区,潮差大,潮流强的河口。 (陈国祥)

三角洲 delta

在河口区,由沙岛、沙洲、沙嘴等发展而形成的冲积平原。一般发育于弱潮河口和某些中潮河口以及河流挟带泥沙不易为沿岸流带走的地区。如珠江三角洲,黄河三角洲,长江三角洲,密西西比河三角洲等。土地肥沃,人口稠密,工农业生产比较发达。

(胡方荣)

三角洲河口 estuary with delta

大陆突出到海洋内构成的三角洲形状的河口。河口河床放宽率不大且比较均匀,水流入海时在平面上逐渐扩散,泥沙沿程落淤,平面形状由河向海扩大的三角洲,水流分汊,汊河中水深一般较浅,汊道口门附近常有拦门沙堆积。三角洲发育于弱潮河口和某些中潮河口,河流来沙量较丰富且不易为沿岸流带走的地区。由于各河流水文情势不同,河口区海洋情势不同,三角洲发育程度各种各样,造成河口平面形态的显著差别,有尖嘴状(鸟嘴形)三角洲、鸟足状三角洲、扇形三角洲等。 (陈国祥)

三利溪

广东韩江下游古代著名灌溉航运工程。位于今广东潮安县西。北宋元祐年间(1086~1094年)由潮州知州王涤倡议修浚。首通韩江,下经揭阳县,至潮阳县入海,长一百余里,是当地主要的灌溉航运工程,因三县受益,故名。明、清曾多次修浚,1949年后三利溪作为潮州市区排水总渠保留至今。

(陈 菁)

三梁岔管 three-girder wye branch

用三根首尾相接的曲梁加固的岔管。U 梁沿相贯线布置,一般加于管壳之外,内外缘均为椭圆曲线,是梁系中的主要构件,承受较大的不平衡力。腰梁 1 承受的不平衡水压力较小。腰梁 2 用来加固主管壁,两根腰梁有协助 U 梁承受外力的作用。其整体强度高,安全可靠,但曲梁的断面较大,有的需要锻制,工艺要求高,钢材用量大,较适用于明钢管。

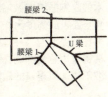

(刘启钊)

三门峡 Sanmen Gorge

黄河中游巍立于河床中的闪长玢岩,将水道分成三股急流,分别称"人门"、"神门"、"鬼门",故名。在河南省三门峡市和山西省平陆县之间。1960 年建成三门峡水利枢纽工程,三门消失。 (胡明龙)

三门峡水利枢纽 Sanmen Gorge Hydro-junction

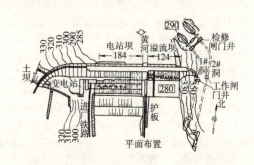

平面布置

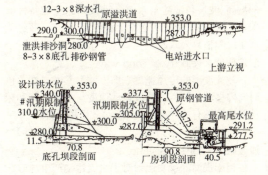

中国黄河中游大型水利枢纽工程。在河南省三门峡市近郊。1960 年建成。由大坝、泄洪洞、排沙管和电厂组成,以防洪为主,兼有发电、灌溉之利。总库容 159 亿 m^3,水电站总装机容量 25 万 kW,年发电量 13 亿 kW·h。坝型为重力坝,高 106m,长 875m。经 1965～1973 年两次改建,左岸增设 2 条泄洪隧洞,将 4 条发电钢管改成泄洪排沙管;后又打开施工排水用的 8 个底孔,并将 5 条发电引水进口降低 13m,改低水头发电,基本解决水库淤沙问题。原苏联列宁格勒设计院设计,三门峡工程局施工。 (胡明龙)

三水转化 translation among three sources of water

降水、地表水和地下水,通过水文循环所形成的水分转化。海洋水面蒸发的水汽成为大气水,随大气环流进入大陆,产生降水,形成地表水和地下水,最后均汇流归于海洋。地表水通过水文循环与大气水和地下水相互转化。地下水可以接纳降水、地表水的补给而扩大其源流,也可以泉流、渗流反馈于地表水,或以潜水蒸发送入大气圈,或以毛管水补给土壤水为植物所利用,从而削减地下水。 (许静仪)

《三吴水利录》

明代关于太湖水利的著作,归有光(1507～1571 年)撰。共 4 卷,选录前人治理意见 7 篇,自撰水利论 2 篇,书后附三江图。书中认为松江为太湖尾闾,全湖水赖之以通海,故吴中水利应以松江为首。所录郏亶、郏乔、金藻等人议论,原文早佚,借此书流传。

(陈 菁)

三乡排水站 Sangkao drainage pumping station

位于日本三乡,是日本最大的混流泵站。建成于 1975 年。安装立式涡壳式混流泵 3 台,流量分别为 50、30、20(m^3/s),扬程变化为 0～9m,设计扬程为 6.3m,其中最大水泵的口径为 4 600mm,转速 75r/min,配套功率为 4 563kW 柴油机。该站总配套功率为 1.8 万 kW,最大排水流量 200m^3/s。用于排除中川河流域的洼地渍涝入江户川。 (咸 锟)

三心拱坝 three center arch dam

水平拱圈由三段不同半径的圆弧所组成的拱坝。通常中间弧段半径小于两侧弧段,从而加大中间弧段曲率,即加大中心角,可减小弯矩,使压应力比较均匀;两侧弧段半径加大,曲率减小,可改善拱端与两岸的连接条件,有利于拱座的稳定。如中国吉林省的白山拱坝即采用三心拱的布置。椭圆拱也属三心拱,不同的是两侧拱半径比中间小,拱端曲率加大,弯矩减小,改善拱端局部应力状态。但对拱座稳定不利,仅适用于坝下游急剧收缩的喇叭形河谷,应用不普遍。 (林益才)

伞式水轮发电机 umbrella type hydrogenerator

机组推力轴承位于发电机转子之下的立式水轮发电机。结构紧凑,装拆检修方便,可减小厂房高度,常采用在转速小于 200r/min 的大型机组上。

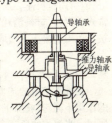

(王世泽)

sang

桑园围

珠江三角洲著名的大型基围。位于今佛山市西南，北西二江之间，三面临水。相传始建于北宁末年，明洪武末年(1398年)大修后，围堤共长1.47万余丈(约47.04km，明1丈≈3.20m)，围田1800余顷，还有不少桑树园。清代逐渐将土堤改为石堤，或土堤加块石护坡。围堤上有石窦(涵洞)引水入围灌溉，涝时亦可由石窦和泄水口(建有闸门，防江水倒灌)排水。该围历来管理严密，形成制度。乾隆五十九年(1794年)创修《桑园围志》，此后又多次增补。

(陈菁)

sao

扫湾

溜势因河道弯曲而被逼走边(靠近凹岸)冲刷的现象。为溜势名称。《河上语》："溜正傍崖而前，有兜湾逼走边刷卸，谓之扫湾。"　　(查一民)

埽工

古称"茨防"，又称"枿"(即"捆")。软体结构的水工建筑物。其基本构件是用竹索或麻索将梢料、秸料分层加工捆扎而成的埽个(又称埽捆或埽；小的称埽由或由)，将若干个埽捆按一定程序和方向沉入水中而构筑成的护岸工程或坝工称为埽工，也可简称埽。埽工起源于西汉，盛行于宋代，至明清又有改进。宋代因埽工对黄河抢险护岸的重要性，常以埽来命名重点河防地段，如商胡埽(地名)。埽工的建筑可采用陆地施工的卷埽法或船上施工的厢埽法。埽工按其形状，可分为磨盘埽(状浑圆似磨盘)、鱼鳞埽(埽个上头藏于前埽尾内，状似鱼鳞)、耳子埽(状似耳朵)、月牙埽(状似月牙)、萝卜埽(大头小尾)、鼠头埽(小头大尾)、龙尾埽(又名挂柳)、雁翅埽(状似雁翅)、扇面埽(状似扇面)等；按其所起作用，又可分为藏头埽、护尾埽、裹头埽、关门埽、边埽、包滩埽、护崖埽、当家埽等；按其所处位置则可分为旱埽、面埽、肚埽、套埽、门帘埽等。埽工可就地取材，制作较快，便于应急，且秸柴等料能减弱溜势，挂淤防冲，对多泥沙河流适应性较好；但所用材料体轻易浮，质松易腐，容易蛰陷，需经常修理更换，材料消耗大，寿命短，费用多，现已逐渐被石工或混凝土工所取代。

(查一民)

埽工护坡 slope protection with fascine works

用埽工筑成的护坡工程。依据水流条件和所起的作用不同，护坡埽工主要有两种形式：护岸埽和凤尾埽。当河水的急流有较长一段靠近堤岸时，用护岸埽护坡较好，具体做法是：沿岸边在水下打一排桩，靠木桩内侧铺梢束做埽，埽内和河岸之间填土，逐步加高至要求的高度为止，表面用梢束覆盖，桩顶用绳索绑扎到堤上的另一排木桩上。护坡埽称为顺厢，能够抗御岸边急流冲刷，待洪水过后再改建为永久性的护坡工程。凤尾埽的做法参见挂柳(88页)。

(李耀中)

sha

沙波 sand waves

在水流作用下河床表面形成的、随水流缓慢移动的波状起伏形态。在不同水流条件和床沙组成情况下，沙波具有不同的形态和尺度，迎水坡长而缓，背水坡短而陡，尺寸较小且与水深无关的称为沙纹；形状相似但尺寸较大且与水深有关的称为沙丘又称沙垄；两坡对称犹如水面波浪的称为沙浪，沙浪中运动方向与水流方向相反的称为逆行沙浪。沙波形成条件、尺度和运动速度决定于水流条件和床沙组成特性，目前还不可能完全由理论方法确定，但有一些经验关系可用来估算。沙波对于河道水流结构，泥沙运动和河床演变均有重要影响。　　(陈国祥)

沙波尺度 dimension of sand wave

表征沙波形态的几何尺寸。沙波具有周期性起伏的外形，其向上隆起的部分叫波峰，顶点叫峰顶，向下凹入的部分称波谷，最低点叫谷底，相邻波顶之间或谷底之间的水平距离为波长，波谷底至波峰顶间的垂直距离为波高。波高与波长的比值为波陡。沙波的波高、波长与波陡与水流条件及河床组成特性有关，目前还不能完全从理论上获得解，但有一些经验或半经验估算公式。　　(陈国祥)

沙波速度 velocity of sand wave

沙波波形的传播速度。即沙波上某一点在单位时间内移动的距离。沙波运动速度与水流条件和床沙组成特性有关。有一些经验公式可用于估算。

(陈国祥)

沙波阻力 form resistance

河床表面的沙波运动对于水流运动产生的形状阻力。是由于沙波波峰后面水流分离使迎水坡的压力大于背水坡压力而形成的，与沙波发展阶段、几何形态和运动特性有关，目前有一些经验关系可用来估算。　　(陈国祥)

沙粒阻力 grain resistance

组成河床的泥沙颗粒对于水流运动产生的表面阻力。对于固定河床，床面泥沙颗粒是静止的，沙粒阻力主要决定于河床组成情况，不随水流条件改变。可以根据一些经验公式估算。对于活动河床，床面上的泥沙颗粒是运动的,沙粒阻力如何变化还不清楚,通常假定动床沙粒阻力与定床沙粒阻力相同。

(陈国祥)

沙洲 sand bar

河床中各种大型成型泥沙淤积体的总称。其尺寸与主槽尺寸达同一数量级,是河床变形和河流自动调整的产物,它的变化直接影响到河槽形态和水流条件,根据其在河槽中所在位置及平面形态,又可细分为边滩、心滩、江心洲等各种类型。 (陈国祥)

砂井预压法 precompression with sand drainage well

砂井排水预压法的简称。在建筑物、闸坝下软土地基中设置砂井群,当对地基进行预压加固时,用以排水加速软基固结过程的工程措施。是预压法的一种。可缩短预压施工时间,减少建筑物的沉陷及提高地基承载力。砂井顶部地面要铺设砂垫层,以利砂井中水的排出。是处理高含水量、高压缩性软土地基的一种有效方法。 (王鸿兴)

shai

晒田 sun-cured paddy field

又称烤田、搁田。稻田短期断水、曝晒田面、疏干土壤的栽培技术措施。通常在水稻生长期间晒田一次,安排在分蘖末期。其作用在于控制无效分蘖、排除在淹水期间土壤中产生的有毒物质、改变土壤缺氧状况等。晒田时间和程度,视天气情况、土壤性质和水稻长势而定。 (房宽厚)

shan

《山东全河备考》

清代关于山东运河的专志。叶方恒撰,成书于康熙十九年(1680年),共4卷约9万字。记载山东运河兴废及黄河防汛事宜,内容取自明代有关河漕专著,并补入清初运河工程新建、修复和管理方面的资料。 (陈 菁)

《山东运河备览》

清代关于山东运河的专志。陆燿主修。乾隆四十年(1775年)成书,共12卷14万字。以《山东全河备考》为基础,补缺订讹,在内容和体例上有所改进,并补入康、乾两朝史料,资料更为详备。

(陈 菁)

山谷冰川 valley glacier

以雪线为界,有长而大的冰舌沿山谷向下游伸长的冰体。有明显的积累(雪线以上)和消融区(雪线以下),犹如冰冻的河流。因冰雪补给量和消融量比值的大小而有进退现象。 (胡方荣)

《山海经》

中国最古老的地理著作。汉代人指为禹和益所作。现存18卷,为汉代人编辑而成。前5卷为《五藏山经》,分述南、西、北、东、中五方的山川、生物、矿产等;后几卷叙述海内、海外各地山川、生物、民族、物产、风俗及神话传说等,包括有许多远古流传下来的史地资料和知识。大约成书于战国时期(公元前475～前221年),其中《海内经》四篇为西汉初年作品。有晋代郭璞注和图赞,明代杨慎补注;清代郝懿行笺疏及毕沅新校正本。 (查一民)

山河堰

位于今陕西省汉中市引褒水的灌溉工程。相传为西汉肖何、曹参创建。北宋早期已有修治记载,当时灌溉面积为4万亩。后来建有拦河石堰三座,干渠四条。南宋初年复修,称褒城六堰。乾道六年至七年(1170～1171年)曾进行过一次大修,灌溉面积增加到23万多亩,成为汉中地区最大的灌区。明、清两代均有修治。1940年用近代技术修建褒惠渠,在原山河堰第一堰址处修建一座浆砌石堰(长135.3m,高4.3m),引水渠口设闸五孔,冲沙闸二孔,可灌田14万亩。 (陈 菁)

山洪 flash flood, torrential flood

山区河流骤发的洪水。指荒溪及山区小河流(流域面积小于$100km^2$)的洪水,容易造成水土流失。流速高,冲刷力强,破坏力大,暴涨暴落,历时短暂。按成因分为暴雨山洪、融雪水山洪、冰川融水山洪、湖泊或水库、堤坝溃决山洪及混合作用引起的山洪。

(胡方荣)

山洪侵蚀 torrential flood erosion

山丘区暴雨后形成的坡面雨洪径流对固体物质的冲刷、挟带、移动和堆积过程。山洪来势凶猛,历时短,破坏力强。常冲毁和掩埋村庄、交通和通信线路,破坏堤坝,伤害人畜,是水土保持工作中治理的主要对象之一。 (刘才良)

山坡防护工程 slope protection engineering

改变坡面小地形而起到蓄水保土作用的工程措施。根据当地的地面坡度、地形地貌和建筑材料等因素,因地制宜地选用修水平梯田、水平沟、水平阶、鱼鳞坑等办法,截短坡长,减缓坡度,并形成一定的蓄水容积。以减缓坡面径流速度,促进下渗。这些措施应和耕作措施和林草措施紧密结合,绿化荒坡,造福人类。 (刘才良)

山坡截流沟 cut-off ditch on slope

沿荒山荒坡地形等高线开挖的沟道。拦截坡面径流,并引至适当地点安全排泄,防止坡面冲刷,保护下游农田和建筑物。还可增加地面水入渗。有条件

地区还可和引洪灌溉相结合。　　（刘才良）

山区河流　mountain river

流经山地或丘陵地区的河流。大中型河流的上游多流经山区，较小的支流全河可能都位于山区。山区河流河谷平面形态受地质构造和岩石性质影响较大，常呈现狭谷段和宽谷段相间的外形，狭谷段河谷窄深，岸坡陡峻，基岩裸露，两岸及河心常有巨石突出；宽谷段河面开阔，岸坡平缓，阶地发育，河中常有滩地。两岸溪沟汇入处常形成冲积扇，挤压流路。河谷纵剖面多折点，间有跌水和瀑布，纵坡在宏观上多呈上凸曲线。河谷横断面成V型或U型，谷底与谷坡无明显界限，洪、中、枯水河床无显著界线。山区河流洪水暴涨暴落，流量及水位变幅很大，无稳定中水期，推移质多为卵砾石，悬移质沙量多集中在汛期，均可视为冲泻质。山区河床以下切为主，且速度极其缓慢，但在宽谷河段也有卵砾石泥沙堆积，有一定冲淤变化，此外由于某些特殊的外部因素的作用（如地震、山崩、滑坡等）会引起河床剧烈变化。　（陈国祥）

山区河流整治　montain river regulation

对山区河道中碍航滩段采取的治理措施。山区河流一般坡陡流急，岩盘、石嘴及礁石甚多，还有卵砾石和砂质浅滩，支流汇入口的溪口边滩等都导致水流湍急紊乱，成为碍航的险滩。对局部急流险滩一般采取炸除凸嘴或开挖边滩，扩宽过水断面的方法。对航槽中的明暗礁石则采取炸礁扫障措施。对急弯碍航及滑梁水等险情，可采用适宜的工程措施调整出险水位时的航槽位置。　　　　　（周耀庭）

山岩压力　rock pressure

地下洞室因周围岩体变形甚至坍塌而对支护或衬砌作用的主动压力。主要是洞顶垂直山岩压力，其次是侧壁山岩压力、底部向上山岩压力。大小与围岩情况（由岩石坚固系数 f 表征）、洞室断面形状大小、埋深以及施工方法密切相关。

（张敬楼）

山阳渎

隋文帝所开沟通江淮的运道。原邗沟运河系利用天然河道、湖泊连接而成，水道弯曲，风浪大。魏晋时曾加整治，自今高邮以北直接通山阳（今淮安）末口，基本不绕道射阳湖，称山阳运道，亦称山阳水道，至隋代淤塞。隋文帝为统一江南，开皇七年（587年）修复，称山阳渎。南起江都县的扬子津（今扬州南），北至山阳（今淮安），长约300里，沟通江、淮，成为京杭运河的一部分。宋以后称淮扬运河，清代至今称里运河。　　　　　　　　　　（陈　菁）

山岳型冰川　mountain glacier, alpine glacier

又称山岳冰川。发育在不同纬度山区的各种冰川的统称。散布于被分割的山地，其规模及厚度远不及大陆冰川。按规模大小和所处地形部位可分为冰斗冰川、悬冰川、山谷冰川等。特征是冰川所处的地形控制冰川的流动方向。以阿尔卑斯山（the Alps）为典型，故称"阿尔卑斯式冰川"（Alpine glacier）。

（胡方荣）

陕西八惠

民国年间陕西八个灌区的统称。1928～1931年陕西大旱，水利专家李仪祉（1882～1938年）倡仪复兴陕西水利。民国时期兴建的泾惠、洛惠、渭惠、梅惠、沣惠、黑惠、汉惠、褒惠八条渠道称"陕西八惠"。梅惠渠创建于清康熙三年（1664年），引眉县石头河水灌溉，灌区年久失修；1936年动工修整，1939年完工，灌溉眉县岐山一带农田10万亩。沣惠渠1941年9月动工，1947年5月建成，引沣、潏两水灌溉西安市以西农田约3万亩。黑惠渠1940年动工，1942年完工，引渭河支流黑水灌溉周至县农田8万亩。汉惠渠1939年动工，1944年完成，引汉水灌溉勉县、褒城两县农田8万亩。褒惠渠1939年动工，1945年完成，引汉水支流褒水灌溉农田14万亩，其前身为古代山河堰。　　　　　　　　（陈　菁）

扇面坝

坝体圆而长，形如扇面的顺水坝。《河工简要》卷三："凡河流直射顶冲之处，建筑坝台，中间透出抵溜，上下两边，镶柴贴埽防御，形如扇面。"　（查一民）

扇形闸门　sector gate

门叶呈扇形且具有封闭顶板的闸门。一般铰支在溢流堰顶的坎上，利用门室空腔充水或排水，使闸门自动绕轴旋转上升或下降。布置门轴支铰的坎一般设在门室的下游端。如支铰位于门室上游端时称鼓形闸门。优点是闸门结构刚度大，借助水力自动操作，便于排冰、过木；但需要钢材较多，制造和安装较复杂，如有泥沙过堰影响较大，且门室所占空间较大。使用范围不广，一般仅用作溢流重力坝上的工作闸门。　　　　　　　　　（林益才）

shang

墒情　soil moisture regime

田间土壤含水量（土壤湿度）的情况。在中国华北、西北等地区，农民多根据土壤颜色及湿润程度等性状，采用眼观手捏等方法判断土壤含水量，将其分为黑墒（饱墒）、黄墒、灰墒（燥墒）、干土等类别。

（胡方荣）

上昂式排水　chimney drain

褥垫式水平排水在坝内一端向上昂起的排水体。既可倾向上游，也可倾向下游或直立，有坝内竖直排水带和坝趾排水体等型式，前者对降低坝体浸润线最有效,常用于心墙下游坝体土料混杂、透水性不好的心墙坝以及均质坝坝体内。

(束一鸣)

上埋式涵管 buried conduit

管身直接置于原地面或浅沟中而在上部填土的涵管。一般用钢筋混凝土建造,是坝下埋管常用形式。由于管顶与两侧填土的沉陷不同而产生摩擦力,将使管身承受因此而引起的附加压力,铅直土压力大于管顶填土重,其值一般用管顶填土重乘以一个不小于1的系数作近似计算;至于侧土压力,考虑到管身在荷载作用下将产生横向变形,故可按静止土压力计算,对圆形管,则取相应圆管中心处的侧土压力按矩形分布计算。(张敬楼)

上容渎

梁代所开以取代破岗渎的人工运河。陈代废,重又修复破岗渎。隋平陈,毁建康(今南京市),二渎俱废。(陈菁)

上升流 upwelling

因表层流场的水平辐散,使表层以下的海水铅直上升的流动。相反,因表层流场的水平辐合,使海水由海面铅直下降的

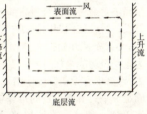

流动,称为下降流。上升流和下降流合称为升降流,是海洋环流的重要组成部分。它和水平流动一起构成海洋(总)环流。(胡方荣)

上提

因河流之弯曲而使大溜顶冲之处向上游移动。为溜势名称。《河工名谓》:"溜势之变迁移而上者。"又:"河势直射处,崖岸坍成深湾,下游之水无力,上游之水愈紧,愈往上提。"《河工简要》:"初险之处,已经修防,上游复生险要。"(查一民)

上挑丁坝 upward spur dike

在平面上坝轴线与水流方向的夹角小于90°的丁坝。一般的淹没丁坝适宜做成上挑的,夹角约为70°~80°。当坝顶被淹没后,绕过坝头的底层水流将趋向河岸,把挟带的泥沙输送到坝田内淤积,有利于保护堤岸和坝根。缺点是坝头受到水流的直接冲击,附近会发生较大的局部冲刷坑,影响坝头的安全,需要加固保护。(李耀中)

上下游双调压室 upstream and downstream doubletank system

分别位于水电站厂房上游和下游的两个调压室。在有些地下水电站中,上下游均有较长的有压引水道,为了满足水电站调节保证的要求,在上下游输水道上均需设置调压室。其位置应尽可能接近厂房。在水电站丢弃全负荷情况下,两个调压室无水力联系,相当于独立的上游调压室和下游(尾水)调压室。在水电站增加负荷或丢弃部分负荷时,一个调压室的水位变化将带来机组流量的改变,从而引起另一个调压室的水位变化,因此需把两个调压室作为一个有水力联系的整体来加以研究。(刘启钊)

上游 upper course,upper reach

紧接河源的河流上段。与河源和中游并无严格的分界。其特点是比降陡峻,河槽中礁石暴露,水流湍急而具有巨大的侵蚀能力。长江宜昌以上段。(胡方荣)

上游双调压室 head-race(upstream)double-tank system

位于水电站厂房上游引水道上两个串联的调压室。靠近厂房的调压室对反射水击波起主要作用,靠近进水口的调压室则可用来反射透射过来的水击波。引水系统波动的稳定性由两个调压室共同保证。由于两室的波动互相制约和诱发,情况较为复杂,应合理选择二者的位置和断面积,使总的工程投资较小而引水系统的波动又能较快衰减。常用在引水道中有施工竖井可以利用、电站扩建后原调压室容积不够或因地质地形等原因靠近厂房的调压室尺寸受到限制等情况。(刘启钊)

上游围堰 upstream cofferdam

位于建筑物基坑上游的横向围堰。(胡肇枢)

上壅

下游宣泄不畅而导致水流沿河岸逆向上壅。为水势名称。《宋史·河渠志一》:"水侵岸逆涨,谓之上壅。"(查一民)

《尚书·禹贡》

中国古代著名地理著作。《尚书》(又称《书》)传为孔子选编,《禹贡》传为禹所作,实际作者不详,约成书于战国中期(约公元前390~前305年),后补入《尚书》中。它叙述禹平治水土的事迹,按"九州"分述其土质、贡赋、特产、泽薮、水道等。对黄河、长江两大流域的山脉及江河源流记叙较详;其他流域的记载较粗略。因《尚书》为六经之一,故《禹贡》极受尊崇,成为研究地理及水利的经典著作。后人注释考证者众多,最有名的为清代胡渭的《禹贡锥指》。(陈　菁)

shao

梢料

河工上使用的梢芟、薪柴等软性材料。梢(又作稍)主要是指柳树枝叶,也包括榆、杨等的枝叶;芟指芦苇;薪柴包括高粱(秫)、玉米等高秆作物的茎秆和稻草、麦秸、豆秸等软柴。主要用于卷埽、厢埽和修筑护岸、草土堰埭、柴塘及柴草盘头、挑水坝等。有"春料"与"青料"之分。"春料"是指上一年秋天就已预先调集的梢芟薪柴及榷橛竹石等物料;"青料"是指伏秋大汛期间抢险紧张,原备春料用完,就近临时割用的青苇或青高粱、玉米等秸料。树梢较坚韧耐腐,容易沉底,但御水不及苇秸,苇秆秫秸及软草御水性较好,但体轻不易沉底,经水易腐,需常更换。青料御水较胜旧料,但枝杆柔嫩不耐久。软草以稻草为最好,御水性高于其他各料,可做埽眼、埽眉。 (查一民)

芍陂

又称安丰塘。位于古安丰县(治今安徽省寿县南)附近的古代淮河流域著名蓄水灌溉工程。一说为楚令尹孙叔敖所造(约公元前598～前591年),一说为楚大夫子思所造(约公元前298～前263年)。东汉建初八年(83年),王景曾率吏民修浚(1959年在安丰塘越水坝发掘出汉代草土堰遗址)。此后东汉末刘馥、西晋初刘颂、东晋末毛修之、南朝刘宋初年殷肃、隋开皇中赵轨都曾加以修治。唐、宋、元设屯田,芍陂被垦占淤积较甚。明、清也屡有修治,但规模不断缩小。芍陂在北魏时周长120余里,设水门五,其中西南水门是引淠水入陂路径,为主要水源;其余四门为引水灌田的水门,其中东北、正北两门与肥水相通注,可调节蓄水量。隋开皇中(581～600年)水门增至36个。唐、宋时,陂周长达324里,至清末仅50余里,水门尚存28个。明清以来,由于淤塞和占湖为田,蓄水面积和灌溉面积均大大下降。1949年后安丰塘与淠史杭灌区的淠东分干渠相接,改建成该灌区的反调节水库,灌溉效益有很大提高。 (陈菁)

韶山灌区 shaoshan Irrigation District

位于湖南省中部丘陵地区,是个以灌溉为主,兼顾发电、航运、防洪、工矿及城镇供水的综合利用的大型水利工程。兴建于1965～1967年。灌区范围包括湘乡、湘潭、宁乡、双峰、望城等5县和湘潭市郊区,总面积为2500km²,设计灌溉面积为6.7万ha。多年平均降水量为1400mm,蒸发量为1200mm,主要种植水稻和小麦。主要水源是湘江支流涟水上的水府庙水库,水库大坝为砌石重力坝,最大坝高35.8m,兴利库容为3.7亿m³,坝后电站装有发电机4台,装机容量为3万kW。灌区引水口设在水库下游18km处的洋潭,设计引水流量45m³/s。灌区内有小水库127座,塘坝5万多处,总蓄水容积达2.85亿m³,电灌站440处,总装机容量为1.6万kW。沿河洼地还建有排水闸和排渍站600多处,形成了以渠道为骨干、引蓄提相结合的灌溉排水系统。水府庙和洋潭两个枢纽都有过船建筑物,总干渠和左干渠可通航115km。在非灌溉季节向湘乡、湘潭一些工矿企业提供工业用水,向城镇居民提供部分生活用水。在洋潭和朱津渡先后兴建了两座水电站,装机容量为5000多kW。管理经费已能自给。 (房宽厚)

舌瓣闸门 flap gate

门叶形如舌瓣绕固定在堰顶水平轴转动的闸门。可利用机械装置或平衡重和水力操作门叶绕铰轴旋转而启闭。适用于要求准确调节上游水位,或排泄漂浮物和冰凌不致损耗过多水量的溢流坝和泄水闸。铰座可以连续排列布置,门叶净宽可以很大,已建成的最大净宽达100m。 (林益才)

设备更新经济分析 economic analysis of equipments renewal

对继续使用现有设备或用置换设备将其更换所进行的经济比较。分析时通常需计算现有设备的剩余经济寿命 $n_旧$、置换设备的经济寿命 $m_新$。$n_旧$ 是现有设备继续使用期内折算年费用为最小的服役年数。$m_新$ 是设备从开始投入使用到继续使用显得不经济为止所经历的全部时间。更新经济分析的步骤一般为:计算现有设备继续使用 n 年的折算年费用 $A_{n旧}$,确定 $n_旧$;计算新设备的折算年费用 $A_{m新}$,确定 $m_新$;比较 $A_{m新}$ 和 $A_{n旧}$ 的大小,当 $A_{n旧}$ 较小时,则继续使用现有设备,反之,则换用新设备。 (施国庆)

设防水位 level for setting up flood control

洪水接近与滩地齐平,对防洪工程开始增加威胁时的水位。在此水位以下,主要靠专职人员防守。 (胡方荣)

设计保证率 design dependability

水利水电工程在多年运行期内正常工作得到保证的程度。以百分数表示。一般有年设计保证率和历时保证率两种,前者为正常运行年数占总年数的百分数;后者为正常运行历时占总历时的百分数。例如某工程年设计保证率为95%,即表示该工程在100年内有95年能满足正常需求,其余5年不能满足。各用水部门根据经济合理的原则,规定相应的设计保证率,它对工程规模大小和工程效益有直接影响。 (陈宁珍)

设计暴雨 design storm

为防洪等工程设计拟定的符合指定设计标准的当地可能发生的暴雨。主要用于推求设计洪水。计算内容有:各历时设计点雨量、设计面雨量、设计暴雨的时程分配、设计暴雨的面分布和分期设计暴雨等。

(许大明)

设计暴雨地区分布　areal distribution of design storms

设计暴雨总量在地区上的分布。常用设计暴雨等雨量线图表示。总量相等暴雨可有不同地区分布，应拟定既满足工程设计要求又符合本地暴雨特性的设计暴雨地区分布，供推求设计洪水过程线和分析设计洪水地区组成用。推求方法有典型暴雨图，按设计面雨量把典型暴雨图放大和移用暴雨相似的邻近地区大暴雨等值线图作为典型暴雨图。　(许大明)

设计代表年　representative design year

径流特征可以代表长系列径流变化的若干年份。一般包括设计枯水年、设计平水年及设计丰水年三种典型年份。对全系列供水期的调节流量或平均出力，按递减次序排列，进行频率计算，选择频率与设计保证率相同的年份作为设计枯水年。选择年平均流量频率为50%左右，且年内分配接近于多年平均情况的年份作为设计平水年。该年多用于进行多年平均发电量计算。选取年径流的频率为100%减去设计保证率(%)，而径流年内分配接近于较丰年份的多年平均情况的年份作为设计丰水年。

(陈宁珍)

设计丰水年　design wet year

见设计代表年。

设计负荷水平　design period selected to forecast load demand

规划设计电站时所采用的预测电力系统负荷。直接关系到设计电站的规模及是否符合国家经济政策等。相应于设计负荷水平的年份称为设计负荷水平年，由电力系统的动力资源、水火电比重与水电站的具体情况分析确定，可采用第一台机组投入运行后的5～10年计。　(陈宁珍)

设计负荷水平年　expected year used to forecasting load demaned

参见设计负荷水平。

设计干堆积密度　dry heap density of design

为控制土坝填土的密实度而规定的单位堆积体积内所含干土质量的指标。参见土料设计(277页)。

(束一鸣)

设计河槽断面　design cross section

为满足防洪、引水和通航等要求而选定的河道断面尺度。行洪河槽断面设计主要是根据宣泄一定标准的洪峰流量来确定。中水河槽应根据来水来沙及河床组成物情况选用适当的河床形态公式来计算，并参考本河道或相似河道上无须整治即能满足各方面要求的优良河段河槽断面尺寸进行选择。枯水河槽设计的主要依据是通航所要求的尺度标准。

(周耀庭)

设计洪水　design flood

设计水利水电工程所依据的各种标准的洪水总标。中国现行方法是选定某一频率的洪水。内容包括设计洪峰流量、不同时段设计洪量及设计洪水过程线、设计洪水的地区组成和分期设计洪水等。可根据工程特点和设计要求，计算其全部或部分内容。

(许大明)

设计洪水过程线　design flood hydrograph

具有某一种设计标准的洪水过程线。当设计断面具有较长的洪水流量观测资料和有若干次历史洪水资料时，逐年选取当年最大洪峰流量及不同时段最大洪量系列，然后进行频率分析，求得相应于设计标准的设计洪峰和设计时段洪量，再选定典型洪水过程线进行同频率放大或同倍比放大，作为设计洪水过程线。

(许大明)

设计洪水计算规范　specifications for flood design

供水利水电工程设计洪水计算使用的规范。内容包括总则、基本资本、根据流量资料计算设计洪水、根据雨量资料计算设计洪水、设计洪水的地区组成和分期设计洪水、水利和水土保持措施对设计洪水的影响等。中国的现行规范于1964年编写，1979年修订并经水利部、原电力工业部颁发试行。　(许大明)

设计洪水位　design flood level

当发生大坝设计标准洪水时，水库在坝前达到的最高水位。　(许静仪)

设计阶段　design procedure, design stages

由国家主管部门根据基本建设实际情况和管理需要所规定的工程设计程序。水利水电工程设计应严格按照基本建设程序办事。一般设计工作按三个阶段进行，即可行性研究报告、初步设计和施工图设计。对于工程规模大、技术上复杂而又缺乏设计经验的工程，经主管部门指定，可以增加技术设计阶段；而对于技术经济条件简单，方案比较明确的中型工程，经主管部门同意，可将可行性研究与初步设计合并为一个阶段，即按两阶段设计；对于小型工程，设计阶段还可以更简化。　(林益才)

设计径流年内分配　design annual runoff distribution

工程设计用的径流年内分配形式。从实测资料中选出某些年的径流年内分配作为典型，然后予以缩放作为工程设计用。一般选择三种典型年，即多水年、中水年和枯水年概括多年变化的径流情况。

(许大明)

设计枯水段　design dry period

符合设计保证率的连续枯水年组。据以进行多

年调节水库径流调节计算,以得出保证流量与保证出力。　　　　　　　　　　　　　　　(陈宁珍)

设计枯水年　design dry year
见设计代表年(217页)。

设计枯水日　design low-water day
日平均流量符合设计保证率的设计日。根据该日平均流量可算得无调节或日调节水电站的保证出力。　　　　　　　　　　　　　　　(陈宁珍)

设计年径流　design annual runoff
按指定频率计算的年径流量。目前,在研究年径流量统计变化规律时,一般是把年径流量作为相互独立的一维随机变量,采用频率计算方法求出。
　　　　　　　　　　　　　　　(许大明)

设计排涝水位　design water level for surface drainage
又称设计最高水位。排水沟通过排涝设计流量时沟中的相应水位。有滞涝任务的排水沟,要以满足滞涝要求的沟中水位作为设计水位。是排水沟纵断面设计的重要依据。可根据排水区的地形条件、排水要求和容泄区水位等资料,选定适宜的沟道比降进行反复推算求得。　　　　　　　　(赖伟标)

设计排渍流量　design flow for subsurface drainage
排水沟把地下水位控制在防渍要求的埋深时所排除的地下水流量。以 m^3/s 计。可用排水区的设计排渍模数乘以排水沟控制的排水面积求得。其值与气象、土质、水文地质等条件有关。常用于校核沟道的最小流速和确定沟道的排渍水深。　(赖伟标)

设计排渍深度　design depth for subsurface drainage
为使作物免遭渍害要求田间地下水位经常维持的深度。是确定田间排水沟深度的主要依据。一般取作物各生育阶段适宜地下水埋深的最大值作为设计值,粮棉作物一般取 0.8~1.2m。　(赖伟标)

设计排渍水位　design water table for subsurface drainage
又称设计日常水位。排泄设计排渍流量时,排水沟中经常维持的水位。是确定排水沟沟底高程的依据。可按农田防渍或防治土壤盐碱化对控制地下水位的要求以及排水区地形条件和容泄区水位资料等因素推求得出。为满足自流排水要求,推得的排水干沟出口处的水位高程应高于容泄区的水位高程。
　　　　　　　　　　　　　　　(赖伟标)

设计频率　design frequency
作为工程设计依据的水文变量的频率。在设计水工建筑物时,需要选定一场特定的洪水作为设计各项工程措施的依据。设计频率愈小,设计标准愈高。由于经济和安全相互权衡,需要选择一个对水工建筑物合适的洪水标准,推求符合此标准的洪水即为设计洪水。应根据工程规模及重要性按国家规定确定。我国现行的方法是选定某一频率,如百年一遇、千年一遇等洪水作为设计洪水。　　　(许大明)

设计平水段　design mean-water period
径流特征可以代表长系列径流变化特征的完整的调节循环系列。该系列应尽可能包括几个丰水年、平水年和枯水年,其平均流量和年水量变差系数 C_v 应与长系列的 C_v 相近,并应是一个或几个完整的调节循环。多年调节水库按此系列计算多年平均年发电量,供水电站参数选择方案比较用。
　　　　　　　　　　　　　　　(陈宁珍)

设计平水年　design mean-water year
见设计代表年(217页)。

设计水头　design head
水轮发电机发额定容量所必需的最小水头。水轮机的特征水头之一。该水头时水轮机过流量最大。
　　　　　　　　　　　　　　　(陈宁珍)

设计雨型　design storm pattern
设计暴雨的时程分配。计算内容有①典型的选择和概化。在暴雨特性一致的气候区内,选择暴雨量大、强度也大的作为分析依据,考虑工程的安全,多选取主雨峰集中在雨期偏后的暴雨分配形式。②同频率分段控制放大。控制时段不宜过细,一般 1、3、7 日。③设计暴雨日(时)程分配。由设计暴雨推求设计洪水,不仅需要暴雨逐日分配,还要给出一日内逐时段分配过程。一般按典型暴雨百分比求得设计暴雨的日程分配。　　　　　　　(许大明)

射流泵　jet pump
利用高速射流抽气,形成负压,使水上提的水泵。由喷嘴、吸入室、混合管、扩散管等组成。为一种辅助设施,需与其他高压泵联合工作。结构简单、工作可靠、安装操作方便、适用性广;但需高压水(或气)、效率低。用于水泵抽真空起动、抽吸污泥、深井提水等场所。

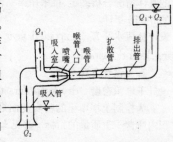

　　　　　　　　　　　　　　　(咸锟)

射流增差式厂房　powerhouse with tail water depression
利用射流降低下游水位以增加发电水头的水电站厂房。泄洪时河床式厂房下游水位抬高会使发电水头减小,从而减小出力,甚至出现受阻容量。这时利用布置在主厂房中的泄水道向下游泄洪,在下游形成射流,降低下游水位,以获得额外电能。

(王世泽)

shen

深槽 pools

河流中相对较深的部分。河流沿流程大多深浅相间,较深的河段为深槽,较浅的河段为浅滩。河流的水深在横断面上分布也是不均匀的,较深的部分是深槽,较浅的部分为边滩或心滩。

(陈国祥)

深层渗漏量 deep percolation

因降雨过多或灌水过量而渗入深层土壤中的水量。作物主要根系分布的土层是向作物供水的范围,也是人工控制和调节土壤水分状况的范围,渗入深层的水量不能被植物吸收利用,被视为损失水量。深层渗漏不仅浪费了水资源,在地下水埋藏深度较小时,还会补给地下水,提高地下水位,招致土壤沼泽化或盐渍化,恶化土壤环境,破坏生产条件,故应尽量减少。

(房宽厚)

深泓线 thalweg of river

河流沿流程各断面中最深点位置的连线。它表示河流沿程最大水深所在的位置,在多数情况下与水流动力轴线的位置相符合,它的变化对于河床冲淤变化有重要影响。

(陈国祥)

深孔 deep outlet

穿过拦河坝下部的坝身泄水孔。进口一般淹没于水库工作深度以下,设高压工作闸门控制启闭。闸门可设于进口段,门后通过断面突扩,使成无压流态泄水;闸门也可设于出口,此时全程为有压流。参见坝身泄水孔(5页)、有压泄水孔(316页)、无压泄水孔(289页)。

(王世夏)

深孔闸门 deep outlet gate

门叶顶缘位于上游水位以下用以封闭深式孔口的闸门。可布置在深孔泄水道的进口、中部或出口处。水头大于或等于50m的深孔闸门又称高水头闸门。承受较大的水压力,对止水要求高,局部开启时流速很大,易引起闸门振动和空蚀。设计时应选择合适的闸门底缘和门槽形态,并保证门后有足够的通气。常用的有弧形闸门、平面闸门、球形闸门、圆筒闸门、锥形阀、针形阀、空注阀等。

(林益才)

渗流出逸坡降 exit gradient of seepage

通过土坝坝体、坝基或水闸土基的渗流在逸出处的水力坡降。一般渗流逸出处的水头损失较大,故水力坡降较大,若大于该处土的允许渗透坡降,可能产生渗透变形,应根据情况采取设置反滤层等工程措施加以保护。

(束一鸣)

渗流量观测 seepage flow observation

观测和分析在水头作用下渗过建筑物和地基的水量。其观测方法一般有容积法、量水堰法和测流速法,视渗流量和渗流汇集条件选用。容积法适用于渗流量小于1L/s的情况;量水堰适用于量测渗流量为1~300L/s的情况;测流速法适用于渗水能引到排水沟内有比较规则的平直段,可用流速仪法和浮标法进行观测的情况。根据渗流量的大小和其他渗透观测量可以综合分析土工建筑物的渗透状态。

(沈长松)

渗漏 percolation

下渗的水主要在毛细管引力和重力作用下,在土壤颗粒间的孔隙中移动,并逐步填充孔隙,直至孔隙充满。是下渗过程的第二阶段,下渗率迅速递减。

(胡方荣)

渗润 moistening, wetting

水分在分子力作用下,被土壤颗粒吸附而成为薄膜水。对干燥土壤,其阶段非常明显,起始下渗率很大。是下渗过程的第一阶段。

(胡方荣)

渗水抢险 defence anainst seepage emergence

堤防、土坝等工程发生渗水险情的抢护。是汛期常见的险情。在汛期或高水位情况下,堤防背坡(或坝下游)、堤(坝)坡及坡脚附近出现土层潮湿或发软有水渗出的现象,发展严重者将导致滑坡、管涌、漏洞等险情。可采用开沟导渗、临河筑戗、透水后戗、反滤导渗等方法处理。

(胡方荣)

渗水透明度观测 observation of seepage water transparency

观测渗水中杂质(泥沙、溶解质等)含量的大小,以cm计。观测方法是用一根直径为3cm的平底透明玻璃管,管壁刻有cm刻度,下部设一控制阀门,将渗水取样注入,在距管底4cm处放一张5号铅印字体纸,从管顶透过水样向下看,若能看清,说明渗水的透明度在30cm以上,若看不清,将阀门打开放水直至看清为止,此时管壁上的水量刻度即为透明度。透明度大于30cm为清水,小于30cm时说明渗水中含泥或含其他杂质。从透明度与含泥量关系曲线(预先试验率定)查出渗透水中的含泥量,分析并判别会否发生渗透变形,以便及时采取措施,保证工程正常运行。

(沈长松)

渗透 permeation

当土壤孔隙被水充满达到饱和时,水在重力作用下运行,属饱和水流运动。是下渗过程的第三(最后)阶段,下渗率持续稳定,称隐渗。

(胡方荣)

渗透变形 seepage deformation, seepage damage

在渗透水流作用下,土颗粒、颗料群被携带发生移动、流失的现象。土坝的渗透变形有管涌、流土、接触冲刷、接触管涌和接触流土等几种型式,工程中应

采取措施加以防止。　　　　　（束一鸣）

渗透观测　seepage observation

对水工建筑物在施工、运行期的渗流要素以及防渗、排水、降压等设施效能进行的观测和分析。是水工建筑物原型观测中重要的观测项目。通过观测和分析可以了解水工建筑物在水头作用下的渗流状态，为渗流计算提供依据。其内容包括土工建筑物渗透观测和混凝土建筑物渗透观测。　　　（沈长松）

渗透力　seepage force

土体孔隙中的渗透水流作用于单位土体内土粒上的拖曳力。是一种体积力，用 j 表示，$j = \gamma_0 i$，γ_0 为单位水体积所受重力，i 为渗透坡降，其作用方向与渗流方向一致。由于渗透力的存在，将使土坝坝体或坝基土体内部的受力状况发生变化，通常这种变化对土体的稳定是不利的，尤其在渗流逸出处，渗透力大于土颗粒对渗透水流产生的阻力时，土颗粒将被带走，造成渗透破坏，若不及时处理，将会引起土坝的破坏失事。　　　　　　　　　　　　（束一鸣）

渗透系数　coefficient of permeability

见水力传导度（241 页）。

sheng

升顶式卵形隧洞　high oval section tunnel

见高壁拱形隧洞（80 页）。

升卧闸门　lift-lie gate

启门时门叶由铅直提升逐渐转向水平卧倒的闸门。承受水压的主轨自下而上分成直轨、弧轨和斜轨三段，反轨全为直轨；闸门吊点位于门底靠近下主梁的上游面。当闸门开启时，向上提升到一定高程后，上、下主轮即分别沿弧轨和反轨滚动，闸门继续升高，最终平卧在斜轨上。优点是可降低闸门工作桥的高度、减少门叶受风面积和提高抗震性能；但门叶的侧止水磨损比较严重。适用于地震区或海啸暴风区的低水头水工建筑物。

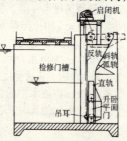

（林益才）

升鱼机　fish lift

运送鱼类过坝的机械。有"湿式"和"干式"之分。"湿式"升鱼机是一个上下移动的水箱，当箱内水面与下游水位齐平时，打开下游箱门鱼进入鱼箱，关闭箱门并把水箱提升到水面与上游水位齐平，然后开启上游箱门，鱼即可进入上游。"干式"升鱼机是一个上下移动的鱼网，工作原理与"湿式"相似。　　（张敬楼）

升原渠

唐代漕渠。始建于咸亨三年（672 年）。首起陈仓（今宝鸡市），引渭水东至虢县（今宝鸡县）西北，又引千水，东经郿县、武功、兴平，合成国渠，至咸阳东注入渭水。渠兼灌溉之利。　　　　（陈　菁）

生理干旱　physiological drought

植物因生理原因不能充分吸取土壤中的水分，而出现的体内水分亏缺现象。通常因为土壤温度过低或土壤通气不良（如积水），致使根系呼吸受阻、活力减弱，吸水速度减缓，不能补偿蒸腾耗水而引起。在盐碱土地区，土壤溶液中含过量可溶盐类，渗透压大，也会引起根系吸水困难。在溶液浓度过大时，甚至会完全丧失吸水能力。　　　　　（刘圭念）

生态效益　ecology benefits

修建水利工程对整个生态系统的生态平衡造成影响，从而对人的生活环境和生产条件产生的效益。在环境保护领域称环境效益。　　　　（戴树声）

生物排水　biological drainage

利用植物根系吸取并通过叶面蒸腾消耗土壤水分，降低农田地下水位的排水方式。其主要方式是结合灌排渠沟和各级道路种植护田林网或在灌溉地段周围营造防护林带。选用根深干粗，枝叶茂盛，蒸腾量大的树种，可以提高生物排水的效能。种植根深叶茂，耗水量大的农作物，也可起到生物排水的作用。　　　　　　　　　　　　（赖伟标）

圣菲力克斯水库　Sao Felix（Serra da Hesa）

巴西最大水库。在托坎廷斯河上。总库容 544 亿 m^3。大坝为土石坝，高 144m，顶长 1 544m。水电站装机容量 120 万 kW。　　　　（胡明龙）

圣路易斯土坝　San Luis Earthfill Dam

美国圣路易斯河（San Luis Creek）上的高土坝。位于加利福尼亚州洛斯巴诺斯城附近。1967 年建成。高 116m，顶长 5 669m，工程量 5 937.5 万 m^3。库容 25.18 亿 m^3。　　　（胡明龙）

圣西摩水电站　São Simão Hgdro Plant

巴西帕腊奈巴河上的大型水电站。位于米纳斯吉拉斯州和戈亚斯州接壤处圣西摩附近，1978 年建成。设计装机容量 268 万 kW。总库容 125.4 亿 m^3。坝型为土坝、重力坝和堆石坝混合坝，最大坝高 127m，顶长 3 600m。　　　　　（胡明龙）

剩余费用　nemaining cost

见不可分费用（18 页）。

剩余效益　remaining benefits

某水利目标的效益减去其可分费用的余额。某水利目标的效益有特定含义，指的是该水利目标的经济效益与该水利目标的等效最优替代方案费用两者中较小的一个数值。在可分费用剩余效益法中是以剩余效益作为分摊比例，对不可分费用在各水利

shi

施工导流 construction diversion

水利工程施工时,将河水引向其他通道或从部分河床下泄的工程措施。在河流上修建水工建筑物,既要保证在干基坑中施工,又要不使河道断流,为此必须修筑挡水围堰,部分或全部封闭河床,使水流通过束窄的河床或明渠、隧洞、渡槽、导流底孔等导向下游,但有通航、过木和供水等要求时,必须得到保证。根据阶段可分为分期导流和全围堰导流两种。 (胡肇枢)

施工缝 construction joint

建筑物分层分块不连续浇筑时新老混凝土的接合面。坝体浇筑层的厚度一般为 1.5~4.0m 在基岩表面需用 0.75~1.0m 的薄层浇筑,以利散热,减少温升,防止裂缝。上下层的间歇时间为 3~7 天。新混凝土浇筑之前,必须清除施工缝面的浮渣,用风水枪或压力水冲洗,使表面成为麻面,再均匀铺一层 2~3cm 的水泥砂浆,然后进行浇筑。近年来,有的工程仅在基岩面和距上游面约 10m 范围内铺水泥砂浆。施工缝的处理质量影响大坝的强度、整体性和防渗性,必须高度重视。 (林益才)

施工图设计 detail design

继初步设计或技术设计之后提出施工详图的设计工作。主要任务是进行建筑物的结构设计和细部构造设计;对工程中较复杂的技术问题进行深入的分析,提出更加落实可靠的技术措施;进一步确定施工总体布置及施工方法,安排施工进度和编制施工预算;提出整个工程分项分部的施工、制造、安装详图;提出施工工艺要求等。施工图设计的详尽程度要能直接据以按图施工。 (林益才)

施工预报 hydrologic forecast during construction

水利工程施工期的水文预报。大中型水利工程的施工期较长,而且随工程建设河道水流条件不断改变。为确保施工现场、料场、生活区等地区的安全,需及时发布短期洪水预报,特别是施工截流期,预报截流口门流量、流速和落差等是施工设计的重要依据。此外,为确定施工建筑物标准,还需提供中长期水文预报。为适应河道情况的不断变化,预报方法常需采用一些河道水力等计算方法作补充。 (刘新仁)

湿润灌溉 wetting irrigation

在水稻生长后期,田面上不保持淹灌水层的灌溉方法。一般做法是:在水稻返青、分蘖、孕穗等几个时期采用浅水勤灌,水层深度约 10~40mm。此后,不再维持田面水层,隔几天,灌一薄层水,水深约 10mm,等到水层落干,表层土壤含水量降到饱和含水量的 80%~90% 甚至 60%~70% 时再行灌水。大部分时间,土壤处于无水层的湿润状态,减少了水稻的需水量和深层渗漏水量,增加了降雨利用量,改善了土壤通气状况。湿润灌溉具有省水、节能、增产的效果,但对田间用水管理、水源供水时间等要求较高。 (房宽厚)

湿润区 humid area

降水丰沛、蒸发少、产流量大的地区。中国的东部、南部及西南、东北等大部分地区皆属之。 (胡方荣)

湿室型泵房 pump house with wet-pit

进水池置于水泵机组下方的泵房。该泵房分上、下两层。上层安装电动机或内燃机、配电设备等,称为电机层(或称机房);下层进水,安装水泵,称为进水室或水泵层,又称湿室。湿室内的水体具有自由表面者称为无压湿室;反之,称为有压湿室(用顶板封闭的湿室)。通常安装口径在 1 000mm 以下的立式水泵机组。适用于水源水位变幅在 4~10m 范围、地基条件较好的场合。多用于排涝或排灌结合泵站。

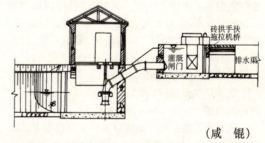

(咸锟)

石船堤

用船满装土石,运至需筑堤坝之处,凿破船体,使之沉底,作为基础,在其上再加筑土石或埽工而成的堤坝。在决口溜势过大,用一船抛石卷埽方法无法堵塞时,可用此法堵口;亦可用在大溜顶冲或横溜淘刷过猛,一般抛石下埽无法固定的护岸工程。元代贾鲁堵筑黄河白茅决口时曾用大船二十七艘满载小石沉底堵口成功,称为"石船堤"。其事详见元欧阳玄撰《至正河防记》。 (查一民)

石囤

竹、树条等编成的圆形大筐,内装石块,用作修筑堤坝、滚水堰或护岸、抢险、堵口的水工建筑构件。如元代修建陕西引泾水灌溉的丰利渠首滚水堰,用枣条编成石囤,直径 8 尺,高 1 丈多,共用 1 166 个,排成 11 行,长约 50 尺,宽 85 尺。元代并大量使用石囷修筑海塘，元泰定四年（1327年）修盐官州海塘时，曾下石囷44万多个，木柜470多个。这种修海塘的石囷实际上就是竹笼。明代前期在河工中也曾使用石囷代替埽工。 （查一民）

石笼护岸 bank protection withe stone basket

用石笼砌筑的护岸工程、笼子有用梢料、竹片或铁丝做的。梢笼用粗树枝做骨架，梢料编笼筐；竹笼用竹梢做架，竹片编笼筐；铁丝笼更为牢固、笼中充填块石或大卵石均可，然后编好笼盖。石笼可以做成不同形状的，如方形、圆形或三角形的等。在较陡的岸坡或水流湍急的河岸处，可用石笼砌成护脚工程，在多沙河流上，石笼间的间隙会很快被泥沙堵塞，形成整体的护脚，能够抵抗4~5m/s的流速，是一种较好的护脚工程。中、上护坡很少采用石笼，宜采用抛石和植树等工程措施。 （李耀中）

石头河土石坝 Shitouhe Earth and Rockfill Dam

陕西省眉县石头河上的土石坝。1982年建成。坝高105m，填筑土石方835万m^3，混凝土总量14万m^3。供发电之用。陕西水电设计院设计，省水利工程局施工。 （胡明龙）

石硪

又称水硪或水砬。石砌溢流堰。用堰顶高程来控制河湖等的水位。《宋史·河渠志四》汴河下："即洛河旧口置水硪，通黄河，以泄伊、洛暴涨。"《宋史·河渠志六》东南诸水上："及因浚河，隳败古泾函、石䃮、石硪，河流益阻，百姓劳弊。" （查一民）

时段单位线 unit hydrograph

见单位过程线（40页）。

时间面积图 time-avea diagram

流域面积按汇流时间的分布图。在绘有等流时线的流域图上，量出逐条等流时线间的流域面积，以时间为横坐标，以面积为纵坐标，绘制柱状图而得。当等流时线间时差趋于无限小时，柱状图趋于连续变化的曲线。

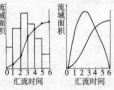

（刘新仁）

时间序列 time series

由一系列时刻的特征值$x(t)$，按出现时间顺序排列而成的序列。用$x(t_1)$、$x(t_2)$、…、$x(t_n)$，$t_1 < t_2 < … < t_n$来描述某种现象的某方面的特性，如河川流量，湖或井水位，河水中溶解氧含量等随时间变化过程。时间序列包含时间t和状态x两项要素。为便于分析处理，一般时间按等距划分，如年、月、日作离散化处理。状态x可取各时段平均值、总量或最大值等。多数水文变量属于连续型变量，水文时间序列一般为时间离散、状态连续的序列。 （朱元甡）

时间序列分析 analysis of time series

研究分析时间序列的数学方法。研究时间序列变化特性，建立适用模型，用来推断或模拟时间序列可能的变化。水文时间序列变化是由若干不同变化特性的分量组合而成。确定性分量分为周期和非周期变化；随机性分量分为平稳和非平稳的随机变化。分析工作是根据现有时间序列观测资料，通过分析检验，确定上述各分量组成情况，建立模型结构。再进一步率定模型中各项参数，要求模型输出的序列保持实测序列的各种统计特性。利用该模型生成虚拟的时间序列，反映未来可能发生的时间序列。 （朱元甡）

时间因素系数 time factor of money

又称折现系数。将不同时间内资金的流入与流出量换算成同一时间的"现值"时所用的折算率（折现率或利率）。它考虑资金的"时间价值"，为不同方案比较提供了同等基础。前苏联的标准时间因素系数叫时间换算系数，1980年规定为8%。 （胡维松）

实际年系列法 actual annual series method

按实际年系列计算多年平均洪灾损失（即多年平均防洪效益）的方法。在洪水水文资料长系列中，选一段洪水资料较全、有代表性的实际年系列，逐年计算洪水损失，并取其平均值。以此系列工程前后逐年损失差值为基础，并考虑洪灾损失增长率计算工程后减免的多年平均洪灾损失值，作为防洪工程的多年平均防洪效益。 （戴树声）

实际水汽压 actual vapour pressure

某一时刻大气中实际含有水汽的压力。在未饱和的湿空气中，它总是小于饱和水汽压。 （周恩济）

实际蒸散发 actual evapotranspiration

某区域在一定时期实际蒸散发量。因为在此期间并不是总按蒸散发能力（最大可能蒸散）进行蒸发，所以其量总是小于蒸散发能力。 （胡方荣）

实时校正 real time adjustment

根据已出现的预报误差对未来预报值进行修正的方法。原是一种纯经验性的趋势修正手段，也是提高预报精度的有效方法。近来有人通过误差时间序列分析，建立统计模型预测误差的变化趋势；也有人引用更复杂滤波技术进行实时校正。 （刘新仁）

实时联机水文预报 real time on line forecasting

利用自动测报系统，实现水文信息采集、传输、处理和预报值计算及实时校正等项工作联为一体的

实体重力坝 solid gravity dam

坝体内不设置大空腔的重力坝。各坝段紧相挨靠且横向宽度保持不变。按坝段之间横缝处理方式不同，可分为悬臂式、铰接式和整体式三种类型。悬臂式是将横缝做成永久性的温度伸缩缝，在外荷载作用下，各坝段可独立工作，互不影响。铰接式是将横缝做成键槽型式，使缝面上能传递一定的剪力，在水压力作用下，各坝段之间有一定的相互制约作用。整体式是将临时性的施工横缝进行灌浆封堵，使各坝段结合成整体起空间结构作用。工程上多采用悬臂式结构，仅在坝高较大，河谷狭窄陡峻，有一定必要(如侧向稳定不足、地震烈度较高)时，才考虑采用铰接式或整体式结构。 (林益才)

实验流域 experimental basin

为深入研究水文现象和水文过程的某些方面，特别是研究人类活动影响，在一定人为控制条件下所设置的野外小流域。通过对比观测、重复试验和人为改变影响水文过程的某些因素等方法，探索水文现象的物理过程和形成机制。设置时必须有明确的研究目的和方向。流域面积一般为几 km²。 (林传真)

史河 Shihe River

源出鄂、皖边境大别山的淮河支流。北流经河南省固始县蒋家集与灌河合流，称史灌河。东北流至安徽省霍丘县三河尖汇入淮河。长 211km，流域面积 6 850km²。建有梅山水库。 (胡明龙)

《史记·河渠书》

我国第一部水利通史。汉司马迁(公元前145～前87年)所著《史记》中的"八书"之一，未单独刊行。记述自大禹治水至汉元封二年(公元前109年)，有关防洪、航运、灌溉等水利史实，涉及江、河、淮、济、泗、沫、淄、漳等水系。司马迁曾南登庐山、北至朔方、西瞻离堆，东至会稽，亲自考察过江、河、淮、济等水系，并随汉武帝到瓠子参加黄河堵口施工，有感于"水之为利害之甚"，首创于史书中设立河渠水利专篇，为历代史书所效法，从而使整部《二十四史》保存了大量珍贵的水利史料。司马迁还首次明确给予"水利"一词以防洪治河、灌溉修渠等含义，以区别于先秦古籍中的"取水利"(指水产等)，开创了沿用至今的"水利"概念。是中国水利史志的奠基之作，具有重要的历史意义和学术价值。 (陈 菁)

示储流量 weighted discharge

马斯京根槽蓄方程中，由上下断面流量求得的加权平均流量 Q'。

$$W = K[XI + (1-X)O] = KQ'$$

X 为上断面流量的权重。K 一般为常数，Q' 与槽蓄量 W 呈正比关系，可以表示槽蓄量的大小。 (刘新仁)

世界水资源 water resources of the Earth

地球上可供利用的水。包括水量(质)、水域和水能资源。全球陆地上的多年平均年降水深度为 800mm。江河年径流总量为 46.8 万亿 m³，平均年径流深为 341mm。降水入渗补给地下水，其中一部分形成地下径流，最后汇入河川径流，这部分水量已计入河川径流量中。全世界海洋面积为 3.61 亿 km²。陆地上面积大于 100km² 的湖泊共 145 个。总计水面面积约 130 万 km²，贮水量为 167.9 万亿 m³，小湖的容积约计为大湖的 5%。全世界库容大于 50 亿 m³ 的水库共 140 多座(1972 年)，共有库容 4.3 万亿 m³，全世界江河的理论水能资源为 44.28 万亿 kW·h/年，相当于平均出力 50.5 亿 kW。可能开发的水能资源为装机容量 22.6 亿 kW，年发电量 9.8 万亿 kW·h。到 1980 年止，全世界水电装机容量达到 4.6 亿 kW，发电量为 1.75 万亿 kW·h，占可开发量的 18%。世界海洋的潮汐能约有 10 亿多 kW。 (许静仪)

市政用电 urban load, urban use of power

市政生活所消耗的电力。如城市电车、给排水、商业街道和住宅照明以及各种家用电器的用电等。其中照明用电约占 60%～80%，一昼夜中以 7～12 时用电最多。电车在工作日的上下班时间里，负荷也增大。 (陈宁珍)

事故备用库容 accident spare volume

存蓄水电站事故备用容量发电时所需水量的库容。按其在基荷连续工作 10～15 天而定。当该水量占水库有效库容的 5% 以上时，应考虑留出专设的备用库容。 (陈宁珍 王世泽)

事故备用容量 accident spare capacity

电力系统部分发电机组事故停机时，用以维持正常供电而设置的备用容量。均为系统最大负荷的 10% 左右，但不得小于系统中最大一台发电机组的容量。 (陈宁珍)

事故闸门 emergency gate

当工作闸门损坏或引水管道及其设备突然发生事故时，用以关闭孔口的闸门。要求能在动水中迅速关闭。如水电站引水道进水口的事故闸门，要求当管道设备或水轮机组发生故障时，在动水条件下快速关闭，切断水流，以防事故扩大；待事故排除后，

再向门后充水平压,在静水中开启。 (林益才)

试锥

又称锥探。古代河工上检验土堤密实程度的方法。用长约四尺、上粗下尖的铁锥、铁锥筒或铁扦,打进被检堤段;将锥拔出后,向所形成的孔(探孔)中注满水,观察其是否渗漏,以判断该堤的密实程度及有无洞孔隐患。如一灌即泻,称为"漏锥",表明土堤虚松或有洞穴;如水半存半泻,称为"渗口",表明土堤密实度不高;所灌水存而不泻,称为"饱锥",表明土堤夯筑质量高,密实度达到要求。但打锥须直下,不可摇动,否则土填孔中,试亦不准;所灌水不得掺以鲇鱼涎、榆树汁等黏性液体,否则漏锥可变饱锥。
(查一民)

视准线法 collimating line method, collimating method

以建筑物两端工作基点的连线为基准,测量建筑物在外界荷载作用下位移标点的水平位移的方法。适用于直线坝型,特点是工作简便,成果可靠,费用低廉。坝轴线呈折线时,在转折处设非固定工作基点,观测时分别测定标点偏离非固定工作基点以及非固定工作基点偏离两岸固定基点的位置变化,然后求得各标点的水平位移量。 (沈长松)

适线法 mathematical curve fitting method

将随机变量样本值及相应经验频率在几率纸上点绘出适当频率曲线以求得参数的一种方法。设所研究的随机变量 X,有一观测样本,将该样本按大小重新排列,有

$$x_1 \geqslant x_2 \geqslant x_3 \geqslant \cdots \geqslant x_m \geqslant \cdots \geqslant x_n$$

采用如下经验频率公式

$$P_m = \frac{m}{n+1} \quad m = 1 \sim n$$

对每一 x_m,求出一个 P_m,将 (P_m, x_m), $m = 1 \sim n$,这 n 对数值点在几率格纸上,称为经验点据。若分布函数型式已确定,如皮尔逊Ⅲ型分布,则一组参数值 $(\bar{X}, C_v, C_s)$ 可通过积分

$$P = G(x) = P\{X \geqslant x\} = \int_x^\infty f(x, \bar{X}, C_v, C_s) dx$$

求出 $P = G(x)$ 的关系。再把 $P = G(x)$ 的关系也画在上述几率格纸上。这条曲线为理论曲线。检查其与经验点据配合情况,如配合不好,再假设另一组参数 $(\bar{X}, C_v, C_s)$,直到拟合良好为止。这条曲线相应的参数为参数估计值。 (许大明)

shou

收缩段 contracted segment, contraction

渠槽过水断面沿流向由宽变窄的过渡段。急流陡坡渠槽收缩段的边墙为直线收缩,以减小冲击波,例如河岸正槽溢洪道的控制堰与泄槽之间常设这种收缩段,边墙收缩角一般控制在11°以内。缓流渠槽的收缩段也可用曲线边墙。 (王世夏)

收缩式消能工 convergent-type dissipator

通过泄水建筑物边壁约束条件,使陡坡急流横向急剧收缩成极深窄形态而促成出射水流竖向扩散掺气的消能工。已有的实用型式如窄缝挑坎、宽尾墩,前者用作窄缝式消能的挑流鼻坎,后者要与消力池、挑流鼻坎、戽式消力池等配合运用。适应于高水头明流泄洪情况。收缩段侧壁要承受强烈的急流冲击波作用,结构设计时应予注意。

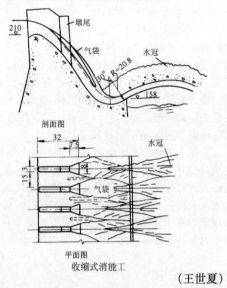

收缩式消能工
(王世夏)

受阻容量 obstructed capacity

水电站装机容量中由于水头过小而不能发电的容量。水库水位过度降低或下游水位过度升高,电站水头小于水轮机设计水头时,即使水轮机导叶全部打开也发不足额定功率,而出现受阻。这种现象通常又称为水头受阻。 (陈宁珍)

售电成本 electricity cost of sales

一定数量的电力产品从生产、输送到销售全过程中所需的生产费用。是电力产品的完全成本,包括发电成本或购电成本、供电成本。售电成本以一个网局或省电力局为核算单位,计算总成本和单位成本。它完整地反映了电力产品产、供、销全过程的劳动耗费,是电力工业商品产品成本,是考核成本执行情况、核算利润和分析电网经济效益的重要依据。
(施国庆)

shu

疏

开通,疏导,疏浚。又作疏。《孟子·滕文公上》: "禹疏九河。"《后汉书·王景传》:"景乃商度地势,……疏决壅积。"

稀,不密。

(查一民)

疏浚工程 dredge engineering

对河底或滩地进行的局部开挖。目的是为了扩大航道、港区、引水通道,或新辟航道。也有为新建水中工程开挖基槽者。一般常用挖泥船或其他水下挖泥机具,并辅以输抛泥设备共同完成。为防止抛泥游移回淤,也是疏浚工程的重要研究内容之一。若能将挖泥与造地相结合,则可一举两得。

(周耀庭)

输沙量 total silt discharge

一定时段内通过一指定断面的泥沙总量。单位为 kg。即 $W_s = Q_s T$。Q_s 为悬沙输沙率(kg/s);T 为时间(如求日输沙量时 T 为 86 400s)。

(胡方荣)

输水建筑物 conveyance structures

从某一地点输送水流至另一地点或用户的水工建筑物。常见的有渠道、输水隧洞、涵管、渡槽、倒虹吸等。

(王世夏)

输水隧洞 conveying tunnel

为发电、灌溉、给水等兴利目的而将水从某一地点输送至另一地点或用户的水工隧洞。其进水口地点即为水库(水源)时亦称引水隧洞。随具体条件不同,可分别选用无压明渠流态或有压管流态输水,相应采用不同形态的洞身断面。

(王世夏)

鼠道排水 mole drain

利用动力机带动鼠道犁在田面以下适当深度的土层中挤压成土洞控制农田水分的排水方式。用于排除农田多余的土壤水和控制地下水位。因土洞形同鼠穴而取名。适用于地形坡度平缓均一的黏性土地区。鼠道的深度与间距,视土壤性质和牵引动力而定,一般深度为 0.5~0.8m、间距为 3~9m。主要特点是除洞口控制设备外,几乎不用任何建筑材料,施工快,造价低;但易遭损坏,一般能使用 5 年左右。

(赖伟标)

束水坝

用以束窄河床断面及增加水深的成对丁坝或丁坝群。建于河面宽大而水深过小的河道内。《河工要义》:"正河水小,河身浅滞,不利舟楫者,筑束水草坝,使水不能旁泄,以资运行,故曰束水坝。"

(查一民)

束水攻沙

用堤防集中水流,增大流速,提高水流挟沙能力,利用水力刷深河槽,以解决黄河泥沙淤积问题。

为古代治黄方略之一。王莽时,大司马史张戎提出加快流速就能冲刷河床底沙而使河槽变深的论点("水性就下,行疾则自刮除成空而稍深")。他反对在黄河分流引灌,因其可导致流速降低泥沙淤积而使河槽变浅;主张集中水流,使泥沙顺势入海,消除溢决灾害。事见《汉书·沟洫志》。明万历初(1573年),总理河道万恭根据河南虞城一位生员的建议,首先提出"以人治河,不若以河治河也。夫河性急,借其性而役其力,则可浅可深,治在吾掌耳。法曰:如欲深北,则南其堤,而北自深;如欲深南,则北其堤,而南自深;如欲深中,则南北堤两束之,冲中坚焉,而中自深。"事见万恭《治水筌蹄》。明万历六年(1578年)后,总理河道潘季驯进一步提出了"束水攻沙"的理论和措施,提出"筑堤束水,以水攻沙,水不奔溢于两旁,则必直刷乎河底,一定之理,必然之势"的论点和一整套筑堤束水、以水攻沙的工程措施,并在自己的治河过程中加以实施,取得了一定的效果。束水攻沙论对明、清及近代治河理论产生了较大的影响。

(查一民)

沭河 Shuhe River

源出沂山南麓流经中国山东省南部及江苏省北部的淮河水系河流。南流至临沭曹庄分两支入江苏省,一支由新沭河东流,另一支南流再向东经蔷薇河,两支汇合后经临洪口入黄海,长约 400km,流域面积 5 700km²。中、下游洪水灾害严重,经过整治,建有石梁河、陡山等水库,水灾得以控制。

(胡明龙)

竖缝式鱼道 vetical slot fish way

隔板上设有竖孔(缝)的隔板式鱼道。有单侧竖缝式和双侧竖缝式两种。前者隔板一侧设竖直孔、利用水垫消能;后者两侧均设竖直孔、利用水流对冲消能。能适应较大的水位变化和各种水深的鱼类上溯,应用较广。

(张敬楼)

竖井式倒虹吸管 shaft inverted siphon

采用中间水平两端做成竖井的管道输送渠水穿越高差较小的道路或另一水道的一种倒虹吸管。竖井底部设集沙坑以沉积并清除淤沙,井顶设盖板。水平段管身断面一般有矩形、圆形或城门洞形。这种型式构造简单,管路短、占地少、施工简易,但水头损失较大,适用于压力水头小于 3~5m 的情况。

(沈长松)

竖井式进水口 shaft intake

启闭闸室设在山岩竖井中的一种水工隧洞进口建筑物。竖井位于隧洞进口段,底部有闸室,顶部有启闭机室,闸门在竖井中上下运行。闸门前后设有渐变段,进口呈喇叭状,引水洞口设有拦污栅。这种进水口优点是结构简单,不受风浪影响,抗地震性能好,安全可靠;施工阶段如先建竖井,可为洞身施工创造有利条件;缺点是闸前隧洞段只能在低水位时检修,竖井开挖比较困难。在进口段岩石坚硬、开挖无坍塌危险时广为采用。　　(张敬楼)

竖井式水轮机　tubular turbine with generator in well

发电机安装在井式结构物里的半贯流式水轮机。水流绕过井的两侧流向水轮机转轮。可用于小型低水头水电站。

(王世泽)

竖井式鱼闸　shaft fish lock

具有竖井式闸室的鱼闸。通常由上下游导渠、上下游闸门、闸室竖井和驱鱼设备等组成。过鱼时,水经过放水管流入闸室和导渠,引诱鱼进入导渠并由驱鱼栅推入闸室竖井,关闭下游闸门,随闸室水位上升,提升闸室底板上的升鱼栅,使鱼随水一起上升。当水位与上游水位齐平后,打开上游闸门,启动上游驱鱼栅将鱼推入上游。　　(张敬楼)

shuai

甩负荷　load rejection

发电机组突然丢弃全部或部分负荷的现象。

(刘启钊)

shuang

双扇闸门　double-leaf gate

由上下两扇平面闸门所组成的闸门。按布置型式分为双轨式和单轨式两种。前者上下扇均有各自的轨道,活动范围较大,上扇可完全下降,结构简单;但下扇梁格在上游侧,闸门提升较困难。后者上下扇共用一个轨道,上扇做成卩形结构,以保证闸门有一定的移动范围,且下扇梁格在下游面,

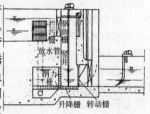

可避免冰块或漂浮物淤塞。上下扇门叶的搭接要有良好的止水。适于要求准确调节上游水位、排泄漂浮物或冰凌而不致损耗过多水量,或因闸门高度过大、工作桥过高的情况。　　(林益才)

双击式水轮机　Banki turbine

又称班基水轮机。射流先后两次冲击转轮叶片后才流出转轮的冲击式水轮机。转轮呈圆桶形,桶壁为一系列叶片,射流沿转轮的辐向冲击叶片后流入桶内,由桶的另一侧流出时再次冲击叶片。结构简单,制造方便,但效率较低,只用于小型水电站。

(王世泽)

双库潮汐电站　double-reservoir tidal power station

见潮汐电站(26页)。

双曲扁壳闸门　double-cruved shallow shell gate

挡水面板做成双曲扁壳结构的闸门。双曲扁壳能较好地发挥壳体的作用,可节省材料。中国自20世纪60年代开始在水闸上采用双曲扁壳闸门。最初采用的是由钢丝网水泥的钢筋混凝土制成并由凸面承受水压力的正向扁壳闸门,随后出现钢制的和由凹面承受水压的反向扁壳闸门,应用范围也由水闸扩展到船闸等水工建筑物。　　(林益才)

双曲拱坝　double curvature arch dam

又称穹形拱坝。平面上呈拱形,垂直剖面向上游弯曲的拱坝。具有水平拱和垂直拱的作用,可使悬臂梁的弯矩减小,刚度增大;在平面上各高程能采取较理想的拱圈形式,应力比较均匀,承载能力比单曲拱坝大。在结构布置和施工方面均较复杂。近代拱坝设计的趋势仍然尽可能利用双向曲率的优点,使坝体更加安全、经济。　　(林益才)

双室调压室　double-chamber surge tank

由一个断面较小的竖井和两个断面扩大的上下储水室组成的调压室。水电站丢弃负荷时,竖井水位迅速上升至上室,上室利用其扩大的断面抑制水位的上升速度;水电站丢弃负荷时,竖井水位迅速下降至下室,下室能向竖井补充足够的水量,从而限制水位下降。上室和下室具有较高和较低的重心,同样的能量可储存于较小的水体之中,故总容积小于简单调压室。适用于水头高、水库工作深度大的水电站,但只适于建成地下结构。　　(刘启钊)

双水内冷式发电机　generator with double-internal water cooling system

见水内冷式发电机(249页)。

双向进水流道　two-way inlet passage

能别从内河、外河两侧进水(或出水)的流道。为排、灌结合的一种新型流道。有箱涵式和对拼肘形两种。两者为洞顶开孔的矩形涵洞，又分为带垂直隔板与带导流墩(又称对称涡形)的两种；后者由两个肘形进水流道沿水泵垂直中心面拼接而成。因该进水流道一端进水时，另一端封闭，形成范围较大的死水区，流态较差，除产生回流外，还有涡带出现，当涡带进入泵内则产生振动和噪声。为改善进水条件，可在流道中加设隔板、导水锥等设施。这种进水流道的最大优点是可减少工程投资。　　（咸　锟）

双悬臂式喷灌机组　boom sprinkler unit

旋转双悬臂式喷灌机

以动力机和对称安装在动力机上的两个翼状桁架为主体的喷灌机组。桁架中装有喷洒支管，支管带有许多低压喷头或喷水孔，由明渠或管道供水，根据需要可在动力机架上设置水泵及其抽水动力，以便抽水加压。按照悬臂桁架运动的方向可把这种喷灌机分为两类：①平移双悬臂式喷灌机：整机装在一台拖拉机上，沿着与悬臂垂直的方向移动，边行走边喷洒；②旋转双悬臂式喷灌机：双悬臂桁架固定在四轮车上，两侧悬臂上的喷头朝相反的方向喷水，对中心轴产生一个转动力矩，使悬臂桁架绕中心轴缓慢旋转。按其工作特点旋转双悬臂式喷灌机又可分为：①定喷式双悬臂喷灌机：由压力管道供水，定点旋转喷洒；②行喷式双悬臂喷灌机：在四轮车上装有动力，可以自走，边行走边旋转喷洒。该喷灌机的工作压力低(一般100～300kPa)、喷灌质量较好、工作效率较高，但机体庞大、费钢材、机行道和田间供水渠道占地较多。图示为旋转双悬臂式喷灌机。

（房宽厚）

双支墩大头坝　double buttress massive-head dam

每个坝段由两个互相平行的较薄支墩组成的大头坝。下游用隔墙将两个支墩连成整体，侧向和纵向刚度较大，既可做成溢流的，也便于布置导流底孔或坝身引水管道。但施工中需要模板较多。高坝多采用这一坝型。　　（林益才）

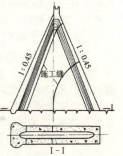

霜　frost

地面或地物表面因散热降温至0℃以下时，附近空气中的水汽达到饱和而凝华在其上的白色晶体。大气水分在冷却光滑面上凝华成霜的最高温度，称为霜点。一般为六方晶系冰的集合体，呈鳞状、针状、羽状或扇状，但也有无定形的。初霜和终霜一般气温较高。农作物生长期，常易造成冻害。

（胡方荣）

shui

水　water

自然界中由氢和氧化合而成的一种物质。化学分子式为H_2O。以气、液、固三态广泛存在地球表面或浅层，尤以液态最为普遍。按矿化度分有淡水和咸水；按存在形式分有地表水、地下水、江水、河水、湖水和海洋水等；按形成过程分有雨水、雪水和冰川融水等。物理化学性质不同于其他物质，在标准大气压下，沸点为100℃，冰点为0℃，4℃时密度最大，为1g/mL；随温度和压力变化形成三态转换，当为液、气态时具有流体特性，结冰时体积增大、密度减小；在液、固状态下，与其他物质相比，热容量最大，是调节气候的最佳物质；溶解性能好，可溶解所有化学物质。全球表面积的71%被其所覆盖，以水文循环方式每年往复更新。是人类生活和工农业生产必不可少的资源，对生态环境有显著影响，同人类活动密切相联，与动、植物生存不可分离，但超量或偏缺都会造成自然灾害。中国古代也将河流泛称为水，如黄河古称河水，长江古称江水等，沿用至今的有汉水、资水等。　　（胡明龙）

水澳

又称"澳"。古代建在船闸旁的蓄水池。用以补充船闸水源，并集蓄船闸下泄水量，节约用水。可分为积水澳(上澳)和归水澳(下澳)。积水澳一般高于闸室，积蓄来水，为澳闸补充水源。归水澳的水位比闸室为低，积蓄闸室下泄水量；并可借助提水工具将下澳之水提至上澳备用。上澳来水不足或水源高程较低时，也需用人工提水补充。《宋史·河渠志六》："吕城堰常宜车水入澳，灌注堰身以济舟。"

（查一民）

水泵　pump

在动力机带动下将水从低处提升到高处或压送到远处的提水机械。广泛应用于农田灌溉和排涝，工矿企业与城镇的给、排水等方面。可分为叶片式泵、容积泵和其他类型泵。叶片式泵是利用叶片旋转运动传输能量于水体，使之由低处压向高处，可分为离心泵、轴流泵和混流泵三种，还有井泵、潜水电泵等也属此类。容积泵是利用工作室容积的周期性变化在泵体内形成负压,将水从低处吸往高处,可分为往复式和回转泵两种,前者利用柱塞在泵缸内作往复运动来改变工作室的容积;后者是利用转子作回转运动改变工作室的容积。还有射流泵、水锤泵等。　　　　　　　　　　　　（咸　锟）

水泵安装高程　pump setting elevation

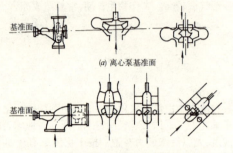

(a) 离心泵基准面

(b) 轴流泵和混流泵基准面

(c) 大型离心泵基准面

水泵装置基准面的高程。它直接影响水泵的吸水性能和泵站的土建费用。其计算式为:

$$\nabla_安 = \nabla_{池低} + H_{允吸}(m)$$

$\nabla_{池低}$为进水池最低水位;$H_{允吸}$为水泵基准面的安装高度(即允许吸水高度),随泵型而异,各种泵型的基准面见图示。卧式离心泵和混流泵的允许吸水高度计算式为

$$H_{允吸} = H_s - h_吸 - \frac{v_进^2}{2g}(m)$$

H_s为允许吸上真空高度(m);$h_吸$为进水管路水头损失(m);$v_进$为水泵进口流速(m/s);g为重力加速度,等于9.8m/s²。立式轴流泵和立式混流泵的允许吸水高度,计算式为

$$H_{允吸} = 10.09 - (1.2 \sim 1.4)\Delta h - \frac{v_进^2}{2g}(m)$$

Δh为气蚀余量。根据计算式计算结果,$H_{允吸}$如为负值,表示水泵基准面淹没于水中;如为正值,水泵的基准面安装在水面以上。为了便于起动,一般要求基准面淹没在进水池最低水位以下0.5～1.0m。　　　　　　　　　　　　（咸　锟）

水泵比转速　specific speed of pump

又称比转数、比速。将水泵按相似律换算为扬程等于1m,有效功率等于0.735kW,流量等于0.075m³/s的模型泵的叶轮转速。以n_s表示。是反映水泵特性的一个综合性指标。即概括额定转速、额定流量和额定扬程的综合参数。其表达式为

$$n_s = \frac{3.65n\sqrt{Q}}{H^{3/4}} \quad (r/min)$$

n为水泵的额定转速(r/min);Q为额定流量(m³/s)(对于双吸泵,流量应除以2再代入公式);H为额定扬程(m)(对于多级泵,扬程应除以叶轮个数后代入公式)。凡是几何相似的水泵在相同的工况下,具有相同的n_s,而n_s相同的水泵,不一定几何相似。n_s是由水泵的构造和性能决定的。n_s高的水泵,流量大而扬程低;而n_s低的水泵,流量小而扬程高。因此,可用它作为水泵分类的根据。中国按n_s对水泵分类为:离心泵:$n_s = 50\sim300$;混流泵:$n_s = 300\sim500$;轴流泵:$n_s > 500$。　　　（咸　锟）

水泵并联　pumping system in parallel

两台或多台水泵同时向一条出水管路供水的工作方式。可节省管路投资、降低泵站工程造价。要求并联运行的水泵具有相似的额定扬程,否则会降低水泵效率。为了使并联运行的各台水泵也能单独运行,往往在每台水泵出水管路上加设闸阀。　　　　　　　　　　　　（咸　锟）

水泵串联　pumping system in series

一台水泵的出水管与另一台水泵的进水管连接在一起,接力抽水的工作方式。可采用多台水泵串联,以提高泵站的扬程。相互串联的各台水泵的额定流量应相等或相近。　　　　（咸　锟）

水泵工况调节　regulation of pump regime

用人工或机械方法改变水泵运行工况,提高水泵装置效率的技术措施。常用的调节方法有:车削调节、变速调节、变角调节和节流调节等。车削调节:又称变径调节,用车刀车削离心泵和混流泵叶轮外径,改变水泵的$H-Q$曲线,达到调节水泵工况的目的;变速调节:用改变水泵转速的方法改变水泵的$H-Q$曲线;变角调节:用改变水泵叶片安装角度来改变水泵的$H-Q$曲线;这三种方法都是通过改变水泵性能曲线调节水泵运行工况的;节流调节,又称变阀调节,通过改变闸阀开度控制出水流量的大、小来改变水泵管路特性曲线,达到调节水泵工况的目的。　　　　　　　　　　　　（咸　锟）

水泵工作点　pump operation point

又称水泵工况点。水泵的流量和扬程关系曲线与水泵管路特性曲线的交汇点。如图中A点,它表示水泵在一定装置条件下运行时,能够提供的实际流量、扬程、功率和效率,即图中的Q_A、H_A、N_A和η_A值。A点随进出水池的水位的变动而变化。一般所指的工况点是指水泵在设计工况下的工作点。

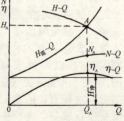

工作点运用在泵站设计中,能使水泵选型配套更加

经济合理；运用在运行管理中，可以节省能耗，取得泵站的最大经济效益；还可为工况调节提供重要的数据。　　　　　　　　　　　　　（咸　锟）

水泵功率　pump power

水泵机组在单位时间内所做的功。以 N 表示，单位为 kW。包括有效功率、轴功率与配套功率。单位时间内流过水泵的液体所获得的能量称为有效功率，以 $N_效$ 表示，计算式为

$$N_效 = \frac{\gamma QH}{1000}(\text{kW})$$

γ 为液体重度（N/m³），对常温的水，$\gamma = 9\,800$N/m³；Q 为流量（m³/s）；H 为扬程（m）。动力机传到水泵轴上的功率称为轴功率，以 $N_轴$ 表示，可用马达-天平或功率表等仪表测定。轴功率与有效功率的关系式为 $\eta = \frac{N_效}{N_轴} \times \frac{100}{100}$，$\eta$ 为水泵效率。将需要的动力机功率称为配套功率，以 $N_配$ 表示。用配套功率选配动力机，计算式为

$$N_配 = K\frac{\gamma QH}{1000\eta\eta_传}(\text{kW})$$

$\eta_传$ 为传动效率，随传动方式而异，在 0.9～1.0 之间；K 为保证机组安全运行的备用系数，视所用动力机而不同，一般为 1.05～1.5。（咸　锟）

水泵管路特性曲线　pipeline characteristic curve of pump system

又称需要扬程曲线。需要水泵做功的扬程和出水流量之间的关系曲线。是水泵提升的净扬程曲线（纵坐标为进、出水池水位差 $H_净$ 的一条直线）与管路阻力曲线（管路水头损失 $h_损$ 与流量 Q 的关系曲线）的叠加线。以 $H_需$-Q 表示。该曲线表明泵站所需提升的扬程随设计流量、进出水池的水位差和管路水头损失而变化。它是确定水泵工作点必不可少的依据。　　　　（咸　锟）

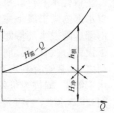

水泵流量　pump flow, pump capacity

又称水泵出水量。水泵在单位时间内的出水量。以 Q 表示。单位为 L/s、m³/s、m³/h。水泵铭牌上的流量是指设计流量，又称额定流量。水泵在这一流量下运行时效率最高。使用水泵时，应力求水泵出水量和额定流量相符或相接近。（咸　锟）

水泵轮毂　pump hub

固定水泵叶片的部件。是叶轮的组成部分。泵轴通过它带动叶片旋转。轴流泵和导叶式混流泵叶片安装角的调节机构就装置在轮毂内。（咸　锟）

水泵落井安装　instalation of pump in pit

将水泵置于井式机坑中的安装方式。它可减小水泵吸程，取消吸水管路上的弯头和底阀，减少水头损失，改善吸水性能，提高泵站装置效率。将水泵叶轮轴线置于进水池最低水位以下，水泵起动时，无需灌水或抽真空。但泵房通风和采光较差，湿度较大，水泵容易锈蚀，工作条件较差。一般只用于小型泵站。　　　　　　　　　　　　　（咸　锟）

水泵气蚀　cavitation erosion in pump

又称空蚀。泵内水流中气穴现象的存在和发展对水泵部件造成的破坏。当气穴现象在水泵进口处反复发生且长时间继续时，就会使泵壳、叶轮、蜗壳、隔舌、导叶体等部件的表面遭到严重的侵蚀破坏，开始形成蜂窝状的点蚀，继而扩大，最后甚至把整个叶片击穿。泵内产生气蚀时，与水泵气穴产生时一样，伴随有振动和噪音，并使水泵性能恶化。在进行机泵选型时，应选择抗气蚀性能较好的水泵。（咸　锟）

水泵气穴　cavitation in pump

又称水泵空化。水泵进口处的压力低于水的汽化压力时，水流中会出现蒸汽空泡或充满气体的蒸汽空泡，继而发育、缩小和溃灭的全过程。气穴现象的强弱与空泡中的含气量和空泡的大小有关。空泡中含气量较多时，溃灭的力量就小。空泡中的含气量相同时，空泡愈大则溃灭的力量愈强；反之，则愈弱。通常水泵发生气穴时，伴随有振动和噪音。此外，当空泡大量产生时，就堵塞了叶轮的部分流道，致使水泵的扬程、功率和效率急剧下降，严重时，会完全断流。其性能是确定水泵安装高程的决定因素。因此，对它应予以高度重视。（咸　锟）

水泵相似律　similarity law of pump

应用流体力学中的相似理论来解决水泵设计、制造、确定水泵性能参数和几何参数的理论。如果两台水泵几何相似、动力相似和运动相似，这两台泵的水流就完全相似。根据水泵相似律，进行模型试验，可获得设计新泵的性能参数与几何参数。
　　　　　　　　　　　　　　　　（咸　锟）

水泵效率　pump efficiency

水泵有效功率 $N_效$ 占轴功率 $N_轴$ 的百分数。以 η 表示。计算式为

$$\eta = \frac{N_效}{N_轴} \times 100\%$$

η 为表明水泵对动力机输入能量的利用情况。水泵效率愈高，水泵运行时损失的功率愈小，能量利用愈充分。水泵运行时有水力、容积和机械三种功率损失，因此水泵效率总是小于 100％。铭牌上的效率是指水泵设计工作点相应的效率。农用水泵的最高

效率一般在60%~85%之间,有些大泵超过85%。

(咸锟)

水泵型号 pump type code

表示水泵类型和特征的代号。中国用汉语拼音字母和阿拉伯数字组成复合代号,表示水泵的类型、规格、性能、结构状况等。一般格式为:

阿拉伯数字　汉语拼音字母—阿拉伯数字

其中:汉语拼音表示水泵类型,例如:BA或B表示单级单吸离心泵,SH或S表示单级双吸离心泵;ZLB表示半调节立式轴流泵;ZWQ表示全调节卧式轴流泵;HB或HW表示混流泵等;在汉语拼音字母前面的阿拉伯数字,离心泵和混流泵表示泵的进口尺寸;轴流泵则表示泵的出口尺寸。汉语拼音字母后面的阿拉伯数字表示1/10比转数。1985年,中国机械工业部推荐采用国际通用的IS 阿拉伯数字—阿拉伯数字—阿拉伯数字 作为单级单吸离心泵的型号。IS表示泵的类型,后面的三个阿拉伯数字依次表示进口、出口、叶轮的尺寸。

(咸锟)

水泵性能参数 pump characteristic parameters

又称水泵基本参数。表征水泵性能的一组数据。包括流量、扬程、功率、效率、转速和允许吸上真空高度(或气蚀余量)等。水泵参数通常标示在水泵"铭牌"上。

(咸锟)

水泵性能曲线 pump characteristic curves

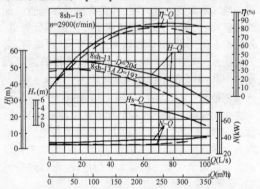

又称水泵特性曲线。表示水泵性能的一组曲线。是水泵在转速一定或安装角度一定的工况下运转时,扬程H、轴功率N、效率η和允许吸上真空高度H_s或气蚀余量Δh等工作参数随流量Q而变化的关系曲线。因泵内水流流态复杂,各部分水力损失很难计算,只能借助试验的方法绘制。水泵样本中各种型号水泵的性能曲线是根据模型试验换算而得出的。如将水泵在不同转速或叶片在不同安装角度下运行时所得到的一系列性能曲线绘于同一张坐标图中,就可得到通用性能曲线。性能曲线全面反映了水泵的工作性能,可以指导机、泵选型,正确地确定水泵安装高程以及调节运行工况,使水泵能长期在高效率范围内运行,以节省动力。图示为8Sh—13离心泵的性能曲线。

(咸锟)

水泵扬程 pump head

单位重量的水体从水泵进口到水泵出口所获得的能量。常用mH_2O表示。分为净扬程$H_{净}$(也称实际扬程)和总扬程H。进、出水池的水位差称为净扬程;进、出水管路的水头损失为损失扬程$h_{损}$;净扬程和损失扬程之和称为总扬程。水泵铭牌上所标示的扬程为额定扬程,是水泵在额定转速下效率最高时的总扬程。

(咸锟)

水泵转速 pump rotary speed

水泵转动部件每分钟的转数。以n表示。单位为r/min。可用转速表量测。每台水泵都有规定的转速称为额定转速。在选择电动机时,必须使机、泵转速相适应。水泵转速不可任意提高或降低,以免造成动力机超载,损坏泵的零件或大大地降低泵的效率。n是水泵性能的基本参数,其他参数均随其改变而改变。

(咸锟)

水簸箕 water scoop

沟内一连串的拦泥保水的水土保持工程。在宽浅的山沟中,从上到下有计划地修筑道道土埂,拦水、拦泥,淤高沟床,防止水土流失。

(刘才良)

水部

古代水利行政机关。汉时有尚书水曹,魏晋时置水部为尚书属下主管水政的机构,主管官吏称水部郎。隋设水部侍郎。唐尚书省(相当于中央政府)下设吏、户、礼、兵、刑、工六部,水部为工部属下四个司之一,掌管有关水利及水道的政令。主管官吏为水部郎中,辅佐为员外郎及主事。水部(行政管理部门)与都水监(工程实施部门)为隋唐水利管理两大机构,两宋辽金不改。元代不设水部,水利属大司农管辖。明清设都水清吏司,合水部与都水监之职掌为一。

(陈菁)

《水部式》

唐代朝廷颁布的水利管理法规。是现存最早的同类古籍。原文早佚,现所见者为敦煌千佛洞中发现的残卷,原件现在巴黎,国内有清罗振玉影印本。共29段,可分35条,约2600余字。内容包括灌溉用水、碾硙(现为碾)设置、桥梁津渡、运河船闸、内河航运及其管理,兼及渔业及城市水道管理等。其中尤以关中地区的灌溉管理规定最为详细。唐代法律有律、令、格、式四种,式为国家机关的规定程式和办事细则。《水部式》为工部下属之水部办事规则,约编订于开元年间(713~741年)。

(陈菁)

水层 water layers

水团垂直方向成层的分布。各个水层的内部较

均匀一致,但各水层则有显著差别。如表层、中层、深层等各有自己的水文特性,如密度、盐度、温度都各有不同。 （胡方荣）

水尺 gauge

直接观测河流或其他水体的水位而设置的标尺。水文测站观测水位的基本设施。按其型式可分为直立式、倾斜式、矮桩式和悬锤式四种。其中以直立式水尺构造最简单,观测方便,为测站普遍采用。 （林传真）

水锤 water hammer

见水击(238页)。

水锤泵 hydraulic ram

又称冲击式扬水机、水击扬水机。利用溪流水头为动力,根据水锤作用原理进

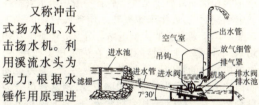

行扬水的水泵。由进水管、泵体、进水阀、气压罐、排水阀等组成。水从高处落下,流入进水管,使排水阀快速关闭,水管内即产生水锤压力,推开进水阀,将水压入出水管扬至高处。水锤泵扬水的特点是自动的、间歇的工作。结构简单,能利用小流量,无须消耗其他能源;但出水量较小且间歇,耗用优质钢材较多。凡具有一定水头和流量的山溪均可安装此泵。中国于20世纪80年代已研制出一种新型水锤泵,用轮式阀代替往复式排水阀,改善了往复式阀件的受力条件和水锤泵的工作性能。 （咸锟）

水锤泵站 hydraulic-ram pumping station

以水锤压力为动力进行抽水的泵站。多建于山区溪流边,毋需修建泵房。由进水池、排水池、出水池、进水管、出水管和水锤泵组成。20世纪30年代前,英、美、法和前苏联等国用它解决山区农村生活用水。中国浙江省在20世纪50年代末到60年代初也曾建造一批这种泵站,用于山区人畜吃水和农田灌溉。后因出水流量过小,零配件短缺等原因而逐渐被废弃。但它不消耗电能,在缺少电能的山区仍有采用的价值。 （咸锟）

《水道提纲》

记载清代全国水道的著作。齐召南(1703~1768年)著,共28卷,乾隆二十六年(1761年)成书。以各大河流为纲,支流为目,叙述其"源流分合,方偶曲折",首列海水,再依次为海河、北运河、黄河、淮河、长江、江南运河、太湖及浙、闽、粤、云南诸水,再次西藏、漠北、东北、朝鲜、漠南和西域诸水。以作者参与纂修《大清一统志》时所见实测《皇舆全图》和各省地图为据,记叙当时水道,不附会古义,不拘泥沿革,较为可靠。 （陈菁）

水的汽化潜热 vaporization heat of water

又称蒸发潜热。单位质量的液态水在蒸发过程中转化为气态的水汽所需的热量。以 L 表示。单位为 J/g。其表达式为

$$L = 2491 - 2.177t$$

t 为蒸发面的水温(℃)。 （周恩济）

水电站 water power station, hydroelectric station

利用水能生产电能的水工建筑物和机电设备的综合体。一般包括挡水建筑物及其形成的水库,泄水建筑物,进水及引水建筑物,平压建筑物,发电、变电及配电建筑物,船、木、鱼过坝建筑物,拦沙、冲沙建筑物,水轮机,发电机,变电、配电及控制设备等。按自然条件、开发方式和电力系统中作用分,有河川水电站、潮汐水电站和抽水蓄能电站。河川水电站又可分坝式、引水式和混合式三种。按规模分,有大型水电站、中型水电站、小型水电站、小小型水电站和微型水电站。 （刘启钊）

水电站厂房 hydroelectric powerhouse

水电站装设水轮机、发电机及各种辅助设备的建筑物。狭义的厂房仅指主厂房及副厂房;广义的厂房则包括主、副厂房及变压器场、开关站,常称为厂房枢纽。 （王世泽）

水电站厂房沉陷缝 hydropowerhouse settlement joint

为适应地基发生不均匀沉陷而建造的由房顶贯穿至地基的永久性结构分缝。根据作用和需要不同,一般每隔1~2台机组或装配场与机组段之间设一道横向沉陷缝,在厂坝之间及主副厂房之间则常设纵向沉陷缝。 （王世泽）

水电站厂房机组段 hydropowerhouse unit bay

水电站主厂房中每台水轮发电机组及其相应土建结构所占据的空间。包括该机组的尾水管、蜗壳、下部块体结构及上部结构。 （王世泽）

水电站厂房集缆室 cable spreading room of hydropowerhouse

水电站中央控制室下层用以将各处通来的电缆分别通入有关盘面底部的房间。在少数较小的水电站可不设,而在中央控制室内设双层地板,电缆敷设在双层地板之间,以节约投资,但检修电缆较费事。 （王世泽）

水电站厂房集水井 dewatering sump of hydropowerhouse

水电站厂房最低处所设置的收集各种废水的井。其上安装有抽水机将废水排出。按用途可分为渗漏集水井和检修集水井两种。前者收集各种渗漏

水;后者检修水轮机时用于排除蜗壳及尾水管积水。在较小型水电站也可合并设置。　　(王世泽)

水电站厂房枢纽　hydroelectric powerhouse centre

见水电站厂房(231页)。

水电站厂房温度缝　hydropowerhouse expansion joint

为适应厂房结构随温度变化而伸缩所设置的永久性结构分缝。其目的是减小结构中的温度应力。温度缝既可只贯穿至主厂房下部块体结构为止，也可贯穿至地基而成为温度沉陷缝。　　(王世泽)

水电站厂房蓄电池室　battery room of hydropowerhouse

水电站厂房中安置直流蓄电设备的房间。一般包括蓄电池室、存酸室、充电设备室、通风设备室等。为提高可靠性，在大型及特大型水电站上常设两套相互独立的蓄电池室。　　(王世泽)

水电站充水阀　filler gate of water power station

在闸门开启之前向有压引水道充水的阀门。功用是使闸门前后平压后在静水中开启。它是设在闸门上的小门，用闸门吊杆启闭。闸门开启前先提起吊杆一定距离打开充水阀(此时闸门未动)，待充水结束后继续上提吊杆开启闸门。闸门关闭时充水阀靠自重和吊杆重关闭。　　(刘启钊)

水电站单机容量　unit capacity of hydroplant

水电站一台水轮发电机组的额定功率值。提高单机容量可以降低水轮机单位容量造价，提高效率和减少土建工程量。　　(陈宁珍)

水电站地下厂房　underground hydro-powerhouse

布置在地下洞室内的水电站主厂房。按主厂房在整个输水系统中的位置，可分为首部式、中部式及尾部式三种。与地面厂房相比，选择位置及高程时有较大的灵活性，可以避开地表不利的地形、地质及气候因素的影响，防空条件较好，但对地质勘探要求高，施工复杂，厂房的通风及防潮条件较差。　　(王世泽)

水电站发电机支座　generator support of hydroelectric plant

水电站主厂房支承发电机的工程结构。常为钢筋混凝土或钢结构。不仅承受巨大的静荷载，而且承受动荷载。立轴发电机的支座可分为圆筒式支座、立柱式支座、框架式支座、块体式支座数种。　　(王世泽)

水电站非自动调节渠道　unself-regulating canal of water power station

在水电站引用流量较小时有弃水的渠道。其堤顶大致与渠底平行，末端设泄水道。渠道通过水电站设计流量时呈均匀流。随引用流量的减小渠末水位逐渐抬高，当流量小到一定数值时泄水道开始泄水。适用于引水渠道较长、下游有其他部门用水情况。　　(刘启钊)

水电站分岔管　manifold, wye branch, penstock trifurcation

压力水管中的分水结构。当一根压力水管向两台或两台以上机组供水时用以分配水量。一般位于压力水管末端。特点是结构复杂，水头损失集中，靠近厂房，是压力水管的重要组成部分，按材料可分为钢岔管和钢筋混凝土岔管。后者一般用于水头不高的中小型电站，近年来也有在地质条件较好的地下埋管中用于高水头的大型电站。分岔处的管壁互相切割，不再是一个完整的圆形，在内水压力作用下，原被切割掉的管壁所承担的力无法平衡，需另设加固构件承担。根据体型和加固方式，钢岔管可分为贴边岔管、三梁岔管、月牙肋岔管、球形岔管和无梁岔管等。　　(刘启钊)

水电站副厂房　auxiliary powerhouse of hydroelectric plant

为布置各种辅助设备及生活用房在主厂房邻近所建造的房屋。可分为三类：第一类为直接生产用房，如中央控制室，继电保护盘室，载波电话室，蓄电池室，厂用电设备室、油、水、气设备室等；第二类为检修试验用房，如各种试验室及修理车间；第三类为辅助用房，如办公室、会议室、厕所、浴室等。　　(王世泽)

水电站河岸式进水口　bank intake of water power station

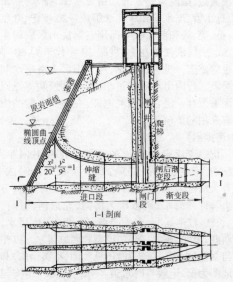

I-I 剖面

水电站有压引水隧洞布置在河岸侧边的进水口。若地质条件较好，整个进水口可在岩石中开挖而成，这种形式又称隧洞式进水口，若地质条件较差或地形陡峻，可将进口段置于山岩之外，形成一个紧靠山岩的独立建筑物而成压力墙式进水口。

(刘启钊)

水电站回收投资 return investment of water power station

见水电站投资(234页)。

水电站技术经济指标 technical economic indexes of water power

反映水电站技术与经济特征的各种指标的总称。主要包括各种参数，投资，运行费，各种单位经济指标等。

(陈宁珍)

水电站减压阀 pressure relief valve

装在水轮机蜗壳上的旁通过流设备。其功用是在机组丢弃负荷时减小蜗壳和压力水管中的水击升压。在机组丢弃负荷后，水轮机导叶以其转速上升允许的速度快速关闭，而受同一调速器控制的减压阀同时逐渐开启向下游泄放部分流量以减小压力水管中的流速变化梯度，待导叶关闭后，减压阀再以水击升压允许的速度缓慢关闭，这样就可同时保证转速上升和压力上升都在允许范围之内。与调压室相比，具有投资少的优点，但在机组增加负荷和变动小负荷时(机组额定容量15%以下)不起作用，且不能改善机组运行的稳定性。在有压引水道较长、不担负调频任务、对电能质量要求不高的中小型电站可考虑用减压阀代替调压室。

(刘启钊)

水电站进水口 intake of water power station

又称水电站进水建筑物。用以引入水电站发电用水的进水建筑物。其功用是引进符合要求的发电用水。进水口应有足够的进水能力，能保证要求的水质，水头损失小，可控制流量，技术上要经济合理。按水流形态可分为有压进水口和无压进水口两大类。

(刘启钊)

水电站进水口淹没深度 submerged depth of intake

有压进水口门孔顶部在上游最低水位以下的深度。用以保证水电站在最低水位运行时不致出现立轴旋涡，以免吸入空气和漂浮物。无吸气旋涡的临界淹没深度为

$$s_c = cv\sqrt{d}$$

上式为经验公式。s_c 为临界淹没深度(m)；v 为闸门断面流速(m/s)；d 为闸门孔高度(m)；c 为经验系数 0.55~0.73，对称进水的进口取小值，侧向进水时取大值。进水口的淹没深度应不小于临界淹没深度。进水口高程的确定应另计风浪高度。

(刘启钊)

水电站开发顺序 order of water power development

水电站开发的先后次序。决定于电站的地形、地质、淹没、交通、规模、综合利用效益等条件和国家及地区的经济情况和发展计划，由统一的全面规划确定。一般是首先开发技术经济指标优越，较接近负荷中心，能满足国民经济需要并便于今后其他水电站开发的工程。

(刘启钊)

水电站明钢管 exposed steel pipe

外表暴露在大气中的水电站引水钢管。一般布置在地面上；少数布置在地下洞室内，管壁不受洞壁约束。按构造可分为无缝钢管、焊接管和箍管，以焊接管应用最广。明钢管支承在一系列支墩上，管底离地面不小于0.6m以便检修，转弯处设镇墩以平衡管道的轴向力。两镇墩间设伸缩节。支墩和镇墩应布置在坚固的地基上，以减小不均匀沉陷。管线宜短而直，以减小水头损失和造价。 (刘启钊)

水电站群 group of water power stations

若干水电站的组合群体。水电站水库群开发布置方式一般有①布置在同一条河流上，水库间有密切的水力联系的称串联水库群；②布置在干流中、上游和主要支流上的水库，水库间无直接的水力联系，但有共同的任务称并联水库群；③上述两者的结合称混联水库群。

(陈宁珍)

水电站设计保证率 design dependability of hydroelectric plant

水电站在多年运行中正常工作的保证程度。是重要设计依据之一，用以合理解决供电可靠性、水能资源利用程度及电站造价之间的矛盾。当系统中水电站容量比重在25%以下、25%~50%或50%以上时，水电站设计保证率常分别采用80%~90%、90%~95%或95%~98%。

(陈宁珍)

水电站输水建筑物 conveyance structure of water power station

将水流从水源输送给水轮机并将发电后的水流引至下游河道的水工建筑物总称。包括引水建筑物和尾水建筑物。

(刘启钊)

水电站调压井 surge shaft of hydroelectric station

见水电站调压室。

水电站调压室 surge tank of hydroelectric station

水电站有压引水系统中的平水建筑物。当水电站有压输水道较长而不能满足调节保证的要求时设

之。它为一具有自由水面的贮水室，底部与输水道相通，以其扩大的底面积与自由水面反射水击波从而达到减小输水道中水击压强和改善机组运行条件的目的。地面调压室呈塔式结构，常称调压塔；位于地下者似井，常称调压井。其位置应接近水轮发电机组，位于其上游者称上游调压室，位于其下游者称下游调压室或尾水调压室。按结构型式和工作特点可分为简单调压室、阻抗调压室、双室调压室、溢流调压室、差动调压室、气垫调压室等。 （刘启钊）

水电站调压塔 surge tank of hydroelectric station

见水电站调压室（233页）。

水电站投资 investment of water power station

水电站在勘测、设计、科研以及施工中所花费的全部资金。包括水利枢纽主体工程投资，水库淹没、浸没损失赔偿与移民安置费用，施工管理费，施工机械和工具的购置和修理费用以及施工期间生活设施和临时建筑物的费用等。当工程竣工后，一部分施工用的建筑物及设备，可以转交给其他部门继续使用，这一部分费用称为水电站回收投资。全部投资扣除回收投资后的剩余部分称水电站造价。
（陈宁珍）

水电站尾水平台 draft tube deck of hydroelectric plant

水电站主厂房下游墙外位于尾水管上部的平台。可用以操作尾水闸门，布置主变压器、副厂房或道路等。 （王世泽）

水电站尾水渠道 tailrace of water power station

将发电后的水流引向下游的地面开敞输水建筑物。为尾水建筑物的一种。断面形状多用梯形，在新鲜岩石中者可用矩形。断面尺寸由动能经济计算确定。 （刘启钊）

水电站无压进水口 open intake of water power station

又称水电站开敞式进水口。水电站无压引水建筑物的进口。进口水流为无压流，适用于无坝或低坝取水的水电站。无压进水口应布置在河流凹岸以防底沙进入，一般需设拦污栅、检修闸门、事故或工作闸门、拦沙坎、冲沙道、清污和闸门启闭设备。
（刘启钊）

水电站引水建筑物 diversion structure of water power station

将水流从水源输送给水轮机的水工建筑物总称。功用是输送水流和集中落差。有压引水枢纽中的建筑物可包括有压进水口、有压引水道(有压隧洞或管道)、调压室、压力水管等；无压引水枢纽中的建筑物可包括无压进水口、无压引水道(渠道或无压隧洞)、日调节池、沉沙池、压力前池等。
（刘启钊）

水电站引水渠道 diversion canal of water power station

将水流从进水口引向压力前池的地面开敞输水建筑物。其功用是输送水流和集中落差。常用于无压引水式水电站。按运行特点可分为自动调节渠道和非自动调节渠道。后者应用较多。渠道横断面一般用梯形，在新鲜岩石中可用矩形。断面尺寸由动能经济计算确定，并需满足防冲、防淤等要求。是否需要衬砌及衬砌形式视具体条件而定。它应有足够的输水能力、安全可靠并能保证良好的水质。
（刘启钊）

水电站有压进水口 pressure intake of water power station

又称水电站深式进水口。水电站有压引水建筑物的进口。进口水流为有压流，适用于水库工作深度较大的水电站。按结构形式可分为河岸式进水口、坝式进水口、塔式进水口等。有压进水口一般需设拦污栅、检修闸门、事故闸门、通气孔、旁通管或充水阀、清污和闸门启闭设备等。 （刘启钊）

水电站运行方式 operation mode of hydroplant

水电站在电力系统中的工作状态。为使供电可靠而经济，水电站应尽量减少弃水多发电，并尽可能担任峰荷，以减少火电站的煤耗，因而不同调节性能的水电站在洪水及枯水等不同时期，应采用不同的运行方式。按调节方式，可分为无调节、日调节、年调节、多年调节等运行方式。 （陈宁珍）

水电站造价 cost of water power station

见水电站投资。

水电站增加千瓦投资 investment per incremental kilowatt of water power station

水电站每增加1kW容量所需增加的费用。由于有许多投资项目(如大坝等)不随装机容量的少量增减而变化，所以增加千瓦投资总是低于单位千瓦投资。 （陈宁珍）

水电站增加千瓦运行费 operating cost per incremental kilowatt of water power station

水电站每增加1kW容量所需增加的年运行费。
（陈宁珍）

水电站中央控制室 central control room of hydroelectric plant

集中安装各种监测电气仪表设备，可对水电站各类机电设备运行情况进行控制的房间。其中还安装有各种通信设备，以便与电力系统及水电站各部位进行联络,并接受及发布命令。该室应尽可能靠近主机组,以缩短各种电缆并便于值班人员迅速处理各种事故。室内应保持安静、明亮、干燥、温度适中,便于各种仪表设备正常工作,并给值班人员以良好的工作环境。

（王世泽）

水电站主厂房 main powerhouse of hydroelectric plant

由水电站主厂房构架及下部块体结构所组成的装置水轮机及发电机的建筑物。安装立轴水轮发电机组的主厂房常可分为发电机层、水轮机层等数层。安装卧轴水轮发电机组的主厂房则一般只有发电机层,其下即为块体结构。

（王世泽）

水电站主要参数 main parameters of hydroelectric plant

表明水电站规模和主要特征的参数。包括正常蓄水位,死水位,各种防洪控制水位,保证出力,装机容量,多年平均年发电量,水轮机及发电机的机型、直径与转数等。

（陈宁珍）

水电站装配场 erection bay of hydroelectric plant

水电站主厂房内专门用以组装和检修发电机和水轮机的场地。其宽度和主厂房相同,以便桥式起重机通行。其面积一般按解体大修一台机组确定,即可同时检修发电机转子、发电机上机架、水轮机转轮及顶盖。当机组台数多于6台时,可考虑加长装配场或设两个装配场。水电站厂房施工安装时期,可以加设临时装配场。

（王世泽）

水电站自动调节渠道 self-regulating canal of water power station

在水电站引用流量为零时仍不出现溢流的渠道。其堤顶水平,深度和断面向下游逐渐增大,末端不设溢流堰,适用于引水渠道不长、下游无其他部门用水情况。渠道通过水电站设计流量时呈均匀流。

（刘启钊）

水斗 bucket

水斗式水轮机转轮外缘受射流冲击的斗状部件。其形状及数目均需特别设计确定。除受高速射流冲击力的作用外,还受到高速旋转时自重所产生的离心力的作用。可用焊接或用螺栓装配在转轮外缘,但目前常采用整铸转轮。

（王世泽）

水斗式水轮机 bucket wheel, pelton wheel

又称皮尔顿水轮机。转轮外缘装有许多水斗的冲击式水轮机。由喷嘴喷出的高速射流沿转轮的切线方向直接冲击水斗,使转轮旋转。常在水头超过100m的水电站上采用,也可在水头小于100m的小型水电站上采用。目前挪威的艾德福特西西马水电站,此式水轮机最大达31万kW。

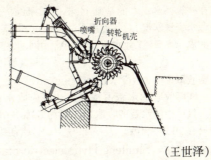

（王世泽）

水窦

又称水门。建筑于城墙下,以供河渠穿过城墙进出的涵洞。《宋史·河渠志四》金水河:"复引东,由城下水窦入于濠,京师便之。"其结构为在城墙下作洞,设有铁裹窗门封口,只通水,人与船只无法通过。

（查一民）

水碓

水力驱动的舂米机械。亦可舂其他谷物,捣纸浆及破碎矿石等。主要部件有立轮、横轴、竖插于横轴上的短木及碓。水流冲动立轮使横轴旋转,竖插于横轴上的短木在转动中可使碓梢作上下起落运动,从而使碓杆另一端的碓头上下起落舂米。如果在一根横轴上装置多根短木,依次带动多座碓舂米,则称为"连机碓"。水流从下部冲动水轮的水碓称"撩车碓";从上而下冲动水轮的称"斗碓"或"鼓碓"。还有装在船上的水碓。另有一种槽碓,俗名"懒碓"。碓梢装一木桶,可盛水二三十斤,自高处引水注入桶内,水满桶下落而使碓头抬起,同时桶中水亦在下落过程中泄出,从而使碓头再次下落,一上一下循环不息,即可舂米不止。我国使用水碓较早,也较广泛。西汉末年桓谭著《新论》已提到"投水而舂";《三国志·魏志·张既传》说张既"作水碓";王祯《农书》说晋杜预作"连机碓"。

（查一民）

水法 water law

调整与水有关的各种社会、经济关系的法律。是维护和保障水资源所有制度、促进经济建设和发展、保护各用水部门合法权益的基本法,包括水的除害与兴利,水资源开发、利用、保护和管理等。规定治水、除害兴利的基本指导原则,对水资源合理开发利用,保护河流水域、地下水的水工程,用水管理,防汛与抗洪等法律责任均有明确规定,为制定水的专项法律和行政法规提供法律依据。

（胡维松）

水费 water fee

工业、农业和其他一切用水户为使用商品水按规定向工程管理单位交纳的费用。水费计收的目的在于合理利用水资源、促进节约用水,保证水利工程必需的运行管理、大修理和更新改造费用,从而保证工程正常运用,充分发挥工程经济效益。水费标准应在核算供水成本的基础上,根据国家经济政策和当地水资源状况,对各类用水分别核定,即制定出相应的农业水费、工业水费、城镇生活用水水费等。

(施国庆)

水费收取率 water fee revenue rate

实际收取的水费占按规定计算应收水费的比例。目前中国水费的收取率一般为60%～70%,有的只有20%～30%。 (胡维松)

水丰水电站 Shuifeng Hydroelectric Station

中、朝界河鸭绿江上一座大型水库和水电站。位于辽宁省宽甸县与朝鲜朔州交界的水丰。1943年建成。总库容147亿 m^3,调节库容79亿 m^3,防洪库容30.5亿 m^3;装机容量63万kW,年发电量39.3亿kW·h,中、朝各半,一直由朝方管理。建筑物有主坝、副坝、坝后式厂房、两座溢洪道等。主坝为混凝土重力坝,高106m。有发电、防洪、航运等效益。经双方协议各在自己一侧扩建厂房,各增加装机13.5万kW,使总装机容量达到90万kW,1987年开始发电。鸭绿江水电公司设计和施工。扩建工程中方由水利电力部东北勘测设计院设计,第六工程局施工。

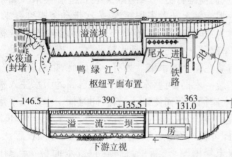

(胡明龙)

水工

古代对从事水利工程的专业人员的称谓。《管子·度地》:"请为置水官,令习水者为吏,大夫、大夫佐各一人,率部校长官佐各五财足。乃取水左右各一人,使为都匠水工,令之行水道城郭堤川沟池官府寺舍。"都匠水工即为水工的都匠。《史记·河渠书》:"韩闻秦之好兴事,欲罢之,毋令东伐,乃使水工郑国间说秦,令凿泾水自中山西邸(抵)瓠口为渠",又西汉武帝时开关中漕渠,"令齐人水工徐伯表(表,意为勘测)"。

(陈 菁)

水工建筑物 hydraulic structures

水利工程中与水发生相互作用的各种建筑物的统称。按功用可分为挡水建筑物(如拦河坝、堤防等)、泄水建筑物(如溢洪道、泄水隧洞等)、取水建筑物(如取水口、进水闸等)、输水建筑物(如渠道、输水隧洞等)、整治建筑物(如丁坝、顺坝等)以及各种专门水工建筑物(如水电站、船闸、鱼道、筏道等)。但不少水工建筑物常有多种功用,如溢流坝、节制闸既能挡水,也能泄水;河床式水电站厂房既用于发电,也起挡水作用。按使用年限可分为永久性建筑物和临时性建筑物,后者如仅在施工期内使用的围堰、导流建筑物等。永久性水工建筑物中又可按重要性分为主要建筑物和次要建筑物,后者是指其失事后果不严重、对工程效益影响不大并易于修复的建筑物,如挡土墙、护岸等。兴建水工建筑物,例如兴建一座较高的拦河坝,应注意其不同于一般工业民用建筑物的下列特点:施工中与水流争地争时的艰巨性,水作用下工作条件的复杂性,对自然环境影响的巨大性,对国民经济效益的重要性和一旦失事后果的严重性。

(王世夏)

水工建筑物分缝 joint of hydraulic structure

为满足水工建筑物施工和运用要求所采取的永久性或临时性分段分块措施。其作用是改善混凝土及砌体结构的应力,防止产生裂缝,适应混凝土的浇筑能力及温度控制等。按功用可分为伸缩缝(又称温度缝)、沉陷缝和施工缝,沉陷缝一般都有伸缩缝的作用;按缝的布设位置和方向可分为横缝、纵缝和水平缝;按使用期限又可分为永久缝和临时缝。各种缝的设置主要取决于建筑物的类型、地基情况、施工条件及温控措施等。如岩基上混凝土重力坝常同时设永久性的横缝和临时性的纵缝,土基上的水闸一般仅在两闸段之间设置沉陷缝,兼起温度缝的作用。

(林益才)

水工建筑物分级 grading of hydraulic structures

水工建筑物按其属于何等工程及其在工程中作用和重要性的级别划分。不同级别建筑物在抗洪能力、结构强度和稳定性、建筑材料和运行可靠性方面要求也不同,级别愈高者要求也愈高。分级时应先区分其为永久性建筑物或临时性建筑物,永久性建筑物中再区分出主要建筑物或次要建筑物,然后可据国家设计标准分级。中国现行设计标准将水工建筑物共分为1、2、3、4、5级。一般永久性主要建筑物级别与其所属工程等别相同,次要建筑物级别则低于工程等别,临时性建筑物级别更低些。

(王世夏)

水工建筑物荷载 loads on hydraulic structures

作用在水工建筑物上的力或引起力学效应的各种影响因素(如温度、冻涨等)的统称。是设计水工建筑物的重要依据。按荷载性质可分为静荷载和动荷载;按对建筑物作用的主次又可分为基本荷载与特殊荷载两类。前者指建筑物正常工作所必须承担的最大荷载,包括:建筑物及其上永久设备的自重;相应于正常蓄水位或设计洪水位的静水压力、动水压力、扬压力、浪压力;泥沙压力;冰压力;土压力;温度作用及其他出现几率较大的如风荷载等。后者指建筑物只在特殊情况下才可能承担的、出现几率很小的荷载,包括:相应于校核洪水时的静水压力、扬压力、浪压力和动水压力;地震作用;其他出现几率很小,可认为属于特殊荷载。在水工建筑物设计中,应将可能同时出现的荷载进行组合,从中选择几种最不利的、起控制作用的组合情况进行计算,使之满足规范中对安全度的要求。　　　　(林益才)

水工建筑物原型观测　prototype observation of hydraulic structures

在施工或运用期对水工建筑物在荷载和外界因素作用下各物理量进行的观测和分析。分外部观测和内部观测,前者包括变形观测、裂缝观测、渗流观测以及水流观测等;后者包括混凝土坝应力观测、温度观测、建筑物内部渗压观测、土坝孔隙水压力观测等。工作内容有:观测设计;仪器埋设安装;现场观测;观测资料整编与分析等。分析研究观测成果,可了解建筑物的性态变化规律,预测发展趋势,为工程设计、施工、管理和科学研究提供可靠依据。

(沈长松)

水工建筑物自重　weight of hydraulic structure

建筑物自身及其固定设备所受的重力。是水工建筑物的主要荷载之一。由建筑物的体积和材料的表观密度确定。初步设计时,对于混凝土表观密度一般可取为 2 400kg/m³,浆砌石表观密度可取为 2 100kg/m³;技术设计阶段应通过材料试验测定。

(林益才)

水工结构模型试验　model test of hydraulic structure

建立与原型水工结构有相似关系的物理模型通过测试和分析解决原型结构的变形、应力和稳定问题的方法。特别适用于结构和边界条件都比较复杂,数学模型难以模拟的建筑物。按其模拟范围和受力状态可分为整体结构模型试验和断面结构模型试验;按荷载特性可分为结构静力模型试验和结构动力模型试验;按结构物工作状态又可分为线弹性模型试验和破坏试验;按模型材料类型又分为脆性材料模型试验、偏光弹模型试验以及软胶模型试验。它们分别适用于不同的结构和研究目的。模型材料选择是试验的关键,其物理力学性能应能满足相似要求,如表观密度、弹性模量、泊松比、摩擦系数、线膨胀系数、强度指标等。多采用石膏或加一定比例的硅藻土。对破坏试验材料常加重晶石粉等。动力模型试验常采用软胶、乳胶水泥、有机玻璃、轻质混凝土等。根据模型上量测的物理量利用相似关系可求出原型结构上的相应值,据此判断结构的受力状态和安全度。

(沈长松)

水工模型试验　hydraulic model test

为解决水利工程问题,建立与之有相似关系的物理模型,进行试验、观测、研究的方法。水工中要研究的问题多涉及与水流作用有关的复杂物理现象。与其他研究方法相比,模型试验的特点是:可以研究理论分析难以解决的问题,避免过多简化,并可验证理论;可研究较广的范围和考虑较多的因素;原型太大,可缩小后研究,某些局部现象,原型太小,也可放大研究;尚未出现的现象可以预演、预测,原型不许可出现的现象,例如溃坝洪水,模型中也可人为形成;还便于进行人工设计方案的修改研究。试验的主要关键是保证模型与原型的相似关系,因此模型相似理论本身的研究也很重要。

(王世夏)

水工隧洞　hydraulic tunnel

水利工程中穿经山岩内部开凿建成的过水通道的统称。按洞内流态的不同,可分无压隧洞和有压隧洞两类;按功用不同,可分泄水隧洞、引水隧洞、输水隧洞、排沙隧洞、尾水隧洞、导流隧洞、排漂隧洞、通航隧洞等。为适应不同水流条件和地质条件,其横断面形状有圆形、城门洞形、马蹄形、卵形等。隧洞内壁可视不同条件采用混凝土、钢筋混凝土、钢板等材料衬砌或喷锚支护,以达到保护围岩、承受水压、防止渗漏、减少水流阻力等目的,岩石条件好的低压或无压隧洞,也可不加衬砌支护。隧洞沿程应选择岩石坚固、施工方便和适应水流条件的地段进行平面定线和纵剖面布置,力争直线;须设弯段时,弯曲半径要足够大,使水流平顺;洞顶以上应有足够岩石覆盖。

(王世夏)

水柜

古代调节运河水量的天然湖泊或蓄水陂塘。一类位于较运河为高的山丘地区,蓄积泉水或山溪水,可向运河自流供水。在运河水源不足的河段,常赖此类水柜供水补充运河水量,维持通航水深。另一类位于运河两侧的低洼地区,筑有堤防并有闸与运河相通。运河水浅时放水入运河;运河水大而水柜水浅时放运河水入柜,特别是运河洪水时可泄洪入柜存蓄,以备运河枯水时济运。古代著名的运河水柜有扬州的陈公塘、丹阳的练湖等;北宋曾在汴梁郑州中牟段修建多座水柜;明代整修京杭运河山东段,利用南旺湖、安山湖、马场湖、昭阳湖为四水柜;清代则以微山湖为最主要之水柜。

(查一民)

水击 water hammer

又称水锤。有压引水管道中由于流量改变所引起压力变化的现象。常发生于水电站、抽水站、城市供水等输水系统中。由于流量改变引起的压力升高称正水击,压力降低称负水击。在计算中,计入水体和管壁弹性的理论称弹性水击理论,否则称刚性水击理论。　　　　　　　　　　(刘启钊)

水击波 water hammer wave

移动着的水击压强。由于水体和管壁的弹性,在有压输水系统中发生水击时,其压强将以某一速度沿管道传播,其传播速度称水击波速。使压强升高的水击波称升压波,反之称降压波。沿水流方向传播的水击波称顺流波,反之称逆流波。沿设定的正方向传播的水击波称正向波,反之称反向波。
　　　　　　　　　　(刘启钊)

水击反射波 reflection wave of water hammer

见水击入射波。

水击反射系数 reflection factor of water hammer

见水击入射波。

水击反向波 negative direction wave of water hammer

见水击波。

水击降压波 negative wave of water hammer

见水击波。

水击逆流波 upstream water hammer wave

见水击波。

水击入射波 incoming wave of water hammer

传向水管特性变化处的水击波。入射波传到水管特性变化处,为了保持压力和流量连续,一部分作为反射波折回,一部分作为透射波继续前进。反射波与入射波之比值称反射系数,以 γ 表示。透射波与入射波之比值称透射系数,以 S 表示。二者应满足 $S-\gamma=1$。　　　　　　(刘启钊)

水击升压波 positive wave of water hammer

见水击波。

水击顺流波 downstream water hammer wave

见水击波。

水击透射波 transmission wave of water hammer

见水击入射波。

水击透射系数 transmission factor of water hammer

见水击入射波。

水击相长 phase of water hammer

水击波在管道中传播一个来回的历时。可表示为 $2L/c$,L 为管长,c 为水击波速。　(刘启钊)

水击正向波 positive direction wave of water hammer

见水击波。

水击周期 period of water hammer

水击波在管道中传播两个来回的历时。可表示为 $4L/c$,L 为管长,c 为水击波速。一个水击周期等于两个水击相长。水击压强和管道流速每个周期重现一次相同的过程。　　　　(刘启钊)

水矶堤 Shuiji Levee

珠江支流西江的防洪大堤。位于高要县东15km。明洪武初修筑,长为 35 400 余丈(约118km),防护北岸 7 万余亩农田。明清时曾多次大修,其中明万历三十五年(1607 年)由于以前连年大水冲决,遂全面修复,康熙四十年(1701 年)洪水决堤后,当年即修复。　　　　　　(胡方荣)

水窖 rainfall storage well

又称旱井。积蓄地面径流于地下的蓄水设施。干旱缺水或地下水水质差的地区,常用来解决人畜饮水问题。多建在村旁、路边、地头、宅院等地。形状似瓶、瓮,容积约 10m³。窖壁用胶泥锤钉或抹水泥砂浆防渗。窖口用砖砌成平台并加盖保护。把雨水或融雪水引入其中蓄存,经一定时间后即可饮用。为增加蓄水量,可发展成水窖群,容积达 100~200m³,除供饮用外,还可用作灌溉水源。
　　　　　　　　　　(刘才良)

《水经》

中国最早记述全国河道水系的古籍。约成书于三国初期(220~234 年),唐人指为东汉桑钦撰,但无确证。原书已佚,藉《水经注》流传后世。每水为一篇,记水道所经及支流汇入地点,共 137 篇。今本只存 123 篇,繁简不一,正误并存。
　　　　　　　　　　(陈　菁)

《水经注》

系统记述中国河道水系的历史地理巨著。北魏郦道元(466?~527 年)撰,成书于北魏孝昌二年(公元 526 年)前,原书 40 卷,宋代已佚 5 卷。较重要的版本有宋版《水经注》残本、永乐大典本、明朱谋㙔《水经注笺》及清代全祖望、赵一清、戴震、王先谦等人校勘疏释本。近代杨守敬、熊会贞师生的《水经注疏》及图,在前人基础上博考详说,是现在最好的版本。全书现存字数约 30 余万,是《水经》的 20 倍。它以《水经》所列大河为主干,一一穷源竟委,记载其干支吐纳,水道变迁,地理位置和有关的水利工程设施。共记载水道 1 252 条;涉及的大小水道 5 000 多条;记载水利工程 440 多处。对水流所经地区山陵、原野、城邑、关津的地理情况、建置沿革、物产资源、民族分布和有关历史事件、人物以及碑刻和神话传说等都有丰富详细的记述，所引古籍指明的有437种。本书文笔绚丽，考证详明，涉及面极广，不少系作者实地调查所得，可称为北魏以前地理学的总结。
（陈 菁）

水库 reservoir

拦蓄和调节河川径流的蓄水工程。常指在河流上筑坝挡水，起径流调节作用，形成一定范围的人工水域，可将丰水期的水量调到枯水期使用，用以防洪、灌溉、发电、航运和养殖等。有的天然湖、泊、淀、池也能储蓄一定水量，起调蓄径流作用，称为天然水库。世界最大水库之一的欧文水库是利用维多利亚湖蓄水，使人工湖和天然湖结成一体，调蓄水量可达680亿 m^3。
（胡明龙）

水库电能 reservoir electric energy

利用水库存水发电所能发出的电能。该值与兴利库容、电站平均水头有关。通常兴利库容越大，水库电能越大。
（陈宁珍）

水库调度图 regulation diagram of reservoir

水库年内各时刻库水位（或蓄水量）的指示线图。用以指导水库运行。根据过去径流资料可反映未来水文情势的假定，利用径流的历史资料或统计特性资料绘制而成。以月为横坐标，库水位（或蓄水量）为纵坐标，包含有防破坏线（或保证供水线）、限制出力（或限制供水）线、防弃水线、防洪调度线等4条指示线和保证出力（或保证供水）区、降低出力（或减少供水）区、加大出力（或加大供水）区、装机工作区、防洪限制区等5个指示区（见图）。
（许静仪）

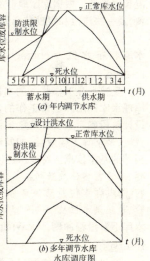

水库防洪标准 flood protection standard for reservoir

水库进行设计和管理时，为防洪安全所要考虑的洪水条件。通常指设计洪水标准。分为确保大坝等水工建筑物安全的防洪标准和保障水库下游防护对象免遭一定洪水威胁的防洪标准。（许静仪）

水库洪水调节 flood regulation of reservoir

利用水库的库容在汛期拦蓄洪水，削减进入下游河道的洪峰流量的作用。泄洪建筑物在无闸门控制的情况下，水库对洪水只起滞洪作用。泄洪建筑物设有闸门时，水库洪水调节包括下游防洪与水库防洪两种调节。
（许静仪）

水库回水变动区 varied backwater reach of reservoir

水库正常高水位和最低水位与河流自然水面线的两个交点间的河段。因库水位随季节变化，河道水面受库水位顶托壅高的起点，在该区段上前后移动。在回水变动区，泥沙在高水位时落淤，形成水下三角洲，库水位下降时，洲面冲蚀成槽，部分泥沙被冲刷再次向库内迁移。水流和泥沙运动规律极为复杂，洲面时露时淹，为水运交通的重点研究对象。
（周耀庭）

水库回水变动区河道整治 river regulation in varied backwater zone

对妨碍航行和防洪的水库回水变动区河段采取的整治工程措施。受河道入库水流、泥沙和地形条件的影响，回水变动河段常因泥沙淤积发生再造床过程，有时会出现宽浅多汊或过度弯曲不利于航行的河型，或因河底淤积抬高引起回水上延，产生不良后果，必须对水库回水变动河段进行治理，方法与整治一般河道相仿，常采用固滩护岸、塞支强干，使主河槽稳定通畅。
（周耀庭）

水库浸没损失 reservoir immersion loss

水库周围由于地下水位抬高或变动所可能造成的损失值。如库区的农田、旱田作物以及生态环境，因水库建成后蓄水导致地下水位高达临界高程以上而造成的损失。
（陈宁珍）

水库经济 reservoir economics

研究水库淹没对工程、经济、社会、生态等方面的影响及其处理措施的综合性学科。水库淹没问题是水利水电建设的重要制约因素。制定水库淹没处理规划，特别是移民安置规划是水利水电建设前期工作中的一项重要任务，是一项涉及面广、政策性强、又十分复杂的技术经济工作。淹没处理和移民安置规划包括安置区的工农业生产、交通、城镇、商业、水利、电力、邮电、旅游、绿化、水土保持等组成部分。修建水库将对周围地区社会经济和生态产生影响。一般根据建库后当地条件的改变以及拟安置移民地区的资源情况、人口分布、土地面积和乡镇的合理布局，研究安置区移民环境容量，合理调整经济结构，确定安置区新的经济发展模式。 （谈为雄）

水库拦沙效率 trap efficiency of reservoir

库区落淤的泥沙量占入库总泥沙量的百分数。其大小取决于库容大小，上游来水来沙情况、枢纽泄流建筑物的部位和泄流能力，以及水库的调度运用

方式。　　　　　　　　　　　（周耀庭）

水库排沙　sediment sluice from reservoir

采取各种措施将入库泥沙适时地排出库外。设计水利枢纽建筑物时，常布置有泄流底孔、涵管、隧洞、冲沙闸或冲沙廊道，采取合理的运用调度，及时地调整泥沙淤积部位，并将运动到枢纽建筑物前沿的泥沙及时地排向下游。其功能取决于排沙建筑物所处的位置、泄流能力的大小和调度运用的方式。
（周耀庭）

水库群　reservoir system, group of reservoir

满足各用水部门多种需要而共同工作的一群水库整体。在同一或不同河流干、支流上布置一系列水库，以形成一定程度上能互相协作，共同调节径流，为各需水部门统一水量分配和调度。根据联合方式，分为三种类型：位于同一河流上、下游，互相有水力联系的串联水库群；位于不同河流或同一河流干、支流上，无水力联系，但承担共同水利任务的并联水库群；串联与并联混合联结的水库群。
（许静仪）

水库群最优蓄放水次序　optimal storage and drawoff discharge sequence of reservoirs

采用优化技术控制水库群蓄水和放水的管理方法。使水电站的不蓄水量在尽可能大的水头下工作，以增加发电量。无水力联系的并联水电站水库群在联合运行中，使总的不蓄电能损失尽可能小而总发电量最大的蓄放水方式称并联水库最优蓄放水次序。对于具有水力联系的水电站串联水库群，考虑梯级总不蓄电能损失最小而梯级总发电量最大的各级水库蓄放水方式称为串联水库最优蓄放水次序。
（陈宁珍）

水库三角洲　reservoir delta

入库水流所挟带泥沙在库尾段沉积所形成的扇形堆积体。挟沙水流进入水库末端后，水深和水面宽度迅速增大，流速减缓，泥沙随水流扩散沉降于库底，堆积抬高到一定程度后，淤积体向库区渐次推进，平面上呈摺扇形，与入湖、入海河口三角洲相似。水库三角洲的形成，一方面减少调节库容，另一方面还造成库尾段回水上延和淤积面作相应升高，有时导致防汛困难、两侧被淹或地下水抬高浸渍土地。
（周耀庭）

水库寿命　reservoir life

又称水库使用年限。水库正常工作的年限。当坝前泥沙淤积高程到达死水位时，水库无法再发挥兴利调节作用，故可用坝前泥沙淤积高度或由水库泥沙年淤积量估算水库寿命。按规定，小水库使用年限为20～30年；中型水库使用年限为50年；大型水库使用年限为50～100年。
（许静仪）

水库水量损失　reservoir losses

由于水库蓄水、改变河流自然状态而引起的额外水量损失。通常包括额外蒸发损失、渗漏损失和严寒地区结冰损失。建库后库区陆地变为水面部分所增加的蒸发为蒸发损失。经库底、坝体、坝基绕坝等渗漏以及水工建筑物止水不严实处的渗漏为渗漏损失。冬季当水库水位消落时，冰层仍留于岸边，暂时不能使用，为结冰损失。留在岸边的冰层是否形成真正的水量损失，须视水库调节性能而定。
（许静仪）

水库水文预报　hydrologic forecasting for reservoir

针对水库特点和需要并根据已知水文气象资料和预报方案所作水库各种水文要素未来变化的预报。它是水库安全和合理调度的重要依据。预报项目包括入库流量、库水位、出库流量以及冰情、风浪、泥沙冲淤等。
（刘新仁）

水库特性资料　data of reservoir characteristics

表示水库特征值的资料。主要包括水库面积、容积特性，以及水库蒸发和渗漏损失、淤积及水库淹没和浸没等。根据库区地形资料和水文地质查勘资料，及一些淹没和浸没社会调查材料分析确定。
（许静仪）

水库特征水位　characteristic water level of reservoir

反映水库工作状况的水位。也可用库容表示。体现水库利用和正常工作的各种特定要求，是规划设计阶段确定主要水工建筑物尺寸，如坝高、溢洪道宽度，及估算工程效益，如发电、灌溉水量和利用水头等的基本依据。特征水位(库容)有死水位及死库容、正常蓄水位及兴利库容、防洪限制水位及结合库容、防洪高水位及防洪库容、设计洪水位及拦洪库容、校核洪水位及调洪库容等。
（许静仪）

水库下游沿程冲刷　downstream degradation of reservoir

通过枢纽建筑物泄向下游的水流为恢复其挟沙能力而发生的对河床的持续性侵蚀。水利枢纽的壅水使上游来的浑水在库区澄清，泄向下游的水流不断从河床上攫取泥沙，导致河床下切，水位降低，使码头、桥梁和各种取水建筑物口门的正常工作条件遭到破坏。沿程冲刷还可能导致河道的横向变形，使主槽和航道迁徙不定。当水库淤积达到平衡时，上游来沙将泄向下游，从此沿程冲刷停止，并可能朝相反方向发展，使已被下切的河床逐渐淤高。
（周耀庭）

水库淹没损失　reservoir inundation loss

水库建成后在淹没范围内可能造成的损失值。

如城镇、工矿企业、公路、铁路、通信与输电线以及名胜古迹等需搬迁或改线,土地、矿产等资源的损失和移民安置等费用,均应按国家规定标准给予补偿。

(陈宁珍)

水库异重流 density flow in reservoir

河道挟沙水流潜入水库的清水下面形成的异重流。河道挟沙水流进入水库回水区后,随着水深和过水断面增大,流速和挟沙能力迅速降低,粗颗粒泥沙在库尾淤积,形成淤积三角洲,挟带细颗粒泥沙的浑水(粒径小于0.025mm)在一定条件下沿三角洲前坡潜入库底并沿库底向坝前运动,形成异重流,如能在到达坝前时及时打开底孔,则可将大量异重流排入下游河道,减少水库淤积。 (陈国祥)

水库淤积 reservoir silting, sedimentation of reservoir

挟带泥沙的河道水流进入库区后,因流速减缓,被挟泥沙由粗到细沿程沉积在库底的现象。河道上修建水库后,库区水位抬升,水流过水断面增大,水力坡度变缓,纵向流速和紊流速度减小,水流挟沙能力降低,导致部分悬移质和推移质泥沙在库区内沉淀、淤积。淤积的泥沙数量及分布与入库水沙条件、库容大小、水库形态及运用调度情况有关。库区泥沙淤积将导致库容的损失,库尾段河床和水位的抬升,当淤积泥沙靠近枢纽建筑物时会有泥沙进入电站引水口或灌溉渠道。如何减少水库泥沙淤积是水利工程建设中重大的研究课题。采取蓄清排浑、泄空冲刷、底孔排泄异重流等方法,已取得保持有效调节库容的丰富经验。 (周耀庭 许静仪)

水库滋育化 water body eutrophication of reservoir

水库中水体富营养化现象。水库建成第一次蓄水后,或每次水位上升时,由于浸没引起生物死灭,以及排污河流中较高营养盐的不断入库和贮积,都会增加水库中氮、磷的含量,从而可能导致浮游植物和水生植物繁衍,水质逐渐恶化,甚至可能产生恶臭和毒性(如蓝藻)。评价水库富营养化的化学参数是溶解氧的含量和氮、磷浓度。而富营养化的生物学标志是藻类的异常增殖。由于富营养化现象是累进的,一旦营养水平超越某一限度,处理极其困难,因此,应重视事先预防。最可靠防护措施是对城市和农村排放含有营养物质的水进行管理和处理,以减少入流的营养物。 (许静仪)

水力冲填坝 hydraulic fill dam

利用水力完成土料的开采、输送和填筑全部工序而建成的土坝。常用的两面冲填法的施工过程为:用高压水枪或绞吸式挖泥船开挖土料,将土料汇入泥浆池,由泥浆泵将泥浆经压力管道输送到坝址,泥浆由上、下游坝面向坝中央出流,土颗粒由粗至细先后沉淀于坝面,很细的粉砂、黏土颗粒则沉淀于坝中央的沉淀池内,冲填水主要从池中的排水井排出坝体。随着坝体升高,土料逐渐压实、固结,构成形状不规则的心墙坝。如用一面冲填法施工,即泥浆由下游一侧出流后逐渐流向上游面,最细的颗粒沉积在上游的池中则形成具有上游防渗体的斜墙坝。优点是机械化施工,效率高。缺点是坝坡缓,工程量大,固结时间长,易发生滑坡,抗震性差。冶金矿山的尾矿坝也属于这类坝。 (束一鸣)

水力传导度 hydraulic conductivity

又称渗透系数。表示岩土透水性能的数量指标。可由达西(H.-P.-G.Darcy)定律求得

$$q = KI$$

q 为单位渗流量,也称渗透速度(m/d);K 为水力传导度(m/d);I 为水力坡高。岩土的水力传导度愈大,透水性越强;反之越弱。 (胡方荣)

水力粗度 hydraulic roughness

泥沙在静水中均匀沉降的速度。以 cm/h 计。泥沙密度大于水,在静水中会下沉,当阻力等于重力时,以均匀速度下沉,称沉降速度。因为沉降速度大小也可用来表示泥沙直径大小,故称泥沙的水力粗度。 (胡方荣)

水力发电 hydoelectric power, water power

将水能转换为电能的过程。电能用变压器升压后经输电线输送给用户。常用挡水、输水和厂房等建筑物集中落差,形成水库,输送水流和安装机电设备。根据天然水能资源的不同,可分为河川水力发电、潮汐发电和抽水蓄能发电。优点是不消耗水量,不污染环境,运行费用较低,但单位千瓦投资较大,有时伴有较大的淹没损失。 (刘启钊)

水力发电成本 costs of water power

水力发电厂为生产一定数量的电力所需付的费用。以元/千度为单位。包括折旧费、大修理费、运行维护管理费等,前两者约占70%以上。常以一个水电厂为单位计算总成本。单位成本以总成本除以供电量计算。 (施国庆)

水力发电工程 water-power engineering (development, project)

为水力发电而修建的水工建筑物及机电设备安装工程。是水能利用的基本方式。利用人工或天然落差,经采取工程技术措施后,将水流引入水轮机,再带动发电机发电。一般包括大坝、引水系统、水电站厂房、尾水工程、开关站等。 (胡明龙)

水力发电机 hydropower generator

水电站生产电能的动力设备。一般为三相同步发电机。由于转速较小,且要求有较大的飞轮力矩,

所以转子的直径及发电机的外形尺寸都比较大。按主轴的方向可分为立式及卧式两种。　（王世泽）

水力发电枢纽　water power junction

以水力发电为主要目的而兴建的水利枢纽。参见水力发电工程(241页)、水电站(231页)。
（王世夏）

水力联系　hydraulic connection, hydraulic relation

潜水与地表水之间相互补给和排泄的关系。在洪水期河流(或其他地表水体)的水位高于地下潜水时,河流向岸边松散沉积层输送水量;河流水位下降低于潜水时,岸边贮存的地下水,又逐渐回归河流。
（胡方荣）

水力升鱼机　hydraulic fish lift

见鱼闸(318页)。

水力自动闸门　hydro-automatic gate

借助水力作用自动操作门叶启闭的闸门。按结构型式分,有扇形闸门、鼓形闸门、翻板闸门、舌瓣闸门、屋顶闸门、环形闸门、浮体闸门等。较为常用的控制原理是根据水位和水压力的变化,利用力矩平衡操作门叶的启闭。适用于闸门操作运行条件比较简单的水利工程。　（林益才）

水利　water conservancy

水资源开发利用与水害防范治理的统称。中国最先对此词作出明确定义,首见司马迁《史记·河渠书》,将其概括为"穿渠"、"溉田"、"堵口"诸工,其后,随社会经济和文化发展,含义和内容逐渐充实和完善,至今主要内容包括:①治理江河湖海,防止洪水泛滥和海水内侵,保护生产和生活环境;②开展水土保持工作,控制水土流失;③调节天然径流,缓解水资源的供求矛盾;④发展农田灌溉与排水,调节农田水分状况,改造低产农田,促进农业高产稳产;⑤发展城乡供水和城市排水,改善城乡人民的生产和生活条件;⑥发展航运和水力发电,促进国民经济的发展;⑦发展水产养殖、水力加工、旅游、娱乐等多种经营,综合利用水资源。水是人类生存和发展不可缺少的资源。原始社会人类逐水草而居,择丘而避水害。进入农业社会,为生存和生产需要,开始引水灌溉,防治水害。近代科学技术的发展,注入新的内容,新兴学科创立与应用,使其建立在现代科学基础上,不仅建设大规模与复杂水利工程成为现实,而且解决人类活动对水资源和环境不良影响已有可能。除防灾仍为重点外,科学开发利用水资源,提高人均年用水量已成为重要目标,仅饮水与生活用水,世界80%人口需要直接依靠水利设施解决。说明水利是人类发展的重要因素。　（胡明龙　房宽厚）

水利财务管理　financial management of water conservancy

国家对水利管理单位从财务上进行控制的方式和方法。水利主管部门及同级财政部门,根据所属水管单位财务收支状况及经济自主程度等确定其与国家的财务关系。现行水管单位财务管理形式,可分为两大类,即全额预算管理和财务包干管理。前者是指对缺少水费、电费收入,开展综合经营条件较差,不能实行财务包干的单位,实行事业单位预算包干的办法;后者是指各级财政部门和水利部门对于有水费、电费和综合经营收入的水管单位均实行"以收抵支、财务包干"的管理办法。其形式主要有以下三种:①对以收抵支后有较多盈余的单位,实行"盈余定额上交、超收留用"的办法;②对收支相抵后能自我平衡的单位,实行"以收抵支,盈余不交,亏损不补"的办法;③对于支大于收的单位,实行"定额补贴,超亏不补,限期扭亏"的办法。　（胡维松）

水利法规　water codes

水利工程建设与管理等的法规、法令、法律和条例的统称。由国家水行政管理部门制定,有的则需立法机构通过,是进行水利建设和管理的行为准则。
（胡维松）

水利工程　hydraulic engineering, water projects

研究水资源开发、利用、管理、保护和防治水害的科学技术。利用水资源和以消除水害为目标兴建的各类工程的总称。包括农田水利工程、防洪工程、水力发电工程、给水排水工程、治河工程、海港工程、海岸工程等。　（胡明龙）

水利工程规划　water project planning, hydraulic engineering project planning

对某一特定工程项目而制定的水利规划。包括防洪工程、农田水利、水土保持、水库工程、治河工程、水力发电工程、水闸工程、航运工程等。规划时,应注重工程效益,经济效益,对国民经济发展作用以及水资源保护和综合利用等。对重要工程要作全面论证,以确定其可靠性和可行性,有的工程对生态环境影响极大,要特别强调统筹安排,不能顾此失彼,以免产生重大危害和损失。　（胡明龙）

水利工程建设期　construction period of water resource projects

根据项目的实际需要确定从工程开工到全部竣工的时间。其中包括工程或设施陆续投产的初期运行期。　（胡维松）

水利工程经济学　hydrulic engineering economics

见水资源技术经济学(258页)。

水利工程年运行费　annual operating cost of

water project

又称年运行支出。水利工程设施运行管理中每年所需支付的各项费用。进行工程经济评价时,应包括:①燃料动力费;②维修费;③管理费;④补救赔偿费。进行工程的财务评价时,除上述费用外,还应计入税金和保险费。　　　　　　（胡维松）

水利工程投资　investment in water resource projects

达到水利工程设计效益所需的全部建设费用。包括国家、集体和个人以各种方式投入的一切费用(固定资产投资和流动资金)。一般情况下可分为以下几项:①永久工程的投资,包括主体工程、附属工程、配套工程。②临时工程的投资。③其他投资,包括移民安置和淹没、浸没、挖压占地的赔偿费用;处理工程的不利影响,保护或改善生态环境所需的投资;规划、勘测、设计、科研等前期费用;预备费和其他必须的投资。　　　　　　（胡维松）

水利规划　water plan

一定范围内为合理开发利用水土资源而制定的总体措施安排。是水利建设的前期工作。基本任务是根据国土建设方针,各用水部门需求,自然条件特点,经济发展前景和工农业生产计划等,提出水利资源开发和治理方案、主要技术措施和实施步骤,以指导水利工程设计,安排建设计划。规划时要充分了解自然条件、社会经济状况和准备采取的技术措施,进行可行性研究,最后提出切实可行的开发方案。
　　　　　　　　　　　　　　（胡维松）

水利计算　water resources development computation

水资源开发、利用和管理运行中,对河流等水体的水文情况、国民经济各部门用水要求、径流调节方式和经济论证等进行的分析计算。通过对天然来水、各种用水变化特性的分析、调节计算及技术经济比较后,为确定建筑物的规模、设备的运行规程和编制合理的调度方案,提出建筑物结构设计和工程经济分析所必须的基本资料和数据;为工程投资、效益、用水部门正常工作保证程度、工程修建后影响及后果等作经济分析、综合论证,提供定量依据。
　　　　　　　　　　　　　　（许静仪）

水利经济效益　economic benefits of water conservancy

由于兴建水利工程及采用非工程措施而产生的经济效益。既包括增加产量及提高质量所带来的效益,也包括减免灾害的效益。前者如灌溉工程提高了农产品的产量及质量,水电站提供电力及电量等;后者如防洪治涝工程所减免的洪涝损失,及采用非工程措施如洪泛区管理、预警、预报、防洪保险等所减少的灾害损失。经济效益为工程项目生产活动的产出,一般可用货币度量,可分为国民经济效益和经营管理效益,前者用影子价格计算其效益,后者用现行价格计算其效益。　　　　　　（戴树声）

水利经济学　economics of water conservancy

研究水资源开发、利用、管理、保护过程中经济活动规律的科学。是将经济学的基本原理和计算方法具体应用到水利事业中的一门科学。根据水利方面的技术政策、规章制度、规程规范和财务部门的有关规定,通过技术经济计算,对不同工程措施和工程方案进行经济效果评价,并据之决定工程方案的优劣和取舍。它同样可用于对已建工程进行经济效果分析,对现有水利工程的经营管理进行改善,以及制定符合实际情况的水费标准和管理办法等。主要研究内容有①水利规划的研究。②水资源开发利用投资效果的研究。③水利资源及水利工程管理的研究。　　　　　　　　　　　　　　（戴树声）

水利开发　water development

对水资源进行治理、控制、调节、保护、调配所采用各种措施的统称。分单目标和多目标两种。前者以需定供,后者以供定需。与人口、环境和生态关系甚为密切,涉及自然和社会两个方面,要全面考虑技术、经济、社会、环境等因素,运用系统分析方法可取得较好效果。　　　　　　（胡维松）

水利生产管理　production management of water coservancy

对各种水利生产要素综合进行规划、执行及控制的统称。使水利经营生产力能得到高度的发展,提高劳动生产率,降低成本,保质保量地圆满完成各项生产任务。　　　　　　（胡维松）

水利事业　water conservancy

以水利为服务目标的一切有关事业。包括从事水利工程规划、设计、施工、管理、教学、科研、水政、水法,与兴修各类水利工程,开发、利用和保护水资源,以及一切与水有关的兴利除害的工作任务。
　　　　　　　　　　　　　　（胡明龙）

水利枢纽　hydrohub, hydro-junction

为防治水害和开发利用水资源而在适当地点集中修建的便于协调运行的多种水工建筑物的综合体。其规划、设计、施工和运行管理应遵循综合利用水资源的原则。为实现多种目标,满足国民经济不同部门需要而兴建的水利枢纽称为综合利用水利枢纽;为某一单项目标而兴建的则有防洪枢纽、水力发电枢纽、航运枢纽、取水枢纽等。不同水利枢纽的组成建筑物也不同,其中既可能有起挡水、取水、输水、泄水作用的一般性水工建筑物,也可能有为发电、通航、灌溉、给水、过木、过鱼等目的而兴建的专门性水工建筑物。为使工程安全和工程造价合理，枢纽规划设计中应按规模、效益和在国民经济中的重要性进行分等（参见水利枢纽分等），等别愈高者其组成建筑物级别愈高（参见水工建筑物分级，236页），设计安全度要求也愈高。在既定开发地点、规模和枢纽等级前提下，水利枢纽设计的经济合理性主要取决于枢纽布置及主要建筑物选型。

（王世夏）

水利枢纽布置 layout of hydro-junction

选定水利枢纽各组成建筑物型式、位置和相互联系方式的规划设计工作。取决于枢纽任务、运用要求、当地自然条件和技术经济条件。根据地形、地质、水文、当地建筑材料和施工条件，分别拟定各种可能枢纽布置和相应建筑物选型方案，在一定设计深度上进行技术经济比较，以选定运用安全、技术可行和经济合理的最优方案。重要工程的水利枢纽布置方案，还常通过水工模型试验的论证并进一步优化方案。

（王世夏）

水利枢纽分等 grading of hydraulic projects

水利枢纽按规模、效益及其在国民经济中重要性的等级划分。等别不同的枢纽其组成建筑物的级别不同，对其规划、设计、施工、运行管理的要求也不同，等别越高者要求也越高。中国现行设计标准对水利水电枢纽工程，按其位于山区、丘陵区或平原、滨海地区，分别有规模和效益不同的分等指标。山区、丘陵区工程分等指标包括水库总库容、防洪保护对象、灌溉面积、水电站装机容量；平原、滨海地区工程分等指标中除上述4项外，还包括排涝面积和供水对象。无论前者或后者，工程等别都分为一、二、三、四、五等，并各对应称为大(1)型、大(2)型、中型、小(1)型、小(2)型工程。

（王世夏）

水利投资经济效益比较系数 investment benefits comparative coefficient of water resources projects

又称相对投资效益系数。抵偿年限的倒数。前苏联规定水利工程的标准抵偿年限为8a，即相对投资效益系数为0.12。

（胡维松）

水利投资总效益系数 investment benefits coefficient of water resources project

又称绝对投资效益系数、投资收益率。投资还本年限的倒数。在前苏联是作为评价工程效益的基本经济指标。其规范规定，水利工程的最小总效益系数为0.1，即还本年限不得大于10a。中国对还本年限和投资效益系数没有统一的规定，在水利工程中过去一般采用5~15a即投资效益系数为0.2~0.07。

（胡维松）

水利土壤改良 hydro-melioration

借助水利工程技术手段改良土壤、发展农业的事业。和"农田水利"同义。

（房宽厚）

水利系统 water conservancy system

各种水利工程单元和服务对象所构成的综合体。流域或水利开发所包括的各种水源，如河流、湖泊、地下水；各种水利工程单元，如防洪工程、灌溉工程、水力发电工程、城市及工业给水工程等；服务对象，如防洪、农业灌溉、水力发电等构成的系统。

（许静仪）

水利项目边际效益 marginal benefits of water resources projects

在一定产出水平下，水利建设项目变化一个单位产出时相应总效益的变化。建立起边际效益与产出水平的关系，可得到边际效益曲线。水利建设项目提供的产品主要是供水量和发电量，一般根据对供水量（或发电量）的需求分析，可建立它们的边际效益曲线。水利项目具有多目标性，除了提供上述产品，还为社会提供防洪、治涝等公益性服务，一般根据不同防护水平，洪灾或涝灾期望损失减少程度的差别来分析边际效益。

（谈为雄）

水利项目费用 cost of water resource projects

国民经济为水利建设项目所付出的代价。在国民经济评价中，费用是以投入的机会成本来度量的。建设项目的费用应考虑基本建设投资以及项目建成后为进行正常生产活动所需的运行费用。综合利用水利工程的投资和年运行费，应在各受益部门之间进行合理分摊。

（谈为雄）

水利项目计算期 computation period of water conservancy projects

又称计算年限、经济计算期、分析期。经济评价中计算总费用和总效益所指定的时间范围。一般指从工程开始投资（施工）年份起到经济计算的终止年止的期间。计算期包括建设期和生产期。参与比较的各个方案，或同一方案的不同建筑物，不管其经济使用年限是否相同，均应采用同一计算期。

（胡维松）

水利项目经济评价 economic evaluation for water resources projects

对水利建设项目的投资经济效果所进行的评价。是可行性研究的组成部分和重要内容，是项目或方案抉择的主要依据之一。分为国民经济评价和财务评价两个层次，以前者为主，即从整体角度考察项目的效益和费用，除考虑项目本身的直接效益和直接费用以外，还要计及由项目所引起的间接效益和间接费用，即必须考虑外部效果。在价格体系不甚合理的条件下，国民经济评价一般采用修正价格（影子价格），并按照国家统一的社会折现率进行经济分析。财务评价是在国家财税制度和价格的条件下分析项目的盈利状况及借款偿还能力,以考察项目自身的财务可行性。防洪、治涝等公益事业项目一般不进行财务评价。　　　　　　　（谈为雄）

水利项目生产期　production period of water resource projects

又称经济使用年限或经济寿命期。水利经济评价中所用的工程标准使用年数。即水利工程或设备从开始启用到平均年费用达最小时的使用年限。水利工程的使用年限受经济上和物理上的制约,有时工程虽仍可使用,但不经济,因此要确定一个经济使用年限,即生产期。各类水利工程的生产期,应根据工程的具体情况参照有关的规定确定:如防洪、治涝、灌溉、供水工程,一般为30～50a(其中机电排灌站为20～25a);水电站为40～50a。　（胡维松）

水利项目效益　benefit of water resource projects

水利建设项目投入运行后对国民经济所产生的效益。水利项目的效益主要是防洪、治涝、灌溉、城镇供水、水土保持以及发电、航运、养殖等产生的效益。水利工程项目的效益计算方法可分为几类:①以工程兴建与否相比给国民经济有关部门增加的工农业产值作为效益;②以兴建工程可能减免的国民经济各有关部门的损失作为效益;③以最优等效替代工程的费用作为效益。要考虑水利效益的随机性和计算期内效益的变化。除了计算直接效益,还要考虑明显的间接效益。　　　　　　（谈为雄）

水利政策　water policy

国家为实现一定时期的水利事业、水利建设和水利工程管理等而制定的行动准则。如水土保持条例、防洪法规、水污染防治法等。　　　（胡维松）

水利资金筹措　financing of water coservancy

水利工程项目建设资金的落实过程。包括确定各种资金的来源、贷款利率及偿还条件等。资金筹措不仅要选择最有利的贷款条件,还要研究贷款期的长短。当前中国水利建设资金的主要来源有:①国家拨改贷贷款;②国内银行贷款;③债券;④地方集资;⑤自有资金(包括卖用电权、用水权资金);⑥国际信贷等。　　　　　　　　　（胡维松）

水利资源　water resources

水资源的旧称。见水资源(258页)。
　　　　　　　　　　　　　　　　（胡明龙）

水量利用系数　coefficient of discharge utilization

来水量扣除弃水量被来水量除所得的商。表示河流水量利用程度。水电站水库调节性能愈好,水量利用系数愈高,反之则小。通常多年调节水电站水库的水量利用系统大于年调年水电站水库,径流式水电站的水量利用系数最低。　（陈宁珍）

水量平衡　water balance

地球上任一区域在一定时段内,收入与支出的水量等于该区域内的蓄水变量。水文学基本原理之一,是水文循环量的描述,质量守恒定律在水文循环中的特定表现形式。常用水量平衡方程为

$$I = O + (W_2 - W_1) = O \pm \Delta W$$

I 为给定时段内输入某区域的各种水量之和;O 为给定时段内输出该区域的各种水量之和;W_1、W_2 为该区域内时段始末的储水量。$\pm \Delta W$ 为该区域内的蓄水变量。如全球多年平均降水量为57.7万 km^3,而多年平均蒸发量也是57.7万 km^3。
　　　　　　　　　　　　　　　　（胡方荣）

水令

一种古代灌溉管理法令。据《汉书·儿宽传》记载,元鼎六年(111年)儿宽建议开六辅渠,灌溉郑国渠旁地势较高的农田,并"定水令,以广溉田",但具体内容未见记录。这是历史记载中首次提到制定灌溉管理法规。西汉后期召信臣大兴南阳水利,"为民作均水约束,刻石立于田畔,以防纷争"。"均水约束"也是一种灌溉管理规章。　　　（陈　菁）

水流出力　flow output

按天然水流条件理论上所可能得到的出力。用 N 表示,单位为kW。其值等于9.81乘以计算时段内天然平均流量 Q 及河段落差 H,即 $N=9.81QH$。
　　　　　　　　　　　　　　　　（陈宁珍）

水流动力轴线　fluvial dynamic axes

又称主流线。河流沿程各断面最大垂线平均流速所在位置的连线。它反映了河流中水流沿程最大动量所在的位置,因而对河床的冲淤变化有重大的影响,控制和调整水流动力轴线是治河工程的重要内容之一。　　　　　　　　　　（陈国祥）

水流观测　flow observation, observation of water current

对水流形态、水流对建筑物的作用力以及水流引起的其他现象进行的量测和分析。目的是了解水流的运动规律和消能设备的工作效能,避免发生不利的水流现象。其主要内容包括水流形态观测、高速水流观测及对下游河道影响的观测等。
　　　　　　　　　　　　　　　　（沈长松）

水流挟沙能力　sediment transport capacity of flow

在一定水流和河床边界条件下能够通过河段下泄的饱和泥沙量,也有仅指床沙质饱和沙量的。以输沙率或断面平均含沙量表示。河流中的推移质和悬移质中的较粗颗粒属于床沙质,在输移过程中有

机会与床沙充分交换,在经过一定距离后必然达到饱和,可以通过根据力学关系建立的水流挟沙能力公式计算。悬移质中较细颗粒属于冲泻质,在输移过程中不能与床沙充分交换,常处于不饱和状态,决定于上游流域的供沙条件,必须根据野外实测资料来估算。　　　　　　　　　　　　（陈国祥）

水流形态观测　observation of flow regime

观测泄水建筑物过流时产生的或由于修建建筑物引起的水流现象。包括水流平面形态、水面线、水跃和挑射水流等。水流平面形态观测内容有水流流向、平面回流、局部漩涡、折冲水流、水花翻滚、水流分布及水流对下游河道的影响等,方法有目测法和摄影法。前者用各种符号将流态描绘在平面图上并加以文字说明;后者在上游撒布锯屑、稻壳、麦糠等漂浮物以显示水流行迹,进行拍照;对水面线观测可用水尺组法、活动测锤法及波高仪电测法;水跃观测采用坐标法,按坐标描绘水跃形状和位置;挑射水流观测常用拍摄照片或用经纬仪交会挑射水流表面点,定出挑射水流形状,再目测水舌内、外缘落水点位置;对下游河道影响的观测一般在工程竣工、每次泄水以后对下游河床及岸边逐次测量冲刷、淤积等情况。及时整理各种观测资料,分析水流状态,预测可能产生的不利影响,提出处理措施和改进意见。
　　　　　　　　　　　　（沈长松）

水轮泵　water-turbine pump

水轮机与水泵同轴安装的提水机械。20世纪50年代首创于中国福建省,成为中国独具一格的一种泵型。机、泵潜入水下,利用水力推动水轮机转轮,带动水泵叶轮旋转,将水上提。凡具有一定水头(>0.5m)和足够流量的地方,如山区河流的急滩、水坝及渠道跌水或沿海有潮汐的地方,均可安装此泵。具有结构简单、制造容易、建站投资少、提水成本低、运转性能好、管理方便等,还可为农副产品加工及发电等综合利用提供动力。是一种节约能源的好泵型。最大转轮直径已达1.2m。

　　　　　　　　　　　　（咸　锟）

水轮泵站　turbine-pump station

以水力为动力带动水轮泵抽水的泵站。特点是水能利用率高,既不耗油又不用电,灌溉成本低,还可用于发电和农产品加工。按照水头获得的方式分为堤坝式、渠道式、引水式、塘库式和潮汐水闸式。它包括引水渠、机坑、尾水管、出水管和出水池等建筑物。中国最大的水轮泵站是湖南省临澧县的青山水轮泵站。安装32台100型(转轮直径为100cm)水轮泵,灌溉51万亩农田。　　　　（咸　锟）

水轮发电机组　turbine-generator unit

水轮机与配套的发电机的统称。是水电站的主要动力设备。水轮机将水流的能量转化为旋转机械能,带动发电机旋转,发电机又将机械能转化为电能而输出。　　　　　　　　　　　（王世泽）

水轮机　hydraulic turbine

将水流能量(势能及动能)转化为旋转机械能的动力机械。是水电站的主要动力设备之一。其核心部件为转轮,水流作用在转轮上使其旋转,并带动发电机旋转发电。按水流作用原理可分为冲击式水轮机及反击式水轮机两大类。　　（王世泽）

水轮机安装高程　elevation of turbine setting

水轮机的海拔高程。对立轴混流式水轮机,是导水机构中心线的高程,数值上它等于下游水位加水轮机吸出高度再加导水机构的一半高度。对立轴轴流式水轮机,是转轮标称直径计算点的高程,等于下游水位加水轮机吸出高度。对卧轴水轮机,是主轴中心线高程,等于下游水位加水轮机吸出高度再减去转轮的半径。　　　　　　　（王世泽）

水轮机比转速　specific speed of turbine

水头为1m发出1kW功率时水轮机所具有的转速。表示水轮机特征的综合性参数。常以n_s表示。它能将水轮机转速$n(r/min)$、出力$N(kW)$和水头$H(m)$综合地反映出来

$$n_s = \frac{n\sqrt{N}}{H^{5/4}}$$

轴流式水轮机的$n_s = 200 \sim 850$,混流式水轮机的$n_s = 50 \sim 200$。在一定水头下,提高反击式水轮机的n_s可以缩小水轮机的尺寸,提高发电机的转速,从而减轻机组的重量,但提高n_s要受到空蚀、强度及稳定性的限制。　　　　　　　　（王世泽）

水轮机层　turbine floor

水电站主厂房中安装水轮机的楼层。水轮机的安装、检修、监测、运行都在该层进行。其上还布置有水轮机的辅助设备,如接力器及油、水、气系统的各种设备。　　　　　　　　　　（王世泽）

水轮机单位流量　unit discharge of turbine

水轮机转轮直径为1m水头也为1m时的有效流量。水轮机相似判别数之一,以Q_1'表示。两个水轮机若符合相似条件,工况也相似,则它们的Q_1'必相等。令水轮机转轮标称直径为$D_1(m)$,工作水头为$H(m)$,流量为$Q(m^3/s)$,则

$$Q_1' = \frac{Q}{D_1^2 \sqrt{H}}$$

　　　　　　　　　　　　（王世泽）

水轮机单位转速　unit speed of turbine

转轮直径为1m而水头也为1m时水轮机的转

速。水轮机相似判别数之一，以 n_1' 表示。两个水轮机若符合相似条件，工况又相似，则它们的 n_1' 必相等。令水轮机转轮标称直径为 $D_1(\mathrm{m})$，转速为 $n(\mathrm{r/min})$，工作水头为 $H(\mathrm{m})$，则

$$n_1' = \frac{nD_1}{\sqrt{H}}$$

（王世泽）

水轮机导水机构 hydroturbine guide mechanism

反击式水轮机中将蜗壳引来的水流按合理的方向及流量引导进转轮的机构。主要部件为活动导叶及其控制设备。有径向式、轴向式和斜向式三种。功用是引导水流，改变导叶开度以调整出力；截断水流，便于检修与调相运行。 （王世泽）

水轮机额定功率 rated output power of turbine

在设计水头下，使发电机发出额定功率 N_D 所需的水轮机轴功率 N_P。如以 η_D 表示发电机效率，则 $N_P = N_D / \eta_D$。 （王世泽）

水轮机额定转速 rated speed of turbine

水轮机正常工作时每分钟的转数。单位为 r/min。当水轮机与同步发电机直接连接时，经必须等于发电机额定转速。 （王世泽）

水轮机飞逸转速 runaway speed of turbine

水轮机轴输出功率为零，导水机构全开，水流推动转轮所产生的最大转速。可按模型试验测得的数据，依相似理论计算得出。常按飞逸转速校核水轮机及发电机的强度。 （王世泽）

水轮机工作水头 turbine available head

水轮机蜗壳进口断面与尾水管出口断面之间的单位能量差。常以 m 表示。等于水电站毛水头（即上下游水位差）减去引水及排水建筑物中的水头损失。 （王世泽）

水轮机工作特性曲线 turbine efficiency characteristics

在某一定水头下，表示水轮机效率（η）和出力（N）之间关系的曲线。常以 η(%) 为纵坐标，以 N(%) 为横坐标。 （王世泽）

水轮机空蚀 cavitation damage in turbines

旧称汽蚀。水轮机部件在负压水流的作用下受到蚀损破坏的现象。空蚀的原因还未透彻了解。一般认为是水流中气泡压缩和破裂时产生的巨大脉动压力使材料剥蚀，而伴随的高温或化学作用也可能使金属受损。水轮机部件被剥蚀到一定程度后，必须加以修补或更换。通常的原则是允许发生一定程度的空蚀，但不能破坏水轮机的工作特性，也不产生剧烈的振动。 （王世泽）

水轮机汽蚀 cavitation damage in turbines

见水轮机空蚀。

水轮机尾水管 draft tube of hydroturbine

反击式水轮机中将转轮流出的水流引向下游的断面逐渐扩大的一段管道。其作用是：①将转轮出口处水流动能中的大部分加以回收利用；②当转轮高于下游水位时，采用尾水管可以在转轮出口处形成静力真空，以利用转轮至下游水位之间的水头。可分为直锥形及弯曲形两类，大中型水轮机一般采用弯曲形。尾水管的形状对水轮机性能的影响与水轮机的比转速有关，对高比转速水轮机其影响尤为明显。 （王世泽）

水轮机蜗壳 spiral case of hydroturbine

反击式水轮机中将水流均匀引入导水机构的进水结构。位于导水机构外围，横断面逐渐减小，外形像蜗牛壳，故名。当水头小于 30～40m 时常以钢筋混凝土浇筑而成；当水头较高时常以金属制成。 （王世泽）

水轮机吸出高度 turbine draft head

水轮机与下游水位之间的高差。常以 H_s 表示。H_s 为正值表示水轮机高于下游水位。为避免或减缓空蚀现象，此高度按下式决定

$$H_s \leqslant 10 - \Delta/900 - (\sigma + \Delta\sigma)H - 1 \quad (\mathrm{m})$$

Δ 为水轮机的海拔高程(m)；σ 为空化系数；$\Delta\sigma$ 为空化系数的安全裕量；H 为水头(m)。对立轴混流式水轮机，H_s 自导水机构下部平面算起；对立轴轴流式水轮机，H_s 自转轮标称直径计算点算起；对卧轴及斜轴水轮机，H_s 自转轮叶的最高点算起。

（王世泽）

水轮机效率 overall efficiency of turbine

水轮机轴功率与流经水轮机的水流能量之间的比值。常用 η 表示。由于水流流经水轮机时，会发生水力损失、流量损失和机械损失，所以水轮机效率总小于 1。可通过模型试验测出。 （王世泽）

水轮机效率修正 turbine efficiency correction

根据水轮机模型效率计算原型机效率时所进行的修正。由于模型水轮机的水力、流量及机械损失均相对地大于原型水轮机，而且也无法保证雷诺数守恒，故原型水轮机的效率均高于模型机，必须加以修正。 （王世泽）

水轮机运转特性曲线 turbine operation characteristics

水轮机转速一定时表示效率、功率、水头三者之间关系的曲线。常在以水头为纵坐标、以功率为横坐标的直角坐标系内，绘出等效率线。当机组选定后，转速为定数，故在水电站运行中采用运转特性曲线最为方便直观。 （王世泽）

水轮机轴功率 shaft output power of turbine

水轮机主轴上发出的功率。单位为 kW。可表示为：
$$N_T = \gamma QH\eta / 102$$
或
$$N_T = 9.81 Q' D_1^2 H^{3/2} \eta$$
γ 为水的密度；Q 为流量(m^3/s)；H 为水头(m)；η 为水轮机效率；Q' 为单位流量；D_1 为转轮标称直径(m)。 （王世泽）

水轮机转轮 turbine runner

水轮机中把水流的能量转化为旋转机械能的旋转部件。是水轮机的核心部件，它的性能决定水轮机的性能。通常由叶片、轮毂、主轴等组成。叶片通过轮毂与主轴相联结，叶片直接受水流作用而旋转，并通过主轴带动发电机旋转发电。 （王世泽）

水轮机转轮标称直径 turbine runner diameter

按规定的方法量度出的水轮机转轮直径。按中国的规定，对混流式水轮机，表示转轮进口边的最大直径。对轴流式水轮机，表示转轮室的最大直径。对斜流式水轮机，表示转轮叶片转动轴线和转轮室交点轨迹圆的直径。对水斗式水轮机，表示转轮与射流中心线相切处的节圆直径。 （王世泽）

水轮机综合特性曲线 turbine combined characteristics

综合表示水轮机各种特性的曲线图。在以单位流量 Q_1' 为横坐标、单位转速 n_1' 为纵坐标的直角坐标系内，绘出等效率、等空化系数 σ、等开度 a_0 等各种等值线。水轮机不同工况下的各种参数可由模型试验测出。

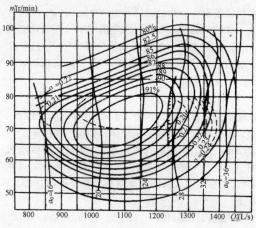

（王世泽）

水轮机座环 speed ring of hydroturbine

反击式水轮机蜗壳内圈的支撑结构。常由上环、下环及两环之间的固定导叶组成。它不仅承受水压力，还承受机组及混凝土结构所传来的荷载。固定导叶起垂直支柱的作用。为使蜗壳引来的水流顺利地流入转轮，固定导叶常做成流线型。 （王世泽）

水门

引水渠道的渠首建筑物，即进水闸，或分水河道的渠首建筑物，即分洪闸。《汉书·沟洫志》贾让奏言："旱则开东方下水门溉冀州，水则开西方高门分河流。"水门至迟在西汉已广为运用，如贾让建议多穿漕渠于冀州地，可从淇口以东为石堤，多张水门，使民得以溉田，并可分杀水怒。当时这种水门并不一定带有闸门，也可能用滚水堰来控制水量。 （查一民）

水面横比降 transverse slope of water surface

垂直于主流方向的水面比降。主要发生在河弯处，因水流受离心惯性力作用而产生，一般表达式为
$$J_r = \alpha_0 \frac{u^2}{gr}$$
J_r 为某点处横向水面比降；u 为纵向垂线平均流速；r 为流线的曲率半径；g 为重力加速度；α_0 为动能修正系数，一般可取 $\alpha_0 = 1$。在汊道进口处，干支流交汇处及交错浅滩的倒套处也常有水面横比降产生。 （陈国祥）

水面蒸发 evaporation from water surface

水面的水分子从液态转化为气态散布到大气中的过程。单位以 mm/d 计，常用蒸发器测定。包括汽化和水汽扩散两个过程。实测的水面蒸发量为从水面逸出的水分子数量与返回水中的水分子数量之差。影响因素有：水汽压差，风速，气温，日照，湿度和水质等。 （胡方荣）

水磨

又称水硙、水碾。水力驱动的磨。分为卧轮式及立轮式两类。卧轮式即由水力冲击一个卧轮，在卧轮主轴上装上磨，卧轮旋转时直接带动上磨片转动。立轮式即由水力冲动一个立轮旋转，在其横轴上安装一个齿轮，此齿轮旋转时又带动磨轴下部的齿轮，而使磨旋转。一个立轮带两磨者称立轮连二磨；一立轮带动三齿轮，每一齿轮带一大磨，大磨两旁再安置二小磨，各由齿轮转动，称为"水转连磨"。还有用二船并联，中间安置立轮，两船各置一磨；使用时将船固定在水流湍急的地方，并可根据水流情况改变位置的，称为"浮硙"，又称"活法磨"。水磨在我国使用甚早甚广。《南史·祖冲之传》记载祖冲之"于乐游苑造水碓、磨"；《魏书·崔亮传》记载于洛阳附近谷水建"水碾磨数十区，其利十倍，国用便之"。唐代中期，关中郑白渠上有王公贵族的碾硙一百多所。天宝中，高力士"截沣水作碾，并转五轮，日碾麦三百斛"。据《旧唐书·吐蕃传》记载，文成公主入藏时，命工匠教藏人在小河上安装水磨，……松赞干布

并向唐朝政府请派碾硙工人到西藏传授碾硙技术。

(查一民)

水内冰 ice in water

又称深冰。水体中不透明的海绵状冰团。在发生岸冰的同时,如流速降低,河水内存在低于零摄氏度的过冷水,便在过冷却水的任何部位产生冰晶体,结成多孔不透明的海绵状冰团。在河底附着的称底冰或锚冰。悬浮状态的冰屑称冰花。水内冰数量由水面向河底递减。

(胡方荣)

水内冷式发电机 generator with internal water cooling system

采用将冷水直接通入发热部件内部,热量直接由水带走的发电机。由于水的热容量及导热系数都远大于空气,所以采用水内冷不仅可以提高发电机的极限容量,还可以延长线圈绝缘寿命。但它的结构及运行维护都较复杂。可分为三种:①半水内冷——定子绕组采用水内冷,转子绕组及定子铁芯采用风冷;②双水内冷——定子及转子绕组均采用水内冷;③全水内冷——定子、转子的绕组及定子铁芯均采用水内冷。

(王世泽)

水能规划 hydroenergy planning

为开发水能资源所制定的工程规划。应根据具体的自然地理条件、社会经济状况、电力系统特点、国家建设方针、综合利用水利资源和土地资源的原则等,统筹兼顾各有关国民经济部门的不同要求,经过技术和经济综合分析论证,提出合理的开发方案及其工程措施。

(陈宁珍)

水能计算 hydroenergy calculation

水能规划中与电力电能有关的各种计算的统称。主要包括水利水电工程的出力、发电量及其在电力系统中的运行方式与主要参数之间关系的各种计算。

(陈宁珍)

水能资源 water power resources

陆地和沿海水体中蕴藏的天然水能源。是一种不污染环境又可再生的能源。主要包括河川水能资源和沿海潮汐水能资源。是水利资源的重要组成部分。河川径流的能量为其势能和动能,系由太阳能转化而成。陆地和海洋中的水体吸收太阳能转化为具有势能的大气水,大气水受地球引力下降到陆地形成具有势能和动能的径流。太阳能转化为河川水能过程随地球上水的循环不断进行。1981年联合国新能源、可再生能源大会水电专家小组报告公布,全世界河川水能蕴藏量44.3万亿kW·h,可开发部分19.4万亿kW·h。根据1977~1980年全国普查结果,除台湾省外,中国河川水能蕴藏量5.92万亿kW·h(6.76亿kW),可开发部分1.92万亿kW·h(总装机容量3.79亿kW),居世界首位,目前仅开发约13%。潮汐能由月球和太阳的引力产生。根据中国内地1.8万km海岸线普查结果,可开发潮汐资源580亿kW·h(装机容量约2 100万kW)。

(刘启钊)

水能资源理论蕴藏量 theoretical water power resources

按多年平均径流量和全部落差逐段算出的天然水能总量。其数值与径流量和落差有关。根据1981年联合国新能源、可再生能源大会水电专家小组报告,全世界水能资源理论蕴藏量约为44.3万亿kW·h。根据1977~1980年全国普查结果,除台湾省外,中国约5.92亿万kW·h(6.76亿kW),居世界首位。因种种条件限制,不可能全部被开发。

(刘启钊)

水排

水力鼓风机械。冶炼或浇铸金属的熔炉需要鼓风设备向炉中压送空气,称为"排"。最初的"排"是牛皮袋,以后演变为由活塞送风的风箱。由人力驱

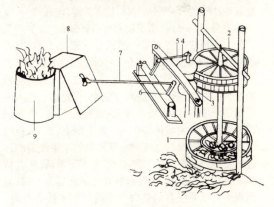

动的风箱称"人排";由畜力驱动的称"马排";由水力驱动的称"水排"。《后汉书·杜诗传》记载,建武七年(31年)杜诗"造作水排,铸为农器,用力少,见功多,百姓便之。"李贤注:"冶铸者为排以吹炭,令激水以鼓之也。"即水力鼓风机械。《三国志·魏志·韩暨传》:"旧时冶作马排,每一熟石,用马百匹。更作人排,又费功力。暨乃因长流为水排,计其利益,三倍于前。"中国发明水排比欧洲早1000多年。古代水排有立轮、卧轮两式。元代卧轮式水排装置为:水流冲动水轮1旋转,带动轮2,并通过绳子3驱动鼓状小轮4;鼓状小轮上有一个偏心轴,连接曲柄5;鼓状小轮转动时,偏心轴推动曲柄5使滑轴6往返转动,拉动往复连杆7,使木扇门不断开关,将空气压入风箱8,再由风箱8鼓入熔炉9。

(查一民)

水平

中国古代水准测量仪器。据唐李筌《太白阴经》卷四记载,这套水准测量仪器由"水平"、"照板"、

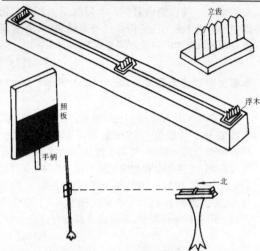

"度竿"三部分组成。水平中设水平槽,长二尺四寸;其两头及中间各凿一池,池横阔一寸八分,纵长一寸,深一寸三分;池间相距一尺零五分,中间有通水渠相连,渠宽三分,深一寸三分。三池各置浮木,其宽狭略小于池,厚三分;浮木上建立齿,齿高八分,宽一寸七分,厚一分。槽下设有可以转动的"转关脚",高低与人眼睛位置相等。照板是一形如方扇的板,长四尺,其下面二尺为黑色,上面二尺为白色;宽三尺,手柄长一尺。度竿即水准尺,长二丈,其刻度精确至分,共二十分。其观测方法为:首先将水注入水平槽的池中,三浮木随之浮起;调整转关脚,使三块浮木上的立齿尖端保持在同一水平线上;然后,观测者即可用一眼通过立齿尖端所形成的水平线瞄准远处的度竿。由于度竿刻度小,目力不能辨认,所以持竿人还需手握照板,将照板放在度竿之后上下移动。当观测者见到板上的黑白分界线与水平线齐平时,即令持板人停止移动,并由持板人记下度竿上所对应的刻度。由于照板目标较大,所以可目测距离在十步(一步等于五尺)以上,甚至可达一里或数里之遥。 (查一民)

水平沟埂 level ditch and ridge

沿较陡坡地的地形等高线修筑带埂的断续沟槽。是荒坡造林的水保措施。由沟内取出土石修筑在沟的外缘成土埂。常采用的规格为:沟长为3～5m,沟距为2～4m,沟深为0.3～0.4m。沟埂可拦蓄雨水,减缓地面径流,沟埂内侧植树,绿化山坡。 (刘才良)

水平埝地 level ridge field

在坡度较小的塬面上建成的田块大、埂坎平直、台阶形的高标准农田。埝即田埂,用人工夯打而成,起挡土和分割田块的作用,并可减少平地时的挖深和填高。这种农田有利于实行水利化,并有利于渠系、造林和田间道路相结合。 (刘才良)

水平排水 horizontal drainage

①排水过程中水体大致沿水平方向流动的排水方式。是生产实践中历史最为悠久,使用最为广泛的排水方式。如明沟排水、暗管排水和鼠道排水等。②见褥垫式排水(208页)。 (赖伟标)

水平位移观测 horizontal displacement observation

观测建筑物某些特定部位在外荷载作用下水平方向上的位置改变。观测方法有:视准线法、引张线法、正垂线法、倒垂线法以及三角网法等。视建筑物型式和具体条件选用。对于大坝,垂直(平行)于坝轴线方向的称横向(纵向或侧向)位移,在拱坝中称径向和切向位移。是外部观测的重要项目,目的是了解运行中建筑物在外界荷载和地基变形等因素作用下的状态变化是否正常。

(沈长松)

水汽压 water-vapor pressure

湿空气中水汽的分压。在气压为P、混合比为γ的湿空气中,水汽压(e)为

$$e = \frac{\gamma}{0.62198 + \gamma}P$$

水汽压单位与气压的单位相同,常用的有:毫巴(mb)、毫米水银柱高度(mmHg)、帕(Pa)、百帕(hPa)和千帕(kPa)。可用干湿球温度计求得。

(胡方荣 周恩济)

水汽压力差 vapour pressure deficit

又称饱和差(saturation deficit)。在某个气温下的饱和水汽压与当时实际水汽压的差值。表示空气中的水汽含量和饱和含量相差的程度,是一个相对的湿度指标。 (周恩济)

水情测报站网 network of hydrological information

获取并及时报道河流及其他水体水文要素实时变化情况的站网。水情指河流或其他水体的水文及有关要素实时变化情况,如雨量、水位、流量、水温、冰情、墒情、含沙量及水质状况等,为防洪、防凌、抗旱和充分利用水资源提供信息。为取得水文情报,需布设合理的水情站网。通常在已有的水文、气象站网的基础上选定和增补。可分常年水情站网、汛期水情站网和辅助水情站网。水情站网要求传递信息迅速、准确,应根据主管部门规定,通过电话、电报、通讯卫星等方式,定期或随时发布指定项目的水文情报。 (林传真)

水区 water area

大洋水水温特性相对均一的区域。根据水温垂直分布的特点,可把大洋水分为两部分:一是垂直梯度很大,水温较高的大洋上层暖水区;另一是温度垂

直梯度很小,水温很低的下层冷水区。大洋暖水区的厚度,在低纬度海区大约600~1 000m,由此向高纬逐渐减小,至亚北极和亚南极区,暖水区消失,冷水区扩展到海面。　　　　　　　　　(胡方荣)

水权 water rights

水所有权与使用权的统称。水法中经常运用的基本概念。在不同国家有不同含义,但对某一国家水法,其含义是明确的,或指水所有权,或指水使用权,或二者兼指。中国《水法》第三条对水所有权作了明确规定,水资源归国家所有。　　(胡维松)

水蚀 water erosion

水力侵蚀的简称。暴雨和地表径流对土壤造成的剥蚀和冲刷现象。分为面蚀和沟蚀两大类。是水土流失的主要形式之一。侵蚀程度主要决定于暴雨强度、地面坡度、土壤结构以及植被状况等。是水土保持工作中的主要治理对象。　　(刘才良)

水体动能 water kinetic energy

水体由于流动所具有的能量。通常在水力发电基本方程式推导中,河段相近两断面的流速差别不大而忽略不计。　　　　　　　　(陈宁珍)

水体更新速度 the renewal speed of water body

各类水体循环一次平均所需的时间。地球总水量13.86亿 km^3 中每年仅有57.7万 km^3 参与水循环(平均情况),按此速度全部水量更新一次需要2400年。各种不同水体的更新时间不同。
　　　　　　　　　　　　　　　　(胡方荣)

水体势能 water potential

河川水体相对海平面(或某基准面)所具有的能量。如它还具有一定流速,就具有一定的动能,二者统称为具有一定的水能。水力发电就是利用天然水能生产电能。　　　　　　　　(陈宁珍)

水头 water head

又称落差。以高度表示的单位重量流体所具有的机械能。单位为 m。是河道(或输水道)上、下游两断面之间的水位差。单位重量的流体在流动过程中由于内部摩擦及克服局部摩阻所消耗的机械能称水头损失,扣除水头损失以后的水头称净水头。
　　　　　　　　　　　　　　　　(陈宁珍)

水头受阻 head obstruction

见受阻容量(224页)。

水头损失 head loss

见水头。

水图 water chart

表示水文特征地区变化规律的地图。根据水文观测资料和科研成果资料综合研制而成。一般包括降水、蒸发、地表径流、地下水、暴雨、洪水、泥沙和冰情等水文要素特征值等值线图,也包括河流、水系和水文测站分布图等,还可包括水污染、水质、水土保持等图幅。根据水图可以评价水资源,也是编制水利、农业、城市建设、工矿交通等各类规划的重要参考资料。　　　　　　　　　　(许静仪)

水土保持 water and soil conservation

防止山区、丘陵区和风沙区的水土流失,充分发挥水土资源的经济效益、社会效益和生态效益,为工农业生产服务的一门综合性科学技术。也是一种综合治理措施。主要内容包括:研究水土流失的形式、发生和发展规律;控制水土流失的基本原理;水土保持规划;治理措施和效益等。水土流失除和自然条件有着密切的关系外,还受人类活动及社会经济因素的影响。水土保持工作是山区发展生产的生命线,也是人类保护自然、改造自然和利用自然的一项系统工程。　　　　　　　　　　(刘才良)

水土保持措施 measures of soil and water conservation

防止水土流失和涵养水源所采用的技术措施。包括实行等高种植、改良土壤的耕作措施;造林种草、增加地面覆盖的林草措施;封山育林、合理放牧、保护生态的牧业措施;治坡、治沟、兴修水利的工程措施等。各类措施紧密联系,相辅相成。在规划、治理过程中,应结合各地的特点,因地制宜地采用。
　　　　　　　　　　　　　　　　(刘才良)

水土保持工程措施 engineering measures of soil and water conservation

为防止水土流失及合理利用山区水土资源而修建的各种工程设施。根据工程的位置和作用分为:①治坡工程:在缓坡地上修梯田;在较陡的山坡上修鱼鳞坑、水平沟埂、截流沟等,防止坡面径流的水蚀作用。还可在坡面修蓄水工程。②治沟工程:在沟头修建土埂,防止冲沟伸长。在沟中修建谷坊、淤地坝、拦沙坝等工程,以防沟道继续下切,并起到蓄水拦泥的作用。③水利工程:兴修沟道蓄水工程、蓄水池,引洪灌溉工程以及山洪、泥石流导排工程等。④护岸工程:用干砌石、浆砌石护岸,沟中建丁坝、顺坝等防止沟道冲刷,保护两岸的耕地、道路和建筑物。
　　　　　　　　　　　　　　　　(刘才良)

水土保持林业措施 forest measures for water and soil conservation

通过植树造林,增加地面覆盖率,涵养水源,改良土壤,改善山区的经济面貌和生态环境。在管理好天然林的同时,有计划地在荒山荒坡上种树、种草。包括营造以防止土壤侵蚀、涵养水源、调节气候和水文状况为目的的水土保持林。在风沙区,营造减小风力,防止风蚀和干热风侵袭农田的防风固沙林。

黄河中游地区，为防止沟蚀而营造的沟头防护林、沟坡防护林和沟底防护林。在河道两岸和库区周围营造护岸林。水库上游营造水源涵养林。平原地区营造农田防护林等。（刘才良）

水土保持牧业措施 water and soil conservation of pasture

山丘区和风沙区，通过种植优良牧草，合理放牧等措施来改善植被，保持水土，发展畜牧业。对坡度较陡和水土流失严重地区实行退耕还草。对退化的天然草场实行封坡育草，划区轮牧的办法。改牛羊放牧为圈养，使饲草恢复生机。选择适宜的优良牧草，发展人工草场。黄土地区宜种苜蓿、草木樨、沙打旺等。湿润土石山区宜种龙须草、葛藤等。在风沙区种植沙竹、沙蒿。种植方式分有人工种植和飞机播种。（刘才良）

水土保持农业措施 agronomic measures of soil and water conservation

通过推行有关的农业技术来防止水土流失。主要有整修梯田，改变小地形；实行等高耕作、沟垄耕作、带状间作、抗旱保墒耕作；草田轮作，深翻改土，增施有机肥料，提高土壤肥力；推行免耕法和少耕法等，以减缓地表径流，增加土壤蓄水能力，抗旱防旱，保持水土，促进农业生产发展。（刘才良）

水土流失 water and soil losses

在水力作用下，地表土壤、母质和岩石碎屑随水移动和重新堆积的过程。广义的定义和土壤侵蚀相同。形成的自然因素有：地表植被不良；地面坡度陡；表土疏松；暴雨集中等。人为因素有：滥伐森林；不合理的放牧和铲草；陡坡开荒种田等。其结果是破坏和吞没农田，降低土壤肥力，淤积河、渠、湖泊和水库，破坏交通设施，威胁人民生命财产安全，对国民经济带来严重损失。（刘才良）

水团 water mass, water-lumps

海洋中性质相对均一的宏大水体。源地和形成机制相近，具有比较均匀的物理、化学和生物特征及大体一致的变化趋势，而与周围海水存在明显差异。在海洋表层，由于长期受到当地气象状况和海流的影响，在一个比较小范围内，也可以形成水团，因气象状况和海流性质变化比较剧烈，表层水团特性，呈现较大的季变化；反之，表层以下的水团，其性质则较稳定。（胡方荣）

水位流量关系 stage-discharge relation

河渠中某断面的实测流量与其相应水位之间的相关关系。据此由测得的水位推求未测得的流量，简化了野外流量测验工作，是进行流量资料整编的最主要的途径。根据测站特性不同，可分为稳定的（单值关系）和不稳定的（多值关系）两大类。其表达方式可用曲线图、方程式和表格（如流率表）等。（林传真）

水猥

河道两旁调蓄洪水的地势低洼区域。河道涨水过盛时可放水入内滞洪；洪水退后，停蓄之水仍可流回河槽内。相当于今之滞洪区。《汉书·沟洫志》："长水校尉平陵关并言：河决率常于平原、东郡左右，其地形下而土疏恶。闻禹治河时，本空此地，以为水猥，盛则放溢，少稍自索，虽时易处，犹不能离此。上古难识，近察秦汉以来，河决曹、卫之域，其南北不过百八十里者，可空此地，勿以为官亭民室而已。"（查一民）

水碓

见水磨（248页）。

水文比拟法 hydrologic analogy

将参证流域的水文资料移置到设计流域的一种方法。在有些中小型水利水电工程规划设计中，常遇到小河流上缺乏实测径流资料，或虽有短期实测径流资料但无法展延。目前常用间接的水文比拟法推求。这种移置方法是以设计流域影响各项因素与参证流域影响径流各项因素相似为前提。（许大明）

水文测验 hydrometry

收集和整理水文资料的全部技术过程。狭义的水文测验专指测量水文要素所需要的全部作业。水文工作的基础。其工作内容是根据国民经济发展的需要，进行水文站网规划，布设和调整水文测站；技术标准的制定，测验方法的研究和仪器设备的研制；采用定位观测、巡回测验、水文调查等方法测定各项水文要素，如水位、流量、含沙量等；对原始观测或测验的数据作整编、汇编、刊印成系统的水文资料，如水文年鉴。随着空间技术和电子技术的发展，正向水文测报自动化，水文资料自动存贮、编目及检索的水文数据库方面发展。（林传真）

水文测站 hydrometric station

俗称测站。在河流上或流域内经常收集和提供水文要素资料而设立的各种水文观测现场的总称。施测项目有降水、蒸发、水位、水温、冰凌、地下水位、流量、含沙量与输沙率、土壤含水量，泥沙颗粒分析、水质监测和分析。此外，还有有关的附属观测项目，如风向、风速、波浪。一测站一般只观测其中一项或几项，例如以测定流量和水位为主的测站称水文站；以观测水位为主的称水位站；负有水文实验任务的一个或一组水文测站称实验站。（林传真）

水文调查 hydrological investigation

采用勘测、调查、考证等手段进行水文资料及有关资料的收集工作。根据调查目的和内容分为：流域基本情况调查；水量调查；暴雨及洪水、枯水调查；专门水文调查，如泥沙、冰凌、泉水等。其成果为分析还原水量、检查观测资料的质量、延长观测资料系列等提供参考和依据。为弥补基本站网定位观测不足或其他特定目的取得有关水文资料的一种重要手段。 （林传真）

水文概念模型 conceptual hydrological model
见水文模型。

水文过程 hydrologic process
随时间或空间变化的水文现象。在定性或定量的描述中，若忽略该过程中各变量的概率特性，则得出的是一种确定性过程。若考虑各变量出现的可能性，在描述中引进概率因素则称为随机过程。
（刘新仁）

水文混合 hydrological mixing
水团或水分子从一层转移到另一层的交换现象。包括分子混合、紊动混合和对流混合。在混合过程中，水团或水分子的动量、热量或所带的溶质、胶质、有机质和无机质得到混合，形成动量转移、热量转移和质量转移等现象。 （胡方荣）

水文极值 hydrologic extreme values
水文要素的极端值事件。水文要素在一年中有大小变化，其最大值和最小值统称水文极值。如年洪水极值事件，就是年最大洪峰流量；年枯水流量，就是年最小流量。 （许大明）

水文计算 hydrologic computation
分析研究各种水文特征的可能变化规律，为规划设计提供设计依据。内容包括：峰量频率计算、设计洪水、设计暴雨及推流、可能最大降水、设计年径流、设计枯水径流及设计泥沙量。 （许大明）

水文计算规范 specifications for hydrologic design
供水利水电工程水文计算使用的规范。为部颁标准。内容包括总则、基本资料、径流、泥沙、水面蒸发、水温、水质、冰情、厂坝区水位流量关系曲线及水文预报站网规划等，并附有说明。具有一定约束力，是水文计算的依据。 （许大明）

水文缆道 hydrometric cableway
由岸上控制操作进行水文测验（包括测流、测沙）的一种渡河设备。由承载、驱动和信号传递三大部分组成。其中驱动部分主要包括

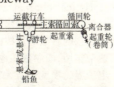

绞车、行车及由主索、循回索、起重索和悬索等所架设的一套索道工作系统，为减速和省力，常加设滑轮组和平衡锤装置。按驱动情况分为人力、机动、电动三种型式。利用水文缆道，可将水文测验仪器送到测验断面任一指定位置进行测验作业，工作既方便又安全，而且易于实现自动化。 （林传真）

水文模型 hydrologic model
模拟水文过程的实体结构或数学结构。在水文研究中较少采用实体模型，多采用抽象模拟水文现象的数学模型。确定性水文模型描述确定性水文过程特性；随机水文模型描述随机性水文过程特性；黑箱模型只涉及水文系统的输入与输出间的数量关系，不考虑其间物理联系；概念模型运用物理概念建立数学关系或运算规则；集总参数模型中的参数不随空间位置变化；分布参数模型中的参数随空间位置变化；连续模型中变量随时间或空间连续变化；离散模型中变量在时间或空间上离散取值。
（刘新仁）

水文年度 hydrologic year
按水文情势划分的年度。包括一年中河流水情的各阶段，可反映水文现象变化的周期性自然规律，是与水文情况相适应的一种专用年度。一般起讫时间为当年枯季末至次年枯季末所经历的时间。开始日期划分方法有二：①河流水源补给的自然转变之时日，如地下水源补给转向地面水源补给为主之日；②与地面水文气象特征相适应的时日，如降水量极少，地表径流接近停止之日。因每年水文现象转折变化起始日期不一，为便于整编水文资料，实际水文年度开始日期的划分仍以某月的第一天起算。
（林传真）

水文年鉴 Water Yearbook
根据统一要求和规格，按流域、水系统一编排卷册，逐年刊印的水文资料。包含的统一规定表式有61种，主要有三类：实测成果表、逐日平均值表（含有年、月平均值）及瞬时变化过程摘录。中国从20世纪50年代初，开始全面系统地整编刊印历史水文资料并逐年刊印。从1958年起，统一命名为《中华人民共和国水文年鉴》。1964年作一次调整，全国共分10卷74册刊布。据1985年统计，已刊出2200册。 （林传真）

水文频率曲线 hydrologic frequency curve
表达水文变量和其频率关系的曲线。其线型常用皮尔逊Ⅲ型分布曲线等。将水文变量用其相应的经验频率关系，用目估适线法，在几率格纸上绘制成频率曲线。 （许大明）

水文气象法 hydrometeorological method
由形成暴雨的气象因子求设计暴雨方法的总称。根据对暴雨特性及气象成因分析，找出形成暴雨主要因素及其最有利于降雨组合情况下，可能出现的最大暴雨及洪水，作为设计洪水的可能上限值。
（许大明）

水文情报

水文信息的实时报道。信息包括雨量、水位、流量、水温、冰情、墒情、泥沙含量和水质状况等。为水文预报作业提供资料依据,是防汛、抗旱、防凌、水库调度等项工作的重要组成部分。为了及时获得可靠的水文情报,需要建立和不断完善观测和监测站,情报传输网络,改进测验手段,调整充实站网。
(刘新仁)

水文情势 hydrological regime

在一定时段内水文现象的变化特性。包括水位随时间的变化,一次洪水的流量过程,一年的流量过程,河川径流量年内和年际之间的变化等。
(胡方荣)

水文实验 hydrological experiments

为探求和研究水文现象和过程并对其作出成因分析的科学实验。水文现象受许多自然因素制约和人类活动影响,一般水文观测、分析难于清楚地揭示其物理过程和互相关系,需要在野外或实验室内用特定的程序、装置和设备进行系统的有控制的观测和试验。主要有:研究天然条件下和人类活动影响下水文现象的物理机制及各种水文要素之间的相互联系;研究现时水文学理论和应用中有待认识和解决的问题;检验已有的理论和方法。可通过自然实体,如代表流域、实验流域及各种试验场;人工模拟体,如人造集水区、人工坡面和土体等进行观测、分析计算并提供研究成果。
(林传真)

水文手册 handbook of hydrology

供中小型水利水电工程水文计算用的工具书。内容包括降水、径流、蒸发、暴雨、洪水、泥沙、水质等水文要素的计算公式和相应的水文参数图表,附有相应的应用说明和有关水文特征资料。中国的水文手册,从1959年开始由各省市自治区水文总站和规划设计部门编制出版。随着水文、气象资料的积累,计算方法的完善,需不断进行修订。由于内容和使用要求不同,常分类编印径流计算手册、暴雨径流图表等。
(许大明)

水文随机过程 stochastic processes in hydrology

一个或多个水文随机变量随时间、空间的变化过程。主要用于研究水文变量的时间过程,描述、分析和模拟水文现象。可记作 $\{X(t), t \in T\}$,其中参数 t 表示时间,$X(t)$ 表示水文过程,如河川流量等在 t 时刻的水文变量,$t \in T$ 表示时刻 t 在全程 T 范围内某个任意取值。在一组时刻 t_1、t_2、$\cdots$、t_n,对水文现象进行观测,得到 $X(t)$ 的一组数值 $x(t_1)$、$x(t_2)$、$\cdots$、$t(n)$。依出现时间顺序列出水文时间序列。该时间序列是上述随机过程的一个现实,而同一个随机过程可以产生的现实是多种多样的,各自具有不同的概率。开展水文随机过程研究在于:尽可能地从现有观测资料中提取有用的信息,推断水文过程的统计特性,解释和揭露水文变量变化的规律,指导建立和运用水文随机模型。
(朱元甡)

水文随机模型 stochastic models in hydrology

根据水文随机过程,建立由数学公式或程序所组成的模型。用来描述、模拟和预测该水文过程可能的变化。水文随机过程是客观水文现象统计规律的反映。在一定技术条件下和在一定时间范围内,所取得的观测数据,常存在测量和记录误差。经过分析研究,对误差作出鉴别和纠正,得出水文随机过程变化规律的主观认定,再经抽象和概括建立一个比原型简单的"水文随机模型",用它说明水文过程的某些(并非全部)变化特性,模拟生成或虚拟的时间序列,预测该过程未来可能的变化。建立和运用这种模型时,必须要求时间序列资料足以代表所研究的水文随机过程。由于研究分析问题和目的不同,对同一水文过程可建立不同型式的水文模型。
(朱元甡)

水文统计 hydrologic statistics

用概率统计方法对水文现象中各种随机变量所进行的分析。概率论和数理统计是研究受随机因素影响的各种现象的数学工具。内容包括:概率论与数理统计基础知识及其在水文学中应用。如水文变量频率计算估计方法,回归分析方法,统计试验方法,用随机过程理论分析水文过程等。
(许大明)

水文统计特征值 hydrologic statistical characteristics

反映某时段降水量、河川径流量等水文特征值的统计参数。依据自然现象和工程实用要求,一般指年平均值、月平均值及年最大值等。各种水文特征值的数值是各年变化的,概括这种变化基本特点的统计参数有均值、变差系数和偏差系数等。均值反映降雨量或径流量总量,变差系数和偏差系数反映各年间降雨量或径流量变化幅度。
(许大明)

水文统计特征值等值线图 maps of hydrologic statistical characteristics

根据地区某些水文特征值的统计参数渐变规律而绘制的参数等值线图。水文统计特征值等值线有两个作用,即参数在地区上对比分析;中小型水利水电工程的坝址处若无实测资料时,可以直接利用等值线图进行地理插值,求得设计流域的统计参数,进而得到指定频率下的设计值。
(许大明)

水文图集 hydrologic atlas

根据水文观测资料和科研成果资料综合研制而

成的图集。包括降水、蒸发、地表径流、地下水、水质、暴雨、泥沙和冰情等水文要素图及河流、水系和水文测站分布图等。《中国水文图集》于1963年出版，共有各种水文要素图70幅。　　（许大明）

水文循环　hydrologic cycle

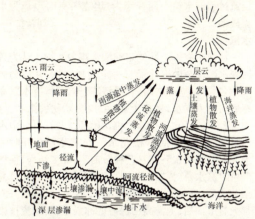

又称水分循环。地球上的水以蒸发、降水和径流等方式进行周而复始的运动过程。地球上的水在太阳辐射能和地表热能作用下，不断从水面（海洋、河流、湖泊等）陆面和植物表面蒸发，化为水汽上升到高空，被气流带到其他地区，遇冷凝结成雨降到地面，在重力作用下，一部分渗入地下成为地下水，部分形成地面径流流入江河汇归海洋，还有一部分又重新蒸发回到空中。分为外循环和内循环。平均每年有57.7万 km^3 的水蒸发进入大气，又通过降水返回海洋和陆地。其内因是水的三态（气态、液态、固态）在常温条件下互相转化，外因是太阳辐射和地心引力。　　（胡方荣）

水文遥感技术　remote sensing technology in hydrology

遥感技术在水文、水资源研究中应用的总称。利用安装在飞机、人造卫星等运载工具上的传感器，如摄像机、扫描机、雷达，进行远距离收集水体和流域的图像、波谱，经过处理和分析获得水文数据。主要研究内容为：水体及其周围环境辐射波谱特性的研究；遥感图像数据处理和分析判读技术研究；在水文、水资源、水环境领域中遥感数据应用研究。利用遥感技术收集资料具有信息量丰富、真实，视野辽阔感测范围大，信息传递迅速并能进行动态监测等优点，已在水文、水资源、水环境研究中得到广泛应用。　　（林传真）

水文要素　hydrologic elements

构成某一地点在某一时间水文状况的必要因素。表现为各种水文变量和水文现象。包括降水、蒸发和径流。有时也包括水位、流量、含沙量、水温、冰凌和水质等由水文站网通过水文测验取得数据。　　（胡方荣）

水文预报　hydrologic forecasting

对水文变量未来情势的确定性预测。情势包括数量大小，出现时间和演变趋势。确定性预测不同于概率预估，预测可以包含有误差，但对不同时刻须给出确定的预测值，而不是给出出现超过某一数值的可能性。水文预报的变量包括河道洪枯水水位流量，水库入库水量，融雪径流过程，冰情，土壤含水量和旱情等。预报方法有单变量趋势法，多变量相关法，概念模型模拟法和物理定律推算法等，由经验性到理论解析，繁简难易不一。应根据预报现象的自然性质和研究的深入程度，当地资料条件和预报的精度要求等方面，选择适当的预报方法。根据预见期长短，一般分为短期和中长期两种，短期预报只涉及一次暴雨洪水过程，中长期则超出这一范围，例如暴雨洪水预报，相应水位预报均属于短期预报，月径流预报，枯季径流量预报等属于中长期预报。
　　（刘新仁）

水文预报方案　scheme of hydrologic forecasting

水文预报所依据的各种图表，公式和模型等的总和。是针对预报要求，根据水文资料和水文情报条件，利用现有的水文知识，预先编制好备预报作业时使用。方案编制工作包括收集历史资料，调查水文情报采集传输系统条件，选择预报方法，率定有关参数，编制计算机程序或简易查算图表，评定方案的误差等。已编制的预报方案必须在使用过程中定期修正。　　（刘新仁）

水文站网　hydrological network

在一地区或流域内，由各类水文测站所组成的有机集合体。许多测站组成的站网是互相联系的整体，比各单站发挥更大的作用。其布设密度对水文资料的质量及布站投资影响很大。根据测站的性质可分为基本站网和专用站网两类。基本站网综合国民经济各方面需要，由国家统一规划设立的，进行长期连续观测，资料刊入水文年鉴或以其他方式长期存贮；专用站网的测站为某特定目的设立的，观测项目和年限，由设立部门自行确定。　　（林传真）

水文资料　hydrological date

又称水文数据。各种水文要素测量、调查的记录及其整理分析成果的总称。包括水文年鉴、水文特征值统计、水文图集、水文手册、各种水文资料报告及水文调查资料。基本水文资料是由国家设立专门水文机构长期搜集和整编的，具有普遍性和通用性。水文资料除以水文年鉴等形式存贮外，随通讯、电子技术和摄影等新技术的发展和应用，建立自动

水文资料收集系统,形成水文数据库,可承担收集、传输、存贮、检索的任务。　　　　　　（林传真）

水文资料整编　hydrological data compilation

按科学方法和统一格式对原始水文资料进行整理、汇编的全部技术工作。包括测站考证,审核原始资料,进行整理、分析、统计并编制各种图表,进行合理性检查,编制整编说明书以及审查、汇编、刊印或存贮于资料库。中国以往采用人工整编方法,从20世纪70年代开始逐步采用电子计算机整编并向形成水文数据库方向发展。　　　　（林传真）

水文自动测报系统　automatic system of hydrologic data acquisition and transmission

收集、传递和处理水文实时数据的各种传感器、通信设备和计算机等装置组成的系统。分成遥测站、信息传输通道和中心控制站三部分。主要用于防汛和水利调度。遥测站自动收集雨量、水位和其他水文要素的实时数据,在中心站控制下按一定方式把数据编排成脉冲信号,通过信道传递到中心站。信息传输通道即信道,是连接遥测站与中心站的电波传输线,分为有线和无线两类。中心控制站集中遥测系统内各遥测站的数据,进行整理计算,做出洪水预报,并可通过对闸门启闭的控制,进行水利调度。　　　　　　　　　　　　　（刘新仁）

水污染防治法　water pollution control law

保护水资源的一项法律。包括防治河流、湖泊、运河、渠道、水库等水源的水质不受污染,保护水环境和水资源的有效利用及水的永续再生,是水资源立法的组成部分。水污染是一种水害,为保护生态环境,必须加以有效防治。中国以外对此有不同称法,如"水资源保护"、"水质保护"、"水污染控制"等。中国于1984年5月第六届全国人民代表大会常务委员会第5次会议通过《中华人民共和国水污染防治法》。　　　　　　　　　　（胡维松）

水系　stream network, river system

见河网(106页)。

水下地形仪　apparatus for submerged topography measurement

测定水底床面形态的仪器。在野外使用最多的是回声测深仪。仪器探头沉入水中一定深度,垂直向下发射声波,碰到河底面声波反射向上,再被探头接收后利用声波传递时间换算水下深度。近年来为测定模型河道水下地形也出现了多种地形仪,它们有在水面附近接收折返信号的超声式地形仪和直接插入水中河底时获取信号变化的电阻式和光电式地形仪。利用探头接近底面时的信号变化,反馈控制探头测杆的升降,进一步发展为跟踪式水下地形仪,通过计算机直接换算得出河床横断面形状。

（周耀庭）

水箱模型　tank model

日本水文学家建立的用一系列串联和(或)并联的具有孔口的水箱组成的一种流域概念模型。通过调整水箱个数、排列顺序、水箱容积、孔口位置和尺寸等参数,模拟流域河网的蓄泄关系,计算流域降雨径流过程。水箱一词音译为"坦克",有时也译为坦克模型。　　　　　　　　　　　　（刘新仁）

水汛

江河中有季节性的定期涨水现象。古人认为黄河涨水随季节的变化而有一定的规律性,并以物候来命名。如:立春之后,春风解冻,称为"解凌水";立春后河边人候水,来自上源,可预测夏秋大汛者,称为"信水";夏历二三月间,桃花始开,积雪融化,雨水汇集,此时涨水称为"桃花水";春末芫菁花开时涨水,称为"菜花水";四月芒种节前后,陇麦结秀,抽穗变色时涨水,称为"麦黄水",又称"麦浪水";五月夏至节前后,瓜蔓生长结实时涨水,称为"瓜蔓水";六月大暑节前后,上游高山深谷的冰雪融化,水流挟带沙石下泄,水带矾腥味,称为"矾山水";七月处暑节前后豆类开花时涨水,称为"豆花水";八月秋分节前后芦荻开花时涨水,称为"荻苗水";九月霜降节前后,正值重阳,涨水称为"登高水;"十月立冬节前后,水落安流,复其故道,称为"复槽水",又称"归槽水";十一月、十二月河道开始结冰,满河淌凌,如因凌块阻塞,也能引起涨水,称为"蹙凌水"。以上水汛名称,又称为十二月水名。以后又逐渐概括为四汛:桃汛(又称春汛)、伏汛、秋汛、凌汛。　　（查一民）

水域　waters, water area, water space, water body

江河湖海一定面积和深度的范围。常以其划定领水、领海、大陆架、行政区划和边界,港湾和河道中常用标志划定,以利船舶停靠、作业和航行。根据地理位置,分为内陆水域、沿海水域和国际水域。

（胡明龙）

水跃消能　energy dissipation by hydraulic jump

见底流消能(46页)。

水灾　flood damage, flood disaster, flood havoc

久雨、山洪暴发或河水泛滥所造成的灾害。是世界上各种自然灾害中给人类社会造成重大损失的灾害之一。每年在世界各地总有局部地区的水灾,其主要损失是冲毁房屋、淹没良田、破坏交通和人畜伤亡等。　　　　　　　　　　　（胡维松）

水则

又称水志。古代用于观测水位涨落的水尺。如两千多年前的都江堰就曾有形象化的石人水则。至唐宋时,在河湖上立水则,作为防洪、通航及灌溉水位控制的标准,已较为普遍。如宋代都江堰在离堆的岩壁上刻有水则;其他如南宋绍熙五年(1194年)以前就有的苏州垂虹桥附近的吴江水则碑;南宋宝祐年间(1253~1258年)设于宁波四明桥下的平字水则等。明代嘉靖年间(1522~1566年)设立的绍兴三江闸水则,清代设于陕州万锦滩的黄河水志等,都是著名的古代水尺。 （陈 菁）

水闸　sluice, water gate

主要靠闸门起挡水、泄水作用的低水头水工建筑物。常建在河流或渠道上,用以调节上游水位、控

制流量、泥沙、泄水、泄洪、拦挡洪水、潮水或冲沙等,为防洪、挡潮、发电、灌溉、航运、给水、排水、防沙等综合目的或单独地为完成某项水利任务服务。按其位置及功用分,有拦河闸、节制闸、进水闸、分水闸、分洪闸、防洪闸、挡潮闸、泄水闸、排水闸、退水闸、冲沙闸等。按闸型分,主要有开敞式及封闭式两种。前者闸室是露天的;后者闸室后有洞身段,上有填土覆盖,也称涵洞式,适用于深挖方或高填土的中、小型水闸。通常由闸室及上、下游连接段组成。闸室设有调节闸前水位及流量的闸门、过水底板(包括堰)、支撑闸门的闸墩及其上部的交通桥、工作桥等。上、下游连接段,前者设有上游翼墙、铺盖、板桩、防冲槽,用以导流、防冲及防渗;后者设有下游翼墙、护坦(或消力池)、海漫、防冲槽,具有消能、导流及防冲的作用。 （王鸿兴）

水闸边荷载　side load of sluice

作用在计算闸孔两侧地基上,由相邻闸孔、土坝(堤)或两岸填土所产生的荷载。边荷载往往对闸室及闸底板内力有较大影响。如闸室较高,引起两岸填土荷重较大,与边孔闸室传给地基荷重相差悬殊,在软土地基上就要产生过大的不均匀沉陷,破坏局部结构,影响闸门启闭,并可能使闸底板产生较大的附加应力,以致底板有断裂的危险。设计时必须予以考虑。边荷载的影响,除与地基性质有关外,还与闸室及两侧填土的施工顺序关系较大,应根据具体情况考虑。 （王鸿兴）

水政　water administration

政府主管部门运用法律、法规和政策对水利事业进行管理和施政的统称。即对水利事业进行的行政管理。国家为合理开发水资源和有效管理各项水利事业,通过水利行政主管部门,运用法律、法规、政策、法令、规范等行使治水、用水、监督与管理的权力;处理和调解各种水事关系和水事纠纷;合理协调各用水部门的利益和要求;组织审查和批准重大工程和重要流域规划和开发计划等。 （胡维松）

水质监测　water-quality monitoring

为掌握水体质量变化动态,对有关水质参数进行间断或连续的测定和分析。依地球化学、水污染源的地理和区域差异,在一定范围内设置水质监测站,形成监测网络,长期监测累积资料,为水质管理、水质评价和水质规划提供科学依据。监测项目分三类:基本测定项目,属于水的一般性质项目,全部采样点都应测定;可选择测定项目,按地点、水的用途和测定目的选用;全球意义测定项目,在已选地点根据分析能力进行。中国根据水资源开发利用保护管理的需要,确定水温、pH、溶解氧、挥发酚、氰化物、砷化物、汞、镉、铅等36项为必测;硫化物、锌、氟化物等10项为选测。监测手段可用人工采样分析、自动监测和遥感遥测三种。 （林传真）

水中倒土坝　earth dam by dumping soil into water

按设计要求将土倒入水中经固结密实而形成的土坝。有两种填筑方式。一种是先将卵石或块石倒入水中,形成支承体,在其上游侧倒入反滤料,再倒入黏性土,形成防渗斜墙;另一种是在坝面上用畦埂将填筑面分割成若干畦块,注入一定深度的水,再将土料倒入水中,使其崩解,在自重和渗压作用下重新固结,有的稍加碾压,形成坝体,适用于黄土及砾质土地区。高60m的山西汾河水库土坝就是采用此筑坝方式于1959年建成。 （束一鸣）

水转纺车

又称"水转大纺车"。水力驱动的纺纱机械。其结构为:右边第一个大轮为水轮,第二个大轮为纺车大轮,左边为纺车。其纺车部分与人力纺车相似,不过形制较大,大纺车长二丈多,宽五尺左右,宋元时代用以纺苎麻。其水力部分是由水流冲动的水轮,其原理与水磨相似。 （查一民）

水转连磨

由一个水轮带动多架水磨。参见水磨(248页)。 （查一民）

水转筒车

利用旋转的水轮和水筒将水提升到较高处的

古代提水灌溉机械。水轮直接架于河流中,上有木制或竹制轮叶,水流冲击轮叶,可使水轮旋转。水筒安装在水轮上,上升时筒口向上从河流中提水,下降时筒口向下将水倾注入预设于其下的接水槽中。水转筒车在唐宋时代已普遍使用,由于其利用天然水能,无须人工,因此使用甚广,直至近代。在国外被称为"Chinese noria"("中国筒车")。

(查一民)

水坠坝 self-sluicing-siltation dam

又称自流式冲填坝。泥浆从高于坝顶的土料场经输泥沟自流到坝面冲填而成的土坝。其主要施工过程为:在料场将土与水混合,使其在带跌坎的泥浆沟中流动造浆,从坝端流向坝面冲填畦;冲填畦由坝面上、下游侧的边埂以及中间埂形成,泥浆中的土粒在冲填畦内沉淀,水则经排水井、管排出;随着坝体升高,土体固结压实。因泥浆浓度高(土水比2.2:1～2.8:1),冲填过程中土粒基本不发生水力分级,固结后形成均质坝。中国黄土高原地区中小型工程较适宜建造这种坝。

(束一鸣)

水资源 water resources

地球上分布和蕴藏的可供人类使用的淡水。是人类生活、生产、社会经济与文化发展不可替代的资源。地球上水的总量约为 13.86 亿 km^3,而淡水只占2.5%,其中大部分无法利用。淡水资源参与全球水循环,较长时间内可维持动态平衡,储量不到全部淡水的 1/5,且分布极不均匀。为了充分发挥水资源的最大经济效益与社会效益,必须对其数量、质量、水能蕴藏量、时空分布特征和开发利用进行评价。人类面临日益增长用水量而水资源有限,必须进行合理分配,保护水源,提高综合利用率。

(胡明龙)

水资源保护 protection of water resources

为使水质不受污染,水量不致浪费,促进合理利用水资源而采取的各种措施与途径。目的是对下述现象——由于水资源在空间、时间上分布不均匀,国民经济发展中水资源开发不平衡及各用水部门布局不合理,人类对水的过多消耗和废污水的不断排放所造成水资源可利用量急剧下降、水质恶化的现象进行控制、改善、预防和管理。

(许静仪)

水资源费 water resources fee

国家对于直接从地下或者江河、湖泊取水者征收的费用。作为保护和补偿性质的收费,它反映水资源的使用价值,是付给国家的保护和补偿水源的费用。通过收取水资源费,也体现国家对有限资源的整体调节。不同于水利工程供给商品水所收的水费。

(施国庆)

水资源分区 zoning of water resources

根据水资源评价的需要,全国按流域水系划分的区域。是水资源汇总的基本单元。分区原则有三条:基本上能反映水资源条件的地区差别;尽可能保持流域水系的完整性,大江大河可以分段,自然地理条件相同的小河适当合并;便于进行总资源估算和供需平衡分析。中国的地表水资源按流域水系划分为 10 大片,共 77 个分区。地下水资源分为平原区及山丘区两类。

(许静仪)

水资源管理 water resources management

水资源合理开发利用的组织、协调、监督和调度。运用行政、法律、经济、技术和教育等手段,组织各种社会力量开发水利和防治水害;协调社会经济发展与水资源开发利用之间关系,处理各地区、各部门之间用水矛盾;监督、限制不合理开发水资源和危害水源的行为;制定供水系统和水库工程的优化调度方案,科学分配水量。

(许静仪)

水资源规划 water resources planning

根据社会发展和国民经济各部门对水的需求,制定流域或地区的水资源开发和河流治理的总体方案。包括确定开发治理目标,选定实施方案和拟定开发程序等工作。可分为江河流域水资源规划、地区水资源规划、跨流域调水规划及专业水资源规划等四类。

(许静仪)

水资源技术经济学 technical economics of water resources

又称水利工程经济学。研究水资源合理开发利用技术方案的最佳经济效益的科学。是适应我国水利事业发展需要建立起来的一门技术和经济相互渗透的新兴学科,是一门介于自然科学与社会科学之间的边缘学科。水资源技术经济问题在水利水电建设的规划、设计、施工和运行管理各个阶段都存在。在水资源工程建设中,凡涉及提高经济效果而进行的方案比较经济分析工作,都与水资源技术经济分不开。

(戴树声)

水资源评价 water resources assessment

对某一流域或地区的水资源数量、质量、时空分布特征和开发利用条件结合该地域社会经济情况进行分析估价。包括地表水资源评价、地下水资源评价及水质评价。评价河流、湖泊、水库等地表水资源量的大小、多年变化和季节变化规律,估算可利用量及保证程度。地下水资源评价主要对地下水补给量、储存量及可开采量等方面进行估计。水质评价

水资源系统　water resources system

流域或地区范围内在水文、水利上互有联系的各水体、有关工程建筑构成的综合体。一个复杂的水资源系统常包含有多个水体,如河流、湖泊、水库、地下水等;工程单元,如电站、闸坝等;多种开发目标,如防洪、发电、灌溉和航运等;多种约束,如地质地形条件、河道安全泄量和水质要求等和多种影响,如政治、经济、社会和生态等的流域系统。

（许静仪）

水资源系统分析　analysis of water resources systems

对水资源系统整体,为取得最大综合经济效益进行的分析。在水资源规划或水资源管理中,研究一个流域或地区内各种水源与水利水电工程措施间的相互关系,以达到取得最大综合经济效益的目的,是水资源开发利用的近代研究手段之一。主要是对概化后的水资源系统建立某种数学模型,包括建立目标函数和约束条件方程。然后根据数学模型的特性（线性或非线性、确定性或随机性、静态或动态、单目标或多目标）,选择各种不同的优化技术求解数学模型。在建立和求解数学模型时,一般以最优化准则选定系统中各建设项目及其地点,确定各工程规模和设计参数,拟定系统所服务的各部门供水、供电等数量和水质。对于已建系统,拟定联合最优策略,使系统的利用效益最大或不利影响最小。

（许静仪）

shun

顺坝　training dike

平面上与水流方向平行或成锐角相交的整治建筑物。其主要形式有,普通顺坝、丁顺坝和倒顺坝等。坝型可以

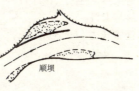

顺坝

是轻型的,也可以是重型的。它具有束窄河宽,调整水流流向和比降,改善航道等作用。普通顺坝的坝根与上游的河岸相连,坝身与整治线重合,坝头延伸到下方的深槽。在急弯凹岸建造的顺坝,顶高较低,它能够增大航道的弯曲半径,拦阻横向水流,增加航深,但导沙作用较差。倒顺坝是一种倒置的顺坝,坝根与下游的河岸或州滩相连,坝头向上游延伸。它除了能够导引或调整水流流向以外,还能够把泥沙导入坝田内淤积。丁顺坝是由丁坝和顺坝二者相结合的坝,如山区河流上用来调整水流的勾头丁坝。其勾头部分的长度,略大于丁坝坝身在水流方向的坐标长度,这种坝能同时起到丁坝和顺坝的作用,顺坝的高度是根据整治目标确定的,应用较多的是较矮的淹没顺坝,且坝顶应略有倾斜,其纵向坡度略大于水面的坡度。顺坝的优点是导流的作用较好,坝头附近水流平顺,对航行的干扰较小。缺点是坝身建在深水部分,施工困难,导沙作用较差,新岸线的形成较慢,建成以后,整治线就不允许再更改,如布置不当,则要全部拆除。

（李耀中）

顺水坝

又称迎水坝。旧称鸡嘴坝、马头。简称顺坝。堤防迎水之处,为防止堤工受损,顺流斜向建坝,以抵御大溜顶冲者。潘季驯《河防一览》卷四:"顺水坝俗名鸡嘴,又名马头。专为吃紧迎溜处所,如本堤水刷汹涌,虽有边埽,难以久持,必须将本堤首筑顺水坝一道,长十数丈或五六丈。一丈之坝可逼水远去数丈,堤根自成淤滩,而下首之堤俱固矣。"顺水坝与挑水坝的区别在于:前者近水顺下而后者挑溜远去。《新治河》:顺水坝"形式浑如挑坝,而坝工则顺溜斜修,不作挑势。遇大溜横冲之处,作埽势短,且不能使溜开行;若修挑坝,又恐拦水入袖,且虑逼成回溜,生险不已。最好修顺水坝,使溜顺坝斜行,坝长则送溜远出,庶无他虞。"

（查一民）

顺厢

秸料放置方向与水流方向平行的一种厢埽法。软厢法即采用顺厢。

（查一民）

顺直型河道　straight channel

中水河槽平面外形顺直或略有弯曲,两岸分布着交错边滩的河道。具有主流线左弯右曲、深槽与浅滩沿程相间但水深相差不大的特点。这类河道演变特点为洪水期深槽冲刷浅滩淤积,枯水期则相反,同时边滩与深槽的位置不断顺流下移,导致深泓线不断改变位置,在此过程中河槽周期性地展宽和束窄。这类河道多发生在顺直、狭窄的或河漫滩难冲的河谷中。由于浅滩多且滩槽位置不稳定,这类河道对于水利工程建设常有不利影响,需进行治理。

（陈国祥）

瞬时单位线　instantaneous unit hydrograph

瞬时单位脉冲净雨形成的流域出流过程线。是时段单位线在净雨历时趋于无穷小时的极限,S曲线的微分曲线。1930年波士顿土木工程师协会报告中首次提出。运用这一概念,流量过程线$Q(t)$可表达为净雨过程$x(t)$和瞬时单位线$u(t)$的卷积:

$$Q(t) = \int_0^t x(t-\tau)u(\tau)d\tau$$

（刘新仁）

si

司空

古代中央政权中主管制造器物和建筑工程的最高行政官。《尚书》载舜摄帝位,命"禹作司空","平水土"。西周时中央主要行政官为"三有司",即司徒、司马、司空(金文作"司工")。春秋、战国沿置。水利是司空的职掌之一。《荀子·王制》:"修堤梁、通沟浍,行水潦、安水藏,以时决塞,岁虽凶败水旱,使民有所耘艾,司空之事也。"秦设都水官掌水利,西汉不设司空之职,但汉成帝时改称御史大夫为大司空,东汉设司空,掌水土及工程。魏设司空,为三公(太尉、司徒、司空)之一,参议国事,隋唐沿之。其时三公为虚衔,原司空的行政管理职能由六部之一的工部所取代,故后世别称工部尚书为大司空,侍郎为少司空,水利工程则由都水监和都水官员掌管。

(陈 菁)

斯坦福流域水文模型 stanford model

美国斯坦福大学的水文学家研制的一种流域水文概念模型。 (刘新仁)

斯特鲁哈数 Strouhal Number

诸力学体系非恒定运动的相似准数。一般写为

$$Sh = vt/l$$

v 为速度;t 为时间;l 为特征长度。对于水流的非恒定运动,斯特鲁哈数 Sh 同量是运动相似的必要条件之一。对于恒定运动则无须此条件。对于结构振动、水流脉动等现象,Sh 可写成另一便于应用的等价形式

$$Sh = fl/v$$

f 为振动或脉动频率。 (王世夏)

斯特鲁哈准则 Strouhal Criterion

见谐时准则(298 页)。

死水 dead water

静止不动的水。由内波引起,常发生在密度较小的表面水层。当船只运动带动表面密度较小的水层时,使后者在其下方密度较大的水层上方滑动,因而分界面上产生内波。原来用以克服海水阻力、推进船只的能量,便将用于产生和维持那里的内波,船只就好像"粘住"在死水里一样。 (胡方荣)

死水位 dead water level

正常运行情况下,允许水库消落的最低水位。死水位以下的容积称为死库容。水库正常运行一般不能低于死水位。除非特殊干旱年份或其他特殊情况,如战备要求、地震等,为保证紧要供水、供电或安全等要求,须慎重研究,才允许临时动用死库容部分存水。 (许静仪)

四川盆地 Sichuan Basin

位于中国四川省东部四周被高山围绕的丘陵或平地。多分布紫红色砂页岩,故有"红色盆地"之称,是典型的外流盆地。以雅安、叙永、奉节、广元为盆顶,面积约 20 万 km^2。地势北高南低,海拔 300~700m,其中平原约占 7%,丘陵约占 52%,低山约占 41%。四周有大凉山、邛崃山、大巴山、巫山及大娄山等山脉环绕,海拔多在 1 000~3 000m 之间。西部成都附近为冲积平原。峨眉山耸立于西南边缘,中部多波状丘陵,东部为东北-西南走向平行岭谷。长江横贯南部,北纳金沙江、岷江、沱江、嘉陵江,南纳乌江,各江多峡谷、急流,水力资源丰富,分布广泛,适宜建梯级水电站。闻名的灌县都江堰,使成都平原和川中丘陵地区得到充分灌溉,水旱从人,农产富饶,号称"天府之国"。 (胡明龙)

四渎

古代对长江、黄河、淮河、济水等四条大河的总称。《尔雅·释水》:"江、淮、河、济为四渎。四渎者,发源注海者也。"《史记·封禅书》:"四渎者,江、河、淮、济也。"当时此四水均独流入海,故皆称渎。

(查一民)

四分开两控制 four sorts of "separations" and two sorts of "controls"

圩区治理措施的简称。通过修建必要的工程措施,使圩区内外(水)分开、高低(地)分开、灌排(水)分开、水旱(田)分开,以控制内河水位和控制地下水位,为圩区生产创造良好条件。是圩区治理实践中总结出的行之有效的成功经验。 (赖伟标)

《四明它山水利备览》

宋代地方水利名著。南宋魏岘编撰,淳祐三年(1243 年)成书,分上下卷,约 2 万字。全书以它山堰为主,记述其源流、规制、修造始末及碑记、题咏、诗文等,保存了唐宋四百年间宁波地区兴修水利的珍贵史料。 (陈 菁)

伺服马达 servomotor

见接力器(132 页)。

song

松花坝

云南著名水利工程。始建于元至元十一年(1274 年),由张立道和赛典赤·赡思丁主持修建。坝在昆明市东北盘龙江(滇池上源)出峡处,开金汁河分盘龙江水灌溉东岸田,号称万顷,尾水仍归滇池。并疏浚滇池西面出口(海口),以排涨溢入安宁河。明、清两代续修堤闸,扩大灌区。民国又在上游修一圬工坝,形成较大水库。1949 年后又增修大坝,扩大库容,已成为具有灌溉、防洪、发电及昆明市

供水等多种效益的工程。　　　　（陈　菁）

松花江　Songhuajiang River

满族语意"天河"。源出吉林省白头山天池，汇嫩江后的江。黑龙江最大支流。上游河段称第二松花江，至黑龙江省同江县流入黑龙江，长1 927km，流域面积55万km^2，平均年降水量578mm，多年平均流量1 190m^3/s，平均年径流量706亿m^3。主要支流有嫩江、呼兰河、牡丹江、汤旺河等。水能资源丰富，建有丰满、白山等大型水电站和水库1 800余座，流域内有冲积而成的松花江、黑龙江和乌苏里江三江平原，地势低平，湖泊沼泽广布，为重要商品粮基地。吉林市以下可通航，冰期5个月。沿江重要城市有吉林、哈尔滨、佳木斯等。

（胡明龙）

松花江流域　Songhuajang Basin

中国东北地区松花江干支流所流经的区域。跨黑龙江、吉林、内蒙古三省区，面积55万km^2。佳木斯以下为松花江、黑龙江和乌苏里江冲积而成的三江平原，地势低平，湖泊沼泽广布，为重要商品粮基地。全流域有大小水库1 800多座，蓄水能力200亿m^3，其中第二松花江上的丰满水电站库容107.8亿m^3，装机容量55.4万kW。

（胡明龙）

松涛水库　Songtao Reservoir

海南省儋县南渡江上的一座大型水利工程。1970年建成。总库容28.9亿m^3，调节库容20.91亿m^3；电站装机容量2.0万kW，年发电量0.743kW·h。建筑物有均质土坝、泄洪洞、溢洪道、地面厂房等；坝高80.1m。有灌溉、防洪、发电等效益。广东省水电设计院和水利电力部长沙勘测设计院设计，松涛水利工程局施工。

（胡明龙）

《宋史·河渠志》

宋代水利专志。《宋史》"十五志"之一。元代官修，脱脱等撰，共7卷，成于至正五年（1345年）。与《金史·河渠志》相配合，记述自五代周显德元年至南宋宝祐三年（954～1255年）全国范围的水利史实。按水系或地区分卷，并按时间先后记述，史料丰富，但有舛错。

（陈　菁）

SOU

薮

① 大泽。《周礼·夏官·职方氏》："东南曰扬州，……其泽薮曰具区。"郑玄注："大泽曰薮。"具区即今太湖。

② 少水的沼泽地。《诗·郑风·大叔于田》："叔在薮，火烈具举。"

③ 鱼和兽类聚集之处，比喻人或物类聚居处。《尚书·武成》："为天下逋逃主，萃渊薮。"

（查一民）

SU

苏北灌溉总渠　Main Irrigation Canal in North Jiangsu

位于江苏北部腹地，西起洪泽湖边的高良涧进水闸，途经淮阴市的洪泽县、清浦区、淮安县和盐城市的阜宁县、滨海县、射阳县，在扁担港入海，全长为168km。从洪泽湖引水，设计引水流量为500m^3/s，灌溉里下河地区和废黄河与总渠之间的24万ha农田，汛期可排泄淮河洪水800m^3/s，防洪面积为25.8万ha，还结合航运、发电，是一项综合利用的大型水利工程。1951年11月2日开工，次年5月完成。在总渠北侧的堤脚下，还同时开挖了排水沟一条，用以排除渠北地区的内涝。

（房宽厚）

塑性开展区　plastic deformation zone

土工或水工建筑物基础边缘处土壤随建筑物荷载的不断增加开始出现塑性变形，并逐渐向深处发展的区域范围。发展到某一容许深度以内，并不影响建筑物的安全。该容许开展深度依建筑物的重要性，荷载的大小、性质、建筑物基础的尺寸以及土的物理力学性质等而定。与容许开展区相应的荷载常取为地基容许承载力，用以设计建筑物。

（王鸿兴）

sui

随机动态规划　stochastic dynamic programming

随机性因素的动态规划。在各个阶段输入状态变量中有随机性因素的多阶段决策过程问题。按随机性因素特点可分为两种情况：一是各阶段随机因素之间是相互独立的，故各阶段随机性因素有其各自独立的概率分布规律；二是各阶段随机因素之间有相关关系，故本阶段随机变量的概率分布受前一个阶段或前几个阶段随机变量的影响，是在前面阶段出现某种情况下的条件概率分布，或称各阶段的随机变量之间存在马尔可夫链关系。

（许静仪）

遂

田首进水沟。《周礼·地官·遂人》："凡治野，夫间有遂，遂上有径。"郑玄注："遂，广深各二尺。"《周礼·地官·稻人》："以遂均水。"郑玄注："遂，田首受水小沟也。"《周礼·考工记·匠人》："田首倍之，广二尺，深二尺,谓之遂。"郑玄注:"遂者,夫间小沟。"

(查一民)

隧洞衬砌 tunnel lining

　　隧洞内壁的支护结构。用以保证围岩稳定,承受山岩压力、内水压力及其他荷载,防止渗漏,保护岩石免受水流冲蚀和空气、温度、干湿变化等的破坏作用,减小隧洞表面糙率等。衬砌材料主要有混凝土、钢筋混凝土、钢板等,小型工程也有用砖、石料的。根据施工方法的不同,又可分为现浇整体式、半装配式、装配式和预应力衬砌等型式。衬砌横断面的形状有圆形、直墙拱形、马蹄形和矩形等。

(张敬楼)

隧洞导流 tunnel diversion

　　在河岸一侧修建隧洞为施工期间宣泄河水的导流方法。常用于河床狭窄,两岸陡峻和岩质坚硬的山区河流。断面尺寸视过水流量而定,断面形状由围岩和受力条件而定。其工程造价较高,应尽量与泄洪、发电、放空水库等永久性隧洞相结合。确有必要建造专用导流隧洞时,使用后应封堵。

(胡肇枢)

隧洞内水压力 water pressure inside tunnel

　　作用于隧洞衬砌内壁的法向水压力。对于无压隧洞,按静水压力计算;对于有压隧洞,可分为由洞顶内壁以上的水头引起的均匀水压力和洞内充满水、洞顶压力为零的满水压力两部分计算。对于有压的发电引水隧洞,还可能有水锤引起的压力增值。

(张敬楼)

隧洞外水压力 water pressure outside of tunnel

　　作用于隧洞衬砌外壁的法向水压力。大小与地下水的埋藏、补给及排水条件、隔水层位置、周围岩石节理裂隙分布情况以及衬砌本身和周围岩石的透水性能等有关。通常分均匀外水压力和非均匀外水压力两部分进行计算。均匀外水压力强度为高出衬砌外壁顶点的地下水位线的水柱压力乘以折减系数;非均匀外水压力强度为地下水位平衬砌外壁顶点时的水压力乘以折减系数。与内水压力组合时,外水压力要用偏小值,甚至不考虑外水压力的作用。

(张敬楼)

SUO

蓑衣坝 straw raincoat dam

　　堆石支承体上游面为土斜墙防渗体,下游面为台阶状条石砌体,能在低水头、小流量下溢流的黏土斜墙砌石坝。溢流时台阶状溢流面形如蓑衣,故名。对地基要求不高,适用于低水头的小型工程。

(束一鸣)

索式灌溉 cablegation

　　用绳索操纵系统控制田间供水流量和供水时间的灌水方法。在田块较高一端铺设直径约20cm的供水管道,在朝向灌水沟、畦一侧的管道上部开放水孔,孔距和沟、畦间距相同,管道里装一个用绳索牵引的阻水塞,绳索的另一端绕在由电动机驱动的滚筒上。灌水时,阻水塞在水压力作用下从上游向下游移动,阻水塞上游形成水头,使孔口溢流,离塞子越近的孔口出流量越大,塞子匀速向下游移动,出水孔口和灌水沟、畦也不断更换。与传统的沟、畦灌水方法相比,这种灌溉入渗较均匀、劳动生产率较高。

(房宽厚)

锁坝 closure dam

　　横跨支汊河床拦断汊道的建筑物。其高度略高于平均枯水位,不阻碍洪水的宣泄。坝顶中部是水平的,两侧以1/4坝长处以大于1:25的坡度向两侧升高,并嵌入河岸形成两个坝根,可使漫溢水流的流态比较稳定,不致搜掘两侧河岸。在汊道内建造锁坝有不同的方案,可依据具体的条件布置在汊道的上游、中间或下游,山区河流的落差大,泥沙较少,常将锁坝建在汊道的中间或下游处。若汊道较长,可建几座锁坝。缺点是,在加大通航主汊流量的同时,也加大来沙量,可能使河床发生变化,引起不良后果。用于堵塞滩上串沟的锁坝,常采用桩坝或编篱等轻型透水建筑物,可加速串沟内的泥沙淤积。

(李耀中)

ta

它山堰
浙江省宁波地区古代御咸蓄淡引水灌溉工程。位于今浙江省鄞县鄞江镇西南,唐大和七年(833年)鄮县(今鄞县南)县令王元暐创建。未筑堰时,海潮可沿甬江上溯至章溪,使水不能灌田,人畜不能饮用。筑堰后外挡咸潮,内拦蓄大溪水,开人工渠道南塘河(与鄞江平行)灌溉鄞西七乡数千顷农田,并引入今宁波市蓄为日、月二湖供居民饮用。堰址在四明山与对岸它山之间的鄞江上,堰为条石砌成的拦河滚水坝,共36级;堰身中空,用大木梁支架;堰顶长42丈(约131.04m,宋1丈=3.12m)。历代屡有改进治理,效益显著。现被沙淤埋,已无灌溉作用。有宋代魏岘著《四明它山水利备览》叙其沿革。
(陈 菁)

塌岸
又称塌岸水。掏空塌岸底层使之塌陷的水流。为水势名称。《宋史·河渠志一》:"塌岸故圮,潜流潄其下,谓之塌岸。"《河工辞源》:"大溜冲刷埽底,掏底,又曰搜根溜,又曰塌岸水。" (查一民)

塔贝拉土石坝 Tarbela Earth-Rockfill Dam
世界最大土石坝。在印度河上,位于巴基斯坦西北边境省拉瓦尔品第城附近。1976年建成。高143m,顶长2 743m,工程量14 880万 m³。总库容136.9亿 m³。设计装机容量347.8万 kW,现有装机容量175万 kW。 (胡明龙)

塔里木河 Talimuhe River, Tarim Darya
维吾尔语意"田地,种田之意"。北源阿克苏河源出天山;中源叶尔羌河(最长支流)源出喀喇昆仑山和帕米尔高原;南源和田河源出喀喇昆仑山地,在阿瓦提县肖夹克三源汇合后的中国最长内陆河。下游一部分注入台特马湖,另一部分经孔雀河注入罗布泊。从叶尔羌河源算起,全长2 179km,流域面积19.8万 km²。河水靠降水及融雪补给,以阿克苏河水量最大,中、下游渗漏蒸发量大,水量少而泥沙淤积大,汊流众多,河道无定。1949年后进行整治,开荒造田,建多座拦河闸及大、小海子和上游等水库,农牧业得到很大发展。 (胡明龙)

塔式进水口 tower intake
在屹立于水库中的塔式结构内操作闸门的一种水工隧洞或坝下埋管的进口建筑物。塔身与岸坡或坝顶之间由工作桥相连,多为混凝土或钢筋混凝土结构。塔身有封闭式和框架式两种,封闭式进水塔水平断面呈长方形、圆形或多角形,当水头较高、流量较大、水量控制较严时,闸门置于塔底部;对于取水工程,当水位变化很大时,可分层设置闸门,以便引取上层温度较高的清水。框架式结构轻便、经济,只能在

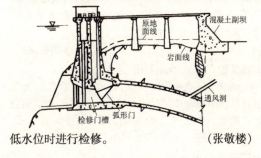

低水位时进行检修。 (张敬楼)

tai

台风雨 typhoon rain
热带海洋风暴带到大陆上降雨。由异常强大的海洋湿热气团组成,常带来狂风暴雨。一次过程往往降雨200~300mm甚至1 000mm以上,易造成严重水灾。北太平洋西部地区在暖季发生台风次数最多,占全球总次数的36%。 (胡方荣)

抬水式开发 damming development
利用挡水建筑物集中河段落差的河川水能开发方式。由此形成的水电站称坝式水电站。坝越高集中的落差和形成的水库越大,调节性能越好,电站利用的水能越多。但淹没损失和坝的造价随坝高的增大而增大,同时,坝的高度受到地形地质条件的限制,应经技术经济比较确定。坝式水电站由挡水建筑物、泄水建筑物和厂房等发电建筑物组成。在水头较高时,厂房置于坝后或坝内;在水头较低时,厂房本身挡水,成为挡水建筑物的一部分。
(刘启钊)

太白渠
古代引绵蔓水(滹沱河支流治河)的灌溉渠道。《汉书·地理志》记载渠首在蒲吾县(今河北省获鹿县西北),下游至下曲阳(今河北省晋县西)。东汉时曾利用太白渠通航,唐代曾大加修治,广开支渠引太白渠水灌溉今获鹿、石家庄、正定、藁城、束鹿等广大地

区。宋以后湮废。元、明、清为削减滹沱河洪峰,多次沿太白渠旧道开治河分洪河道,下入宁晋泊。

唐代关中三白渠最北一条干渠。参见三白渠(209页)。　　　　　　　　　　　(陈　菁)

太湖　Taihu Lake

古称震泽、具区、笠泽。位于中国江苏省南部,为长江、钱塘江下游泥沙封淤古海湾而成的淡水湖。地处北纬 $30°56′\sim 31°34′$,东经 $119°54′\sim 120°34′$。最长 68km,最宽 56km,最深 4.8m,湖水面积 2 292 km^2,蓄水 48.6 亿 m^3。流域面积约 3.66 万 km^2,年降水量 1 150mm 左右。主要纳荆溪、苕溪诸水,经黄浦江、吴淞江、浏河入长江,江南运河绕湖东侧行,沿湖各县均可通航。四周湖泊水网密布,盛产稻米、水产,鱼类达百种左右,为有名的"江南鱼米之乡"。同时,又为全国重点风景区之一。

(胡明龙)

太阳常数　solar constant

地球在日地平均距离处,与太阳光垂直的大气上界单位面积在单位时间内接收所有波长太阳辐射的总能量。常以 S 表示,其值为 $1.96(\pm 0.01)$[cal/$(cm^2\cdot min)$]或 $1 367(\pm 7)(W/m^2)$。　(胡方荣)

太阳辐射　solar radiation

又称日射。太阳向宇宙空间发射的电磁波和粒子流。通常指的是太阳的电磁波辐射。其中包括三部分:可见光波段(波长 $0.40\sim 0.76\mu m$)的能量约占一半,其他一半大部属红外波段,少量属紫外波段。太阳辐射通过大气层的吸收、反射、散射及漫射等作用而到达地表时,强度有所减弱;同时表现为直接辐射(日光)和间接辐射(天光,亦称散射辐射),两者之和称为总辐射。按能量的性质而言,总辐射包括热能和光能两部分,都是作物生长必不可少的,是极重要的农业气候资源。它相对于地球辐射(包括大气在内的地球放射的辐射)来说,因其波长较短,在气象上习称短波辐射。　　　(周恩济　胡方荣)

太阳能泵站　solar energy pumping station

利用太阳能驱动水泵抽水的泵站。用热力(学)系统使太阳能经热力转换,变成机械能或直接转换为电能驱动水泵提水。太阳能转换成机械能或电能的装置分两大类:热力(学)转换;用太阳能集热器产生高温流体或高内能流体,再转换成机械能(或电能),带动水泵提水;直接转换,利用光电、热电或热离子过程产生直流电,用于直流电动机,或通过变流器变为交流电,用于交流电动机,驱动水泵抽水。中国于 1982 年研制成功的太阳能抽水装置为热力(学)转换类型。法国于 1968 年首先使用太阳能抽水。但容量最大的这种泵站是美国的亚利桑那州站,它能从 115m 深的井中抽水,灌溉 1214 亩棉田。美国政府还将在该国西南地区再建这种泵站 1 000 座;印度也准备兴建 2 000 座小型太阳能泵站。

(咸　锟)

泰森多边形　Thiessen polygon

任意一点与其相邻点连线的垂直平分线所构成的包围该点的多边形。泰森于 1911 年提出。用这种多边形划分流域中每个雨量站所代表的空间范围。每个雨量站泰森多边形面积 a_i 与流域总面积 A 的比值 a_i/A 为该雨量站的权重 w_i,对所有雨量站的观测值 p_i 进行加权平均,就得流域平均雨量估计值 $\bar{p}$, $\bar{p}=\sum_{i=1}^{n}p_i\cdot w_i$,这种方法称流域平均雨量估计的泰森多边形法。

(刘新仁)

泰晤士河　Thames River

旧译太晤士河。源出英格兰西南部科茨沃尔德山,流经牛津、伦敦等市,注入北海的英国重要河流。全长 346km,流域面积 1.5 万 km^2。坡降缓,水位稳定,流量冬季大,很少结冰。通航 280km,河上建有许多公路、铁路桥,有运河与其他河流相通。

(胡明龙)

tan

坍塌抢险　protection against collapse

堤、坝临水面的土体或坝岸坍塌的抢护工作。抢护方法分有抛土袋、石块或铁丝笼,抛柳石枕,挂柳缓溜,沉柳护脚及柳石搂厢或丁厢开垱等。

(胡方荣)

弹性地基梁法　elastic beam method

按照弹性力学理论,将地基上的条形构件、板,包括水工中各种闸底板视为置于弹性地基上的梁进行其内力及地基反力计算的一种方法。水闸中,在横向(垂直水流方向)将底板分为若干单位宽度板条,作为弹性地基上的梁,作用在梁上的荷载有底板自重、水重、基底扬压力及地基反力,梁在荷载作用下发生弯曲变形,地基受压发生沉陷,根据变形和沉陷一致(即变形协调)条件确定地基反力及底板内力,并相应配置钢筋。为精确计,尚需考虑两侧闸孔及边墩或岸墙后填土的荷重,即所谓边荷载作用对底板内力的影响。水闸纵向(顺水流方向)刚度较大,远比横向弯曲变形为小,一般不进行计算。该法较结构力学的倒置梁法精确,多用于大中型水闸的计算中。

(王鸿兴)

弹性抗力　rock resistance

衬砌受荷载后有朝向围岩的变形时围岩相应的

抵抗力。一般假定与衬砌表面的法向位移 y 成正比，即

$$p = ky$$

k 为弹性抗力系数。在承受内水压力的圆形隧洞衬砌计算中，常用开挖半径为 100cm 时的弹性抗力系数，即单位弹性抗力系数 k_0 表征围岩的抗力特性，k_0 由地质勘探提供，与 k 的关系为

$$k_0 = \frac{kr_e}{100}$$

r_e 为隧洞开挖半径。弹性抗力可减小荷载作用引起的衬砌内力，对衬砌有利，估计过高会导致不安全，只有在岩石比较坚硬完整、衬砌与岩石结合相当紧密时才考虑其作用；对有压隧洞，围岩厚度小于 1.5～2 倍开挖洞径，或内水压力作用下岩层有可能发生滑动时，不应（或不能）考虑其作用。

（张敬楼）

弹性力相似准则 similitude criterion of elestic force

又称柯西准则。以柯西数保持同量表示的弹性力作用下液体运动相似准则。一般形式为

$$Ca = v^2/E/\rho = idem$$

v 为流速，E 为液体的体积弹性模数，ρ 为液体密度，Ca 为柯西数。用模型研究与弹性力有关的原型液体运动，例如水电站压力管流的水锤运动，模型与原型 Ca 同量是相似的必要条件。 （王世夏）

弹性水击理论 elastic water-column theory of water hammer

见水击(237页)。

坦噶尼喀湖 Lake Tanganyika

在坦桑尼亚、赞比亚、布隆迪、扎伊尔四国接壤处的非洲大淡水湖。地处南纬 $3°18'\sim 8°48'$，东经 $29°06'\sim 31°12'$，在东非大裂谷中部，湖周多断崖峭壁，海拔 773m，面积 3.29 万 km^2。最大深度 1 435m，仅次于贝加尔湖。有马拉加腊西河、鲁济济河、卢古自河等河流注入。水产丰富，水运发达，有布琼布拉、基戈马、卡利马等重要湖港，布隆迪和扎伊尔外贸物资经此转坦桑尼亚铁路由印度洋输出。南端坦、赞间卡兰博河上有非洲第二大瀑布，落差 216m。

（胡明龙）

坦水

筑于海塘迎水面塘脚外，以保护塘基不受潮流冲刷掏空的水工建筑物。其结构及功能与现代的护坦相似。《两浙海塘通志》康熙五十七年(1718 年)朱轼奏疏：海宁"沿塘俱系浮沙，潮水往来荡激，日侵月削，塘脚空虚，虽有长桩巨石，终难一劳永逸。"为了解决此问题，"附塘另作坦水，高及塘身之半，斜竖四丈，亦用木柜贮碎石为干，外砌巨石二三层，纵横合缝，以护塘脚。"坦水按其层次可分为"头坦"、"二坦"、"三坦"等；按其砌筑方式可分为"平砌"、"竖砌"、"靠砌"等。

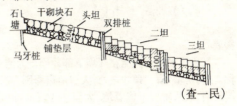

（查一民）

tang

唐徕渠

又称唐来渠或唐渠。银川平原引黄灌区的最大灌渠。相传为汉光禄渠，唐代重开。《宋史》记载称为"唐凉古渠"。元代郭守敬等曾加修复，长 400 里(200km)。明清又经汪文辉、王全臣修治。渠首位于青铜峡黄河西岸，干渠经银川、贺兰至平罗，民国时渠长 211.8km，有支渠 551 条，灌地 46.78 万亩。建国后又经一系列整并扩建，1960 年 2 月青铜峡枢纽截流后由河西总干渠引水，进水量达 160m^3/s，灌地 110 万亩。该渠原与惠农、汉延、大清、昌润四渠合称宁夏五大渠，是宁夏河西灌区引黄灌溉的主要干渠。大清渠于 1953 年并入唐徕渠灌区。 （陈　菁）

塘

① 池塘。古时圆者为池，方者为塘。刘桢《赠徐幹》诗："细柳夹道生，方塘含清源。"

② 堤岸；堤防。如河塘，海塘。《庄子·达生》："被发行歌，而游於塘下。"

③ 河道(江浙方言)。如塘浦；盐铁塘(在江苏省)；海盐塘(在浙江省)。宋郑亶《水利书》："环湖(太湖)卑下之地，则于江之南北为纵浦以通于江，又于浦之东西为横塘以分其势。" （查一民）

塘浦围田

古代太湖流域的河网和围湖造田工程。太湖平原自先秦以来就开渠排水、灌溉、通航。沟渠南北向者称纵浦，东西向者为横塘。每 5～7 里有一纵浦，7～10 里有一横塘，既是太湖流域的河网水系，又是基本的排灌系统。围田形制与圩田相似，内有灌排沟渠，外有圩岸拦水，堤岸设闸，涵通江河，田以稻作为主。但围田大多围占湖区而成，北宋末年提倡围湖造田，南宋以来因围垦太多，湖泊面积锐减，旱时缺水，洪涝时易遭破围之灾。 （陈　菁）

淌凌 ice run(drift)

又称流冰。冰块在河面上漂浮和流动的现象。在河流冻结的过程中，由漂浮的水内冰和岸冰等结成的冰块，随流漂浮，形成秋季淌凌。在解冻过程中，由于太阳辐射、暖空气和降雨等影响，使封冻冰

融化解体为小冰块而随水流动,形成春季淌凌。
（胡方荣）

tao

掏底
又称搜根溜。大溜在埽坝下部冲刷。为溜势名称。《河防辑要》："顶冲之处,大溜由边埽刷,或因旧埽朽腐,或系新埽未曾着地,大溜在于埽底冲刷,即为掏底。"
（查一民）

桃汛 spring flood
见春汛(35页)。
旧时专指黄河的春汛。
（胡方荣）

套闸 simple lock
见复闸(75页)。

te

特里土石坝 Tehri Earth-rockfill Dam
印度最高土石坝。在巴吉拉蒂河上,位于北方邦特里城附近。高261m,顶长570m,工程量2 703.2万m^3。库容35.4亿m^3。装机容量200万kW。
（胡明龙）

特征河长 characteristic length of river reach
槽蓄量与出流量为单一关系线的河段长度。前苏联水文学家加里宁(Г.П.Калинин)于1958年提出。利用长度等于特征河长划分河段,可得到单一的槽蓄曲线,再与水量平衡方程联解,可获得洪流演算的解析方程。
（刘新仁）

ti

梯度流 gradient current
又称地转流。当海洋中等压面发生倾斜时,水面压力梯度力和柯氏力达到平衡时的稳定海流。在海洋中如某等压面相对于水平面发生倾斜时,则水平面上各点所受的压力不等,海水从压力大的地方向压力小的地方流动。所受的力就是水平压强梯度力。由于引起等压面倾斜原因的不同,又可分为倾斜流和密度流两种。
（胡方荣）

梯级发电量 energy output of cascade hydroelectric plants
梯级水电站在某一时段内所生产的总电能量。是衡量河流开发总体效益指标之一。其值受河流梯级枢纽的布局以及各个梯级枢纽的开发规模等因素而定。
（陈宁珍）

梯级开发 cascade development
用几个水电站将河川水能分段利用的开发方式。在一条河流的沿线,自然条件和经济环境因河段而异,为了更合理地利用水利资源,需将河流分成若干河段,用梯级水库和电站,分段加以开发。梯级电站的数量、大小、布置和开发顺序根据具体条件由技术经济比较确定,以求用最小的投资达到最大的综合利用效益。
（刘启钊）

梯级水电站 cascade hydroelectric stations
分段开发一条河流的水电站系列。其形式决定于各河段的具体条件,由梯级开发的规划设计确定,可用坝式、引水式或混合式。各梯级电站利用的河段落差应尽可能上下衔接,以充分利用河流的水能资源。其运行方式决定于它们的形式、水库调节性能及综合利用的需要,应统一调度,以经济效益最大和尽可能满足各方面的要求为目标。
（刘启钊）

梯田 terraced field
用阶梯形地控制水土流失,提高作物产量。适宜修建在25°以下的坡地上。田埂可用土坎或干砌石修筑。修梯田要做好全面规划,可根据地面坡度选择适当的田坎高度和田面宽度,以节约工程量。
（刘才良）

梯形坝 trapezoidal buttress dam
由一系列水平截面呈梯形的挡水支墩所组成的坝。支墩坝的一种。可用混凝土或浆砌石筑成,一般建在岩基上。高坝常需设置加劲墙,以提高坝的侧向稳定性。中国于1980年建成的浙江省湖南镇混凝土梯形坝,最大坝高为128m。
（林益才）

提水灌溉 irrigation with pumping water
利用水泵等提水机具从水源取水并提升一定高度后灌溉农田的工程技术。当水源水量丰富,但位置较低,不能自流灌溉农田时,需采用这种灌溉方式。提水机具的动力有人力、畜力、风力、水力、电力等。以电力驱动水泵抽水灌溉为主要方式。灌溉面积较小、扬程较低时,采用单泵站抽水;地形复杂、扬程较高、灌溉面积较大时,可采用多级泵站抽水。
（房宽厚）

提水机具 water-lifting devices
借助外力把低处的水提升至高处的机械。可分为:①人、畜力提水机具:有龙骨水车、斗式水车、管链水车、桔槔、辘轳等;②风力提水机具:有立轴立帆式、横轴篷式、多叶式和螺旋桨式提水装置等;③水力提水机具:有筒车、水轮泵等;④机电(内燃机或电动机)提水机具：包括各种不同类型的水泵机组。

（咸 锟）

提水排水 pump drainage

又称抽水排水。水体靠水泵提升机排入容泄区的排水方式。多用于排水区内农田或沟塘的水位过低，无法自流排出的地区。提水需要消耗能源，管理运行费用较高。条件许可时，可修成灌排两用提水站，以提高设备利用率和工程经济效益。

（赖伟标）

替代火电煤耗费 substitutional steam electric power coal consumption cost

用水电替代火电而同等满足电网用电需要所节省的燃料(煤耗)费用。建设水电站，不仅可以节省火电站建设投资，还可以减少煤矿和运煤铁路的建设投资。火电成本中燃料费占60%以上。计算水电站的节煤效益，过去一般只计算火电站发电用煤，这是偏小的。还应计算包括相邻部门由于生产发电用煤而增加的能源消耗的综合节煤效益。由于水电站水库调节性能不同，在电网中的作用不同，计算节煤实物指标，应根据设计水电站在电网中的作用区别对待，选用不同的煤耗率指标。

（胡维松）

替代火电容量费用 substitutional steam electric power capacity cost

在水电站规划设计中，为同等满足系统负荷(容量)的需要，用火电替代水电所需的费用。目前水电站工程的国民经济评价还未采用投入产出法，一般均依赖替代方案比较法，也就是用替代方案(火电)的耗费作为设计水电站的产出(效益)。具有综合利用的水电站，不仅要考虑发电容量和电量的替代，还要考虑各种综合利用效益的替代。由于在机电方面水电对火电有较高的可靠性，因此1kW的水电容量相当于火电容量的1.35倍。但是，由于河流径流的随机性，因此水电容量效益评估时，要乘以0.8～0.9。

（胡维松）

tian

天井堰

见引漳十二渠（313页）。

天平

建于河渠堤岸一侧，用以控制河渠水位和宣泄多余水量的水工建筑物。相当于溢流堰。著名的如建于广西灵渠上的大小天平和泄水天平。用长条石鳞次栉比地排列浆砌而成，故又称鱼鳞石。由于天平顶部可以溢流，只要高程和位置选择得当，就可控制渠道水位，既保证足够的航深，又不致涨溢泛滥。因其调节机制的巧妙，故称为天平。　（查一民）

天平渠

又称万金渠。东魏天平时(534～537年)修建的引漳灌溉工程。渠首在今河南安阳市北的西高穴村之漳河南岸，西距今岳城水库大坝约5km。前身为漳水十二渠，但灌区已有扩展。是一条兼有灌溉、供郏城(今临漳县郏镇)用水和带动水冶、碾硙(现作"碨")等水力机械的综合利用渠道。唐咸亨三年(672年)重修并扩建分支，灌区达千顷(唐1亩≈今0.81亩)以上。以后各代屡有兴修。1959～1961年修漳河岳城水库，于南北岸分别开幸福渠与民有渠，代替古灌区，灌田数百万亩。　（陈 菁）

天然铺盖 natural blanket

利用透水地基上天然覆盖的黏土或壤土层作为坝基防渗体。应满足工程对铺盖的设计要求，并做好与坝体防渗体连接。一般适用于中、低水头建筑物。

（束一鸣）

天生桥水电站 Tianshengqiao Hydroelectric Station

红水河梯级开发中的一级水电站。由坝索和大湾二级水电站组成，在黔、桂两省区界河南盘江上。1989年发电。总装机容量240万kW，年发电量135亿kW·h。先建坝索低坝，称天生桥二级水电站；为重力坝，高58.7m；电站安装6台22万kW发电机组。由贵阳勘测设计院设计，武警一总队施工。后建大湾高坝，称天生桥一级水电站，在低坝上游，兴建后，可改善天然径流的分配状况，提高发电效益，由昆明勘测设计院设计。

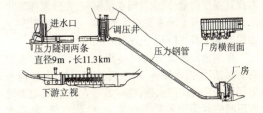

坝索电站示意图

（胡明龙）

天文潮 astronomical tide

天体引潮力引起的潮汐。由月球引潮力引起的潮汐，称太阴潮；由太阳引潮力引起的潮汐，称太阳潮。两者都属之。

（胡方荣）

田测法 field measurement

直接在试验田中进行试验观测的方法。试验田要选择对灌区、流域在气象、水文、地形、地貌、地质、水文地质、土壤等方面具有代表性，水源有保证，灌溉排水系统完善以及交通便利的地方。试验田附近应有气象观测站(场)，并布设田间小气候观测点。试验田内划分试验小区，小区数根据试验课题要求设计的处理数和重复数确定。小区面积一般为0.1~0.5亩。试验内容主要包括灌水方法(如地面灌溉、地下灌溉、喷灌、滴灌等)试验、灌溉制度试验、田间需水量以及特定课题项目等试验。试验方法则常用对比试验法,有单因素对比法,即各处理之间除了灌水方法或灌溉制度一种因素有差异之外,其他因素均相同;多因素对比法则在不同处理之间变化若干种因素进行对比,通过试验解决一些综合的问题。 (李寿声)

田间持水量 field capacity, field moisture capacity

毛管悬着水达到最大量时的土壤含水量。包括吸湿水、薄膜水和毛管悬着水的全部。它是不受地下水影响的土壤在自然状态下所能保持水分的最高数量指标,对同一土壤而言是个稳定值,它反映了土壤的储水能力。当进入土壤中的水量超过该值时,土壤将不能保持而向下渗漏,增加湿润层深度,故在生产中常以此值作为灌水定额的计算依据。在土壤水文计算中也须考虑这个因素。 (刘圭念)

田间工程 farmland works

末级固定渠道控制范围内临时的或永久的灌排工程设施以及平整土地工程等的总称。田间灌溉工程设施包括田间灌水渠系、灌水沟或灌水畦、水稻种植区的格田、采用地下暗管灌溉时的灌水管网、采用喷滴灌时的供水管网等。田间排水设施包括汇集地面径流的明沟集水网、控制地下水位和排出多余土壤水分的暗管、鼠洞以及土壤墒等。健全田间工程对提高灌排质量、减少田间水量损失、充分发挥灌排工程效益具有十分重要的意义。 (房宽厚)

田间灌水工具 field turnout implements

采用地面灌溉方法时使用的田间灌溉放水设备。包括:①挡水设备:用木板、钢板、帆布、塑料布等制做的便携式挡水板,临时放置在末级固定渠道或田间临时渠道的适当位置上,拦截水流,壅高水位,分段向田间灌水。②放水设备:从临时渠道向灌水沟、畦放水时,常在渠堤上埋设带有插板闸门的放水涵管或在堤顶上放置虹吸管。从低压输水管道放水时,常把塑料软管套在给水栓的出水口上,或采用带有许多出水孔的移动式供水管,向灌水沟、畦供水。低压管道向格田灌水时,则直接在田埂上安装放水阀门。③量水设备:常用三角形量水堰在临时渠道上量测流量。也可用毕托管、旋桨式流速仪等直接在给水栓的出水口处进行量测。 (房宽厚)

田间耗水量 field water consumption

作物生长期间农田消耗的水量。主要包括作物叶面蒸腾水量、棵间土壤或水面的蒸发水量和深层渗漏水量。其数量随作物品种、栽培技术、土壤和气象条件、灌水技术和田间工程状况等因素而变化。 (房宽厚)

田间渠系 onfarm channel system

条田内部季节性的灌溉渠道系统。根据条田内部的地形特点和农渠的走向,由一级或两级临时渠道组成。基本布置形式有两种:①纵向布置:在地面坡度较小、农渠平行等高线布置时,为了有利灌水,常使灌水沟、畦垂直农渠布置,需要通过毛渠和输水垄沟两级临时渠道,才能把农渠供水量送入灌水沟、畦;②横向布置:当地面坡度较大、农渠平行等高线布置或地面坡度较小、农渠垂直等高线布置时,灌水方向应平行农渠,只需要一级临时毛渠就可直接向灌水沟、畦供水。 (房宽厚)

田间输水软管 soft pipe for onfarm irrigation

用于田间输水和灌水的聚氯乙烯或聚乙烯软管。灌水时置于地面,代替田间临时渠道,由井泵出水口或低压供水管道的给水栓供水,向田间灌水沟、畦灌水。由于多呈白色,俗称小白龙。 (房宽厚)

田间水利用系数 water utilization factor of farmland

实际灌入田间的有效水量和末级固定渠道(农渠)放出的净水量的比值。以 $\eta_田$ 表示。即为 $\eta_田 = \frac{A_农 \cdot m_净}{W_{农净}}$。$A_农$ 为农渠的灌溉面积;$m_净$ 为净灌水定额或有效灌水定额(对旱田不包括深层渗漏和田面泄水)($m^3/亩$);$W_{农净}$ 为农渠放出的净水量(m^3)。该利用系数是反映田间工程状况、灌水技术、灌水方法和管理水平的重要指标。 (李寿声)

田间调节网 regulation network in field

末级固定渠道控制范围内的农田水利工程。包括田间排灌沟渠及其建筑物等。是灌区灌溉排水系统的组成部分。是确保灌水质量和控制田间排水不可缺少的工程措施。 (赖伟标)

田纳西流域综合工程 Tennesse Vally Comprehensive Development

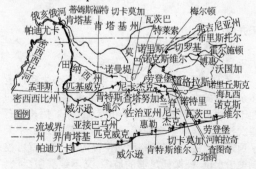

美国典型的综合利用水利工程。田纳西河是密

西西比水系俄亥俄河的支流,在美国东南部,流域面积10.5万 km²。长年受洪水灾害,1933年5月美国国会通过成立田纳西流域管理局(TVA),以防洪和航运为主,同时兼顾发电,进行综合开发和治理。20世纪50年代中期建成9座水利枢纽,23座水电站。至1979年共建成大坝和水库37座,有效控制洪水灾害;发展航运,通航1 050km,年运量2 930万t;水电站装机容量330万kW,年发电量110亿kW·h;水土流失基本控制;森林面积覆盖率达59%;极大改善生态环境;并开辟旅游区。使该流域一跃而为工农业发达地区。 (胡明龙)

填料函 stuffing box, packing box

又称填料室、盘根箱。泵轴和泵壳之间密封的装置。由底衬环、填料、水封环、填料压盖、水封管等组成。填料又称盘根。一般由石墨或者黄油浸透的棉织物、石棉或者金属箔包石棉芯子制成。密封的严密性可用松紧填料压盖来调节。

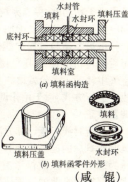

(咸锟)

填洼 depression storage

降水初期超渗雨水充填洼地的现象。坡面汇流停止后,填洼水全部消耗于蒸发和下渗,是地面径流形成中的一种损失。 (胡方荣)

填淤

又称"填阏"。即"放淤"(见67页)《史记·河渠书》:"(郑国)渠就,用注填阏之水,溉泽卤之地四万余顷,收皆亩一钟。"泽卤之地即盐碱地。亩收一钟,据近人研究,约相当于亩产125kg。 (查一民)

tiao

条块石塘

又称抢险石塘。迎水面用条石叠砌,内部用块石填筑的海塘。明清江浙海塘的一种结构形式。外观似鱼鳞石塘,但规格略低。所用材料比鱼鳞石塘节省一半,施工较易,成事较速,适用于

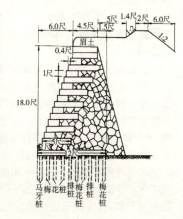

潮势较平缓地段,或用于临时抢险来不及建鱼鳞石塘的地方。 (查一民)

条田 strip field

末级固定渠道控制的长方形田块。是进行机械耕作、布设田间工程和调节土壤水分的基本单元。长度主要根据机耕和田间管理要求确定,一般以800～1 000m为宜;宽度主要根据排水要求而定。一般当农渠和农沟相间布置时,宽度为100～150m;当农渠和农沟相邻布置时,宽度为200～300m。

(房宽厚)

调峰 peak load modulation(regulation)

电力系统出现尖峰负荷,担任调节的电站适时地调整出力,以保证系统正常工作。由于电力系统中的用电量不是均衡的,有时一日之内可能出现尖峰负荷,这时需要适时地调整系统的用电负荷,以保证用户的需要和系统的安全运行。 (刘启钊)

调峰水电站 peak load water power station

担负电力系统峰荷运行的水电站。一般是调节性能良好的抽水式水电站或混合式水电站。具有一定调节性能的有压引水式水电站也可担负峰荷。水轮发电机组的单位千瓦投资小于火电和核电机组,且机动灵活,能迅速适应负荷变化,故水电站担负峰荷,以较大的工作容量代替火电或核电的容量,可降低系统的总投资,同时,可使在基荷或腰荷以较均匀出力运行的火电站或核电站保持较高的效率。

(刘启钊)

调洪演算 flood routing

对水库出入洪水按一定方式进行的调节计算。根据入库洪水过程线,如设计标准的洪水、校核标准的洪水或符合下游防洪标准的洪水,已知的泄洪建筑物形式与尺寸,已知的下游河道允许安全泄量,从防洪限制水位起,按一定操作方式所进行的推求水库下泄洪水过程线、最大下泄流量、拦蓄洪水的库容及水库水位变化过程的调节计算。 (许静仪)

调节保证计算 calculation of regulation guarantee

水电站负荷变化时综合进行水击压强和机组转速变化的计算。当水电站的负荷发生突然变化时,调速器将关闭或开启水轮机的导叶从而改变水轮机的出力以适应外界负荷的变化。导叶开度的变化引起过水系统中流量的变化从而引起压力的变化(水击)。发电机的负荷变化是瞬时的,而导叶开度的变化有一定的历时,在此期间水轮机的出力与发电机的负荷不平衡,剩余或不足的能量将引起机组转速的变化。导叶开度变化越快则水击压强越大,机组转速变化越小;反之,则水击压强越小,机组转速变化越大。其任务是进行水击和机组转速变化计算,

选择合理的导叶开度变化规律和历时,使水击和转速的变化均在允许范围之内。如经协调之后仍不能满足调节保证的要求,则需采取设置调压室等措施解决。　　　　　　　　　　　　(刘启钊)

调节流量　regulated flow

水库进行兴利调节时能提供满足用水部门正常用水需要的流量。在径流调节计算中,可用径流调节系数,即调节流量与多年平均流量的比值,表示需水量的大小。　　　　　　　　　　(许静仪)

调节年度　regulation year

径流调节由起调至终止之间的一段时间,约12个月左右。调节起止时间、历时与径流变化及兴利库容大小有关,故调节年度常常不同于日历年。
　　　　　　　　　　　　　　　(陈宁珍)

调节周期　regulation period

水库一个完整蓄放过程的历时。即水库的兴利库容从空到满再到空的历时。水库按此分类,可分为日调节、年调节与多年调节水库。　(陈宁珍)

调频　frequency modulation

交流发电机或电力系统的负荷变动时会引起频率变化,为使频率变化维持在规定范围内,常用手动或自动方法调整其功率输出,保证设备或系统工作正常。　　　　　　　　　　　　(刘启钊)

调频水电站　frequency modulation water power station

担负电力系统频率调整任务的水电站。电能生产的一个重要特点是不能储存。电力系统中电能的生产必须尽力与处于变动中的电能消耗保持平衡以维持频率基本不变。水轮发电机组运行简单、灵活,适于担负系统的变动负荷以保证系统频率稳定。抽水式、混合式和具有一定调节能力、引水道不太长的有压引水式水电站适于作为调频电站。
　　　　　　　　　　　　　　　(刘启钊)

调速器　governor

使水轮发电机组的转速维持额定值的装置。当负荷变化时,调速器迅速改变流入水轮机转轮的流量,以维持转速基本不变。按结构不同,可分为机械液压式调速器及电气液压式调速器两种。按作用范围可分为单调整及双调整两种。对混流式水轮机及轴流定桨式水轮机,采用单调整,即只调整导叶的开度以改变流量。对水斗式水轮机及转桨式水轮机,常采用双调整,即改变针阀或导叶开度的同时,还采用协联动作改变折向器或转轮叶片的角度。
　　　　　　　　　　　　　　　(王世泽)

调速器配压阀　distributor valve of governor

调速器中改变压力油的流向及流量以控制接力器动作的阀门。为调速器的重要部件之一。
　　　　　　　　　　　(王世泽　胡明龙)

调相　phase modulation

调整交流系统中电压与电流之间的相位角。一般在用电负荷中心安装周期调相机或电力电容器,供给用电负荷所需的无功功率。电力系统中的合理调相,可降低电网中的能量损耗,改善电压和减少波动,以提高系统运行的稳定性。　　(刘启钊)

调相水电站　phase modulation water power station

担负电力系统调相任务的水电站。电力系统中一般电感性负荷占优势,电流落后于电压,二者存在相位差,有功功率降低。担负调相任务的水轮发电机从系统中吸取一定的电能作同步电机运行,向系统提供无功功率,提高系统的功率因数(即减小电压和电流间的相位差),增加系统的有功功率。为减小调相机组在调相过程中能量损耗,在水轮机导叶关闭后向转轮室充气,压低尾水管进口水位,使转轮在空气中转动。水轮发电机组不发电时间较多,易于改变运行方式,适于用作调相。　　(刘启钊)

调蓄改正

等流时线汇流计算方法中的误差改正。基于等流时线概念的流域汇流计算常有较大的误差,一般认为这是由于该法仅考虑了洪水波的"平移",未考虑河网对洪水波的调蓄作用。克拉克提出对等流时线推流结果作一次线性水库调蓄演算,以改正这一误差,此即调蓄改正,或称克拉克法。后又出现若干将等流时线与河道演算相结合的更完善的调蓄改正方法。　　　　　　　　　　　　　　(刘新仁)

调压室波动周期　oscillation period of surge tank

调压室水位上下波动一个循环的历时。与引水道长度和调压室断面积二者的平方根成正比,与引水道断面积的平方根成反比。引水道的阻力对波动周期也有影响,但并不显著。　　　　(刘启钊)

调压室大波动稳定　surge tank stability of big oscillation

见调压室工作稳定性。

调压室工作稳定性　stability of surge tank oscillation

水电站正常运行状态下调压室水位波动的稳定性。调压室水位变化必改变水轮机发电水头,调速器也相应地改变水轮机的流量以保持出力恒定,从而又激发调压室的水位变化。例如,调压室水位升高,水轮机水头增大,调速器使水轮机流量减小,从而又引起调压室水位新的升高,如此互相激发。调压室水位降低时亦然。这种互相激发作用有可能使调压室水位波动逐渐增强。随时间逐渐增强的波动是动力不稳定,应该避免。随时间逐渐衰减的波动是动力稳定,设计调压室时应予保证。在研究调压室的波动稳定时,常假定波动是无限小的,将波动的微分方程线性化,用数学分析的方法进行研究,称之为调压室小波动稳定。否则称调压室大波动稳定。大波动的微分方程是非线性的。常用差分方程逐步积分的方法进行研究。调压室一般按小波动稳定的要求进行设计,按大波动稳定要求作校核。

（刘启钊）

调压室托马断面　Thoma section of surge tank
见调压室稳定断面。

调压室稳定断面　stable (hydraulic) section of surge tank
又称调压室临界断面。保证调压室波动稳定的最小断面。由德国科学家托马(D. Thoma)于1910年首先提出。托马假定调压室的波动是无限小的,调速器是绝对灵敏的,电站是孤立运行的。按托马假定得出的调压室稳定断面又称托马断面。托马之后的一些学者对托马断面的表达式又作了一些补充和修正。调压室的实际断面必须大于波动稳定的临界断面,并有一定的安全裕度。　（刘启钊）

调压室小波动稳定　surge tank stability of small oscillation
见调压室工作稳定性(270页)。

调压室涌波　surge tank oscillation
又称调压室涌浪。调压室里水位升降引起的波动。当水电站丢弃负荷时,水轮机流量减小,调压室上游引水道中水流因惯性继续流向调压室,引起调压室水位升高。引水道中流量随调压室水位升高而减小,直至重新等于水轮机的引用流量时调压室水位达到最高点,而后调压室水位又开始下降,形成周期性振荡。当水电站增加负荷时,调压室水位形成先降后升的波动。经正确设计的调压室,其水位波动应逐渐衰减,最后达到新的稳定水位。

（刘启钊）

调压室最低涌波水位　minimum level of surge tank oscillation
调压室涌波可能达到的最低水位。通常决定于水库最低发电水位时经由本调压室供水的最后一台机组投入运行或全部机组丢弃负荷的第二振幅。计算该水位在于确定调压室底部和引水道末端高程。

（刘启钊）

调压室最高涌波水位　maximum level of surge tank oscillation
调压室涌波可能达到的最高水位。分正常情况和特殊情况两种。前者决定于水库正常蓄水位时经由本调压室供水的全部机组突然丢弃全负荷;后者则决定于水库最高发电水位时突然丢弃全负荷情况。计算该水位在于确定调压室的顶部高程和引水道的内水压强。　（刘启钊）

挑流
又称挑水、挑溜。用挑水坝、丁坝或盘头等水工建筑物将水溜挑离堤脚,以保护堤岸的措施。《河工简要》卷三:"凡河溜紧急之处,在于上首建筑坝台一座,挑溜而行,名为挑水。"　（查一民）

挑流鼻坎　trajectory bucket, deflecting bucket
设置于泄水建筑物下游端以实现挑流消能的消能工。按结构形式分,有连续式、矩形差动式、梯形差动式、歪扭式等。连续式鼻坎射流扩散程度稍差,冲刷坑较深,但射程远,坎顶水流平顺不易空蚀,采用较多;差动式鼻坎以高低齿槽将相邻水股分开挑射,扩散和碰撞消能效果较好,冲坑深度较小,但射程稍近,齿坎两侧易空蚀,高水头情况下采用较少;歪扭式鼻坎可将水流偏向一侧挑射,可用于河岸溢洪道或泄洪隧洞,使射流落入河中深水垫。在不被下游水面淹没前提下,鼻坎高程应尽量低,以便获得较大的出坎射流初速和相应较大的射程;但用于溢流拱坝的鼻坎时位置常较高。鼻坎挑角(坎端切向与水平向夹角)以使冲坑深度与射程之比最小为佳,一般采用25°～35°。鼻坎与溢流坝面或泄槽底相联结的反弧半径常按坎上急流水深的6～10倍选用。用于窄缝式消能的特殊鼻坎,参见窄缝挑坎(325页)。

（王世夏）

挑流工程　spurdike engineering
扭转局部水流流向的工程措施。为保护岸滩,利用凸出岸滩边的堤坝拦截水流,并导引水流指向河中心。在中小河流上,为维护航槽、港口码头或引水口的正常工作条件,也在其上游对岸修筑挑流工程,逼使河道主流贴近这些工程所在区域。挑流工程可根据需要修建一道或数道。　（周耀庭）

挑流消能　ski-jump type energy dissipation

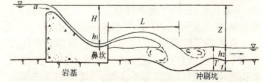

通过挑流鼻坎使泄水建筑物下泄水流成为自由射流在空中掺气扩散,再跌落到离建筑物较远的下游水垫,实现淹没紊动扩散的一种消能方式。由空中消能和水垫中消能两部分组成,并以后者为主。

必要的水垫深度常由入水射流对河床的冲刷形成,水深不够时,冲刷坑继续发展,直至达到一个稳定平衡状态为止。有时也可建二道坝,人工形成水垫。稳定冲刷坑水深 T 取决于挑流入水单宽流量 q、落差 Z、鼻坎形态和河床地质条件。最大冲坑深度 t 及相应冲坑大小应不致影响泄水建筑物或其他水工建筑物基础安全,挑流射程 L 与 t 的比值 L/t 是评价挑流消能方案的主要指标,L/t 愈大愈好,为此应合理选择鼻坎的位置、高程、形式、挑角。挑流消能广泛应用于岩基上的中、高水头泄水建筑物,较底流消能经济,但也带来一些特殊问题,如泄洪时较大范围内出现的雾化现象会影响到附近的交通或水电站运行。

(王世夏)

挑水坝 spur dike

简称挑坝。建在河溜紧急或堤防迎溜顶冲之处的挑流丁坝。可将大溜挑离堤脚,保护堤防不致受损。《河工要义》:"凡河溜紧急之处,在于溜势上首建筑挑坝一座,挑溜开行,名曰挑水坝。长十余丈乃至二三十丈不等,伸至河心,能挑大溜,则溜以下堤脚可免冲刷,并能挂淤;即对面嫩滩老坎,均可藉挑出之流,以资刷卸。如险工太长,应做坝数道,须将空档排开,远近得宜,使上坝挑溜,接住中坝,中坝挑溜接住下坝,方免刷堤之患。"挑水坝可分为坝身向上游倾斜的上挑坝,坝身向下游倾斜的下挑坝,及坝身和流向垂直的挑坝。挑水坝在堵口工程中,可用于配合引河工程,在引河头对岸上游,建筑挑坝,逼溜全归引河,以减少口门流量。由于挑水坝工程巨大,且挑溜较远,如布置不当,其对岸及下游将受大害,必须慎用。

(查一民)

tie

贴边岔管 branch reinforced by curved plates

在相贯线(管壳交线)两侧用补强板加固的钢岔管。补强板可用一层焊接在管壳之外,也可用两层分别焊接在管壳的内外侧。贴边岔管工艺简单,节省钢材,适用于地下埋管。

(刘启钊)

贴角拱坝 arch dam with large abutment

在拱端下游面局部加厚的拱坝。圆拱在水压力作用下,拱内推力自拱冠向拱端逐渐增加,产生过大的拱端应力,超过允许值不多时,可局部加厚拱端为拱冠厚度的 1.1~1.5 倍,加厚部分的长度为半拱圈的 1/5~1/2。当加厚贴角拱与等截面拱的拱圈面积相同时,前者比后者的拱端应力可减小 20%~40%。中国四川省河口、朝阳等工程的拦河坝均采用此种拱坝。

(林益才)

贴坡排水 surface drainage

见表面式排水(16页)。

铁门水电站 Iron Gates (Djerdap) I/II

多瑙河上最大水电站。1972 年建成。位于罗马尼亚梅赫丁齐县与南斯拉夫涅戈廷接壤处,罗、南两国合建。包括一座拦河大坝,两侧各有一通航水闸和水电站,装机容量分别为 210 和 213.6kW。总库容 24 亿 m^3。坝型为重力坝,高 60m,顶长 1 278m。

(胡明龙)

tong

通航河道整治 river regulation for navigation

又称航道整治。为利用河流通航而进行的治理工程。为达到规划所确定的通航标准,必须确保在设计水位时河道过水断面具有一定的尺度,并使水流速度和流态都在船舶通航的许可范围之内。为此目的通常要修筑束水或导流建筑物使水流规顺,在过分弯曲的河段上进行裁弯取直,在多汊河段上则采取堵汊工程,削支强干,确保主河槽的水深和航宽。在沿岸停泊的码头港区,为防止泥沙淤积,有时也要部署一定数量的治理工程。

(周耀庭)

通惠河

又称大通河。元代自通州至大都(今北京)的人工运河,京杭运河的最北段。至元二十八年(1291年),由都水监郭守敬建议并负责勘测、规划、设计与施工。起自昌平东南白浮村引神山泉水向西,经西山麓南行,设瓮山泊(今昆明湖)为调蓄水库,经和义门北入城至积水潭(为停泊港),穿城东出至今通县高丽庄入白河。全长 160 余里。自和义门西七里广源闸起设闸 11 处,共 24 座。明初淤废,其后屡次修复,但因水源不足,往往旋通旋淤。元代通惠河一名有时也包括北运河在内。

(陈 菁)

《通惠河志》

现存记述通惠河的惟一工程专志。明吴仲撰。嘉靖七年(1528 年)成书,共 2 卷。上卷载通惠河源委图及考略、闸坝建置、修河经用、夫役沿革等;下卷收入有关部门历次奏议及碑记、诗文等。

(陈 菁)

通惠渠

位于今伊宁地区的清代新疆引伊犁河水的灌溉工程。嘉庆七年(1802 年)伊犁将军松筠奏准在惠远城(今伊宁城西)东伊犁河北岸开大渠一道,长数十里,引伊犁河水灌田。后几年又在大渠北新开一干渠,嘉庆帝命名为通惠渠。两渠又合称旗屯渠,引水灌城东西北三面旗屯田亩达43.7万亩之多。

（陈 菁）

通济渠

隋代沟通黄淮的著名运河。隋炀帝大业元年(605年)在古汴渠的基础上开凿而成。唐宋时又称汴渠。渠分两段。一段自今河南洛阳县西隋炀帝西苑起,引谷、洛二水至洛口以达黄河,另一段在河南板渚(今荥阳县汜水镇东北)引黄河水经汴水至大梁(今开封)城西南与汴水别,折向东南,经雍丘(今杞县)、宋城县(今商丘南)南、宿州埇桥南(今宿县)、虹县(今泗县)、临淮县(今盱眙县北,在洪泽湖中)西,南入淮。避开了隋以前汴渠所经之泗水河道弯曲和徐州、吕梁二洪险阻,使东都洛阳至江淮更为便捷,成为隋唐北宋最重要的运道。渠广四十步,渠旁筑御道,植柳树。当年渠成,炀帝乘龙舟,率船数千艘,由此渠至山阳渎达江都(今扬州)。唐代每年漕运江淮粮食四百万石至洛阳、长安,宋代每年漕运六百万石至开封,必由此渠。北宋亡后渐湮废。

（陈 菁）

通济堰

四川古代引岷江水的灌溉工程,位于今彭山县境。唐开元年间(713~741年)益州长史章仇兼琼主持修建。渠首为有坝取水式,有大堰1,小堰10,灌田1600顷(唐1顷≈今0.81市顷),并在今新津开有远济堰。五代重修时合二渠为一。明、清屡次增修。乾隆时定支渠筒口尺寸,仿照都江堰,每田千亩,凿石筒宽三寸五分(约0.11m,明、清1营造尺≈32cm)引水。至近代通济堰渠首在新津城东五津渡,有弧形拦河坝长900多m,截西河和南河诸水,灌新津、彭山、眉山3县田约30万亩。现已成为都江堰向南扩灌的解放渠灌区。

浙江古代引松阳溪水的灌溉工程。位于今丽水县境内。相传始建于梁天监年间(502~519年)。渠首为有坝取水,大堰(拦河滚水石坝)在丽水城西25km,横截瓯江上游大溪的支流松阳溪,全长275m。引水渠口位于坝上游,干渠首部建有泄洪排沙的叶穴(多孔涵洞);渠道与山溪交叉处建有石函(渡槽),山溪水和泥沙从函上通过,渠水则自函下流通。灌区分为上中下三源(三大干渠),再分作48溉(支渠),实行轮灌。灌区中还有多处湖泊蓄节水量之余缺。可溉田2 000余顷。历来注重管理,南宋乾道五年(1169年)范成大订立堰规20条,已较完备,后代稍有增删,一直沿用至今。有《通济堰志》及续志记其沿革。

（陈 菁）

通气孔 air vent, ventilation

设置在深式输水或泄水建筑物某些部位与大气连通的孔道。如设于坝身泄水孔或泄水隧洞的工作闸门或事故闸门后、掺气坎或掺气槽两端的边墙内。前者当闸门局部开启时,用以向门后补气,可降低门后负压,稳定流态,避免建筑物发生振动和空蚀;检修时,在下放检修门后洞内水流放空过程中,用以补气;检修任务完成后,在充水平压过程中,可以排走闸门与检修门之间的空气。后者主要起向掺气部位供气的作用。断面形状多为圆形,断面尺寸根据通气量和允许风速,由经验公式确定。一般常取引水道的设计流量。通气流速对明钢管可取30~50 m/s,对埋管可取60~80m/s。其进口必须与闸门启闭机室分开,以免在充、排气时影响工作人员的安全。顶部应高于上游最高水位并有防冻和进气时防止吸入人、物的措施。 （林益才 刘启钊）

同倍比放大 equimultiple amplification

用同一放大系数 K 值放大典型洪水过程线的方法。以设计洪峰或某一时段设计洪量作控制,按同一倍比放大典型洪水过程线的各纵坐标值,即以峰控制

$$K_Q = \frac{Q_P}{Q_{典}}$$

K_Q 为以峰控制放大系数;Q_P 为设计洪峰流量;$Q_{典}$ 为典型过程的洪峰流量。或以量控制

$$K_{W_t} = \frac{W_{t_P}}{W_{t_{典}}}$$

K_{W_t} 为以量控制放大系数;W_{t_P} 为控制时段 t 的设计洪量;$W_{t_{典}}$ 为典型过程在控制时段 t 的最大洪量。

（许大明）

同马大堤 Tongma Levee

同仁堤和马华堤的合称。位于长江北岸,华阳河、皖河下游,绵亘在安徽宿松、望江、怀宁等县境内,上自鄂皖交界处的段窑起,与黄广大堤相接,下至怀宁县官坎头上,全长为175km,由一些零星堤段连接而成。保护面积达2 183km²,农田120余万亩,人口百余万。清道光十八年(1838年)时开始沿江筑堤。20世纪70~80年代曾进行修补。 （胡方荣）

同频率放大 equiprobability amplification

又称峰量同频率放大。由同一频率的洪峰和各时段的洪量控制放大典型洪水过程线求得设计洪水的方法。按洪峰和不同历时的洪量分别采用不同倍比,使放大后过程线的洪峰及各时段的洪量分别等于设计洪峰及设计洪量,即其洪峰流量和各时段洪量都符合同一设计频率。 （许大明）

铜街子水电站 Tongjiezi Hydroelectric Station

大渡河梯级开发最末一级水电站。在四川省乐山市境内,1989年发电。装机容量60万kW,年发电量32.1亿kW·h。以发电为主,兼有漂木、通航等。其水库对龚嘴水电站进行反调节,可充分发挥

该电站在系统中的调峰调频作用,提高其保证出力。主要建筑物有河床式厂房坝段、溢流坝段、过木筏道及左右岸刚性心墙砂砾壳堆石坝,重力坝高80m,顶长1082m。水利电力部成都勘测设计院设计,第七工程局施工。

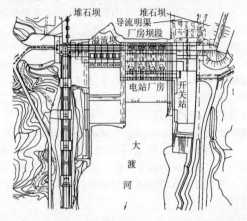

(胡明龙)

铜瓦厢改道 清咸丰五年(1855年)黄河在铜瓦厢(今河南兰考县东坝头乡西)决口,夺溜由长垣、东明至张秋,穿运河注大清河入海,正河断流。当时清朝廷忙于镇压太平军起义,无暇顾及堵决,乃听任黄河由大清河入海。当地人民于两岸分段修筑民埝以挡水,后又不断增修并连成大堤,逐步形成了现在的黄河河道,终于结束了金末以来黄河长期夺淮由苏北云梯关入海的南流格局,成为黄河的又一次大改道。

(陈 菁)

统计试验方法 statistic experimental method 通过特定的随机模型,人工生成某种随机变量众多抽样或随机过程的众多现实,来求取一些数学、物理和工程技术问题近似解的一种方法。早期是借助轮盘赌具来获得均匀分布的随机数,人们就以赌城蒙特卡罗(Monte Carlo)命名这种方法,称为蒙特卡罗方法。现代可以运用计算机的有关程序,方便地生成一系列具有多种概率分布的随机数。所研究问题的解与某种特定随机变量的统计特征,如数学期望或方差等,存在一定的函数关系时,则可将生成的大量随机数输入特定的随机模型,生成需求的随机变量大量抽样,通过计算有关统计特征,求得问题的近似解。

(朱元甡)

筒测法 tube measurement 用测筒进行作物需水量和需水规律等观测研究的方法。测筒可用镀锌铁皮做成内筒,木材做成外筒,再打箍绑牢,或直接用陶瓷缸为筒。测筒可为长方体或圆柱形。其面积可为 $0.4m^2$ 左右,一般将测筒埋设或置放于田间,筒内种植与田间相同的作物。

(李寿声)

筒车 tube waterlift 又称天车。利用水力作动力的提水机具。筒车的转轮由木或竹制成,轮周上均匀地系着许多汲水筒(中国甘肃一带用木制方形筒,云南、贵州一带用竹筒),直立于河边水中。水流冲动转轮旋转时,汲水筒不断地将河水提到轮的上方,自动把水倒入岸上的水槽中,再流入农田。多应用于比降较大的山区河流上。在中国黄河上取水的转轮直径一般为30m以上,最大的达40m;在中国的南方转轮直径只有2~3m,最大的才10m多。

(咸 锟)

筒管井 composite well of shaft and tube 上部为井径较大的筒井和下部为管井的组合井型。筒井开挖到适当深度后再用钻机钻凿管井。它可增加井的深度,从多个含水层中取水,增加单井出水量。其中管井为进水部分,筒井用于积蓄地下水和安装水泵。

(刘才良)

筒井 shaft well 用人工开挖成直径大、呈圆筒状的浅井。井筒直径超过1.5m者称为大口井。结构和施工方法较为简单,群众易于掌握。井深多为 30~50m。用于开采浅层潜水,满足人畜供水和农田灌溉的需要。

(刘才良)

tou

投资回收年限 investment repayment life, payback period 见投资回收期(275页)。

投资回收年限法 method of investment repayment period 又称还本年限法、投资回收期法、投资偿还年限法。将投资回收年限与基准投资回收年限相比较,以评价工程方案经济合理性和财务可行性的方法。求出的投资回收年限小于或等于国家或部门规定的基准回收年限时,则认为该项目(方案)在经济上是合理的和财务上是可行的。①动态投资回收年限用于项目的国民经济评价。指累计折算效益等于累计折算费用的年限,或累计折算净效益和累计折算投资相等的年限。对于各自独立的不同方案的比较,投资回收年限越短的是经济效果越好的方案。进行同一工程的不同规模(或不同保证率)的比较时,要以其增值的投资回收年限进行检验。②静态投资回收年限用于项目的财务评价。指不计及时间价值,用财务净收益回收工程全部投资(包括固定资产投资和流动资金)所需要的时间(年数)。静态投资回

收年限短的是财务效果好的方案。 （胡维松）

投资回收期 capital recovery life, period of investment payback

又称投资回收年限、还本年限。以建设项目投产后的净收益偿还全部投资（包括固定资产投资和流动资金）所需要的时间。它反映项目的投资回收能力。投资回收期自建设开始年算起，应写明自投产开始年算起的投资回收期。投资回收期可用财务现金流量表（全部投资）累计净现金流量计算求得。
 （胡维松）

透射辐射 transmitted radiation

投射的辐射透过物体的部分。它和投射辐射之比，称为透射率。视投射辐射对于物体的穿透能力或物体对于投射辐射的透明度而异。 （周恩济）

透水建筑物 permeable regulating structures

能允许部分水流自由穿过的整治建筑物。采用竹、木、树，梢料或其他材料构造的篱、屏或坝等，除对水流有挑流、导流或堵塞等作用外，还能起到增加糙度，降低局部流速和缓流促淤的作用。如桩坝、沉树、编篱和网坝等，它们都允许部分水流穿过，因此附近的局部冲刷较轻，较易维护，多用于各种临时性的整治工程。 （李耀中）

tu

图库鲁伊水电站 Tucurui (Raul G. Lhano) Hydro Plant

巴西大型水电站。在托坎廷斯河上，位于巴拉州图库鲁伊城附近。1984 年建成。设计装机容量 726 万 kW，现有装机容量 396 万 kW。总库容 458 亿 m^3，有效库容 254 亿 m^3。为土坝和重力坝混合坝，高 106m，顶长 13 700m。 （胡明龙）

图们江 Tumenjiang River

朝鲜称"豆满江"。源出吉林省白头山东麓，先东北后转东南流，纳西头水、嘎呀河、珲春河等支流，注入日本海的中国和朝鲜两国界河。下游为朝鲜与俄罗斯界河。长 520km，流域面积 3.3 万 km^2，2/3 在中国境内。上游经玄武岩台地，中游多深谷，下游为冲积平原。河槽陡峭，流量小、变化大，水力资源待开发。 （胡明龙）

土坝 earth dam

以土料为主要填筑材料的坝。始建于史前。近代其类型按坝体材料的分布和防渗设施的位置可分为均质坝、心墙坝、斜墙坝、斜心墙坝等；按施工方法可分为碾压式土坝、水力冲填坝和水中倒土坝等。坝体一般由支承体、防渗体、排水及护坡等组成。剖面呈梯形，既可建于岩基，也可建于土基，在透水地基上须设坝基防渗设施，并与坝身防渗体连接。通常土坝不能过水，小型土坝偶也可加设防冲设施建成溢流土坝。 （束一鸣）

土坝坝坡稳定分析 stability analysis of earth dam slope

为检验坝身或连同坝基抗坍滑失稳的安全度所进行的分析计算。通过计算可确定既安全又经济合理的剖面尺寸。坝坡坍滑面的形式可分为曲线滑动面、折线滑动面及复式滑动面。相应计算方法有圆弧滑动分析法、折线滑动分析法与复式滑动分析法，都不考虑土体的变形，假设滑动面上的土体为刚体，采用极限平衡理论进行分析计算。目前，也可根据有限元法求得的坝体应力场，采用库伦公式进行坝坡稳定分析计算。 （束一鸣）

土坝草皮护坡 grass protection of earth dam

以草皮作为保护土坝下游坝面的设施。适用于温暖湿润地区，多用于黏性土均质坝，草皮约厚 0.05～0.1m，若下游坝坡为砂性土，需先铺一层厚 0.2～0.3m 的腐殖土，然后再铺草皮。
 （束一鸣）

土坝堆石护坡 mound slop protection of earth dam

以抛填堆石作为土坝上游坝面保护的设施。一般厚 0.5～0.7m，下面铺设厚约 0.4～0.5m 的砂砾石垫层，应按反滤原则设计。具有施工简单、消浪效果较好，能适应坝体不均匀沉陷等优点，但用石料较多。 （束一鸣）

土坝固结观测 observation of earth dam consolidation

量测和分析土坝在自重、水压、温度等荷载作用下各层土体及地基的固结量。观测设备有横梁式固结管、深式标点组、电磁式沉降计和水管式沉降计等。横梁式固结管由管座、套管、带有横梁的细管和保护盒组成，用测沉器自上而下逐次测定各测点到固结管顶的距离求得固结量；深式标点组由埋在坝内不同高程的两个或两个以上的深式标点组成，用精密水准仪测得标杆顶点高程的变化；电磁式沉降仪是用装有舌簧开关的测头和施工期埋设的永磁铁（亦称沉降环）测量固结量，永磁铁随土体固结而沉降，当测点穿过永磁铁时产生电磁感应，据此量测沉降环到管顶的距离；水管式沉降仪由埋没在坝体内的密封传感器（测点）和连接到测读室的连通管组成，利用管内充水、充水银及充气测算传感器高程的变化。分析各层土体的固结量和基础沉陷量，可掌握施工和运用期坝体、坝基的固结过程和变化规律，为评价工程质量。分析大坝的稳定性提供科学依据。 （沈长松）

土坝护坡 slop protection of earth dam

防止土坝或土堤上、下游坡面遭受破坏的设施。土坝、土堤坡面经常裸露,易受波浪淘刷、雨水冲蚀、渗流侵蚀及冻胀、干裂等破坏因素影响,须用坚固耐蚀材料保护,以增加使用年限。是土坝重要组成部分,上游护坡的范围从坝顶至最低水位以下 2.5m,形式有干砌石护坡、堆石护坡、混凝土板(浇筑或预制)护坡、土工膜袋(又称法布)及水泥土护坡。下游坝面需全部保护,形式有碎石、砾石护坡,草皮护坡。
(束一鸣)

土坝孔隙水压力观测 pore water pressure observation of earth dam

测量土坝坝身或坝基土体由于固结和水流渗透产生的孔隙水压力变化。对水中填坝、水坠坝等孔隙水压力较大的土坝尤为重要。通常采用孔隙水压力仪进行观测。其形式有水管式、测压管式、电阻应变式及钢弦式四种。测点布置视工程的重要程度、土坝尺寸、结构形式、地形地质条件及施工方法等确定,一般在原河床、最大坝高、合龙段的横断面内布设,数量以能绘出孔隙水压力等值线为准。分析研究观测成果,在施工期可控制允许的填筑速度,保证施工安全,运行期可揭示大坝的工作状态,监视安全等。
(沈长松)

土坝排水 drainage of earth dam

具有排除坝体和坝基渗透水、汇集排走坝坡雨水、防止下游尾水冲刷坝脚等功能设备的总称。按其功能可分为坝体排水、坝基排水和坝坡排水。坝体排水有表面式排水、堆石棱体排水、褥垫式排水、上昂式排水、管式排水及组合式排水。坝基排水有排水减压沟、减压井。坝坡排水有纵、横排水沟。
(束一鸣)

土坝砌石护坡 beaching protection of earth dam

以人工干砌石作为土坝、土堤上游面保护的设施。有单层和双层,单层厚约 0.3~0.35m,双层厚约 0.4~0.6m,应选用质地坚硬、耐风化石料,石块料径一般在 0.25~0.30m 以上。砌石下面需铺设碎石或砾石垫层,厚约 0.15~0.25m,应按反滤原则设计。与堆石护坡相比,砌石护坡节省石料,但费工,消浪及适应变形的能力较差。
(束一鸣)

土坝渗流分析 seepage analysis of earth dam

为确定土坝坝身的浸润线位置与渗流场内各点渗流要素所进行的计算与实验研究。土坝渗流通常为二维或三维问题,常用方法有:解析法及数值解法,工程问题的边界条件都较复杂,一般只能用差分法或有限元法等求得拉普拉斯方程的数值解;图解法,用手绘流网近似求得渗流场;实验法,采用水电比拟、砂模型或缝隙水槽等实验方法求得渗流场;水力学法,用水力学方程求得土坝断面的近似浸润线位置。
(束一鸣)

土坝应力观测 stress observation of earth dam

通过预埋在大坝内部的仪器观测分析土坝在自重和外界荷载作用下应变应力大小。通常采用差动电阻式和钢弦式土压力计,前者结构原理同混凝土应变计,后者利用钢弦自振频率变化计算应力大小

$$\sigma = kf$$

f 为压力作用下频率变化值,即观测频率与仪器起始频率之差,k 为灵敏度系数 $k = \sum_{i=1}^{n} p_i / \sum_{i=1}^{n}(f_i - f_0)$;$p_i$ 为标定仪器时施加的各级压力;f_i 为相应各级压力的频率;f_0 为零压力时的频率。由分析观测成果可了解坝体的受力状态,判断其是否安全。
(沈长松)

土地平整 land grading

条田和格田内的田面整平工作。把凹凸不平的土地,经过削高填低,使其成为具有均一坡度的条田或水平格田,以改善田间灌排和耕作条件。有提高灌水质量、省水增产、改良土壤、扩大耕地面积、适应机械耕作、提高生产效率等作用。它是农田基本建设的重要内容之一。
(房宽厚)

土地增值效益 land value increment benefits

工程修建后,土地利用次数增加和土地利用价值提高带来的产量或产值的增加。如防洪标准提高后原洪淹区可改种作物价值较高的品种及洪淹机会减少使土地利用价值增加而带来的效益等。
(戴树声)

土工建筑物渗透观测 seepage observation of earth structures

对土工建筑物在施工、运行期的渗流要素进行的观测和分析。渗流要素包括渗流量、渗流水面(线)即浸润面(线)、孔隙水压力以及作用于坝基上的渗透压力等。通过观测和分析可以了解土工建筑物的渗流状态,为工程的安全监控提供依据。
(沈长松)

土工膜 geomembrane

以各种塑料、合成橡胶、天然橡胶及沥青为原料制成的不透水材料。可分为无筋与有筋两种。加筋材料一般为合成纤维织物或玻璃丝布。可作为防渗体用于土石坝、土工围堰、水库、渠道等水利工程建筑,具有适应变形能力强、施工简便迅速等优点。
(束一鸣)

土工织物 geotextile

以人工合成的聚合物为原料制成的透水材料。原料以丙纶、涤纶为多,其次是锦纶及其他合成纤

维，按制造工艺不同主要可分为有纺织物和无纺织物。有纺织物由两组平行经线和纬线在纺织机上交织而成；无纺织物是把纤维做成定向或随意的排列，然后制成平面织物。用于土石坝等岩土工程，可分别起反滤作用、隔离作用、加筋作用及保护作用，具有施工简便迅速、造价低廉等优点。　　（束一鸣）

土料设计　design of earth material

土坝设计中提出坝体各部分填筑材料要求并规定应达到的干堆积密度的设计工作。黏性土的填筑干堆积密度可取为

$$\rho_d = m\rho_{dmax}$$

ρ_{dmax}为根据击实试验定出的相应最优含水量的最大干堆积密度；m为施工条件系数，一般用$m = 0.95 \sim 0.99$，坝的级别愈高，m取值应越大。非黏性土的填筑干堆积密度可取为

$$\rho_d = \frac{\rho_{dmax} \cdot \rho_{dmin}}{(1-D_r)\rho_{dmax} + D_r\rho_{dmin}}$$

ρ_{dmax}、ρ_{dmin}为砂、砾、卵石等非黏性土的最大和最小干堆积密度，由试验确定；D_r为相对密度，一般用$D_r = 0.7 \sim 0.9$，坝级别愈高，D_r取值应越大。
　　（束一鸣）

土壤比水容量　specific water capacity of soil

又称土壤比水容度。土壤含水量随基质势ψ_m（或土壤水吸力S）的变化率。即土壤水分特征曲线的斜率。以C_θ表示。$C_\theta = -\frac{d\theta}{d\psi_m}$或$C_\theta = \frac{d\theta}{dS}$。$C_\theta$反映单位质量的土壤，吸力每发生一个单位的变化，可能吸入或释出的水量。对分析土壤水分保持、运动及对植物供水难易都是一个重要参数。C_θ可由土壤水分特征曲线资料计算得出，也可由土壤水力传导度$K_{(\theta)}$和土壤扩散度$D_{(\theta)}$推算得出。三者的关系为$C_\theta = K_{(\theta)}/D_{(\theta)}$。　　（刘圭念）

土壤返盐　salt accumulation in root zone

盐分向土壤表层运移聚积的现象。在非盐碱化和轻度盐碱化的耕地上，或经过改良的盐碱地上，由于地下水位升高，矿化度较高的地下水，在地表强烈蒸发作用下，不断向表土层移动，水分蒸发散失后，盐分滞留在土壤表层，当盐分聚积到一定数量时，耕地便产生盐碱化或使改良后的土壤重新盐碱化。土壤产生返盐的原因，主要是由于灌溉用水不当，排水不畅，地下水位得不到有效控制，经常维持在临界深度以上以及采用不合理的农业技术措施等。
　　（赖伟标）

土壤干旱　Soil drought

土壤含水量降低到不能满足作物生长需要的现象。其特征是土壤中缺乏植物可吸收利用的有效水分，使根系吸水量不能满足作物正常蒸腾和生长发育的需要。若土壤含水量降到凋萎系数以下，作物就会产生永久凋萎而死亡。　　（刘圭念）

土壤含水量　soil moisture content

一定数量土壤中所含水分的数量。是土壤的重要性状之一，与许多土壤性质有密切关系。常用重量百分比或容积百分比表示。前者指水重占烘干土重（$105 \sim 110$℃高温下烘干至恒重）的百分数；后者指土壤水的体积占土壤体积的百分数。在研究土壤水分平衡或计算灌排水量时，常将一定土层中的含水量换算为水层厚度（mm）或体积（m^3/亩）。在农田水利工作中，为便于根据水分状况制定灌排措施，还常采用两种相对含水量的表示方法：一是占田间持水量的百分数；一是占饱和含水量的百分数。分别用于旱地和水田的水量计算。　　（刘圭念）

土壤计划湿润层　wetting soil zone

通过灌溉调节土壤水分的土层深度。根据作物主要根系分布层的深度而定，随根系的发育和生长阶段逐渐加深。在幼苗期，作物根系很短，但为了给幼苗的生长发育创造良好的土壤环境，通常仍将计划湿润层的深度定为$0.3 \sim 0.4m$。对粮食作物，土壤计划湿润层的最大深度，一般为$0.8 \sim 1.0m$。
　　（房宽厚）

土壤流失量　value of soil loss

坡面或小流域因土壤侵蚀而流失的土壤数量。用来表示试验小区或小流域治理前后水土流失情况变化的一个指标。　　（刘才良）

土壤流失强度　intensity of soil losses

100mm径流深所引起的土壤流失厚度。单位是mm/100mm。用来判别水土流失的程度。常分为微弱（<10mm/100mm）、中等（$10 \sim 15$mm/100mm）、强烈（$15 \sim 20$mm/100mm）、很强烈（$20 \sim 25$mm/100mm）和极强烈（>25mm/100mm）等5个级别。　　（刘才良）

土壤侵蚀　soil erosion

陆地表面的土壤、岩石风化而形成的碎屑在水力、风力、重力和冻融等外力作用下，形成剥蚀、搬运和再堆积的过程。这是一种物理现象。其中把水力冲刷和搬运的称为水蚀；风力作用和风力搬运的称为风蚀；滑坡、山坡崩坍等属于重力侵蚀；在冻融交替作用下，冰川移动对表土的搬运和堆积属于冻融侵蚀；在石灰岩地区，因水分下渗而使岩石溶解下移的过程称为淋溶侵蚀。此外，按侵蚀的范围大小又可分为面蚀和沟蚀。　　（刘才良）

土壤侵蚀程度　intensity of soil erosion

在降雨、径流和风力等外营力以及重力综合作用下，每平方公里地表土壤或土体在单位时间内移动的总量，单位为$m^3/(km^2 \cdot a)$或$t/(km^2 \cdot a)$。用来

估算当地的土壤流失量和产沙量,为水土保持规划服务。　　　　　　　　　　　(刘才良)

土壤侵蚀量　amount of soil erosion

在各种自然因素作用下,单位时间内,单位面积上发生位移的土壤总量。常用一年内单位面积上流失的土壤数量表示,以 mm、m^3、t 计。是表示土壤侵蚀程度和治理效果的重要指标。　　(刘才良)

土壤侵蚀模数　modulus of soil erosion

一年内沟道或小流域单位面积上土壤的流失量。以 $m^3/(km^2 \cdot a)$ 或 $t/(km^2 \cdot a)$ 计。用来表示土壤侵蚀的程度和计算某一区域内土壤流失的数量。
　　　　　　　　　　　　　　　　(刘才良)

土壤湿润比　percentage of wetted soil

用滴灌、微喷灌等灌水方法进行局部灌溉时,湿润面积占种植面积的百分数。考虑到湿润面积随土层深度而变化,常以地面以下 20~30cm 深处的湿润面积为计算依据。它与毛管间距、滴头或微喷头的类型和性能、土壤的种类和结构等因素有关。是微灌工程规划设计的重要依据。　　(房宽厚)

土壤适宜含水量　favourable soil moisture

有利于作物正常生长发育的土壤含水量。是控制和调节土壤水分的依据。一般以田间持水量作为土壤适宜含水量的上限,以毛管断裂含水量作为下限。当土壤含水量减少到毛管断裂含水量时,就要进行灌溉。　　　　　　　　　　(房宽厚)

土壤水　soil water

土壤中各种形态水分的总称。有固、液、气三态,以液态为主。土壤中的液态水因所受作用力不同,可分为吸湿水、薄膜水、毛管水和重力水等类型。来源于降水、灌溉、水汽凝结及地下水补给。并通过植物蒸腾、土壤蒸发而散失。也可通过深层渗漏转化为地下水。它参与土壤中许多重要物理、化学和生物过程,不仅是植物需水的补给源,而且也是植物吸收和输导营养物质的载体,直接关系到农作物的生命活动,是农业生产的宝贵资源。科学地调节和控制土壤水是夺取农业高产、稳产的重要手段之一。
　　　　　　　　　　　　　　　　(刘圭念)

土壤水的有效性　soil water availability

土壤水能否被植物吸收利用及其被利用的难易程度。一般以能否被吸收利用区分有效或无效;以吸收容易或困难区分有效性强或弱。20 世纪 40 年代以前被广泛接受的观点是:低于凋萎系数的水为无效水;凋萎系数至田间持水量之间的水同等有效。40 年代后,一些学者通过大量试验研究,提出把田间持水量至凋萎系数之间的水,分为易运动、可运动和难运动等类别;并根据有效性取决于运动性的理论,把土壤水分为易效、有效和难效等类。认为毛管断裂含水量是有效和难效水的分界点。近代概念认为,土壤水的有效性不单纯取决于土壤含水量的高低,而与大气条件对植物蒸腾作用的影响密切相关。只要根部吸水速率足以平衡蒸腾耗水速率,由土壤经植物到大气的水流便可顺利进行,土壤水便呈有效状态。但在蒸腾强烈的情况下,有时尽管土壤含水充足,吸水速率仍不能补偿蒸腾耗水速率,植物体内水分入不敷出,很快凋萎,土壤水便呈无效状态。
　　　　　　　　　　　　　　　　(刘圭念)

土壤水分常数　soil water constant

土壤水分类型和性质的数量特征。反映土壤保持各种类型水分的能力以及各类水分对植物生长的有效程度。常用的土壤水分常数有吸湿系数、凋萎系数、最大分子持水量、田间持水量、毛管断裂含水量和饱和含水量等。　　　　　　(刘圭念)

土壤水分特征曲线　soil water characteristic curve

又称持水曲线。土壤含水量与土壤水吸力(或土水势)的关系曲线。可通过试验求得。土壤水吸力一般随含水量的增加而降低,但变化程度因土壤而异。分脱水曲线和吸水曲线。在同一土壤中由湿变干过程中得到的脱水曲线和由干到湿过程中得到的吸水曲线不相重合(如图),同一吸力下脱水过程的含水量总比吸水过程高,这种现象称滞后现象。两条曲线构成一滞后圈。据中国科学院南京土壤研究所 1976 年资料,滞后圈最宽的地方,含水量差值可达 6%。因此,使用特征曲线进行吸力和含水量相互换算时,要根据土壤干湿变化过程,恰当选用,防止可能引起过大的误差。　　(刘圭念)

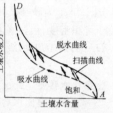

土壤水分运动基本方程　basic equation of soil water movement

描述土壤中水流随位置和时间而变化的基本方程。土壤水分运动一方面遵循达西定律,同时也服从连续原理。它是由达西方程和连续方程合并得出,数学表达式为

$$\frac{\partial \theta}{\partial t}=\frac{\partial}{\partial x}\left[K_x(\theta)\frac{\partial H}{\partial x}\right]+\frac{\partial}{\partial y}\left[K_y(\theta)\frac{\partial H}{\partial y}\right]+\frac{\partial}{\partial z}\left[K_z(\theta)\frac{\partial H}{\partial z}\right]$$

H 代表土水势;$K_x(\theta)$、$K_y(\theta)$、$K_z(\theta)$ 分别为 x、y、z 方向上的水力传导度,是含水量 θ 的函数。使用时可根据研究的问题和条件加以简化或变换成其他形式。例如,在进行非饱和土壤水运动的数值解时,常引入土壤水扩散度,将方程转换为扩散型方程,以简化非饱和流的数值计算。　　　(刘圭念)

土壤水扩散度 soil water diffusivity

单位含水量梯度下土壤水的通量。以 $D_{(\theta)}$ 表示。即 $D_{(\theta)} = \frac{q}{\partial \theta / \partial x}$。一般随含水量的增大而增大。引入 $D_{(\theta)}$ 可将非饱和土壤水运动基本方程转换为扩散型方程,借助于热传导方程的解法求解。但必须说明,此处扩散一词,并无扩散的物理意义。扩散型方程是为了试验和计算方便,通过数学处理而简化了的方程,并不意味着非饱和土壤水运动是扩散运动。$D_{(\theta)}$ 可用出流法和水平土柱法测定,也可根据水力传导度 $K_{(\theta)}$ 和比水容量 $C_{(\theta)}$ 计算求得。

(刘圭念)

土壤水力传导度 hydraulic conductivity of soil

又称土壤导水率。指单位水势梯度下,通过垂直于水流方向单位断面的土壤水流量。即达西定律 $q = -K\frac{d\psi}{dx}$ 中的 K (q 为水流通量;$\frac{d\psi}{dx}$ 为水势梯度)。K 值受土壤本身和水的流动性质(主要是水的黏度)的影响。水的流动性质不变时,K 值可反映土壤的导水能力。饱和土壤,因全部孔隙都导水,K 值最大,且越是粗大孔隙多的砂土导水性越强。非饱和土壤,只有部分孔隙导水,K 值较饱和时小,且随含水量(或吸力)的变化而变化,是吸力或含水量的函数。所以在含水量很低的土壤中很难观察到土壤水分运动。

(刘圭念)

土壤水吸力 soil moisture suction

土壤水在承受一定土壤吸力情况下所处的能量状态。相当于负的基质势 ψ_m 和溶质势 ψ_s 之和。因基质势和溶质势通常都是负值。所以它为正值。它的物理意义不及土水势严格,但它形象易懂,且可避免土水势负值带来的麻烦,应用比较广泛。可用张力计测定。

(刘圭念)

土壤水盐运动 movement of soil water and salt

土壤中含盐的水分在重力和毛管力等力的作用下的运移状况。盐随水来,又随水去,溶解于水中的盐分随着土壤水分的运动而运移。在蒸发作用下,水盐向地表移动,水分蒸发后盐分滞留在表层,形成土壤积盐。在降雨或灌溉冲洗水的淋洗下,盐分在水中溶解并向深层运动,形成表土脱盐。它受气象、地形、地貌、土质、水文地质、灌排条件和农业技术措施等因素错综复杂的影响,可以通过工程措施进行控制。

(赖伟标)

土壤脱盐 soil desalting

盐碱地中的可溶性盐分,在雨水或灌溉冲洗水的淋洗作用下,含量逐渐减少的现象。完善农田排水设施,控制地下水位,采用合理的灌溉和冲洗淋盐措施,配以各种农业技术措施,改善土壤结构,增强土壤透水性能,可以加速土壤的脱盐过程。

(赖伟标)

土壤脱盐率 rate of soil desalting

冲洗水在计划冲洗层中排除的盐分数量占冲洗前盐分含量的比值。以百分数表示。是冲洗改良盐碱地时衡量冲洗脱盐效果的一种指标。采用合理的冲洗制度和冲洗技术,可以提高土壤冲洗脱盐效果。

(赖伟标)

土壤盐碱化 soil salinization

又称土壤盐渍化。在天然状态下,由于某些特定条件使土壤表层盐分逐渐积聚形成盐渍土的过程。常发生在受海水浸渍的滨海地区以及地面径流不畅、地下径流滞缓、地下水矿化度较大且水位较高的干旱和半干旱地区。对农业生产威胁很大。

(赖伟标)

土壤养分流失 soil fertility losses

土壤中的营养物质随土壤流失而被带走或渗入深层的自然现象。水土流失地区,因水力侵蚀每年流失大量表层肥沃土壤。一般流失厚度为 0.2～1.0cm,流失严重地区可达 2cm。相当于 $1km^2$ 面积上流失 8～15t 氮、200～300kg 钾、15～100kg 磷。中国每年由此流失的氮、磷、钾总量近亿吨。

(刘才良)

土壤蒸发 evaporation from soil

土壤中的水分通过上升和汽化进入大气的过程。影响土壤含水量的变化,是水文循环的一个重要环节。各种形态水分运动主要受土壤含水量和气象因素制约。当水分充满土壤孔隙时,供水充分,土壤水分以毛细管水形式运动,蒸发量大而稳定;当蒸发耗水使土壤含水量降低,小于毛细管断裂含水量时,土壤水分以薄膜水形式运动,蒸发量逐渐减少;当土壤含水量接近凋萎系数时,地表土壤内只有气态水扩散运动,蒸发量甚少。

(胡方荣)

土壤-植物-大气系统 soil-plant-atmosphere system

水由土壤经植物到大气连续运动的系统。1966年澳大利亚学者 J.R.Philip 命名为土壤-植物-大气连续体(Soil-Plant-atmosphere continuum)缩写为"SPAC"。全系统包含若干性质不同的流动过程,各流动过程如同链条中的各个链环那样相互联系、相互制约,共同构成一个物理的、动态的连续体系。系统中水量和能量变化服从守恒原理,水流沿势能不断下降的路线前进。各分段流速与该段势差成正比、与阻力成反比。只要植物不凋萎,就可把植物体内水流视为稳定流,则水通量 q 与水势和阻力的关系可表示为:

$$q = \frac{-\Delta\psi_1}{R_1} = \frac{-\Delta\psi_2}{R_2} = \frac{-\Delta\psi_3}{R_3}$$

$\Delta\psi_1$、$\Delta\psi_2$、$\Delta\psi_3$ 分别为土-根、根-叶、叶-大气间的水势差；R_1、R_2、R_3 分别为各分段的水流阻力。

(刘圭念)

土石坝 earth-rockfill dam

以黏性土、非黏性土以及石料等材料为主建成的拦河坝。其断面形式受挡水防渗及坝坡稳定控制，一般呈底宽较大的梯形，可适应各种地基条件。作为挡水建筑物，是历史最悠久、应用最广、在现代坝工技术方面发展也很快的坝型，世界上已建土石坝的最大高度超过 300m。其坝体组成部分包括承受水压、维持稳定的支承体、控制渗流、减少漏水的防渗体以及排水、护坡等。按支承体的材料分，有土坝、堆石坝、土石混合坝等；按防渗体与支承体的相互位置分，有心墙坝、斜墙坝或面板坝、斜心墙坝、多种土质坝以及均质坝等；按施工方法分，土坝有碾压式土坝、水力冲填坝、水中倒土坝，堆石坝有抛填堆石坝、碾压堆石坝以及定向爆破堆石坝等。随着现代坝基处理技术的进步，对深达 100m 以上的深覆盖层地基可用混凝土防渗墙或灌浆帷幕实现有效防渗控制，更促进了高土石坝在软弱地基条件下的应用。其主要特点是，除小型工程偶用溢流土石坝外，一般不容许坝顶过水，水利枢纽以土石坝为拦河坝时常须坝外另建泄水建筑物。

(王世夏)

土石混合坝 earth and rockfill dam

由土料和石料分区填筑构成的大坝。一般以土料作为防渗体，块石、砾石、石碴等作为坝壳，砂砾、砂卵石为反滤过渡层。坝壳的配料顺序通常由内向外，或从上游到下游粒径由细变粗，且要求具有较好的透水性。主要有厚心墙式、厚斜墙式和斜心墙式等形式的土石坝。

(束一鸣)

土石围堰 earth-rockfill cofferdam

以土、砂、石料为主筑成的围堰。是常见的围堰形式，广泛用于大中型水利工程。可就地取材，利用主体工程开挖土石方填筑，以节省投资。

(胡肇枢)

土水势 soil water potential

指单位水量从一个处于任意位置上的平衡土-水系统移到一个温度相同、处于参考位置上、在标准大气压力(或当地实际的大气压力)下的纯自由水池时所做的功。为土壤水势能的简称($\psi_\pm$)。它是土-水系统中多种因素综合作用的结果。有以下分势：①基质势(ψ_m)，由土壤基质的吸附力和毛管力引起；②压力势(ψ_p)，土-水系统中在压力不等于大气压力时出现；③溶质势(ψ_s)，由土-水系统中各种溶质对水分子的吸附作用引起；④重力势(ψ_g)，由土-水系统在重力场中的位置相对于参考位置的高差所决定。在恒温条件下，它是以上四个分势的代数和，即 $\psi_\pm = \psi_m + \psi_p + \psi_s + \psi_g$。

(刘圭念)

土心坝 earth-fill groin with stone facing

采用壤土作坝体的重型坝。为了降低造价，用沙壤土或黏土等代替部分石料做坝心，而用抛石或其他抗冲材料保护坝面和边坡，坝头则用护底沉排或抛石棱体，在坝心与护面之间要做反滤层，以防止壤土从坝体内漏失。例如，黄河下游多采用土心坝护岸。这种土心坝都在枯水位以上填筑，于秋冬两季在滩上施工，待来年洪水到来坝体看溜时，再抛石加固坝头和边坡，其施工方法有显著特色。

(李耀中)

土压力观测 earth pressure observation

对土体应力和土体作用在刚性建筑物表面土压力的量测和分析。观测仪器一般用差动电阻式或钢弦式土压力计，测点通常布置在土压力较大、地质条件复杂和压应力变化大的部位。根据压力大小、分布及变化趋势，了解建筑物受力状态，判断其稳定性。

(沈长松)

土中灌水坝 earth dam by pouring water into soil

用灌水方式使坝面铺土崩解后重新固结密实而筑成的土坝。施工方法是先在干的坝面上铺土，然后筑畦灌水。中国曾用此法建造过几十座坝高在 20m 以下的土坝，现已很少采用。

(束一鸣)

tui

推理公式 rational formula

根据线性汇流理论，导出出口断面洪峰流量的计算公式。据净雨历时 t_c 等于或大于汇流历时 τ，及净雨历时 t_c 小于汇流历时 τ，分别导出出口断面处洪峰流量公式，用于推求设计洪峰流量

当 $t_c \geq \tau$
$$\begin{cases} Q_{m,p} = 0.278 \left(\frac{S_p}{t^n} \cdot \mu\right) F \\ \tau = 0.278 \dfrac{L}{mJ^{\frac{1}{3}} Q_{m,p}^{\frac{1}{4}}} \end{cases}$$

当 $t_c < \tau$
$$\begin{cases} Q_{m,p} = 0.278 \dfrac{h_p}{\tau} F \\ \tau = 0.278 \dfrac{L}{mJ^{\frac{1}{3}} Q_{m,p}^{\frac{1}{4}}} \end{cases}$$

求解过程中处理 4 个方程 7 个参数，即流域特征：流域面积 F，河长 L，比降 J，暴雨参数 n，雨力 S_p，产流参数 μ，汇流参数 m。最后才能求解 $Q_{m,p}$ 和 τ 值。

(许大明)

推移质 bed load

又称底沙。受水流拖曳力作用在床面附近作滑动、滚动或跳跃运动的泥沙颗粒。当水流拖曳力或流速大于泥沙颗粒起动的临界值时，泥沙颗粒脱离静止状态而投入运动。颗粒的运动形式与水流强弱、颗粒大小和形态以及其在床面所处的位置有关，或沿床面滑动，或围绕某接触点滚动，或暂时跃离床面，前进一段距离后又落回床面，或深入主流区，被紊动漩涡挟带随水流一起运动。除最后一种运动形式外，其余几种运动方式中，颗粒的运动范围仅限于床面以上一定距离，运动速度小于流速。推移质在运动过程中经常与床沙和悬移质进行交换。当这种交换不平衡时将会引起河床的冲淤变化。

(陈国祥　胡方荣)

推移质输沙率　bed load transport rate

单位时间内通过河流过水断面的推移质数量。常以泥沙质量表示，单位为 kg/s 或 t/s。单位宽度的推移质输沙率称为单宽推移质输沙率，单位为 kg/(s·m)或 t/(s·m)。目前确定推移质输沙率的理论和公式很多，其中代表性的有基于大量实验资料建立的梅叶——彼德公式，通过力学分析建立起来的拜格诺公式，采用概率论及力学分析相结合的办法建立的爱因斯坦公式以及将各种方法结合起来的恩格隆公式、亚林公式等。这些公式大多是在均匀沙的情况下得到的，对于不均匀沙目前还没有满意的计算方法。

(陈国祥)

退水曲线　recession curve

表示流域蓄水消退过程的曲线。把各次汛末洪水流量过程线的退水段绘在同一张图上，在水平方向移动各退水段使尾部重合。图中的下包线(曲线3)即是。可用于枯水预报和流量过程线的分割。

(胡方荣)

退水闸　water recession sluice

见泄水闸(299 页)。

tuo

脱坡抢险　protection against slope failure

对堤(坝)坡向下滑动的抢护工作。脱坡土体可能从顶部或坡面开始，分圆弧滑动和局部挫落两种。脱坡严重者可导致堤、坝失事。可采用滤水土撑、滤水后戗、柴土还坡、临水帮戗、抛重护脚等方法。

(胡方荣)

沱江　Tuojiang River

旧称外江。发源于九顶山南麓的一条流经四川省中部的长江上游支流。南流至金堂县，接纳岷江分支毗河后始称沱江，在泸州汇入长江，长 702km。因位于四川盆地中西部，所经皆低丘陵，水流平缓，水量不大，略平以下可通航。支流有阳化河、球溪河、蒙溪河、大清流河、釜溪河等注入。支流上建有张家岩、三岔、老鹰岩、黄板桥、长沙坝等水库。沿江有德阳、内江、泸州等城市。

(胡明龙)

驼峰堰　hump weir

过水面由几段凹、凸圆弧复合组成的形似驼峰的一种低溢流堰。是实用堰的一种形式。中国首先对其进行了试验研究并在工程中实用。其地基应力分布较均匀，泄流能力较宽顶堰大，整体稳定性较好，设计和施工也较简单，可用作土基溢洪道和水闸的控制堰，如岳城水库的溢洪道。

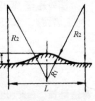

(王世夏)

W

wa

瓦依昂拱坝　Vaiont Arch Dam

意大利最高拱坝。在瓦依昂河上，位于威尼托(Venoto)区朗格伦诺(Longarone)附近。1961 年建成。高 262m，顶长 190m，工程量 35.2 万 m³。库容 1.69 亿 m³。

(胡明龙)

wai

外流湖　outflow lake

经常有径流流出的湖泊。其湖水与河水相通，能通过江河流入海洋，如札陵湖和鄂陵湖。

(胡方荣)

外流区　exterior basin

地面和地下径流最终汇入海洋的地区。区域内的水经河流或地下汇入海洋，如密西西比河、长江流

域等。占全球陆地总面积的 80%。中国的外流区占总面积的 63.76%。　　　　　　　（胡方荣）

外水压力观测　observation of external water pressure

观测和分析作用于隧洞衬砌、土坝坝体内泄水底孔等结构外壁的水压力大小和分布。观测设备一般采用测压管，测点布置视具有情况而定。对有压隧洞，一般沿两侧衬砌外 1~5m 之间布设，管底高程稍低于衬砌底部高程；对无压隧洞，通常在两侧壁上交错排列布置，间距视水头大小、隧洞结构、地质情况、透水性等因素确定；对土坝坝体内无压泄水底孔，主要沿底孔两侧水力坡降最大的地方布设；坝内有压泄水底孔则在混凝土壁上和顶部布设，壁上的位置同无压底孔，顶部一般布置在坝中部及下游范围内，以便于观测。参见坝基扬压力观测（4 页）和浸润线观测（134 页）。　　　　　（沈长松）

外循环　exterior cycle

又称大循环。海陆间水分交换的过程。从海洋蒸发的水汽，被气流带到大陆上空，形成降水落到地面，一部分直接返回空中，其余皆经地面和地下注入海洋横向周而复始的运动过程。　　（胡方荣）

外移

溜势逐渐离开堤防向外移动。为溜势名称。《河工名谓》："靠工溜势离开者。"　　（查一民）

wan

弯道环流　circulation current in river bend

水流通过弯道时，因受到离心力作用而产生一种内部的旋转运动。因在横断面上的投影呈封闭环状，故称环流，它常与主流叠加在一起形成螺旋式的前进运动，故又称为螺旋流。弯道环流流速的大小与水流的纵向平均流速、河道的弯曲半径及水深、糙率等因素有关，作为近似估算可采用以下计算公式

环流流速分布

$$v = 6u\frac{H}{r}(2\eta - 1)$$

环流相对强度

$$\frac{u}{v} = 6\frac{H}{r}(2\eta - 1)$$

环流旋度

$$\frac{v}{U} = \frac{6(2\eta - 1)}{H^2 \frac{\sqrt{g}}{c}(1 + \ln g)}$$

v 为横向流速；u 为纵向流速；U 为纵向垂线平均流速；r 为曲率半径；H 为水深；η 为相对水深 $\left(\eta = \frac{y}{H}, y \text{为距床面距离}\right)$。　　（陈国祥）

弯曲形尾水管　elbow type draft tube

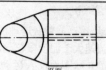
平面

形似弯肘的水轮机尾水管。由进口锥管、弯形肘管及出口扩散段组成。进口锥管是紧接在转轮之后的断面逐渐扩大的锥形管。弯形肘管将水流流向由垂直改为水平，肘管的断面形状则由圆形逐渐变为矩形。出口扩散段则为断面逐渐扩大的矩形管。尾水管深度 h 是指水轮机座环下环平面至尾水管底板平面间的高度。其形状及尺寸常按模型试验成果确定。多用于大中型水电站。
　　　　　　　　　　　　　　　（王世泽）

弯曲型河道　meandering channel

中水河槽平面外形左弯右曲，两反向弯道由直线段相连的河道。具有主流线蜿蜒曲折，深槽与浅滩相间，水深相差较大的特点。这类河道的演变特点为：弯道凹岸不断崩退而凸岸边滩相应淤长；随着弯道曲率增大平面形态逐渐扭曲，顶冲点顺流下移；当曲率增大到一定程度时会发生裁弯取直；裁弯后的新河如不加保护又逐渐向弯曲发展。这类河道多见于河谷宽广、河槽由可冲土组成、两岸无紧密控制、流量变幅小、中水期长、水流比较平稳、流速较低的河段。这类河道常具有稳定的边滩和深槽，主流线较稳定，对水利水运建设是有利的，但如过分弯曲也会有不利影响，需要进行治理。　　（陈国祥）

弯曲型河道整治　regulation of meandering river channel

对妨碍通航和行洪的弯曲型河段进行的治理。弯曲河段因受环流作用发生平面变形，凹岸冲刷，凸岸淤积，曲率增大，弯道向下游蠕动。为控制弯道发展，一般采取护岸或导流建筑物，使凹岸稳定，航道规顺。对过于弯曲的河段，常用裁弯取直的方法。裁弯对河道影响比较大，并将弯曲河段废弃，为此应全面考虑上下游河段及两岸工农业用水等因素，进行统一规划。　　　　　　（周耀庭）

湾流　gulf stream

亦称墨西哥湾（暖）流。北大西洋副热带总环流系统中的西部边界流。与北太平洋中的黑潮同为世界大洋中的著名强流。但流速强、流量大、流幅狭窄、流路蜿蜒、流域广阔，且更比黑潮为甚，并具有高温、高盐、透明度大和水色高等显著特征。
　　　　　　　　　　　　　　　（胡方荣）

万安水电站　Wanan Hydroelectric Station

长江水系赣江上的一座水电站。在江西省万安县境内。装机容量 40 万 kW，年发电量 15 亿 kW·h，远期达到 50 万 kW；总库容 21.2 亿 m^3，调节库容 10.2 亿 m^3。可提高下游防洪能力，灌溉农田 2 万公

顷,增加航道水深,万安至赣州可通 500t 级轮船。建筑物有拦河坝、厂房及船闸等。大坝为混凝土重力坝,高 56m,顶长 674m;右岸为长 490 余 m 黏土心墙坝连接,高 25m,坝基设防渗墙;船闸在右岸,年货运量 200～300 万 t;年过木 50 万 m³。长江流域规划办公室设计,建字 00639 部队施工。

(胡明龙)

万元产值用水量 water consumption for ten thousand yuan value of output

供水工程供给工业的净用水量与供水范围内工业总产值(万元)的比值。净用水量为毛用水量扣除输水损失值(m³)。它是衡量工业部门用水的重要指标之一,也是衡量同类城市节水水平的重要指标。

(戴树声)

wang

网坝 network dike

把编结的绳网挂在水流中的透水建筑物。尼龙绳网坝分为固定的网坝和浮网坝,而以浮网坝用得较多。在河床上打下成排的木桩,把网的下缘挂在木桩上绑紧,网的上缘悬挂浮子,使网体漂浮于水中,高度 1～3m。网体与铅垂线的夹角可随流速大小变化。与其他材料的透水建筑物相比,网坝的制作和施工较简易,材料来源广,坝体的尺寸可做得较大。网坝可促淤固滩,围垦造地和护岸,也有导引水流刷深航槽的功用。

(李耀中)

wei

微灌 micro-irrigation

微量灌溉的总称。包括滴灌、微喷灌等工作压力低、供水流量小、灌水次数频繁、湿润局部农田灌水方法。具有节水、节能、增产的明显效果。

(房宽厚)

微喷灌 microspray irrigation

用微型喷头进行喷洒,湿润作物根部附近土壤的局部灌溉方法。和滴灌系统类似,微型喷头从供水毛管(末级管道)获得灌溉水或掺入了可溶性化肥、化学杀虫剂的灌溉水,缓慢而均匀地喷洒在作物根部附近的土壤上。兼有喷灌和滴灌的主要优点,克服了它们的一些缺点。在果园、葡萄园、苗圃及城市绿地的灌溉中得到了广泛应用。 (房宽厚)

微型水电站 micro-hydroelectric power station

按 1980 年 11 月马尼拉国际小水电研究讨论会通过的文件指装机容量 100kW 以下之水电站。

(刘启钊)

韦伯数 Weber Number

表面张力作用下液体运动的相似准数。物理意义为惯性与表面张力之比的无量纲数。一般表达式为

$$We = v^2 l/(\sigma/\rho)$$

v 为流速,l 为特征长度,σ 为液体毛细管常数,ρ 为液体密度。当研究液体与其他介质在分界面附近的力学现象时,韦伯数 We 常是重要参数,We 同量为现象相似的必要条件。We 由小变大时,表面张力的影响相对减小,直至可忽略不计。 (王世夏)

韦伯准则 Weber Criterion

见表面张力相似准则(16 页)。

圩区 polder district

又称圩垸地区。由用围堤与外水隔开的圩垸组成的生产区域。多建于易受洪水危害的沿江滨湖低洼地区。各圩之间有河道分隔,可在围堤上修建水闸或船闸使内外水沟通。圩内地面高程低于外河洪水位是它的主要特点。筑堤防洪、提水灌排、控制地下水位等是它治水的主要内容。 (赖伟标)

圩区水面率 water surface ratio in polder

圩区内河网和湖泊的水面积与圩区总面积的比值。以百分数表示。其值的大小,表明圩区河网和湖泊的调蓄能力以及土地利用率的高低。为减轻圩区的抽水排水负担以及发展蓄水灌溉和养殖事业,均要求圩区应有适当的水面率,一般应达到 10% 左右。 (赖伟标)

圩区治理 regulation of polder district

为消除圩区水旱灾害而采取的工程技术措施。外洪、内涝、渍害是圩区普遍存在的自然灾害,严重威胁着圩区人民的生产和生活,必须进行彻底治理。它的技术措施可概括为"四分两控制",这是全面治理圩区水旱灾害的宝贵经验。 (房宽厚)

圩垸 polders

四周建有围堤保护的生产生活区域。在一些江河中下游的沿江滨湖低洼地区,外河水位经常高于两岸农田,为抵御外水入侵,在四周修筑围堤进行防护,一般在堤上适当位置设闸控制,使内外水沟通,以便通航,圩内则修建灌排两用抽水站,外水位低于内水位时开闸自流排水,抽水站用于提水灌溉;汛期外水位高于内水位,则关闸排排,也可结合抽排进行灌溉。还可利用外水位高于农田时的自流条件,引外水自流灌溉农田。 (赖伟标)

围海造田 enclosing tidal land for cultivation

对经常淹没在水面之下的海湾浅水滩地,修筑坚固的防浪抗潮海堤所进行的垦殖事业。所用的工程技术措施与海涂围垦相似,但围垦区内需填筑较多的土类等回填物,以抬高地面,营造农田。

(赖伟标)

围垦 polder

在沿江、滨湖和海边的滩地上圈筑围堤,抵挡洪水,进行垦殖的工程技术。对海滩地的围垦称为海涂围垦;对经常淹在水下的海湾浅滩的围垦称为围海造田。对滨湖滩地的围垦又称为围湖造田。在围垦区内要修建完整的排灌系统,排除地面径流,控制地下水位,并对种植的作物进行合理灌溉。海涂垦区首先要引淡水淋洗土壤盐分,并采取蓄淡养青、种植耐盐作物等措施,增加土壤有机质,促使土壤进一步脱盐。 (房宽厚)

围田

在湖、江边筑堤围占淤湖、江滩所成之田。其形式与圩田相似,二者常常混称。围田侵占江湖水面,围占不当,会减少蓄洪容积,增加排洪障碍,导致水灾。旱时又霸占水源,妨碍正常灌溉。历史上豪强仗势围占,曾造成严重问题。

(查一民)

围堰 cofferdam

导流工程中的挡水建筑物。施工期间,为能保证水工建筑物在干场作业,常需在基坑上下游修筑围堰挡住河水。应满足稳定、防洪、防冲等要求,一般不允许过水,构造上应考虑水下施工和使用后容易拆除。按水流方向分,有横向围堰、纵向围堰、上游围堰、下游围堰。按所用材料性质分,有土石围堰、草土围堰、混凝土围堰、钢板桩围堰、笼网围堰等。 (胡肇枢)

帷幕灌浆 curtain grouting

为在岩石或砂砾石坝基中形成阻水帷幕而进行的高压深孔灌浆。其功用是降低坝底渗透压力,防止产生机械或化学管涌,减少渗透流量。灌浆材料常用水泥浆,有时也用化学材料,对砂砾石层可采用水泥黏土浆。帷幕的深度应根据作用水头和透水层厚度确定。当透水层厚度不大时,帷幕可穿过透水层伸入相对不透水层$3\sim 5m$。当透水层很厚时,帷幕深度可按设计要求确定,常在0.3~0.7倍坝高范围内选取。最终深度须根据压水试验量测的单位吸水量决定。帷幕厚度应按允许渗透坡降确定,与灌浆孔排数有关,在一般情况下,高坝可设两排、中、低坝设一排,对地质条件较差的地段还可适当增加。孔距一般为1.5~4.0m,排距宜略小于孔距。帷幕灌浆必须在有混凝土盖重的情况下施工,灌浆压力应通过试验确定。对于表层段不宜小于1.0~1.5倍水头,在孔底段不宜小于2~3倍水头,但应以不破坏岩体为准。 (林益才)

维多利亚湖 Lake Victoria

位于肯尼亚、乌干达和坦桑尼亚接壤处的非洲大淡水湖。地处北纬0°26′~南纬3°16′,东经31°43′~35°02′,由凹陷盆地形成。海拔1 134m,面积6.94万km^2,最深80m。有卡格腊河和马腊河等河流注入。为维多利亚尼罗河水源,河上有欧文瀑布水库。水资源丰富,多良港,有基苏木、姆万扎、金贾、恩德培、布科巴等湖港。 (胡明龙)

维修费 cost of maintenance, repair cost

工程项目中各类建筑物和设备进行维修和养护所需的费用。包括日常维修、养护、岁修和大修理等费用。大修理费并非每年均衡支出,为简化起见,也可将使用期内大修理费用总额平均分摊到各年。维修费与工程规模、设施类型和维护工作量等有关。一般可按工程设施投资的一定比率(费率)进行计算。年维修费率可参照类似工程分析确定,其中大修理费率也可参用规范。 (戴树声)

尾槛 end sill

设于消力池下游端,用以进一步调整出池流速分布的槛形结构物。常用形式有连续式和齿槛式两种,前者参见消力池(295页);后者整流效果更好,参见趾墩(332页)。通常设计消力池时尾槛消能作用只作为安全余裕,水跃计算中不予考虑。但有时为避免降低池底高程导致的过大开挖量,可用加高尾槛成消力墙以强迫形成水跃的替代措施,此时自应按消力墙计算。 (王世夏)

尾矿坝 tailings dam

为形成堆贮各种矿石尾料的场库所建的大坝。一般先建一定高度的初期坝,待尾矿料堆积至各坝顶时,再向上逐级修建若干个趾坝,直到设计库容所需达到的高度。因尾矿料由水力冲填入库,为加速沉淀与固结,初期坝与各级趾坝宜用透水性良好的石料填筑,或在迎料面及底部设置排水带及反滤层。

(束一鸣)

尾水调压室 tail-race surge tank, downstream surge tank

又称下游调压室。位于水电站厂房下游尾水道上的调压室。在首部开发的地下水电站中,上游的有压引水道较短,而下游的有压引水道可能较长,为了减小尾水道中的水击压强和改善机组的运行条件,常在尾水道上设尾水调压室,位置应尽可能靠近厂房。其水位变化过程与上游调压室相反:水电站丢弃负荷时调压室水位首先下降,增加负荷时首先上升。其设计原理和计算方法与上游调压室基本相同。 (刘启钊)

尾水隧洞 tailwater tunnel

为水电站地下厂房发电尾水泄往下游河床提供

通道的水工隧洞。通过水轮机的尾水余能不多，故尾水隧洞不存在一般水工隧洞中可能有的高压或高速水流问题，但其断面形态应与水轮机尾水管良好协调，使水流顺畅平稳，防止尾水受阻壅高或波动导致的电能损失。　　　　　　　　　　（王世夏）

渭河　Weihe River

发源于甘肃省渭源县鸟鼠山，在潼关附近注入黄河，横贯陕西省中部的黄河最大支流。长787km，流域面积13.43万km^2，平均年径流量90.6亿m^3。上游及支流泾河、洛河流经黄土高原，挟带大量泥沙，中、下游建有泾惠渠、渭惠渠、洛惠渠等灌溉工程以及配套的蓄水、提水工程，扩大灌溉面积；进行植树造林，有1/5水土流失面积得到治理。上游建有冯家山水库。　　　　　　　　　　（胡明龙）

渭河平原　Wei He Plain

又称关中平原、关中盆地。黄河流域中游，西起宝鸡峡，东至潼关，经黄土堆积、河流冲积而成的平原。东西长360km，系地堑式构造盆地，海拔300～600m。两侧地势不对称，呈阶梯状增高，北岸有两级冲积阶地和1～2级黄土台塬，土壤肥沃，农业发达，有"八百里秦川"之称。河流主要有泾、渭、洛等河，建有渭惠渠、泾惠渠、洛惠渠等灌区。早在2000年以前，已开始治河修渠，郑国渠即为战国时修建，是中国古老渠道之一。　　　　　　　（胡明龙）

渭惠渠

近代陕西引渭水灌溉工程。陕西八惠之一。其前身为汉唐时的成国渠和升原渠。李仪祉倡建。1935年兴工，1937年完工。渠首位于眉县西的魏家堡，拦河坝为混凝土溢流坝，长450m，高3.2m。灌眉县、扶风、武功、兴平、咸阳诸县，设计灌溉面积70万亩，1937年实际灌溉17万多亩。1949年扩建后灌溉流量达42m^3/s，灌地112万亩。1958年又大规模扩建，渠口上移至宝鸡峡，1971年完工，灌溉面积增加到188万亩，现为陕西最大的宝鸡峡灌区。
　　　　　　　　　　　　　　　　（陈　菁）

wen

温度缝　temperature joint

又称伸缩缝。为避免或减小温度应力，防止建筑物产生危害性裂缝而设置的构造缝。缝的间距应根据温度变化的幅度、地基条件及建筑物所用的材料确定。应有一定的缝宽，在温度变化或混凝土收缩作用下，缝的两侧建筑物能自由伸缩。
　　　　　　　　　　　　　　　　（林益才）

温度控制　temperature control

为防止混凝土产生温度裂缝所采取的控制施工期温度变幅的措施。控制内容包括：减小混凝土浇筑块的最高温度与稳定温度的温差；使混凝土块体内部某一时刻的平均温度与其表面最低温度的温差最小；且不形成过大的温度梯度。主要措施有：严格控制基础温差、混凝土的内外温差、上下浇筑层新老混凝土之间的温差；减少混凝土的发热量，如减少水泥用量，在混凝土中埋块石，在水泥中加掺合料等；降低混凝土的入仓温度，如预冷骨料、加冰拌合等；加速混凝土热量的散发，如采用薄层浇筑、适当延长浇筑块的间歇时间以及采用人工冷却措施等；防止气温的不利影响，加强混凝土的养护，在冬期还要注意防冻、防寒潮袭击等。
　　　　　　　　　　　　　　　　（林益才）

温度应力　temperature stress

又称热应力。由于温度变化在物体中引起的单位面积上的内力。求解温度应力，既要确定温度场，又要确定应力场，是热弹性力学研究的课题。如物体中的温度变化不大而且位移和应变微小，可略去应变对热能的影响而使热弹性力学的方程成为线性。这时可分别进行求解，即先计算温度场，再计算应力场。有限单元法是解决水工结构物的温度场和温度应力的有效方法，可以将温度场和温度应力同时解决。水利工程中的大体积混凝土结构在施工期间发生的水化热和散热过程、混凝土坝（如拱坝）、厂房、水闸等在运行期间由于气温和水温的变化过程都要引起温度应力。尤其是当温度变化产生的拉应力超过混凝土的抗拉强度时，就产生裂缝。因此在水工设计和施工中，必须采取必要的温度控制和结构措施以降低温度应力的影响。
　　　　　　　　　　　　　　　　（林益才）

温度作用　temperature load

建筑物或其一部分受约束不能自由伸缩时，由于温度变化使其受到阻止膨胀或收缩的作用力。大体积混凝土结构（如重力坝等）在施工期间，因水泥产生水化热而使浇筑块温度升高，随热量消散，温度又逐渐降低，在温度升降过程中，因体积变形受到地基、浇筑块之间，以及浇筑块内不同部位的约束而产生温度应力。在运用期，气温及水温的变化，对结构的应力状态，尤其是对超静定结构（如拱坝等）的应力状态也产生显著影响。在水工设计、施工中，对温度荷载应给予足够的重视。为防止产生裂缝，常需采取温度控制和分缝分块等结构措施。
　　　　　　　　　　　　　　　　（林益才）

温跃层　thermocline, mesolimnion

又称温斜层。湖水温度垂直分布急剧变化的一层。湖水温度的垂直分布可分为表层、中层和底层三层：表层为增温层，由于风力引起混合，水温分布较匀；中层为温跃层，上下温差甚至可大于20℃；底

紊动扩散 turbulent diffusion

紊流的流体性质和含有物质不仅由于分子运动而且由于流团紊动而输送传递到另一部分流体的现象。与分子扩散中的扩散输送率与浓度梯度成比例的情况不同，流速和浓度随时间变化而作不规则的脉动，现象更为复杂。须建立紊动扩散方程，用不同方法求解。是紊流的基本特征之一。对于紊流中的流速分布、温度场和泥沙运动均有主导作用。

(陈国祥)

紊动能 turbulent energy

流体紊动具有的动能。紊流能量除一小部分直接在主流区中因黏性变形而散失为热能外，绝大部分通过剪力作用传递集中到近壁区内，并在那里转化为紊动动能，产生具有一定尺度及转速的涡体上升进入主流区，涡体逐级分解能量逐级传递，直到涡体小到黏性作用占主导地位时，最终通过水流黏性变形耗散为热。正是这一部分能量使紊流具有扩散作用并形成特殊剪力场促使泥沙悬浮。

(陈国祥)

紊动涡体 turbulent eddies

紊流中大小不等作不规则运动的流团。具有不同尺度，既作上下、左右、前后运动，也作旋转运动，并在运动过程中不断地分裂、聚合、形成和消失。大尺度涡体脉动频率低，各向异性，从时均水流中获得能量，不稳定，易分解为次一级涡体。小尺度涡体脉动频率高，接近于各向同性，从上一级涡体获得能量，并通过黏滞作用耗散为热能。中等尺度涡体主要起着传递能量作用。

(陈国祥)

紊动应力 turbulent shear stress

因流体紊动而产生的附加切应力。比黏滞切应力大得多。在二元流情况下可表示为

$$\tau = -\rho \overline{u'v'}$$

τ 为紊动应力，u'、v' 分别为纵向及垂向脉动流速，ρ 为流体的密度，"—"为时间平均符号。按照 Prandtl 的半经验理论，可将紊动应力与平均流场联系起来

$$\tau = \rho l^2 \left|\frac{d\overline{u}}{dy}\right|\frac{d\overline{u}}{dy}$$

$\frac{d\overline{u}}{dy}$ 为时均流速梯度，l 为混合长度，是流场中位置的函数，在壁面附近为

$$l = \kappa y$$

κ 为卡门常数，在清水中 $\kappa = 0.4$。 (陈国祥)

紊流 turbulent flow

流体内部有许多大小涡体作不规则脉动，流场中任一点的流速和压力随时间不断变化的流动。是流体运动最普遍的流态。发生在无量纲参数 $Re > Re_k$ 的情况下，对于管流 $Re_k = \frac{dv}{\nu} > 2\,320$，$Re$ 为雷诺数，Re_k 为临界雷诺数，d 为管径，v 为平均流速，ν 为水的运动黏滞系数。流场中任一点在时刻 t 的瞬时速度 u 为

$$u = \overline{u} + u'$$

$\overline{u}$ 为时间平均流速，u' 为脉动流速，u' 的时均值 $\overline{u'} = 0$。具有较强的扩散能力，能够在各水层之间传递动量、热量和质量。

(陈国祥)

紊流猝发 turbulent bursting

紊动涡体的产生过程。晚近的试验观测表明，紊流中存在着时间上和空间上相关的似循环运动。边壁附近的低速带间歇性地被举升离开边壁进入主流区，到达一定距离处，使瞬时纵向流速分布出现拐点，很不稳定，流体因而产生振动，并随之崩解出现杂乱运动。同时主流区高速流体自主流区深入到边壁扫荡。

(陈国祥)

紊流流速分布 velocity distribution of turbulent flow

紊流中时间平均流速沿空间的分布规律。对二元流为时均流速沿水深的分布规律。晚近的研究表明，二元紊流中时均流速分布从河底至水面可分成若干层区：①直线层：又称黏性底层，只有黏滞应力，流速按直线分布；②过渡层：黏滞应力与紊动应力同时存在；③对数层：紊动应力起主要作用，流速分布按对数曲线分布；④外层区：受上部边界和上游来流条件影响，流速分布偏离对数曲线而有一流速增值。在实际应用中常将对数层扩展到整个水流区域，根据全部水深的实测流速资料求得公式中的系数，而后再应用到整个水深中去。H. A. 爱因斯坦根据前人试验资料得到适用于各种水流条件的统一流速分布公式为

$$\frac{u}{u_*} = 5.75 \lg\left(30.2 \frac{y}{k_s} \cdot x\right)$$

u 为离床面 y 处的点流速；u_* 为摩阻流速，$u_* = \sqrt{\frac{\tau_0}{\rho}} = \sqrt{ghJ}$；$\tau_0$ 为河底切应力；h 为水深；J 为能坡；ρ 为水的密度；g 为重力加速度；k_s 为当量颗粒糙率；x 为边壁情况校正系数，有曲线可查。

(陈国祥)

紊流阻力 resistance of turbulent flow

紊流运动过程中边界对于水流的作用力。在二元均匀紊流中常用的阻力公式为

$$\sqrt{\frac{2}{\lambda}} = \frac{u}{u_*}$$

λ 为无因次阻力系数；u 为垂线平均流速；u_* 为摩阻流速，$u_* = \sqrt{\frac{\tau_0}{\rho}} = \sqrt{ghJ}$；$\tau_0$ 为边壁切应力；h 为

水深；J 为能坡；ρ 为水的密度；g 为重力加速度。阻力系数 λ 与水流雷诺数 $Re = \frac{hu}{\nu}$ 及边壁相对光滑度 $\frac{h}{\Delta}$ 有关，ν 为水的运动黏滞性系数；Δ 为边壁粗糙高度。一些研究者根据圆管和明渠试验资料得到了这种关系，并由此求出了阻力系数的表达式。在充分粗糙边壁的阻力平方区常采用谢才公式

$$U = C\sqrt{RJ}$$

和曼宁公式

$$U = \frac{1}{n} R^{2/3} J^{1/2}$$

U 为断面平均流速；R 为水力半径；C 和 n 分别为谢才系数和曼宁系数；n 根据壁面情况确定。

(陈国祥)

《问水集》 明代治河治运名著。刘天和撰，嘉靖十五年（1536 年）成书。共 6 卷。作者治水重视调查研究，以"每事问"和"稽于有众"为原则，行程数千里，请教各地河工及渔夫农叟，对黄河迁徙无常的原因、古今治河方略之得失异同，以及治河、堤防、疏浚、工役等制度，都有比较深刻的认识，提出了一系列治水主张和技术措施。其中黄河堤防植柳六法，尤为后世推崇。前 2 卷为治理黄、运时视察所得及形势利害和处置方法；后 4 卷为奏议，对于治理河、运的方略、措施以及加强管理等问题，都有具体的建议。

(查一民)

WO

涡动混合 turbulent mixing 海水涡动引起的混合现象。由于海水处在湍流或涡动状态，不仅水分子、而且海水微团和大小水块均有随机运动，致使相邻水体（水层）之间进行热量、质量和动量的交换。

(胡方荣)

沃尔特水库 Lake Dolta (Akosombo) 加纳大型水库。在加纳沃尔特河上。1965 年建成。枢纽建在阿科松博城附近，形成 900km 长，最宽 24km，最深 74m，面积 8 482km²，总库容 1 480 亿 m³ 的大水库，有效库容 900 亿 m³。具有防洪、发电、灌溉、航运、水产等效益。

(胡明龙)

卧管式进水口 lying-pipe intake

用卧管控制流量的水库放水涵管进口。多用于小型水库。由卧管及消能设施组成，卧管斜卧在坝前坚实的原状土质或石质地基上，坡度以 1∶2～1∶3 为宜，上端高出最高蓄水位并设置通气孔，管上每隔 30～80cm（铅直距离）设一放水孔洞，用木塞、提拉插板或斜拉平面闸门控制启闭，水流在卧管中急流而下，经消力池或消力井消能后由坝下输水涵管放到下游。特点是便于引取水库中温度较高的表层水，有利于农作物生长，且能省掉工作桥、工作塔等建筑物，施工简单，造价低；但适用流量较小，水头一般在 30m 以下。

(张敬楼)

卧式水轮发电机组 horizontal-shaft turbine-generator unit 主轴水平布置的水轮发电机组。当两台水轮机拖动一台发电机时，采用卧式布置便于在发电机两侧各安装一台水轮机。采用贯流式水轮机时也常采用卧式或斜卧式布置。小型水电站常采用卧式布置。

(王世泽)

WU

乌江 Wujiang River 又称黔江。南源为三岔河，北源为六冲河，流经贵州省、重庆市的中国西南部一条长江上游支流。各源出乌蒙山韭菜坪南、北麓，至贵州省息烽县乌江渡以下始称乌江，至重庆市酉阳土家族苗族自治县龚滩，折向西北流，在涪陵市入长江。长 1 050km，流域面积 8.8 万 km²，在贵州省境内占全省面积的 4/10。支流有猫跳河、清水江等。上游流经石炭岩地区，多溶洞、伏流，中游穿行于大娄山、武陵山间，深切石灰岩层达 100～200m，成为箱状河谷，谷深流急，险滩相接。经过整治，中、下游可通航，思南以下可夜航。建有猫跳河梯级水电站和乌江渡水电站。

(胡明龙)

乌江渡水电站 Wujiangdu Hydroelectric Station 开发乌江水能资源的一座大型水电站。在贵州省遵义市附近。1979 年投产，1983 年建成。总库容 23 亿 m³，有效库容 13.5 亿 m³；装机容量 63 万 kW，年发电量 33.4 亿 kW·h。建筑物有拱形重力坝、河床坝后式封闭厂房、左右滑雪道、左右泄洪洞、升船机等。坝高 165m，厂房顶溢流，各泄洪出水口远、近、高、低错落有致，水舌落点沿河床纵向扩散，不致集中冲刷易被冲刷的页岩层。水电部中南勘测设计院设计，第八工程局施工（图见下页）。

(胡明龙)

乌斯季-伊利姆水库 Ust-Ilim Reservoir (Усть-Илим водохранилище)

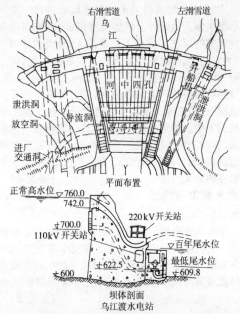

乌江渡水电站

前苏联西伯利亚地区大型水库。在安加拉河上，位于伊尔库次克州乌斯季－伊利姆斯克附近。1977年建成。总库容593亿 m^3，有效库容28亿 m^3。坝型为堆石坝，高102m，顶长3 725m。以发电为主，装机容量432万 kW。　　（胡明龙）

乌苏里江　Wusulijiang River, Usuri River

发源于锡霍特山脉西南坡，由乌拉河与道比河汇成的黑龙江支流。长897km，流域面积19.3万 km^2。主要支流有松阿察河、穆棱河、挠力河、伊曼河、比金河及霍尔。从松阿察河起至黑龙江汇合点止。多岔流及岛屿，江阔水缓，乌拉河口以下可通航，封冻期约5个月。　　（胡明龙）

圩工泵　masonry pump

又称无管泵。低扬程的轴流泵。取消了一般轴流泵的铸铁弯管，而以混凝土圩工出水室代替。具有流量大、扬程低（2m以下）、效率较高、结构简单、造价低廉等特点。主要部件为喇叭管、叶轮、导叶体及泵轴。该泵首创于中国江苏，叶轮有铁制和木制两种。广泛应用于平原及低洼地区的农田排涝。　　（咸　锟）

污水灌溉　sewage irrigation

使用经处理的城镇生活污水和工业废水灌溉农田。多在大中城市郊区采用。可补充灌溉水源不足，解决污水的出路，也为污水净化提供了天然廉价的处理设施。因土壤由多种矿物成分组成，其间密布作物根系，存在多种微生物。污水进入土壤后，有机物质被分解，有效成分被吸收，某些有毒物质失去活性，对污水起净化作用；污水含肥高，有利于作物生长。但污水中含有毒物质、虫卵和病菌、有害盐分等，必须注意环境保护，维持生态平衡。工业废水和混合污水未经处理或经处理未达到灌溉水质标准的不能引入农田。污水灌溉以大田作物和蔬菜为宜，要有合理的灌溉制度，掌握灌水技术，以防止作物倒伏和贪青晚熟，还要防止果实中残毒积累，并防止寄生虫病和传染病蔓延。　　（刘才良）

屋顶闸门　roof gate

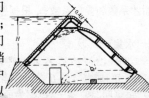

由两扇分别绕水平轴转动的平面门叶构成形如屋顶的闸门。门叶分别铰支在门室的上下游底坎上，利用水力自动操作启闭。门室排水时，两扇门叶沉入室中，平卧在门室内，闸门开启泄水；门室充水时，促使门叶浮起，闸门关闭挡水。优点是不需设中闸墩，闸孔净宽可以做得较长，有利于排水、排冰；但结构复杂，检修、维护较困难，如有泥沙过堰，影响较大。一般适用于需要排冰、过木的低水头建筑物。　　（林益才）

无坝取水　diversion without dam

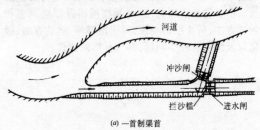

(a) 一首制渠首

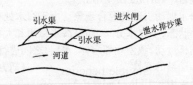

(b) 多首制渠首

在河岸适宜地点开渠引水，无须在河流上修建拦河闸、坝的取水方式。当河流枯水期的水位、流量亦能满足引水要求时采用。在取水口，常设置进水闸以控制引水流量。为防止泥沙入渠，还常设有拦沙坝、冲沙闸等。取水工程简单、经济；但不能控制河道水位，且枯水期河道水位低，引水保证率低；在多沙河流，会淤塞渠道；河道主流如偏离取水口，影响引水。渠首有一首制及多首制两种。后者在渠首下游渠中设进水闸，洪水时仅用一个取水口，枯水时可由几个取水口引水，不患一个取水口淤塞，但造价增高，清淤工作重。　　（王鸿兴）

无缝压力钢管 seamless steel pipe

无纵(轴)向焊缝的钢管。在工厂轧成无纵缝的管节,运到现场后用横向焊缝或法兰将管节连成整体。强度高、性能可靠。但受制造条件的限制,直径一般不超过1m。用于内压较高、流量较小水电站。

(刘启钊)

无梁岔管 Fried Krupp's branch

由球壳片和若干锥管节构成的无加固件的岔管。是球形岔管的一种发展。用渐变的锥管作为球壳与主、支管的连接段以代替需要锻造的补强环,制造工艺较为简单,较适用于地下埋管。

(刘启钊)

无流区 nonflow basin

不产生地面径流和地下径流的区域。多位于沙漠地区,因少雨和强烈的蒸发,无水流动。常计入内流区。

(胡方荣)

无调节水电站运行方式 operation mode of hydroplant without storage

无调节水电站在电力系统中的工作状态。水电站出力由天然流量决定,担任基荷。当天然流量大于水电站过水能力时会发生弃水。 (陈宁珍)

无为大堤 Wuwei Levee

位于长江北岸安徽无为、和县境内的江堤。上起无为县果合性,下至和县黄山寺,堤线大部在无为,全长为125km。是巢湖流域8县1市和淮南铁路及裕溪口煤港的屏障,现为长江确保的堤防之一。无为、和县沿江一带,宋代筑圩垦殖,明代堤工渐多。清乾隆三十年(1765年),将沿江各圩连成4段,共长105km,形成无为一线长堤的雏形,以后逐渐修成。

(胡方荣)

无形效益 intangible benefits

不能用实物指标或货币表示的水利工程效益。例如,水库修建以后,美化了周围环境和改善邻近地区的小气候条件而有利于居民身心健康,以及减免洪水灾害给居民带来的精神痛苦等效益。

(戴树声)

无压式涵洞 non-pressure culvert

洞内水流自进口至出口始终保持有自由水面的涵洞。为渠道上输水涵洞的主要形式。洞身断面有方形、拱形、卵形和箱形等。可用砖、石、混凝土及钢筋混凝土建造。由于进出口水位差及洞内流速较小,一般对防渗和出口消能要求不高。

(张敬楼)

无压隧洞 non-pressure tunnel

又称明流隧洞。过水时有与大气接触的自由水面的水工隧洞。常用圆弧顶拱和垂直边墙组成的城门洞形断面,并加衬护以承受垂直山岩压力。当岩石条件差,有较大的侧向山岩压力时,可采用马蹄形、卵形断面,有时也采用圆形断面。断面尺寸根据最大通过流量,按明渠流计算水面线校核确定,水面至洞顶净空不小于断面全高的15%~25%,流速较高时宜取上限,并应计及可能的自掺气影响。高流速无压隧洞还要注意可能的空蚀问题,边壁有转折时的冲击波问题、泄水挟沙时的衬砌磨蚀问题;为此沿程洞身应尽量等宽顺直,易蚀部位洞底可设置掺气坎或掺气槽抗蚀,并选用坚固耐蚀的衬砌材料。岩石较好的低流速无压隧洞也可不衬砌,但边壁糙率较大,设计时必须计及。这种隧洞的工作闸门多设于进口,可为表孔闸门,也可为深孔闸门;前者与高程较低的洞身以斜井相连,可承担水利枢纽的主要泄洪任务,中国习称龙抬头式泄洪隧洞;后者与洞身高程相近,门前淹没于水库水面以下,洞内无压流态是通过闸门后过水断面突扩实现的。

(王世夏)

无压泄水孔 non-pressure outlet

水流通过进口段后以无压明流态运行的坝身泄水孔。工作闸门常设于进口段下游端,应能动水启闭,闭门时门前承受上游全水头压力,启门时水流经门后断面突扩而成无压流。为使水流

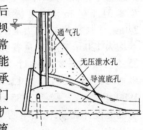

平顺,并防止高速水流引起的负压、振动、空蚀等问题,进口段平剖面和纵剖面均呈喇叭形,顶部沿流向呈下压式,使泄水控制断面恰位于闸门覆盖处,以保证顶面正压;门后应设足够尺寸的通气孔以保证与大气接触的自由水面。泄水孔在下游坝面的出口处应设挑流鼻坎或消力池等消能工。 (王世夏)

吴淞零点 Wusong Zero Datum

位于上海市吴淞口,以最低潮位为零起算。旧高程基点之一。将此系统化成黄海零点系统应加入的改正数为−1.807m。 (胡方荣)

《吴中水利全书》

明代关于太湖流域水利的著作。张国维撰。共28卷。崇祯十二年(1639年)成书。汇集古今有关苏、松、常、镇四郡水利的文献资料、本人经验及图说,分类编纂而成。崇祯年间作者任总督河道,治河及兴修太湖水利均有建树,所述皆其阅历经验。

(陈 菁)

五湖

古代太湖地区众多湖沼的合称。《周礼·职方氏》："东南曰扬州，其山镇曰会稽，其泽薮曰具区，其川三江，其浸五湖。"郑玄注："具区、五湖在吴南"。具区即太湖。《史记·河渠书》："于吴，则通渠三江、五湖。"也有认为"五湖"即太湖之别称者，似与古籍原意不符。

五个大湖之合称。如：五湖四海。自古以来有多种说法。近代一般以洞庭、鄱阳、太湖、巢湖、洪泽合称为五湖。　　　　　　　　　　　（查一民）

雾化指标　atomized index

喷洒水在空中裂散程度的特征值。常用喷头的工作压力水头 H 与喷嘴直径 d 的比值表示。H/d 值越大，水滴越小，对作物和土壤的打击强度就越小。但水滴太小时，水量损失和能耗较多。所以要根据作物种类确定适宜的 H/d 值。　（房宽厚）

X

xi

西洱河梯级水电站　Xierhe Cascade Hydroelectric Stations

利用洱海泄水河道修建的梯级水电站。西洱河在云南省大理白族自治州，长 23km，注入漾濞江。落差集中，利于梯级开发。利用洱海作用调节水库，库容 31.6 亿 m³。分 4 级开发，一级电站利用落差 240m，装机容量 10.5 万 kW，其余三级电站，利用落差均为 120m，装机容量各为 5 万 kW，总装机容量 25.5 万 kW，年发电量 11.05 亿 kW·h。均为引水式水电站，引水隧洞总长 15.58km，一、二、四级均于 1980 年建成，三级于 1985 年发电。水利电力部昆明勘测设计院设计，第十四工程局施工。

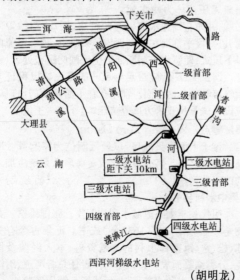

西洱河梯级水电站

（胡明龙）

西洱河一级水库　Xi'erhe I Reservoir

云南省下关市西洱河上一座大型水库。1980 年建成。总库容 31.6 亿 m³，调节库容 10.8 亿 m³；电站装机容量 10.5 万 kW，年发电量 4.41 亿 kW·h。建筑物有闸，高 12.7m；泄洪孔、引水洞，长 8 171m；混合式地下厂房等。有发电、防洪、灌溉等综合效益。水利电力部昆明勘测设计院设计，第十四工程局施工。　　　　　　　　　　　　　　　（胡明龙）

西江　Xijiang River, Western River

红水河至石龙附近纳柳江，切大瑶山成大藤峡，至桂平纳郁江，至梧州纳桂江，入广东境内的珠江干流。出高要羚羊峡入珠江三角洲，在三水县河口通北江，三水以下多港汊，主流由磨刀门入南海，长 2 129km，年平均径流量 2 206 亿 m³，流域面积 34.57 万 km²。上游多伏流，北盘江上黄果树大瀑布水头高达 70m，举国闻名，中游多峡谷和浅滩，下游河道宽阔。上、中游建有众多水库和水电站等，如西津、大龙洞、澄碧河等水库和大化、岩滩等水电站。

（胡明龙）

西西伯利亚平原　Western Siberia Plain（Западно-Сибирская Равнина）

位于西伯利亚西部，冲积而成的亚洲最大平原。介于叶尼塞河与乌拉尔山脉之间广大地区，北至北冰洋喀拉海，南接阿尔泰山脉和哈萨克丘陵，面积约 260 万 km²。鄂毕河水系纵贯全境，河网密布，湖泊众多，沼泽连片，多森林、草原，南部为农业区。

（胡明龙）

《西域水道记》

清代新疆河渠水利的重要著作。徐松（1781～1848 年）撰，他于嘉庆十七年（1812 年）因事谪戍伊犁，仿《水经注》的体例撰成此书，共 5 卷。根据内陆河流特点，以各河所入湖泊划分水系，描述各湖所纳水道，流域内民族、交通、物产、城邑及水利的兴废等，并附地图，记载翔实。　　　　　（陈　菁）

吸湿水　hygroscopic water

又称紧束缚水。是土粒表面从空气中吸附水分子形成的土壤水分。其含量随空气相对湿度的增大而增大。因土粒表面具有表面能和热力电位，使偶极性水分子绕其周围定向排列，结合强度大，不能从一个土粒移到另一个土粒，更不能在重力作用下流动，只有在高温条件下汽化后方可脱离土粒。由于水分子与土粒结合强度大而高度密集，其密度高达1.3~2.0g/cm³，并具有黏滞度高、冰点低、水汽压和导电性小等特点。　　　　　　　　　（刘圭念）

吸湿系数 hydroscopic coefficient

又称最大吸湿量。土壤中吸湿水达到最大量时的土壤含水量。土壤水分常数之一。将干燥土样置于相对湿度接近100%的密闭容器中，充分吸收水汽，达到恒重后，可测得这一水分常数。其数值因土壤质地不同而不同，质地越黏重的土壤，数值越大。实践中常用它估算凋萎系数；也可用它量度土颗粒比表面的大小。　　　　　　　　（刘圭念）

吸收辐射 absorbed radiation

投射的辐射被一个物体或系统吸收的部分。除非是绝对黑体，任何物体都不能全部吸收投入的辐射，而只能按其性状不同有选择地加以吸收。如大气对于太阳的短波辐射吸收能力很差，但对于地面的长波辐射吸收能力甚强。它和投射辐射之比，称为吸收率。　　　　　　　　　　（周恩济）

洗井 washing well

通过强烈抽水、增压、震荡等措施清除井孔中泥浆和孔壁泥皮的技术措施。是成井工艺中的一项重要工序。在安装井管和围填滤料后进行。通过对井水增压、减压或强烈震荡，破坏孔壁泥皮和冲动井管附近含水层中的细粒泥沙。随着抽水而降低井水位，挟带泥沙的地下水不断进入井内，并随水抽至井外。从而使井孔内的泥浆和井壁上的泥皮得到清除。使滤水管周围形成天然的反滤层，增加水井出水量。其方法有空压机洗井和活塞洗井等。
　　　　　　　　　　　　　　　　　（刘才良）

系列模型试验 series of model tests

为研究同一原型问题而用多个比尺不同但都与原型几何相似的模型进行试验的方法。通过大小不同的模型试验观测结果对比，可检验和校正比尺效应，使数据更准确可靠。主要用于重要而复杂的工程问题研究。由于同一系列中的各模型间也可视作互为模型，故还常用于研究复杂现象的模型相似律等模型试验本身问题。　　　　　（王世夏）

xia

下降流 downwelling

见上升流(215页)。

下渗 infiltration

又称入渗。水透过地面进入土壤的过程。在分子力、毛细管吸力和重力综合作用下水在土壤中向下运动过程，是影响径流形成的重要环节之一。不仅直接决定地面径流量的生成及大小，同时也影响土壤水的增长及表层流、地下径流的生成和大小。单位面积、单位时间渗入土壤的水量称下渗率或下渗强度，以 mm/h 或 mm/min 计。在充分供水和一定土壤类型、一定湿度条件下的最大下渗率称下渗能力。在不充分供水条件下，下渗率小于下渗能力，等于供水率，此时的下渗率称实际下渗率。下渗能力开始很大，称初渗；以后随时程而递减，直至稳定不变，称稳渗。不同土壤具有不同的下渗能力。
　　　　　　　　　　　　　　　　　（胡方荣）

下渗锋面 infiltration wetting front

下渗过程中湿润层的前缘。是湿土与干土之间的界面。水分渗入土壤剖面形成湿润层(湿土)，其末端与其下面的干土之间存在一明显的移动界面，湿润梯度甚陡，随水分不断下渗补充，持续向下延伸。　　　　　　　　　　　　　　（胡方荣）

下渗理论 infiltration theory

分析下渗物理过程概括出来的有系统的结论。有饱和下渗理论和非饱和下渗理论两种。下渗到土壤中的水分可能在饱和或非饱和的土壤中运行。1911年格林-安普特(Green-Ampt)首先根据饱和水流运动理论导出其公式。1957年菲利普J.R.(Philip J.R.)从非饱和水流运动理论导出：

$$f = \frac{1}{2}at^{1/2} + (A + K)$$

f 为下渗率；a 为吸收度，与土壤吸力及土壤水分有关的一个综合参数；t 为时间；A、K 为常数。
　　　　　　　　　　　　　　　　　（胡方荣）

下渗曲线 infiltration capacity curve

下渗能力随时程递减的过程线。通常用其表示下渗率随时程的变化过程，用下渗量累积曲线表示下渗量随时程的增长过程。累积曲线上任一时刻的斜率就等于该时刻的下渗率。通常

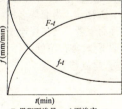

F: 累积下渗量　f: 下渗率

由实验得出的下渗曲线实质上是下渗能力曲线，也称下渗容量曲线。　　　　　　　　（胡方荣）

下挑丁坝 downward spur dike

在平面上坝轴线与水流方向的夹角大于90°的丁坝。保护江河重要堤岸安全的护岸丁坝，一般是下挑的。例如黄河下游工堤段的丁坝，顶高与堤顶齐平，是不淹没的下挑丁坝。水流流向坝头逐渐

收缩,导流作用较好,坝头附近的水流也较平顺,因此坝头较容易加固保护。 (李耀中)

下乌苏玛土坝 Lower Usuma Earthfill Dam

尼日利亚最大土坝。在乌苏玛河上,位于奥约州奥约城附近。高49m,顶长1 350m,工程量9 300万 m^3。库容1亿 m^3。 (胡明龙)

下游 lower course, lower reach

河口以上,中游以下的河段。与中游及河口并无严格分界。其特点是比降平缓,水面宽广,泥沙沉积作用显著,河槽中往往多浅滩、沙洲,易呈不稳定状态。如长江湖口以下段。 (胡方荣)

下游防洪标准 flood protection standard of lower reaches

又称地区防洪标准。为保障水库下游防护对象免除一定洪水威胁的防洪设计标准。即规定防护对象能抵御多少年一遇的洪水,当发生这种洪水时,通过下游河道的最大泄量不超过河道的允许泄量(又称安全泄量)或控制水位。下游防洪标准的拟定,应根据下游地区的河流条件、历史灾害情况和对社会、经济的影响,结合下游防护对象的重要性来考虑,并征求当地政府及有关方面的意见,分析选定。可参考中国水利电力部1977年颁发试行的《水利水电工程水利动能设计规范》中有关规定具体选定。

(许静仪)

下游围堰 downstream cofferdam

位于建筑物基坑下游的横向围堰。 (胡肇枢)

下展

下游宣泄顺畅而导致水流顺河岸加速下注。为水势名称。《宋史·河渠志一》:"水侵岸逆涨,谓之上展;顺涨,谓之下展。" (查一民)

下坐

又称下挫。因河流之弯曲而使大溜顶冲之处向下游移动。为溜势名称。《河工名谓》:"溜势之变迁移而下者。"又:"崖岸土松,水力益大,激怒而下,是谓下坐,亦曰下挫。"《河工简要》:"初险之处,已经修防,险复移下。" (查一民)

xian

咸淡水混合 mixing of salt and fresh water

咸淡水层的交换现象。咸淡水的混合程度主要取决于径流量和潮流量之间对比关系。河口咸淡水混合有三种类型,即高度分层型(弱混合型)、轻度混合型(缓混合型)和强混合型。高度分层型,咸淡水分层清楚,径流量大;轻度混合型,咸淡水间无明显交界面;强混合型,潮汐作用占主导地位,咸淡水间混合强烈,断面分布图上的等盐度线近乎垂直。

(胡方荣)

咸海 Aral Sea(Аральское Mоpe)

介于哈萨克斯坦与乌兹别克斯坦两国之间的亚洲咸水湖。地处北纬42°18′~46°18′,东经58°12′~62°03′。面积5.11万 km^2,大部水深20~25m,最深处61m。属内陆湖,水位变化大。有阿姆河、锡尔河等注入,因两河水量多用于灌溉,致使水源减少,加之气候干旱,年降水量仅100mm,而年蒸发量高达1 000mm,故水位逐渐下降,湖面缩小,盐度增加,高达15.9‰。冬季结冰,通航期7个月。 (胡明龙)

咸水灌溉 saline water irrigation

利用含盐量大于2g/L的水源灌溉农田。在水源不足的干旱半干旱地区,地下水矿化度高,合理利用咸水抗旱灌溉,可解决作物的需水要求,且有一定的增产作用。要注意以下几点:①含盐成分:Na^+、CO_3^{2-}和HCO_3^-离子对土壤和作物的危害较大,要尽量避免这些离子在土壤中积累。②含盐量:阳离子中Na^+不超过60%,矿化度小于5g/L的咸水可用于抗旱灌溉,一般pH值掌握在7.0~8.0。③灌水时间应晚,次数宜少;幼苗期不宜灌,关键时灌水1~2次,灌水定额40~60m^3/亩。④咸水灌后用清水压盐。⑤要把农业和水利措施紧密结合,如健全排水系统,平整土地,选择耐盐作物等。

(刘才良)

咸水湖 salt-water lake

水中含盐度高的湖泊。一般在0.1%~3.5%之间。多位于干旱和半干旱地区,由于蒸发量较大,湖水易聚积盐分而带有咸味,如青海湖、呼伦湖等。

(胡方荣)

咸水楔 salt-water wedge

海水沿底层侵入河口区的楔形体。在河流入海的弱潮河口,大量径流涌入,淡水从水流上层流向近海;含盐量大、密度大的咸水沿水流底层反向侵入河口,出现两层间盐度差,其值在20‰以上,属高度分层型混合。 (胡方荣)

现值法 present value method

根据现值的大小来选择工程有利方案的经济分析比较法。对各比较方案用同一的折现率,将各年的各种费用和效益折算到一定的基准年(点),然后进行比较:当各方案的效益相同而比较费用时,以现值小者为有利方案;当费用相同而比较效益时,则以现值大者为有利方案;如果几个比较方案的效益、费用均不相同,则应以总效益减总费用的折算现值(净效益现值)最大的方案为有利方案。它是以现值的总量来比较,因此各方案的分析期或计算期应该一致。

(胡维松)

限制出力线　restricted output curve

水库在按保证出力工作的前提下，相应设计枯水年份各种可能出现的库水位内包线。库水位在此线以下时，对历史资料而言，正常工作肯定要破坏，因而需要缩减供水，降低出力工作。　　（许静仪）

线路损耗　line loss

在供电时从电力网供电端到用电端之间损耗的电能。主要包括线路和变压器的损耗。合理选择线路的电压和导线截面，合理调整电力网的功率分布，提高负荷功率因素，并根据负荷变化调整变压器的台数，以降低线路损耗，提高供电的经济性。

（陈宁珍）

线性规则　linear programming

目标函数和约束条件含有自变量线性等式或线性不等式函数的规划问题。是当代用途最广泛的运筹学方法之一，如水资源规划中的灌溉供水问题、水质管理规划问题都可表示成线性规划模型求解，方法有图解法、单纯形法和改进单纯形法三种。

（许静仪）

陷穴　cave

土内发生空洞使土壤坍塌的侵蚀现象。在重力作用下，雨水顺裂隙渗到隔水层，侵蚀底层，逐渐掏空，表层失去支持，陷落成空穴。在厚层黄土分布地区，陷穴十分发育。　　（胡方荣）

霰　graupel, soft hail

又称雪丸、软雹。由各自冻结在小云滴组合而成，呈白色不透明圆锥形或球形颗粒状的固态降水。直径约 $2\sim 5 \mathrm{mm}$，下降时常呈阵性，触及硬地时常反跳。密度小而松脆易碎。　　（胡方荣）

xiang

相对湿度　relative humidity

空气中的实际水汽压与同温度下饱和水汽压的百分比。其表示式为

$$R = \frac{e}{E} \times 100\%$$

R 为相对湿度；e 为实际水汽压；E 为饱和水汽压。当空气饱和时，$e=E$，$R=100\%$；当远离饱和状态时，$e<E$，$R<100\%$。它也是表示空气中水汽含量离饱和程度远近的一个相对指标。可直接用仪器测定。　　（周恩济　胡方荣）

相似比尺　similitude scale

见相似常数。　　（王世夏）

相似常数　similitude constant

又称相似比尺。两相似体系对应的同名物理量之间的一定比值。相似体系中物理量可能有多种，不同性质的物理量有各自的相似常数，其值一般也不同，但受相似准则的支配，维持一定的相互关系。例如重力作用下的两个流体运动相似体系，其对应几何长度、流速、时间的相似常数设分别为 α_l、α_v、α_t，则三者间将有下列关系

$$\alpha_v = \sqrt{\alpha_l}$$
$$\alpha_t = \alpha_l/\alpha_v = \sqrt{\alpha_l}$$

此二式就是由重力相似准则和谐时准则决定的。

（王世夏）

相似定数　similitude invariable

诸体系相似时，其中任一体系本身两同名物理量之比与另一体系本身对应两同名物理量之比的不变值。例如三个流动相似体系在对应时刻对应点 A_1、A_2、A_3 和 B_1、B_2、B_3 上分别有对应流速 v_{A1}、v_{A2}、v_{A3} 和 v_{B1}、v_{B2}、v_{B3}，则必有 $v_{A1}/v_{B1} = v_{A2}/v_{B2} = v_{A3}/v_{B3}$，依此类推。　　（王世夏）

相似律　similitude laws

一系列物理现象相似时各现象共同遵循的规律和相互满足的相似准则的统称。通过缩尺模型研究原型工程问题时必须明确其相似律，按正确的相似准则设计、制作模型，使模型确能表征原型，且模型与原型对应的各种物理量都有相似常数可相互换算。　　（王世夏）

相似判据　similitude criterion

见相似准数(294 页)。

相似指标　similitude indicator

两物理现象相似时有关各物理量的相似常数之间必然存在的定量关系。常以相似常数一定形式的组合值为 1 来表达，并构成相似的必要条件。例如遵循牛顿第二定律的两个力学相似现象，有关物理量包括力 $\vec{F}$，质量 m，时间 t，速度 $\vec{v}$，加速度 $\frac{\mathrm{d}\vec{v}}{\mathrm{d}t}$，设用脚标"1"、"2"区别两现象，则对二者依次可写成

$$\vec{F}_1 = m_1 \frac{\mathrm{d}\vec{v}}{\mathrm{d}t_1}$$

$$\vec{F}_2 = m_2 \frac{\mathrm{d}\vec{v}}{\mathrm{d}t_2}$$

如各相似常数分别为 $\alpha_F = \vec{F}_2/\vec{F}_1$，$\alpha_m = m_2/m_1$，$\alpha_v = \vec{v}_2/\vec{v}_1$，$\alpha_t = t_2/t_1$，则得

$$\alpha_F \vec{F}_1 = \alpha_m m_1 \frac{\alpha_v}{\alpha_t} \frac{\mathrm{d}\vec{v}_1}{\mathrm{d}t_1}$$

亦即

$$\frac{\alpha_F \alpha_t}{\alpha_m \alpha_v} \vec{F}_1 = m_1 \frac{\mathrm{d}\vec{v}_1}{\mathrm{d}t_1}$$

显然上式 $\vec{F}_1$ 的系数必为 1，即有

$$\frac{\alpha_F \alpha_t}{\alpha_m \alpha_v} = 1$$

此即力学现象的相似指标。由此还可写成牛顿数 Ne 为同量的力学现象相似准则形式：

$$Ne = \frac{F_1 t_1}{m_1 v_1} = \frac{F_2 t_2}{m_2 v_2} = idem$$

可见，作为两个现象相似的必要条件，相似准则形式与相似指标形式是等价的。　　　　　　（王世夏）

相似准数　similitude criterion

又称相似判据。一系列物理现象相似时，各现象对应的有关物理量必然能以一定形式组合成的并相互保持同量的无量纲数。例如力学现象的普遍性相似准数是牛顿数，重力相似准数是弗劳德数，流体黏滞力相似准数是雷诺数等。

　　　　　　　　　　　　　　　　（王世夏）

相似准则　similitude criterion

一系列物理现象相似时各现象相互对应的有关物理量之间必然存在的定量关系。常以有关物理量以一定形式组合成的无因次相似准数相互同量为表达形式，同时构成相似的必要条件。例如基于牛顿定律的力学现象的相似必有牛顿数为同量的普遍相似准则：设有相似现象 1、2、3，对应质量为 m_1、m_2、m_3；对应力为 F_1、F_2、F_3，对应运动速度为 v_1、v_2、v_3，对应时间为 t_1、t_2、t_3，则牛顿相似准则为

$$F_1 t_1 / m_1 v_1 = F_2 t_2 / m_2 v_2 = F_3 t_3 / m_3 v_3 = idem$$

或缩写为

$$Ne = Ft/mv = idem$$

此无因次相似准数 Ne 即牛顿数（Newton Number）。组成牛顿数的力 F 可为各种属性的力，针对所研究问题力的属性，将 F 的具体表达式引入就能得到实用相似准则，有几种力相应就有几个准则，例如重力相似准则、阻力相似准则、弹性力相似准则等。

　　　　　　　　　　　　　　　　（王世夏）

相应水位　corresponding stages

洪水波上同一位相点（如起涨点、波峰、波谷等）通过河段时，在上下断面形成的两个水位。河段上下断面相应水位间存在一定关系，常以相关曲线形式表达。此关系可用于河段水位预报，这种预报方法称相应水位法。　　　　　　　　（刘新仁）

厢埽法

又称捆厢法。在船上施工的修筑埽工的方法。先在需要修筑埽工的堤坝临水面设置一艘捆厢船，在船与坝头（堤岸）间铺设若干道竹索或麻绳，其一端用橛橜固定于坝头（堤岸）上，然后于绳索上分层铺设梢料、秸料并加压土石，推卷成埽捆（埽个），其法与卷埽法相似。用人工将埽捆沿坝头（堤岸）坡面下沉至水底，将若干个埽捆按一定的程序和方向逐个叠筑，并用木桩、橛橜、绳索加以固定，即可构成护岸、堵口、挑流等不同用途的埽工。

　　　　　　　　　　　　　　　　（查一民）

湘江　Xiangjiang River

源出广西壮族自治区灵川县海洋山西麓的长江中游支流。是湖南省最大河流。上源叫海洋河，全长 817km，流域面积 9.57 万 km^2，约占全省面积的 2/5。有灵渠与桂江相通，称湘桂运河。经衡阳、株洲、湘潭、长沙等市，在湘阳县芦林潭注入洞庭湖，由城陵矶汇入长江。支流有潇水、舂陵水、耒水、洣水、蒸水、涟水、沩水、浏阳河等。上游流急多滩，中、下游水量丰沛，水势平稳。干、支流多数都能通航。支流上建有涔天河、东江、双牌、欧阳海、水府庙等水库和水电站。

　　　　　　　　　　　　　　　　（胡明龙）

箱形涵洞　box culvert

洞身断面为矩形的涵洞。泄量大时可用双孔或多孔。荷载较大时，常在四角设补角以改善受力条件。具有静力工作条件较好、对地基不均匀沉陷的适应性较强等优点，适用于洞顶覆土厚、洞跨较大和地基较差的无压或低压涵洞。一般用钢筋混凝土建造。

　　　　　　　　　　　　　　　　（张敬楼）

响洪甸水库　Xianghongdian Reservoir

淮河支流淠河上一座大型水库。在安徽省金寨县境内，1961 年建成。总库容 26.32 亿 m^3，调节库容 7.7 亿 m^3；电站装机容量 4 万 kW，年发电量 1.07 亿 kW·h。建筑物有重力拱坝、泄洪洞、地面厂房等；坝高 87.5m。有防洪、灌溉、发电等效益。淮委勘测设计院设计，响洪甸水库工程局施工。

　　　　　　　　　　　　　　　　（胡明龙）

橡胶坝　rubber dam

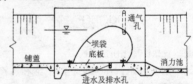

以纤维织物承受拉力，而以合成橡胶作粘结剂和保护层，制成柔性结构挡水的活动坝。按结构特点分，有充填式（充水或气）、薄膜式和组合式等类型。应用最多的充填式橡胶坝，以橡胶纤维材料制成中空密封坝袋，锚固于钢筋混凝土基础而成，向袋内充水或充气，坝袋鼓起挡水；改变充水或充气量可调节坝高；排放袋内水或气，坝袋坍平而可在其上过水。主要原材料宜用耐老化性能较好的氯丁橡胶和抗拉强度较大的各种化学纤维布或棉帆布，其中又以尼龙布（即锦纶纤维布）最常用，故亦称尼龙坝。主要用作低水头闸坝。特点是结构简单，跨度可很大（例如 100m 以上），施工迅速，省去闸门和启闭设备，不需或少需闸墩；但充填式橡胶坝需有充、排水

橡胶密封 rubber seal

用橡胶环代替填料的密封装置。利用橡胶的弹力和弹簧压力将橡胶环紧压在轴上起密封作用。其结构简单、减少摩擦损失、能提高泵效、无松紧填料的麻烦；但使用寿命短、损坏后不易更换。

（咸 锟）

xiao

消力池 stilling pool, stilling basin

又称消能塘、静水池。泄水建筑物采用底流消能方式时促成水流发生水跃，实现急流向缓流过渡的结构物。一般建于泄水建筑物末端的岩基或土基上，其防冲底板称为护坦，通常由钢筋混凝土衬砌而成，护坦上端接溢流坝坝趾或河岸溢洪道的泄槽，衔接处可设趾墩以分散入池水流、辅助消能，下游端可设尾槛以调整出池流速分布。池底护坦高程与各种运行工况的下游水位之差应能保证池内发生水跃所需之缓流共轭水深，池长取决于最大水跃长度。下游水深不足时可适当降低护坦高程，也可在池末设消力墙（或即加高尾槛）以抬高水位，还可采用两者的混合措施。池型很多，从纵剖面上区分，有水平护坦式、斜坡护坦式，后者可在下游水位较大变幅范围内有较好的消能效果，适用于岩基坝下消能；从平面上区分，有矩形等宽度、梯形或扇形扩散式，后者所需缓流共轭水深较前者为小。中、低水头泄水建筑物的消力池还可加设各种辅助消能工，美国垦务局提出的USBR-4型消力池，其中就有消力墩。但高水头情况，池内一般不设辅助消能工，以防空蚀破坏。

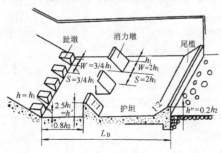

（王世夏）

消力墩 baffle block

泄水建筑物下游护坦上或消力池中的一种墩状辅助消能工。位于护坦前半段，相间交错排列，约2~3排。其功用是将水流在平面上分散成小股水流，使其在墩后相交、互相撞击并产生旋流；在竖面上水流受到阻击，并在墩前后产生竖向旋流以及对水流的摩擦等作用，消减水流动能以辅助水跃提高消能效果。其效果与水流条件、下游水深、墩的形式、尺寸及布置有关，常用水工模型试验确定。因受冲击力、磨损力较大，须用钢筋混凝土筑成。

（王鸿兴）

消力戽 roller bucket

设置在泄水建筑物下游端以实现戽流消能的消能工。常用的单圆弧连续式消力戽为戽坎挑角45°左右的大半径反弧面形式，位于下游水面以下。正常工作时，水流呈"三滚一浪"的典型流态，如图示。

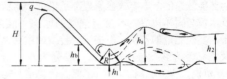

其水力设计理论尚不成熟，一般根据水工模型试验或工程经验确定体型参数。通常使戽底与河床基岩高程齐平，戽坎顶高出戽底的高度取尾水深度的1/6左右；反弧半径R则视消能负荷而定，经验指出，当$H/R=3\sim6$时，消力戽适用范围是$h_b/h_2=0.4\sim0.8$，这里H、h_b、h_2分别指戽底起算的上游水头、戽内水深及下游水深；常见的相对涌浪高度则一般为$h_s/h_2=1.4\sim1.6$，这里h_s为戽底起算的涌浪处水深。除连续式消力戽外，为提高消能率，还有差动式消力戽、戽式消力池等改进体型，正在研究发展中。

（王世夏）

消力槛 baffle sill

泄水建筑物下游护坦或消力池内所设置的一种连续槛式辅助消能工。由于槛的布置、形式不同，其功用亦异。布置在池前端斜坡脚附近，主要改善放水时的泄流条件及起分散水流作用；布置在护坦或池末端的，亦称尾槛，主要起扩散水流、调整流速分布，减小出池水流的底部流速以防池后淘刷以及抬高槛上水位，增加尾水深度，促进发生水跃或减小池身。槛的形式较多，多成齿状。槛的高度要适宜，过低将不起作用，过高易在槛后池外再产生水跃。常用钢筋混凝土筑成。

（王鸿兴）

消力井 energy dissipating well

又称消能水箱。利用井中水垫消减水流动能的设施。可用于跌水、坝下埋管和进口段为竖井的无压隧洞首部消能。井的容积应满足上游最高水位闸门全开情况下相应流量的消能要求，按水体积每立方米消除动能7.5~8kW估算，深度须保证井底板不受射流直接冲击。

（张敬楼）

消落
　　涨水渐渐消退下落。为水势名称。《河工名谓》："涨水见落。"　　　　　　　　（查一民）

消落深度　drawdown of reservoir
　　正常蓄水位与死水位之间的水层深度。设计水库时，预期在正常运用情况下，水库水位升降的最大幅度。　　　　　　　　　　　（许静仪）

消能方式　pattern of energy dissipation
　　消减泄水建筑物下泄水流机械动能，使其转化为热能散逸的基本方式。原理都是借助于水流内部、水流与固体边界、水流与空气的摩擦、混掺、撞击，实现能量的转换。但按能量转换的主要途径以及主流运动形态与相对位置一般分为底流消能（水跃消能）、挑流消能、戽流消能、面流消能等几种方式，并相应设置各种消能工来实现。各方式的运行流态、适用场合参见相应各条。（王世夏）

消能防冲设施　facilities of energy dissipation and scour prevention
　　为消减泄水建筑物下泄水流的动能和防止河床产生危害性冲刷而采取的各种工程设施的统称。其任务主要是保证所选用的消能方式实现，包括采用消能工减小河床单位面积上承受的冲刷余能，或以各种工程设施给河床直接提供防冲保护。一般底流消能的消能工有消力池、消力墙、护坦、海漫等；挑流消能的消能工有各种形态的挑流鼻坎等；面流消能、戽流消能的消能工有跌坎、消力戽；直接保护河床的防冲工程设施还有护岸、护底以及形成水垫保护的二道坝等。　　　　　　　　（王世夏）

消能工　dissipator
　　为使泄水建筑物下泄水流有冲刷力的多余动能化为热能消散而设置的工程结构物的统称。类型众多，随选用的消能方式不同而不相同。如用于底流消能的消力池，用于挑流消能的挑流鼻坎、窄缝挑坎，用于面流消能的跌坎，用于戽流消能的消力戽，用于混合消能的戽式消力池等等。其作用或为促成水流内部的摩阻、混掺，或为促成水流在空气中的掺气扩散和水垫中的紊动扩散，或为促成水股与水股、水股与固体边界的摩擦、对冲、撞击，均可达到消能防冲的效果。具体选用时应视水流条件、河床地形与地质条件、泄水建筑物类型而定。主要消能工中有时还可设辅助消能工，例如消力池的趾墩、消力墩、尾槛等。　　　　　　　　　　（王世夏）

消能裙板　erosion control crevice-plate
　　又称防冲板。泄水建筑物下游消能防冲护坦末端，为防止下泄水流深淘河床危及结构物而设置的板式消能防冲设施。由连续的板块组成，首部与护坦末端间留一空隙，末端高出成倾斜状。须与护坦末端防冲墙结合使用。出护坦速度较高的水流通过防冲板，在其首部与护坦间的空隙处形成低压，产生向上的吸力，在防冲板下形成底部流向上游的漩流，并将下游冲刷坑中的砂、石推移到防冲板前，不断淤积在墙下，对防冲墙起保护作用。防冲板微向上倾，将下泄水流挑起消能，并使冲刷坑远离防冲墙以利安全。常采用在山区河道上防洪水闸或溢洪道中。
　　　　　　　　　　　　　　　（王鸿兴）

消能水箱
　　见消力井(295页)。

消能塘　stilling pool, stilling basin
　　见消力池(295页)。

小坝　small dam
　　工程规模较小的拦河坝。大坝的对称。按国际大坝委员会规定，不作为大坝登记的小坝，其坝高一般在15m以下。某些文献中指一般高度在30m以下的低坝。　　　　　　　　　（王世夏）

小潮　neap tide
　　潮差极小时的潮汐。农历每月的上弦(初八或初九)和下弦(二十二或二十三)时，月球和太阳引潮力的方向接近正交，潮汐互相削弱显著，潮差达极小值。每半个月出现一次，相应的潮汐称小潮或方照潮。　　　　　　　　　　　　（胡方荣）

小小型水电站　mini-hydroelectric power station
　　按1980年11月马尼拉国际小水电研究讨论会通过的文件，指装机容量101～1 000kW之水电站。
　　　　　　　　　　　　　　　（刘启钊）

小型水电站　small hydroelectric (water) power station
　　按中国的划分标准，装机容量大于0.05万kW小于2.5万kW者为小(1)型，小于0.05万kW者为小(2)型。按1980年11月马尼拉国际小水电研究讨论会通过的文件，则指装机容量1 001～12 000kW之水电站。　　　　　　（刘启钊）

小型水利工程　small hydraulic projects
　　规模较小的水利工程。按中国现行分等指标，指水库总库容小于0.1亿 m^3；水电站装机容量小于2.5万kW；灌溉面积小于0.33万ha；被保护农田面积不足2万ha和一般城镇、工矿区的工程。
　　　　　　　　　　　　　　　（胡明龙）

效率　efficiency
　　泛指日常工作中所获得的劳动效果与所消耗的劳动量的比率。水电工程中总输入功率通过某种设

备转化为输出功率时,部分功率被某种原因所消耗,从而使输出功率比输入功率为低。一般表示为:

$$效率 = \frac{输出功率}{输入功率} \times 100\%$$

(陈宁珍)

效益费用比 benefit-cost ratio

又称益本比。效益与费用的比值。当考虑资金的时间价值时,则是指折算到基准年(点)的总效益与总费用的比值,或折算年效益与折算年费用的比值。 (胡维松)

效益费用比法 benefit-cost ratio method

又称益本比法。根据折算到基准年(点)的总效益与总费用的比值的大小,或根据折算年效益与折算年费用的比值的大小,来评定工程方案经济合理性和财务可行性的方法。一般情况下,当比值大于或等于1时,工程方案才是可取的。对于各自独立的不同工程,在满足相同需求的前提下,比值越大则经济效果越好。当进行同一工程的不同规模的方案比较时,还要根据相邻方案间增加的效益和费用,分析其增值的效益费用比,只有当增值的效益费用比大于1时,费用较大的方案才较优,否则是费用较小的方案为优。 (胡维松)

效益费用分析 benefit cost analysis

用项目建成后社会所得到的效益,与社会为之付出的费用进行对比作为评价标准的经济分析方法。1936年,美国《洪水治理法》正式规定各项工程必须通过效益与费用的比较加以论证。此后,在各类公共工程项目的经济评价中得到广泛应用。在社会折现率已知的条件下,主要评价指标有两种:①效益费用比,其特点是能表示出单位费用所取得的效益;②净效益,是将费用从效益中扣除。对于效益费用比大于1,或净效益大于零的项目,在初步筛选时一般认为它们是可以接受的。 (谈为雄)

效益指标 effectiveness index

反映水利工程效果和收益的特征指标。如水电站的年发电量、装机容量,农田水利工程的灌溉面积、灌溉保证率,防洪、航运、给水等工程的效益以及水产养殖效益等。 (陈宁珍)

xie

斜槽式鱼道 graded-channel fish pass

供鱼类回游过坝用的斜坡式或阶梯式水槽。为保证鱼类上溯,水槽中常采用人工加糙措施,以削减水流能量和减缓流速。根据消能原理的不同,可分为光面槽式鱼道、加糙槽式鱼道和隔板式鱼道三种。 (张敬楼)

斜缝 oblique joint

大致沿坝体主应力方向倾向下游设置的一种施工纵缝。由于沿这个方向的剪应力为零,且作用在缝面上的另一主应力较小,因此有可能不进行灌浆,而仍能保持较好的整体性。斜缝不应直通上游坝面,须在离上游坝面一定距离处采用并缝措施,如布设骑缝钢筋,设置并缝廊道等,以防止沿缝顶向上贯穿。斜缝的分块施工最好保持相邻坝块均匀上升,如果上游侧坝块间歇过久,下游侧坝块降温收缩时就会受到上游坝块的约束产生温度裂缝,甚至使先浇块的上游坝踵出现拉应力。它是一种较新颖的分缝形式,如中国的新安江和安砂重力坝,日本的丸山重力坝。 (林益才)

斜管式倒虹吸管 inclined-tube inverted siphon

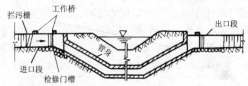

输水管道为中间水平两端向上倾斜的一种倒虹吸管。其管身由一节节的圆管连接而成,拐弯处设镇墩,该形式水流平顺,适用于交叉高差不大、两岸平缓的场合,多用于平原及丘陵地区,进出口的形式及其布置与倒虹吸管相同。 (沈长松)

斜击式水轮机 diagonal impulse turbine

射流沿与水轮机轴斜交的方向冲击转轮的冲击式水轮机。冲击转轮后水流由其另一侧流出,推动转轮旋转。只用于小型水电站。 (王世泽)

斜井式鱼闸 graded-shaft fish lock

由上、下闸室和斜井组成的鱼闸。过鱼时开下游闸门,并稍许开启上游闸门,使水流经上闸室、斜井和下闸室从鱼闸入口流出,诱使鱼进入下闸室。然后关闭下游闸门,让水继续从水库流入闸室,依次将下闸室、斜井及上闸室灌满,当水位约与库水位齐平后,开启上游闸门,鱼即可逆流进入上游。

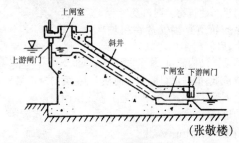

(张敬楼)

斜拉式渡槽 cable-stayed aqueduct

由斜拉索、塔架、塔墩及槽台等作为槽身支承结构的渡槽。斜拉索上端锚固在塔架上,下端固结于槽身侧墙支承点上以拉住槽身。世界上最早的一

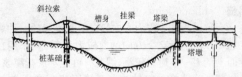

座钢筋混凝土斜拉渡槽是西班牙的坦皮尤尔渡槽（Aqueduct at Tempul Spain）于1925年建造，主跨60.3m，边跨各20.1m。　　（沈长松）

斜拉式进水口　sloping-gate intake

又称斜插闸门式进水口。进水孔倾斜、闸门沿坝坡在门框内升降启闭的一种放水涵管进水口。进水孔下设消力井，后接放水涵管。通常用铸铁插板闸门，由拉杆和固定在坝顶的启闭机连接进行操作，无须工作桥和工作塔，结构和施工简单，造价低；但闸门易被泥沙卡阻，不便检修，且进水孔位于深水下，水温低，对农作物的生长不利，一般只用于小型水库。　　（张敬楼）

斜流式水轮机　diagonal flow turbine

又称德瑞阿兹水轮机。转轮叶片中心线与水轮机中心线成一定角度(45°～60°)的反击式水轮机。水流进入转轮叶片时流向与水轮机轴斜交。是近期发展的新机型，效率较高，空化系数较小，但制造工艺复杂。最大的此式水轮机出力为21.5万kW，水头78.5m，转轮直径6.0m，安装在俄罗斯的结雅水电站。

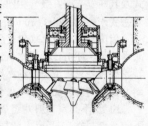

（王世泽）

斜坡式进水口　sloping intake

在倾斜岩坡上进行开挖、护砌而成的一种水工隧洞进口建筑物。闸门及拦污栅的轨道直接安放在斜坡上，启闭时闸门沿轨道上下移动。结构简单、施工方便，造价低；但进水口的闸门面积大，在关门时不易靠自重下降。一般用于中小型工程或仅作安设检修闸门的进口。　　（张敬楼）

斜墙　sloping wall

设置在土石坝上游部位的倾斜防渗体。按材料可分为黏土斜墙、沥青混凝土斜墙、钢筋混凝土斜墙，在坝体上游面铺设的土工膜防渗体也可归入。采用何种形式，取决于筑坝材料的来源与分布、水头、地质、造价、施工等诸因素，需经技术经济比较确定。　　（束一鸣）

斜墙坝　dam with sloping wall

防渗体斜卧在坝体上游部位并有保护层的土石坝。按材料不同分有，黏土斜墙坝、沥青混凝土斜墙坝与土工膜斜墙坝等。有时将钢筋混凝土面板也称为斜墙。防渗体斜卧在坝体上游部位，与心墙坝相比，具有施工干扰小、施工速度快的优点。防渗体也易于检修，但其抗震性能不如心墙坝。　　（束一鸣）

斜墙堆石坝　rockfill dam with sloping wall

防渗体斜卧在坝身上游面的堆石坝。按防渗体材料可分为黏土斜墙、沥青混凝土斜墙、钢筋混凝土斜墙（或称面板）、钢板斜墙（或称面板）、木板斜墙（或称面板）、土工膜上游倾斜防渗堆石坝以及浆砌石斜墙重力式堆石坝。　　（束一鸣）

谐时准则　time-homogeneous criterion

又称斯特鲁哈准则。以斯特鲁哈数（Strouhal Number）保持同量表示的运动相似基本准则。一般形式为

$$Sh = vt/l = idem$$

v为速度，t为时间，l为几何特征长度。诸体系如运动相似，则对应的斯特鲁哈数Sh值必相等。对于结构振动、水流脉动等现象，此准则也可写成下列便于应用的等价形式：

$$Sh = fl/v = idem$$

这里f为振动或脉动频率。　　（王世夏）

泄槽　sluicing channel, spillway chute

又称陡槽。底部纵坡大于临界坡的明流泄水槽。开敞式河岸溢洪道的重要组成部分。其纵剖面上端连控制堰，下端接消能工；横断面为矩形或梯形，一般由地基开挖并用钢筋混凝土衬砌而成。为节省工程量，泄槽宽度可小于控制堰总长度，堰与泄槽之间设收缩段过渡。泄槽与消能工之间可设扩散段，以减小消能段单宽流量。高水头溢洪道采用窄缝式消能时，泄槽全长范围内都可呈收缩式，至挑流鼻坎处急剧收缩成"窄缝"。槽身轴线平面上以直线最佳；当受地形、地质条件限制，采用弯段时，弯曲半径一般不小于10倍槽宽。弯段槽底外侧应高于内侧，以适应水流离心力导致的水面超高并减弱冲击波；也可在弯段槽中设几道顺流向的分水墙，减轻超高影响。泄槽应建于岩石等坚硬的地基上，为适应地形、地质条件，当槽底不能采用单一纵坡而须变坡时，变坡处应以抛物形竖曲线联结两相邻纵坡。高水头溢洪道为防泄槽空蚀破坏，常沿槽底布置若干掺气槽、掺气坎等掺气抗蚀设施。　　（王世夏）

泄洪排沙隧洞　spillway and sediment transport

tunnel

多沙河流的水利枢纽中兼起泄洪与排沙作用的水工隧洞。参见排沙隧洞(185页)。　　(王世夏)

泄洪隧洞　spillway tunnel

担负水利枢纽全部或部分泄洪任务的水工隧洞。按洞内流态分，有无压隧洞和有压隧洞两种。用作枢纽主要泄洪建筑物时，其进口常采用表孔堰流式，使有较大的超泄能力，进口以下则通过斜井或竖井接入无压或有压隧洞；担负辅助泄洪任务时，也可采用位于水库水面以下适当高程的深孔进口，与主要溢洪道配合运行。　　(王世夏)

泄流曲线　flood release curve

表示各种泄洪建筑物在不同库水位时泄洪能力的曲线。当泄洪建筑物形式、尺寸一定时，水库下泄流量取决于堰顶水头。若为溢洪道泄流，堰顶水头为库水位与堰顶高程之差。若为闸孔泄流，为库水位与闸孔中心高程之差。根据堰顶水头与下泄流量关系曲线，求出库水位(或相应库容)与下泄流量关系曲线。视水库泄流条件而异，对有闸门控制水库，具有一组不同泄流设备的泄流曲线；对无闸门控制水库，则为单一线。　　(许静仪)

泄水建筑物　outlet structures

宣泄水库、湖泊、河渠的多余水量，防止水流决口漫溢以保证有关挡水建筑物安全的建筑物。用于水库的如溢流坝、溢洪道、坝身泄水孔、泄水隧洞等，用于湖泊、河渠的如分洪闸、泄水闸、退水闸等。
　　(王世夏)

泄水式厂房　powerhouse combined with spillway

在主厂房顶部或内部设置有泄水建筑物的厂房。在主厂房顶设置溢洪道时，称溢流式厂房。有时也可穿过主厂房设置泄水道。采用这种厂房应视其用途而定，有时是为减小专门泄水建筑物尺寸，有时是为排除在主厂房上、下游淤积的泥沙，有时是为获得增差效益。　　(王世泽)

泄水隧洞　outlet tunnel

用作泄水建筑物的水工隧洞。承担泄洪、放空水库或排沙等任务。视水流、地质等条件的不同，可选用无压隧洞和有压隧洞。一般要采用适当形式的衬砌支护结构，水头不高且岩石较好时也可不衬砌。高流速无压隧洞要解决自掺气、空蚀、消能防冲等问题；高水头有压隧洞要有足够坚固的衬砌结构；兼有排沙任务的隧洞，还要注意泥沙磨损问题。
　　(王世夏)

泄水闸　sluice, sluice gate

设在河渠上用以泄洪、泄走多余水量或放空渠道用的水闸。当渠道进水或雨水过多，渠中水位超过限制范围并有漫溢危险时，可开闸泄走多余水量，保障渠道及建筑物的安全；当渠道或其上建筑物破损时，也需开闸放空渠道以便检修。通常设在进水闸下游、干渠末端以及危险渠段或重要建筑物(如渡槽、倒虹吸管、压力水管进水口)上游等处。还可兼做冲沙闸之用。设在干渠末端，主要为放空或紧急降低渠中水位用的也称退水闸。　　(王鸿兴)

xin

心墙　core wall

设置在土石坝体中央的防渗体。按材料不同可分为黏土心墙、沥青混凝土心墙、钢筋混凝土心墙、土工膜心墙。采用何种形式的心墙，须根据实际工程的材料来源与分布、水头、地质、造价、施工等因素进行技术经济比较决定。　　(束一鸣)

心墙坝　dam with core wall

防渗体设在坝体中央部位的土石坝。按材料不同分，有黏土心墙坝、沥青混凝土心墙坝、钢筋混凝土心墙坝、土工膜心墙坝等。优点是其坝坡陡于均质坝的坝坡；心墙受两侧坝体的支承保护，其抗震性能较好。缺点是心墙出现裂缝不易检修；心墙与坝体施工大致同步，施工中难免互干扰。
　　(束一鸣)

心墙堆石坝　rockfill dam with core wall

防渗体设在坝身中央部位的堆石坝。按防渗体材料可分为黏土心墙及黏土斜心墙、钢筋混凝土心墙、沥青混凝土心墙、土工膜中央防渗、木板心墙堆石坝等。　　(束一鸣)

心滩　submerged middle bar

又称潜洲。河床中不与河岸连接，中水位被淹没但枯水位出露的泥沙堆积体。常位于河床展宽处，因泥沙堆积而成，也有因水流切割边滩或沙嘴而形成的，它的组成多为床沙质，冲淤变化迅速，对于河道水流及河床演变有重要影响。　　(陈国祥)

辛克鲁德尾矿坝　Syncrude Tailings

世界最大尾矿坝。在加拿大阿尔伯达省麦克麦里堡附近。系土坝，高87m，顶长18 000m，工程量5.4亿m^3。库容4.24亿m^3。　　(胡明龙)

新安江　Xinanjiang River

源出安徽省祁门县，上游称徽港，东南流至浙江省建德县梅城入桐江的钱塘江支流。长293km，流域面积1.16万km^2。建有新安江水电站。
　　(胡明龙)

新安江流域水文模型　Xinanjiang hydrological model

中国水文学家研制的一种以蓄满产流理论为基

础的流域概念模型。首先用于中国浙江省新安江水库,并以此命名。其结构是对流域分块、径流分水源、河道分段进行演算,具有模拟流域全面或局部降雨、一次或连续降雨的径流过程的功能。

(刘新仁)

新安江水电站 Xinanjiang Hydroelectric Station

钱塘江支流新安江上一座大型水电站。在浙江省建德县境内。1960年投产,1965年建成。总库容220亿m^3,有效库容102.7亿m^3,多年调节水库;装机容量66.25万kW,年发电量18.6亿kW·h。建筑物包括混凝土宽缝重力坝和溢流式厂房,坝高105m,最大泄量1.32万m^3/s,厂房顶板为钢筋混凝土拉板简支坝体。以发电为主,兼顾防洪、灌溉等效益,经水库调节,增加下游富春江水电站保证出力4.4万kW;减轻建德、桐庐、富阳等县2万公顷农田洪水灾害。水利电力部上海勘测设计院设计,新安江工程局施工。

(胡明龙)

新川河口排水泵站 Xinsen river mouth drainage pumping station

日本新川(河)水系最大的泵站。位于日本国新泻市西南的西蒲原地区,建成于1973年。安装有口径为4 200mm的全调节式贯流泵6台,扬程2.6m,设计流量为240m^3/s,配套电动机总容量为7 800kW,电机通过两级行星齿轮减速装置与水泵连接。它和其他24座泵站共同承担排除新川河水系24万亩集水面积的排水任务。这些泵站均由远离泵站的中央控制室控制运行。

(咸锟)

新丰江大头坝 Xinfengjiang Large End Dam

广东省河源县新丰江上的大头坝。1962年建成。坝高105m,混凝土总量106万m^3。兴发电、防洪、灌溉之利。广东省水电设计院设计,省新丰江工程局施工。

(胡明龙)

新丰江水库 Xinfengjiang Water Reservoir

珠江水系东江支流新丰江的一座大型水电工程。在广东省河源县境内。1962年建成。总库容139亿m^3,有效库容64.4亿m^3,库容系数0.99,是调节性能最好的水库。装机容量29.25万kW,年发电量11.72亿kW·h。主要建筑物有混凝土大头坝、坝后式厂房,坝高105m,坝顶溢流,最大泄量1.73万m^3/s。水库蓄水后,库区曾发生诱发地震,1961~1962年抗震加固,1965年进行二期加固,增建直径10m泄水洞一条。通过水库滞洪,使下游近10万ha农田免受洪水威胁,增加灌溉面积,改善供水条件,提高下游通航能力。广东省水电设计院设计,新丰江工程局施工。

(胡明龙)

新康奈利尾矿坝 New Cornalia Tailings

美国最大尾矿坝。位于亚利桑那州阿霍(Ajo)城附近。1973年建成。系土坝,高30m,顶长10 851m,工程量2.095亿m^3。库容0.25亿m^3。

(胡明龙)

信水

古时黄河初春解冻后第一次涨水的专称。《宋史·河渠志一》:"自立春之后,东风解冻,河边人候水,初至凡一寸,则夏秋必当一尺,颇为信验,故谓之信水。"古人以该次涨水的水位涨幅来预测夏秋大汛的水位涨幅。《河防通议》卷上:"信水者,上源自西域远国来,三月间凌消,其水浑冷,当河有黑花浪沫,乃信水也。又谓之上源信水,亦名黑凌。"

(查一民)

xing

兴利调度 regulation for water utilization

实现水库蓄余补缺兴利任务而采用的控制运用方式。为满足兴利部门,如灌溉、发电、供水等用水的需要,在原规划设计的基础上,根据运用期间的实际情况,分析水库天然来水量、兴利用水量及它们之间的平衡关系,在保证水库工程安全前提下,对水库进行合理地控制运用,充分发挥水库的兴利效益。

(许静仪)

兴利库容 useful storage

又称有效库容、工作库容。正常蓄水位与死水位之间的库容。用以进行径流调节,按照用水部门需要,如灌溉、水力发电、航运、给水等,将径流重新进行分配使用。

(许静仪)

行洪区 flood flowing district

利用河道两侧或两岸大堤之间低洼地带宣泄洪水的地方。有些河流在河槽两侧均有较大面积行洪区,如淮河干流沿河共有1 000多km^2,黄河自孟津往下至河口800多km长的河道,两岸行洪区面积约有4 000多km^2。它的宽、窄,直接影响河道洪水位高低。

(胡方荣)

《行水金鉴》

中国古代河流及运河文献资料汇编。傅泽洪辑录,清雍正乙巳年(1725年)成书。卷首为傅泽洪自序、略例、总目及黄、淮、汉、江、济、运各河图;正文175卷,其中河水60卷,淮水10卷,汉水、江水10卷,济水5卷,运河水70卷,两河总说8卷,官司、夫役、河道钱粮、堤河汇考、闸坝涵洞汇考、漕规、漕运12卷。各卷均按时间顺序,摘录诸书原文依次排列,上起《禹贡》,下至康熙六十年(1721年),所引文献资料达370余种,所采史料均注明出处,凡原文有不完备处,均进行考核并加附注。全书综括古今,胪陈利病,将前代四渎分合、运道沿革情况,上下数千年间水道变迁、工程得失及理论演化，进行系统整理，成为中国古代水利文献资料之总汇。其体例为后世所沿用。清道光十一年(1831年)，由黎世序、潘锡恩等主持，俞正燮、董士锡、孙义钧等纂修成《续行水金鉴》156卷，外加卷首序、略例及图一卷，所收资料上接正编下至嘉庆二十五年(1723~1820年)，并采集正编未载的前代资料，补叙于前，又增列"永定河水"13卷，保存大量原始工程技术档案。民国二十五年(1936年)，全国经济委员会水利处由郑肇经主持编修《再续行水金鉴》，由武同举、赵世暹编辑，再续前书至清宣统三年(1911年)止，成稿约700万字，1942年曾抽印其中江、淮、河水三部分出版。

(查一民)

xiong

胸墙 breast wall, diaphragm wall

水闸或溢流坝孔口上部两端固结或支承在闸墩上的挡水板。当上游水位变幅大，在高水位时过闸流量有限制时采用。可减小闸门高度。为使水流平顺地进入闸孔以增加泄流能力，胸墙底缘迎水面常做成弧线形。其位置取决于闸门形式及闸室的稳定要求。对弧形闸门，由于闸门结构及运用要求，须设在闸门上游；对平面闸门，设在上、下游均可，但对止水各有难易，闸门操作亦各有利弊。多用钢筋混凝土筑成。

(王鸿兴)

xu

须德海造陆工程 Ijsselmeerpoloers Reclaimed Land Project

荷兰最大垦殖工程。须德海为一海湾，深入陆地128km。为增加陆地面积，1920年开始填海造陆工程，1932年建成拦海大坝，长32km，将须德海湾分成内外两部分，坝内为艾瑟湖，坝外为瓦登海。1942年围成东北圩区，1957年围成东弗莱沃兰圩区，20世纪60年代后期围成南弗莱沃兰圩区，面积4万ha。现存艾瑟湖面积为1 240km^2，马克瓦尔德圩区围成后，将缩小到840km^2。各圩区之间有水道，以利交通、灌溉、排水等。

(胡明龙)

胥溪

相传春秋时(公元前770~前476年)吴国所开自太湖向西北经皖南通长江的运道。吴王阖闾伐楚，用伍子胥计，在今高淳县东坝一带，开此运河，沟通了太湖流域及与之相邻的青弋江、水阳江流域。唐代建5座堰埭以利航运，俗称五堰。故胥溪又称堰渎。明代为阻拦青弋江、水阳江水入湖，加重洪涝灾害，建成坚固的东坝，两流域基本隔绝。

(陈 菁)

虚堤

用碎砖瓦及碎石筑成的渗水堤。可从河道中引水入蓄水池。《宋史·河渠志四》神宗熙宁八年(1075年)："又遣琰同陈祐甫因汴河置渗水塘，又自孙贾斗门置虚堤入，渗水入西贾陂，由减水河注雾泽陂，皆为河之上源。"

(查一民)

洫

① 田间水道。参见沟洫(66页)。

② 护城河。又作"减"。《诗·大雅·文王有声》："筑城伊减，作丰伊匹。"释文："减字又作洫，《韩诗》曰：'洫，深也。'"张衡《东京赋》："濬门曲榭，邪阻城洫。"注："洫，城下池。"

③ 水渠。

(查一民)

续灌 continuous irrigation

上一级渠道同时向所有下一级渠道配水。续灌渠道在一次灌水延续时间内连续工作。为了各用水单位受益均衡，避免因水量过分集中而增大渠道及建筑物工程量，防止管理运行期间灌水组织和农事生产安排的困难，一般较大的灌区，干、支渠多采用这种工作方式。

(李寿声)

蓄洪工程 flood storage projects

在洪水时蓄积洪水的工程。主要为水库。蓄洪水库一般设有专用防洪库容或通过预泄，预留部分库容，用来拦蓄洪水，削减洪峰流量，满足下游防洪要求。水库建筑物包括拦河大坝、溢洪道、隧洞及涵洞等。

(胡方荣)

蓄洪垦殖 flood storage and reclamation of depression land

兼顾农业生产和拦蓄洪水的垦殖工程。在沿江滨湖的滩地上，通过筑堤建闸，使堤内滩地与江河隔离,在江河洪水流量不超过下游安全泄量的年份,可在堤内滩地进行农副业生产;当出现大水年份,江河流量超过下游河床安全泄量时,围垦区则用于滞蓄部分洪水,减少江河的下泄流量,保证下游防洪安全。垦殖区内一般拥有用来容纳区内来水的较大容积的湖泊,同时建有完善的灌排系统,以发展农业生产。　　　　　　　　　　　　　　　(赖伟标)

蓄满产流　runoff production at the natural storage

降雨渗入土壤后,土壤含水量超过田间持水量后所产生的水流。在湿润地区,是产流的主要方式。
　　　　　　　　　　　　　　　(胡方荣)

蓄清排浑　clear water ponding with sediment ejection

存蓄清水和排放浑水。在沙少水清的非汛期,拦蓄径流,蓄水兴利。在沙多水浑的汛期,降低库水位,将洪水泥沙及库内非汛期淤沙尽量排出,使水库年内冲淤基本平衡,保持一定的兴利库容,长期使用,以发挥综合利用效益。
　　　　　　　　　　　　　　　(许静仪)

蓄水灌溉　irrigation with storage water

利用水库、塘坝、湖泊、沟渠等拦蓄河川径流及地面径流的地表水灌溉。为了克服河川径流、当地径流的年际分布和年内分配与灌溉用水要求之间的矛盾,需利用工程设施对水源进行调蓄,以满足灌溉要求。蓄水方式主要是在河流的适当地点修建水库枢纽,包括大坝、溢洪道和进水闸等建筑物。工程量大,造价高,库区有一定的淹没损失;但能对水源进行有效的调节,水的利用率高,便于综合利用。如中国湖南的韶山灌区和安徽的淠史杭灌区等。此外,还可因地制宜地采取各种小型蓄水措施,如山丘区修塘坝,平原区利用河网、排水沟等临时蓄水,满足农田供水的要求。　　　　　　　　(刘才良)

蓄引提结合灌溉　combined irrigation with storage-diversion-lift water

采用蓄水、引水、提水等方式取水,充分利用水源的农田灌溉方式。是扩大灌溉面积,提高灌溉保证率的有效办法。该灌溉系统的渠首如从水库取水,则水库泄入原河道的发电尾水,经下游河道上的壅水坝拦挡后再自流入渠灌溉农田。这样可充分利用水库的蓄水及水库与壅水坝间的区间径流。对不能自流灌溉的农田,可建抽水站提水灌溉。在引水灌溉系统中,利用有利地形修筑塘、库、蓄水池等。非灌溉季节,把河水或当地径流引入水库、塘和池中蓄起来,补充灌溉水源之不足。灌区中局部高地采用提水灌溉。山丘区的长藤结瓜式水利系统也属此类型。　　　　　　　　　　　　(刘才良)

xuan

悬臂式挡土墙　cantilever retaining wall

由直墙和底板构成的钢筋混凝土挡土墙。一般为倒T字形,直墙结构为一底端固结在底板上的悬臂梁,故名。主要是利用底板上填土重量维持墙体稳定。底板长度由墙体稳定条件及地基压力均匀分布条件确定。墙体厚度小、重量轻、用料少,但需用钢筋。适用于承载力较低的软土地基。一般高度为6～10m,过高则不经济。　　　　　　(王鸿兴)

悬冰川　hanging glacier

冰斗向下延伸,悬垂于陡峭山坡上的冰体。无明显的积累区和消融区。因欧洲比利牛斯山(Pyrenees Range)分布有这类冰川,故称"比利牛斯式冰川"(Pyrenean glacier)。　　　　　(胡方荣)

悬河　overland river

又称地上河。河床高于两岸地面的河流。常见于流域来沙量较大河流的中、下游河段,由于大量泥沙堆积,使河床不断抬高,引起水位相应上升,为了防止洪水泛滥,两岸堤防也随之加固增高,导致河床逐渐高出两岸地面,成为悬河。中国黄河中下游就是有名的悬河,有的河段,洪水位高出两岸地面十余米。　　　　　　　　　　　　　　　(陈国祥)

悬式水轮发电机　suspended hydrogenerator

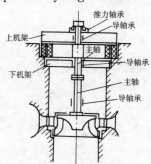

发电机推力轴承位于发电机转子之上的立式水轮发电机。中小型机组及转速大于200r/min的机组常采用之。　　(王世泽)

悬移质　suspended load

又称悬沙。受重力作用和水流紊动作用悬浮在水中随水流一起运动的泥沙颗粒。当水流紊动产生向上分速大于泥沙水力粗度时,泥沙悬浮于水中以与水流同样的速度前进,运动方向及快慢均因时因地而变。流速愈大,泥沙颗粒愈细愈能成为悬浮状态。悬移质在水流中的运动轨迹是很不规则的,但总的趋势是向下游运动,在水流方向的运动速度接近当地流速,维持泥沙悬浮运动的能量主要是水流紊动能,是由水流的平均能转化而来的。悬移质在运动过程中经常与推移质并通过推移质与床沙进行交换。当交换不平衡时就会引起河床的冲淤变化。　　(胡方荣　陈国祥)

悬移质扩散理论　diffusion theory of suspended

load

由于水流的紊动扩散作用,泥沙从含沙量较高的流层(通常在河底附近)向浓度较低的流层扩散,其强度与含沙量梯度成正比。这种扩散作用平衡了因重力作用下沉的泥沙,使含沙量维持恒定分布。悬移质运动的基本理论之一。早在1925年德国学者施密特(W. Schmit)就从紊流扩散性质出发导出扩散基本微分方程并以此说明空气中尘埃运动,20世纪30年代美国奥布赖恩(O'Brain)和前苏联马卡维也夫(В. М. Макавеев)分别将这一理论推广到水流中悬移质分布问题。在二维恒定均匀流中悬移质含沙量垂线分布达到平衡状态时基本微分方程式为:

$$\varepsilon_s \frac{\mathrm{d}s_v}{\mathrm{d}y} + s_v \omega = 0$$

s_v为体积含沙量;ω为泥沙沉速;ε_s为泥沙扩散系数;y为沿水深方向坐标。据此方程在一定边界条件下积分求解就可得到含沙量沿水深分布公式:

$$s_v = f(y)$$

（陈国祥）

悬移质输沙率 suspended sediment tramsport rate

单位时间内通过河流任一断面的悬移质数量。常用泥沙质量表示,单位为 kg/s。单位河宽的悬移质输沙率称为单宽悬移质输沙率,单位为 kg/(s·m)。悬移质中的床沙质输沙率与河流水力泥沙条件密切相关,可根据悬移质运动理论以及经验半经验公式进行估算,如根据扩散理论建立起来的爱因斯坦公式,根据重力理论建立起来的维里加诺夫公式,以及根据力学分析建立的拜格诺公式等。冲泻质输沙率决定于流域产沙条件,就采用依据水文观测资料建立的经验关系进行估算。

（陈国祥）

悬移质重力理论 gravitational theory of suspended load

挟沙水流自高处向低处运动过程中所提供的能量,除消耗于克服水流阻力做功外,还消耗于维持泥沙悬浮做功(悬浮功)。悬移质运动的重要理论之一。据此可列出挟沙水流中液体相及固体相能量平衡方程式,进一步积分求解得含沙量沿水溶分布公式。此理论为前苏联学者维里加诺夫(В. Н. Великанов)在20世纪50年代提出,之后引起许多争议,主要不同意见是在能量平衡方程中的悬浮功取自紊动能,后者是水流克服阻力功时消耗的能量不应重复计算。

（陈国祥）

旋转式喷头 rotary sprinkler

边喷水边旋转的喷头。根据驱动机构的特点可分为:摇臂式喷头、叶轮式喷头和全射流喷头。驱动机构和换向机构是其重要部件。这类喷头射程较远,是中射程和远射程喷头的基本形式。

（房宽厚）

xue

雪 snow

由较大冰晶组成,基本形状为六角形的固态降水。一般大于3mm。由于生长环境温度、湿度的差异,沿不同晶轴方向增长速率不同,形成枝状、星状、针状、立体枝状和线轴状等多种雪晶。

（胡方荣）

雪水 snow water

积雪融化生成的水。是淡水循环过程的水源之一。在高纬度和高寒地区,冬季由于温度低,积雪不融化,当春夏气温升高时,融化成水后补给河流,是水资源的一种。

（胡明龙）

雪线 snowline

年固体降水量与消融量处于平衡的地带。其上固体降水量的年平均收支平衡,以上收支为正,以下为负。雪线以上形成永久积雪,是永久积雪的下限。其高度主要取决于气温、降水和地形等因素的综合影响。

（胡方荣）

xun

循环水洞 circulation water tunnel

简称水洞。供水流空化和空蚀试验用的管流循环系统。由水泵、上升式供水管、管流压力调节装置、试验段、下降式回水管组成。试验段有较高流速,常用于研究水流通过螺旋桨、水轮机、门槽、阀门、不平整突体时的空化、空蚀问题。压力调节一般是由试验段前上方与供水管相连的封闭式平水塔进行的,塔有自由水面,并有抽气设备,可改变水面的绝对压强。

（王世夏）

汛 seasonal flood

江河定期的涨水现象。它有不同成因,如流域内降雨或积雪融化,汇集江河,形成涨水;江河在解冻之际,冰块壅塞,水流下泄不畅,造成局部河段涨水等;河口滨海地区海水周期性涨水和风暴潮现象,也称为汛。中国习惯上常以季节性或物候命名,称春汛(又称桃花汛)、伏汛、秋汛和凌汛等。又因定期来临,故历史上称为信水。

（胡方荣）

汛期 flood season

河水在一年中有规律上涨超过某一水位的时期。因大致定期出现,故历史上称"信水"。通常有两种含义:既指汛水自然起涨至回落的时期,也指河水上涨和回落至某一水位(或流量)需进行防守的时段,即防汛期。各河流的汛期迟早不一,同一河流的汛期各年也有早有迟。　　　　　　　(胡方荣)

浚仪渠　汉狼汤渠自黄河分水东流至浚仪县(今河南开封市)境一段的别称。东汉明帝时王景与将作谒者王吴曾加修治。　　　　　　　　　　(陈　菁)

Y

ya

压力薄膜仪　pressure membrane equipment
室内测定土壤水吸力和持水曲线的一种量程较宽的装置。其量测范围为 $0 \sim 15 \times 10^5$ Pa 或更高。由高压气源、调压系统和压力室(试样室)通过管路连接构成(如图)。压力室内装有与外界相通的多孔膜。测定的土样置于膜上,向压力室施加一定压力,受压土样便有一定的水量透过多孔膜排出,平衡(排水停止)时,可由压力表读数测得土壤水吸力。而此时的含水量便与该吸力相对应。在已知初

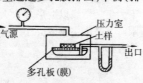

始含水量的条件下,逐级加压并测定平衡时的含水量,便可得到该土样的持水曲线。测定使用的多孔膜必须满足在不允许空气透过的前提下,有尽可能好的透水性,因而需根据量测范围更换不同规格的薄膜。目前较低压力时,多采用多孔陶土板;较高压力时,则用孔隙极细的玻璃纸或醋酸纤维膜等。使用过程中任何部位漏气都会招致量测失败,故密封性能是至关重要的。　　　　　　　　(刘圭念)

压力钢管　steel penstock
用钢材制成的压力水管。在水电站按结构形式可分为明钢管、地下埋管、坝内埋管、坝上游面管和坝下游面管。　　　　　　　　　　　(刘启钊)

压力木管　wooden stave pipe
用木料制成的引水管或压力水管。由木板条拼成圆管外加钢箍构成,结构类似木桶。可就地取材,易于加工,但易腐烂,寿命不长,用于盛产木材而又交通不便的小型水电站。　　　　　　　(刘启钊)

压力前池　fore bay, head pond
简称压力池、前池。引水渠道和压力水管间的连接建筑物。其功用是给压力水管进口布置提供空间,向压力水管均匀供水,清除水中的漂浮物和泥沙,宣泄多余水量,在机组流量变化时起一定调节作用。压力前池由渠道末端加深加宽构成。主要组成部分有:渐变段和池身,压力水管进口及其设备;泄水建筑物;清除漂浮物和泥沙的建筑物和设备。通常布置在陡峻的山坡上,应注意防渗和地基的稳定,水流应平顺。　　　　　　　　　　　(刘启钊)

压力水管　penstock
从水库、调压室或压力前池将水流直接引入水轮机的管道。功用是输送水流和集中落差。特点是内压大、承受水锤动压、坡度陡又靠近厂房,发生事故将严重危及厂房设施和运行人员安全,必须安全可靠,应有防止事故扩大的措施。按材料可分为压力钢管、钢筋混凝土压力管和压力木管。
　　　　　　　　　　　　　　　(刘启钊)

压力水箱　pressure water box
连接水泵出水管与穿堤涵管的有压箱形建筑物。平面呈梯形或矩形,横断面为矩形,中间设隔墩或不设隔墩,用钢筋混凝土建造。用以汇集水泵出流,缩短出水管长度,降低水泵扬程。分为正向出流与侧向出流两种。前者指水泵出水管的出流方向与压力水箱的出流方向一致;后者成一夹角。适用于外河水位变幅较大的堤旁泵站。　　　(咸　锟)

压力消能工　pressure energy dissipator
在靠近有压输水道出口段下游水位以下设置大口径圆筒或洞室,利用水流突然扩散、水分子相互剧烈撞击进行消能的设施。分水平扩散和垂直扩散两种。消能效果很好,但水流主流位置不稳定,易引起建筑物振动,实用不多。　　　　　　　　　　　　　　(张敬楼)

压盐　pressing salt
抑制土壤盐分向表层运移聚积的措施。在有可能产生土壤盐碱化的农田上,为防止深层盐分向表层移动聚积,灌溉时常用加大灌水定额的办法,在满足作物需水要求的同时,使部分水量向深层渗透,达到淋洗盐分的目的。一般在风多、干燥、气温高、蒸发量大、土壤容易产生返盐的季节进行。
　　　　　　　　　　　　　　　(赖伟标)

鸭绿江 Yalujiang River

源出吉林省长白朝鲜族自治县长白山,西南流纳虚门江、长津江、浑江、瑗河、秃鲁江等支流,至东沟注入西朝鲜湾的中国和朝鲜两国界河。长795km,流域面积6.4万km^2,平均流量1 100m^3/s,年径流量347亿m^3。上游河经峡谷,中游河宽流缓,下游为平原,流量大,水力资源极丰富,建有水丰、云峰等水电站。冰期约4个月,十三道沟以下可通航。沿岸有丹东、新义州等重要城市。

(胡明龙)

雅砻江 Yalong jiang River

古称若水。又称小金沙江。旧称鸦砻江。藏语尼亚曲,意为"多鱼之水"。源出青海省巴颜喀拉山南麓山口以西,东南流经四川省甘孜、西昌等县市,至渡口市东注入金沙江,为中国长江上游段金沙江的支流。全长1 500km,流域面积14.42万km^2。支流有鲜水河、理塘河、安宁河等汇入。干支流多峡谷急流,水能资源极为丰富,适宜修建大型水电站,建设中的二滩水电站装机为330万kW。下游局部河段可通航。

(胡明龙)

雅鲁藏布江 Yaluzangbujiang River, Brahmaputra River

源出中国西藏喜马拉雅山北麓杰马央宗冰川,向东流纳拉喀藏布、年楚河、拉萨河等支流,经世界最大峡谷之一底抗峡,南流入印度和孟加拉国,称布拉马普特拉河,注入孟加拉湾的西藏自治区境内海拔最高的外流河。上游海拔3 950m以上,河床平均在海拔3 000m以上。全长2 840km,流域总面积93.5万km^2,中国境内长1 940km,流域面积24.05万km^2,年径流量1 100亿m^3。以春夏降水和融雪为源,6~9月高温多雨,江水暴涨,有时泛滥成灾。水能资源十分丰富,蕴藏量9 000余万kW,仅次于长江,居第二位。

(胡明龙)

亚马逊河 Amazon River

发源于秘鲁安第斯山脉,向东流,贯穿巴西北部,注入大西洋的世界第二大河。长6 436km,大小支流1 000余条,其中7条长1 600km以上,流域面积705万km^2。终年水量充沛,河口平均流量12万m^3/s,洪水流量可达20万m^3/s,平均径流量6.93万亿m^3,占世界河流总水量1/5,为世界第一。平均年输沙量3.62亿t,通航里程5 000余km,海轮可直达秘鲁的伊基托斯。

(胡明龙)

亚马逊平原 Amazonian plain

位于南美北部,介于圭亚那与巴西两高原之间,西抵安第斯山,东临大西洋,由冲积、洪积而成的世界上面积最大平原。面积约560万km^2。大部分在巴西境内,部分在哥伦比亚、秘鲁、玻利维亚等国境内。地势低平,海拔均在200m以下。属热带雨林气候,年平均降水量1 500~2 500mm,人口稀少,交通不便,自然资源至今很少开发。

(胡明龙)

亚西雷塔水电站 Yacyretá Hydro Plant

阿根廷大型水电站。在巴拉那河上,位于阿根廷科连特斯省伊塔塞因戈。设计装机容量270万kW。总库容210亿m^3。坝型系土坝和重力坝,最大坝高43m,顶长69.6km。

(胡明龙)

yan

淹没丁坝 submerged spur dike

中水位以上淹没,枯水期露出水面的丁坝。在河道整治工程中,为了保滩护堤,沿滩坎一线建筑丁坝群,顶高与滩唇齐平;在航道整治工程中,为了增加通航水深,在浅滩上布置的丁坝,顶高略高于通航设计水位。这种丁坝的高程较低,不会明显抬高洪水的水位和影响河流洪水的宣泄。

(李耀中)

淹没孔口式鱼道 submerged orifice fish pass

过鱼孔设在隔板底部的隔板式鱼道。为得到较好的过鱼水流条件,相邻隔板的过鱼孔应左右交错布置,防止鱼道中水流成一直线流动。

(张敬楼)

淹没损失 flowage demage

水库蓄水后引起库区淹没所造成的损失。修建水库时,由于蓄水造成一定范围的淹没,使库区内原有耕地及建筑物被废弃,居民、工厂、交通线路被迫迁移、改建而造成的损失。

(许静仪)

淹没整治建筑物 submerged regulating structures

顶部会被水流淹没的建筑物。依据河流的水位变化,有时会把建筑物淹没,不论是中水位会淹没的,还是洪水位会淹没的,都是淹没建筑物。在河流整治工程中,除护岸工程外,浅滩整治、汊道整治或控导工程等,大多采用。

(李耀中)

湮

阻塞;埋没。《庄子·天下》:"昔禹之湮洪水,决江河。"释文:"湮,音因,又音烟。塞也,没也。"《说文》作"㶔"。同"堙";"陻"。《汉书·沟洫志》:"禹堙洪水十三年。"颜师古注:"堙,塞也。洪水汜溢,疏通而止塞之。堙音因。"

(查一民)

岩基处理 treatment of rock foundation

为保证水工建筑物安全对地基岩体中存在的各种缺陷进行处理的措施。如建在岩基上的混凝土坝要求岩体有足够的强度,满足坝基应力要求;有足够的整体性和均匀性,满足坝基抗滑稳定和减小不均匀沉降要求；有足够的抗渗性，满足坝基渗透稳定和减少渗漏要求；有足够的抗浸蚀和抗风化能力，满足建筑物耐久性要求。天然地基经受长期地质作用，一般都有不同程度的风化、节理、裂隙、较弱夹层等缺陷，必须进行适当处理，才能保证大坝安全运行。常用的措施有岩基开挖、固结灌浆、帷幕灌浆和基础排水，以及对断层破碎带或软弱夹层进行专门的处理，如混凝土塞、设深齿墙、灌注钢筋混凝土阻滑桩、预应力锚索等。（林益才）

岩基开挖 rock excavation of foundation

为使建筑物修建在坚实完整的岩基上而将软弱风化部分挖除的岩基处理方式。开挖深度和岩基利用高程，应根据岩石性质、建筑物运用条件和枢纽布置要求综合分析确定。开挖后的基坑轮廓要有利于建筑物的抗滑稳定，避免由于高差过分悬殊或突变而引起应力集中。岩基开挖应与处理地质缺陷相结合，要满足边坡稳定要求。为保证岩基的整体性，避免开挖爆破时震裂，应采用预裂爆破或分层爆破开挖，不允许用大爆破开挖。最大爆破厚度不宜大于设计开挖深度的2/3，并不宜大于3～4m。接近建基面保护层的开挖，必须采取严格的防震措施，如用浅孔小药量爆破，或用机械人工掏挖。在浇筑混凝土前，必须进行彻底的清理和冲洗，基坑中原有的勘探钻孔、井、洞等，均应用混凝土回填封堵。
（林益才）

岩基排水 drainage of rock foundation

为排除岩基渗水降低渗透压力所采取的工程措施。对于大坝，可在坝基面设置排水孔幕和基面排水。主排水孔一般设置在基础灌浆廊道内，在帷幕灌浆完成后钻孔。岩基排水孔的深度、孔距及孔径等根据工程水文地质条件、建筑物对排渗的要求确定。（沈长松）

岩溶处理 karst treatment

为增强溶洞岩体的整体性、强度和抗渗能力所采取的工程措施。对不同的岩溶常用的措施有：对基坑表层及浅层溶洞、直接开挖，清除并冲洗干净后，用混凝土回填堵塞；对深层溶洞，如规模不大可进行帷幕灌浆；较大的溶洞和漏水通道，则采取挖竖井或钻设大口径孔与洞穴连通，回填混凝土，达到一定强度后钻孔灌浆，可在水泥浆中加适量黏土、粉砂、矿渣等进行灌注，使与围岩结成整体；如漏水流速大，可在浆液中掺入速凝剂，加投砾石或灌注热沥青等加速堵塞，以提高其整体性，对沿岩溶通道的渗漏处理，可设防渗帷幕或防渗铺盖。（沈长松）

岩溶水 karst water

又称喀斯特水。储存和运移于可溶性岩层的溶孔、溶洞和溶蚀裂隙中的地下水。可以是潜水或承压水，常出露为泉水。水量丰富，是良好的供水水源，但季节性变化很大。（胡方荣）

岩滩水电站 Yantan Hydroelectric Station

珠江水系西江主流红水河上大型水电站。在广西壮族自治区巴马县境内。总库容24.3亿m³，有

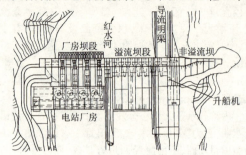

效库容9.9亿m³；装机容量120万kW，年发电量53.7亿kW·h。以发电为主，兼有航运、养殖等之利。上游天生桥高坝和龙滩水电站两大水库修建后，可联合运用，大幅度提高出力。建筑物有拦河坝、溢洪道、厂房、升船机等。大坝为宽缝重力坝，高111m，总长536m。坝顶溢流，最大泄洪流量35 020m³/s。广西壮族自治区电力局设计院设计，大化水电工程局施工。（胡明龙）

盐锅峡水电站 Yanguoxia Hydroelectric Station

黄河干流上一座以发电为主、兼有灌溉效益的综合性水电工程。在甘肃省永靖县境，距上游刘家峡水电站33km。1961年发电，1970年建成。装机容量35.2万kW，年发电量20.5亿kW·h。建筑物有宽缝重力坝和坝后式厂房，坝高57m，长321m，坝顶溢流，最大泄量7 020m³/s。水利电力部西北勘测设计院设计，第四工程局施工。

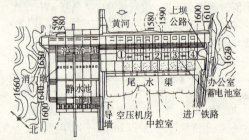

（胡明龙）

盐湖 salt lake

水中含盐度高的湖泊。一般大于3.5%。位于干旱地区，湖水蒸发量超过或至少与降水量和注入的河水量相等，如吉兰泰盐池和解池。
（胡方荣）

盐碱地 saline-alkali land

盐碱成分含量过多，危害农作物生长的土地。

包括盐化土(土壤含盐量大于0.2%,土壤饱和溶液电导度大于4mΩ/cm,pH值小于8.5,交换性钠百分比小于15%)和碱化土(含盐量小于0.2%,电导度小于4mΩ/cm,交换性钠大于15%,pH值为8.5~10)的耕地或荒地。对作物生长危害主要表现在:土壤溶液浓度大,渗透压力高,影响作物根系正常吸水,引起生理干旱;某些盐类对作物根系有直接毒害作用;大量交换性钠的存在,引起土壤产生一系列不利于作物生长的理化性状。它的改良利用是国土开发的重要内容,一般需要采用水利、农业等综合改良措施。

(赖伟标)

盐碱地改良 improvement of saline-alkali land

采用水利和农业技术措施,使土壤脱盐的综合治理工作。常采用冲洗、排水、种稻洗盐、放淤压盐等农田水利措施,使计划冲洗层内的土壤含盐量降低到允许的含盐标准。同时配以必要的农业技术措施,防止土壤返盐,巩固改良成果。

(赖伟标)

堰〔匽〕 weir

较低的挡水溢流建筑物。如拦河堰、侧堰、量水堰等。拦河堰。即拦河低坝,用来横截河道,壅高水位,以利引水灌溉、增加航道深度、驱动水力机械或作军事用途。有些拦河堰顶可溢流或过船。《梁书·本纪》天监十三年(514年):"是岁作浮山堰。"用土或草埽构筑者称"软堰",一般做临时挡水或堵口截流用。埽工筑成后加筑土石成为永久性挡水建筑物者称"硬堰"。现代固定堰用混凝土、浆砌块石、干砌块石、木框填石等筑成,活动堰用木料、钢筋混凝土板或钢板等筑成,枯水期挡水,洪水期放倒,以利行洪。拦河堰顶部可以溢流者称为"溢流堰"。侧堰。筑在河道或渠道侧岸,其顶部可以溢流,用以分泄河渠中多余水量者。如都江堰渠首的飞沙堰,灵渠的泄水天平。量水堰。渠道或水槽中的一种量水设施。一些古代水利工程,以渠首修筑的堰而得名。如四川省灌县的都江堰、陕西省汉中市的山河堰、浙江省丽水县的通济堰等灌溉工程都以堰为名。

(查一民)

堰塞湖 barrier lake

河道因阻塞形成的湖泊。多因山崩、冰碛物、泥石流或火山熔岩而成,如中国东北的镜泊湖,由玄武岩流阻塞牡丹江上游河道而成。西藏有一些由地震、山崩而形成的此类湖。 (胡方荣)

堰式鱼道 weir fish pass

又称溢流堰式鱼道。过鱼孔设在隔板顶部的隔板式鱼道。水通过开敞式溢流孔流动,利用隔板间水垫削减能量和减缓流速。因其适应水位变化范围很小,故多与淹没式孔口、竖缝式孔口等结合,形成组合孔口式鱼道。 (张敬楼)

yang

扬压力 uplift pressure

渗透水对建筑物或地基某一截面所产生的水压力。包括建筑物淹没于水下所受的浮托力和上下游水位差形成的渗透压力两部分。是水工建筑物一项重要荷载,可减轻建筑物对地基的有效法向压力,不利于建筑物的稳定。因此常在建筑物内或地基中设置阻水和排水措施,以减小扬压力,提高建筑物的稳定性。渗流对建筑物的作用荷载以及所产生的应力,理论上应通过渗流分析计算确定建筑物各处的渗透力(属于体积力),然后再运用弹性理论的解析法或有限单元法进行计算,但比较复杂。实际工程设计时,常将渗流荷载简化为垂直于计算截面上的面力,作为外力处理。这样既能简化计算,一般也能满足设计要求。 (林益才)

扬州五塘

蓄积地表径流以补京杭运河扬州段水源不足的五座水塘。即陈公塘、勾城塘、上雷塘、下雷塘、小新塘。以陈公塘最大,周围90余里,传为西汉时陈登所筑;雷塘西汉时亦见记载;勾城塘为唐代所筑;小新塘南宋始见记载,皆有灌溉之利。唐代为解决扬州段运河水源不足,修陈公塘及勾城塘引水至扬州接济运河,并灌溉两岸农田。宋、元、明曾多次整修。明代始有扬州五塘之称,明前期仍用以济运,明末清初渐被占为田。 (陈 菁)

阳渠

东汉都城洛阳引洛水通漕兼供水的人工运道。相传为西周时周公旦所创。东汉建武五年(公元29年)河南尹王梁开渠引谷水入洛阳,渠成后水不流。建武二十三年(公元47年),张纯改引洛水通漕,并供洛阳城用水,取得成功。该渠引谷、洛水东流,经洛阳城,东至今偃师县东南入洛水(今洛河)通黄河,成为漕运要道。 (陈 菁)

样本 sample

在总体中随机抽取的一部分系列。对某一随机变量X,做了n次试验,得n个观测值x_1、x_2、$\cdots$、x_n;这n个数值为随机变量X的一个样本容量为n的样本。这种试验都是随机试验,是相互独立的,所得样本称为简单随机样本。由于样本包含有未知分布或未知参数的信息,故可利用样本对未知分布或已知分布的未知参数进行统计推断。 (许大明)

yao

腰荷 waist load, middle load

见日负荷图(206页)。

摇臂式喷头 impact-drive sprinkler

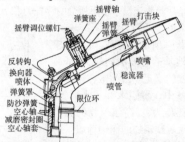

由摇臂摆动撞击喷体,使喷体绕竖轴旋转的喷头。工作时,喷嘴喷出的射流冲击摇臂上的挡水板和导水弯板,使摇臂偏转一个角度,后在弹簧扭力作用下又向回摆动,并敲击喷体,使喷体旋转一定角度。接着,又开始下一个循环,使喷头边喷洒边旋转。带有换向机构的摇臂式喷头通过限位装置可使喷体在规定的范围内往复运动,进行扇形喷洒。这种喷头结构较简单,工作可靠,得到广泛应用。图示为单喷嘴带换向机构的摇臂式喷头结构图。

(房宽厚)

遥堤 remote levee

即大堤。距河较远处所建筑的堤。用以防止漫滩的大洪水。堤顶高程应根据最高洪水位设计。非汛期有大片滩地在堤外出现,滩上筑有缕堤和格堤(如图)。

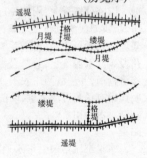

(胡方荣)

ye

叶轮 impeller

又称转轮、工作轮。将动力机的机械能传递给抽送水体的工作部件。它的形式决定了水泵的类型和性能。离心泵的叶轮由盖板、叶片和轮毂组成,分有封闭式、半开敞式和开敞式三种;轴流泵叶轮由叶片、轮毂、导水锥组成;混流泵叶轮由叶片和轮毂组成,形状介于离心泵和轴流泵叶轮之间。农用水泵的叶轮多用优质灰铸铁制造,大型水泵的叶轮多用铸钢制造。

(咸锟)

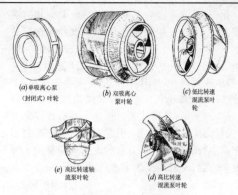

叶轮式喷头 gear drive sprinkler

又称蜗轮蜗杆式喷头。由叶轮和蜗轮蜗杆驱动喷体旋转的喷头(如图)。工作时,喷嘴喷出的射流冲击安装在喷嘴前面的叶轮,使其高速旋转,通过叶轮轴、轴接头、小蜗杆、小蜗轮、大蜗杆、大蜗轮的传动和减速,带动喷体绕转轴缓慢旋转,向四周喷洒。带有换向机构的喷头可进行扇形喷洒。这种喷头工作可靠,转速均匀且不受振动和倾斜的影响,可和水泵、动力机装在一起;但结构复杂、造价较高。

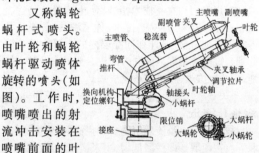

(房宽厚)

叶面蒸腾 transpiration

植物体内水分通过叶面气孔汽化并扩散到大气中去的现象。是植物进行光合作用和调节自身温度的生理需要,也是植物根系从土壤中吸取水分并通过输导组织向上输送水分的动力。其强度随作物品种、生育阶段、根部的供水条件和气象条件等因素而变化。其水量是作物需水量的重要组成部分。

(房宽厚)

叶尼塞河 Yenisey River, Yenisei River (Енисей)

源出东萨彦岭和唐努山大、小叶尼塞河,向北流,注入北冰洋喀拉海的河流。全长4 130km,流域面积270.7万 km^2,河口年平均流量1.98万m^3/s,平均年径流量6240亿 m^3。支流有安加拉,中、下通古斯卡等河流。上游谷深流急,多险滩;中游河谷宽,水流缓;下游河床坡降小,水流稳定。可通航700km,航期半年。干流上建有萨彦舒申斯克和克拉斯诺亚尔斯克两座大型水电站。装机容量都在600万 kW以上。支流安加拉河上建有布拉茨克、伊尔库茨克、乌斯季-伊里姆、鲍戈昌等水电站。

(胡明龙)

液压式启闭机 hydraulic hoist

利用液体压力推动牵引机构操作闸门的启闭机。分为水压和油压两种。一般多用油压启闭,其组成包括油压控制系统和起重系统两部分。前者包括储油箱、油管、油泵、电动机和调节阀;后者包括油缸、活塞、活塞杆及固定装置等。具有动力小、启闭力大,机体体积小、重量轻,传动平稳,并能集中操作,易于实现遥控及自动化等优点。广泛应用于各类闸门,特别适用于需要外加闭门力和孔数较多的情况。中国目前的定型产品有 QPPY 型和 QPKY 型两种。 （林益才）

yi

一次洪灾损失 onetime flood damage

某次洪水造成的各类财产损失值的总和。它与洪灾发生年份、淹没区生产发展水平、洪水淹没深度、淹没历时等因素密切相关。 （戴树声）

一石水六斗泥

古人对黄河含沙量的估计。《汉书·沟洫志》:"张戎言:……河水重浊,号为一石水而六斗泥。"这一估计常为后世所沿用,如元沙克什阳宋沈立《河防通议》(汴本):"河水一石,而其泥六斗"。明潘季驯《河防一览》:"黄流最浊,以斗计之,沙居其六;若至伏秋,则水居其二矣。" （查一民）

伊尔库次克水库 Irkutsk Reservoir (Иркутское водохранилище)

前苏联安加拉河上的大型水库。位于中西伯利亚伊尔库次克附近。1956 年建成。总库容 476 亿 m^3,有效库容 465 亿 m^3。系土坝和重力坝,高 44m,顶长 2 500m。 （胡明龙）

伊拉索尔台拉水电站 Ilha Solteira Hydro Plant

巴西巴拉那河上的大型水电站。位于圣保罗州和南马托格罗索州接壤处伊拉索尔台拉,故名。1973 年建成。已有装机容量 320 万 kW。库容 212 亿 m^3。大坝为土坝、重力坝和堆石坝组成,最大坝高 74m,顶长 6 185m。 （胡明龙）

伊泰普水电站 Itaipú Hydro Plant

世界最大水电站。在巴西和巴拉圭界河巴拉那河上,位于伊瓜苏。两国共建。1975 年动工,第一期工程 1982 年建成。设计装机容量 1 260 万 kW,安装混流式水轮机 18 台,每台 70 万 kW,现有装机容量 1 050 万 kW。总投资 58 亿美元,单位千瓦投资 460 余美元。主坝为重力坝,高 196m,长 897m,混凝土方量达 1 200 万 m^3;副坝为土坝和堆石坝,长 6 400m,全坝长 7 297m。库容 290 亿 m^3。 （胡明龙）

沂河 Yihe River

源出山东省沂源县鲁山南麓,流经山东省南部和江苏省北部的一条淮河水系河流。南流经临沂市入苏北平原,部分河水入大运河和骆马湖,下游为新沂河,在江苏省灌云县东燕尾港处灌河口入黄海,长 574km。中、下游河道淤塞不畅,内涝灾害严重。1949 年后,经过整治,中游挖有分沂入沭水道,下游开新沂河经沭阳直通灌河口入海,内涝得以根除。 （胡明龙）

移动式喷灌系统 movable sprinkler irrigation system

加压机泵、输水管道和喷头都可移动的喷灌系统。此种系统设备利用率高,单位面积投资少;但劳动强度大,工作条件差,设备维修养护的工作量较大,田间供水渠道和沿渠道路占地较多。以直接从田间水源取水的喷灌机组为主体的喷灌系统是移动式喷灌系统的主要形式,使用最为广泛。 （房宽厚）

移动式启闭机 travelling hoist

可沿轨道移动逐个启闭闸门的机械设备。还可兼作拦污栅、清污机等的起吊设施。常用的移动式启闭机由装在可移动车架上的卷扬机构成。按车架的不同可分为门架式、桥式和悬臂等类型。操作时要求在闸门上装有与挂钩梁相适应的吊耳和固定闸门的锁定装置,以便于启闭机移往其他闸孔。多用于操作孔数多又不需要分步均匀开启的闸门。 （林益才）

以电养电

将售电所得到的部分收入再投入电力建设,以实现电力工业的良性循环的政策。这里指的电力建设包括新建电厂和对原有电力工业固定资产进行更新。如中国规定为筹集电力建设资金,全国每千瓦小时集资 2 分钱,用于电力建设等。 （胡维松　王兴泽）

以礼河梯级水电站 Yilihe Cascade Hydroelectric Stations

由毛家村、水槽子、盐水沟和小江四座电站组成的以礼河梯级开发建设的水电站。1972 年建成。以礼河全长 122km,流域面积 2 558 km^2,水能资源丰富,上游与小江,下游与金沙江平行,河床比金沙江平均高出 1 380m,天然落差约 2 000m,采用两库四站跨流域开发方案。以发电为主,兼有灌溉效益,总装机容量32.15万kW,年发电量16亿kW·h。毛家村电站1971年建成,总库容5.63亿m³,建筑物有黏土心墙土坝、引水洞、泄洪洞、地下厂房,最大坝高82.5m。水槽子电站1958年建成,水库为周调节,跨流域开发,建筑物有混凝土重力坝,高37m,地下厂房。盐水沟与小江电站规模相同,1966年、1970年建成,装机容量均为14.4万kW,机组为卧轴冲击式,是已建电站水头最高、容量最大的机组。水利电力部昆明勘测设计院设计,云南水力发电建设公司施工。

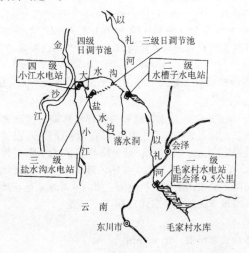

(胡明龙)

异形鼻坎 abnormal flip bucket

为使泄水建筑物末端出射水舌方向和落点满足特定要求而设置的非常规挑流鼻坎的统称。例如,为使河岸溢洪道或泄水隧洞挑射水流落入河床深槽部位而采用的斜鼻坎或歪扭式鼻坎,前者坎顶断面与泄槽纵剖面斜交,坎上各点射流初速不一;后者坎顶采用不同高程,坎前槽底呈扭曲面。 (王世夏)

异重流 density current

又称密度流、分层流。两种可以相混的流体因密度差异而产生的相对运动。引起水流密度差异的主要因素有:含沙量、水温和溶解质含量。含有大量细粒泥沙浑浊河水成舌状水流潜入蓄有清水的水库库底,在一定时间内,浑水并不很快与库中清水掺混,而在水库清水之下沿库底向下游运动,形成浑水异重流。河口表层淡水与底层咸水之间的相对流动,形成盐水异重流。火电厂的冷却水经冷凝器受热排入河流后,在较冷的河水之间形成温差异重流。异重流流动的动力是它的有效重力 $\Delta\gamma = g(\rho' - \rho)$,式中 $\Delta\gamma$ 为异重流体有效重力,ρ' 和 ρ 为相邻两层流体密度,g 为重力加速度,因此,与一般明渠水流相比有许多不同的特点,如较易出现急流流态,

能爬高并越过障碍物等。根据成因和运动特性可分为水库异重流与河渠异重流两类。异重流对湖泊、水库、河流和渠道的河床演变及引水口、港口及船闸、水库等水利工程建设有很大影响。

(陈国祥 许静仪)

益本比 benefit-cost ratio

见效益费用比(297页)。

溢洪道 spillway

为排泄水库或河道多余水量,控制水位以保证挡水建筑物安全而设置的泄洪建筑物的统称。类型很多,按所处位置分,有河床溢洪道、河岸溢洪道两大类,后者还有开敞式河岸溢洪道、井式溢洪道、虹吸式溢洪道等多种形式。一般以堰流方式过水,使泄流量可随库内水位上升而迅速增大以确保安全。为便于水库的灵活调度,多设闸门控制;中小型工程也可不设闸门。溢洪道选型应与挡水建筑物选型统一考虑,例如混凝土坝易于布置河床溢洪道,而土石坝则常与河岸溢洪道相配合。溢洪道孔口尺寸要据泄洪要求,经多方案的调洪演算,与挡水建筑物高度一起按工程总体技术经济条件优选。 (王世夏)

溢流坝 overflow dam

又称滚水坝。坝顶可以过水的拦河坝。由混凝土、钢筋混凝土、浆砌石等材料建造的各种形式的坝常可将其一段建成溢流坝(其余段为非溢流坝),如溢流重力坝、溢流拱坝、溢流大头坝、溢流平板坝等,作为河床溢洪道,使水利枢纽布置紧凑,经济合理。小型工程中甚至土石坝偶也可加设适当防冲护面措施后建成溢流式的。一般以堰流方式过水,泄流能力与堰顶(溢流坝顶)以上水头的3/2次方呈正比。较高的溢流坝常选用曲线形非真空实用堰,使其既有较大的流量系数,且在运行水头范围内不致产生危害性坝面负压。为提高泄流能力,有时也可考虑采用真空实用堰,例如顶部为椭圆曲线的堰型,但坝面将有显著负压。坝顶可设闸门控制水流,中小型工程的溢流坝也可不设闸门。为使过坝水流与下游良好衔接,防止河床冲刷,坝脚应设置适当的消能工,如挑流鼻坎、消力池、消力戽等。高溢流坝的下游坝面易发生空蚀破坏,常采用掺气抗蚀设施,如掺气坎、掺气槽等。 (王世夏)

溢流大头坝 overflow massive-head dam

可以从顶部表面宣泄洪水的大头坝。常采用封闭式支墩,以构成溢流坝面,水力设计与溢流重力坝相同。溢流坝面顶部一般做成特定的曲线形,下部常做成反弧形,使水流平顺沿坝面下泄,并按预定的消能方式与下游衔接。可允许通过较大的单宽流量,一般不致引起坝的共振。已建成的单支墩大头坝单宽流量有的超过100m³/(s·m),双支墩大头坝

单宽流量已达 $120 m^3/(s \cdot m)$。（林益才）

溢流拱坝 overflow arch dam

通过坝顶表面宣泄洪水的拱坝。溢流方式有三种：自由跌流式，水流经坝顶自由跌入河床，溢流头部常采用非真空的标准堰型，适用于河床基岩良好，泄水流量较小的双曲拱坝；鼻坎挑流式，溢流堰顶曲线末端以反弧段连接形成挑流鼻坎，使泄水跌落点远离坝脚，适用于单宽流量较大，坝较高的情况；滑雪道式，溢流面由坝顶溢流堰、泄水槽和挑流鼻坎三部分组成，可布置在河床中央或两侧，适用于流量大，河床狭窄或岩石条件较差需要将水流挑至更远处的情况。拱坝溢流的特点是水流向心集中，使下游冲刷坑深度加大，河谷狭窄时，可能影响两岸边坡的稳定。设计时应考虑采取必要的措施使水流充分扩散消能，有时在主坝下游一定距离处设置二道坝，形成水垫消能。（林益才）

溢流平板坝 overflow flat slab dam

通过顶部宣泄洪水的平板坝。这种坝的支墩下游面也常设盖板形成溢流面。低水头时可不设溢流面板，水舌翻越堰顶自由跌落。也可作成带鼻坎的溢流面板，如中国双江口工程，使水流抛射远离坝基。（林益才）

溢流式厂房 powerhouse under spillway

见泄水式厂房（ 页）。

溢流调压室 overflow(spilling)surge tank

顶部有溢流堰的调压室。水电站丢弃负荷时，调压室水位迅速上升至溢流堰并开始溢流，限制调压室水位的上升。溢出的水量可经泄水槽排走，也可设上室储存，待调压室水位下降后再向调压室补水。常和双室调压室结合使用。溢流堰的作用在于提高进入上室水体的重心，因而可减小上室的容积。上室底部有阻力孔与竖井相连，以便在竖井水位下降时向竖井补水。适用条件与双室调压室相似。（刘启钊）

溢流土坝 overflow earth dam

又称过水土坝。坝顶、坝坡作防冲护面后能够在其上溢流的土坝。偶用于小型工程，兼起挡水和泄洪作用。中国第一座溢流土坝始建于19世纪。护面材料有刚性和柔性两大类，溢流部分由进口段、

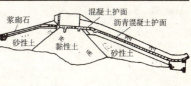

陡坡段、消能段以及下游尾水防冲段等组成，具体形式很多。已建坝的最大坝高在30m以内，最大单宽流量在 $15 m^3/(s \cdot m)$ 以内。（束一鸣）

溢流重力坝 overflow gravity dam

具有从顶部表面泄水功能的重力坝。溢流方式有坝顶溢流和大孔口溢流两种。前者超泄能力较大，且能用于排除冰凌和其他漂浮物，应用较广。后者将堰顶高程降低，加设胸墙以减小闸门高度，可根据洪水预报提前泄水，提高水库的调洪能力。但在库水位高出孔口一定高度时形成大孔口泄流，超泄能力较差。为使水流平顺地沿坝面下泄，溢流坝面的顶部一般做成特定的曲线形。对于顶部溢流堰常采用克－奥曲线和WES曲线，大孔口溢流时则采用射流曲线。溢流面的下部常做成反弧形，使下泄水流顺畅地按预定的消能方式与下游衔接。它除应满足稳定和强度的要求外，还要满足水流条件的要求。

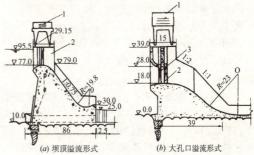

(a) 坝顶溢流形式 (b) 大孔口溢流形式

1—闸门启闭机；2—工作闸门；3—检修闸门

（林益才）

翼墙 wing wall

泄水或输水建筑物进出口两侧向外扩张、延伸并与两岸或堤坝相连接的导墙。扩张角及延伸长度有一定要求，依水力学性质而定，起平顺导流、挡土、防冲、防侧向渗流及过渡段的连接作用。一般为直墙，亦有扭曲形、斜降形或护坡形，平面布置有呈直线形或圆弧形。为增强防渗作用，墙末端转弯约90°角并不直插入堤坝或河岸内而成为反翼墙形式。可用混凝土或浆砌块石修筑。

（王鸿兴）

yin

因次分析法

见量纲分析法(155页)。

霪雨　excessive rain

历时长、强度小、雨面大的降雨。通常由锋面交绥而产生。降雨期间可能时断时续，空气中湿度较大。　　　　　　　　　　　　　　　（胡方荣）

引潮力　tide-raising force

月球、太阳或其他天体对地球上单位质量物体的引力和对地心单位质量物体的引力之差。任意天体对地球某处的引潮力大小，与天体的质量成正比，与地心到天体中心距离的三次方成反比，还与天体到该处的天顶距有关，天顶距越接近90°，引潮力越小。因此，地球上引潮力的大小和方向都因时因地而异。虽然太阳的质量比月球大得多，但因距地球更远，引潮力只有月球的46%。其他天体引潮力，相对甚小，皆可忽略不计。　　　（胡方荣）

引河

分泄正河之水的人工开挖的新河道（或河段）。主要用于配合堵口工程，导引全流复归故道；或配合改道工程，引导主流通过地势较高地段，顺利进入新道；亦可用于裁弯取直工程或作为分洪、泄洪、溢流、减水闸坝下游的河道。《河工要义》："引河者，引正河之水分泄以杀其势，或竟使之经流他道之河也。引河全属人为，故与支河名实皆异。"此外，为新挖或浚深河道，在通水或泄洪前先挖较窄深的河槽，也称引河，以待行洪后冲深拓宽。　　　（查一民）

引洪灌溉　irrigation with flood water

引用洪水灌溉农田。山丘区河沟和多泥沙河道中，洪水中含有大量具有一定肥效的泥沙和牲畜粪便，引入农田可起到落淤肥田、改良土壤的作用。可通过修引洪口、渠道、排洪渠和相应建筑物引取洪水或高含沙浑水进入农田。既满足农作物的需水要求，又削减了洪峰、减少河道的输沙量，还可淤高农田，使原来较瘠薄的土壤得到改良，提高单产。洪水引入荒滩，淤滩垫地，可造出良田。对于低洼易涝及盐碱地，经多次淤灌，可逐年淤厚土层，淋洗盐分，改良土壤。　　　　　　　　　　　　　　　（刘才良）

引洪淤灌　diversion of floodwater sediment for irrigation

引高含沙水流进入灌区。水库排出的浑水带有大量泥沙，而泥沙主要来自上游流域内的表土，土质肥沃，含有大量腐殖质等有机肥料，将浑水引入灌区，以达到增多水分，增加土壤肥力，改良土壤结构的功效。　　　　　　　　　　（许静仪）

引滦工程　diversion work from Luanhe River

位于中国华北从滦河引水向天津、唐山供水的工程。1985年建成。主要工程包括潘家口水库，大黑汀水库、于桥水库、陡河水库、尔王庄水库、九王庄分水闸、引水隧洞、引水枢纽、三座泵站等工程。兼有发电、灌溉等效益。滦河径流经潘家口水库调蓄后，每年可调水19.5亿 m³；该水库是总水源。经下游大黑汀水库，通过分水枢纽，将水分别引入天津和唐山两市。入津工程在滦、黎两河分水岭凿引水隧洞，水经黎河入于桥水库，再顺州河南流，过九王庄分水闸，沿引水渠3次提升2次加压，送入西myInterest沙池和新开河水厂入天津市，设计流量60m³/s。入唐工程上段由引水枢纽引水经还乡河入邱庄水库，下段则通过渠道入陡河西支，再经陡河水库流入唐山市，设计流量80m³/s。　　　　　（胡明龙）

引渠式取水　intaking with approach channel

无坝取水工程中，在河岸取水口与进水闸之间用引渠相连的取水方式。当河岸不够坚固、不能抵御水流冲击时，须

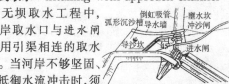

将进水闸布设在离河岸一定距离、不受冲刷的安全地方。在引水渠前取水口处，可设简易拦沙设备，以防推移质泥沙进入渠道。引渠可兼做沉沙渠，并由设在进水闸旁的冲沙闸冲洗渠内泥沙至河道下游。但引渠沉沙及冲沙效率不高，洪水期大量淤积，清淤工作量大。　　　　　　　　　　　（王鸿兴）

引水工程　diversion works

从水源将水输送到需水地区或用户的工程。根据水源分，有河流引水、湖泊引水及跨流域引水等。根据用途分，有发电引水工程、灌溉引水工程、航运引水工程和城市生活生产引水工程等。根据地形条件分，有自流引水工程和泵站引水工程，前者多为单级引水，后者为两级以上引水，须建抽水站，两者都要修建渠道或管道。　　　　　　　　（胡明龙）

引水灌溉　irrigation with water diverted from river

利用取水建筑物从河道引水，自流入渠的地表水灌溉。取水枢纽一般对河川径流无调节能力，适用于水量丰富的河流。常见的取水方式有两种：①当灌区附近的河流、湖泊水位、流量均能满足灌溉引水要求时，可在河岸或湖畔的适宜位置修建进水闸等建筑物，自流引水灌溉，称为无坝引水。如四川的都江堰、内蒙古的河套灌区等；②河流流量较大，但水位较低，不满足自流灌溉要求时，可在河道上修壅水建筑物，以抬高水位，排沙取水，满足自流引水的要求，称为有坝取水。如陕西的宝鸡峡引渭灌区、泾惠渠、洛惠渠等。　　　　　　　　　（刘才良）

引水河道整治　river regulation for water intake

为确保引水工程的效果而进行的河道治理工程。河道因上游来水来沙情况改变发生平面变形

时,可能使深槽摆动而离开引水工程口门,导致边滩堵塞,影响引水效果,甚至使工程失效。为此在修建引水工程时须先做河床演变分析,根据该河段演变趋势,因势利导地采取整治工程措施,一般是做护岸、挑流或导流工程,促使河道深槽稳定在引水工程附近。　　　　　　　　　　　　　　（周耀庭）

引水建筑物　diversion works

自水库、河流、湖泊等水源处引取水流并送至另一地点或用户的水工建筑物。例如,供发电或灌溉用的引水渠道、引水隧洞等。　　　　（王世夏）

引水式开发　diversion development

利用引水建筑物集中河段落差的河川水能开发方式。由此形成的水电站称引水式水电站。采用无压引水建筑物者称无压引水式水电站,采用有压引水建筑物者称有压引水式水电站。引水式开发一般采用较低的挡水建筑物和较长的引水建筑物,常用于坡降较陡的上游河段的开发。有压引水建筑物包括有压进水口、引水隧洞或引水管道、调压室和压力管道等;无压引水建筑物包括无压进水口、沉沙池、引水渠道、压力前池和压力管道等。　　（刘启钊）

引水式水电站　diversion water power station

见引水式开发。

引水枢纽　intake hydro-junction

见取水枢纽(203页)。

引水隧洞　diversion tunnel

为发电、灌溉、给水等兴利目的,自水库将水输送至一定地点或用户的水工隧洞。用作高水头水电站的引水建筑物的有压隧洞,由于承受巨大的内水压力,包括可能的水锤压力,洞壁常须坚固衬砌,必要时甚至钢板衬砌;洞线很长时还须设置调压室以减轻水锤压力。有压引水隧洞常用圆形断面,洞径取决于引水流量及设计流速;流速大则洞径可小,但增加了水头损失,故发电引水隧洞要通过经济比较,优选洞径。某些水源、地形和地质条件下,引水隧洞也可能采用无压隧洞,其常用断面为城门洞形,除顶部封闭外,功用及运行原理都与明流引水渠道无异。
　　　　　　　　　　　　　　（王世夏）

引张线法　tension wire alignment method

利用两固定基准点之间拉紧的不锈钢丝作为基准线(悬链线的水平投影),测量建筑物在外界荷载作用下各测点垂直偏离于基准线的距离即得水平位移的方法。引张线由端点、测点、钢丝及测线保护管组成,一般设置在混凝土坝或砌体坝不同高程的廊道内,土石坝则设置在坡面,其端点位置通常装设在建筑物以外固定不变的地基上,也可紧靠坝体或直接设置在坝体上。　　　　　　（沈长松）

引漳十二渠

又称西门豹渠。我国现存史籍记载中最早的大型灌溉渠系。建于战国前期,位于今河南安阳市北,河北临漳县西南。《史记》记载其创建人为魏文侯时邺(治今临漳县邺镇)令西门豹(公元前5世纪～前4世纪)。渠首在邺西18里,有拦河低溢流堰12道,堰上游南岸各开一引水口,设闸控制,共有12道引水渠,为多渠口有坝取水工程。灌区在漳水南岸。因漳水含泥沙多,可落淤肥田,邺县因而富庶。西汉初曾准备合并为4渠,但因原渠效果好,民众反对,未实行。当时灌田数万顷,东汉末曹操以邺城为根据地,重修12渠,称为天井堰。灌区在邺以南,大约在今安阳北部、临漳、魏县的西南及南部。
　　　　　　　　　　　　　　（陈　菁）

印度河　Indus River

发源于中国西藏冈底斯山,称狮泉河和噶尔河,经克什米尔,再流入巴基斯坦,注入阿拉伯海的南亚最长河流。长3 180km,流域面积96万km²,河口年平均流量7 000m³/s,年径流量平均2 073亿m³。主要支流有喀布尔、奇纳布、萨特累季诸河。上游水流湍急,侵蚀两岸;中游水流缓慢;下游泥沙淤积严重,两岸建有防洪堤,河床高于地面。流域内为半干旱区。建有塔贝拉等大型水利工程。河口三角洲渠道纵横,灌溉水网化。　　　　　　（胡明龙）

印古尔拱坝　Ingur Arch Dam（Ингулская Арочная плотина）

前苏联最高拱坝。在印古尔河上,位于格鲁吉亚朱格迪迪附近。1980年建成。高272m,顶长680m,工程量396万m³。库容11亿m³,水电站装机容量130万kW。　　　　　　　　（胡明龙）

ying

迎溜

又称迎面。河道及堤防因弯曲或其他阻水物的存在而受到水流直接冲击之处。为河势名称。《清史稿·河渠志一》:"铜瓦厢溜势上堤,杨桥大工自四五埽至二十一埽俱顶冲迎溜。"《河防辑要》:"迎面者,乃当大溜顶冲之处。"　　　　（查一民）

迎水坝

见顺水坝(259页)。

盈亏平衡分析　break-even analysis

通过盈亏平衡点(BEP)分析项目对市场需求变化适应能力的方法。只用于财务评价。盈亏平衡点通常是根据正常生产年份的产品销售量、可变成本、固定成本、产品价格和销售税金等数据计算,用生产能力利用率或产量等表示。盈亏平衡分析主要测算项目投产后的盈亏平衡点,以观察项目对风险的承受能力。盈亏平衡点越低(即对应的销售量越小),

表明项目适应市场变化的能力越大,抗风险能力越强。　　　　　　　　　　　　　　　(施国庆)

荥泽

故址在今河南省荥阳县境的古湖沼名。现已淤为平地。《尚书·禹贡》:"荆河惟豫州。伊、洛、瀍、涧,既入于河,荥波既猪(潴)。"又:"导沇水,东流为济,入于河,溢为荥。"荥,即荥泽。《周礼·职方氏》:"河南曰豫州,其山镇曰华山,其泽薮曰圃田,其川荥雒(洛),其浸波溠。"郑玄注:"荥,沇水也。出东垣,入于河,溢为荥,荥在荥阳。"　　(查一民)

应急溢洪道　emergency spillway

见非常溢洪道(68页)。

应用水文学　applied hydrology

运用水文学,并结合有关学科的科学理论和技术知识以解决实际问题的水文学分支学科。起源于古代社会对水的控制和利用的实践活动,系统的水文观测始于17、18世纪,到20世纪,水文观测项目和观测点大量增加,对所得资料分析和解释促进应用水文技术发展,逐步形成独立的学科分支。20世纪60年代周文德主编的"应用水文学手册"(1964年)全面系统地总结这些技术知识,奠定现代应用水文学基础。包括水文测验、水文预报、水文统计分析与计算、水资源评价与规划管理、水质与泥沙分析计算与管理等。服务对象是与水有关的工程,形成工程水文学,近年来扩大到城市建设、农业和林业等领域,形成城市水文学、农业水文学及森林水文学等。
　　　　　　　　　　　　　　　(刘新仁)

硬贷款　hard loan

偿还期比较短(10~30年),没有宽限期或宽限期较短(2~7年)的普通计息贷款。　(胡维松)

硬壳坝　hard shell dam

在砌石(或堆石)支承体表面修建混凝土(或浆砌石)溢流面的溢流坝。按支承体材料可分为浆砌式、干砌式及堆石式。浆砌式是在浆砌石重力坝的下部以料碴取代,故坝坡仍与重力坝接近,上游坡为1:0.1~1:0.3,下游坡为1:0.8~1:1;干砌式与堆石式的上游面板下均有浆砌石垫层,坡度为1:0.6~1:0.65,前者下游坡与浆砌式相近,后者为1:1.2~1:1.3。干砌式与堆石式上游防渗面为加筋混凝土面板或钢丝网喷浆层。溢流面曲线必须为非真空形式,多采用挑流消能方式。硬壳为素混凝土或加筋混凝土板,也可用沥青混凝土及木板,或部分采用浆砌石,堰顶和挑坎仍采用混凝土。只用于中小型工程。　　　　　　　　　　　　　　　(束一鸣)

yong

永定河　Yongdinghe River

源出山西省宁武县管涔山,上游为桑干河,至河北省怀来县官厅以下的河段,海河水系五大河之一。经北京、天津两市入海河,长650km,流域面积5.08万km²,平均年径流量13.3亿m³。上游流经黄土高原,含沙量仅次于黄河;下游河道淤浅不定,又有"无定河"之称,后筑永定河大堤以定河槽,故名。1949年后在支干流上建有众多水库,下游辟永定新河,洪灾得到控制。　　　　　　(胡明龙)

永定河大堤　Yongdinghe River Levee

金朝开始修建,明朝进行大规模修建,至清朝完成起自石景山至天津西北的大堤。左岸自石景山起,经卢沟桥至北天堂有石堤约为18km。自北天堂下接三角淀(洪泛区)北堤,都是土堤,共长为81km。右岸自东河沿至马厂村附近,约长为2km及自卢沟桥至长辛店附近约为3km均为石堤。自此向南至金门闸折而向东南,经双营接三角淀南堤,约长为83km,为土堤。堤距不一,宽者可达3.5km,窄者不过300m。自双营以下,堤距突然展开,最宽处达18km,直至天津西北,与北运河堤相接。
　　　　　　　　　　　　　　　(胡方荣)

永定河梯级水电站　Yongdinghe Cascade Hydroelectric Stations

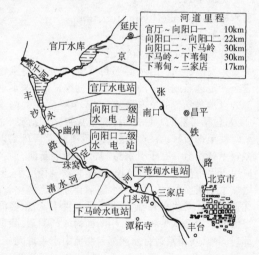

由官厅、向阳口一级、二级、下马岭、下苇甸、陈各庄等水电站组成的梯级水电站。已建成官厅、下马岭、下苇甸三座电站。永定河经河北、北京、天津入海河,其中官厅山峡全长110km,河道落差330多m,可开发水能资源20多万kW,已建总装机容量12.5万kW,年发电量4.32亿kW·h。官厅水库为新中国建国初第一座大型水库,总库容22.7亿m³,1955年发电。枢纽包括黏土心墙土坝、开敞式河岸溢洪道、泄水洞、引水式电站,装机容量3万kW。官厅水库工程局设计和施工。下马岭水电站枢纽由

混凝土重力坝、引水式地面厂房,大坝建在软基上,覆盖层最大深度38m,设防渗帷幕,装机容量6.5万kW,于1966年建成。水利电力部北京勘测设计院设计,永定河工程局施工。下苇甸水电站枢纽有混凝土重力坝、引水式厂房,大坝建于砂砾石覆盖层上,用混凝土防渗墙和化学灌浆防渗,装机容量3万kW,年发电量1.2亿kW·h,1975年建成。北京市勘设处设计,第二工程局施工。 （胡明龙）

《永定河志》
清代永定河水利专志。李逢亨撰。32卷。成书于嘉庆二十年(1815年)。收录清康熙三十七年(1698年)大规模治理永定河后至嘉庆二十年间有关档案资料,另附《治河摘要》,是作者实践经验之总结。光绪间朱其绍续作《永定河续志》16卷,收录资料下至光绪六年(1880年)。 （陈 菁）

永丰圩
北宋末年长江下游著名圩田。位于今高淳县西,始建于政和五年(1115年)。绍兴三年(1133年)圩区长宽都有五六十里,有田950多顷,每年租米3万石。圩区南高北低,圩内修有隔堤,将圩区按地形分区管理,堤上置闸门、涵洞以调配水量。由于圩田肥饶,北宋末南宋初此圩曾先后被皇帝赏给蔡京、韩世忠、秦桧等人。至今永丰圩仍为高淳县第一大圩。 （陈 菁）

永济渠
隋代沟通黄河至涿郡(今北京市南郊)的著名运河。隋炀帝大业四年(608年)"诏发河北诸郡男女百余万开永济渠,引沁水南达于河,北通涿郡。"长二千余里。该渠南段引沁水至黄河,又称御河,过黄河至对岸洛口可入通济渠;北段由沁水支流,经清水至淇水,由淇水至天津南基本上利用曹魏白沟等旧渠;天津北至涿郡利用了一段沽水(今白河)和灅水(今永定河)并经人工开凿而成,该段不久即湮废。唐代永济渠上游以清、淇二水为源,大致与曹魏白沟相同,北接平房渠。宋代永济渠常通称御河,金元以后屡经改道,至明代称卫河,经流同今卫河。 （陈 菁）

永久缝 permanent joint
在建筑物中设置的永久性构造缝。其缝面一般为平面,不设置键槽,不进行灌浆处理。如沉陷缝、温度缝等。 （林益才）

涌潮 tidal bore
潮波剧烈变化的潮汐现象。喇叭形河口或海湾,潮波在向湾内传播过程中,由于断面急骤收缩,能量高度集中,潮流和潮差显著加大,潮波剧烈变形,前坡陡立如墙,波峰破碎,形成奔腾澎湃涌浪。印度恒河、巴西亚马逊河和法国塞纳河的河口,都有这种现象,但都不如中国钱塘江涌潮壮观。钱塘江涌潮的潮头高达3.5m,潮速达9~11节,其形成与杭州湾特有的底形和几何形态有关。 （胡方荣）

涌浪 swell
风浪离开风区传至远处或风区里风停息后所留下来的波浪。与风浪相比,波形较规则,波面平滑,波形接近正弦波,波峰线较长,平均周期大于原来风浪的周期,波向较明显。 （胡方荣）

用户同时率 synchronous factor of users
电力系统中各类用户最大负荷同时出现的几率。由于负荷特性、地理位置不同,各发电厂孤立运行所要满足的最大负荷并不是同时出现,因此系统的综合最大负荷常小于各个发电厂单独供电时的最大负荷的总和,从而可以减少系统的总装机容量。 （陈宁珍）

用水权 water appropriation
各用水单位和个人依法取得水使用和受益的权利。《水法》规定凡用水部门、单位或个人都具有水使用权,是用水管理、依法用水的法律基础,在水事纠纷中是诉讼的法律依据。 （胡维松）

you

优化设计方法 optimal design method
应用系统工程观点、理论进行水利工程规划设计时寻求设计目标函数最优解的方法。 （陈宁珍）

优化调度 optimal operation
根据水库的入流过程,遵照优化调度准则,通过最优化方法,寻求最佳的调度方案。即按这种方法进行蓄泄控制,可以使防洪、灌溉、发电、航运等各部门所构成的总体在整个计算周期内获得的总效益最大,不利影响最小。 （许静仪）

油压装置 oil pressure supply device
向水轮发电机组调速系统及阀门操作系统提供压力油源的装置。包括压力油箱、回油箱、油泵及各种保护与控制设备。压力油箱中压缩空气占65%~70%,以保证大量用油时油压不致降低过多。对小型机组可不用压力油箱而直接由油泵供油。 （王世泽）

游荡型河道 braided channel
中水河槽宽浅,河中多沙洲,水流散乱,无稳定深槽的河道。这类河道形成的条件为:两岸土质疏松极易冲刷展宽,水流含沙量大河床堆积抬高,洪水暴涨暴落流量变幅大等。这类河道河槽极不稳定,每遇洪水洲滩变化频繁,主流摆动幅度极大,对水利水运建设均极为不利,需要进行治理。 （陈国祥）

游荡型河道整治 regulation of braided river channel

对演变剧烈的多汊河道,为巩固堤岸和稳定航槽进行的治理工程。游荡河道是演变最为剧烈频繁的河型,河宽水浅,多汊而主槽不明显,行洪时常发生顶冲大堤,造成险情。这类河道一般不能通航,属于最难治理的一类。为防洪或通航所做的整治工程一般是规模大、耗资多。 （周耀庭）

有坝取水 damed intaking

在河道适宜地点,截断河流修建拦河闸、坝,抬高水位自流引水的取水方式。当河道水位较低,不能保证自流引水入渠时采

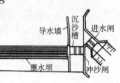

用。在渠首设置进水闸以控制引水流量。渠首紧邻拦河坝端,进水闸与拦河闸、坝可正交或斜交。在多泥沙河道上,为防止泥沙进入渠道,还设有防沙设施及冲沙闸。布置形式主要有:沉沙槽式取水、人工弯道式取水、分层式取水、底栏栅式取水及虹吸式取水。河流上如有发电、航运等要求,尚需修建水电站及船闸等,共同组成综合利用水资源的水利枢纽。工程可靠,便于防沙及综合利用,效益好,应用广泛。 （王鸿兴）

有效电力 valid power

在电网(电力系统)中能起容量效用的那部分电力。对水电站,等于必需容量。即经当年系统电力电量平衡后确定的工作出力、负载和事故备用、检修容量的总和,而不包括重复容量。因此,在初期运行期,它为一变量。 （胡维松）

有效电量 valid energy

可被电网(电力系统)吸收或经济利用的电量。对水电站,通常是指电站的多年平均发电量。其中不包括因系统内火电机组技术最小出力限制,或因从系统全局考虑火电机组调峰不如水电调峰有利时,迫使水电在汛期为调峰而弃水的强迫弃水电量。 （胡维松）

有效降雨量 effective precipitation

渗入土壤并储存在作物主要根系吸水层中的降雨量。其数量为降雨量扣除地面径流量和深层渗漏量。和根系吸水层的深度、土壤持水能力、雨前土壤储水量、降雨强度和降雨量等因素有关,要通过根系吸水层的水量平衡计算确定。 （房宽厚）

有效库容 available storage

见兴利库容(300页)。

有形效益 tangible benefits

可用实物指标或货币指标来表示的水利工程效益。主要包括由于发展灌溉而增加的农作物产量;水力发电所产生的电力和电量;水库向城镇居民和工业供水增加工业产品;以及修建防洪和治涝工程后,减免洪水和涝渍灾害所造成的物质损失部分。 （戴树声）

有压式涵洞 pressure culvert

洞内水流自进口至出口均处于有压满流状态的涵洞。一般用于排水。工作时水流充满整个洞身,没有自由水面。洞身断面多为圆形或箱形,用钢筋混凝土预制或就地浇筑而成。洞身的防渗及出口消能应充分考虑;为保证稳定的有压流态,进口在立面上宜做成流线型。 （张敬楼）

有压隧洞 pressure tunnel

沿隧洞全程以满洞有压流态过水的水工隧洞。一般用圆形断面,断面尺寸应据水头及最大流量按管流公式计算确定。有压泄水隧洞常将控制断面及工作闸门设于出口,闭门时洞内处于水库全水头作用下;启门时以高流速泄水,压力剧降,但仍应使洞身处满流有压。用于水电站的有压引水隧洞的洞内流速应较泄水隧洞低得多,以减小水头损失,常按某一经济流速选择洞径。有压隧洞的衬砌结构多种多样,应视岩石情况和水流条件选用,内水压力是衬砌结构设计的主要荷载。 （王世夏）

有压泄水孔 pressure outlet

沿孔道轴线全程以满管有压流态运行的坝身泄水孔。其工作闸门常设于下游坝面出口处,进口处设检修闸门,

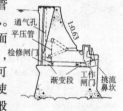

前者应能动水启闭,后者可借助平压管静水启闭。为使水流平顺,进口段孔壁一般以椭圆曲线向上游渐扩成喇叭形;工作闸门后出口处一般设挑流鼻坎等消能工。闸门段横断面常用矩形,为改善应力条件而将两闸门之间横断面设计成圆形时,前后设渐变段过渡。 （王世夏）

右史堰

唐代湖南常德地区灌溉工程。位于今湖南省常德县北。兴建年代不详。唐穆宗长庆二年(822 年)朗州刺史温造增修,并于堰下开后乡渠,长 97 里(唐 1 里=0.54km),灌田 2000 顷(唐 1 顷≈今 0.81 市顷)。该地区唐代曾修建多处陂堰和灌溉渠系,成为水利区。 （陈 菁）

幼发拉底河 Euphrates River

源出土耳其东部山区的木腊特河,在克班以北与卡腊苏河汇合的西亚最长大河。流经土耳其、叙利亚、伊拉克等国,与底格里斯河汇合称阿拉伯河,注入波斯湾。长 2 750km,流域面积 67.3 万 km²,河

口年平均流量3 000m³/s。建有卡勒卡亚、克班等大型水电站。中、下游灌溉渠网化,称美索不达米亚,为人类古文明发源地之一。 （胡明龙）

诱鱼设备 fish guiding device

导引鱼类进入鱼建筑物入口的设备。如格栅、电力栏网等。利用光学、声学等方法导引鱼类的设备也在研究中。 （张敬楼）

yu

淤地坝 check dam for building farmland

在沟内打坝,拦泥淤地。是水土流失严重地区的最后一道防线。由坝、溢洪道和泄水洞等组成。一般不用作长期蓄水,主要用来削减洪峰,拦截泥沙,巩固沟床,拦泥淤地,扩大耕地面积,发展农业生产。坝前淤成的农田称为坝地,是土壤肥沃的高产农田。 （刘才良）

淤灌 warping irrigation

引用浑水淤填低洼地或灌溉中低产田。是填洼造田和改良土壤的一种有效措施。盐碱地、低洼地和沙荒地等通过数次引洪淤垫,可形成新土层而得到改良。并可改善土壤结构,增加土壤养分。农田引入浑水,可解决用水紧缺并可结合施肥。高含沙水流多出现在汛期,引洪可削弱河道中的洪峰,减小河道的输沙量。放淤时间应根据河流含沙量的大小和成分并结合农业季节进行。可选在水量充沛,含沙量适中,泥沙颗粒细的汛期。灌水前要修好引水渠,健全田间工程,做到排灌结合,以防止内涝和抬高地下水位。 （刘才良）

淤沙压力 silt pressure

水库蓄水后,沉积在挡水面前沿的泥沙对建筑物产生的作用力。其大小取决于泥沙的淤积高程、堆积密度和内摩擦角等因素。淤积高程可根据河流的挟沙量和规定的淤积年限(取50～100年)进行估算。因泥沙逐年固结、堆积密度和内摩擦角也在逐年变化,且各淤积层也不均匀,故淤沙压力很难准确计算,一般可按主动土压力公式进行估算:$P_n = \gamma_n h_n \mathrm{tg}^2 \left(45° - \frac{\varphi_n}{2}\right)$,式中$r_n$为淤沙单位体积所受重力;$\varphi_n$为淤沙内摩擦角;$h_n$为计算点距淤积层表面深度。 （林益才）

鱼道 fish way

又称鱼梯。供鱼类回游过坝用的水道。由进口、水道槽、出口及诱鱼补给水系统组成。优点是可以连续运转,有利于鱼类及时通过闸坝,在水头较小、过鱼数量较大而又具有足够流量的情况下广为采用。正确选定水道槽的设计流速是设计的关键,一般在槽内设置隔板或齿坎,以加大糙率和减

缓流速,保证鱼类能够上溯。按结构形式的不同,分为池式鱼道和斜槽式鱼道两类。 （张敬楼）

鱼鳞坝

将小鸡嘴坝每隔十丈或二十丈筑一个,遥相呼应而成的坝群。靳辅《治河方略》卷十:"鱼鳞坝即小鸡嘴坝,或相去十丈,或相去二十丈,重叠遥接如鳞砌者也。"《河工要义》:"凡厢埽坝,一工分为数段,每段头缩尾翘,形如马牙蹬基之样。头藏者,恐其来溜冲激;尾翘者,挑水远出,工程不致受伤,名曰鱼鳞埽坝。" （查一民）

鱼鳞坑 fish-scale pits

沿较陡山坡的地形等高线开挖鱼鳞状排列的半圆形土坑。是荒坡造林,保持水土的常用措施。土坑直径为0.8～1.0m,坑深为0.3m,坑与坑间距为1.0～1.5m。坑内挖出的土石用于坑外缘修筑土埂,以拦蓄雨水和泥沙,坑内种树。适用于干旱的山丘区和黄土高原。 （刘才良）

鱼鳞石塘

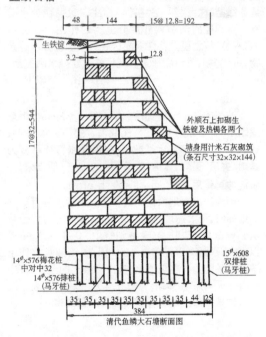

清代鱼鳞大石塘断面图

又称鱼鳞大石塘。大条石砌筑而成的海塘。明、清时期江浙海塘的一种结构型式。塘基为三合土并密钉马牙桩和梅花桩;塘身由斩凿平整的大条石一层层纵横交叉,并用糯米石灰浆砌筑;石塘背后加培比石塘厚数倍之土塘。由于其塘基稳固,塘身强度高,整体稳定性好,挡潮防冲能力优于其他塘型,因此成为明、清两代修筑钱塘江口及杭州湾北岸受涌潮顶冲地段的海塘的主要型式。 （查一民）

鱼梯 fish ladder

见鱼道。

鱼闸 fish lock

又称水力升鱼机。通过上、下游闸门之间闸室的充水和泄水,克服水头差,以便回游鱼类过坝的设施。常用形式有竖井式鱼闸和斜井式鱼闸两种。工作原理与船闸相似。过鱼时打开下游闸门,通过诱鱼水流将鱼诱入闸室,关闭下游闸门并继续向闸室内充水,待水位与上游水位齐平后,打开上游闸门,鱼即可逆流进入或由驱鱼栅推入上游。

(张敬楼)

鱼嘴 fish-lip revetment

建造于河道中形如鱼嘴的分水建筑物。著名的如四川都江堰的都江鱼嘴,也称"分水鱼嘴",修建于岷江正流中,形似迎向上游的鱼嘴巴,将岷江分为内外二江,外江为岷江主流,内江则供灌溉。鱼嘴的结构在古代多为竹笼工程,清末改为用条石砌筑,条石间用铁锭联结,并用桐油石灰嵌缝。1936年改用浆砌条石和混凝土建成,长约十丈,深入河底十尺,高出水面十五尺,首部为椭圆形,径约三丈,前窄后宽,成流线型,称为"新工鱼嘴"。都江堰鱼嘴在分水时有一定程度的调节内外江分流比的作用,有"分四六,平潦旱"之说。都江堰灌区各级渠道的分水建筑物,古代多采用鱼嘴形式。现代已改建分水闸控制。

(查一民 李耀中)

雨 rain

液态降水。雨滴直径一般为 0.5~6mm。根据成因不同,可分为对流雨、气旋雨、冷锋雨、暖锋雨、静止锋雨、台风雨、地形雨等;根据降水特征可分为梅雨、雷雨、暴雨、霪雨、阵雨等。 (胡方荣)

雨滴冲刷作用 effect of splash erosion

雨滴溅落对地面冲刷的影响。当雨滴垂直降落到地面时,最大速度可达 7~8m/s,其冲击力使土粒从原位分离、碎裂,被激溅到空中,高度可达 60cm 以上,水平距离可超过 1.5m。因此,雨滴具有使土壤移动的能力。在坡地上,被雨滴溅起的土粒,其中约 3/4 向下坡移动,只有 1/4 左右移往上坡。故一般坡地顶部土壤被冲刷而损失的量最多。

(胡方荣)

雨量器 raingauge

人工观测时段降雨量的标准器具。一般口径为 20cm,外壳为金属圆筒,分上下两节。上节作承雨用,其底部为一漏斗,漏斗伸入贮水瓶内;下节内放贮水瓶,以收集降水量。安置时器口应保持水平,一般离地面高度为 70cm。 (林传真)

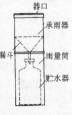

禹河故道

大禹治理黄河成功后的河道。《尚书·禹贡》记述大禹"导河积石,至于龙门,南至于华阴,东至于底柱,又东至于孟津,东过洛汭,至于大伾,北过降水,至于大陆,又北播为九河,同为逆河,入于海。"《史记·河渠书》记述禹抑洪水十三年,其间以黄河洪水为害最大,"故道(导)河自积石历龙门,南到华阴,东下砥柱,及孟津、雒汭,至于大邳,于是禹以为河所从来者高,水湍悍,难以行平地,数为败,乃厮二渠以引其河。北载之高地,过降水,至于大陆,播为九河,同为逆河,入于渤海。"《尚书·禹贡》及《史记·河渠书》所记载的黄河河道即为禹河故道。其经行路线大体上说孟津以上和现黄河河道基本一致,砥柱(底柱)即三门山,位于河南省陕县三门峡,1960年修建三门峡水库时已炸毁。孟津以下,有洛水(今洛河)注入;至于大邳(伾),一说在今河南省荥阳县汜水镇西北,一说在今河南省浚县城东黎阳东山;降水,又作泽水或绛水,后人大多认为系浊漳水上游,源出今山西省屯留,东流入漳水,注入古黄河;大陆即大陆泽,在今河北省隆尧、巨鹿、任县三县之间。因此,禹河故道自郑州附近向北折,经豫北、冀南、冀中,东北流至今天津附近入海。这是黄河自有记载以来最偏西北的河道,后人多有认为禹河故道是黄河最为理想的河道,因而历代都有主张恢复禹河故道者,但从未实现过。 (查一民)

预见期 warning time

预报发布时刻到预报现象出现时刻之间的时段。预见期长短是影响预报社会经济效益的重要因素,无预见期的预报是无效的预报。而预见期是由预报方法依据的现象与预报现象出现时差所决定的。还需扣除情报采集和传输,预报作业所需的时间。因此要想增长预见期,就要选择适当预报方案,采用现代化通信和运算工具等。建立自动测报系统是提高有效预见期的有力手段。 (刘新仁)

预想出力 prospected output

在某一水头下水轮发电机所能发出的最大输出功率。 (陈宁珍)

预压法 precompression method

又称预压加固法。在建筑物的软土地基上,预先堆放足够的堆石或堆土等重物,对地基预压使土壤固结、密实以加固地基的工程措施。是软基处理的一种。达到预压标准后,撤去重物,开挖地基,再修筑建筑物或闸坝,以减小建筑物沉陷,提高地基承载力及建筑物的稳定性。预压堆土高度应使其荷重大于建筑物的荷重方为可靠,但不能超过地基的承载力。堆土要分层、间歇地进行,待地基固结、沉陷、稳定后再堆下一层,一般施工约需半年时间。在高含水量的黏土中,为缩短预压施工时间,可在地基中设置砂井排水,以加速黏土固结过程。

(王鸿兴)

预应力衬砌 prestressed lining

预先施加压应力,以增强混凝土或钢筋混凝土抗拉和抗裂性能的衬砌。一般用于各种岩基中的高水头有压隧洞。预加应力的方法有压浆式、拉筋式和钢箍式等,以压浆式最简单。压浆式是用高压将膨胀水泥浆液灌注到衬砌与围岩填平层之间的预置空隙中,从而使衬砌产生预压应力,适用于围岩十分坚实的情况;拉筋式是在衬砌外侧缠以预加拉应力的钢筋,使内圈衬砌得到预压应力,适用于岩石比较软弱的地方;钢箍式是在内圈衬砌外面缠以钢箍,采取张拉措施将钢箍拉紧,使衬砌受到预压,适用于岩层软弱、洞径大而采用拉筋式较困难的情况。这种衬砌可大量节省材料及减少开挖量,但施工复杂,一般中小型工程较难采用。 (张敬楼)

预应力钢筋混凝土压力管 prestressed reinforced concrete pipe

见钢筋混凝土压力管(79页)。

预应力混凝土坝 prestressed concrete dam

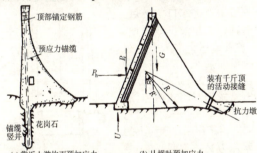

(a) 靠近上游坝面预加应力　(b) 从坝趾预加应力

部分地依赖对坝体或坝体与坝基相接部位预施的压应力以取得运行时足够稳定性或安全应力状态的混凝土坝。例如,在坝的上游面及坝踵采用深孔锚缆对坝预施压力,可增加坝体抗倾抗滑稳定,并可消除坝踵附近拉应力。又如在下游坝趾的活动接缝中用偏千斤顶对坝体施加预应力,改变运行时坝体传给地基合力的方向,也能起增加稳定性和改善应力状态的作用。采用预应力技术设计的坝可节省混凝土工程量;但由于存在徐变、松弛等问题,从耐久性考虑,实际采用还不很多。对于已建的坝,预应力技术也作为一种加固措施,如中国梅山连拱坝就曾采用预应力技术加强坝与地基的联结。
 (王世夏)

预应力锚索 prestressed anchorage cable

一种特制的对岩石和建筑物施加预应力的高强度钢丝束。将高强钢丝束经钻孔穿过软弱岩层或待加固的建筑物,一端锚固在坚硬的岩层中,在另一端进行张拉,对岩石或待加固建筑物施加压力。锚索由内锚头、锚索体、外锚头三部分组成,内锚头型式有机械式和胶结式两种;外锚头型式有钢筋混凝土大锚头、钢锚头和墩式锚头;锚索体由高强钢丝束或钢绞线制成。常用的张拉设备有拉伸机、千斤顶等。主要施工工序:造孔、测孔深、孔径和偏斜度;锚头加工;编索;锚固内锚头;预拉;张拉;锁定和封孔灌浆。钻孔孔径一般为110～130mm。预应力锚索可用于支护和加固地下工程中高大洞室的边墙和顶拱,加固边坡、坝基、坝肩和坝体等。中国于1964年在梅山水库坝基加固中采用,此后又在双牌、陈村、碧口、龙羊峡和葛洲坝等工程中相继采用。 (沈长松)

预应力重力坝 prestressed gravity dam

采取工程措施对坝体或坝体与坝基间预加压力增加抗滑稳定和改善应力分布的重力坝。预压方法主要有三种:利用适当布置坝体纵缝来增加坝踵附近的自重压应力,称为坝块分缝法;在坝趾处用扁千斤顶对坝体施加推力,以提高抗滑稳定性,并产生有利的应力分布,称为推力法;从坝顶钻孔至基岩深部,孔内放置钢索,将其下端锚入完整的岩层中,而在坝顶锚索的另一端施加拉力,使坝体受压,可增加坝体抗滑稳定和改善坝踵的应力状态,称为张拉钢索法。这种坝型目前还只有一些小型试验工程和旧坝加固加高时采用。 (林益才)

御河

宋代永济渠别名,有时亦指整条卫河。系汴京(今开封)至河北的水路要道。自卫州以下能通行三四百石的船。但因枯水时水量不足,洪水时决溢,且黄河北决常冲入御河淤塞运道,故修浚工程频繁。熙宁九年(1076年)曾引黄河水入御河。次年河决卫州,引黄入御遂问。金代建都中都(今北京)后,御河又上升为重要运道。元代御河成为京杭运河的一部分。明清称卫漕或南运河。 (陈 菁)

《豫河志》

河南境内黄河的第一部水利专志。吴筼孙主编,1921年成书,共28卷,29万字。收集清代(1644～1911年)豫河水利史料,分图、源流、工程、经费、祀典、职官、附著7类。1925年陈善同续编《豫河续志》27卷及外编,补载自夏禹以后的豫河史实及民国以来资料。1931年陈汝珍等又续编《豫河三志》14卷,补1925～1931年资料。
 (陈 菁)

yuan

渊水

深潭之水。《管子·度地》:"出地而不流者,命曰渊水。"《庄子·列御寇》:"夫千金之珠,必在九重之渊。" (查一民)

元江 Yuanjiang River, Red River

发源于云南省西部巍山县境,东南流经河口出境,经越南流入南海北部湾的中国西南一条大河。越南称红河、滔江。全长1 280km,流域总面积7.57万km²,中国境内长772km,流域面积4.5万km²。因流经热带红土区,水略呈红色,故称红河。河谷狭窄,水流湍急,水能蕴藏量颇丰,尚待开发。

(胡明龙)

《元史·河渠志》

元代水利专志。《元史》专志之一。明代官修,宋濂等撰,共3卷,成于洪武二年(1369年)及次年。上起元太宗七年下迄至正二十年(1235~1360年),按水系分类编述全国水利史料。因分两次成书,记事多分为两部分。修撰仓促,编排较乱。

(陈 菁)

原子能发电 nuclear energy generation

将原子核裂变产生的能量转换为电能的过程。参见核电站(107页)。 (刘启钊)

圆辊闸门 roller drum gate

圆筒形门叶沿着闸墩门槽内倾斜齿条滚动启闭的闸门。主体结构是一空心管梁,两端附有圆形齿环。为改善其水力条件,在管梁顶部和底部常加设檐板。此闸门结构刚度较大,可以遮挡较大跨度的闸孔,并能承受浮物的撞击,启闭阻力较小。但造价较高,制造和安装也较复杂,应用不普遍。

(林益才)

圆弧滑动分析法 slip-circle method

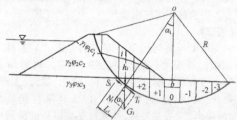

假设土体坍滑面为圆弧面、坍滑体为刚体,采用极限平衡理论计算稳定安全系数的方法。通常将假设滑动的土体分成若干竖直土条,求出各土条对滑动圆心的抗滑力矩之和M_r与滑动力矩之和M_s,并计算其稳定安全系数K, $K = \dfrac{M_r}{M_s}$。一般须假设若干可能滑动面,分别计算其稳定安全系数,以其中最小者校核坝体的稳定。按是否计入竖直土条间的相互作用力分,有毕肖普法与瑞典条分法,在工程中都得到较广泛的运用。

(束一鸣)

圆筒法 circular barrel method

早期计算拱坝应力的一种最简单的方法。假设拱坝为浸没于水中的圆筒一部分,按圆筒计算,拱圈截面上只有轴向作用力和拱端支座轴向反力。利用圆筒公式只能计算在均匀水压力作用下拱圈截面上的平均应力,或根据材料允许压应力估算拱圈的厚度。圆筒公式不考虑拱座的嵌固、温度变化和地基变形等因素的影响,一般只用于小型拱坝。

(林益才)

圆筒式支座 barrel support

水电站中支承发电机的圆筒形结构。圆筒外部为圆形或多边形,内部为圆形的水轮机井(机坑)。发电机定子固定在圆筒的顶部,圆筒底部固接在厂房下部块体结构上。优点是受压及受扭性能均好,刚度也较大,但水轮机井较狭窄。中型水电站多采用。

(王世泽)

圆筒闸门 cylinder gate

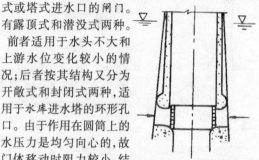

门体为一直立的空心圆筒,升降圆筒可启闭井式或塔式进水口的闸门。有露顶式和潜没式两种。前者适用于水头不大和上游水位变化较小的情况;后者按其结构又分为开敞式和封闭式两种,适用于水库进水塔的环形孔口。由于作用在圆筒上的水压力是均匀向心的,故门体移动时阻力较小,结构较轻。但孔口衬砌部分所用钢材较多,且无法在门前安设事故闸门或检修闸门,部分开启时水流径向向心互撞,流态紊乱,门后易产生空蚀。近来应用很少。

(林益才)

圆形隧洞 circular tunnel

横断面为圆形的隧洞。水工中常用作有压隧洞的主要形式,因其水流及受力条件较好。当围岩条件差、地下水压力大、用掘进机开挖或在土体中用环壁法施工情况下也用于无压隧洞。

(张敬楼)

远景负荷 long-range load

根据国民经济发展速度所估算出的若干年以后的电力系统负荷值。按照系统工程的观点,应用最优化理论与方法,统筹预测国民经济各部门长远发展的计划,称为远景规划。该规划是能源预测、远景负荷预测的基础。其值的大小直接影响电力系统供电设备容量的多少。

(陈宁珍)

远景规划 long-range planning

见远景负荷。

yue

约翰日水电站 John Day Hydro Plant

美国哥伦比亚河上的大型水电站。位于华盛顿州和俄勒冈州接壤处。1968年建成。设计装机容量270万kW，现有装机容量216万kW。总库容32.56亿m³。大坝为土坝和重力坝，最大坝高70m，顶长1798m。　　　　　　　　（胡明龙）

约束条件 condition of constraint

规定变量所在领域的限制。主要表现为系统环境的限制，如尺寸范围、强度范围、资源的限制、产量的限制和时间的限制等。在水资源系统分析中，可包括各种资源、水位、库容和泄流量的限制等。

（许静仪）

月堤 semilunar dikes

又称越堤。堤形弯曲如半月状的堤。修筑在遥堤或缕堤危险地段外侧或内侧，两头仍弯接大堤。其作用为保护并加强遥堤或缕堤抗洪的功能。参见遥堤图示(308页)。　　　　　　　（胡方荣）

月负荷率 monthly load facter

该月的平均负荷与该月最大负荷日的平均负荷的比值。常用σ表示。它表示在一个月内负荷变化的不均衡性。　　　　　　　　　（陈宁珍）

月牙肋岔管 E. W. branch, Escher Wyss branch

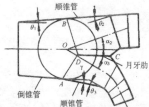

用一个沿主要相贯线（管壳交线）嵌入管壳内部的月牙形肋板加固的岔管。是三梁岔管的一种发展。管壳由一个倒锥管和两个顺锥管组成。只用一个月牙肋加固，取消两个腰梁。肋板按轴心受拉设计，可用厚钢板制成，工艺简单，节省钢材，较适用于地下埋管。　　　　　　　　　　（刘启钊）

跃层 maximum gradient layer of sea water characteristics

海水的状态参数随深度变化最显著的水层。在层结稳定的海洋中，温度、盐度和密度的铅直分布通常不是渐变，而是在海面很薄一层近乎均匀的风混合层之下有阶跃的变化，如温度跃层、盐度跃层和密度跃层。通常，海水密度变化主要取决于温度变化，除大量淡水流入的河口区域和盐度铅直梯度特别大的海区以外，海洋中的密度跃层大体上是和温度跃层重合的。

（胡方荣）

跃移质 saltation load

接近河床时而呈悬浮状态，时而沿河床滚动，在一定范围内跳跃前进的河流泥沙。推移质的主要组成部分。其运动轨迹是一条曲线。泥沙颗粒受到水流冲击力的作用，会从床面上跳起来。泥沙离开床面以后与速度较高的水流相遇，被水流挟带前进。在达到一定高度后，泥沙速度接近当地流速，在重力作用下，转而落回床面，也可能再度跃起并重复上述运动。　　　　　　（陈国祥　胡方荣）

瀹卷

又称瀹卷水。波浪激荡旋转，使堤岸或岸滩上部崩溃的水流。为水势名称。《宋史·河渠志一》："浪势旋激，岸土上隤，谓之瀹卷。"《河工辞源》："浪势旋激，岸土上溃，谓之瀹卷水，与刳岸水、卷岸水、括滩水同义。"

（查一民）

yun

云峰水电站 Yunfeng Hydroelectric Station

中国和朝鲜合建的国际河流水电站。在吉林省集安县和朝鲜满浦边界的鸭绿江上。1967年建成。与老虎哨、水丰、太平湾等组成鸭绿江梯级水电站。总库容38.96亿m³，调节库容26.61亿m³；装机容量40万kW，年发电量17.5亿kW·h，电量中、朝各半。枢纽为混凝土宽缝重力坝与地面厂房组成，坝高113.75m。以发电为主，经水库调节，可增加水丰水电站保证出力5%。水利电力部东北勘测设计院设计，云峰水电工程局施工。　　　（胡明龙）

云梦

古湖沼名。唐代以后渐指今洞庭湖。《尚书·禹贡》："荆及衡阳惟荆州。江汉朝宗于海，九江孔殷，沱潜既道，云土梦作乂。"一作"云梦土作乂"。《周礼·职方氏》："正南曰荆州，其山镇曰衡山，其泽薮曰云瞢。"瞢，同梦。郑玄注："云瞢在华容。"后世对古云梦泽说法不一，一说本二泽，云在长江北，梦在长江南；一说本一泽，可单称云或梦。大致先秦两汉所称云梦，包括今湖南省益阳县、湘阴县以北，湖北省安陆县、江陵县以南，以及武汉市以西地区。唐以后逐渐移指今洞庭湖地区。唐孟浩然《望洞庭湖赠张丞相》诗："气蒸云梦泽，波撼岳阳城。"（查一民）

允许不冲流速 permissible scour-resisting velocity

渠床土粒将要移动而尚未移动时的流速。为了保持渠道断面的稳定，渠道的设计流速应以此流速为限。其数值的大小，主要决定于渠床土壤或衬砌

材料的性质、渠道过水断面形式和尺寸以及水流含沙情况等。　　　　　　　　　（李寿声）

允许不淤流速　permissible unsilting flow velocity

泥沙将要沉积而未沉积时的流速。渠道的其数值主要决定于水流含沙情况和断面水力要素，要通过试验研究或总结实践经验而定，为了保持渠道断面的稳定，渠道的设计流速应大于此流速。
　　　　　　　　　　　　　　　　（李寿声）

允许吸上真空高度　permitted suction vacuum lift

为使水泵不发生气蚀，在标准状况下（水温 20℃，大气压为一个标准大气压），水泵进口处允许的最低压力值（负压）。以 H_s 表示。单位为 mH_2O。为水泵吸水性能的重要参数，是计算水泵允许吸水高度（$H_{允吸}$）和确定水泵安装高程的依据。可从水泵性能表或铭牌上查得。如果水泵安装地点的高程较高，水温高于或低于 20℃ 时，必须对所查得的 H_s 值加以修正。H_s 愈高，说明水泵抗气蚀性能愈好。
　　　　　　　　　　　　　　　　（咸锟）

运动波　kinematic wave

没有坦化现象的洪水波。陡峻山区河流，洪水波接近于运动波。当河底坡度十分陡峻时，圣维南方程组的运动方程中，惯性项和压力项可以忽略，只考虑摩阻和底坡影响，简化后方程组所描述的就是这种洪水波运动。　　　　　　　（胡方荣）

运动相似　kinematic similarity, kinematic similitude

几何相似诸体系的各对应点沿几何相似轨迹运动并在互成比例的对应瞬间有互成比例的对应位移。亦即其诸体系在任一对应时刻都有相似的速度场和加速度场。设以 v 表示速度，l 表示长度，t 表示时间，则诸体系运动相似的必要条件是各对应点各对应时段都有 vt/l 相互同量，或写为
$$Sh = vt/l = idem$$
此即谐时准则，或称斯特鲁哈准则，无因次数 Sh 称谐时准数或斯特鲁哈数（Strouhal Number）。
　　　　　　　　　　　　　　　　（王世夏）

运河东堤　East Levee of the Grand Canal

在江苏北部里运河段东侧临里下河水网区一带修建的堤防。堤兼作公路，既能保障通航安全，又能防洪，并为公路交通干线。　　　（胡方荣）

运河西堤　West Levee of the Grand Canal

在江苏北部里运河段西侧临高邮湖一带修建的堤防。为保障运河通航的安全。
　　　　　　　　　　　　　　　　（胡方荣）

Z

zai

灾害　disaster, damage

因天灾人祸所引起对人类生产、生活的重大损害。包括水灾、旱灾、地震和战争等。
　　　　　　　　　　　　　　　　（胡维松）

zao

造床流量　dominant discharge

对于塑造河床形态起主要作用的特征流量。它应该是比较大，但又不是最大的某一级洪水流量。通常采用与平滩水位相应的流量作为造床流量，也可用水流挟沙力与其历时的乘积为最大值时的流量作为造床流量。造床流量是河相关系式中的基本参数，也是河道整治规划的重要依据。
　　　　　　　　　　　　　　　　（陈国祥）

ze

泽

① 水汇聚处。如湖泽。《尚书·禹贡》："九川涤源，九泽既陂。"

② 水草丛生的洼地。如沼泽。《孟子·滕文公上》："益烈山泽而焚之。"《风俗通义》十山泽："水草交厝，名之为泽。"

③ 雨露。《汉书·扬雄传上》："泽渗漓而下降。"

④ 地低洼多盐碱。《史记·河渠书》："用注填阏之水，溉泽卤之地四万余顷。"《汉书·主父偃传》谏伐匈奴："地固泽卤，不生五谷。"注："地多沮泽而咸卤。"
　　　　　　　　　　　　　　　　（查一民）

zeng

曾文堆石坝　Zengwen Rockfill Dam

台湾省台南县曾文溪上的斜墙堆石坝。1973年建成。我国目前最高的黏土斜墙堆石坝,高136.5m。兴防洪、发电之利。

(胡明龙)

增加负荷 raising load

简称增荷。电站增加承担的负荷。担负系统尖峰负荷和调整频率任务的电站,其负荷时增时减,经常处于变动之中。这种负荷的增减一般较为缓慢,属正常负荷变化。在输电线或母线短路、主要设备故障或建筑物发生事故时,可能迫使电站突然丢弃全部或部分负荷,在此同时,为了保持系统的能量平衡,处于备用状态的电站和机组将迅速投入系统运行,以代替因事故丢弃负荷的电站,这种负荷变化迅速而幅值较大,属事故情况。

(刘启钊)

增减水 wind denivellation in lakes

表层湖水从湖泊背风岸移至迎水岸的现象。漂流使表层湖水从背风岸移到迎风岸,迎风岸水位上升,即增水现象;同时背风岸水位下降,即减水现象。湖面气压场骤变,也能引起此类现象。

(胡方荣)

增量分析法 incremental analysis method

在两方案比较时,将方案间差值的增量回收率与基准收益率进行对比来选定工程方案的经济分析方法。属边际分析范畴。增量分析可定义为对不同方案之间的差值的检验。实际是检验费用的增值能否为效益的增值所补偿。可用图解法也可以用数解法来求解。增量回收率大于或等于基准收益率,该增量在经济上就是有利的。

(胡维松)

增量内部收益率 incremental internal rate of return

增量费用现值与增量效益现值相等时的经济报酬率。分增量经济内部收益率(ΔEIRR)和增量财务内部收益率(ΔFIRR)两种,分别通过与社会折现率(i_s)和部门或行业的基准收益率(i_c)比较来分析项目经济和财务的可行性。当ΔEIRR$\geqslant i_s$,工程规模大的方案较优,经济上可行。当ΔFIRR$\geqslant i_c$,工程规模大的方案较优,财务上可行。

(施国庆)

增量效益费用比 incremental benefit-cost ratio

增量效益现值(或年值)与增量费用现值(或年值)的比值。分增量经济效益费用比和增量财务效益费用比。通常根据工程规模大的方案比工程规模小的方案所增加的效益和增加的投资、年运行费,在一定的社会折现率下推求。当比值大于或等于1时,增加的费用在经济上或财务上才是可行的,工程规模大的方案较优。当比值为1时,工程达到经济规模上限。

(施国庆)

zha

剳岸

又称剳岸水。横向冲射堤岸而使堤岸坍毁的水流。为水势名称。《宋史·河渠志一》:"移㳘(音洪,大壑)横注,岸如刺毁,谓之剳岸。"《河工简要》卷三:"岸虽高不可近,移㳘横注,侧力全出,趋射如弓,巧机深入也。"

(查一民)

闸坝 sluice dam, gate dam

设置闸门控制水位和调节流量的低水头溢流坝或水闸。闭门时成为以闸门为主体的挡水建筑物,启门时成为泄水建筑物。例如,中国葛洲坝水利枢纽的二江泄水闸。

(王世夏)

闸底板 sluice bottom plate

水闸闸室的基础底板部分。承受闸室上部结构的全部重量、铅直及水平水压力及其他荷载,并均匀地传给地基;靠与地基间的摩阻力抵抗水平水压力及其他水平推力的滑动作用以维持闸室的稳定;同时因过水并受地基的渗流作用,还应有防冲、防渗的功能。形式主要有宽顶堰式、低实用堰式及反拱式三种。前者为平底板、适用于较低水头情况,泄流稳定,能排沙、污物、浮物及通航等;中者为平底板上有曲线型堰,适用于较高水头,流量系数大,闸门高度减小;后者底板呈倒拱形,力学性能好,节省建筑材料,但受地基变形和温度变化的影响较大,目前尚不多用。多由混凝土、钢筋混凝土筑成,小型的可用浆砌石修筑。参见水闸(257页)。

(王鸿兴)

闸墩 piers

分隔水闸、溢流坝或其他过水建筑物的闸孔,以便安装闸门并承受闸门水压力的结构。可兼作胸墙、工作桥及交通桥的支承体。两侧有安放闸门的门槽。平面轮廓应平顺光滑,以适应水流的要求。其厚度及尺寸须满足稳定、强度以及工作条件的要求。常用混凝土、钢筋混凝土或浆砌块石建造。

(王鸿兴)

闸河

又称牐河。指北起临清,南至境山的京杭运河的山东段,即会通河。因在河道内设置一系列的水闸,以控制与调节河道水位,便利航运,故得名。明万恭《治水筌蹄》:"闸河,北自临清,南至境山,绵长七百余里。"又:"闸河水平,率数十里而置一闸;水峻,则一里或数里一闸焉"。

(陈 菁)

闸门 gate

安装在各种过水孔口上用以调节流量和控制水位的设备。由活动门叶、埋固部件和启闭机械三部分组成。可用钢材、铸铁、木材、钢筋混凝土、钢丝网水泥、工程塑料或铝合金等材料做成。按其用途可分为工作闸门、事故闸门和检修闸门;按其闸叶顶缘与上游水位的相对位置可分为露顶式闸门和潜孔式闸门;按其结构特征又可分为平面闸门、弧形闸门、扇形闸门、圆辊闸门、圆筒闸门、浮箱闸门、屋顶闸门、翻板闸门、叠梁闸门等。在选择闸门的形式和尺寸时,主要考虑闸门的工作位置、控制运行条件、设计制造和安装的技术水平以及经济合理性等因素。

(林益才)

闸门充水阀 filling valve of gate

又称平压阀。设置在门叶上用以进行门后充水的阀门。充水的目的是使闸门的上下游水压力相等,便于检修闸门或事故闸门在无水压的情况下提升。充水阀孔口尺寸应根据门后充水空间、充水时间、闸门的布置以及启闭机形式等因素综合考虑确定。常用的充水阀有闸板式、盖板式、拍门式和柱塞式等。

(林益才)

闸门挂钩梁 lifting beam of gate

用以连接闸门与启闭机的梁式构件。常被装置在移动式的启闭机上。有单吊点和双吊点两种形式。可用手动、电动和液压等方式进行操作。

(林益才)

闸门埋设件 build-in fitting of gate

埋设在门槽周围砌体建筑物内部的固定结构。用以保证闸门的正常运用。包括闸门移动轨道或支承铰、止水接触面的埋设构件,以及防止门槽冬季结冰的加热装置等。

(林益才)

闸门启闭机 gate hoist

操作闸门运行的机械设备。有固定和移动式两种。前者用于启闭一扇闸门,常用的有卷扬式、液压式和螺杆式三种。后者可沿轨道移动启闭几扇闸门,主要有门架式、桥式和悬臂式三种。启闭机的额定容量应与计算的启闭力相匹配,以保证闸门的正常运行。

(林益才)

闸门启闭力 hoisting capacity of gate

开启和关闭闸门时所需施加的力。影响启闭力的主要因素有闸叶自重、各种摩阻力、水压力(包括静力压力和动水压力)、以及门叶移动时的惯性力等。由于启闭力关系到闸门运行的可靠性,其中有些影响因素又很难准确决定,因此对这些作用力不但要作仔细分析计算,而且要按照规范分别采用不同的安全系数,必要时还要通过模型试验确定。

(林益才)

闸门锁定器 gate holder

闸门提升后用来临时锁定门叶的一种装置。安装在门槽顶部或工作桥柱顶附近。有悬臂式锁定梁、双支点锁定梁和自动锁定装置等多种型式。悬臂式锁定梁须在闸门顶部两侧设一对牛腿,闸门提升到锁定位置时,操作人员将安设在闸门槽顶的锁定梁拨转到门槽内,牛腿便搁置在锁定梁上将闸门悬挂起来。自动锁定器则需利用机构连续动作的不同阶段,实现锁定和解锁两个不同的工作状态,使操作程序完全自动化。

(林益才)

闸门止水 gate seal

又称水封。闸门关闭时用来封闭闸孔周边缝隙的装置。防止或减少水流沿门叶与闸孔周边漏水。当闸门严重漏水时,不仅会损失水量,而且还可能引起闸门振动,甚至在漏水处产生埋设件空蚀破坏等。选择止水形式与布置方式时应使闸门关闭时止水严密,开启时摩阻力小,且便于安装和更换。常用的止水材料为定型橡皮,对于底止水也可用方木制成。

(林益才)

闸山沟 closed gully

修建于小山沟用来拦泥淤地或人工铺土造田的小石坝。工程简易,就地取材,造价低,见效快。土石山区用来阻滞山洪,保持水土,扩大耕地面积的常用措施。

(刘才良)

闸室 lock chamber

水闸中用以控制和调节闸前水位及流量的主体结构。主要由闸底板、闸门及闸墩组成。闸墩上设有交通桥及工作桥。根据工程水文、水力特点,有时闸墩间设有胸墙,可减小闸门高度。形式有开敞式及封闭式。前者是露天的;后者闸室段有洞身连接,上有填土覆盖,可代替交通桥,用于深挖方或高填土的中小型工程。闸底板通常有平底宽顶堰及低实用堰两种,它承受闸室全部荷载并均匀地传给地基;靠与地基间的摩阻力维持闸室的抗滑稳定;还具有防冲、防渗等作用。多为混凝土或钢筋混凝土结构,小型可用浆砌石筑成。参见水闸(257页)。

(王鸿兴)

闸下淤积 deposition downstream the barrage

入海河口挡潮闸外发生的淤积现象。一般拦河闸下游都发生泄流冲刷,而河口挡潮闸下游因闸门经常关闭,随涨潮流带来的泥沙在憩流和退潮时落淤在闸下游,当上游来流甚小无力冲去闸下淤沙时,闸下游就逐渐淤积抬高,堵塞原河口通道,在没有足够的上游来流情况下,要想清除这类闸下的泥沙淤积,只有借助于人工辅助措施。

(周耀庭)

牐

即闸。《宋史·河渠志四》:"每百里置木牐一,以限水势。"

(查一民)

zhai

窄缝式消能 slit-type energy dissipation

通过泄水陡槽及鼻坎段边墙急剧收缩,迫使出坎射流在空中纵向及竖向强烈扩散掺气的一种挑流消能方式。鼻坎处过水断面既深且窄,单宽流量极大,并因收缩段急流冲击波的作用,出坎水舌呈三维扩散,利于掺气,使水舌落入下游水垫前急剧膨胀分散,单位面积河床上承受的冲刷动能减低,冲深减小。狭窄河谷的高水头泄水建筑物,当以横向扩散为主的消能方式布置显得困难时适用这种消能方式。最先在葡萄牙、西班牙的一些高拱坝枢纽上应用,中国1980年以来也开始研究,并已用于东江、东风等水电站的溢洪道,其上下游水位差都在100m以上。

(王世夏)

窄缝挑坎 slit-type flip bucket

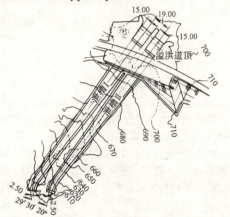

借助泄水陡槽末段边墙急剧收缩成极深窄断面,产生急流冲击波,促成出鼻坎射流竖向强烈扩散掺气的挑流消能工。收缩式消能工的一种。适用于峡谷高水头溢洪道。西班牙阿尔门德拉拱坝的两孔溢洪道,在沿程150m长度内泄槽宽度由15m渐缩至5m,在最后10余m内又急剧收缩到鼻坎处只宽2.5m,出坎单宽流量超过600m³/(s·m),流速在40m/s以上。参见窄缝式消能。

(王世夏)

zhan

站年法 station year method

利用同一气候分区内雨量站群的资料来估计当地暴雨概率分布函数的一种方法。分区以气候、地形等条件相似,以一个经纬度为限。其基本假定是分区内各站暴雨资料都属于同一总体的独立随机抽样。若区内有 K 个测站,每个测站有 n 年资料,即可将 Kn 年的资料作为一个长期系列。这就要求分区内各站同一年资料具有相互独立性,而分区综合又要求分布函数一致。因此,"独立性"和"一致性"经常是相互矛盾的,造成实用上难以克服的困难。

(许大明)

站网规划 hydrological network design

对一个地区或流域的水文测站进行总体布局。应根据科学和经济原则布站,即以最少的投资获得最佳的整体功能,使水文资料能最大限度地满足水资源开发利用及其他各部门的需要。规划内容包括测站类别、数量、位置、观测项目和年限。随着经济发展及对水资源开发利用的需要,必须对水文站网进行适当地改进、调整和补充。

(林传真)

zhang

《张公奏议》

清代治河著作。张鹏翮撰。为其康熙年间任总理河道时(1692～1701年)的奏疏及治河事宜。共24卷,其中上谕2卷,黄、运诸河图说及挑浚事宜等22卷。

(陈 菁)

张力计 tensiometer

又称负压计。由自身显示的负压值确定土壤水势的仪器。由多孔陶土测头1、压力表(U形管2或真空表3)和硬质连接管构成(如图)。陶土测头可视为无弹 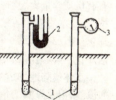 性的多孔膜,膜内(仪器内部)与膜外(土壤)水可自由通过,但其孔隙充水形成水膜后,有抗阻空气通过的能力。充水、除气、密封后的仪器与土壤密切接触,经水分交换达到内外水力平衡后,便可由压力表读数测得土壤水吸力。它使用方便、量测结果重现性好、可定位观测土壤水动态变化;并可做自动化灌溉系统的感应部件,以控制灌水时间、监视灌溉水量。其缺点是量程较窄,只适用于湿度较高(吸力<$0.85×10^5$Pa)的土壤。

(刘圭念)

障

阻隔。《国语·鲁语上》:"鲧障洪水。"《吕氏春秋·贵宜》:"欲闻枉而恶直言,是障其源而欲其水也。"

堤防。《国语·周语中》:"泽不陂障,川无舟梁。"

(查一民)

zhao

沼泽 swamps, marshes, bogs

地势低平、水草茂密的泥泞地带。土壤经常为水饱和状态,地表长期或暂时积水,生长湿生和沼生植物,有泥炭累积或虽无泥炭累积但有潜育层存在。形成条件为地势低平、排水不良、蒸发量小于降水量。按形成过程有水体沼泽化和陆地沼泽化两种。按其供给水源及演变过程,分为低位沼泽、高位沼泽和中位沼泽等。　　　　　　　　　　（胡方荣）

沼泽地　marshland
　　土壤含水量长期达到饱和,仅适于少数喜湿性植物生长的土地。主要由于排水不良,地面长期或季节性积水所致。在芦苇、莎草等喜湿性植物作用和嫌气还原条件下发育的沼泽土壤,有机质含量较多,剖面上部有厚层分解较充分的有机质层(腐泥层)的为腐泥沼泽土;剖面上部有半分解或分解不完全的泥炭层(草渣层)的为泥炭沼泽土。两者剖面下部均有黏重紧密的潜育层。有些有机质积累较少,上部为淤泥的称为淤泥沼泽土。　　（赖伟标）

沼泽地排水　marshland drainage
　　排除沼泽地上的地面积水及过多的土壤水所采用的工程措施。是沼泽地改良利用的前提。通过建立完善的排水系统,切断外来水源,排出当地的多余水量,把地下水控制在适宜的深度。由于沼泽地具有有机质含量大、易形成深厚的泥炭层、透水性小的特点,排水后体积收缩,地面可能下沉。故在排水工程设计时应考虑这一特点。　　（赖伟标）

沼泽化　swampiness
　　水体或陆地形成沼泽的过程。水体沼泽化包括河流、湖泊及海滨的沼泽化;陆地沼泽化包括草甸、森林及人为因素引起的沼泽化。在地面长期积水或土壤过湿的情况下,喜湿性植物的残体不易分解而逐年堆积,形成表层具有腐泥层或泥炭层,下层为蓝灰色潜育层的沼泽土。进行有效的排水,是防止土壤沼泽化发生和发展的主要措施。
　　　　　　　　　（胡方荣　赖伟标）

沼泽资源　resources of swamps
　　沼泽可提供的生产资料和生活资料。资料丰富,世界上沼泽水总储量约11470km³,占世界淡水总储量的0.03%,占世界水总储量的0.0008%;生长纤维植物,药用植物和蜜源植物,芦苇是重要的造纸原料;蕴藏大量泥炭,可作为燃料和肥料,可制成用于工业、建筑业和医药卫生的许多产品;禽类栖业场所;疏干后可开垦为农田、林地和牧场;有些国家把沼泽作为旅游地。沼泽还有净化环境,调节径流,湿润气候的作用。世界上有些国家建立一些沼泽自然保护区。　　　　　　　　　　（胡方荣）

照谷社型坝　Zhaogushe-type overflow earth-rock dam
　　一种坝顶可少量过水的黏土斜墙砌石坝。

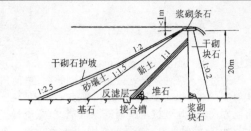

1956年中国浙江省温岭县照谷农业合作社社员首创,故名。上游侧为土斜墙,下游侧为干砌块石墙,坝顶用浆砌石护面,能在低水头、小单宽流量下溢流。一般坝顶以上溢流水头不超过1m,坝顶浆砌条石护面稍向下游挑出,不另设消能工,但应建于较好基岩上。干砌石体下游坡一般为1∶0.1~1∶0.2,平面上则拱向上游,起拱度一般为河谷宽的1/10。中部堆石体的上游坡一般不陡于1∶1。这种坝主要靠人工建造,加之干砌石体稳定性较差,不能太高。中国中小工程中建过上百座,一般高20m以下。
　　　　　　　　　　（束一鸣）

zhe

折冲水流　deflected current
　　泄水建筑物下泄水流不能均匀扩散,主流沿程左右摆动的现象。常会淘刷河床及河岸,形成冲坑、深槽,甚至使河岸坍塌。由水跃消能效果不佳,或波状水跃余能较大;或扩散段的角度过大;闸下、坝下泄流不均匀;或闸门操作不当等原因所引起。设计中应针对不同情况采取相应工程措施予以避免。
　　　　　　　　　　（王鸿兴）

折旧费　depreciation cast
　　见固定年费用(88页)。

折旧提取率　rate of depreciation
　　实际提取的折旧费占计算应提折旧费的比例。在财务分析中,要计算固定资产折旧费,列为成本的一个重要组成部分。年折旧费等于固定资产原值乘年基本折旧率。各类水利工程设备的年基本折旧率可按规范选用。　　　　　　　　　　（胡维松）

折射式喷头　refraction-type sprinkler
　　喷射水流经过折射锥的阻挡裂散成水滴的固定式喷头。由喷嘴、折射锥、支架等组成。折射锥为锥角120°~150°的圆锥体。其轴线和喷嘴轴线重合。折射锥与支架之间常用螺杆连接,以便改变锥体位置,调节水滴大小和沿径向的水量分布。按折射锥的支撑形式把喷头分为:①内支架式:支架设在喷嘴内,减小喷嘴的过水断面;②外支架式:支架设在喷嘴外面,喷洒范围内部分地面产生盲区;③整体式:折射锥、支架和喷嘴是一个整体,锥体是一个具有部分圆锥面的柱体,喷洒范围是扇形。详见附图。

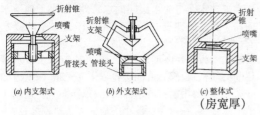

(a) 内支架式　(b) 外支架式　(c) 整体式
　　　　　　　　　　　　　　　(房宽厚)

折线滑动分析法　slip-wedge method

假设土体坍滑面为折线面、坍滑土体为刚体,采用极限平衡理论计算坝坡稳定安全系数的方法。先假设安全系数 K,从土体 A 的力平衡条件计算 A、B 两块间的相互作用力,然后将其作用在土体 B 上,若 B 块处于不平衡状态,须重新假设安全系数,重复上述计算直至平衡,此时的 K 即为该滑动面上的安全系数。在计算中,水位、折角 β、θ、δ 都是任意假定的,需要多次试算才能确定最危险滑动面以及相应的最小安全系数。　　　　　　(束一鸣)

折向器　deflector

又称偏流器。水斗式水轮机中遮断射流使其改向的部件。当负荷突然大幅度减小时,调速器使折向器切入射流,使部分以至全部射流不再冲到水斗上,避免水轮机发生飞逸,而调速器则可较缓慢地关闭喷针,以避免产生较大的水击压力。　(王世泽)

柘林水库　Zhelin Reservoir

赣江支流修水上一座大型水利工程。在江西省永修县境内,1972 年建成。总库容 79.2 亿 m³,调节库容 34.44 亿 m³;电站装机容量 18 万 kW,年发电量 6.3 亿 kW·h。枢纽有黏土心墙土坝、溢洪道、坝后式厂房等;坝高 63.5m。具有防洪、灌溉、发电、航运等效益。江西省水利规划设计院设计,江西省水电工程局施工。　　　　　　　　(胡明龙)

柘溪水电站　Zhexi Hydroelectric Station

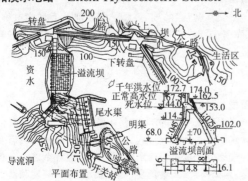

长江水系资水中游一座水电站。在湖南省安化县境内。1964 年建成。水库总库容 35.7 亿 m³,为季调节,有效库容 19.3 亿 m³;装机容量 44.75 万 kW,年发电量 22.9 亿 kW·h。建筑物有大坝、厂房、航道等。大坝由溢流坝段的单支墩大头坝及非溢流段的宽缝重力坝组成,高 104m;地面厂房在右岸,共 6 台机组;通航建筑物在左岸,为斜面干式拖运筏道,可通过 30t 级船舶,年过坝物资 25 万 t。以发电为主,兼有防洪、航运等效益,使 20 万 ha 农田旱涝保收,对工业发展起保证、促进作用,有湖南"红宝石"之称。水利电力部长沙勘测设计院设计,柘溪水电工程局施工。　　　　　　　　(胡明龙)

浙东海塘

浙江省杭州湾及钱塘江口南岸海塘,因古属浙东路管辖,历史上习称浙东海塘。西起萧山临浦麻溪山,向东经绍兴市至上虞县曹娥江口西岸的蒿坝,称为萧绍海塘;从曹娥江口东岸的百官再向东经沥海所至夏盖山,称百沥海塘;夏盖山再向东经余姚、慈溪到宁波、镇海招宝山的海塘亦称浙东海塘。始建年代无考,唐宋以来屡有增修,清康熙以后,由于钱塘江主流向北摆动,涌潮向北岸推进,南岸涨出大片滩涂,原有海塘大多已不起挡潮作用。现代在已围垦的滩涂外沿,又筑起了新的海塘,如萧山县的南沙支堤和慈溪县的海塘等。　(查一民)

浙东运河

又称西兴运河,位于浙东的一条人工运河。自浙东萧山县西兴镇经绍兴、上虞、余姚至宁波。据记载为晋代贺循所开,原用于灌溉。河道中建有多处堰埭和通航闸,经过湖面时还建有纤道,以利航运。该运河至今仍畅通,是浙东水运要道。
　　　　　　　　　　　　　　　　(陈　菁)

浙西海塘

浙江省杭州湾及钱塘江口北岸杭州市及海宁、海盐、平湖等县海塘,因古属浙西路管辖,历史上习称浙西海塘。参见钱塘江海塘(197 页)。
　　　　　　　　　　　　　　　　(查一民)

《浙西水利书》

明代有关太湖地区水利的著作。姚文灏撰,成书于弘治九年(1496 年)共 3 卷。汇集宋至明初关于苏南、浙西地区水利的各家之言及作者本人的意见,主张以开江、置闸、围岸为首务,兼修河道围田,并对各家之言有所评论与取舍。　　(陈　菁)

zhen

针形阀　needle valve

由腰鼓形阀壳和针形阀舌以及操作机构组成的阀门。阀舌系两个套在一起的具有针形舌尖的圆筒,上游阀舌用肋片固定在阀壳上,下游阀舌可在圆筒中滑行,水流沿阀壳与阀舌之间的环形通道流动,当活动阀舌向下游移动与支撑在外壳上的环形止水紧贴时，即可封闭管道截断水流。针形阀在高水头下调节流量的性能好，一般不会产生振动。但在止水环下部的阀舌和阀壳表面仍有空蚀现象。最大直径已达 6.5m；运用水头可达 800m。因其造价昂贵，构造复杂，故应用较少。 （林益才）

真空泵 vacuum pump

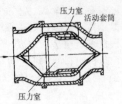

专门抽吸空气、造成真空的流体机械。常用泵型为水环式真空泵。依靠偏心安装的叶轮的旋转，把机械能传递给工作液体，形成水环。水环与叶片间的空腔的容积发生周期性的变化，使气体压力周期性地降低或升高，致使空气不断被吸入或排出。大、中型水泵站常用此泵排除水泵进水管和泵壳内的空气，形成水泵吸水的初始条件，使水泵开始运行。 （咸锟）

真空井 vacuum well

旧称井泵对口抽。井管和水泵吸水管密封联结成整体的井型。水泵抽水时，井内形成真空，降低了井水面上的大气压强，加大了井水面与含水层间的水头差，加快了地下水向井中流动的速度。同时用井管作为水泵的吸水管，取消了底阀、闸阀，水头损失减小，单井出水量显著增加。为使井内形成真空，除水井与水泵吸水管口间必须密封联结外，动水位以下 1～2m 深度内的井壁外围，要用沥青或水泥封闭，以防漏气。适用于地下水丰富、井内动水位小的地区。 （刘才良）

真空破坏阀 vacuum breaker

安装在虹吸式出水管的驼峰处能自动开启向管道补气的阀门。其主要作用是当需要停机或检修机组时，向管内充气破坏真空，使之断流，防止机组倒转。此外，在机组起动时，进水管内水位升高，管内空气压缩，压力增大，使它自动打开，放出部分空气，加快出水管虹吸作用的形成，降低了起动扬程。根据结构不同分为气动平板阀与水力机械装置两种。前者利用高压空气推动活塞启闭气门，适用于大型泵站；后者借助水力带动拉杆启闭气阀，适用于中、小型泵站。使用时，要求做到瞬时开启、动作灵活、安全可靠。在站内事故停电时，也能保证工作。 （咸锟）

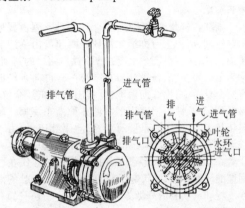

(a) 真空破坏阀安装位置图

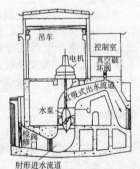

(b) 真空破坏阀构造图

甽

古"畎"字。又作"甽"；"畖"。畦间小水沟。《荀子·成相》："举舜甽亩，任之天下身休息。"注："甽与畎同。"《周礼·考工记》："匠人为沟洫，耜广五寸，二耜为耦，一耦之伐，广尺深尺谓之甽。"郑玄注："古者耜一金，两人并发之。其垄中曰甽，甽上曰伐，伐之言发也。""甽，畎也。" （查一民）

阵雨 shower

阵性降雨。其特性为降雨强度较大、历时较短、雨面较小、开始和终止都很突然。大多降自积雨云或浓积雨云中，以中纬度、低纬度地区夏季最为常见。 （胡方荣）

震泽

又称具区、蠡湖、笠泽。即今江苏太湖之古称。《尚书·禹贡》："三江既入，震泽底定。" （查一民）

zheng

蒸发 evaporation

温度低于水的沸点时，水汽从水面、冰面或其他含水物质表面逸出进入大气的过程。是水由液态变为气态的相变过程。水文循环的主要环节之一。包括：水面蒸发，土壤蒸发，植物散发，冰雪蒸发和潜水蒸发。根据分子运动观点，当水分子动能大于内聚力时，就能脱离水面或冰面进入大气。水汽分子不规则运动，也会使其中一部分撞到水（或冰）面，被水

(或冰)所吸收。因此,蒸发量是从水面(或冰面)跃出的水分子数量与返回水面(或冰面)水汽分子通量之差。大陆上年降水量约有60%~70%消耗于蒸发与散发。　　　　　　　　　　　　(胡方荣)

蒸发能力 potential evaporation

蒸发面在特定的气象条件下充分供水时的蒸发量。也可释为对某一种蒸发面在同样气象条件下可能达到的最大蒸发量,所以又可称为最大蒸发量或潜在蒸发量。　　　　　　　　　　　(胡方荣)

蒸发器 evaporimeter

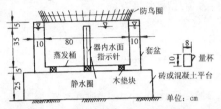

观测水面蒸发量或土壤蒸发量的标准器具。水面蒸发器为一定口径和深度的金属圆筒,每天注入定量清水,隔24h测定其减少的水量即得一日内蒸发量。中国常用 E-601 型蒸发器、80cm 口径带套盆蒸发器和20cm 口径蒸发器。土壤蒸发器为置于土壤内有一定口径和深度的金属器筒,内填原始层结构和地面状况的土壤,测定在一定时段内土壤重量变化,即得该时段内土壤蒸发量。常用 ГГИ-500 型蒸发器和小型水力式蒸发器。　　　(林传真)

蒸发潜热 latent heat of evaporation

又称汽化潜热。单位水量从液态变为气态时所吸收的热量。蒸发潜热 $L = 2491 - 2.177T_s$ (J/g)。T_s 为水面温度(℃)。即 1g 水汽化时约需要吸收 2491J 的热量。　　　　　　　　　　　(胡方荣)

蒸渗仪 lysimeter

① 带有地面、地下排水和土壤水测定装置的容器。为研究水文循环中的下渗、径流和蒸散发等而设置。用于研究土壤中水的运动,作物与水分的关系,也可像蒸发器那样研究蒸散发。由三部分组成:四周和底部封闭并有特定排水系统的容器;原状或人工配制填装的土体;按不同目的而安设的各种量测设备。

② 具有高精度量测蒸腾蒸发和潜水蒸发仪器的测坑。利用其测定水量(或溶质)的输入、输出和存储,再用平衡方程式推求其中难以直接测定或要研究的项次。如测定降水或地面灌水、地下排水过程和土壤水分动态等,推算其蒸发蒸腾过程和研究其规律;又如测定在下渗过程中土体中溶质的运动和它对作物的影响;在土体中设不同深度的饱和带,然后测定和研究降水下渗,作物的地下水利用量,壤中流、潜水蒸发及给水度等。它可分为称重型和非称重型两种。称重型是将测坑置于机械传感或液压传感、电传感的大称量高精度的秤上,坑内填土和种植作物,可测出 1/50~1/120mm 的蒸腾蒸发变化值;非称重型的测坑则常砌筑成较 1/100 亩常规测坑大数倍乃至更大的面积。并辅设其他高精度量测设备,以使其观测值更具代表性和符合较高精度的要求。　　　　　　　　　　　(林传真　李寿声)

整数规划 integer programming

要求目标函数及约束条件中的自变量只能取非负整数值的线性规划。常用算法有圆整法、割平面法、分枝与估界法。如河流梯级开发规划中的梯级水电站建设顺序、施工单位转移运装设备等问题都可表示成整数线性规划问题求解。　　(许静仪)

整体结构模型试验 ensemble structure model test

用于研究整体建筑物在空间力系作用下应力状态和稳定性的结构模型试验。对原型结构的空间形状和外界荷载,利用模型材料按相似理论和一定的加荷方式进行模拟,观测其空间力系作用下的应力、变形和稳定状态,并换算为原型,从而判断整体建筑物的受力状态和安全度,为工程设计提供科学依据。参见结构静力模型试验(132页)。　　(沈长松)

整治建筑物 regulation structures

整治河流、调整河势、稳定河槽、维护航道、保护河岸的各种建筑物的统称。如堤防、海塘、丁坝、顺坝、潜坝、导堤、抛石护岸、沉排护岸等。
　　　　　　　　　　　　　　　　(王世夏)

整治线 regulation river alignment

整治后在设计流量时的河道平面轮廓。在洪中枯流量时有不同的整治线。洪水漫滩,河道一般宽而顺直,整治线就是防洪大堤。中水流量的造床作用大,对整个河道形势有决定性影响,在确定其位置、宽度和走向时应注意利用已有整治工程和稳定难冲的河岸,并力求上下河段相互呼应,兼顾沿河港口、桥渡及引水工程等需要,以及洪、枯水流路也能协调顺畅。枯水整治的主要目标是满足通航要求,应根据不同的航道标准确定其尺度和曲率。
　　　　　　　　　　　　　　　　(周耀庭)

整治线宽度 regulation river width

整治水位时的河面宽度。洪水时就是大堤间的距离,标准是能通过设计洪峰流量。中水整治线关系主河槽的稳定,其宽度的确定可以模拟优良河段选择,也可以根据整治前后过水能力或输沙能力相当,选用公式计算得出。枯水整治线宽度主要取决于通航要求的标准。　　　　　(周耀庭)

整治线曲率半径 regulation river curvature radius

整治水位时的河道弯曲半径。一般河道总是弯曲的,但曲度太大时有碍行洪或通航。为使河道整治后能够稳定,且满足防洪通航要求,可仿效优良河段的曲度将弯曲段设计成单一圆弧或由几个曲率半径不同的圆弧连接起来的缓和地渐变的复合曲线形河槽。　　　　　　　　　　　　　(周耀庭)

正槽溢洪道　normal channel spillway

控制堰轴线与泄水陡槽轴线正交的开敞式河岸溢洪道。拦河坝为不适于布置河床溢洪道的土石坝等坝型时最常采用这种溢洪道。水流自水库经引水渠导向控制堰(溢流堰),过堰水流进入陡坡泄槽,再

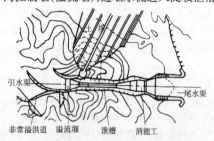

经槽末消能工消能后泄入尾水渠,最后与下游河道衔接。自控制堰至消能工沿流向陡槽宜呈直线布置,使水流平顺;当受地形、地质条件限制而采用弯段时应有足够大的弯曲半径,并注意解决水流冲击波和离心力导致的凹岸水面超高问题。为节省工程量,陡槽宽度可较窄,自控制堰至陡槽可连以收缩段过渡;而为降低单宽消能负荷,消能段往往仍须较宽,故自陡槽至消能工可连以扩散段过渡。高水头溢洪道的高速水流发生部位要注意防止空蚀破坏,可采用掺气抗蚀设施;边墙高度要由计及掺气影响的水面线决定。　　　　　　　　(王世夏)

正常蓄水位　normal pool level

又称正常高水位、设计蓄水位。水库在正常运行情况下,为满足灌溉、发电、供水等要求,开始供水时应蓄到的最高水位。水库最重要特征水位之一,是决定水库建筑物尺寸、投资、淹没损失和效益的一个重要数据,须经过充分技术经济论证,全面考虑,综合分析确定。　　　　　　　　(许静仪)

正垂线法　right plummet method

利用垂球形成正垂线测量建筑物在外界荷载作用下水平位移的方法。建筑物在外界荷载作用下产生位移,用设置在不同高程测点上的坐标仪测读测点与垂线在水平方向距离的变化,即得测点的水平位移量。有多点观测法和多点夹线法供选择,前者利用一根垂线观测数点位移;后者将垂线观测仪设置在垂线最低点处的观测墩上进行观测,在垂线上各观测点处埋设活动夹线装置。当垂线由某一夹线装置夹紧时,在测墩处可测得夹线点相对于测点的水平位移。　　　　　　　　(沈长松)

正交丁坝　perpendicular spur dike

在平面上坝轴线与水流方向正交的丁坝。在有潮汐往复流动的河口,或有明显水流倒灌现象的河段内,为了适应水流方向经常变化的要求,宜采用此类坝。　　　　(李耀中)

正水击　positive water hammer

见水击(238页)。

正态分布　normal distribution

又称高斯分布。描述连续型随机变量 X 的概率密度分布。其分布函数为

$$f(x) = \frac{1}{\sqrt{2\pi}\sigma} e^{-\frac{(x-\mu)^2}{2\sigma^2}} \quad -\infty < x < +\infty$$

μ 为期望值(简称均值),$\sigma > 0$ 标准差为常数,则 X 服从参数 μ、σ 的正态分布或高斯分布,记为 $X \sim N(\mu, \sigma^2)$。以 $\mu = 0$,$\sigma = 1$ 为参数的正态分布称为标准正态分布。

(许大明)

正态模型试验　undistorted model test

在与原型保持完全几何相似的缩尺模型上对原型问题进行试验研究的方法。任何方向原型与模型对应尺寸之比为同一相似常数,即几何相似比尺。研究水工建筑物水流或结构问题的物理模型试验一般多用正态模型。

(王世夏)

正态相似　undistorted similarity

见几何相似(124页)。

郑国渠

战国时期引泾水灌溉关中平原的大型渠系工程。秦王政元年(公元前246年)动工,经10多年完工。由韩国水工郑国主持兴建,故名。干渠自仲山西麓瓠口(在今泾阳西北25km)引泾水向东,开渠与

北山平行,注入洛水。由于渠线布置在渭北平原二级阶地的最高线上,保证最大面积的自流灌溉,《史记·河渠书》称长"三百余里",溉田"四万余顷"。该渠在测量施工、渠系布置、灌溉组织管理上都达到相当高水平。又由于泾水含有大量有机质泥沙,故该渠起到引水灌溉、施肥及改良盐碱地一举三得之功效。渠成后"收皆亩一钟(约 125kg/亩)","关中为沃野,无凶年,秦以富疆,卒并诸侯",是中国历史上最著名的灌溉工程之一。历代均有整修或改建。汉称郑白渠,唐为三白渠(太白渠、中白渠、南白渠),宋称丰利渠,元为王御史渠,明称广惠渠,清为龙洞渠。民国时期采用现代工程技术重建后,取名泾惠渠。

(陈 菁)

zhi

支墩坝 buttress dam

由若干倾斜挡水面板和支墩组成的拦河坝。一般用混凝土和钢筋混凝土材料建造。在小型工程中,也有用浆砌石筑成。大多修建在岩基上。按挡水面板的形式分,有平板坝、连拱坝和大头坝三种类型;按支墩的结构分,有单支墩、双支墩和空腹双支墩等形式。水压力由面板传给三角形的支墩,再由支墩传给地基。坝基渗透水可从支墩间的空隙中逸出,作用于支墩底面的渗透压力很小,利用倾斜面板上的水重帮助坝体稳定,节省工程量。但支墩比较单薄,侧向刚度较小,受地震的影响较大。常建于宽高比大于 3.0~3.5 的梯形河谷上。　(林益才)

支流 tributary

直接或间接流入干流的河流。在较大的水系中,按水量和从属关系,可分为若干等级,参见河流分级(104 页)。　(胡方荣)

支渠 branch canal

又称配水渠道。从干渠取水分配给各用户的输水渠道。一般布置在干渠的一侧或两侧,视地形条件而定,其设计要求及线路选择,参见渠道(201 页)。　(沈长松)

枝水 branch river

河道的支流。《管子·度地》:"水别于他水,入于大水及海者,命曰枝水。"注:"言水之枝。"

(查一民)

直接成本 direct costs

又称直接费用。生产产品时,能够直接计入产品成本的费用。在正常情况下,如工厂成本中的原料、主要材料、外购零部件、生产工人的工资、交通运输成本中的燃料费用,农产品成本中的种子、肥料费用等。　(施国庆)

直接径流 direct flow

又称地面径流。一次暴雨形成的流量过程中涨落变化较大的部分。大体上相当于地面径流和壤中流(表层流)。也有把壤中流分为快速和慢速两种,把快速壤中流并入地面径流,而把慢速壤中流归入地下径流。　(胡方荣)

直接水击 water hammer due to rapid closure

节流机构开度变化历时小于一个相长的水击。产生的条件为 $T_s \leqslant 2L/c$,T_s 为节流机构开度变化历时,L 为管长,c 为水击波速。因节流机构开度变化终了时进口的反射波尚未返回,节流机构处的水击压强全由其开度变化直接引起的水击波构成。其值 $\Delta H = -c\Delta v/g$,ΔH 为水击压强,c 为水击波速,Δv 为管道中的流速变量,g 为重力加速度。该值可能达到很大的数值,在实际工程中应加避免。

(刘启钊)

直墙拱顶隧洞 arch crest tunnel with vertical side walls

又称城门洞形隧洞。断面顶部为圆拱、两侧为直立墙的隧洞。水工中无压隧洞的常用形式。顶部圆拱中心角一般在 90°~180°之间,垂直山岩压力较小时采用较小的中心角。较大跨度的泄洪隧洞常用 120°左右,渠系上的灌溉输水隧洞多用 180°。适于承受垂直山岩压力,便于开挖和衬砌,应用甚广。

(张敬楼)

直线比例法 linear method

又称直线法。对闸或坝基下渗透压力及渗流坡降沿渗径长度上呈直线分布、按比例关系计算的方法。有勃莱法及莱因法两种。在简单的地下轮廓情况下计算结果与实际情况有一定出入,在复杂的地下轮廓情况下计算误差较大。可作为估算用,或小型工程的计算用。精确计算须用模型试验、流网法或阻力系数法。　(王鸿兴)

植物截留 interception

植物枝叶拦截降水的现象。植物截留是由降水过程中从枝叶表面蒸发的水量和降水终止时枝叶存留的水量组成,最终消耗于蒸发。对径流形成而言,是一种损失。　(胡方荣)

植物散发 transpiration by plants

又称植物蒸腾。在植物生长期,水分从叶面和枝干蒸发进入大气的过程。植物根系从土壤中吸收水分,经导管向上移动,在根压和蒸腾拉力作用下,水分移动可达树梢的叶部,叶由许多薄壁细胞组成,表面有许多气孔,气孔在两个保卫细胞之间,水分进入保卫细胞时,细胞膨胀,毗连薄壁分开,使气孔打开,水分散发。如果水分减少至一定程度,保卫细胞松弛,气孔关闭。主要在白天进行。　(胡方荣)

植物水分生理 plant water physiology

植物水分的代谢过程及机理。水是植物生产中消耗量最大的物质,也是植物体内含量最多的成分。水在植物体内既作为反应物参与各种物质的合成,又作为代谢作用的介质在各种生化过程中起作用。植物一方面不断地从环境中吸取水分,同时又丢失大量水分到环境中去,此为水分代谢。包括根系从土壤中吸水、植物体内水分输导和水分蒸腾散失到大气中去三个过程。过程中水流是以能量为基础,受土壤-植物-大气系统中势能梯度推动并通过克服传输路径上的阻力而实现的。水分代谢过程中,若出现吸水不能补偿蒸腾失水的现象,造成植物体内水分亏缺,对农业生产是很不利的。故根据它作合理灌溉,维持水分平衡,是植物正常生长的关键和夺取丰收的保证。 (刘圭念)

止回阀 check valve

又称逆止阀、单向阀。防止管路内流体反向流动的阀门。安装在泵站和水电站的油、气、水管路系统中。当管内流体反向流动时,压迫阀瓣关闭,阻止流体回流。设置此阀后,增加了水头损失。在高扬程泵站的出水管路上设置此阀时,应采取消除水锤影响的措施。对扬程不高、出水管道不长的泵站,常以管道出口的拍门代替此阀。 (咸 锟)

止浆片 grout stop

灌浆时不使浆液从缝内流出而在缝的四周采取封闭式的止浆设备。过去常用镀锌薄钢板,现在普遍采用塑料,厚度为1~1.5cm,宽24cm。 (林益才)

止水 joint seal, stop water

用以防止水流沿水工建筑物接缝渗漏的设施。在闸坝永久性横缝(如沉陷缝、伸缩缝等)中一般必须跨缝设置可靠的止水。可用金属片、橡胶、塑料及

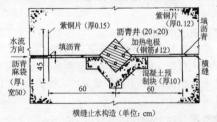

横缝止水构造(单位:cm)

沥青等材料做成。对于高坝应采用两道止水片,中间设沥青井;对于中低坝可适当简化。金属止水片一般用1.0~1.6mm厚的紫铜片,弯折成U形以适应变形,每边埋入混凝土约为20~25cm。沥青井通常采用方形或圆形,边长或直径为20~30cm。井内常灌注沥青、水泥和石棉粉组成的填料,并设有加热设备,以便于熔化沥青。有时在井底设沥青排出管,以便排出老化的沥青,重填新料。 (林益才)

趾墩 chute blocks, toe blocks

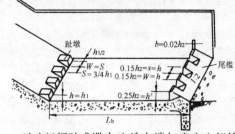

溢流坝坝趾或泄水陡槽末端与消力池相接处为调整流态和辅助消能而设置的一系列墩形结构物。例如高、中水头泄水建筑物常采用的USBR-2型和USBR-4型消力池前端都设有一排趾墩,二者均为美国垦务局研究提出。 (王世夏)

《至正河防记》

元代治河专著。欧阳玄撰,元至正十一年(1351年)成书。详细记载贾鲁采用疏、浚、塞并举之法治理黄河决口,及各种堤、埽的运用和施工方法,特别是用石船堤一举堵筑白茅决口取得成功的事迹,为后世所重。是研究贾鲁治河的第一手资料,《元史·河渠志》全载此文。 (查一民)

《治河方略》

原名《治河书》。清代治理黄河和运河的专著。靳辅撰,成书于康熙二十八年(1689年)。共8卷,内容包括黄、淮、运河图7幅及川渎、诸泉、诸湖、漕运、河决、河道、治纪、章奏、名论、律例等11项。乾隆三十二年(1767年)崔应阶就靳氏家藏8卷本刻印时重编全书,卷首列谕旨、进书表章及图,将正文分为10卷,去律例一项,并将全书精要所在的治纪为第一卷,更名为《靳文襄公治河方略》,通称《治河方略》。书后附有张霭生追述靳辅的主要幕僚陈潢治水主张的《河防述言》1卷及朱之锡编著之《河防摘要》1卷。全书记述了靳辅、陈潢的治水主张和工程实践,对清代黄河及运河的治理产生了较大影响。 (查一民)

治河工程 river construction, river project

为防洪、航运和取水等目标而进行河道整治的工程。天然河道中的险滩、冲刷和淤积,常不利防洪、航运和取水,极易发生水害,为除害兴利,须采取治导、疏浚和护岸等工程措施。 (胡明龙)

《治河图略》

中国现存第一部治河工程图说。元王喜撰,约成书于至正年间(1341~1368年)。全书有"禹河、汉河、宋河、今河、治河及河源",图六幅,每图都有说明。后附治河方略和历代决河总论,是研究元代治河的重要史料之一。 (陈 菁)

《治水筌蹄》

明代河工名著。万恭(1515~1592年)著,

成书于万历初(约1573~1574年间)。以札记形式记述作者任总河期间治河防洪、通漕治运的指导思想、方略措施和经验教训,共148篇。书中首先提出治河的关键在治沙,并总结出一套筑堤束水、冲沙深河,滞洪拦沙,淤高滩地,稳定河槽的经验,针对黄河暴涨暴落的特性建立相应的报汛制度,是明代"束水攻沙"论的倡导者。在运河的航运管理与水量调节方面也有精辟见解。对后世治河通运有深远影响。　　　　　　　　　　　(陈　菁)

治渍　drainage of subsurface water-logging

为减免渍害损失而采取的措施。渍害是由于地下水位过高或土壤上层滞水,使作物根系层土壤过湿而造成。防治渍害一方面要建立完善的排水系统,拦截区外来水,排泄当地多余地面径流,控制地下水位,实行灌溉计划用水,减少渠道渗漏;另一方面要提高土壤肥力,改善土壤结构,增强土壤的通透性,选用耐渍品种,提高作物的抗渍能力。
　　　　　　　　　　　　　　　(赖伟标)

智伯渠

古代山西著名水利工程。位于今太原市西南,即今晋祠泉水灌区。战国初(公元前453年),晋国智、魏、韩三家围攻赵氏的晋阳城(今晋源镇附近),于晋水上筑坝引水灌城。后人改建渠坝为灌溉工程,同时供晋阳城用水。唐代晋阳城扩大至汾水东岸后,曾建渡槽跨汾水向东城供水。宋代重修为水稻灌区并建多处碾硙。明清两代共有北、中、南渠和陆堡河四条干渠,并订有分水灌溉制度。
　　　　　　　　　　　　　　　(陈　菁)

滞洪区　area for detention of flood

滞留洪水的分洪区。利用与河流相邻的湖泊、洼地或划定的滞洪区,通过节制闸,暂时分蓄洪水,待河槽中的洪水流量减少到一定程度后,再经过泄水闸放归原河槽。这种"上吞下吐"的运行方式,可降低洪峰,减少洪水对河堤和下游地区的安全威胁。　　　　　　　　　　　(胡方荣)

滞后现象　hysteresis

系统的状态依赖于其经历的现象。一般以物理效应落后于其原因的形式显现。如土壤变湿(吸湿)过程的含水率随吸力的变化落后于变干(脱湿)过程的现象,呈两条不重合的曲线,反映了土壤水力特性的滞后现象。　　　(胡方荣)

滞时　lag

汇流系统中入流过程与出流过程间的平均时差。对流域是降雨过程与出流过程间的平均时差;对河道是上断面入流过程与下断面出流过程间的平均时差,即河道洪水波运动中时间的平移量。常应用的洪峰滞时是降雨重心到洪峰出现时间之间的时

差。　　　　　　　　　　　　　　(胡方荣)

置信区间　confidence intervals

总体参数在一定置信水平下的误差区间。对总体参数 θ,若由样本确定两个统计量 θ_1 及 θ_2,对给定的 α 值 $(0<\alpha<1)$,满足
$$P\{\theta_1 < \theta < \theta_2\} = 1 - \alpha$$
θ_1、θ_2 为随机区间,是 θ 的置信区间,θ_1 及 θ_2 为 θ 的置信限,$1-\alpha$ 为置信水平。　　(许大明)

zhong

中坝　middle dam

按中国标准,高度 30~70m 的拦河坝。
　　　　　　　　　　　　　　　(王世夏)

中国南水北调工程　water transferring project from south to north in China

中国一项跨流域从南方向北方调水的大型工程。由于南北方水量不平衡,长江及其以南径流总量占全国82%,耕地面积占38%,水资源人均2800m^3,而黄、淮、海三河径流总量只占全国6.6%,耕地面积也占38%,水资源人均只有300~600m^3,缺水十分严重。随着经济发展,北方需水量明显增长,加之多年出现干旱,工农业生产和生活用水缺乏,故有必要跨流域调水。现有东线、中线、西线3个方案,东线水量丰沛,有京杭运河可利用,工程量最小,但需逐级抽水;中线由长江干流中游及支流汉江调水,沿伏牛山和太行山东侧北行,引水至北京及补黄、淮、海平原西部用水,但工程难度大;西线从长江上游调水至黄河上游及西北地区,沿青藏高原东侧北行,补西北地区缺水,但工程难度非常大。　　　　　(胡明龙)

中国水法　Water Law of China

《中华人民共和国水法》的简称。1988年1月21日第六届全国人民代表大会常务委员会第24次会议通过。是多年来中国开发利用水资源、治水兴利的系统总结,现行水政策和法规的高度概括,制定有关专项法律和行政法规、政策、法令等法律基础。　　　　　　　　　　　　　　(胡维松)

中国水资源　water resources of China

中国境内可供利用的淡水。包括水量(质)、水域和水能资源。中国多年平均年降水深度为648mm。全国河川年径流总量为2.71万亿 m^3。多年平均地下水补给量0.8万亿 m^3,扣去地表水和动态地下水之间转化的重复水量0.7万亿 m^3,多年平均水资源总量为2.80万亿 m^3。面积大于1km^2 的湖泊2800多个,湖泊总面积为74 277km^2,储水量为7 330亿 m^3,其中淡水储水量占30%。

冰川总储量约 5 万亿 m^3，补给河流的冰雪融水为 500 亿 m^3。至 1980 年止，兴建各类水库 86 800 座（其中大型 319 座），总蓄水库容 4 160 亿 m^3，塘坝 640 万座。可通航的内河水道总里程达 16 万 km。还有 2 万多 km 长的海岸线。水能理论蕴藏量为 6.8 亿 kW，年发电量 5.92 万亿 kW·h。可开发的水能资源约为 3.79 亿 kW，年发电量为 1.9 万亿 kW·h。至 1983 年止，已有水电站装机容量 2 450 万 kW，年发电量 863 万亿 kW·h。海洋潮汐资源约 1.1 亿 kW。

（许静仪）

中间闸室 middle gate chamber

工作闸门设在水工隧洞进出口之间某一部位时闸门的操作室。用于洞身在平面上需要转弯、或上游段围岩坚硬完整而下游段围岩较差的情况，工作闸门布置在弯段下游或岩性发生变化处的上游侧，闸门前为有压流，门后为无压明流，使洞内保持良好的水流形态，保证出口山体的稳定和提高对闸门推力的支承能力。

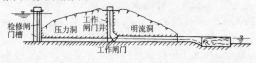

（张敬楼）

中孔 mid-lever outlet

穿过拦河坝中部高度的坝身泄水孔。较多用于混凝土拱坝，并常以一系列对称于拱冠布置的大孔口承担泄洪任务；进出口四周坝身局部加厚加强，兼便于安装闸门和设置挑流鼻坎。用于坝身厚硕的其他混凝土坝时，布置方式参见坝身泄水孔（5 页）、有压泄水孔（316 页）、无压泄水孔（289 页）。

（王世夏）

中水头水电站 middle head plant

水头在 25~75m 之间的水电站。

（刘启钊）

中位数 median

把概率密度分布分为两个相等部分的数。即满足 $P\{X \leqslant \hat{x}\} \geqslant \frac{1}{2}$，$P\{X \geqslant \hat{x}\} \geqslant \frac{1}{2}$ 的常数 $\hat{x}$ 称为随机变量 X 的中位数。

（许大明）

中位沼泽 middle moor

又称中营养沼泽。沼泽发育过程中的中期阶段。是从低位沼泽向高位沼泽转化的过渡期。水源补给逐渐向以大气降水为主过渡，泥炭层日益增厚，以中营养性植物为主。中国大小兴安岭局部地区有这类沼泽。

（胡方荣）

中温中压火电站 middle temperature and middle pressure thermal power plant

汽轮机初参数为 435℃/3.43MPa 的火电站。

（刘启钊）

中心极限定理 Central limit theorem

阐述由众多随机因素总和构成的随机变量符合正态分布规律的一条概率论定理。若有 n 个相互独立的随机变量 X_k（$k=1, 2, \cdots, n$），其期望值和方差分别为 μ_k 和 σ_k^2，不论各随机变量服从什么分布规律，只要它们的方差是有限的（$0 < \sigma_k^2 < \infty$），则这些随机变量的总和 $\sum_{k=1}^{n} X_k$ 的概率分布，当 $n \to \infty$ 时，趋近于正态分布。即：

$$\lim_{n \to \infty} P\left\{ \frac{\sum_{k=1}^{n} X_k - \sum_{k=1}^{n} \mu_k}{\left(\sum_{k=1}^{n} \sigma_k^2\right)^{1/2}} \leqslant x \right\} = \frac{1}{\sqrt{2\pi}} \int_{-\infty}^{x} e^{-\frac{t^2}{2}} dx$$

（许大明）

中心支轴式喷灌机组 center pivot sprinkler

又称时针式喷灌机组、圆形喷灌机组。支管围绕中心轴边旋转边喷洒的喷灌机组。将装有许多喷头的薄壁金属管支承在等间距的若干个塔架上，围绕设在一端的中心支轴匀速旋转，进行喷灌作业，旋转一周，就可灌溉一个半径等于支管长度的圆形面积。供水管道在中心支轴处和支管连接。驱动形式有水力驱动、电力驱动、油压驱动、钢索绞盘驱动和气压驱动等，最常见的是电力驱动和水力驱动。自动化程度高、工作效率高、省水、增产、对地形的适应性强；但喷灌面积为圆形，对矩形田块的四个角喷灌不到，虽有补救办法，尚不完善，耗能多，运行费用高。图示为电力驱动的中心支轴式喷灌机。

（房宽厚）

中型水电站 middle hydroelectric (water) power station

按中国的划分标准，装机容量 2.5 万 kW 以上不足 25 万 kW 的水电站。

（刘启钊）

中型水利工程 median hydraulic projects

规模中等和重要性一般的水利工程。按中国现行分等指标，指水库总库容 0.1~1 亿 m^3；水电站装机容量 2.5~25 万 kW；灌溉面积 0.33~3.3 万 ha；被保护农田面积 2~6.6 万 ha 和中等城市、工矿区的工程。

（胡明龙）

中央河谷工程 Central Valley Project of USA

美国西部大型调水工程。在加利福尼亚州。1937年始建，1982年建成。共有水库19座，总库容154亿 m^3；输水渠道8条，总长986km，总引水量636m^3/s；水电站11座；总装机容量163万kW。主体工程有沙斯塔水库，在萨克拉门托河上，1945年建成，总库容56亿 m^3；福尔松水库，在亚美利加河上，1956年建成，总库容12.5亿 m^3；特立尼提水库，在特立尼提河上，1962年建成，总库容30.2亿 m^3，通过17.4km隧洞调水入萨克拉门托河，满足下游康宁渠，托哈马科苏拉渠及沿河需要，再流入萨克拉门托河与圣华金河三角洲。通过调水，除满足三角洲和海湾地区工农业用水外，经垂西水泵站为187km长渠为圣华金河下游调水130m^3/s。弗林脱水库，在圣华金河上，1942年建成，总库容6.4亿 m^3，向北为马德拉渠，向南为弗林脱克恩渠供水。新米隆斯水库，在斯坦尼斯劳斯河上，1979年建成，总库容29.6亿 m^3。圣路易斯水库为一旁引水库，1967年建成，总库容25.1亿 m^3。主要效益可灌田153万余ha，兼有发电、供水、防洪等。　　　　　（胡明龙）

中游　middle course, middle reach

介于河流上游和下游之间的河段。与上游和下游并无严格分界。其特点是水流和比降较平缓，冲刷和淤积作用大致保持平衡，河槽比较稳定。如长江宜昌至湖口一段。　　　　　　　　（胡方荣）

中运河

又称中河。清代所开上接洳河下至清口的新运河。取代京杭运河原来由直河口至清口200余里仍利用黄河行运的旧运道。自此京杭运河除在清口附近与黄河交叉外，航道与黄河完全脱离，可减少风险，提高航速。　　　　　　　　　　（陈　菁）

中子测水仪　neutron moisture meter

依据快中子热化速度与土壤含水量的相关性测定土壤含水量的仪器。由探管和定标器（计数器）（如图）两个部分组成。探管内装有快中子源2和热中子探测器3，并通过电缆线4与定标器6相连，探管上端套一石蜡筒5。测定时，将探管放入测点处预埋好的硬质铝管1中，中子源便以很高的速度放射快中子。快中子遇氢核便发生弹性碰撞，损失能量而慢化为热中子，其密度与单位体积内氢的含量成正比。土壤中的氢几乎

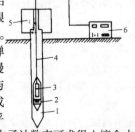

都来自于水，因此由热中子计数率可求得土壤含水量。适用于野外定点观测，可在短时间内探测出水分的急剧变化而不破坏土壤的自然状态，测定值是半径约为15cm的球状土体的平均含水量。不适用于小范围含水量的测定。用于表层土壤测定时，需作特殊处理。　　　　　　　　　　（刘圭念）

中子仪　neutron moisture gauge

又称中子测水仪、中子土壤湿度计。根据快中子在含水介质中的散射和能量损失特性所制作的测定土壤水分的仪器。包括含有中子原和三氟化硼（BF_3）慢中子探测器的中子源探头及记录慢中子数的计数器两部分。通常以镭—铍等为中子源，将具有高能量的快中子发射入土壤，与来自土壤水的氢原子发生碰撞失去大量能量变为慢中子，当土壤水分愈多，氢原子愈多，返回到计数器的慢中子愈多，慢中子密度与土壤水分有一定关系，通过测定被土壤反射的慢中子密度以推求土壤含水量。

　　　　　　　　　　（林传真）

钟形进水流道　inlet bell

又称钟形进水室。纵剖面呈钟状的进水流道。由进水段、吸水蜗室、导水锥和喇叭管等组成。这种流道高度较低，因而开挖浅，土方工程量小，混凝土工程量也少，施工较肘形进水流道方便，流态也较好；但设计原理还不成熟，有待进一步研究。　　　　　（咸　锟）

众数　mode

相应分布密度函数极值所在位置的数。即$P(\hat{x})=$极大值时的$\hat{x}$，称为随机变量X的众数。　　　　　　　　　　　　　　　（许大明）

种稻洗盐　planting rice for washing away salt

利用种植水稻的田间渗漏水量淋洗土壤盐分的盐碱地改良利用措施。水稻是喜湿作物，田面需经常保持一定的淹灌水层，土层中可溶性盐分经田面入渗水量溶解后，随水下渗并通过排水设施排除，从而达到改良利用盐碱地的目的。对于渗透性差的土壤，可采用定期换水的办法，将含盐量大的田面水层放入排水沟道排走，达到明水排盐，降低土壤含盐量的目的。还可通过改善土壤理化性状的措施，促使地下水淡化。　　　　　（赖伟标）

重力坝　gravity dam

主要依靠自重及其所产生的摩阻力抵抗上游水平推力而维持稳定的坝。其剖面接近三角形，上游坝面近于垂直，用混凝土浇筑或浆砌块石建成，近年来也采用碾压混凝土修建。按坝体结构形式分，有实体重力坝、宽缝重力坝、空腹重力坝、箱

格式重力坝和预应力重力坝等；按泄水条件可分为溢流重力坝和非溢流重力坝，坝体内设有泄水底孔的坝段和溢流坝段统称泄水重力坝。坝轴线一般为直线，也有根据地形地质需要而布置成折线或拱向上游的曲线（又称拱形重力坝），垂直坝轴线方向常设有伸缩缝，将坝体分为若干独立坝段，以减少温度变化和地基不均匀沉陷对坝体的影响。重力坝一般修建在岩基上，较低的溢流重力坝亦可建造在非岩基上，但需考虑坝基防渗及坝下游的防冲，以确保坝体安全。目前世界上最高的重力坝是瑞士的大狄克桑斯坝（Grand Dixeuce），坝高285m。 (林益才)

重力坝基本剖面 theoretical profile of gravity dam

重力坝在主要荷载作用下，满足稳定和强度要求的最小剖面。主要荷载有坝体自重、水压力和扬压力等。由于作用在上游坝面的水压力为三角形分布，所以重力坝的基本剖面呈三角形。其上下游面坡度应根据稳定和应力条件确定。在一般情况下，常将上游面做成稍有倾斜，以利用部分水重增加稳定。根据工程实践经验，基本剖面的上游坡度常采用 $n=0\sim0.2$，下游面坡度常采用 $m=0.6\sim0.85$，坝底宽约为坝高的 $0.7\sim0.9$ 倍。

(林益才)

重力坝抗滑稳定分析 analysis on stability against sliding of gravity dam

重力坝在水平推力作用下不致发生沿坝体或坝基滑动而保持稳定的分析方法。重力坝可能沿坝与基岩接触面滑动，也可能沿坝体内薄弱层面滑动或沿基岩内的软弱结构面滑动。前者因坝体和基岩接触面的结合较差，抗剪强度较低及水平荷载较大，故需常校核沿基岩接触面的抗滑稳定性；后两者在某些情况下也须进行必要的核算，主要依靠保证坝体施工质量和专门的地基处理解决。重力坝的抗滑稳定分析涉及抗剪强度试验方法，计算参数选择以及计算方法三个方面。常用的抗滑稳定计算公式有两种：一种仅考虑坝体与基岩间摩擦力的作用，并根据接触状态下进行的抗剪试验测定抗剪强度计算参数，称为抗剪强度的计算公式（或称摩擦公式）；另一种认为抗滑力是可能滑动面的抗剪断力（包括摩擦力和粘结力），其计算参数使用抗剪断的试验成果，称为抗剪断强度的计算公式（或称剪摩公式）。随岩体强度和变形理论发展，有限元、边界元、无限元等方法应用，以及地质力学模型试验发展，为抗滑稳定的数值分析和试验研究提供新的途径。

(林益才)

重力坝实用剖面 practical profile of gravity dam

按照运用和施工要求将三角形基本剖面修改成为实际应用的重力坝剖面。基本剖面只考虑自重、水压力和扬压力等主要荷载，在实际运用中，还必须考虑其他的作用力，如泥沙压力、浪压力等，坝底宽度要适当增加，根据运用和交通的需要，坝顶也应有足够的宽度。无特殊要求时坝顶宽度可采用坝高8%～10%，且不小于2m；如作交通要道时应按交通要求确定。坝顶或防浪墙顶应高于水库静水位的高度 Δh，$\Delta h = 2h_1 + h_0 + h_c$，其中 $2h_1$ 为波高；h_0 为波浪中心线至静水位的高度；h_c 为安全超高，按规范要求确定。对于溢流坝的坝顶和下游坝面还必须具有平顺的轮廓，以满足泄水的要求，坝顶还要设置闸墩和工作桥，以便安装闸门及其启闭设备。当坝身设有泄水孔或引水管道时，宜将上游坝面做成上部铅直下部倾斜的实用剖面，以便布置进口拦污栅、闸门等设备。 (林益才)

重力坝应力分析 stress analysis of gravity dam

在各种荷载作用下对重力坝坝体和坝基进行的应力分析计算。目的在于检查施工期和运用期能否满足强度要求，并根据应力情况进行坝体混凝土标号分区；也为坝体分缝分块、坝内孔洞布置以及某些部位配置钢筋等提供依据。分析方法可归纳为理论计算和模型试验两类。理论分析又分材料力学法和弹性理论法等。材料力学法是常用的计算方法，假定坝体水平截面上垂直正应力 σ_y 呈直线分布，即 σ_y 可按材料力学的偏心受压公式计算。根据这个假定可从计算 σ_y 着手，再应用静力平衡条件依次求出坝体内任一点的应力分量和主应力。计算结果在坝体上部的2/3～3/4坝高范围内较为准确，但靠近坝基部分则不能反映地基变形对坝体应力的影响，对复杂的边界也不能准确反映其应力状态。弹性理论的解析法是严格而精确的计算方法，但只有少数边界条件简单的典型结构才有解答，对实际的坝体和荷载情况寻求理论解十分困难，故在重力坝设计中较少采用。近20年来随着电子计算机发展，国内外广泛采用有限单元法计算坝体和坝基的应力和变形。对各种复杂的边界条件和坝体、坝基材料不均匀性都能反映；并能考虑坝体材料的非线性关系和坝基有软弱破碎带对坝体应力的影响，还可求解温度应力和地震动应力等。用有限元法直接进行重力坝剖面和地基设计，正在发展中。

(林益才)

重力拱坝 gravity arch dam

既靠坝的自重，又靠拱的作用保持坝体稳定和安全的厚拱坝。兼有重力坝和拱坝的受力特点，坝体承受的水平荷载大部分借悬臂梁的作用传给坝基，另一部分借拱的作用传给两岸。一般修建在宽高比为3~4.5的宽河谷中。拱的作用较小，因此坝底厚度较大，通常为坝高的35%~60%。

（林益才）

重力流 gravitational flow, gravitational current

又称吞吐流。湖水在压力梯度作用下的流动。是梯度流的一种。因进出湖泊河水使湖水面倾斜产生重力水平分力而引起水质点运动。径流进入湖泊，因密度差异产生不同分层流。当河水密度小于上层湖水密度时，形成在湖水表层流动的表面流；当河水密度大于下层湖水密度时，形成潜流；当河水密度介于上层与下层湖水之间时，形成中层流。重力流流速一般不超过20~30cm/s。

（胡方荣）

重力侵蚀 gravity erosion

重力作用引起的山坡崩塌、滑坡和剥皮等自然现象。产生的原因有斜坡的坡度陡，土壤抗剪强度小，人为掏挖坡脚，坡内地下水位高和地面水下渗等。常造成地质灾害。 （刘才良）

重力式挡土墙 gravity retaining wall

主要依靠墙身自重及其在基底产生的摩擦力以抵抗墙后土压力的一种挡土墙。断面呈梯形。由于墙身体积较大、较重，在软土地基上又由于地基承载力的要求，高度受一定限制，在岩基上虽可修建很高，但开挖方量大及用料多，很不经济。通常墙高在5~6m以下。按墙后挡土面形式可分为仰斜、垂直和俯斜三种。前二者用于挡土，后者多用于护坡。应根据结构及运用要求选择。 （王鸿兴）

重力水 gravitational water

受重力作用沿土壤孔隙自上而下移动的水分。当进入土壤中的水量，超过土壤吸持水分的能力时，多余水量就在重力作用下，沿土壤中粗大孔隙或根孔、裂缝等向下移动。分为支持重力水和自由重力水。前者是在向下移动的途中遇到不透水层时，在土壤中聚积而形成的。后者是在向下移动途中不遇到不透水层时而形成的。它是地下水的补给来源。当这种水埋深较小时，会影响土壤通气、恶化土壤环境。 （刘圭念）

重力相似准则 similitude criterion of gravity

又称弗劳德准则。以弗劳德数保持同量表示的重力作用下力学现象的相似准则。一般形式为

$$Fr = v/\sqrt{gl} = idem$$

v为速度，g为重力加速度，l为几何特征长度，Fr为弗劳德数。此准则主要用于重力作用下的流体运动，特别是明渠水流运动，此时v表流速，l表水力半径或水深。进行水工模型试验时，此准则给出相似比尺的下列基本关系（当模型与原型g相同时）

$$\alpha_v = \sqrt{\alpha_l}$$

即流速比尺等于几何比尺的平方根。由此并可推知各种水力要素的相似比尺。 （王世夏）

重型整治建筑物 heavy regulating structures

用土、石、大树、混凝土或钢材等材料构成的永久性建筑物。其结构牢固，整体性好，能够抵抗水流的冲击，且使用的年限较长。例如抛石坝、土心坝和钢板桩坝等，但是造价较高，施工技术要求也较严格。在江河的干流和河口等处多用来建造永久性的整治工程。

（李耀中）

zhou

周波 cycles per second

交流电单位时间内完成振荡的周数或次数。单位是1/s，用Hz表示。中国和大多数国家交流供电的频率为50Hz，称该电流为50周波，或50周。有少数国家（如美国、日本等）采用60周波。

（陈宁珍）

周抽水蓄能电站 weekly pumped storage power plant

以周为运行周期的抽水蓄能电站。除日夜发电、抽水各一次外，利用假日的剩余电能多抽水供工作日使用。 （刘启钊）

周调节水电站 weekly regulating water power station

水库容积能在一周之内对河流天然来水量进行调节使用的水电站。除洪水期外，河流天然来水量在一周之内变化不大，但一周内的休假日和工作日的需电量相差较大，可将休假日的多余水量储存在水库中供工作日使用，以一周为调节周期，亦可同时进行日调节。 （刘启钊）

轴流泵 axial flow pump

又称旋浆泵。水体受推力作用沿泵轴方向流动的水泵。由圆筒形泵壳、叶轮、泵轴、轴承、导叶体、叶片调节机构等组成。叶轮旋转时，叶片对水产生推力，使水沿泵轴上升从出水管流出。按其构造分为立式、卧式、斜式；按叶片调节方式分为固定式、半调节式和全调节式。固定式的叶片与轮

毂浇铸在一起，不能改变安装角；半调节式叶片的安装角可以在停机时人工调节，以适应不同扬程的要求；全调节式的叶片可用机械或油压机构随时进行调节，适应扬程的变化，使水泵和动力机能在高效率范围内满载运行。该泵的特点是扬程低（一般在10m以下），流量大（一般在1m³/s以上），结构简单，效率高。适用于平原地区及低洼圩区的农田排涝和灌溉。 （咸锟）

轴流式水轮机 axial flow turbine

水流沿轴向流过转轮的反击式水轮机。用于水头较低的水电站上。按结构特征可分为定桨式水轮机、转桨式水轮机、贯流式水轮机等。常用于30m水头以下水电站。

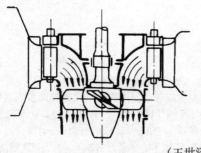

（王世泽）

轴伸泵 oblique axial pump

又称轴伸式轴流泵。泵轴水平或倾斜安装的轴流泵。结构同立式轴流泵，但进水流道弯曲小，具有水力性能好、装置效率高、抗气蚀性能好、安装维修方便、进水管淹没深度小等优点。日本、荷兰等国早有使用，中国为南水北调工程也研制了这种泵型。在低扬程泵站中，是一种较好的泵型。

（咸锟）

轴伸式水轮机 tubular turbine with lengthened shaft

水轮机轴伸至流道之外的半贯流式水轮机。发电机安装在流道之外的厂房里。主轴可以是水平的或倾斜的。可用于低水头小型水电站。

（王世泽）

肘管 elbow

见弯曲形尾水管（282页）。

肘形进水流道 inlet elbow

又称肘形弯管。纵剖面呈肘形的进水流道。由进水段、弯曲段和出口段组成。横断面形状从矩形过渡为圆形。进水流态较进水池的流态好；但因在流道内水流先水平后垂直流动，弯道内侧常会出现脱壁回流现象，水泵容易产生气蚀、振动和噪声，致使水泵效率下降，缩短水泵使用寿命。还有施工开挖较深、土方工程量大、造型复杂、立模难度大、混凝土工程量较大等缺点。但因历史较久，建设经验较多，大型立式轴流泵、混流泵、离心泵站仍常用这种进水流道形式。 （咸锟）

zhu

珠江 Pearl River, Zhujiang River

旧称粤江。现作西江、北江、东江总称。原为广州以下入海河道。因在广州市内段有一"海珠"沙洲而得名。干流西江上游南盘江源出云南省沾益县马雄山，经贵州，至广西壮族自治区梧州市始称西江，在广东省三水县附近南折后分汊，主流由磨刀门入南海。全长2 129km，为中国第五长河。汊流向东与北江、东江相接。北江源出湘赣南部，在韶关由浈水、武水二源汇合而成，长582km。东江源出江西省寻乌县大竹岭，在虎门入海，长523km。流域面积44.26万km²，平均年降水量1 480mm，平均年径流量3 466亿m³，仅次于长江，汛期长达半年，从4月起至10月止。河口冲积成珠江三角洲，港汊颇多，主要入海口有虎门、洪奇沥、横门、磨刀门、崖门等。1949年后河道经整治，可通航至柳州、南宁，海轮可进黄埔港。

（胡明龙）

珠江零点 Pearl River Zero Datum

位于广州市东皋大道原"陆军测量学校"旧址内，为假定高程。旧高程基点之一。1950年始建，1954年正式确定其高程。将此系统化成黄海零点系统应加入的改正数为+0.586m。 （胡方荣）

珠江流域 Pearl River Basin

中国南部地区珠江水系干支流所流经的区域。地跨云南、贵州、广西、广东、湖南、江西等省、自治区，面积45.2万余km²。支流众多，下游河道纵横交错，河口入海附近由东、西、北江冲积形成连缀的珠江三角洲。属亚热带气候，雨量充沛，水资源丰富，仅次于长江，干支流已经大量开发，修成多级水电站。下游三角洲是经济发达地区。

（胡明龙）

珠江三角洲 Pearl River Delta

中国南部珠江入海处冲积而成的三角洲。面积1.1万km²，大致在新会、高鹤、三水、增城、东莞、深圳一线以内，人口稠密，物产富饶，经济发达。原是一个多岛屿的古海湾，三面为古兜山、罗浮山、鼎湖山等山地和丘陵环绕，珠江夹带的泥沙不断淤积，逐渐形成三角洲，现每年仍以10~15m速度向海洋延伸，因分水分沙条件不同，各入海口淤涨速度不一。沿海分布许多岛屿，如香港、伶仃岛、万山群岛等。地处亚热带南缘，气候温暖，雨量丰沛，5~7月为集中降雨期。港汊繁多，交织

潴〔豬，瀦〕

陂塘；水停蓄处。《周礼·地官·稻人》："以潴畜（蓄）水"。郑玄注："偃豬者，畜流水之陂也；防豬，旁堤也。"《尚书》今文作"都"，水聚会停积之义；古文作"豬"，同音通假。后人加水旁作"瀦"。亦指水停积。《宋史·河渠志一》："（星宿海）流出复潴，曰哈剌海。"

（查一民）

竹笼

又称竹落、竹络。竹篾编织而成的长笼，内装卵石或块石，用来修筑堤坝、堰埭、海塘以及抢险、堵口、护岸、护基等的水工建筑构件。《汉书·沟洫志》记载河堤使者王延世在西汉成帝河平元年（前28年）堵塞黄河决口时，"以竹落长四丈，大九围，盛以小石，两船夹载而下之，三十六日，河堤成。"四川灌县都江堰曾广泛采用竹笼装石筑堤坝等。古代浙江海塘也曾采用竹笼装石筑塘和护塘，参见竹笼石塘。

（查一民）

竹笼石塘

又称竹络石塘。用竹笼装石堆砌塘身，塘后加培土塘，迎水面用桩木固定的海塘。古代海塘的一种结构形式。如五代吴越王钱镠所筑的捍海塘。《吴越备史》："江涛昼夜冲激沙岸，板筑不就，命强弩五百射之，既而潮头趋西兴，乃运巨石，盛以竹笼，植巨材捍之，塘基始定。"

用竹笼装石置于石塘塘脚而成的海塘。用于受潮流顶冲的险工地段，以保护塘基不受冲刷。北宋庆历四年（1044年）转运使田瑜、知杭州杨偕修筑石塘，并在潮势"最悍激处更为竹络，实以小石，布其下及圆折其岸势，务以分杀水怒。"（丁宝臣《石堤记》）

（查一民）

竹络

见竹笼。

主坝 main dam

水利枢纽或水库的坝不止一座时建于主河槽上规模相对最大的拦河坝。其他规模相对较小的坝则称为副坝。有时水库是由拦截两条主要河道而形成，可能有两座主坝。例如，密云水库即分别在白河与潮河上建有白河主坝与潮河主坝，其他一些因高程低于坝顶应有高程的沟谷等处尚有多座副坝。主坝、副坝以及兼有挡水作用的其他水工建筑物共同组成水利枢纽或水库的挡水前缘。主坝与副坝可能由于坝高及失事后果不同而属于不同级别。

（王世夏）

主变压器 main transformer

发电站上将发电机输出电能的电压升高以便向远处输电的电气设备。一般采用三相变压器，只在制造及运输三相变压器有困难时，才采用单相变压器。

（王世泽）

筑垣居水

对黄河因不断加高堤防而成为地上河的一种形象比喻。《汉书·沟洫志》："张戎言：……河水重浊，号为一石水而六斗泥。今西方诸郡，以至京师东行，民皆引河渭山川水溉田。春夏干燥，少水时也，故使河流迟，贮淤而稍浅；雨多水暴至，则溢决。而国家数隄塞之，稍益高于平地，犹筑垣而居水也。"意谓筑堤使河床高于平地，犹如在平地上筑墙垣而使水居其中，必然险象环生，崩溃在所难免。

（查一民）

zhuai

拽白

又称明滩。大水之后，主流突然移动，原河槽变成河滩的现象。为水势名称。《宋史·河渠志一》："水猛骤移，其将澄处，望之明白，谓之拽白。"

（查一民）

zhuan

专门水工建筑物 special structures of hydraulic engineering

水利工程中专为特定任务兴建的建筑物。挡水、取水、输水和泄水等一般水工建筑物的对称。例如，供发电用的水电站厂房，供船只、木材、鱼类过坝的船闸、筏道、鱼道，防止灌溉、给水系统泥沙淤积的沉沙池，消减发电引水系统水锤压力的调压室等。

（王世夏）

专用工程 project for specific purpose

综合利用水利工程中专门为某一特定水利部门服务的主要工程项目。例如，水电站引水系统、发电厂房、灌溉取水闸、输水干渠等。

（谈为雄）

转桨式水轮机 propeller turbine with ad-

justable blades, Kaplan turbine

又称卡普兰式水轮机。转轮叶片的角度可以调整，以适应水头及流量变化而保持高效率的轴流式水轮机。常用于大中型低水头水电站。目前最大的此式水轮机安装在前南斯拉夫的铁门（Djerdap-Iron gates）水电站，转轮直径 9.5m，水头 27.16m，出力 17.5 万 kW。　　　　　（王世泽）

转移支付　transfer of payments

仅属于国民经济内部从一个实体转移给另一个实体的财务收入或支出、效益或费用。属于不伴随资源增减的纯货币形式的转移。如直接与项目有关的税金、国内借款利息、补贴、水费等。在国民经济评价中，不应计入该项目的效益或费用。

（施国庆）

zhuang

桩基础　pile foundation

由打入或钻孔浇筑于土中的桩群及承台组成的深基础。桩、桩台和桩间土组成一个整体，用以支承上部建筑物，传递荷载到较深处坚硬土层（支承桩）或桩周的基土上（摩擦桩）。当建筑物的荷载过大、地基存在软弱土层、采用其他方式地基处理不经济时可采用。常用的桩有木桩、钢板桩、钢筋混凝土桩等，可以打入，而后者又可以在成孔后就地浇筑。　　　　　　　　　（王鸿兴）

装机利用小时数　annual utilization hours of installed capacity

多年平均年发电量与装机容量的比值。表示水电站水轮发电机组设备容量利用程度。一般调峰电站少，径流式水电站与火电站高。　（陈宁珍）

装机容量　installed capacity

一个电力系统、一个地区或一个电厂的全部发电机组铭牌出力的总和。单位为 kW 或 MW。①表示一个电力系统、一个地区或一个电厂的电力生产能力；②表示一个电厂的建设规模。其组成可包括最大工作容量、备用容量和重复容量。

（陈宁珍）

装机容量平均年利用小时数　annual average utilization hours of installed capacity

年发电量被装机容量除所得的商。表示电站设备的利用程度。主要取决于电站在电力系统中的运行状态。　　　　　　　　　　　（陈宁珍）

装配式坝　fabricated dam

由工厂化生产的各种形状、尺寸的混凝土、钢筋混凝土等预制件在现场吊装拼接成的坝。优点是可以简省施工温度控制，加快现场施工速度；缺点是拼缝多，整体性差，且上、下游坝面等重要部位常仍须现场模板浇筑，故目前实用还很少。中国陆水蒲圻水利枢纽的溢流重力坝是部分地采用装配式的一例。该坝的非表面部分采用每块重 10t 的预制构件以水泥沙浆错缝砌砖法拼砌而成，而后再用水泥灌浆加强；表面部分，包括坝顶、挡水面、溢流面，则仍以现场浇筑混凝土而成。　（王世夏）

装配式衬砌　assembly lining

用混凝土或钢筋混凝土预制件装配而成的隧洞内壁支护结构物。施工中边开挖边装配，预制件和围岩之间的空隙用块石、砾卵石、碎石或混凝土填塞。施工速度快，有利安全操作，能适应土质隧洞等易崩塌的情况。　　　　　（张敬楼）

装配式水闸　prefabricated sluice

在工厂或工地预制水闸各部分构件，在现场拼装连接成整体的水闸。预制构件力求定型化、规格化、简单化，如具有标准尺寸的槽形、工字形、T形、箱形、鱼嘴形、肋形构件等，并适应组成各种不同的结构。通常水下基础部分，如底板，可采用混凝土预制构件的模板，进行现场浇筑；水上部分可全部用预制构件装配。装配结构的箱格中可填混凝土或土石材料。装配式的特点是施工快、不受气候限制、质量高、造价低、便于拆迁、颇适用于小型水闸，也是大中型水闸发展的方向。

（王鸿兴）

zhui

锥形阀　Howell Bunger valve

由圆筒形的固定阀体及活动的阀套组成，直接装于管道出口的阀门。阀体内一般用 4~6 个肋片将一个 90°的角锥体固定在前端，用螺杆机构操纵外套筒沿阀体移动，即可启闭环形孔口。

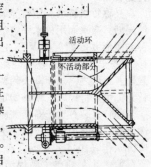

优点是构造简单，启闭力小，操作方便，水流条件较好，全开时流量系数可达 0.85；缺点整个阀体呈悬臂状，对结构不利，泄水时水流环形扩散射出，雾化严重。为避免这种情况，可减少圆锥体的角度或采用护罩约束水流，但在护罩上游端需注意通气，否则阀门会产生空蚀与振动现象。中国广东枫树坝的放水管采用内套式的锥形阀，直径 4m，设计水头 70m。

（林益才）

zi

资料系列代表性 representativeness of hydrological data

对资料系列所构成的样本概率分布与总体概率分布间吻合程度所作的评价。在统计分析中，把资料系列看作从总体中随机抽取的样本，当样本容量充分大时，样本分布便接近总体分布。水文变量的实测资料系列往往很短，总体的分布又是未知的，因此水文资料系列的代表性评价相当困难，一般只能通过间接途径作粗略估计。 （许大明）

资料系列可靠性 reliability of hydrological data

对观测值系列与实际真值系列之间的误差所作的评价。这种误差主要在观测和整编过程中产生，由于真值是未知的，因此一般是通过对观测方法、仪器及观测条件和整编方法等作审查来判断资料系列的可靠性。 （许大明）

资料系列一致性 homogeneity of hydrological data

对影响水文变量的自然条件，在资料系列观测期间稳定程度所作的评价。在统计分析中，假定资料系列出自同一总体，这就要求资料系列观测期间的自然条件应保持稳定，否则该系列不宜进行频率分析。在现有的几十年水文资料系列中，气候条件一般可认为稳定，流域下垫面条件则由于人类经济活动可能发生显著变化，以致影响系列的一致性。当判断一致性有问题时，应对资料系列作修正。 （许大明）

子堤 subdike

又称子埝。在大堤上加筑的小堤。可以防止大水漫过。通常分有纯土子堤、土袋子堤和护坡子堤等。 （胡方荣）

子牙河 Ziyahe River

北支滹沱河源出五台山北麓，南支滏阳河源出太行山东麓，于河北省献县臧家桥汇流后的河。海河水系五大河之一。与大清河汇合入海河，长706km，流域面积6.26万km^2。下游河道不畅，常泛滥成灾。1949年后，河堤加固，建库拦洪，兴建岗南、黄壁庄、朱庄等水库，辟子牙新河至北大港入渤海，提高排洪能力，水患得以免除。
（胡明龙）

自动模型区 auto-model zone

诸流动体系只要几何相似和边界、起始条件相似，就自然运动相似的各体系共处的流态区。如惯性力和重力都可忽略而只有黏滞力作用的层流区，以及黏滞力可忽略而受重力作用的紊流阻力平方区（粗糙区）。当模型与原型流动都处于同一自动模型区时，两者用同样流体（例如水），按一个决定性相似准则就能实现原型与模型物理量的相似换算。水利工程中原型水流多属紊流阻力平方区流态，用几何相似缩尺模型研究这类水流问题时，只要模型雷诺数足够大，使其流态也在同区，并作好边界糙率控制，就能保证阻力相似，而不需雷诺数同量，物理量的相似换算则按重力相似准则进行。如模型与原型不属于同一自动模型区，则雷诺数同量与弗劳德数同量的要求要同时满足，在模型与原型采用同一种流体（水）的前提下，模型与原型的相似换算成为不可能；而模型如要用另一种流体，则经济上将是昂贵不现实的。
（王世夏）

自回归滑动平均模型 autoregressive moving average model

由自回归模型和滑动平均模型组合而成的一种平稳随机模型。由p阶自回归模型和q项滑动平均模型组合而成的自回归滑动平均模型记作ARMA(p, q)，表达式为

$$X_t = \varphi_{p,1}X_{t-1} + \varphi_{p,2}X_{t-2} + \cdots + \varphi_{p,p}X_{t-p} + \varepsilon_t - \theta_{q,1}\theta_{t-1} - \theta_{q,2}\varepsilon_{t-2} - \cdots + \theta_{q,q}\varepsilon_{t-q}$$

X_t为t时刻的标准化随机变量，其期望值为0，方差为1.0；ε_t为独立的纯随机变量。当$\theta_{q,1} = \theta_{q,2} = \cdots = \theta_{q,q} = 0$，上述模型演变为$p$阶自回归模型。若$\varphi_{p,1} = \varphi_{p,2} = \cdots = \varphi_{p,p} = 0$，则演变为$q$项滑动平均模型。 （朱元甡）

自回归滑动平均求和模型 autoregressive integrated moving average model

在自回归滑动平均模型的基础上发展而成的一种非平稳随机模型。由于有些不平稳的随机过程相应的时间序列X_t，t = 1, 2, …取其d阶差分$\nabla^d X_t$，而得到新变量Y_t序列，属于一个平稳随机过程，可采用一般平稳的随机模型来模拟。自回归滑动平均求和模型ARIMA(p, d, q)是根据上述概念建立的，假定原变量X_t经d阶差分后符合平稳的ARMA模型，从而导出本模型。
（朱元甡）

自回归模型 autoregressive (AR) model

根据随机过程中任一时刻t的随机变量X_t，与以前各个时刻的随机变量X_{t-1}，X_{t-2}，…，X_{t-m}，存在一定的自回归关系，所建立的随机模型。其数学表达式为

$$X_t = \varepsilon_t + a_1 X_{t-1} + a_2 X_{t-2} + \cdots + a_m X_{t-m}$$

或

$$X_t = \sum_{j=1}^{m} a_j X_{t-j} + \varepsilon_t$$

X_{t-j}为$t-j$时刻的随机变量；a_j为X_t与X_{t-j}的

自回归系数；$ε_t$为随机干扰因素，是一独立的标准化正态随机变量，m为模型阶数。模型的参数比较多，适应模拟的范围较广。当$m=1$，上式即为马尔柯夫模型，因此马尔柯夫模型就是一阶自回归模型。

(朱元牲)

自记水位计 stage recorder

自动记录水位变化过程的仪器。按工作原理分为浮筒式、水压式和超声波式等。还可通过有线或无线形式，将野外测量装置与室内指示部分连接起来，达到远传或遥测目的。记录方式有模拟记录、数字显示、数字打印、数字穿孔、磁带记录及固态存贮。具有记录连续、完整、节省人力等优点。中国制的水位计记录周期有日记式、周记式、月记式和90d等，精度为1~3cm。

(林传真)

自记雨量计 rainfall recorder

自动记录降雨量及其过程的仪器。常用的有虹吸式和翻斗式两种。虹吸式为日记型，能自动记录降雨量、降雨强度变化和截止时间。由承雨器、虹吸管、自记系统等组成，当降雨量达到10mm，自动虹吸一次。翻斗式能自动记录降雨量及其历时变化。主要由感应器和记录器组成，感应器中有两个三角形的翻斗交替翻转，当降雨量达到0.1mm时，翻斗翻转一次，感应器送出一个脉冲信号，并带动自记笔自动记录。

(林传真)

自溃坝 fuse plug dam

水库遇超标准特大洪水能自行溃决行洪，降低库水位以保证拦河主坝安全和减轻洪灾的非常泄洪设施。通常指建于特定高程的混凝土堰顶、底坎上或抗冲岩基上的一道土堤。其位置应远离主坝，并可通向下游天然河道；其顶部高程以实现平时能挡水，发生非常洪水时能溃决为标准。一般有漫顶自溃和引冲自溃两种形式，前者以砂、砾、碎石等易冲材料为主堆筑，水位一旦超过坝顶，迅速溃决行洪；后者在堤顶设置若干引冲槽，槽底稍低于堤顶，水位超过槽底即开始泄水，并逐步冲扩过水断面，直至全部溃决。

(王世夏)

自流排水 gravity drainage

排水区内的水体靠重力沿各级排水沟道自流至容泄区的排水方式。适用条件为排水干沟出口处的设计排水位必须高于容泄区的水位。是历史最为悠久，采用最为广泛的一种农田排水方式。

(赖伟标)

自吸离心泵 self-priming centrifugal pump

不需要抽真空或人工灌水起动就能自动吸水的离心泵。按气、水混合的位置分外混式和内混式两种。它与一般离心泵不同的是：蜗壳体过水断面较大，出口处构成气水分离室；进口较高；停机后泵内能储存少量的水。自吸原理是起动后由于叶轮高速旋转，叶轮中的存水与吸入侧的空气混合而成气水混合物，并将其送至压出侧的气水分离室，空气从压出口逸出，水又重新沿蜗壳的回水孔流回到叶轮外缘（或叶轮的进口和叶轮内），再与空气混合。如此反复循环，直至泵内及吸水管内的空气排尽，叶轮进口处产生负压，形成吸水管的进水条件。泵即完成自吸过程。自吸时间随泵型而异，从几十秒到数分钟。适用于起动、停机频繁及流动抽水的场合。广泛用于船舶、消防、建筑施工、石油、矿山以及喷灌等方面。

(咸锟)

自压喷灌系统 sprinkler irrigation system by gravity

喷头的工作压力来自水源天然势能的喷灌系统。当水源的水位高出灌区地面高程很多时，用管道输水到田间，能提供喷头正常工作所需要的压力。如果水源为泉水，而涌水流量很小，不能满足喷灌用水要求时，需要修建蓄水池，调节流量。这种系统不需要消耗电力或燃料，充分利用自然资源，是一种节能的途径，在有条件的地方应当大力发展。

(房宽厚)

渍 soak, water-logging

又称暗涝。作物根部土壤过湿现象。久雨或暴雨之后，由于地面过多水分未能及时排除，致使土壤中的水分接近或达到饱和状态，引起土壤通气不良，造成作物生长缓慢或萎缩死亡。地下水位过高或降雨过多，最易形成渍涝灾害。

(胡维松)

渍害 disaster of subsurface water-logging

作物主要根系层中土壤含水量过高所造成的灾害。因土壤中水、肥、气、热关系失调，作物生长受到抑制，以致减产。主要由于长期阴雨，日照不足，地下水位过高或土壤上层滞水所造成。进行农田排水，控制地下水位是治理渍害的主要措施。

(赖伟标)

zong

综合单位线 synthetic unit-hydrograph

综合时段单位线的简称。将时段单位线的要素进行地区综合得出具有该地区综合特性的单位线。并由此,推求该地区无资料流域上时段单位线。
(许大明)

综合灌溉定额 weighting irrigation quota

以各种作物种植面积占灌区灌溉面积的百分数为权重的加权平均灌溉定额。以 $M_{综}$ 表示。其计算公式为

$$M_{综} = \alpha_1 M_1 + \alpha_2 M_2 + \cdots\cdots + \alpha_n M_n$$

$\alpha_{1\sim n}$ 表示各种作物的种植百分数;$M_{1\sim n}$ 表示各种作物的灌溉定额。可根据水源的可供水量和综合灌溉定额确定灌区的灌溉面积。
(房宽厚)

综合灌水定额 weighting quota of irrigation water

同期灌水的几种作物的加权平均灌水定额。以 $m_{综}$ 表示。其计算公式为

$$m_{综} = \alpha_1 m_1 + \alpha_2 m_2 + \cdots\cdots + \alpha_n m_n$$

$\alpha_{1\sim n}$ 表示各种作物种植面积占总灌溉面积的百分数;$m_{1\sim n}$ 表示各种作物的灌水定额。计算综合灌水定额的目的在于简化灌溉用水量的计算工作,它和灌区总灌溉面积的乘积就是灌区同期的灌溉用水量。
(房宽厚)

综合利率 composite interest rate

不同利率的加权平均值或算术平均值。不同的资金来源有不同的利率,在进行动态计算时为计算方便,常采用综合利率进行经济计算和评价。
(戴树声)

综合利用水利工程 multipurpose water resources project

又称多目的水利工程。同时服务于几个用水部门或目的的水利工程。水资源的综合利用是水利建设的一项重要原则。在河流上修建水库是综合利用水资源的有效设施,例如丹江口水利枢纽。综合利用水利工程可能服务的目的包括:灌溉、城市与工业供水、水力发电、航运、渔业、防洪、治涝、旅游和环保等。其组成建筑物一般可分为专用工程与共用工程两类。与单一开发目的水利工程相比,设计综合利用水利工程有以下特点:①对于各水利部门之间存在的矛盾,应统筹兼顾、"先用后耗",尽可能利用发电下泄水量满足下游工农业需水,力争"一水多用、一库多用";②考虑各用水部门设计保证率不同对工程参数选择的影响;③在有关水利部门间合理分摊费用。综合利用水利工程是多种多样的,如古老的都江堰,兼有分洪、灌溉、航运之利;拟议中的南水北调东线工程,为灌溉、城市与工业供水、分洪与排涝、航运等多个水利部门服务。
(谈为雄)

综合利用水利枢纽 multiple purpose hydro-junction

为充分利用水资源,实现多种目标而兴建的具有国民经济不同部门综合效益的水利枢纽。如高坝大库的河川水利枢纽,可以拦蓄洪水,对上下游人民及工农业生产有防洪保护作用;可以调节径流,集中落差,进行水力发电;可以提供灌溉、给水水源或航运水深;可以进行水产养殖以及形成旅游胜地等。但兴建水利枢纽需要巨额投资,建成后上游受淹没、浸没损失,并可能对生态环境产生影响。为此规划设计水利枢纽时要注意最大限度开发综合利用效益,尽可能克服不利影响。
(王世夏)

综合评价 integrated evaluation

在经济评价的基础上对建设项目作出的综合分析与判断。一般从以下几方面进行研究:技术评价、经济评价、政治评价、社会评价、环境生态评价,以定性分析为主。近年来开始引入多目标决策分析方法研究众多方案的定量分析比较。
(谈为雄)

综合效益 composite benefits

某项工程有关各部门的效益之总和。若部门间的效益有一部分是重复的,则应剔除其重复部分。如洪、涝两种灾害有时交错一起,在计算总效益时应把重复部分扣除。
(戴树声)

综合需水图 aggregative water demand

水库进行综合利用所应满足的总需水图。国民经济各用水部门,如居民及工业给水、农业灌溉、水电站发电、天然河道中的通航等,在水工建筑物完工投入运行后某个需求水平时的年内逐月需水过程线图。绘制综合需水图不是简单地把各部门需水量同步累加,而要考虑到一水多用可能性,各时段按各用水部门所需流量求总和,但要扣去可以共用的部分。
(许静仪)

总费用法 tatal cost method

将各工程方案的投资费用都折算为作用在基准年(点)处的一次性总费用,并以经济分析期内折算总费用的大小来选择最优方案的方法。在同等程度满足国家或部门要求的前提下即各方案的效益相同的基础上以折算总费用最小的方案为最优方案。
(胡维松)

总库容 total storage

水库设计最高水位以下的库容。以 m^3 计。是水库设计中重要的特征参数,也是确定水利工程分

总理河道

简称总河。明代中央政府主管黄运两河事务的最高常设官职。明成祖迁都北京后，黄运两河有事时，中央临时派尚书、侍郎或都督一级官吏主持治理工作，称为总理河道、总（或提）督河道、总漕兼管河道等；至代宗景泰年间则指派都察院的都御使或副都御史、佥都御史主持治理工作。宪宗成化七年（1471年）始专设总理河道一职，由侍郎王恕首任。之后总理河道一般由尚书或侍郎级官员充任，又常兼都御史或副都（佥都）御史等衔，逐渐成为常设官职。隆庆时又加提督军务衔，万历时设总理河道兼提督军务。又有一段时间由漕运总督兼管河道，但后又分开。总理河道的下属有分管各河段的管河道及管洪、管泉郎中、主事和巡河、管河御史等；沿河地方官每省有一名按察司副使，每府有一名管河通判，每一州、县有一名管河州判或县丞主簿管理所属河段，并受其节制。

（陈菁）

总水资源 total water resources

可供开发利用、含义广泛的水资源总称。包括江河、湖泊、井泉以及高山积雪、冰川等可供长期利用的水量和水质；河川水流、沿海潮汐所蕴藏的天然水能；江河、湖泊、海港等可供发展水运的天然航道；以及可用来发展水产养殖事业的天然水域。

（许静仪）

总体 population

对某一研究问题，其相应随机试验所有可能的不同结果的全体，或对一随机变量 X 所有可能不同取值的全体。总体中所含的个体为有限个，称为有限总体；总体中所含的个体为无限个，称为无限总体。

（许大明）

纵缝 longitudinal joint

平行于坝轴线方向设置的施工缝。其作用是减

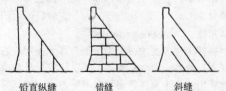

铅直纵缝　　错缝　　斜缝

小施工期的温度应力，满足混凝土浇筑要求。按布置形式可分为铅直缝、斜缝、错缝三种。铅直缝是最常用的一种纵缝，间距一般采用 15~30m，缝面上常设置三角形键槽，并预埋可靠的灌浆管路系统，待坝体冷却到稳定温度时，进行水泥灌浆使坝连成整体。错缝的缝面间不作灌浆处理，浇筑块的高度在基岩附近为 1.5~2.0m，在坝体上部一般不大于 3~4m。错缝间距为 10~15m，缝的错距不应超过浇筑块厚度的一半，以免沿铅直缝开裂。错缝可在低坝上使用，前苏联的德聂泊水电站拦河坝，采用错缝施工。

（林益才）

纵向弯曲稳定安全系数 safety factor for longitudinal bending stability

用以防止受压杆件丧失纵向弯曲稳定性的承载能力安全储备。通常可用压杆所能承受的极限应力（或临界应力）与压杆实际应力之比值 K 表示。如支墩坝按柱条计算时，要求其 $K \geqslant 2.0~3.0$。

（林益才）

纵向围堰 longitudinal cofferdam

轴线与水流方向近于平行的围堰。常在分期导流中采用。

（胡肇枢）

ZU

阻滑板 plate against sliding

铺设在水闸或土基上溢流坝上游河床与闸、坝底板前端整体连接的钢筋混凝土防渗板。利用其刚性板的自重及其上的水重在板底地基上产生摩阻力，辅助闸、坝分担其承受的一部分水平水压力的推力作用，以增加闸、坝的抗滑稳定性。具有防渗及阻滑的双重作用。在连接处除用止水设施外，与闸坝底板需用钢筋相连，以起整体阻滑作用，且呈铰接的连接方式以适应板与闸坝的不均匀沉陷。

（王鸿兴）

阻抗调压室 resistance orifice surge tank

又称阻力孔调压室。底部通过阻力孔与引水道连接的调压室。水流进出调压室时在阻力孔处有附加水头损失，故室内的水位波动振幅小，衰减快，电站正常运行时水流经过调压室底部的水头损失小。但阻力孔的存在对反射水击波不利，故阻力孔尺寸和形状的选择应既能有效减小水位波动振幅和加快波动衰减，又不致过分恶化对水击波的反射而引起引水道和压力水管投资的较大增加。适用于引水道不太长的水电站。

（刘启钊）

阻力系数法 resistance coefficient method

根据渗流区分段用理论分析得出的各段渗流阻力系数，对闸、坝基下渗流要素进行计算的一种方法。对难以用理论解答的复杂地下轮廓，先分解为几个可以得理论解的典型渗流段，然后再用理论解求各段的阻力系数 δ_i，为各段边界条件的函数；则各段水头损失 $h_i = \delta_i \dfrac{H}{\sum\limits_1^n \delta_i}$（$H$ 为已知上、下游水头差）；再由下游渗流出口向上游依次叠加得各段

分界点的水头，并直线相连即得基底上的渗流压力分布图。按 $J_i = \dfrac{H}{T_c \sum\limits_{1}^{n} \delta_i}$（$T_c$ 为计算深度）可求各段的渗流坡降 J_i。亦可按公式计算渗流量。方法简便、精确，适用于大、中型闸、坝工程渗流分析，但不能解决非均质地基的渗流问题。

（王鸿兴）

阻力相似准则 similitude criterion of resistance

以阻力系数保持同量表示的流体运动相似准则。一般写为

$$\lambda = idem$$

λ 为无因次阻力系数。常用于管流和明渠流，是其现象相似的必要条件。λ 通常是雷诺数和边界相对粗糙度的函数。但在层流区 λ 只和雷诺数有关；而在紊流的阻力平方区，λ 只和边界相对粗糙度有关。水工中研究的问题原型多属紊流阻力平方区流态，故只要模型也在此流态区并做到完全几何相似，包括相对粗糙度也能实现模型与原型同量，则能保证模型与原型阻力相似，而不必要求雷诺数同量。其实质是当雷诺数足够大时黏滞阻力忽略不计，几何相似就可保证阻力相似。故阻力平方区（也称粗糙区）是重要的自动模型区。

（王世夏）

组合式排水 combined type drain

根据工程需要集多种排水形式成一体的排水体。例如，对下游高水位持续时间不长的情况，可采用贴坡排水与棱体排水相结合的形式，以节省石料。

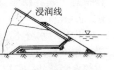

（束一鸣）

zui

最大分子持水量 maximum molecular moisture holding capacity

薄膜水的水膜达到最大厚度时土壤中所含的水量。包括全部吸湿水和薄膜水。一般为吸湿系数的 2～4 倍。可用离心法或薄膜平衡法测得。

（刘圭念）

最大工作容量 maximum working capacity

见工作容量（62页）。

最大过水能力 maximum flow capacity

见发电流量（63页）。

最大水头 maximum head

水利工程正常运行情况下，作用水头的最大值。一般是指水库正常蓄水位与保证流量所相应的下游水位之差。

（陈宁珍）

最小水头 minimum head

水利工程正常运行情况下，作用水头的最小值。一般是指水库死水位与水轮机预想出力所相应的下游水位之差。

（陈宁珍）

最优等效替代工程费用 optimun equivalent substitution of project cost

同等程度满足国民经济需要的各种替代工程措施中最优措施所需的费用。有时，将等效最优替代工程的费用，作为选用工程的效益。例如，采用同等程度满足电力系统对电力、电量要求，以影子价格计算的替代工程的费用作为水电工程的发电效益。对于具有综合利用效益的水电建设项目，原则上均应以同等效益的替代方案的费用作为该项目的效益。

（胡维松）

最优含水量 optimum moisture content

黏性土在一定压实功能下最大干堆积密度所对应的含水量。其值常在塑限含水量附近，故土坝用黏性土料填筑时一般控制其含水量在塑限附近，使填筑干堆积密度达到设计要求所需压实功能最小。

（束一鸣）

ZUO

作物根系吸水层 crop main root zone

作物主要根系分布的土层。是作物吸取水分的主要场所，是人工调节和控制土壤水分的区域。根据这个区域的水量平衡计算制定旱作物的灌溉制度。

（房宽厚）

作物灌水生理指标 physiological index of crop irrigation

能灵敏地反映作物体内水分状况和对灌溉需求的生理性状。是确定适宜灌溉时间的依据。已知的有叶水势、细胞液浓度、气孔开张度等。例如：棉花叶水势达到 $-14 \sim -15 \times 10^5$ Pa 时，就需要灌水；冬小麦功能叶的细胞液浓度，拔节到抽穗期超过 9%，抽穗后高于 10%～13%，就应灌溉；甜菜的气孔开张度达 5～7μm 时，也应灌溉。但不同地区、不同作物、不同品种、不同生育期以及同一植株不同部位，其指标均不完全相同，需结合当地情况，进行试验研究。

（刘圭念）

作物耐旱能力 drought resistance of crop

作物忍受或抵抗水分亏缺的性能。作物的抗旱能力各不相同，例如黍、稷、谷子、高粱、玉米、小麦六种作物的耐旱能力依次递减。作物耐旱的原因，有的是有发达的根系可吸收深层土壤中的水分；有的因具有表皮毛、角质层、下陷气孔或可使叶片卷曲的运动细胞等可减少蒸腾水量；有的因原

生质有较强的抗脱水能力，在干旱条件下仍能正常进行光合作用，不致因一时缺水而引起生理代谢紊乱等。它是制定灌溉制度、确定灌水时间、合理利用水资源的重要依据。　　　　　　　（刘圭念）

作物耐涝能力　water-logging resistance of crop

作物在土壤水分饱和甚至淹水条件下具有的忍受能力和抵抗特性。不同作物有很大差异。例如，高粱淹水10d，水退后仍能正常生长发育并获得一定产量。玉米淹水4d即叶片枯黄。它还包括允许淹水时间和允许最大淹水深度等内容。是合理布局作物和在排涝工程规划设计中确定排涝历时的重要依据。　　　　　　　　　　　　（刘圭念）

作物耐淹能力　waterlogging endurance of crop

作物在受淹情况下不致影响产量的抗逆能力。是农田排水工程规划设计的重要依据。常用耐淹水深和耐淹历时两项指标表示。前者为在一定的淹水时间内，不影响作物产量的田面积水深度；后者指一定的淹水深度在不致危害作物正常生长的前提下所允许的淹水时间。两者关系密切，且均随作物种类、品种、生育阶段和气象条件等因素而异。
　　　　　　　　　　　　　　（赖伟标）

作物耐渍深度　allowable depth of groundwater for corp

不影响作物正常生长的地下水位埋藏深度。当地下水位超出这一限度时，会因根系层土壤过湿而危害作物生长。其值随作物种类、生育阶段和土质条件等因素而异，可通过调查试验确定。是确定排渍深度的主要依据。　　　　　（赖伟标）

作物生理需水　physiological water requirement of crop

作物体内物质代谢、输导蒸腾、生长发育等过程对水分的需求。通常指经根系吸收、体内运输、叶面蒸腾的水量。是维持植物正常生命活动所必须的水分，与作物体内营养代谢、物质积累有密切关系。　　　　　　　　　　　　（刘圭念）

作物生态需水　ecological water requirement of crop

调节和改善作物生长的环境条件，以促进作物正常生长发育所需要的水分。通过改变作物栽培环境，主要是土壤及近地面空气的温度、湿度等，对作物生长能产生很大的影响。例如，寒潮到来之前，对早稻秧田灌以深水，借助水的较大的热容量，能有效地防止温度骤降，保护秧苗免受低温危害。　　　　　　　　　　　　　　（刘圭念）

作物水分亏缺　plant water deficit

作物吸收的水量不足以补偿蒸腾散失的水量时，体内含水量降低，破坏了正常水分平衡的现象。由于作物蒸腾作用过强或土壤含水量过低等原因，常出现水分亏缺，不利于作物生理活动的正常进行，严重时会产生凋萎，甚至死亡。　　（刘圭念）

作物系数　crop factor

作物需水量和参照需水量的比值。常以 K_c 表示，需通过试验确定。该值比较稳定，在作物生长过程中的变化规律是：前期由小到大，在作物生长旺盛时期达到最大值（1.0左右），后期又逐渐减小。根据作物生长期的气象资料计算出参照需水量，再乘以 K_c 值，就得到所需要的作物需水量。
　　　　　　　　　　　　　　（房宽厚）

作物需水量　evapotranspiration requirement

为了作物正常生长，田间需要消耗的水量。主要包括作物叶面蒸腾水量和棵间蒸发水量两部分。其数量受气象、土壤、作物品种、耕作方法等多种因素的影响。常用试验方法确定或用经验公式、半经验公式估算。　　　　　　　（房宽厚）

作物需水量模比系数　stage percentage of evapotranspiration

作物各生育阶段的需水量占全生育期总需水量的百分数。有些经验公式只能求得全生长期的总需水量，借助这个系数把总需水量分配到作物各个生长阶段，就得到作物的需水过程，作为制订灌溉制度的依据。　　　　　　　　　　（房宽厚）

作物需水临界期　critical period of crop water requirement

作物对水分不足特别敏感的时期。这个时期如果供水不足，会严重影响作物生长发育，导致产量大幅度降低。一般以籽实为收获物的作物，多出现在营养生长向生殖生长过渡的时期；以块根、茎杆及叶片为收获物的作物，则出现在营养生长期。它是科学的安排作物种植比例和编制灌溉用水计划，以充分发挥水的经济效益，确保农业总产量提高的重要依据。　　　　　　　　　　　（刘圭念）

作物需水特性　property of crop water requirement

作物在正常生长条件下需要消耗水分的数量及其变化规律。是合理灌溉和科学用水的依据，也是灌排工程规划设计的依据之一。作物需水量受太阳辐射、温度、湿度、作物种类、品种特性、土壤性质及农业技术措施等多种因素的综合影响而存在明显差异。不同作物，甚至同种作物在不同地区、不同水文年份、不同栽培措施下，每生产等量干物质所耗水量差异很大；同种作物在不同生育阶段的日耗水量也明显不同。一般前期少，生育盛期出现高峰，后期又减少。不同作物水分敏感期出现的时间也各不相同。这些特性都是合理灌排的重要依据。
　　　　　　　　　　　　　　（刘圭念）

作物需水系数　water requirement factor

在用单因子计算作物需水量的经验公式中，作物需水量和单因子的比例常数。例如：在以作物计划产量 Y 为参数的计算公式 $E=KY$ 中的"K"；以水面蒸发量 E_0 为参数的计算公式 $E=\alpha E$ 中的"α"。通过实际试验取得。其值随作物品种、产量水平、耕作技术、气象条件等因素而变化，不是常量。

（房宽厚）

作用筒　servomotor

见接力器（132 页）。

外文字母・数字

pF 值　pF-value

土壤水吸力以厘米水柱高度表示时的对数值。当土壤水吸力为 300cmH₂O 和 1000cmH₂O 时，其值分别为 2.48 和 3.0。是表示土壤水能量状态的指标之一，系 1935 年由英国斯柯费尔（R.K.Schofield）首先提出。由于它表示土壤水吸力概念不够清楚，单位换算也较困难，已逐渐被废弃。

（刘圭念）

S 曲线　S-hydrograph

连续的等强度净雨形成的流域出流过程线。是一条单调上升并趋于一极限值的曲线，形如 S。该极限值数值上等于净雨强度，达极限值时，流域进出水量相等，出现稳定状态。可由时段单位线累加或瞬时单位线积分而得。

（刘新仁）

U 形薄壳渡槽　U-shaped shell aqueduct

槽身断面为 U 形薄壳的梁式渡槽。其特点是槽壁厚度小、经济、重量轻、便于吊装。U 形断面主要指半圆形加直段，也可以是半圆形、半椭圆形和抛物线形，中国多采用半圆形加直段，其他形状因设计施工复杂、内力改善不明显而较少采用。为便于支承和改善槽身的受力状态，在支点处设置外轮廓为梯形或折线形的端肋，在顶部每隔 1～2m 设置横向拉杆。薄壳槽身的结构计算采用有限元法，当受条件限制时也可采用近似计算方法，视跨长与槽宽比值（l/D）而定，长壳（$l/D>3\sim4$）近似按梁理论计算，中长壳（$0.5\sim1.0<l/D<3\sim4$）按薄壳理论折板法计算，短壳（$l/D<0.5\sim1.0$）按圆柱壳的弯曲理论或半弯曲理论计算。

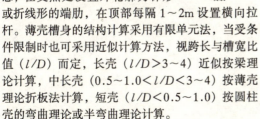

（沈长松）

WES 剖面　profile of WES (Waterway Experiment Station)

由美国陆军工程师兵团水道实验站提出的溢流曲线所组成的非真空实用堰剖面。设计水头时的流量系数 $m=0.503$。具有工程量小，无有害的负压及泄流能力大等特点。一般表达式为：
$$x^n = kH_s^{n-1}y$$
其中 H_s 为定型设计水头；k、n 分别为与上游坝面坡度有关的系数和指数；x、y 为溢流面曲线的坐标值，原点取在溢流堰的最高点。

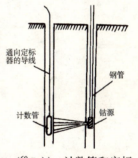

（林益才）

γ 射线测水仪　gamma-ray moisture meter

根据 γ 射线强度变化与土壤含水量的相关性测定土壤含水量的仪器。γ 射线穿过土壤后，由于土壤固体和土壤水分的吸收而强度减弱。当土壤固体密度一定时，减弱的程度取决于土壤含水量。由 γ 射线辐射源（一般采用钴 60（^{60}Co））、计数管和定标器组成。测定时钴源安放在待测土层中，各组成部分安装（如图）。在室内和田间都可使用，观测方便、较精确，但受土壤容重影响较大。

（刘圭念）

π 定理　π theorem

又称布金汉 π 定理。量纲分析法的基本原理。英国人 E. 布金汉（E. Buckingham）最先提出。定理指出：若某一物理过程的函数式包含 n 个物理量，其中 k 个具有相互独立的量纲，则该函数式必能变换为包含（$n-k$）个由这些物理量组成的无量纲准数（π_i）的等价函数。设原函数式为
$$f(x_1, x_2, \cdots, x_k, x_{k+1}, x_{k+2}, \cdots, x_n)=0$$
其中前 k 个物理量具有相互独立量纲，按本定理即可写成下列等价函数式
$$f(\pi_1, \pi_2, \cdots, \pi_{n-k})=0$$

式中

$$\pi_1 = \frac{x_{k+1}}{x_1^{\alpha_1} x_2^{\alpha_2} \cdots x_k^{\alpha_k}}$$

$$\pi_2 = \frac{x_{k+2}}{x_1^{\beta_1} x_2^{\beta_2} \cdots x_k^{\beta_k}}$$

……

$$\pi_{n-k} = \frac{x_n}{x_1^{\rho_1} x_2^{\rho_2} \cdots x_k^{\rho_k}}$$

上述 π_i 的诸表达式中指数 α_1、α_2、$\cdots\alpha_k$，β_1、β_2、$\cdots$、β_k，$\cdots$，ρ_1、ρ_2、$\cdots$、ρ_k 等可据分子与分母量纲齐次性原则定出。此定理揭示了物理量之间函数关系的结构，并对相似理论有巨大价值。对于复杂的物理现象，即使不知其具体物理方程，只要知其有关物理量，就能求出其所有准数 π_i；而这些 π_i 亦即相似准数，从而给该现象的物理模型研究提供了理论基础，并可实现模型与原型的相似换算。

（王世夏）

词目汉语拼音索引

说 明

一、本索引供读者按词目汉语拼音序次查检词条。
二、词目的又称、旧称、俗称、简称等，按一般词目排列，但页码用圆括号括起，如(1)、(9)
三、外文、数字开头的词目按外文字母与数字大小列于本索引末尾。

a

阿福斯卢伊迪克土坝	1
阿基米德螺旋泵	(164)
阿斯旺水库	(174)
阿塔图尔克水库	1

ai

埃德蒙斯顿泵站	1
埃尔卡洪拱坝	1
艾山渠	1

an

安丰塘	(216)
安康水电站	1
《安澜纪要》	1
安全超高	1
安全泄量	1
鞍座	(83)
岸边绕渗	2
岸冰	2
岸墙	2
岸塔式进水口	2
暗管灌溉	2
暗管排水	2
暗涝	(342)

ao

奥海土坝	2
奥罗维尔土坝	2
澳	(227)
澳闸	2

ba

八堡圳	3
八卦水车	(56)
八字形斜降墙式进口	3
巴克拉重力坝	3
巴拉那河	3
巴斯康蒂抽水蓄能电站	3
坝	3
坝顶	3
坝顶溢流	3
坝根	3
坝后背管	(6)
坝后式厂房	4
坝基排水孔	4
坝基渗压观测	4
坝基扬压力观测	4
坝内廊道	4
坝内埋管	4
坝内式厂房	4
坝区河道整治	4

坝上游面管	5
坝身	5
坝身进水口	5
坝身排水管	5
坝身泄水孔	5
坝式水电站	5
坝田	5
坝头	5
坝头冲刷坑	6
坝下埋管	6
坝下游局部冲刷	6
坝下游面管	6
坝型选择	6
坝趾压重	6
坝轴线	6
垾	6

bai

白公渠	(7)
白沟	6
白起渠	7
白渠	7
白沙口潮汐电站	7
白山水电站	7
百里长渠	(24)
摆幅	(106)

ban

班基水轮机	7,(226)
板桩	7
板桩坝	7
半潮位	7
半固定式喷灌系统	7
半贯流式水轮机	8
半日潮	8
半水内冷式发电机	8

bao

包气带	8
雹	8
雹块	(8)
薄拱坝	8
薄膜水	8
饱和产流	8
饱和含水量	8
饱和坡面流	8
饱和水汽压	8
饱和水汽压差	8
饱和差(saturation deficit)	(250)
宝鸡峡引渭灌区	8
保险费法	9
保证出力	9
保证出力图	9
保证电能	9
保证供水线	(67)
暴雨	9
暴雨点面关系	9
暴雨洪水	9
暴雨径流	9
暴雨径流查算图表	9
暴雨强度公式	9
暴雨强度历时频率关系	9
暴雨时面深关系	9
暴雨统计特征	10
暴雨移置	10
暴雨组合	10

bei

陂	10
北海	(10)
《北河纪》	10
北江	10
北洛河	(165)
贝加尔湖	10
贝奈特水库	10
备用容量	10
背压式汽轮机	10
被补偿水库	10

beng

崩塌	10
崩窝	10
泵车	11
泵船	11
泵房	11
泵壳	11
泵站	11,(32)
泵站测流	11
泵站传动装置	11
泵站电气设备	11
泵站辅助设备	12
泵站管理	12
泵站机电设备	12
泵站机组安装	12
泵站技术经济指标	12
泵站节能	12
泵站泥沙	12
泵站水锤	12
泵站水击	(12)
泵站水力(液体)过渡过程	(12)
泵站效率	13
泵站运行管理	13
泵站装置效率	(13)
泵站自动化	13

bi

比尺效应	13
比降	13
比拟相似	13
比速	(228)
比转数	(228)
必需容量	13
毕肖普法	13
闭气	13
闭水三脚	(167)
碧口水电站	13
避雷器	14
避雷线	14
避雷针	14

bian

边墩	14
边墩绕流	(2)
边际费用	14
边际分析法	14
边际收益递减律	(14)
边际效益递减律	14
边铰拱坝	14
边滩	14
编篱建筑物	14
汴河	(15)
汴渠	14
汴水	(15)
汳水	(15)
变动成本	15
变态模型试验	15
变态相似	15
变形观测	15
变压器	15
辨土脉	15

biao

标准差	15
标准煤	15
标准煤耗	(16)
标准煤耗率	16
表层流	16,(205)
表孔	16
表孔闸门	16
表面式排水	16
表面张力相似准则	16

bin

		不可分费用	18	侧向绕流	(2)
		不偏估计	18	侧注	21
		不确定性分析	18	测流堰	21
宾汉流体	16	不透水建筑物	18	测雨雷达	21
		不蓄出力	19	测站	(252)
		不蓄电能	19		

bing

				ceng	
		不淹没丁坝	19		
		不淹没整治建筑物	19		
冰坝	16	不与水争地	19	层移质	21
冰雹	(8)	不足电库容	19		
冰川	16	布赫塔尔玛水库	19	cha	
冰川湖	16	布金汉π定理	(347)		
冰川积累	16	布拉茨克水库	19	差动调压室	21
冰川径流	16			差积曲线	(22)
冰川融水	16	cai		差累积曲线	22
冰川水资源	16			差缺灌溉	22
冰川消融	17	财务净现值	19	插管井	22
冰川运动	17	财务效益费用比	19	察布查尔渠	22
冰斗冰川	17	裁弯工程	19	汊道分流比	22
冰盖	17	裁弯取直	19	汊道分沙比	22
冰情观测	17			岔流	22
冰塞	17				
冰凇	(2)	can		chai	
冰压力	17				
并联水库群	17	参考需水量	(20)		
并联水库最优蓄放水次序	17	参考作物需水量	(20)	柴塘	22
		参数估计	20		

bo

		参照需水量	20	chan	
				掺气槽	22
拨改贷	17	cao		掺气坎	22
波浪流	17			掺气抗蚀设施	23
波速	17	糙率控制	20	产流方式	23
波温比	17	糙率校正	20	产流历时	23
波漾	(53)	曹公圳	20	产流量	23
波涌灌溉	17	漕	20	产流面积	23
波状水跃	18	漕河	20	产品成本	23
播前灌溉	18	《漕河图志》	20		
勃莱法	18	漕渠	(20)	chang	
		漕运	20		

bu

		槽蓄曲线	20	《长安志图·泾渠图说》	23
		草土围堰	21	长波	23
补偿	18			长丁坝	23
补偿水库	18	ce		长湖	(128)
补偿调节	18				
补救赔偿费	18	侧槽溢洪道	21	长江	23,(129)
不充分灌溉	(22),(146)	侧滚轮式喷灌机组	(95)	长江流域	24

长江三角洲	24					
长江三峡	24	**che**		**chong**		
长江中下游平原	24					
长渠	24	车船坝	27	冲击式水轮机	30	
长藤结瓜式灌溉系统	24	车厢渠	27	冲击式扬水机	(231)	
长系列操作法	(138)	掣溜	(60)	冲积河流阻力	30	
常规设计方法	25			冲积平原	30	
常累积曲线	25	**chen**		冲沙底孔	30	
常流水	25			冲沙廊道	30	
常压模型试验	25	沉积湖	27	冲沙闸	30	
厂房构架	25	沉排坝	27	冲刷坑	30	
厂用变压器	25	沉排护岸	27	冲洗定额	30	
厂用变压器室	25	沉沙槽式取水	28	冲洗改良盐碱地	30	
厂用电	25	沉沙池	28	冲洗脱盐标准	31	
厂用电率	25	沉沙条渠	28	冲洗效率	31	
		沉树	28	冲泻质	31	
chao		沉陷缝	28	重复容量	31	
		沉陷观测	28	重现期	31	
超定量法	25	沉陷系数法	(123)			
超渗产流	25	沉箱坝	28	**chou**		
超渗坡面流	25	沉枕护岸	28			
超声波测深仪	(118)	陈村水库	29	抽汽式汽轮机	31	
巢湖	25			抽水机	31	
潮白河	25	**cheng**		抽水排水	(267)	
潮波	25			抽水枢纽	31	
潮差	26	成国渠	29	抽水蓄能泵站	31	
潮幅	(26)	成井工艺	29	抽水蓄能电站	31	
潮流	26	承压水	29	抽水蓄能电站厂房	32	
潮流界	26	城门洞形隧洞	29,(331)	抽水蓄能电站运行方式	32	
潮区界	26	城市防洪工程	29	抽水蓄能电站综合效率	32	
潮水河	26			抽水站	32,(11)	
潮汐泵站	26	**chi**		抽样误差	32	
潮汐表	26					
潮汐电站	26	池	29	**chu**		
潮汐电站厂房	26	池式鱼道	29			
潮汐电站运行方式	26	持水曲线	(278)	出口扩散段	32	
潮汐河口	27	齿墙	29	出力	32	
潮汐河口整治	27	斥卤	29	出力系数	32	
潮汐水能资源	27	赤道流	29	出水池	32	
潮汐调和分析	27	赤道逆流	29	出水流道	32	
潮汐谐波分析	(27)	赤道潜流	30	出线层	33	
潮汐预报	27	赤山湖	(30)	初步设计	33	
潮汐预报表	(26)	赤山塘	30	初生空化数	33	
				初损	33	
				除涝	33	

除涝设计标准	33			大型水电站	39
储水灌溉	33			大型水利工程	39
				大修费	39
chuan		**cui**		大修理费提取率	39
		脆性材料结构模型试验	35	大循环	(282)
川水	33			大洋环流	39
川字河	33	**cuo**		大野泽	39,(140)
船闸	33			大禹治水	39
串沟	34	错口丁坝	36	大运河	(135)
串沟水	34				
串联水库模型	34	**da**		**dai**	
串联水库群	34	打井机具	36		
串联水库最优蓄放水次序	34	打阵	36	代表流域	39
		大坝	36	带状耕作	39
chuang		大坝安全监控	36	贷款偿还年限	39
		大坝安全监控混合模型	36	埭	40
床面形态判别准则	34	大坝安全监控确定性模型	36	戴村坝	40
床沙粗化	34	大坝安全监控统计模型	36		
床沙质	34	大坝防洪标准	36	**dan**	
床沙质函数	34	大坝原型观测数据处理	37		
		大潮	37	丹江口水利枢纽	40
chui		大狄克逊重力坝	37	丹尼尔约翰逊水库	40
		大沽零点	37	单拱坝	40
吹流	(190)	大古利水电站	37	单级开发	40
垂直护岸	35	大骨料井	37	单库潮汐电站	40
垂直排水	35	大湖区	37	单位电能成本	40
垂直摇臂式喷头	35	大化水电站	37	单位电能耗水率	40
		大伙房水库	37	单位电能投资	(40)
chun		大甲溪	38	单位发电量投资	40
		大甲溪梯级水电站	38	单位过程线	40
春汛	35	大陆冰川	(38)	单位库容迁移人口	40
纯抽水蓄能电站	35	大陆冰盖	(38)	单位库容淹没耕地	41
纯拱法	35	大陆冰盖型冰川	38	单位千瓦年费用	41
		大陆泽	38	单位千瓦迁移人口	41
ci		大迈松抽水蓄能电站	38	单位千瓦投资	41
		大气辐射	38	单位千瓦淹没耕地	41
茨防	(212)	大气干旱	38	单位线	(40)
磁化水灌溉	35	大气逆辐射	38	单向调压室	41
刺墙	35	大气湿度	(145)	单向阀	(332)
刺水堤	35	大清河	38	单元接线	41
		大数定律	38	单支墩大头坝	41
cuan		大体积支墩坝	39	单种土质坝	41,(141)
		大通河	(272)	旦尼尔式鱼道	41,(125)
窜沟水	(34)	大头坝	39	淡水	41
		大屋抽水蓄能电站	(38)	淡水湖	41

dang

当地材料坝	41
挡潮闸	41
挡水坝	41,(3)
挡水建筑物	41
挡土墙	41

dao

导	42
导堤	42
导流盾	(42)
导流工程	42
导流屏	42
导流隧洞	42
导流系统	42
导墙	42
导沙槽	42
导沙坎	43
倒垂线法	43
倒灌	43
倒虹吸管	43
倒漾水	(43)
倒置梁法	43
稻田渗漏量	43
稻田适宜水层深度	43
稻田水量平衡	43

de

德基双曲拱坝	43
德瑞阿兹水轮机	44,(298)
德沃夏克重力坝	44

deng

灯泡泵	(90)
灯泡式水轮机	44
等半径拱坝	44
等高耕作	44
等流时线	44
等中心角拱坝	44

di

低坝	44
低潮位	44
低水	(147)
低水头水电站	44
低位沼泽	44
低温低压火电站	44
低压灌溉管道	44
堤	45
堤防堵口	45
堤防工程	45
堤防设计水位	45
堤围	(123)
隄	45
滴灌	45
滴灌系统	45
滴头	45
迪诺威克抽水蓄能电站	45
抵偿年限	45
抵偿年限法	45
底阀	46
底格里斯河	46
底孔	46
底孔导流	46
底栏栅式取水	46
底流消能	46
底沙	(281)
地表辐射	(47)
地表水灌溉	46
地表水资源	46
地基容许承载力	47
地面辐射	47
地面灌溉	47
地面径流	(331)
地面有效辐射	47
地区防洪标准	(292)
地区水利规划	47
地上河	(302)
地下厂房变压器洞	47
地下厂房出线洞	47
地下厂房交通洞	47
地下厂房通风洞	47
地下厂房尾水洞	47
地下灌溉	47
地下径流	48
地下轮廓线	48
地下埋管	48
地下排水模数	(186)
地下输水灌溉管道	48
地下水	48
地下水补给	48
地下水灌溉	48
地下水回灌	48
地下水浸润灌溉	48
地下水库	48
地下水矿化度	49
地下水利用量	49
地下水临界深度	49
地下水人工补给	(48)
地下水位	49
地下水下降漏斗	49
地下水资源	49
地形雨	49
地震作用	49
地质力学模型试验	49
地转流	(266)
第聂伯河	49
第一相水击	50

dian

滇池	50
电当量法	50
电度电价	50
电价	50
电库容	50
电力补偿	50
电力平衡	50
电力系统	50
电力系统负荷	50
电力系统负荷图	50
电力系统稳定性	50
电量价值	51
电量平衡	(51)
电模拟	51
电能成本	51
电能平衡	51
电气液压式调速器	51

电气主接线图	51	动力渠道的经济断面	54		
电站单位经济指标	51	动力渠道极限过水能力	54	**duan**	
电阻块水分计	51	动力渠道设计流量	55		
垫层系数法	(123)	动力隧洞	55	端面密封	(122)
		动力隧洞经济断面	55	短波	58
diao		动力隧洞临界流速	55	短丁坝	58
		动力相似	55	断层破碎带处理	58
凋萎点	(51)	动能经济计算	55	断裂抢险	58
凋萎湿度	(51)	动能指标	55	断流装置	58
凋萎系数	51	动水压力	55	断面结构模型试验	58
调水工程	51	动态规划	55		
		动态年负荷图	55	**dui**	
die		冻融侵蚀	55		
		洞顶净空余幅	55	堆石坝	58
跌水	52	洞顶压力余幅	56	堆石棱体排水	58
跌窝抢险	52	洞庭湖	56	堆芯	58
叠梁闸门	52			对坝	(58)
		dou		对冲消能	58
ding				对口坝	58
		兜湾	56	对口丁坝	58
丁坝	52,(35)	斗门	56	对流混合	59
丁坝副流区	(52)	斗渠	56	对流雨	59
丁坝回流区	52	斗式水车	56		
丁坝间距	52	陡槽	56,(298)	**dun**	
丁坝群	52	陡槽溢洪道	(142)		
丁厢	52	陡长	(56)	墩内式厂房	59
丁由石塘	52	陡河	(157)	廴船	(11)
顶冲	53	陡门	56		
定床模型试验	53	陡坡	56	**duo**	
定桨式水轮机	53	陡涨	56		
定轮闸门	53	豆满江	(275)	多功能泵站	59
定期冲洗式沉沙池	53			多级孔板消能工	59
定向爆破堆石坝	53	**du**		多角形接线	(116)
定振波	53			多孔系数	59
		都江堰	56	多跨球形坝	59
dong		都江堰灌区	57	多目标开发	59
		都水监	57	多目的水利工程	(343)
东江	53	督亢陂	57	多瑙河	59
东江水电站	53	独流减河	57	多年库容	(60)
东欧平原	54	渎	57	多年平均洪灾损失	60
东钱湖	54	楼铲	(163)	多年平均涝灾损失	60
动床模型试验	54	笃浪水	(128)	多年平均年发电量	60
动库容调洪演算	54	堵汊工程	57	多年调节库容	60
动力波	54	堵口	57	多年调节水电站	60
动力渠道	54	渡槽	57	多年调节水电站运行方式	60

多年调节水库	60	阀门相对开度	(63)	防洪规划	66
多种土质坝	60	筏道	63	防洪河道整治	66
夺溜	60			防洪库容	66
夺流	(60)	**fan**		防洪枢纽	66
俄罗斯平原	(54)			防洪限制水位	67
额定出力	(61)	翻板闸门	63	防洪兴利联合调度图	67
		翻车	63	防浪墙	67
e		翻沙鼓水	(89)	防凌措施	67
		翻水站	(32)	防破坏线	67
额定容量	61	樊口泵站	64	防弃水线	67
额尔齐斯调水工程	61	樊良湖	(81)	防守与抢险	67
额尔齐斯河	61	反拱底板	64	防淘墙	67
厄尔尼诺现象	61	反击式水轮机	64	防汛	67
堨	61	反滤层	64	防汛抢险费	67
		反滤料	64	防汛组织	67
er		反射辐射	64	防治土壤盐碱化	67
		反射率	64	放淤	67
二道坝	61	反水击	64		
二机式厂房	61	反调节	64	**fei**	
		反向坝	64		
fa		反翼墙走廊式进口	(131)	飞槽	68
		反应堆	64	飞渠	(68)
发电机层	62	饭泉调水泵站	65	非饱和带	(8)
发电机导轴承	62	范公堤	65	非常溢洪道	68
发电机定子	62			非均匀系数	(176)
发电机额定电压	62	**fang**		非牛顿流体	68
发电机额定容量	62			非线性规划	68
发电机额定效率	62	方程分析法	65	非溢流坝	68
发电机额定转速	62	枋口堰	65	非溢流重力坝	68
发电机飞轮力矩	62	枋堰	(65)	肥水灌溉	68
发电机功率因数	62	防	65	废黄河零点	68
发电机惯性时间常数	62	防冲板	(296)	费用分摊	68
发电机机械时间常数	62	防冲槽	65		
发电机冷却	62	防冲墙	(67)	**fen**	
发电机视在容量	62	防海大塘	(65)		
发电机推力轴承	62	防海塘	65	分布参数模型	69
发电机调相容量	62	防洪保证水位	65	分层流	(310)
发电机有功功率	63	防洪标准	66	分层式进水口	69
发电机转子	63	防洪措施	66	分层式取水	69
发电量	63	防洪调度	66	分汊型河道	69
发电流量	63	防洪调度线	66	分汊型河道整治	69
发电站年费用	63	防洪法	66	分洪道	(127)
阀门	63	防洪法规	66	分洪工程	69
阀门开度	63	防洪非工程措施	66	分洪区	69
阀门廊道	63	防洪工程	66	分洪水位	69

分洪闸	69	弗劳德数	73	**gan**	
分基型泵房	70	弗劳德准则	73,(337)		
分溜	70	伏尔加格勒水电站	73		
分流	70	伏尔加河	73	干旱	76
分流区	70	伏汛	73	干旱区	76
分期导流	70	扶壁式挡土墙	73	干旱指数	76
分期设计洪水	70	芙蓉圩	73	干砌块石护坡	77
分时电价	(72)	浮标测流	73	干砌石坝	77
分水河	70	浮船	(11)	干室型泵房	77
分水岭	(70)	浮山堰	74	感潮河段	77
分水线	70	浮体闸	74	干流	77
分水闸	70	浮体闸门	74	干渠	77
分水之制	70	浮箱闸门	74	淦	77
分析期	(244)	浮运式水闸	74	赣江	77
汾河	70	辐射井	74		
潢水	70	辐轴流式水轮机	74,(120)	**gang**	
		福隆堤	74		
feng		甫田	74,(194)	刚果河	77
		辅助消能工	74	刚性水击理论	78
丰满水电站	71	负荷备用容量	74	钢板衬砌	78
丰充渠	71	负荷图	(50)	钢板桩围堰	78
风暴潮	71	负水击	75	钢管不圆度	78
风暴增水	(71)	负效益	75	钢管刚性环	78
风洞	71	负压计	75,(325)	钢管加劲环	78
风浪	71	复式滑动面分析法	75	钢管渐变段	78
风浪抢险	71	复杂水库群	(120)	钢管进人孔	78
风冷式发电机	71	复闸	75	钢管临界外压	78
风力泵站	71	副坝	75	钢管伸缩节	78
风力水车	71	副流	75	钢管椭圆度	78
风蚀	72	傅里叶规则	75	钢管镇墩	78
封冻	72	富春江	75	钢管支承环	78
封拱灌浆	72	富民渠	(94)	钢管支墩	78
封河期	72	富营养湖	75	钢筋混凝土坝	78
峰谷电价	72	富营养沼泽	(44)	钢筋混凝土衬砌	79
峰荷	72			钢筋混凝土面板	79
峰荷煤耗	72	**gai**		钢筋混凝土面板坝	79
峰量关系	72			钢筋混凝土斜墙	79
峰量同频率放大	(273)	改道	76	钢筋混凝土斜墙坝	79
凤滩空腹重力拱坝	72	改良圆弧法	76,(75)	钢筋混凝土心墙	79
凤滩水电站	72	盖板式涵洞	76	钢筋混凝土心墙坝	79
缝隙式喷头	72	概化过程线	76	钢筋混凝土压力管	79
		概率	76	钢丝网水泥压力管	79
fu		概率分布	76	钢丝网水泥闸门	79
		概率分析	76	钢闸门	80
弗朗西斯式水轮机	73,(120)			埂城坝	80

gao

高坝	80	拱坝	83	古里水库	87
高壁拱形隧洞	80	拱坝坝肩稳定分析	83	古田溪梯级水电站	87
高潮位	80	拱坝布置	83	谷坊	87
高含沙水流	80	拱坝垫座	83	谷水	88
高家堰	80,(111)	拱坝厚高比	83	鼓堆泉水	88
高架筒车	80	拱坝经济中心角	(84)	固定成本	88
高水头水电站	80	拱坝三维有限元法	83	固定电价	(123)
高斯分布	(330)	拱坝试荷载法	84	固定年费用	88
高速水流观测	80	拱坝泄水孔	84	固定式喷灌系统	88
高位沼泽	81	拱坝应力分析	84	固定式喷头	88
高温高压火电站	81	拱坝重力墩	84	固结灌浆	88
高压断路器	81	拱坝周界缝	84	故县宽缝重力坝	88
高邮湖	81	拱坝最优中心角	84		
高转筒车	(80)	拱冠梁法	85	**gua**	
		拱梁分载法	85		
ge		拱式渡槽	85	瓜维欧土石坝	88
		拱筒	85	挂柳	88
		拱形涵洞	85		
		拱形闸门	85	**guan**	
		拱形重力坝	85		
搁田	(213)	共用工程	86	关中漕渠	89
格坝	81			关中盆地	(285)
格堤	81	**gou**		关中平原	(285)
格田	81			观测廊道	89
格田淹灌	81	勾头丁坝	86	官堤	89
隔板式鱼道	81	沟	86	官厅水库	89
隔堤	(81)	沟道护岸工程	86	管井	89
隔河岩重力拱坝	81	沟道治理工程	86	管理费	89
隔离开关	81	沟洫	86	管链水车	89
各态历经过程	82	沟灌	86	管式排水	89
		沟浍	86	管形涵洞	89
gong		沟垄耕作	86	管涌	89
		沟埋式涵管	86	管涌抢险	89
工业用电	82	沟蚀	86	贯流泵	90
工作库容	(300)	沟头防护工程	86	贯流式机组厂房	90
工作轮	(308)	沟洫	86	贯流式水轮机	90
工作桥	82	沟状侵蚀	87	惯性波	90
工作容量	82	构造湖	87	灌溉	90
工作闸门	82			灌溉保证率	90
供热式火电站	82	**gu**		灌溉泵站	90
供水成本	82			灌溉定额	90
供水工程经济效益	82	沽水	(96)	灌溉工程效益	(92)
供水效益分摊系数法	82	箍管	(126)	灌溉回归水	90
供水重复利用率	82	古比雪夫水库	87	灌溉计划用水	90
龚嘴水电站	82	古洪水	87	灌溉渠道跌水式水电站	90

灌溉渠道设计流量	90			海水盐度	97
灌溉渠道设计水位	90		**gui**	海塘	97,(100)
灌溉渠道输水损失	91			海涂	98
灌溉渠道系统	91	归海五坝	95	海涂围垦	98
灌溉设计标准	91	归江十坝	95	海啸	98
灌溉试验	91	龟塘	95	海洋潮汐	98
灌溉水费	91			海洋水文学	98
灌溉水利用系数	91		**gun**		
灌溉水源	91				**han**
灌溉水质	91	滚流	95		
灌溉系统	91	滚水坝	95,(310)	邗沟	98
灌溉效益	92	滚水石坝	95,(127)	含沙量	98
灌溉效益分摊系数法	92	滚移式喷灌机组	95	含沙量沿程变化	98
灌溉用水计划	(93)			含沙量沿水深分布	98
灌溉增产量	92		**guo**	含水层	98
灌溉制度	92			涵洞	99
《灌江备考》	92	国际灌溉排水委员会	95	涵管垫座	99
灌浆廊道	92	裹头	95	寒流	99
灌浆压力	92	过坝建筑物	95	汉江	99
灌区	92	过木机	96	汉渠	99
灌区次生盐碱化	92	过木建筑物	96	《汉书·沟洫志》	99
灌区工程管理	93	过木索道	96	汉水	(99)
灌区管理	93	过水堆石坝	96	汉延渠	99
灌区经营管理	93	过水土坝	96,(311)	旱井	(238)
灌区量水	93	过鱼建筑物	96	旱涝保收农田	99
灌区用水管理	93			旱涝碱综合治理	99
灌区用水计划	93		**hai**	旱田水量平衡	99
灌区组织管理	93			旱灾	99
灌水定额	93	海岸工程	96	捍海塘	100
灌水方法	94	海冰	96	捍海堰	100
灌水率	94	海港工程	96	焊接压力钢管	100
灌水模数	(94)	海河	96		
灌水周期	94	海河流域	96		**hang**
		海况	96		
	guang	海浪	97	航道整治	(272)
		海流	97	航运枢纽	100
光电测沙仪	94	海漫	97		
光电颗分仪	94	海宁潮	97,(196)		**he**
光面压力钢管	94	海平面	97,(192)		
广阿泽	(38)	海水	97	合流	100
广德湖	94	海水混合	97	合龙	100
广济渠	94	海水密度	97	河岸溢洪道	100
广通渠	94	海水水色	97	河槽	(101)
		海水透明度	97	河槽调蓄作用	100
		海水温度	97	河长定律	100

河川水利枢纽	101	河流水量补给	105	横向输沙	109
河川水能资源	101	河流水情	105	横向水位超高	109
河床	101	河流水文情势	(105)	横向围堰	109
河床式厂房	101	河流水源	(105)		
河床稳定性指标	101	河流弯曲系数	105	**hong**	
河床演变	101	河流自动调整	105		
河床溢洪道	101	河流纵剖面	105	红水河	109
河道整治规划	101	河漫滩	105	虹吸井	109
河道整治设计流量	101	河渠异重流	105	虹吸式取水	109
河道整治设计水位	101	河势	105	虹吸式溢洪道	109
河道总督	101	河水	106	洪泛区	109
河堤谒者	102	河滩造田	106	洪流演算	109
河防	102	河套灌区	106	洪水	110
《河防令》	102	河弯幅度	106	洪水波	110
《河防述言》	102	河弯跨度	106	洪水地区组成	110
《河防通议》	102	河弯曲率半径	106	洪水调查	110
《河防一览》	102	河弯蠕动	106	洪水调度	110
《河防志》	102	河网	106	洪水河床	(105)
《河干问答》	102	河网化	106	洪水痕迹	110
河工	102	河网密度	106	洪水警报	110
《河工器具图说》	102	河西古渠	107	洪水频率分析	110
河谷	103	河相关系	107	洪水设计标准	110
河口	103	河型	107	洪水统计特征	110
河口潮流	103	河型转化	107	洪灾	111
河口浮泥	103	河源	107	洪灾损失率	111
河口进潮量	103	核电站	107	洪灾损失增长率	111
河口拦门沙	103	荷载组合	107	洪泽湖	111
河口泥沙	103			洪泽湖大堤	111
河口区	103	**hei**		洪泽浦	(111)
河口沙坝	103			鸿沟	111
河口盐水楔	103	黑潮	107	鸿隙陂	111
河口涌潮	103	黑龙江	107		
河流	104	黑箱模型	108	**hou**	
河流崩岸	104				
河流比尺模型	104	**heng**		后套八大渠	111
河流冰情	104				
河流动力学	104	恒河	108	**hu**	
河流分汊比	104	恒河-布拉马普特拉河三角洲			
河流分级	104		(108)	呼伦池	(111)
河流横断面	104	恒河三角洲	108	呼伦湖	111
河流节点	104	恒升	108	弧形闸门	112
河流面积定律	105	恒压泵站	108	胡佛重力拱坝	112
河流泥沙	105	桁架拱渡槽	108	湖流	112
河流数定律	105	横缝	108	湖南镇水库	112
河流数学模型	105	横拉闸门	108	湖泊	112

湖泊沉积	112	环流	116	混凝土坝应力观测	120
湖泊环流	112	环形接线	116	混凝土衬砌	120
湖泊逆温层	112	环形堰	116	混凝土防渗墙	120
湖泊资源	112	环形闸门	116	混凝土建筑物接触土压力观测	121
湖水	112	换土垫层法	116	混凝土建筑物内部渗压观测	121
湖水混合	112			混凝土建筑物渗透观测	121
湖水水色	112	**huang**		混凝土伸缩缝观测	121
湖水透明度	113			混凝土围堰	121
蝴蝶阀	113	黄广大堤	117	混凝土预制板护坡	121
互感器	113	黄海零点	117		
护岸工程	113	黄河	117	**huo**	
护脚	113	黄河大堤	117		
护坦	113	黄河东平湖分洪区	117	活动坝	121
戽流消能	113	黄河流域	117	活动导叶	121
戽式消力池	113	黄淮海平原	117	活水灌溉	(155)
瓠子堵口	114	《黄运河口古今图说》	117	活性区	(58)
				火电站	121
hua		**hui**		火电站运行方式	121
				火电站最小技术出力	121
花凉亭水库	114	《回澜纪要》	118	火山湖	122
花园口堵口	114	回流	118		
花园口决口	114	回声测深仪	118	**ji**	
华北大平原	114	回填灌浆	118		
铧嘴	115	汇流历时	118	机电排灌	122
滑动平均模型	115	汇流区	118	机电排灌站	(32)
滑动抢险	115	会通河	118	机房	(11)
滑动闸门	115	惠农渠	118	机井	(89)
滑坡	115			机坑	122
滑坡涌浪	115	**hun**		机械密封	122
滑雪道式溢洪道	115			机械液压式调速器	122
		浑江梯级水电站	119	机翼形堰	122
huai		浑水灌溉	119	机组转速相对变化	122
		混合长度理论	119	矶	(122)
淮安抽水站	115	混合潮	119	矶头	122
淮河	116	混合贷款	119	鸡爪河	(33)
淮河流域	116	混合堵	119	鸡嘴坝	122,(259)
淮水	116	混合式抽水蓄能电站	119	积雪	123
淮堰	(74)	混合式开发	119	基本电价	123
		混合式水电站	119	基床系数法	123
huan		混合整数规划	120	基荷	123
		混联水库群	120	基荷煤耗	123
还本年限	116,(275)	混流泵	120	基荷指数	123
还本年限法	(274)	混流式水轮机	120	基流	123
还贷年限	(39)	混凝土坝	120	基膜势	123
还款期限	116	混凝土坝温度观测	120	基围	123

基准点	123	迦运河	(126)	浆砌石拱坝	130
基准年	123	迦河	126	浆砌石重力坝	130
《畿辅安澜志》	123	嘉陵江	126	降水	130
《畿辅河道水利丛书》	123	嘉南大圳	126	降雨径流关系	130
《畿辅水利四案》	124	嘉南灌区	127	降雨损失	130
激	124	架槽	(68)	绛岩湖	(30)
激堤	(124)	架空地线	(14)	绛州渠	130
极大似然法	124				
极限水击	124	**jian**		**jiao**	
极值分布	124				
急滩	124	湔江堰	127	交叉建筑物	130
集水池	(134)	检查廊道	127	交通廊道	130
集水面积	(160)	检修备用容量	127	交通运输用电	130
集水网道式水电站	124	检修闸门	127	胶合层压木滑道	131
集总参数模型	124	减河	127	胶莱运河	131
几何相似	124	减水坝	127	焦湖	(25)
几率格纸	124	减压井	127	角墙式进口	131
济水	124	减压模型试验	127	绞盘式喷灌机组	131
济州河	125	间断冲洗式沉沙池	(53)	校核洪水	131
济淄运河	125	间接成本	128	校核洪水位	131
给水度	125	间接费用	(88),(128)		
给水排水工程	125	间接水击	128	**jie**	
计划检修	125	间歇灌溉	128		
计算年限	(244)	间歇性河流	128	阶梯式丁坝	131
技术经济比较	125	减压箱	128	接触冲刷	131
技术设计	125	简单调压室	128	接触管涌	131
季抽水蓄能电站	125	建筑物测流	128	接触灌浆	131
季负荷率	125	荐浪水	128	接触流土	131
季节河	(128)	渐变段	128	接触质	131
季节性电价	125	鉴湖	128	接力器	132
季节性电能	125			揭河底现象	132
季节性容量	125,(31)	**jiang**		节制闸	132
季调节水电站	125			结构动力模型试验	132
		江都排灌站	128	结构静力模型试验	132
jia		江都水利枢纽	129	结雅水库	132
		江南海塘	129	桔槔	132
加糙槽式鱼道	125	江南河	(129)	截洪沟	(191)
加大供水线	(67)	《江南水利全书》	129	截流	132
加丁尼尔土坝	125	江南运河	129	截流堤	132
加箍压力钢管	126	江水	129	截流沟	132
加劲梁	126	江厦潮汐电站	129	截流环	133
加劲压力钢管	126	江心洲	129	截潜流工程	133
加里森土坝	126	浆河现象	129	截沙槽	(43)
加权平均水头	126	浆砌块石护坡	129	截渗沟	133
加压喷灌系统	126	浆砌石坝	129	解冻	133

解放式水车	(89)	井渠结合灌溉	137	具区	140,(264),(328)
借款偿还期	(39)	井式溢洪道	137	锯牙	140
借款期限	133	井田	137		
		景泰川电力提灌工程	137	**juan**	
jin		警戒水位	137		
		径流	137	卷埽法	140
金堤	133	径流变率	(172)	卷扬式启闭机	140
金沙江	133	径流补偿	137		
《金史·河渠志》	133	径流成因公式	137	**jue**	
津波	(98)	径流冲刷	138		
紧束缚水	(290)	径流还原计算	138	决〔決〕	140
紧水滩水电站	133	径流模数	138	决口	141
进出水管道	133	径流深度	138	绝对湿度	141
进口锥管	134	径流式水电站	138	绝对投资效益系数	(244)
进水池	134	径流调节	138	绝缘子	141
进水口淹没度	134	径流调节典型年法	138		
进水流道	134	径流调节时历法	138	**jun**	
进水闸	134	径流系数	138		
浸	134	径流形成过程	138	均方差	141
浸润线	134	径流总量	139	均值	141
浸润线观测	134	径向轴承	(62)	均质土坝	141
		径窅	139	浚川杷	(141)
jing		净辐射	139	浚川耙	141
		净水头	139		
茎流	135	净效益	139	**ka**	
京杭大运河	(135)	净效益法	139		
京杭运河	135	净雨	139,(23)	喀斯特水	(306)
泾函	135	静水池	139,(295)	卡布拉巴萨水库	141
泾河	135	静水压力	139	卡井	(142)
泾惠渠	135	静态年负荷图	139	卡拉库姆调水工程	141
泾惠渠灌区	135	静止锋雨	139	卡里巴水库	142
《泾渠志》	136	镜湖	(128)	卡门数	142
经济计算期	(244)			卡尼亚皮斯科水库	142
经济利用小时数	136	**jiu**		卡普兰式水轮机	142,(340)
经济使用年限	(245)				
经济寿命期	(245)	九河	139	**kai**	
经水	136	九江	139		
荆江大堤	136	九穴十三口	139	开敞式河岸溢洪道	142
荆江分洪区	136			开河	142,(133)
《荆州万城堤志》	136	**ju**		开河期	142
井泵	136				
井泵对口抽	(328)	《居济一得》	140	**kan**	
井泵站	136	矩法	140		
井的影响半径	136	巨鹿泽	140,(38)	坎儿井	142
井灌	136	巨野泽	140	坎井	(142)

坎门零点	142	空化数	145			
		空化系数	145	**kuan**		
kang		空气湿度	145			
		空气制动调压室	145	宽缝重力坝	148	
抗旱保墒耕作	142	空气阻抗调压室	145	宽尾墩	148	
抗旱天数	142	空蚀	(229)	宽限期	148	
抗滑混凝土洞塞	143	空蚀数	145			
抗滑稳定安全系数	143	空闲容量	146	**kuang**		
抗拉安全系数	143	空箱式挡土墙	146			
抗倾稳定安全系数	143	空注阀	146	框格填碴坝	148	
抗压安全系数	143	孔隙度	146	框架式支座	149	
		孔隙率	(146)			
kao		孔隙水	146	**kui**		
		孔隙水压力	146			
烤田	(213)	控制灌溉	146	溃坝	149	
		控制堰	146	溃坝洪水	149	
ke						
		kou		**kun**		
柯西数	143					
柯西准则	143,(265)	扣除农业成本法	146	昆明池	149,(50)	
棵间蒸发	143			昆明湖	(50)	
可变成本	(15)	**ku**		捆厢法	149,(294)	
可分费用	143			畚	(212)	
可分费用剩余效益法	143	枯季径流	147			
可降水量	143	枯水	147	**kuo**		
可开发水能资源蕴藏量	144	枯水调查	147			
可能最大暴雨	144	库库诺尔	(199)	扩大单元接线	149	
可能最大洪水	144	库区	147	扩散波	149	
可逆式水轮发电机组	144	库群调节	147	扩散度	149	
可行性研究报告	144	库容	147	扩散段	149	
可用容量	144	库容补偿	147	扩散率	(149)	
渴乌	144	库容曲线	147	扩散系数	(149)	
克-奥剖面	144					
克拉斯诺亚尔斯克水库	144	**kua**		**la**		
克伦威尔海流	(30)					
客水	144	跨流域规划	147	拉丁顿抽水蓄能电站	149	
		跨流域开发	147	拉格兰德2级水库	149	
keng				拉格兰德3级水库	149	
		kuai		拉格朗日数	150	
坑测法	144					
		块基型泵房	147	**lai**		
kong		块体式支座	148			
		快速闸门	148	莱蒙湖	(206)	
空腹拱坝	145	浍	148	莱因法	150	
空腹重力坝	145			莱茵河	150	

lan

拦河坝	150,(3)
拦河闸	150
拦沙坝	150
拦污栅	150
拦鱼网	150
澜沧江	150
缆车	(11)

lang

狼汤渠	150
茛荡渠	(150)
朗斯潮汐电站	150
阆水	(126)
浪压力	151
蒗荡渠	(150)

lao

涝	151
涝池	151
涝灾	151
涝灾减产率	151
涝灾损失率	151
涝渍灾害	151

lei

雷诺数	151
雷诺准则	151,(180)
雷雨	151
垒坝阶	(87)
累积频率	152
累积曲线	(25)

leng

冷备用	152
冷锋雨	152
冷浸田	152
冷水环流	152

li

离差系数	152
离散模型	152
离心泵	152
李家峡重力坝	152
李渠	152
里海	153
里卧	153
里运河	153
理想型差动调压室	153
理想型双室调压室	153
蠡湖	153,(140),(328)
历时保证率	153
历史洪水	153
立堵	153
立式水轮发电机组	153
立柱式支座	153
利漕渠	153
利改税	153
利根川河口闸工程	153
沥青混凝土面板	153,(154)
沥青混凝土面板坝	153,(154)
沥青混凝土斜墙	154
沥青混凝土斜墙坝	154
沥青混凝土心墙	154
沥青混凝土心墙坝	154
戾陵堰	154
笠泽	154,(140),(264),(328)

lian

连拱坝	154
连拱式挡土墙	154
连续冲洗式沉沙池	154
连续灌溉	155
连续模型	155
莲柄港	155
涟子水	155
联圩并圩	155
练湖	155
练塘	(155)

liang

梁式渡槽	155
量纲分析法	155
量水槽	156
量水管嘴	156
量水堰	156,(21)
两部电价	156
两河流域	(170)
《两浙海塘通志》	156
晾底	156
晾脊	156

liao

辽河	156
辽河流域	157
撩浅军	157
潦	157

lie

列	157
裂缝观测	157
裂隙水	157

lin

临时渠道	157
临塑荷载	157
淋溶侵蚀	157

ling

灵渠	157
灵轵渠	158
玲珑坝	158
凌汛	158
领海	158
领水	158
领水坝	158

liu

		龙溪河梯级水电站	162	洛惠渠灌区	165
		龙羊峡水电站	163	落差	165,(251)
		笼网围堰	163	落差建筑物	165
刘家峡水电站	158			漯川	165
流冰	(265)	**lou**		漯水	165
流动电价	(50)				
流量	158	搂厢	(209)	**ma**	
流量过程线	158	漏洞抢险	163		
流量过程线分割	159			马道	165,(198)
流量历时曲线	159	**lu**		马尔柯夫模型	165
流玫瑰图	159			马赫数	166
流速仪	159	鲁布革水电站	163	马拉开波湖	166
流速仪测流	159	陆地水文学	163	马拉维湖	166
流体压力相似准则	159	辘轳	163	马斯京根法	166
流土	159	潞江	(183)	马蹄形隧洞	166
流网法	159	露	163	马头	166,(259)
流域	160	露点	(163)	马牙桩	166,(186)
流域产沙	160	露点温度	163	玛纳斯河灌区	166
流域规划	160	露天式厂房	163	杩槎	167
流域汇流	160	泸水	(133)		
流域经济学	160			**mai**	
流域开发	160	**lü**			
流域面积	160			麦卡土石坝	167
流域面积高程曲线	160	缕堤	164	脉冲喷灌	167
流域面积增长图	160			脉动强度	167
流域侵蚀	160	**luan**		脉动压力	167
流域延长系数	160				
流域蒸散发	(161)	滦河	164	**man**	
流域总蒸发	161	卵形隧洞	164		
流状泥石流	161			曼格拉土坝	168
柳石坝垛	161	**lun**		漫灌	168
六辅渠	161			漫射式喷头	168
六门陂	161	轮灌	164	漫水	(168)
六门碣	(161)	轮期	(94)	漫滩水	168
六门堰	161	轮载横管式喷灌机组	(95)	漫溢抢险	168
溜	161				
		luo		**mao**	
long					
		罗贡土坝	164	猫跳河梯级水电站	168
龙骨水车	162,(63)	螺杆式启闭机	164	毛管断裂含水量	168
龙湖	(207)	螺旋泵	164	毛管上升带	168
龙口	162	螺旋流	165	毛管水	169
龙门起重机	(170)	螺旋扬水机	(164)	毛管现象	169
龙首渠	162	洛河	165	毛渠	169
龙抬头式泄洪隧洞	162	洛惠渠	165	锚墩	(78)

锚筋桩	169	敏感性分析	172	内陆湖	174
				内循环	174
mei		**ming**		内注	(153)
梅花桩	169	明沟排水	172	**na**	
梅山水库	169	明流隧洞	172,(289)		
梅雨	169	明满流过渡	172	纳赛尔水库	174
湄公河	169	明渠导流	172		
煤耗	169	《明史·河渠志》	172	**nan**	
霉雨	(169)	明滩	(339)		
美国防洪法	169			《南河成案》	174
美国加州引水工程	170	**mo**		《南河志》	174
美索不达米亚平原	170			南旺分水	175
		模比系数	172	南阳新河	175
		模范河段	172	南运河	175
men		模型变率	172		
门吊	170,(170)	模型沙	172	**neng**	
门式起重机	170	模型相似理论	172		
		模型验证试验	172	能源消费弹性系数	175
meng		摩阻作用可加性原理	172		
		抹岸	173	**ni**	
孟渎	170	抹岸水	(173)		
孟河	(170)	抹面衬砌	173	尼加拉瓜湖	175
		墨西哥型溢洪道	173	尼龙坝	175
mi				尼罗河	175
		mu		尼罗河三角洲	175
密度流	170,(310)			尼日尔河	175
密度跃层	170	母线	173	尼亚萨湖	(166)
密封装置	170	母线道	173	泥沙	176
密西西比河	170	木坝	173	泥沙采样器	176
密云水库	170	木柜	173	泥沙测验	176
		木兰陂	173	泥沙沉速	176
		木龙	173	泥沙拣选系数	176
mian		木马	(167)	泥沙颗粒表观密度	176
面板坝	171	木闸门	173	泥沙颗粒分析	176
面板堆石坝	171	目标函数	173	泥沙颗粒级配	176
面流消能	171	牧区水利	173	泥沙颗粒容重	176
面蚀	171			泥沙颗粒形状系数	177
		nei		泥沙扩散方程	177
min				泥沙粒径	177
		内波	174	泥沙粒配曲线	177
民埝	171	内部回收率	(174)	泥沙起动	177
民生渠	171	内部回收率法	174	泥沙起动流速	177
岷江	171	内部收益率	174	泥沙起动拖曳力	177
闽江	171	内流区	174	泥沙特征粒径	177

泥沙休止角	178				
泥沙絮凝	178	**ning**		**nuo**	
泥沙悬浮指标	178				
泥沙淤积物干表观密度	178	凝汽式火电站	181	糯米石灰浆	184
泥沙淤积物干容重	178	凝汽式汽轮机	181		
泥沙止动	178			**ou**	
泥石流	178	**niu**			
泥石流侵蚀	178			瓯江	184
泥炭层水	178	牛顿数	181	欧拉数	184
逆止阀	(332)	牛轭湖	181	欧拉准则	184,(159)
				欧文瀑布水库	184
nian		**nong**			
				pai	
年超大值法	178	农村水电站	181		
年费用法	178	农渠	181	拍岸浪	184
年负荷率	179	农田辐射差额	(182)	拍门	184
年计算费用法	(179)	农田辐射平衡	182	排冰道	185
年计算支出法	179	农田基本建设	182	排灌结合泵站	185
年径流	179	农田净辐射	(182)	排灌两用泵站	(185)
年库容	(179)	《农田利害条约》	(183)	排洪渠	185
年平均负荷图	179	农田排水	182	排涝模数	185
年设计保证率	179	农田排水试验	182	排涝设计流量	185
年调节库容	179	农田排水系统	182	排漂隧洞	185
年调节水电站	179	农田排水系统管理	182	排沙隧洞	185
年调节水电站运行方式	179	农田排水效益	182	排沙闸	(30)
年调节水库	179	农田热量平衡	182	排渗沟	185
年运行费	179	农田水利	182	排水泵站	185
年运行支出	(243)	农田水利工程	183	排水方式	185
年值法	179	《农田水利约束》	183	排水改良盐碱地	185
年最大负荷图	179	农田小气候	183	排水工程规划	186
年最大值法	179	农业水费	183	排水工程设计标准	186
黏土截水槽	179	农业水利区划	183	排水沟道系统	186
黏土截水墙垫座	179	农业用电	183	排水孔	186
黏土铺盖	180	《农政全书》	183	排水廊道	186
黏土斜墙	180			排水率	(185)
黏土斜墙坝	180	**nu**		排水容泄区	186
黏土心墙	180			排水闸	186
黏土心墙坝	180	努列克土坝	183	排桩	186
黏性泥石流	180	怒江	183	排桩建筑物	186
黏滞力相似准则	180			排渍模数	186
碾压堆石坝	181				
碾压混凝土坝	181	**nuan**		**pan**	
碾压式土石坝	181	暖锋雨	183		
埝	181	暖流	183	潘家口水利枢纽	186
		暖水环流	184	盘坝	187

盘剥	(187)	彭泽	(193)	平面闸门	192
盘驳	(187)			平顺护岸	192
盘根箱	(269)	**pi**		平台扩散消力塘	192
盘头	187			平稳随机过程	192
		皮尔顿水轮机	190,(235)	平压阀	(324)
pang		皮尔逊Ⅲ型分布	190	平压管	193
		皮钱水车	(89)	平压建筑物	193
旁通管	187	湃河	190	平移式喷灌机组	193
		湃史杭灌区	190	平原河流	193
pao				平整衬砌	193,(173)
		pian		屏式建筑物	193
抛泥坝	187				
抛石坝	187	偏光弹性模型试验	190	**po**	
抛石厚度	187	偏流器	190,(327)		
抛石护岸	187	偏态系数	190	坡地漫流	193
抛石护坡	188	片状侵蚀	190	坡面蓄水工程	193
抛石直径	188			鄱阳湖	193
抛填堆石坝	188	**piao**		破冰	194
泡卢-阿丰苏水电站	188			破冰船	194
泡田	188	漂流	190	破釜塘	(111)
		漂木道	190	破岗渎	194
pei				破坏年	194
		pie		破浪	194
佩克堡土坝	188				
配电装置	188	撇洪沟	191	**pu**	
配水建筑物	188	撇弯切滩	191		
配水渠道	(331)			铺盖	194
		pin		铺砌草皮护坡	194
pen				圌田泽	194
		贫营养湖	191	瀑布	194
喷管	188,(189)	贫营养沼泽	(81)		
喷灌	188	频率	191,(152)	**qi**	
喷灌机组	189	频率法	191		
喷灌均匀度	189			栖息地下水	195
喷灌强度	189	**ping**		期望值	195
喷灌系统	189			奇科森土石坝	195
喷锚支护	189	平板坝	191	奇沃堆石坝	195
喷头	189	平底板	191	畦灌	195
喷嘴	189	平堵	191	骑马桩	195
		平均潮位	192	气垫调压室	195
peng		平均出力	192	气流模型试验	195
		平均海平面	192	气蚀余量	195
彭湖	(193)	平均水头	192	气象潮	195
彭蠡	189	平均损失率	192	气象海啸	(71)
彭蠡泽	(193)	平房渠	192	气旋雨	196

气压调压室	196	**qiao**	渠道比降	201
弃水	196		渠道边坡系数	201
弃水出力	196		渠道冲淤平衡	201
汽化潜热	(329)	桥吊	198,(199)	渠道除草	201
汽轮机初参数	196	桥渡河道整治	198	渠道防冻	201
汽蚀	(247)	桥式倒虹吸管	198	渠道防洪	201
汽蚀系数	196,(145)	桥式起重机	199	渠道防渗	201
契尔克拱坝	196	桥形接线	199	渠道防塌	201
砌石坝	196		渠道工作制度	202
碶	196	**qin**	渠道管理	202
			渠道加大流量	202
qian	侵蚀湖	199	渠道流速	202
	亲潮	199	渠道清淤	202
铅直位移观测	196	秦家渠	(199)	渠道设计流速	202
前池	196,(304)	秦渠	199	渠道水利用系数	202
前期降雨指数	(196)		渠道最小流量	202
前期影响雨量	196	**qing**	渠堤超高	202
钱江大潮	196		渠首闸	(134)
钱塘潮	196,(196)	青海湖	199	渠水	202
钱塘湖	196	青山水轮泵站	199	渠系测水	(93)
钱塘江	197	青铜峡水利枢纽	199	渠系建筑物	202
钱塘江海塘	197	轻型整治建筑物	199	渠系建筑物管理	203
钳卢陂	197	倾倒抢险	200	渠系水利用系数	203
潜坝	197	倾斜流	200	渠堰使	203
潜水	197	清沟	200	篾簝	203
潜水泵	(197)	清口	200	取水建筑物	203
潜水电泵	197	《清史稿·河渠志》	200	取水权	203
潜水蒸发	197	清污机	200	取水首部	203
潜在需水量	197,(20)		取水枢纽	203
潜洲	(299)	**qiong**	取水闸	(134)
黔江	(287)		
浅水勤灌	198	穹形拱坝	(226)	**quan**
浅滩	198		
浅滩河段整治	198	**qiu**	全段围堰法	203
			全贯流式水轮机	203
qiang	丘吉尔瀑布水电站	200	全日潮	204
	秋汛	200	全射流喷头	204
戗堤	198	球形岔管	200	全水内冷式发电机	204
戗台	198	球形阀	200	全蓄水量	(8)
强度安全系数	198		泉	204
强夯法	198	**qu**	泉州渠	204
强力计	(75)		畎	204
抢险石塘	198,(269)	区域平均降水量	201		
		渠	201		
		渠道	201		

que
确定性水文模型 204

qun
群井汇流 204

ran
燃料动力费 204
燃气轮机火电站 204
燃气轮机 205

rang
壤中流 205

rao
绕渗观测 205

re
热备用 205
热量平衡 205
热应力 (285)

ren
人工海草 205
人工环流 205
人工降雨器 205
人工弯道式取水 205
人民胜利渠灌区 206
人字闸门 206

ri
日本防洪法 206
日抽水蓄能电站 206
日负荷峰谷差 206
日负荷特性 206
日负荷图 206

日内瓦湖 206
日平均负荷 206
日平均负荷率 206
日射 (264)
日调节池 207
日调节水电站 207
日调节水电站运行方式 207
日调节水库 207
日月潭 207
日照 207
日最大负荷 207
日最小负荷 207
日最小负荷率 207

rong
容量价值 207
容量平衡 (50)
溶液法测流 207
熔断器 207
融解热 207
融雪 208
融雪出水量 208
融雪洪水 208
融雪径流 208

ru
入仓温度 208
入库洪水 208
入渗 (291)
入渗仪 208
入袖 208
褥垫式排水 208

ruan
软雹 (293)
软贷款 208
软基处理 208
软胶模型试验 209
软厢 209

rui
瑞典法 209
瑞典条分法 (209)
瑞利法 209

ruo
若水 (305)

sa
萨彦-舒申斯克水电站 209

san
三白渠 209
三机式厂房 210
三江 210
三江闸 210
三角港河口 210
三角洲 210
三角洲河口 210
三利溪 210
三梁岔管 211
三门峡 211
三门峡水利枢纽 211
三水转化 211
《三吴水利录》 211
三乡排水站 211
三心拱坝 211
伞式水轮发电机 211

sang
桑园围 212

sao
扫湾 212
埽工 212
埽工护坡 212

sha

沙波	212	上升流	215	设计频率	218
沙波尺度	212	上提	215	设计平水段	218
沙波速度	212	上挑丁坝	215	设计平水年	218
沙波阻力	212	上西河	(38)	设计日常水位	(218)
沙粒阻力	212	上下游双调压室	215	设计水头	218
沙土坝	(87)	上游	215	设计蓄水位	(330)
沙洲	213	上游双调压室	215	设计雨型	218
砂井排水预压法	(213)	上游围堰	215	设计最高水位	(218)
砂井预压法	213	上展	215	射流泵	218
		《尚书·禹贡》	215	射流增差式厂房	218

shai

				shao	
		梢料	215	伸缩缝	(285)
		芍陂	216	深冰	(249)
晒田	213	韶山灌区	216	深槽	219
				深层渗漏量	219

shan

			she	深泓线	219
				深孔	219
《山东全河备考》	213	舌瓣闸门	216	深孔闸门	219
《山东运河备览》	213	设备更新经济分析	216	渗流出逸坡降	219
山谷冰川	213	设防水位	216	渗流量观测	219
《山海经》	213	设计保证率	216	渗漏	219
山河堰	213	设计暴雨	216	渗润	219
山洪	213	设计暴雨地区分布	217	渗水抢险	219
山洪侵蚀	213	设计代表年	217	渗水透明度观测	219
山坡防护工程	213	设计丰水年	217	渗透	219
山坡截流沟	213	设计负荷水平	217	渗透变形	219
山区河流	214	设计负荷水平年	217	渗透观测	220
山区河流整治	214	设计干堆积密度	217	渗透力	220
山岩压力	214	设计河槽断面	217	渗透系数	220,(241)
山阳渎	214	设计洪水	217	渗透仪	(208)
山岳冰川	(214)	设计洪水过程线	217		
山岳型冰川	214	设计洪水计算规范	217	**sheng**	
陕西八惠	214	设计洪水位	217		
扇面坝	214	设计阶段	217	升顶式卵形隧洞	220,(80)
扇形闸门	214	设计径流年内分配	217	升卧闸门	220
		设计枯水段	217	升鱼机	220
	shang	设计枯水年	218	升原渠	220
		设计枯水日	218	生产埝	(171)
墒情	214	设计年径流	218	生理干旱	220
上昂式排水	214	设计排涝水位	218	生态效益	220
上层滞水	(195)	设计排渍流量	218	生物排水	220
上埋式涵管	215	设计排渍深度	218	绳水	(133)
上容渎	215	设计排渍水位	218	圣菲力克斯水库	220

圣河	(108)	适线法	224		
圣路易斯土坝	220			**shui**	
圣西摩水电站	220	**shou**			
剩余费用	220,(18)			水	227
剩余效益	220	收缩段	224	水澳	227
		收缩式消能工	224	水泵	227
shi		受阻容量	224	水泵安装高程	228
		售电成本	224	水泵比转速	228
施厝圳	(3)			水泵并联	228
施工导流	221	**shu**		水泵出水量	(229)
施工缝	221			水泵串联	228
施工图设计	221	疏	224	水泵工况点	(228)
施工预报	221	疏浚工程	225	水泵工况调节	228
湿度	(145)	输沙量	225	水泵工作点	228
湿润灌溉	221	输水建筑物	225	水泵功率	229
湿润区	221	输水隧洞	225	水泵管路特性曲线	229
湿室型泵房	221	鼠道排水	225	水泵机组	(31)
石船堤	221	束水坝	225	水泵基本参数	(230)
石囤	221	束水攻沙	225	水泵空化	(229)
石笼护岸	222	沭河	225	水泵流量	229
石头河土石坝	222	竖缝式鱼道	225	水泵轮毂	229
石砬	222	竖井排水	(35)	水泵落井安装	229
时段单位线	222	竖井式倒虹吸管	225	水泵气蚀	229
时间面积图	222	竖井式进水口	225	水泵气穴	229
时间序列	222	竖井式水轮机	226	水泵特性曲线	(230)
时间序列分析	222	竖井式鱼闸	226	水泵相似律	229
时间因素系数	222	竖向位移观测	(196)	水泵效率	229
时针式喷灌机组	(334)			水泵型号	230
实际年系列法	222	**shuai**		水泵性能参数	230
实际水汽压	222			水泵性能曲线	230
实际蒸散发	222	甩负荷	226	水泵扬程	230
实时校正	222			水泵轴封装置	(170)
实时联机水文预报	222	**shuang**		水泵转速	230
实体重力坝	223			水簸箕	230
实验流域	223	双扉闸门	226	水部	230
史河	223	双击式水轮机	226	《水部式》	230
《史记·河渠书》	223	双库潮汐电站	226	水层	230
示储流量	223	双曲扁壳闸门	226	水尺	231
世界水资源	223	双曲拱坝	226	水锤	231,(238)
市政用电	223	双室调压室	226	水锤泵	231
事故备用库容	223	双水内冷式发电机	226	水锤泵站	231
事故备用容量	223	双向进水流道	227	水沝	(222)
事故闸门	223	双悬臂式喷灌机组	227	水砬	(222)
试锥	224	双支墩大头坝	227	《水道提纲》	231
视准线法	224	霜	227	水的汽化潜热	231

水电站	231	水电站主厂房	235	《水经注》	238
水电站厂房	231	水电站主要参数	235	水库	239
水电站厂房沉陷缝	231	水电站装配场	235	水库电能	239
水电站厂房机组段	231	水电站自动调节渠道	235	水库调度图	239
水电站厂房集缆室	231	水洞	(303)	水库防洪标准	239
水电站厂房集水井	231	水斗	235	水库洪水调节	239
水电站厂房枢纽	232	水斗式水轮机	235	水库回水变动区	239
水电站厂房温度缝	232	水窦	235	水库回水变动区河道整治	239
水电站厂房蓄电池室	232	水碓	235	水库浸没损失	239
水电站充水阀	232	水法	235	水库经济	239
水电站单机容量	232	水费	236	水库拦沙效率	239
水电站地下厂房	232	水费收取率	236	水库排沙	240
水电站发电机支座	232	水分循环	(255)	水库群	240
水电站非自动调节渠道	232	水丰水电站	236	水库群最优蓄放水次序	240
水电站分岔管	232	水封	(324)	水库三角洲	240
水电站副厂房	232	水工	236	水库使用年限	(240)
水电站河岸式进水口	232	水工建筑物	236	水库寿命	240
水电站回收投资	233	水工建筑物分缝	236	水库水量损失	240
水电站技术经济指标	233	水工建筑物分级	236	水库水文预报	240
水电站减压阀	233	水工建筑物荷载	236	水库特性资料	240
水电站进水建筑物	(233)	水工建筑物原型观测	237	水库特征水位	240
水电站进水口	233	水工建筑物自重	237	水库下游沿程冲刷	240
水电站进水口淹没深度	233	水工结构模型试验	237	水库淹没损失	240
水电站开敞式进水口	(234)	水工模型试验	237	水库异重流	241
水电站开发顺序	233	水工隧洞	237	水库淤积	241
水电站明钢管	233	水柜	237	水库滋育化	241
水电站群	233	水击	238	水力冲填坝	241
水电站设计保证率	233	水击波	238	水力传导度	241
水电站深式进水口	(234)	水击反射波	238	水力粗度	241
水电站输水建筑物	233	水击反射系数	238	水力发电	241
水电站调压井	233	水击反向波	238	水力发电成本	241
水电站调压室	233	水击降压波	238	水力发电工程	241
水电站调压塔	234	水击逆流波	238	水力发电机	241
水电站投资	234	水击入射波	238	水力发电枢纽	242
水电站尾水平台	234	水击升压波	238	水力联系	242
水电站尾水渠道	234	水击顺流波	238	水力侵蚀	(251)
水电站无压进水口	234	水击透射波	238	水力升鱼机	242,(318)
水电站引水建筑物	234	水击透射系数	238	水力自动闸门	242
水电站引水渠道	234	水击相长	238	水利	242
水电站有压进水口	234	水击扬水机	(231)	水利财务管理	242
水电站运行方式	234	水击正向波	238	水利法规	242
水电站造价	234	水击周期	238	水利工程	242
水电站增加千瓦投资	234	水矶堤	238	水利工程规划	242
水电站增加千瓦运行费	234	水窖	238	水利工程建设期	242
水电站中央控制室	234	《水经》	238	水利工程经济学	242,(258)

水利工程年运行费	242	水轮机飞逸转速	247	水头受阻	251
水利工程投资	243	水轮机工作水头	247	水头损失	251
水利规划	243	水轮机工作特性曲线	247	水图	251
水利计算	243	水轮机空蚀	247	水土保持	251
水利经济效益	243	水轮机汽蚀	247	水土保持措施	251
水利经济学	243	水轮机尾水管	247	水土保持工程措施	251
水利开发	243	水轮机蜗壳	247	水土保持林业措施	251
水利生产管理	243	水轮机吸出高度	247	水土保持牧业措施	252
水利事业	243	水轮机效率	247	水土保持农业措施	252
水利枢纽	243	水轮机效率修正	247	水土流失	252
水利枢纽布置	244	水轮机运转特性曲线	247	水团	252
水利枢纽分等	244	水轮机轴功率	248	水位流量关系	252
水利投资经济效益比较系数	244	水轮机转轮	248	水狸	252
水利投资总效益系数	244	水轮机转轮标称直径	248	水砲	252,(248)
水利土壤改良	244	水轮机综合特性曲线	248	水文比拟法	252
水利系统	244	水轮机座环	248	水文测验	252
水利项目边际效益	244	水门	248,(235)	水文测站	252
水利项目费用	244	水面横比降	248	水文调查	252
水利项目计算期	244	水面蒸发	248	水文概念模型	253
水利项目经济评价	244	水磨	248	水文过程	253
水利项目生产期	245	水内冰	249	水文混合	253
水利项目效益	245	水内冷式发电机	249	水文极值	253
水利政策	245	水能规划	249	水文计算	253
水利资金筹措	245	水能计算	249	水文计算规范	253
水利资源	245	水能资源	249	水文缆道	253
水量利用系数	245	水能资源理论蕴藏量	249	水文模型	253
水量平衡	245	水碾	(248)	水文年度	253
水令	245	水排	249	水文年鉴	253
水流出力	245	水平	249	水文频率曲线	253
水流动力轴线	245	水平拱法	(35)	水文气象法	253
水流观测	245	水平沟埂	250	水文情报	254
水流挟沙能力	245	水平埝地	250	水文情势	254
水流形态观测	246	水平排水	250,(208)	水文实验	254
水轮泵	246	水平位移观测	250	水文手册	254
水轮泵站	246	水汽密度	(141)	水文数据	(255)
水轮发电机组	246	水汽压	250	水文随机过程	254
水轮机	246	水汽压力差	250	水文随机模型	254
水轮机安装高程	246	水情测报站网	250	水文统计	254
水轮机比转速	246	水区	250	水文统计特征值	254
水轮机层	246	水权	251	水文统计特征值等值线图	254
水轮机单位流量	246	水蚀	251	水文图集	254
水轮机单位转速	246	水体动能	251	水文循环	255
水轮机导水机构	247	水体更新速度	251	水文遥感技术	255
水轮机额定功率	247	水体势能	251	水文要素	255
水轮机额定转速	247	水头	251	水文预报	255

水文预报方案	255				
水文站网	255	**si**		**suo**	
水文资料	255				
水文资料整编	256	司空	260	蓑衣坝	262
水文自动测报系统	256	斯坦福流域水文模型	260	缩尺影响	(13)
水污染防治法	256	斯特鲁哈数	260	索式灌溉	262
水系	256,(106)	斯特鲁哈准则	260,(298)	锁坝	262
水下地形仪	256	死水	260		
水箱模型	256	死水位	260	**ta**	
水汛	256	四川盆地	260		
水域	256	四渎	260	它山堰	263
水跃消能	256,(46)	四分开两控制	260	塌岸	263
水灾	256	《四明它山水利备览》	260	塌岸水	(263)
水则	256	伺服马达	260,(132)	塔贝拉土石坝	263
水闸	257	泗口	(200)	塔里木河	263
水闸边荷载	257			塔式进水口	263
水政	257	**song**			
水志	(256)			**tai**	
水质监测	257	松花坝	260		
水中倒土坝	257	松花江	261	台风雨	263
水转大纺车	(257)	松花江流域	261	抬水式开发	263
水转纺车	257	松束缚水	(8)	太白渠	263
水转连磨	257	松涛水库	261	太湖	264
水转筒车	257	《宋史·河渠志》	261	太晤士河	(264)
水坠坝	258			太阳常数	264
水资源	258,(245)	**sou**		太阳辐射	264
水资源保护	258			太阳能泵站	264
水资源费	258	搜根溜	(266)	泰森多边形	264
水资源分区	258	薮	261	泰晤士河	264
水资源管理	258				
水资源规划	258	**su**		**tan**	
水资源技术经济学	258				
水资源评价	258	苏北灌溉总渠	261	坍塌抢险	264
水资源系统	259	塑性开展区	261	弹性地基梁法	264
水资源系统分析	259			弹性抗力	264
		sui		弹性力相似准则	265
shun				弹性水击理论	265
		随机动态规划	261	坦噶尼喀湖	265
顺坝	259	遂	261	坦水	265
顺水坝	259,(122)	隧洞衬砌	262		
顺厢	259	隧洞导流	262	**tang**	
顺直型河道	259	隧洞内水压力	262		
瞬时单位线	259	隧洞外水压力	262	唐来渠	(265)
				唐徕渠	265
				唐渠	(265)

塘	265	田间灌水工具	268	挑流	271
塘浦围田	265	田间耗水量	268	挑流鼻坎	271
淌凌	265	田间气候	(183)	挑流工程	271
		田间渠系	268	挑流消能	271
		田间输水软管	268	挑水	(271)
tao		田间水利用系数	268	挑水坝	272
		田间调节网	268		
掏底	266	田纳西流域综合工程	268	**tie**	
桃汛	266	填阀	(269)		
套堤	(171)	填料函	269	贴边岔管	272
套闸	266	填料室	(269)	贴角拱坝	272
		填洼	269	贴坡排水	272,(16)
te		填淤	269	铁门水电站	272
特里土石坝	266	**tiao**		**tong**	
特征河长	266				
		条块石塘	269	通航河道整治	272
ti		条田	269	通惠河	272
		调峰	269	《通惠河志》	272
梯度流	266	调峰水电站	269	通惠渠	272
梯级发电量	266	调洪演算	269	通济渠	273
梯级开发	266	调节保证计算	269	通济堰	273
梯级水电站	266	调节流量	270	通气孔	273
梯级水库	(34)	调节年度	270	同倍比放大	273
梯田	266	调节周期	270	同马大堤	273
梯形坝	266	调频	270	同频率放大	273
提水灌溉	266	调频水电站	270	铜街子水电站	273
提水机具	266	调速器	270	铜瓦厢改道	274
提水排水	267	调速器配压阀	270	统计试验方法	274
提水站	(32)	调相	270	筒测法	274
替代火电煤耗费	267	调相水电站	270	筒车	274
替代火电容量费用	267	调蓄改正	270	筒管井	274
		调压室波动周期	270	筒井	274
tian		调压室大波动稳定	270		
		调压室工作稳定性	270	**tou**	
天车	(199),(274)	调压室临界断面	(271)		
天井堰	267	调压室托马断面	271	投资偿还年限法	(274)
天平	267	调压室稳定断面	271	投资回收年限	274,(275)
天平渠	267	调压室小波动稳定	271	投资回收年限法	274
天气雷达	(21)	调压室涌波	271	投资回收期	275
天然铺盖	267	调压室涌浪	(271)	投资回收期法	(274)
天生桥水电站	267	调压室最低涌波水位	271	投资收益率	(244)
天文潮	267	调压室最高涌波水位	271	透射辐射	275
田测法	267	挑坝	(272)	透水建筑物	275
田间持水量	268	挑溜	(271)		
田间工程	268				

tu

图库鲁伊水电站	275	土壤水盐运动	279	外移	282
图们江	275	土壤脱盐	279		
土坝	275	土壤脱盐率	279	## wan	
土坝坝坡稳定分析	275	土壤盐碱化	279		
土坝草皮护坡	275	土壤盐渍化	(279)	弯道环流	282
土坝堆石护坡	275	土壤养分流失	279	弯矩	(106)
土坝固结观测	275	土壤蒸发	279	弯曲率	(105)
土坝护坡	276	土壤-植物-大气系统	279	弯曲形尾水管	282
土坝孔隙水压力观测	276	土石坝	280	弯曲型河道	282
土坝排水	276	土石混合坝	280	弯曲型河道整治	282
土坝砌石护坡	276	土石围堰	280	湾流	282
土坝渗流分析	276	土水势	280	万安水电站	282
土坝应力观测	276	土心坝	280	万金湖	(54)
土地平整	276	土压力观测	280	万金渠	(267)
土地增值效益	276	土中灌水坝	280	万元产值用水量	283
土工建筑物渗透观测	276				
土工膜	276	## tui		## wang	
土工织物	276	推理公式	280	网坝	283
土料设计	277	推移质	280		
土壤比水容度	(277)	推移质输沙率	281	## wei	
土壤比水容量	277	退水曲线	281		
土壤导水率	(279)	退水闸	281	微灌	283
土壤返盐	277			微喷灌	283
土壤干旱	277	## tun		微型水电站	283
土壤含水量	277	吞吐流	(337)	韦伯数	283
土壤计划湿润层	277			韦伯准则	283,(16)
土壤流失量	277	## tuo		圩区	283
土壤流失强度	277			圩区水面率	283
土壤侵蚀	277	脱坡抢险	281	圩区治理	283
土壤侵蚀程度	277	沱江	281	圩区治理措施	(260)
土壤侵蚀量	278	驼峰堰	281	圩垸	283,(171)
土壤侵蚀模数	278			圩垸地区	(283)
土壤湿润比	278	## wa		围海造田	283
土壤适宜含水量	278			围垦	284
土壤水	278	瓦依昂拱坝	281	围田	284
土壤水的有效性	278			围堰	284
土壤水分常数	278	## wai		帷幕灌浆	284
土壤水分特征曲线	278			维多利亚湖	284
土壤水分运动基本方程	278	外江	(281)	维修费	284
土壤水扩散度	279	外流湖	281	尾槛	284
土壤水力传导度	279	外流区	281	尾矿坝	284
土壤水吸力	279	外水压力观测	282	尾水调压室	284
		外循环	282	尾水隧洞	284
				渭河	285

渭河平原	285	无调节水电站运行方式	289	下游围堰	292
渭惠渠	285	无为大堤	289	下展	292
		无形效益	289	下坐	292

wen

无压式涵洞 289
无压隧洞 289

xian

温度缝	285	无压泄水孔	289		
温度控制	285	吴淞零点	289	咸淡水混合	292
温度应力	285	《吴中水利全书》	289	咸海	292
温度作用	285	五湖	289	咸水灌溉	292
温斜层	(285)	雾化指标	290	咸水湖	292
温跃层	285			咸水楔	292
紊动扩散	286			现值法	292
紊动能	286	xi		限制出力线	293
紊动涡体	286	西洱河梯级水电站	290	线路损耗	293
紊动应力	286	西洱河一级水库	290	线性规则	293
紊流	286	西海	(199)	陷穴	293
紊流猝发	286	西湖	(54)	霰	293
紊流流速分布	286	西江	290		
紊流阻力	286	西门豹渠	(313)	xiang	
《问水集》	287	西西伯利亚平原	290		
		西兴运河	(327)	相对湿度	293

wo

		《西域水道记》	290	相对投资效益系数	(244)
		吸湿水	290	相似比尺	293
涡动混合	287	吸湿系数	291	相似常数	293
涡流	(118)	吸收辐射	291	相似定数	293
蜗轮蜗杆式喷头	(308)	稀释法	(207)	相似律	293
沃尔特水库	287	洗井	291	相似判据	293,(294)
卧管式进水口	287	系列模型试验	291	相似指标	293
卧式沉树	(88)	卤	(29)	相似准数	294
卧式水轮发电机组	287	潟卤	(29)	相似准则	294
				相应水位	294
				厢埝法	294
wu		xia		湘江	294
乌江	287	下挫	(292)	箱形涵洞	294
乌江渡水电站	287	下降流	291	响洪甸水库	294
乌斯季-伊利姆水库	287	下渗	291	橡胶坝	294
乌苏里江	288	下渗锋面	291	橡胶密封	295
坞工泵	288	下渗理论	291		
污水灌溉	288	下渗曲线	291	xiao	
屋顶闸门	288	下渗仪	(208)		
无坝取水	288	下挑丁坝	291	消力池	295
无缝压力钢管	289	下乌苏玛土坝	292	消力墩	295
无管泵	(288)	下游	292	消力戽	295
无梁岔管	289	下游调压室	(284)	消力槛	295
无流区	289	下游防洪标准	292	消力井	295

消落	296	泄水隧洞	299	蓄清排浑	302
消落深度	296	泄水闸	299	蓄水灌溉	302
消能方式	296			蓄引提结合灌溉	302
消能防冲设施	296	**xin**			
消能工	296			**xuan**	
消能裙板	296	心墙	299		
消能水箱	296,(295)	心墙坝	299	悬臂式挡土墙	302
消能塘	296,(295)	心墙堆石坝	299	悬冰川	302
小坝	296	心滩	299	悬河	302
小潮	296	辛克鲁德尾矿坝	299	悬沙	(302)
小金沙江	(305)	新安江	299	悬式水轮发电机	302
小汶河	(40)	新安江流域水文模型	299	悬移质	302
小小型水电站	296	新安江水电站	300	悬移质扩散理论	302
小型水电站	296	新川河口排水泵站	300	悬移质输沙率	303
小型水利工程	296	新丰江大头坝	300	悬移质重力理论	303
小循环	(174)	新丰江水库	300	旋滚	(95)
效率	296	新开湖	(81)	旋浆泵	(337)
效益费用比	297	新康奈利尾矿坝	300	旋转备用	(205)
效益费用比法	297	信水	300	旋转式喷头	303
效益费用分析	297				
效益指标	297			**xue**	
		xing			
xie		兴安运河	(157)	雪	303
		兴利调度	300	雪被	(123)
斜槽式鱼道	297	兴利库容	300	雪盖	(123)
斜插闸门式进水口	(298)	行洪堤	(171)	雪水	303
斜缝	297	行洪区	300	雪丸	(293)
斜管式倒虹吸管	297	《行水金鉴》	300	雪线	303
斜击式水轮机	297				
斜井式鱼闸	297	**xiong**		**xun**	
斜拉式渡槽	297				
斜拉式进水口	298	胸墙	301	循环水洞	303
斜流泵	(120)			汛	303
斜流式水轮机	298	**xu**		汛期	303
斜坡式进水口	298			浚仪渠	304
斜墙	298	须德海造陆工程	301		
斜墙坝	298	胥溪	301	**ya**	
斜墙堆石坝	298	虚堤	301		
谐时准则	298	需要扬程曲线	(229)	压力薄膜仪	304
泄槽	298	需用电价	(123)	压力池	(304)
泄洪排沙隧洞	298	洫	301	压力钢管	304
泄洪隧洞	299	续灌	301	压力木管	304
泄流曲线	299	蓄洪工程	301	压力前池	304
泄水建筑物	299	蓄洪垦殖	301	压力水管	304
泄水式厂房	299	蓄满产流	302	压力水箱	304

压力消能工	304			引滦工程	312
压盐	304	**ye**		引渠式取水	312
鸦砻江	(305)			引水工程	312
鸭绿江	305	叶轮	308	引水灌溉	312
雅砻江	305	叶轮式喷头	308	引水河道整治	312
雅鲁藏布江	305	叶面蒸腾	308	引水建筑物	313
亚马逊河	305	叶尼塞河	308	引水式开发	313
亚马逊平原	305	液压式启闭机	309	引水式水电站	313
亚西雷塔水电站	305			引水枢纽	313,(203)
		yi		引水隧洞	313
yan				引水闸	(134)
		一次洪灾损失	309	引张线法	313
淹没丁坝	305	一石水六斗泥	309	引漳十二渠	313
淹没孔口式鱼道	305	伊尔库次克水库	309	印度河	313
淹没损失	305	伊拉索尔台拉水电站	309	印古尔拱坝	313
淹没整治建筑物	305	伊泰普水电站	309		
湮	305	沂河	309	**ying**	
岩基处理	305	移动式喷灌系统	309		
岩基开挖	306	移动式启闭机	309	迎溜	313
岩基排水	306	以电养电	309	迎面	(313)
岩溶处理	306	以礼河梯级水电站	309	迎水坝	313,(259)
岩溶水	306	异形鼻坎	310	盈亏平衡分析	313
岩滩水电站	306	异重流	310	荥泽	314
盐锅峡水电站	306	益本比	310,(297)	应急溢洪道	314,(68)
盐湖	306	益本比法	(297)	应宿闸	(210)
盐碱地	306	溢洪道	310	应用水文学	314
盐碱地改良	307	溢流坝	310	硬贷款	314
堰〔隁〕	307	溢流大头坝	310	硬壳坝	314
堰塞湖	307	溢流拱坝	311		
堰式鱼道	307	溢流平板坝	311	**yong**	
		溢流式厂房	311		
yang		溢流调压室	311	永定河	314
		溢流土坝	311	永定河大堤	314
扬水站	(32)	溢流堰式鱼道	(307)	永定河梯级水电站	314
扬压力	307	溢流重力坝	311	《永定河志》	315
扬州五塘	307	翼墙	311	永丰圩	315
扬子江	(23)			永济渠	315
阳渠	307	**yin**		永久缝	315
样本	307			涌波	(115)
		因次分析法	311	涌潮	315
yao		霪雨	312	涌浪	315
		引潮力	312	用户同时率	315
腰荷	308	引河	312	用水权	315
摇臂式喷头	308	引洪灌溉	312		
遥堤	308	引洪淤灌	312		

you

优化设计方法	315
优化调度	315
油压装置	315
游荡型河道	315
游荡型河道整治	316
有坝取水	316
有效电力	316
有效电量	316
有效降雨量	316
有效库容	316,(300)
有形效益	316
有压式涵洞	316
有压隧洞	316
有压泄水孔	316
右史堰	316
幼发拉底河	316
诱鱼设备	317

yu

淤地坝	317
淤灌	317
淤沙压力	317
渝水	(126)
鱼道	317
鱼鳞坝	317
鱼鳞大石塘	(317)
鱼鳞坑	317
鱼鳞石塘	317
鱼梯	317,(317)
鱼闸	318
鱼嘴	318
雨	318
雨滴冲刷作用	318
雨量器	318
禹河故道	318
预见期	318
预想出力	318
预压法	318
预压加固法	(318)
预应力衬砌	319
预应力钢筋混凝土压力管	319
预应力混凝土坝	319
预应力锚索	319
预应力重力坝	319
御河	319
《豫河志》	319

yuan

渊水	319
元江	320
《元史·河渠志》	320
原子能电站	(107)
原子能发电	320
圆辊闸门	320
圆弧滑动分析法	320
圆筒泵	(90)
圆筒法	320
圆筒式支座	320
圆筒闸门	320
圆形喷灌机组	(334)
圆形隧洞	320
远景负荷	320
远景规划	320

yue

约翰日水电站	321
约束条件	321
月堤	321
月负荷率	321
月牙肋岔管	321
跃层	321
跃移质	321
粤江	(338)
越堤	(321)
渝卷	321
渝卷水	(321)

yun

云峰水电站	321
云梦	321
允许不冲流速	321
允许不淤流速	322
允许吸上真空高度	322
运动波	322
运动相似	322
运河东堤	322
运河西堤	322

zai

灾害	322

zao

造床流量	322

ze

泽	322
泽卤	(29)

zeng

曾文堆石坝	322
增荷	(323)
增加负荷	323
增减水	323
增量分析法	323
增量内部收益率	323
增量效益费用比	323

zha

剳岸	323
剳岸水	(323)
扎伊尔河	(77)
札赉诺尔	(111)
闸坝	323
闸底板	323
闸墩	323
闸河	323
闸门	323
闸门充水阀	324
闸门挂钩梁	324
闸门埋设件	324
闸门启闭机	324
闸门启闭力	324
闸门锁定器	324

闸门止水	324	浙东运河	327	直接成本	331
闸山沟	324,(87)	浙江	(197)	直接费用	(179),(331)
闸室	324	浙西海塘	327	直接径流	331
闸下淤积	324	《浙西水利书》	327	直接水击	331
牐	324			直墙拱顶隧洞	331
牐河	(323)			直线比例法	331

zhen

				直线法	(331)

zhai

		针形阀	327	直线连续自走式喷灌机组	(193)
		真空泵	328	植物截留	331
窄缝式消能	325	真空井	328	植物散发	331
窄缝挑坎	325	真空破坏阀	328	植物水分生理	332
		甽	328	植物蒸腾	(331)
		阵雨	328	止回阀	332

zhan

		震泽	328,(140),(264)	止浆片	332
站年法	325			止水	332
站网规划	325			止推轴承	(62)

zheng

				趾墩	332

zhang

		蒸发	328	《至正河防记》	332
		蒸发能力	329	《治河方略》	332
《张公奏议》	325	蒸发器	329	治河工程	332
张家泊	(38)	蒸发潜热	329,(231)	《治河书》	(332)
张力计	325	蒸渗仪	329	《治河图略》	332
障	325	整数规划	329	《治水筌蹄》	332
		整体结构模型试验	329	治渍	333
		整治建筑物	329	智伯渠	333

zhao

		整治线	329	滞洪区	333
沼泽	325	整治线宽度	329	滞后现象	333
沼泽地	326	整治线曲率半径	329	滞时	333
沼泽地排水	326	正槽溢洪道	330	置信区间	333
沼泽化	326	正常高水位	(330)		
沼泽资源	326	正常蓄水位	330		
照谷社型坝	326	正垂线法	330		

zhong

		正交丁坝	330	中坝	333

zhe

		正水击	330	中国南水北调工程	333
		正态分布	330	中国水法	333
折冲水流	326	正态模型试验	330	中国水资源	333
折旧费	326	正态相似	330,(124)	中河	(335)
折旧提取率	326	郑国渠	330	《中华人民共和国水法》	(333)
折射式喷头	326			中间闸室	334
折现系数	(222)			中孔	334

zhi

折线滑动分析法	327			中水头水电站	334
折向器	327	支墩坝	331	中位数	334
柘林水库	327	支流	331	中位沼泽	334
柘溪水电站	327	支渠	331	中温中压火电站	334
浙东海塘	327	枝水	331	中心极限定理	334

中心支轴式喷灌机组	334	珠江流域	338			
中型水电站	334	珠江三角洲	338	**zi**		
中型水利工程	334	潴[豬,瀦]	339			
中央河谷工程	334	竹笼	339	资料系列代表性	341	
中营养沼泽	(334)	竹笼石塘	339	资料系列可靠性	341	
中游	335	竹络	339	资料系列一致性	341	
中运河	335	竹络石塘	(339)	子堤	341	
中子测水仪	335	竹落	(339)	子埝	(341)	
中子土壤湿度计	(335)	主坝	339	子牙河	341	
中子仪	335	主变压器	339	自动模型区	341	
钟形进水流道	335	主槽	(101)	自回归滑动平均模型	341	
钟形进水室	(335)	主流线	(245)	自回归滑动平均求和模型	341	
众数	335	主闸门	(82)	自回归模型	341	
种稻洗盐	335	筑垣居水	339	自记水位计	342	
重力坝	335			自记雨量计	342	
重力坝基本剖面	336	**zhuai**		自溃坝	342	
重力坝抗滑稳定分析	336			自流排水	342	
重力坝实用剖面	336	拽白	339	自流式冲填坝	(258)	
重力坝应力分析	336			自吸离心泵	342	
重力拱坝	336	**zhuan**		自压喷灌系统	342	
重力流	337			渍	342	
重力侵蚀	337	专门水工建筑物	339	渍害	342	
重力式挡土墙	337	专用工程	339			
重力水	337	转桨式水轮机	339	**zong**		
重力相似准则	337	转轮	(308)			
重型整治建筑物	337	转移支付	340	综合单位线	343	
				综合灌溉定额	343	
zhou		**zhuang**		综合灌水定额	343	
				综合利率	343	
周波	337	桩基础	340	综合利用水利工程	343	
周抽水蓄能电站	337	装机利用小时数	340	综合利用水利枢纽	343	
周调节水电站	337	装机容量	340	综合评价	343	
轴流泵	337	装机容量平均年利用小时数	340	综合时段单位线	(343)	
轴流式水轮机	338	装配式坝	340	综合效益	343	
轴伸泵	338	装配式衬砌	340	综合需水图	343	
轴伸式水轮机	338	装配式水闸	340	总费用法	343	
轴伸式轴流泵	(338)			总河	(344)	
肘管	338	**zhui**		总库容	343	
肘形进水流道	338			总理河道	344	
肘形弯管	(338)	锥探	(224)	总水资源	344	
		锥形阀	340	总体	344	
zhu				纵缝	344	
		zhuo		纵向弯曲稳定安全系数	344	
珠江	338			纵向围堰	344	
珠江零点	338	浊水圳	(3)			

ZU

阻滑板	344
阻抗调压室	344
阻力孔调压室	(344)
阻力系数法	344
阻力相似准则	345
组合式排水	345

zui

最大分子持水量	345
最大工作容量	345
最大过水能力	345
最大水头	345
最大吸湿量	(291)
最小水头	345
最小运行出力	(121)
最优等效替代工程费用	345
最优含水量	345

ZUO

作物根系吸水层	345
作物灌水生理指标	345
作物耐旱能力	345
作物耐涝能力	346
作物耐淹能力	346
作物耐渍深度	346
作物生理需水	346
作物生态需水	346
作物水分亏缺	346
作物系数	346
作物需水量	346
作物需水量模比系数	346
作物需水临界期	346
作物需水特性	346
作物需水系数	347
作用筒	347,(132)

外文字母·数字

pF值	347
S曲线	347
U形薄壳渡槽	347
WES剖面	347
γ射线测水仪	347
π定理	347

词目汉字笔画索引

说　明

一、本索引供读者按词目的汉字笔画查检词条。

二、词目按首字笔画数序次排列；笔画数相同者按起笔笔形,横、竖、撇、点、折的序次排列,首字相同者按次字排列,次字相同者按第三字排列,余类推。

三、词目的又称、旧称、俗称简称等,按一般词目排列,但页码用圆括号括起,如(1)、(9)。

四、外文、数字开头的词目按外文字母与数字大小列于本索引的末尾。

一画

〔一〕

一石水六斗泥	309
一次洪灾损失	309

二画

〔一〕

二机式厂房	61
二道坝	61
丁由石塘	52
丁坝	52,(35)
丁坝回流区	52
丁坝间距	52
丁坝副流区	(52)
丁坝群	52
丁厢	52
厂用电	25
厂用电率	25
厂用变压器	25
厂用变压器室	25
厂房构架	25

〔丿〕

八字形斜降墙式进口	3
八卦水车	(56)
八堡圳	3
人工环流	205
人工降雨器	205
人工弯道式取水	205
人工海草	205
人民胜利渠灌区	206
人字闸门	206
入仓温度	208
入库洪水	208
入袖	208
入渗	(291)
入渗仪	208
九穴十三口	139
九江	139
九河	139
几何相似	124
几率格纸	124

三画

〔一〕

三门峡	211
三门峡水利枢纽	211
三乡排水站	211
三水转化	211
三心拱坝	211
三白渠	209
三机式厂房	210
三江	210
三江闸	210
《三吴水利录》	211
三利溪	210
三角洲	210
三角洲河口	210
三角港河口	210
三梁岔管	211
干旱	76
干旱区	76
干旱指数	76
干砌石坝	77
干砌块石护坡	77
干室型泵房	77
干流	77
干渠	77
土工建筑物渗透观测	276
土工织物	276
土工膜	276
土中灌水坝	280
土水势	280
土心坝	280
土石坝	280

土石围堰	280	土壤流失强度	277	大坝安全监控混合模型	36
土石混合坝	280	土壤脱盐	279	大坝安全监控确定性模型	36
土地平整	276	土壤脱盐率	279	大坝防洪标准	36
土地增值效益	276	土壤-植物-大气系统	279	大坝原型观测数据处理	37
土压力观测	280	土壤湿润比	278	大体积支墩坝	39
土坝	275	土壤蒸发	279	大狄克逊重力坝	37
土坝孔隙水压力观测	276	工业用电	82	大陆冰川	(38)
土坝坝坡稳定分析	275	工作库容	(300)	大陆冰盖	(38)
土坝护坡	276	工作轮	(308)	大陆冰盖型冰川	38
土坝应力观测	276	工作闸门	82	大陆泽	38
土坝固结观测	275	工作桥	82	大沽零点	37
土坝草皮护坡	275	工作容量	82	大型水电站	39
土坝砌石护坡	276	下乌苏玛土坝	292	大型水利工程	39
土坝排水	276	下坐	292	大骨料井	37
土坝堆石护坡	275	下降流	291	大修费	39
土坝渗流分析	276	下挑丁坝	291	大修理费提取率	39
土料设计	277	下挫	(292)	大禹治水	39
土壤干旱	277	下展	292	大洋环流	39
土壤比水容度	(277)	下渗	291	大屋抽水蓄能电站	(38)
土壤比水容量	277	下渗仪	(208)	大通河	(272)
土壤水	278	下渗曲线	291	大野泽	39,(140)
土壤水力传导度	279	下渗理论	291	大清河	38
土壤水分运动基本方程	278	下渗锋面	291	大循环	(282)
土壤水分特征曲线	278	下游	292	大湖区	37
土壤水分常数	278	下游防洪标准	292	大数定律	38
土壤水扩散度	279	下游围堰	292	大潮	37
土壤水吸力	279	下游调压室	(284)	万元产值用水量	283
土壤水的有效性	278	大气干旱	38	万安水电站	282
土壤水盐运动	279	大气逆辐射	38	万金渠	(267)
土壤计划湿润层	277	大气湿度	(145)	万金湖	(54)
土壤导水率	(279)	大气辐射	38		
土壤返盐	277	大化水电站	37	〔丨〕	
土壤含水量	277	大古利水电站	37	上下游双调压室	215
土壤适宜含水量	278	大甲溪	38	上升流	215
土壤侵蚀	277	大甲溪梯级水电站	38	上西河	(38)
土壤侵蚀量	278	大头坝	39	上层滞水	(195)
土壤侵蚀程度	277	大迈松抽水蓄能电站	38	上昂式排水	214
土壤侵蚀模数	278	大伙房水库	37	上挑丁坝	215
土壤养分流失	279	大运河	(135)	上埋式涵管	215
土壤盐渍化	(279)	大坝	36	上容溃	215
土壤盐碱化	279	大坝安全监控	36	上展	215
土壤流失量	277	大坝安全监控统计模型	36	上提	215

上游	215	飞渠	(68)	无压隧洞	289
上游双调压室	215	飞槽	68	无形效益	289
上游围堰	215	马牙桩	166,(186)	无坝取水	288
小小型水电站	296	马尔柯夫模型	165	无流区	289
小坝	296	马头	166,(259)	无调节水电站运行方式	289
小金沙江	(305)	马拉开波湖	166	无梁岔管	289
小型水电站	296	马拉维湖	166	无缝压力钢管	289
小型水利工程	296	马斯京根法	166	无管泵	(288)
小循环	(174)	马道	165,(198)	韦伯准则	283,(16)
小潮	296	马赫数	166	韦伯数	283
山区河流	214	马蹄形隧洞	166	云峰水电站	321
山区河流整治	214			云梦	321
《山东全河备考》	213			专门水工建筑物	339
《山东运河备览》	213	**四画**		专用工程	339
山阳渎	214			扎伊尔河	(77)
山谷冰川	213	〔一〕		木马	(167)
山坡防护工程	213	丰充渠	71	木龙	173
山坡截流沟	213	丰满水电站	71	木兰陂	173
山岩压力	214	井田	137	木坝	173
山岳冰川	(214)	井式溢洪道	137	木柜	173
山岳型冰川	214	井的影响半径	136	木闸门	173
山河堰	213	井泵	136	五湖	289
山洪	213	井泵对口抽	(328)	支流	331
山洪侵蚀	213	井泵站	136	支渠	331
《山海经》	213	井渠结合灌溉	137	支墩坝	331
		井灌	136	不与水争地	19
〔丿〕		开河	142,(133)	不可分费用	18
川水	33	开河期	142	不充分灌溉	(22),(146)
川字河	33	开敞式河岸溢洪道	142	不足电库容	19
		天井堰	267	不透水建筑物	18
〔丶〕		天车	(199),(274)	不偏估计	18
广阿泽	(38)	天气雷达	(21)	不淹没丁坝	19
广济渠	94	天文潮	267	不淹没整治建筑物	19
广通渠	94	天平	267	不确定性分析	18
广德湖	94	天平渠	267	不蓄电能	19
门式起重机	170	天生桥水电站	267	不蓄出力	19
门吊	170	天然铺盖	267	太白渠	263
		《元史·河渠志》	320	太阳能泵站	264
〔一〕		元江	320	太阳常数	264
子牙河	341	无为大堤	289	太阳辐射	264
子埝	(341)	无压式涵洞	289	太晤士河	(264)
子堤	341	无压泄水孔	289	太湖	264

区域平均降水量	201	中水头水电站	334	水力联系	242
历史洪水	153	中心支轴式喷灌机组	334	水土保持	251
历时保证率	153	中心极限定理	334	水土保持工程措施	251
厄尔尼诺现象	61	中孔	334	水土保持农业措施	252
车厢渠	27	中央河谷工程	334	水土保持林业措施	251
车船坝	27	《中华人民共和国水法》	(333)	水土保持牧业措施	252
巨野泽	140	中运河	335	水土保持措施	251
巨鹿泽	140,(38)	中坝	333	水土流失	252
比尺效应	13	中位沼泽	334	水工	236
比拟相似	13	中位数	334	水工建筑物	236
比转数	(228)	中间闸室	334	水工建筑物分级	236
比降	13	中国水法	333	水工建筑物分缝	236
比速	(228)	中国水资源	333	水工建筑物自重	237
互感器	113	中国南水北调工程	333	水工建筑物荷载	236
瓦依昂拱坝	281	中河	(335)	水工建筑物原型观测	237
		中型水电站	334	水工结构模型试验	237
〔丨〕		中型水利工程	334	水工模型试验	237
		中营养沼泽	(334)	水工隧洞	237
止水	332	中温中压火电站	334	水下地形仪	256
止回阀	332	中游	335	水门	248,(235)
止浆片	332	贝加尔湖	10	水丰水电站	236
止推轴承	(62)	贝奈特水库	10	水区	250
日内瓦湖	206	内陆湖	174	水中倒土坝	257
日月潭	207	内注	(153)	水内冰	249
日本防洪法	206	内波	174	水内冷式发电机	249
日平均负荷	206	内部回收率	(174)	水分循环	(255)
日平均负荷率	206	内部回收率法	174	水文比拟法	252
日负荷图	206	内部收益率	174	水文手册	254
日负荷峰谷差	206	内流区	174	水文气象法	253
日负荷特性	206	内循环	174	水文计算	253
日抽水蓄能电站	206	水	227	水文计算规范	253
日射	(264)	水力升鱼机	242,(318)	水文过程	253
日调节水电站	207	水力发电	241	水文年度	253
日调节水电站运行方式	207	水力发电工程	241	水文年鉴	253
日调节水库	207	水力发电机	241	水文自动测报系统	256
日调节池	207	水力发电成本	241	水文极值	253
日最大负荷	207	水力发电枢纽	242	水文图集	254
日最小负荷	207	水力传导度	241	水文实验	254
日最小负荷率	207	水力自动闸门	242	水文要素	255
日照	207	水力冲填坝	241	水文测站	252
中子土壤湿度计	(335)	水力侵蚀	(251)	水文测验	252
中子仪	335	水力粗度	241	水文统计	254
中子测水仪	335				

水文统计特征值	254	水平拱法	(35)	水电站调压室	233
水文统计特征值等值线图	254	水平排水	250,(208)	水电站调压塔	234
水文资料	255	水平埝地	250	水电站副厂房	232
水文资料整编	256	水电站	231	水电站减压阀	233
水文站网	255	水电站厂房	231	水电站深式进水口	(234)
水文调查	252	水电站厂房机组段	231	水电站装配场	235
水文预报	255	水电站厂房沉陷缝	231	水电站输水建筑物	233
水文预报方案	255	水电站厂房枢纽	232	水电站群	233
水文混合	253	水电站厂房集水井	231	水电站增加千瓦运行费	234
水文情报	254	水电站厂房集缆室	231	水电站增加千瓦投资	234
水文情势	254	水电站厂房温度缝	232	水令	245
水文随机过程	254	水电站厂房蓄电池室	232	水头	251
水文随机模型	254	水电站开发顺序	233	水头受阻	251
水文循环	255	水电站开敞式进水口	(234)	水头损失	251
水文缆道	253	水电站无压进水口	234	水权	251
水文概念模型	253	水电站中央控制室	234	水团	252
水文频率曲线	253	水电站分岔管	232	水则	256
水文遥感技术	255	水电站引水建筑物	234	水污染防治法	256
水文数据	(255)	水电站引水渠道	234	水汛	256
水文模型	253	水电站主厂房	235	水志	(256)
水斗	235	水电站主要参数	235	水矶堤	238
水斗式水轮机	235	水电站发电机支座	232	水利	242
水尺	231	水电站地下厂房	232	水利土壤改良	244
水击	238	水电站有压进水口	234	水利工程	242
水击入射波	238	水电站回收投资	233	水利工程年运行费	242
水击升压波	238	水电站自动调节渠道	235	水利工程投资	243
水击反向波	238	水电站充水阀	232	水利工程规划	242
水击反射系数	238	水电站设计保证率	233	水利工程建设期	242
水击反射波	238	水电站进水口	233	水利工程经济学	242,(258)
水击正向波	238	水电站进水口淹没深度	233	水利工程经济学	(258)
水击扬水机	(231)	水电站进水建筑物	(233)	水利开发	243
水击周期	238	水电站运行方式	234	水利计算	243
水击波	238	水电站技术经济指标	233	水利生产管理	243
水击降压波	238	水电站投资	234	水利投资经济效益比较系数	244
水击相长	238	水电站尾水平台	234	水利投资总效益系数	244
水击顺流波	238	水电站尾水渠道	234	水利财务管理	242
水击逆流波	238	水电站非自动调节渠道	232	水利系统	244
水击透射系数	238	水电站明钢管	233	水利规划	243
水击透射波	238	水电站单机容量	232	水利枢纽	243
水平	249	水电站河岸式进水口	232	水利枢纽分等	244
水平位移观测	250	水电站造价	234	水利枢纽布置	244
水平沟埂	250	水电站调压井	233	水利事业	243

水利法规	242	水汽压	250	水闸	257
水利经济学	243	水汽压力差	250	水闸边荷载	257
水利经济效益	243	水汽密度	(141)	水法	235
水利项目计算期	244	水灾	256	《水经》	238
水利项目生产期	245	水层	230	《水经注》	238
水利项目边际效益	244	水坠坝	258	水封	(324)
水利项目经济评价	244	水柜	237	水政	257
水利项目费用	244	水转大纺车	(257)	水泵	227
水利项目效益	245	水转连磨	257	水泵工作点	228
水利政策	245	水转纺车	257	水泵工况点	(228)
水利资金筹措	245	水转筒车	257	水泵工况调节	228
水利资源	245	水轮发电机组	246	水泵比转速	228
水体动能	251	水轮机	246	水泵气穴	229
水体更新速度	251	水轮机工作水头	247	水泵气蚀	229
水体势能	251	水轮机工作特性曲线	247	水泵功率	229
水位流量关系	252	水轮机飞逸转速	247	水泵出水量	(229)
水系	256,(106)	水轮机比转速	246	水泵扬程	230
水库	239	水轮机吸出高度	247	水泵机组	(31)
水库三角洲	240	水轮机安装高程	246	水泵并联	228
水库下游沿程冲刷	240	水轮机导水机构	247	水泵安装高程	228
水库水文预报	240	水轮机运转特性曲线	247	水泵串联	228
水库水量损失	240	水轮机汽蚀	247	水泵转速	230
水库电能	239	水轮机层	246	水泵轮毂	229
水库回水变动区	239	水轮机尾水管	247	水泵性能曲线	230
水库回水变动区河道整治	239	水轮机转轮	248	水泵性能参数	230
水库异重流	241	水轮机转轮标称直径	248	水泵空化	(229)
水库防洪标准	239	水轮机单位转速	246	水泵型号	230
水库寿命	240	水轮机单位流量	246	水泵相似律	229
水库拦沙效率	239	水轮机空蚀	247	水泵轴封装置	(170)
水库使用年限	(240)	水轮机轴功率	248	水泵特性曲线	(230)
水库经济	239	水轮机座环	248	水泵效率	229
水库洪水调节	239	水轮机效率	247	水泵流量	229
水库特征水位	240	水轮机效率修正	247	水泵基本参数	(230)
水库特性资料	240	水轮机综合特性曲线	248	水泵落井安装	229
水库浸没损失	239	水轮机蜗壳	247	水泵管路特性曲线	229
水库调度图	239	水轮机额定功率	247	水面蒸发	248
水库排沙	240	水轮机额定转速	247	水面横比降	248
水库淹没损失	240	水轮泵	246	水蚀	251
水库淤积	241	水轮泵站	246	水洞	(303)
水库滋育化	241	水图	251	水汊	(222)
水库群	240	水的汽化潜热	231	水费	236
水库群最优蓄放水次序	240	水质监测	257	水费收取率	236

四画　　　　　　　　　　　　　　　　　392

水资源	258,(245)	〔丿〕		反滤料	64
水资源分区	258			反翼墙走廊式进口	(131)
水资源技术经济学	258	牛轭湖	181	分水之制	70
水资源系统	259	牛顿数	181	分水岭	(70)
水资源系统分析	259	毛渠	169	分水闸	70
水资源评价	258	毛管上升带	168	分水河	70
水资源规划	258	毛管水	169	分水线	70
水资源保护	258	毛管现象	169	分布参数模型	69
水资源费	258	毛管断裂含水量	168	分汊型河道	69
水资源管理	258	气压调压室	196	分汊型河道整治	69
水部	230	气垫调压室	195	分时电价	(72)
《水部式》	230	气蚀余量	195	分层式进水口	69
水流出力	245	气流模型试验	195	分层式取水	69
水流动力轴线	245	气象海啸	(71)	分层流	(310)
水流观测	245	气象潮	195	分析期	(244)
水流形态观测	246	气旋雨	196	分洪工程	69
水流挟沙能力	245	升顶式卵形隧洞	220,(80)	分洪区	69
水能计算	249	升卧闸门	220	分洪水位	69
水能规划	249	升鱼机	220	分洪闸	69
水能资源	249	升原渠	220	分洪道	(127)
水能资源理论蕴藏量	249	长丁坝	23	分流	70
水域	256	长江	23,(129)	分流区	70
水排	249	长江三角洲	24	分基型泵房	70
水碓	(222)	长江三峡	24	分期设计洪水	70
水砲	252,(248)	长江中下游平原	24	分期导流	70
水跃消能	256,(46)	长江流域	24	分溜	70
水情测报站网	250	《长安志图·泾渠图说》	23	月牙肋岔管	321
水量平衡	245	长系列操作法	(138)	月负荷率	321
水量利用系数	245	长波	23	月堤	321
水猥	252	长渠	24	风力水车	71
《水道提纲》	231	长湖	(128)	风力泵站	71
水窖	238	长藤结瓜式灌溉系统	24	风冷式发电机	71
水碓	235	片状侵蚀	190	风蚀	72
水锤	231,(238)	反水击	64	风洞	71
水锤泵	231	反击式水轮机	64	风浪	71
水锤泵站	231	反向坝	64	风浪抢险	71
水窦	235	反应堆	64	风暴增水	(71)
水碾	(248)	反拱底板	64	风暴潮	71
水箱模型	256	反射率	64	丹尼尔约翰逊水库	40
水澳	227	反射辐射	64	丹江口水利枢纽	40
水磨	248	反调节	64	乌江	287
水簸箕	230	反滤层	64	乌江渡水电站	287

乌苏里江	288	引漳十二渠	313	世界水资源	223
乌斯季-伊利姆水库	287	引潮力	312	艾山渠	1
勾头丁坝	86	巴克拉重力坝	3	古比雪夫水库	87
凤滩水电站	72	巴拉那河	3	古田溪梯级水电站	87
凤滩空腹重力拱坝	72	巴斯康蒂抽水蓄能电站	3	古里水库	87
		孔隙水	146	古洪水	87
〔丶〕		孔隙水压力	146	节制闸	132
六门陂	161	孔隙度	146	可开发水能资源蕴藏量	144
六门堰	161	孔隙率	(146)	可分费用	143
六门碣	(161)	以电养电	309	可分费用剩余效益法	143
六辅渠	161	以礼河梯级水电站	309	可用容量	144
方程分析法	65	允许不冲流速	321	可行性研究报告	144
火山湖	122	允许不淤流速	322	可变成本	(15)
火电站	121	允许吸上真空高度	322	可降水量	143
火电站运行方式	121	双支墩大头坝	227	可逆式水轮发电机组	144
火电站最小技术出力	121	双水内冷式发电机	226	可能最大洪水	144
斗门	56	双击式水轮机	226	可能最大暴雨	144
斗式水车	56	双曲拱坝	226	札赉诺尔	(111)
斗渠	56	双曲扁壳闸门	226	石磙	222
计划检修	125	双向进水流道	227	石头河土石坝	222
计算年限	(244)	双库潮汐电站	226	石囤	221
心滩	299	双室调压室	226	石笼护岸	222
心墙	299	双悬臂式喷灌机组	227	石船堤	221
心墙坝	299	双扉闸门	226	右史堰	316
心墙堆石坝	299			布拉茨克水库	19
		五画		布金汉 π 定理	(347)
〔一〕				布赫塔尔玛水库	19
引水工程	312			龙口	162
引水式开发	313	〔一〕		龙门起重机	(170)
引水式水电站	313	示储流量	223	龙羊峡水电站	163
引水枢纽	313,(203)	邗沟	98	龙抬头式泄洪隧洞	162
引水闸	(134)	打井机具	36	龙骨水车	162,(63)
引水河道整治	312	打阵	36	龙首渠	162
引水建筑物	313	正水击	330	龙湖	(207)
引水隧洞	313	正交丁坝	330	龙溪河梯级水电站	162
引水灌溉	312	正态分布	330	平台扩散消力塘	192
引张线法	313	正态相似	330,(124)	平压建筑物	193
引河	312	正态模型试验	330	平压阀	(324)
引洪淤灌	312	正垂线法	330	平压管	193
引洪灌溉	312	正常高水位	(330)	平均水头	192
引渠式取水	312	正常蓄水位	330	平均出力	192
引滦工程	312	正槽溢洪道	330	平均损失率	192

平均海平面	192	电力补偿	50	白沟	6
平均潮位	192	电气主接线图	51	白起渠	7
平板坝	191	电气液压式调速器	51	白渠	7
平房渠	192	电当量法	50	斥卤	29
平底板	191	电价	50	瓜维欧土石坝	88
平面闸门	192	电库容	50	用水权	315
平顺护岸	192	电阻块水分计	51	用户同时率	315
平原河流	193	电度电价	50	甩负荷	226
平堵	191	电站单位经济指标	51	印古尔拱坝	313
平移式喷灌机组	193	电能平衡	51	印度河	313
平稳随机过程	192	电能成本	51	外水压力观测	282
平整衬砌	193,(173)	电量平衡	(51)	外江	(281)
东江	53	电量价值	51	外流区	281
东江水电站	53	电模拟	51	外流湖	281
东欧平原	54	田间工程	268	外移	282
东钱湖	54	田间水利用系数	268	外循环	282
		田间气候	(183)	包气带	8
〔丨〕		田间持水量	268		
卡门数	142	田间耗水量	268	〔丶〕	
卡井	(142)	田间调节网	268	主坝	339
卡布拉巴萨水库	141	田间渠系	268	主变压器	339
卡尼亚皮斯科水库	142	田间输水软管	268	主闸门	(82)
卡里巴水库	142	田间灌水工具	268	主流线	(245)
卡拉库姆调水工程	141	田纳西流域综合工程	268	主槽	(101)
卡普兰式水轮机	142,(340)	田测法	267	市政用电	223
北江	10	《史记·河渠书》	223	立式水轮发电机组	153
《北河纪》	10	史河	223	立柱式支座	153
北洛河	(165)	四川盆地	260	立堵	153
北海	(10)	四分开两控制	260	半日潮	8
归江十坝	95	《四明它山水利备览》	260	半水内冷式发电机	8
归海五坝	95	四渎	260	半固定式喷灌系统	7
目标函数	173			半贯流式水轮机	8
旦尼尔式鱼道	41,(125)	〔丿〕		半潮位	7
叶尼塞河	308	生产埝	(171)	汇流区	118
叶轮	308	生态效益	220	汇流历时	118
叶轮式喷头	308	生物排水	220	汉水	(99)
叶面蒸腾	308	生理干旱	220	《汉书·沟洫志》	99
电力平衡	50	丘吉尔瀑布水电站	200	汉延渠	99
电力系统	50	代表流域	39	汉江	99
电力系统负荷	50	白山水电站	7	汉渠	99
电力系统负荷图	50	白公渠	(7)	它山堰	263
电力系统稳定性	50	白沙口潮汐电站	7	必需容量	13

永久缝	315	边际收益递减律	(14)	**六画**	
永丰圩	315	边际费用	14		
永定河	314	边际效益递减律	14		
永定河大堤	314	边铰拱坝	14	〔一〕	
《永定河志》	315	边滩	14		
永定河梯级水电站	314	边墩	14	动力波	54
永济渠	315	边墩绕流	(2)	动力相似	55
		发电机飞轮力矩	62	动力渠道	54
〔丿〕		发电机功率因数	62	动力渠道设计流量	55
		发电机机械时间常数	62	动力渠道极限过水能力	54
司空	260	发电机有功功率	63	动力渠道的经济断面	54
尼日尔河	175	发电机导轴承	62	动力隧洞	55
尼龙坝	175	发电机冷却	62	动力隧洞经济断面	55
尼加拉瓜湖	175	发电机层	62	动力隧洞临界流速	55
尼亚萨湖	(166)	发电机转子	63	动水压力	55
尼罗河	175	发电机定子	62	动床模型试验	54
尼罗河三角洲	175	发电机视在容量	62	动库容调洪演算	54
民生渠	171	发电机调相容量	62	动态年负荷图	55
民埝	171	发电机推力轴承	62	动态规划	55
弗劳德准则	73,(337)	发电机惯性时间常数	62	动能经济计算	55
弗劳德数	73	发电机额定电压	62	动能指标	55
弗朗西斯式水轮机	73,(120)	发电机额定转速	62	圩区	283
出力	32	发电机额定效率	62	圩区水面率	283
出力系数	32	发电机额定容量	62	圩区治理	283
出口扩散段	32	发电站年费用	63	圩区治理措施	(260)
出水池	32	发电流量	63	圩垸	283,(171)
出水流道	32	发电量	63	圩垸地区	(283)
出线层	33	圣西摩水电站	220	圬工泵	288
辽河	156	圣河	(108)	扣除农业成本法	146
辽河流域	157	圣菲力克斯水库	220	扩大单元接线	149
加丁尼尔土坝	125	圣路易斯土坝	220	扩散系数	(149)
加大供水线	(67)	对口丁坝	58	扩散波	149
加权平均水头	126	对口坝	58	扩散段	149
加压喷灌系统	126	对冲消能	58	扩散度	149
加里森土坝	126	对坝	(58)	扩散率	(149)
加劲压力钢管	126	对流雨	59	扫湾	212
加劲梁	126	对流混合	59	地下厂房出线洞	47
加箍压力钢管	126	台风雨	263	地下厂房交通洞	47
加糙槽式鱼道	125	母线	173	地下厂房尾水洞	47
皮尔逊Ⅲ型分布	190	母线道	173	地下厂房变压器洞	47
皮尔顿水轮机	190,(235)	幼发拉底河	316	地下厂房通风洞	47
皮钱水车	(89)			地下水	48
边际分析法	14				

地下水人工补给	(48)	机井	(89)	有效库容	316,(300)
地下水下降漏斗	49	机电排灌	122	有效降雨量	316
地下水回灌	48	机电排灌站	(32)	夺流	(60)
地下水利用量	49	机坑	122	夺溜	60
地下水位	49	机房	(11)	列	157
地下水库	48	机组转速相对变化	122	死水	260
地下水补给	48	机械液压式调速器	122	死水位	260
地下水矿化度	49	机械密封	122	成井工艺	29
地下水临界深度	49	机翼形堰	122	成国渠	29
地下水资源	49	过木机	96	毕肖普法	13
地下水浸润灌溉	48	过木建筑物	96	《至正河防记》	332
地下水灌溉	48	过木索道	96		
地下轮廓线	48	过水土坝	96,(311)	〔丨〕	
地下径流	48	过水堆石坝	96	光电测沙仪	94
地下埋管	48	过坝建筑物	95	光电颗分仪	94
地下排水模数	(186)	过鱼建筑物	96	光面压力钢管	94
地下输水灌溉管道	48	西门豹渠	(313)	当地材料坝	41
地下灌溉	47	西西伯利亚平原	290	同马大堤	273
地上河	(302)	西江	290	同倍比放大	273
地区水利规划	47	西兴运河	(327)	同频率放大	273
地区防洪标准	(292)	西洱河一级水库	290	因次分析法	311
地形雨	49	西洱河梯级水电站	290	吸收辐射	291
地表水资源	46	西海	(199)	吸湿水	290
地表水灌溉	46	《西域水道记》	290	吸湿系数	291
地表辐射	(47)	西湖	(54)	回声测深仪	118
地转流	(266)	压力木管	304	回流	118
地质力学模型试验	49	压力水管	304	回填灌浆	118
地面有效辐射	47	压力水箱	304	《回澜纪要》	118
地面径流	(331)	压力池	(304)	刚果河	77
地面辐射	47	压力钢管	304	刚性水击理论	78
地面灌溉	47	压力前池	304	网坝	283
地基容许承载力	47	压力消能工	304		
地震作用	49	压力薄膜仪	304	〔丿〕	
扬子江	(23)	压盐	304	年计算支出法	179
扬水站	(32)	百里长渠	(24)	年计算费用法	(179)
扬压力	307	有压式涵洞	316	年平均负荷图	179
扬州五塘	307	有压泄水孔	316	年负荷率	179
共用工程	86	有压隧洞	316	年设计保证率	179
芍陂	216	有形效益	316	年运行支出	(243)
亚马逊平原	305	有坝取水	316	年运行费	179
亚马逊河	305	有效电力	316	年库容	(179)
亚西雷塔水电站	305	有效电量	316	年径流	179

年费用法	178	全段围堰法	203	冲洗效率		31
年值法	179	全射流喷头	204	冲洗脱盐标准		31
年调节水电站	179	全蓄水量	(8)	冲积平原		30
年调节水电站运行方式	179	会通河	118	冲积河流阻力		30
年调节水库	179	合龙	100	冰川		16
年调节库容	179	合流	100	冰川水资源		16
年超大值法	178	众数	335	冰川运动		17
年最大负荷图	179	伞式水轮发电机	211	冰川径流		16
年最大值法	179	负水击	75	冰川积累		16
舌瓣闸门	216	负压计	75,(325)	冰川消融		17
竹络	339	负荷图	(50)	冰川湖		16
竹络石塘	(339)	负荷备用容量	74	冰川融水		16
竹笼	339	负效益	75	冰斗冰川		17
竹笼石塘	339	各态历经过程	82	冰压力		17
竹落	(339)	多孔系数	59	冰坝		16
伏尔加河	73	多功能泵站	59	冰盖		17
伏尔加格勒水电站	73	多目的水利工程	(343)	冰淞		(2)
伏汛	73	多目标开发	59	冰情观测		17
优化设计方法	315	多年平均年发电量	60	冰雹		(8)
优化调度	315	多年平均洪灾损失	60	冰塞		17
华北大平原	114	多年平均涝灾损失	60	刘家峡水电站		158
自记水位计	342	多年库容	(60)	交叉建筑物		130
自记雨量计	342	多年调节水电站	60	交通运输用电		130
自动模型区	341	多年调节水电站运行方式	60	交通廊道		130
自压喷灌系统	342	多年调节水库	60	产品成本		23
自吸离心泵	342	多年调节库容	60	产流历时		23
自回归滑动平均求和模型	341	多级孔板消能工	59	产流方式		23
自回归滑动平均模型	341	多角形接线	(116)	产流面积		23
自回归模型	341	多种土质坝	60	产流量		23
自流式冲填坝	(258)	多瑙河	59	决〔決〕		140
自流排水	342	多跨球形坝	59	决口		141
自溃坝	342			闭水三脚		(167)
伊尔库次克水库	309	〔丶〕		闭气		13
伊拉索尔台拉水电站	309	冲击式水轮机	30	《问水集》		287
伊泰普水电站	309	冲击式扬水机	(231)	并联水库最优蓄放水次序		17
后套八大渠	111	冲沙底孔	30	并联水库群		17
《行水金鉴》	300	冲沙闸	30	关中平原		(285)
行洪区	300	冲沙廊道	30	关中盆地		(285)
行洪堤	(171)	冲泻质	31	关中漕渠		89
全日潮	204	冲刷坑	30	灯泡式水轮机		44
全水内冷式发电机	204	冲洗改良盐碱地	30	灯泡泵		(90)
全贯流式水轮机	203	冲洗定额	30	污水灌溉		288

江水	129	《农政全书》	183	导流盾	(42)
江心洲	129	农渠	181	导流屏	42
《江南水利全书》	129	设计干堆积密度	217	导流隧洞	42
江南运河	129	设计丰水年	217	导堤	42
江南河	(129)	设计日常水位	(218)	导墙	42
江南海塘	129	设计水头	218	异形鼻坎	310
江都水利枢纽	129	设计平水年	218	异重流	310
江都排灌站	128	设计平水段	218	阵雨	328
江厦潮汐电站	129	设计代表年	217	阳渠	307
汛	303	设计年径流	218	收缩式消能工	224
汛期	303	设计负荷水平	217	收缩段	224
池	29	设计负荷水平年	217	阶梯式丁坝	131
池式鱼道	29	设计阶段	217	防	65
汊道分沙比	22	设计雨型	218	防冲板	(296)
汊道分流比	22	设计径流年内分配	217	防冲墙	(67)
兴安运河	(157)	设计河槽断面	217	防冲槽	65
兴利库容	300	设计枯水日	218	防汛	67
兴利调度	300	设计枯水年	218	防汛抢险费	67
安丰塘	(216)	设计枯水段	217	防汛组织	67
安全泄量	1	设计保证率	216	防守与抢险	67
安全超高	1	设计洪水	217	防弃水线	67
安康水电站	1	设计洪水计算规范	217	防治土壤盐碱化	67
《安澜纪要》	1	设计洪水过程线	217	防洪工程	66
农业水利区划	183	设计洪水位	217	防洪兴利联合调度图	67
农业水费	183	设计排涝水位	218	防洪库容	66
农业用电	183	设计排渍水位	218	防洪规划	66
农田小气候	183	设计排渍流量	218	防洪枢纽	66
农田水利	182	设计排渍深度	218	防洪非工程措施	66
农田水利工程	183	设计最高水位	(218)	防洪法	66
《农田水利约束》	183	设计蓄水位	(330)	防洪法规	66
《农田利害条约》	(183)	设计频率	218	防洪河道整治	66
农田净辐射	(182)	设计暴雨	216	防洪限制水位	67
农田热量平衡	182	设计暴雨地区分布	217	防洪标准	66
农田排水	182	设防水位	216	防洪保证水位	65
农田排水系统	182	设备更新经济分析	216	防洪调度	66
农田排水系统管理	182			防洪调度线	66
农田排水试验	182	〔→〕		防洪措施	66
农田排水效益	182	导	42	防破坏线	67
农田基本建设	182	导沙坎	43	防凌措施	67
农田辐射平衡	182	导沙槽	42	防海大塘	(65)
农田辐射差额	(182)	导流工程	42	防海塘	65
农村水电站	181	导流系统	42	防浪墙	67

防淘墙	67	坝后背管	(6)	投资回收年限法	274
观测廊道	89	坝身	5	投资回收期	275
红水河	109	坝身进水口	5	投资回收期法	(274)
约束条件	321	坝身泄水孔	5	投资收益率	(244)
约翰日水电站	321	坝身排水管	5	投资偿还年限法	(274)
		坝顶	3	坑测法	144

七画

〔一〕

		坝顶溢流	3	抗压安全系数	143
		坝型选择	6	抗旱天数	142
		坝轴线	6	抗旱保墒耕作	142
		坝根	3	抗拉安全系数	143
麦卡土石坝	167	坝基扬压力观测	4	抗倾稳定安全系数	143
玛纳斯河灌区	166	坝基排水孔	4	抗滑混凝土洞塞	143
进口锥管	134	坝基渗压观测	4	抗滑稳定安全系数	143
进水口淹没度	134	坝趾压重	6	护坦	113
进水池	134	赤山湖	(30)	护岸工程	113
进水闸	134	赤山塘	30	护脚	113
进水流道	134	赤道逆流	29	块体式支座	148
进出水管道	133	赤道流	29	块基型泵房	147
吞吐流	(337)	赤道潜流	30	芙蓉圩	73
远景负荷	320	折旧费	326	花园口决口	114
远景规划	320	折旧提取率	326	花园口堵口	114
运动波	322	折向器	327	花凉亭水库	114
运动相似	322	折冲水流	326	克伦威尔海流	(30)
运河东堤	322	折现系数	(222)	克拉斯诺亚尔斯克水库	144
运河西堤	322	折线滑动分析法	327	克-奥剖面	144
扶壁式挡土墙	73	折射式喷头	326	苏北灌溉总渠	261
技术设计	125	抢险石塘	198,(269)	极大似然法	124
技术经济比较	125	坎儿井	142	极限水击	124
坝	3	坎门零点	142	极值分布	124
坝下埋管	6	坎井	(142)	李家峡重力坝	152
坝下游局部冲刷	6	坍塌抢险	264	李渠	152
坝下游面管	6	均方差	141	杩槎	167
坝上游面管	5	均质土坝	141	甫田	74,(194)
坝区河道整治	4	均值	141	束水坝	225
坝内式厂房	4	抛石坝	187	束水攻沙	225
坝内埋管	4	抛石护坡	188	豆满江	(275)
坝内廊道	4	抛石护岸	187	两河流域	(170)
坝田	5	抛石直径	188	两部电价	156
坝头	5	抛石厚度	187	《两浙海塘通志》	156
坝头冲刷坑	6	抛泥坝	187	还本年限	116,(275)
坝式水电站	5	抛填堆石坝	188	还本年限法	(274)
坝后式厂房	4	投资回收年限	274,(275)	还贷年限	(39)

还款期限	116	利根川河口闸工程	153	迎水坝	313,(259)
矶	(122)	利漕渠	153	迎面	(313)
矶头	122	伸缩缝	(285)	迎溜	313
连拱式挡土墙	154	作用筒	347,(132)	饭泉调水泵站	65
连拱坝	154	作物水分亏缺	346	系列模型试验	291
连续冲洗式沉沙池	154	作物生态需水	346		
连续模型	155	作物生理需水	346	〔丶〕	
连续灌溉	155	作物系数	346	冻融侵蚀	55
		作物耐旱能力	345	床沙质	34
〔丨〕		作物耐涝能力	346	床沙质函数	34
旱井	(238)	作物耐渍深度	346	床沙粗化	34
旱田水量平衡	99	作物耐淹能力	346	床面形态判别准则	34
旱灾	99	作物根系吸水层	345	库区	147
旱涝保收农田	99	作物需水系数	347	库库诺尔	(199)
旱涝碱综合治理	99	作物需水临界期	346	库容	147
时针式喷灌机组	(334)	作物需水特性	346	库容曲线	147
时间因素系数	222	作物需水量	346	库容补偿	147
时间序列	222	作物需水量模比系数	346	库群调节	147
时间序列分析	222	作物灌水生理指标	345	应用水文学	314
时间面积图	222	低水	(147)	应急溢洪道	314,(68)
时段单位线	222	低水头水电站	44	应宿闸	(210)
《吴中水利全书》	289	低压灌溉管道	44	冷水环流	152
吴淞零点	289	低坝	44	冷备用	152
里运河	153	低位沼泽	44	冷浸田	152
里卧	153	低温低压火电站	44	冷锋雨	152
里海	153	低潮位	44	辛克鲁德尾矿坝	299
围田	284	伺服马达	260,(132)	弃水	196
围垦	284	谷水	88	弃水出力	196
围海造田	283	谷坊	87	间接水击	128
围堰	284	含水层	98	间接成本	128
串沟	34	含沙量	98	间接费用	(88),(128)
串沟水	34	含沙量沿水深分布	98	间断冲洗式沉沙池	(53)
串联水库最优蓄放水次序	34	含沙量沿程变化	98	间歇性河流	128
串联水库群	34	岔流	22	间歇灌溉	128
串联水库模型	34	肘形进水流道	338	沥青混凝土心墙	154
吹流	(190)	肘形弯管	(338)	沥青混凝土心墙坝	154
财务净现值	19	肘管	338	沥青混凝土面板	153,(154)
财务效益费用比	19	龟塘	95	沥青混凝土面板	(154)
		角墙式进口	131	沥青混凝土面板坝	153,(154)
〔丿〕		条田	269	沥青混凝土面板坝	(154)
针形阀	327	条块石塘	269	沥青混凝土斜墙	154
利改税	153	卵形隧洞	164	沥青混凝土斜墙坝	154

沙土坝	(87)	快速闸门	148	纵向围堰	344
沙波	212	《宋史·河渠志》	261	纵向弯曲稳定安全系数	344
沙波尺度	212	灾害	322	纵缝	344
沙波阻力	212	补救赔偿费	18		
沙波速度	212	补偿	18		

八画

沙洲	213	补偿水库	18		
沙粒阻力	212	补偿调节	18		
汽化潜热	(329)	初生空化数	33	〔一〕	
汽轮机初参数	196	初步设计	33	环形闸门	116
汽蚀	(247)	初损	33	环形接线	116
汽蚀系数	196,(145)			环形堰	116
沃尔特水库	287	〔一〕		环流	116
沂河	309	灵轵渠	158	青山水轮泵站	199
汳水	(15)	灵渠	157	青海湖	199
汾河	70	层移质	21	青铜峡水利枢纽	199
沟	86	尾水调压室	284	现值法	292
沟头防护工程	86	尾水隧洞	284	表孔	16
沟状侵蚀	87	尾矿坝	284	表孔闸门	16
沟垄耕作	86	尾槛	284	表层流	16,(205)
沟蚀	86	改良圆弧法	76,(75)	表面式排水	16
沟湮	86	改道	76	表面张力相似准则	16
沟浍	86	张力计	325	抹岸	173
沟埋式涵管	86	《张公奏议》	325	抹岸水	(173)
沟漠	86	张家泊	(38)	抹面衬砌	173
沟道护岸工程	86	陆地水文学	163	坦水	265
沟道治理工程	86	阿基米德螺旋泵	(164)	坦噶尼喀湖	265
沟灌	86	阿塔图尔克水库	1	抽水机	31
汴水	(15)	阿斯旺水库	(174)	抽水枢纽	31
汴河	(15)	阿福斯卢伊迪克土坝	1	抽水站	32,(11)
汴渠	14	陈村水库	29	抽水排水	(267)
沉沙池	28	阻力孔调压室	(344)	抽水蓄能电站	31
沉沙条渠	28	阻力系数法	344	抽水蓄能电站厂房	32
沉沙槽式取水	28	阻力相似准则	345	抽水蓄能电站运行方式	32
沉枕护岸	28	阻抗调压室	344	抽水蓄能电站综合效率	32
沉树	28	阻滑板	344	抽水蓄能泵站	31
沉积湖	27	陂	10	抽汽式汽轮机	31
沉陷观测	28	努列克土坝	183	抽样误差	32
沉陷系数法	(123)	鸡爪河	(33)	拍门	184
沉陷缝	28	鸡嘴坝	122,(259)	拍岸浪	184
沉排坝	27	纯抽水蓄能电站	35	顶冲	53
沉排护岸	27	纯拱法	35	抵偿年限	45
沉箱坝	28	纳赛尔水库	174	抵偿年限法	45

拉丁顿抽水蓄能电站	149	卧管式进水口	287	明沟排水	172
拉格兰德2级水库	149	事故备用库容	223	明流隧洞	172,(289)
拉格兰德3级水库	149	事故备用容量	223	明渠导流	172
拉格朗日数	150	事故闸门	223	明满流过渡	172
拦污栅	150	刺水堤	35	明滩	(339)
拦沙坝	150	刺墙	35	呷	328
拦鱼网	150	雨	318	迪诺威克抽水蓄能电站	45
拦河坝	150,(3)	雨量器	318	固定电价	(123)
拦河闸	150	雨滴冲刷作用	318	固定式喷头	88
坡地漫流	193	奇沃堆石坝	195	固定式喷灌系统	88
坡面蓄水工程	193	奇科森土石坝	195	固定成本	88
拨改贷	17	瓯江	184	固定年费用	88
抬水式开发	263	欧文瀑布水库	184	固结灌浆	88
取水权	203	欧拉准则	184,(159)	呼伦池	(111)
取水枢纽	203	欧拉数	184	呼伦湖	111
取水闸	(134)	转轮	(308)	刿岸	323
取水建筑物	203	转桨式水轮机	339	岸边绕渗	2
取水首部	203	转移支付	340	岸冰	2
若水	(305)	轮载横管式喷灌机组	(95)	岸塔式进水口	2
范公堤	65	轮期	(94)	岸墙	2
直线比例法	331	轮灌	164	岩基开挖	306
直线连续自走式喷灌机组	(193)	软贷款	208	岩基处理	305
直线法	(331)	软胶模型试验	209	岩基排水	306
直接水击	331	软基处理	208	岩溶水	306
直接成本	331	软厢	209	岩溶处理	306
直接径流	331	软卷	(293)	岩滩水电站	306
直接费用	(179),(331)			罗贡土坝	164
直墙拱顶隧洞	331	〔|〕		岷江	171
茎流	135	非牛顿流体	68	图们江	275
枝水	331	非均匀系数	(176)	图库鲁伊水电站	275
板桩	7	非饱和带	(8)		
板桩坝	7	非线性规划	68	〔丿〕	
松花江	261	非常溢洪道	68	垂直护岸	35
松花江流域	261	非溢流坝	68	垂直排水	35
松花坝	260	非溢流重力坝	68	垂直摇臂式喷头	35
松束缚水	(8)	齿墙	29	牧区水利	173
松涛水库	261	《尚书·禹贡》	215	季节河	(128)
构造湖	87	具区	140,(264),(328)	季节性电价	125
枋口堰	65	昆明池	149,(50)	季节性电能	125
枋堰	(65)	昆明湖	(50)	季节性容量	125,(31)
卧式水轮发电机组	287	国际灌溉排水委员会	95	季负荷率	125
卧式沉树	(88)	《明史·河渠志》	172	季抽水蓄能电站	125

季调节水电站	125	鱼道	317	闸门启闭力	324
供水工程经济效益	82	鱼嘴	318	闸门启闭机	324
供水成本	82	鱼鳞大石塘	(317)	闸门挂钩梁	324
供水重复利用率	82	鱼鳞石塘	317	闸门埋设件	324
供水效益分摊系数法	82	鱼鳞坝	317	闸门锁定器	324
供热式火电站	82	鱼鳞坑	317	闸坝	323
侧向绕流	(2)	备用容量	10	闸底板	323
侧注	21	饱和水汽压	8	闸河	323
侧滚轮式喷灌机组	(95)	饱和水汽压差	8	闸室	324
侧槽溢洪道	21	饱和产流	8	闸墩	323
佩克堡土坝	188	饱和含水量	8	郑国渠	330
径向轴承	(62)	饱和坡面流	8	卷扬式启闭机	140
径流	137	饱和差	(250)	卷埽法	140
径流式水电站	138			单元接线	41
径流成因公式	137	〔丶〕		单支墩大头坝	41
径流冲刷	138	变动成本	15	单向阀	(332)
径流形成过程	138	变压器	15	单向调压室	41
径流还原计算	138	变形观测	15	单级开发	40
径流系数	138	变态相似	15	单位千瓦年费用	41
径流补偿	137	变态模型试验	15	单位千瓦迁移人口	41
径流变率	(172)	京杭大运河	(135)	单位千瓦投资	41
径流总量	139	京杭运河	135	单位千瓦淹没耕地	41
径流调节	138	底孔	46	单位电能成本	40
径流调节时历法	138	底孔导流	46	单位电能投资	(40)
径流调节典型年法	138	底沙	(281)	单位电能耗水率	40
径流深度	138	底栏栅式取水	46	单位发电量投资	40
径流模数	138	底阀	46	单位过程线	40
径窃	139	底格里斯河	46	单位库容迁移人口	40
《金史·河渠志》	133	底流消能	46	单位库容淹没耕地	41
金沙江	133	废黄河零点	68	单位线	(40)
金堤	133	净水头	139	单库潮汐电站	40
受阻容量	224	净雨	(23)	单拱坝	40
贫营养沼泽	(81)	净雨	139,(23)	单种土质坝	41,(141)
贫营养湖	191	净效益	139	浅水勤灌	198
戗台	198	净效益法	139	浅滩	198
戗堤	198	净辐射	139	浅滩河段整治	198
肥水灌溉	68	放淤	67	泄水式厂房	299
周抽水蓄能电站	337	闸下淤积	324	泄水闸	299
周波	337	闸山沟	324,(87)	泄水建筑物	299
周调节水电站	337	闸门	323	泄水隧洞	299
鱼闸	318	闸门止水	324	泄洪排沙隧洞	298
鱼梯	317,(317)	闸门充水阀	324	泄洪隧洞	299

八画

泄流曲线	299	河弯曲率半径	106	泥石流	178
泄槽	298	河弯幅度	106	泥石流侵蚀	178
沽水	(96)	河弯跨度	106	泥沙	176
沭河	225	河弯蠕动	106	泥沙止动	178
《河干问答》	102	河套灌区	106	泥沙扩散方程	177
河工	102	河流	104	泥沙休止角	178
《河工器具图说》	102	河流比尺模型	104	泥沙沉速	176
河口	103	河流水文情势	(105)	泥沙拣选系数	176
河口区	103	河流水情	105	泥沙采样器	176
河口进潮量	103	河流水量补给	105	泥沙测验	176
河口沙坝	103	河流水源	(105)	泥沙起动	177
河口拦门沙	103	河流分汊比	104	泥沙起动拖曳力	177
河口泥沙	103	河流分级	104	泥沙起动流速	177
河口盐水楔	103	河流节点	104	泥沙特征粒径	177
河口浮泥	103	河流动力学	104	泥沙悬浮指标	178
河口涌潮	103	河流自动调整	105	泥沙粒径	177
河口潮流	103	河流冰情	104	泥沙粒配曲线	177
河川水利枢纽	101	河流纵剖面	105	泥沙淤积物干表观密度	178
河川水能资源	101	河流泥沙	105	泥沙淤积物干容重	178
河水	106	河流面积定律	105	泥沙絮凝	178
河长定律	100	河流弯曲系数	105	泥沙颗粒分析	176
河西古渠	107	河流崩岸	104	泥沙颗粒级配	176
河网	106	河流数学模型	105	泥沙颗粒形状系数	177
河网化	106	河流数定律	105	泥沙颗粒表观密度	176
河网密度	106	河流横断面	104	泥沙颗粒容重	176
河防	102	河渠异重流	105	泥炭层水	178
《河防一览》	102	河堤谒者	102	沼泽	325
《河防令》	102	河道总督	101	沼泽化	326
《河防志》	102	河道整治设计水位	101	沼泽地	326
《河防述言》	102	河道整治设计流量	101	沼泽地排水	326
《河防通议》	102	河道整治规划	101	沼泽资源	326
河谷	103	河源	107	泇运河	(126)
河床	101	河滩造田	106	泇河	126
河床式厂房	101	河漫滩	105	波状水跃	18
河床溢洪道	101	河槽	(101)	波速	17
河床稳定性指标	101	河槽调蓄作用	100	波浪流	17
河床演变	101	泸水	(133)	波涌灌溉	17
河势	105	油压装置	315	波温比	17
河岸溢洪道	100	泗口	(200)	波漾	(53)
河型	107	泡卢-阿丰苏水电站	188	泽	322
河型转化	107	泡田	188	泽卤	(29)
河相关系	107	沱江	281	泾河	135

泾函	135	戽流消能	113	封冻	72
《泾渠志》	136	视准线法	224	封河期	72
泾惠渠	135			封拱灌浆	72
泾惠渠灌区	135	〔㇀〕		持水曲线	(278)
《治水筌蹄》	332	建筑物测流	128	拱式渡槽	85
治河工程	332	《居济一得》	140	拱形闸门	85
《治河方略》	332	弧形闸门	112	拱形重力坝	85
《治河书》	(332)	承压水	29	拱形涵洞	85
《治河图略》	332	孟河	(170)	拱坝	83
治溃	333	孟渎	170	拱坝三维有限元法	83
宝鸡峡引渭灌区	8	陕西八惠	214	拱坝布置	83
定向爆破堆石坝	53	降水	130	拱坝坝肩稳定分析	83
定床模型试验	53	降雨径流关系	130	拱坝应力分析	84
定轮闸门	53	降雨损失	130	拱坝周界缝	84
定振波	53	限制出力线	293	拱坝泄水孔	84
定桨式水轮机	53	参考作物需水量	(20)	拱坝试荷载法	84
定期冲洗式沉沙池	53	参考需水量	(20)	拱坝经济中心角	(84)
官厅水库	89	参照需水量	20	拱坝垫座	83
官堤	89	参数估计	20	拱坝厚高比	83
空气阻抗调压室	145	线性规则	293	拱坝重力墩	84
空气制动调压室	145	线路损耗	293	拱坝最优中心角	84
空气湿度	145	练湖	155	拱冠梁法	85
空化系数	145	练塘	(155)	拱梁分载法	85
空化数	145	组合式排水	345	拱筒	85
空闲容量	146	驼峰堰	281	城门洞形隧洞	29,(331)
空注阀	146	经水	136	城门洞形隧洞	(331)
空蚀	(229)	经济计算期	(244)	城市防洪工程	29
空蚀数	145	经济寿命期	(245)	埕城坝	80
空腹拱坝	145	经济利用小时数	136	挡土墙	41
空腹重力坝	145	经济使用年限	(245)	挡水坝	41,(3)
空箱式挡土墙	146	贯流式水轮机	90	挡水坝	(3)
穹形拱坝	(226)	贯流式机组厂房	90	挡水建筑物	41
实时校正	222	贯流泵	90	挡潮闸	41
实时联机水文预报	222			拽白	339
实体重力坝	223	**九画**		挑水	(271)
实际水汽压	222			挑水坝	272
实际年系列法	222			挑坝	(272)
实际蒸散发	222	〔一〕		挑流	271
实验流域	223	契尔克拱坝	196	挑流工程	271
试锥	224	春汛	35	挑流消能	271
戾陵堰	154	玲珑坝	158	挑流鼻坎	271
戽式消力池	113	挂柳	88	挑溜	(271)

垫层系数法	(123)	咸水灌溉	292	临时渠道	157
《荆州万城堤志》	136	咸海	292	临塑荷载	157
荆江大堤	136	咸淡水混合	292	竖井式水轮机	226
荆江分洪区	136	砌石坝	196	竖井式进水口	225
荐浪水	128	砂井预压法	213	竖井式鱼闸	226
带状耕作	39	砂井排水预压法	(213)	竖井式倒虹吸管	225
草土围堰	21	泵车	11	竖井排水	(35)
茨防	(212)	泵壳	11	竖向位移观测	(196)
荥泽	314	泵房	11	竖缝式鱼道	225
故县宽缝重力坝	88	泵站	11,(32)	畎	204
胡佛重力拱坝	112	泵站水力(液体)过渡过程	(12)	虹吸井	109
南阳新河	175	泵站水击	(12)	虹吸式取水	109
南运河	175	泵站水锤	12	虹吸式溢洪道	109
南旺分水	175	泵站节能	12	响洪甸水库	294
《南河成案》	174	泵站电气设备	11	贴边岔管	272
《南河志》	174	泵站机电设备	12	贴角拱坝	272
标准差	15	泵站机组安装	12	贴坡排水	272,(16)
标准煤	15	泵站传动装置	11		
标准煤耗	(16)	泵站自动化	13	〔丿〕	
标准煤耗率	16	泵站运行管理	13	钟形进水室	(335)
枯水	147	泵站技术经济指标	12	钟形进水流道	335
枯水调查	147	泵站泥沙	12	钢丝网水泥压力管	79
枯季径流	147	泵站测流	11	钢丝网水泥闸门	79
柯西准则	143,(265)	泵站效率	13	钢板衬砌	78
柯西数	143	泵站辅助设备	12	钢板桩围堰	78
柘林水库	327	泵站装置效率	(13)	钢闸门	80
柘溪水电站	327	泵站管理	12	钢筋混凝土心墙	79
相对投资效益系数	(244)	泵船	11	钢筋混凝土心墙坝	79
相对湿度	293	面板坝	171	钢筋混凝土压力管	79
相似比尺	293	面板堆石坝	171	钢筋混凝土坝	78
相似判据	293,(294)	面蚀	171	钢筋混凝土衬砌	79
相似定数	293	面流消能	171	钢筋混凝土面板	79
相似指标	293	轴伸式水轮机	338	钢筋混凝土面板坝	79
相似律	293	轴伸式轴流泵	(338)	钢筋混凝土斜墙	79
相似准则	294	轴伸泵	338	钢筋混凝土斜墙坝	79
相似准数	294	轴流式水轮机	338	钢管支承环	78
相似常数	293	轴流泵	337	钢管支墩	78
相应水位	294	轻型整治建筑物	199	钢管不圆度	78
柳石坝垛	161	鸭砻江	(305)	钢管加劲环	78
勃莱法	18			钢管刚性环	78
咸水湖	292	〔丨〕		钢管进人孔	78
咸水楔	292	背压式汽轮机	10	钢管伸缩节	78

钢管临界外压	78	须德海造陆工程	301	洪水	110
钢管渐变段	78	脉动压力	167	洪水地区组成	110
钢管椭圆度	78	脉动强度	167	洪水设计标准	110
钢管镇墩	78	脉冲喷灌	167	洪水河床	(105)
矩法	140	独流减河	57	洪水波	110
适线法	224	急滩	124	洪水统计特征	110
种稻洗盐	335			洪水调查	110
秋汛	200	〔丶〕		洪水调度	110
重力水	337	弯曲形尾水管	282	洪水痕迹	110
重力式挡土墙	337	弯曲型河道	282	洪水频率分析	110
重力坝	335	弯曲型河道整治	282	洪水警报	110
重力坝抗滑稳定分析	336	弯曲率	(105)	洪泛区	109
重力坝应力分析	336	弯矩	(106)	洪灾	111
重力坝实用剖面	336	弯道环流	282	洪灾损失率	111
重力坝基本剖面	336	亲潮	199	洪灾损失增长率	111
重力拱坝	336	施工导流	221	洪泽浦	(111)
重力相似准则	337	施工图设计	221	洪泽湖	111
重力侵蚀	337	施工预报	221	洪泽湖大堤	111
重力流	337	施工缝	221	洪流演算	109
重现期	31	施厝圳	(3)	浊水圳	(3)
重型整治建筑物	337	闽江	171	洞顶压力余幅	56
重复容量	31	阀门	63	洞顶净空余幅	55
复式滑动面分析法	75	阀门开度	63	洞庭湖	56
复杂水库群	(120)	阀门相对开度	(63)	测雨雷达	21
复闸	75	阀门廊道	63	测站	(252)
笃浪水	(128)	差动调压室	21	测流堰	21
贷款偿还年限	39	差缺灌溉	22	洗井	291
顺水坝	259,(122)	差积曲线	(22)	活水灌溉	(155)
顺坝	259	差累积曲线	22	活动导叶	121
顺直型河道	259	美国加州引水工程	170	活动坝	121
顺厢	259	美国防洪法	169	活性区	(58)
保证电能	9	美索不达米亚平原	170	洫	301
保证出力	9	前池	196,(304)	浍	148
保证出力图	9	前期降雨指数	(196)	洛河	165
保证供水线	(67)	前期影响雨量	196	洛惠渠	165
保险费法	9	逆止阀	(332)	洛惠渠灌区	165
俄罗斯平原	(54)	总水资源	344	济水	124
信水	300	总体	344	济州河	125
泉	204	总库容	343	济淄运河	125
泉州渠	204	总河	(344)	浑水灌溉	119
侵蚀湖	199	总费用法	343	浑江梯级水电站	119
禹河故道	318	总理河道	344	津波	(98)

恒升	108	统计试验方法	274	桔槔	132
恒压泵站	108			栖息地下水	195
恒河	108	**十画**		桥式起重机	199
恒河三角洲	108			桥式倒虹吸管	198
恒河-布拉马普特拉河三角洲	(108)	〔一〕		桥吊	198,(199)
				桥形接线	199
客水	144	泰晤士河	264	桥渡河道整治	198
诱鱼设备	317	泰森多边形	264	桁架拱渡槽	108
		泰家渠	(199)	桃汛	266
〔→〕		秦渠	199	格田	81
退水曲线	281	珠江	338	格田淹灌	81
退水闸	281	珠江三角洲	338	格坝	81
屋顶闸门	288	珠江流域	338	格堤	81
屏式建筑物	193	珠江零点	338	桩基础	340
费用分摊	68	班基水轮机	7,(226)	校核洪水	131
陡门	56	盐锅峡水电站	306	校核洪水位	131
陡长	(56)	盐湖	306	核电站	107
陡坡	56	盐碱地	306	样本	307
陡河	(157)	盐碱地改良	307	索式灌溉	262
陡涨	56	捍海堰	100	配水建筑物	188
陡槽	56,(298)	捍海塘	100	配水渠道	(331)
陡槽溢洪道	(142)	捆厢法	149,(294)	配电装置	188
胥溪	301	都水监	57	破冰	194
除涝	33	都江堰	56	破冰船	194
除涝设计标准	33	都江堰灌区	57	破坏年	194
怒江	183	换土垫层法	116	破岗渎	194
架空地线	(14)	热应力	(285)	破釜塘	(111)
架槽	(68)	热备用	205	破浪	194
盈亏平衡分析	313	热量平衡	205	原子能电站	(107)
垒坝阶	(87)	埃尔卡洪拱坝	1	原子能发电	320
结构动力模型试验	132	埃德蒙斯顿泵站	1	套闸	266
结构静力模型试验	132	莱因法	150	套堤	(171)
结雅水库	132	莱茵河	150	奁	(212)
绕渗观测	205	莱蒙湖	(206)	趸船	(11)
给水度	125	莲柄港	155		
给水排水工程	125	荷载组合	107	〔丨〕	
绛州渠	130	莨荡渠	(150)	柴塘	22
绛岩湖	(30)	真空井	328	紧水滩水电站	133
绝对投资效益系数	(244)	真空泵	328	紧束缚水	(290)
绝对湿度	141	真空破坏阀	328	晒田	213
绝缘子	141	框架式支座	149	鸭绿江	305
绞盘式喷灌机组	131	框格填碴坝	148	圃田泽	194

峰谷电价	72	脆性材料结构模型试验	35	紊流猝发	286
峰荷	72	胸墙	301	唐来渠	(265)
峰荷煤耗	72	胶合层压木滑道	131	唐徕渠	265
峰量同频率放大	(273)	胶莱运河	131	唐渠	(265)
峰量关系	72	狼汤渠	150	凋萎系数	51
圆形喷灌机组	(334)			凋萎点	(51)
圆形隧洞	320	〔丶〕		凋萎湿度	(51)
圆弧滑动分析法	320	凌汛	158	资料系列一致性	341
圆辊闸门	320	浆河现象	129	资料系列可靠性	341
圆筒式支座	320	浆砌石坝	129	资料系列代表性	341
圆筒闸门	320	浆砌石拱坝	130	站网规划	325
圆筒法	320	浆砌石重力坝	130	站年法	325
圆筒泵	(90)	浆砌块石护坡	129	旁通管	187
		高水头水电站	80	闽水	(126)
〔丿〕		高压断路器	81	益本比	310,(297)
钱江大潮	196	高坝	80	益本比法	(297)
钱塘江	197	高邮湖	81	烤田	(213)
钱塘江海塘	197	高位沼泽	81	浙东运河	327
钱塘湖	196	高含沙水流	80	浙东海塘	327
钱塘潮	196,(196)	高转筒车	(80)	《浙西水利书》	327
钳卢陂	197	高架筒车	80	浙西海塘	327
铁门水电站	272	高速水流观测	80	浙江	(197)
铅直位移观测	196	高家堰	80,(111)	涝	151
特里土石坝	266	高斯分布	(330)	涝池	151
特征河长	266	高温高压火电站	81	涝灾	151
造床流量	322	高潮位	80	涝灾损失率	151
积雪	123	高壁拱形隧洞	80	涝灾减产率	151
透水建筑物	275	效益指标	297	涝渍灾害	151
透射辐射	275	效益费用比	297	涟子水	155
借款偿还期	(39)	效益费用比法	297	消力井	295
借款期限	133	效益费用分析	297	消力池	295
倾倒抢险	200	效率	296	消力戽	295
倾斜流	200	离心泵	152	消力槛	295
倒垂线法	43	离差系数	152	消力墩	295
倒虹吸管	43	离散模型	152	消能工	296
倒置梁法	43	紊动扩散	286	消能水箱	296,(295)
倒漾水	(43)	紊动应力	286	消能方式	296
倒灌	43	紊动涡体	286	消能防冲设施	296
射流泵	218	紊动能	286	消能裙板	296
射流增差式厂房	218	紊流	286	消能塘	296,(295)
航运枢纽	100	紊流阻力	286	消落	296
航道整治	(272)	紊流流速分布	286	消落深度	296

十画

涡动混合	287	流域	160	调节保证计算	269
涡流	(118)	流域开发	160	调节流量	270
海水	97	流域汇流	160	调压室工作稳定性	270
海水水色	97	流域延长系数	160	调压室大波动稳定	270
海水盐度	97	流域产沙	160	调压室小波动稳定	271
海水透明度	97	流域规划	160	调压室托马断面	271
海水混合	97	流域经济学	160	调压室波动周期	270
海水密度	97	流域面积	160	调压室临界断面	(271)
海水温度	97	流域面积高程曲线	160	调压室涌波	271
海平面	97,(192)	流域面积增长图	160	调压室涌浪	(271)
海宁潮	97,(196)	流域侵蚀	160	调压室最低涌波水位	271
海冰	96	流域总蒸发	161	调压室最高涌波水位	271
海况	96	流域蒸散发	(161)	调压室稳定断面	271
海岸工程	96	流量	158	调相	270
海河	96	流量历时曲线	159	调相水电站	270
海河流域	96	流量过程线	158	调洪演算	269
海洋水文学	98	流量过程线分割	159	调速器	270
海洋潮汐	98	浪压力	151	调速器配压阀	270
海涂	98	浸	134	调峰	269
海涂围垦	98	浸润线	134	调峰水电站	269
海流	97	浸润线观测	134	调蓄改正	270
海浪	97	涌波	(115)	调频	270
海啸	98	涌浪	315	调频水电站	270
海港工程	96	涌潮	315		
海塘	97,(100)	浚川杷	(141)	〔→〕	
海漫	97	浚川耙	141	陷穴	293
浮山堰	74	浚仪渠	304	通气孔	273
浮运式水闸	74	宽尾墩	148	通济渠	273
浮体闸	74	宽限期	148	通济堰	273
浮体闸门	74	宽缝重力坝	148	通航河道整治	272
浮标测流	73	宾汉流体	16	通惠河	272
浮船	(11)	窄缝式消能	325	《通惠河志》	272
浮箱闸门	74	窄缝挑坎	325	通惠渠	272
流土	159	容量平衡	(50)	能源消费弹性系数	175
流动电价	(50)	容量价值	207	预见期	318
流网法	159	朗斯潮汐电站	150	预压加固法	(318)
流冰	(265)	扇形闸门	214	预压法	318
流体压力相似准则	159	扇面坝	214	预应力衬砌	319
流状泥石流	161	被补偿水库	10	预应力钢筋混凝土压力管	319
流玫瑰图	159	调水工程	51	预应力重力坝	319
流速仪	159	调节年度	270	预应力混凝土坝	319
流速仪测流	159	调节周期	270	预应力锚索	319

预想出力	318	堆芯	58	检修闸门	127
桑园围	212	埝	181	梯田	266
		掏底	266	梯级开发	266

十一画

〔一〕

球形岔管	200	接力器	132	梯级水电站	266
球形阀	200	接触冲刷	131	梯级水库	(34)
理想型双室调压室	153	接触质	131	梯级发电量	266
理想型差动调压室	153	接触流土	131	梯形坝	266
堵口	57	接触管涌	131	梯度流	266
堵汊工程	57	接触灌浆	131	曹公圳	20
排水工程设计标准	186	控制堰	146	副坝	75
排水工程规划	186	控制灌溉	146	副流	75
排水方式	185	埭	40	厢埽法	294
排水孔	186	埽工	212	瓠子堵口	114
排水沟道系统	186	埽工护坡	212	龚嘴水电站	82
排水改良盐碱地	185	掺气坎	22	雪	303
排水闸	186	掺气抗蚀设施	23	雪丸	(293)
排水泵站	185	掺气槽	22	雪水	303
排水容泄区	186	基本电价	123	雪线	303
排水廊道	186	基围	123	雪被	(123)
排水率	(185)	基床系数法	123	雪盖	(123)
排冰道	185	基荷	123	辅助消能工	74
排沙闸	(30)	基荷指数	123		
排沙隧洞	185	基荷煤耗	123	〔丨〕	
排洪渠	185	基准年	123	虚堤	301
排桩	186	基准点	123	常压模型试验	25
排桩建筑物	186	基流	123	常规设计方法	25
排涝设计流量	185	基膜势	123	常流水	25
排涝模数	185	黄广大堤	117	常累积曲线	25
排渍模数	186	《黄运河口古今图说》	117	悬式水轮发电机	302
排渗沟	185	黄河	117,(106)	悬冰川	302
排漂隧洞	185	黄河大堤	117	悬沙	(302)
排灌两用泵站	(185)	黄河东平湖分洪区	117	悬河	302
排灌结合泵站	185	黄河流域	117	悬移质	302
推理公式	280	黄海零点	117	悬移质扩散理论	302
推移质	280	黄淮海平原	117	悬移质重力理论	303
推移质输沙率	281	萨彦－舒申斯克水电站	209	悬移质输沙率	303
堆石坝	58	梢料	215	悬臂式挡土墙	302
堆石棱体排水	58	梅山水库	169	曼格拉坝	168
		梅花桩	169	畦灌	195
		梅雨	169	趾墩	332
		检查廊道	127	跃层	321
		检修备用容量	127	跃移质	321

累积曲线	(25)	领水	158	渠首闸	(134)
累积频率	152	领水坝	158	渠堰使	203
帷幕灌浆	284	领海	158	渠堤超高	202
崩窝	10	脱坡抢险	281	渠道	201
崩塌	10	猫跳河梯级水电站	168	渠道工作制度	202
				渠道比降	201
〔丿〕		〔丶〕		渠道水利用系数	202
铜瓦厢改道	274	减水坝	127	渠道加大流量	202
铜街子水电站	273	减压井	127	渠道边坡系数	201
铧嘴	115	减压模型试验	127	渠道冲淤平衡	201
移动式启闭机	309	减压箱	128	渠道设计流速	202
移动式喷灌系统	309	减河	127	渠道防冻	201
笼网围堰	163	旋转式喷头	303	渠道防洪	201
笠泽	154,(140),(264),(328)	旋转备用	(205)	渠道防渗	201
第一相水击	50	旋桨泵	(337)	渠道防塌	201
第聂伯河	49	旋滚	(95)	渠道除草	201
敏感性分析	172	盖板式涵洞	76	渠道流速	202
售电成本	224	断层破碎带处理	58	渠道清淤	202
偏光弹性模型试验	190	断面结构模型试验	58	渠道最小流量	202
偏态系数	190	断流装置	58	渠道管理	202
偏流器	190,(327)	断裂抢险	58	渐变段	128
兜湾	56	焊接压力钢管	100	淌凌	265
盘头	187	清口	200	混合长度理论	119
盘坝	187	《清史稿·河渠志》	200	混合式开发	119
盘驳	(187)	清污机	200	混合式水电站	119
盘根箱	(269)	清沟	200	混合式抽水蓄能电站	119
盘剥	(187)	溃	342	混合贷款	119
船闸	33	溃害	342	混合堵	119
斜井式鱼闸	297	鸿沟	111	混合潮	119
斜击式水轮机	297	鸿隙陂	111	混合整数规划	120
斜拉式进水口	298	淋溶侵蚀	157	混流式水轮机	120
斜拉式渡槽	297	渎	57	混流泵	120
斜坡式进水口	298	淹没丁坝	305	混联水库群	120
斜流式水轮机	298	淹没孔口式鱼道	305	混凝土防渗墙	120
斜流泵	(120)	淹没损失	305	混凝土坝	120
斜插闸门式进水口	(298)	淹没整治建筑物	305	混凝土坝应力观测	120
斜缝	297	渠	201	混凝土坝温度观测	120
斜墙	298	渠水	202	混凝土围堰	121
斜墙坝	298	渠系水利用系数	203	混凝土伸缩缝观测	121
斜墙堆石坝	298	渠系建筑物	202	混凝土衬砌	120
斜管式倒虹吸管	297	渠系建筑物管理	203	混凝土建筑物内部渗压观测	121
斜槽式鱼道	297	渠系测水	(93)	混凝土建筑物接触土压力观测	121

混凝土建筑物渗透观测	121	密度流	170,(310)	堼	6
混凝土预制板护坡	121	密度流	(310)	越堤	(321)
溧史杭灌区	190	密度跃层	170	超声波测深仪	(118)
溧河	190	谐时准则	298	超定量法	25
淮水	116			超渗产流	25
淮安抽水站	115	〔丶〕		超渗坡面流	25
淮河	116	弹性力相似准则	265	提水机具	266
淮河流域	116	弹性水击理论	265	提水站	(32)
淮堰	(74)	弹性地基梁法	264	提水排水	267
淹	77	弹性抗力	264	提水灌溉	266
渊水	319	随机动态规划	261	堤	45
液压式启闭机	309	续灌	301	堤防工程	45
淤地坝	317	骑马桩	195	堤防设计水位	45
淤沙压力	317	绳水	(133)	堤防堵口	45
淤灌	317	维多利亚湖	284	堤围	(123)
淡水	41	维修费	284	揭河底现象	132
淡水湖	41	综合时段单位线	(343)	彭泽	(193)
深孔	219	综合利用水利工程	343	彭湖	(193)
深孔闸门	219	综合利用水利枢纽	343	彭蠡	189
深冰	(249)	综合利率	343	彭蠡泽	(193)
深层渗漏量	219	综合评价	343	插管井	22
深泓线	219	综合单位线	343	搜根溜	(266)
深槽	219	综合效益	343	裁弯工程	19
涵洞	99	综合需水图	343	裁弯取直	19
涵管垫座	99	综合灌水定额	343	搁田	(213)
梁式渡槽	155	综合灌溉定额	343	搂厢	(209)
渗水抢险	219	巢湖	25	斯坦福流域水文模型	260
渗水透明度观测	219	隑	45	斯特鲁哈准则	260,(298)
渗透	219			斯特鲁哈准则	(298)
渗透力	220	**十二画**		斯特鲁哈数	260
渗透仪	(208)			期望值	195
渗透观测	220			联圩并圩	155
渗透系数	220,(241)	〔一〕		落差	165,(251)
渗透变形	219	替代火电容量费用	267	落差	(251)
渗流出逸坡降	219	替代火电煤耗费	267	落差建筑物	165
渗流量观测	219	塔贝拉土石坝	263	植物水分生理	332
渗润	219	塔式进水口	263	植物散发	331
渗漏	219	塔里木河	263	植物蒸腾	(331)
惯性波	90	堰〔隁〕	307	植物截留	331
密云水库	170	堰式鱼道	307	楞铲	(163)
密西西比河	170	堰塞湖	307	棵间蒸发	143
密封装置	170	堨	61	惠农渠	118

十二画

硬壳坝	314	铺盖	194	曾文堆石坝	322
硬贷款	314	锁坝	262	滞后现象	333
确定性水文模型	204	掣溜	(60)	滞时	333
裂隙水	157	短丁坝	58	滞洪区	333
裂缝观测	157	短波	58	湖水	112
雅砻江	305	智伯渠	333	湖水水色	112
雅鲁藏布江	305	剩余费用	220,(18)	湖水透明度	113
		剩余效益	220	湖水混合	112
〔丨〕		稀释法	(207)	湖泊	112
最大工作容量	345	等中心角拱坝	44	湖泊沉积	112
最大水头	345	等半径拱坝	44	湖泊环流	112
最大分子持水量	345	等高耕作	44	湖泊逆温层	112
最大过水能力	345	等流时线	44	湖泊资源	112
最大吸湿量	(291)	筑垣居水	339	湖南镇水库	112
最小水头	345	筒井	274	湖流	112
最小运行出力	(121)	筒车	274	湘江	294
最优含水量	345	筒测法	274	湮	305
最优等效替代工程费用	345	筒管井	274	湿度	(145)
量水堰	156,(21)	筏道	63	湿室型泵房	221
量水管嘴	156	傅里叶规则	75	湿润区	221
量水槽	156	集水网道式水电站	124	湿润灌溉	221
量纲分析法	155	集水池	(134)	温度作用	285
喷头	189	集水面积	(160)	温度应力	285
喷锚支护	189	集总参数模型	124	温度控制	285
喷管	188,(189)	焦湖	(25)	温度缝	285
喷嘴	189	储水灌溉	33	温跃层	285
喷灌	188	乌卤	(29)	温斜层	(285)
喷灌机组	189	粤江	(338)	渴乌	144
喷灌均匀度	189	奥罗维尔土坝	2	渭河	285
喷灌系统	189	奥海土坝	2	渭河平原	285
喷灌强度	189	御河	319	渭惠渠	285
晾底	156	循环水洞	303	溃坝	149
晾脊	156	鲁布革水电站	163	溃坝洪水	149
景泰川电力提灌工程	137			滑动平均模型	115
跌水	52	〔丶〕		滑动抢险	115
跌窝抢险	52			滑动闸门	115
喀斯特水	(306)	装机利用小时数	340	滑坡	115
黑龙江	107	装机容量	340	滑坡涌浪	115
黑箱模型	108	装机容量平均年利用小时数	340	滑雪道式溢洪道	115
黑潮	107	装配式水闸	340	渝水	(126)
		装配式坝	340	湾流	282
〔丿〕		装配式衬砌	340	渡槽	57
铺砌草皮护坡	194	遂	261		

游荡型河道	315	塘	265	暗管灌溉	2
游荡型河道整治	316	塘浦围田	265	照谷社型坝	326
湔江堰	127	蓑衣坝	262	跨流域开发	147
湄公河	169	蓄水灌溉	302	跨流域规划	147
寒流	99	蓄引提结合灌溉	302	蜗轮蜗杆式喷头	(308)
富民渠	(94)	蓄洪工程	301	置信区间	333
富春江	75	蓄洪垦殖	301		
富营养沼泽	(44)	蓄清排浑	302	〔丿〕	
富营养湖	75	蓄满产流	302	错口丁坝	36
窜沟水	(34)	滉荡渠	(150)	锚筋桩	169
		蒸发	328	锚墩	(78)
〔一〕		蒸发能力	329	锥形阀	340
强力计	(75)	蒸发潜热	329,(231)	锥探	(224)
强夯法	198	蒸发器	329	锯牙	140
强度安全系数	198	蒸渗仪	329	牖	324
疏	224	概化过程线	76	牖河	(323)
疏浚工程	225	概率	76	简单调压室	128
隔板式鱼道	81	概率分布	76	鼠道排水	225
隔河岩重力拱坝	81	概率分析	76	微型水电站	283
隔离开关	81	感潮河段	77	微喷灌	283
隔堤	(81)	雷雨	151	微灌	283
缆车	(11)	雷诺准则	151,(180)	遥堤	308
缕堤	164	雷诺数	151	腰荷	308
编篱建筑物	14	雾化指标	290	解冻	133
		雹	8	解放式水车	(89)
十三画		雹块	(8)		
		辐轴流式水轮机	74,(120)	〔丶〕	
〔一〕		辐射井	74	新川河口排水泵站	300
		输水建筑物	225	新丰江大头坝	300
瑞利法	209	输水隧洞	225	新丰江水库	300
瑞典条分法	(209)	输沙量	225	新开湖	(81)
瑞典法	209			新安江	299
填洼	269	〔丨〕		新安江水电站	300
填料函	269	督亢陂	57	新安江流域水文模型	299
填料室	(269)	频率	191,(152)	新康奈利尾矿坝	300
填阀	(269)	频率法	191	塑性开展区	261
填淤	269	鉴湖	128	煤耗	169
塌岸	263	暖水环流	184	滇池	50
塌岸水	(263)	暖流	183	溜	161
鼓堆泉水	88	暖锋雨	183	滦河	164
摆幅	(106)	暗涝	(342)	滚水石坝	95,(127)
摇臂式喷头	308	暗管排水	2	滚水坝	95,(310)

十四画

滚流	95
滚移式喷灌机组	95
溢洪道	310
溢流土坝	311
溢流大头坝	310
溢流平板坝	311
溢流式厂房	311
溢流坝	310
溢流拱坝	311
溢流重力坝	311
溢流调压室	311
溢流堰式鱼道	(307)
溶液法测流	207
福隆堤	74

〔→〕

群井汇流	204
障	325
叠梁闸门	52
缝隙式喷头	72

十四画

〔一〕

静止锋雨	139
静水压力	139
静水池	139,(295)
静态年负荷图	139
碧口水电站	13
嘉南大圳	126
嘉南灌区	127
嘉陵江	126
截沙槽	(43)
截洪沟	(191)
截流	132
截流沟	132
截流环	133
截流堤	132
截渗沟	133
截潜流工程	133
墒情	214

撇弯切滩	191
撇洪沟	191
模比系数	172
模范河段	172
模型沙	172
模型变率	172
模型相似理论	172
模型验证试验	172
碶	196
磁化水灌溉	35
需用电价	(123)
需要扬程曲线	(229)

〔丿〕

箍管	(126)
剖岸水	(323)
管井	89
管式排水	89
管形涵洞	89
管涌	89
管涌抢险	89
管理费	89
管链水车	89
鄱阳湖	193

〔丶〕

裹头	95
韶山灌区	216
端面密封	(122)
熔断器	207
漕	20
漕运	20
漕河	20
《漕河图志》	20
漕渠	(20)
漂木道	190
漂流	190
漫水	(168)
漫射式喷头	168
漫溢抢险	168
漫滩水	168
漫灌	168

漯川	165
漯水	165
潴[豬,瀦]	339
滴头	45
滴灌	45
滴灌系统	45
漏洞抢险	163
察布查尔渠	22

〔→〕

隧洞内水压力	262
隧洞外水压力	262
隧洞导流	262
隧洞衬砌	262
缩尺影响	(13)

十五画

〔一〕

撩浅军	157
播前灌溉	18
墩内式厂房	59
增加负荷	323
增荷	(323)
增减水	323
增量内部收益率	323
增量分析法	323
增量效益费用比	323
鞍座	(83)
横向水位超高	109
横向围堰	109
横向输沙	109
横拉闸门	108
横缝	108
槽蓄曲线	20
樊口泵站	64
樊良湖	(81)
橡胶坝	294
橡胶密封	295
碾压式土石坝	181
碾压堆石坝	181

十七画

碾压混凝土坝	181	潮汐电站	26	整治建筑物	329
震泽	328,(140),(264)	潮汐电站厂房	26	整治线	329
霉雨	(169)	潮汐电站运行方式	26	整治线曲率半径	329
辘轳	163	潮汐表	26	整治线宽度	329
		潮汐河口	27	整数规划	329
〔丨〕		潮汐河口整治	27	融雪	208
暴雨	9	潮汐泵站	26	融雪出水量	208
暴雨时面深关系	9	潮汐调和分析	27	融雪径流	208
暴雨径流	9	潮汐预报	27	融雪洪水	208
暴雨径流查算图表	9	潮汐预报表	(26)	融解热	207
暴雨组合	10	潮汐谐波分析	(27)		
暴雨点面关系	9	潮波	25	〔丨〕	
暴雨洪水	9	潮差	26	黔江	(287)
暴雨统计特征	10	潮流	26		
暴雨移置	10	潮流界	26	〔丿〕	
暴雨强度历时频率关系	9	潮幅	(26)	镜湖	(128)
暴雨强度公式	9	潦	157		
蝴蝶阀	113	潟卤	29	〔丶〕	
墨西哥型溢洪道	173	澳	(227)	凝汽式火电站	181
		澳闸	2	凝汽式汽轮机	181
〔丿〕		潘家口水利枢纽	186	辨土脉	15
稻田水量平衡	43	澜沧江	150	糙率校正	20
稻田适宜水层深度	43	额尔齐斯河	61	糙率控制	20
稻田渗漏量	43	额尔齐斯调水工程	61	燃气轮机火电站	204
箱形涵洞	294	额定出力	(61)	燃气轮机	205
德沃夏克重力坝	44	额定容量	61	燃料动力费	204
德基双曲拱坝	43	褥垫式排水	208	潞江	(183)
德瑞阿兹水轮机	44,(298)			激	124
		〔→〕		激堤	(124)
〔丶〕		《豫河志》	319		
摩阻作用可加性原理	172	《畿辅水利四案》	124	〔→〕	
潜水	197	《畿辅安澜志》	123	避雷针	14
潜水电泵	197	《畿辅河道水利丛书》	123	避雷线	14
潜水泵	(197)			避雷器	14
潜水蒸发	197	**十六画**			
潜在需水量	197,(20)			**十七画**	
潜坝	197				
潜洲	(299)	〔一〕		〔一〕	
潮区界	26	薮	261	戴村坝	40
潮水河	26	薄拱坝	8	霜	227
潮白河	25	薄膜水	8		
潮汐水能资源	27	整体结构模型试验	329		

十八画

〔丨〕

瞬时单位线	259
螺杆式启闭机	164
螺旋扬水机	(164)
螺旋泵	164
螺旋流	165

〔丿〕

黏土心墙	180
黏土心墙坝	180
黏土斜墙	180
黏土斜墙坝	180
黏土铺盖	180
黏土截水墙垫座	179
黏土截水槽	179
黏性泥石流	180
黏滞力相似准则	180

〔一〕

翼墙	311

十八画

〔丿〕

翻车	63
翻水站	(32)
翻沙鼓水	(89)
翻板闸门	63

〔丶〕

瀑布	194

十九画

〔一〕

警戒水位	137
霪雨	312

二十画

〔一〕

壤中流	205
蘋	293

〔丶〕

糯米石灰浆	184
灌区	92
灌区工程管理	93
灌区用水计划	93
灌区用水管理	93
灌区次生盐碱化	92
灌区组织管理	93
灌区经营管理	93
灌区量水	93
灌区管理	93
灌水方法	94
灌水周期	94
灌水定额	93
灌水率	94
灌水模数	(94)
《灌江备考》	92
灌浆压力	92
灌浆廊道	92
灌溉	90
灌溉工程效益	(92)
灌溉水利用系数	91
灌溉水质	91
灌溉水费	91
灌溉水源	91
灌溉计划用水	90
灌溉用水计划	(93)
灌溉回归水	90
灌溉设计标准	91
灌溉系统	91
灌溉制度	92
灌溉定额	90
灌溉试验	91
灌溉泵站	90
灌溉保证率	90
灌溉效益	92
灌溉效益分摊系数法	92
灌溉渠道设计水位	90
灌溉渠道设计流量	90
灌溉渠道系统	91
灌溉渠道跌水式水电站	90
灌溉渠道输水损失	91
灌溉增产量	92
澦卷	321
澦卷水	(321)
澦水	70

二十一画

〔一〕

露	163
露天式厂房	163
露点	(163)
露点温度	163

〔丶〕

赣江	77

〔一〕

蠡湖	153, (140), (328)

二十二画

籧篨	203

外文字母·数字

pF 值	347
S 曲线	347
U 形薄壳渡槽	347
WES 剖面	347
γ 射线测水仪	347
π 定理	347

词目英文索引

abnormal flip bucket	310	alluvial plain	30
absolute humidity	141	alpine glacier	214
absorbed radiation	291	altenative bar	14
abutment	2	Amazonian plain	305
abutment pier	14	Amazon River	305
access gallery	130	amount of soil erosion	278
access tunnel of underground powerhouse	47	Amur River	107
accident spare capacity	223	anabranch closure engineering	57
accident spare volume	223	anabranched channel	69
actual annual series method	222	analogy	13
actual evapotranspiration	222	analysis of time series	222
actual vapour pressure	222	analysis of water resources systems	259
administrative cost	89	analysis on stability against sliding of gravity dam	336
adverse(backward)dam	64	anchorage block	78
aeration groove	22	anchored trees	28
aeration wedge deflector	22	anchored willow	88
aerators	23	anchor pile	169
Afsluitdijk Earthfill Dam	1	Ankang Hydroelectric Station	1
aggregative water demand	343	annual average load curve	179
agricultural load	183	annual average utilization hours of installed capacity	340
agricultural use of power	183	annual cost method	178
agricultural water fee	183	annual design dependability	179
agronomic measures of soil and water conservation	252	annual exceedance method	178
air brake surge tank	145	annual maximum load curve	179
air cushion surge tank	195,196	annual maximum value method	179
airflow model test	195	annual operating cost of water project	242
airfoil weir	122	annual operation cost	179
air humidity	145	annual operation cost of power station	63
air restricted-orifice surge tank	145	annual regulating reservoir	179
air vent	273	annual regulating water power station	179
albedo	64	annual runoff	179
allocation coefficient method of irrigation benefit	92	annual storage	179
allocation coefficient method of water supply	82	annual utilization hours of installed capacity	340
allowable bearing capacity of foundation	47	annual value method	179
allowable depth of groundwater for corp	346	antecedent precipitation index	196

antidune standing waves	77	atmospheric drought	38
apparatus for submerged topography measurement	256	atmospheric radiation	38
		atomized index	290
apparent density of sediment particle	176	automatic system of hydrologic data acquisition and transmission	256
apparrent density of sediment deposition	178		
applied hydrology	314	automation of pumping station	13
appropriative water right	203	auto-model zone	341
apron	113	autoregressive (AR) model	341
apron extension	97	autoregressive integrated moving average model	341
aqueduct	57	autoregressive moving average model	341
aquifer	98	autumn flood	200
Aral Sea(Аральское Море)	292	auxiliary energy dissipator	74
arch aqueduct	85	auxiliary facilities of pumping station	12
arch barrel	85	auxiliary powerhouse of hydroelectric plant	232
arch crest tunnel with vertical side walls	331	auxiliary transformer	25
arch crown-cantilever method	85	auxiliary transformer room	25
arch culvert	85	available storage	316
arch dam	83	average annual energy output	60
arch dam support	83	average head	192
arch dam with large abutment	272	average long-term water-logging disaster	60
arch gate	85	average output	192
arch gravity dam	85	axial flow pump	337
arch seal grout	72	axial flow turbine	338
area between dikes	5	backfill grouting	118
area-elevation curve	160	baffle block	295
area for detention of flood	333	baffle sill	295
area for flood diversion	69	Baikal Lake(байкал)	10
areal composition floods	110	Baishakou Tidal Power Station	7
areal distribution of design storms	217	Baishan Hydroelectric Station	7
arid index	76	bank intake of water power station	232
arid zone	76	Banki turbine	7,226
artificial circulating current	205	bank open spillway	142
artificial sea grass	205	bank protection engineering	113
asphalt concrete core wall	154	bank protection with dumped rockfill	187
asphalt concrete face-plate	153	bank protection withe stone basket	222
asphalt concrete sloping wall	154	bank protection with fascine mattress	27
assembly lining	340	bank protection with fascine roll	28
assembly of pumping unit	12	bank sloughing	104
assistant dam	75	bank spillway	100
assurance probability of irrigation water	90	bank toe protection	113
astronomical tide	267	bank wall	2
Ataturk Reservoir	1	Baojixia Irrigation District	8

Barragem Cabora Bassa	141	Bligh's method	18
barrel support	320	blocking	57
barrier lake	307	blowout	159
base flow	123	body of dike	5
base load	123	bogs	325
base load index	123	boils and drops	155
base point	123	boom sprinkler unit	227
base year	123	border irrigation	195
basic electricity price	123	borrowing period	133
basic equation of soil water movement	278	bottom outlet	46
basin irrigation	81	bottom outlet diversion	46
basin planning	160	bottom valve	46
Bath County Pumped Storage Plant	3	boundary wave	174
battery room of hydropowerhouse	232	Bowen ratio	17
beach district	98	box caisson dike	28
beaching protection of earth dam	276	box culvert	294
beach polder	98	Brahmaputra River	305
beam aqueduct	155	braided channel	315
beating of waves	184	branch canal	331
bed load	280	branching channel	22
bed load function	34	branch reinforced by curved plates	272
bed load transport rate	281	branch river	331
bed material load	34	Bratsk Reservoir (Братское Водохранилнще)	19
bed scour by hyperconcentration flow	132	breach	162
Beijiang River	10	breach blocking	100
benefit cost analysis	297	break-even analysis	313
benefit-cost ratio	297,310	breast wall	301
benefit-cost ratio method	297	bridge crane	198,199
benefit of farmland drainage	182	bridge electrical diagram	199
benefit of water resource projects	245	bridge inverted siphon	198
Beng li	189	brittle material model test of structures	35
Bennett	10	broken waves	194
berm	165,198	bucket	235
Bhakra Gravity Dam	3	bucket-type energy dissipation	113
bifurcation	70	bucket type water wheel	56
bifurcation ratio	104	bucket wheel	235
Bikou Hydroelectric Station	13	build-in fitting of gate	324
Bingham fluid	16	building farmland on river beach	106
biological drainage	220	Bukhtarma Reservoir (Бухтарма Водохранилище)	19
Bishop method	13	bulb-type turbine	44
black box model	108	bulkhead gate	127
blanket	194		

bulk rockfill dam	188	Caspian Sea(Каспийское Море)	153
buried conduit	215	catchment	160
burst	141	Cauchy Criterion	143
bursting of dam	149	Cauchy Number	143
bus bar	173	cave	293
bus-bar and cable floor	33	cavitation coefficient	145, 196
bus-bar gallery	173	cavitation damage in turbines	247
bus-bar tunnel of underground powerhouse	47	cavitation damage number	145
butterfly valve	113	cavitation erosion in pump	229
buttress bracing beam	126	cavitation in pump	229
buttress dam	331	cavitation number	145
buttressed retaining wall	73	cellular packing dam	148
by-pass pipe	187	center pivot sprinkler	334
cablegation	262	central control room of hydroelectric plant	234
cable spreading room of hydropowerhouse	231	Central limit theorem	334
cable-stayed aqueduct	297	Central Valley Project of USA	334
cable way for log pass	96	centrifugal pump	152
calculation of regulation guarantee	269	change river course	76
California Aqueduct of USA	170	Changjiang River	23
canal	201, 202	channel erosion	86
canal bed slope	201	channels net system	106
canal collapse prevention	201	Chaobaihe River	25
canal extension flow	202	Chaohu Lake	25
canal flood control	201	characteristic length of river reach	266
canal freeboard	202	characteristics of daily load	206
canal frost prevention	201	characteristic water level of reservoir	240
canal management	202	check dam	87
canal minimum flow	202	check dam for building farmland	317
canal side-slope factor	201	check field	81
canal weed confrol	201	check valve	332
canal working regime	202	Chencun Reservoir	29
Caniapiscau Reservoir	142	Chicoasén Earth-rockfill Dam	195
cantilever retaining wall	302	chimney drain	214
capillary fringe	168	Chink-type sprinkler	72
capillary phenomenon	169	Chirkey Arch Dam (Черкесская Арочная плотина)	196
capillary water	169		
capital construction of farmland	182	Chivor Rockfill Dam	195
capital recovery life	116, 275	chronological method of runoff regulation	138
cascade development	266	Churchill Falls Hydro Plant	200
cascade hydroelectric stations	266	chute	56
cascade model	34	chute blocks	332
cascade reservoirs	34	chute cutoff	191

circular barrel method	320	lift water	302
circular electrical diagram	116	combined pumping station for drainage and irrigation	185
circular tunnel	320		
circulation current	116	combined type drain	345
circulation current in river bend	282	combining small polders	155
circulation of lake water	112	communications and transport use of power	130
circulation water tunnel	303	compensating reservoir	18
cirque glacier	17	compensation	18
civil dikes	171	compensation cost	18
clay blanket	180	compensation period	45
clay core wall	180	compensation period method	45
clay cut-off ditch	179	compensative regulation	18
clay sloping wall	180	complete cofferdam method	203
clearance between tunnel crest and water surface	55	complex closure	119
		composite benefits	343
clear water ponding with sediment ejection	302	composite interest rate	343
closed gully	324	composite well of shaft and tube	274
closure dam	262	Comprehensive Control of drought	99
closure dikes	132	computation charts for storm runoff	9
coal consumption	169	computation of runoff restoration	138
coal consumption of base load	123	computation period of water conservancy projects	244
coal consumption of peak load	72		
coarse aggregate well	37	concentration of suspended load	98
coastal engineering	96	concentration of watershed	160
coefficient of discharge utilization	245	conceptual hydrological model	253
coefficient of modulus of flow	172	concrete(cave)plug against sliding	143
coefficient of output	32	concrete cofferdam	121
coefficient of permeability	220	concrete cut-off wall	120
coefficient of runoff	138	concrete dam	120
coefficient of watershed elongation	160	concrete lining	120
cofferdam	284	condensing steam power plant	181
cold current	99	condensing steam turbine	181
cold-front rain	152	condition of constraint	321
cold stand-by	152	conduit under dam	6
cold water circulation	152	confidence intervals	333
collapse	10	confined groundwater	29
collimating line method	224	confluences	118
collimating method	224	conglomerate loan	119
color of lake water	112	Congo River	77
color of sea water	97	conical flare	134
column support	153	conjunct irrigation with well and canal water	137
combined irrigation with storage-diversion-			
		consolidation grouting	88

constant central angle arch dam	44
constant pressure pumping station	108
constant radius arch dam	44
construction diversion	221
construction joint	221
construction period of water resource projects	242
contact blowout	131
contact earth pressure observation of concrete structure	121
contact grouting	131
contact line of dam with soil or rock foundation	48
contact load	131
contact piping	131
contact scour	131
continental glacier	38
continuous flush type silting basin	154
continuous irrigation	155, 301
continuous model	155
contour tillage	44
contracted segment	224
contraction	224
controlled level before flood	67
control weir	146
convection mixing	59
convective rain	59
conventional design method	25
convergent-type dissipator	224
conveyance structure of water power station	233
conveyance structures	225
conveying tunnel	225
core	58
core wall	299
correction for roughness	20
corresponding stages	294
cost allocation	68
cost apportionments	68
cost of electric energy	51
cost of maintenance	284
cost of water power station	234
cost of water resource projects	244
cost of water supply	82
costs of fuel and power	204
costs of water power	241
counteracting steam turbine	10
crack observation	157
crest overflow	3
crest-trough difference of daily load	206
crib cofferdam	163
criteria for bed forms	34
criteria of flood-control	66
critical depth of subsurface water	49
critical external pressure of steel pipe	78
critical period of crop water requirement	346
critical plastic deformation load	157
critical velocity of power tunnel	55
crop factor	346
crop main root zone	345
cross cofferdam	109
crossing bars	198
crossover structures in dam complex	95
cross section of river	104
cross structures	130
culvert	99
cumulative frequency	152
current meter	159
current rose chart	159
curtain grouting	284
curtain structure	193
curvature radius	106
cushion block of clay cut-off wall	179
cut-off collar	133
cut-off device	58
cut-off ditch on slope	213
cut-off wall	29
cut-off work	19
cycles per second	337
cyclonic rain	196
cylinder gate	320
Dagu Zero Datum	37
Dahua Hydroelectric Station	37
Dahuofang Reservoir	37
daily average load	206
daily average load facter	206

daily load curve	206	debris flow erosion	178
daily maximum load	207	deducting agriculture costs method	146
daily minimum load	207	deep outlet	219
daily minimum load facter	207	deep outlet gate	219
daily pumped storage power plant	206	deep percolation	219
daily regulating pond	207	defence against stormy waves	71
daily regulating reservoir	207	defence anainst seepage emergence	219
daily regulating water power station	207	deficient irrigation	22
Dajiaxi Cascade Hydroelectric Station	38	deflected current	326
Dajiaxi River	38	deflecting bucket	271
dam	3,150	deflector	190,327
damage	322	deformation observation	15
dam-break flood	149	Deji Double Curved Arch Dam	43
dam crest	3	delta	210
damed intaking	316	deluge	111
dam-failure flood	149	density current	170,310
dam intake of water power station	5	density flow in reservoir	241
damming and diversion development	119	density flow in river	105
damming and diversion water power station	119	density of sea water	97
damming development	263	deposition downstream the barrage	324
dam with asphalt concrete core wall	154	depreciation cast	326
dam with asphalt concrete face-plate	153	depression storage	269
dam with asphalt concrete sloping wall	154	depth-area-duration(DAD) relations	9
dam with clay core wall	180	depth of runoff	138
dam with clay sloping wall	180	Deriaz turbine	44
dam with core wall	299	design annual runoff	218
dam with faceslab	171	design annual runoff distribution	217
dam with reinforced concrete core wall	79	design criterion for irrigation	91
dam with reinforced concrete faceslab	79	design criterion for surface drainage	33
dam with sloping wall	298	design cross section	217
Daniel Johnson (Manicouagen 5) Reservoir	40	design dependability	216
Danjiangkou Hydro-junction	40	design dependability of hydroelectric plant	233
Dannier fishway	41,125	design depth for subsurface drainage	218
Danube River	59	design discharge for river regulation	101
Daqinghe River	38	design dry period	217
data of reservoir characteristics	240	design dry year	218
data processing of dam prototype observation	37	design flood	217
date of ice breakup	142	design flood hydrograph	217
days of drought resisting	142	design flood in a partial period of a year	70
dead water	260	design flood level	217
dead water level	260	design flood standard	110
debris flow	178	design flow for subsurface drainage	218

design flow for surface drainage	185	diffusivity	149
design flow of irrigation canal	90	dike axis	6
design flow of power canal	55	dike crown	95
design flow velocity of channel	202	dikes	45
design frequency	218	dilution gauging	207
design head	218	dimension of sand wave	212
design low-water day	218	Dinorwic Pumped Storage Plant	45
design mean-water period	218	direct costs	331
design mean-water year	218	direct flow	331
design of earth material	277	disaster	322
design period selected to forecast load demand	217	disaster of subsurface water-logging	342
design procedure	217	discharge	158
design stage of levee	45	discharge hydrograph	158
design stages	217	discharge measurements by current meter	159
design standards for	186	discharge measurment by structures	128
design storm	216	disconnecting switch	81
design storm pattern	218	discrete model	152
design water level for river regulation	101	dissipator	296
design water level for surface drainage	218	distorted model test	15
design water level in irrigation canal	90	distorted similarity	15
design water table for subsurface drainage	218	distortion scale of model	172
design wet year	217	distributed model	69
detail design	221	distribution branch canal	56
deterministic hydrologic model	204	distribution structures	188
deterministic models of safety monitoring of dam	36	distributor valve of governor	270
		ditch conduit	86
developable water power resources	144	diurnal tide	204
dew	163	diverging segment	149
dewatering sump of hydropowerhouse	231	diversion	70
dew-point temperature	163	diversion	76
diagonal flow pump	120	diversion canal of water power station	234
diagonal flow turbine	298	diversion closure	132
diagonal impulse turbine	297	diversion development	313
diameter of dumped rock	188	diversion head works	203
Dianchi Lake	50	diversion of floodwater sediment for irrigation	312
diaphragm plate fishway	81		
diaphragm wall	301	diversion sluice	70
differential surge tank	21	diversion structure of water power station	234
diffusion equation of sediment	177	diversion tunnel	42, 313
diffusion theory of suspended load	302	diversion water power station	313
diffusion-type sprinkler	168	diversion without dam	288
diffusion wave	149	diversion work from Luanhe River	312

diversion works	312,313	drainage sluice	186
divide	70	drainage system of farmland	182
Dnieper River(днепр)	49	drainage test of farmland	182
dominant discharge	322	draining dicth	185
Dongjiang Hydroelectric Station	53	drawdown of reservoir	296
Dongjiang River	53	dredge engineering	225
Dongpinghu Flood Diversion Area of Yellow River	117	drift	190
		drip irrigation	45
Dongtinghu Lake	56	drip irrigation system	45
double buttress massive-head dam	227	drop	52
double-chamber surge tank	226	drop structures	165
double-cruved shallow shell gate	226	drop water power station	90
double curvature arch dam	226	drought	76,99
double-leaf gate	226	drought resistance of crop	345
double-reservoir tidal power station	226	drought-resistant days	142
downstream cofferdam	292	dry heap density of design	217
downstream degradation of reservoir	240	Dujiangyan Irrigation District	57
downstream local scour of the dam	6	Duliu flood way	57
downstream surge tank	284	dumped rock-fill dike	187
downstream water hammer wave	238	duration design dependability	153
downward spur dike	291	duration of runoff-producing	23
downwelling	291	Dworshak Gravity Dam	44
draft tube deck of hydroelectric plant	234	dynamic annual load curve	55
draft tube of hydroturbine	247	dynamic consolidation method	198
drainage area	160	dynamic model test of structures	132
drainage basin	160	dynamic programming	55
drainage canal	185	dynamic similarity	55
drainage conduit in dam	5	dynamic similitude	55
drainage density	106	dynamic state of river course	105
drainage ditch	86	dynamic wave	54
drainage ditch system	186	dystrophic lake	191
drainage gallery	186	earth and rockfill dam	280
drainage holes	186	earth dam	275
drainage improvement of saline-alkali land	185	earth dam by dumping soil into water	257
drainage methods	185	earth dam by pouring water into soil	280
drainage of earth dam	276	earth-fill groin with stone facing	280
drainage of farmland	182	earth pressure observation	280
drainage of rock foundation	306	earthquake load	49
drainage of subsurface water-logging	333	earth-rockfill cofferdam	280
drainage of surface water-logging	33	earth-rockfill dam	280
drainage pumping station	185	earth's surface radiation	47
drainage reception district	186	Eastern Europe plain(Восточно- Европейская	

Равнина)	54	ellipticity of steel pipe	78
Eastern River	53	EL-Niño	61
East Levee of the Grand Canal	322	Embalse de Guri (Raúl Leoni)	87
eccnomic section of power tunnel	55	embeded(buried)steel pipe in concrete dam	4
echo sounder	118	emergency cost of flood control	67
ecological water requirement of crop	346	emergency gate	223
ecology benefits	220	emergency spillway	68, 314
economic analysis of equipments renewal	216	emitter	45
economic benefit of water supply projects	82	enclosing tidal land for cultivation	283
economic benefits of water conservancy	243	end sill	284
economic calculation for utilization	55	energy dissipating well	295
economic evaluation for water resources projects	244	energy dissipation by hydraulic jump	46
		energy dissipation by hydraulic jump	256
economic section of power canal	54	energy dissipation by mutual colliding of overflow jets	58
economics of water conservancy	243		
economic utilization hours	136	energy dissipation of surface regime	171
Edmonston Pumping Plant	1	energy indexes	55
effectiveness index	297	energy output	63
effective precipitation	316	energy output of cascade hydroelectric plants	266
effective radiation of earth's surface	47	energy saving in pumping station	12
effect of channel storage on flood wave	100	engineering measures of soil and water conservation	251
effect of splash erosion	318		
efficiency	296	ensemble structure model test	329
efficiency of pumping station	13	equation-analyzing method	65
elastic beam method	264	equatorial counter-current	29
elastic coefficient of energy comsumption	175	equatorial current	29
elastic water-column theory of water hammer	265	equatorial under-current	30
elbow	338	equilibrium of canal scouring and silting	201
elbow type draft tube	282	equimultiple amplification	273
El Cajon Arch Dam	1	equiprobability amplification	273
electrical analogy	51	erection bay of hydroelectric plant	235
electrical diagram	51	ergodic processes	82
electrical equipments of pumping station	11	erosion by runoff	138
electric capacity balance	50	erosion control crevice-plate	296
electric compensation	50	erosion control groove	65
electric energy balance	51	erosion control wall	67
electricity cost of sales	224	erosion ditches	34
electricity price	50	erosion lake	199
electricity price for peak load or trough load	72	erosion of a basin	160
electricity value	51	Ertix	61
electric reservoir volume	50	Escher Wyss branch	321
elevation of turbine setting	246	estuarine area	103

estuary	103
estuary sediment	103
estuary with delta	210
estuary with tidal funnel	210
Euler Criterion	184
Euler Number	184
Euphrates River	316
eutrophic lake	75
evaporation	328
evaporation between plants	143
evaporation from phreatic water	197
evaporation from soil	279
evaporation from water surface	248
evaporimeter	329
evapotranspiration requirement	346
E. W. branch	321
excessive rain	312
exit gradient of seepage	219
expansion joint of steel pipe	78
expected value	195
expected year used to forecasting load demaned	217
experimental basin	223
exposed steel pipe	233
extend period	148
exterior basin	281
exterior cycle	282
extraord flood level	131
extremal distribution	124
fabricated dam	340
facilities of energy dissipation and scour prevention	296
factor of multiple outlets	59
failure	149
failure year	194
fall	165
falls	194
fall velocity of sediment	176
Fankou Pumping Station	64
farm(agricultural)water engineering	183
farmland with stable yields despite droughts or waterloggings	99
farmland works	268
fascine fence	14
fascine platform	166
favourable soil moisture	278
feasibility study report	144
feeding of a river	105
Fengman Hydroelectric Station	71
Fengtan Gravity Arch Dam with Cavity	72
Fengtan Hollow Gravity Arch Dam	72
Fengtan Hydroelectric Station	72
Fenhe River	70
ferro-cement pipe	79
fertilized water irrigation	68
field branch	181
field capacity	268
field measurement	267
field moisture capacity	268
field soaked by cold water	152
field subbranch	169
field turnout implements	268
field water consumption	268
fight against piping	89
filler gate of water power station	232
filling valve of gate	324
film water	8
filtering layer	64
filter medium	64
financial benefit-cost ratio	19
financial management of water conservancy	242
financial net present value	19
financing of water coservancy	245
firm capacity	9
firm energy	9
firm output	9
firm output curve	67
firm output diagram	9
fish basin ladder	29
fish guiding device	317
fish ladder	317
fish lift	220
fish-lip revetment	318
fish lock	318
fish pass structures	96

fish-scale pits	317
fish screen	150
fish way	317
fissured water	157
fixed annual cost of water power station	88
fixed costs	88
fixed rollar gate	53
fixed sprinkler	88
fixed sprinkler irrigation system	88
flap-door	184
flap gate	216
flap valve	184
flaring gate piers	148
flash flood	213
flash gate	148
flashing sluice	30
flat bottom plate of sluice	191
flat slab dam	191
flexible gum model test	209
floatage-outlet tunnel	185
floating body gate	74
floating camel gate	74
floating-gate sluice	74
float measurement	73
flood by-pass ditch	191
flood control	67
flood control curve	66
flood control hydro-junction	66
flood-control law	66
flood-control measures	66
flood control non-structural measures	66
flood control organization	67
flood control planning	66
flood control projects	66
flood-control storage	66
flood damage	111,256
flood disaster	111,256
flood diversion channel	127
flood diversion projects	69
flood diversion sluice	69
flood diversion stage	69
flood flowing district	300
flood frequency analysis	110
flood havoc	111,256
flood into reservoir	208
flood investigation	110
flood mark	110
flood plain	105,109
flood prevention	67
flood protection and emergence defence	67
flood protection standard for reservoir	239
flood protection standard of dam	36
flood protection standard of lower reaches	292
flood regulation	66,110
flood regulation of reservoir	239
flood release curve	299
flood routing	109,269
flood routing through slope storage	54
floods	110
flood season	303
flood statistical characteristics	110
flood storage and reclamation of depression land	301
flood storage projects	301
flood warning	110
flood wave	110
floodway	127
flowage demage	305
flow circulation near dike	52
flow-duration curve	159
flow-guide engineering	42
flow guide system	42
flow-guiding device	42
flow mass curve	25
flow measurement in irrigation system	93
flow measurement in pumping station	11
flow-net method	159
flow observation	245
flow output	245
flow resistance of fluvial rivers	30
flow velocity in canal	202
fluctuating pressure	167
fluctuation intensity	167
fluid debris-flow	161
flush bottom outlet	30

flush gallery	30	gantry crane	170
fluvial dynamic axes	245	Gaoyouhu Lake	81
fluvial process	101	gap observation	157
fly-wheel effect of generator	62	Gardiner Earthfill Dam	125
fore bay	196, 304	Garrison Earthfill Dam	126
forest measures for water and soil conservation	251	gas turbine	205
		gate	323
form resistance	212	gate dam	323
Fort Peck Earthfill Dam	188	gate hoist	324
foundation cushion with removol of softsoil	116	gate holder	324
		gate seal	324
foundation drainage	4	gauge	231
Fourier's Rule	75	gauging weir	21
four sorts of "separations" and two sorts of "controls"	260	gear drive sprinkler	308
		Geheyan Gravity Arch Dam	81
Francis turbine	73	generalized hydrograph	76
free board	1	generator acceleration time	62
free flow tunnel	172	generator active output	63
freeze-thaw erosion	55	generator apparent output	62
freeze-up	72	generator cooling	62
freeze-up period	72	generator floor	62
frequency	191	generator guide-bearing	62
frequency method	191	generator phase-correcting power	62
frequency modulation	270	generator power factor	62
frequency modulation water power station	270	generator rated capacity	62
		generator rated efficiency	62
fresh water	41	generator rated speed	62
fresh-water lake	41	generator rated voltage	62
Fried Krupp's branch	289	generator rotor	63
frost	227	generator stator	62
Froude Criterion	73	generator support of hydroelectric plant	232
Froude Number	73	generator thrust bearing	62
Fuchun jiang River	75	generator with air cooling system	71
full load running curve	67	generator with double-internal water cooling system	226
Fulong Levee	74		
furrow irrigation	86	generator with fully-internal water cooling system	204
fuse	207		
fuse plug dam	342	generator with internal water cooling system	249
gabion cofferdam	163		
galleries in dam	4	generator with semi-internat water cooling system	8
gamma-ray moisture meter	347		
Ganges Delta	108	genetic formula of runoff	137
Ganges River	108	geomechanics model test	49
Ganjiang River	77		

geomembrane	276	groundwater feed	48
geometric similarity	124	groundwater flow	48
geometric similitude	124	ground water irrigation	48
geotextile	276	groundwater level	49
glacial lake	16	ground water reservoir	48
glacial meltwater	16	groundwater resources	49
glacial movement	17	group of reservoir	240
glacier	16	group of water power stations	233
glacier ablation	17	group-well confluence	204
glacier accumulation	16	grouted rubble arch dam	130
glacier runoff	16	grouted rubble dam	129
globe valve	200	grouted rubble gravity dam	130
Gongzui Hydroelectric Station	82	grouting pressure	92
governor	270	grout stop	332
graded-channel fish pass	297	grovting gallery	92
graded-shaft fish lock	297	growing coarser process of bed material	34
gradient	13	Guanting Reservoir	89
gradient current	266	guaranteed stage	65
grading of hydraulic projects	244	Guavio Earth-rockfill Dam	88
grading of hydraulic structures	236	guide wall	42
gradually varied reach	128	guiding jetty	42
grain resistance	212	gulf stream	282
Grand Coulee Hydro Plant	37	gully erosion	87
Grand Dixence Gravity Dam	37	gully erosion control engineering	86
Grand Maison Pumped Storage Plant	38	Gutian Cascade Hydroelectric Stations	87
graph of the increment of drainage area	160	Guxian Slotted Gravity Dam	88
grass protection of earth dam	275	Haihe Basin	96
graupel	293	Haihe River	96
gravitational current	337	hail	8
gravitational flow	337	half-tide level	7
gravitational theory of suspended load	303	handbook of hydrology	254
gravitational water	337	hanging glacier	302
gravity abutment of arch dam	84	Hangzeng pumping station for transferring water	65
gravity arch dam	336	Hanjiang River	99
gravity dam	335	harbo(u)r engineering	96
gravity drainage	342	hard loan	314
gravity erosion	337	hard shell dam	314
gravity retaining wall	337	harmonic analysis of tides	27
Great Lake	37	head loss	251
groin	52	head obstruction	251
groundwater	48	head of dike	5
groundwater draught	49	head pond	304

head-race(upstream)double-tank system	215	Huangguang Levee	117
heat balance	205	Huanghai Zero Datum	117
heat balance in field	182	Huanghe River	117
heating stand-by	205	Hu-lun chih	111
heat of fusion	207	Hulunhu Lake	111
heavy regulating structures	337	humid area	221
Heilongjiang River	107	hump weir	281
Hetao Irrigation Area	106	Hunanzhen Reservoir	112
high dam	80	Hunjiang Cascade Hydroelectric Stations	119
high head plant	80	Hwan-Huai-Hai plain of China	117
high moor	81	hydoelectric power	241
high oval section tunnel	80	hydraulic conductivity	241
high oval section tunnel	220	hydraulic conductivity of soil	279
high temperature and high pressure thermal power plant	81	hydraulic connection	242
		hydraulic engineering	242
high-tide level	80	hydraulic engineering project planning	242
high voltage circuit-breaker	81	hydraulic fill dam	241
historical flood	153	hydraulic fish lift	242
hoisting capacity of gate	324	hydraulic hoist	309
hollow arch dam	145	hydraulic model test	237
hollow box retaining wall	146	hydraulic pressure	139
hollow gravity dam	145	hydraulic ram	231
hollow jet valve	146	hydraulic-ram pumping station	231
homogeneity of hydrological data	341	hydraulic relation	242
homogeneous earth dam	41,141	hydraulic roughness	241
Hongshuihe River	109	hydraulic structures	236
Hongzehu Lake	111	hydraulic tunnel	237
Hongzehu Lake Levee	111	hydraulic turbine	246
hooked groin	86	hydro-automatic gate	242
Hoover Gravity Arch Dam	112	hydrodynamic pressure	55
horizontal closu	191	hydroelectric powerhouse	231
horizontal displacement observation	250	hydroelectric powerhouse centre	232
horizontal drainage	208,250	hydroelectric station	231
horizontally drawing gate	108	hydro-electronic governor	51
horizontal-shaft turbine-generator unit	287	hydroenergy calculation	249
horn wingwall intake	131	hydroenergy planning	249
horseshoe tunnel	166	hydrohub	243
Howell Bunger valve	340	hydro-junction	243
Huaian Pumping Station	115	hydrological data compilation	256
Huaihe River	116	hydrological date	255
Huai River Basin	116	hydrological experiments	254
Hualiangting Reservoir	114	hydrological investigation	252

hydrological mixing	253	ice dam	16
hydrological network	255	ice flood	158
hydrological network design	325	ice in water	249
hydrological regime	254	ice jam	16
hydrologic analogy	252	ice jam	17
hydrologic atlas	254	ice pressure	17
hydrologic computation	253	ice removal derice	185
hydrologic cycle	255	ice run(drift)	265
hydrologic elements	255	ice sheet	38
hydrologic extreme values	253	ICID	95
hydrologic forecast during construction	221	idealized differential surge tank	153
hydrologic forecasting	255	idealized double chamber surge tank	153
hydrologic forecasting for reservoir	240	idle capacity	146
hydrologic frequency curve	253	Ijsselmeerpoloers Reclaimed Land Project	301
hydrologic model	253	Ilha Solteira Hydro Plant	309
hydrologic process	253	impact-drive sprinkler	308
hydrologic statistical characteristics	254	impeller	308
hydrologic statistics	254	improved circle method	76
hydrologic year	253	improvement of saline-alkali land	307
hydro-mechanical governor	122	impulse sprinkler irrigation	167
hydro-melioration	244	impulse turbine	30
hydrometeorological method	253	inadeguate electric reservoir volume	19
hydrometric cableway	253	incipient cavitation number	33
hydrometric station	252	incipient motion of sediment	177
hydrometry	252	incipient tractive force of sediment	177
hydromorphologic relationship of river	107	incipient velocity of sediment	177
hydropower generator	241	inclined-tube inverted siphon	297
hydropowerhouse expansion joint	232	incoming wave of water hammer	238
hydropowerhouse settlement joint	231	increased yields of irrigation	92
hydropowerhouse unit bay	231	incremental analysis method	323
hydroscopic coefficient	291	incremental benefit-cost ratio	323
hydroturbine guide mechanism	247	incremental internal rate of return	323
hydrulic engineering economics	242	increment rate of flood damage	111
hygroscopic water	290	independent arch method	35
hyperconcentration flow	80	indispensable capacity	13
hysteresis	333	Indus River	313
ice breaker	194	industrial load	82
ice breaking	194	industrial use of power	82
ice breakup	133,142	inertial wave	90
ice-condition observation	17	infiltration	291
ice control measures	67	infiltration capacity curve	291
ice cover	17	infiltration theory	291

infiltration wetting front	291	intermittent irrigation	128
infiltrometer	208	internal rate of return	174
influence radius of well	136	internal rate of return method	174
Ingur Arch Dam (Ингулская Арочная плотина)	313	internal wave	174
initial abstraction	33	International Commission on Irrigation and Drainage	95
initial losses	33	inundated area per kilowatt	41
inland lake	174	inundated area per unit volume of reservoir	41
inland waters	158	inverse plummet method	43
inlet bell	335	inverted arch bottom plate of sluice	64
inlet elbow	338	inverted beam method	43
inlet passage	134	inverted siphon	43
inlet sump	134	investment benefits coefficient of water resources project	244
inspection gallery	127		
instalation of pump in pit	229	investment benefits comparative coefficient of water resources projects	244
installed capacity	340		
instantaneous unit hydrograph	259	investment in water resource projects	243
insulator	141	investment of water power station	234
intake hydro-junction	203, 313	investment per incremental kilowatt of water power station	234
intake of water power station	233		
intake sluice	134	investment per kilowatt	41
intake through railing rack to dam crest gallery	46	investment per kilowatt-hour	40
		investment repayment life	274
intake works	203	Irkutsk Reservoir (Иркутское водохранилище)	309
intaking with approach channel	312	Iron Gates (Djerdap) I/II	272
intaking with artificial band	205	irrigation	90
intaking with silting groove	28	irrigation and drainage	182
intangible benefits	289	irrigation application rate	93
integer programming	329	irrigation before sowing	18
integral powerhouse	101	irrigation benefit	92
integrated evaluation	343	irrigation business management	93
intemittent river	128	irrigation canals system	91
intensity of soil erosion	277	irrigation charge	91
intensity of soil losses	277	irrigation cycle	94
interbasin development	147	irrigation district	92
interbasin planning	147	irrigation experiment	91
interception	331	irrigation methods	94
interception ditch	132	irrigation organization management	93
interception work of subterranean stream	133	irrigation project management	93
interflow	205	irrigation pumping station	90
interior basin	174	irrigation regime	92
interior cycle	174	irrigation structures management	203

irrigation system	91	junction station of pumping	31
Irrigation system consisting of canals attached with pools and reservoir	24	Kanmen Zero Datum	142
		Kaplan turbine	142
irrigation system management	93	Kaplan turbine	339
irrigation water management	93	Kara-kum water transfer project	141
irrigation water quality	91	karez well	142
irrigation water utilization factor	91	Kármán Number	142
irrigation with flood water	312	karst treatment	306
irrigation with muddy water	119	karst water	306
irrigation with pumping water	266	kilowatt-hour electricity price	50
irrigation with storage water	302	kinematic similarity	322
irrigation with surface water	46	kinematic similitude	322
irrigation with water diverted from river	312	kinematic wave	322
Irtysh	61	kinetic energy indexes	55
Irtys River	61	Koko Nor	199
island	129	Krasnoyarsk Reservoir (Красноярское Водохранилище)	144
isochrone	44		
Itaipú Hydro Plant	309	Kuibyshev Reservoir (Куйбышев-ское водохранилище)	87
Japanese Flood Control Act	206		
jet pump	218	Kurile Current	199
jet sprinkler	204	Kuroshio Current	107
Jialingjiang River	126	lacus	112
Jianan Irrigation Project	127	lag	333
Jiangdu Hydro-junction	129	La Grande 2	149
Jiangdu Irrigation and Drainage Pumping Station	128	La Grande 3	149
		lagrange Number	150
Jiangsha Tidal Power Station	129	lake	112
jigger	163	lake current	112
Jinghe River	135	Lake Dolta (Akosombo)	287
Jinghui Canal Irrigation District	135	Lake Geneva(Lac de Genève)	206
Jingjiang Flood Diversion Area	136	Lake Kariba	142
Jingjiang Levee	136	Lake Malawi(Nyasa)	166
Jingtaichuan Electrical Lifting Irrigation Project	137	Lake Maracaibo(Lago de Maracaibo)	166
		Lake Nasser	174
Jinshajiang River	133	Lake Nicaragua(Lago de Nicaragua)	175
Jinshuitan Hydroelectric Station	133	lakes	112
John Day Hydro Plant	321	lake sedimentation	112
joint of hydraulic structure	236	Lake Tanganyika	265
joint operation chart for flood control and water conservation	67	Lake Victoria	284
		Lancangjiang River	150
joint seal	332	land grading	276
Jonegawa Estuarial Gate Dam	153	land hydrology	163

land value increment benefits	276	load rejection	226
Lane's weighted seepage line method	150	loads combination	107
large dam	36	loads on hydraulic structures	236
large hydraulic projects	39	load spare capacity	74
large hydroelectric (water) power station	39	loans amortization period	39
latent heat of evaporation	329	local bank scour	10
lateral move sprinkler	193	local material dam	41
lattice dikes	81	local plan circulating flow	118
law of large numbers	38	local scour nearby dike head	6
law of stream areas	105	lock chamber	324
law of stream lengths	100	log chute	190
law of stream numbers	105	logitudinal variation of sediment concentration	98
laws and regulations of flood control	66	log pass machine	96
layered intake	69	log pass structures	96
layered intaking	69	log way	63
layout of arch dam	83	longitudinal cofferdam	344
layout of hydro-junction	244	longitudinal joint	344
leaching efficiency	31	longitudinal profile of river	105
leaching erosion	157	long-range load	320
leaching improvement of saline-alkali land	30	long-range planning	320
leaching requirement	30	long spur dike	23
levee breach plugging	45	long-term storage	60
levee engineering	45	long wave	23
levees	45	Longxihe Cascade Hydroelectric Stations	162
level ditch and ridge	250	Longyangxia Hydroelectric Station	163
level for setting up flood control	216	loose-stone dam	77
level ridge field	250	low dam	44
Liaohe Basin	157	lower course	292
Liaohe River	156	lower reach	292
lifting beam of gate	324	Lower Usuma Earthfill Dam	292
lift-lie gate	220	low flow	147
lightning conductor	14	low head plant	44
lightning rod	14	low moor	44
lightning wire	14	low pressure irrigation pipe	44
light regulating structures	199	low temperature and low pressure thermal power station	44
Lijiaxia Gravity Dam	152		
limited irrigation	146	low-tide level	44
limit flow capacity of power canal	54	low water investigation	147
linear method	331	Luanhe River	164
linear programming	293	Lubuge Hydroelectric Station	163
line loss	293	Ludington Pumped Storage Plant	149
Liujiaxia Hydroelectric Station	158	lumped model	124

Luohe River	165	maximum level of surge tank oscillation	271
Luohui Canal Irrigation District	165	maximum likelihood method	124
lying-pipe intake	287	maximum molecular moisture holding capacity	345
lysimeter	329	maximum working capacity	345
Mach Number	166	mean	141
magnetized water irrigation	35	meander amplitude	106
main canal	77	meandering channel	282
main dam	339	meander length	106
Main Irrigation Canal in North Jiangsu	261	meander shift	106
main parameters of hydroelectric plant	235	mean sea level	192
main powerhouse of hydroelectric plant	235	mean square deviation	141
main river	136	mean tidal level	192
main stream	77	measures of soil and water conservation	251
main transformer	339	measuring flume	156
management of farmland drainage system	182	measuring nozzle	156
management of pumping station	12	measuring weir	156
Manas River Irrigation Area	166	mechanical and electrical equipment of pumping station	12
Mangla Earthfill Dam	168	mechanical and electrical irrigation and drainage	122
manhole of steel pipe	78		
manifold	232	mechanical seal	122
Maotiaohe Cascade Hydroelectric Stations	168	median	334
maps of hydrologic statistical characteristics	254	median hydraulic projects	334
marginal analysis technique	14	Meishan Reservoir	169
marginal benefits of water resources projects	244	Mekong River	150
marginal cost	14	Mekong River	169
marine hydrology	98	mesolimnion	285
Markov model	165	Mesopotamia Plain	170
marshes	325	meteorological tide	195
marshland	326	method of annual counting cost	179
marshland drainage	326	method of compound slip plane	75
masonry pump	288	method of dimensional analysis	155
massive buttress dam	39	method of electric equivalent	50
massive-head (buttress) dam	39	method of insurance expenses	9
mathematical curve fitting method	224	method of investment repayment period	274
mathematical model of river	105	method of load divided into arch and cantilever	85
matrix potential	123		
mattress dike	27	method of runoff regulation based on representative year(s)	138
maximum flow capacity	345		
maximum gradient layer of sea water characteristics	321	Mexico-type spillway	173
		Mica Earth-rockfill Dam	167
maximum gradient layer of sea water density	170	microclimate in field	183
maximum head	345	micro-hydroelectric power station	283

micro-irrigation	283		modulus of drainage	185
microspray irrigation	283		modulus of flow	138
Middle and lower Reaches Plain of Yangtze River	24		modulus of irrigation water flow	94
			modulus of soil erosion	278
middle bar	129		modulus of subsurface drainage	186
middle course	335		moistening	219
middle dam	333		moisture of the capillary bond disruption	168
middle gate chamber	334		mole drain	225
middle head plant	334		moment method	140
middle hydroelectric (water) power station	334		monitoring of dam safety	36
middle load	308		monolithic support	148
middle moor	334		montain river regulation	214
middle reach	335		monthly load facter	321
middle temperature and middle pressure thermal power plant	334		morning-glory spillway	137
			mound drain	58
mid-lever outlet	334		mound slop protection of earth dam	275
mini-hydroelectric power station	296		mountain glacier	214
minimum head	345		mountain river	214
minimum level of surge tank oscillation	271		mouth bar in estuary	103
minimum technical output of thermal power plant	121		movable dam	121
			movable sprinkler irrigation system	309
Minjiang River	171		movement of soil water and salt	279
Mississippi River	170		moving average (MA) model	115
mitre gate	206		mud flow	178
mixed flow turbine	120		mud in estuary	103
mixed integer linear programming	120		multiannual regulating water power station	60
mixed models of dam safety monitoring	36		multihole spherical dam	59
mixed pumped storage power plant	119		multi-kind-earth dam	60
mixed tide	119		multilayer load	21
mixing length theory	119		multiple-arch dam	154
mixing of lake water	112		multiple arch retaining wall	154
mixing of salt and fresh water	292		multiple purpose hydro-junction	343
mixing of sea water	97		multiple-purpose(multi-purpose) development	59
Miyun Reservoir	170		multi-purpose pumping station	59
mode	335		multipurpose water resources project	343
modeling sand	172		multistage ring plate energy dissipator	59
model reach	172		multi-unit electrical diagram	149
model test of hydraulic structure	237		Muskingum method	166
model test of movable bed	54		Nanwang separation work	175
model test of structural statics	132		Nanyang new canal	175
model test under normal air pressure	25		Nanyunhe Canal	175
model test under vacuum condition	127		natural blanket	267

navigation hydro-junction	100
navigation lock	33
neap tide	296
neck cutoff of river bend	19
needle valve	327
negative benefits	75
negative direction wave of water hammer	238
negative water hammer	75
negative wave of water hammer	238
nemaining cost	220
net benefits	139
net benefits method	139
net head	139
net positive suction head	195
net radiation	139
net rainfall	139
network dike	283
network of hydrological information	250
neutron moisture gauge	335
neutron moisture meter	335
New Cornalia Tailings	300
Newton Number	181
Niger River	175
Nile Delta	175
Nile River	175
nonannual exceedance value method	25
nonflow basin	289
non-linear programming	68
non-Newtonian fluid	68
non-overflow dam	68
non‐overflow dam	68
non-pressure culvert	289
non-pressure outlet	289
non-pressure tunnel	289
non-separated cost	18
normal annual value of flood damage	60
normal channel spillway	330
normal distribution	330
normal pool level	330
North China Plain	114
Northern River	10
nozzle	188, 189
nuclear energy generation	320
nuclear power station	107
(nuclear) reactor	64
Nujiang	183
Nunek Earthfill Dam (Рулекская Зеемная Плотина)	183
nylon dam	175
Oahe Earthfill Dam	2
objective function	173
oblique axial pump	338
oblique joint	297
observation gallery	89
observation of dam-abutment percolation	205
observation of earth dam consolidation	275
observation of expansion and contraction joint for concrete	121
observation of external water pressure	282
observation of flow regime	246
observation of high-velocity flow	80
observation of internal seepage pressure in concrete structure	121
observation of seepage pressure on dam foundation	4
observation of seepage water transparency	219
observation of uplift pressure on dam foundation	4
observation of water current	245
obstructed capacity	224
ocean circulation	39
oceanic conditions	96
ocean tides	98
ocean waves	97
official dikes	89
oil pressure supply device	315
Old Huanghe Zero Datum	68
one reservoir tidal power station	40
onetime flood damage	309
one-way surge tank	41
onfarm channel system	268
open-channel diversion	172
open ditch drainage	172
opening of valve	63
open intake of water power station	234

open water surface in freezing-up river	200	outlet sump	32
operating cost per incremental kilowatt of water power station	234	outlet tunnel	299
		output	32
operational mode of pumped-storage station	32	oval tunnel	164
operation and management of pumping station	13	overall efficiency of turbine	247
		overflow arch dam	311
operation cost per kilowatt	41	overflow dam	95,310
operation mode of hydroplant	234	overflow earth dam	311
operation mode of hydroplant with annual storage	179	overflow flat slab dam	311
		overflow gravity dam	311
operation mode of hydroplant with daily storage	207	overflow massive-head dam	310
		overflow span	16
operation mode of hydroplant with multiannual storage	60	overflow(spilling)surge tank	311
		overhaul cost	39
operation mode of hydroplant without storage	289	overhead costs	128
		overland flow	193
operation mode of thermal power plant	121	overland river	302
operation mode of tidal power station	26	overtopped earth dam	96
opposite dikes	58	Owen Falls	184
optimal design method	315	oxbow lake	181
optimal operation	315	packing box	269
optimal storage and drawoff discharge sequence of parallel reservoirs	17	palaeo-flood	87
		Panjiakou Hydro-junction	186
optimal storage and drawoff discharge sequence of reservoirs	240	parallel-series of reservoirs	120
		parameter estimation	20
optimal storage and drawoff discharge sequence of serially linked reservoirs	34	Parana River(Rio Parana)	3
		parrallel revetment	192
optimum central angle of arch dam	84	particle distribution of sediment	176
optimum moisture content	345	particle size distribution curve of sediment mixture	177
optimun equivalent substitution of project cost	345	particle size of sediment	177
order of water power development	233	passive compensation reservoirs	10
orographic rain	49	paste lining	173,193
Oroville Earthfill Dam	2	pattern of energy dissipation	296
oscillation period of surge tank	270	Paulo Afonsol Hydro Plant	188
Oujiang River	184	pause of sediment motion	178
outdoor powerhouse	163	payback period	116
outflow lake	281	payback period	274
outlet	5	peak load	72
outlet flare	32	peak load modulation (regulation)	269
outlet in arch dam	84	peak load water power station	269
outlet passage	32	Pearl River	338
outlet structures	299		

Pearl River Basin	338	physiological index of crop irrigation	345
Pearl River Delta	338	physiological water requirement of crop	346
Pearl River Zero Datum	338	pickup steam turbine	31
Pearson type III distribution	190	piers	323
peat moisture	178	Pihe River	190
Pelton wheel	190	pile foundation	340
pelton wheel	235	Pinglu Channel	192
Pengli	189	pipe drain	89
penstock	304	pipe drainage	2
penstock located at downstream face of dam	6	pipeline characteristic curve of pump system	229
penstock located at upstream face of dam	5	piping	89
penstock trifurcation	232	Pishihang Irrigation Area	190
People's Victory Canal Irrigation District	206	pit measurement	144
percentage of wetted soil	278	plain river	193
perched groundwater	195	plane gate	192
percolation	219	planned repair	125
periodic flush type silting basin	53	planned water use for irrigation	90
period of investment payback	275	planning of drainage engineering	186
period of water hammer	238	planting rice for washing away salt	335
peripheral joint of arch dam	84	plant water deficit	346
permanent flow	25	plant water physiology	332
permanent joint	315	plastic deformation zone	261
permeable regulating structures	275	plate against sliding	344
permeable rockfill dam	96	plate covered culvert	76
permeation	219	plate steel lining	78
permissible scour-resisting velocity	321	plugging	57
permissible unsilting flow velocity	322	plum rain	169
permitted suction vacuum lift	322	point bar	14
perpendicular revetment	35	polder	284
perpendicular spur dike	330	polder district	283
pF-value	347	polders	283
phase modulation	270	pools	219
phase modulation water power station	270	population	344
phase of water hammer	238	pore water	146
photoelastic model test	190	pore water pressure	146
photoelectric meter for particle size analysis	94	pore water pressure observation of earth dam	276
photoelectric meter for sediment concentration measurement	94	porosity	146
		positive direction wave of water hammer	238
phreatic line	134	positive water hammer	330
phreatic line observation	134	positive wave of water hammer	238
phreatic water	197	possible precipitation	143
physiological drought	220	potential evaporation	329

potential evapotranspiration	197	prestressed gravity dam	319
poud	151	prestressed lining	319
power canal	54, 55	prestressed reinforced concrete pipe	319
power discharge	63	Prevention and reclamation of saline soils	67
power flow	63	primary parameters of steam turbine	196
powerhouse at toe of dam	4	probability	76
powerhouse combined with spillway	299	probability distribution	76
powerhouse superstructure bent	25	probability paper	124
powerhouse under spillway	311	probable maximum flood	144
powerhouse within dam	4	probable maximum storm	144
powerhouse within pier	59	process of runoff formation	138
powerhouse with reversible pump-	61	product cost	23
powerhouse with separate pump and turbine	210	production management of water coservancy	243
powerhouse with tail water depression	218	production period of water resource projects	245
powerhouse with tubular turbines	90	profile of creager	144
power system	50	profile of WES (Waterway Experiment Station)	347
power system load	50		
power system load curve	50	project	241
Poyanghu Lake	193	project for common use	86
practical profile of gravity dam	336	project for specific purpose	339
precipitation	130	propeller turbine with adjustable blades	339
precompression method	318	propeller turbine with fixed blades	53
precompression with sand drainage well	213	property of crop water requirement	346
prefabricated sluice	340	proper water depth in paddy	43
pre-irrigation gifts	188	prospected output	318
preliminary design	33	protection against breakage	58
present value method	292	protection against collapse	264
pressing salt	304	protection against overtopping	168
pressure culvert	316	protection against overturning	200
pressure energy dissipator	304	protection against percolated flow	163
pressure head at tunnel crest	56	protection against sinking pit	52
pressure intake of water power station	234	protection against sliding	115
pressure membrane equipment	304	protection against slope failure	281
pressure outlet	316	protection of gully head	86
pressure release pipe	193	protection of water resources	258
pressure release structure	193	protection work for gully bank	86
pressure relief valve	232	prototype observation of hydraulic structures	237
pressure tunnel	316	pump	31, 227
pressure water box	304	pump capacity	229
pressurization sprinkler irrigation system	126	pump casing	11
prestressed anchorage cable	319	pump characteristic curves	230
prestressed concrete dam	319	pump characteristic parameters	230

pump drainage	267	rainfall-runoff relationship	130
pumped-storage powerhouse	32	rainfall storage well	238
pumped storage power plant	31	raingauge	318
pump efficiency	229	rain simulator	205
pump flow	229	raised-intake-shaft hydraulic tunnel	162
pump head	230	raising load	323
pump house	11	Rance Tidal Power Station	150
pump house with block foundation	147	rapid-drop gate	148
pump house with dry-pit	77	rapids	124
pump house with wet-pit	221	rated capacity	61
pump housing	11	rated output power of turbine	247
pump hub	229	rated speed of turbine	247
pumping car	11	rate of depreciation	326
pumping ship	11	rate of flood damage	111
pumping station	32	rate of major repair	39
pumping system in parallel	228	rate of plant-use electric energy	25
pumping system in series	228	rate of repeat utilization of water supply	82
pump operation point	228	rate of soil desalting	279
pump power	229	rate of water consumption for unit electric energy output	40
pump rotary speed	230		
pump setting elevation	228	rational formula	280
pump shell	11	ratio of thickness to height for arch dam	83
pump station	11	Rayleigh's Method	209
pump storage station	31	reaction turbine	64
pump type code	230	reainforced concrete dam	78
pure pumped storage power plant	35	real time adjustment	222
Qiantangjiang River	197	real time on line forecasting	222
Qiantang Lake	196	recession curve	281
Qinghaihu Lake	199	recharge of ground water	48
Qingshan Water Turbine-Pump Station	199	recurrence interval	31
Qingtong Gorge Hydro-junction	199	Red River	320
Quanzhou Channel	204	Red-water River	109
Qyashio Current	199	reference evapotranspiration	20
radial-axial flow turbine	74	reference year	123
radial collector well	74	reflected radiation	64
radiation balance in field	182	reflectional(opposite)water hammer	64
rain	318	reflection factor of water hammer	238
rainfall excess overland flow	25	reflection wave of water hammer	238
rainfall excess runoff production	25	refraction-type sprinkler	326
rainfall intensity-duration-frequency relations	9	regional average precipitation	201
rainfall loss	130	regional water plan	47
rainfall recorder	342	regulated flow	270

regulation diagram of reservoir	239	representativeness of hydrological data	341
regulation for water utilization	300	reregulation	64
regulation network in field	268	reservoir	239
regulation of anabranched river channel	69	reservoir capacity	147
regulation of braided river channel	316	reservoir capacity compensation	147
regulation of estuary	27	reservoir delta	240
regulation of meandering river channel	282	reservoir economics	239
regulation of polder district	283	reservoir electric energy	239
regulation of pump regime	228	reservoir for multiannual storage	60
regulation of river channel with crossing bars	198	reservoir immersion loss	239
regulation period	270	reservoir inundation loss	240
regulation river alignment	329	reservoir life	240
regulation river curvature radius	329	reservoir losses	240
regulation river width	329	reservoir region(area)	147
regulation structures	329	reservoir silting	241
regulation year	270	reservoirs in parallel	17
regulator	132	reservoir storage	147
reinforced concrete core wall	79	reservoir system	240
reinforced concrete faceslab	79	reservoir system regulation	147
reinforced concrete lining	79	residual mass curve	22
reinforced concrete pipe	79	resistance block moisture meter	51
reinforced concrete sloping wall	79	resistance coefficient method	344
reinforced concrete sloping wall dam	79	resistance of turbulent flow	286
reinforcing(rigid)ring of steel pipe	78	resistance orifice surge tank	344
relationship between peaks and volume of floods	72	resources of lakes	112
relationship between point and area rainfall	9	resources of swamps	326
relative humidity	293	restricted output curve	293
relative speed rise	122	retaining wall	41
relative submerged depth of intake	134	return flow	118
reliability of hydrological data	341	return flow from irrigation	90
relief well	127	return investment of water power station	232
relocated habitations per kilowatt	41	reverse radiation of atmosphere	38
relocated habitations per unit volume of reservoir	40	reverse temperature layer of lake water	112
remaining benefits	220	reversible turbine-generator unit	144
remote levee	308	Reynolds Criterion	151
remote sensing technology in hydrology	255	Reynolds Number	151
repair cost	284	Rhine River	150
repair spare capacity	127	ridge and ditch tillage	86
repeated capacity	31	right plummet method	330
representative basin	39	rigid-bed model test	53
representative design year	217	rigid frame support	149
representative diameter of sediment mixture	177	rigid-hooped penstock	126

rigid nodes in bank protection line	122	rock resistance	264
rigid water-column theory of water hammer	78	Rokong Earthfill Dam (Рогунская Земельная Плотина)	164
ring gate	116	rolled concrete dam	181
ring weir	116	rolled earth-rockfill dam	181
risk analysis	76	rolled rockfill dam	181
river	104	roller bucket	295
river basin economics	160	roller drum gate	320
river bed	101	rolling flow	95
river channel	101	rolling travelling sprinkler unit	131
river channel spillway	101	roof gate	288
river construction	332	root of dike	3
river dynamics	104	rotary sprinkler	303
river hydrohub	101	rotation irrigation	164
river hydro-junction	101	roughness control	20
river ice regime	104	row of piles	186
river mechanics	104	rubber dam	294
river mouth	103	rubber seal	295
river nodes	104	runaway speed of turbine	247
river patterns	107	runoff	137
river patterns change	107	runoff compensation	137
river project	332	runoff electric energy of reservoir	19
river regime	105	runoff output of reservoir	19
river regulation for flood protection	66	runoff-producing area	23
river regulation for navigation	272	runoff-producing mode	23
river regulation for water intake	312	runoff production at the natural storage	302
river regulation in varied backwater zone	239	runoff regulation	138
river regulation near bridge site	198	runoff yield	23
river regulation near the dam	4	run-of-river plant	138
river regulation planning	101	rural water power station	181
rivers	33	saddle of conduit	99
river sediment	105	safety discharge	1
river source	107	safety factor against overturning stability	143
river system	106, 256	safety factor against sliding stability	143
river valley	103	safety factor for longitudinal bending stability	344
Riyuetan Lake	207	safety factor of pressure strength	143
rock excavation of foundation	306	safety factor of tensile strength	143
rockfill dam	58	safety freeboard	1
rockfill dam with core wall	299	safety of strength	198
rockfill dam with directional shooting	53	saline-alkali land	306
rockfill dam with faceslab	171	saline water irrigation	292
rockfill dam with sloping wall	298	saline wedge in estuary	103
rock pressure	214		

salinity of sea water	97	seamless steel pipe	289
Salinization and alkalization	99	seasonal capacity	125
salt accumulation in root zone	277	seasonal electricity price	125
saltation load	321	seasonal energy	125
salt content of groundwater	49	seasonal flood	303
salt lake	306	seasonal load factor	125
salt-water lake	292	seasonal pumped storage power plant	125
salt-water wedge	292	seasonal regulating water power station	125
Salween River	183	seawall	65,97,100
sample	307	sea water	97
sampling error	32	secondary flow	75
sand bar	213	secondary salinization of irrigation district	92
sand guiding groove	42	sector gate	214
sand-guiding sill	43	sediment	176
sand ridge in estuary	103	sediment angle of repose	178
sand waves	212	sedimentary lake	27
Sangkao drainage pumping station	211	sedimentation of reservoir	241
San Luis Earthfill Dam	220	sediment discharge ratio at bifurcation	22
Sanmen Gorge	211	sediment-filled dike	187
Sanmen Gorge Hydro-junction	211	sediment flocculation	178
Sao Felix (Serra da Hesa)	220	sediment in pumping station	12
São Simão Hgdro Plant	220	sediment particle size analysis	176
saturated water content	8	sediment sampler	176
saturation capacity	8	sediment sluice from reservoir	240
saturation line	134	sediment storage dam	150
saturation overland flow	8	sediment survey	176
saturation runoff production	8	sediment transport capacity of flow	245
saturation vapor deficit	8	sediment transport tunnel	185
saturation vapor pressure	8	sediment yield in a basin	160
saw-tooth fascine	140	seepage analysis of earth dam	276
Sayan-Shushensk Hydro Plant (Саяны-шушенская гидростанция)	209	seepage around abutment	2
		seepage damage	219
scale effect	13	seepage deformation	219
scale model of river	104	seepage flow observation	219
scheme of hydrologic forecasting	255	seepage force	220
scour hole	30	seepage interception ditch	133
screw hoist	164	seepage observation	220
screw pump	164	seepage observation of concrete structure	121
sea current	97	seepage observation of earth structures	276
sea ice	96	seepage of paddy field	43
sea level	97	seepage prevention of canal	201
sealing apparatus	170	seiches	53

selection coefficient of sediment mixture	176
selection of dam type	6
selfadjustment of river	105
self-priming centrifugal pump	342
self-regulating canal of water power station	235
self-sluicing-siltation dam	258
semi-diurnal tide	8
semi-fixed sprinkler irrigatin system	7
semilunar dikes	321
semi-tubular turbine	8
sensitivity analysis	172
separable cost	143
separable-cost remaining-benefits method	143
separate-footing pump house	70
separation of hydrograph	159
serially linked reservoirs	34
series of model tests	291
service gate	82
servomotor	132, 260, 347
settlement coefficient method	123
settlement joint	28
settlement observation	28
sewage irrigation	288
shadoof	132
shaft fish lock	226
shaft intake	225
shaft inverted siphon	225
shaft output power of turbine	248
shaft spillway	137
shaft well	274
shallow and frequent irrigation	198
shaoshan Irrigation District	216
shape factor of sediment particle	177
sheet erosion	190
sheet pile	7
sheet-pile dike	7
Shihe River	223
Shitouhe Earth and Rockfill Dam	222
shore ice	2
short groin with wicker mat and gravel	161
short spur dike	58
short wave	58
shower	328
Shuhe River	225
Shuifeng Hydroelectric Station	236
Shuiji Levee	238
S-hydrograph	347
Sichuan Basin	260
side channel spillway	21
side hinged arch dam	14
side load of sluice	257
side pier	14
side roll wheel sprinkler unit	95
silt-clearing in canal	202
silting basin	28
silting strip channels	28
silt jam by hyperconcentration flow	129
silt pressure	317
similarity law of pump	229
similarity theory of modelling	172
similitude constant	293
similitude criterion	293, 294
similitude criterion of elestic force	265
similitude criterion of fluid pressure	159
similitude criterion of gravity	337
similitude criterion of resistance	345
similitude criterion of surface tension	16
similitude criterion of viscosity	180
similitude indicator	293
similitude invariable	293
similitude laws	293
similitude scale	293
simple lock	266
simple surge tank	128
single buttress massive-head dam	41
single curvature arch dam	40
single-stage development	40
single unit electrical diagram	41
sinuosity of river	105
siphon intaking	109
siphon spillway	109
siphon well	109
skew coefficent	190
ski-jump spillways	115

ski-jump type energy dissipation	271	soft foundation treatment	208
slide	115	soft hail	293
sliding gate	115	soft loan	208
slip-circle method	320	soft pipe for onfarm irrigation	268
slip-wedge method	327	soil desalting	279
slit-type energy dissipation	325	Soil drought	277
slit-type flip bucket	325	soil erosion	277
slope	13	soil fertility losses	279
slope current	200	soil moisture content	277
slope protection engineering	213	soil moisture regime	214
slope protection with fascine works	212	soil moisture suction	279
slope protection with grass sod sheet	194	soil-plant-atmosphere system	279
slope protection with grouted rock blocks	129	soil salinization	279
slope protection with rock blocks	77	soil water	278
slope protection with rock-fill	188	soil water availability	278
slope wingwall intake	3	soil water characteristic curve	278
sloping-gate intake	298	soil water constant	278
sloping intake	298	soil water diffusivity	279
sloping-tower intake	2	soil water potential	280
sloping wall	298	solar constant	264
slop protection of earth dam	276	solar energy pumping stati on	264
slop protection of precast-concrete plate	121	solar radiation	264
slotted gravity dam	148	solid gravity dam	223
sluice	257,299	solid regulating structures	18
sluice across river	150	Songhuajang Basin	261
sluice assembled by float-transportation	74	Songhuajiang River	261
sluice bottom plate	323	Songtao Reservoir	261
sluice dam	323	spacing of dikes	52
sluice gate	299	spare capacity	10
sluicing channel	298	special structures of hydraulic engineering	339
small dam	296	specifications for flood design	217
small hydraulic projects	296	specifications for hydrologic design	253
small hydroelectric (water) power station	296	specific speed of pump	228
smooth surface penstock	94	specific speed of turbine	246
snow	303	specific water capacity of soil	277
snow cover	123	specific weight of sediment deposition	178
snowline	303	specific weight of sediment particle	176
snowmelt	208	specific yield	125
snowmelt flood	208	speed ring of hydroturbine	248
snowmelt runoff	208	spherical branch	200
snow water	303	spillway	310
soak	342	spillway and sediment transport tunnel	298

spillway chute	298	statistical models of dam safety monitoring	36
spillway design flood	131	statistic experimental method	274
spillway tunnel	299	steel gate	80
spiral case of hydroturbine	247	steel-lined tunnel	48
spiral flow	165	steel-lined underground pipe	48
sprayed concrete and anchored strut	189	steel-mesh cement gate	79
spring	204	steel penstock	304
spring flood	35,266	steel sheeting (sheetpile) cofferdam	78
spring tide	37	stem flow	135
sprinkler	189	stepped dikes	131
sprinkler irrigation	188	step reservoirs	34
sprinkler irrigation system by gravity	342	stiffened penstock	126
sprinkler system	189	stilling basin	139,295,296
sprinkling application rate	189	stilling basin with spread platform	192
sprinkling machine unit	189	stilling pool	139,295,296
sprinkling uniformity	189	stilling pool of bucket-type	113
spur dike	52	stochastic dynamic programming	261
spur dike	272	stochastic models in hydrology	254
spurdike engineering	271	stochastic processes in hydrology	254
spur dikes	35	stone masonry dam	196
spur wall in abutment	35	stoplog gate	52
stability analysis of arch dam abutment	83	stop water	332
stability analysis of earth dam slope	275	storage capacity curve	147
stability idex of river	101	storage curve	20
stability of electric power grid	50	storage irrigation	33
stability of surge tank oscillation	270	storage water engineering on slope	193
stable(hydraulic) section of surge tank	271	storm	9
stage-discharge relation	252	storm composition	10
stage diversion	70	storm flood	9
stage percentage of evapotranspiration	346	storm intensity formula	9
stage recorder	342	storm runoff	9
standard coal	15	storm statistical characteristics	10
standard coal consumption	16	storm surge	71
standard deviation	15	storm transposition	10
standard error	15	straight channel	259
standards for leaching desalting	31	strand dikes	164
stanford model	260	straw-earth cofferdam	21
static annual load curve	139	straw raincoat dam	262
stationary front rain	139	stream network	106,256
stationary stochastic processes	192	stream order	104
station-service	25	stress analysis of arch dam	84
station year method	325	stress analysis of gravity dam	336

stress observation of concrete dam	120	surge flow irrigation	17
stress observation of earth dam	276	surge shaft of hydroelectric station	233
strip field	269	surge tank of hydroelectric station	233,234
strip intercropping	39	surge tank oscillation	271
strong ram method	198	surge tank stability of big oscillation	270
Strouhal Criterion	260	surge tank stability of small oscillation	271
Strouhal Number	260	surplus water	196
structures in canal system	202	surplus water output	196
stuffing box	269	suspended hydrogenerator	302
subdike	341	suspended index of sediment	178
submerged dam	197	suspended load	302
submerged depth of intake	233	suspended sediment tramsport rate	303
submerged middle bar	299	swampiness	326
submerged orifice fish pass	305	swamps	325
submerged regulating structures	305	Swedish method	209
submerged spur dike	305	swell	315
submersible elecrical pump	197	switchgear	188
subsoil irrigation with pipe	2	synchronous factor of users	315
subsoil water irrigation	48	Syncrude Tailings	299
substitutional steam electric power capacity cost	267	synthetic unit-hydrograph	343
		system of dikes	52
substitutional steam electric power coal consumption cost	267	Taihu Lake	264
		tailings dam	284
subsurface flow	16	tailrace of water power station	234
subsurface irrigation	47	tail-race surge tank	284
subsurface irrigation conveyance pipe	48	tailrace tunnel of underground powerhouse	47
suction and pressure pipeline	133	tailwater tunnel	284
summer flood	73	tainter gate	112
sun-cured paddy field	213	Talimuhe River	263
Sun-moon Lake	207	tangible benefits	316
sunshine	207	tank model	256
superelevation	109	Tarbela Earth-Rockfill Dam	263
support	78	Tarim Darya	263
supporting pier	78	tatal cost method	343
support ring of steel pipe	78	technical and economical comparation	125
surface drainage	16,272	technical design	125
surface erosion	171	technical economic indexes of water power	232
surface irrigation	47	technical economic index of pump station	12
surface-outlet gate	16	technical economics of water resources	258
surface water-logging	151	technique of well construction	29
surface water resources	46	tectonic lake	87
surge caused by slope-sliding	115	Tehri Earth-rockfill Dam	266

temperature control	285	tidal estuary	27
temperature during vibrating concrete	208	tidal powerhouse	26
temperature joint	285	tidal power resources	27
temperature load	285	tidal power station	26
temperature observation of concrete dam	120	tidal pumping station	26
temperature of sea water	97	tidal range	26
temperature stress	285	tidal reach	77
temporary canal	157	tidal river	26
Tennesse Vally Comprehensive Development	268	tidal wave	25
tensimeter	75	tide influx in estuary	103
tensiometer	325	tide limit	26
tension wire alignment method	313	tide prediction	27
terraced field	266	tide-raising force	312
territorial waters(sea)	158	tide sluice	41
thalweg of river	219	tide tables	26
Thames River	264	Tigris River	46
the law of diminishing	14	tillage for anti-drought and soil water	
theoretical profile of gravity dam	336	conservation	142
theoretical water power resources	249	tilting gate	63
the principle of resistance linearity	172	timber dam	173
the renewal speed of water body	251	timber pile structure	186
thermal power plant with gas turbine	204	timber tank	173
thermal power station	121	time-avea diagram	222
thermocline	285	time factor of money	222
thermoelectric generating station	82	time-homogeneous criterion	298
thickness of dumped rock-fill	187	time series	222
Thiessen polygon	264	toe blocks	332
thin arch dam	8	toe weight	6
Thoma section of surge tank	271	Tongjiezi Hydroelectric Station	273
three center arch dam	211	Tongma Levee	273
three-dimensional finite element method for		torrential flood	213
arch dam	83	torrential flood erosion	213
three-girder wye branch	211	total irrigation quota	90
Three Gorges in Yangtze River	24	total officiency of pumped-storage station	32
thunder storm	151	total silt discharge	225
Tianshengqiao Hydroelectric Station	267	total storage	343
tidal amplitude	26	total volume of runoff	139
tidal bore	315	total water resources	344
tidal bore in estuary	103	tower intake	263
tidal current	26	training dike	259
tidal current in estuaries	103	trajectory bucket	271
tidal current limit	26	transfer of payments	340

transformer	15, 113	tubular turbine with generator in well	226
transformer hall of underground powerhouse	47	tubular turbine with lengthened shaft	338
transforming financial allocation into loan	17	Tucurui (Raul G. Lhano) Hydro Plant	275
transforming profits into tax	153	Tumenjiang River	275
transition from open channel flow to pressure flow	172	tunnel diversion	262
		tunnel lining	262
transition piece of steel pipe	78	Tuojiang River	281
transition segment	128	turbine available head	247
translation among three sources of water	211	turbine combined characteristics	248
transmission device of pumping station	11	turbine draft head	247
transmission factor of water hammer	238	turbine efficiency characteristics	247
transmission wave of water hammer	238	turbine efficiency correction	247
transmitted radiation	275	turbine floor	246
transparency of lake water	113	turbine-generator unit	246
transparency of sea water	97	turbine operation characteristics	247
transpiration	308	turbine pit	122
transpiration by plants	331	turbine-pump station	246
transverse joint	108	turbine runner	248
transverse slope of water surface	248	turbine runner diameter	248
transverse transport of sediment	109	turbulent bursting	286
trap efficiency of reservoir	239	turbulent diffusion	286
trapezoidal buttress dam	266	turbulent eddies	286
trash rack	150	turbulent energy	286
trash rack cleaner	200	turbulent flow	286
trash screen	150	turbulent mixing	287
travelling hoist	309	turbulent shear stress	286
travel time	118	two-dimensional structure model test	58
traverses	81	twofold electricity price	156
treatment of fracture zone of fault	58	two-stage dam	61
treatment of rock foundation	305	two-way inlet passage	227
trial load method of arch dam	84	typhoon rain	263
tributary	331	umbrella type hydrogenerator	211
truss arch aqueduct	108	unbiassed estimate	18
tsunami	98	uncertainty analysis	18
tube-awl well	22	uncircularity of steel pipe	78
tube-chain pump	89	underground hydro-powerhouse	232
tube measurement	274	undistorted model test	330
tube-type circular culvert	89	undistorted similarity	330
tube waterlift	274	undulatory jump	18
tube well	89	unit capacity of hydroplant	232
tubular pump	90	unit discharge of turbine	246
tubular turbine	90, 203	unit economic indexes	51

unit hydrograph	40, 222	varied backwater reach of reservoir	239
unit production cost of electric energy	40	velocity distribution of turbulent flow	286
unit speed of turbine	246	velocity of sand wave	212
unself-regulating canal of water power station	232	ventilation	273
unsubmerged regulating structures	19	ventilation tunnel of underground powerhouse	47
unsubmerged spur dike	19	verification test of modelling	172
uplift pressure	307	vertical closure	153
upper course	215	vertical displacement observation	196
upper reach	215	vertical distribution of sediment concentration	98
upstream and downstream doubletank system	215	vertical drainage	35
upstream cofferdam	215	vertical impact-drive sprinkler	35
upstream water hammer wave	238	vertical-shaft turbine-generator unit	153
upward spur dike	215	vetical slot fish way	225
upwelling	215	viscous debris-flow	180
urban flood defence	29	volcanic lake	122
urban load	223	Volga River (волга)	73
urban use of power	223	Volgograd Hydro Plant (Волгоградская гидростанция)	73
usable capacity	144		
useful storage	300	W.A.C.	10
US Flood Control Act	169	waist load	308
U-shaped shell aqueduct	347	Wanan Hydroelectric Station	282
Ust-Ilim Reservoir (Усть-Илим водохранилище)	287	warm current	183
		warm-front rain	183
Usuri River	288	warm water circulation	184
utilization factor of canal water	202	warning stage water-level	137
vacuum breaker	328	warning time	318
vacuum pump	328	warping irrigation	317
vacuum tank	128	washing well	291
vacuum well	328	wash load	31
Vaiont Arch Dam	281	waste water	196
valid energy	316	water	227
valid power	316	water administration	257
valley-dam water power station	5	water and soil conservation	251
valley glacier	213	water and soil conservation of pasture	252
value of capacity	207	water and soil losses	252
value of soil loss	277	water appropriation	315
valve	63	water area	250
valve gallery	63	water area	256
vaporization heat of water	231	water balance	245
vapour pressure deficit	250	water balance in dry farmland	99
variable costs	15	water balance in paddy field	43
variation coefficent	152	water body	256

water body eutrophication of reservoir	241	water power junction	242
water chart	251	water power resources	249
water codes	242	water power resources of river	101
water conservancy	242, 243	water power station	231
water conservancy in pastureland	173	water pressure inside tunnel	262
water conservancy system	244	water pressure outside of tunnel	262
water consumption for ten thousand yuan value of output	283	water project planning	242
		water projects	242
water conveyance loss of irrigation canal	91	water-quality monitoring	257
water development	243	water recession sluice	281
water discharge ratio at bifurcation	22	water requirement factor	347
water erosion	251	water resources	245, 258
water fee	236	water resources assessment	258
water fee revenue rate	236	water resources development computation	243
water gate	257	water resources fee	258
water hammer	231, 238	water resources management	258
water hammer due to rapid closure	331	water resources of China	333
water hammer due to slow closure	128	water resources of glacier	16
water hammer in pumping station	12	water resources of the Earth	223
water hammer wave	238	water resources planning	258
water head	251	water resources system	259
water kinetic energy	251	water retaining dam	41
water law	235	water retaining structures	41
Water Law of China	333	water rights	251
water layers	230	waters	256
water-lifting devices	266	water scoop	230
waterlogging	99	watershed	160
water-logging	342	watershed development	160
water-logging decreasing production rate	151	watershed planning	160
water logging disaster	151	watershed total evaporation	161
water-logging disaster	151	water source for irrigation	91
waterlogging endurance of crop	346	water space	256
water-logging loss rate	151	water supply and sewer works	125
water-logging resistance of crop	346	Water supply and waste-water engineering	125
water-lumps	252	water surface ratio in polder	283
water mass	252	water-table depression cone	49
water plan	243	water tight	13
water policy	245	water transferring project from south to north in China	333
water pollution control law	256		
water potential	251	water transferring work in Ertix(Irtys)	61
water power	241	water transfer works	51
water-power engineering(development, project)	241	water-turbine pump	246

water use plan of irrigation	93	wind-driven current	190
water utilization factor of canal system	203	wind erosion	72
water utilization factor of farmland	268	windlass	163
water-vapor pressure	250	wind-powered waterwheel	71
water wheel with wooden chain	63	wind power pumping station	71
Water Yearbook	253	wind tunnel	71
wave celerity	17	wind waves	71
wave current	17	wing wall	311
wave pressure	151	wooden stave pipe	304
wave velocity	17	wood gate	173
wave wall	67	wood-laminated slide track	131
weather radar	21	working bridge	82
Weber Criterion	283	working capacity	82
Weber Number	283	Wujiangdu Hydroelectric Station	287
weekly pumped storage power plant	337	Wujiang River	287
weekly regulating water power station	337	Wusong Zero Datum	289
weighted average head	126	Wusulijiang River	288
weighted discharge	223	Wuwei Levee	289
weighting irrigation quota	343	wye branch	232
weighting quota of irrigation water	343	Xianghongdian Reservoir	294
weight of hydraulic structure	237	Xiangjiang River	294
Wei He Plain	285	Xierhe Cascade Hydroelectric Stations	290
Weihe River	285	Xi'erhe I Reservoir	290
weir	307	Xijiang River	290
weir fish pass	307	Xinanjiang Hydroelectric Station	300
welded steel pipe	100	Xinanjiang hydrological model	299
well irrigation	136	Xinanjiang River	299
well pump	136	Xinfengjiang Large End Dam	300
well pumping station	136	Xinfengjiang Water Reservoir	300
well-rig	36	Xinsen river mouth	300
Western River	290	Yacyretá Hydro Plant	305
Western Siberia Plain(Западно- Сибирская Равнина)	290	Yalong jiang River	305
		Yalujiang River	305
West Levee of the Grand Canal	322	Yaluzangbujiang River	305
wetting	219	Yangtze Basin	24
wetting irrigation	221	Yangtze Delta	24
wetting soil zone	277	Yangtze River	23
wicket gates	121	Yanguoxia Hydroelectric Station	306
wild flooding irrigation	168	Yantan Hydroelectric Station	306
wilting coefficient	51	yearly load factor	179
winch hoist	140	Yellow River	117
wind denivellation in lakes	323	Yellow River Basin	117

Yellow River Levee	117	Zhaogushe-type overflow earth-rock dam	326
Yenisei River(Енисей)	308	Zhelin Reservoir	327
Yenisey River	308	Zhexi Hydroelectric Station	327
yield of snowmelt	208	Zhujiang River	338
Yihe River	309	zigzag dikes	36
Yilihe Cascade Hydroelectric Stations	309	Ziyahe River	341
Yongdinghe Cascade Hydroelectric Stations	314	zone of aeration	8
Yongdinghe River	314	zoning of agricultural water conservancy	183
Yongdinghe River Levee	314	zoning of water resources	258
Yuanjiang River	320	5 dams for entrance to ocean	95
Yunfeng Hydroelectric Station	321	10 dams for entrance to Yangtze River	95
Zalai Nor	111	Φ-index	192
Zengwen Rockfill Dam	322	π theorem	347
Zeya Reservoir (Зеяское Водохранилище)	132